中国园林年表初编

刘庭风 编

同济大学出版社
TONGJI UNIVERSITY PRESS

内 容 提 要

本书以年表的形式，对中国历史上存在过的园林，进行了时间上的排序，具体创建时间以年为单位。每一处园林，不论是皇家园林、私家园林还是寺观园林、公共园林，都从园林创建的时间、人物和园景三个方面进行了相应的考证。该年表共收录园林个案五千余处，是对中国园林历史的一次大梳理，更是一次大补充，对园林史学研究有着极为重要的作用。

本书可供文史和园林研究者阅读或作工具书参考使用。

图书在版编目(CIP)数据

中国园林年表初编/刘庭风编. --上海:同济大学出版社，2016.1

ISBN 978-7-5608-5974-3

Ⅰ.①中… Ⅱ.①刘… Ⅲ.①古典园林—建筑史—历史年表—中国 Ⅳ.①TU-098.42

中国版本图书馆 CIP 数据核字(2015)第 204149 号

上海文化发展基金会图书出版专项基金资助出版

中国园林年表初编

刘庭风 编

选题策划 封 云 责任编辑 曾广钧 责任校对 徐春莲 封面设计 潘向蓁

出版发行 同济大学出版社 www.tongjipress.com.cn

(地址:上海市四平路 1239 号 邮编:200092 电话:021-65985622)

经 销 全国各地新华书店

印 刷 上海中华商务联合印刷有限公司

开 本 787mm×1092mm 1/16

印 张 67.5

印 数 1—1100

字 数 1685000

版 次 2016 年 1 月第 1 版 2016 年 1 月第 1 次印刷

书 号 ISBN 978-7-5608-5974-3

定 价 258.00 元

《中国园林年表初编》编撰委员会

主　任　刘庭风

委　员　陈志菲　刘　燕　秦　荣　刘永安

范　露　黄　茜　董　倩　聂玉丽

王　晶　张　瑶　郭美琦　周　冉

薛　峰　李旖哲　芦红莉　马　悦

李彦军　扈幸伟

目录

《中国园林年表初编》说明

一、时代

1. 分成先秦、汉、魏晋南北朝、隋、唐、宋、元、明、清、民国。

2. 先秦资料相对较少，由上古、夏、商、周、春秋战国等五个时代构成。

3. 传说作为中国园林的源流，虽不甚可靠，但都有文献可查，有相关研究论文论述。

4. 春秋战国时代是一笼统概念，在列表时明确各国时代。

二、建园时间

1. 以初建园林时间为主，建成时间为次，推论时间为后。

2. 时间分成年号纪元和公元纪元双注法。

3. 清以前以年号纪元为主，附公元纪元。同一年号不同年份，不重复年号，只标年，在重要节点时间附公元纪元。括号内公元纪元不赘“年”字。

4. 民国以后以公元纪元为主。

5. 一个园林跨时代存在，资料归并于初创时代。

6. 现存园林，描述现状。

7. 已毁园林一般不加注，只有特别重要的、有可能有歧义、有争议的园林，加注“不存”、“已毁”，或在哪个年间或哪场战争被毁。

8. 对跨年代的园林，按出处如实标注，如唐宋、明初、清初、明清、明末清初，或清末、或民国、清末民国初等。

9. 同址园林易主多次，则在同一朝代中合并一处。跨朝代者，注明附见某朝代某园。

10. 同朝代或不同地址兴废多次，则分别列置。

11. 同一地址毁后由不同人建为不同名园林，分别列置。

三、园名

1. 包括遗址名、初始名、更名和俗称。

2. 中国园林同名现象严重，如意园、可园、南园等，有时同地同时代有同名园林，如苏州半园。

3. 无特别园名者，有以园主加“园”的形式标注，如张永园等。有以地名加“园”的形式标注，如履道里园。

4. 风景区只列入界限较清晰，人文气息较浓的小景区、著名景区，如鼋头渚等。

5. 古村落景观原则上不列，只列著名的园林式景点，后不附“园”字。

6. 古城只列古城的公共景观，如曲江，后不附“园”字。

7. 寺观园林只列著名者，常不加“园”字。

8. 衙署园林只列有独立园林者，后不加“园”字。

9. 一个业主有多个园林，分别描述。

四、地点

1. 由于资料庞杂，时间不一，整理时以 2011 年版《中华人民共和国行政区划统计表》为准。

2. 列两级，初级为省级，次级为市（区）县级，行政级别省略，如江苏苏州，默认为苏州城区的所有区，如为苏州下属县或市，级别省略，标注为江苏吴江。

3. 直辖市北京、天津、上海等地，如只列一级单位，则表明地点位于市区，如为郊区或郊县，一般加注下辖区，如上海青浦。

4. 区、县内位置注于详细情况之中。

五、人物

1. 包括园主、工匠、文人三类人。

2. 人物栏中只列创园者，其余人物，如后继者均列于详细情况之中。

3. 各类人物尽可能进行身份考证，包括名、字、号、生卒、官名及变迁、职业、业绩或官声、著作及特长等。对于有助于考证园景的诗文，择要引用。

4. 园主有变迁者，对年代、原因进行描述。

5. 工匠有相关业绩者，有附言，但考证归并一处。

6. 一个园主有多处园林，只在第一个园林处进行人物介绍。

7. 文人多为文学家，列其文集名、相关的园林诗词、歌赋、园记及散文等。

8. 人物不列考证的作者。

9. 皇帝以俗称为主，姓名为辅，如秦始皇。

10. 著名文人以文献常用名为主，或名或字或号。

六、详细情况

1. 首先列所处县城或乡镇中的位置。

2. 考证建园和变迁时间节点。

3. 明确各个时期园林要素，如山、水、石、建筑及花木等。

4. 园林文化的基本点是园名和景名，有个别重要者，说明园名出处，一般景名的典故不赘述。

5. 园林文化第二个方面是楹联，大多省略。

6. 园林文化第三个方面是园记，部分引用。

7. 园林文化第四个方面是诗词，择要引用，多只列篇名。

8. 园林文化第五个方面是园主在园中著述的作品，只列书名。

9. 文献考证以正史、方志和园记为主，小品文或游记等为辅，诗词为参考。

10. 考证文献以两种形式标注。第一是直接用原始篇名，附引用正文。第二是用简文概述，末附作者书名。

11. 二次引用者，只列于参考文献之中。

12. 参考文献分：书籍、刊物论文、毕业论文、报纸，网上引用者，直接在正文中标注作者。

第一章

先秦园林年表

建园时间	园名	地点	人物	详细情况
上古	玄圃	新疆昆仑山	玉帝	亦作悬圃，传说在昆仑山上的园林。刘安《淮南子·地形训》："昆仑之丘，或上倍之，是谓凉风之山，登之不死。或上倍之，是谓玄圃，登之乃灵，能使风雨。或上倍之，乃维上天，登之乃神，是谓天帝之居。"刘向《楚辞·哀时命》："愿至昆仑之悬圃兮。"王逸注："愿避世远去，上昆仑山，游于悬圃。"班固《汉书·郊祀志》："览观悬圃，浮游蓬莱。"张衡《东京赋》："左瞰旸谷，右睨玄圃。"
上古	瑶池	新疆昆仑山	王母	传说，昆仑山上有西王母的离宫瑶池。
传说	海中三神山：蓬莱、方丈、瀛洲	渤海	仙人所居	司马迁《史记·秦始皇本纪》："齐人徐市等上书，言海中有三神山，名曰蓬莱、方丈、瀛洲，仙人居之。"《史记·封禅书》："此三神山者，其傅在勃海中，去人不远。""傅"，或作"付"，亦有人以为是"传"，即传说在渤海中。三山，亦名三岛，因形状皆如壶，故亦称蓬壶、方壶、瀛壶。据白居易《长恨歌》，杨贵妃死后化仙而居蓬莱宫，蓬莱宫"楼阁玲珑"。东方朔《十洲记》曰："方丈东西南北岸相去正等，方丈面各五千里……有金玉琉璃之宫。"李白《梦游天姥吟留别》："海客谈瀛洲，烟涛微茫信难求。"周维权《中国古典园林史》说："东海仙山的神话内容比较丰富，因而对园林发展的影响也比较大。园林里面由于神仙思想的主导而模拟的神仙境界实际上就是山岳风景和海岛风景的再现。"
上古	帝尧台	新疆昆仑山	尧帝	《山海经·海内北经》："帝尧台、帝喾台、帝丹朱台、帝舜台，各二台，台四方，在昆仑东北。"
上古	帝喾台	新疆昆仑山	喾帝	同上。
上古	帝丹朱台	新疆昆仑山	丹朱	同上。
上古	帝舜台	新疆昆仑东北	舜帝	同上。

建园时间	园名	地点	人物	详细情况
上古	湍池	新疆昆仑山		刘安《淮南子·地形训》:“禹乃以息土填洪水以为山名,掘昆仑虚以下地(通池)。”“湍池在昆仑。”表明大禹在昆仑山挖土成水池,池名湍池。
上古	莲花池	北京密云	共工	在密云县共工城,共工在城南、城西 1200 亩沼泽地上建成莲花池,池水气势浩瀚,水鸥翔集,锦鱼泳动,夏季荷叶连天,荷花盛放。
夏,前 2100～前 1600	骊姬故房	山西太原		李维祯《山西通志》:“旧宫有殿,金户丹庭紫宫,俗人名为骊姬故房。”
夏	夏后避暑离宫	山西中条山		李维祯《山西通志》:“皇川在县东南五十五里中条山内,耆旧相传夏后避暑离宫之所。”
夏,相帝元年	云和	山西绛县	相帝 羿	虞汝明《古琴疏》:“夏商相元年,条谷贡桐、芍药,帝命羿植桐于云和,命武罗伯植芍药于后苑……或云台在绛县。”云和为夏帝庭园,可能在绛县。
夏,相帝元年	后苑	山西夏县	相帝 武罗伯	虞汝明《古琴疏》:“夏商相元年,条谷贡桐、芍药,帝命羿植桐于云和,命武罗伯植芍药于后苑……”盖云和与后苑为夏宫两个庭园。
夏,相帝元年	瑶台(旋台)	山西夏县	相帝	虞汝明《古琴疏》:“瑶台亦名旋台,与三衢并在夏县。”即夏县还有一个夏相帝的宫苑,名叫瑶台,或称旋台。
夏,桀帝	长夜宫	山西	桀帝	李维祯《山西通志》:“桀为名室,又为长夜宫于深谷之中。”夏帝桀在深谷中建长夜宫。
夏	钧台		启	左丘明《左传·昭公四年》云:“夏启有钧台之享。”郦道元《水经注·颍水注》云:“启享神于大陵之上,即钧台也。”
商,前 1600～前 1027	亳	河南偃师		台基的中部有座进深三间、面阔八间、四坡出檐的殿堂,堂前是平坦的庭院,南面有宽敞的大门,四周是廊院,围着中间的殿堂。
商	西亳	河南偃师		城址的平面大体为长方形,城址东西宽 1200 米,南北现长 1700 米,城墙全部用夯土建成,厚约 18 米。城址内还发现了三处大型建筑基址。其中南部正中的一处面积最大。

建园时间	园名	地点	人物	详细情况
商	百泉景区	河南辉县		位于辉县市西北2公里的苏门山南麓，为河南省重点文物保护单位，面积3.4万平方米，素以秀水青山、古迹名胜享誉中州，是河南省最大且保护最好的古园林建筑群。百泉湖开凿于商，已有3000多年的历史，因湖底泉眼众多而得名，又因泉水自湖底喷涌而出，累累如贯珠，故又名珍珠泉。历经千百年的整修、改造，百泉成为中原地区著名的古典园林。大大小小、各种类型的古建筑达90多处。建筑风格既有南方的小巧玲珑、清新秀丽，又有北方的雄伟壮观，富丽堂皇。被誉为“中州颐和园”、“北国小西湖”。
商	简狄台		简狄	司马迁《史记·殷本纪》：“简狄在台。”简狄是商代先祖契的母亲，有娀氏之女，传说她吞玄鸟（燕）卵而生契。
殷	鹿台	河南朝歌	殷纣王	纣王在王城内园林，宽广三里，高达千尺，收藏珍宝、狗马等。
殷	沙丘苑台	河北沙丘	殷纣王	纣王离宫，集圈养、栽植、通神、观天于一体的娱乐场所。
西周，前1027～前770	灵台	陕西西安	周文王	郊野离宫，以动植物为主，供帝王狩猎。
西周	灵囿	陕西西安	周文王	郊野离宫，有鹿、鸟等动物，供帝王狩猎。
西周	灵沼	陕西西安	周文王	郊野离宫，有鱼鸟、水草、池水等水景。灵台、灵囿、灵沼、灵圃，《诗经·大雅·灵台》皆言及之。
西周	灵圃	陕西西安	周文王	主要是种植各种花草。
西周	辟雍	陕西西安	周文王	周文王的离宫，圆形池沼，宛若璧玉。此时的辟雍，与后期皇家学校不同。
西周	骊宫	陕西临潼	周幽王	为周幽王离宫，建于骊山上，山顶有烽火台，幽王为博褒姒一笑而点烽火戏诸侯，导致西周灭亡。

建园时间	园名	地点	人物	详细情况
东周，前770～前256	昆昭台		周灵王	周灵王有昆昭台。（吴功正《六朝园林》）
燕，前864～前222	燕宫苑	河北易县		宫室位于东部北端中央，有高大的夯土台，长130～140米，高约7.6米，成阶梯状，附近还发现附属建筑的遗址。这组建筑之北，散布若干夯土台，连同城内外大小台址共计50多处，表明当时燕国的宫室筑在高台上。
燕	碣石宫	渤海湾葫芦岛市		建于海滨，利于观海。
燕	钓台	燕下都	燕王	燕王离宫。位于易水岸边，高数丈，秀峙相对，左右翼台，有流水、洲浦。
燕	仙台		燕王	为燕王求仙处，东台三峰，崇峻山峰，幽深谷壑。《水经注》有载："燕王仙台有三峰，甚为崇峻，腾云冠峰，高霞云岭。"
燕	小金台	燕下都	燕王	台很高，与阑马台隔岸相对。
燕	阑马台（兰马台）	燕下都	燕王	台高，与小金台隔岸相对，左右有两翼台，周围长庑广宇，周旋被浦，台之间水流相通。《水经注》云："小金台北有阑马台。"
燕	金台	燕下都	燕王	《寰宇记》："石柱在易县东南三十里。金台，俗称东金台，在县东南三十里。小金台、阑马台，并在县东南十五里。" 《水经注》："濡水经武阳城而北流，分为二渎，一水迳故安城西侧南注，左右百步有二钓台，参差交峙，迢递相望。其一东注金台陂，陂侧西北有钓台，高丈余，方可四十步，陂北十余步有金台，北有小金台，台北有阑马台，并悉高数丈，秀峙相对，翼台左右，水流迳通。"
齐，前694～前686	齐国宫苑		齐襄公	《管子·小匡》："昔先君襄公，高台广池，湛乐饮酒，田猎毕弋，不听国政。卑圣侮士，唯女是崇，九妃六嫔，陈妾数千。食必粱肉，衣必文绣。"齐襄公，前694—前686在位，好勇喜功，连年征战，对内横征暴敛，荒淫无道，大治园池和宫室。

建园时间	园名	地点	人物	详细情况
齐，前 679～前 645	三归之台	临淄或小谷	管仲	管仲(前 725—前 645)，春秋初军事家和政治家，被齐桓公称为仲父，进行改革，使齐国成为春秋第一个霸主。齐桓公当上霸主后(前 679)家居、服饰和园林按周天子标准，管仲亦在家中建三归之台，仿周天子灵台式样，名字均源于楚灵王的三休台(章华台)。地点可能在临淄都城或在小谷(山东东阿，前 662 年为管仲采邑)。
齐	柏寝台	渤海湾		建于海滨，利于观海。
齐	梧宫			战国齐宫殿名。汉刘向《说苑·奉使》："楚使使聘于齐，齐王飨之梧宫。"汉王粲《赠文叔良》诗："梧宫致辩，齐楚构患。"
齐	申池			古齐名池，即今淄博临淄齐故城小城西，为渑水、系水源头。公元前 609 年夏，齐懿公姜商人游于申池，被杀于竹林中。公元前 555 年，晋国伐齐，焚烧了申池之竹木。申池以北此段地域，自古享有盛名。齐景公说"有酒如渑"、易牙"能辨淄渑"、田单"骋于淄渑之间"。《水经注》载"水次有故封处，所谓齐之稷下也"，均指申池以北一带。此地域早在春秋战国时期就是负有盛名的风景区，亦是"百家争鸣"闻名于世的稷下学宫的所在地。明代修筑临淄县城时，在北门上镶嵌了"渑池衿带"的门楣石刻，就是鉴于此地域秀美的风光和丰厚的文化内涵。
齐	桓公台	山东淄博	齐桓公	余开亮《六朝园林美学》言齐有桓公台。
晋，前 676～前 651	斗鸡台	山西太平	晋献公	李维祯《山西通志》载，晋献公在太平建有斗鸡台，台达九层，以供斗鸡之娱。
鲁，前 643	泮宫	山东曲阜	鲁僖公	在流经鲁国宫城泮水的旁边，鲁僖公十七年(前 643)建，有水池、林泉、动植物和宫殿建筑等，《诗经》有《泮水》描述，许慎《说文解字》："泮，诸虞乡射之宫，西南为水，东北为墙。"《诗经》毛传："泮水，泮宫之水也。天子辟雍，诸侯泮宫。"汉高祖刘邦过鲁，在泮宫召见儒臣，北魏时尚存泮宫台。

建园时间	园名	地点	人物	详细情况
晋，前 636～前 628	晋武宫	山西闻喜	晋文公	李维祯《山西通志》载，晋文公在闻喜建有晋武宫，因宫城在太原，故晋武宫应为离宫。
晋，前 636～前 628	曲沃宫	山西闻喜	晋文公	李维祯《山西通志》载，晋文公在闻喜建有曲沃宫，因宫城在太原，故曲沃宫为离宫。
晋，前 636～前 628	神林介庙	山西太原	晋文公	晋文公在太原有皇家园林。傅山《神林介庙》："青松白栝十里周，比青柢白祠堂幽。晋霸园林迷草木，绵田香火动春秋。"可见在明末清初还有遗迹。
郑，前 627	原圃	河南中牟		《左传·僖公三十三年》云："郑之有原圃。"
秦，前 627	具囿	陕西凤翔		《左传·僖公三十三年》云："犹秦之有具囿也。"
晋，前 620～前 607	虒祁宫	山西绛县	晋灵公	李维祯《山西通志》载，晋灵公在绛县建有虒祁宫。郦道元《水经注》注：汾水经过虒祁宫，跨水建石桥，桥达 30 柱，柱径五尺，桥面与水面齐平。
吴	庆忌宅（琼花园）	浙江杭州	庆忌	《梦粱录》载在杭州楮家塘东，据传是春秋时庆忌的宅邸。庆忌，吴王僚子，自幼力量过人，勇猛无畏。阖闾杀僚夺取王位，又派要离刺杀庆忌。
齐，前 770～前 222	邺城	河北临漳	齐桓公	城墙的外面用砖建造，城墙上每隔百步建一楼，城墙的转角处建有角楼。《邺中记》载："邺宫南面三门。西凤阳门，高二十五丈，上六层，反宇向阳，下开二门。又安大铜凤于其端，举头一丈六尺。门窗户牖，朱柱白壁。未到邺城七八里，遥望此门。"邺城遗址位于河北省临漳县西南 13 公里的漳河北岸，距邯郸市 40 公里。始筑于春秋齐桓公时。曹魏、后赵、冉魏、前燕、东魏、北齐先后以此为都，北周时为杨坚焚毁。1957 年考古工作者对邺城遗址进行了首次勘察。1988 年，被国务院公布为全国重点文物保护单位，并向社会开放。邺城遗址是研究中国古代都城、建安文学、北朝文化的大型遗址。2012 年 1 月，邺城考古队勘测时发现了佛教造像埋藏坑。3 月份，佛造像埋藏坑田野发掘工作已初步完成。（汪菊渊《中国古代园林史》）

建园时间	园名	地点	人物	详细情况
赵，前 450～前 375	郑圃	河南中牟县	列子	古地名，郑之圃田，在今河南省中牟县西南。相传为列子所居。《列子·天瑞》："子列子居郑圃，四十年人无识者。国君、卿大夫眎之，犹众庶也。"萧登福《列子古注今译》："郑之圃田……今河南中牟县西南之丈八沟及附近诸陂湖，皆其遗迹。"唐李白《赠张公洲革处士》诗："列子居郑圃，不将众庶分。"明沈璟《义侠记·解梦》："郑圃残蕉，邯郸一枕，醒后偏萦方寸。"
卫，前 576～前 559	卫国宫苑	河南	卫献公	左丘明《左传·襄公十四年》："卫献公戒孙文子、宁惠子食，皆服而朝，日旰不召，而射鸿于囿。二子从之，不释皮冠而与之言。"可见宫中有囿，田猎时戴皮帽，在囿中射鸿。卫献公（前 542—前 559 在位）暴虐，沉迷于田猎游乐，故建有囿。
卫，前 573	鹿囿			《春秋·成公十八年》云："筑鹿囿。"
卫	端木叔园	河南	端木叔	刘向《列子·杨朱》载："卫端木叔者，子贡之世也。借其先赀，家累万金。不治世故，放意所好。其生民之所欲为，人意之所欲玩者，无不为也，无不玩也。墙屋台榭，园囿池沼，饮食车服，声乐嫔御，拟齐楚之君焉。"
卫	蔡相园	河南卫辉	太公 荆轲	郑樵《通志》载，蔡相园原为姜太公旧居，后为荆轲旧居，再后为齐王旧居。荆轲（？—前 227），战国末年侠客，卫国人，游历燕国时受燕太子丹之命刺杀秦始皇，败死。
卫	新台			余开亮《六朝园林美学》载，卫有新台。
晋，前 552	铜鞮宫	山西沁州	晋平公	《左传·襄公二十一年传》载，晋平公的离宫铜鞮宫在沁州南。
楚，前 535	章华台	湖北潜江	楚灵王	灵王建，古云梦泽内，园东西 2000 米，南北 1000 米，约 22 公顷，有台、宫、室、门、阙。主台章华台高 30 米、长 45 米、高 30 米，装饰富丽。
楚，前 533	郎囿			《春秋·昭公九年》云："冬，筑郎囿。"

建园时间	园名	地点	人物	详细情况
吴	夏驾湖	江苏苏州	寿梦	泰伯十九世孙寿梦(吴王)盛夏乘驾纳凉处,为吴国最早园林,后来阖闾和夫差亦以此为离宫,不断增修,宋时湖淤为田,只余部分为漕河。
吴,前514～前476	长洲苑		阖闾夫差	在苏州西南山水间,吴王阖闾和夫差修建,在汉代修葺后益为繁盛。汉代吴王刘濞说,长安的上林苑都不如长洲苑好。唐代仍存,唐人孙逖曾有诗《长洲吴苑校猎》描写:“辇道阊门出,军容茂苑来。山从列阵转,江自绕村回。剑骑缘汀入,旌门隔屿开。胜地虞人守,归舟汉女陪。可怜夷漫处,犹在洞庭隈。山静吟猨父,城空应雉媒。戎行委乔木,马迹尽黄埃。揽涕问遗老,繁荣安在哉?”左思《吴都赋》:“造姑苏之高台,临四远而特建。带朝夕之濬池,佩长洲之茂苑。”唐白居易《初到郡斋寄钱湖州李苏州》诗:“雪溪殊冷僻,茂苑太繁雄。”文徵明《次韵履仁春江即事》:“洞庭烟霭孤舟远,茂苑芳菲万井明。”
吴,前514～前426	武真宅园	江苏苏州	武真	泰伯十六世孙武真宅园,在钮家巷,周宣王时有凤集其园,故名凤池,为苏州最早私园。清时此地筑有凤池园。
吴,前514～前476	虎丘	江苏苏州	阖闾夫差	为吴王阖闾离宫别馆,又为阖闾墓地,至今仍为名胜。有剑池、白莲池、采莲桥、千人石、试剑石、勾践洞(仙人洞)、塔、塔影桥、孙武子亭等。
吴,前514～前476	华林园	江苏苏州	阖闾	在苏州长洲县华林桥。
吴,前514～前476	馆娃宫	江苏苏州	夫差	在苏州木渎镇灵岩山顶,吴王夫差为西施而建。现存遗址改建为净土宗灵岩寺,周围景观总称山顶花园,园中有玩花池(又称浣花池和金莲池)、吴王井(圆形,又名日井)、智积井(八角形,又名月池)、玩月池(浣月池)、西宫墙址、假山、长寿亭、琴台、响屧廊、披云台、望月台、佛日岩、献花岩、大晏岭、小晏岭、采香泾(箭径)、香水溪(脂粉塘)、击鼓石、西施洞(观音洞)、画船溇(划船坞)、由姑岭等。唐人皮日休有《馆娃宫怀古》、唐人罗邺有《吴王井》、清人严绳孙有《吴王井》、清人袁学澜有诗《浣花池》、清人张郁夫有诗赞浣月池,唐人陈羽有诗《吴城览古》赞长寿亭。

建园时间	园名	地点	人物	详细情况
吴，前 514～前 476	消夏湾	江苏苏州		在太湖西山的小岛上，园中多菱茨蒹葭，烟云鱼鸟，为吴王避暑离宫。
吴，前 514～前 476	华池	江苏苏州	阖闾	华池在长洲界平昌，为阖闾苑囿游乐之处。
吴，前 514～前 476	流杯亭	江苏苏州	阖闾	在女坟湖西二百步，阖闾游乐之处。
吴，前 514～前 476	苑桥	江苏苏州	阖闾	阖闾游乐之处。
吴，前 514～前 476	定跨桥	江苏苏州	阖闾	阖闾游乐之处。
吴，前 514～前 476	射台	江苏苏州	阖闾	在安里，阖闾称霸时游乐处。
吴，前 514～前 476	南城宫	江苏苏州	阖闾	在长乐里，阖闾称霸时游乐处。
吴，前 514～前 476	石城	江苏苏州	阖闾	阖闾置美人的离宫别苑。
吴，前 514～前 476	梧桐园	江苏苏州	夫差	赵晔《吴越春秋》和左丘明《春秋左氏传》载，阖闾十年(前 505)，吴破楚，建王室前园，夫差十三年(前 483)伐齐过姑胥之台，白天梦见前园横生梧桐，归后更名前园为梧桐园，园中以梧桐为主，汉时犹存。《吴郡志》、《苏州府志》、《吴门表隐》、《梧桐园》和周南老诗皆记载或歌咏此园。
吴，前 514～前 476	姑苏台	江苏苏州	阖闾 夫差	又名姑胥台，吴王阖闾始建，夫差续建。建于太湖之滨的姑苏山上，因山筑台，联台成宫，有高台、天池、青龙舟、春宵宫、海灵馆、馆娃宫(苑中苑)，峰峦秀，石景奇，宫室丽。主台广 84 丈，高 300 丈。越王勾践破吴，困夫差于姑苏台，烧台而去，从此姑苏台成为废墟。
吴，前 514～前 476	锦帆泾	江苏苏州	夫差	在子城沿城壕边，夫差驾楼船，听箫鼓，与西施行乐于此。

建园时间	园名	地点	人物	详细情况
吴，前 514～前 476	吴宫乡	江苏苏州	夫差	在长洲苑东南 50 里，夫差游乐别苑。
吴，前 514～前 476	走狗塘	江苏苏州		吴王田猎之处。
吴，前 514～前 476	五茸	江苏苏州		五茸各有名字，皆为吴王狩猎之所。
吴，前 514～前 476	吴宫后园	江苏苏州	夫差	赵晔《吴越春秋》载，夫差十四年(前 484)太子友游后园，闻秋蜩之声，此园为夫差所建后花园，园中高林巨木，绿荫满地。汉时犹存，杜牧有诗“吴王宫殿柳含翠”赞之。
越，前 490	越王台	浙江绍兴	勾践范蠡	勾践命范蠡在绍兴卧龙山(现府山)上建宫城和高台，其宫台“周六百二十步，柱长三丈五尺三寸，溜高丈六尺。宫有百户，高丈二尺五寸”。宋宁宗嘉定十五年(1222)知府汪纲重修，康熙五十二年(1713)年知府俞卿重修，1937 年贺杨灵重修，1980 年政府重修，成为绍兴名胜古迹。
鲁，前 479	蛇渊囿	山东肥城		囿名。《春秋·定公十三年》云：“夏，筑蛇渊囿。”
鲁，前 479	孔林	山东曲阜	孔子	是孔子及其后裔的墓地，孔子于鲁哀公十六年(前 479)逝世，葬于鲁城北泗水河畔，鲁哀公致悼词，并与其弟子们在墓地周围植四方奇树，封而不垅，墓而不坟，历代增修 13 次，增植 5 次，扩地 3 次。秦汉时筑坟，东汉桓帝永寿三年(157)鲁相韩敕修墓，改祠坛为石砌，增神门、斋厅，广一顷。南北朝元嘉十九年(442)宋文帝植松柏 600 株，北魏太和十九年(495)孝文帝祭孔时起园栽柏，修饰坟垅，更建碑铭。唐咸通四年(863)官拔 50 户守墓。后周广顺二年(952)太祖郭威敕禁樵采。北宋景德四年(1007)增守户 20，徽宗历五年刻巨石碑(按：因石巨运难，民工称之万人愁)。元文宗至顺二年(1331)曲阜县(今曲阜市)尹孔思凯修林墙、林门。明太祖洪武十年(1377)居文约扩林田 56 亩。英宗正统八年(1443)孔彦缙增立文宣王孔子、泗水侯孔鲤、沂水侯孔伋墓碑。

建园时间	园名	地点	人物	详细情况
				孝宗弘治七年(1494)重修驻跸亭、林墙、门楼,增洙水桥左右两桥,植柏数百,明末达18顷。康熙二十三年(1684)孔尚任乞赐地11顷14亩9分,达30顷。雍正八年(1730)历三年修门坊,派官员管理守卫。现广200公顷,有殿门亭坊60余间,神道2华里,门坊五座,碑碣4000余,墓冢10万余座,围墙7.25公里,高3米,树木4万余,古树9445株。
赵,前475～前425	赵襄子台	山西和顺	赵襄子	赵襄子是晋国卿赵简子的幼子,与韩、魏三家分晋,创立战国时代的赵国,和顺县西二里之处建有台。
宋,前369～前286	漆园	河南蒙城	庄周	庄周(前369—前286),战国时哲学家,宋国蒙(河南商丘)人,他曾在当地(今蒙城漆园办事处附近)任漆园吏。漆园可能是以植漆树为主,向国君提供油漆的专类植物园,游览性较差,以生产性为主。居园时写成《庄子》。
秦,前361～前338	章台	陕西渭南	秦孝公	秦孝公(前361—前338)、秦惠王(前337—前325)历代经营的离宫,至汉代仍存,前121年,江都王建游章台。
赵,前325～前299	丛台	河北邯郸	赵武灵王	赵武灵王所建,又名龙台,为当年赵武灵王观看兵马操演和宫女歌舞之所,因多台垒列而名丛台,至今犹存。园占地360亩,有天桥、雪洞、妆阁、花苑诸景,历代受灾无数,明中叶(1500)年后修复十余次,嘉靖十三年(1534)建据胜亭于台顶,在亭上以俯瞰全城,湖中纪念乐毅的望诸榭和纪念程婴、公孙杵臼、韩厥、蔺相如、廉颇、赵奢的七贤祠亦在脚下。现为同治年间修建,方圆1100米,二层东西59米,南北80米,高26米。新中国成立后,以武灵丛台为中心,修建了人民公园。2000年重修扩建,占地由原来的近2.87万平方米,逐步扩充为24万平方米,其中水面占将近2.7万平方米,砖城上建回澜亭、武灵馆。
赵	赵圃			广植松柏,是以植物为主的园林。

建园时间	园名	地点	人物	详细情况
巴，前 323～前 317	巴子台（巴王台）	重庆忠县	巴王	在重庆忠县城东巴王庙后，为战国时巴国巴王所创皇家园林，时巴国将军巴蔓子曾以此为瞭望台。唐时犹存，白居易有诗《九日登巴台》："黍香酒初熟，菊暖花未开。闲听竹枝曲，浅酌茱萸杯。去年重阳日，漂泊湓城隈。今岁重阳日，萧条巴子台。旅鬓寻已白，乡书久不来。临觞一搔首，座客亦徘徊。"宋诗人易士达有诗《巴子台》道："东郊青土尚崔嵬，疑是巴王筑此台。回首当时歌舞地，六宫今尽没黄埃。"清代文人余辉生撰有巴王台联："卓锡已看新法界，检身犹听旧钟声。"
燕，前 314	黄金台（招贤台）	北京宣武	燕昭王	在北京朝阳区金台路，又道在西城区，南朝梁任昉《述异志》道，314 年，燕国大乱后，昭王即位，为兴国而卑身厚币，力求贤者，即赐黄金，筑美屋，时称黄金台、贤士台，最初为郭隗所筑，后招得乐毅。历代文人歌咏此台，唐代诗人一再凭吊歌咏黄金台，武则天神功元年(697)陈子昂写下《蓟丘览古赠卢居士藏用》："南登揭石馆，遥想黄金台。丘陵尽乔木，昭王安在哉？"李白多次写黄金台，高适在此从军，作《酬裴员外以诗代书》。金代章宗题为燕京八景之"金台夕照"。成吉思汗入燕，中都大火，忽必烈重建大都，台成城南大悲阁东南隗台坊南，今下斜街和广安门内大街交会口牛街东北。辽代黄金台改燕台，明初又改立于朝阳门外。朱棣于永乐十二年(1414)命文学侍臣胡俨、胡广、杨荣、金幼孜等 13 人为北京八景写诗 120 首，王绂配画，成北京八景图。乾隆于朝阳门护城河东南立"金台夕照"碑。
吴，前 263～前 256	桃夏宫	江苏苏州	春申君	楚灭吴，春申君(名黄歇，？—前 238)父子领吴地时所建。
吴	吴市	江苏苏州	春申君	同上。
吴	吴诸里大闬	江苏苏州	春申君	同上。

建园时间	园名	地点	人物	详细情况
吴	吴狱庭	江苏苏州	春申君	同上。
楚	放鹰台	云梦泽		建于湖边,可登台环望。
楚	渚宫			建于湖中小岛,乘舟入园。
秦	林光宫	甘泉山		建于山上,利于远望。
韩	桑林苑	河南宜阳		韩国的苑囿。《战国策·韩策》云:"东取成皋、宜阳,则鸿台之宫,桑林之苑,非王之有已"。
魏	温囿		魏王	魏国的苑囿,后经周君在大臣綦母恢巧言,送给周君。《战国策·西周策》云:"犀武败于伊阙,周君之魏求救,魏王以上党之急辞之。周君反,见梁囿而乐之也。綦母恢谓周君曰:'温囿不下此,而又近。臣能为君取之。'反见魏王,王曰:'周君怨寡人乎?'对曰:'不怨。且谁怨王?臣为王有患也。周君,谋主也,而设以国为王捍秦,而王无之捍也,臣见其必以国事秦也。秦悉塞外之兵,与周之众,以攻南阳,而两上党绝矣。'魏王曰:'然则奈何?'綦母恢曰:'周君形不小利事秦,而好小利。今王许戍三万人与温囿,周君得以为辞于父兄百姓,而利温囿以为乐,必不合于秦。臣尝闻温囿之利,岁八十金,周君得温囿,其以事王者,岁百二十金,是上党每患而赢四十金。'魏王因使孟卯致温囿于周君而许之戍也。"鲍彪评:"周君非贤君也,秦兵在境而乐于囿,其志荒矣。恢虽能得囿,非君子所以事其君。"
魏	梁囿			有松鹤、池沼。

第二章

秦代园林年表

建园时间	园名	地点	人物	详细情况
前 337～前 210	上林苑	陕西西安	秦惠文王 秦始皇	秦国故苑，至晚成于秦惠王时，始皇扩建。《史记·秦始皇本纪》载，始皇二十七年(前 220)，“作信宫渭南，已更名信宫为极庙，象天极。自极庙道通骊山，作甘泉前殿。筑甬道，自咸阳属之”。原上林苑得到扩大、充实，成为诸国中最大者，南至终南山北坡，北界渭河，东至宜春苑，西至周至，内有八大河流(灞、浐、沣、涝、潏、渭、泾、滈)和多处人工湖，如牛首池、镐池等。集宫、殿、台、馆于一体，内有许多苑中苑，阿房宫为其一，另有宜春苑、梁山宫、骊山宫、林光宫、兰池宫等。许多前朝宫苑纳入上林，成为苑中苑。苑内圈养动物，如虎圈和狼圈等，修宫馆，以利观看和射击。兰池宫引渭水，灌兰池，筑三岛，名为蓬瀛，为一池三山始祖。
前 221～前 210	骊山汤(华清宫)	陕西临潼	秦始皇 刘彻	骊山在陕西临潼，山下有温泉，秦始皇辟为离宫，名骊山汤，汉武帝又加修葺，隋开皇三年(538)，更修屋宇，列植松柏。唐贞观十八年(644)李世民诏左屯卫将军姜行本、将作少匠阎立德主持修建汤泉宫，作为皇家浴疗之所，唐玄宗李隆基于天宝六年(747)扩建为华清宫，与杨贵妃在此居住。安史之乱后毁，五代改道观，明清毁，新中国成立后改建为华清池公园。离宫坐南朝北，北宫南苑，范围南及烽火台，北至临潼区十字街，西至铁路疗养院牡丹沟，东至东花园寺沟。离宫仿长安城，有内外两墙，外墙名会昌城，宫城相当于皇城，苑林相当于禁苑。宫城中轴明显，前朝区有左右朝堂、修文馆、宏文馆，外朝有前殿后殿，殿东为皇帝寝宫：瑶肖楼、飞霜殿、梨园；殿西为寺观：果老堂、十圣殿、功德院；宫殿南为八处汤池：九龙汤、贵妃汤、星辰汤、太子汤、少阳汤、尚食汤、宜春汤、长汤等。开阳门东廓城内有殿宇：观光楼、四圣殿、逍遥殿、重明阁、宜春亭、李真人祠、女仙观、桉歌台、斗鸡台、马球场。望京门以西有复道、天狗院、会昌县衙、延寿亭、御马院、少府监、五圣观。在南部苑林区有自然岩壑、溪谷、瀑布、花卉、果树、芙蓉园、粉梅坛、看花台、石榴园、西瓜园、椒园、东瓜园等。在山峰上建有亭观：朝元阁、长生殿、王母祠、福岩寺(石瓮寺)、绿阁、红楼、烽火台、老母殿、望京楼(斜阳楼)等。植栽有：松、柏、槭、桐、柳、榆、桃、梅、李、枣、榛、海棠、芙蓉、石榴、紫藤、芝兰、竹子、旱莲等。

建园时间	园名	地点	人物	详细情况
前 220	信宫	陕西咸阳	秦始皇	建筑宫苑，在渭水之南，更名极庙，象天极，极庙通骊山，甘泉殿通咸阳，端门四达，北陵营殿，以制紫宫，以象天庭，引渭灌都，以法天汉，横桥南渡，以法牵牛。
前 219	琅琊台	山东诸城	秦始皇	琅琊山在密州诸城东南 140 里，始皇建台于山顶，徙黔首三万户于此，管理维护，始皇登台三月，流连忘返。
前 216	长池宫	陕西咸阳	秦始皇	长池亦称兰池。《史记·秦始皇本纪》正文云："秦始皇都长安，引渭水为池，筑蓬、瀛，刻石为鲸，长二百丈。"《三秦记》亦云："秦始皇作长池，引渭水，东西二百里，南北二十里，筑土为蓬莱山，刻石为鲸，长二百丈。"《史记》记载：秦始皇三十一年（前 216）十二月，曾"逢盗兰池"。《元和郡县图志》云："秦兰池宫，在（咸阳）县东二十五里。"
前 212	阿房宫	陕西咸阳	秦始皇	又名阿城，秦惠王始建，秦始皇扩建，为建筑宫苑。通过复道北接咸阳宫，东接骊山宫，放射形网络形似天体星象，规恢三百余里，离宫别馆，弥山跨谷，复道（双层廊道）相属，阁道通骊山八百余里，表南山巅以为阙。宫城前殿内土台外建筑，体量巨大，长 750 米，宽 116.5 米，高 11.65 米，上可坐万人。始皇朝此夕彼，往来其间，无人知晓。项羽入关后毁之。
不详	中岳庙（太室祠）	河南嵩山	秦始皇 汉武帝 武则天 乾隆	位于太室山南麓山脚下，其背靠三十六峰中的黄盖峰，面对玉案山，东为牧子岗，西侧为望朝岭。占地一百六十余亩，为中原地区规模最大的寺观，同时也是五岳中保存最大、最完整的古建筑群。秦代为祭祀太室山神的场所，汉武帝时增建太室神祠，北魏时，定名为中岳庙，由道教机构进行管理。唐代武则天于万岁登封元件（696 年）登封嵩山时，加封中岳神。唐开元年间，唐玄宗仿效汉武帝加增太室祠的仪式，对中岳庙进行了空前的扩建，种植大量松柏，中岳庙达到了鼎盛。元代末期因战争造成寺观建筑大量损毁。明清时期又多次修建，乾隆时按北京紫禁城修整。现存中岳庙的主要建筑沿中轴线依次分布，其中轴甬道采用厚重的大块

建园时间	园名	地点	人物	详细情况
				青石板铺砌，总长达0.7公里，先后分布十一进院落，依次有：中华门、遥参亭、天中阁、配天作镇坊、崇圣门、化三门、峻极门、嵩高峻极坊、中岳大殿、寝殿、御书楼。北面的黄盖峰顶建有黄盖亭，站在亭内可俯瞰中岳庙全景，远眺太室山群峰。
不详	奉节白帝庙	重庆		《蜀中名胜记》引《入蜀记》云："白帝庙，气象甚古，松柏皆百年物。有数碑，皆孟蜀时立。"
不详	岱庙（泰庙、泰山行宫、东岳庙）	山东泰安		位于泰山市旧城南门与岱顶南天门中轴上，是历代帝王封禅的居所和大典场所，是一座城堞宫殿式建筑群，东西237米，南北406米，总面积为96459平方米。有东中西三轴，中轴线上，从南向北建有遥参亭、正阳门，配天门、仁安门、天贶殿、后寝宫、厚载门，东轴线上，前后置有汉柏院（原炳灵殿院）、东御座（原迎宾堂）、后花园，西轴线上前后置有唐槐院（原延禧殿院）、环咏亭院（已圮）、雨花道院。景观要素有：假山、水池、坊、亭、阁、廊、堂、楼、馆、古树、碑刻、盆石、石雕；空间方面有园林庭院、后花园；手法上有框景、对景、夹景、借景、障景、漏景等。史有"秦即作畤"，"汉亦起宫"的记载。

第三章

汉代园林年表

建园时间	园名	地点	人物	详细情况
西汉，前 203 左右	南越宫苑	广东广州	赵佗	赵佗（？—前 137）河北真定人，曾为秦的将领，参加过北击匈奴、统一岭南的战争，后任秦朝的龙川县令，于公元前 203 年建立南越国，定都番禺，自号南越王，历五世而于前 111 年被西汉所灭。有国之年，于广州今中山四路一带建宫苑，有曲流、大殿、水榭、廊庑、沙洲、亭子等景观，仿长安园林之制，石渠法北斗七星状。（杨鸿勋《积沙为洲屿，激水为波澜——南越宫苑初露端倪》）
西汉，前 203 左右	越王台	广东广州	赵佗	赵佗在建国之时，约前 203 年左右，在广州越秀山上建越王台，不仅有台，且有歌舞冈。
南越，前 203～前 137	长乐台	广东五华	赵佗	赵佗在五华县的五华山上建长乐台，以为游乐之处。
西汉，前 202	长乐宫	陕西西安	刘邦	刘邦在秦兴乐宫故址上修建长乐宫，历时两年，周延 20 里，有殿十四处，有鱼池、酒池、鸿台（秦时所筑），有长信、长秋、永寿、永宁为嫔妃宫殿，及长定、建始、广阳、中室、月室、神仙、椒房诸殿，为刘邦居住和临朝之所。前 195 年，刘邦驾崩于此。
闽越，前 202	桑溪	福建福州	无诸	在福州东郊金鸡山北，源出青鹅山，在登云路（山石）下一段曲折迂回，称曲水，淳熙《三山志》载闽越王无诸曾在此举行流杯宴，时为皇家园林，比兰亭曲水早约 550 年。夹岸有桃花、翠竹、修褉亭、龙窟、怪石。北宋时景多废，太守程师孟挥毫题字，明徐熥、徐勃考证和修复了曲水，约谢肇淛、邓原岳、曹学佺、林宏衍、陈荐夫在此举行曲水宴，清道咸年间学士刘家谋在台湾写有《忆桑溪禊事诗》。
闽越，前 202	闽越王台	福建福州	无诸	前 202 年，闽越王无诸（勾践 13 世孙）因灭秦有功而在江心洲的南台山上建越王台，在此受汉封闽越王，环台起苑，狩猎于此。其子余善杀兄郢后自立为闽越王，在此游玩垂钓，前 112 年左右，托称钓得白龙，故更此台名为钓龙台，又私刻玉玺，谋反兵败。无诸孙丑亦在此受封闽越繇王，后人为了纪念无诸，在台上建庙，人称闽越第一庙，宋时台上建达观亭，山上建碧云寺。清代，台上建“台山第一亭”，亭边建榕阴山馆，成为历代登高揽胜和吟咏佳处。

建园时间	园名	地点	人物	详细情况
西汉，前 200	未央宫	陕西西安	刘邦	刘邦所建，汉最早宫苑，占地 4.6 千米，内外两重宫墙，有台、殿 43，池 13，山 6，由内外两宫组成。外宫有沧池，20 公顷，池中筑渐台，从昆明池引水入沧池，再绕至后宫，沿渠有石渠阁、清凉殿等。后宫有椒房、昭阳舍、增城舍、椒风舍、掖庭等 14 组嫔妃居舍，帝寝宣明殿、冬居温室殿、书楼天禄阁、观台柏梁台，及衙署、凌室、织室、暴室、彘室、六厩等。
西汉，前 198	如意轩	河北邯郸	汉高祖	古丛台南有如意轩，系汉高祖九年（前 198）为纪念赵王如意而建。（汪菊渊《中国古代园林史》）
西汉，前 198	赵王宫	河北邯郸	汉高祖	古丛台北有赵王宫，汉高祖九年建。（汪菊渊《中国古代园林史》）
西汉，前 198	回澜亭	河北邯郸	赵王如意	位于古丛台西。（汪菊渊《中国古代园林史》）
南越，前 196	白鹿台	广东新兴	赵佗	前 196 年，赵佗与众将到广东新兴县狩猎，得白鹿一只，以为吉兆，故建台以志，名白鹿台。
南越，前 196 左右	三山两湖（药洲）	广东广州	赵佗	赵佗在广州番禺王城所创皇家园林，城内有三山两湖，三山指番山、禺山和坡山，两湖指兰湖和西湖。西湖也称仙湖，今西湖路和仙湖街一带，在仙湖上，有药洲，洲上有道人奉命炼长生不老药，唐末以此为基础建立南宫，今存 300 平方米。
西汉，前 206～前 157	桑园	江苏苏州	张长史	在苏州桃花坞，清末谢家福《五亩园小志》："旧有五亩园，胜绝一时，为汉张长史所置以种桑者。"
西汉，前 179～前 157	思贤苑	陕西西安	汉文帝	为上林苑之苑中苑。汉文帝为太子立思贤苑，以招宾客。苑中有堂室六所，客馆皆广庑高轩，屏风帏褥甚丽。
西汉，前 176	贾太傅宅园	湖南长沙	贾谊	位于太平街太傅里，为贾谊故居。西汉文帝前元四年（前 176），贾谊被贬为长沙王太傅，谪居四年，在宅院内种以柑树，莳以花草，置独脚石床，凿幽深水井，带有中原长安的造园艺术特点，成为长沙私园之始。东晋时此处为长沙郡公陶侃住宅，

建园时间	园名	地点	人物	详细情况
				咸康年间(335—342)后改为陶侃庙，以后又复旧名。明成化元年(1465)，长沙太守钱澍募资赎地，重建太傅祠。神宗万历八年(1580)增祀屈原，改屈贾祠。清光绪元年(1875)另建屈子祠于府学宫文昌阁左，此处仍为贾谊祠。祠中正堂为治安堂，祠左配清香别墅，内有佩秋亭、怀忠书屋、大观楼等。1911年后售为商店。1938年，因“文夕大火”而毁，只余一间，今存。
西汉，前161～前155	兔园(梁园、东苑、菟园、清泠池)	河南商丘	刘武	又称菟园、东苑，在今睢阳城东，面积很大，开封部分为兔园，商丘部分为清泠池。梁孝王刘武(景帝弟)在篡位失败后所建，故又名梁园，方圆三百余里，堪与帝苑相媲，建三十里复道与王城相连。园内筑有平台，堆有假山，开有岩洞，植有奇木，养有异兽，凿有湖池，有景：百灵山、落猿岩、栖龙岫、望秦岭、鸿雁池、金果园、清泠池、梳洗潭、清泠台、蒹葭洲、凫藻洲、平台、鹤洲等。睢水两岸广植修竹，名修竹园，为园中园。枚馆、邹馆为文人馆，曜华宫为主体建筑。园中用寸肤石(一指为寸，四指为肤，喻石块小)叠山，形如怪兽。该园是集山水、建筑、植物、动物于一体的人工山水离宫，为西汉最著名的藩王园林。司马相如和枚乘在此写成《子虚赋》和《七发》，李白有《梁园吟》歌咏此园。唐代白居易《雪中寄令狐相公兼呈梦得》诗中曰：“兔园春雪梁王会，想对金罍咏玉尘。”唐时亦有遗址，《北道刊误志》续谈卷二记载：“兔岗在县东北七里，旧云即梁孝王兔苑，俗曰兔敝岗。”《元和郡县图志》云，宋州有兔园，有台数丈，台下为绿池，亦名清泠池。刘武(？—前144)，汉文帝嫡二子，汉景帝同母弟，母窦皇后。前178年受封代王，前176年改封淮阳王。前168年，梁宣王刘揖薨，无嗣，刘武继嗣梁王。前161年就国，都睢阳(今河南商丘)。七国之乱期间，曾率兵抵御吴王刘濞，保卫了国都长安，功劳极大，后仗窦太后疼宠和梁国地大兵强欲继景帝之位，未果。前144年十月病逝，谥号孝王，葬于永城芒砀山。自受封至去世，共为王35年，为梁王24年。孝王死后梁国一分为五，为其五子封园。历代为梁园题咏者，除李白外，还有唐朝的杜甫、高适、王昌龄、岑参、李贺，宋朝的秦观，明朝的李梦阳、侯方域等。

建园时间	园名	地点	人物	详细情况
西汉，前161～前155	鹿园（燕喜台）	山东金乡	刘武	在金乡砀山城东三里处，赵宏恩《江南通志》云，西汉梁孝王刘武所构，名鹿园，入唐，改名燕喜台。台出典《诗经·鲁颂》："天锡公钝嘏，眉寿保鲁，居常舆许，复周公之宇，鲁侯燕喜，令妻寿母。"三面环水，上有亭，下有池，名华池，李白曾于天宝三年（744）游此，写《秋夜与刘砀山泛舟燕喜池》，唐后历朝修缮，乾隆三年（1738）后，圮于水灾。1980年10月出土宴喜台碑，为宋政和三年（1113）真州知府李釜所书"宴喜台"三字，令知县徐勘刻石于台侧，后讹台为宴嬉台。1983年重建。
西汉，前155	蓼园	湖南长沙	刘发	西汉景帝前元二年（前155），长沙定王刘发思念长安母亲，于城东建高台，以利北望，人称定王台，台周修蓼园（蓼为味道辛苦的草本植物，人称辛菜）。刘发（？—前129），景帝第六子，母唐姬。
西汉，前154～前149	灵光殿	山东曲阜	刘余	汉景帝前元三年（前154）封其子刘余为鲁恭王，武帝元光六年（前129）刘余死。余好治宫室，在都城曲阜建王宫灵光殿，为宫苑式藩王园林。按天上星宿和五行阴阳规划布局有：假山、岩洞、曲池、沟渠、滴泉、钓台、渐台、宫殿、庙宇、飞观、高楼、环路、动物、植物等，装饰极其豪华。经王莽之乱，长安诸园皆废，此园独存。东汉安帝延光四年（125）左右，王延寿游此园，写成《鲁灵光殿赋》，详述了园林胜概。规划有："据坤灵之宝势，承苍昊之纯殷。包阴阳之变化，含元气之烟煴。""连阁承宫，驰道周环。阳榭外望，高楼飞观。长途升降，轩槛蔓延。渐台临池，层曲九成。"山势有"崇墉冈连以岭属，朱阙岩岩而双立，高门拟于阊阖，方二轨而并入"。建筑有"历夫太阶，以造其堂。俯仰顾眄，东西周章"。"西厢踟蹰以闲宴，东序重深而奥秘"。泉水有"动滴沥以成响，殷雷应其若惊。耳嘈嘈以失听，目矎矎而丧精。骈密石与琅玕，齐玉珰与璧英"。结构有"规矩应天，上宪觜陬。倔佹云起，嵚崟离搂。三间四表，八维九隅。万楹丛倚，磊砢相扶"。"捷猎鳞集，支离分赴。纵横骆驿，各有所趣"。装饰有"悬栋结阿，天窗绮

建园时间	园名	地点	人物	详细情况
				疏。圆渊方井，反植荷蕖”。生物有“飞禽走兽，因木生姿”。绘画有“图画天地，品类群生。杂物奇怪，山神海灵。写载其状，托之丹青。千变万化，事各缪形。随色象类，曲得其情”。
西汉，前140～前87	御宿苑	陕西西安	汉武帝	武帝修建的别苑，为上林苑的苑中苑，在长安城南御宿川，今长安韦曲向东南沿潏河一带，因禁止百姓出入和住宿而名御宿苑。辛氏《三秦记》载苑内种栗、梨，为防落果，果熟时以布袋包之。
西汉，前140后	宜春下苑	陕西西安	汉武帝	秦时称恺洲、宜春苑，毁后在武帝及后来长期陆续修建形成，为上林苑的苑中苑，在长安东南角，内有水曲奥，似广陵之水，故名曲江池。
西汉，前140～前87	昭祥苑	陕西西安	汉武帝	甘泉宫西，周十里，万国所献民物，皆集中于此苑。
西汉，前140～87	湛园	河南湛县	汉武帝	在河南彰德湛县，《通志》载，汉武帝堵塞刳子河，取湛园竹子做楗。寇恂伐湛园之竹做箭百余万。概为竹园。
西汉，前140～前87	袁广汉宅园	陕西北邙山	袁广汉	茂陵富户袁广汉的私家园林。袁家藏银巨万，家僮八九百人，据《西京杂记》记载，袁广汉筑园于北邙山(咸阳城北至兴平一带之高原)下，“东西四里，南北五里，激流水注其内，构石为山，高十余丈，绵延数里，养白鹦鹉、紫鸳鸯、牦牛、青兕，奇兽怪禽，委积其间。积沙为洲屿，激水为波潮，致江鸥海鹤，孕雏产，延蔓林池，奇树异草，靡不具植。屋皆徘徊连属，重阁修廊，行之移晷，不能遍也”。后来袁广汉因罪被诛，园宅皆抄没充公，其中鸟兽草木皆被移入上林苑中。构石为山，反映当时已用石料人工构筑假山，积沙为洲，激水为潮，蓄养奇兽怪禽，移植奇树异草，这些造园手法，开启了私人园林前所未有之先例。(安怀起《中国园林史》)
西汉，前138～公元25	上林苑	陕西西安	汉武帝	西汉对上林苑的扩建，始于汉武帝时期，汉武帝建元三年(前138)，武帝命人有偿征收扩建区域的全部耕地和草地，开始修建苑内的各种景观，扩建上林苑，后来上林苑又逐渐东扩至浐、灞以东，北扩至

建园时间	园名	地点	人物	详细情况
				渭河北，至此，上林苑规模空前宏大，进入了鼎盛时期，成为中国历史上最大的皇家园林。 历经昭、宣二帝之后，到元帝时，因朝廷不堪重负而撤销了管理上林苑的官员，并发还宜春苑所占的池、田于贫民。成帝时，又发还"三垂"的苑地于民。地皇元年(20)，王莽为营造九庙，拆毁上林苑中的十余处宫观，取其材瓦，《水经注》中对此有详细记载："王莽地皇元年，博征天下工匠，坏撤西苑中建章诸宫馆十余所，取材瓦以起九庙，算及吏民，以义入钱谷，助成九庙。"地皇六年(25)，赤眉义军争夺都城，如《西都赋》所言："徒观迹于旧墟，闻之乎故老"，上林苑几乎完全毁于战火。
西汉，前131	田蚡宅园	陕西西安	田蚡	汉武帝时宰相田蚡治宅园，甲于京城诸第，田园极其膏腴，珍物狗马不可胜数。
西汉，前126～前114	苜蓿园	河南洛阳	张骞	汉武帝时，博望侯张骞于建元二年(前139)初次出使西域，元朔三年(前126)归，元狩四年(前119)再度出使，归后在洛阳建宅园，植西域植物苜蓿，故名。
西汉，前120	昆明池	陕西西安	汉武帝	汉武帝为征讨昆明，仿昆明滇池，在上林苑伐棘掘地，穿凿昆明池，教习水军。
西汉	长杨宫	陕西周至县	汉武帝	属于上林苑内宫殿，故址在今陕西省周至县东南。《三辅黄图·秦宫》："长杨宫在今周至县东南三十里，本秦旧宫，至汉修饰之以备行幸。宫中有垂杨数亩，因为宫名。门曰射熊馆。秦汉游猎之所。"水经注："东有漏水，出南山赤谷，东北流经长杨宫东，宫有长杨榭，因以为名。"
西汉，前121	武帝台	河北沧州	汉武帝	武帝台为汉武帝东巡观海所筑。《北魏地形志》载："章武有武帝台。"《畿辅通志》(康熙版)载："武帝台在盐山东北七十里。"《盐山县志》(同治版)载："武帝台有二，其一无考，岿然，独存者，惟盐山之一台。"台基呈正方形，每边长120米，高5.6米，可分5层，土内多有素面灰砖等。2008年底，武帝台被定为省级文保。

建园时间	园名	地点	人物	详细情况
西汉	五柞宫	陕西周至县	汉武帝	五柞宫是汉武帝时的宫殿，因为宫有五柞树，其树荫覆盖数亩之大，所以称作五柞宫。汉武帝每当春日闲暇，就赴五柞宫游览，有时因流连景色，而一住数日。后来病死于五柞宫。
西汉	思子宫	河南灵宝	汉武帝	汉武帝太子刘据以巫蛊事自杀，武帝知其冤后，筑思子宫，并建归来望思之台于湖县（今河南灵宝市豫灵镇底董村）。见《汉书・戾太子刘据传》。
西汉	三涂灵囿	河南洛阳		三山三面环抱，中有石林，自然水系丰富，有神泉、丹水、涅池、温泉等。《后汉书》载马融所作《广成颂》，提及三涂灵囿在洛阳的南郊："是以大汉之初基也，宅兹天邑，总风雨之会，交阴阳之和。揆厥灵囿，营于南郊。骋望千里，天与地莽。于是周阹环渎，右矕三涂，左概嵩岳，面据衡阴，箕背王屋，浸以波、溠，夤以荥、洛。神泉侧出，丹水涅池。"
西汉，前119	甘泉苑	陕西淳化	汉武帝	原为秦甘泉宫址，汉初毁后，武帝重建为避暑离宫，名甘泉宫、云阳宫。宫北，利用山景建立苑园，名甘泉苑，苑周回五百二十里，宫周回十九里，遗址约20公顷，宫墙5688米。园内有宫殿台阁百余处，如甘泉殿、紫殿、迎风馆、高光宫、长定宫、竹宫、泰畤坛、通天台、望风台等，从甘泉宫到山顶还有洪崖、旁皇、储胥、弩陆、远则石关、封峦、鳷鹊、露寒、棠梨、师得等宫、台，宫内亦有植物园，称仙草园。园林集政务、避暑、游乐、通神、居住、屯兵（甘泉山为军事要塞）为一体。
西汉，前119左右	梨园	陕西淳化		在淳化城，王褒《云阳宫记》载，云阳军箱阪下有梨园，满种梨树，望若车盖。
西汉，前115	御羞苑	陕西蓝田	汉武帝	汉武帝元鼎二年（前115）初修建，该地土地肥沃，多产贡品。
西汉，前115	柏梁台	陕西西安	汉武帝	元鼎二年春，于未央宫中起柏梁台，作承露盘，高二十丈，大七围，以铜为之，上有仙人掌，以承露，和玉屑饮之，可以长生。前104年，柏梁台毁。

建园时间	园名	地点	人物	详细情况
南越，前 111～前 112	王园宅第	广东广州	赵建德	赵建德(? —前 111)，西汉时期南越国的第五代王，公元前 112 年至前 111 年在位，是南越国第三代王赵婴齐的长子，第四代王赵兴的哥哥。赵兴为王时他为术阳侯，可能是在他位居侯爷时建立此园。赵建德因随吕嘉叛乱而被诛，园被毁。三国时，东吴的学者虞翻在此建虞苑，又名诃林。
西汉，前 111	扶荔宫	陕西西安	汉武帝	元鼎六年(前 111)，破南越，起扶荔宫，以植从南越载归的荔枝等南方花木。
西汉，公元前 110	万岁观(崇福宫)	河南登封		原名万岁观，创建于汉武帝元封元年(前 110)，汉武帝刘彻率群臣登山，听到山谷中有三呼万岁之声，遂称此山峰为万岁峰，在山顶敕建万岁亭，在山下敕建万岁观。唐高宗时(650～683)"以天神贵者为太乙"，在万岁观内建太乙祠，因祈雨有验，改万岁观为太乙观。五代间废。宋真宗时(998～1022)把观提升为宫，更名曰崇福宫，大加整修，并由宫廷管理。当时主管崇福宫的官员名儒先后有：范仲淹、韩维、司马光、程颢、程颐等百余名人。到仁宗天圣年间(1023～1032)宫内建筑达一千余间，该宫不但是道教活动场所，而且也是名儒著书教学之地。金兵进入中原后，崇福宫被付之一炬。元朝建立后，崇福宫演化为纯正的道教场所，建有七真堂等，成为全真教道场。现存 5 000 多平方米，保存古建筑 30 多间，又存古树名木 50 余株和碑石 10 余品。
西汉，前 110	太液池	陕西西安	汉武帝	在建章宫北，未央宫西南，开凿于武帝元封元年(前 110)，周回十顷，引城北渭水入园。《三辅黄图》云："太液者，言其津润所及广也。""池中有渐台，高三十丈。"又"起三山，以象瀛洲、蓬莱、方丈，刻石为鱼龙、奇禽、异兽之属"。"太液池北岸有石鱼长三丈，高五尺。两岸有石鳖三枚，长六尺"。汉"成帝常以秋日与赵飞燕戏于太液池，以沙棠木为舟，以云母饰于鹢首，一名云舟。又刻大桐木为虬龙，雕饰如真，夹云舟而行。以紫桂为柁枻，及观云棹水，玩撷菱蕖"，"太液池边皆是雕胡、紫萚、

建园时间	园名	地点	人物	详细情况
				绿节之类”,“期间凫雏雁子,布满充积,又多紫龟、绿龟。池边多平沙,沙上鹈胡,鹧胡、鸡鹊、鸿鶂,动辄成群”。太液池中备有各种形式的游船,“有鸣鹤舟、容与舟、清旷舟、采菱舟、越女舟”。(安怀起《中国园林史》)
西汉	登仙台	河南登封	汉武帝	戴延之《西征记》:汉武帝作登仙台于少室峰下。已毁。
西汉	集仙台	河南登封	汉武帝	在登封市东北八里,汉武帝筑。已毁。
西汉	金蚕台	河南登封	汉武帝	李北海《嵩岳寺碑》:汉武帝建金蚕之台。《嵩书》:在县北一里。已毁。
西汉	玉女台	河南登封	汉武帝	在登封市东四十五里,与嵩山连亘。汉武帝东游过此,见仙女,因名。已毁。
西汉,前109	飞廉观	陕西西安	汉武帝	元封二年(前109),在上林作飞廉观,内有飞廉神禽(为风神),能致风气,身似鹿,头如雀,顶神角、带蛇尾、纹豹斑。武帝命铸铜禽于观上,故名。后又陈虎群于观中。
西汉,前109	仙人楼居	陕西西安	汉武帝	元封二年(前109),公孙卿说仙人好楼居,于是,武帝令在长安的园林中作蜚廉观、桂观,甘泉作益寿观、延寿观,公孙卿持节设具于楼上守候仙人。
西汉,前106	博望苑	陕西西安	汉武帝	在长安城南杜门外五里,上林苑之苑中苑。汉武帝年二十九(前126)乃得太子,甚喜,及太子冠(20岁行冠礼,约前106)为太子刘据在上林苑中建博望苑,使通宾客,从其所好。
西汉,前105	首山宫	陕西西安	汉武帝	元封六年,筑首山宫。
西汉,前105	平乐观	陕西西安		汉高祖时始建,武帝增修,为上林苑的园中园。据《汉书·武帝纪》记载:“元封六年(前105)夏,京师民观角牴于上林平乐观”,是皇帝作乐之处。

建园时间	园名	地点	人物	详细情况
西汉，前 104	建章宫	陕西西安	汉武帝	汉武帝因柏梁台起火而起建章宫压之，为建筑宫苑。宫与未央相邻，作飞阁辇道相通。宫墙三十里，内有唐中池、太液池、骀荡宫、駆娑宫、枍诣宫、天梁宫、奇华殿、鼓簧宫、神明台、虎圈。太液池中刻石为鲸，筑三岛，名瀛洲、蓬莱、方丈。神明台上承露台以铸铜仙人，上捧铜盘玉杯，以承玉露，和玉屑而服，以求长生不老。
西汉，前 104 左右	唐中池	陕西西安		《汉书・郊祀志》："建章宫西侧商中数十里"，商中与唐中同。《三辅黄图》载唐中池："周回十二里，在建章宫太液池南"。《资治通鉴》："春，上还……越人勇之曰：'于是作建章宫……其西则唐中，数十里虎圈'。"其内有唐中殿，盖为园中园，周回十二里，还有数十里的虎圈，圈养西方猛兽。
西汉，前 101	明光宫	陕西西安	汉武帝	太初四年（前 101）秋，起明光宫。明光宫在甘泉宫内。
西汉，前 101	桂宫	陕西西安	汉武帝	武帝在未央宫北邻起桂宫，为汉代五宫（未央宫、长乐宫、明光宫、北宫、桂宫）之一，是汉武帝专为后妃们修建的宫苑，位于未央宫西，辟辇道与未央宫连通。南北 1 800 米，东西 800 米，分前殿、后殿、后园三部分，形成前宫后苑形式，为中国考古史首例，毁于王莽末年战火。
西汉	储元宫	陕西西安西		在上林苑中。《汉书・外戚传》云："信都太后与信都王，俱居储元宫。"
西汉	犬台宫	陕西西安西		在上林苑中，距长安城西二十八里，《汉书・江充传》晋灼注引《三辅黄图》云："外有走狗观。"当是饲养狗和观赏狗跑的地方。
西汉	葡萄宫	陕西西安		在上林苑西，是种植葡萄之所。（安怀起《中国园林史》）
西汉	宣曲宫	陕西西安		上林苑内，是汉宣帝演奏音乐和唱曲的宫室，位于昆明池西。《三辅黄图》卷之三云："孝宣帝晓音律，常于此度曲，因以为名。"（安怀起《中国园林史》）

建园时间	园名	地点	人物	详细情况
西汉	茧观	陕西西安		据《汉书·元后传》注记载:“上林苑有茧观,盖养蚕茧之所也。”
西汉	鱼马观	陕西西安		上林苑内,大抵是饲养各种珍禽鱼类的场所。(安怀起《中国园林史》)
西汉	观象观	陕西西安		上林苑内,饲养和观赏大象的场所。(安怀起《中国园林史》)
西汉	白鹿观	陕西西安		上林苑内,饲养和观赏白鹿的场所。(安怀起《中国园林史》)
西汉	牛首池	陕西西安		《三辅黄图》卷之四云:“牛首池在上林苑中西头。”
西汉	蒯池	陕西西安		上林苑内,《三辅黄图》卷之四云:“蒯池生蒯草以织席。”
西汉	西陂池	陕西西安		《三辅黄图》卷之四云:“西陂池、郎池,皆在古城南上林苑中。”(安怀起《中国园林史》)
西汉	郎池	陕西西安		同上条。
西汉	积草池	陕西西安	赵佗	《三辅黄图》卷之四云:“积草池中有珊瑚树,高一丈二尺,一本三柯,上有四百六十二条,南越王赵佗所献,号为烽火树,至夜光景常焕然。”
西汉	影娥池	陕西西安	汉武帝	《三辅黄图》云:“汉武帝凿池以玩月,其旁起望鹄台以眺月,影入池中,使宫人乘舟弄月影,名影娥池,亦曰眺瞻台。”《洞冥记》亦云:“帝于望鹄台西起俯月台,穿池广千尺,登台以眺月,影入池中。使仙人(按:应为‘宫人’)乘舟弄月影,因名影娥池。”又云:“影娥池中,有游月船、触月船、鸿毛船、远月船,载数百人。”
西汉,前86	琳池	陕西西安	昭帝(刘弗陵)	昭帝在上林苑中穿凿琳池,广千步,引太液池水,池中植四叶莲,池南起桂台,士人进一豆槽,帝命以文梓为船,刻鸟头于船首,与众妃游嬉。
西汉,至迟前67	黄山苑	陕西		霍光侄孙霍云飞扬跋扈,当朝请假,数度称病私出,多从宾客,围猎于黄山苑,概黄山苑为私苑。

建园时间	园名	地点	人物	详细情况
西汉，前 67	霍氏宅园	陕西西安	霍氏	霍光家族在武帝、昭帝、宣帝时期风光一时，骄横奢侈，霍光于前 68 年死后，子霍禹袭博陆侯，侄孙霍山封乐平侯，侄孙霍云封冠阳侯，禹、山两人飞扬跋扈，缮治宅第，走马驰逐，前 66 年因谋害太子一案而全族获罪至死。
西汉，前 59	乐游苑	陕西西安	汉宣帝（刘询）	为上林苑中苑，在咸宁南八里，杜陵西北乐游原上，苑内汉宣帝神爵二年（前 59）春建，基地高，可四望，苑中有庙，名乐游庙。《西京杂记》载，园中植玫瑰、苜蓿等，因苜蓿一名怀风，时人谓之以光风、怀风、连枝草。至唐，太平公主于原上置亭，每至三月上巳和重阳，士女游戏其中。
西汉，前 48～前 8	张禹宅园	河南洛阳	张禹	张禹（？ —前 5），河内轵（河南济源）人，字子文，通经学，应试为博士，专治《论语》，并治《易》，元帝初元年（前 48～前 44）时授太子《论语》，成帝时任宰相，封安昌侯。在任期间，富贵无比，购田 400 顷，构宅第，造花园，丝竹管弦，昏夜乃罢。
西汉，前 27	王根宅园	陕西西安	王根	河平二年（前 27），汉成帝诏封母元妃五兄弟王根、王商、王谭、王立、王逢时，世称“一日五侯”，大治宅第园林，为官僚园林。曲阳侯王根之园占两市，堆土山，筑渐台，似未央宫的白虎殿，青琐、赤墀均若帝制。
西汉，前 18	王商宅园	陕西西安	王商	成都侯王商擅治帝城，导引沣水入园，园中水池宽广，楼船歌舞。成帝幸王根、王商两第，看到王氏僭越等级，靡奢造园，心中暗恨。
西汉，前 6～前 2	董贤宅园	河南洛阳	董贤	董贤（前 23—前 1）字圣卿，哀帝时（前 6～前 2）得宠，22 岁任大司马，把持朝政，滥用职权，哀帝死后被罢官。得势时哀帝为之在未央宫北建豪宅，“楼阁台榭，转相连注，山池玩好，穷尽雕丽”（《西京杂记》）。
西汉	西郊苑	陕西西安		汉西郊，林麓薮泽连亘，缭以周垣，400 余里，离宫别馆 300 余所。

建园时间	园名	地点	人物	详细情况
西汉	梅仙祠（青云谱、天宁观、大乙观、青云圃）	江西南昌		为八大山人故居，位于南昌市南5公里处，始建于西汉年间，称梅仙祠。至东晋大兴四年(321)，为道士许逊之“净明真境”，唐贞观十二年(641)，刺史周逊奏建，名“天宁观”。大和五年(831)，改称“大乙观”，由道教天师万元振在此修道，至北宋至和二年(1055)，敕建为“天宁观”。历代屡废屡建。清顺治十八年(1661)改称青云谱，寓意“青高如云”。明末清初，明代宁献王朱权九世孙朱良月（即朱耷、画名八大山人）偕其弟朱秋月（即牛石慧），因厌恶世俗隐居于此，出家为道士。后人慕其贤，集资改建为“青云圃”，后又将“圃”改“谱”。园内有前、中、后三殿。前殿祀关羽，中殿祀吕洞宾，后殿祀许逊。后殿院中有桂树数枝，相传为万振元手植。整个园内古树参天，曲径幽回，亭台玲珑。外有清泉环抱，内有异花奇草，闹中取静，悠然自得。
汉	张良庙	陕西汉中		位于陕西省留坝县城北15公里紫柏山麓，始建于汉，以后历代都有重修和扩建，而以隋、唐、宋各代规模最盛，现占地面积14 200平方米，楼台合亭共156间，碑刻39通，摩崖题字51块，匾额50多面，楹联40余幅，在汉中地区规模最大，保存较为完整，为陕西省重点文物保护单位。庙宇五山环抱，依山傍水，其中殿舍楼台错落有致，雕梁画栋，古色古香，气势雄伟。游观大小九院，诸院风貌各异，既具有江南园林的风格，又有北方宫廷园林的风采。
东汉，10	八风台	陕西西安	王莽	初始二年(10)，王莽信奉神仙之说，听信方士苏乐之言，费万金，起八风台，种五粱禾于殿中。
东汉，25～56	习家池（高阳池）	湖北襄阳	习郁	为汉光武帝近臣襄阳侯习郁，于东汉初建武年间(25～56)兴建的宅园，延存至今已有近2000年的历史，是中国现存最早的园林建筑之一，被誉为“中国郊野园林第一家”。位于湖北襄阳城南约五公里的凤凰山（又名白马山）南麓，后人俗称习家池，又称高阳池。习家池背倚凤凰山，东临汉水，

建园时间	园名	地点	人物	详细情况
				远眺鹿门，被《园冶》尊为郊野园林的择地、构筑和意境方面的典范：“郊野择地，依乎平冈曲坞，叠陇乔林，水浚通源，桥横跨水，去城不数里，而往来可以任意，若为快也。谅地势之崎岖，得基局之大小，围知版筑，构拟习池。”《水经注·沔水》对其造园情况有详细描述：“郁依范蠡养鱼法作大陂，陂长六十步，广四十步，池中起钓台。池北亭，郁墓所在也。列植松篁于池侧沔水上，郁所居也。又作石洑逗，引大池水于宅北，作小鱼池，池长七十步，广二十步。西枕大道，东北两边，限以高堤，楸竹夹植，莲芡覆水，是游宴之名处也。”今仅存湖心亭、鱼池、半规池和溅珠池等景点，但仍不失为览胜之地。2010 年，中国建筑史学会会长杨鸿勋做恢复规划。据《襄阳习家池风景名胜区总体规划(2010—2025)》，规划总面积约 3.52 平方公里，比《水经注》中描写的更大。2011 年，《习家池风景名胜区总体规划暨核心景区修规》通过评审，2014 年 7 月 1 日修复开园，概有八景：白马洞泉、玉棠春色、曲水流觞、袁啸青萝、古墓云径、习池古韵、松石问意、风尔阡陌。(邢宇在其硕士学位论文《〈水经注〉的园林研究》中绘有平面想象图)
东汉，56	灵台	河南偃师	光武帝	东汉时期的国家天文观测台，也是当时最大的天文台，遗址位于河南省偃师县大郊寨村北(即东汉首都洛阳城南郊)，于 1974 年发掘。灵台始建于东汉光武帝建武中元元年(56)，距今已有 1 900 多年的历史，一直沿用到西晋，毁于西晋末年的战乱。灵台遗址，面积达 44 000 平方米，其中心为一方形夯土高台，其基址南北长约 41 米，东西宽约 31 米，高约 8 米。夯土台四周各有上下两层平台。下层平台筑有回廊，其北面正中有坡道上通二层平台。上层平台四方，原各有五间建筑，每间面阔 5.5 米。《洛阳伽蓝记》载：“东有灵台一所，基址虽颓，犹高五丈余。即是汉光武所立者。”

建园时间	园名	地点	人物	详细情况
东汉	庞德公别业		庞德	庞德公为汉末名士，博学多才，品德高尚，有识人之明，是襄阳最早的教育家。据《水经注·沔水》载："沔水(汉水)中有鱼梁洲，为庞德公所居。"其别业就在鱼梁洲上，据《蜀志》引《襄阳记》，庞德公与妻小住此处，司马徽、徐庶、诸葛亮、庞统常相往来。
东汉，57	文庙	河南郑州	张奋	建于汉明帝永平年间。元季毁于兵燹。明洪武三年，知州张奋重建。新中国成立后郑州市政府曾数次修缮大成殿，现有景点：金声玉振坊、配天地坊、棂星门、泮池、大成门、乡贤祠、名宦祠、大成钟(铜钟)、大成殿、尊经阁、井亭、碑廊。
东汉，至迟58	濯龙园	河南洛阳		在广阳门外西南，为洛阳诸苑之首，前宫后苑式布局，原为皇后养蚕和娱乐场所，园内有濯龙殿、濯龙池、桥梁等景。张衡《东京赋》道："濯龙芳林，九谷八溪，芙蓉覆水，秋兰被涯。渚戏跃鱼，渊游龟携。"桓帝时扩修后，帝常在此举行音乐会。
东汉，至迟58	永安宫	河南洛阳		为诸宫之首，有湖池、溪流、泉水、飞禽、走兽、幽林、巨树。张衡《东京赋》道："永安离宫，修竹冬青。阴池幽流，玄泉洌清。鹎居秋栖，鹘鸼春鸣。且鸠丽黄，关关嘤嘤。"
东汉，58～75	龙兴寺	重庆忠县		忠县龙兴寺建于东汉永丰年间(58～75)，是巴渝最早兴建的佛寺之一。寺有园，后毁。
东汉，60	北宫	河南洛阳	刘庄	永平三年(60)明帝刘庄建，永平八年(65)方成，引洛水于宫内，德阳殿为正殿，《宫阁簿》形容德阳殿："南北行七丈，东西三十七丈四"，陛高两丈，文石作坛，激流殿下，画屋朱梁，玉阶金柱，侧以翡翠，一柱三带，围以赤堤，周游可万人。永元四年(92)皇上幸北宫，诏告公卿百官，使执金吾守卫北宫。
东汉，64	慈云寺	河南巩义	摄摩腾 竺法兰	位于河南省巩义市大峪沟镇，古称大白马寺、大慈云寺、释源、祖庭，俗称上寺。慈云寺初建于东汉永平七年(64)，据寺内碑刻载："东汉明帝永平七年，有僧摩腾、竺法兰始于洛阳鸿胪寺译经，既而

建园时间	园名	地点	人物	详细情况
				云游其山，因其山川之秀，遂开慈云禅寺。”唐贞观二十三年(649)，玄奘法师奉敕重建慈云寺，从西域带回《释迦如来双迹灵相图》供奉寺内，并于此开演大法。慈云寺在宋代香火仍盛。宋太祖赵匡胤曾封慈云寺为“华夏第一风水宝地”。到了元代，由于战乱和荒灾，曾一度荒废，故又再次奉敕重修。吴承恩《西游记》亦是成书于此。明初时有高僧南宗顺驻锡慈云寺后再次重修，更是规模宏大，捐施僧众、信士、官员涉及全国十一个省府，极盛时期寺内殿堂栉比，金碧辉煌，僧五六百人，香客如云，纷至沓来。古碑载:“时规模不减丹丘蓬莱，亦不减武夷九曲”、“虽远公之住庐山，达摩之居少室，大颠之临南海，其胜会丛林，亦不多让也”。被誉为“巩南之胜概，丛林之第一”、“中州第一寺”。与少林寺、白马寺、法王寺并称中州四大寺。寺周有原始次生林面积百余平方公里，各类植物 109 科、377 属、639 种。寺内松柏成林，银杏、毛白杨等点缀。碑亭有墙，一面立碑，2001 年始历时 10 年，慈云寺先后修建了三门殿、天王殿、钟鼓楼、大雄宝殿、华严阁、白衣阁、方丈室、禅堂、藏经阁、百余米的碑廊。
东汉，68	白马寺园	河南洛阳	刘庄	永平十一年(68)，东汉明帝刘庄在洛阳城东十公里建白马寺，成为佛教东传的第一座寺院，寺内以庭院园林为主。北魏时广植柰林、葡萄。后来以牡丹为主，尤冠京师，如今，中轴两侧方庭，全植牡丹，左右方庭正中各有一牡丹亭。近年(2000 年前后)寺前重修前园，成为现代园景，有放生池、放生桥、石坊、草地、石景、纹路、白马、亭子、狄梁公墓。前园向东隔路建园中园，两园以天桥相接，自然布局，内有一池，曲折岸线，依岸开路，岛中建堂，南北可瞩，水中筑堤，南北可通，拱桥、圆亭、六角亭、山亭、土山、悬崖、瀑布一应有之，极具江南园林之韵。过东南角洞门为齐云塔院，1989 年修建，环院为曲廊，绘图，正中为齐云塔(始于东汉 69 年，金代 1175 年重建)，塔外有放生池，跨池为三拱石桥，林木茂盛，布局规则。

建园时间	园名	地点	人物	详细情况
东汉,71	大法王寺	河南登封嵩山	刘庄	位于太室山南麓,嵩岳寺东北。建于永平十四年(71)。魏明帝青龙年间改为护国寺。西晋时于寺前增建法华寺。隋初造舍利塔,改名舍利寺。唐太宗贞观年间,敕命补修佛像,赐予庄园,改为功德寺。玄宗开元年间,改称御容寺。代宗大历年间,重修殿堂楼阁,改名文殊师利广德法王寺。至五代时分为五院,沿护国、法华、舍利、功德、御容等旧称。北宋初,合称五院。仁宗庆历年间增置殿宇、僧寮,重造佛像,改称"嵩山大法王寺"。今存毗卢殿、大雄殿及方形十五层砖塔等。寺前有长方形的放生池,寺内园林建筑有碑亭、舍利塔等,大雄宝殿前柏林下立各个时期的碑刻,形成法王寺碑林。汪菊渊《中国古代园林史》
东汉,77	织室	河南洛阳	汉章帝(刘炟)	建初二年(77)置织室,蚕于濯龙园中,皇帝经常前往观看,以为游乐。
东汉,92	南宫	河南洛阳	汉和帝(刘肇)	建于公元92年前。建和二年(148)五月,北宫起火,桓帝移驾幸南宫。延熹四年(161),嘉德殿起火。中平二年(185),云台火灾。中平三年(186)帝使钩盾令宋典缮修玉堂。建安元年(196)献帝幸杨安殿。
东汉,123	阿母兴第舍	河南洛阳	阿母兴	《后汉书·杨震传》载,延光二年(123)皇帝诏示在洛阳城津阳门内为阿母兴建造第舍,合二为一,连里竟街,雕修缮饰,穷极巧伎,使者将作,转相逼促,盛夏土王,攻山采石,为费巨亿。
东汉,124	樊丰宅园	河南洛阳	樊丰	延光三年(124)年初,樊丰、周广、谢恽等欲造园,杨震连谏失败,于是,樊、周、谢等即假传圣旨,调拨钱粮、工匠,建私邸,凿园池,起庐观。樊丰(?—125),汉安帝时中常侍,合谋废太子,后为外戚阎显下狱处死。
东汉,124	周广宅园	河南洛阳	周广	周广挪用公款拨粮调工造宅筑园。周广(?—125),东汉安帝时侍中,与大将军耿宝、中常侍樊丰、帝乳母王圣等勾结,延光三年(124)冤杀杨震,废太子为济阴王。帝崩,北乡侯立,周广被诛。

建园时间	园名	地点	人物	详细情况
东汉,132	西苑	河南洛阳	东汉顺帝（刘保）	阳嘉元年,起西苑。
东汉,146	梁冀城内宅园	河南洛阳	梁冀	梁冀(? —159),东汉安定乌氏(甘肃平凉)人,字伯卓,两妹为顺、桓帝后,136 年任河南尹,147 年任大将军,与梁太后先后立冲、质、桓三帝,专断朝政。梁太后、梁皇后死,桓帝于延熹二年(159)借单超等五位宦官灭其门。梁当政 20 余年,贪挪财产达三十多亿,构多处园林。城内构宅园,“阴阳奥室,连房洞户。柱壁雕镂,加以铜漆。窗牖皆绮疏青琐,图以云气仙灵。台阁周通,更相临望。飞梁石磴,陵跨水道。金玉珠玑,异方珍怪,充积藏室”。(《后汉书·梁统列传》)
东汉,146	城西别第	河南洛阳	梁冀	梁冀在城西建别第,与妻子共乘辇车,张羽盖,游乐第中。
东汉,? ～159	梁冀园林	河南洛阳	梁冀	《水经注·榖水》曰:“榖水自阊阖门而南径土山东,水西三里有坂,坂上有土山,汉大将军梁冀所成,筑土为山,植木成苑,十里山脉,九个山峰,张璠《汉记》曰:山多峭坂,以象二崤,积金玉,采捕禽兽,以充其中。有人杀苑兔者,迭相寻逐,死者十三人。”《后汉书》卷三十四《梁统列传》又云:“深林绝涧有若自然,奇禽驯兽飞走其间。”可见,此“园圃”具有浓郁的自然风景韵味。梁冀园圃构筑假山的方式,已不同于西汉,追求壶形的象征性的神山形象,而是为真山的缩移描写。(邢宇在其硕士学位论文《〈水经注〉的园林研究》中绘有梁冀园圃小景图)
东汉	香山寺	河南平顶山		位于平顶山市新城区北 3 公里,巴山山脉香山峰顶。寺院以塔为中心、四面配以殿堂的曼荼罗式布局形式保留至今。整体分布上横跨三座山峰,呈现出以香山为中心,以东西龙山为两翼,前出山脚,包括西院和南院的格局。同时还有众多分布

建园时间	园名	地点	人物	详细情况
				在周围地区的下院。山门、金刚殿、天王殿、韦陀殿、关圣殿、弥勒殿、四面佛殿、观音殿、大雄宝殿、伽蓝殿、祖师殿、六祖殿、地藏殿、广生殿、山神殿、包公殿、藏经殿、法堂、禅堂、客堂、钟楼、方丈以及魁星楼,还包括佛塔、墓塔、经幢等建筑。今存。
东汉	御龙池	河南洛阳		徐坚《初学记·昆明池》云:"东汉有九龙池、御龙池、灵芝池、白石池、濯龙池、天泉池。"
东汉,155	鸿德苑	河南洛阳	汉桓帝	永寿元年(155)六月,洛阳大泛,冲毁鸿德苑,延熹元年(158)三月,初置鸿德苑令。
东汉,至迟158	广成苑	河南洛阳	汉桓帝	延熹元年(158)十月和延熹(163)十月,桓帝两度狩猎广成苑。
东汉,159	显阳苑	河南洛阳	汉桓帝	延熹二年(159),建显阳苑。
东汉,166	侯览园宅	河南洛阳	侯览	中常侍侯览(?—172),东汉宦官,山阳防东(山东金乡)人,桓帝初为中常侍,后封高乡侯,受贿巨万,夺民田三百余顷,起第16区,高楼四周,连阁洞殿,驰道周旋,文井莲华,壁柱彩画,鱼池台苑,拟似皇宫。终被告发,没产自杀。
东汉,至迟180	鸿池	河南洛阳		在城东开鸿池,与城西之上林成左右对峙,池中建渐台(仿天上星宿)。光和三年(180)灵帝欲建罼圭、灵昆苑,杨震谏道,先帝左有鸿池,右有上林,正合礼制,如再开苑囿则太过奢侈,故鸿池可能与上林同时开凿于汉光武帝时期。
东汉,180	罼圭、灵昆苑	河南洛阳	灵帝	灵帝光和三年(180),在洛水之南建罼圭、灵昆二苑,东西比邻,罼圭苑在开阳门外,周1500步,灵昆苑在宣平门外,周3500步。初平元年(190)董卓屯兵罼圭苑,烧宫庙、官府、居家,二百里内,室屋殆尽。

建园时间	园名	地点	人物	详细情况
东汉，至迟185	南园	河南洛阳		又名直里园，在城西南角，与西园同时建成。
东汉，至迟185	西园	河南洛阳	灵帝 献帝	北宫西南，御道以北，东连禁掖。堆有假山，开有水渠，积有湖池。植夜舒莲（南国贡品，又名望舒荷），一茎四莲。中平二年（185）灵帝建万金堂于西园，存藏金银珠宝，又于西园弄狗。初平二年（192）献帝起裸游馆，裸泳嬉戏。煮茵墀香为汤，注于浴院，汤水溢出注入流香渠。董卓破京师，焚宫殿，散美人。
东汉，至迟188	平乐苑	河南洛阳	灵帝	西门外，御道南有融觉寺，寺西一里为大觉寺，寺西三里为平乐苑，亦称平乐观。中平五年（188）十月帝讲武观兵于平乐观，起大坛，建十二重华盖，高十丈。坛东北立小坛，建九重华盖。
东汉，189～219	笮家园	江苏苏州	笮融	东汉末献帝时佛教人物笮融在苏州建私家宅园。
东汉	光风园	河南洛阳		《县志》道，宣武场东北有光风园，为皇帝狩猎、演武之园，园内植有西域苜蓿。
东汉	芙蓉园	河南洛阳		在洛阳。
东汉，184～220	青山寺	山东济宁		青山寺坐东面西，顺应山势，层层递升，设计巧妙，别具一格，崇宇高阁。从山下望去，在中轴线上的建筑有六个层次，即：泰山行宫坊、三门、惠济公大殿、寝殿、泰山行宫、玉皇庙。大殿前有一石砌八角玉液池。池水如镜，清澈见底，久雨不溢，大旱不涸。池与大殿之间有一座石龙亭，下雕一龙头，虬须怒目，张口喷水，流入玉液池内，冬夏如一，池水从不见增减。 大殿后有一泉，名“感应泉”，喷珠吐玉，长年不息。只见泉涌，不见流向。大殿两侧皆配以五间享殿，连同三门，围成一个小院落。院虽不大，但典雅秀丽。院内碑石亭亭，泉流叮咚。苍松遒劲，翠柏参天。

第四章

魏晋南北朝园林年表

建园时间	园名	地点	人物	详细情况
东汉,约200年	洞林寺	河南荥阳		位于荥阳市贾峪镇洞林村,是达摩祖师传教东土时留下的“天中三林”(洞林、少林、竹林)之一。据《荥阳土地志》记载:“洞林寺始建于东汉末年(约200),金大定三年重建。”盛于唐、宋、元、明。寺有洞林三景,白玉佛、洞林晚钟、楚金炉。
东汉,208	玄武苑	河北邺城	曹操	在邺城(河北临漳)西北郊,魏公曹操于建安十三年(208)建立的苑囿,是以植物、动物、水池(玄武池)、鱼梁、钓台、宫观等景,集生产、游乐、军事训练为一体的苑囿。曹操在玄武池中训练水军。
东汉,208～221	灵芝园	河南洛阳	曹操	徐坚《初学记·昆明池》云:“东汉有九龙池、御龙池、灵芝池、白石池、濯龙池、天泉池。”《中国宫苑园林史考》道,曹操受封于邺,遂于邺郡东建芳林园,郡西建灵芝园。黄初二年(221),甘露降于园中。但据《晋宫阙名》载在洛阳宫有灵芝园。三处皆有灵芝园地名有异,时间有异,有待考证。
东汉,210	铜爵园	河北邺城	曹操	又名铜雀园,为大内御苑,位于邺城西北,魏公曹操所建,园内以台为主体建筑,兼军事功能,台分有三个,分别为:金虎台、铜雀台、冰井台。园内有曲池(芙蓉池)、兰渚、石濑、小洲、殿堂、阁道、兵库、马厩等。铜雀台高十丈,有屋百三十间。冰井台有屋四十五间,设冰室和冻殿。
三国	铜雀台	河北邺城	曹操	在大内御苑,距县城18公里。曹操击败袁绍后营建邺都,修建了铜雀、金虎、冰井三台。高十丈,有屋百三十间。为大内御苑主台。(汪菊渊《中国古代园林史》)
三国	冰井台	河北邺城	曹操	有屋百四十五间,有冰室和冻殿。(汪菊渊《中国古代园林史》)
东汉,218	文昌殿后池	河北邺城	曹操	唐房玄龄等人《晋书》载:“汉献帝建安二十三年,秃鹫集于邺宫文昌殿后池。”

建园时间	园名	地点	人物	详细情况
东吴，220	岳阳楼	湖南岳阳	张说	位于湖南省岳阳市古城西门城墙之上，下瞰洞庭，前望君山，自古有“洞庭天下水，岳阳天下楼”之美誉，与湖北武昌黄鹤楼、江西南昌滕王阁并称为“江南三大名楼”。相传楼始为东吴鲁肃阅兵台，唐开元四年(716)中书令张说谪守岳州，在此修楼。历代名人登楼题咏。杜甫有《登岳阳楼》，范仲淹有《岳阳楼记》。几经兴废，光绪六年(1880)再建。主楼右有三醉亭，左有仙梅亭。1988 年 1 月被定为全国重点文保。岳阳楼主楼高 19.42 米，进深 14.54 米，宽 17.42 米，为三层、四柱、飞檐、盔顶、纯木结构。楼中四根楠木金柱直贯楼顶，周围绕以廊、枋、椽、檩互相榫合，结为整体。新中国成立后为公园。
蜀汉，221 后	张飞庙	重庆云阳		在云阳县城外濒长江南岸飞凤山麓，祀三国名将张飞，因张飞死后谥桓侯，故又名张桓侯庙，经宋、元、明、清(1870)历代修扩，号称“巴蜀胜景”，依山坐岩临江，山水园林与祠庙建筑浑然一体，庙外黄桷梯道、石桥涧流、瀑潭藤萝、临溪茅亭、峻岩古木，庙内结义楼、书画廊、正殿、助风阁、望云轩、杜鹃亭、听涛亭，既有北方建筑雄伟气度，又有南方建筑俊秀风韵，更有石刻、木刻、字画六百余件及新石器时期以来其他文物千余件，庙建筑面积4000余平方米，园林 11.1 公顷，2002 年 10 月 8 日因建葛洲坝而搬迁，次年完工。
东吴，221～280	世族庄园	江苏东吴		葛洪《抱朴子・吴失篇》：“童仆成军，闭门为市，牛羊掩原隰，田池布千里。……园囿拟上林，馆第僭太极。”
曹魏，222	灵芝池	河南洛阳	曹丕	洛阳城西，曹丕所凿，池中鹈鹕云集，神龟出没。
东吴，222～252	虞苑(诃林)	广东广州	虞翻	三国吴大帝年间(222～252)虞翻(164—233)因得罪孙权而被贬广州，在南越国最后国主赵建德所建的王园宅第上建宅构园。园以池为主，环池植有苹婆和诃子树，人称虞苑或诃林。虞翻，字仲翔，三国吴余姚(今属浙江)人。出身儒门。高祖光，任零陵太守，曾祖成、祖父凤、父歆，五世业儒。他继承祖业，专力研修孟氏《易经》，注有《易注》九

建园时间	园名	地点	人物	详细情况
				卷，后世将郑玄、荀爽、虞翻并称为《易》学三家。孙策起兵江东时任为功曹，策曾亲自登门拜访他，又任他为富春长。孙策死后，追随孙权，官任骑都尉。他性情耿直，常犯颜直谏，最后被贬广州。集生徒数百，讲授儒学。
蜀汉，222	桂湖	成都新都		位于新都城内西南隅，面积 48 000 平方米，其中湖面约占三分之一，形如一面横卧的琵琶，是四川著名的古典园林，号称“天府第一湖”。章武中(222)卫常开凿，故称卫湖。隋开皇十八年始筑城名南亭，宋代易名为“新都驿”，明正德六年(1511)杨慎修城墙、植桂树、建桂花亭、作《桂花曲》雅称桂湖。明清战乱疏于管理，嘉庆十七年(1821)杨道南复湖，道光十二年(1832)汪树捐资修葺，道光十九年(1839)张奉书重修桂湖，建升庵祠，刻升庵像和刻桂糊图。1926 年辟桂湖为公园，1959 年建杨升庵纪念馆。现桂湖建筑为川西古建筑风格，湖上南北参差的两条半堤和几座桥榭，将湖面隔为 6 个景区。植物以桂花为最，为我国五大桂花观赏地之一，同时为我国十大荷花观赏地之一。
东吴，223	黄鹤楼	湖北武汉		位于武昌蛇山峰岭之上，为国家 5A 级旅游景区，享有“天下江山第一楼”、“天下绝景”之称，为武汉市标，与晴川阁、古琴台并称武汉三大名胜。黄鹤楼始建于东吴黄武二年(223)。历代屡毁屡修，清光绪十年(1884)焚毁，1981 年重建。唐崔颢《登黄鹤楼》，使之闻名遐迩。楼坐落在海拔 61.7 米的蛇山顶，楼外观 5 层内 10 层，高 51.4 米，建筑面积 3 219 平方米。主楼周围还建有白云阁、胜象宝塔、碑廊、山门等建筑。
曹魏，224	芳林园（曹魏华林园）	河南洛阳	曹丕	在今河南洛阳东洛阳故城内。张衡《二京赋》“濯龙芳林，九谷八溪。芙蓉覆水，秋兰被涯。渚戏跃鱼，渊游龟蠵。永安离宫，修竹冬青……”《洛阳伽蓝记》说：“华林园中有大海，即魏天渊池，池中犹有文帝九华台……柰林南有石碑一所，魏明帝所立也。”郦道元《水经注》载：“渠水……南入华林园，历疏圃南。圃中有古玉井……又迳瑶华宫南，历景阳山北，山有都亭，堂上结方湖，湖中起御坐石也。御坐前建蓬莱山，曲池接筵，飞沼拂席，南面射侯，夹席武峙。背山堂上，则石路崎岖，严嶂峻险，云台风观，缨峦带阜。游观者升降阿阁，出

建园时间	园名	地点	人物	详细情况
				入虹陛，望之状凫没鸾举矣。其中引水飞皋，倾澜瀑布，或枉渚声溜，潺潺不断。竹柏荫于层石，绣薄丛于泉侧，微飙暂拂，则芳溢于六空，实为神居矣。”芳林园为皇家大内御苑，魏文帝于黄初五年(224)穿天渊池，黄初七年(226)筑九华台和茅茨堂。曹叡大加修饰，建设最多，起名芳林园，青龙三年(235)凿池塘，建太极殿、总章观，景初元年(237)堆景阳山，筑承露台(铜龙绕基)，设流杯沟。时曹叡亲自掘土，公卿官僚皆负土堆山，植树造林，捕兽充苑。该园集游乐、狩猎、祭祀于一体。齐王曹芳时期，因避帝讳而更名华林园。东魏天平二年(535)毁。(李彦军在《〈洛阳伽蓝记〉的园林研究》中绘有华林园平面想象图)
曹魏，224～263	嵇康宅园/嵇公竹林	河南焦作	嵇康	嵇康(224—263)，魏文学家、思想家、音乐家，字叔夜，谯郡铚县(安徽宿县)人，与魏宗室通婚，官至中散大夫，崇尚老庄，讲求服食，为竹林七贤之一，因受兄友之事而被谗遭杀。《水经注》载，其山阳旧居原为七贤祠。元末改竹林寺，庙南有竹林泉。又有考为今辉县山阳村南竹林寺。又有考其山墅为云台山百家岩。三处皆有竹林，概皆为其活动场所。
曹魏，227～239	蒙汜池	河南洛阳	曹叡	在城西，明帝曹叡凿池植荷。
曹魏，227～249	曹爽宅园	河南洛阳	曹爽	曹爽(？—249)为三国谯(安徽省亳县)人，字昭伯，曹操侄孙，明帝曹叡时(227～239)任武卫将军，曹叡死，曹芳八岁即位，曹爽与司马懿辅政，专横独断，最后为司马懿所杀。在当权之时建有高宅美第，宅后有园。
三国～吴，229	太初宫	江苏南京	孙权	张敦颐《六朝事迹编类》载：“吴孙权迁都建业，徙武昌宫室材瓦，缮治太初宫。”从文献记载来看，遗址位于南京市羊皮巷一带。吴大帝黄龙元年(229)秋，孙权将都城从武昌搬回建业(今南京)，住在原“讨逆将军”孙策的府第里，取名“太初宫”。赤乌十年(247)，孙权把旧将军府全部拆掉，改建

建园时间	园名	地点	人物	详细情况
				太初宫。《太康三年地记》曰:吴有太初宫,方三百丈,权(孙权)所起也。(《中国古代园林史》)
东吴,229～252	孙吴北苑	江苏南京	孙权	210年,孙权迁都建业(南京),229年,称帝,在太初宫北建有北苑(后苑),孙权常于苑中飞射,赤乌八年(245)七月,孙权与皇后游园,观公卿射于园中。苑池亦作为水军训练场所。苑亦可能建于迁都之后几年。
东吴,229～280	桂林苑	江苏南京		建业(今南京)东北十里,落星山之阳,苑内有落星楼,吴帝陈军和狩猎于此。
曹魏,约232	许昌宫苑	河南许昌	曹丕	许昌宫为曹魏五都宫苑之一,汉献帝与曹叡大部分时间居此,宫殿为主,有游乐之鞠室、教坊、河渠,记载语焉不详。
曹魏,235	九龙殿庭园	河南洛阳	曹丕 曹叡	魏文帝曹丕建崇华殿,明帝青龙三年(235)七月火灾后重建,八月更名九龙殿,明帝居之,环绕九龙殿建造水景,“蟾蜍含受,神龙吐出”(裴注《三国志·魏书》)。
西晋,247～300	潘岳宅园	河南洛阳	潘岳	潘岳(247—300),西晋文学家,字安仁,荥阳中牟(河南)人,曾任河阳令、著作郎、给事黄门侍郎,谄事权贵贾谧而被司马伦和孙秀所杀。长于诗赋,文辞华糜,与陆机齐名,合称“潘陆”。得意时在洛水之滨建园,退居时著有《闲居赋》,为世人所重。园内有屋舍、水池、杨树、枳树、荷花、竹子、果树、鱼虾、牛羊等。闲时灌园鬻蔬,牧羊酤酪,钓鱼春税,逍遥自得,是典型庄园类型。
东吴,248	孙吴西苑	江苏南京	孙登	东吴孙权长子孙登,在黄龙元年被立为宣明太子,约249年卒,赤乌十一年(248)改建太初宫完成,宫西建园,名西苑,面积广大,内多池沼,并广植果树。今在南京大学南园一带。
北魏	普照寺	山东济宁		号“齐梁古刹”,殿堂房舍200余间,规模甚大。前院有金代建筑石塔。院北建天王殿,北连大佛殿三楹。后院中央建八角罗汉殿。殿后是课堂院,院内筑假山和亭廊,植竹木花卉,环境幽静。

建园时间	园名	地点	人物	详细情况
北魏	谷山玉泉寺	山东泰安	意师和尚	北魏高僧意师所创，金代善宁重建，光绪庚辰年(1880)重修，大殿庙貌神像焕然一新。又建别墅二处，拥乡田十余亩，开荒栽树。几经劫难，1993年重建。寺北依山峦，南屏翠峰，前有深峪，院中有古银杏高20余米，寺后古松高大，称一亩松。
北魏	光化寺	山东泰安		清·成城《宿光化寺》云："山近朱浓翠，精庐返照明。到门千树合，过涧一僧迎。水石澄寒色，松风起梵声。此时尘鞅客，心迹亦双清。"元代《重修光化寺碑》载："徂徕光化寺者，其来运矣，始创基于后魏，至隋朝而有光化之名。唐有天下三百余年，衣钵相传，宗派不泯。""寺当山奥，左右两峰如抱，前亡望诸山，如翠屏遥列。"
东吴，264～280	孙吴东苑	江苏南京	孙皓	东吴末帝孙皓为帝时，在太初宫东侧建东苑，苑城宽广，原为三千骑兵的练兵场，后改园囿，开城北渠，引后湖水入渊池。堆土成山，叠石成峰，点缀花石，架构为楼，穷极技巧，费以亿计。后为东晋之华林园。即南京东北角今中科院古生物所、市政府大院、公教一村及东南大学一部分。
东吴，264～280	昭明宫（显阳宫）	江苏南京	孙皓	方五百丈，后为避晋讳改名为显阳宫。虞溥《江表传》云："皓营新宫，二千石以下皆入山督摄伐木，又破坏诸营，大开园囿，起土山，楼观，穷极技巧，工役之费以万亿计。"孙皓(242—284)，字元宗，孙权之孙，吴国末帝。264—280年在位，沉迷酒色，昏庸暴虐。降晋四年后在洛阳去世。
曹魏	应璩园	河南洛阳	应璩	《全三国文》卷三十应璩《与从弟苗君胄书》："逍遥陂塘之上，吟咏菀柳之下，结春芳以崇佩，折若华以翳日。弋下高云之鸟，饵出深渊之鱼……何其乐哉。虽仲尼忘味于虞韶，楚人流遁于京台，无以过也。班嗣之书，信不虚矣。来还京都，块然独处，营宅滨洛。困于嚣尘，思乐汶上，发于寤寐。"

建园时间	园名	地点	人物	详细情况
孙吴	苑城（建平园）	江苏南京		东吴时，有皇家园林苑城，亦名建平园，可容纳三千贵族子弟骑马操练习武。咸和四年(329)春正月，叛将苏峻之子苏硕攻台城，太极东堂、秘阁被火烧尽。二月，遂以建平园为宫。（吴功正《六朝园林》）
西晋，261～303	陆机宅	江苏南京	陆机	陆机(261—303)，西晋文学家、书法家，与其弟陆云合称“二陆”，世称“陆平原”，他的《平复帖》是古代存世最早的名人书法真迹。陆机死后其宅第没入南朝齐的南苑，唐时成为王处士水亭。李白有诗《题金陵王处士水亭(此亭盖齐朝南苑，又是陆机故宅)》：“此堂见明月，更忆陆平原。”（李浩《唐代园林别业考论》）
西晋，266	（西晋）华林园	河南洛阳		晋帝司马炎和平替代曹魏，承袭华林园，更有新建，时有一溪、一山、三池、三岛、五殿、六馆、百果园。一溪指上巳日行禊事的流觞曲溪。一山指景阳山。三池指天渊池、扶桑海、玄武池。三岛指天渊池中三座圆台形岛屿，名方丈、蓬莱、瀛洲，上各建殿堂。五殿指崇光殿、华光殿、疏圃殿、华延殿、九华殿。六馆指繁昌、建康、显昌、延祚、寿安、千禄。百果园指每果各成一林，每林各有堂，集游乐、求仙于一体。泰始四年(268)二月，晋武帝幸华林园，宴请群臣，赋诗观志。每年上巳举行禊事。八王乱晋之初，司马伦诱引孙秀和张林入园，并诛杀孙张二人。
西晋，266～300	张华庄园	河南洛阳	张华	张华(232—300)，西晋大臣、文学家，字茂先，范阳方城(河北固安)人，西晋武帝时任中书令、散骑常侍、持节、幽州都督，惠帝时任侍中、中书监、司空，在八王之乱中被司马伦和孙秀所杀。以博洽著称，诗词华丽，后世评为“儿女情多，风云气少”。张华在洛阳北邙山故里建庄园。因地势之高低，草木之繁盛，错杂蔬果，纷敷桑麻，扬波濯足，栖迟烟霭，存神忽微，游精域外，写下《归田赋》。

建园时间	园名	地点	人物	详细情况
西晋，266～316	翟泉（苍龙海）	河南洛阳		周回三里许，在城东建春门内路附近，春秋时王子虎与晋狐偃会盟于此，东汉时为芳林园，曹魏时还有残迹，西晋时，增葺建筑。翟泉与穀水入城后汇成华林园的天渊池，外与阳渠（漕运水道）相连，补给和调节漕运水位。北魏时，高祖元宏名之为苍龙海，《洛阳伽蓝记》道："水犹澄清，洞底明静，鳞甲潜藏，辨其鱼鳖。"
西晋，266～316	灵芝池	河南洛阳		原为魏文帝曹丕所凿，在晋时亦为名胜之地，池广长百五十步，深二丈，建有连楼飞观、四出阁道，游船有鸣鹤舟和指南舟两类。
西晋，266～316	琼圃园	河南洛阳		《晋宫阙名》载在洛阳宫内有琼圃园。
西晋，272～303	东山庐	河南洛阳	左思	左思（约250—约305），西晋文学家，字太冲，齐国临淄（山东淄博）人，泰始八年（272）因妹入宫而迁居洛阳，官至秘书郎，为贾谧讲《汉书》，元康（291—299）末年，贾谧被诛，左思退居宜春里，齐王司马冏曾命为记室督，辞官不就，太安二年（303）迁居冀州。左思出身贫寒，不好交游，著作《三都赋》令洛阳纸贵。他在《招隐诗》中写道，自己经营庄园东山庐，种植果树，开凿水井："经始东山庐，果下自成榛。前有寒泉井，聊可莹心神。峭蒨青葱间，竹柏得其真。弱叶栖霜雪，飞荣流余津。爵服无常玩，好恶有屈伸。结绶生缠牵，弹冠去埃尘。惠连非吾屈，首阳非吾仁。相与观所尚，逍遥撰良辰。"园可能是左思在洛阳时所构。
西晋，282	福州西湖（红湖公园）	福建福州	严高 王审知 王延钧	在福州市西北角，西晋太康三年（282）郡守严高凿引西北诸山之水聚于此，为农田灌溉之用，周围20里。五代闽时，闽王王审知拓罗城，取土拓湖至40里，其子王延钧在湖滨建御花园水晶宫，修亭台楼榭，湖中设楼船。宋代，扩西湖，明诗人徐𤊹题有八景：仙桥柳色、大梦松声、古堞斜阳、水晶初月、荷亭晓唱、湖心春雨、澄澜曙莺，湖天竞渡，辛弃疾词《贺新郎・三山雨中游西湖》："烟雨偏宜

建园时间	园名	地点	人物	详细情况
				晴更好，约略西施未嫁。"李纲游湖心亭后作诗，因而有小西湖之称。后几经淤塞，康熙间林则徐浚湖砌岸，1914 年福建巡按使许世英辟为公园，刻"击楫"于飞虹桥，时陆地面积 54.3 亩，有古景荷亭、李纲祠、桂斋、澄澜阁、开化寺、宛在堂，新增有湖心、饮绿、海棠、完素、矩节、赏雨六亭。1915 年何振岱增修八景：湖天竞渡、龙舌品泉、升山古刹、飞来奇峰、怡山啖荔、梓楼望海、湖亭修禊、洪桥夜泊等。1917 年增紫薇厅、万字亭、李铁拐喷水池、八阵图、大梦山亭、春声花圃。1930 年建柳堤，开新大门。抗日战争时荒芜。1947 年开化寺被占为伤兵医院、军械库，亭榭成为马厩。1950 年修复，增建动物园，陆地扩大五倍，"文革"时改名红湖，1969 年改"五七"农场，后改红湖管理处、红湖公园，铲篱伐木。1972 年修复，复名西湖公园，1985 年清淤，1998 年截污改造，时广 42 公顷，其中水面 30 公顷，陆地 12 公顷，湖中有开化、谢坪、窑角三岛，以步云、飞虹、玉带三桥相连，现有景：柳堤、紫薇厅、开化寺、宛在堂、更衣亭、西湖美亭（万字亭）、诗廊、水榭亭廊、鉴湖亭、船亭、湖心亭、金鳞小苑、古堞斜阳、芳沁园、荷亭、桂斋、浚湖纪念碑、三桥、金鱼园、分景园、游乐园、摄影部、影剧院、茶室、餐厅等。
西晋，289～303	华亭别墅	上海松江	陆机 陆云	陆机(261—303)，西晋文学家，字士衡，吴县华亭（上海松江）人，祖陆逊为东吴名将，14 岁任吴国牙门将，20 岁吴亡，于太康十年(289)与弟陆云(262—303，字士龙)至洛阳，文才轰动一时，人称"二陆"，长于辞赋，以华丽著名，与潘岳合称"潘陆"，所著《文赋》为名篇，官至平原内史、后将军、河北大都督，后因兵败被谗，为司马颖所杀。陆云官至清河内史。两人在家乡曾建有郊野别墅，清泉茂林，十分雅致。（刘义庆《世说新语·尤悔》）因陆为世家豪族，到底是入洛之前或之后建园，不详。

建园时间	园名	地点	人物	详细情况
西晋，290～300	金谷园	河南洛阳	石崇	石崇(249—300)，渤海南皮人，初为修武令，累至侍中，永熙元年(290)出为荆州刺史，拜太仆，任征虏将军、假节，监徐州诸军事，镇下邳，劫掠客商，财产无数，在八王之乱中勾结齐王被杀。五十岁(299)时辞官，居洛阳，在城郊金谷涧建河阳别业，又名金谷园、梓泽。 《水经注·穀水》曰："(金谷水)东南流，迳晋卫尉卿石崇之故居也。石季伦《金谷诗集·叙》曰：余以元康七年，从太仆卿出为征虏将军，有别庐在河南界金谷涧中，有清泉茂树，众果竹柏，药草蔽翳"。园约十顷，内有池沼、土窟、长堤、叠泉、流渠、曲溪、凉台、楼阁、轩观、柏竹、沙棠、乌椑、石榴、芳梨、药草、鱼鸟、鸡猪、鹅鸭、肥羊等，是典型的庄园类型。在出镇下邳之前，潘岳等三十余名流齐集金谷园为其饯行，各人赋诗结集，留下《金谷诗序》。(邢宇《〈水经注〉的园林研究》中绘有金谷园小景图)
西晋	裴楷别宅		裴楷	《晋书》卷三五《裴楷传》："(裴楷)尝营别宅，其从兄衍见而悦之，即以宅与衍。"
西晋	贾谧园		贾谧	《晋书》卷四十《贾谧传》："负其骄宠，奢侈逾度，室宇崇僭，器服珍丽，歌僮舞女，选极一时。开阁延宾，海内辐凑，贵游豪戚及浮竞之徒，莫不尽礼事之。"
西晋	王戎园		王戎	《晋书》卷四三《王戎传》："性好兴利，广收八方园田水碓，周遍天下。"
西晋	王衍园	河南洛阳	王衍	《晋书》卷四三《王衍传》："性绝巧而好锻。宅中有一柳树甚茂，乃激水圜之，每夏月，居其下以锻。"
西晋	何劭园		何劭	《文选》卷二四《赠张华诗》："俯临清泉涌，仰观嘉木敷。周旋我陋圃，西瞻广武庐。既贵不恭俭，处有能存无。镇俗在简约，树塞焉财搴？在昔同班司，今者并园墟。私愿偕黄发，逍遥综琴书。举爵茂阴下，携手共踌躇。奚用遗形骸，忘筌在得鱼。"

建园时间	园名	地点	人物	详细情况
西晋,304	葛洪山居	浙江余姚	葛洪	葛洪(284—364),东晋道教理论家、医学家、炼丹术家,字稚川,自号抱朴子,丹阳句容人,葛玄从孙,少好神仙导养之法。司马睿为丞相,用为掾,后任咨议、参军,封关内侯,闻交趾出丹砂,求为广西勾漏令。携子至广州,止于罗浮山炼丹。《抱朴子》为其名篇,坚持名教纲常、隐居炼丹。《乾隆绍兴府志》卷五道,葛洪在余姚太平山筑石室,室广数丈,高丈余,为葛炼丹之处,环石室为山居,概以山林野趣为主景。西晋永兴元年(304),葛洪从江苏丹阳赴吴兴太守顾秘部队,任将兵都尉,镇压石冰起义有功,封伏波将军,次年离任赴洛阳。概于胜利后觅地炼丹。
西晋,304	武侯祠	四川成都		武侯祠位于成都南郊,占地56亩,是国内纪念蜀汉丞相诸葛亮的主要胜迹。诸葛亮卒于234年,因京师建祠逼宗庙而百姓私祭道陌。西晋永安元年(304)李雄称王,始在城东建武侯祠。与刘备墓和后主祠成品字格局,约南北朝时成型。唐宋时为名胜。唐杜甫有诗:"丞相祠堂何处寻,锦官城外柏森森。"洪武二十三年(1390)蜀献王朱椿废祠移像入刘备庙内,明末毁于兵燹。清康熙十一年(1672)因旧址建成今局。东轴有刘备庙、武侯祠、三义庙、棋园、结义楼,中轴有陈列馆、惠陵、孔明苑,群贤堂。西轴有三洞门、四方亭、荐馨堂、刘湘墓、智慧泉、又有静远坐、桂荷楼、锦里街等。现文物区、园林区和锦里街总面积230亩。
西晋,316	潭柘寺	北京		位于北京小西山系的潭柘山,为北京最古老寺院,始建于西晋愍帝建兴四年(316),初名嘉福寺,唐改龙泉寺,历宋金元明多次重修,入清于康熙年间扩建为岫云寺,同光时修为今局。寺坐北朝南,背依宝珠峰,周围九峰环列,寺分中东西三路,中路殿堂区。西路次殿区。东路园林区。园林区包括方丈院、延清阁、舍利塔、石泉斋、地藏殿、圆通殿、竹林院,以及康乾行宫,其间茂林修竹,名花异卉,泉水萦流,假山叠石,水瀑平濑,亦有流杯亭。寺外分布有养老的安乐延寿堂、烟霞庵、明王殿、歇心亭、龙潭、海蟾石、观音洞、上下塔院等小景点。

建园时间	园名	地点	人物	详细情况
东晋，317～339	王导西园（冶城园、桓玄宅园、李白宅园）	江苏南京	王导	王导(276—339)，东晋大臣，字茂弘，琅琊临沂人，因献策移京建康有功，成为元帝股肱，大兴元年(318)任丞相，历仕元、明、成三帝，咸康四年(338)年晋太傅、都督中外诸军事。园在城西南冶山，晋元帝大兴(317～321)初年，司徒王导久病不愈，方士称是冶山铸铁相冲而致，于是将冶炼坊迁石头城东，以原地建为西园，又名冶城园，园中果木成林，鸟兽飞奔。晋成帝司马衍曾幸此园。晋太元五年(380)在此建冶城寺，又名冶亭，元兴三年(404)桓玄入建康，占寺为宅。入唐，李白居此。
东晋，317～324	纪瞻宅园	江苏南京	纪瞻	纪瞻(253—324)，字思远，丹阳秣陵（南京）人，与王导劝司马睿登位建立东晋，文武兼备，建武元年(317)拜侍中，转尚书，其后加右仆射、散骑常侍、骠骑将军。纪瞻性静默，少交游，好读书、著述，又解音律。屡次称病告老，皇帝不准，厚赏有加，在乌衣巷建宅园，馆宇崇丽，园池宽广，竹木茂盛，花石清雅。
东晋，320	玄武湖	江苏南京	晋元帝(司马睿)	在建康城北，晋元帝司马睿创立北湖（后玄武湖），为遏北山之水，筑堤自覆舟山至宣武城。宋文帝元嘉二十三年(446)筑北堤，堆三岛（方丈、蓬莱、瀛洲），建四亭，名真武湖。宋孝武帝大明五年(461)、七年(463)在玄武湖阅兵。梁武帝萧衍在位期间(502～549)，在此训练水军，效汉武帝更名昆明池。太清二年，侯景叛乱，引水灌城。明代湖中有岛六个，清代余五岛，分别名：环洲、菱洲、梁洲、樱洲、翠洲。今存。
东晋，326～342	华林园	江苏南京	司马衍 刘义符 张永	晋成帝司马衍(330～332)时依洛阳华林园规制在东吴东苑上建成，历东晋、宋、齐、梁、陈五朝，园在宫北，多为自然山水，殿堂间沟流回转，山、水、城、林融为一体，有景：天渊池、祓禊堂、流杯渠。简文帝司马昱在咸安元年(371)入园，道："会心处不必在远，翳然林水，便自有濠濮间想也。觉鸟兽禽鱼，自来亲人。"晋孝武帝时司马曜于太元二十一年(396)修园，建清暑殿，以为听讼之处。宋少帝

建园时间	园名	地点	人物	详细情况
				刘义符于景平元年(423)第一次修园,园东门名东合,北门名北上合,南门名凤妆门,建列肆。梁武帝拆华光殿,建兴光殿(上层重云殿)、朝日楼、明月楼、通天观、日观台,改建主殿为二层楼阁。文帝元嘉年间(424～453)在东合内建延贤堂,元嘉二十二年(445),造园家张永第二次修园,保留原景,新筑景阳山、武壮山,建华光殿、凤光殿、兴光殿、景阳楼、一柱台、醴泉堂、芳春琴堂、竹林堂、通天观、层城观、华林阁、含芳堂、射棚等。宋孝武帝大明元年(457)建日观台、曜灵殿,更芳香琴堂为连理堂、景阳楼为庆云楼、清暑殿为嘉禾殿,广植花木,梅树居多。齐时置景阳钟(又名催妆钟),建层城观(又称穿针楼),植蜀国柳。梁武帝崇佛,在鸡笼山建同泰寺,并入园中,在景阳山建通天观。大同元年(535)寺毁于天火。太清三年(549)侯景叛乱,华林园被毁,十不遗一。陈永定年间(557～559)建听讼殿,天嘉二年(561)建临政殿,陈后主大加修缮,至德二年(584)于光昭殿前建临春、结绮、望仙三阁,缀以复道。阁下积石山,引水池,植奇树,杂花药,陈后主在园中唱《玉树后庭花》和《临春乐》等艳曲。园林功能以游乐为主,其他有居住、听讼、买卖、观象等。祯明三年(589)隋军入台城,园毁,从东吴始历 341 年。
东晋,327	云岩寺	江苏苏州	王珣 王珉	本为王珣、王珉兄弟别业所舍,初名虎丘山寺,分东寺、西寺,唐初避李渊祖讳改武丘寺,会昌年间寺毁,宋初合两寺为一重建,宋至道年间(995～998)改云岩禅寺,五代后周显德六年(959)建云岩寺塔,金兵南侵,寺毁,绍兴年间复,规模宏大,被称为五山十刹之一,宋至清被毁七次,然其风景名胜却一直延续至今:悟石轩(原得泉楼,隆兴二年)、双井桥(楼,陈敷文捐建,宋)、致爽阁(原小五台、海涌峰,1920 复)、冷香阁、千人石(晋)、二仙亭(清嘉庆)、可中亭、石观音殿、云岩寺塔、憨憨泉、枕头石、断梁殿(唐)、响碑、古真娘墓(花冢)、小吴轩(望苏台、天开图画,清复)、再来室(平远

建园时间	园名	地点	人物	详细情况
				堂，清末）、二十八殿（毁）、小武当、三天门、中和桥、陆羽楼（毁）、大士庵（毁）、和靖书院（毁）、十八折、百步趋、通幽轩、玉兰山房、赖债庙（药王庙）等，近年又种 20 亩毛竹、香樟、桂树。麟庆有《鸿雪因缘图记》中的《虎丘述德》篇记之。
晋，332 年	建康宫（显阳宫）	江苏南京	晋成帝	许嵩《建康实录》卷二："初，吴以建康宫地为苑。"同书卷七："（东晋咸和七年冬十一月）是月，新宫成，署曰建康宫，亦名显阳宫，开五门，南面二门，东西北各一门。"注引《图经》："即今之所谓台城也……周八里，有两重墙。"又引《宫苑记》："建康宫五门，南面正中大司马门……南对宣阳门，相去二里……南面近东阊阖门，后改为南掖门……南值兰宫西大路，出都城开阳门。正东面东掖门，正北平昌门……其西掖门外南偏突出一丈许，长数十丈地。"王祎《大事纪续编》卷二十九注引《宫苑记》："建康宫城周回八里，濠阔五丈。本吴后苑城，晋成帝修为宫城。"
东晋，335～344	北干园	浙江萧山	许询	许询，字玄度，东晋诗人，东晋十八高僧（名士）之一，《嘉泰志·山》道，其园在北干山，凭林筑室，萧然自致，许询诗道：萧条北干园。他大约在咸康年间（335～344）隐居于此。
后赵，335～348	石虎行宫	河北邺城	石虎	后赵始都河北襄国（邢台），国主石虎方迁都邺城（临漳），襄国至邺城二百里，国四十里立一行宫，约有四个行宫，每宫有一夫人和数十侍婢。
东晋，339	朗公寺（大宗山朗公寺）	山东临沂	朗卓锡	位于临沂市兰陵县大仲村镇，始建于东晋成帝咸康五年（339），因朗姓高僧所创而得名，元为其鼎盛时期，占地数百亩，殿阁 20 余处，僧侣 500 余人，曾为古琅琊郡寺院之首，被称为齐鲁四大名寺之一。朗公寺几度兴衰，现存古建遗址为晋代建筑风格，有上寺、塔林、下寺三大建筑，于密林泉流之中，幽静清新。公元 356 年，王羲之来到大宗山，朗公寺住持朗卓锡请他题写寺院楹额，王羲之欣然答应，挥手写就"大宗山朗公寺"。

建园时间	园名	地点	人物	详细情况
东晋，344～386	顾辟疆园	江苏苏州	顾辟疆	顾辟疆，东晋名士，历任郡功曹、平北将军参军，建有宅园，具池、馆、竹、泉、石之胜，王献之为睹芳园，偷入园被驱逐，唐时为任晦所得，称任晦园池，顾况、李白有诗赞之。建园时间以王献之生卒年为概。唐陆龟蒙《奉和袭美二游诗任选诗》："吴之辟疆园，在昔胜概敌。前闻富修竹，后说纷怪石。"宋计有功《唐诗纪事鸿渐》："吴门有辟疆园，地多怪石。"
后赵，347前	桑梓苑	河北邺城	石虎	在邺城南三里，为后赵所建，苑内有临漳宫。《晋书》云：永平三年(347)，石虎"亲耕籍田于其桑梓苑"。《水经注》亦云："漳水又对赵氏临漳宫，宫在桑梓苑，多桑木，故苑有其名。三月三日，及始蚕之月，虎帅皇后及夫人，采桑于此。"
后赵，347	华林园	河北邺城	石虎 张群	园广长数十里，后赵皇帝石虎听信和尚吴进说，胡运将衰，晋运当升，须奴役晋人，于是，石虎命令尚书张群驱使男女十六万，车驾十万，运土至邺城北兴建华林园，役工秉烛夜作，时狂风暴雨，死者数万。园林从漳水引水，园内有三观、四门、玄武池、天泉池、曲流、铜龙、千金堤、禽兽(黄鹄、苍麟、白鹿)、果树(春李、西王母枣、羊角枣、勾鼻桃、安石榴)等。每年三月，石虎与皇帝百官临水作乐。华林园仿前朝洛阳华林园而作，有些直接取自洛阳华林园，如飞廉、钟架等。为方便运输果树，石虎发明蛤蟆车。
前秦，351	竺僧朗精舍	山东泰山	竺僧朗	《高僧传·卷五·竺僧朗传》道：竺僧朗为前秦京兆僧人，皇始元年(351)隐居泰山，在金舆谷的昆仑山中建立精舍。环山之中，内外屋宇，数十余区，风景优美，为自然山水园。
东晋，至迟353	兰亭	浙江绍兴	王羲之	兰亭在绍兴西南13公里兰渚山下兰亭溪边，春秋时期勾践在此种兰，汉代在此设驿亭，故称兰亭。因亭凿有曲流，文人雅士在此行乐，称为曲水流觞。最著名一次在东晋永和九年(353)，王羲之携41名文士在此行禊事斗诗，集成《兰亭集》，王羲之

建园时间	园名	地点	人物	详细情况
				作序并书。兰亭几度改扩建，魏晋时王廙之移亭于水中，晋何无移亭于山上，至道二年(996)，年裴越来游，嘉靖二十七年(1548)沈启移亭于天章寺前，清康熙十二年(1673年)许宏勋重建兰亭，康熙三十四年(1695)知府重建，康熙书“兰亭”二字，修右军祠，绕亭以竹，乾隆十六年(1751)乾隆书《兰亭即事》诗，同治年间立鹅池碑，光绪二十五年(1899)修流觞亭。1916年陶恩沛修兰亭，建墨华亭，1956年和1962年台风和洪水毁园，存流觞亭和右军祠。“文革”兰亭碑被砸断，1979至1982年全面整修。1984年始每年在此举行绍兴书法节。1988年扩兰渚山下书法博物馆10亩，园面积达3公顷，现景有竹轩、兰苑、驿亭、鹅池、鹅池碑亭、曲水、小兰亭、流觞亭、右军祠、墨华亭、东池、御碑亭、临池十八缸、三折桥、信可乐亭、书法博物馆等。
东晋，355～361	王羲之山居	浙江嵊县	王羲之	王羲之(303—361)，东晋书法家、官僚，字逸少，琅琊临沂人，南迁定居会稽山阴，出身贵族，历任秘书郎、长史、宁远将军、江州刺史、会稽内史、右军将军，永和十一年(355)辞官退隐，居于浙江嵊县，建有宅园，园中有书楼，有墨沼。
东晋，约359	谢安别墅	江苏南京	谢安	谢安(320—385)出仕后，为孝武帝讲经，升平八年(361)任侍中，次年升吏部尚书、中护军，后又晋尚书仆射、后将军，因淝水之战进太保后遭猜忌而退避。卒赠太傅，谥号文靖，追封庐陵公。他不仅是一个杰出政治家，还风流儒雅，成为东晋名士之冠。他在京城建康建有别墅，园内楼馆林立，竹木繁盛。
晋	建邺宫		司马绍	“晋琅琊王渡江镇建邺，因吴旧修而居之，即太初宫为府舍，及即帝位，称为建邺宫。”(汪菊渊《中国古代园林史》)

建园时间	园名	地点	人物	详细情况
晋	东府城	江苏江宁		古城名，简称东城。故址在今南京市通济门附近，临秦淮河。 晋简文帝时旧第，后为会稽王道子宅，太元中道子领扬州，以为治所，义熙中刘裕自石头还镇东府，即此。《建康志》：城在青溪桥东南，临淮水，去台城四里，梁绍泰末焚毁，陈天嘉中更徙治城东三里，西临淮水，陈亡，废。又有书曰东府城，安帝时筑，宋以后为宰相府第，每有事，必置兵守此，亦谓之东城。（汪菊渊《中国古代园林史》）
东晋	甘露寺（高座寺）	江苏南京		位于南京城南中华门外的雨花台。始建于东晋初年，原名为甘露寺。据《金陵梵刹志》记载，东晋初年，西域高僧南渡来游建康，为丞相王导所敬重，于是在该寺讲经说法。由于他讲经时坐在高处，被人尊称为高座道人，时人于是也以高座为寺名。另一说法，高座道人后卒于建康，并葬于该寺，元帝为其树塔建冢，于是该寺改名为高座寺。梁代初年，宝志禅师在此主持，有云光法师在此坐山巅说法，僧侣五百余人，趺坐聆听，数日不散，天上落花如雨，后称讲经高台处为雨花台。洪武初年废，后建筑也多毁于大火。景泰四年（1453），礼部尚书胡濙前来进香，该寺的规模尚存，只是破败不堪。成化年间，僧人照堂广募钱财，想要加以修缮，到弘治元年（1488）腊月正式动工恢复拓建，弘治九年十月（1496）完工，先后恢复了药师、净业两大殿以及东室、西堂、钟鼓楼、厨房等建筑，寺后即为雨花台。
东晋，363～365	王坦之园（安乐寺园）	江苏南京	王坦之	《高僧传·卷十三·释慧受传》道：慧受大师在东晋兴宁（363～365）年间到京师，曾从王坦之宅边经过，而后数度夜梦于园中立寺，于是向王坦之请求在园中立一小禅房，王大喜而舍园为寺，名安乐寺。王坦之（330—375）字文度，太原晋阳人，尚书令王述之子。曾任大司马桓温参军，袭父爵蓝田

建园时间	园名	地点	人物	详细情况
				侯，后与谢安等在朝中抗衡桓温。桓温死后与谢安辅幼主，迁中书令(373)、北中郎将、都督徐兖青三州诸军事、徐兖二刺史、镇守广陵，宁康三年(375)病逝，追赠要北将军、谥献。
东晋，365～372	流杯曲水	江苏南京	司马奕	梁沈约《宋书·礼志》载："海西公于钟山立流杯曲水，延百僚。"司马奕(342－386)，字延龄，在位六年，为桓温废为东海王，再降为海西公。
东晋，365—427	陶渊明宅园	江西庐山	陶渊明	陶渊明(365—427)，东晋大诗人，一名潜，字无亮，荆、江刺史陶侃之孙，曾任江州祭酒、镇军参军、彭泽令等职，因不满士族政治而隐居庐山，擅长田园诗及散文，对园林影响最大的名篇是《饮酒》、《归田园居》、《桃花源记》，名句如"采菊东篱下，悠然见南山"、"开荒南野际，守拙归园田"、"久在樊笼里，复得返自然"、"结庐在人境，而无车马喧"、"登东皋以舒啸，临清流而赋诗"等，其造园理论为：借景远山、植菊成圃、山重水复、柳暗花明。其隐居处建宅园，面积约十余亩，内有草屋八九间，庭园内植有菊、松、柏、榆、桃、李等。
东晋，384	东林寺	江西庐山		东林寺，位于庐山西麓，北距九江市16公里，东距庐山牯岭街50公里。因处于西林寺以东，故名东林寺。依山就势建构有：山门殿(即天王殿)、三圣殿、大雄宝殿、拜佛台、接引桥、大佛台等七个苑区。朝礼之路由缓渐陡，其间有虹桥飞跨，衔山接路，至宽阔的礼佛台前而止。
东晋，385	谢玄山居（谢玄田居）	浙江始宁	谢玄	谢玄(343—388)，东晋名将，字幼度，陈郡阳夏(河南太康)人，谢安侄，21岁(363)为桓温部将，升七州都督，太元二年(377)任建武将军、兖州刺史、广陵相、冠军将军、徐州刺史、左将军、会稽内史等职。因淝水之战而闻名于世。 太元十年(385)因病告退，改任左将军、会稽内史，在会稽始宁三界镇建园安居。园在会稽车骑山(此山因谢玄封车骑将军而名)，南建有宅园。

建园时间	园名	地点	人物	详细情况
				《水经注·浙江水》载："右滨长江，左傍连山，平陵修通，澄湖远镜。于江曲起楼，楼侧悉是桐梓，森耸可爱，居民号为桐亭楼，楼两面临江，尽升眺之趣。芦人渔子，泛滥满焉。湖中筑路，东出趣山，路甚平直，山中有三精舍，高甍凌虚，垂檐带空，俯眺平林，烟杳在下，水陆宁晏，足为避地之乡矣。"（邢宇《〈水经注〉的园林研究》中绘有谢玄田居小景图一幅）
东晋，385～402	道子东第	江苏南京	司马道子 赵牙	司马道子（364—402），东晋孝武帝之弟，封琅琊王、会稽王，太元十年（385）起把持朝政，横征暴敛，奢侈无度，最后为桓玄所杀。风光之时，命赵牙（优倡出身的造园家）为其设计建造宅园。园中凿有湖池，筑有假山，植有林木，开有酒肆，装饰豪华，可以舟游，可以戏酒。
东晋，407	云门寺	浙江绍兴		位于浙江绍兴平水镇，始建于东晋义熙三年（407），是中国最古的寺院之一，其规模非常宏大，陆游在《云门寿圣院记》载："云门寺自晋唐以来名天下。父老言昔盛时，缭山并溪，楼塔重覆、依岩跨壑，金碧飞踊，居之者忘老，寓之者忘归。游观者累日乃遍，往往迷不得出。虽寺中人或旬月不得觌也。"
东晋	白道猷山居	浙江新昌	白道猷	《高僧传》道，白道猷在新昌沃洲山上建有山居，园林连峰数十里，有修林，有平津，茅茨土阶，围篱放鸡。
东晋，326	灵隐寺园	浙江杭州	慧理	灵隐寺又名灵云禅寺，是江南著名古刹之一。位于西湖灵隐山麓，处于西湖西部地飞来峰旁。灵隐寺始建于东晋咸和元年（326）。传说印度僧人慧理来到杭州，面对飞来峰感叹道："此天竺灵鹫山之岭，不知何年飞来？佛在世日，多为仙灵所隐。"遂面山建寺，取名"灵隐"。白居易《冷泉亭》道：灵隐寺山水为余杭之最，寺外有飞来峰、山溪、泉水、冷泉亭（右司郎中河南元芎作）、虚白亭（相

建园时间	园名	地点	人物	详细情况
				里郡作）、候仙亭（韩仆射皋作）、观风亭（裴庶子棠棣作）、见山亭（庐给事元辅作），以冷泉亭为甲，五亭相望，如指环列。
东晋	桓玄别苑	江苏南京	桓玄	《建康实录》卷十："玄筑别苑于冶城，案地志：其城本吴冶铸之地，因为焉。王导疾作，因徙移冶山石头城西，以地为西园故。"
东晋	许询园	永兴西山	许询	《建康实录》卷八："好泉石，清风朗月，举酒永杯。……隐于永兴西山，凭树构堂，萧然自致。"
东晋	戴逵园	浙江嵊州	戴逵	《全晋文》卷一三七戴逵《栖林赋》："浪迹颖湄，栖景箕岑。""幽关忽其离楗，玄风暖以云颓。"
东晋	郗僧施园	江苏南京	郗僧施	《建康实录》卷二注引陶季直的《京都记》云："典午时，京师鼎族多在青溪左及潮沟北。俗说郗僧施泛舟青溪，每一曲作一诗。谢益寿闻之曰：'青溪中曲，复何穷尽也。'"
东晋	殷仲堪园		殷仲堪	《全晋文》卷一二九《游园赋》："尔乃杖策神游，以咏以吟。落叶掩蹊，果下成林。"
东晋	湛方生园		湛方生	《先秦汉魏晋南北朝诗·晋诗》卷十五湛方生《游园咏》："谅兹境之可怀，究川阜之奇势。水穷清以澈鉴，山邻云而无际。乘初霁之新景，登北馆以悠瞩。对荆门之孤阜，傍鱼阳之秀岳。乘夕阳而含咏，杖轻策以行游。袭秋兰之流芬，幙长猗之森修。任缓步以升降，历丘墟而四周。"
刘宋	舍亭山居		王裕之	梁沈约《宋书》卷六六《王敬弘传》，《南史》卷二四《王裕之传》："所居舍亭山，林涧环周，备登临之美，时人谓之王东山。"
刘宋	谢举园	江苏南京	谢举	李延寿《南史》卷二十《谢举传》："举宅内山斋，舍以为寺，泉石之美，殆若自然。"
刘宋	何尚之园	福建福州	何尚之	李延寿《南史》卷六六《何尚之传》："尚之宅在南涧寺侧，故书云'南濒'，《毛诗》所谓'于以采苹，南涧之濒'也。"

建园时间	园名	地点	人物	详细情况
刘宋	颜师伯园		颜师伯	李延寿《南史》卷七七《颜师伯传》,《南史》卷三四《颜师伯传》:"多纳货贿,家产丰积,伎妾声乐,尽天下之选,园池第宅,冠绝当时。"
刘宋	袁粲园		袁粲	《宋书》卷八九《袁粲传》:"宅宇平素,器物取给。好饮酒,善吟讽,独酌园庭,以此自适。居负南郭,时杖策独游,素寡往来,门无杂客。及受遗当权,四方辐凑,闲居高卧,一无所接,谈客文士,所见不过一两人。"
刘宋	宗炳园	湖北江陵	宗炳	《宋书》卷九三《隐逸传》,《南史》卷七五《隐逸传上》:"(宗炳)乃于江陵三湖立宅,闲居无事。……好山水,爱远游,西陟荆、巫,南登衡岳,因结宇衡山,欲怀尚平之志。有疾还江陵,叹曰:'老疾俱至,名山恐难遍睹,唯澄怀观道,卧以游之。'凡所游履,皆图之于室,谓之'抚琴动操,欲令众山皆响。'"
刘宋	孔淳之园		孔淳之	《宋书》卷九三《隐逸传》,《南史》卷七五《隐逸传上》:"(孔淳之)居丧至孝,庐于墓侧。服阕,与征士戴颙、王弘之及王敬弘等共为人外之游,又申以婚姻。敬弘以女适淳之子尚。会稽太守谢方明苦要入郡,终不肯往。茅室蓬户,庭草芜径,唯床上有数卷书。"
刘宋	沈道虔园	浙江吴兴	沈道虔	《宋书》卷九三《隐逸传》,《南史》卷七五《隐逸传上》:"沈道虔,吴兴武康人也。少仁爱,好老、易,居县北石山下。孙恩乱后饥荒,县令庾肃之迎出县南废头里,为立小宅,临溪,有山水之玩。时复还石山精庐,与诸孤兄子共釜庾之资,困不改节。"
刘宋	张永园	浙江吴兴	张永	《南齐书》卷五四《高逸传》:"征北张永为吴兴守,请(沈)麟士入郡。麟士闻郡后堂有好山水,乃往停数月。"
刘宋	北宅秘园		谢庄	《宋诗》卷六谢庄《北宅秘园诗》:"夕天齐晚气,轻霞澄暮阴。微风清幽幌,余日照青林。收光渐窗歇,穷园自荒深。绿池翻素景,秋槐响寒音。伊人傥同爱,弦酒共栖寻。"

建园时间	园名	地点	人物	详细情况
刘宋	中园		谢惠连	《全宋文》卷三四《仙人草赞序》:“余之中园有仙人草焉,春颖其苗,夏秀其英,秋有真实,冬无凋色。”
刘宋	江淹园		江淹	《全宋文》卷三八《草木颂十五首序》:“所爱两株树十茎草之间耳。今所凿处,前峻山以蔽日,后幽晦以多阻。饥猨搜索,石濑浅浅。庭中有故池,水常决,虽无鱼梁钓台,处处可坐。”
刘宋	周山图墅舍	江苏宜兴	周山图	梁萧子显《南齐书》卷二九《周山图传》:“山图于新林立墅舍,晨夜往还。”
刘宋	孔稚珪园	浙江绍兴	孔稚珪	梁萧子显《南齐书》卷四八《孔稚珪传》:“稚珪风韵清疏,好文咏,饮酒七八斗。与外兄张融情趣相得,又与琅琊王思远、庐江何点、点弟胤并款交。不乐世务,居宅盛营山水,凭几独酌,傍无杂事。门庭之内,草莱不剪,中有蛙鸣,或问之曰:‘欲为陈蕃乎?’稚珪笑曰:‘我以此当两部鼓吹,何必期效仲举。’”孔稚珪(447—501),字德璋,会稽山阴人,刘宋时任尚书殿中郎,齐时历任御史中丞、太子詹事,死后追赠金紫光禄大夫。
刘宋	张欣泰园	湖北天门	张欣泰	梁萧子显《南齐书》卷五一《张欣泰传》:“屏居家巷,置宅南冈下,面接松山。欣泰负弩射雉,恣情闲放。众伎杂艺,颇多闲解。”
刘宋	萧子良鸡笼山邸	江苏南京	萧子良	萧子良(460—494),字云英,南兰陵人,齐武帝次子。刘宋时任主簿、安南长史,南齐时任会稽太守、丹阳尹、南徐州刺史、司徒、护军将军,镇守西州,封竟陵王。与侄萧昭业争帝失败,进为太傅、尚书令,督南徐州,忧郁而亡,追赠太宰、中书监。《全齐文》卷七萧子良的《行宅诗序》:“山原石道,步步新情。回池绝涧,往往旧识。以吟以咏,聊用述心。”
刘宋	王俭园		王俭	《齐诗》卷一王俭的《春日家园诗》:“从倚未云暮,阳光忽已收。羲和无停晷,壮士岂淹留。苒苒老将至,功名竟不修。稷契匡虞夏,伊吕翼商周。抚躬谢先哲,解绂归山丘。”

建园时间	园名	地点	人物	详细情况
梁	王骞园	江苏南京	王骞	姚察《梁书》卷七《太宗王皇后传》:“时高祖于钟山造大爱敬寺,骞旧墅在寺侧,有良田八十余顷,即晋丞相王导赐田也。高祖遣主书宣旨就骞求市,欲以施寺。骞答旨云:“此田不卖。若是敕取,所不敢言。”酬对又脱略。高祖怒,遂付市评田价,以直逼还之。”
梁	张充园		张充	姚察《梁书》卷二一《张充传》:“充所以长群鱼鸟,毕影松阿。半顷之田,足以输税。五亩之宅,树以桑麻。啸歌于川泽之间,讽味于渑池之上,泛滥于渔父之游,偃息于卜居之下。”
梁	萧恭园		萧恭	姚察《梁书》卷二二《太祖五王传》,《南史》卷五二《梁宗室下》:“(萧)恭善解吏事,所在见称。而性尚华侈,广营第宅,重斋步榈,模写宫殿。尤好宾友,酣宴终辰,座客满筵,言谈不倦。”
梁	阮孝绪园		阮孝绪	姚察《梁书》卷五一《处士传》,《南史》卷七六《隐逸传下》:“幼至孝,性沉静,虽与儿童游戏,恒以穿池筑山为乐。……所居室唯有一鹿床,竹树环绕。”
梁	萧子范园		萧子范	《全梁文》卷二三萧子范《家园三月三日赋》:“右瞻则青溪千仞,北睹则龙盘秀出。与岁月而荒茫,同林薮之芜密。欢兹嘉月,悦此时良。庭散花蕊,傍插筠篁。洒玄醪于沼沚,浮绛枣于泱泱。观翠纶之出没,戏青舸之低昂。”
梁	陆倕园		陆倕	《全梁文》卷五三陆倕的《思田赋》:“临场圃以筑馆,对灵轩而凿池。集游泳于阶下,引朝派于堂垂。瞻巨石之前却,玩激水之推移。”
梁	张缵园	江苏南京	张缵	《全梁文》卷六四张缵《谢东宫赍园启》:“性爱山泉,颇乐闲旷虽复伏膺尧门,情存魏阙,至于一丘一壑,自谓出处无辨。”
梁	庾肩吾园		庾肩吾	《全梁文》庾肩吾《谢东宫赐宅启》:“肩吾居异道南,才非巷北,流寓建春之外,寄息灵台之下。岂望地无湫隘,里号乘轩,巷转幡旗,门容幰盖。况

建园时间	园名	地点	人物	详细情况
				乃交垂五柳，若元亮之居，夹石双槐，似安仁之县。却瞻钟阜，前枕洛桥。池通西舍之流，窗映东邻之枣，来归高里，翻成侍封之门。夜坐书台，非复通灯之壁。才下应王，礼加温阮，官成名立，无事非恩。”
陈	裴忌园		裴忌	姚思廉《陈书》卷二五《裴忌传》：“世祖即位，除光禄大夫，慈训宫卫尉，并不就，乃筑山穿池，植以卉木，居处其中，有终焉之志。”
陈	陆琼园		陆琼	姚思廉《陈书》卷三十《陆琼传》：“性谦俭，不自封植，虽位望日隆，而执志愈下。园池室宇，无所改作，车马衣服，不尚鲜华，四时禄俸，皆散之宗族，家无余财。”
陈	徐陵园		徐陵	《陈诗》卷五徐陵《内园逐凉》：“昔有北山北，今余东海东。纳凉高树下，直坐落花中。狭径长无迹，茅斋本自空。提琴就竹筱，酌酒劝梧桐。”《山斋诗》：“桃源惊往客，鹤峤断来宾。复有风云处，萧条无俗人。寒山微有雪，石路本无尘。竹径朦胧巧，茅斋结构新。”
陈	沈炯园		沈炯	《全陈文》卷十四沈炯《幽庭赋》曰：“矧幽庭之闲趣，具春物之芳华。转洞房而隐景，偃飞阁而藏霞。筑山川于户牖，带林苑于东家。草纤纤而垂绿，树搔搔而落花。于是秦人清歌，赵女鼓筑。嗟光景之迟暮，咏群飞之栖宿。顾留情于君子，岂含姿于娇淑。于是起而长谣曰：故年花落今复新，新年一故成故人。那得长绳系白日，年年日月但如春。”
北魏	郭文远园	河南洛阳	郭文远	《洛阳伽蓝记》卷五：“唯冠军将军郭文远游憩其中，堂宇园林匹于邦君。”
北魏	薛裔园		薛裔	魏收《魏书》卷四二《薛辩传》：“子裔，字豫孙，袭爵。性豪爽，盛营园宅，宾客声伎，以恣嬉游。”
北魏	王椿园		王椿	魏收《魏书》卷九三《恩幸传》，《北史》卷九二《恩幸传》：“椿僮仆千余，园宅华广，声妓自适，无乏于时。或有劝椿仕者，椿笑而不答。雅有巧思，凡所营制，可为后法。由是正光中，元叉将营明堂、辟雍，欲征椿为将作大匠，椿闻而以疾固辞。”

建园时间	园名	地点	人物	详细情况
北魏	茹浩园		茹浩	魏收《魏书》卷九三《恩幸传》,《北史》卷九二《恩幸传》:"迁骠骑将军,领华林诸作。皓性微工巧,多所兴立。为山于天渊池西,采掘北邙及南山佳石。徙竹汝颍,罗莳其间。经构楼馆,列于上下。树草栽木,颇有野致。世宗心悦之,以时临幸。"
北周	韦琼园		韦敻	令狐德棻《周书》卷三一《韦琼传》:"所居之宅,枕带林泉,敻对玩琴书,萧然自乐。时人号为居士焉。至有慕其闲素者,或载酒从之,敻亦为之尽欢,接对忘倦。"
北周	高宾园		高宾	令狐德棻《周书》卷三七《高宾传》:"宾既羁旅归国,亲属在齐,常虑见疑,无以取信。乃于所赐田内,多莳竹木,盛构堂宇,并凿池沼以环之,有终焉之志。朝廷以此知无贰焉。"
北周	李元忠园		李元忠	《北史》卷三三《李元忠传》:"园庭罗种果药,亲朋寻诣,必留连宴赏。每挟弹携壶,游遨里闬。"
北周	郑述祖园		郑述祖	《北史》卷三五《郑述祖传》:"(述祖)所在好为山池,松竹交植,盛肴馔以待宾客,将迎不倦。"
北魏,399	平城禁苑(鹿苑)	山西大同	拓跋珪	北魏开国皇帝拓跋珪于天兴二年(399)创建,南起平城(大同)北墙,北抵方山长城,东至白登山,西至西山,周回数十里。引水自武川,积于园内鸿雁池。天兴四年(401)五月,建紫极殿、玄武楼、凉风观、石池和鹿苑台,后把鹿苑分成北苑和西苑,西苑为狩猎区,北苑为游宴区。永兴五年(413)明帝拓跋嗣在北苑凿鱼池,泰常元年(416)十一月,在北苑建蓬台。泰常三年(418)十月,在西苑筑宫殿。泰常六年(421)三月,发京师六千人扩建白登山区,称东苑。兴安二年(453)二月文成帝拓跋浚发京师五千人凿天渊池。延兴元年(471)孝文帝元宏在北苑建鹿野浮图和崇光宫,并在宫中读佛典。太和元年(477)九月,元宏在北苑建永东游观殿,穿神渊池。太和三年(479)五月祈雨于北苑,

建园时间	园名	地点	人物	详细情况
				六月起开灵泉池，起文石室和灵泉殿于方山脚下。从 399 年至 479 年历时约八十年建设该园建设方告结束，该园集生产、狩猎、游赏、宴会、祭祀、军训、弘法、崇道、求寿于一体。皇园中开寺院（鹿野浮图）为首创。
后燕，401～407	龙腾苑	河北邺城	慕容熙	后燕国主慕容熙在国都邺城兴建的皇家园林，广袤十余里，园中有景云山、曲光海、清凉池、天河渠、逍遥宫、甘露殿等，景云山基广五百步，高十七丈，连房数百，观阁相交。建园士卒二万余人，时值盛夏，不得休息，死者过半。
东晋，403	西园	江苏南京		梁陈两代城西皇家园林，可能是在孙吴太子西苑基础上建成的皇家园林，大量诗文言及此园。园中有四门、假山、水池、泉水、曲流、石濑、石头、曲径、复道、金房、重阁、梧台、山林、竹苑等。又有道西园为皇家别苑，太元时代立寺，以冶城为名，元兴三年（403），以寺为别苑。
东晋，405～418	大巫湖	浙江会稽	王穆之	王穆之，东晋羽林监、汝阴太守，安帝义熙（405～418）中期，王穆之居住在大巫湖，经营园林。
北魏，406	代园山	山西	道武帝	北魏道武帝（386—408 在位）在天赐三年（406）二月幸代园山，在山上建五石亭。
北魏，406	南宫	山西大同	道武帝	北魏道武帝（386—408 在位）在天赐三年六月发八部五百里内男丁筑南宫，门阙高十余丈，引沟穿池，广苑囿。
北魏，413	北苑	山西大同	明元帝	北魏明元帝拓跋嗣（409—422 在位）在永兴五年（413）穿鱼池于北苑。泰常元年（416）十一月又筑篷台于北苑。
北魏，414	丰宫	山西大同	明元帝	《魏书》载，明元帝在神瑞元年（414）在平城东北筑丰宫。
北魏，418	西苑	山西大同	明元帝	《魏书》载，明元帝在泰常三年（418）三月筑宫于西苑，西苑为皇家园林。

建园时间	园名	地点	人物	详细情况
东晋，420～432	东乡君宅园	浙江上虞、吴兴、会稽	谢混	谢混（？—412），东晋文学家，字叔源，小字益寿，谢安孙，娶孝武帝女晋陵公主为妻，官至尚书左仆射，因与刘毅交好，毅败，受累被杀，时有田业十余处，童仆千余人，概为庄园。谢死后晋陵公主改适琅琊王，以家业托付侄子谢弘微。420年，刘裕称帝改宋，降晋陵公主为东乡君，念混屈死，返还谢家产业，东乡君归夫家，重振谢家产业，元嘉九年（432），东乡君死，时有家产巨万，园宅十余处，又有吴兴、琅琊、会稽等处。
刘宋，420～471	刘宋南苑（建兴苑）	江苏南京	张永	在南京西南凤台山瓦官寺东北，刘宋明帝（465—471在位）前建成，明帝末年，大臣张永乞借南苑，明帝允借300年，期讫更启，北宋杨修之诗道："张永移家入洞天，绿篁红藕旧林泉。人间满百人应少，明帝恩深三百年。"北宋马野亭诗道："当时南苑最新奇，胜似其他东复西。多少园亭行不到，纵横石径动成迷。香风十里荷花荡，翠影千行柳树堤。伊被何人曾借住，端知误入武陵溪。"梁时更名建兴苑，548年侯景叛乱，园毁。
宋齐梁陈，420～589	青林苑	江苏南京		在建康钟山东麓，枕后湖。
刘宋，421～455	沈庆之园舍	江苏南京	沈庆之	《南史·卷三十七·沈庆之传》道：沈庆之在建康城东南的娄湖，借山引水，广开田园之业，成为名噪一时的庄园。沈庆之（386—465），刘宋吴兴武康（浙江省德清）人，字弘先，30岁前未出名，之后为赵伯符幕僚，永初二年（421）封为殿中员外将军，征蛮平叛有功而封太尉、始兴郡公，为前废帝所杀。庄园概在封官（421）之后，孝建二年（455）沈请辞之前。
刘宋，422	始宁墅	浙江始宁	谢灵运	谢灵运（385—433），南朝宋山水玄言诗人，陈郡夏阳（河南太康）人，移居会稽始宁，谢玄孙，少有才气，东晋安帝义熙元年（405）任参军、中书侍郎，至宋武帝自立，封康乐侯，任散骑常侍、太子左卫率，屡次"站错队"，刘宋永初三年（422）受谗贬永嘉太

建园时间	园名	地点	人物	详细情况
				守，一年后辞官归田，自称越客，在始宁车骑山南面营建宅园，筑有南居北居二园，为庄园类型。《山居赋》详述南园，宅接园，园接田，田接湖。总体概况是夹渠二田，周岭三苑，九泉别涧，五谷异巇。园林从东到西约二里，有湖池、山障、沟壑、深潭、清川、石岩、半岭、西馆、东楼，又有竹园，东西百丈，南北一百五十五丈。
刘宋，约 422	石门精舍	江西南昌	谢灵运	谢灵运，虽在宦海却独爱山水，曾在石门山（庐山西南麓）建石门精舍，在《登石门最高顶》中道："疏峰抗高馆，对岭临回溪。长林罗户穴，积石拥基阶。连岩觉路塞，密竹使径迷。"建园时间概在告退之后。
刘宋，422～423	永嘉衙署园林	浙江永嘉	谢灵运 颜延之	嘉靖《永嘉通志》载，温州府治在城西南隅，晋太宁间（323～326）建于华盖、松台两山之间，谢灵运、颜延之作为郡官时，多亭阁园池之盛，有池上楼、丰暇堂、谢公池（后改）。谢灵运还作《池上楼》诗："潜虬媚幽姿，飞鸿响远音。薄霄愧云浮，栖川怍渊沉……池塘生春草，园柳变鸣禽。祁祁伤豳歌，萋萋感楚吟。"
刘宋，424～453	刘宏宅园	江苏南京	刘宏	《南史·卷十四·宋宗室诸王下》道：建平王刘宏在鸡笼山下建宅第，占尽山水之美。刘宏为文帝第四子，体弱多病，后封建平王，任南兖州刺史、江州刺史、尚书令等职。建园概在文帝之时。
刘宋，424～453	徐湛之宅园	江苏扬州	徐湛之	徐湛之，南朝刘宋元嘉年间（424～453）南兖州刺史，善于尺牍，音辞流畅，又是扬州第一个造园家，1949 年后，瘦西湖内徐园改祀徐湛之（原祀军阀徐宝山）。徐湛之在扬州时建宅园，《南史·列传五》道：徐湛之"家业甚厚，室宇园池，贵游莫及"。
刘宋，424～453	徐湛之陂峄	江苏扬州	徐湛之	南朝刘宋元嘉年间（424～453），南兖州刺使徐湛之在扬州城北有陂峄，《南史·列传五》载：园内有风亭、月观、吹台、琴室、水果、竹林、花卉、草药等，文人雅士，群集而咏。
刘宋，424～434	乐游苑（东苑）	江苏南京	宋文帝（刘义隆）	在建康东北覆舟山南，今九华山公园、南京军区、中科院地理所、空军司令部部分，是宋、齐、梁、陈四朝的皇家园林，集禊饮、登高、行礼、会见等功能

建园时间	园名	地点	人物	详细情况
				为一体。原为东吴的乐游池，宣明太子所创，故名太子湖，东晋时为药圃，刘宋元嘉(424～452)初年，文帝移郊坛于城外，并建楼观，名为北苑，改覆舟山为玄武山，建有流杯渠，434 年饮禊于此，更名乐游苑。武帝建正阳殿、林光殿、藏冰井等。祖冲之在园中试指南车，建水碓磨。齐永元二年(500)六月，东昏侯开放园林，让平民入园。梁天监十年(511)，一莲生三花，以为吉兆。梁大通三年(529)，武帝幸乐游苑，赐羊侃两刀稍(槊)，羊试槊于园中。梁太清二年(548)，侯景叛乱，破南京，毁该园。陈天嘉二年(561)文帝修复，建山亭(可能是甘露亭)。太康元年(569)，陈宣帝即位，在园中赐宴北齐来使。378 年，宣帝在园中检阅水陆两军。陈祯明三年(589)隋兵入城，火烧乐游苑，园毁。
刘宋	阮佃夫宅园	江苏南京	阮佃夫	阮佃夫，浙江会稽诸暨人，南朝刘宋时代官僚，与王道隆、杨运长擅权。《南史·列传六十七》道：阮佃夫在建康青溪建有宅园，宅舍园池，诸王莫及。园内有池塘、沟渠。水渠东出十多里。
刘宋	刘诞宅园	江苏南京	刘诞	《南史·竟陵王诞传》道：竟陵王造第立舍，穷极工巧，园池之美，冠于一时。
刘宋，437 前	王闿园	江苏南京	王闿	在城西南凤凰台，为刘宋时王闿所创，园内多植李树，群鸟云集，文帝元嘉十四年(437)有大鸟形如孔雀来园，众鸟随从，以为吉祥，扬州刺史彭城王义康，以闻诏改鸟所集之永昌里为凤凰里，又起台于山，名凤台山，即凤凰台，前有长江环绕，中有鹭洲中分，成为南京登临远眺之所，李白曾在此写下名篇。
刘宋，439 后	凤凰台	江苏南京	王义康	位于长江边，扬州刺史彭城王义康建。据《江南通志》载："凤凰台在江宁府城内之西南隅，犹有陂陀，尚可登览。宋元嘉十六年(439)，有三鸟翔集山间，文彩五色，状如孔雀，音声谐和，众鸟群附，时人谓之凤凰。起台于山，谓之凤凰山，里曰凤凰里。"亭台位于今南京城内西南隅凤游寺一带，已废。

建园时间	园名	地点	人物	详细情况
刘宋	凌歊台（陵歊台）	安徽当涂	刘裕 刘骏	凌歊台，又作陵歊台，位于安徽省当涂县城关镇（姑孰），在黄山塔南。相传南朝宋武帝刘裕初建，宋孝武帝刘骏筑避暑离宫于其上。古凌歊台，宏伟壮丽，有“筀镛黛绿之胜”。台废于何时不祥，而今仅存古遗址。尚存之巨石右侧石刻有三，字迹依稀可辨，为明代倪伯鳌等人的纪行诗词。昔日的“凌歊夕照”，为姑孰（当涂时名）八景之一。
刘宋	邵陵王园	江苏南京	萧子贞	《南史·卷二十·谢弘微传附谢举传》道：邵陵王在娄湖建园。萧子贞（481—495），字云松，齐武帝萧赜第十四子，母为谢昭仪。永明四年（485）封邵陵王。永明十年（492）任东中部将，吴郡太守。永明十一年（493）萧昭业即位，进征虏将军。建武二年（495）被齐明帝所杀。
刘宋	东山	江苏南京	刘勔	《南齐书·高帝上》道：刘勔为显清高，营造园宅，特取名为东山。刘勔（？—474），字伯猷，彭城人，历任大亭侯、员外散骑侍郎、郁林太守、太子右卫率、鄱阳县侯、右将军、豫州刺史、都督、散骑常侍、中领军、尚书右仆射。战败后死。赠司空，谥昭公。
刘宋	刘腼别墅	江苏南京	刘勔	《南史·列传第二十九》道：刘勔在建康钟山之南建别墅，以为栖息之地，园内聚石蓄水，仿佛山中净土，朝中名士尚素者多往游园。
宋，445	元圃（玄圃）	江苏南京	文惠太子萧长懋 昭明太子萧统	在南京东北角的胥家大塘、天山路一带，包括今半山园，又名玄圃，宋文帝元嘉二十二年（445），“东宫玄圃园池二莲同干”，说明园已成，创园时间未详。后为南齐武帝萧赜的太子（称文惠太子）萧长懋于永明年间（483～493）拓建，园中有土山、池塘、奇石、楼观（明月观）、廊庑（婉转廊）、桥梁（徘徊桥）、塔宇（净明精舍）等。害怕皇上知道，在门边植修竹、筑游墙、立高障以掩人耳目。至梁代概在502—531年间，昭明太子据之，萧统性爱山水，修缮园圃，新建亭馆。入陈，园仍存，隋灭陈，园毁。《南齐书·文惠太子传》：“其中楼观塔宇，多聚奇石，妙其山水。”《南史·齐竟陵王子良传》：“起山石、池阁、楼观、塔宇，穷巧极丽，费以千万。”简文帝有《玄圃园讲颂序》，陆机有《皇太子宴玄圃宣猷堂有令赋诗》，后主陈叔宝诗文最多，有《立春泛舟玄圃各赋一字六韵成篇》等七首。

建园时间	园名	地点	人物	详细情况
北魏,453	云冈石窟	山西大同		位于大同西16公里处的武周山南麓。石窟始建于北魏,是为供奉佛教创建的,历时64年,为我国四大石窟之一。依山而凿,东西绵延约一公里,气势恢宏,内容丰富。现存主要洞窟45个,大小窟龛252个,造像51000余尊,其中的昙曜五窟为杰作。(汪菊渊《中国古代园林史》)
刘宋,457～464	大明寺	江苏扬州		位于江苏扬州,因初建于南朝宋孝武帝大明年间而得名,唐朝名僧鉴真东渡日本前,在此传经授戒,该寺因此闻名。现为国家4A级景区,占地12亩,建有大雄宝殿五间、天王殿五间、斋坛两层十四间、祖师殿三间、伽蓝殿三间及念佛堂、学戒堂、储经阁、钟鼓楼西园等,并有电房、浴室、客舍、厢房等配套设施。其中西园始建于乾隆元年(1736)。
刘宋,459	刘宋上林苑	江苏南京	宋孝武帝刘骏	在玄武湖北,今红山公园、黑墨营、樱驼村,为刘宋孝武帝刘骏在大明三年(459)所建的皇家狩猎苑囿。最初称为西苑,梁时改名上林苑。园内有马塘(饮马池)、望宫台等景,为刘宋皇家园林最大者。
北魏,470～527	莲花池公园	北京		在广安门外3公里处羊坊店村南,总占地面积41.7公顷,水域面积20.1公顷。郦道元《水经注》:"漯水又东与洗马沟水合,水上承蓟水,西注湖,水有二源,水俱出其西北,平地结西湖。湖东西二里,北三里,盖燕之旧地也。"金贞元年(1153)古蓟城改为中都大兴府,城内苑林池渠多用莲花池溢流为水源。明清以来,莲花池为士贾郊游之所,清代为官僚江潮宗的别墅。 1980年9月成立莲花池公园筹备处,1982年建成,占地53.6公顷,水面占一半,有四个湖、二座山、二个岛,及亭桥榭廊等。1998年改建,2000年完工,分东入口、西入口、金都胜境、古池含秀、莲塘花屿、桃源泉涌、旧京觅踪、儿童活动、老人活动、商业区等十区。(《北京市丰台区园林绿化简志》)

建园时间	园名	地点	人物	详细情况
魏,471～499	会善寺(嵩岳寺、会善寺、安国寺、封禅寺、大会善寺、万寿禅寺)	河南嵩山	孝文帝	位于嵩山积翠峰下,原为魏孝文帝(471—499)离宫,正光元年(520)复建闲居寺。隋文帝仁寿二年(601)改名嵩岳寺,后隋文帝赐名会善寺。唐大历二年(767),朝廷敕许于寺西建立琉璃戒坛。武则天曾巡幸此寺,并赐名安国寺,扩建庙宇。五代时又名封禅寺。宋开宝五年更名大会善寺。元代至元年间又更名万寿禅寺。寺外有千年银杏树一株,千年侧柏一株,均高二十余米,围粗四米许。寺内有大雄宝殿,始建于元代。寺西有唐净藏禅师塔一座,寺西南和东南有清代砖塔5座。明人吴三乐有诗《雨过会善寺观茶榜石刻》。
北魏,472～527	只园精庐	河北唐县		《水经注·寇水》道:寇水自倒马关南流与大岭水会合,水出山西大岭下,东北流出峡,峡右山侧建有只园精庐,飞陆陵山,丹盘虹梁,长津泛滥,萦带其下。可见只园精庐为清修之所,环境以自然景观为主。
北魏,472～527	白杨寺园	河北涞水		《水经注·易水》道:濡水东合檀山水,出遒县西北檀山西南流入石泉水,白杨寺在石泉水环绕的石泉固顶,固上寺边林木交荫,丛柯隐景,固四周绝涧临水,处于众山之中,仅有一隙连陆,路不容轨,仅通人马,风景独特。无须造景,自然天成。
北魏,472～527	朗公谷	山东太山	竺僧朗	《水经注·济水》道:太山朗公谷旧琨瑞溪,溪边有小山名琨瑞山,竺僧朗隐居于此。竺僧朗少事佛图澄,博学旁通,尤擅气纬之学,又从隐士张巨和,因巨和曾脱尘穴居,故竺僧朗亦隐居山中,在琨瑞山大起殿舍,连楼迭阁,虽素饰不同,然以离尘静寂为著,后人因竺僧朗居此而名此谷为朗公谷。虽寺无名,然风景自然天成,为自然风景寺园。
北魏,472～527	导公寺	安徽寿县		《水经注·肥水》道:肥水流经寿春县旧城东,西南流经导公寺,寺因山就势建于山谷,屋宇宏敞,崇虚携觉。
北魏,472～527	解南精庐	安徽寿县	陆道士	《水经注·肥水》道:陆道士在肥水边建有解南精庐,精庐下临川流,可俯瞰流水,远观山峦。

建园时间	园名	地点	人物	详细情况
北魏，472～527	道士精庐	陕西临沮		《水经注·肥水》道：沮水流经临沮县西后，稠木傍生，凌空交合，风景秀丽，于是，道士多在此结庐修行，名道士精庐，精庐边有流水、风泉、岩崖、青林、啼猿。
北魏，472～476	光林寺	河南新密		位于新密市白寨乡白寨村东南1公里。该寺创建于北魏孝文帝延兴年间(472～476)，明万历四十六年(1618)、清乾隆十七年(1752)重修，面积2500平方米。现存山门、伽蓝殿、三官殿及配殿等。寺内有明、清重修碑记7通。
南朝宋，473年	宝林寺(应天寺)	浙江绍兴	皮道与	在今绍兴城南塔山麓。寺址"萦纡松路深，缭绕云山曲，重楼回木杪，古像凿岩腹"。南朝宋元徽元年(473)，皮道与舍宅、法师慧基建造。初名宝林寺，连山建寺。晋末沙门昙彦与名士许询建砖、木两塔。唐会昌毁寺，乾符元年(874)重建，改名应天寺。(汪菊渊《中国古代园林史》)
北魏，477～499	方山	山西大同	孝文帝	《魏书》道，北魏孝文帝于太和年间在大同县北的方山所建宫苑，建筑多为石构。太和三年(479)六月起文石室、灵泉殿于方山，太和五年(481)孝文帝幸方(房)山，建永固室于山上，立碑于石室之庭。
南齐，479～482	东篱门园	江苏南京	何点	在南京城西南冶山，为处士何点隐居之园，一名乌榜村园，园中有卞壶墓，墓侧植一片梅花，每与友人饮酒，必举杯酹之，表示对卞壶之念。何点(437—504)，南朝梁庐江灊人，字子晳，祖尚之，宋司空。父铄，宜都太守，何求弟。博通群书，善谈论，因父无故害妻，遂绝婚弃世，立志隐居，老年虽结婚却不同居，时人号为通隐，历宋、齐、梁三世，累征不就，好文学，与陈郡谢、吴国张融、会稽孔稚珪为莫逆，曾识拔丘迟和江淹。与兄何求、弟何胤皆为当世名隐。
南齐，479～502	南齐北苑	江苏南京		南齐所筑，可能是因袭前朝旧苑。

建园时间	园名	地点	人物	详细情况
南齐,483	青溪宫（芳林苑、桃花园、萧伟园）	江苏南京	萧道成	在建康武定门至通济门一带，南齐高帝萧道成为帝时所创，称帝后改为青溪宫，筑山凿池，改名芳林苑。齐武帝萧赜于永明五年(487)在园中行禊宴，后改桃花园。梁天监元年(502)赐予太祖第八子萧伟(南平元襄王)为第，在天监初大加修建，果木珍奇，穷极雕靡，有侔造化，立游客省，寒暑得宜，冬有笼炉，夏有饮扇。诸王之园，无有过之。每与宾客游园，必命从事中郎萧子范为之作记。萧伟(476—533)，南朝梁南兰陵人，字文达，梁武帝弟，初为齐晋安镇北法曹行参军，从萧衍起兵，拜雍州刺使，入梁，封建安王，患恶疾，改封南平郡王，累官侍中、大司马，好学重士，四方知名者多归之，晚年崇信佛理，尤精玄学，有《二旨义》、《性情》、《几神》等。
南齐,483	娄湖苑	江苏南京	齐武帝	在建康新亭光宅寺，今老虎头，齐武帝永明元年(483)望气者说娄湖有王气，于是武帝筑青溪旧宫，又作娄湖苑以压之，是风水镇邪之作。陈时，娄湖苑更为华丽。
南齐，483～493	灵邱苑	江苏南京	齐武帝	在建康新林界，为齐武帝创，梁天监时期(502～519)以该地为法王寺。
南齐，483～493	东田小苑	江苏南京	文惠太子	位于钟西南麓的东田，是建康郊外风景名胜地，北依钟山，南望秦淮，风景秀丽，南齐贵族多在此修筑别墅。文惠太子率先立馆建园，东田之名鹊起。而后沈约、谢朓等皆在此有园。《南齐书·文惠太子传》道，南齐武帝萧赜的太子(称文惠太子)萧长懋在建康城郊的东田起小苑，极其华丽。时武帝尚俭，严禁豪宅，一日幸豫章王宅后经过太子东田小苑，见其壮观竟此，勃然大怒，没收改为崇虚馆，文惠太子亡后归其长子郁林王所有。建武二年(495)毁兴光楼，建武五年(498)拆屋卖地，园毁。谢朓有诗《东田》："寻云陟累榭，随山望菌阁。远树暖仟仟，生烟纷漠漠。鱼戏新荷动，鸟散余花落。"

建园时间	园名	地点	人物	详细情况
南齐，483～493	博望苑	江苏南京	萧长懋	在钟山南麓，今半山园之南，东临燕雀湖（前湖），南齐武帝萧赜的文惠太子萧长懋所建，在建康城东。沈约宅在其旁。沈约诗《郊居赋》道："睇东郊以流目，心凄怆而不怡。昔储皇之旧苑，实博望之余基。"北周庾信《哀江南赋》道："西瞻博望，北临元圃。"
南齐，483～493	方山苑	江苏南京	齐武帝	位于建康方山之侧，齐武帝所建。
南齐，483～493	茹法亮宅园	江苏南京	茹法亮	茹法亮，吴兴武康人，齐武帝时(483～493)为中书通事舍人，权势倾天，在建康广开园宅，宅内杉斋，与武帝的延昌殿相媲，宅后造园，园中有鱼池、钓台、土山、楼馆、长廊、竹林、花卉、草药等，曲廊长达一里，蔚为壮观，园池之美，皇家苑囿难以企及。
北魏，484	嵩阳书院（嵩阳寺、嵩阳观、太乙书院、太宝书院）	河南登封		位于登封市城北，创建于北魏太和八年(484)，隋唐时名嵩阳观，五代后周改为弦歌之地，名太乙书院，宋初名太宝书院，后易今名。为四大书院之一，北宋程颢、程颐曾在此讲学。金、元间书院废弃，明稍有恢复又被焚毁，清康熙年间陆续增建。院内三株古柏颇负盛名，相传汉武帝游嵩岳时，见三株柏树高大茂盛，封为大将军、二将军、三将军。三将军柏明末毁于火，今仅存两株。院外西南隅有唐碑一座。
北魏，484	道场寺	河南嵩山	大德生禅师	《伽蓝记》：嵩高中有道场寺。已毁。
北魏	中顶三寺	河南嵩山		中顶寺、升道寺、栖禅寺合称中顶三寺。已毁。
北魏	元领军寺	河南巩义		《伽蓝记》：京东石板有元领军寺。施《府志》：今巩义市西洛水北有地名石关，即《伽蓝记》所谓京东石关也。
北魏	光林寺	河南巩义		清乾隆十七年，知县秦襄续修，有碑记。已毁。
南齐	吕文度宅园	江苏南京	吕文度	《南史·列传六十七》云：吕文度广开宅园，园中起土山，植怪树，养奇禽，有古囿之风。

建园时间	园名	地点	人物	详细情况
南齐	萧嶷宅园	江苏南京	萧嶷	《南史》卷四十二道：豫章王萧嶷建宅园，后堂接楼阁，楼后开园池，园中起土山，号为桐山，取凤凰非梧桐不栖之意。萧嶷（444—492）字宣俨，南齐武帝之弟，封豫章王。武帝即位后，历任太尉、太子太傅、大司马、中书监。
南齐	萧晔宅园	江苏南京	萧晔	《南齐书》卷三十五道：萧晔在建康构宅，堂后造园起山，命山为首阳山。
南齐	栖静园	江苏南京	肖映	《南史》卷四十三道：梁武帝问肖映（临川王），府第以何为名，映回答："臣好栖静，因以为称。"
南齐	褚伯玉山居	浙江会稽	褚伯玉	《南齐书·高逸传》道：褚伯玉在会稽嵊县的瀑布山（又称太白山）建山居，园内有金庭观、太平馆、疏山轩等。
南齐	杜京产山居	浙江余姚	杜京产	《浙江通志》载陶弘景《太平山日门馆碑》道：杜京产在余姚太平山之东构筑山居，借山林，援幽径，十分野趣。
南齐	顾欢学舍	浙江剡县、始宁	顾欢	《南史》卷七十五和《嘉泰志》卷十道：顾欢在剡县天台山和始宁县东山两处开馆授徒，馆舍为园林式山居，受业者常达百人。
北魏	宗圣寺			"有像一躯，举高三丈八尺，端严殊特，相好毕备，士庶瞻仰，目部暂瞬。此像一出，市井皆空，炎光腾辉，赫赫独绝世表。妙伎杂乐，亚于刘腾，城东士女，多来此寺观看。"（汪菊渊《中国古代园林史》）
北魏，487	明堂灵台辟雍	山西大同	孝文帝	《水经注》载，太和十年（487），浑水自北苑南出，历京城内河于两湄，"累石结岸，夹塘之上，杂树交荫，郭南结两石桥，横水为梁。又南径籍田及药圃西、明堂东。明堂上圆下方，四周十二堂九室，而不为重阿也。室外柱内绮，井之下，施机轮画饰缥碧，仰向天状，北道之宿焉，盖天也。每月随斗所建之辰，转应天道，此之异古也。加灵台于其上，下则引水为辟雍，水侧则结石为塘，事准古制，是太和（477～499）中之所经建也。"
南齐，487	新林苑	江苏南京	萧鸾	地在城南郊萧沟，建于永明五年，《南齐书·东昏侯本纪》云："冬十月，初起新林苑。"

建园时间	园名	地点	人物	详细情况
北齐	清风园	河北邺城	高纬	在邺城南。《邺都故事》云:“后主纬以此园赐穆提婆。于是宫无蔬菜,赊买于民,负钱三百万。盖此园乃蔬圃。”
南齐,490 左右	谢朓宅园		谢朓	谢朓(464—490),南齐田园诗人,字玄晖,陈郡阳夏(河南太康)人,曾任太尉行参军、东阁祭酒、中书郎、宣城太守等职,后被萧遥光诬陷,下狱而卒。诗多描写自然山水,为永明体作家中成就较高者,与谢灵运并称大小谢。永明年间(483～492)诗人,仕途亨通,永明八年(490),迁镇西功曹。其宅园概在此前后,园建于夕阴街,依南川,傍西山,园内有馆舍、水池、风荷,取意江南景象。在园中写《治宅诗》:“结宇夕阴街,荒幽横九曲。迢递南川阳,迤逦西山足。辟馆临秋风,敞窗望寒旭。风碎池中荷,霜剪江南绿。”
南齐,490 左右	谢朓别墅	江苏南京	谢朓	在建康城郊区东田,诗人谢朓建有别墅。
北魏,491	悬空寺	山西浑源		又名玄空寺,位于北岳恒山金龙峡翠屏峰的峭壁上,全国重点文物保护单位。悬空寺始建于北魏太和十五年(491),历代都修缮,北魏王朝将道家的道坛从平城(今大同)南移到此,古代工匠根据道家“不闻鸡鸣犬吠之声”的要求建设了悬空寺。悬空寺距地面高约 60 米,最高处的三教殿离地面 90 米,因历年河床淤积,现仅剩 58 米。整个寺院,上载危崖,下临深谷,背岩依龛,寺门向南,以西为正。全寺为木质框架式结构,依照力学原理,半插横梁为基,巧借岩石暗托,梁柱上下一体,廊栏左右紧连。其建筑特色可以概括为“奇、悬、巧”三个字。(汪菊渊《中国古代园林史》)
北魏,493	龙门石窟	河南洛阳	孝文帝	龙门石窟位于河南省洛阳市南郊伊河两岸的龙门山与香山上。龙门石窟开凿于北魏孝文帝迁都洛阳之际(493),之后历经东魏、西魏、北齐、隋、唐、五代的营造,南北长达 1 公里,至今存有窟龛 2345个,造像 10 万余尊,碑刻题记 2800 余品,其中“龙门二十品”是魏碑精华,褚遂良所书的“伊阙佛龛之碑”则是初唐楷书艺术的典范。(汪菊渊《中国古代园林史》)

建园时间	园名	地点	人物	详细情况
北魏，493	永兴园	山西大同	孝文帝元宏	太和十七年(493)，《魏书》云："改作后宫，帝幸永兴园，徒御宣文堂。"
南齐，494～502	兴福寺园（大慈寺、破山寺）	江苏常熟	倪德兴	在常熟虞山，为虞山十八景之一的"破山清晓"，始建于南齐延兴或中兴之际(494～502)，为邑人郴州牧倪德光舍宅而建，原名大慈寺，梁大同三年(537)因大殿内出巨石，纹如兴福二字，遂改名兴福寺，因在破山涧边又名破山寺，唐懿宗咸通九年(868)赐兴福禅寺，唐代时景物清幽，飞泉石桥、修廊复阁，气象雄古，为江南名刹，唐诗人常建《题破山寺后禅院》的"曲径通幽处，禅房花木深"而使寺院更著名。会昌年间寺毁，大中间复，史载有文举塔、体如塔、救虎阁、崇教院、通幽轩、空心亭、御钟、瓔珞树、重萼千叶莲诸胜，明时毁于倭寇，后屡修，1966 年遭破坏，改革开放后重修。现寺广 3.6 公顷，东西为花园，北部为塔林，周边亦景致。东园以空心潭为中心，有空心亭（南宋建，后僧征上人、胡巍、僧契德、僧宗圣、僧密朗重建）、通幽轩（毁）、景心桥、白莲池(1024)、竹香泉、葫芦潭、曲廊等，西园以放生池为中心，有：团瓢舫（明末了幻建）、君子泉、㚇亭、㚇泉、廉饮堂（乾隆间僧宗圣建）、清泠堂（乾隆年宗圣建）、对月谭经亭、弥勒洞（僧妙生建）。塔林为山地墓园，有延绿亭（1763 僧宗圣建）、印心石屋（道光中）、日照亭、伴竹亭、水池、三友桥以及 20 余座墓塔。寺院内有景：兴福石、无漏泉、救虎阁（五代始建，后僧性善、许绥卿重建）、龙神堂（860～874 周思辑始建，僧性善重建）、竹香书屋（康熙中邵锵、邵大椿、汪应铨建）、小三间、河亭（又名米碑亭，言如泗建）等，寺周有：外山门坊（1640 年僧契德建）、龙涧桥（1642 年僧契德建）、觉路桥（乾隆时僧宗圣建）、破龙涧、罗汉桥、梵天游亭(1979)、破山清晓亭(1992)、石梅（毁）、舜井等。崇祯年间僧契德、乾隆年间僧宗圣对园景建设贡献最大。

建园时间	园名	地点	人物	详细情况
南齐,495	谢朓楼	安徽宣城	谢朓	在郡治北陵阳峰上。田园诗人谢朓建一室,名高斋,作为理事起居之所。唐初改建为楼,名北楼、北望楼、谢公楼、谢朓楼。咸通末年(874),御史中丞兼宣州刺史独孤霖改建北楼,因地势高险,崖叠如障,名叠障楼,并作记。明嘉靖年间知府方逢时重建,名高斋楼,也作题记。清康熙四十年(1701)知府许廷式重修,名古北楼。光绪初,知府鲁一员重修,名叠嶂楼。1937 年楼遭日军炸毁。1949 年建为烈士陵园,1998 年重建此楼。
北魏,495	少林寺(僧人寺)	河南登封		位于少室山脚。始建于北魏太和十九年(495),又名僧人寺,有"禅宗祖廷,天下第一名刹"之誉。在建寺 32 年后,印度名僧达摩来华,敕就少室山为佛陀立寺,供给衣食。因寺处少室山脚密林之中,故名少林寺。 北周建德三年(574)武帝禁佛,寺宇被毁。大象年间重建,易名陟岵寺,召惠远、洪遵等 120 人住寺内,名菩萨僧。隋代大兴佛教,敕令复少林之名,赐柏谷坞良田百顷,成为北方一大禅寺。唐初秦王李世民消灭王世充割据势力时,曾得寺僧援助,少林武僧遂名闻遐迩。高宗及武则天亦常驾临该寺,封赏优厚。唐会昌年间,武宗禁佛,寺大半被毁,迄唐末五代,寺渐衰颓。宋代略有修葺。元皇庆元年(1312),世祖命福裕和尚住持少林,封赠为大司空开府仪同三司,统领嵩山所有寺院。1982 年后,政府对少林寺进行了大规模修复,现已形成以山门、天王殿、大雄宝殿、藏经阁、方丈室、立雪亭、西方圣人殿(毗卢殿)为主题的嵩山少林建筑群,共七进院落,总面积达三万平方米。
北魏,495	金墉宫	河南洛阳	孝文帝元宏	在洛阳西北角,魏文帝时创建为军事小城,时有百尺楼,西晋永嘉中(309 左右)更筑,魏末成为废帝(魏曹芳、晋愍怀太子、晋惠帝)、废后(晋杨后、贾皇后)居所。北魏高祖孝文帝于太和十九年(495)八月重修, 作为迁都时暂居宫殿, 后为高祖避暑

建园时间	园名	地点	人物	详细情况
				地。北魏诸帝嫔妃(于仙姬、成嫔、贵嫔夫人司马显姿、贵华夫人王普贤)居所。宫为长方形城制，中轴依次为乾光门、光极门、光极殿、崇天堂、退门，东墙为含春门，西城有六城楼，南墙有东观、干光门、西楼，城内东北为百尺楼，西南为昌青宫。园中还有绿水池等景。(李彦军《〈洛阳伽蓝记〉的园林研究》中绘有金墉宫西北角园林想象复原图一幅)
北魏，495 左右	华林园	河南洛阳	孝文帝 元宏 茹皓	太和十七年(493)北魏孝文帝欲迁都洛阳，派穆亮、李冲、董爵三人负责规划，茹皓负责园林，495 年基本建成宫城及园林，正式迁都。北魏华林园比曹魏华林园偏南，舍原景阳山于园外，在天渊池西南新筑土山，仍名景阳山。保留曹魏时天渊池、茅茨堂、茅茨碑、九华台、百果园、玄武池等。孝文帝在九华台上建清凉殿(495 年左右)。宣武帝在天渊池上筑蓬莱山，在山上建仙人馆和钓台殿，缀以飞阁(500～515)。郦道元(466—527)是北魏献文帝至孝明帝时人，在《水经注》中记有：景阳山、石山路、岩岭、云台、风观、天渊池、方湖、瀑布、泉水、水上石御座、蓬莱山、古玉井、瑶华宫、都亭、升降阿阁、虹陛、九华丛殿、钓台、茅茨碑、茅茨堂疏圃、竹、柏等。杨衒之在北魏分裂后的西魏大统十三年(547)过洛阳故都，仍有：天渊池、九华台、清凉殿、蓬莱山、仙人馆、钓台殿、虹霓阁、藏冰室、景山殿、义和岭、温风室、姮娥峰、露寒馆、飞阁、玄武池、清暑殿、临涧亭、临危台、百果轩、仙人枣、仙人桃、柰林、苗茨碑(亦称茅茨碑)、苗茨堂(亦称茅茨堂)、都堂、流觞池、扶桑海、石窦等。其他史籍又载有步元庑、游凯庑、流化渠等。
北魏，495 左右	西游园(西林园)	河南洛阳	孝文帝 元宏	高祖孝文帝元宏迁都洛阳时在曹魏芳林园的凌云台周围建成，园中有曲池，池中有凌云台，台上有八角井，井北有凉风观，台东有宣慈观，观东有灵芝钓台，台上有石鲸鱼，台南有宣光殿，台北有嘉福殿，台西有九龙殿。殿前九龙吐水成一海，四殿

建园时间	园名	地点	人物	详细情况
				缀以飞阁，通与灵芝台。每年夏天，皇帝在灵芝台避暑。胡太后在宣武帝（元恪）(515—527)死后住西林园，子肃宗（元诩）常朝母于此，并宴侍臣，曾在西林园法流堂令众臣比射，不能者罚之。（李彦军《〈洛阳伽蓝记〉的园林研究》中绘有西游园想象复原平面图一幅）
北魏	元怿宅园（冲觉寺园）	河南洛阳	元怿	《洛阳伽蓝记》卷四冲觉寺条载："太傅、清河王怿在河南洛阳西明门外一里御道北建有宅园，内有土山、钓台、曲池、水榭、高楼、凌云台、儒林馆、延宾堂、花药等，冠于当世，后元怿舍宅为冲觉寺。"元怿(487—520)字宣仁，孝文帝元宏第四子，宣武帝元恪异母弟，太和二十一年(497)封清河王。宣武帝即位后任侍中、尚书仆射。延昌元年(512)任司空、司州牧。孝明帝继位后任司徒、太傅、太尉，掌门下省。正光元年(520)被领军将军元叉和宦官刘腾所杀，谥文献。（李彦军《〈洛阳伽蓝记〉的园林研究》中有太傅清河王元怿宅园复原图）
北魏	景乐寺园	河南洛阳	元怿	太傅、清河王元怿，在阊阖门南御道东，与永宁寺西对处建景乐寺，寺院有佛殿一所，堂庑周环，曲房连接，轻条拂户，花蕊被庭，大斋之内，常设女乐。堂庑和曲房围院，植花养卉为主要景观。《河南志·后魏城网古迹》亦云元怿"园中有土山、钓池"。（周祖谟校注《洛阳伽蓝记》）
北魏	元琛宅园	河南洛阳	元琛	《洛阳伽蓝记》卷四河间寺条载：河间王元琛在洛阳建宅园，园内有沟渠、石蹬、朱荷、曲池、绿萍、飞梁、高阁、云树等景。元琛，字昙宝，河南洛阳人，北魏宗室，文成帝之孙，袭河间王，历定州刺史、秦州刺史、大都督，后卒于军，性贪纵奢侈。
北魏	王彧宅园	河南洛阳	王彧	《洛阳伽蓝记》卷四法云寺条载：中书令王彧性爱林泉，又重宾客，前宅后园，园内有曲流、丝桐等，宾主同乐，称入彧室为登仙。荆州张才张裴裳诗道："异林花共色，别树鸟同声。"

建园时间	园名	地点	人物	详细情况
北魏	张伦宅园	河南洛阳	张伦	《洛阳伽蓝记》卷二昭德里条载："司农张伦在洛阳建宅园，山池之美，诸王莫及，园内有景阳山、重岩、复岭、嵚室、深溪、洞壑、巨木、悬藤、垂萝、石路、涧道等，极其自然。"（李彦军《〈洛阳伽蓝记〉的园林研究》中有景阳山图）
北魏	冯亮山居		冯亮	《魏书·逸士传》道：冯亮雅爱山水，又兼巧思，结架岩林，山居而隐逸。
北魏	夏侯道宅园	河南洛阳	夏侯道	《魏书·夏侯道传附子夏侯夬传》道：北魏世宗时，夏侯道迁于京城洛阳之西，在水边大起园池，列植蔬果，延致秀彦，时往游适，妾妓十余，常自娱兴。
北魏	昭仪尼寺园	河南洛阳		《洛阳伽蓝记》道：北魏的阉官们在东阳门内一里御道南，石崇园宅上立昭仪尼寺，寺院内有水池、池南有绿珠楼。
北魏	愿会寺园	河南洛阳	王翊	《洛阳伽蓝记》道：中书侍郎王翊在昭仪尼寺池西建有宅园，后舍宅为愿会寺。园内有桑树一株，柯叶旁布，上下五重羽叶，每重叶椹不同，人称神桑。
北魏	景林寺园	河南洛阳		《洛阳伽蓝记》道：景林寺在开阳门内御道东，寺西建园，种果树，开禅房，置精舍（名只洹精舍）。精舍形制虽小，巧构难比。禅阁虚静，隐室凝邃，嘉树夹牖，芳杜匝阶，虽在朝市，想同岩谷。可见，寺与园分立，园中置禅房，树木绕屋，清静安闲。（李彦军《〈洛阳伽蓝记〉的园林研究》中绘有景林寺小景图一幅）
北魏	灵应寺园	河南洛阳	杜子休	《洛阳伽蓝记》道：杜子休在绥民里东崇义里建宅园，后舍宅为寺，园以果菜、林木为主，更立三层佛塔。
北魏	正始寺园	河南洛阳		《洛阳伽蓝记》道：北魏百官们在东阳门外御道西的敬义里建正始寺，主要景观为树木：松、柽、枳等，高林对牖，连枝交映，为花木庭院类型。

建园时间	园名	地点	人物	详细情况
北魏	文觉寺园	河南洛阳		《洛阳伽蓝记》道：文觉寺在城南劝学里，周回有园，珍果遍地，尤以梨为最。寺园分立，以果树林木为主景。
北魏	三宝寺园	河南洛阳		《洛阳伽蓝记》道：三宝寺在城南劝学里，周回有园，珍果遍地，尤以梨为最。寺园分立，以果树林木为主景。
北魏	宁远寺园	河南洛阳		《洛阳伽蓝记》道：宁远寺在城南劝学里，周回有园，珍果遍地，尤以梨为最。寺园分立，以果树林木为主景。
北魏	承光寺园	河南洛阳		《洛阳伽蓝记》道：承光寺在城南，寺内多植果木，尤以柰冠于京师，可见寺园是以果树为主果园类型。
北魏	报德寺园	河南洛阳	元宏	《洛阳伽蓝记》道：报德寺在城南开阳门外三里，孝文帝元宏所立，园林茂盛，莫与之争。可见此园为林园类型，无太多山水景观。
北魏	龙华寺园	河南洛阳	广陵王	《洛阳伽蓝记》道：龙华寺在城南开阳门外报德寺东，广陵王所立，园林茂盛，莫与之争。可见为林园类型，无太多山水景观。
北魏	追圣寺园	河南洛阳	北海王	《洛阳伽蓝记》道：追圣寺在城南开阳门外报德寺东，北海王所立，园林茂盛，莫与之争。可见为林园类型，无太多山水景观。
北魏	高阳王园（高阳王寺）	河南洛阳	元雍	高阳王寺在城南津阳门外三里御道西，是高阳王元雍舍宅为寺的寺园，建筑白殿丹槛，窈窕连亘，飞檐后宇，交错周通，为山水式宅园。园中有鱼池、竹林、芳草、珍木，与皇家禁苑相匹敌。“其竹林鱼池，伴于禁苑，芳草如积，珍木连阴”。元雍（？—528），北魏献文帝之子，字思穆，先封颍川王，再改高阳王，宣武帝时屡迁司空，520年进丞相，富贵冠一国，曾与河间王元琛斗富，尔朱荣兵变时被杀。（周祖谟校注《洛阳伽蓝记》）

建园时间	园名	地点	人物	详细情况
北魏	崇虚寺园	河南洛阳	民众	《洛阳伽蓝记》道：民众在城西汉代濯龙园的基础上建立崇虚寺。可以想见园中有水池及楼台等景观。
北魏	宝光寺园	河南洛阳		《洛阳伽蓝记》道："宝光寺原为晋朝石塔寺，在城西西阳门外御道北，晋朝四十二寺尽灭，唯此院独存。寺内有三层佛图，寺园有咸池如海、葭菼被岸、果菜葱青、青松翠竹。可见园林为山水式独立寺园。"（李彦军《〈洛阳伽蓝记〉的园林研究》中绘有宝光寺想象复原平面图一幅）
北魏	法云寺园	河南洛阳	昙摩罗	《洛阳伽蓝记》道：紧邻宝光寺西为西域乌场国和尚昙摩罗所建的法云寺，寺院建筑作为胡式，丹素炫彩，金玉垂辉。寺园为庭院式，花果蔚茂，芳草蔓合，嘉木被庭。
北魏	永明寺园	河南洛阳	元恪	《洛阳伽蓝记》道：永明寺在大觉寺东，为宣武帝元恪所立，房庑一千余间，园林为花木式庭院类型，内有修竹、高松、奇花、异草等。
北魏	凝圆寺园	河南洛阳	贾璨	《洛阳伽蓝记》道：凝圆寺在广莫门外一里御道东的永平里，为阉官、济州刺史贾璨所建，建筑精丽，园林为庭院式，竹柏成林。
梁，499	陶弘景山馆	江苏句容	陶弘景	陶弘景（456—536），南朝齐梁时道教思想家、医学家，字通明，自号华阳隐居，在齐时为左卫殿中将军，在南齐末年就已入江苏茅山多时，筑有山馆，东昏侯萧宝卷永元初（499）时重筑为三层楼，自居三层，弟居二层，客寓一层，家僮得侍其侧。入梁，仍隐居不出，梁武帝礼聘不就，于是每遇大事则入山求教，人称山中宰相。陶弘景自此成为茅山道的创始者。
北魏，500～503	灵仙寺	河南洛阳	比丘道恒	位于山西阳门外，四里御道南。（《洛阳伽蓝记》）

建园时间	园名	地点	人物	详细情况
北魏，500～515	瑶光寺园	河南洛阳	元恪	北魏宣武帝元恪在洛阳阊阖门御道北处建瑶光寺园，有五层塔一座，讲殿、尼房五百余间，绮疏连亘，户牖相通，珍木香草，不可胜言。可见为院落形豪华寺院，园林景观主要以花木为主。《洛阳伽蓝记》中有言："珍木香草，不可胜言。牛筋狗骨之木，鸡头鸭脚之草，亦悉备焉。"（周祖谟校注《洛阳伽蓝记》）
梁	东宫	江苏南京		梁在齐东宫的基础上，凿九曲池、立亭馆。（耿刘同《中国古代园林》）
梁，502～519	寒山寺	江苏苏州	寒山拾得	寒山寺位于苏州西郊，始建于梁天监年间（502～519），原名妙利普明塔院，唐贞观年间改寒山寺。宋扩建增饰，太平兴国初孙承佑建宝塔，建炎兵燹幸存，时有水陆院，园景秀丽，元末寺毁，明清屡经兴废，1886～1911年重修，新中国成立后再修。园景有大雄宝殿、庑殿、藏经阁、寒山拾得塑像、碑廊、钟楼（唐）、枫江楼（1953年迁建）、霜钟阁（1985）、樱花林（清末）等。
南梁，503	方广寺	湖南衡山		位于莲花峰下，僧惠海于梁武帝天监二年（503）始建。历经唐宋元明五次兴废，明代崇祯年间，巡抚胤锡委托夏汝弼和王夫之兄弟筹款修缮。寺有正殿和祖师殿，寺侧有"二贤祠"，专为纪念南宋朱熹、张式到此游览和讲学而建，寺周围有黑沙潭、黄沙源、石漳潭、白沙潭等。清顺治五年（1648）十月，王夫之在方广寺聚义抗清，兵败。不久寺毁于火灾。陕甘总督曾国荃耗资两万余两重建。（汪菊渊《中国古代园林史》）
梁，503	重元寺（承天寺、能仁寺、承天能仁寺）	江苏苏州	陆僧瓒	重元寺位于苏州皋桥东甘节坊，梁天监二年（503）由卫尉陆僧瓒舍宅而建，名重云寺，后误写为重元寺或重玄寺，韦应物有诗《登重玄寺阁》，庭院内"禽鱼各翔泳，草木遍芬芳"。唐朝会昌年间移至苏州唯亭镇阳澄湖边。唐末吴越王钱镠再加修葺，殿阁崇丽，庭列怪石，寺中开五个别院：永安、净土、宝幢、龙华、圆通，唐末僧元达又辟药圃，引

建园时间	园名	地点	人物	详细情况
				种自天台、四明等地。宋初改承天寺，宣和中改能仁寺。元时改承天能仁寺。明清屡修，近代渐圮，“文革”中全毁。2003 年苏州市人民政府重建。依旧规模宏丽，香火旺盛。
梁，503	秀峰寺（灵岩寺、韩世忠功德寺）	江苏吴县市	陆玩	秀峰寺在吴县市木渎灵岩山上，东晋末年吴人、司空陆玩舍宅而建，名秀峰寺，唐改灵岩寺，宋改韩世忠功德寺、显亲崇报禅院。宋代，丛林之盛，为东南之冠。503 年，灵岩塔成，北宋太平兴国二年(977)平江节度使孙承佑重建塔。唐陆象先建智积菩萨殿、涵空阁、象先亭，宋后建有希夷观、天山阁，清顺治年间，建有法堂正殿、天山阁、慈受阁、太悲阁、弥勒殿、五至堂、禅堂、斋堂、圆照大鉴堂、方丈厨库、法华钟殿、迎笑亭、落红亭、延寿堂等，旧日景观建筑如涵空阁、象先亭、天山阁、五至堂、迎笑亭、落红亭、延寿堂等早已不存。现存建筑多为 1919 年至 1934 年建成，如弥勒楼阁、大雄宝殿、藏经楼、钟楼等。然今天灵岩寺景观仍是不凡，灵岩晚钟被列为木渎八景之一。
梁，503～550	甘泉宫	江苏南京	简文帝	为梁代离宫，简文帝有《行幸甘泉宫记》，概在城外 50 里处。
梁，503～513	沈约东园	江苏南京	沈约	沈约(441—513)，南朝梁文学家，字休文，吴兴武康(浙江德清县武康)人，历仕宋齐二代，齐时任司徒长史、吏部郎、东阳太守、辅国将军、五兵尚书、国子祭酒，助梁武帝登基，为尚书仆射，封建昌县侯，后官至尚书令。《汉魏六朝诗鉴赏辞典》注沈约《宿东园》道：沈约在城郊钟山西麓的东田地区建有东园，园内有高阜、平岗、野径、荒陌、槿篱、荆门、茅舍、树林、杂草等。诗道：“陈王斗鸡道，安仁采樵路。东郊岂异昔，聊可闲余步。野径既盘纡，荒阡亦交互。槿篱疏复密，荆扉新且故。树顶鸣风飙，草概积霜露。惊麏去不息，征鸟时相顾。茅栋啸愁鸱，平冈走寒兔。夕阴带层阜，长烟引轻素。飞光忽我遒，宁止岁云暮。若蒙西山药，颓龄倘能度。”以植物为主景，表现自然山水。

建园时间	园名	地点	人物	详细情况
梁,504	永定寺园	江苏苏州	顾彦先	永定寺在苏州铁瓶巷,梁天监三年(504)苏州刺史、吴郡人顾彦先舍宅而建,唐陆羽书额,寺院竹林茂盛,韦应物罢官后寓居于此,称竹林寺,时有竹林、绿池、春树、蜻蝶、兰径、游蜂等景象。元代建海印堂、闲斋。明代建五贤祠、弥勒殿。清代建大悲殿。现废为民居。
北魏,504～507	景明寺园	河南洛阳	元恪	北魏宣武帝元恪于景明年间(504～507)在宣阳门外一里御道东建景明寺,方广五百步,前对嵩山,后负帝城,殿堂僧舍一千余间,园内有复殿、重房、青台、紫阁、浮道、山池、竹、松、兰、芷等。正光年间(520～524),胡太后建七层佛塔,时园内有三池,池中有萑蒲菱藕、黄甲紫鳞、青凫白雁。(李彦军在其硕士学位论文《〈洛阳伽蓝记〉的园林研究》中绘有景明寺小景图一幅)
梁,505	建兴苑	江苏南京	萧衍	在建康瓦官寺东北建兴里,今集庆路一带,本为刘宋苑囿,天监四年(505)二月梁武帝创建而成,因在建兴里,故名建兴苑。内有:红陵、紫渊、银台、玉树、流水等,侯景之乱时毁为兵营,存40余年。梁东宫学士纪少瑜《游建兴苑》道:"丹陵抱天邑,紫渊更上林。银台悬百仞,玉树起千寻。水流冠盖影,风扬歌吹音。踟蹰怜拾翠,顾步异遗簪。日落庭光转,方幰屡移阴。终言乐未及,不道爱黄金。"
梁,505	云翔寺园	上海		在嘉定南翔镇,镇因寺得名,寺始建于南朝梁天监四年(505),后屡修,寺中有经幢石、梁朝井、九品观、云卧楼、祯明桧、博望槎、齐师鹤、鹤迹石等八景。明龚弘(工部尚书、秋霞圃园主)的《南翔寺咏景诗》有"岩廊闲日月,花木自春秋"之句。寺毁后,五代砖塔、宋代普同塔移入古猗园。毁于太平天国之役。
北魏,508～520	嵩岳寺	河南登封	魏宣武帝	嵩岳寺,又名大塔寺,位于在登封市城西北6公里太室山南麓,嵩岳寺始建于北魏宣武帝永平二年(509),原为宣武帝的离宫,后改建为佛教寺院。

建园时间	园名	地点	人物	详细情况
				孝明帝正光元年(520),改名“闲居寺”。隋文帝仁寿二年(601)改名嵩岳寺,唐朝武则天和高宗游嵩山时,曾把嵩岳寺作为行宫。寺内嵩岳寺塔为北魏时建,是我国现存最古的砖塔。塔高约 45 米,平面作等边十二角形。明傅梅《嵩书》卷三说:“嵩岳寺在法王寺西一里许,元魏宣武帝于永平二年(509),幸冯亮与沙门统僧暹、河南伊甄深等,同视嵩山形胜之处,创兴土木。”此寺刚建伊始,就是隶属皇家的寺院。(汪菊渊《中国古代园林史》)
南梁	光宝寺		萧衍	“在西阳门御道北。有三层浮图所……园中有一海,号咸池。葭菼被岸,菱河覆水,青松翠竹,罗生其旁。”(汪菊渊《中国古代园林史》)
南梁,511	圣游寺	江苏南京	萧衍 宝志和尚	梁天监十年(511)梁武帝萧衍与宝志和尚同游幕府山,命建同行寺,亦称圣游寺。(汪菊渊《中国古代园林史》)
梁,511	慧聚寺园	江苏昆山	慧响	慧聚寺在昆山马鞍山上,此山孤峰,百里无碍,登顶四望,东眺溟渤,西接洞庭,原隰沟塍,平铺直叙,山上多石,自然天成。梁武帝时吴兴慧响和尚在此开寺,画家张僧繇画神、龙。唐时《吴郡图经续记》道:“岩穴奇巧,胜致甚多。”唐宋时有景:曲池、奇石、菊畦、兰畹、荷蒲、菱藻,建筑景点有:古上方、妙峰庵、月华阁、弥勒阁、凌峰阁、翠微阁、垂云阁、留云轩、翠屏轩、夕秀轩、西隐阁等九十余处,张祜、孟郊、王安石来此唱和。王诗道:“峰岭互出没,江湖相吐吞。园林浮海角,台殿拥山根。百里见渔艇,万家藏水村。地偏来客少,幽兴秬桑门。”雕塑家杨惠之塑像,李煜书匾,宋淳熙年间火毁后,历代修复,至今殿阁满山,风景秀丽。
北魏,516	永宁寺园	河南洛阳	胡太后	胡太后(? —528),北魏宣武帝妃,安定临泾(甘肃镇原)人,孝明帝即位,尊为太后,临朝执政,大兴佛寺、石窟,预收六年租,民不聊生,武泰元年(528),

建园时间	园名	地点	人物	详细情况
				孝明帝死，尔朱荣引兵入洛，沉胡太后和少主于黄河。《洛阳伽蓝记》道："栝柏椿松，扶疏檐霤。藂竹香草，布护阶墀……四门外，皆树以青槐，亘以绿水，京邑行人，多庇其下。路断飞尘，不由渰云之润。清风送凉，岂籍合欢之发?"寺院内处处点缀着栝柏椿松，屋檐边角枝叶四布。丛丛翠竹，簇簇香草，满布在台阶两旁。院墙之外四周槐荫绵延，流水萦绕。京城里来来往往的行人经过寺院时，都喜在其绿荫中纳凉交谈。（周祖谟校注《洛阳伽蓝记》)(李彦军《〈洛阳伽蓝记〉的园林研究》中绘有永宁寺想象复原平面图一幅)
北魏，516～528	秦太上君寺园	河南洛阳	胡太后	《洛阳伽蓝记》道：胡太后崇尚佛教，在位期间于东阳门外二里御道北（晖文里）建秦太上君寺，寺内有五层佛塔、诵室、禅堂。园景为流水环绕诵室和禅房，花林芳草，遍满阶墀，为庭院、林园和水景相结合的寺园。
北魏，516～528	秦太上公寺园（双女寺）	河南洛阳	胡太后 皇姨	《洛阳伽蓝记》道："秦太上公寺分东寺西寺，东寺为胡太后所立，西寺为后姨所建，为其父祈福而名。寺在景明寺南一里，有塔五层，殿堂若干，依洛水之滨，可借景洛水，寺院为庭院寺园林景观，花木扶疏，布叶垂阴。"
北魏，517	石窟寺（希玄寺、十方净土寺）	河南巩义		位于巩义市东北九公里的大力山下，建于北魏熙平二年(517)，原名希玄寺，宋代改称"十方净土寺"，清代改名石窟寺，是中原地区重要的佛教石窟。据唐龙朔二年(662)《后魏孝文帝故希玄寺之碑》记载，北魏孝文帝在此创建伽蓝。明弘治七年(1494)重修碑载："自后魏宣武帝景明之间，凿石为窟，刻佛千万像，世无能烛其数者。"嗣后东西魏、北齐、隋、唐、北宋，相继于此造窟凿像。现存石窟前的木构建筑为清同治年间所修。现有主要洞窟5个，千佛龛1个，摩崖造像3尊及历代造像龛328个。总计大小造像7743尊，造像题记及其他铭刻图186则。造像题记包括北魏3则、东西魏10则、北齐29则、北周2则、唐代85则、宋代2则、时代不详的30则。

建园时间	园名	地点	人物	详细情况
北魏，517 前	元怀宅园（平等寺园）	河南洛阳	元怀	《洛阳伽蓝记》道：广平武穆王元怀在青阳门外二里御道北孝敬里建宅园，后舍宅为寺，园内有平台、复道、林木、堂宇等，极为宏美，为城市宅园类型。 “平等寺，广平武穆王怀舍宅所立也……堂宇宏美，树木萧森，平台复道，独显当世”。因为“堂宇宏美”，再加上“树木萧森”，平等寺成了洛阳寺院中的精品，独显当世。（周祖谟校注《洛阳伽蓝记》）元怀（488—517）字宣义，教帝元宏第五子，宣武帝元属同母弟，封广平王。宣武帝猜忌而被软禁华林别馆，515 年，宣武帝逝世，元怀始还家，两年后去世。其三子即位，追为武穆帝。
北魏，520～525	神宝寺	山东济南		位于济南长清区灵岩寺之北，寺宇早已荒废，现址只存有石雕四方佛一座。据当地方志记载，神宝寺建于北魏孝明帝正光年间（520～525），现存的这座四方佛表现出盛唐时期佛教艺术造像的典型风貌。（《文物》1986 年 08 期，汪菊渊《中国古代园林史》）
梁，520	大爱敬寺园	江苏南京	萧衍	《建康实录》、《续高僧传·卷一·释宝唱传》、《游钟山大爱敬寺》（萧衍）道：普通元年（520），梁武帝萧衍于建康钟山北涧为亡父建大爱敬寺，为皇家寺院，规模宏大，廊庑相架，檐溜临属。旁置三十六院，每院皆为园中园，内凿水池，筑高台，周回廊庑。院外则萦带长江，重峦叠嶂，迤逦蹬道，落英缤纷，兰草麋途，竹叶临阶，玉涧夹道，金泉流声。
北魏，521	明练寺（永泰寺）	河南嵩山	孝明帝	寺在县西二十里太室右。后魏正光二年（521），孝明帝之妹出家为尼，敕建明练寺。唐神龙二年（706），追故永泰公主，改名永泰寺。寺后有万公谷，谷中有太子池。
北魏，521	双林寺	河南登封		《释氏通鉴》载，付大士问嵩头陀修道之地，嵩指松山双倚树，即今双林寺也。景日修《说嵩》载，后魏有双林寺，善会大士倚双寿树，夜则行道，日则力作，创双林以居。

建园时间	园名	地点	人物	详细情况
北魏,525	大海寺(代海寺)	河南荥阳		今大海寺占地三十亩,位于郑州西十五公里,荥阳城南端,310国道(郑洛路)旁。据碑文记载,该寺创建于北魏前期(525),原名代海寺,传说观音北行渡人,移居荥阳,从此荥阳护城河开始随海水潮汐起落,故名代海寺(意思是代替南海)。于是代海寺就成为观音菩萨的第二故乡。隋唐时,扩建代海寺,改名大海寺,后至明清毁灭,1997年重建。
北魏	胡统寺	河南洛阳	太后从姑	《洛阳伽蓝记》道:"胡统寺,太后从姑所立也。入道为尼,遂居此寺。在永宁南一里许。"
北魏	明悬尼寺	河南洛阳		《洛阳伽蓝记》道:"明悬尼寺,彭城武宣王勰所立也。在建春门外石桥南。"
北魏	璎珞寺	河南洛阳		《洛阳伽蓝记》道:"璎珞寺,在建春门外御道北,所谓建阳里也。即中朝时白社地,董威辇所居处。"
北魏	宗圣寺	河南洛阳		《洛阳伽蓝记》道:"宗圣寺,有像一躯,举高三丈八尺,端严殊特,相好毕备,士庶瞻仰,目不暂瞬。……城东士女,多来此寺观看也。"
北魏	修梵寺	河南洛阳		《洛阳伽蓝记》道:"修梵寺,在清阳门内御道北。……修梵寺有金刚,鸠鸽不入,鸟雀不栖。"
北魏	嵩明寺	河南洛阳		据《洛阳伽蓝记》记载,嵩明寺位于修梵寺西。
北魏	魏昌尼寺	河南洛阳		《洛阳伽蓝记》道:"魏昌尼寺,阉官瀛洲刺史李次寿所立也。在里东南角。即中朝牛马市处也,刑嵇康之所。"
北魏	景兴尼寺	河南洛阳		《洛阳伽蓝记》道:"石桥南有景兴尼寺,亦阉官等所共立也。有金像辇,去地三丈,上施宝盖,四面垂金铃、七宝珠,飞天伎乐,望之云表。作工甚精,难可扬推。像出之日,常诏羽林一百人举此像,丝竹杂伎,皆由旨给。"
北魏	庄严寺	河南洛阳		《洛阳伽蓝记》道:"庄严寺,在东阳门外一里御道北,所谓东安里也。北为租场。里内有驸马都尉司马悦、济州刺史史分宣、幽州刺史李真奴、豫州刺史公孙骧等四宅。"

建园时间	园名	地点	人物	详细情况
北魏	景宁寺	河南洛阳	杨椿	《洛阳伽蓝记》道:“景宁寺,太保司徒公杨椿所立也。在青阳门外三里御道南,所谓景宁里也。高祖迁都洛邑,椿创居此里,遂分宅为寺,因以名之。”
北魏	大统寺	河南洛阳		《洛阳伽蓝记》道:“大统寺,在景明寺西,即所谓利民里。寺南有三公令史高显略宅。”
北魏	菩提寺	河南洛阳		《洛阳伽蓝记》道:“菩提寺,西域胡人所立也,在慕义里。”
北魏	归正寺	河南洛阳	萧正德	西丰侯萧正德舍宅为归正寺。(《洛阳伽蓝记》)
北魏	宣忠寺	河南洛阳	王徽	《洛阳伽蓝记》道:“宣忠寺,侍中司州牧城阳王徽所立也,在西阳门外一里御道南。”
北魏	王典御寺	河南洛阳	王桃汤	《洛阳伽蓝记》道:“宣忠寺东王典御寺,阉官王桃汤所立也。时阉官伽蓝皆为尼寺,唯桃汤独造僧寺,世人称之英雄。”
北魏	追先寺	河南洛阳	元略	《洛阳伽蓝记》道:“追先寺,侍中尚书令东平王元略之宅也。”
北魏	融觉寺	河南洛阳	元怿	《洛阳伽蓝记》道:“融觉寺,清河王元怿所立也,在阊阖门外御道南。有五层浮屠一所,与冲觉寺齐等。佛殿僧房,充溢三里。”
北魏	禅虚寺	河南洛阳		《洛阳伽蓝记》道:“禅虚寺,在大夏门外御道西。寺前有阅武场,岁终农隙,甲士习战,千乘万骑,常在于此。”
梁,527	同泰寺园	江苏南京	萧衍	同泰寺原为东吴宫苑,在建康鸡笼山南,宫城华林园北,东晋时为廷尉署,梁武帝萧衍于普通八年(527)迁衙署建同泰寺。546 年遭雷火重建,547 年侯景之乱停工,922 年杨吴时改建台城千佛院,宋名法宝寺,明洪武二十年(1387)年李新在此建鸡鸣寺,经清存至今。梁同泰寺仅存 20 年,但其规模宏大,拟同宸宫,是南朝最杰出的寺园。寺院以佛教须弥山理论和天象论,开池置岛,岛上建九层佛图,大殿六所,小殿十余。西北构山,起柏殿。东南建璇玑殿,殿外垒山、叠石、种树。并巧制盖天仪,激水而转。东西建般若台。环池象八功德水和香海水,中岛象须弥山,佛塔象天柱,宫殿象日月,璇玑殿象征北斗七星。

建园时间	园名	地点	人物	详细情况
北魏，528～530	归觉寺	河南洛阳	刘胡兄弟	《洛阳伽蓝记》道："孝义里东市北殖货里。里有太常民刘胡兄弟四人，以屠为业。永安年中，胡杀猪，猪忽唱乞命，声及四邻。邻人谓胡兄弟相殴斗而来观之，乃猪也。胡即舍宅为归觉寺，合家人入道焉。"
梁，约 528	湘东苑	湖北江陵	梁元帝萧绎	梁武帝七子梁元帝(508—554)是昭明太子弟，集经、史、书、画、藏于一身，梁天监十三年(514)萧绎封湘东王，成年(约 528)后移居江陵，构筑湘东苑。园中有水池、假山、石洞、通波阁、芙蓉堂、禊饮堂、隐士亭、正武堂、射堋、马埒、乡射堂、行堋、连理堂、映月亭、修竹堂、临水斋、云阳楼等。
北魏，529～531	长秋寺园	河南洛阳	刘腾	刘腾，北魏末年宦官，任司空，于北魏末年(529～531)在洛阳西阳门内御道北一里的延年里立长秋寺，寺北有蒙汜池，夏水冬涸，成为主要景观，另有三层佛塔为仰视景观。
北魏，531	建中寺园	河南洛阳	刘腾	在西阳门内御道北延年里，宦官司空刘腾所建宅园，刘腾被杀后，尚书令、乐平王尔朱世隆改建为寺院。以前厅为佛殿，以后堂为讲室，园内有凉风堂，为刘腾避暑之处，经夏无蝇。此寺园为舍宅为寺型，格局未动，功能改变，增加九层佛塔一座。
梁，至迟 531	开善寺园	江苏南京	萧统	开善寺为皇家寺园，昭明太子萧统(503—531)有诗道："诘屈登高岭，回互入羊肠。稍看原蔼蔼，渐见岫苍苍……兹地信闲寂，清旷惟道场。玉树琉璃水，羽帐郁金床。紫柱珊瑚地，神幢明月铛。牵萝下石蹬，攀桂陟松梁。涧斜日欲隐，烟生楼半藏。"可知园中有高岭、平原、山岫、山梁、玉树、石蹬、牵萝、桂花、松树、琉璃水、羊肠道等景，室内则羽帐、金床、紫柱、珊瑚(铺)地、神幢、明月铛等。

建园时间	园名	地点	人物	详细情况
北魏，517前	大觉寺园	河南洛阳	元怀	《洛阳伽蓝记》道：大觉寺在融觉寺西一里，为广平王元怀宅园所舍。北瞻芒山，南眺洛水，东望皇宫，西顾旗亭。环居所厅堂置开佛。寺园有林木、水池、飞阁、兰花、菊花，至永熙年间(532～534)，平阳王即位，造砖塔一座。
东魏、北齐，534～584	天龙山石窟	山西太原	高欢	在山西太原市西南40公里天龙山腰。天龙山亦名方山，海拔高1700米。天龙山石窟创建于东魏(534～550)，高欢在天龙山开凿石窟，高欢之子高洋建立北齐的晋阳为别都，继续在天龙山开凿石窟。隋代杨广为晋王，继续开凿石窟，唐代李渊父子起家于晋阳，建造石窟达到高峰。由于北齐时山下兴建了天龙寺，后人就习惯地称之为天龙山。天龙寺，宋代易名为圣寿寺，1948年失火，寺庙被焚毁。1981年，搬迁太原南郊南大寺于山上，现已修葺一新。(汪菊渊《中国古代园林史》)
东魏，534～550	华林园	河北邺城	高湛	永熙三年(534)北魏分裂为东西魏，东魏迁都邺城，在城内宫北面建华林园，东门临街。北齐武成帝高湛时(561～564)重修，更名玄洲苑。
梁，543～547	江潭苑(王游苑)	江苏南京	梁武帝	在新林浦，今板桥大胜关。《景定建康志》引《舆地志》载，梁武帝从新亭凿渠通新林浦，又开池，修路，建殿，名江潭苑，又名王游苑，始建于大同九年(543)，竣工于太清元年(547)。
东魏，545	晋阳宫苑	山西并州	高欢	东魏大丞相高欢击败尔朱兆之后，据有晋阳，在并州西北建晋阳宫。
梁，546	顶山禅院	江苏常熟	石史君	寺院在常熟顶山上，梁大同十二年(546)石史君舍宅而建，当时寺内有十景：乌目山、桃花涧、翠珉桥、习客台、鸟翔石、石门庵、白云泉、碧菽园、龙舟池、云石径等。
梁	朱异宅园	江苏南京	朱异	《南史·列传五十二》道：朱异及其诸子起宅于钟山西麓至富贵山，园林从潮沟绵延至青溪，穷极奢丽，园中有台、池，宾客满园，觥酒交筹。朱异(483—549)，梁吴郡钱唐人，字彦和，受学于明山

建园时间	园名	地点	人物	详细情况
				宾,博通经史杂艺,年21擢为扬州议曹从事史,善窥人主意,为梁武帝所重,召直西省,兼太学博士,迁散骑常侍,位至侍中、中领军,掌机密30余年,武帝太清元年,侯景请降,异劝帝纳之,主张与东魏议和,武帝从之,侯景以讨异为名举兵反,建康被围,惭愤而亡。
梁	徐勉园	江苏南京	徐勉	《梁书·列传十九》和《为书戒子崧》(徐勉)道:徐勉(466—535)官居显位,在建康郊区的东田开筑小园,有池、山、石、树、果、花、楼、榭等。《梁书道》:"吾经始历年,粗已成立,桃李茂密,桐竹成荫,塍陌交通,渠畎相属。华楼迥榭,颇有临眺之美。孤峰丛薄,不无纠纷之兴。渎中并饶菰蒋,湖里殊富芰莲。虽云人外,城阙密迩,韦生欲之,亦雅有情趣。"
梁	离垢园	江西庐山	刘慧斐	刘慧斐,字文宣,少博学,能属文,曾任法曹行参军,后隐居于庐山东林寺,在北山构岷,名离垢园,时人称之为离垢先生。
梁	北林院	江西庐山	张孝秀	《梁书·处士列传·张孝秀传》云:隐士张孝秀,字文逸,少仕,后去职归山,居于东林寺,有田数十顷,部曲数百人。《南史·列传·第六十六·隐逸下》云:张孝秀在建北林东西二院,园中有山涧、石池、瘐楼、水亭、月榭、凉厅、奥室等。
南朝	刘悛山池		刘悛	《南史·卷三十九·刘悛传》云:刘悛盛修山池。园林属于山居类型。
齐	灵丘苑	江苏南京		萧齐时有江边的灵丘苑、江潭苑、芳东圃、玄圃。(吴功正《六朝园林》)
齐	芳东圃	江苏南京		同上条。
梁,537~568	玄洲苑		北齐武成帝	北齐武成帝改修石崇故园华林园时:"于华林别起玄洲苑,备山水、台观之丽。"
梁	兰新苑			萧梁时有兰新苑、江潭苑。(吴功正《六朝园林》)

建园时间	园名	地点	人物	详细情况
梁	延春苑			秦淮河南岸的建兴苑、玄圃苑、延春苑。(吴功正《六朝园林》)
梁	涅槃寺	江苏南京		萧梁时建涅槃寺,寺立于山峰上,其“峰顶又有翠微寺,天晴日暖,望见广陵城在目前,水陆之远,盖二百里。”(吴功正《六朝园林》)
梁	虎窟山寺	江苏南京	萧纲	萧纲《往虎窟山寺诗》:“尘中喧虑积,物外众情捐。兹地信爽垲,墟垄暖阡绵。蔼蔼车徒迈,飘飘旌毛悬。细松斜绕迳,峻领半藏天。古树无枝叶,荒郊多野烟。分花出黄鸟,挂石下清泉。蓊郁均双树,清虚类八禅。栖神紫台上,纵意白云边。徒然嗟小药,何由齐大年。”
梁	东林寺	浙江平阳县	刘孝绰	刘孝绰《东林寺诗》有言:“月殿耀朱幡,风轮和宝铎。朝猿响甍栋,夜水声帷箔。”
梁	佛窟寺	江苏南京	萧衍 辟支和尚	辟支和尚在牛首山洞窟“立地成佛”,后萧衍在此建寺,名佛窟寺,寺在牛首山下。(吴功正《六朝园林》)
梁	裴之横田墅		裴之横	《梁书·裴之横传》道:裴之横与仆属几百人,在芍陂建田墅。该园属于庄园类型。
梁	到溉山池	江苏南京	到溉	《南史·卷二十五》:到溉在建康淮河边上建府第园居,园中有书斋、水池、假山、奇石等,景石名奇礓石,长约一丈六尺。
梁	到㧑山池		到㧑	《南史·卷二十五》:到㧑家业豪富,宅宇山池,伎妾姿艺,皆为上品。
梁	刘峻山居	浙江东阳	刘峻	刘峻(461—521),南朝梁学者、文学家,字孝标,山东平原人,天监初任曲校秘书,后任荆州户曹参军,在浙江东阳讲学。《全上古三代秦汉三国六朝文·全梁文》载《东阳金华山栖志》道:刘峻在东阳建山居,三面环山,前临平野,极目通望,东西二涧,四时飞泉。有趣的是,悬泉泻于屋顶,激流回绕阶砌。

建园时间	园名	地点	人物	详细情况
梁	何胤园宅（山居学舍）	浙江会稽	何胤	《梁书·处士传·何点传》道：何胤(446—531)，字子季，永明十年(493)任侍中，领步兵校尉，转国子祭酒，曾在城里筑宅园，建武(494～498)初又筑室郊外，号小山，与学徒游处其内。何求、何点为何胤兄长，皆为著名隐士(人称何氏三高)。胤羡其兄隐逸之志，遂卖园宅，入若邪山隐居，后嫌其地势延隘，迁居秦望山，建学舍山居，西为学舍，别立合室，寝于其中。岩崖为墙，山泉横飞，林木幽绕。山边营田二顷，课余师徒游园。
梁	萧视素山宅	江苏镇江	萧视素	《梁书·止足列传·萧视素传》道，萧视素在镇江京口时就有退隐之志，于是入山筑室，当梁帝征为中书侍郎时，辞官不赴，回到山中山宅，独居屏事，非亲戚不得到山宅的篱笆门。
梁	庾诜宅园		庾诜	庾诜，字彦宝，《南史·处士列传·庾诜传》道：庾诜性好夷简，特爱林泉，建宅园十亩，宅园各半。
梁	张孝秀庄园	江西庐山	张孝秀	《梁书·处士列传·张孝秀传》道：张孝秀，字文逸，少仕，后辞职归山，居于江西庐山东林寺，家有庄园十亩，家人及僮仆数几百人，自给自足，远近慕名归趋。
南朝	刘勔山居	江苏南京	刘勔	刘勔在建康钟山南麓建山居，作为栖息之地，山居聚石蓄水，仿佛山中。朝中官僚崇素者多往刘勔山居游玩。
陈	韦载庄园	江苏江乘	韦载	《陈书·列传第十二》道：韦载在江乘县(句容)白山有庄园十余顷，筑室而居。
陈	安德宫	江苏南京	文皇后	陈为文皇后筑安德宫。(耿刘同《中国古代园林》)
陈	孙玚宅园	江苏南京	孙玚	《南史·列传五十七》道：孙玚在建康宅园，极林泉之致，园内大池，池中建亭、植荷、泊舟，内有十余船，合十舟为一舫，泛长江，置绿酒，群英会萃，不亦乐乎。
陈	张讥宅园		张讥	张讥，字直言，《陈书·儒林列传·张讥传》道：张讥性恬静，不求荣利，常慕闲逸，所居园宅内凿山池，植花果。

建园时间	园名	地点	人物	详细情况
陈	江总山庭	江苏南京	江总	江总(519—594),南朝陈文学家,字总持,济阳考城(河南兰考)人,仕梁、陈、隋三朝,陈时官至尚书令,世称江令,不理政务,与陈后主游宴后宫,制作艳诗,时号狎客。在建康城东青溪建山庭,庭外原隰、山泽、北岩、东陂等,庭中有水池、溪涧、山崖、荷花、竹林、松树、槿篱、忘忧草、茅屋、田鹭等。自赋二诗《春夜山庭诗》和《夏日还山庭诗》:"幽庭野气深。山疑刻削意,树接纵横阴。""漳渍长低筱,池开半卷荷。"入宋为段约之宅园,王安石游后题《段约之园亭》:"爱公池馆得忘机,初日留连至落晖。菱暖紫鳞跳复没,柳阴黄鸟啭还飞。径无凡草唯生竹,盘有嘉蔬不采薇。胜事阆州虽或有,终非吾土岂如归。"又有《戏赠段约之》:"竹柏相望数十楹,藕花多处复开亭。如何更欲通南埭,割我钟山一半青。"
陈	永阳王山亭	江苏南京	永阳王	永阳王在宅后建有山亭,园中有水池、山峰、丛台、淄馆、锦墙、绣地、梅梁、蕙阁、桂栋、兰枌、竹林、景石、激流、山峰、苔地、危蹬、藤蔓等,概为山居别墅类型。江总有《永阳王斋后山亭铭》赞此园。
东魏	祖鸿勋庄园	河北范阳	祖鸿勋	李百药《北齐书》卷四《文宣帝纪》道:祖鸿勋在河北范阳(河北定兴)县西辟山庄。山庄四面高岩围合,除万顷良田和宅舍外,还有石基、林屋、藤萝、屋宇、泉流、月松、风草、桃李、椿柏等。
西魏	庾秀才庄园		庾秀才	《隋书·艺术·庾秀才传》道:庾秀才有宅一区,水田十亩,为庄园类型。
北齐	魏收宅园		魏收	魏收,北齐诗人,建有宅园,前宅后园,其诗《后园宴乐诗》道:"积崖疑造化,导水通神功。"可知园中引水成池,积石成崖。
北齐	高澄园	河北邺城	高澄	《北齐书·列传事·河南王孝瑜传》道:高澄是北齐创立者高洋长兄,在邺城之东起山池游观,其子高孝渝在园内建水堂,作龙舟,植幡梢,会集名流亲戚,宴射其中。

建园时间	园名	地点	人物	详细情况
梁,549 前	兰亭苑			《梁书》卷三《武帝纪下》:"南兖州刺史南康王会理、前青冀二州刺史湘潭侯萧退帅江州之众,顿于兰亭苑。"
梁,549	沈德威山居	浙江临安	沈德威	《陈书·儒林列传·沈德威传》道:沈德威,字怀远,少有操行,梁太清末(549)隐遁于浙江天目山,筑室以居,虽处乱世,笃学不倦,遂治经业。宅园概为山居式,以天目山的风景为借景。
北齐,550~567	大明宫	山西太原	高欢 高洋	晋阳为北齐别都,晋阳古城在太原南郊古城营村。最早是高欢于东魏武定三年(545)修建,其子高洋天保年间(550~559)大治宫室,巧构花园,天保七年(556)建宫劳力达 30 万人。其最出名的是大明宫,包括殿、堂、楼、门、花园,主要有宣德殿、崇德殿、景福殿、德阳堂、万寿堂等。万寿堂在花园里,花园内有假山、凉亭、名花异木,为御花园。北齐天统三年(567)大明宫主殿大明殿及门楼建成,俨如大明城。北齐后主高纬时(565~575),起十二院,壮丽逾于邺都宫苑。然而,高纬喜新厌旧,屡建屡毁,劳民伤财。
梁,551~581	顾野王读书墩	上海金山	顾野王	顾野王(519—581),梁陈时画家、训诂学家、史学家,字希冯,吴县(今苏州市吴中区和相城区)人,历任梁太学博士,陈黄门侍郎、光禄卿,卒后赠秘书监、右卫将军,著有《玉篇》、《舆地志》、《符瑞图》、《玄象表》、《分野杼要》,见朝廷动乱,退居故里,在亭林镇读书写作,著《舆地志》,其宅园内有假山如墩,习称顾野王读书墩,山广几百平方米,高约 10 米,山北有湖,人称顾亭湖,湖南有林。现存,为上海最古园林。
北齐,551~559	晋祠(唐叔虞祠)	山西晋阳	高洋	位于太原市区西南 25 公里处的悬瓮山麓,晋水的发源处。晋祠始建于北魏前,原为晋王祠(唐叔虞祠),是为了纪念周武王次子叔虞而建。郦道元《水经注》记载:"际山枕水,有唐叔虞祠",即今晋祠。晋祠历代均有修建和扩建。南北朝天保年间(550~559)扩建晋祠"大起楼观,穿筑池塘"。唐贞观二十年(646)太宗李世民游晋祠撰《晋祠之铭

建园时间	园名	地点	人物	详细情况
				并序》碑文，又一次扩建。太平兴国九年(984)依山枕水建正殿，供奉唐叔虞，至北宋天圣年间(1023～1032)追封唐叔虞为汾东王，其母邑姜亦供奉于正殿之中。熙宁年间(1068～1077)封邑姜为“显灵昭济圣母”，遂有圣母殿之称，后来唐叔虞祠堂迁于北侧，形成今日格局。李白诗曰：“时时出向城西曲，晋祠流水如碧玉。浮舟弄水萧鼓鸣，微波龙鳞莎草绿。”
梁，至迟554	善觉寺园	江苏南京	萧绎	善觉寺园为皇家寺园，元帝以前建成，梁元帝萧绎《善觉寺碑》道：“飞轩绛屏若丹气之为霞，绮井绿泉如青云之入吕……聿尊胜业，代彼天工。四园枝翠，八水池红。花疑凤翼，殿若龙宫。银城映沼金铃响风，露台含月珠幡拂空。”可知园中有四园、八水、池沼、飞轩、绮井、宫殿、花卉等。
北齐，555	大相国寺	河南开封	唐睿宗	大相国寺，原名建国寺，位于开封市自由路西段，是中国著名的佛教寺院，始建于北齐天保六年(555)，唐代延和元年(712)，唐睿宗因纪念其由相王登上皇位，赐名大相国寺。北宋时期，相国寺深得皇家尊崇，多次扩建，是京城最大的寺院和全国佛教活动中心。后因战乱水患而损毁。清康熙十年(1671)重修。现保存有天王殿、大雄宝殿、八角琉璃殿、藏经楼、千手千眼佛等殿宇古迹。1992年8月恢复佛事活动，复建钟鼓楼等建筑。整座寺院布局严谨，巍峨壮观，2002年被评定为国家4A级旅游景区。麟庆有《鸿雪因缘图记》中的《相国感荫》篇记之。
北齐，556	游豫园	河北邺城	文宣帝高洋	齐文宣王天保七年(556)，于铜雀台西、漳水之南筑游豫园，作为射马之所。园周回十二里，园内有葛屦山，山上建台。又有水池，池边列馆舍，池中起三山，构台阁，以像沧海。
北齐，557	牌楼寺	河南登封		《河南府志》：寺在登封东四十里石涜东原上，内有豫州刘刺史碑，北齐天保八年(557)丁丑立。
北齐，564	在孙寺	河南登封		《河南府志》：寺在登封东四十里蒋庄，有碑，大齐河清三年(564)岁在甲申敬造。寺已毁。

建园时间	园名	地点	人物	详细情况
南陈，567 年后	般若寺	湖南衡山	慧思	据《南岳志》记载：福严寺原名般若寺，又名般若台，是佛教天台宗二祖慧思禅师在陈光大元年(567)创建的，为南岳最古的名刹之一。唐太宗曾赐御书梵经五十卷给该寺收藏。唐先天二年(713)，怀让禅师到南岳后，将般若寺辟为禅宗道场。北宋太平兴国年间(976～984)，般若寺改名为福严寺。(汪菊渊《中国古代园林史》)
北齐，570	龙华寺	河南登封		《河南府志》：告成测影台左，有龙华寺，北齐武平元年(570)创建。已毁。
北齐，571	仙都苑	河北邺城	高纬	北齐后主高纬于武平二年(571)在南邺城之西建仙都苑。园周回数十里，内有一海、三门、四观、四河、五山、若干殿。四河象征四渎，五山象征五岳。四河流入四海，四海汇于中间大海。中岳南北出翼山，建山楼，连云廊。大海北有飞鸾殿，海南有御宿堂，南北呼应。西海岸边建望秋、临春殿，遥相呼应。北海中有水殿(密作堂)，内有伎乐偶人、佛像及僧人，以水轮驱动。北海附近有城堡和贫儿村，高纬与将官、宦臣在城堡攻城取乐，在贫儿村买卖交易为乐。
南北朝	龙泉寺	河南荥阳		城关乡北周村东，坐北向南，存清代和民国时期所修之大殿和东配殿各一所。寺内保存一通北朝时期的重要造像碑。
北周	庾信小园		庾信	庾信(513—581)，北周文学家，字子山，河南南阳人，庾肩吾之子，初仕梁，后出使西魏，值西魏灭梁，遂仕西魏，后又仕北周，官至骠骑大将军，开府仪同三司，世称庾开府，善诗赋、骈文，诗风绮艳，与徐陵同为当时宫廷文学代表，人称徐庾体。家有宅园数亩，敧侧八九丈，纵横数十步，榆柳两三行，梨桃百余树，曲径、密林、鸣蝉、飞雉、草树、篑山、堂坳、狭室、茅茨、飞鸟、寿龟、季花、游鱼、竹林、丛蓍、秋菊、酸枣、酢梨、桃李等。《小园赋》提出小园理论：园不必大，数亩即可，景不必繁，稍稍即可，屋不必丽，朴素茅茨即可。名为野人之家，是谓愚公之谷。园内尽是曲路、密林、茅屋、低户、落叶、狂花等。小园理论是对汉代大园理论的反叛。

建园时间	园名	地点	人物	详细情况
北周	韦夐别墅园		韦夐	《周书·韦夐传》道：韦夐志尚夷简，所居之宅，枕带林泉。夐对玩琴书，萧然自乐。时人号为居士。
北周	望气台（瞻紫楼）	河南灵宝	尹喜	望气台，又叫瞻紫楼。传说是函谷关关令尹喜一日登高望远，观察天象之地，见东方有紫气浮关，满天云蒸霞蔚，奇丽壮观。尹喜"善内学星宿"，认为紫气升腾是祥瑞之兆，预示将有真人过关。未几，果见一皓首长髯老者骑青牛徐徐而来，原来是东周守藏室史李耳（字聃）。邀其写下5000字（即《道德经》）后方让过关。西汉刘向《列仙传》进一步演绎，说尹喜后跟老子西去，著有《关令子》。唐时在台上修建了3丈多高的瞻紫楼。民国年间毁于兵火，近年重建。
北周	萧大圜别墅		萧大圜	《周书·萧大圜传》道：萧大圜曾自书庄园"面修原而带流水，伊郊甸而枕乎皋，筑蜗舍于丛林，构环堵于幽薄。近瞻烟雾，远睇风云……果园在后，开窗假临花卉。蔬圃居前，坐檐而看灌圳。二顷以供饘粥，十亩以给丝麻。侍儿五三，可充红织。家僮数四，足代耕耘。沽酪牧羊，协潘生之志。畜鸡种黍，应庄叟之言……烹羔豚而介春酒，迎伏腊而候射时"。可见园林为庄园类型，处城郊，背小山，带流水，对平原。在曲奥之处围墙筑舍。宅前为蔬圃，可看庄园及水圳，宅后为果园，可供食用及观赏。二顷庄稼田，十亩桑麻地，沽酒牧羊，畜鸡种黍，既如潘生又如庄叟。

第五章

隋代园林年表

建园时间	园名	地点	人物	详细情况
581	千佛山公园	山东济南		面积为150公顷，海拔285米，为泉城天然屏障，是济南三大名山之一。园内有千佛崖、龙泉洞、黔娄洞、洞天福地石坊、对华亭、文昌阁、鲁班阁、一览亭、唐槐亭、齐烟九点坊、“云径禅关”坊、“第一弥化”石刻、赏菊阁（望岱亭）、乐云亭、千佛山石坊、人防山洞等。
581	大兴苑	陕西西安	杨坚	隋文帝杨坚于开皇元年（581）在宫城北兴建大兴苑。东西27里、南北23里、周120里。入唐成为皇家禁苑。
581	超化寺	河南新密	昙鸾	位于市南七公里超化街内，始建于隋开皇元年（581），唐代达鼎盛，僧众两千余人，全国名列第十五，为净土宗祖庭，内供佛祖真身舍利。寺院西依嵩山，南依马鬼山，分上、中、下三寺，方圆二十里，几经兴衰，现上寺存屋三间，中寺片瓦无存，下寺尚存几座大殿，有唐《超化寺碑记》、金元好问诗碑、元塔铭、明清重修碑共19通。
581	玄都观	陕西西安		位于唐长安崇业坊，占一坊之地，与大兴善寺隔朱雀大街左右对峙。周大象三年（581），始建于汉长安，名通道观，隋初改名玄都观。《唐会要》称：初宇文恺置都，以朱雀街南北尽郭，有东西六条高坡，象易经中的乾卦之形。乾卦中，“九二”“九五”最贵，于是九二置皇家宫殿。九三立百官衙司，以应君子之数。九五贵位，置玄都观和兴善寺以镇之。观内以桃花著称，游人很多。（赵琴华、秦建明《陕西古代园林》）
582	太极宫（大兴宫、京大内）	陕西西安	宇文恺	隋初开皇二年（582）建筑师宇文恺主持，建成于开皇三年（583）。隋称大兴宫，唐睿宗景云元年（710），改称太极宫。因是正宫，故称京大内。太极宫是太极宫、东宫、掖庭宫的总称，位于唐长安城中央的最北部。四大海分布在宫殿之间，是唐初大明宫和兴庆宫建成前帝王的活动场所。（汪菊渊《中国古代园林》）

建园时间	园名	地点	人物	详细情况
582	灵感寺（青龙寺）	陕西西安	太平公主	乐游苑与青龙寺：在陕西西安乐游原，是唐朝长安城最高点，太平公主在此建庄园，殁后分给宁申歧薛四王，后成为邑人上巳和重阳登高之处。青龙寺在乐游原东南角，创于隋初开皇二年(582)，原名灵感寺，唐睿宗景云二年(711)改青龙寺。北枕高原，南望沃野，现有遗址保护区、青龙寺大殿区、青龙寺园区、空海纪念堂等组群。园中有亭、堂、廊等景。
581～589	芙蓉园	陕西西安	杨坚 宇文恺	在长安东南角，地势较高，原为汉代曲江，宜春下苑故地，隋文帝杨坚命宇文恺修大兴城，宇文恺根据风水堪舆之说，不设宅坊，而凿池以魇胜。又在南面少陵原上凿二十余里长渠，把义谷水引入曲江，扩大水面，但杨坚不喜欢曲江之名，因池中芙蓉繁茂而改名为芙蓉园。园内青林重复，缘城弥漫，隋帝常驾幸此园。唐初一度干涸，唐玄宗开元年间(713～741)疏浚后复曲江名，详见唐“曲江”条。
	乾阳殿	河南洛阳		乾阳殿是皇帝举行大典和接见重要外国使团的地方。隋朝洛阳宫殿名。杜宝《大业杂记》：“乾阳门东西亦有轩廊周匝门内一百二十步，有乾阳殿，基高九尺，从地至鸱尾高一百七十尺。”宋孔平仲《续世说・直谏》：“贞观四年，诏发卒修洛阳宫乾阳殿，以备巡幸。张元素上书极谏云：‘阿房成，秦人散。章华就，楚众离。乾阳毕功，隋人解体。’”(《汉典》，汪菊渊《中国古代园林史》)
581～600	绛守居园池	山西新绛	樊宗师	位于城西北角高地上，隋开皇年间(581～600)间建园把城外水源引入池中，开辟成园。唐穆宗李恒长庆年间(821～824)，绛州刺史樊宗师入主该园，重新修整，撰《绛守居园池记》详述该园：东池(苍塘)、西池、鳌原、西池岛、洄莲亭、子午梁、香轩、新亭、望月桥、虎豹门、柏亭，造园景观以池、堤、渠、原、隰、溪、壑、亭、桥、轩。植物有柏、槐、梨、桃、李、兰、蕙、蔷薇、藤萝、莎草等，动物有鹇、鹭等。宋、明、清多次重建，新中国成立后修复该园，现有景：东西池、洄涟亭、柏亭、望月桥、子午梁、祠堂、香轩、静观楼、假山、砖坊、花圃等。(汪菊渊《中国古代园林史》)

建园时间	园名	地点	人物	详细情况
582	乐游原	陕西西安		从西面升平坊经东面新昌坊越城而出，向东延伸，城内一段地势高爽，景域开阔，登临游览，市井在怀，空阔澄明，为以寺院为主的公共园林。西汉宣帝在此建乐游庙，隋开皇二年(582)在此建灵感寺，唐662年在此建观音寺，景云二年(711)，改名青龙寺。白居易《登乐游园望》道："下视十二街，绿树间红尘。车马徒满眼，不见心所亲。"刘德仁《乐游原春望》道："乐游原上望，望尽帝城春。始觉繁华地，应无不醉人。"李商隐《乐游原》道："向晚意不适，驱车登古原。夕阳无限好，只是近黄昏。"(汪菊渊《中国古代园林史》)
	郭城	河南洛阳	宇文恺	周五十二里，南面三门，正南曰定鼎门，东曰长夏门，西曰厚载门。东面三门，北曰上东门，中曰建春门，南曰永通门。北面二门，东曰安喜门，西曰徽安门。中轴线既有流渠又多佳木。(汪菊渊《中国古代园林史》)
585～644	龙门别墅	山西绛州	王绩	王绩(585—644)，字无功，自号东皋子，山西祁县人，在隋大业中举孝悌廉洁及第，为秘书省正字，任扬州六合县(今南京市六合区)县丞，入唐为侍诏门下省、太乐丞，后弃官还乡，与其兄王通一起隐居于家乡北山，清高自傲，放浪形骸，酗酒游乐，赞嵇康、阮籍、陶潜，讽周孔礼教，有《王无功文集》，诗多为田园诗，描写祖上传下的东坡余业(龙门别墅)情景，有渚田十数顷，与邻渚的隐士仲长子光为友，服食养性，纵意琴酒，长达十多年。
593	仁寿宫	陕西麟游	杨坚 宇文恺	在西安西北163公里的麟游县，隋开皇十三年(593)，隋文帝杨坚命将作大匠宇文恺在此建离宫，园区在层峦叠翠的山谷平地，东有童山，西有屏山，北有碧城山(坐山)，南对堡子山(朝山)，西北来水北马坊河，南临腰带水杜河，西南还有来水永安河，为风水宝地。仁寿宫规模宏大，建筑华丽，隋文帝六幸此宫，最长一次达一年半。隋亡后宫废，唐太宗辟为九成宫，安史之乱后毁。

建园时间	园名	地点	人物	详细情况
593	仁寿宫（九成宫）	陕西麟游	隋文帝	仁寿宫选址于山峦叠翠、树木茂盛、景色优美、凉爽宜人的天台山上，是避暑的夏宫。《陕西通志》载："其山青莲南拱，石臼东横，西绕凤台屏山，北蟠青凤诸峰，历历如绘。""炎景流金，无郁蒸之气，微风徐动，有凄清之凉。"这里不仅是优越的避暑胜地，而且当时还是通往大西北的交通要道，西部经商的枢纽，更是首都的战略军事要地，后不幸毁于战火。入唐改为九成宫（见唐九成宫）。（《观风问俗式旧点，湖光风色资新探》）。
593	摩诃池（龙跃池）	四川成都	杨秀	在成都城南，隋文帝杨坚第四子杨秀督蜀为筑子城而于城西、南取土，形成大池，胡僧说池广有龙，因名摩诃池，广 500 亩，花木繁盛，水光泛滥，莺鸟唱鸣。唐严武为剑南节度使时与杜甫在池上泛舟，杜甫有《畅当诗》："珍木郁清池，风荷左右披。浅觞宁及醉，漫舸不知移。荫林簟光冷，照流簪影欹。胡为独羁者，雪涕照涟漪。"高骈《残春迁兴诗》："画舸轻桡柳色新，摩诃池上醉青春。不辞不为青春醉，只恐莺花也怪人。"五代前蜀主王建将摩诃池改为龙跃池，修建曲廊宫院、水榭亭台，永平五年（915）九月，失火焚毁，同年在旧宫之北建新宫，次年九月完成，乾德元年（919）改龙跃池为宣华苑，环池增建宫殿。池东杨柳花堤，池西迎仙宫、会真殿等楼阁相扶，《宫词》云："三面宫城尽夹墙，苑中池水白茫茫。亦从狮子门前入，旋见亭台绕岸房。"池中岛屿上建亭台，池上荷花，时见渔家捕鱼。后蜀既亡，宫殿亦毁，水少池缩。陆游于乾道九年（1173）春作《摩诃池》："摩诃古池苑，一过一销魂。春水生新涨，烟芜没旧痕。年光走车毂，人事转萍根。尤有宫梁燕，衔泥入水门。"明代建蜀王府时填池大半，仍风景优美，曹学佺《蜀府园中看牡丹》："锦城佳丽蜀王宫，春日游看别苑中。水自龙池分处碧，花从鱼血染来红。"清初城毁池存，在此建贡院，余水在严肃堂前西北隅，1914 年填池成部队操场，古池全毁。杨秀（573—618），杨坚第四子，开皇元年，立为越王。未几，徙封于蜀，

建园时间	园名	地点	人物	详细情况
				拜柱国、益州刺史，总管24州诸军开皇二年(582)，进位上柱国、西南道行台尚书令，本官如故，岁余而罢。开皇十二年(592)，为内史令、右领军大将军，寻复出镇于蜀。秀有胆气，容貌瑰美，多武艺，甚为朝臣所敬畏，秀渐奢侈，违反制度，车马被服，拟于天子，及太子勇以谗毁废，晋王广为皇太子，秀意甚不平，杨广恐秀终为后患，阴令杨素求其罪而谮之，仁寿二年，征还京师，坚见，不与语，欲斩秀于市，以谢百姓，后废秀为庶人，幽内侍省，不得与妻子相见，令给少数民族婢女二人驱使，炀帝即位，禁锢如初，宇文化及弑炀帝后，欲立秀为帝，群议不许，于是害之，并其诸子，葬吟阳八合坞。(汪菊渊《中国古代园林史》)
598	仙游宫	陕西周至	杨坚	在周至城南15公里处，终南山支脉四方台为坐山，坐南朝北，东西有月岭和阳山为辅山，中间有黑水河为腰带水，北面有象岭为朝山，形成太师椅风水宝地。因山清水秀和藏风聚气，隋文帝杨坚在开皇十八年(598)在此建离宫，601年诏令全国择高爽处建佛塔，园中因此亦择高建塔，从此改仙游寺。唐宁两朝为鼎盛期，殿宇林立，唐元和年间(806～820)白居易任周至县尉，与陈鸿、王质夫游仙游寺，写下《长恨歌》，陈写《长恨歌传》，成为千古名篇，元后寺屡毁屡建，现塔为隋法王塔，其余建筑为清末民初所建。
601～604	八大处	北京	卢师和尚	位于北京西山，因有包括长安寺、灵光寺、三仙庵、大悲寺、龙王堂、香界寺、宝珠洞，证果寺等八座古刹错落分布于翠微、平坡、卢师三山而得名。创建年代为隋(八处证果寺)、唐(二处灵光寺)、元(四处大悲寺)、明(一处长安寺)、清(五处龙泉庵)等各个朝代。 清代形成绝顶望远、春山杏林、翠峰云断、师卢夕照、烟雨鹃声、雨后山洪、山谷流泉、高林晓月、五桥夜月、深秋红叶、虎峰叠翠、层峦晴雪等12景。 新中国成立后，整修后对外开放。1957年，列为市

建园时间	园名	地点	人物	详细情况
				级文物保护单位。70 年代末开始，大量种植黄栌、火炬、柿树、元宝枫等秋叶树木，1989 年，截水成湖，沿湖岸及山坡种植松、柏、槐、柳、枫及各种花木，树影映于水面，题为映翠湖，并有飞流瀑布、平湖叠水、山间小溪等景观。(《北京志——园林绿化志》)
605	长阜苑	江苏扬州	杨广	隋炀帝杨广为了在扬州游览，在扬州建离宫长阜苑，605 年、610 年、616 年三度幸此。园林依林傍涧，竦高跨阜，内有十宫：归雁宫、回流宫、九里宫、松林宫、枫林宫、大雷宫、小雷宫、春草宫、九华宫、光汾宫等。隋末兵火，园毁。
605～617	萤苑	江苏扬州	杨广	《江宁府志》道：隋大业年间，杨广为游幸江都(扬州)，在江都甘泉县建萤苑，向百姓征集萤火虫数斛，夜游园林时把萤火虫放飞，于是，荧光如星，四处飞流，以此博趣。
607	大明宫	山西太原	杨广	在太原，大业三年(607)隋炀帝在晋阳新建一座晋阳宫，面积超过北齐晋阳的大明宫。入唐，增建宣光殿、建始殿、嘉福殿、仁寿殿等，与北齐时建的合称七殿二堂。
608	汾阳宫	山西汾州	隋炀帝	《太平记》：隋大业四年(608)隋炀帝北巡至五原，“夏四月敕于汾州北四十里，临汾水管涔山汾河处起汾阳宫……当盛暑之时，临河盥漱，即凉风凛然……虽高岭千仞，岭上居人掘地二三尺深，即有清泉涌出”。
616	密县县衙	河南新密	冯万金	位于新密市老县城中心，县衙元代毁于战火，明洪武三年(1370)知县冯万金于原址复建，至今仍保持明、清建筑风格。县衙建筑群南北长 220 米，东西宽 110 米，占地面积近 2.5 万平方米。照壁、大门、仪门、戒石坊、月台、大堂、二堂、三堂、大仙楼、后花园等由南向北沿中轴线依次排列，形成九层五进院落，另有东西花厅、八班九房与县衙监狱，后花园部分已毁。

建园时间	园名	地点	人物	详细情况
617	毗陵宫苑	江苏常州	杨广	大业十三年(617)春正月,隋炀帝杨广敕毗陵郡常州太守路道德建毗陵宫苑,路召集十郡兵匠数万人,在郡城东南(茶山乡采芙河与大通河间的城巷村)仿照洛阳西苑建造离宫。周回 12 里,又有凉殿四所:圆基、结绮、飞宇、漏影。苑中凿有夏池,环池建 16 宫,左为丽光、流英、紫芝、凝华、景瑶、浮彩、舒芳、懿乐,右为采璧、椒房、明霞、朱明、翠微、层城,回廊复阁,曲水流觞。随着隋炀帝 617 年在扬州被刺而亡,此离宫在战乱中被毁。
618~619	陈杲仁宅园	江苏常州	陈杲仁	隋朝末年,司徒陈杲仁在菱蒲港筑有后圃。
581~619	会通苑	陕西西安		又名芳华苑,与西苑同在洛阳城西,周回 120 里。入唐后唐太宗嫌其太广,部分与西苑合为东都苑,大部分散为民居。
581~619	随苑	江苏扬州	杜牧 隋炀帝	《江宁府志》道:"江宁甘泉县大仪乡有随园",又名上林苑,是隋代皇家园林。唐杜牧有诗赞道:"红霞一抹广陵春。"
581~619	楼岩寺避暑楼	山西永济		《山西通志》载:隋代在中条山建楼岩寺避暑楼。
581~619	孙驸马园	江苏苏州	孙驸马	张紫琳《红兰逸乘》载:孙驸马宅园建于苏州间邱坊,园内有古枵,树干有孔,巨可藏人。
581~619	云洞岩	福建漳州		在市区东面 10 公里的鹤鸣山。隋开皇中,潜翁养鹤于此,怪石巉岩,洞壑绵密,"雨则云出""雾则云归",素称"丹霞第一洞天"。山上有胜景 30 余处,较著者为鹤室、月峡、仙人迹、石室清隐、云深处、石巢、千人洞、瑶台、文公祠、仙梁、风动石、天开图画亭等。……岩上现存大小石刻一百五十余,……有"闽南碑林"之称。(汪菊渊《中国古代园林史》)
581~619	福阳宫	陕西西安		避暑宫。

建园时间	园名	地点	人物	详细情况
581～619	太平宫	陕西西安		避暑宫。
581～619	文山宫	陕西西安		避暑宫。
581～619	凤凰宫	陕西西安		避暑宫。
581～619	宜寿宫	陕西西安		避暑宫。
581～619	安仁宫	陕西西安		避暑宫。
581～619	步寿宫	陕西西安		临时居住。
581～619	崇业宫	陕西西安		临时居住。
581～619	太华宫	陕西西安		临时居住。
606～618	榆林宫	内蒙古托克托	隋文帝	边防行宫。
隋	临朔宫	北京		边防行宫。
隋，581～618	岐阳宫	陕西宝鸡		出巡行宫。
隋	临渝宫	河北平州		边防行宫。
隋	仙林宫	陕西兴平		出巡行宫。
隋末	江都宫	江苏扬州		游幸行宫。
隋末	扬子宫	江苏扬州		游幸行宫。
隋末	丹阳宫	江苏南京		游幸行宫。

建园时间	园名	地点	人物	详细情况
隋末	都梁宫			游幸行宫。
隋末	景华宫			游幸行宫。
隋末	凤泉宫	陕西省西安市		温泉宫。
隋末	兴德宫	陕西大荔		边防行宫。
隋末	河阳宫	河南孟县		边防行宫。
隋初	醴泉宫	西安醴泉		边防行宫。
隋末	普德宫（神台宫）	陕西华县		临时居住。
隋末	华阴宫（琼岳宫）	陕西华县		临时居住。
隋末	金城宫	陕西华县		临时居住。
隋末	别院宫（轩游宫）	河南灵宝		临时居住。
隋末	上阳宫	河南灵宝		临时居住。
隋末	弘农宫（陕城宫）	陕州陕县		临时居住。
隋末	长春宫	陕西大荔		边防行宫。
隋末	福昌宫	河南宜阳		临时居住。

第六章
唐代园林年表

建园时间	园名	地点	人物	详细情况
唐初	甘泉宫	河南宜阳		临时居住。
唐初	连曜宫			临时居住。
唐初	莎册宫	河南水宁		临时居住。
	天门西湖	湖北天门		茶圣陆羽诗文中称西湖。据《天门县志》记载，东汉中叶，西湖覆釜洲上(今为石油公司油库)就建有龙盖寺，到唐时更名为西塔寺，宋时谓之广教院，明清仍称西塔寺。经过历代建设形成竟陵10景。
601～673	阎立本西亭	陕西西安	阎立本	位于长安延康坊。阎立本(约601—673)，唐代画家兼工程学家。封演《封氏闻见记》卷五："立本以高宗总章元年迁右相，今之中书令也，时任号'丹青神话'。今西京延康坊立本旧宅西亭，立本所画山水存焉。"(李浩《唐代园林别业考论》)
618	古南池	山东济宁		位于济宁市中区南辛庄乡王母阁路西侧，池周二三里许，内有王母阁、晚凉亭、李白、杜甫、贺知章、任城许主簿四公祠等建筑。大诗人杜甫游山东期间，与任城许主簿在南池留下"秋水通沟洫，城隅进小船。晚凉看洗马，森木乱鸣蝉。菱熟经时雨，蒲荒八月天。晨朝降白露。遥忆归青毡"等著名诗篇。
581～600	大兴善寺园	陕西西安		位于西安南郊小寨兴善寺西街，始建于西晋武帝泰始二年(265)，是西安现存历史最悠久的佛寺之一。隋文帝开皇年间扩建西安城为大兴城，寺占城内靖善坊一坊之地，用城名"大兴"二字，取坊名"善"字，赐名大兴善寺至今。《文渊阁四库全书》载《酉阳杂俎・寺塔记》道：寺后初有曲池，后来填池成陆。
605～621	徽州衙署园林	安徽歙县	汪华	在古徽州府治歙县，歙县绩溪人汪华，在隋末起兵新安，并有宣、杭、睦、婺、饶五州，自号吴王，唐高祖武德四年(621)为唐将王雄所败，降唐授歙州刺

建园时间	园名	地点	人物	详细情况
				史，封越国公。汪华称王后迁州治歙县乌聊山，削山为壁，掘地为壕，衙署内有官阁、廉亭、古台榭、古桂林、古莲池、古默林，现只余南谯楼。
617～649	李靖故居园	陕西三原	李靖	在陕西三原县北华里鲁桥东里堡，占地48亩，为唐卫国公李靖(571—649)修建，宅园各形成轴线。后园有鱼池、莲池、卦云楼、土石山、隧洞、西楼、船舫、石桥、妙香亭、史可轩墓和关中八景缩影等。李靖，陕西三原人，隋炀帝时为马邑郡丞，617年被俘降唐，随李世民平岭南，定江南，灭突厥，定吐谷浑，屡获战功，先后封为开府、行军总管、上柱国、刑部尚书、检校中书令、兵部尚书、光禄大夫、尚书右仆射、卫国公等，其《唐太宗李卫公问对》为《武经七书》之一。
618	东都苑（神都苑）	河南洛阳	田仁汪韦机	隋西苑在唐代改为东都苑，武后时改神都苑，面积已缩一半，苑地东17里，南39里，西50里，北20里，但水系依旧，建筑或有增损、易名。《唐两京考》云，东垣四门：嘉豫、上阳、新开、望春，南垣三门：兴善、兴安、灵光，西垣五门：迎秋、游义、笼烟、灵溪、风和，北垣五门：朝阳、灵囿、玄圃、御冬、膺福。隋炀帝所建的朝阳宫、栖云宫、景华宫、成务殿、太顺殿、文华殿、春林殿、和春殿、华渚堂、翠阜堂、流芳堂、清风堂、崇兰堂、丽景堂、鲜云堂、回芳亭、流风亭、露华亭、飞香亭、芝田亭、长塘亭、芳洲亭、翠阜亭、芳林亭、飞华亭、留春亭、澄秋亭、洛浦亭在李渊、李世民时(618～649)还大多存在，之后大多移毁。在李治显庆年(656～660)之后，田仁汪、韦机改造景观，或取旧名，或因余址，规制大异。园内西为合璧宫，东为凝碧池(隋北海，亦名积翠池)，唐太宗637年泛舟积翠池。唐玄宗736年在池上筑三陂：积翠、月陂、上阳。故日十六院改建龙麟宫，其他还有明德宫、黄女宫、芳榭亭、高山宫、宿羽宫、望春宫、冷泉宫、积翠宫、青城宫、金谷宫、凌波宫。

建园时间	园名	地点	人物	详细情况
618后	唐禁苑	陕西西安	韦坚	为隋大兴苑。禁苑东界浐水，北界渭水，西界汉长安故城，南界都城，是长安城的后苑。东西27里，南北23里，周120里。从浐水和渭河各引一渠贯园东西两区。东区有广运潭和鱼藻池，西区有凝碧池。园有24处建筑：鱼藻宫(796年凿鱼藻池筑岛建殿)、九曲宫(在九曲池)、望春宫(743年韦坚凿广运潭于内，内有升阳殿、放鸭亭、南望春亭、北望春亭)、梨园、葡萄园、芳林园、咸宜宫(汉旧宫)、未央宫(汉旧宫，内有未央池，841年武宗李炎诏葺殿舍249间：通光殿、诏芳亭、凝思亭、端门)、汉长安城(内有西北角亭、南昌国亭、北昌国亭、流杯亭、明水园)、洁绿池、飞龙苑、骥德殿、昭德宫、光启宫、白华殿、会昌殿、西楼、蚕坛亭、青门亭、桃园亭、临渭亭(710年在此行禊事)、虎圈、坡头亭、栖园亭、正兴亭、元沼亭、神皋亭、七架亭、月坡亭、球场亭、青城桥、新麟桥、栖云桥、凝碧桥等。
618后	东内苑	陕西西安		南北二里，东西一坊宽，东内苑有：龙首殿、龙首池、鞠场、灵符应瑞院、承晖殿、看乐殿、小儿坊、内教坊、御马坊、球场亭子等。太和九年(835)毁银台门，填龙首池，建鞠场。元和十三年(818)春二月，宪宗诏六军修麟德殿，疏浚龙首池，建承晖殿，移植花木于殿前，宪宗亲自在此祈雨。
618～624	龙跃宫	陕西高陵	唐高祖李渊	位于县城西约6.4公里通远镇李观周村东北，唐高祖之旧宅地。武德中(618～626)以奉义宫改建，德宗时(780～804)改为修真观。该址梁开平年间(907～911)废。1982年列为县级重点文物保护单位。(李浩《唐代园林别业考论》)
618	庆善宫	陕西杨凌	唐太宗李世民	李世民出生成长之地，武德元年(618)，为了圣化，旧居首次改建。武德六年(623)二次重建，改名庆善宫。唐宣宗大中年间(847—858)为三次重建。宋天圣十年(1032)第四次重建。金世宗大定十六年(1176)第五次重建，更名崇教禅院。清圣祖康熙十九年(1680)为第六次。康熙四十年(1701)第七次重建。(李浩《唐代园林别业考论》)

建园时间	园名	地点	人物	详细情况
618～650	李客师别业	陕西西安	李靖	位于长安昆明池南，李靖之弟别业。《旧唐书·李靖传》附传："靖弟客师，贞观中官至右武卫将军，以战功累封丹阳郡公。永徽初，以年老致仕。性好施猎，四时从禽，无暂止息。有别业在昆明池南，自京城之外，西际沣水，鸟兽皆识之，每出则鸟鹊随逐而噪，野人谓之'鸟贼'。"(李浩《唐代园林别业考论》)
622	慧聚寺（万寿寺、戒台寺）	北京	法均大师	始建于唐武德五年(622)，初名慧聚寺，辽咸雍五年(1069)法均大师在此建坛传戒，元末，寺被火毁。明宣德九年(1434)重建，改名万寿寺，清康熙、乾隆年间多次重修，因寺内有戒台，被称为戒台寺。现存建筑多为清朝遗物。寺坐西朝东，依山势而建，中轴线上有山门、天王殿、大雄宝殿、千佛阁、观音殿、戒台等，钟楼、鼓楼、伽蓝殿、祖师殿、北行宫分列两旁，其中，伽蓝殿、千佛阁、祖师殿已毁。殿堂四周分布着许多庭院，如南、北宫院、方丈院以及寺东南角高台上的小四合院等，均属王宫贵族及僧众居住用房。各院内有叠山石、古松古柏，古塔古碑，山花流泉，显得格外清幽。其中北宫院又称"牡丹院"，为晚清恭亲王奕䜣隐居之所，前院有叠石假山，后院广植牡丹。康熙乾隆多次游幸此寺，留有大量碑匾等。
622	西内苑	陕西西安	李渊	亦称北苑，南北一里，东西与长安宫城齐，四面开门：东云龙门、西云龙门、元武门、重元门，西内苑主景为：含元殿、观德殿、广达殿、永庆殿、通过楼、冰井台、祥云楼、歌舞台外，还有两园一宫。一宫指大安宫，两园指樱桃园(内有看花殿、拾翠殿及樱桃园)和蒲桃园(内有翠华殿和蒲桃园)。武德五年(622)李渊为表秦王之功，建弘义宫以赏，629年李世民移居此地，改名大安宫，宫中多有山村景色，为太宗所喜爱。

建园时间	园名	地点	人物	详细情况
624	玉华宫（玉华寺）	陕西西安	李渊 李世民	位于西安北铜川市玉华乡子午岭南端凤凰谷，内有玉华河，夏有寒泉，地无酷暑，唐帝辟为避暑离宫。624 年李渊始建仁智宫，647 年李世民扩建为玉华宫，648 年李世民在玉华殿召见玄奘，唐高宗在位时(650～683)改为玉华寺，玄奘在此译经，天宝年间(742—756)毁。宋人张岷《游玉华山记》载有六景：玉华殿、排云殿、庆云殿、南凤门、晖和殿、嘉礼门（太子居）、又有金飙门、珊瑚谷、兰芝谷等。除南凤门瓦葺建筑外，其余皆为茅顶，意取简素和清凉。
625	翠微宫（太和宫）	陕西西安	李渊 李世民 阎立德	在长安城南 25 公里终南山太和谷，唐武德八年(625)李渊在此建太和宫，636 年宫废，647 年李世民嫌城内热，诏将作大匠阎立德在太和宫上建避暑离宫，名翠微宫。唐宪宗元和年间(806～820)，改为翠微寺。园林为前宫后苑型皇园，坐南朝北，分三级台地，东有翠微山，西有清华山，太和谷上有溪流山涧，盆地高出长安城 800 米，夏季清凉。宫殿区有云霞门、翠微殿、含风殿、金华门、安善殿，647 年唐太宗幸此，649 年再幸，病逝于含风殿。苑林区有溪流山景和亭台，史无详载。
618～907	桃源宫	河南灵宝		临时居住。
627～649	南岩书院	重庆大足县		南岩书院始创于唐贞观(627—649)时，十分重视环境的营造，开创了巴渝书院园林的历史。
644	襄城宫（清暑宫）	河南汝阳		避暑宫。
628～683	温泉顿	河南临汝		温泉宫。
	望贤宫	陕西咸阳		出巡行宫，唐代离宫，唐玄宗从长安西逃和归长安都曾驻跸此处。扬升有《望贤宫图》。
622	宏义宫（太安宫）	西安长安		郊游行宫。

建园时间	园名	地点	人物	详细情况
	南望春宫	西安长安		郊游行宫。
	北望春宫	西安长安		郊游行宫。
	曲江宫	西安长安		游幸行宫。
618～762	泰山宫（岱宗宫）	山东泰安		封禅行宫。
627前	凤泉别业	陕西凤翔	王方翼	王方翼（约622—684），其祖父王裕，武德年间（618—627）官至隋州（今湖北随州）刺史，其祖母为唐高祖李渊之妹同安大长公主。其父王仁表，贞观（627—649）时曾任岐州（今陕西凤翔）刺史。王方翼幼时丧父，与母亲李氏相依为命，博得“孝童”的美称。后来，李氏因与婆婆同安大长公主关系不和睦，为唐太宗所斥，只好带着年幼的王方翼搬出繁华喧闹的京城，迁居到乡下的凤泉别墅。《旧唐书·王方翼传》载：“方翼父仁表，贞观中为岐州刺史。仁表卒，妻李氏为主所斥，居于凤泉别业。时方翼尚幼，乃与佣保齐力勤作，苦心计。功不虚弃，数年辟田数十顷，修饰馆宇，列植竹木，遂为富室。”（李浩《唐代园林别业考论》）
627～649	昭觉寺	四川成都	丈雪和尚	位于成都市北郊青龙乡川陕公路东侧，面积7.61公顷，创建于唐贞观年间（627～649），南朝齐梁时哲学家范缜有《游昭觉寺诗》，宋、明时代进行大规模扩建，明末甲申年毁于战火，清康熙二年（1663）丈雪和尚重建，至康熙九年（1670）次第建成各主要殿堂，并配建钟鼓二楼，廊房花园，恢复规模，康熙曾题咏诗句，清末受破坏，1956年、1989年种植绿化。全寺布局规则，以山门、天王殿、圆觉殿、大雄宝殿、禅房、说法堂、先觉堂和观音阁、御书楼组成。七殿南北纵列，两廊环抱中、东、西花园，东西客堂和龙神、祖师二殿，观音阁、御书楼列于七殿两侧对称。（《成都市园林志》）

建园时间	园名	地点	人物	详细情况
627年	白云寺	河南商丘		白云寺始建于唐贞观元年(627),取名观音堂,又名白衣庵。至康熙二十六年(1687)白云寺信徒从河北保定请来高僧佛定和尚担任三十一世方丈,因该僧道业专精,才识超人,智慧不凡,赢得了河南布政使牟钦元巡和杨府台的敬仰支持,使白云寺得以迅速扩建和发展。寺院在此间占地546亩,聚纳僧侣1200多人,有佛殿、廊房、楼阁、僧舍800余间,达到白云寺历史之鼎盛时期。至此,白云寺与嵩山少林寺、洛阳白马寺、开封大相国寺齐名,成为中州四大名寺之一。
627～635	大明宫(永安宫)	陕西西安	李世民	李世民登基不久,在皇城东北外建永安宫,供李渊避暑,635年改大明宫,662年改蓬莱宫,705年复旧名。大明宫是相对独立的前宫后苑型皇园,面积32公顷,东、北各有夹城,周十一门,宫苑轴线上布置:丹凤门、含元殿、宣政殿、紫宸殿、太液池、蓬莱岛、玄武门、重玄门。宫区地势高利升堂政务,苑区地势低利池沼游乐。全园建筑有蓬莱殿、金銮殿、长安殿、仙居殿、拾翠殿、含冰殿、承香殿、长阁殿、紫兰殿、紫宸殿、绫绮殿、浴堂殿、宣徽殿、温室殿、明德寺、太和殿、清思殿、望仙台、珠镜殿、大角观、延英殿、思政殿、待制院、内侍别省、明义殿、承欢殿、还周殿、左藏库、麟德殿、翰林院、九仙门、三清殿、大福殿、银台门、凌霄门、翔鸾阁、栖凤阁、回廊等。以殿、门居多,还有寺、观、台、省等,佛寺、道观、学堂更显皇园综合性。较为壮观的是进深十七间的麟德殿、1.6公顷的太液池、环池400余间的回廊,园林区中心为太液池、望仙台,延续了秦汉神仙思想和高台遗风。
唐	汤泉宫		李世民	规筑的宫殿楼阁,极尽豪华之能事。(汪菊渊《中国古代园林史》)
唐	芙蓉园	福建福州	陈靴	为唐朝宰相陈靴的私园,坐落在福州域内花园巷6号,花园巷就因其胜而名。园内有假山、水池、亭台偻阁,规格较大……清末为盐商龚易图所有,

建园时间	园名	地点	人物	详细情况
				抗日战争期间又被转卖给柯顺直。新中国成立后，该园曾为民革福建省委办公处，后归房管局，分配作民居。如今园内大部分为鼓楼区公安分局所用，后院部分改搭极棚充作民居，约有 20 家住户。园中的假山奇石，已在数年前拆运到西湖公园，仅存少许园景遗迹。（汪菊渊《中国古代园林史》）
627～649	芙蓉苑	陕西西安	魏王泰	在曲江东南，原为隋代御苑芙蓉园的一部分，在唐贞观年间(627～649)赐魏王泰，泰死，赐东宫。唐玄宗开元年间(713～741)改建为御苑。苑墙之内有岗阜、垂柳、繁花、楼台、凉堂、临水亭、殿阁、长廊、修竹、茂林等景，登楼可南望终南山，北望曲江池。李山甫《曲江》道："南山低对紫云楼，翠影红阴瑞气浮。"
627～649	安德山池院	陕西西安	安德	岑文本(595—645)《安德山池宴集》道：安德在宅园中有竹林、曲径、琴台、槿篱、池塘、沟壑、假山、洲岛、青萝、水濑、埙篪、飞鸟、鱼儿、桂花等。
627～649	家令寺园	陕西西安	日南王	在昌明坊，贞观年间(627～649)日南王入朝觐见唐天子，唐太宗李世民诏为日南王建府第，不久，日南王回国，宅第遂废，恢复为园。
627～672	许敬宗宅园	陕西西安	许敬宗	许敬宗(592—672)宅园，引泾渭之水入园，积为方塘小池，池中堆岛，池边有：回流、孤峰、短径、重峦、石磴、山岫、柳树、松树、桂花、竹丛、菱花、荷花、杂草、青苔、宿鸟、游鱼、芥舟。李世民特作《小池赋》以赐之，许更作《小池赋应诏》以和。
628～683	精思观	河南嵩山	唐高宗	清前旧志：在逍遥谷西领上，唐高宗建。已毁。
631	九成宫	陕西麟游	李世民	在麟游县杜河北岸的谷地，本为隋文帝在 593 年创立的离宫仁寿宫(见隋"仁寿宫")隋亡后毁，唐太宗为避暑于贞观五年(631)修复仁寿宫，更名九成宫。高宗李治于 651 年改万年宫，667 年复名九成宫。九成宫修复未做任何改动，李治于 651 年增建太子

建园时间	园名	地点	人物	详细情况
				新宫一世，成为与华清宫齐名的离宫，安史之乱后宫毁。九成宫地形西高东低，分宫城区和苑林区，宫城东西1010米，南北300米。宫城区城墙内有朝宫、寝宫、府库、官寺、衙署：丹霄殿、永安殿、阙楼、复道、醴泉、水渠。宫城外为苑林区，沿四面山岭分水线围外垣（缭墙），有景：西海、山阁、阙亭、瀑布、水榭、复道、桥梁。内城用南北、东西轴线、复道相连、山台绕榭、左右出阙、泉边点太湖石的手法，外城用山巅表阁、阁侧双阙、复道相连等手法。魏征、李思训、李昭道、欧阳询、王勃、上官仪、李峤、刘祎之都有名篇赞此园。
631	东阳公主亭子（玄真观）	陕西西安	东阳公主	在长安崇仁坊。东阳公主是唐太宗第九女，嫁高履行。《唐两京城坊考》卷三崇仁坊："西南隅，玄真观。东有山池别院，即旧东阳公主亭子……天宝十三载，改为玄真观。"
632	洛阳宫	河南洛阳	窦琎	本为隋朝紫微城，即洛阳宫城，唐贞观六年（632）改名洛阳宫，命将作大匠窦琎修洛阳宫，窦琎凿池筑山，雕饰华丽，太宗命人毁之，免窦官职，武后光宅元年（648）改太初宫，南、北、东三面有夹城，南垣各三门，北垣内二门，外一门，东西垣各一门，南北中轴明显，分置：应天门、乾元门、含元殿、贞观殿、徽猷殿、元武门等。依轴线分成前宫后苑、中宫外苑式，宫区内圈多为政务殿：含元殿、贞观殿、徽猷殿、宣政殿、文思殿、观文殿、大仪殿、宏文馆、史馆、门下省、中书省等，外围多为嫔妃居所如：袭芳院、飞香殿等。前宫西区凿九州池，上筑三岛，名建瑶光殿、琉璃亭、一柱观，环池有花光院、山斋院、神居院、仁智院等。后苑名陶光园，呈东西长条形，曲水或收或放于基地，水池中筑有二岛，各建丽绮阁和登春阁，环水建流杯殿和安福殿。
633	元妙观	广东惠州	唐太宗	位于惠州西湖，"元妙观在平湖北畔，面向芳华洲"。是中国三大著名道观之一。1993年惠州市道教协会在此成立。始建于唐代贞观七年(633)，初名天

建园时间	园名	地点	人物	详细情况
				庆观，天宝七年(748)扩建后改名朝元观，后又改称开元观。宋代屡有兴废。元代元贞二年(1296)重修，始称元妙观。明代天统、天顺和清代康熙、光绪年间均有修建。始建以来几经兴废，元代晚期最为兴旺，“横流重檐，涂饰壮丽，像座威仪”。麟庆有《鸿雪因缘图记》中的《元妙寻蕉》篇记之。
636～695	梓州城池亭	四川梓州	张公	卢照邻《宴梓州南亭诗序》道：梓州城池亭是长史张公听讼之别所。园中有岩嶂、川流、濠上、野院、绮阁、山楼、云窗、洞户、桂花、葳蕤、萱草等。岩嶂重复，川流灌注，坐于窗前，远借城堞。长史无事之时，来此游乐。此园为衙署园林。
637	魏王池	河南洛阳	魏王李泰	魏王李泰，为太宗最宠爱的儿子，后因涉嫌与太子争位，改封其为顺阳王，徙居均州之郧乡县，后进封濮王。魏王李泰的旧宅第非常大，东西方向占满一坊，有池塘三百亩。李泰死后，李治把那片地方划给民间使用，后成为长宁公主的别苑。长宁公主，唐中宗嫡女，韦后所生，先后嫁杨慎交、苏彦伯二人。嫁给杨慎交之后，在东都洛阳建造府邸。洛阳撤永昌县，她占县衙为府邸，后占魏王旧宅。《唐两京城坊考》洛渠：“南溢为魏王池，与洛水隔堤。初建都筑堤，壅水北流，余水停成此池。下与洛水潜通，深处至数顷。水鸟翔泳，荷芰翻复，为都城之胜地。贞观中，以赐魏王泰，故号为魏王池。”《唐两京城坊考》卷五东京外郭城：“魏王泰故第，东西尽一坊，潴沼三百亩。泰薨，以与民，至是主丐得之。按永昌县廨在道德坊，道德与惠训相接，故两坊皆有长宁公主宅，而魏王池在旌善、尚善之间，东与两坊相属，长宁因丐得之也。”道术坊：“唐贞观中并坊地以赐魏王泰，泰为池弥广数顷，号魏王池。泰死，后立为道术坊，分给居人。神龙中并人惠训坊，尽为长宁公主第。”(李浩《唐代园林别业考论》)
640左右	龙门别墅	山西绛州	王绩	王绩(585—644)，唐诗人，字无功，绛州龙门人(今山西河津)，王通弟，尝居东皋，故号东皋子，隋大业(605～617)中举孝悌廉洁及第，授秘书省正字，

建园时间	园名	地点	人物	详细情况
				唐初以原官待召门下省，贞观初(640)因受王凝排挤罢归还乡，在家乡龙门建别墅，有田十数顷，为庄园性质。非周孔，赞嵇阮，以酒为题，发泄对世道不满，有《东皋子集》。
至迟 640	杨师道山池	陕西西安	杨师道	杨师道(？—647)，字景猷，华阴人，隋宗室也，清警有才思。入唐，娶桂阳公主，封安德郡公。贞观(627—649)中，拜侍中，参与朝政，迁中书令，罢为吏部尚书。太宗东征，代中书令，不久罢为工部尚书，改太常卿。师道善草隶，工诗，每与有名士燕集，歌咏自适。宅园为官员们的会聚场所，贞观十四年(640)三月，杨师道邀请岑文本、刘洎、褚遂良、杨续、许敬宗、上官仪、李百药等到园中作客，各赋诗一首，集为《安德山池宴集》，园路可通青楼，斜路可通凤阙，一边临御沟，园中有景：池塘、曲流、清渠、洲岛、水濑、沟壑、山峰、镜石、竹径、金埒、琴台、凤台、亭子、水榭、兰室、虹桥、槿篱、萝薜、桂花、兰蕙、蒲苇、荷蕖、春茑、苹藻、芳杜、文杏、菱花、飞鸟、花蝶、游鱼、羽觞等。
647 前	姚开府山池	河南洛阳	郭广敬	郭广敬，贞观年间大将。姚崇，历任武则天、唐睿宗、唐玄宗三朝宰相。金仙公主，为唐睿宗女，初封西城县主，进封金仙公主。706 年(神龙二)，十八岁的公主度为女道士。徐松《唐两京城坊考》："郭广敬宅，后为姚崇山池院。崇薨，为金仙公主所市。"孟浩然有诗《姚开府山池》："主人新邸第，相国旧池台。馆是招贤辟，楼因教舞开。轩车人已散，箫管风初来。今日龙门下，谁知文举才。"(李浩《唐代园林别业考论》)
652	滕王阁	江西南昌	滕王 李元婴	李元婴，唐高祖李渊第二十二子，唐太宗李世民之弟，李世民当上皇帝后封他为滕王。永徽三年(652)，李元婴迁苏州刺史，调任洪州都督时，临江建此楼阁为别居，实乃歌舞之地。因初唐才子王勃作《滕王阁序》天下扬名，与湖北黄鹤楼、湖南岳阳楼为并称为"江南三大名楼"。历史上的滕王阁先后共重建达 29 次之多，屡毁屡建，今日之滕王阁为 1989 年重建。(李浩《唐代园林别业考论》)

建园时间	园名	地点	人物	详细情况
661～702	南山家园	四川射洪		陈子昂(约661—702),射洪(今属四川)人。《陈子昂别传》中记载:"及军罢以父老表乞罢职归侍,天子优之,听带官取给而归。遂于射洪西山构茅宇数十间,种树采药以为养。"陈子昂有诗《南山家园林木交映,盛夏五月幽然清凉,独坐思远,率成十韵》:"寂寥守寒巷,幽独卧空林。松竹生虚白,阶庭横古今。郁蒸炎夏晚,栋宇閟清阴。轩窗交紫霭,檐户对苍岑。……"(李浩《唐代园林别业考论》)
666～676	韩家园	河北冀州		王勃(约650—约676),唐代诗人,是"初唐四杰"之冠。王勃有诗《游冀州韩家园序》:"铜沟水北,石鼓山东。……祥风塞户,瑞气冲庭。芳酒满而绿水春,朗月闲而素琴荐。家童扫地,萧条仲举之园。长者盈门,廓落东平之室。梧桐生雾,杨柳摇风。眺望而林泉有余,奔走而烟霞足用。……"
648	大慈恩寺园	陕西西安	李治	在长安进昌坊,《长安志》道其选址于林泉形胜之所,在寺南临黄渠,渠边植竹成林,森邃为长安之最。大慈恩寺是唐贞观二十二年(648)太子李治为了追念母亲文德皇后而建,是唐长安城内最著名、最宏丽的佛寺,玄奘主持寺务,领管译场,创立佛教宗派。大雁塔为其亲自督造。钟楼内悬吊明代铁钟一口,重三万斤,高三米多。唐代学子,考中进士后到慈恩塔下题名,谓之"雁塔题名",后沿袭成习。唐代画家吴道子、王维等曾为慈恩寺作过不少壁画,惜早已湮没。但在大雁塔下四门洞的石门楣、门框上,却保留着精美的唐代线刻画。西石门楣上的线刻殿堂图尤为珍贵。今慈恩寺为明代规模,而殿堂为清末所建。
650～713	蓝田山庄	陕西蓝田	宋之问	宋之问(650—713),字延清,一名少连,汾州(今山西汾阳市)人。初唐时期的著名诗人。他于蓝田县修建了一处规模可观的庄园别墅——蓝田山庄,开元十六年(728)由王维出资购得,建成后来的辋川别业。

建园时间	园名	地点	人物	详细情况
658～907	绣岭宫	河南渑池		临时居住。
658～907	崎岫宫	河南洛阳		临时居住。
658～907	兰峰宫	河南洛阳		临时居住。
唐	兰昌宫	河南宜阳		临时居住。
658～907	连昌宫	河南寿安		临时居住。
659～744	袁氏别业	陕西西安	袁氏	贺知章(659—744),字季真,越州永兴(今浙江省杭州市萧山区)人。有诗记此园:“主人不相识,偶坐为林泉。莫谩愁沽酒,囊中自有钱。”
662	青龙寺园	陕西西安		在新昌坊。隋为灵感寺,唐龙朔二年(662),新城公主奏立为观音寺。景云二年(711)改今名。皇甫冉诗《清明日青龙寺上方赋得多字》和朱庆余诗《题青龙寺》道:青龙寺在乐游园高岗上,因地制宜,东面临城,幽然深邃,有景:水声、山色、佛阁、僧廊、径草、庭柯、竹子、夕阳、新叶等。
763后	郭子仪园	陕西西安	郭子仪	郭子仪(697—781),华州(今陕西华县)人,唐节度使,唐代中叶的著名将领,经历玄宗、肃宗、代宗三个朝代。在平定安史之乱中起决定性作用,腾达之时在大安坊建宅园,后来成为岐阳公主别馆。
665～714	李峤王屋山宅园	山西阳城	李峤	李峤(645—714),唐代诗人、政治家,字巨山,赵州赞皇(今河北)人,20岁中进士,官至监察御史、给事中,武后、中宗朝屡居相位,封赵国公,睿宗时降为怀州刺史,玄宗时拜滁州别驾、庐州别驾。其府第在山西阳城西南王屋山,在宅边构园亭,有景:桂亭、兰榭、山崖、回溪、钓渚、柳、桐等,作诗《王屋山第之侧杂构小亭,暇日与群公同游》以记。

建园时间	园名	地点	人物	详细情况
668～695	苏味道亭子	河南洛阳	苏味道	苏味道(648—705)，唐代政治家、文学家，武则天时居相位数年。《唐两京城坊考》卷五东京外郭城宣风坊："北街之西，中书令苏味道宅，有三十六柱亭子，时称巧绝。"
669	张文瓘山池	陕西麟游	张文瓘	张文瓘在九成宫东台有山池，拳石垒起，如干宵之状，妙同天会。
670～702	毕氏林亭	陕西西安	毕构	毕构，唐代大臣。陈子昂有《群公集毕氏林亭》诗。(李浩《唐代园林别业考论》)
671	神台宫	河南郑州		《唐志》：在郑县东北三里。隋置普德宫于此。咸亨二年，改曰神台宫，为巡幸驻顿之所。
672	兴国寺	河南荥阳		《荥阳志》载，此寺始建于唐咸亨三年(672)。洛阳白马寺慧悟禅师云游到此，见此处北枕檀山，南临须水源，且有五条河汊蜿蜒伸向这里，状似五条巨龙，当地有"五龙朝圣"之说，便决定在这里建寺，取"上有天命，尊佛兴国"之意，定名兴国寺。建寺初期规模宏大，前后三座院落，有天王殿、前佛殿、阎王殿、大佛殿等，整个寺院占地 200 亩。宋太平兴国年间进行大修，现存有重修石碑一通。
673～683	高氏林亭	河南洛阳	高正臣	高正臣，志廉子，官至少卿，善正、行、草书，习右军(王羲之)法，玄宗甚爱其书，上元三年(761)高宗撰唐明征君碑，即为正臣行书。《高氏散宴诗集》："高正臣，广平人，联姻帝室，官至卫尉卿。寓居洛阳，善咏爱客，一时名士，多所交接。"其有《晦日置酒林亭》、《晦日重宴》诗，据注知首宴 21 人参加，陈子昂为之序。重宴 9 人，周彦晖为之序，三宴 6 人，长孙正隐为之序。(李浩《唐代园林别业考论》)
673～695	具茨山园	河南阳翟	卢照邻	位于具茨山下。卢照邻(632—695)，唐代诗人，初唐四杰之一，卢照邻少时聪颖获识，渐至都尉。因"风疾"退职。他购地几十亩造园，不堪病扰投颍水自杀。《新唐书・卢照邻传》："(照邻)疾甚，足挛，一手又废，乃于具茨山下，买园数十亩，疏颍水周舍，复豫为墓，偃卧其中。"(李浩《唐代园林别业考论》)

建园时间	园名	地点	人物	详细情况
674～675	上阳宫	河南洛阳	李治	《新唐书，地理志二》载："上阳宫在禁苑之东，东接皇城之西南隅，上元中置，高宗之季常居以听政。"西邻东都苑，东接皇城西南角，南临洛水，西距穀水，唐高宗李治在上元年间(674～675)所建，以宫殿为主，园林为辅，分为观风殿、麟趾殿、芬芳殿、化城院、本枝院、甘汤院六组院落。观风殿区有观风殿、观风门、丽春台、耀掌亭、九州亭、浴日楼、七宝阁。麟趾殿区有麟趾殿、神和亭、洞玄堂。芬芳殿区有芬芳殿、芬芳门。以院落庭院为主，引洛水及园，园中有水池、土山、洲岛、桥梁、亭阁、楼台、长廊(沿洛水达一里长)。
675～709	郑协律山亭	河南洛阳	郑协律	宋之问有诗《春日郑协律山亭陪宴饯郑卿同用楼字》："潘园枕郊郭，爱客坐相求。尊酒东城外，骖騑南陌头。池平分洛水，林缺见嵩丘。暗竹侵山径，垂杨拂妓楼。彩云歌处断，迟日舞前留。此地何年别，兰芳空自幽。"《宴郑协律山亭》："朝英退食回，追兴洛城隈。山瞻二室近，水自陆浑来。"
675～709	韦曲庄	陕西西安	韦员外	位于长安城南。宋之问《春游宴兵部韦员外韦曲庄序》中有言："长安城南有韦曲庄，京郊之表胜也。却倚城阙，朱雀起而为门。斜枕冈峦，黑龙卧而周宅。贤臣作相，旧号儒宗，圣后配元，今为戚里。……万株果树，色杂云霞。千亩竹林，气含烟雾。激樊川而萦碧濑，浸以成陂。望太乙而邻少微，森然逼座。"
674	昭成寺	河南荥阳		古代在河阴县境内，现属荥阳。
675	唐卿山亭	陕西西安	唐卿	位于长安东郊。宋之问有诗《奉陪武驸马宴唐卿山亭序》："骏马香车，出东城而临甲第。林园洞启，亭壑幽深，落霞归而叠嶂明，飞泉洒而回潭响。灵槎仙石，徘徊有造化之姿。苔阁茅轩，仿佛入神仙之境。芳醪既溢，妙曲新调。林园过卫尉之家，歌舞入平阳之馆。"

建园时间	园名	地点	人物	详细情况
至迟 676	张氏山亭		张氏	王勃(669—676)邻人张氏有山亭,王勃《山亭思友人》道:园中有山洞、沟壑、奇峰。
至迟 676	秋叶山亭		宇文德阳	王勃诗《宇文德阳秋叶山亭宴序》道,宇文德阳宅园,名秋叶山亭,园中有山峰、石磴、山岫、兰花、桂花、游鱼等景。
678～740	张九龄园	广东韶州	张九龄	张九龄(678—740),字子寿、博物,韶州曲江人。唐玄宗开元年间尚书、宰相、诗人,为开元之治作出重要贡献,其五言诗,扫六朝绮靡之风,有《曲江集》,被誉为岭南第一人。张在家乡曲江建园,题有诗:"林鸟飞旧里,园果酿新秋。枝长南庭树,池灵比涧流。星霜屡尔别,兰麝为谁幽?"
679	滕王亭	四川阆中	李元婴	李元婴,唐高祖李渊第二十二子,唐太宗李世民之弟,李世民当上皇帝后封他为滕王。高宗李治继位,被贬洪州,建滕王阁。再贬滁州,又贬往隆州(后避玄宗讳改为阆州),建滕王亭。每日坐亭中四顾山水,操练丹青。当地蝴蝶众多,日日绕亭翩然飞舞,李元婴于是日夜揣摩,苦练画蝶之法。数载之后,世人便有"滕王蛱蝶江都马,一纸千金不当价"之誉,他也因此成为滕派蝶画的鼻祖。杜甫有诗《滕王亭子》二首:"君王台榭枕巴山,万丈丹梯尚可攀。春日莺啼修竹里,仙家犬吠白云间。清江锦石伤心丽,嫩蕊浓花满目班。人到于今歌出牧,来游此地不知还。"诗下原注:"亭在玉台观内,王,高宗调露年中(679—680),任阆州刺史。"《方舆胜览》:"滕王以隆州衙宇卑陋,遂修饰弘大之,拟于宫苑,谓之隆苑,后改曰阆苑。滕王亭,即元婴所建。"(李浩《唐代园林别业考论》)
679	崇唐观	河南嵩山	李治	崇唐观原名隆唐观,因避唐玄宗李隆基讳,改名崇唐观,是唐高宗李治于调露元年(679)为隐士潘师正所建的道院。观内现存清代建筑老君殿一座。观内有石刻造像,雕于武周长寿二年(693)。

建园时间	园名	地点	人物	详细情况
683～706	灵谷草堂	福建福安	薛令之	草堂在灵岩山。薛令之，字君珍，号明月先生，生于唐永淳二年(683)，福建(时称建安郡)首位进士，官至太子侍讲，曾在灵岩山腰筑草堂苦读，写有诗作《草堂吟》："君不见苏秦与韩信，独步谁知是英俊？一朝得遇圣明君，腰间各佩黄金印。"(李浩《唐代园林别业考论》)
684～690	招福寺园	陕西西安		在崇义坊。乾封二年(667)，睿宗(684～690)在藩所立。其地本隋正觉寺。南北门额，睿宗亲题之。《文渊阁四库全书》载《酉阳杂俎·寺塔记》道：寺内原有水池，后来挖永乐东街之土以填池，广植树木。
684～705	韦嗣立别庐	陕西临潼	韦嗣立	韦嗣立，字延构，郑州人，进士及第，则天时，拜凤阁侍郎，同凤阁鸾台平章事。神龙中，为修文馆大学士，与兄承庆代相。尝于骊山凤凰鹦鹉谷构筑别庐，别庐内有悬崖、石洞、沟壑、瀑布、泉水等景，中宗李显在位(706～709)期间临幸此园，改为清虚原幽栖谷，令从官赋诗，自为制序，因封为逍遥公。睿宗时，拜中书令。开元中，谪岳州别驾，迁辰州刺史卒。
688～712	崔礼部园亭	河南洛阳	崔泰之	崔泰之，先天元年为礼部侍郎，分司东都，开元中，官工部尚书。张说(667—730)唐代文学家，诗人，政治家，有诗《崔礼部园亭得深字》："窈窕留清馆，虚徐步晚阴。水连伊阙近，树接夏阳深。柳蔓怜垂拂，藤梢爱上寻。讶君轩盖侣，非复俗人心。"
688～712	薛王山池	陕西西安	李业	张说有诗《季春下旬诏宴薛王山池序》："碧流日暖，南山雪残，首献岁之浃辰，尾暮春之提日。帝京形胜，借上林入游。戚里池台，就修竹而开宴。"薛王为睿宗之子李业，曾进封薛王。
689～740	北楼新亭	湖北荆州	宋太史	孟浩然(689—740)本名浩，字浩然，襄阳人，是盛唐山水田园诗派的主要作家之一。有诗《和宋太史(一作大使)北楼新亭》："返耕意未遂，日夕登城隅。谁谓山林近，坐为符竹拘。丽谯非改作，轩槛是新图。远水自嶓冢，长云吞具区。愿随江燕贺，羞逐府僚趋。欲识狂歌者，丘园一竖儒。"

建园时间	园名	地点	人物	详细情况
689～740	洗然竹亭	湖北襄阳	孟洗然	孟洗然是诗人孟浩然的弟弟，孟浩然有诗《洗然弟竹亭》："吾与二三子，平生结交深。俱怀鸿鹄志，昔有鹡鸰心。逸气假毫翰，清风在竹林。达是酒中趣，琴上偶然音。"
689～740	张野人园庐	湖北襄阳	张野人	孟浩然有诗《题张野人园庐》："与君园庐并，微尚颇亦同。耕钓方自逸，壶觞趣不空。门无俗士驾，人有上皇风。何必先贤传，惟称庞德公。"
689～740	檀溪别业	湖北襄樊	吴张二子	孟浩然有诗《冬至后过吴张二子檀溪别业》："卜筑因自然，檀溪更不穿。园庐二友接，水竹数家连。直与南山对，非关选地偏。……草堂时偃曝，兰枻日周旋。外事情都远，中流性所便。闲垂太公钓，兴发子猷船。余亦幽栖者，经过窃慕焉。梅花残腊月，柳色半春天。鸟泊随阳雁，鱼藏缩项鳊。停杯问山简，何似习池边。"
690～702	梁王池亭	陕西西安	武三思	武三思，生年不详，卒于唐中宗神龙三年(707)，武则天的侄子，武则天称帝后被封梁王。陈子昂《梁王池亭宴序》："弋阳公做辟青轩，饰开朱邸，金筵玉瑟，相邀北里之欢。明月琴樽，即对西园之赏。"
690～720	崇让园	河南洛阳	崇让	位于洛阳崇让坊。苏颋(670—727)字廷硕，唐朝大臣、文学家，开元八年(720)，罢为礼部尚书，俄检校益州大都督长史。有《秋社日崇让园宴得新字》诗。《唐两京城坊考》卷五东京郭外崇让坊："礼部尚书苏颋竹园。《河南志》引韦述《记》曰：此坊出大竹及桃，诸坊即细小。"
690～751	东溪别业	河南洛阳	裴尹	李颀(690—751)，唐代诗人。有诗《裴尹东溪别业》："公才廊庙器，官亚河南守。别墅临都门，惊湍激前后。旧交与群从，十日一携手。幅巾望寒山，长啸对高柳。清欢信可尚，散吏亦何有。岸雪清城阴，水光远林首。闲观野人筏，或饮川上酒。幽云淡徘徊，白鹭飞左右。庭竹垂卧内，村烟隔南阜。始知物外情，簪绂同刍狗。"

建园时间	园名	地点	人物	详细情况
690～751	东川别业	河南洛阳		李颀有诗《不调归东川别业》："……绂冕谢知己，林园多后时。葛巾方濯足，蔬食但垂帷。十室对河岸，渔樵只在兹。青郊香杜若，白水映茅茨。昼景彻云树，夕阴澄古逵。渚花独开晚，田鹤静飞迟。……"
690～751	李处士别业	河南巩义	岑参	岑参有诗《寻巩县南李处士别业》："先生近南郭，茅屋临东川。桑叶隐村户，芦花映钓船。"
690	荐福寺园	陕西西安	萧瑀西李显	宋敏求《长安志》道：寺院原为隋炀帝在藩旧宅，武德中改赐萧瑀西为宅园，武则天天授元年(690)改为荐福寺，705年中宗李显即位，大加营饰，之后该寺成为译经场所。院东有园，园中有放生池，池周200余步，相传是汉代的洪池陂。园林还有竹子、远径、长廊、阶前树、江上山、花卉等景。李端、韩翃有诗赞之。
690～751	李丞山池院	陕西西安	李颀	李颀，赵郡(今河北赵县)人，长期居颍水之阴的东川别业(在今河南登封)。李颀在《题少府监李丞山池》道：少府李丞宅园有中：积水、假山、长廊、薜萝、莺鸟、柳树、杂草、古琴等。
692前	李舍人别墅(高阳公山亭)	浙江温州	李舍人	杨炯(650—692)，唐朝诗人，初唐四杰之一。有《李舍人山亭诗序》："永嘉有高阳公山亭者，今为李舍人别墅也。廊宇重复，楼台左右。烟霞栖梁栋之间，竹树在汀洲之外。龟山对出，背东武而飞来。鹤阜相临，向东吴而不进。青溪数曲，赤岩千丈。寥廓兮惚恍，似蓬岭之难行。深邃兮眇然，若桃源之失路。信可谓赤县幽栖，黄图胜景。从来八子，辟高阳之邑居。今日四郊，逢舍人之置驿。故知樊家失业，遂作庾公之园。习氏不游，终成濮阴之地。"
695～719	北溪别业	河南洛阳	韦嗣立	韦嗣立(654—719)，唐代诗人，武后、中宗时，历凤阁侍郎、兵部尚书、同平章事、参知政事。《唐诗纪事》卷一十一："开元中，(韦)嗣立自汤井还都，经其龙门北溪别业，忽怀骊山之胜，尝有诗云……时张说、崔泰之、崔日之在东都，皆知焉。"

建园时间	园名	地点	人物	详细情况
698	杨慎交山池	陕西西安	杨慎交	在大业坊内。杨慎交是中宗长女长宁公主的驸马。《唐两京城坊考》卷二西京外郭城大业坊："西有驸马都尉杨慎交山池，本徐王元礼之池。"韩翃《宴杨驸马山池》可考，园内有水塘，岸边植杨柳，宅前种大量花卉。
698～740	蔡起居郊馆（山亭）	河南洛阳	蔡孚	蔡孚，开元中为起居郎。张九龄有诗《贺给事尝诣蔡起居郊馆有诗因命同作》："记言闻直史，筑室面层阿。岂不承明入，终云幽意多。沉冥高士致，休浣故人过。前岭游氛灭，中林芳气和。兹辰阻佳趣，望美独如何。"徐晶有诗《蔡起居山亭》："文史归休日，栖闲卧草亭。蔷薇一架紫，石竹数重青。垂露和仙药，烧香诵道经。莫将山水弄，持与世人听。"
698～740	韦司马别业	陕西西安	韦司马	张九龄《韦司马别业集序》："杜城南曲，斯近郊之美者也，背原面川，前峙太一，清渠修竹。左并宜春，山霭下连，溪气中绝，此皆韦公之有也。"
699～746	苏氏别业	陕西西安	苏氏	苏氏在长安城郊外建别墅，别墅里正对南山，侧临澧水，园中有竹林、禽兽等。祖咏（699—746），洛阳（今属河南）人，后迁居汝水以北，开元十二年（724）进士。有诗赞："别业居幽处，到来生隐心。南山当户牖，澧水映园林。竹覆经冬雪，庭昏未夕阴。寥寥人境外，闲坐听春禽。"
699～746	刘郎中别业	陕西西安	刘郎中	刘某任司勋郎中，其别业在乡下，园中有水池、花卉、竹林、飞鸟等景。亲友常到此宴会，祖咏有诗《清明宴司勋刘郎中别业》道："田家复近臣，行乐不违亲。霁日园林好，清明烟火新。以文常会友，惟德自成邻。池照窗阴晚，杯香药味春。栏前花覆地，竹外鸟窥人。何必桃源里，深居作隐沦。"
700	三阳宫	河南嵩山	武则天	《武后记》：久视元年一月，复于神都作三阳宫，四月如三阳宫。《新府志》：宫在告成东五里石淙水上。

建园时间	园名	地点	人物	详细情况
700～765	樊氏水亭	江苏涟水	樊氏	唐代边塞诗人高适(700—765),有《涟上题樊氏水亭》:"涟上非所趣,偶为世务牵。经时驻归棹,日夕对平川。莫论行子愁,且得主人贤。亭上酒初熟,厨中鱼每鲜。自说宦游来,因之居住偏。煮盐沧海曲,种稻长淮边。四时常晏如,百口无饥年。菱芋藩篱下,渔樵耳目前。异县少朋从,我行复迍邅。向不逢此君,孤舟已言旋。明日又分首,风涛还眇然。"
701～761	昙兴上人山院	陕西灞陵	昙兴上人	在感化寺。裴迪作诗《游感化寺昙兴上人山院》道:不远灞陵边,安居向十年。入门穿林径,留客听山泉。鸟啭深林里,心闲落照间。浮名竟何益,从此愿栖禅。可知感化寺的昙兴上人山院内有竹林、曲径、山泉、树木、飞鸟等景。
704～712	张嘉贞亭馆	河南洛阳	张嘉贞 张延赏 张弘靖	张嘉贞(665—729),历仕武则天、唐睿宗、中宗和玄宗四朝,官至中书令。《唐两京城坊考》卷五东京外郭城思顺坊:"中书令张嘉贞宅,嘉贞子延赏,延赏子弘靖,皆为相,其居第亭馆之丽,甲于洛城,子孙五代,无所加工,时号三相张家。"
武周,704	兴泰宫	河南宜阳	武则天	兴泰宫遗址,位于赵堡乡西赵村上沟与下沟之间,为一唐代宫城遗址,是当年武则天所建的行宫。该遗址坐落在山凹中,坐北朝南,平面呈长方形。地表现存有宫城南门、南墙、东墙及大量的碎板瓦、筒瓦、绳纹砖等。南墙东段有部分残垣遗址。东墙筑在坡脊上,依山势而修。在遗址北部的西赵河北有一大型夯土基址,面积大约1000平方米,残高2.5米,夯土层厚0.06米—0.08米。板瓦、筒瓦多内饰布纹,外部打磨光亮。据资料记载,兴泰宫遗址建于唐长安四年(704)废于中宗景龙二年(708)。(孔俊婷《观风问俗式旧典湖光风色资新探)

建园时间	园名	地点	人物	详细情况
706	定昆池	陕西西安	安乐公主 杨务廉 赵履温	安乐公主是唐中宗李显最小女儿，最得宠，而且恃宠而骄。中宗即位第二年，安乐公主就请求赐昆明池以造苑池，中宗不允，于是请赐京城延平门外民田，用私房钱建造私园。命将作少监杨务廉引水天津，凿池欲胜昆明池，延袤十数里，命名为定昆池，累石为山，象征华山，命司农卿赵履温疏园植果，列置台榭。709年，园宅皆成，中宗临幸，大宴群臣，沈佺期和苏颋奉命作御制诗。
705～710	安乐公主山庄	陕西西安	安乐公主	安乐公主在长安东郊建山庄，属郊郊别墅型，山庄中有池塘、仙岛、叠石、孤峰、重阁。叠石为山，削壁成峰，八条龙脉，蔚为奇观。韦元旦和宗楚客应邀前往游园，各应制诗一首。可能是在其父中宗即位(705)后建立的。
705～710	长宁公主东庄	陕西西安	长宁公主 杨慎交	长宁公主是中宗李显之女，嫁杨慎交，所造宅园，左属都城，右临大道，园中有水池、亭阁、树木等。帝后曾多次临幸。李峤《长宁公主东庄侍宴》诗盛赞此园。
710～712	韦曲田庄	陕西西安	韦安石	韦曲是长安城南郊韦安石的田庄，在咸宁县南二十里的樊川，少陵原西端，园林之盛在长安有名，杜甫诗道："韦曲花无赖，家家恼杀人"，"美花多映竹，好鸟不归山"，为庄园类型。
710	窦尚书山亭	陕西西安	窦希玠	窦希玠，唐中宗时为礼部尚书，园林在皇城尚书省内，园内有水池、种植有兰、石榴。据诗词《奉和圣制幸礼部尚书窦希玠宅》可考。(李浩《唐代园林别业考论》)
712前	陈司马山斋	广西梧州	陈司马	宋之问晚年被贬广西时有诗《题梧州陈司马山斋》："南国无霜霰，连年对物华。青林暗换叶，红蕊亦开花。春去无山鸟，秋来见海槎。流芳虽可悦，会自泣长沙。"
712左右	马嵬卿池亭	陕西西安	马升卿	王湾(693—751)，唐朝诗人，有诗《晚夏马嵬卿叔池亭即事寄京都一二知己》"……宗贤开别业，形胜代希偶。竹绕清渭滨，泉流白渠口。……林静秋色多，潭深月光厚。盛香莲近拆，新味瓜初剖。……"

建园时间	园名	地点	人物	详细情况
至迟712	逍遥楼	广西桂林		唐睿宗李旦太极元年(712),宋之问陪桂州王都督同登逍遥楼,即宴赋诗《登逍遥楼》和《桂州陪王都督晦日宴逍遥楼》。
?～713	太平公主南庄	陕西西安	太平公主	太平公主是武则天的女儿,生性沉敏,善于权变,参与政治,睿宗和玄宗常请教于她,武后特别喜爱,韦后和安乐公主都惧之。她在长安城南乐游原建造南庄,睿宗行幸,命苏颋和李邕赋诗。园中有凤凰楼、桥梁、彩石、竹子、泉水、平阳馆、仙人楼、瀑布等景。
?～713	太平公主山池院	陕西西安	太平公主	宋之问《太平公主山池赋》道:太平公主宅园以石假山为著,东山峰崖刻划,洞穴萦回,向背重复,参差错落,翳荟蒙笼,含青吐红,阳崖夺锦,阴崖生风,奇树抱石,新花灌丛。西山则翠屏崭岩,山路诘曲,高阁翔云,丹崖吐绿。另有水亭、池塘、洲岛、高阁等。
?～713	太平公主宅园	河南洛阳	太平公主	《通志》"京洛朝市图"载太平公主在河南洛阳积善坊建有宅园。
712～756	李憕庄园	伊川	李憕	《旧唐书·李憕传》道:李憕"丰于产业,伊川膏腴,水陆上田,修竹茂树,自城及阙口,别业相望,与吏部侍郎李彭年,皆有地癖"。
712～756	汝州刺史宅园	陕西西安	王昕园	汝州刺史王昕园在长安昭行坊建有宅园,引永安渠入园,积为水池,池方广数亩,竹木环市,荷荇丛秀。
712～756	李隆基长兄山池院	陕西西安	李宪	唐明皇《过大哥山池题石壁》道:其大哥宅园的山池中有:澄潭、景石、沟壑、岩崖、绿苔、林亭等。
712～741	滕逸人别业	陕西西安	滕逸人	孟浩然诗《浮舟过滕逸人别业》道:滕逸人有别业,园中有池塘、水潭、水亭、溪涧、松、竹、芰荷、山鸟等景,为郊区别墅型。

建园时间	园名	地点	人物	详细情况
712～756	翰林学士院	陕西西安	翰林学士	在长安城的翰林学士院，在大明宫左银台门之北，以庭院绿化为主，院内有：古槐、松、玉蕊、药树、柿子、木瓜、庵罗、峘山桃、杏、李、樱桃、柴蔷薇、辛夷、葡萄、冬青、玫瑰、凌宵、牡丹、山丹、芍药、石竹、紫花芜青、青菊、商陆、蜀葵、萱草等。大多树木为翰林学士自己种植。
712～770	何将军山林	陕西西安	何将军	杜甫在《陪郑广文游何将军山林十首》中有记“名园依绿水，野竹上青霄”、“百顷风潭上，千章夏木清。卑枝低结子，接叶暗巢莺”等。《马志》道：何将军山林在城南樊川之塔坡少陵原，杜曲东，韦曲西，山林高于地面三百尺，可知是一个山居别墅。山林废后，建寺塔，名塔坡。
713	临漪亭（雪香园、莲花池）	河北保定	张柔	在保定裕华西路南，处于古城中心，占地 3.15 公顷，水面 0.79 公顷，为保定八景之一，为保定最古园林。唐上元间(713)在此建临漪亭，元太祖二十二年(1227)张柔开凿为雪香园，为部将张维忠所居，万历十五年(1587)更名莲花池，详见元雪香园条。
713～741	曲江	陕西长安		原为汉之宜春下苑和曲江，隋时改为芙蓉园，唐初干涸，唐玄宗开元年间(713～741)引浐水上游之水经黄渠入园，并复名曲江，成为公共园林。园林面积 144 公顷，水池 70 公顷，园内有水池、汀洲、莲舟、高楼、北亭、观台、宫殿、紫云楼、彩霞亭、杏园、慈恩寺、坟冢、处士卜居、荷花、菖蒲、柳树、槐树、梅花、杏花、杨树、柳树、菊花、芍药、青草、鹤、雀、鸭、鸳鸯、鸥鹭等。皇家在此建有宫殿楼观，其中芙蓉苑和杏园为园中园。上巳节、重阳节，曲江张灯结彩，画舫并比，鲜车健马，比肩击毂，彩屋翠帷，周匝堤岸。杜甫《哀江头》《曲江二首》《丽人行》，卢纶《曲江春望》，韩愈《同水部张员外籍曲江春游寄白二十二舍人》，曹松《曲江暮春雪霁》，王维《三月三日曲江侍宴百官》和康骈《剧谈录》等都有曲江盛况描写。新科进士及第后要在曲江举行曲江宴，排场十分壮观。安史之乱后，楼阁大半毁去，太和九年(835)发 1500 名神策军浚疏曲江，修复紫云楼和彩霞亭，唐末，池涸，宋时又干，明中叶，为农田。2000 年后修复，成为西安复原的最佳历史文化景区之一。

建园时间	园名	地点	人物	详细情况
713～741	杏园	陕西西安		杏园为曲江边上的园中园，概在曲江修复时建成，成为曲江一部分，亦为公共园林。园紧依南城，园以杏花著名，每值春杏盛开，才子佳人争相来游。新科进士庆贺及第的杏园宴（又称探花宴）也是此举行，由新科进士中最俊美者作为探花使者，骑马在曲江及附近名园探寻名花，摘取而归，入园庆贺，刘沧有诗《及第后宴曲江》道："及第新春选胜游，杏园初宴曲江头。"
713～741	会节园	河南洛阳		在洛阳城内会节坊，开元年间（713～741），李隆基曾驾幸此园，景德初年，在此园饮射。
713～755	清心亭	陕西商洛	高太素	《开元天宝遗事》："商山隐士高太素，累征不起，在山中构道院二十余间。太素起居清心亭下，皆茂林秀竹，奇花异卉。每至一时，即有猿一枚，诣亭前鞠躬而啼，不易其候。"
713	开元寺	河南郑州	助缘	建于唐开元元年（713）寺内有一古塔名叫舍利塔，原寺建筑早已无存。据《管城纪年》中载："宋太祖开宝九年（976）西京太宫寺僧助缘在开元寺内建一座高大雄伟的舍利塔，又叫开元寺塔。""古塔晴云"为郑州八景之一。
713～741	龙潭寺	河南嵩山		寺在县东北二十里，唐开元中建。相传武后同太平公主出游九龙潭，即此。后经残废。清朝顺治年间，僧洞然传戒于此，修殿宇，开土田。嵩山诸寺，唯此次修后寺渐兴。
714	兴庆宫	陕西西安	李隆基	位于陕西西安咸宁路，唐时又称南内，为唐玄宗为太子时府邸，玄宗登基第二年（714）扩建为兴庆宫，726年扩建施政所，728年移居此宫听政，732年筑夹城，设复道直入芙蓉园。兴庆宫占地2016亩，为故宫一倍，前宫后苑。宫区有南熏殿、新射殿、金花落、兴庆殿、大同殿。苑区以龙池（又名隆庆池、兴庆池、景龙池）为中心，池东北筑有山，上建沉香亭，另有五龙坛、龙堂、长庆殿、勤政务本楼、花萼相辉楼。池面积1.8公顷，池中种荷花、菱角、鸡头米、藻类，另外还有牡丹和柳树。广场上举行乐舞、马戏、殿试、接见。

建园时间	园名	地点	人物	详细情况
				唐末受破坏，清代荒为农田，1958年按唐式修复，占地743亩，景名因旧，题兴庆宫公园，为西安最大公园。以150亩兴庆湖为中心，湖中堆湖心岛，南北轴线把宫苑串在一起：通阳门、明兴门、龙堂、五龙坛、龙池、瀛洲门、南熏殿、濯龙门。2000年前后再修。
715～759	少室草堂	河南洛阳		岑参（约715—770），唐代诗人。其诗《自潘陵尖还少室居止，秋夕凭眺》："草堂近少室，夜静闻风松。月出潘陵尖，照见十六峰。九月山叶赤，谿云淡秋容。火点伊阳村，烟深嵩角钟。尚子不可见，蒋生难再逢。胜惬只自知，佳趣为谁浓。昨诣山僧期，上到天坛东。向下望雷雨，云间见回龙。夕与人群疏，转爱丘壑中。心淡水木会，兴幽鱼鸟通。稀微了自释，出处乃不同。况本无宦情，誓将依道风。"
715～759	西峰草堂	河南偃师	岑参	岑参诗《缑山西峰草堂作》："结庐对中岳，青翠常在门。遂耽水木兴，尽作渔樵言。顷来阙章句，但欲闲心魂。日色隐空谷，蝉声喧暮村。曩闻道士语，偶见清净源。隐几阅吹叶，乘秋眺归根。独游念求仲，开径招王孙。片雨下南涧，孤峰出东原。栖迟虑益淡，脱略道弥敦。野霭晴拂枕，客帆遥入轩。尚平今何在，此意谁与论。伫立云去尽，苍苍月开园。"缑山，在河南偃师县，因周灵王太子晋在此升仙而去而闻名。
715～770	青萝斋	河南济源	岑参	岑参诗《南池夜宿思王屋青萝旧斋》："……早年家王屋，五别青萝春。安得还旧山，东谿垂钓纶。"
718后	嵩山别业	河南嵩山	卢鸿	卢鸿，张彦远《历代名画记》上记：名鸿一。《宣和画谱》上记：字浩然，诗人、画家、隐士，范阳人，徙家洛阳，在开元初征召不至，开元六年（718）谒见不拜，赐谏议大夫，不受，隐于嵩山，经营庄园别业，别业中有景：草堂、倒景台、涤烦矶、樾馆、枕烟庭、云绵淙、期仙磴、幂翠庭、洞元室、金碧潭。建筑茅茨素木，避燥驱湿。洞府因岩作室，即理谈玄。流泉激溜冲攒，鸣湍迭濯。石矶飞流攒激，积漱成渠。景台高据崖顶，三休方至。烟庭特峰秀起，云烟缭绕。卢《十志诗》和《十志诗图》详细描绘了园林盛况。

建园时间	园名	地点	人物	详细情况
718后	卢严寺	河南嵩山	卢鸿	《河南通志》:寺在登封市东北,即唐谏议卢鸿隐居之处。开元中改为寺。
718后	中岳寺	河南嵩山		《河南府志》。寺在嵩山神盖峰下,即宝林院也。
721～765	平阴亭	山东平阴	高适	高适(700—765),唐代诗人。其诗《奉酬北海李太守丈人夏日平阴亭》:"天子股肱守,丈人山岳灵。出身侍丹墀,举翮凌青冥。当昔皇运否,人神俱未宁。谏官莫敢议,酷吏方专刑。谷永独言事,匡衡多引经。两朝纳深衷,万乘无不听。盛烈播南史,雄词豁东溟。谁谓整隼旟,翻然忆柴扃。寄书汶阳客,回首平阴亭。开封见千里,结念存百龄。隐轸江山丽,氛氲兰茝馨。自怜遇时休,漂泊随流萍。春野变木德,夏天临火星。一生徒羡鱼,四十犹聚萤。从此日闲放,焉能怀拾青。"
721～765	淇上别业	河南汲县	高适	高适有诗《淇上别业》:"依依西山下,别业桑林边。庭鸭喜多雨,邻鸡知暮天。野人种秋菜,古老开原田。且向世情远,吾今聊自然。"
721后	瓜园高斋	陕西西安		王维诗《瓜园诗并序》:"维瓜园高斋,俯视南山形胜。"诗中描写:"余适欲锄瓜,倚锄听叩门。鸣驺导骢马,常从夹朱轩。穷巷正传呼,故人傥相存。携手追凉风,放心望乾坤。蔼蔼帝王州,宫观一何繁。林端出绮道,殿顶摇华幡。素怀在青山,若值白云屯。回风城西雨,返景原上村。前酌盈尊酒,往往闻清言。黄鹂啭深木,朱槿照中园。犹羡松下客,石上闻清猿。"(李浩《唐代园林别业考论》)
721～777	马璘池亭	陕西西安	马璘	位于崇贤坊。马璘(721—777),岐州扶风(今陕西扶风)人,唐朝大将。由于屡立奇功,马璘累迁至左金吾卫将军同正。777年在军中去世。马璘家境富有,财产多得无法估计,在京师所建的宅第,极为奢侈,为功臣权贵中首屈一指。死后,有数百人假称是他的故吏,前去悼唁,实际是观赏中堂。太子李适听后不满,称帝后将其家园充公,贞元(785～804)以后,此园多作为赐宴群臣的地方。

建园时间	园名	地点	人物	详细情况
723	万福殿太液池	山西太原	唐玄宗	在太原，开元十一年(723)唐玄宗下榻晋阳时的寝殿，殿北次第有玄福门、宣德门、玄武楼。殿东次第有东闱门、昌明门，可通葡萄园。殿西有西闱门、威凤门，可以太液池。太液池为晋阳宫中花园部分，面积很大，池中建有回廊、凉亭，每面八间，另外还有九曲池等景观。
723	周测景台	河南登封		在登封市东南古阳城县内．周公定此地为土中，立土圭测日，以验四时之气。唐玄宗开元十一年(723)，太史监南宫说仿周之旧制，建石质测影台。
724～746	陆浑水亭	河南洛阳		在陆浑山。祖咏(699—746)，唐代诗人，开元十二年进士。有诗《陆浑水亭》："昼眺伊川曲，岩间霁色明。浅沙平有路，流水漫无声。浴鸟沿波聚，潜鱼触钓惊。更怜春岸绿，幽意满前楹。"
725 前	薛家竹亭	河南临汝	薛公	王泠然(约 692—约 725)，字仲清，太原(今属山西)人。开元五年登进士第，后官太子校书郎，有《河南汝州薛家竹亭赋》："闲亭一所，修竹一丛，萧然物外，乐自其中。其竹也，初栽尚少，未长仍小，杂以乔木，环为曲沼，遵远水以浇浸，编长栏而护绕。向日森森，当风袅袅，劲节迷其寒燠，繁枝失其昏晓，疏茎历历傍见人，交叶重重上闻鸟。其亭也，溪左岩右，川空地平，材非难得，功则易成。一门四柱，石础松棂，泥含淑气，瓦覆苔青。才容小榻，更设短屏，后陈酒器，前开药经。薛公谓予曰：'自造此亭，未有兹客。'"
726～763	石门草堂	陕西西安	阎防卜	储光羲(约 706—763)唐代官员，田园山水诗派代表诗人之一，有诗《贻阎处士防卜居终南》："……秦城疑旧庐，伫立问焉如。稚子跪而说，还山将隐居。竹林既深远，松宇复清虚。迹迥事多逸，心安趣有余。石门动高韵，草堂新著书。……"
726～763	崇上人山亭	江苏镇江	崇上人	储光羲有诗《京口题崇上人山亭》："清旦历香岩，岩径纡复直。花林开宿雾，游目清霄极。分明窗户中，远近山川色。金沙童子戏，香饭诸天食。叫叫海鸿声，轩轩江燕翼。寄言清静者，闾阎徒自踣。"

建园时间	园名	地点	人物	详细情况
726～795	奉诚园（马燧宅）	陕西西安	马燧	马燧（726—795），唐朝名将。《唐两京城坊考》卷三外郭城安邑坊："奉诚园，本司徒兼侍中马燧宅。燧子少府畅，以赀甲天下。贞元末，神策中尉申志廉讽使纳田产，遂献旧第。"
726～748	颍阳山居	河南颍阳	元丹丘	李白（701—762），唐代诗人，元丹丘是李白二十岁左右在蜀中认识的道友，他们曾一起在河南颍阳嵩山隐居，李白曾赠元丹丘十四首诗，其中有《题元丹丘颍阳山居（并序）》："丹丘家于颍阳，新卜别业，其地北倚马岭，连峰嵩丘，南瞻鹿台，极目汝海，云岩映郁，有佳致焉。白从之游，故有此作。"
728～756	灞上闲居	陕西西安	王昌龄	王昌龄，盛唐边塞诗人。其有诗《灞上闲居》："鸿都有归客，偃卧滋阳村。轩冕无枉顾，清川照我门。"
731后	南山下别业	陕西西安	薛据	薛据，盛唐诗人，有诗《出青门往南山下别业》："旧居在南山，夙驾自城阙。榛莽相蔽亏，去尔渐超忽。散漫馀雪晴，苍茫季冬月。寒风吹长林，白日原上没。怀抱旷莫伸，相知阻胡越。弱年好栖隐，炼药在岩窟。及此离垢氛，兴来亦因物。末路期赤松，斯言庶不伐。"《唐才子传》卷二《薛据传》："初好栖遁，居高炼药。晚岁置别业终南山下老焉。"
734左右	会昌林亭	陕西临潼		孙逖（696—761）唐朝大臣、史学家，曾任刑部侍郎、太子左庶子、少詹事等职。有诗《奉和李右相赏会昌林亭》"贤相初陪跸，灵山本降神。作京雄近县，开阁宠平津。地胜林亭好，时清宴赏频。百泉萦草木，万井布郊畛。德与春和盛，功将造化邻。还嗤渭滨叟，岁晚独垂纶。"
735～744	白阁西草堂	陕西西安	岑参	岑参中进士后仅得右内率府兵曹参军之低职，颇不得意，回自己草堂度假之时作诗《因假归白阁西草堂》："雷声傍太白，雨在八九峰。东望白阁云，半入紫阁松。胜概纷满目，衡门趣弥浓。幸有数亩田，得延二仲踪。早闻达士语，偶与心相通。误徇一微官，还山愧尘容。钓竿不复把，野碓无人舂。惆怅飞鸟尽，南溪闻夜钟。"

建园时间	园名	地点	人物	详细情况
735～812	杜曲田庄	陕西西安	杜佑	杜佑是朝中大官，以太保致仕，封唐岐公，在城南郊(咸宁县南三十里樊川北岸高地，韦曲东十里)建有别墅，为庄园类型，内有亭、馆、林、池、花，以草木花坞为极胜，为城南别墅之最。杜甫诗道："杜曲花光浓似酒。"
736	陆浑山居	河南洛阳	元德秀	元德秀(696—754)，开元二十一(733)年登进士第，任邢州(今河北邢台)南和县尉，因施政有名升为龙武军录事参军，后因车祸伤足辞去军职，于开元二十三年(735)年调任鲁山县令，三年期满后到陆浑山隐居，天宝十二载病逝于河南陆浑山中。(李浩《唐代园林别业考论》)
736	陈邕宅园(南山寺园)	福建漳州	陈邕	在漳州南郊九龙江畔的丹霞山麓，为漳州八景之一，为唐开元二十四年(736)被贬福建的陈邕所建的府园，因仿皇宫，为避钦差调查而改为报劬院，宋干德六年(968)刺史陈文重建为崇福寺，太平兴国三年(978)漳州知州章大任题匾南州法磬。当初宅园依山水布局，凿池叠石，现庭园方正，前庭有圆形放生池，大殿两侧为花台，靠山根为半亭，寺后高坡上建太傅祠，祠后有小姐楼。陈邕，京兆万年县(陕西西安)人，唐中宗神龙年间进士，太子李隆基的老师，李隆基登基后封太傅，开元二十四年(736)与奸相李林甫不和而贬谪福建，先后居福州、兴化、漳州，最后定居漳州。
约 736	灵谷草堂	福建厦门	薛令之	在洪济山北，称薛岭，为进士薛令之归隐后所建灵谷草堂。薛令之(683—758)，字君珍，号明月先生，福建福安长溪廉村(溪潭镇)人，唐神龙二年(706)进士，为福建第一位进士，在长安居 30 年，官至左补阙兼太子侍读，为太子李亨老师，后因得罪李林甫而告归，李亨登基后敕其乡为廉乡，水曰廉溪，山曰廉山。
737～752	崔驸马山池	陕西西安	崔惠童	崔惠童，右骁卫将军、冀州刺史庭玉之子，娶明皇高都公主(后改封晋国公主)。山池位于长安城东。《旧唐书·哥舒翰传》："天宝十一载，禄山、思

建园时间	园名	地点	人物	详细情况
				顺、翰并来朝，上使内侍高力士及中贵人于京城东驸马崔惠童池亭宴会。”杜甫有诗《崔驸马山亭宴集》、王维有诗《过崔驸马山池》。
737～752	玉山别业	陕西蓝田	崔惠童	驸马崔惠童别业。钱起有诗《宴崔驸马玉山别业》：“金榜开青琐，骄奢半隐沦。玉箫惟送酒，罗袖爱留宾。竹馆烟催暝，梅园雪误春。满朝辞赋客，尽是入林人。”玉山别业与上条之崔驸马山池是否同一，未详。
737～792	沣上幽居	陕西西安		韦应物(737—792)，唐代诗人。其有诗《忆沣上幽居》：“一来当复去，犹此厌樊笼。况我林栖子，朝服坐南宫。唯独问啼鸟，还如沣水东。”
737～792	贾常侍林亭	河南洛阳	贾常侍	韦应物有诗《贾常侍林亭燕集》：“高贤侍天陛，迹显心独幽。朱轩骛关右，池馆在东周。缭绕接都城，氤氲望嵩丘。群公尽词客，方驾永日游。朝旦气候佳，逍遥写烦忧。绿林蔼已布，华沼淡不流。没露摘幽草，涉烟玩轻舟。圆荷既出水，广厦可淹留。放神遗所拘，觥罚屡见酬。乐燕良未极，安知有沉浮。醉罢各云散，何当复相求。”
740	郑驸马池台	陕西西安	郑潜曜	郑潜曜，名明，以字行，是睿宗第四女代国公主和郑万钧的次子，为唐玄宗李隆基之女临晋公主的驸马。杜甫有诗《郑驸马池台喜遇郑广文同饮》、《郑驸马宅宴洞中》。
740～744	郑氏东亭	河南新安	郑潜曜	杜甫于天宝三年(744)作诗《重题郑氏东亭》，题下原注：“在新安界。”“华亭入翠微，秋日乱清晖。崩石欹山树，清涟曳水衣。紫鳞冲岸跃，苍隼护巢归。向晚寻征路，残云傍马飞。”
740 前后	东溪草堂	河南登封	卢鸿	卢鸿(？—740 前后)唐代画家、诗人、著名隐士。本幽州范阳(今河北涿州东北)人，徙居洛阳，后隐居嵩山(今河南登封市)，营东溪草堂，聚徒五百余人，讲学于草堂之中，成为一时之盛。自绘其胜景为《草堂十志图》，写有骚体诗《嵩山十志》描绘嵩山十景。

建园时间	园名	地点	人物	详细情况
741	白云观（天长观、太极宫、长春宫）	北京西城	李隆基	唐玄宗为了“斋心敬道，奉祀老子而建道观”，所建即幽州的天长观，始建于唐开元二十九年（741）。金朝正隆五年（1160），契丹南侵，位于金中都的天长观在战争中遭兵火焚毁。金大定七年（1167）敕命重修，到金大定十四年三月（1174）方才完工。同年，该观更名为十方天长观。金章宗明昌三年（1192），该观又遭焚毁。翌年起，另在天长观旧址的西侧重建，金泰和三年（1203）更名为太极宫。蒙古成吉思汗十九年（1224）开始，长春真人丘处机在太极宫（天长观）暂住。蒙古成吉思汗二十二年（1227），改北宫仙岛为万安宫，天长观为长春宫。元朝末年，长春宫的殿宇倾圮，后来进行的重修工程改以处顺堂为整个宫观的中心。明朝初年，长春宫更名为白云观。清朝初年，在白云观方丈王常月的主持下，白云观进行了大规模重修，基本奠定了如今白云观的规模。观后为花园，有三座石假山拱卫中轴线上四合院。院内南为三清阁和凸出的戒台，北为云集山房，东西回廊。西院中心为假山，上有妙香亭，院北为退居楼，西为廊。东院假山在东，上构友鹤亭，南为云华仙馆，北为服务社。北院实为依北围墙壁山，正对云集山房北门。
741～756	宁王山池院	陕西西安	宁王	何景明《雍大记》道：唐宁王在长安城兴庆池的西面建山池院，引兴庆池之水入园，西流于园中连环九曲而成九曲池。筑土为基，叠石为山，松柏其上。园内有景九曲池、落猿岩、栖龙岫、鹤洲、仙渚、沧浪（榭）、临漪（堂）、异木、珍禽、怪兽等景，宁王与宫人宾客钓鱼其中。
742～756	乌尤寺	四川乐山		位于乐山岷江与青衣江交汇处，始建于唐天宝年间（742～756），清末重修，沿江布置三组建筑。中组为祭祀部分和若干小跨院组成。东侧为引导部分，由码头、山门、止息亭、普门殿、天王殿、扇面亭、弥勒佛、过街楼组成。西侧由罗汉堂、旷怡亭、尔雅台、听涛轩、山亭等组成。全部景观以借景江流和青山为特色。

建园时间	园名	地点	人物	详细情况
唐	琼山县主山池院	陕西西安	琼山县主	琼山县(今琼山区)县主家富,在太平坊建有豪宅,宅内有山池院,院中有溪流、磴道、林木,景色葱郁,京城称之。
742前	自雨亭子	陕西西安	王鉷	王鉷以善治租赋,累官至户部员外郎,常兼侍御史。《唐语林》卷五:"天宝中,御史大夫王鉷有罪赐死,县官簿录鉷太平坊宅,数日不能遍。宅内有自雨亭子,檐上飞流四注,当夏处之,凛若高秋。又有宝钿井阑,不知其价。"
742前	李公别业	陕西西安	李公	楼颖《东郊纳凉,忆左威卫李录事收昆季太原崔参军三首并序》:"仆三伏于通化门东北数里避暑之地,地即故倅天官顾公之旧林,今贰宰君李公之别业。右抵禁御,斜界沁园,空水相辉,步虹桥而下视。竹木交映……"
742~756	尉迟胜林亭	陕西西安	尉迟胜	位于修行坊内。尉迟胜是于阗王尉迟硅长子,幼袭王位,参与平定"安史之乱"。《旧唐书·尉迟胜传》:"本于阗王尉迟硅的长子,少嗣位。天宝中来朝……胜乃于京师修行里盛饰林亭,以待宾客,好事者多访之。"
742~756	东斋幽居	陕西西安	裴冕	裴冕,唐朝中期大臣。诗人岑参有诗《左仆射相国冀公东斋幽居》:"……不矜南宫贵,只向东山看。宅占凤城胜,窗中云岭宽。午时松轩夕,六月藤斋寒。玉佩罥女萝,金印耀牡丹。山蝉上衣桁,野鼠缘药盘。"
742~758	灞陵别业	陕西西安	刘长卿	刘长卿(约726—约786),唐朝诗人,天宝年间中进士。有诗《初至洞庭怀灞陵别业》。《唐才子传》卷二谓刘长卿"灞陵、碧涧有别业"。
742~786	南郑林园	陕西南郑	李将军	刘长卿有诗《过李将军南郑林园观妓》:"郊原风日好,百舌弄何频。小妇秦家女,将军天上人。鸦归长郭暮,草映大堤春。客散垂杨下,通桥车马尘。"
742~786	巴陵山居	湖南岳阳	刘长卿 员稷	刘长卿有诗《雨中过员稷巴陵山居赠别》:"怜君洞庭上,白发向人垂。积雨悲幽独,长江对别离。牛羊归故道,猿鸟聚寒枝。明发遥相望,云山不可知。"

建园时间	园名	地点	人物	详细情况
742～786	馀干东斋	江西余干	刘长卿 姜浚 裴式微	刘长卿有诗《同姜濬题裴式微馀干东斋》:“……藜杖全吾道,榴花养太和。春风骑马醉,江月钓鱼歌。散帙看虫蠹,开门见雀罗。远山终日在,芳草傍人多。……”
743～755	安禄山池亭	陕西西安	安禄山	位于宣义坊内。《唐两京城坊考》卷四西京外郭城宣义坊:“叛臣安禄山池亭。”又,同书校补记补注:“刘得仁有《宣义亭子》诗,备言池岛菇蒲竹鹤之胜。”
至迟 744	蓬池吹台	河南汴州		高适《同陈留崔司户早春宴蓬池》、载叔伦《和李相公勉晦日蓬池游宴》道:园在郊区,有蓬池、观台、余岸、垂柳、绿草、飞雁等。天宝三年(744)李白、高适、杜甫同游吹台。
至迟 744	琴台	河南宋州	宓子	琴台是宓子当年为政时弹琴的地方。天宝三年(744)七月,高适游琴台,作《同群公秋游琴台》、《宓公琴台诗三首》。
约 745	天封观	河南登封		《河南府志》:观在登封(今登封市)北,唐天宝初建。元至元间改为嵩阳宫,后复改今额,上有韩文公题名,欧阳公跋后。
748～937	圆通寺园	云南昆明		圆通寺位于昆明市区内的圆通街,始建于南昭国(748～937),初名补陀罗寺,是昆明最古、最大的寺院之一,在中国西南地区和东南亚一带都享有盛名,云南佛教协会设于此。寺院由大乘佛教(又称北传佛教)、上座部佛教(俗称小乘佛教)和藏传佛教(也就是喇嘛教)三大教派的佛殿组成,以大乘佛教为主。圆通寺以造园手法建寺,青山、碧水、彩鱼、白桥、红亭、朱殿、彩廊交相辉映,景色如画,是全国重点佛教寺庙之一。寺宇坐北朝南,富丽堂皇,整个寺院以圆通宝殿为中心,前有一池,两侧设抄手回廊绕池接通对厅,形成水榭式神殿和池塘院落的独特风格。院内圆通胜景坊、圆通宝殿、八角亭亦奇,明代成化年间(1465～1487)重建,园中正殿与南殿(穿堂殿)用曲廊回合,中间为水庭,池中建八角亭,南北架石拱桥,南北分别接两殿前的站台,为佛教八功德水的表现。

建园时间	园名	地点	人物	详细情况
748～760	李嘉祐江亭	江西鄱阳	李嘉祐	李嘉祐，生卒年均不详，至德二年(757)贬江西任鄱阳令。刘长卿有诗《初贬南巴至鄱阳，题李嘉祐江亭》：“……清山独往路，芳草未归时。流落还相见，悲欢话所思。猜嫌伤薏苡，愁暮向江篱。柳色迎高坞，荷衣照下帷。水云初起重，暮鸟远来迟。白首看长剑，沧洲寄钓丝。沙鸥惊小吏，湖月上高枝。……”
750左右	薛十二池亭	陕西西安	薛十二	王建诗《薛十二池亭》道：园中有水池、岛屿、泉源、小桥、花木、竹子、山石、浮萍等，属郊区别墅。
751～804	上饶山舍	江西上饶	陆羽	孟郊(751—814)，唐代诗人。有诗《题陆鸿渐上饶新开山舍》：“惊彼武陵状，移归此岩边。开亭拟贮云，凿石先得泉。啸竹引清吹，吟花成新篇。乃知高洁情，摆落区中缘。”
751左右	城北池亭	陕西西安	王迪	钱起有诗《题秘书王迪城北池亭》：“子乔来魏阙，明主赐衣簪。从宦辞人事，同尘即道心。还追大隐迹，寄此凤城阴。……西南汉宫月，复对绿窗琴。”
751左右	城东别业	陕西西安	李舍人	钱起有诗《太子李舍人城东别业》：“南山转群木，昏晓拥山翠。小泽近龙居，清苍常雨气。君家北原上，千金买胜事。丹阙退朝回，白云迎赏至。新晴村落外，处处烟景异。片水明断岸，余霞入古寺。东皋指归翼，目尽有余意。”
752后	杨国忠园亭	陕西西安	杨国忠	位于宣义坊内。《旧唐书·杨国忠传》：“贵妃姊虢国夫人，国忠与之私，于宣义里构连甲第，土木被绨绣，栋宇之盛，两都莫比。”
755	龙泉府禁苑	黑龙江宁安	大钦茂	755年，渤海国王大钦茂把京城从中京显德府迁到上京龙泉府，至926年为契丹所灭。京城仿诏唐朝长安，东部建禁苑，有池塘2万平方米，池北有两相对亭子，池东西堆砌假山，以及许多楼台殿阁。现存遗址。大钦茂，渤海国第三代国主，二度迁京，在位五十七年，参与平叛安史之乱。谥文王。

建园时间	园名	地点	人物	详细情况
756 前	永宁园	陕西西安	安禄山	位于永宁坊，宋敏求《长安志》道，该园曾赐安禄山(703—757)本名阿荦山(一作轧荦山，即战斗的意思)为宅邸，后又赐永穆公主为别墅。
至迟 756	灵云池	陇右凉州		唐天宝十四年(756)七月，高适与奉旨西南的窦侍卿一起泛游灵云池，作《陪窦侍卿泛灵云池》和《陪窦侍御灵云台南亭诗得雷字并序》道：池中有溪流、湖池、舟楫、树木、山岳、南亭、高台、丝桐、葡萄、兰芷、飞鸟等景。
756～800	妙峰堂	福建泉州	欧阳詹	在泉州龙首山，为唐榜眼欧阳詹所创书斋园林，欧阳詹(756—800)，字行周，晋江潘湖村人(现池店镇)，贞元八年(792)中榜眼，贞元十四年(798)授国子监四门助教。
756～762	阳羡别墅(玉潭庄)	江苏宜兴	李幼卿	李幼卿，生卒年不明，唐太子庶子。唐大历六年(771)任滁州刺史。计有功《唐诗纪事》卷二七："(幼卿)大历中以右庶子领滁州。别业在常州义兴，曰玉潭庄。"刘长卿(约 726—约 786)字文房，唐代著名诗人，有诗《酬滁州李十六使君见赠》："满镜悲华发，空山寄此身。白云家自有，黄卷业长贫。懒任垂竿老，狂因酿黍春。桃花迷圣代，桂树狎幽人。幢盖方临郡，柴荆忝作邻。但愁千骑至，石路却生尘。"
756～762	雪溪水堂	江苏吴兴	李明府	刘长卿有诗《留题李明府霅溪水堂》："寥寥此堂上，幽意复谁论。落日无王事，青山在县门。云峰向高枕，渔钓入前轩。晚竹疏帘影，春苔双履痕。荷香随坐卧，湖色映晨昏。虚牖闲生白，鸣琴静对言。暮禽飞上下，春水带清浑。远岸谁家柳，孤烟何处村。谪居投瘴疠，离思过湘沅。从此扁舟去，谁堪江浦猿。"
757	汾阳王别墅	陕西西安	郭子仪	郭子仪，中唐名将，《旧唐书·郭子仪传》："城南有汾阳王郭子仪别墅，林泉之致，莫之于此，穆宗常游幸之，置酒极欢而罢。"

建园时间	园名	地点	人物	详细情况
757	严给事别业	陕西凤翔	严武	严武，唐朝大臣，其父是中书侍郎严挺之，为当时名相。严武二十岁便调补太原府参军事，后陇右节度使哥舒翰奏充判官。安史之乱发生，严武随肃宗西奔，参与了灵武起兵，随后陪驾到凤翔至长安。至德二载(757)，任给事中。岑参有诗《宿岐州北郭严给事别业》："郭外山色暝，主人林馆秋。疏钟入卧内，片月到床头。遥夜惜已半，清言殊未休。君虽在青琐，心不忘沧洲。"
757～907	游龙宫	陕西渭南		临时居住。
唐	慈云寺园林	重庆	云岩法师	始建于唐代，1927年云岩法师重建扩修。建筑面积4000余平方米，形式独特。有上下两个面积不大的花园，其中有九龙浴太子水池、八功德水池，其藏经阁是中西结合，别具一格。
758	郑监湖上亭	湖北宜昌	郑审	杜甫(712—770)，唐代诗人，被世人尊为"诗圣"，其诗被称为"诗史"。有诗《秋日寄题郑监湖上亭三首》："……新作湖边宅，远闻宾客过。自须开竹径，谁道避云萝。……"
758	黄家亭子	四川阆中		杜甫有诗《陪王使君晦日泛江就黄家亭子二首》："山豁何时断，江平不肯流。稍知花改岸，始验鸟随舟。结束多红粉，欢娱恨白头。非君爱人客，晦日更添愁。有径金沙软，无人碧草芳。野畦连蛱蝶，江槛俯鸳鸯。日晚烟花乱，风生锦绣香。不须吹急管，衰老易悲伤。"
758～815	南徐别业	江苏镇江		武元衡(758—815)，武则天曾侄孙，唐代诗人、政治家。有诗《南徐别业早春有怀》："生涯忧忧竟何成，自爱深居隐姓名。远雁临空翻夕照，残云带雨过春城。花枝入户犹含润，泉水侵阶乍有声。虚度年华不相见，离肠怀土并关情。"(李浩《唐代园林别业考论》)
758～759	陆山人楼亭	江苏苏州	陆湾 陆去奢	本为东晋刘宋时戴颙宅园，戴颙是雕塑家，由江浙移居今之苏州。苏人"共为筑室，聚石引水，植林

建园时间	园名	地点	人物	详细情况
				开涧，少时繁密，有若自然。”后舍宅之半建寺，唐乾元年间(758～759)在该寺上建乾元寺，咸通三年(862)，另一半为唐司勋郎中陆洿所有，后来，陆去奢(山人)在此建楼亭、花桥、水阁，称为陆山人楼亭。后陆舍宅为北禅寺。宋祥符年间两寺合并为大慈寺，并起殿宇，辟池亭，人称东北园。
758～759	潮州西湖	广东潮州	林骠	位于潮州市环城二路、园林路、北园路和西圆路之间，旧为城西故名。古为韩江支流，曾名鳄鱼潭、化象潭，唐代筑北堤脱离韩江自成条形大湖，肃宗乾元年间(758～759)诏令为天下八十一处放生池之一，宋代称大湖，南宋庆元五年(1199)知军州事林骠浚池建流虹桥，建湖平亭、放生亭、倒景亭、立翠亭、东啸亭、云路亭。知州林光世浚湖添景，时有雁塔、石塔、乘风亭、待月亭、渐入佳景亭、醉客方归庵等。元代战乱毁景，明洪武初年采石填湖之半，成为城壕。万历间建紫竹庵、起云庵、钓鱼台、梅花庄，在净慧寺址建寿安寺，重建法藏庵、延寿寺。天启间建七圣斋及老君岩数处佛殿。崇祯间建积翠亭，重建北帝庙、蔚园、紫竹庵、起云庵。清兵入潮，湖景尽毁。清人建有九天娘庙，时毁。民国时军阀洪兆麟把西湖纳为私园，名洪园。新中国成立后改为公园，陆续增建恢复旧景。现有26.7 公顷，西湖水面 6.7 公顷，葫芦山(银山)20公顷，山上峰峦叠翠、怪石嶙峋、岩洞幽深，旧有石刻 170 余处。现有虹桥、龙珠亭、凤书亭、纪念碑、处女泉、鳌屿、梅庄、寿安岩、活人洞、举子石、李公亭、七贤庙、芙蓉池、奇石馆、寿安古墙、潮州菜馆、栖凤楼、雁塔、钓鱼台、艺苑、沁园、西湖乐园、南岩寺、栖凤楼(四望楼)、方亭、回春亭、新苏亭、景韩亭等。

建园时间	园名	地点	人物	详细情况
758	广济寺，大圆通寺，圣感寺，香界寺	北京石景山		香界寺始建于唐代，初名平坡寺，明代洪熙元年(1425)，重建成改为大圆通寺。清代康熙十七年(1678)重修，赐额圣感寺。乾隆十三年(1748)再修后改为香界寺。香界寺是八大处中规模最大的一座寺院，殿宇依山而建，有大雄宝殿、天王殿、钟鼓楼、藏经楼。寺东有清帝行宫，庭间植有迎春、芍药、牡丹、海棠等花木，又有白玉兰为明代遗物。香界寺中的"油松王"为宋代所植，长干虬支，冠如华盖。(《北京志——园林绿化志》)
759	杜甫草堂	成都西郊	杜甫	杜甫(759)流寓成都时居所，位于成都市西门外的浣花溪畔，杜甫于此写诗240首，"万里桥西宅，百花潭北庄"即为此所题，杜甫离开成都后，草堂便不存，五代诗人韦庄寻得草堂遗址宋代吕大房重建，并绘杜甫像于壁间始成祠宇，后历代均有修建。嘉庆十六年(1811)大规模修建奠定了中轴线对称的多重院落式布局，光绪十年(1884)丁宝桢塑黄庭坚、陆游像于左右，咸丰四年(1854)何绍基为草堂提联"锦水春风公占却，草堂人日我归来，1929年和1934年对草堂进行整修。今草堂已演变成一处集纪念祠堂格局和诗人旧居风貌为一体，建筑古朴典雅，园林清幽秀丽的著名文化圣地，1961年3月被国务院公布为第一批全国重点文物保护单位，1985年成立成都杜甫草堂博物馆，是现存杜甫行踪遗迹中规模最大、保存最完好、最具特色和知名度的一处。
759～818	咸阳墅	陕西咸阳		权德舆，唐代文学家。德宗时，召为太常博士，改左补阙，迁起居舍人、知制诰，进中书舍人，宪宗时，拜礼部尚书、同中书门下平章事，后徙刑部尚书。有诗《拜昭陵过咸阳墅》："季子乏二顷，扬雄才一廛。伊予此南亩，数已逾前贤。顷岁辱明命，铭勋镂贞坚。遂兹操书致，内顾增缺然。乃葺场圃事，迨今三四年。适因昭陵拜，得抵咸阳田。田夫竞致辞，乡耋争来前。村盘既罗列，鸡黍皆珍鲜。古称禄代耕，人以食为天。自惭廪给厚，谅使井税先。涂涂沟塍雾，漠漠桑柘烟。荒蹊没古木，精舍临秋泉。池笼岂所安，樵牧乃所便。终当解缨络，田里谐因缘。"

建园时间	园名	地点	人物	详细情况
760 前	离堆	四川新政		颜真卿(709—784,一说 709—785),唐代书法家。上元元年八月,颜真卿由刑部侍郎出贬蓬州长史,途经新政县,应成都兵曹鲜于昱之请,为其父鲜于仲通撰写《鲜于氏离堆记》,描写离堆的位置、山势和离堆石堂的形制及周围景色:“阆州之东百余里,有县曰新政。新政之南数千步,有山曰离堆。斗入嘉陵江,直上数百尺,形胜缩矗,欹壁峻肃,上峥嵘而下回洑,不与众山相连属,是之谓离堆。东面有石堂焉,即故京兆尹鲜于君之所开凿也。堂有室,广轮袤丈,萧豁洞敞。闻江声,彻见群象,人村川坝,若指诸掌。堂北磐石之上,有九曲流杯池焉。……堂南有茅斋焉,游于斯,息于斯,聚宾友于斯,虚而来者实而归。其斋壁间有诗焉,皆君舅著作郎严从、君甥殿中侍御史严侁之等美君考盘之所作也。其右有小石(广盍)焉……”
至迟 761	辋川别业	陕西蓝田	王维	王维(701—761),字摩诘,唐诗人、画家、佛学家,721 年进士,天宝末任给事中,安史之乱时任伪职,平乱后任尚书右丞。晚年淡泊名利,辞官于蓝田辋川建别业,一手规划设计,先后建成 20 景:孟城坳、华子岗、文杏馆、斤竹岭、鹿柴、木兰柴、茱萸沜、宫槐陌、临湖亭、南垞、欹湖、柳浪、栾家濑、金屑泉、白石滩、北垞、竹里馆、辛夷坞、漆园、椒园等。园景有山、岭、岗、坞、湖、溪、泉、片、濑、滩、石、竹、柳、辛夷、漆树、椒树、文杏、香茅、茱萸、宫槐、木兰等,兼具游乐与生产。王与裴迪交好,两人在别业唱和成《辋川集》,王维画《辋川图》,留存至今。
762 前	宴喜亭池	河南砀山		李白有诗《秋夜与刘砀山泛宴喜亭池》:“明宰试舟楫,张灯宴华池。文招梁苑客,歌动郢中儿。月色望不尽,空天交相宜。令人欲泛海,只待长风吹。”《南畿志》载:“宴喜台在徐州砀县城东五十步,台上有石刻三字,相传李白笔。”《砀山县志》载:“宋正和三年,真州知府李釜为书宴喜台三字,授知县徐戡刻石于台侧,遂讹台为宴嬉。”

建园时间	园名	地点	人物	详细情况
762前	王处士水亭	江苏南京	王处士	李白有诗《题金陵王处士水亭(此亭盖齐朝南苑,又是陆机故宅)》:“……树色老荒苑,池光荡华轩。此堂见明月,更忆陆平原。扫拭青玉簟,为余置金尊。醉罢欲归去,花枝宿鸟喧。……”
736	石门故居	山东兖州	李白	李白于开元二十四年(736)举家搬迁到山东,前后达二十余年,期间留下了不少诗作直接或间接描写居所,例如《寄东鲁二稚子》、《咏邻女东窗海石榴》、《答从弟幼成过西园见赠》、《鲁郡东石门送杜二甫》等诗中提到的石门、鲁门东、沙丘旁等词语描绘故园所在的位置。他在诗中描绘其园“衣剑照松宇,宾徒光石门”、“昨来荷花满,今见兰苕繁”、“楼东一株桃,枝叶拂青烟,此树我所种,别来向三年。桃今与楼齐,我行尚未旋。”园中有荷花池,楼前种一株桃树,长了多年后与楼同高了。据考证石门故居位于山东兖州。
唐	陇西院	四川江油	李白	陇西院初建于唐,再建于宋淳化五年(994),明朝末年被兵火焚毁,现存的陇西院是清乾隆五十三年(1788)在旧址上重建,带有浓厚的文人纪念性崇祀园林特点。位于四川省江油市西南15公里青莲镇天宝山麓。北依太华山,东邻天宝山,西接红崖。因李白祖籍陇西而得名。李白5岁时随父李客迁居四川省青莲,陇西院是李白全家迁入蜀地后居住的地方,为唐诗人李白故宅。陇西院的山门经多次维修,保留了清代风格,山门微呈八字,中部檐顶上塑有宝珠中花,鳌鱼,四角有卷草翼角。中门上端捶灰竖匾上用瓷片嵌塑“陇西院”三个大字,匾周塑五条蟠龙。三道门由石条砌造,两侧均刻对联。中门是:“弟妹墓犹存莫谓仙人空浪迹,艺文志可考由来此地是故居”。右门是:“旧是谪仙栖隐处,恍闻昔日读书声。”左门是:“太华直接青莲宅,天宝遥看粉竹楼。”
唐	水西寺	安徽泾县		即天宫水西寺,是安徽泾县水西山中很有名的一座寺院。寺中“凡十四院,其最胜者曰华岩院,横跨两山,廊庑皆阁道,泉流其下”(《江南通志》)。李白曾到此游览,并题有《游水西简郑明府》一诗。

建园时间	园名	地点	人物	详细情况
				杜牧亦有诗，开门见山，提到李白在此题诗一事。李白诗中云："清湍鸣回溪，绿竹绕飞阁。凉风日潇洒，幽客时憩泊"，描写了山寺佳境。杜牧将这一佳境凝练为"古木回岩楼阁风"，正抓住了水西寺的特色：横跨两山的建筑，用阁道相连，四周皆是苍翠的古树、绿竹，凌空的楼阁之中，山风习习，风光美妙动人。
762～779	漶阳亭	湖南道县	元结	元结(719—772)，唐代文学家。代宗时，任道州刺史，作漶阳亭，有《漶阳亭作并序》："初得漶泉，则为亭于泉上。因开檐溜，又得石渠，泉渠相宜，亭更加好。以亭在泉北，故命之曰漶阳亭。"
763～777	元载宅园	陕西西安	元载	元载(？—777)，字公辅，岐山人，为中书侍郎同中书下平章事，在城中开南北二甲第，其中安仁坊宅园内建有芸辉堂，概有产于云南的芸辉草而名之。
763～777	元载别墅	陕西西安	元载	元载，除了城中二甲第外，还在城南建有别墅十所，婢仆二百余人，此类属于庄园型。
764 前	朱山人水亭	四川成都	朱山人	杜甫(712—770)有诗《过南邻朱山人水亭》："相近竹参差，相过人不知。幽花欹满树，小水细通池。……"(李浩《唐代园林别业考论》)
764 前	章梓州水亭	四川三台	章彝	章彝时任梓州刺史，杜甫有诗《章梓州水亭》："城晚通云雾，亭深到芰荷。吏人桥外少，秋水席边多。近属淮王至，高门蓟子过。荆州爱山简，吾醉亦长歌。"
764～777	东山园林	江苏常州	独孤及 韦夏卿	独孤及(725—777)，唐朝散文家，逝世于常州刺史任上。韦夏卿，大历中与弟正卿俱应制举，同时策入高等，曾任常州刺史。东山园林由独孤及始建，韦夏卿重修。《全唐文》卷四三八韦夏卿《东山记》，描写了景色："……有唐良二千石独孤公之莅是邦也……由是于近郊传舍之东，得崇邱浚壑之地，密林修竹，森蔚其闲，白云丹霞，照曜其上，使登临者能赏，游览者忘归。我是以东山定号，始于中峰之顶，建茅茨焉。出云木之高标，视湖山如屏

建园时间	园名	地点	人物	详细情况
				障，城市非远，幽闻鸟声，轩车每来，静见水色。复有南池西馆，宛如方丈瀛洲，秋发芰荷，春生苹藻，晨光炯曜，夕月澄虚，信可以旷高士之襟怀，发诗人之咏歌也。自公之往，清风寂寥，野兽恒游，山禽咸萃，不转之石斯固，勿伐之木惟乔。而继守数公，实皆朝颜，虽下车必理，或周月而迁，志在葺修，时则未暇。贞元八年，余出守是邦，迨今四载，政成讼简，民用小康。……不改池台，惟杂风月，东山之赏，实中兴哉！于是加置四亭，合为五所，瞰野望山者位正，背林面水者势高。时贞元十一年岁在九月九日记。”
764～835	王相林亭	陕西西安	王涯	王涯，唐代大臣有园林。温庭筠《题丰安里王相林亭二首》：“花竹有薄埃，嘉游集上才。白苹安石渚，红叶子云台。朱户雀罗设，黄门驭骑来。不知淮水浊，丹藕为谁开。偶到乌衣巷，含情更惘然。西州曲堤柳，东府旧池莲。星坼悲元老，云归送墨仙。谁知济川楫，今作野人船。”
765	怡亭	湖北武昌	裴鹍	唐永泰元年(765)，名士裴鹍于小北门外江边建亭，书法家李阳冰以篆书题名“怡亭”并序，裴虬拟铭文，李莒以八分体书铭刻于崖，世称“三绝”，为全国重点文物保护单位。(李浩《唐代园林别业考论》)
765前	赖独园	重庆忠县		在忠县龙兴寺内，龙兴寺是巴渝最早佛寺，建于东汉永丰年间(58～75)，寺内有园，唐永泰元年(765)秋，54岁的杜甫流寓到龙兴寺，题有《壁忠州龙兴寺居院壁》：“忠州三峡内，井邑聚云根。小市常争米，孤城早闭门。空看过客泪，莫觅主人恩。淹泊仍愁虎，深居赖独园。”园建于唐代。
765～839	裴度宅园	陕西西安	裴度	裴度(765—839)是元和间名相。兴化坊为朱雀街西第二列第三坊。清明渠水自长安南郊西边第一间安化门引入，由南至北流经此列九坊，故住在兴化坊的裴度可以在自家宅第中引渠成潭，亦可通舟游泛(白诗题下自注：“兼蒙借船舫游泛。”)，足见园林亭馆之大。《唐两京城坊考》引《独异志》记载，长安有人从裴度家林池中钓得鲜鱼在街上叫卖。

建园时间	园名	地点	人物	详细情况
765～839	湖园	河南洛阳	裴度	裴度晚年筑园于集贤里,《旧唐书·裴度传》道:园中有假山、水池、岛屿、竹木、风亭、水榭、梯桥、楼阁等。("筑山穿池,竹木丛萃,有风亭水榭,梯桥架阁,岛屿回环,极都城之胜概。")宋李格非《洛阳名园记》记此宅园,有百花州(湖中之堂名)、四并堂、桂堂、迎晖亭、梅台、知止庵、环翠亭、翠越轩等,认为"若失百花酣而白昼眩,青苹动而林阴合,水静而跳鱼鸣,木落而群峰起,虽四时不同,而景物皆好"。
765～839	裴度别墅	河南洛阳	裴度	裴度晚年除了在城中营造宅园外,还在郊外午桥创建别墅,知名度大于湖园。据《旧唐书》记,园内引甘水贯园,植花木万株,别墅中有池塘、花木、凉台、暑馆(绿野堂)等景,裴度与白居易、刘禹锡等人酣饮终日,高歌放言。
766～779	天下第二泉	江苏无锡		在锡惠公园,开凿于唐大历年间,因被陆羽评为天下第二泉而名,唐相李绅携此泉水赴京赠宰相李德裕,尝后特命此泉水专供长安,宋徽宗令为贡品,南宋高宗赵构南迁时尝此泉水,特题"源头活水",并下令建亭护泉,元书法家赵孟頫书"天下第二泉",明代雕刻螭首,构成螭吻飞泉之景,清代康乾二帝六次品泉。现园林分上中下三池,有上池、中池、下池、二泉亭、童子拜观音石、龙女石、善才石,石下落款"蕙岩",为明代礼部尚书顾可学别墅中遗物,清乾隆年间移至此处。
766～779	灵光寺	北京石景山		位于翠微山东麓,始建于唐代大历年间(766～779)。初名龙泉寺,金代重建改名觉山寺,明代成化十四年(1478),重修改名灵光寺。灵光寺临峭壁而建,傍壁有池,池水清澈,池中蓄养金鱼,有数百尾,最长者尺余。池上有水心亭,水中水莲浮摆。池旁有归来庵,又有翠微公主墓,还有观音洞和石井等景观。灵光寺中佛舍利塔,原为辽代咸雍七年(1071)建成的画像千佛塔。(《北京志——园林绿化志》)

建园时间	园名	地点	人物	详细情况
766～779	琅琊寺园	安徽滁县	李幼卿 法琛和尚	位于安徽省滁县琅琊山上，唐大历年间（766～779）淮南路刺史李幼卿与法琛和尚所建，现有无梁殿、明月馆、念佛楼、悟经堂和只园等，是典型的山寺园林。旧有亭台20余：清风亭、洗笔亭、春亭、茶仙亭、洗心亭、晓光亭、东峰亭、会峰亭、梅亭、琴台、寂乐亭等，大多湮灭，现余构多为民国初年重建。院中有放生池，池上架十字形石桥。寺左有泉，泉亭、曲廊等，寺右有只园，园内有观音殿、念佛楼、五角亭和水池等，又有归云洞、雪鸿洞和石上松等。
766前	卢郎中斋居（浔阳竹亭）	江西九江	卢振	李华（约715—774），唐代散文家，诗人，有文《卢郎中斋居记》："尚书左司郎中嗣渔阳公卢振，字子厚，奉世德而聿修之，味道风而游泳之。处于九江南郭荒榛之下，不贻害于身，不假力于人。……寻尺无遗材，草木不移植。书堂斋亭，成于指顾。高松茂条，森于门巷。宴然燕居，胜自我得。"独孤及，（725—777），唐朝散文家，有文《卢郎中浔阳竹亭记》："前尚书右司郎中卢公，地甚贵，心甚远，欲卑其制而高其兴，故因数仞之邱，伐竹为亭。其高出于林表，可用远望。工不过凿户牖，费不过翦茅茨，以俭为饰，以静为师。辰之良，景之美，必作于是。凭南轩以瞰原隰，冲然不知锦帐粉闱之贵于此亭也。亭前有香草怪石，杉松罗生，密条翠竿，腊月碧鲜，风动雨下，声比萧籁。亭外有山围湓城，峰名香炉，归云轮囷，片片可数，天香天鼓，若在耳鼻。"
766后	鲜于秋林园	陕西西安	鲜于秋	林园位于杜陵一带。司空曙有诗《题鲜于秋林园》："雨后园林好，幽行迥野通。远山芳草外，流水落花中。客醉悠悠惯，莺啼处处同。夕阳自一望，日暮杜陵东。"（李浩《唐代园林别业考论》）
766～779	大安园	陕西西安	李晟	李晟（727—793），唐朝名将。宅园位于大安坊，园内多竹。《唐两京城坊考》卷四："《通鉴》：吐蕃劫盟。李晟大安园多竹，有为飞语者云：晟伏兵大安亭，谋因仓猝为变，晟遂伐其竹。"

建园时间	园名	地点	人物	详细情况
766～804	周谏别业	浙江苕溪	周谏	皎然，唐代诗僧，生卒年不详，俗姓谢，字清昼，吴兴(湖州市)人，南朝谢灵运十世孙，活动于大历、贞元年间，其有诗《题周谏别业》："隐身苕上欲如何，不著青袍爱绿萝。柳巷任疏容马入，水篱从破许船过。昂藏独鹤闲心远，寂历秋花野意多。若访禅斋遥可见，竹窗书幌共烟波。"
768～777	城南别墅（崔宽别墅）	陕西西安	崔宽	《旧唐书·杨绾传》记载"御史中丞崔宽，剑南西川节度使宁之弟，家富于财，有别墅在皇城之南，池馆台榭，当时第一，宽即日潜遣毁折。"
769	尉迟长史草堂	江苏常州	尉迟绪	《全唐文》卷四三〇李翰《尉迟长史草堂记》："吾友晋陵郡丞河南尉迟绪，……大历四年夏，乃以俸钱构草堂于郡城之南，求其志也。材不斩，全其朴。墙不雕，分其素。然而规制宏敞，清泠含风，可以却暑而生白矣。后有小山曲池，窈窕幽径，枕倚于高墉。前有芳树珍卉，婵娟修竹，隔阂于中屏。由外而入，宛若壶中。由内而出，始若人间。其幽邃有如此者。……其岁秋八月乙丑朔记。"
769 后	冷朝阳园（徐魏国公别墅、金盘李园）	江苏南京	冷朝阳	位于城西乌榜树，即朝天宫西南处，韩君平送冷朝阳还金陵诗云："青丝乍引木兰船，名遂身归拜庆年。落日澄江乌榜外，秋风疏柳白门前。桥通小市家林近，山带平湖野寺连。别后依依寒食里，共君携手在东田。"冷朝阳，唐润州江宁人，代宗大历四年(769)进士，不待授官，归张省亲，一时诗人以诗相送，后为泽潞节度使薛嵩从事，德宗兴元初，任太子正字，为诗多写景，长于五律。明为徐魏国公别墅，称金盘李园。
770 前	徐卿草堂	四川成都	徐卿	岑参(约715—770)，唐代诗人，有诗《东归留题太常徐卿草堂(在蜀)》："复居少城北，遥对岷山阳。车马日盈门，宾客常满堂。曲池荫高树，小径穿丛篁。江鸟飞入帘，山云来到床。题诗芭蕉滑，封酒棕花香。"

建园时间	园名	地点	人物	详细情况
772～846	白居易新昌宅园	陕西西安	白居易	白居易(772—846)在长安新昌坊建有宅园，题《新昌新居书事四十韵，因寄元郎中张博士》道：宅园前为青龙寺，后为丹凤楼，园内有松树、竹林、杂草、苔藓、涧谷、河流、假山、篱笆等。
772～846	白居易渭上别墅	陕西西安	白居易	白居易在长安渭水之滨建有别墅，其《自咏五首》中有述。
772～846	岐王山池院	河南洛阳	岐王	白居易在《题岐王旧山池石壁》中描写了贵族岐王的旧宅园：树木、老藤、老竹、石壁、假山等。"石壁重重锦若斑"写出了叠石特色。
772～846	江州司马园池	江州(江西九江)	白居易	白居易任江州司马时，在官舍内开凿水池，作诗《官舍内新凿小池》道：宅园内有小池，底下铺白沙，四角嵌青石，"岂无大江水，波浪连天白"，"最爱晓暝时，一片秋天碧。"此园为衙署园林。
772～790	萧尚书亭子	河南洛阳	萧昕	白居易有诗《与诸同年贺座主侍郎新拜太常，同宴萧尚书亭》："岐路南将北，离忧弟与兄。关河千里别，风雪一身行。夕宿劳乡梦，晨装惨旅情。家贫忧后事，日短念前程。烟雁翻寒渚，霜乌聚古城。谁怜陟冈者，西楚望南荆。"(李浩《唐代园林别业考论》)
772～825	尉迟司业北阁	河南洛阳	尉迟汾	尉迟汾，德宗贞元十八年(802)年登进士第，敬宗宝历元年(825)任国子司业，文宗大和二年(828)任少监。白居易有诗《城东闲行因题尉迟司业水阁》、《尉迟少监水阁重宴》。(李浩《唐代园林别业考论》)
772～846	窦使君庄水亭	河南洛阳	窦使君	白居易有诗《宿窦使君庄水亭》："使君何在在江东，池柳初黄杏欲红。有兴即来闲便宿，不知谁是主人翁。"
772～846	郑家林亭	河南洛阳	白居易	白居易有诗《东都冬日会诸同年宴郑家林亭》："盛时陪上第，暇日会群贤。桂折应同树，莺迁各异年。宾阶纷组佩，妓席俨花钿。促膝齐荣贱，差肩次后先。助歌林下水，销酒雪中天。他日升沉者，无忘共此筵。"

建园时间	园名	地点	人物	详细情况
773	熙春台			“在新河盎处，与莲花桥相对。白石为砌，围以石栏，中为露台。第一层横可跃马，纵可方轨，分中左右三阶皆戚。第二层建方阁，上下三层，下一层额曰熙春台。……柱壁画云气，屏上画牡丹万朵。上一层旧额曰小李将军画本，……令额曰五云多处。…… 飞甍反宇，五色填漆，上覆五色琉璃瓦。两翼复道阁梯，皆螺丝转。左通圆亭重屋，右通露台。一堂金碧，照耀水中，如昆仑山五色云气变成五色流水，令人目迷神恍，应接不暇。”是台今已无迹可寻。（汪菊渊《中国古代园林史》）
773～819	零陵三亭	湖南零陵	薛存义	柳宗元（773—819）《零陵三亭记》道：在零陵东郊山麓，河东人薛存义为县令时披荆斩棘，驱畜发藩，决疏沮洳，搜剔山麓，积坳为池，列石为林，终成一个郊野园林，园中有泉源、水池、瀑布、石峰、嘉木、美卉，柳宗元贬谪于此续任县令，在园林不同位置建三亭，高者冠于山巅，低者俯于清池。此园为公共园林。
777 前	崔行军山亭	江苏扬州	崔行军	独孤及有诗《扬州崔行军水亭泛舟望月宴集赋诗序》。
779	符阳池亭	河北易县	张孝忠	张孝忠，唐藩镇成德节度使李宝臣的部将，后为成德节度使。《唐文续拾·唐符阳郡王张孝忠再葺池亭记》：“……符阳郡王张公曰孝忠……以庭无事，或时涉层台，以观云物，下西亭以玩鱼（下缺）池，审曲面势，乃匠新意……”
779	白沙别业	江苏扬州	窦常	窦常（746—825），唐代大臣。《全唐文·窦常传》：“厥后载罹家祸，因卜居广陵之柳杨西偏，流泉种竹，隐几著书者又十载。……既罢秩，东归旧业。……宝历元年秋，寝疾告终于广陵之白沙别业，卒时年七十。”
779～830	王建水亭	河南潢川	王建	王建（约 767—约 830），唐代诗人。贾岛有诗《光州王建使君水亭作》：“楚水临轩积，澄鲜一亩余。柳根连岸尽，荷叶出萍初。极浦清相似，幽禽到不虚。夕阳庭际眺，槐雨滴疏疏。”

建园时间	园名	地点	人物	详细情况
779～831	履信池馆	河南洛阳	元稹	元稹(779—831),字微之,别字威明,汉族,唐洛阳人,父元宽,母郑氏,为北魏宗室鲜卑族拓跋部后裔,是什翼犍之十四世孙。早年和白居易共同提倡新乐府,世人常把他和白居易并称“元白”。白居易《过元家履信宅》:“鸡犬丧家分散后,林园失主寂寥时。落花不语空辞树,流水无情自入池。风荡宴船初破漏,雨淋歌阁欲倾攲。前庭后院伤心事,唯是春风秋月知。”(李浩《唐代园林别业考论》)
780 前	浐川山池	陕西西安	郭暧	钱起有诗《奉陪郭常侍宴浐川山池》:“……向竹过宾馆,寻山到妓堂。歌声掩金谷,舞态出平阳。地满簪裾影,花添兰麝香。莺啼春未老,酒冷日犹长。……”郭暧,娶唐代宗第四女升平公主,大历末年,郭暧任检校左散骑常侍。
780 后	李逢吉园	陕西西安	李逢吉	位于宣义坊内。《唐两京城坊考》卷四西京外郭城宣义坊:“司徒致仕李逢吉宅,园林甚盛。”
约 780	华阴别墅	陕西华阴	夏侯审	夏侯审,生卒年亦均不祥,建中元年(780)试“军谋越众”科及第,授校书郎,又为参军,仕终侍御史。初于华山下购买田园为别业,水木幽闲,云烟浩渺。诗人卢纶有诗《送夏侯校书归华阴别墅》:“山前白鹤村,竹雪覆柴门。候客定为黍,务农因燎原。乳冰悬暗井,莲石照晴轩。贳酒邻里睦,曝衣场圃喧。依然望君去,余性亦何昏。”
约 780	天王寺	河南郑州		坐落在须水镇西北,现郑州 21 中学校园内,与天王寺村相连,村以寺名。
780～805	奉诚园	陕西西安	马燧	《长安志》道,唐代中兴名将司徒郎中马燧在长安安邑坊内建宅园。马氏以功盖一时封北平郡王,但曾遭德宗猜忌。马燧死后,德宗看中其园,派人封树,子马畅因惧祸而献园于德宗,遂改园名为“奉诚”。白居易《秦中吟》,元稹《遣兴》赵翼《重过灵岩山馆》皆以上为盛衰无常典故。

建园时间	园名	地点	人物	详细情况
780～805	义阳公主山池院	陕西西安	义阳公主	义阳公主（唐德宗第二女）在长安城有山池院，从杜审言（648—708）《和韦承庆过义阳公主山池五首》可知：昌化坊院中有曲径、危峰、桥梁、池塘、玉泉、景石、杜若、芙蓉、轩馆、悬泉、麋鹿、白鹤、果树等。
782	东林草堂	安徽宿县	白季庚	在宿县城北20华里古苻离东菜园毓村，白居易父亲白季庚所建，后人在这里建白公祠，后毁之，现遗址犹存。白居易从11岁到22岁在东林草堂度过的，在此写下“离离原上草，一岁一枯荣。野火烧不尽，春风吹又生。”按2013年复建规划草堂占地34公顷，建筑面积26万平方米。
783	滁州园池	安徽滁县		韦应物（737—792），唐代诗人，德宗建中四年（783）夏，领滁州刺史，秋到任，次年冬罢任。有诗《滁州园池燕元氏亲属》：“日暮游清池，疏林罗高天。馀绿飘霜露，夕气变风烟。水门架危阁，竹亭列广筵。一展私姻礼，屡叹芳樽前。感往在兹会，伤离属颓年。明晨复云去，且愿此流连。”
784	李晟林园	陕西西安	李晟	位于丰邑坊内。李晟为唐朝名将，收复长安后，德宗赐府邸、田、林园、女乐。（李浩《唐代园林别业考论》）
785～812	王尚书林园	陕西西安	王绍	王绍，唐代名臣。权德舆《春日同诸公过兵部王尚书林园》有记载。
787～849	精思亭	陕西西安	李德裕	李德裕（787—849），字文饶，与其父李吉甫均为晚唐名相。宅第位于安邑坊。《新唐书·李德裕传》：“所居安邑里第，有院号起草，亭曰精思，每计大事，则处其中，虽左右侍御不得豫。”
788～791	韦应物山庄	江苏吴县市	韦应物	韦应物（737—792），京兆万年（今陕西西安）人。为唐代诗人，在苏州任刺史时在吴县（今吴县市）唯亭吟浦建有山庄，常泛舟咏诗于此。

建园时间	园名	地点	人物	详细情况
789	西园	湖北襄阳	张端公	符载(生卒年未详),又名苻载,字厚之,唐代文学家。贞元五年(789),李巽为江西观察使,荐其材,授奉礼郎,为南昌军副使,后为四川节度使韦皋掌书记。《全唐文》卷六八九符载《襄阳张端公西园记》:"南雍州地灵气爽,号为雄胜,岘山汉水,环抱里。东西主人有问于我,我或致让其地,荆、扬、淮、楚之不侔也。繇是侍御史张公得风景之高朗,依连帅之仁爱,遂此一庐,作为宅居。居有园,园在万山东五六里,檀溪西三百许步。南值汉高庙正相当,佛宫数四,举岑峦逦迤,苍苍松桧,尽为庭木。前有名花上药,群敷簇秀,霞铺雪洒,潋滟清波。后有含桃朱杏,殊滋绝液,甲冠他囿。每天清云净……"
791~821	平泉东庄	河南洛阳		令狐楚(766 或 768—837)唐代文学家。张籍(约767—约830),唐代诗人,有诗《和令狐尚书平泉东庄近居李仆射有寄十韵》:"平地有清泉,伊南古寺边。涨池闲绕屋,出野遍浇田。旧隐离多日,新邻得几年。探幽皆一绝,选胜又双全。门静山光别,园深竹影连。斜分采药径,直过钓鱼船。鸡犬还应识,云霞顿觉鲜。追思应不远,赏爱谅难偏。此处堪长往,游人早共传。各当恩寄重,归卧恐无缘。"
791~825	济源别墅	河南济源	裴休	裴休(791—864)长庆年间,中进士,宣宗时为相。《旧唐书·裴休传》:"休志操坚正,童龀时,兄弟同学于济源别墅。休经年不出墅门,昼讲经籍,夜课诗赋。"
791~858	丁卯别墅	江苏镇江	许浑	许浑(约 791—约 858)唐代大臣,武后朝宰相许圉师六世孙。晚年归润州(今江苏镇江)丁卯桥村舍闲居,自编诗集,曰《丁卯集》。其诗皆近体,五七律尤多,句法圆熟工稳,声调平仄自成一格,即所谓"丁卯体"。有诗《南海使院对菊怀丁卯别墅》:"何处曾移菊,溪桥鹤岭东。篱疏还有艳,园小亦无丛。日晚秋烟里,星繁晓露中。影摇金涧水,香染玉潭风。罢酒惭陶令,题诗答谢公。朝来数花发,身在尉佗宫。"

建园时间	园名	地点	人物	详细情况
791～835	中书南院	陕西西安		《御史台新造中书院记》道：中书南院，院门向北，南北为轩，左右为东西厢，梁栋甚宏，柱石甚伟，丽而不华，华而不侈，庭中名木、修篁、奇葩、秀实等。
791～837	令狐楚宅园	陕西西安	令狐楚	令狐楚(766—837)唐文学家。开化坊建有宅园，园内牡丹最盛。
792～824	杨家林亭	陕西西安	杨于陵 杨嗣复	杨于陵，唐代大臣，官至户部侍郎。杨嗣复是杨于陵的二儿子，曾在唐文宗、武宗时期(838～841)任宰相。韩愈《早春与张十八博士籍游杨尚书林亭，寄第三阁老兼呈白、冯二阁老》："墙下春渠入禁沟，渠冰初破满渠浮。凤池近日长先暖，流到池时更不流。"
793 前	泉州东湖（东湖公园）	福建泉州		在泉州城东，海岸上升所致，唐时湖面 4000 多亩，先有东湖亭，后有二公亭(纪念太守席相和宰相姜公辅)，再建龙王庙(1138 重修更名福远庙)，贞元九年(793)席相在东湖亭饯别欧阳詹。北宋庆元六年(1200)郡守刘颖浚湖，垒岛四，其上各立亭：丰泽、湖光、聚星、绿野，又建恩波亭、祝圣禅寺、四斗门，集南平石、太湖石于寺中。南宋淳祐三年(1243)郡守颜颐仲浚湖，周五万余丈，增筑三山，各置亭：胜概、含虚、澄碧，与原四山合七墩，如北斗七星，亭伴植竹，岛间增构二虹桥。湖中植荷为主，成泉州十景之一的星湖荷香。元代湖仅二源，湖面减小，天启五年(1625)，郡守沈翘楚，清淤土，修中堤，如斗柄，堤上立亭。又修缮东湖宾舍，构建揽古亭。东北岸淤后为山，存养动物，称鹿园。清时淤塞，面积只余百分之一。1994 年东南大学院士齐康设计重修，占地 20 公顷，有景：龙门桥、石泉松屏、二公亭、戏波茶社、湖心岛、龙浔桥、晋安桥、东湖亭、古榕迎宾、榨林漫步、梅园、东湖鲤泉、星湖荷香、牌坊群、柳谷通幽、桃源桥、友谊芳林、动物园、七星伴月、祈风阁、瀛洲桥、礁石群、紫荆花径、百果秋圃、波恩亭、双舟朝阳、码头、刺桐瑞林、刺桐桥、儿童乐园、康乐城、凤里桥、武荣桥、清溪桥、仁风书院等。

建园时间	园名	地点	人物	详细情况
793～799	詹厝山	福建泉州	欧阳詹	在甲第巷中段，又名仙公山，为唐代进士欧阳詹的甲第府花园，以土垒山，据陈允敦推测建有亭台，清末士子在此奉祀，民初呼为四门，因欧阳詹在京系官“四门助教”，“文革”后归麻袋厂。欧阳詹(755—800)，字行周，泉州晋江潘湖村人，欧阳佝六世孙，官宦家族，善诗、文，工书，在常衮、席相等人激励之下于786年进京赴试，六年中，五试于礼部，并于贞元八年(793)中进士，与韩愈、李观等联第，时称龙虎榜，为泉州第一位进士，再四试于吏部，于贞元十五年(799)被授予国子监四门助教，卒年46，著述颇丰，有《欧阳行周集》10卷。此园山概在进士返乡至省亲之间所创。
793～824	韩氏庄	陕西西安		韩愈，唐代诗人，唐宋八大家之一。《游城南记》：“韩店即韩昌黎城南杂题及送子符读书之地，今为里人杨氏所有，凿洞架阁，引泉为池。”
795～800	程怀直园	陕西西安	程怀直	位于安业坊内。《唐两京城坊考》卷四西京外郭城安业坊：“德宗……又赐安业里宅，有池榭林木之胜。”
799～869	池阳别墅	陕西泾阳	崔郜	马戴(799—869)，字虞臣，晚唐时期著名诗人，有诗《宿崔郜池阳别墅》：“杨柳色已改，郊原日复低。烟生寒渚上，霞散乱山西。待月人相对，惊风雁不齐。此心君莫问，旧国去将迷。”《下第再过崔郜池阳居》：“岂无故乡路，路远未成归。关内相知少，海边来信稀。离云空石穴，芳草偃郊扉。谢子一留宿，此心聊息机。”
800～877	陈黯石室	福建厦门	陈黯	在厦门金榜山薛岭之南，为唐代名士陈黯隐居之所，为自然山水园，有山涧、钓鱼矶、玉笏石、虎礁(风动石)、石室、厅堂。陈黯(800—877)，字希儒，号昌晦，祖居莆田。后迁至清源郡南安县大同场嘉禾屿(厦门)，十岁能诗，从唐武宗会昌五年(845)后20年内多次参加科考不中，年过花甲无功名，自嘲为场老，咸通六年(865)最后一次考后游历吴楚秦雍，在陕西等地当幕僚，晚年隐居终南山，后居金榜山，筑室读书。南宋绍兴二十年(1151)朱熹中进士后任同安主簿，慕名寻访陈黯石室，赋《金榜山》诗。

建园时间	园名	地点	人物	详细情况
805～815	永州八愚	永州	柳宗元	柳宗元(773—819),唐诗人、散文家、政治家。在贬谪永州期间,环宅建有八景,念及自己因愚而受挫,故命名为八愚,把溪、泉、沟命为愚溪、愚泉、愚沟。在宅前凿池筑岛,池南建堂,池东建亭,又名为愚池、愚岛、愚堂、愚亭,并为此写《永州八记》。
805前	东邱(龙兴寺)	湖南永州		柳宗元永贞元年(805)九月,革新失败,贬邵州刺史,十一月柳宗元加贬永州司马,寄宿龙兴寺,写下《永州龙兴寺东丘记》,描写了东邱景色:"凡坳洼坻岸之状,无废其故。屏以密竹,联以曲梁。桂桧松杉楩楠之植,几三百本,嘉卉美石,又经纬之。俛入绿缛,幽荫荟蔚。步武错迕,不知所出。温风不烁,清气自至。水亭狭室,曲有奥趣。"
805前	钴鉧潭	湖南永州		柳宗元永贞元年(805)十一月贬永州司马,写下《钴鉧潭记》,中写明潭水因冉水流向改变而形成,面积大,水深,面积约十亩,周边树木环绕,泉水成瀑等景色。(李浩《唐代园林别业考论》)
805前	小丘	湖南永州	柳宗元	柳宗元贬永州司马时写下《钴鉧潭小丘记》,中写明小丘位于钴鉧潭西,面积小于一亩,作者买地改建,最终,"嘉木立,美竹露,奇石显,由其中以望,则山之高,云之浮,溪之流,鸟兽之遨游,举熙熙然回巧献技,以效兹丘之下"。(李浩《唐代园林别业考论》)
805前	袁家渴	湖南永州		柳宗元贬永州司马时写下《袁家渴记》,中写明袁家渴位于永州朝阳岩东南,景色:"渴上与南馆高嶂合,下与百家濑合。其中重洲小溪,澄潭浅渚,间厕曲折。平者深墨,峻者沸白。舟行若穷,忽又无际。有小山出水中。山皆美石,上生青丛,冬夏常蔚然。其旁多岩洞,其下多白砾。其树多枫、柟、石楠、楩、槠、樟、柚。草则兰芷,又有异卉,类合欢而蔓生,轇轕水石。每风自四山而下,振动大木,掩苒众草,纷红骇绿,蓊葧香气。冲涛旋濑,退贮溪谷。摇飏葳蕤,与时推移。其大都如此,余无以穷其状。"

建园时间	园名	地点	人物	详细情况
805 前	石渠	湖南永州		柳宗元贬永州司马，写下《石渠记》，中写明袁家渴位于永州袁家渴西南，有泉、潭，潭中多倏鱼，水中有大石，岸边有怪石、菖蒲、青藓、怪木奇卉等。（李浩《唐代园林别业考论》）
805 前	石涧	湖南永州		柳宗元贬永州司马，写下《石涧记》，写石态水容，写涧中石和树的特色，描绘了石涧溪石的千姿百态，清流激湍，翠羽成荫，景色美丽宜人。（李浩《唐代园林别业考论》）
805	东池	湖南长沙	杨凭	潭州刺史兼湖南观察使杨凭所建，初为潭州官府宴客观游场所。杨凭刺潭三年，离任时将东池授予"宾客之选者"戴简。戴得东池后，在南岸半岛上筑堂而居，"以云物为朋，据幽发粹，日与之娱"。元和元年(806)，适逢文坛大家柳宗元谪永州司马，路过潭州，戴氏将其延至府上，宴请之间，得柳氏《潭州东池戴氏堂记》。到五代时，东池为马楚王宫的宫廷园林，名小瀛洲。唐代文学家符载作有《长沙东池记》，录下了东池的美景：右有青莲梵宇，岩岩万构，朱甍宝刹，错落青画。左有灌木丛林，阴蔼芊眼，不究幽深，四时苍然。（李浩《唐代园林别业考论》）
805～843	王驸马池亭	陕西西安	王承系	王承系是节度使王士真的儿子，娶阳安公主（死后追封虢国公主）。诗人李远有《游故王驸马池亭》："花树杳玲珑，渔舟处处通。醉销罗绮艳，香暖芰荷风。野鸟翻萍绿，斜桥印水红。子猷箫管绝，谁爱碧鲜浓。"王被流放后，公主独居于此。
806～820	裴向竹园	陕西西安	裴向	元和年间(806～820)宰相武元冲遇害，有人告发说，凶手藏于新昌坊裴向的竹园里。此园以竹取胜。
806～820	隐园	河南济源		《河南通志》道，宋代仍存，园记是唐元和年间写的，故可能开创于唐。
806～820	宴喜亭	广东连州	王仲舒	王仲舒(762—823)，字弘中，并州祁（今山西太原）人。唐朝文学家。元和年间(806～820)，在南昌奖励文学，文风盛开，还邀请当时担任袁州刺史的韩愈来南昌，韩愈写下《宴喜亭记》，文中描写了宴喜亭由来、景致，及其题名宴喜的典故。（李浩《唐代园林别业考论》）

建园时间	园名	地点	人物	详细情况
806～858	骆家亭子	陕西西安	骆浚	骆浚，唐宪宗时人，《唐语林》卷三："骆浚者，度支司手也。……于春明门外筑台榭，食客皆名人。卢申州题诗云：'地甃如拳石，溪横似叶舟。'即骆氏池馆也。"
806	依仁亭台	河南洛阳	崔玄亮	崔玄亮，唐朝大臣。白居易有诗《闻崔十八宿予新昌弊宅，时予亦宿崔家依仁新亭，一宵偶同，两兴暗合，因而成咏，聊以写怀》："陋巷掩弊庐，高居敞华屋。新昌七株松，依仁万茎竹。松前月台白，竹下风池绿。君向我斋眠，我在君亭宿。平生有微尚，彼此多幽独。何必本主人，两心聊自足。"
806～820	刘轲书堂	江西庐山	刘轲	刘轲，约唐文宗太和末在世。童年嗜学，著书甚多，曾为僧。元和末(820)登进士第。历官史馆，累迁侍御史，终洺州刺史。《庐山志》卷五："庆云峰东北有山，是为七尖山，其下有刘轲书堂。"《唐摭言》："刘轲，慕孟轲为文，故以名焉。少为僧，止于豫章高安县南果园。复求黄老之术，隐于庐山。既而进士登第。文章与韩、柳齐名。"
809～829	韦瓘山池	河南洛阳	韦瓘	韦瓘，唐朝大臣。有《浯溪题壁记》："……余洛川弊庐，在崇让里，有竹千竿，有池一亩。罢郡之日，携猿一只，越鸟一双，叠石数片，将归洛中。方与猿鸟为伍，得丧之际，岂足介怀？大中二年十二月七日。"《唐两京城坊考》东京外郭城崇让坊："太仆卿分司东都韦瓘宅。"
809～888	方干别业	浙江绍兴	方干	方干(809—888)，唐代诗人。有诗《镜中别业二首》："寒山压镜心，此处是家林。梁燕窥春醉，岩猿学夜吟。云连平地起，月向白波沈。犹自闻钟角，栖身可在深。世人如不容，吾自纵天慵。落叶凭风扫，香粳倩水舂。花期连郭雾，雪夜隔湖钟。身外无能事，头宜白此峰。"
810～840	李甘泉居	陕西西安	李甘泉	贾岛《访李甘泉居》："原西居处静，门对曲江开。石缝衔枯草，查根上净苔。翠微泉夜落，紫阁鸟时来。"

建园时间	园名	地点	人物	详细情况
811～835	杨家南亭	陕西西安	杨汝士 杨虞卿	杨汝士、杨虞卿为兄弟，均为唐代大臣。《唐两京城坊考》卷三靖恭坊："刑部尚书杨汝士宅，与其弟虞卿、汉公、鲁士同居，号靖恭杨家，为冠盖盛游。"《南部新书》己集："大和中，人指杨虞卿宅为'行中书'，盖朋党聚议于此尔。"
812前	王茂元东亭	河南洛阳	王茂元	王茂元，唐濮州濮阳（今濮阳市）人，出身将门，父亲王栖曜参加过"安史之乱"讨伐叛军的战斗。幼从父征战，以勇谋知名，太和中累迁至岭南节度使。《唐两京城坊考》补校东京外郭城崇让坊："河阳节度使王茂元宅，宅有东亭，见李商隐诗。"《李商隐诗歌集解》编年诗大中五年《崇让宅东亭醉后沔然有作》：曲岸风雷罢，东亭霁日凉。新秋仍酒困，幽兴暂江乡。摇落真何遽，交亲或未忘。一帆彭蠡月，数雁塞门霜。俗态虽多累，仙标发近狂。声名佳句在，身世玉琴张。万古山空碧，无人鬓免黄。骅骝忧老大，鶗鴂妒芬芳。密竹沈虚籁，孤莲泊晚香。如何此幽胜，淹卧剧清漳。
813～817	虢州刺史宅	河南灵宝	刘伯刍	刘伯刍，累官刑部侍郎左散骑常侍。韩愈诗《奉和刘给事使君（伯刍）三堂新题二十一咏并序》（刘伯刍以元和八年出刺虢州。）："虢州刺史宅连水池竹林，往往为亭台岛渚，目其处为三堂。刘兄自给事中出刺此州，在任逾岁，职修人治，州中称无事。颇复增饰，从子弟而游其间，又作二十一诗以咏其事，流行京师，文士争和之。余与刘善，故亦同作。"所咏21景为新亭、流水、竹洞、月台、渚亭、竹溪、北湖、花岛、柳溪、西山、竹径、荷池、稻畦、柳巷、花源、北楼、镜潭、孤屿、方桥、梯桥、月池。
814	岐阳公主山池	陕西西安	岐阳公主	在崇仁坊。《唐两京城坊考》卷三崇仁坊："岐阳公主宅。宪宗第六女。……开第昌化里，疏龙首池为沼。"

建园时间	园名	地点	人物	详细情况
814 前	洞庭别业	湖南洞庭	韦七	孟郊(751—814),唐代诗人。有诗《游韦七洞庭别业》:“洞庭如潇湘,叠翠荡浮碧。松桂无赤日,风物饶清激。逍遥展幽韵,参差逗良觌。道胜不知疲,冥搜自无斁。旷然青霞抱,永矣白云适。崆峒非凡乡,蓬瀛在仙籍。无言从远尚,还思君子识。波涛漱古岸,铿锵辨奇石。灵响非外求,殊音自中积。人皆走烦浊,君能致虚寂。何以祛扰扰,叩调清淅淅。既惧豪华损,誓从诗书益。一举独往姿,再摇飞遁迹。山深有变异,意惬无惊惕。采翠夺日月,照耀迷昼夕。松斋何用扫,萝院自然涤。业峻谢烦芜,文高追古昔。暂遥朱门恋,终立青史绩。物表易淹留,人间重离析。难随洞庭酌,且醉横塘席。”
814～847	牛僧孺宅园	河南洛阳	牛僧孺	牛僧孺(778—847)在归仁里建宅园,园景有:泉水、滩涂、嘉木、怪石、馆舍、竹林,犹以滩涂最为人称道,白居易《题牛相公归仁里新宅成小滩》道:“深处碧磷磷,浅处清溅溅。碕岸未呜咽,沙汀散沦涟。翻浪雪不尽,澄波空共鲜。两崖滟滪口,一泊潇湘天。”
	西岭草堂	浙江杭州	道标师	“洪武中,天台徐大章(一夔)有《钱塘泯上人西岭堂续记》云:钱塘泯上人,志行绝俗,早依云门法师受度。至正中,云门来主下天竺之席,上人实侍左右。其所栖息,则西岭之草堂近焉。西岭莘堂者,唐元和中(800～820),杭之高僧道标师所居也…… 上人甚慕焉。……”(《东域杂记》,汪菊渊《中国古代园林史》)
	崔宽城南别墅	陕西西安	崔宽	崔宽为肃宗时御史中丞,“家富于财,有别墅在皇城之南,池馆台榭,当时第一”。据记载,杨绾“素以佳行著闻,质性贞廉,车服简朴,居庙堂未数月,人心自化”。杨绾开始辅政,崔宽便即日遣人将别墅拆毁。(安怀起《中国园林史》)
815 前	韦家泉池	江西九江	韦氏	白居易,唐代诗人,815 年被贬江州司马,任上题诗《题韦家泉池》:“泉落青山出白云,萦村绕郭几家分。自从引作池中水,深浅方圆一任君。”

建园时间	园名	地点	人物	详细情况
815	庐山草堂	江西九江	白居易	唐元和十年(815),白居易因为越职言事以及一些莫须有之罪,被贬官江州司马,选择在庐山香炉峰构筑了草堂作为居所。草堂建筑巧于因借面对峰腋寺的香炉峰麓谷涧,草堂前乔松十数株,修竹千余竿,可以"仰观山,俯听泉,旁睨竹树云石,自辰及酉,应接不暇"。草堂极素,三间二柱,木不斫不漆,墙不涂不白,阶用石,窗用纸,竹帘纻帏。室内木榻四、素屏二、漆琴一、儒道佛书各三二卷。堂北五步,悬崖峭壁,杂木异草。堂东瀑布,水悬三尺,堂西北,引崖上流泉,经屋顶而泻下。屋南凿池,水中植荷,积土成台,立于堂前。环堂石渠,周流瀑水,导引入池,终于峰下石涧。开门香炉峰,绕池松竹路。夹涧古松、老杉、灌丛、萝茑,白石铺路,通往山外人间。
816	太原山亭	山西太原		张弘靖,生卒年不详,字符理,蒲州人,嘉贞之孙,延赏之子,以荫擢河南参军,升户部侍郎、河中节度使,元和中拜刑部尚书、同中书门下平章事,封高平县(今高平市)侯,出为太原节度使,终太子少师。元和十一年(816)时,以他从中书侍郎、平章事升吏部尚书,兼太原尹、北都留守、河东节度使,在太原与诗人韩察、崔恭、胡证、张贾等人唱和于城外山亭,张作《山亭怀古》,余皆和诗一首,从诗中可知,园中叠石构山、构筑石洞、飞瀑临空、建筑亭轩、松桂兰蕙。有景:中庭、景石、石山、悬崖、峭壁、崖谷、远壑、孤峰、流水、飞泉、瀑布、兰蕙、松树、桂花、石路、蘅藿、翠楼、岘亭等景。
816～839	郭侍郎幽居	陕西西安	郭侍郎	姚合在《题郭侍郎亲仁里幽居》道:郭侍郎幽居有台径、药圃、假山、石洞等景。姚合是玄宗时宰相姚崇的曾孙。元和十一年(816)进士及第。历官武功主簿、富平尉、万年尉。宝应中,除监察御史,迁户部员外郎。出为金州刺史,改杭州刺史。后又召入朝,拜刑部郎中,迁户部郎中、谏议大夫、给事中。开成四年(839),出为陕虢观察使。最后一任官职是秘书少监。

建园时间	园名	地点	人物	详细情况
816前	昌谷山居	河南宜阳	李贺	李贺(790—816)唐代著名诗人,人称“诗鬼”,生于福昌(今河南洛阳宜阳县)。因避家讳,不得应进士举,终生落魄不得志,仅做过三年从九品微官奉礼郎,二十七岁就英年早逝。其诗《始为奉礼忆昌谷山居》:“扫断马蹄痕,衙回自闭门。长枪江米熟,小树枣花春。向壁悬如意,当帘阅角巾。犬书曾去洛,鹤病悔游秦。土甑封茶叶,山杯锁竹根。不知船上月,谁棹满溪云?”
817	枝江南亭	湖北枝江	韦庇	皇甫湜(777—835),唐代散文家,有《枝江县南亭记》:“京兆韦庇为殿中侍御史河南府司录,以直裁听,群细人增构之,责掾南康,移治枝江。百为得宜,一月遂清。乃新南亭,以适旷怀。俯湖水,枕大驿路,地形高低,四望空平。青莎白沙,控柞缘崖,涩芰圆葭,诞漫朱华。接翠裁绿,繁葩春烛,决湖穿竹,渠鸣郁郁,潜鱼历历,产镜嬉碧,净鸟白赤,洗翅窥吃。缬霞縠烟,旦夕新鲜,冷唳喧啼,怨抑情绵。令君骋望,逍遥湖上,令君宴喜,弦歌未已。……”
817	东亭	广西柳州	柳宗元	柳宗元亦曾在柳州风景胜地筑园,其《柳州东亭记》中云:在大道之南有一块弃地,其南面是江水,西面尽是垂柳。东面建有东馆。柳宗元认为,弃地虽草木混杂且深,实为璞玉。于是他斩除荆丛,去杂疏密,种植松、樫、柏、杉等常绿树和竹子,并配置堂亭。东亭,前出两翼,凭空拒江,化江为湖。(安怀起《中国园林史》)
	天宁寺	北京宣武		位于今西城区广安门外天宁寺前街。初名天王寺。缪荃孙抄《顺天府志》说“天王寺,在旧城(辽金的旧城)延庆坊内,始建于唐,殿宇碑刻皆毁于火,元朝至元七年建三门,而梵宇未能完集。”天王寺改为天宁寺是“明宣德十年事”,天宁寺塔建于公元1119～1120年。华亭范在《春日过天宁寺》诗中写道:“林花飞绕客,幽鸟语应禅”,兴化宗臣在《午日同李于鳞游天宁寺》中写道:“山遥杨柳细,路险薜萝深”。天宁寺的菊花负有盛名,曾有“天宁寺里好楼台,每到深秋菊又开。赢得倾城车马动,看花齐带玉人来”。寺里树木繁多,且以松为主。(《宣武文史》)

建园时间	园名	地点	人物	详细情况
	南山寺庭园	福建漳州	陈邕	据《漳州府志》载，原为唐太傅陈邕的住宅。园主利用天然山水巧作布局，凿池赍石，缀以楼台亭榭。陈宅大门与龙口相向，面对昼夜不息的九龙江，大有吞吐龙江水之意。传说，因建筑规模过于宏大，有人告其僭越。唐玄宗派钦差大臣查办，陈邕无策，女儿金花急中生智，劝父献宅为寺，自己削发为尼。钦差大臣见寺释疑，免除大祸。 今南山寺位于漳州市南郊，背靠丹凤山，面对九龙江，林木苍郁，绿柳依依。殿堂经阁，巍峨壮丽，是闽南著名的佛寺之一。南山寺历经千年，几度沧桑，现为清朝重修建筑。寺宇宽敞，气象雄伟。内有天王殿、大雄宝殿和藏经阁等。庭园部分规整方正，前庭有两个圆形的放生池，这在我国寺庙建筑里是很少见的。大殿两侧均有花台，靠山根垣墙还建有一处半亭。庭园朴素清新，简洁规整。
818～820	东坡园	重庆忠州	白易居	在重庆忠州东郊，白居易于元和十三至十五年(818～820)任忠州刺史，为培养巴人爱花尚园之风，捐俸买花树，种于城东坡上，是为东坡园，为公共园林。《蜀中名胜记》载，东坡园内有东亭，又有桃、杏、蕉、柳等。苏轼慕此园而自号东坡。
818	訾家洲	广西桂林	裴行立	位于桂花漓江象山前，长约千余米，宽约200余米，唐元和十三年(818)桂管观察使裴行立主持建公共园林，伐恶木，荆奥草，植花木，广竹林，南建燕亭，北建崇轩，左建飞阁，右建闲馆，又有月槛、风榭，柳宗元写有《桂州裴中丞作訾家洲亭记》，称“今是亭之胜，甲于天下”。宋诗人张孝祥赞为“云山米家画，水竹辋川庄”，元代被评为桂林八景之一的“訾洲烟雨”。裴行立(774—820)，绛州稷山人，元和二年(807)平定李锜叛乱后擢任沁州刺史，迁卫尉少卿，自请为河东令，元和四年任费州刺史，约五年任蕲州刺史，八年任安南都护，十二年任桂管观察使，任中讨黄家洞叛乱。十五年再任安南都护，七月卒。元和十五年七月，柳宗元归葬万年，所需费用即由裴行立资助。

建园时间	园名	地点	人物	详细情况
822～863	丰乐幽居	陕西西安	李昌符	在丰乐坊，许棠《题李昌符丰乐幽居》："破门韦曲对，浅岸御沟通。"
822	龟山寺	福建莆田	无了	位于莆田市西15公里的华亭镇境内的三紫山顶，风景优美，气候宜人，为莆田二十四景之一。龟山古刹坐落于三紫山中峰后龙岭下，门前开阔，坐向依北朝南，面对笔架名山，此乃无了祖师开山时所定，历千载而不易。整个梵宇依山势而建造，以天王殿至祖师殿为中轴线分两廊左右展开，错落有序，庄严别致，雄伟古朴，巍峨壮观。现存建筑物总面积11600多平方米，大小殿堂三十多厅，僧房寮舍150多间，有唐宗到明清等历代遗迹。 无了在唐长庆二年(822)于此开山，结庵潜修。咸通十一年(870)建成院宇9座，名龟洋灵感禅院，有僧众500多人，无了手辟的18处茶园盛传名产。唐末，龟洋名冠闽山，僧众达千人，后梁贞明年间(915～921)闽王王审知奏请，赐名龟山福清禅院。宋宝元二年(1039)觉空和尚来龟山参无了道场，受十方拥戴，留为院主。宋末，僧刹中衰。明洪武年间(1368～1398)始升为寺。景泰五年(1454)火毁。清康熙十八年(1679)住持良忠重建，后衰败。光绪二十八年(1902)长基雨花院僧成慧、妙性偕徒众18人来龟山立志重兴。 唐黄滔《龟洋灵感祥院东塔和尚碑》叙述无了开山灵迹云："初，大师之卜龟洋也，云木之深，藤萝如织，狼虎有穴，樵采无径，俄值六眸之巨龟，足蹑四龟，俯仰其首如作礼者三，逡巡而失，遂驻锡卓庵，名其地曰龟洋焉。"麟庆有《鸿雪因缘图记》中的《安淮晚钟》篇记之。
823后	玉真观公主山池院	陕西西安	玉真观公主	司空曙《题玉真观公主山池院》道：玉真观公主宅园中有香殿、景石、泉水、柳树、花卉、飞鸟、桃树。司空曙生卒年不详，字文明，广平(今河北省永年县)人，进士。曾随韦皋在剑南节度使幕中任职，历任洛阳主簿、水部郎中。

建园时间	园名	地点	人物	详细情况
824	履道里宅园	河南洛阳	白居易	白居易在长庆四年(824)从杭州刺史任上告退，在杨凭旧园上稍事修理成为自家宅园，从58岁一直居住到老，74岁时还与胡杲、吉皎、郑据、刘真、卢贞、张深创七老会。《池上篇及序》道，924年，宅园改为佛寺。宅园17亩，“屋室三之一，水五之一，竹九之一，而岛树桥道间之”。除十亩住宅外，还有五亩园林，园中有水池、小岛、桥梁、高台、东粟廪、北书斋、琴亭、青板舫、中岛亭、石樽、天竺石、太湖石、青石、竹林、白莲、折腰菱、华亭鹤等。园林布局前宅后园、一池三山之制。
825前	樱桃岛	河南洛阳	李仍淑	李仍淑，唐代大臣。《唐两京城坊考》卷五东京外郭城履信坊：“太子宾客李仍淑宅。宅内有樱桃池，仍淑与白居易、刘禹锡会其上。”
825	隐山	广西桂林	李渤	在桂林市区，宝历元年(825)李渤由御史中丞转桂州刺史，在位四年，开发隐山，他伐棘导泉，凿梯修路，度财育工，山顶亭、北牖亭、曲廊、歌台、舞榭，并为溪潭、洞、亭一一命名，对百姓开放。唐吴武陵写有《新开隐山记》，韦宗卿写有《隐山六洞记》，遂成为湖山、洞穴、溪潭三绝。宋时建招隐亭。李渤(？—831)，字浚之，洛阳人，唐穆宗即位，召为考功员外郎，性耿直，为权臣所忌，长庆元年(821)出为江州刺史，筑堤灌溉，百姓命之为李公堤、思贤桥。长庆二年回长安任职方郎中，升谏议大夫。敬宗即位，转给事中，又得罪权贵，出为桂州刺史兼御史中丞，充桂馆都防御观察使，在桂林二年，因病罢归洛阳。太和五年(831)，以太子宾客至京师，月余卒，赠礼部尚书。
825	南溪山	广西桂林	李渤	在桂林市区，宝历元年(825)李渤任桂州刺史后，在城南溪山构筑公共园林，命人入洞发潜敞深，蹬危宅胜，既翼之以亭榭，又韵之以松竹，并为此写诗作文，摩崖刻石，使之成为桂林风景名胜之地。其宾客韦宗卿还作有《隐山六洞记》。

建园时间	园名	地点	人物	详细情况
826左右	卢录事山亭	浙江杭州	卢录事	朱庆馀，生卒年不详，名可久。越州（今浙江绍兴）人，宝历二年（826）进士，官至秘书省校书郎，《全唐诗》存其诗两卷。有诗《杭州卢录事山亭》："山色满公署，到来诗景饶。解衣临曲榭，隔竹见红蕉。清漏焚香夕，轻岚视事朝。静中看锁印，高处见迎潮。曳履庭芜近，当身树叶飘。傍城余菊在，步入一仙瓢。"
827后	庐陵竹室	江西吉水	房千里	房千里，生卒年均不详，约唐文宗开成末在世。太和初（约827）进士及第，曾任国子监博士、高州刺史。有文《庐陵所居竹室记》："予三年夏，待罪于庐陵。其环堵所栖者，率用竹以结其四周。植者为柱楣，撑者为榱桷，破者为溜，削者为障，臼者为枢，篾者为绳，络而笼土者为级，横而格空者为梁。方大暑，火烘爆，溜圻壤，若坠于炉，若燎于原。舌呀而不能持，支堕而不自运。……，如列千万炬于室内。视其门，即寂寥虚阒，若清秋之山焉，若寒浦之波焉。"
827～833	四望亭	安徽凤阳	刘嗣之	李绅（772—846），唐代大臣，新乐府运动的参与者，封赵国公，居相位四年。有《四望亭记》："濠城之北隅，爽耸四达，纵目周视，回环者可数百里而远，尽被自力，四封不阏。尝为废墉，无所伫望。郡守彭城刘君，字嗣之，理郡之二载，步履所及，悦而创亭焉。丰约广袤，称其所便，栋千梯陛，依墉以成。崇不危，丽不侈，可以列宾筵，可以施管磬。云山左右，长淮萦带，下绕清濠，旁阚城邑，四封五通，皆可洞然。大和七年春二月，绅分命东洛，路出于濠，始登斯亭。周目四瞩，美乎哉！春台视和气，夏日居高明，秋以阅农功，冬以观肃成。盖君子布和求瘼之诚志，岂徒纵目于白雪，望云于黄鹤。庾楼夕月，岘首春风，盖一时之胜爽，无四者之眺临，斯事之佳景，固难俦俪哉。淮柳初变，濠泉始清，山凝远岚，霞散余绮。……"

建园时间	园名	地点	人物	详细情况
827～835	新繁东湖	四川新繁	李德裕	李德裕(787—849),字文饶赵郡(今河北赵县)人,唐代政治家,力主削藩,封卫国公,后受贬客死于海南。太和年间(827～835),他在新繁任县令,在官舍之西植巨楠,之东凿东湖,北宋之初为官宦、文人游憩之所,雍少蒙、沈居中等先后建卫公堂、三贤堂并写记刻石。北宋邑人勾氏在东湖南建有私园盘溪。元明时期东湖荒废,清郑方城、高上桂、徐延等新繁令先后重修东湖,建三贤堂、爱亭、浚东湖使之焕然一新。咸丰七年冬(1858)程祥栋重建三贤堂于旧址之南,于内外两湖间建五楹正厅怀李堂,前临平湖,左通篁溪小榭,右连月波,后接花南砚北之轩。程祥栋、顾复初先后作园记,李应观、顾复初作园诗。1922 年知县刘威煊将新繁费氏所建费公祠移建于东湖园内易名四费词。1926 年陈共赞建东湖公园,四年后周鹏嵩扩建形成今日规模。
829	元处士高亭(元处士幽居)	安徽宣城	元处士	杜牧(803—852),唐代诗人,有诗《题元处士高亭》:“水接西江天外声,小斋松影拂云平。……”许浑(约791～约 858),唐代大臣,有诗《题宣州元处士幽居》:“潺湲绕门水,未省濯缨尘。鸟散千岩曙,蜂来一径春。杉松还待客,芝术不求人。……”
832～832	闽城新池	福建闽城	高平公	沈亚之(781—832),唐代文学家。有文《闽城开新池记》,记录高平公造池经过及游赏吟诵之事。
832～858	瓜洲别业	江苏扬州		许浑(约 791—约 858),唐代大臣,有诗《和淮南王相公与宾僚同游瓜洲别业,题旧书斋》:“碧油红旆想青衿,积雪窗前尽日吟。巢鹤去时云树老,卧龙归处石潭深。道傍苦李犹垂实,城外甘棠已布阴。宾御莫辞岩下醉,武丁高枕待为霖。”
836	怀崧楼	安徽滁县		名相李德裕有《怀崧楼记》:“怀崧,思解组也。……此地旧隐曲轩,傍施埤堄,竹树阴合,檐楹昼昏,喧雀所依,凉飙罕至。余尽去危堞,敞为虚楼,剪榛木而始见前山,除密筱而近对嘉树(厅事前有大辛夷树,方为草木所蔽),延清辉于月观,留爱景于寒荣。晨憩宵游,皆有殊致,周视原野,永怀崧

建园时间	园名	地点	人物	详细情况
				峰。肇此佳名，且符夙尚，尽庾公不浅之意，写仲宣极望之心，贻于后贤，斯乃无愧。丙辰岁丙辰月，银青光禄大夫守滁州刺史李德裕记。”
836～910	李学士别业	陕西千阳	李学士	韦庄(约 836—910)，五代前蜀诗人。王建为前蜀皇帝后，任命他为宰相，蜀之开国制度多出其手。其有诗《题汧阳县马跑泉李学士别业》：“水满寒塘菊满篱，篱边无限彩禽飞。西园夜雨红樱熟，南亩清风白稻肥。草色自留闲客住，泉声如待主人归。九霄岐路忙于火，肯恋斜阳守钓矶。”
836～910	王秀才别墅	陕西千阳	王秀才	韦庄有诗《宜君县北卜居不遂，留题王秀才别墅》：“本期同此卧林丘，榾柮炉前拥布裘。何事却骑羸马去，白云红树不相留。明月严霜扑皂貂，羡君高卧正逍遥。门前积雪深三尺，火满红炉酒满瓢。”
836～910	凌处士庄	江苏苏州	凌处士	韦庄有诗《题姑苏凌处士庄》：“一簇林亭返照间，门当官道不曾关。花深远岸黄莺闹，雨急春塘白鹭闲。载酒客寻吴苑寺，倚楼僧看洞庭山。怪来话得仙中事，新有人从物外还。”
838 左右	西林草堂（庐山草堂）	江西庐山	李钰	姚合、刘得仁，均约为唐文宗太和年间(827—835)诗人，各有诗描写李钰的草堂。姚合《和厉玄侍御题户部李相公庐山西林草堂》：“茅屋临江起，登庸复应期。遥知归去日，自致太平时。幽药禅僧护，高窗宿鸟窥。行人尽歌咏，唯子独能诗。”刘得仁有诗《和厉玄侍御题户部相公庐山草堂》：“白云居创毕，诏入凤池年。林长双峰树，潭分并寺泉。石溪盘鹤外，岳室闭猿前。柱史题诗后，松前更肃然。”
838～899	刘相公茅亭	陕西西安	刘崇望	刘崇望，唐代大臣，李洞有《题刘相公光德里新构茅亭》诗：“野色迷亭晓，龙墀待押班。带涎移海木，兼雪写湖山。月白吟床冷，河清直印闲。唐封三万里，人偃翠微间。”
841～846	白鹤寺园	江苏苏州		位于苏州阳山下，邑人于会昌年间(841～846)舍宅为寺，名白鹤寺，宋祥符年间(1008～1017)初改为澄照寺，有五层阁、忏院、法华院及亭子、水榭、曲廊。

建园时间	园名	地点	人物	详细情况
843	叠彩山	广西桂林	元晦	位于桂林市区，会昌三年(843)御史中丞、桂管观察使元晦主持建设为公共园林，因山就势，在叠彩山、于越山、四望山上修路凿径，建于越亭(又名越亭)、齐云亭(又名倚云亭)、写真堂、茅斋、销忧亭、流杯池、流杯亭、栖真阁、景凤阁、花药院等，辅以歌台钓榭、石室莲池、景色胜美，使之成为桂林胜景。元晦，生卒年不详，怀州河内(河南沁阳)人，元稹侄子，曾任吏部郎中、谏议大夫、御史中丞、散骑常侍等职，元晦在桂州三年，会昌五年(845)，以检校左散骑侍出任越州刺史。会昌二年(842)出为桂管观察使，在叠彩山造亭构园之后，题有《叠彩山记》、《越亭二十韵》、《四望山记》、《于越山记》。元晦还在宝积山华景洞口修建岩石光亭，作《岩光亭三十韵》。
845	永乐闲居	陕西西安	刘评事	在长安永乐坊内，李商隐《和刘评事永乐闲居见寄》。
847 前	半隐亭	陕西西安	王龟	《旧唐书·王播传》附王龟传："龟意在人外，倦接朋游，乃于永达里园林深僻处创书斋，吟啸其间，题为半隐亭。"
847 前	平泉庄	河南洛阳	李德裕	李德裕(787—849)，出身官僚，随父在外为官十四年，饱览各地风景，在唐武宗在位(841～846)时自淮南节度使入相，力主削藩，执政六年，晋太尉，封卫国公，唐宣宗立(847)，贬为潮州司马，再贬崖州司户，卒于贬所。在洛阳城西龙门伊阙的地方建平泉庄，园内有水池、泉水、山峡、建筑、怪石、奇花、珍禽等。台榭百余所：书楼、瀑泉亭、流杯亭、西园、双碧潭、钓鱼台等，用模拟手法造山形水系像三峡、洞庭、十二峰、九派、海门等。全园特色在于放置、种植和养殖各地为官进供的名石、名花、名树、珍禽。名石有醒酒石、礼星石、狮子石、仙人迹石、鹿迹石、日观石、震泽石、巫岭石、罗浮石、桂水石、严湍石、庐山石、漏泽石、台岭石、八公石、琅琊石等，动物有鸂鶒、白鹭鸶、猿猴等，异地植物有：天台之海石楠、金松和琪树，嵇山之四时杜鹃、相思、紫苑、贞桐、山茗、重台蔷薇、黄槿、海棠、榧、

建园时间	园名	地点	人物	详细情况
				桧，剡溪之红桂、厚朴、真红桂，海峤之香柽、木兰，天目之青神、凤集，钟山之月桂、青飕、杨梅，曲房之山桂、温树，金陵之珠柏、栾荆、杜鹃、同心木芙蓉，茆山之山桃、侧柏、南烛，宜春之柳柏、红豆、山樱，蓝田之栗、梨、龙柏，苹洲之重台莲，芙蓉湖之白莲，茅山东溪之芳荪，番禺之山茶、宛陵之紫丁香、会稽之百叶芙蓉、百叶紫薇，永嘉之紫桂、簇蝶，桂林之俱郍卫，东阳之牡桂、紫石楠，九华山之药树、天蓼、青枥、黄心先(木字旁)、朱杉龙骨，宜春之笔树、楠、稚子、金荆、红笔、密蒙、勾栗木，其他还有山姜、碧百合等。李家败落后，怪石、珍禽、奇木皆落入他人之手。
851～910	渭口别墅	陕西西安	王斌	郑谷(约 851—910)唐朝末期著名诗人，有诗《访姨兄王斌渭口别墅》。
853 前	陆先生草堂	浙江天台山	陆先生	张祜(约 792—约 853)，唐代诗人，出生在清河张氏望族，家世显赫，被人称作张公子，早年寓居苏州，常往来于扬州、杭州等地，并模山范水，题咏名寺。有诗《秋日简寂观陆先生草堂》："紫霄峰下草堂仙，千载空梁石磬悬。白气夜生龙在水，碧云秋断鹤归天。竹廊影过中庭月，松槛声来半壁泉。明日又为浮世恨，满山行路梦依然。"
853 前	徐明府水亭	江西弋阳	徐明府	张祜有诗《题弋阳徐明府水亭》："小邑不劳闲，心期胜地偏。树微青嶂耸，沙浅碧波旋。荡桨投昏岸，烧燔指湿烟。板檐傍眺寺，石路上登舡。水槛推衣浴，风轩侧枕眠。无因长寄此，吟和酒中仙。"
853 前	宋征君林亭	安徽宿县	宋征君	张祜有《题宿州城西宋征君林亭》诗："数亩四郊地，经营胜渐偏。磴崖攲入竹，筒水下浇田。黑壤沾河润，红葩寄树鲜。驿明昏岸火，樯插晓林烟。嫩笋撑檐曲，新荷帖沼圆。不妨成隐显，长日步通阡。"
853 前	崔兵曹林亭	湖北江陵	崔兵曹	张祜有《题宿州城西宋征君林亭》诗。

建园时间	园名	地点	人物	详细情况
853 前	云梦新亭	湖南岳阳	徐员外	张祜有诗《题岳州徐员外云梦新亭十韵》:"古地摽图籍,新亭建梓材。水从三峡涨,人自九江来。宿涵曹推远,停骖谢喜陪。山形连岳去,草色尽天迴。晚槛高墙出,晴郊古戍开。阳精动金矿,暗魄孕珠胎。竹换经冬叶,松移带雨栽。夜深南浦鴈,春老北枝梅。岘岭功初毕,汀洲咏几裁。仙游秖斯在,何用便蓬莱。"
856 左右	李隐居西斋	浙江杭州	李隐居	李郢,字楚望,长安人。大中十年第进士,官终侍御史。有诗《钱塘青山题李隐居西斋》:"小隐西斋为客开,翠萝深处遍青苔。林间扫石安棋局,岩下分泉递酒杯。兰叶露光秋月上,芦花风起夜潮来。湖山绕屋犹嫌浅,欲棹渔舟近钓台。"
860～873	荔园	广东广州	郑从谠	唐节度使郑从说在荔枝洲上建有荔园,其好友安徽舒州人曹松游园后题诗《南海陪郑司空游荔园》:"叶中新火欺寒食,树上丹砂胜锦州。"道出了荔园的胜景。
860～873	赏心亭	江苏扬州	李蔚	《扬州府志·古迹一》、《太平广记》卷二〇四《李蔚传》载:咸通中(860～873),丞相李蔚移镇淮海,在扬州于戏马亭西兴建公共园林赏心亭,园中有池沼、观台、斜道、亭子等景,郡人士女,竞相来游。
860～873	流觞濒	安徽池州		《江宁府志》道:九华山上百丈潭边建有流觞濒,园内有曲水石渠,李昭象曾与宾客在此游览,宋代时,此园最盛。李昭象,(857—?),字化文,父李方玄为池州刺史,懿宗(860～873)末年,年方十七,以文谒相国路岩,路岩器重并荐于朝,将召试,逢岩受贬,遂还秋浦,移居九华,与张乔、顾云辈为方外之友。能诗,存八首于《全唐诗》。
860～873	严郜别业	河南长葛	严郜	《三水小牍》卷下《郑大王聘严郜女为子妇》条载:"许州长葛令严郜……咸通中罢任,乃于县西北境上陉山阳置别业,良田万顷,桑拓成荫,奇花芳草与松木交错。引泉成沼,即阜为台,尽登临之致矣。"
860～874	曹郎中山池	陕西西安	曹邺	曹邺,晚唐诗人,任吏部郎中、祠部郎中。山池位于崇贤坊,引永安渠水为池。(李浩《唐代园林别业考论》)

建园时间	园名	地点	人物	详细情况
861	净峰	福建惠安		在惠安县东南大海中，为半岛，俗名钱山，以有寺院而名净峰，山岩陡峭，高达百米，唐咸通二年(861)建寺，民国时弘一法师手辟菊圃，旁有放生池，寺临悬崖，崖上题有：慧水胜境、南无阿弥陀佛、红丹石、红艳瑰丽、智者乐山等。
867 前	州东别墅	安徽寿县	皮日休	皮日休，生于太和八年(834)至开成四年(839)之间，卒于天夏二年(902)以后。晚唐文学家。懿宗咸通七年(866)，入京应进士试不第，退居寿州(今安徽寿县)，自编所作诗文集《皮子文薮》。八年再应进士试，以榜末及第。皮日休《文薮序》："咸通丙戌中，日休射策不上第，退归州东别墅，编次其文，复将贡于有司。"
867 左右	华山庄	陕西华山	马太尉	刘沧，生卒年均不详，约唐懿宗咸通中前后在世，著有诗集一卷(《新唐书艺文志》)传于世。其诗《题马太尉华山庄》："别开池馆背山阴，近得幽奇物外心。竹色拂云连岳寺，泉声带雨出谿林。一庭杨柳春光暖，三径烟萝晚翠深。自是功成闲剑履，西斋长卧对瑶琴。"
869	法忍教寺	上海		在金县朱泾镇，唐咸通十年(869)始建，初名建兴寺，北宋治平元年(1064)更名湛地妒忍教寺，俗称西林寺，有景：椎蓬室、万峰秋轩、天空阁、船子道场、雨花堂、澄心堂、梓园读书处、西峰院、深隐院、慈云院、明照院、法华院、宝月院、石幢等景，清末大部分建筑倾废，后全毁，现只存百年古树 8 株。
874	超果寺	上海		在今松江第一中学操场北，始建于唐乾符元年(874)，初名长寿寺，北宋治平元年(1086)更名超果寺。屡经兴废，至明崇祯九年(1636)重建后，有景：鸳鸯殿、一览楼、香积寺、真如堂、圆悟堂、西隐堂、雨华堂、西来堂、天王堂、绿猗堂、见远亭、瑞光井、石假山、古杏、镜碑、四贤祠(祀张翰、陆机、陆云、顾野王)，新中国成立初寺中尚有宋代遗物和明代一览楼，1958～1959 年毁。

建园时间	园名	地点	人物	详细情况
875 前	卢尚书庄	河南洛阳	卢尚书	《唐两京城坊考校补记》卷五东京外郭城建春门补注："《唐阙史》'卢尚书庄堕雷公洛城建春门外，有信安卢尚书庄，竹树亭台，芰荷洲岛，实为胜境。乾符乙未岁……'。"
875 前	乐安任君池亭	江苏苏州	任晦	陆龟蒙（？—881）苏州人，唐代农学家、文学家，有《白鸥诗并序》："乐安任君，尝为泾尉，居吴城中，地才数亩，而不佩俗物。有池，池中有岛屿。池之南西北边合三亭。修篁嘉木，掩隐限陕，处其一，不见其二也。"皮日休有《二游诗并序》："吴之士……次有前泾县尉任晦者，其居有深林曲沼，危亭幽砌。"
881～889	先人别墅（官谷别墅）	山西永济	司空图	广明元年（880）黄巢起义军攻入长安，僖宗逃成都，司空图追随未及而归故里，隐居中条山官谷，自号知非子、耐辱居士，其诗多消极，有《诗品》、《一鸣集》。其别墅内"泉石林亭，颇称幽栖之趣"，889 年昭宗即位，召他回朝，他坚持不受，并在园中建休休亭（本名濯缨亭）、修史亭、证因亭、览昭亭、莹心亭等，并写一篇《休休亭记》和《耐辱居士歌》，反复强调"既休且美具"和"休休休，莫莫莫"。天复四年（904）朱全忠主持迁都洛阳，拜他为礼部尚书，他佯装老朽被放还，哀帝被弑后，他绝食呕血而卒。
885～887	李茂贞园	陕西凤翔	李茂贞	李茂贞，唐光启年间（885～887）间任凤翔节度使，在凤翔城东北五里的地方建有园林，园内有竹林、高阁、曲水等景，北宋苏轼过此，题诗："朝游北城东，回首见修竹。下有朱门家，破墙围古屋。"
887～903	蓝田别业	陕西蓝田	郑谷	郑谷（约 851—910），唐朝末期著名诗人。张乔有诗《题郑侍御蓝田别业》："秋山清若水，吟客静于僧。小径通商岭，高窗见杜陵。云霞朝入镜，猿鸟夜窥灯。许作前峰侣，终来寄上层。"
888	文圃龙池	福建厦门		位于厦门同安区灌口附近二里山谷中，谷原一里，东西向，谷北为文圃山，谷中有池名龙池，池边有寺名龙池寺，寺南奇石怪异，如兽，如鲸，如蒲团，

建园时间	园名	地点	人物	详细情况
				如垒柏，到处有泉，为潭，为湍，为瀑，西南有亭可望海。晚唐文德元年(888)进士谢修偕弟共隐于此，时人名此山为文圃，五代主簿洪文用、北宋处士石蒉亦隐于此。宋嘉定年间，郡人筑三贤堂，清代黄涛于三贤堂址建华圃书院，并题十二景：印月池、磊岩、穿云峡、笏拜轩、观海寮、拍门石、蕴玉居、憩亭、名山铎、石屏、跃龙桥、三垒潦。
889～904	凤翔府园	陕西凤翔		园内有古槐一株，传言唐昭宗李晔曾扶此树使朱全忠结韈，四顾无人应，故此树被称为手托槐。
889 左右	刘处士江亭	江苏镇江	刘处士	李洞，唐代诗人，有诗《秋宿润州刘处士江亭》："北梦风吹断，江边处士亭。吟生万井月，见尽一天星。浪静鱼冲锁，窗高鹤听经。东西渺无际，世界半沧溟。"(李浩《唐代园林别业考论》)
闽，894～904	招贤院	福建泉州	王审邽 王延彬	在泉州南安潘山，三王入闽后，唐乾宁(894～898)威武军节度使王审知委兄弟王审邽为泉州太守。审邽善吏总参，命长子延彬设招贤院于丰州，接待中原避乱南来的名士，一时如黄滔 、李洵、韩盄、徐寅、王涤、崔道融、夏侯淑、王拯、杨承休、翁承赞、郑谤、杨赞图、王调、归传懿、郑晋、杜袭礼均来投，使闽国文化成为十国之冠。院内茂林修竹，茅檐曲径，文人留下许多诗文。王审邽，唐光州固始人，字次都，王潮弟，历泉州刺史、工部尚书、检校户部尚书，喜儒术，善吏治，卒谥武肃。
895	代州花园	山西代州	李克用	李克用(856—908)，本姓朱邪，后唐开国皇帝李存勖之父，沙陀部人，祖父隋唐将康承训击败庞勋起义有功而授单于大都护、振武军节度使，他受唐赐国姓李，名国昌，别号李播儿。一目失明，又号独眼龙，历任大同军防御使、检校司空、同中书门下平章事、河东节度使，灭黄巢起义军，昭宗乾宁二年(895)年封晋王，在封王之后，在代州城 40 里柏木寺左右建东西花园。

建园时间	园名	地点	人物	详细情况
895	吴郡治园亭	江苏苏州		吴郡治为唐时吴郡的子城，在今苏州公园和体育场一带，周长十二里，城高二丈五尺，郡治在唐宋时厅斋堂宇，亭榭楼馆，密迩相望，是一处规模宏大衙署园林。建筑始于唐，增于宋。唐时有齐云楼、初阳楼、东楼、西楼、木兰堂、东亭、西亭、东斋、西斋、东池等。直至南宋仍存，绍兴年间曾大加修建，元末张士诚纵火，郡治及园毁。唐乾宁二年(895)，刺史成及在春申之卫假君之殿址建郡治大厅，名黄堂。北宋嘉祐年间(1056～1063)郡守王琪修黄堂。齐云楼为古月华楼，唐曹恭王建，白居易诗赞之，南宋绍兴年间郡守王唤重建，楼前有文武二亭和芍药坛。初阳楼在东池上，北宋存，南宋毁。东楼始于唐，南宋开庆年(1259)重建，额“清芬”。西楼，又名望市楼，南宋绍兴十五年(1145)王唤重建。木兰堂又名木兰院，是府署后园，唐刺史张抟建，有木兰、荔枝、新阁。东亭、西亭唐时建，西亭又名西园，宋名西斋，两亭周边有曲池、桥梁、柳树、白蕖、直廊、曲房。北轩在木兰堂后，有池塘，东庑名听雨，西庑名爱莲。东斋唐时建，宋更名思政堂、复斋。西斋唐时始建，南宋绍兴年间王唤重建，绍熙年间(1190～1194)改双瑞堂，斋前有花石小圃。双莲堂在木兰堂东，旧为芙蓉堂。北池又名后池，在木兰堂后，唐时有花坞、凉阁、桧、重台莲、浮萍、白莲等。北宋皇祐年间(1049～1053)郡守蒋堂在池边建危桥、虚阁，虚阁并奇桧、孤岛、修竹、垂柳、丛菊、时钓、时宴、雏鹤、驯鹿等十景。池光亭在北池北，唐时为北亭，南宋绍兴十七年(1147)郡守郑滋重建，池边两假山，东名芳坻，西山有桧树，嘉熙四年(1240)北亭毁，后重建春雨堂、坐啸斋。郡圃在州宅北，前临池光亭大池，后接齐云楼，甚广，南宋嘉定十三年(1220)凿方池，环土山，建积玉亭、苍霁霭亭、烟岫亭、晴漪亭，端平三年(1236)改同乐园。西园在郡圃西，园内有池塘、桥梁、美石、太湖甲族亭、不染

建园时间	园名	地点	人物	详细情况
				尘亭、移云亭、松竹、兰芷等，南宋宝庆年间(1225～1227)仍存，绍定二年(1229)改辟教场。思贤堂在木兰堂左，池光亭西原名思贤亭，祀唐韦应物、白居易、刘禹锡，又名三贤堂，南宋绍兴三十二年(1162)郡守洪遵增祀王仲舒、范仲淹，更名思贤堂。瞻仪堂，厅事东，南宋绍兴三十一年(1161)郡守洪遵建，内供历任郡守像。四照亭在郡圃东北，南宋绍兴十四年(1144)郡守王映建，四面植花种石，春海棠、夏湖石、秋芙蓉、冬梅花。平易堂在小厅东，南宋绍兴年间建。凝香堂在思贤堂西，面池，绍熙年间迁太守像于此。逍遥阁在旧凝香堂后，取韦应物"逍遥池阁凉"意。云章亭，在旧凝香堂西南，唐时建，宋时存。坐啸亭，在四照亭南，宋绍兴年间建。秀野亭在坐啸亭西，绍兴年建。观德堂在教场唐西园古址，宋绍兴年间建，更名阅武堂，西有射亭。酴醾洞在池光亭后，南宋绍兴年改名扶春。颁春亭、宣诏亭为南宋绍兴年建东士二井亭。 介庵在木兰堂南凌云台下，郡守梅挚建。生云轩在池光亭东池边，宋时名知乐亭。通判东厅，绍兴九年(1139)通判白彦惇建，厅西有琵琶泉、西施洞、拱心亭、舞雪。咸淳五年(1269)重修，正堂敬蔺，又有风月堂、风光霁月堂。通判西厅，在城隍庙后，依子城西南，城上有涌翠楼，嘉熙(1237～1240)初又有足清堂、种书堂，淳祐间(1241～1252)建屏星堂。冰壶轩在节推厅西。司理院在子城西南角，宝庆年间在院内建清安轩、尽饮厅、务平轩。提干厅，内有超然亭、北斋。司户厅在府院西，厅西有小圃，圃内有玩花池、采香泾、秀芳亭、飞云阁、小蓬瀛、长啸堂。提刑司在乌鹊桥西北，内有明清堂、堂后竹圃，内有留客亭。提举常平茶盐司在子城东，司署厅东有池塘、"壶中林壑"假山、颐斋、望云堂、扬清亭、草堂亭、鉴止亭、乡春堂。司署厅西有宝翰阁。司署厅东北有宣惠堂。厅后为皇华堂，多为绍兴年间建。

建园时间	园名	地点	人物	详细情况
	龙藏寺	四川成都		位于成都市新都区新繁镇西四公里，始建于唐代。清中叶以来，寺内历届住持都爱好书法，其中以僧含澈（号雪堂，1824—1900）最著名。几十年间，他不遗余力，遍求历代和当时的书法珍品，特聘名工巧匠摹刻上石，并建亭、阁、精舍嵌立之，名“龙藏寺碑林”。今日碑林，已迁至桂湖，尚存苏轼、黄庭坚、文徵明、董其昌、石涛、刘墉、何绍基等六十多位历代书法家作品，是研究学习书法及历史的宝贵资料。
	宴石寺	广西玉林	高骈	位于广西玉林市顿谷镇石坪村，海拔300多米，为唐代节度使高骈征南诏途经此地时所建，至今已有1100多年历史。寺内风光秀丽、林木掩映、石径幽斜，且与母猪洞、紫阳山、仙人桥等景点连成一体，构成壮观的博白八景之一。
	夕阳楼	河南郑州		始建于北魏，为中国唐宋八大名楼之一，曾与黄鹤楼、鹳雀楼、岳阳楼等齐名。明代中叶后倒塌失存。
904～907	高明寺	浙江天台县	传灯和尚	在天台山，离国清寺约8公里。以背倚高明山而得名。初建于唐天祐年间。后唐清泰三年（936）改为智者幽溪塔院。寺宇经历代多次重建。现存建筑系1980年重修，中轴线上依次有天王殿、大雄殿、楞严坛。寺周多奇石和名人题刻。寺旁幽溪之上，一石横架，下有四石相承，自成一洞，名圆通洞。高明山下有大石，突兀峥嵘，如笋如笏，名看云石，上刻“佛”字，径约7米。 唐朝正式建寺，昭宗天祐年间（904～907），因寺处半山腰，又寺周青色莲峰，顶锐而足阔，好像处于凹形镜的聚集点，日月二光常照不散，故高而大明，取名高明寺。宋朝真宗大中祥符元年（1008），改名净名寺。后几经兴废，于明万历三十四年（1606）秋，高僧传灯大师驻山，重兴高明讲寺，立幽溪讲堂，复兴沉寂已久的天台宗。清光绪年间（1875～1908）重修。十年动乱中，寺宇毁坏殆尽。1981年，由住持觉慧主持，在爱国华侨夏荆山、周勤丽和广大群众的资助下，对高明寺进行全面整

建园时间	园名	地点	人物	详细情况
				修。麟庆有《鸿雪因缘图记》中的《高明读画》篇记之。 传灯(1553—1627),又名祖,号无尽,俗姓叶,太末(今浙江衢州市龙游)人。少年时在贤映庵出家,万历八年随百松法师在智者塔院研习上观之学,承其衣钵,成为天台宗第三十代传人。后住持高明讲寺,在太史冯开之和东邑居士赵海南等人资助下,陆续修建了僧房、禅房、山门、两廊、钟楼、藏经阁等,精心制作了楞严坛。此坛按经论构建,为全国仅有的三座之一,名闻海内。
闽,904 前	刘处士草堂	江西庐山	刘处士	杜荀鹤(846—904),晚唐诗人,有诗《题庐岳刘处士草堂》:"仙境闲寻采药翁,草堂留话一宵同。若看山下云深处,直是人间路不通。泉领藕花来洞口,月将松影过溪东。求名心在闲难遂,明日马蹄尘土中。"
闽,904	乌石山	福建福州		在福州鼓楼区西南,海拔 84 米,广 25 公顷,为福州三山之首,唐天宝八年(749)敕名闽山,宋熙宁年间(1069～1079)名道山。因怪石嶙峋,天然形肖,寺观栉比,亭榭交错,自唐起成为名胜之处,有 36 奇景。1980 年还山于民,修复景点,开放天章台、霹雳岩、天香桥、石林诸胜,1984 年建山门牌坊、李铁拐喷水池、办书画社、开花卉展,1985～1990 年间,修大士殿、吕祖宫、赖壁观音等,1989 建聚仙堂,1990 年建赏月亭,修复桃花坞,植乔木 3661 株,绿篱 252 米,增绿 3.96 公顷,1990 年底绿地面积达 7.2 公顷,主要景点如下:石林:明代在南麓建有石林,石刻遍布,有石林堂、涛园、松岭、乌迹轩、霹雳岩等。道山观:万历年间(1573～1619)提学使孙昌裔建石屋,顺治年间(1644～1661)改为寺观,建玉皇阁、三宝殿、孙子长读书处、鬼谷子祠、吕祖庙,内有金鱼池、飞鹅池,道光十八年(1838)重修,1980 年修复。道山亭:山东,宋熙宁三年(1070)光禄卿程师孟所建,南眺大海如置身蓬莱仙境,明万历初提学使胡安和清道光二十年(1840)僧兢妙先后复建,1955 年重建,

建园时间	园名	地点	人物	详细情况
				1980年修葺。先薯亭：山西，道光十四年(1834)何道南所建先薯祠，后改为亭，1980年重修。望海坪、邻宵台：山顶，四周巨石，中为一坪，可望东海，元至正二十四年(1364)行省平章燕赤石华建望海亭，康熙十一年(1676)邑人萧震重建。最高台名邻宵台、清云石，为乌山最高处，刻有海阔天空，1951年建气象观察所。黎公亭：在霹雳岩侧，为纪念明代抗倭将领黎鹏举而建。般若台记：唐大历七年(772)书法家李阳冰篆书，与处州新绛记、缙云城隍记、丽水忘归台铭并称天下四绝。
闽，904～930	两衙园林	福建泉州	王延彬	在泉州市内，为五代王延彬所建衙署园林，王延彬有诗《春日寓感》："两衙前后讼堂清，软锦披袍拥鼻行。雨后绿苔侵履迹，春深红杏锁莺声。因携久酝松醪酒，自煮新抽竹笋羹。也解为诗也为政，侬家何似谢宣城。"王延彬(885—930)，天祐元年(904)代父权知州事，历任泉州知州、金紫光禄大夫、右仆射、琅琊郡开国男、司空、云麾将军、特进附检校太保、开国伯、检校太傅开国侯、内三司发运副使、检校太尉等。治泉二十六年，历五代，安民保境，发展经济。他能诗好佛善歌舞，有《清源郊行》、《战阵变易公合疾速兵法》、《行军约束八条》等。
闽，904～930	云台别馆	福建泉州	王延彬	在南安云台山，泉州刺史王延彬所创，园依双象山麓，山麓有小丘数座：凤凰、凉风，丘上有歌台舞榭。凤凰台高数层，一台一院，院外为随从宿舍。沿沿溪杨柳，跨以拱桥，山坡植荔枝、橙子、朱槿、芭蕉，庭院植牡丹、绣球，又辟荷池、菊圃，兰桂飘香，西坡植梅林。周围山冈奇石异岩，有鹅眼山、鹊石山、阳明岩、观音座、藏春洞、石鼓寺等。王延彬以为会文聚友、歌舞娱乐之所，蓄养北方伶人伎工，成为南音的始祖。王于后唐长兴元年(930)初亡故，葬云台山麓，俗称云台诗中墓。其妻徐氏以别馆舍为寺，名云台寺，死后亦葬此园。宋称其地为清歌里。自王延彬辟梅村十里后，此地植梅之风历久不衰，至今犹然。村口"云苔"、"万梅乡"石碑犹存。

建园时间	园名	地点	人物	详细情况
闽，904～930	凤凰别馆	福建泉州	王延彬	在泉州，泉州刺史王延彬所创，以为会文聚友、歌舞娱乐之所。
闽，904～930	凉峰别馆	福建泉州	王延彬	在泉州，泉州刺史王延彬所创，以为会文聚友、歌舞娱乐之所。
辽，907～1031	延芳淀	北京通州	辽圣宗	延芳淀在燕京东南漷阴县，是辽皇室及贵族狩猎之所。《辽史·地理志》记载，延芳淀为一巨大的水泊，"方数百里"，芦苇丛生，绿柳绕岸，春季常有鹅鹜飞集其上，是辽代著名的游览胜地，当时（今通州区）南境尽是水乡泽国景象。（《北京志——园林绿化志》）
至迟 909	西杏园	河南洛阳		西杏园为唐朝始建，后梁太祖朱温（852—912）于开平三年（909）在此讲武。
后梁，至迟 910	唐榆柳园	河南洛阳		又名西御苑。朱温，即后梁太祖，五代梁王朝建立者，砀山县午沟里人，赐名全忠，更名晃在开平四年（910）在此园的榆林下讲武。
后梁，至迟 910	狮子园	河南洛阳		与西御园相对，又名东御园，在修行坊，时代概与西御园同时。
吴越，913～943	东圃（东墅）	江苏苏州	钱文奉 吴孟融	在苏州葑门现苏州大学处，钱元璙子钱文奉为衙前指挥时建立此园，又称东墅，园内有清池、崇阜、茂林、珍木、岩谷、花径，元璙与文奉常在此大宴宾客，文奉跨白骡，按鹤氅，流连于花径或泛舟于水上。吴越亡后，东圃废为民居。元末明初，邑人吴孟融在遗址上建东庄，其子吴宽和其孙吴奕又有增建，李东阳《东庄记》道，园广六十亩，庄园由田与园构成，田部有凳桥、稻畦、桑田、果园、菜圃、振衣台、折桂桥、麦丘、竹田等，园部有水池、高岗、萝径、续古堂、拙修庵、耕息轩、知乐亭、看云亭、临渚亭等景。明代沈周、文林有诗赞此园。明嘉靖年间（1522～1566）归参议徐廷祼，称徐参议园。袁宏道《园亭记略》道：徐参议园在苏州园林中最盛，园内有水池、溪流、山洞、飞流、沟壑等景。以后几易其主，清代崇明人施何牧寓居于此，园已荒废。

建园时间	园名	地点	人物	详细情况
吴越，913～943	金谷园（朱光禄园、乐圃、乐圃林馆、东原、适适园、蘧园、适园、耕荫义庄、环秀山庄）	江苏苏州	钱文恽	原为晋代王珣、王珉舍宅为寺的景德寺，广陵王钱元璙第三子钱文恽在其遗址上建园，因慕西晋石崇洛阳金谷园之盛，而名金谷园。钱氏亡国后，园废为民居。北宋庆历年间(1041～1048)苏州州学教授朱长文祖母购地，父朱公倬建园，名朱光禄园(见北宋"朱光禄园、乐圃"条)。南宋改为学道书院、兵备道署，元代为张适所有，名乐圃林馆(见元"乐圃林馆")。明代宣德年间(1426～1434)杜琼居之，称东原(见明"东原、适适园、蘧园")。万历年间(1573～1619)宰相申明行购得，称适适园，明末清初，申时行孙申揆扩园，改蘧园。清代刑部郎蒋楫居此。后太仓人、尚书毕沅割园东部，名适园，其后杭州人、相国孙士毅得园，工部郎中汪藻、吏部主事汪坤购园，建耕荫义庄，又称汪氏义庄，重修东部，改环秀山庄，又名颐园(见清"环秀山庄")。
南汉，917～941	南汉禁苑	广东广州	刘龚	刘龚(917—941)在位期间，在广州越秀山的越王台处建禁苑，苑内有歌舞台、越王台、观音阁、呼銮道。呼銮道从山下通往山顶，游台(歌舞台)，两边植奇花异草。后又在禺山上建沉香台，在番山上积石为朝元洞。
南汉，917～941	芳春园	广东广州	刘龚	为南汉国王刘龚所创皇家园林，在越秀山西，有楼阁、拱桥、池沼、树林等。因宫女每日弃头花于水，流经拱桥出园，人称此桥为流花桥。
南汉，917～941	甘泉苑	广东广州	刘龚	为南汉国王刘龚所创皇家园林，在越秀山东，依东汉时开凿的民用汲水泉而建园，内面积很大，内有泛杯池、濯足渠、甘泉宫、避暑亭等。
南汉，917～941	南宫（九曜园）	广东广州	刘龚	在广州市教育路南方戏院内，现余300平方米，为南汉国王刘龚所创皇家园林，在城内西湖南越王药洲的基础上建立新园，开莲池，命为仙湖，建宫殿，炼丹药，命罪犯从太湖、灵璧、三江购来九个景石，以喻天上九曜星宿，人称九曜石，至今仍有遗石。仙湖北面为玉液池，以水道相连，池畔建有含珠亭和紫霞阁，水道边列置景石，行植杨柳，人称明月峡。在通往仙桥的水渠口以砺石砌桥，名宝石桥。因洲上石多，故又名石洲。

建园时间	园名	地点	人物	详细情况
后梁，913～943	南园	江苏苏州	钱元璙	吴越王钱镠四子钱元璙于后梁乾化三年(913)迁苏州刺史，后累授中吴建武军节度使、苏常润三州团练使、广陵郡王，治苏30年，在苏州子城西南建南园。罗隐《南园》和王禹偁有诗盛赞之，《祥符图经》道：园中有安宁厅、思元堂、清风阁、绿波阁、近仙阁、清涟亭、涌泉亭、清暑亭、碧云亭、流杯亭、沿波亭、惹云亭、白云亭、迎春亭、百花亭、龟首亭、旋螺亭、茅亭(三个)、茶酒库、易衣院等，知州秦羲曾修此园。北宋初年始始受损，祥符年间(1008～1016)汴京作景灵宫，取南园珍石，台榭零落。北宋元丰年间(1079～1085)只余流杯亭、四照、百花、丰乐、惹云、风月等景。北宋末年，宋徽宗造艮岳，朱勔取南园石卉邀宠。大观末年蔡京罢相东还，徽宗赐南园。1126年建炎兵火，南园毁尽。南宋绍兴年间(1131～1162)侍郎张仲几得南园，重建惹云、清莲池、凌霞阁、水竹遒院，时称张氏园池。开禧年间(1205～1207)吴机建明恕堂、美锦堂、琅然亭、河阳图亭、莞尔亭、清心亭等，并植桃李。元代园池荒毁，明代只余怪石、水池、桃花、鞠圃等，清末余崇岗绕碧流，最后沦为民居菜田。
南汉，917～971	苏氏园	广东广州		在广州市西关大街。五代人陶毅道："南海城中苏氏园，幽胜第一，广主尝与幸妃李蟾妃，微行至此，憩绿蕉林。"又道此园在今西关蕉园大街，蕉林是此园一大特色。
后梁，917前	南溪池亭	陕西大荔	王龟	《唐文续拾》卷七《新修南溪池亭及九龙庙等记》记载：池亭为后梁贞明三年(917)以前由太守王龟始建，连帅李瑭重修，太傅程公第三次续修竣工。(李浩《唐代园林别业考论》)
后唐，923后	袁象先园	河南洛阳	袁象先	后梁太祖外甥袁象先(864—924)，后梁的大将。公元923年，后唐灭后梁，袁象先到洛阳降李存勖。《唐两京城坊考》卷五东京外郭城睦仁坊："坊有梁袁象先园，园内有松岛。"(李浩《唐代园林别业考论》)

建园时间	园名	地点	人物	详细情况
后唐	若耶女子宅院	陕西西安		在长安晋昌坊大慈恩寺与楚国寺之侧，据《两京城坊考》卷三："其居迥绝尘嚣，花木丛翠，东西临二佛宫，皆上国胜游之最。"
闽，926～935	水晶宫	福建福州	王延钧	在福州西湖，五代十国时，被闽王王延钧辟为御苑，名水晶宫，园内有亭台楼榭，湖中设楼船，王延钧还从自己将军府修一条复道从内城跨出外城，直达水晶宫。王延钧（？—935），五代时闽国国君，926～935年在位，光州固始（今属河南）人，王审知次子，天成元年（926），与审知养子延禀起兵杀兄延翰，自称威武留后，三年，受后唐封为闽王，长兴四年（933）称帝，国号大闽，建元龙启，改名鏻，后被子昶及皇城使李仿所杀。
吴，929～934	泾县小厅	安徽泾县	裴锝 薛文美	薛文美《泾县小厅记》载：五代十国吴大和（929～934）中，裴锝在县署后造园，园内有池塘、树木、凉亭等，薛文美在遗址重建齐云亭、来风阁、烟锁亭。
吴，930	匡庐小堂		李征古	李征古，南唐升元末举进士第，官枢密副使。有文《庐江宴集记》记载："乾贞己酉岁，予旅游及此，得国朝四门博士庭筠书堂故基。背五乳之峰，带迁莺之谷。瀑布在右，分一派以走白。彭蠡在前，凝万顷以含虚。斯又匡庐闲无与争也。予方肄业，乃结庐而止。俄而长乐从弟兄洎亲友十余人继至。明年，予倚金印峰，复营小堂以自居。游焉息焉，无复四方之志。"
后唐	迎秋台			在固子门外，后唐庄宗所筑。宋人九月九日于此登高。（汪菊渊《中国古代园林史》）
后唐，930	永芳园	河南洛阳	李嗣源	后唐明宗李嗣源在长兴四年（930），在洛阳新建皇家园林，取名永芳园，遭大臣反对，因为国力衰竭，无力为支。
南唐，937～975	南唐宫苑	江苏南京		在南京城中心，今洪武南路一带，今内桥即昔宫门前之中虹桥，宫城东、西、北面皆为护城河。内有虹桥、百尺楼、澄心堂、绮霞阁、瑶光殿等殿堂几十座，南宋时复为行宫。

建园时间	园名	地点	人物	详细情况
南唐，937～975	南唐避暑行宫	江苏南京		在南京城西的清凉山，为南唐避暑行宫，山林翳翳，陂路幽静，鸟鸣鱼游，山顶建暑风亭，南宋时在旧址上重建为翠薇亭。
南唐，938～952	清溪草堂	江苏南京	李建勋	在钟山南麓东溪，为节度使李建勋所筑，园以水为主景，适意泉石，构亭筑立榭，窗外皆连水，松杉欲作林。李建勋(872—952)，五代时广陵人，字致尧，李德诚子，徐温媚，少好学，能属文，尤工诗，初为徐知询幕僚，李昪镇金陵，用为副使，南唐新中国成立后，拜中书侍郎，加同平章事，加左仆射，监修国史，辅政五年，升元五年(941)放还私第，李璟时任昭武军节度使、司空、司徒。因在钟山营园，适意泉石，故赐号钟山公，卒谥靖。有《钟山集》二十卷，有诗《春日小园看兼招同舍》。又有诗《金陵所居清溪草堂闲兴》诗："窗外皆连水，杉松欲作林。自怜趋竞地，独有爱闲心。素壁题看遍，危冠醉不簪。江僧暮相访，帘卷见秋岑。"(李浩《唐代园林别业考论》)
后晋，943	天竺寺	浙江嵊州		天竺寺位于浙江省嵊州市的天竺山之南麓。天竺山东北面古木参天，遍山竹林，云兴霞蔚的山谷中，有一条约5公里长的峡谷，两面山岩突兀，沟里溪水淙淙，曲转迂回流入剡溪。山谷中有一条盘山公路经谢岩、白岩等村，蜿蜒地伸向天竺寺，沿路旁的山谷里的梯田层层蔚为壮观，只能听到飞禽的叫声，没有市井的喧嚣，也没有缭乱的杂色，形成了一个超逸尘外的清幽世界。
南唐，945～962	南园	福建泉州	留从效	在泉州鹦哥山，是晋江王留从效的私园，园依鹦哥山，掘井凿池，栽榕育花，楼台亭榭，后来舍园为寺，即今承天寺，宋泉州太守王十朋《咏承天寺十景》多为园景。留从效(906—962)，南唐大臣，字元范，泉州永春人，初为闽王王审知将领，为散员指挥使、都指挥使(943)，后受南唐李璟封为泉州刺史(949)、清源军节度使、同平章事兼侍中、中书令、鄂国公、晋江王，死后赠太尉、灵州大都督，留治泉17年，好兵法，重农商，兴教育。园概建治泉期间。

建园时间	园名	地点	人物	详细情况
吴越，948～978	龙华寺（空相寺、龙华寺、）	上海	吴越王	在徐汇龙华镇，为五代末北宋初（948～978）吴越王所建，以后数度毁建，初名龙华教寺，北宋治平元年（1064）更名空相寺，明初重建时更名龙华寺，寺中除佛殿、钟鼓楼外还有大藏经阁、东西照楼、东轩及归云山房、迎月山房、西隐山房和听松山房。清末重修时在客堂（今染香楼）前挖荷花池，1928年淞沪警备司令部把寺西桃园和菜圃改建为兵华园，新中国成立初改扩建为龙华公园，今为龙华烈士陵园。民国以来，寺面积为31亩，1978—1982年重修，在佛殿侧植广玉兰、罗汉松、柏、枫杨、青桐等大树20余株，染香楼前水池填为院落铺地，改为三个花坛，分别植月季、黄杨和韬明禅寺塔、牡丹。
后周，951年	西园	浙江绍兴	钱弘倧让王	西园东枕龙山西麓，西临鉴湖，原是镇东军节度的后庭，又是钱弘倧的旧游之地。
南唐，952前	卫氏林亭	江苏南京	卫君	徐铉（916—991），五代宋初文学家、书法家。历官五代吴校书郎、南唐知制诰、翰林学士、吏部尚书，后随李煜归宋，官至散骑常侍，世称徐骑省。有《游卫氏林亭序》："建康西北十里所，有迎担湖。水木清华，鱼鸟翔泳。昔晋元南渡，壶浆交迓于斯。今中兴建都，人烟栉比于是。其间百亩之地，宫率卫君浣沐之所也。前有方塘曲沼之胜，后有鲜原峻岭之奇。表以虚堂累榭，饰以怪石珍木。悦目之赏，充牣其中。待宾之具，无求于外。庶子王君谕德萧君赞善孙君与上台僚尝游焉，贤卫君也。陶陶孟夏，杲杲初日。虚幌始辟，清风飒然。班荆荫松，琴奕诗酒……壬子岁夏五月，祠部郎中知制诰徐铉踌躇慨叹之所作也。"
南唐，954	乔公亭	安徽桐城	乔公	徐铉有《乔公亭记》："同安城北，有双溪禅院焉。皖水经其南，求塘出其左。前瞻城邑，则万井纚连。却眺平陆，则三峰积翠。朱桥偃蹇，倒影于清流。巨木轮囷，交荫于别岛。其地丰润，故植之者茂遂。其气清粹，故宅之者英秀。闻诸耆耋，乔公之旧居也。虽年世屡迁，而风流不泯。故有方外

建园时间	园名	地点	人物	详细情况
				之士，爰构经行之室。回廊重宇，耽若深严。水濒最胜，犹鞠茂草。甲寅岁，前吏部郎中锺君某字某，左官兹郡，来游此。顾瞻徘徊，有怀创造。审曲面势，经之营之。院主僧自新，聿应善言，允符夙契，即日而栽，逾月而毕。不奢不陋，既幽既闲。冯轩俯盼，尽濠梁之乐。开牖长瞩，忘汉阴之机。川原之景象咸归，卉木之光华一变。每冠莅萃止，壶觞毕陈。吟啸发其和，琴棋助其适。郡人瞻望，飘若神仙。署曰乔公之亭，志古也。……立石刊文，以示来者。于时岁次乙卯保大十三年三月日，东海徐铉记。”
后周，955～960	圣寿寺	河南荥阳		有上(大)、下(小)两寺。上寺位于贾峪镇阴沟村西南大周山(俗称塔山)山巅。乾隆十一年(1746)《荥阳县志》记载，圣寿寺创建于后周世宗显德年间(955～960)，重修于北宋至和年间(1054～1056)。寺内碑刻所记，其在明、清两代多次重修。寺内除千尺塔外，尚存大殿墙体(顶为近年新加)、东配殿墙体以及明清时期碑刻等。
后周，956	法云寺	河南郑州	柴荣	又名柴公寺。五代后周显德二年(955)周世宗柴荣所建。寺早已毁。
南汉，958～971	芳华园	广东广州	刘鋹	为南汉国王刘鋹所创皇家园林，在荔枝湾，与华林苑和显德园合称西园。刘鋹(943—980)，五代时南汉国君。刘鋹，958～971年在位，南汉中宗刘晟之子，原名继兴。刘鋹性情昏懦，以卢琼仙、黄琼芝为侍中，参决政事，宠信宦官，大造宫殿和园林。
南汉，958～971	华林苑	广东广州	刘鋹	为南汉国王刘鋹所创皇家园林，在荔枝湾，又名西御苑，与芳华园和显德园合称西园，郡治六里，依泮塘，辟花坞，架龙津桥，筑桃、梅、莲、菱之居。
南汉，958～971	显德园	广东广州	刘鋹	为南汉国王刘鋹所创皇家园林，在荔枝湾，与芳华园和华林苑合称西园，广四十里，袤五十里。

建园时间	园名	地点	人物	详细情况
南汉，958～971	昌华苑	广东广州	刘张	为南汉国王刘张所创皇家园林，在城西荔枝湾，周回九十里，园内以荔枝著名，每年国王在此举行荔枝宴。
南汉，961前	南原亭馆	江苏南京	毗陵郡公	徐铉有《毗陵郡公南原亭馆记》："……京城坤隅，爰有别馆。百亩之地，芳华一新。旧相毗陵公习静之所也。其地却据峻岭，俯瞰长江。北弥临沧之观，南接新林之戍。足以穷幽极览，忘形放怀。于是建高望之亭，肆游目之观。睨飞鸟于云外，认归帆于天末。四山隐现而屏列，重城逦迤而霞舒。纷徒步而右回，辟精庐于中岭。倚层崖而筑室，就积石以为阶。土事不文，木工不斫。虚牖夕映，密户冬燠。素屏麈尾，架几藜床。谈元之侣，此焉游息。设射堂于其左，湛方塘于其下。虚槛显敞，清风爽气袭其间。奇岸萦回，红药翠荇藻其涘。至于芳草嘉禾，修竹茂林，纷敷翳蔚，不可殚记。……是时岁次辛酉冬十月十日记。"（李浩《唐代园林别业考论》）
唐末	毕诚别业	江苏苏州	毕诚	在苏州盘门外五里，园内有池塘、垣墉，后舍宅为太和宫，建有上清殿、北极堂、星坛、霜钟、水槛、山亭、怪石、荷花等。
吴越	四宝园	浙江楠溪江		位于浙江省楠溪江南部的北雁荡山和括苍山间苍头村，全村占地 9.7 公顷，始建于五代，历三次建成。园林在东南角，为水口园林。平面成曲折形，依东西两湖布置：西池有文房四宝景观：砚池、墨锭、笔架山、村落纸。东池有水月堂、望兄亭，两池以仁济庙和李氏宗氏作为转角过渡。池岸虽整，空间开敞，简洁而富于节奏。
	富春园	河南洛阳		在洛阳城东，诗人元稹和白居易都有诗赞此园。
	光明寺园	陕西西安		在长安长乐坊，《文渊阁四库全书》载《酉阳杂俎·寺塔记》道：寺园内有高山、水池、古木、庭院，幽若山谷。

建园时间	园名	地点	人物	详细情况
唐	唐昌观园（蕃厘观）	陕西西安		琼花观古称后土祠、后土庙，建于汉元延二年（前11），唐时增修，名唐昌观，宋徽宗赐蕃厘观额，遂易名蕃厘观。蕃厘观因琼花而得名，俗称琼花观。在长安安业坊，《剧谈录》道：观园以玉蕊花为着，概有庭院植花为主园林，每逢花期，琼林玉树，车马寻玩者络绎不绝。
唐	度支亭子	陕西西安		在永达坊，雷子车《辇下岁时记》道：新进士的牡丹宴在永达坊的度支亭子举行。
唐	遂员外药园	陕西西安	遂员外	李华《贺遂员外药园小山池记》道：池塘、假山、书堂、琴轩等景。堆石而象衡山、巫山，曲水而象江湖、河海，置酒娱宾，卑痹而敞，“以小观大，则天下之理尽矣”。
唐	潘司马别业	陕西西安	潘司马	周瑀诗《潘司马别业》道：潘司马有别业，园中有湖池、汀洲、绿草、橘子、垂杨、大雁等，开门又可远借青山。
唐	韦卿城南别业	陕西西安	韦卿	王维诗《晦日游大理韦卿城南别业》道：大理人韦卿在城南有别业，园中有水池、澄陂、春堤、高馆、幽谷、深林、喜鹊等景，为郊区别墅型。
唐	孙园	江苏苏州	孙氏	孙园在苏州桃花坞西侧，为唐朝著名私园，堪与虎丘并论，与顾辟疆园和镜湖相媲美，唐元稹寄白居易诗道：“孙园虎丘随宜看，不必遥遥羡镜湖。”明时园毁，明代高启有诗《吊孙园》：“江左风流远，园中池馆平。宾客已寂寞，狐兔自纵横。秋草犹知绿，春花非昔荣。市朝亦屡改，高台能不倾。”可知园中有水池、轩馆、高台、花卉、青草等景。明代毁。
唐	天随别业	江苏吴县市	陆龟蒙	陆龟蒙号天随子，在吴县（今吴县市）甪直今白莲寺处建有天随别业，园中有清风亭、光明阁、杞菊畦、双竹堤、桂子轩、斗鸭池、垂虹桥、斗鸭栏等“小八景”。

建园时间	园名	地点	人物	详细情况
唐	震泽别业	江苏震泽	陆龟蒙	陆龟蒙在震泽亦建有别业，自咏诗道：“更感下峰颜色好，晓云才散便当门。”
唐	褚家林亭	江苏苏州	褚氏	褚氏在苏州为望族，在松江边建有林亭，人称褚家林亭。园中有广亭、楼阁、观台、岛屿、曲溪、竹林、萝薜、桂花、苹果、芦苇、芹、白鸟等景。陆龟蒙和皮日休有诗《褚家林亭》赞之。
唐	大酒巷宅园	江苏苏州		《长洲县志》道：苏州大酒巷在唐代有富豪宅园，疏浚池沼，植树栽花，建水榭，起风亭，风景殊异。清末诗人袁学澜有诗咏：“水槛风亭大酒坊，点心争买鳝鸳鸯。螺杯浅酌双花饮，消受藤床一枕凉。”
唐	颜家林园	江苏苏州	颜氏	陆龟蒙有诗道：“日华风蕙正交光，羯末相携借草堂。佳酒旋倾醽醁嫩，短船闲弄木兰香。”可知颜家林园中有草堂、木兰、画舫等。皮日休有诗《闻鲁望游颜家林亭园病中有寄》。
唐	韦承总幽居	江苏苏州	韦承总	韦承总为相门子孙，孟郊诗《题韦承总吴王故城下幽居》道：“霜枝留过鹊，风竹扫蒙尘。郢唱一声发，吴花千片春。”可知园中有树木、喜鹊、风竹、吴花等景。孟郊(751—814)字东野，湖州武康人。进士出身，曾任溧阳尉、协律郎等职。
唐	横山花园	江苏苏州		《横溪录》载有皮日休诗《春日游花园》。陆龟蒙有诗《花园看月》：“佳人芳树杂春溪，花外烟蒙月渐低。几度艳歌清欲转，流莺惊起不成栖。”可知园中有溪流、芳树、花卉、流莺等景。
唐	免水院	江苏苏州		位于苏州横山，后改尧峰院，有十景：清辉轩、碧玉沼、多境岩、宝云井、白龙洞、观音岩、偃盖松、妙高峰、东斋、西隐等。
唐	韦氏园	广东	韦氏	韦氏被贬于广东时所创私园。
唐	牛心寺（清音阁）	四川峨眉山		在四川峨眉山上，原名牛心寺，始建于唐代，明代洪武时广济禅寺住持以左思“何心丝与竹，山水有清音”而名清音阁，后三次失火，1917年重修。除

建园时间	园名	地点	人物	详细情况
				牛心寺大雄宝殿之处，山景殊妙，有双飞亭、牛心石、牛心亭、黑龙江、白龙江、二道石拱桥、接王亭等。富顺诗人刘光第把二水二桥一石概为“双桥两虹影，万古一牛心”。
唐	莲台寺	山东梁山	善导	据旧志记载：唐代高僧善导创建佛教组织“莲宗”，在梁山依巨石刻佛于莲花之上。僧徒香客捐资筑以红亭覆遮，并于此筹建莲台寺。莲台寺坐北朝南，围以石壁女墙(呈凸凹形的矮墙)，楼阁参差、建筑宏阔。主体建筑为一殿两院。大殿的东西两侧，各有一小院。东为“准提”(佛教语，意指“请虚”)，石庭隐曲。西为“接引”(佛教语，意指由此登入仙境)，轩敞豁朗。上筑红亭，玲珑别致。莲台寺环境幽雅，风景宜人。阳春三月，雪山峰杏梨葩绽，花簇摇曳，茂林修竹，吐绿凝碧，莲台寺掩映林丛花簇之间。登临莲台，远野苍苍，近山黛绿，山青石秀，水翠花香。
唐	桂林西湖	广西桂林	郭思诚	在今桂林市区，时有46公顷，烟波浩渺，胜赏甲于东南，山峰倒影，荷莲浮翠，唐宋时建有水阁、隐仙亭、夕阳亭、瀛洲亭、怀归亭、湘清阁等，元代至元三年(1337)广西廉访司的郭思诚清污挖淤、导泉蓄水，重新恢复西湖，他在《新开西湖之记》中写道：“桂林为郡，山有余而水不足。此湖绵亘数顷，天造地设，非人力穿凿所就。宽可为舟，深可为渊，宣泄风土郁蒸之气，润泽城郭”，“为一郡山川形胜。”元以后，有豪绅在湖边填湖盖房。清朝嘉庆年间(1796～1820)，两广总督、大才子阮元曾在56岁生日时题《隐山铭》：“何人能复，西湖之旧？”20世纪后，湘桂铁路、西山路、小学、停车场、酒家分湖占湖，最后只余一池于西山公园内。

建园时间	园名	地点	人物	详细情况
唐	试院双柏园	福建长汀		在卧龙山下，面对三元古阁，宋时为汀州卫址，明为汀州府试院，简称广厂。试院大堂下为双柏园，堂前二古柏，唐时所植，已有1100多年历史，至今仍苍劲挺拔，枝叶繁茂，树干须三人合抱，高约12米。原来双柏旁有树神庙，后称"双忠庙"。试院曾为苏区时福建省苏维埃政府办公地，1988年公布为第三批全国重点文物保护单位。
五代	海印寺假山	福建泉州		在泉州城外十里宝觉山悬崖之上，宋代朱熹在此讲学，石上题"天风海涛"。民国时两度扩建，寺周自然石景皆被采伐为建筑材料，清末书法家庄俊元的草书"佛"与朱熹字皆被凿。寺内有铁沙钟乳石假山一座，山前有源自岩石窄缝的泉流，脉状盘曲，小潭周垒石堰、架曲桥，岸边置石可坐。过桥上山，有石壁如关塞。假山周边杂植花木，枝叶稀疏，花果淡素。憾毁于扩建工程。
五代	招贤书院	福建泉州		潘山招贤院，除溪山胜概外，茂林修竹、茅檐曲径都具诗情画意。（汪菊渊《中国古代园林史》）
后晋，936～947	烟雨楼	浙江嘉兴	钱元镣	始于建于五代后晋年间（936～947），初位于南湖之滨，吴越王第四子中吴节度使、广陵郡王钱元镣"台筑鸳湖之畔，以馆宾客"，为游观登眺之所。后毁。遗址现无存。明嘉靖、万历间，增填淤土，构筑亭榭，并拓台为钓鳌矶，开放生池名鱼乐园，遂成胜地。万历十年（1582）石刻（指钓鳌矶三字）犹存。清初康熙、乾隆两帝南巡，数次重修，并仿其制于热河之避暑山庄。烟雨楼咸丰年间毁于战火。同治年后稍有修筑，1918年嘉兴知事张昌庆会绅募捐款重建烟雨楼。新中国成立后多次修葺，与清初烟雨楼图（见《南巡盛典》）相较，则当时正门，适在今宝梅亭下，居最后，今日正门向东北，系乾隆间改建。 烟雨楼，相传取唐朝诗人杜牧"南朝四百八十寺，多少楼台烟雨中"的诗意而得名。今日以烟雨楼为主体建筑，逐渐形成一个古建筑群。烟雨楼左右前后有碑亭、亦方壶、鉴亭、来许亭、宝梅亭、鱼

建园时间	园名	地点	人物	详细情况
				乐国等，错落有致，回廊曲折，庭中假山玲珑别透，岛上古木葱茏，花木扶疏。文物有宋朝黄山谷、苏轼、米芾的诗碑石刻，元朝吴镇的风竹刻石，明董其昌手书鱼乐国碑，御碑两块，上刻乾隆帝游南湖诗十四首，在碑廊上还嵌有嘉禾八景图咏碑刻：南湖烟雨、汉唐春桑、东塔朝暾、茶禅夕照、杉闸风帆、禾墩秋稼、韭溪明月、瓶山积雪。（汪菊渊《中国古代园林史》）

第七章

宋辽金园林年表

建园时间	园名	地点	人物	详细情况
北宋,北宋初	光禄吟台(玉尺山、闽保福寺)	福建福州	程师孟 李宗言 李宗祎	又名玉尺山、闽保福寺,今福州鼓楼区光禄坊1号省高级法院内。此处不仅汇集了亭、台、池、桥、石、花、木,而且还保留了宋代至民国时期十余段摩崖题刻。唐时叫闽山保福寺,宋时更名为法祥院,北宋熙宁间(1068～1070)光禄卿程师孟任福州太守扩建城池,疏通河道和湖泊,修路搭桥。程常游法祥院,登石远望,吟诗作赋,寺僧便给它起名为光禄吟台,并请程师孟题写了这四字篆书,字径有一米左右。清光绪年间,户部郎中李宗言兄弟建别馆于此,植丁香一株。1990年末,除光禄吟台及周围亭榭池馆保留外,其他均已改为现代楼房,景区被定为市级文保。明万历年间举人林有台、明崇祯年间提学许豸、康熙年间提督何傅、嘉庆年间总兵何勉、知府齐鲲、咸丰年间翻译家林纾、道光年间学者郭柏苍都先后住在这里。 程师孟(1009—1086),宋苏州人,字公辟,仁宗景祐元年(1034)进士,历知南康军、楚州,提点夔州路刑狱,徙河东路,开渠筑堰,淤良田万八千顷,自江西转运使改知福州,政绩为东南之最,历任知广州、越州、青州,为政简严,痛惩豪恶。民为之立生祠。李宗言,字畬曾,闽县人,光绪八年(1882)举人,官至江西广信知府,安徽候补道。李宗祎,字次玉,号佛客。光绪初至1893年,李宗言、李宗祎、陈衍、林纾、李宣龚、高凤岐、周长庚、王又点等十九人,组成福州诗社,每月数次唱和七律。
北宋,北宋初	东京后苑	河南开封		本为后周旧苑,在东京宫城西北。《历代宅京记》卷十六载:园内有八殿:崇圣、宜圣、化成、金华、西凉、清心、仁智、德和等,二阁:翔鸾阁和仪凤阁,三亭:华景、翠岩、瑶津,一楼:太清楼,二石:敕赐昭庆神运万岁峰、独秀太平岩(宋徽宗书),二山:香石泉山、涌翠峰,一溪:仁智殿前绕小溪,有桥通殿,溪中有龙船。殿后垒石成山,高百尺,广倍之,名香石泉山,山后扬水装置,扬水上山,而后流经荆玉涧、涌翠峰,泻于太山洞,经德和殿至大庆门。

建园时间	园名	地点	人物	详细情况
北宋，951～960	玉津园（南御院）	河南开封	赵恒	《汴京遗迹志·卷八》："玉津园，在南熏门外。凝祥池，在普济水门之西，宋真宗时凿。"本为后周时旧苑，宋初扩建，半以种麦，以贡内廷。苑内建筑较少，林木繁盛，俗称青城。园内有紫坛、连冈、农田、兽圈、禽笼。兽圈禽笼养有进贡的珍禽异兽：大象、麒麟、驺虞、神羊、灵犀、狻猊、孔雀、白鸽、吴牛等。每年春天，定期开放，供平民踏春，苏轼有诗《游玉津园》赞之："承平苑囿杂耕桑，六圣勤民计虑长。碧水东流还旧派，紫坛南峙表连冈。不逢迟日莺花乱，空想疏林雪月光。千亩何时躬帝借，斜阳寂历锁云庄。"盛夏，皇帝临幸观看刈麦。
北宋，960～1126 或北宋前	翟氏园	上海南汇	翟氏	在浦东新区下沙乡，为翟氏所创私园，明弘治年间(1488～1505)毁。
北宋，960 后	赵韩王园	河南洛阳	赵普	赵普(922—992)，北宋政治家，字则平，幽州蓟县(天津)人，迁洛阳，帮助赵匡胤陈桥兵变，乾德二年(964)任宰相，封韩王，太宗时又二次为相，淳化三年(992)因病辞官，封魏国公。《洛阳名园记》道：国初赵任韩王时皇帝诏建宅园，制同帝苑和官园。园内有高亭、大榭、花木、水池等景。
北宋，960～975	芳林园（潜龙园、奉真园）	河南开封	赵光义	宋太宗赵光义(939—997)为皇弟时(960—975)在京城西固子门内东北兴建的私园，即位后改潜龙园，后改奉真园，1029 年改芳林园。园内朴素淡雅，在山水陂野间散布村居茅舍。淳化三年(992)赵光义临幸，命故臣竞射，中者太宗亲自把盏敬酒，众臣皆醉。1126 年，金兵破城，园毁。
北宋，北宋初	宜春苑（西御园、迎春苑）	河南开封	秦悼王	在新宋门外，原为宋太祖三弟秦悼王的别墅，秦悼王受贬后收归皇苑，人称西御园，以栽培花卉名满京师。宋初，皇帝在此赐宴新科进士，故又称迎春苑。后来渐荒，改富国仓，1069～1074 年间，王安石有诗述其颓况。

建园时间	园名	地点	人物	详细情况
北宋，964	琼林苑	河南开封		位于外城西墙新郑门外，金明池对面，又名西青城，始建于乾德二年(964)至政和年间(1111～1117)方完成。园内有池塘、华觜冈、横观、层楼、梅亭、牡丹亭、射殿、球场、石榴园、樱桃园、虹桥、凤舸、古松、柽怪柏、柳树、素馨、茉莉、山丹、瑞香、含笑、麝香等。每年大试之后，皇帝在此赐宴新科进士，谓之琼林宴。
北宋，968～975	王溥园（苗帅园）	河南洛阳	王溥 苗授	北宋王溥在洛阳开有宅园，王为宋太祖开宝年间(968～975)的宰相，盖此园建于此时。北宋时归节度使苗授，时有古松七株、七叶树二株，皆为故物，又引伊水入园，成曲溪，创溪亭于水岸，溪水绕松而为池，池中植莲荇。建堂于七叶树北，建亭于竹林南。又有水轩、桥亭等景。(李格非《洛阳名园记》)
北宋，969	皇帝宫	河南新密		位于新密市东，相传是当年黄帝指挥练兵、创演八阵的地方，今已辟为黄帝城旅游区。这里有黄帝议事亭、八卦兵俑阵、武定湖、人祖洞、九龙庙、玄女峡等景观。被誉为“中华人文始祖圣地”、“天下第一宫”。黄帝宫坐北朝南，三进三院，有养马庄、仓五村、拜将台、宫殿、轩辕门、讲武门等。东院祀黄帝像，西院设讲武场。
北宋	景华苑	河南开封		景华苑，与撷芳园东西相对，原名会节园。原为私人园林，后为宦官所取。北宋末，其南与艮岳连成一片。
北宋，976～997	张处士溪居	江苏苏州	张处士	张处士在苏州城郊山间建别墅，因山溪在园中，故称溪居，岸边植竹，溪桥渡水，繁花芳草，四时不绝，园中还有药圃。王禹偁治长洲(今苏州)时，与之过从甚密，曾有诗道：“长洲懒吏频过此，为爱山园有药苗。”此园盖在太宗时期所创。
北宋，976	金明池	河南开封	柴荣 赵匡胤	金明池始凿于太平兴国元年(976)，位于北宋东京外城西新郑门外干道以北，与路南的琼林苑相对。后周世宗柴荣于显德四年(967)，为伐南唐，引汴

建园时间	园名	地点	人物	详细情况
				水入池，教习水军。北宋太平兴国七年(982)，赵匡胤来此观水戏。政和年间(1111～1117)，扩建为以池景为主的皇园，园周长九里三十步，面积约129公顷。池近方形，池中筑岛，起水心殿，南向架桥，名骆驼虹，桥南正对高台，台上宝津楼，楼南为宴殿，殿东射殿和临水殿。水北临池有船坞，名奥屋。金明池活动主要为水戏，张择端绘有《金明池夺标图》，场景甚详。南面琼林苑常与之同时开放(称开池)，届时百戏杂耍，热闹非凡，诗人李昭玘、梅尧臣、王安石和司马光等均有咏赞金明池的诗篇。1126年金兵入城，此园初毁。
北宋，995前后	乐安庄	山西永济	薛俅	北宋太宗年间，枢密直学士薛俅致仕归田，在老家永济县(今永济市)城东关，古城东北建乐安庄，内有南北二园，北面有逸老堂，东面有三经堂，西面有无无堂，又有明月台等。因无薛俅生平，只是从其永济柯岩寺内的至道元年(995)石碑推断大概时间。
北宋，998～1023	迎祥池	河南开封	赵恒	宋真宗赵恒在位时(998—1023)在普济门西开凿此池。
北宋，998～1023	凝碧池	河南开封	赵恒	在陈州门里繁台东南，唐时为牧泽，宋真宗在位时(998—1023)改建为池。在开封陈州门里，植菰、蒲、荷，为公共园林。
北宋，1008～1016	天宁寺	浙江金华		位于金华市区东南隅的一个小山坡上，坐北朝南，面对婺江，旧名大藏院，北宋大中祥年间建，赐号“承天”，政和年间始称天宁寺。绍兴八年(1138)以崇奉徽宗，赐名“报恩广寺”，后又改“报恩光孝”。现仅存大殿，是我国南方三个典型的元代木结构建筑之一，属国家级文物保护单位。大殿后原有两棵历史悠久的古柏，世称“龙凤双柏”，原是我国乃至世界最为古老的盆景艺术品，填补了元代盆景记载的空白，惜近年枯死。据著名元代碑刻《灵璨阁记》记载：700年前，天宁寺寺僧曾大兴土木，“创北山门，修舍利塔，启碧云关……”且兴建园圃“备材植，起亭榭于寺之右圃”。(《灵璨阁记》、《金华县志》)

建园时间	园名	地点	人物	详细情况
北宋，1008～1017	竹园	河南怀庆		园在河南怀庆府城。（《河南通志》）
北宋，1009	碧霞祠	山东泰安		祠分前后二进院，以照壁、金藏库、南神门、大山门、香亭、大殿为中轴线，两边是东西神门、钟鼓楼、东西御碑亭、东西配殿。山门内正殿五间，上面的盖瓦、鸱吻、檐铃均为铜质。檐下有乾隆帝赐匾额“赞化东皇”，殿内设神龛，祀碧霞元君铜像，两侧为眼光、送生两神铜像各一尊。
北宋，1010	含芳园（瑞圣园）	河南开封		在封丘门外，大中祥符三年（1010）迎泰山“天书”以供，改名瑞圣园，此园以植竹为主，还有水池，诗人曾巩有诗《上巳日瑞圣园锡燕呈诸同舍》赞之：“北上郊原一据鞭，华林清集缀儒冠。方塘春先渌，密竹娟娟午更寒。流渚酒浮金凿落，照庭花并玉阑干。君恩倍觉丘山重，长日从容笑语欢。”
北宋，1011	法海寺	河南新密	宋真宗	北宋咸平四年（1011）建成，明末被毁。清顺治五年（1648），知县李芝兰重修。乾隆十七年（1752）知县秦□与嘉庆元年（1796）邑人分别续修。
北宋，1012～1053	隐圃（灵芝坊）	江苏苏州	蒋堂	蒋堂，字希鲁，江苏宜兴人，祥符五年（1012）进士，两度出任苏州太守，在杭州任上时，在苏州灵芝坊（侍其巷）建隐圃，退休后游居于此。圃中有水池、水月庵、曲溪、溪馆、南湖台（假山）、水榭、岩扃、烟梦亭、风篁亭、香岩峰、古井、贪山、桃、桂、竹、葵、芝（草）、萝、鹤等。蒋作《隐圃十二咏》以赞之。皇祐五年（1053）芝草生于溪馆，知州李仲偃邀集同僚赋诗以纪，此地因此改为灵芝坊。蒋堂赞溪景道：“清浅采香泾，方圆明月湾”。
北宋，1019	汾水西堤	山西太原	陈尧佐	陈尧佐在宋天禧中（1019）为加强太原城西堤防，在汾水边筑堤，植柳万株，并建杕华堂、芙蓉洲、彤霞阁、四照亭、水心亭等，每年上巳日，太守泛舟，郡人游观。陈尧佐（963—1044），北宋阆州阆中人，字希元，号知余子，太宗端拱元年（988）进士，历任潮州通判、中同书门下平章事、集贤殿大学士、枢密副使、参知政事、太子太师，死后封郑国公，以治水功着，有《潮阳编》、《野庐编》、《愚邱集》、《遣兴集》等。
北宋，1023～1031	沧浪亭馆	江苏兴化	范仲淹	在兴华市，毁。

建园时间	园名	地点	人物	详细情况
北宋，1023～1031	小梅岭	江苏兴化	范仲淹	小梅岭，毁。
北宋，1024～1029	兰皋园	安徽灵璧	张次立	在灵璧县城西关外汴水北岸，今粮业烟酒公司宿舍处，为北宋天圣年间(1024～1032)灵璧官僚张次立所建。园中有奇石小蓬莱、陂池百亩、假山岩阜、华堂厦屋(中有兰皋亭)等百余景，植竹子、桧柏、梧桐、蒲苇莲敬芡、果蔬，养鱼龟，现余灵璧石一座，重达几吨，瑰玮异常，为故园遗物。《墨庄漫录》载，元丰二年(1079)苏轼由徐州改任湖州时，途经灵璧，寻石游园，发现奇石如蓬莱，当即命之为小蓬莱，当晚与好友张硕(园主)共饮后醉卧此石，醒后题"东坡居士醉卧此石然酒醒"，故又名醒酒石，荆溪居士蒋颖叔、紫溪翁礼安中游园时又题字于石，故又名三题石。又发现一巨石，如麇鹿颈状，四面可观，苏当即画《丑石风竹图》以换，后被皇帝纳入皇家园林之中，苏为园作《灵璧张氏园亭记》，文道："蒲苇莲芡，有江湖之思。椅桐桧柏，有山林之气。奇花美草，有京洛之态。华堂厦屋，有吴蜀之巧。"提出："古之君子，不必仕，不必不仕。必仕则忘其身，必不仕则忘其君。"从此园名大噪。 北宋诗人贺铸题诗《游灵璧兰皋园》："集仙昔荣养，卜筑循兰陔。深径万株合，清池百亩开。飞梁荫菡萏，攒栋跨崔嵬。淮海劚红药，潇湘移翠栽。岱松佩茑，海石糊莓苔。车马远惊聒，鱼鸟忘嫌猜。病客倦舟楫，寻春此裴徊。闰年物候迟，前日已闻雷。薄景未曦雪，东风新破梅。主人京洛旧，杖履容参陪。指我艮隅地，方营秋月台。眼明壁间字，醉墨题东莱。短句颇清绝，早推能赋才。殷勤卷白苎，为尔拂尘埃。安得一携手，更倾林下杯。酒阑话平昔，岂复顾形骸。行役浸相远，人生信悠哉。薄暮重回首，长哦归去来。" 北宋曾巩游园题三首："梨枣累累正熟时，粟田鹑兔示争肥。园亭尽日追寻遍，只欠厌厌醉始归。""汴水溶溶带雨流，黄花艳艳亦迎秋。看花引水园林主，独笑行人易白头。""林地成来多酿酒，杏林熟后亦残钱。不须置驿迎宾客，直到门前系画船。"清贾之坊游后题《访张氏园亭有感》："少时玄赏在苏文，何意园亭种白云。张氏裔孙我季冉，汴

建园时间	园名	地点	人物	详细情况
				河古岸尔榆口。画中凤竹疑成韵,记上池台总不闻。数百年来回地轴,平章画业问诸君。”清汪元淑游后题《同友人寻张氏园亭》:“坡仙文字古园亭,莫问园亭地几经。赖有青山新气色,何知汴水旧清泠。花开花谢同刘项,人去人来自日星。世间手笔能千载,长取河山在记铭。” 张次立,安徽灵璧人,官至殿中丞,工篆书,嘉祐年间(1056～1063)中诏同篆国子石经。张次立一门三进士。张硕,张次立孙,元丰间进士,任青州府政事。张礼,张硕裔孙,南宋绍熙元年(1190)进士,授中书礼部主事,改太守府,补按察使,出河南参政知事,寻升平章政事,近帝王之居,为人敏学、东善,虽居显官,犹阅史不倦,修祖园,以为读书之所。张郁,张礼后裔,元至元十五年(1278)进士,拜见中书左司郎中,擢两省转运使,升参知政事,中奉大夫,历官30余载,始终接人以谦,不苟于民。
北宋,1024后	小隐堂	江苏苏州	叶清臣	在苏州城北,为叶清臣园居。叶清臣,字道卿,号卞山居士,天圣二年(1024)进士第二,幼聪明好学,擅长诗文,仁宗时官居两浙运使。在家乡苏州建有宅园名小隐堂,内有小隐堂、秀野亭、红蕖、绿竹、水池。叶有诗《小隐堂》,两任苏州太守蒋堂也有诗《过叶道卿侍读小园》,郑虎臣《吴都文粹》道:当时苏州人多爱到此游玩。
北宋,1025	柳溪	山西太原	陈尧佐 韩绛 韩缜	在太原城西汾河堤以东,今新建路以西水旱西关之间,北宋天圣三年(1025)新任并州知州陈尧佐在汾堤以东太原城以西又筑一道防水堤,以解除水患,又引汾河水积成湖泊,在湖畔植柳万余,名柳溪。又在堤上构彤霞阁。熙宁年间(1068～1077)陕西兼河东宣抚使韩绛、元祐年间(1086～1093)武安军节度使兼太原知府韩缜两兄弟守太原时增建杕华堂(《诗经》云:有杕之杜,其叶湑湑),后来又在彤霞阁东建四照亭,在水中建水心亭,成为太原的大型公共园林。元朝小仓月和尚《太原城》道:“堤边翠带千株柳,溪上青螺数十峰。海晏河清无个事,画楼朝夕几声钟。”元陆宣《游汾河》道:“翠岩亭下问棠梨,上客同舟过柳溪。”此园明初只余残址,清代无迹可寻。

建园时间	园名	地点	人物	详细情况
北宋,约 1027	张氏园	山东金乡	张畋 晁补之 石延年	在金乡县城东春城固堆北,为官僚张畋所建,晁补之的《金乡张氏重修园亭记》道,张畋效法其父张肃[字穆之,北宋太宗(976～998)时侍御史,以敢言著称,为王禹偁所敬服,然四十而隐]隐居之怀,风骚弃世,选址风水宝地,南为金梭岭,北为贺沟,坏田而作园,经构先春亭,植佳木异卉,修竹万竿。与商丘人张方平(1007—1091,字安道)、金乡县令石曼卿等往来于园。后石曼卿为宰相,仍与张公游醉于此。无逸子孝绰、孝基、孝孙皆好客,交友于园。元符(1098～1100)年间,晁补之南归迁居金乡,园毁无迹,独立两桧。感前贤之园而购地筑室于附近,并请官家复旧园,未几年而筑垣移植,径槛傍午,草木扶疏,又营三亭:先春、乐意、生香,先春为旧名,乐意和生香皆为石延年诗句,受邀作记并书两公诗句。 石延年诗《金乡张氏园亭》:"亭馆连城敌谢家,四时园色斗明霞。窗迎西渭封侯竹,地接东邻隐士瓜。乐意相关禽对语,生香不断树交花。纵游会约无留事,醉待参横落月斜。"王禹偁诗《赠金乡张赞善》:"年少辞荣自古稀,朝衣不著著斑衣。北堂侍膳侵星起,南亩催耕冒雨归。种竹野塘春笋脆,采兰幽涧露芽肥。伊余自是徒劳者,未得同寻旧采薇。" 晁补之(1053—1110),北宋文学家,字无咎,号归来子,山东巨野人,为苏门四学士之一,太子少傅迥五世孙,宗悫之曾孙也,父端友,工于诗。聪敏强记,幼能属文,日诵千言。元丰二年(1079)进士,授澶州司户参军、北京国子监教授。元祐间调京,历任秘书省正字、校书郎、后派任扬州通判,又召回秘书省等职。绍圣初,出知齐州,后来因修《神宗实录》失实罪名,连贬应天府、亳州、信州等地。宋徽宗立,召拜吏部员外郎、礼部郎中。崇宁间追贬元祐旧臣,出知河中府,徙湖、密等州,后退闲故里,啸傲田园。晚年起知泗州,死于任所。 石延年(994—1041)字曼卿,宋城(安徽阜阳)人,北宋文学家,徙居宋城,屡举进士不第,初以右班

建园时间	园名	地点	人物	详细情况
				殿直改太常寺太祝，知金乡县，有治绩，历大理寺丞、秘阁校理、太子中允，建言加强边备，以御夏、辽。元昊攻宋，奉命赴河东征集乡兵数十万。又请遣使劝回鹘出兵攻西夏。文辞劲健，尤工诗，善书法，有气度，好饮酒，死时 48 岁，名人多祭文，欧阳修有《祭石曼卿文》、梅尧臣有《吊石曼卿》、蔡襄有《哭石曼卿》等。
北宋，1030～1083	小有园	山西应州	富弼	富弼(1004—1083)，字彦国，河南洛阳人，1030 年及第，历任知县、河阳节度判官厅公事、绛州通判、枢密副使(1043)、同平章事(1055)，反对王安石变法，退居洛阳，封郑国公。在任权州节度使时，在应州康兴庄建有小有园。
北宋，1034	众春园	河北定州	李昭亮 韩琦	在定州城东北隅，李昭亮三知定州(1034、1044、1060)，盖于初知时创建此园，园广百余亩，植柳数成，亭榭花草之盛，冠于北陲，韩琦于庆历八年(1049)知定州，园已废，于是，修长堤，增屋舍，开西南门，园成之时(皇祐三年，即 1051)写下《定州众春园记》："园池之胜，益倍畴昔，总而名之众春园。"哲宗元祐八年(1093)苏轼贬定州知州，在中山后圃(今一中院内)得一奇石，黑质白脉，中涵水纹，宛若浪花飞溅，于是定名雪浪石，更从曲阳恒山运来汉白玉，琢盆以供，题雪浪石诗，建雪浪斋，在斋前手植双槐，后人传为东坡双槐(今文庙内)，次年苏再贬英州知州，盆石埋没，万历八年(1580)真定县令郭衢阶发现石盆，万历十五年(1587)知州唐祥兴发现雪浪石，康熙十一年(1672)雪浪石被列为定州八景之一的雪浪寒斋，康熙四十一年(1702)州牧韩逢庥将盆石移至众春园内，行宫于道光二十七年(1847)弃置，1947 年定州解放，众春园被拆除，1952 年给雪浪石建亭以护。现其址为武警 8640 部队医院所占用，仅余狭窄庭院和孤立的雪浪亭。向光谦有《定州观雪浪石歌》："楚南少人而多石，此语吾闻诸柳侯。我亦自是石之一，远寻石友来定州。定州城北众春园，槐柳夹道绿映门。抠衣直下石公拜，安知中无苏子魂。黑白

建园时间	园名	地点	人物	详细情况
				相错石之文，盛以芙蓉丈八盆。惜哉无人作飞雨，不见中流雪流奔。我为若歌若起舞，平泉木石在何许。当时不遇苏长公，也应终古阏尘土。独恨楚石空嶙峋，平生拂拭竟何人。” 李昭亮（？—1063），潞州上党人，字晦之，历潞州兵马钤辖、领麟府路军马事、管勾军头引见司兼三司衙司、高州刺史、代州知州、四方使兼麟府路军马事、引进使兼贺州团练使、瀛州知州、定州知州、成州团练使、宁州防御使、延州观察使、感德军节度观察留后、殿前都虞侯、秦凤路马步军副都总管、经略招讨副使、永兴路马步军副都指挥使、并代州路副都总管、安抚招讨副使、代州知州、真定路都总管、淮康军节度观察留后、定州知州（再）、武宁军节度使、殿前副都指挥使、以宣徽北院使判河阳、延州知州、以南院使判澶州、并州知州、成德军、同中书门下平章事、大名府通判、定州知州（再）、天平、彰信、泰宁军节度使，还京后为景灵宫使，又改昭德军节度使，卒赠中书令，谥良僖。 韩琦（1008—1075），北宋名将，字稚圭，自号赣叟，相州安阳人。相三朝，立二帝，天圣五年（1027）进士，授将作监丞、淄州通判，开封府推官）、度支判官、太常博士、右司谏、益、利路体量安抚使、宣抚陕西、京西路安抚使、郓州知州、定州知州、以武康军节度使徙知并州、相州知州、三司使、枢密使（同）、同中书门下平章事、集贤殿大学士、昭文馆大学士、仪国公、右仆射封魏国公、司空兼侍中、镇安、武胜军节度使、司徒兼侍中、判相州、淮南节度使（未赴）、永兴军通判、经略陕西、相州通判、大名府通判（同）、相州通判，谥忠献，赠尚书令，有《二府忠论》5 卷、《谏垣存稿》3 卷、《陕西奏议》50 卷、《河北奏议》30 卷、《杂奏议》30 卷、《安阳集》50 卷等。向光谦，字梅修，湖南桃源人，道光己酉（1825）拔贡，官宣恩知县，有《秦人宅藏稿》。

建园时间	园名	地点	人物	详细情况
北宋，1036	西园	浙江绍兴	蒋堂	在龙山（府山）西麓，五代吴越国国主钱镠所建行宫园林。毁后，景祐三年（1036）越州知府蒋堂重构。庆历二年（1042）向传式任知州，重修望湖楼。皇祐四年（1052）王逵知越州修庞公湖，齐唐写有《王公池记》，即改池名为王公池。园景有望湖楼、飞盖堂、漾月堂、渌波亭、《重修西园碑记》道宋末至清，历尽沧桑，园仅百遗址，2000 年修复西园。布局以湖池为中心，有四楼六亭及假山诸景。
北宋，1037	孟林	山东曲阜		是孟子及其后裔的墓地，经历代重修扩建，至清康熙时，祭田、墓田已达 730 余亩。
北宋，1038～1086	蒲州饮亭	山西永济		司马光（1019—1086）在《和邵不疑校理蒲州十诗》中的有《饮亭》一诗，所述园景有：流杯渠、涌泉石、饮亭、高堂、飞泉等景。因司马光在 20 岁中进士，推断饮亭在此时间前后。
北宋，1038～1086	中条山亭楼	山西永济		司马光在《和邵不疑校理蒲州十诗》描写了中条山的望川亭、瑞云亭、翠楼等景。
北宋，1040～1053	高笋塘（古鲁池）	重庆万州	马元颖 鲁有开	在万州高笋塘太白岩下，故称古鲁池，是郊邑公共园林，宋仁宗康定元年（1040）马元颖知万州时所凿，至和元年（1054），南浦郡太守鲁有开又疏，池边有流杯池、西山碑，诗人黄庭坚晚年在此刻二首《松风阁诗》和《伏波神祠诗》。《蜀中名胜记》载，池广一亩，植以芙蕖荔枝杂果，凡三百本，西山半山腰，松柏荟翳，水泉汇潴，亭榭环之，邑人岁修禊事于此，夔州一道，林泉之胜，莫与之争。2002 年改造为高笋塘广场，2004 年完工。鲁有开，字元翰、周翰，安徽亳县（谯县）人，以荫知韦城县，皇祐五年进士，历确山、万县令，知南康军，知卫州、冀州，哲宗元祐间，历知信阳军、洺、滑州，复守冀，年七十五而卒。
北宋，1041	望丛祠园	四川郫县	赵可度	在郫县城南，北宋康定二年（1041），邑令赵可度将古蜀国望帝杜宇和丛帝鳖灵（开明）合祀，建望丛祠，此后各代均有修葺，现建筑为清道光年间重

建园时间	园名	地点	人物	详细情况
				建，广 21 亩，1985 年扩为 80 亩，现全祠总面积 5.5公顷，祠与墓间为园，按望帝教民务农、丛帝率民治水之意而设计，有荷花池、稻荪楼、听鹃楼等楼台亭阁，墓地及周围有古柏 207 株，每年端午在此举办赛歌会。
北宋，1041～1048	醉翁亭	安徽滁县	智仙和尚	位于琅琊山麓，为我国四大名亭之一，初建于北宋仁宗庆历年间，庆历六年(1046)欧阳修被贬于此，寺僧智仙为之建亭，欧阳修写成《醉翁亭记》，后朝累世绕亭有所建筑，布局依山之高下做台式处理，成为多进院落的庭院式古典园林。全园面积约为 1000 平方米，左醉园右醒园，共九院七亭：醉翁亭、宝宋斋、冯公祠、古梅亭、影香亭、意在亭、怡亭、览余台，院墙低矮，入口台阶、前庭开阔为其特色。
北宋，1041～1048	天涯亭	广西钦州	陶弼	位于钦州市钦州人民公园内，传为北宋庆历年间(1041～1048)知州陶弼始建。据清朝知州董绍美《重修天涯亭记》注释：因“钦地南临大洋，西接交趾，去京师万里，故以天涯名”。天涯亭初建于城东平南古渡头，明洪武五年(1372)同知郭携迁城内东门口重建。1935 年迁建今址，故又称“宋迹三迁”。亭为平面六角形，边长 2.5 米，高 5 米。石柱木构梁架，攒尖顶，琉璃瓦盖。亭南北面檐口悬挂“宋迹三迁”和“天涯亭”木匾。
北宋，1041～1053	罨画池（东亭、东湖）	四川崇州	苏元老	在市中心东南角，原为唐代东亭，为州廨之后郡圃，兼驿站功能，上元元年(760)冬诗人裴迪在任蜀州刺史时登东亭送客，杜甫作《和裴迪登临蜀州东亭送客逢早梅相忆见寄》，诗道：“东阁官梅动诗兴”，有梅有阁。《蜀中名胜记》载，皇祐年间(1041～1053)赵抃为江原令，与其二弟抗、杨有《引流联句》，详述开凿经过及缘由，时有水池、岛屿、囿亭和东轩。嘉祐二年(1057)，赵抃诗《蜀杨瑜邀游罨画池》，诗曰：“占胜芳菲地，标名罨画池。”政和年间(1111～1118)苏元老(字在廷，苏东坡族孙)监郡事，重修园林，为渠为流，题有东湖六咏：岁寒

建园时间	园名	地点	人物	详细情况
				亭、涵空亭、扶疏亭、碧鲜亭、壁台、九峰亭。以水为中心，池中堆山建阁，以桥接岸，现广 34541 平方米，水面 14600 平方米，分罨画池、陆游祠、文庙。罨画池有景：罨画亭、风送花香入酒卮、琴鹤堂、问梅山馆、半潭秋水一房山、暝琴待鹤之轩、荟萃盆景园、三折廊桥、水面风来菡萏香、水亭、曲廊、水榭、半亭、五云溪、罨画池碑、听诗观画亭。陆游祠有景：大门、梅馨千代过厅、香如故堂、放翁堂、同心亭、吊梅阁、驿楼。文庙有景：月儿池、贤关、圣域、棂星门、钟亭、鼓亭、论语廊、学舍、泮池、戟门、孔踪、圣迹、祭庙、源远流长、高山仰止、大成殿、启圣殿、比邻廊、尊经阁等。1173 年春陆游任蜀州通判，居罨画池边怡斋，留下 120 余首寄怀蜀州诗篇，其中 30 余首写罨画池，时有池中小楼、朱阁、怡斋、萱房、放怀亭、重阁、画船、小桥等，又有三千官柳和百亩湖竹，名句有“小阁东头罨画池，秋来长是忆幽期”。范成大在《吴船录》中称为西湖，实为笔误。
北宋，1041～1048	朱光禄园（乐圃）	江苏苏州	朱公倬	原为吴越时钱文恽金谷园（见吴越“金谷园”条），北宋庆历年间（1041～1048）为苏州州学朱长文祖母吴夫人购得，朱父朱公倬（光禄大夫）向西扩园，面积 30 亩，称朱光禄园，时有高岗、清池、乔松、寿桧，朱长文增修，慕孔子“乐知天命而不忧”和颜回居陋巷而不改其乐，更名乐圃。朱长文《乐圃记》和米芾《乐圃先生墓表》道，园内有乐圃堂、堂庑、邃经堂、米廪、鹤室、蒙斋、见山冈、琴台、咏斋、池塘、曲溪、墨池亭、笔溪亭、钓渚、招隐桥、幽兴桥、西硐桥、西圃、草堂、华严庵、西丘、松、桧、梧、柏、黄杨、冬青、椅桐、柽柳、兰花、菊花、蒹葭、碧藓、慈筠、桑柘、纻麻、时果、嘉蔬、檩梅、沈李、剥瓜、断瓠等。南宋时此园改为学道书院、兵备道署，元归张适，称乐圃林馆（见元“乐圃林馆”），明时为杜琼之东原、申时行适适园和申揆蘧园（见明“适适园”），清属蒋楫宅园、毕沅适园、孙士毅园、汪藻汪坤耕荫义庄、环秀山庄和颐园（见清“环秀山庄”）。

建园时间	园名	地点	人物	详细情况
北宋，1041～1090	东园	河南洛阳	文彦博	北宋仁宗时宰相文彦博所建之园。文彦博(1006—1097)，北宋大臣，字宽夫，汾州介休人，仁宗时进士，庆历(1041～1048)末任宰相，神宗熙宁年间反对王安石变法，高太皇太后临朝，再度重用，1090年退职，封潞国公。为官时建园，初时为药圃，后改为园林，以水景取胜，园内有大池、渊映堂、瀍水堂、湘肤堂、药圃堂、水石等景。(李格非《洛阳名园记》)
北宋，1041～1048	范公亭	山东青州	范仲淹	在山东青州城西阳河畔，范仲淹建于北宋庆历年间(1041～1048)，时范为青州知府。亭东有三贤祠，院内有唐楸宋槐，河边建顺河楼。1988年顺河楼北建李清照纪念院，有归来堂、金石斋、易安室、人杰亭、词廊等。
北宋，1042～1044	菊圃	广东肇庆	包拯	包拯(999—1062)，北宋庐州合肥人，字希仁，天圣进士，仁宗时任监察御史，后任天章阁待制、龙图阁直学士、枢密副使。宋仁宗庆历二年(1042)，包公奉旨调任端州(即今广东肇庆)知府。任职三年里，包拯为官清廉，大办实事，造福端州。在高要县(高要市)建有菊圃。园内有累土为山，砥石为基，立木为轩，题名：烟柯洞天。
北宋，1042～1062	富郑公园	河南洛阳	富弼	富弼(1004—1083)，北宋大臣，河南洛阳人，仁宗庆历二年(1042)出使契丹，次年任枢密副使，与范仲淹倡改革，1055年与文彦博同任同平章事(宰相)达七年，封郑国公，王安石变法，不从，退居洛阳。《洛阳名园记》记载，富弼在辉煌时建有宅园，园内有南北两山，北山建四景堂和山洞，南山筑梅台和天光台，两山间为水池，池中有通津桥，池西有方流亭、探春亭、紫筠亭、荫樾亭、重波轩、赏幽台、竹林，南岸有卧云堂。北山北面五亭：丛玉亭、披风亭、漪岚亭、夹竹亭、兼山亭。

建园时间	园名	地点	人物	详细情况
北宋,1045	沧浪亭(章氏园、韩家园、妙隐庵、大云庵)	江苏苏州	苏舜钦	沧浪亭原为唐末五代时孙承佑池馆。北宋庆历五年(1045)苏舜钦(1008—1048)被罢官后流寓苏州,以四万钱购得孙氏旧迹,因原来山水建沧浪亭,时有竹林、岗阜、沧浪亭。享园不过四年,苏氏卒,亭为章庄敏和龚明之祖上分得,人称章氏园。南宋建炎年间(1127～1131)韩世忠(1127—1130)过吴,据为韩蕲王府(韩园),韩氏在两山间筑桥名飞虹,山上建寒光堂、冷风亭、翊运堂,水边建濯缨亭,梅亭名瑶华境界,竹亭名翠玲珑,桂亭名清香馆,因袭沧浪亭。自元于明,废为僧居,曾名妙隐庵、大云庵(吉草庵),时放生池广十亩,有两石塔,南通木桥。明苏州知府胡缵改录隐庵为韩蕲王祠,嘉靖二十五年(1546)文瑛和尚于大云庵边重建沧浪亭。清康熙初巡抚王新于此建苏公祠,康熙三十四年(1695)江苏巡抚宋荦访沧浪亭不在,于次年复建亭于山,并得文徵明沧浪亭三字作匾,建自胜轩、步埼廊、观鱼处、苏子美祠堂、石桥。道光七年(1827)巡抚梁章钜修园,增台榭,建五百名贤祠。咸丰十年(1860),园毁。同治十二年(1873),巡抚张树声(1824—1884,字振轩)复建,时有沧浪亭、明道堂、东菑、西爽、五百名贤祠、翠玲珑亭、面水轩、静吟、藕花水榭、清香馆、闻妙香室、瑶华境界、见心书屋、步埼、印心书屋、看山楼等。1917 年苏州美专校长、美术家颜文梁(1893—1988,字栋臣)号召全体师生复园,一年后完工。抗战中为日军所占,1954 年修复,现占地 16.5 亩,有景:石桥、园门、面水轩、假山、沧浪亭、曲廊、观鱼轩、半亭、明道堂、瑶华境界、看山楼、翠玲珑、五百名贤祠、清香馆。
北宋,1046	丰乐亭	安徽滁州	欧阳修	宋庆历五年(1045),欧阳修谪知滁州。第二年,他在丰山附近发现了紫薇泉,便在泉侧建了这座亭院。他在《丰乐亭记》中写道:“修既治滁之明年夏,始饮滁水而甘,问诸滁人,得于州南百步之近。基上丰山耸然而特立,下则幽谷窈然而深藏,中有清泉,翁然而父子同。俯仰左右,顾而乐之,于是疏泉凿石,辟地以为亭,而与滁人往游其间。”(耿刘同《中国古代园林》)

建园时间	园名	地点	人物	详细情况
北宋，1049～1052	范家园	江苏苏州	范仲淹 范周	范仲淹(989—1052)，北宋政治家、文学家、军事家，字希文，苏州吴县(今吴县市)人，少贫勤学，27岁中大中祥符进士，仁宗时任西溪盐官、1040年任陕西经略副使，陕西四路宣抚使、枢密使等职。皇祐年间(1049～1054)范仲淹守杭州，归乡购田千亩，以为义庄，时在庄内建有岁寒堂、松风阁、西斋、松树、沟壑等景，自书《岁寒堂三题》及序以纪之。后来其侄孙范周在义庄上建园，名范家园。
北宋　，1049～1054	王母池	山东泰安		王母池依山傍水，面南而立，为三进庙堂式建筑群。前院院内有水池，四周环池栏，中穿石桥。池东立《泰山凿泉记碑》，记叙冯玉祥先生1932年开凿朝阳泉的经过。池西洞内有一泉，甘冽清澈，终年不涸，名王母泉。池北有洞，洞内立宋皇祐年间《重修王母殿碑》。池南有朝阳泉，是冯玉祥先生为解决泰城人民饮水而凿开的。
北宋，1049～1054	东园	江苏仪征	许元	《江宁府志》载，东园位于扬州仪征市东翼城内，北宋皇祐年间(1049～1054)侍卿许元建造，园中有澄虚阁、清燕堂、共乐堂、拂云亭等。欧阳修特为之写《东园记》。
北宋，1049～1106	龙眠山庄	安徽桐城	李公麟	位于安徽省桐城县城西北7.5公里的西龙眠山李家畈(今眉龙眠乡双溪村李庄)，山庄坐北向南，背高山而面平地，四面绕筑土墙，南有楼门，前有鱼莲池塘，两端有植名木的花园。李公麟选择龙眠山庄及周边的二十胜景，作了《龙眠山庄图》，画尽了龙眠山庄的山水情貌。现今的龙眠山庄四周，古时的建德馆、芸香阁、雨花崖、玉龙峡等二十胜景皆湮没于风雨中，馆、堂、阁也已不存，仅观音崖仍立于龙眠河畔，璎珞崖还泉涌璎珞，垂云泮尚留石刻残迹。 李公麟(1049—1106)北宋著名画家，字伯时，号龙眠居士。汉族，舒州(今安徽桐城)人。李公麟晚年归隐龙眠山，仿照王维的辋川别业营建了龙眠山庄，并绘制《龙眠山庄图》。

建园时间	园名	地点	人物	详细情况
北宋，1049～1054	积善院	福建泉州		在泉州府治西傅府山西麓，为积善院园林，内有五老亭、假山、台榭。积善院为官家与私家合办慈善机构，清末售与菲律宾归侨苏肇基，改为三进双护厝大楼，屋后植龙眼，散置花石，又有石桌等，余皆毁尽。五老有前五老和后五老，前者为北宋皇祐年间(1049～1054)郡守陆藻与郡人吕方平、李沂、李成、曾公济，后者指郡守潘铤与郡人王景纯、柯述、谢履、林植。他们在园中聚会，后人为纪念前者而名五老亭。
北宋，1049～1068	太原筹边楼、爱月亭、良宴亭	山西太原	冯京	冯京(1021—1094)，中国历代连中三元的13名状元之一，宰相富弼女婿，历任荆南府通判、直集贤院判、吏部南漕、翰林学士、扬州知府、江宁知府、开封知府、太原知府，神宗后为御史中丞、枢密副使、参知政事，反对王安石变法，出知亳州、保宁节度使、大名知府，1091年以太子少师致仕。他在任太原知府时，在府衙内建筹边楼，府治东建爱月亭和良宴亭。
北宋，1049～1068	安武堂园池	山西太原	冯京	冯京，在太原时引汾水建安武堂园池。
北宋，1053～1110	东皋园	山东巨野	晁无咎	宋陈鹄《西塘集·耆旧续闻》卷三："晁无咎闲居济州金乡，葺东皋归去来园，楼观堂亭，位置极潇洒，尽用陶语名目之，自画为大图，书记其上。" 晁无咎(1053—1110)，又名补之，济州巨野人。进士及第，授国子监教授。元祐初，为太子正，迁校书郎、扬州通判，因修神宗实录失实而外贬。徽宗立，拜礼部郎中，出知河中府、徒湖州、密州、果州，遂主管鸿庆宫，还家东皋，葺归来园，自号归来子。大观末，出党籍，起达州，改泗州，卒，年五十八。苏东坡盛赞之，为苏门四学士之一，有《晁氏琴趣外编》，春中《东摸鱼儿·东皋寓居》最著名。
北宋，1055	安阳州署后园	河南安阳	韩琦	在安阳东南营的州署，至和二年(1055)二月，三朝宰相韩琦以疾自请改知相州。在家乡，建造昼锦堂于州署后园，欧阳修专门为其写下名篇《昼锦堂记》。

建园时间	园名	地点	人物	详细情况
北宋，1056～1100	醉眠亭	上海青浦	李行中	在青浦区旧青浦镇，北宋名士李行中隐居之所，于北宋嘉祐、元符年间建成，苏东坡写有《醉眠亭三首》："已向闲中作地仙，更于酒里得天全。从教世路风波恶，贺监偏工水底眠。君且归休我欲眠，人言此语出天然。醉中对客眠何害，须信陶潜未若贤。孝先风味也堪怜，肯为周公昼日眠。枕曲先生犹笑汝，枉将空腹贮透编。"后毁。
北宋，1056～1072	雍家园	山东泗水	雍氏	欧阳修《居士集》卷57熙宁五年(1072)的《和陈子履游泗上雍家园》："长桥南走群山间，中有雍子之名园。苍云蔽天竹色净，暖日扑地花气繁。飞泉来从远岭背，林下曲折寒波翻。珍禽不可见毛羽，数声清绝如哀弹。我来据石弄琴瑟，惟恐日暮登归轩。尘纷解剥耳目异，只疑梦入神仙村。知君襟尚我同好，作诗闳放莫可攀。高篇绝景两不及，久之想像空冥烦。"地点可能在泗水、曲阜、兖州、济宁一带，园在山中，属山居别墅园林，园中有飞泉、山岭、曲流、景石，以及竹林花卉。
北宋，1056～1063	姚氏山亭	陕西黑水		宋嘉祐年间，苏轼自仙游潭回来到黑水，看到居民姚氏的山亭很高，于是入游并赋诗。
北宋，1056～1094	三瑞堂	江苏苏州	姚淳	孝子姚淳于苏州枫桥一带建有宅园，因其祖先墓有甘露、灵芝、麦双穗之异兆，取堂名为三瑞堂。苏轼到枫桥必游三瑞堂，并写有《三瑞堂》诗，《中吴纪闻》称其"颇足雅致"。
北宋，1061～1088	西园	广东广州	蒋之奇	蒋之奇任广南东路经略安抚使时，在府西南汉明月峡的基础上建立西园，园中保留了水池(玉液池)、列石，新建世屏堂、经略厅、翠层楼，池中列石如屏，故名石屏台，北宋名臣余靖在嘉祐六年(1061)，任尚书左丞知广州时写的《题寄田侍制广州西园诗》道："石有群星象，花多外国名。"南宋王象之《舆地纪胜》(1227)和清李调元的《南越笔记》都有记载。诗人郭祥正于哲宗元祐三年(1088)任端州知州时，与蒋同游此园。明洪武年间易名清荫园(详见明"清荫园"条)。

建园时间	园名	地点	人物	详细情况
				蒋之奇(1031—1104),字颖叔,江苏常州宜兴人。仁宗嘉祐二年(1057)进士。英宗初,擢监察御使。神宗立,转殿中侍御使。因劾欧阳修倾侧反覆,贬监道州酒税。熙宁中,历江西、河北、陕西、江、淮、荆、浙发运副使。哲宗元祐初,进天章阁待制、知潭州,改广、瀛、熙州。绍圣中,召为中书舍人、知开封府,进翰林学士兼侍读。元符末,责守汝、庆州。徽宗崇宁元年(1102),同知枢密院事,以观文殿学士出知杭州,因议弃河和湟事夺职告归。三年卒,年七十四,卒谥文穆,有文集杂著百余卷,合成《三经集》,已佚。
北宋,1062	凤翔东湖	陕西凤翔	苏轼	位于凤翔旧城东南角。相传周文王时,有凤凰在此饮水,故名引凤池。宋仁宗嘉祐七年(1062),苏轼任凤翔府判官,整治湖池,引城西北角凤凰泉水环城东流入池,植细柳,建亭阁,改名东湖。明代又有修葺。面积约5.7公顷,内中以桥为界,分为南中北三湖,湖间自南而北有会景堂、鸳鸯亭、春风亭、宛在亭、君子亭、小桥亭、断桥等,沿湖有一览亭、来雨轩、洗砚亭、望苏亭、不系舟、苏公祠、牌坊等建筑物。湖畔堤柳垂丝,青竹万杆,荷花满池,碧波荡漾,湖光山色,林木交映。
北宋,1064～1094	陈公园	安徽铜陵	陈氏	《江宁府志》载,安徽池州铜陵县(铜陵属江宁府)东的鳌首山建有陈公园,苏轼和黄庭坚曾在此游览,概在黄出仕(1064)后,苏贬惠州(1094)前。(周越《陕西古代园林》)
北宋,1067后	宿猿洞	福建福州	湛俞	在福州市乌石山南麓环城路西南,北宋进士湛俞解官归隐后所创,并养猿猴于洞内,岩石三面题有诗咏,时郡守程师孟篆宿猿洞三字,清代园废毁,后为福州皮革厂、市机关车队和福州市科委。湛俞,福州闽县人,字仲谟,景祐五年(1038)进士,安丘县令,治平(1064～1067)中,升屯田郎中、福建转运判官,年五十余归隐馆前乡,建宿猿洞,后三召不至。宋张徽诗《宿猿洞》道:"洞天虚寂翠屏敧,心迹萧然万物齐。无奈宿猿嫌宿客,夜深犹拥乱云蹄。"

建园时间	园名	地点	人物	详细情况
辽，约 1068	南安河古花园	北京	邓从贵	在京西城子山麓下南安河村，据西山大觉寺辽碑载："咸雍四年(1068)，岁次戊申三月癸酉朔，四月丙子日时，燕京右街检校太保大卿大师，赐紫沙门觉，宛、玉河县、南安巢村(今南安河)邓从贵合家成办，永为供养。"可知富家邓从贵两次布施大觉寺 80 万。东宅右园，园中部建飞楼一座，楼前以井两眼，楼为水座，四周环池，池四岸零堆石。园大门倒座，进门屏风五扇，东西角门各一，正厅东西各有跨院，北有角门，院中正南有楼，为两卷三楹，楼东西各建稍间两间，院中叠假山一座，山势玲珑，苍润多姿，楼后朱栏花圃，有芍药、牡丹等。
北宋，1068～1077	落帆亭	浙江嘉兴		在城北杉青闸西侧，北宋熙宁年间(1068～1077)初建，清光绪元年(1875)重建，光绪六年(1880)增筑太白亭，后为嘉兴酒业公所，1921 年公所再修，时广 2500 平方米，园内有太湖石假山、前堂、太白亭、二门、兰香室、如意轩、帆影亭、六角亭、落帆亭等。1967 年后荷花池被填，1988 年重修。
北宋，1068～1077	欧冶池(剑池)	福建福州	程师孟	在鼓屏路 21 号省财政厅院内，相传春秋晚期(前 770～前 476)欧冶子在此铸剑，汉代闽越王在此淬剑，故又名剑池，古时欧冶池周达数里，池畔有冶山，唐元和年间(806～820)僧惟幹浚池，得刀剑数柄，北宋熙宁间(1068～1077)福州知州程师孟辟为欧冶园，建欧冶亭、褉游堂、喜雨堂、城阴馆等，黄裳《欧冶池》诗道："人随梦电几回见？剑逐云雷何处寻？惟有越山池尚在，夜来明月古犹今。"元代又建三皇庙、五龙亭，明弘治间池余半亩，围入贡院，清邵朗霞道光八年(1828)重浚扩大，光绪十八年(1892)立欧冶子铸剑碑，1932 年重浚，修复欧冶亭、凌云亭、喜雨堂、剑池院等，1983 年重浚三亩水池，砌石岸，建剑光亭、石舫、池心亭、喜雨轩、曲桥等，1988 年浚池修亭廊，碑刻一新，程师孟有《欧冶亭序》，宋状元黄裳有《欧冶池》诗，明张时彻有《宴集剑池》，明王应山有《欧冶池怀古》诗。

建园时间	园名	地点	人物	详细情况
北宋，1068～1077	五亩园（梅园）	江苏苏州	梅宣义	五亩园为北宋熙宁年间(1068～1077)由梅宣义在苏州桃花坞处汉朝张长史五亩园上所建的私园，又名梅园。梅宣义之子梅子明在杭州作通判，与苏轼同僚，子明以白石赠苏，苏答诗“不惜十年力，治此五亩园”，可知园林建设费十年之力。梅宣义子梅采南把园内双荷花池，与邻居章园（见北宋“章园”条）千尺潭相通，与章家少爷章咏华等人引以为曲水流觞。建炎兵火后，五亩园毁，元后此处屡有兴建，如明代吕毖的采香庵、小桃源，清乾嘉时期时期毁为菜圃。道光年间(1821～1850)长洲人叶昌炽筑叶氏花园。咸丰初，叶氏衰落，潘氏得园，咸丰十年(1860)园毁。
北宋，1068～1077	温公别馆	河南登封	司马光	原名叠石溪庄，俗称温公别馆。在今登封市区北3.5公里，嵩山南麓逍遥谷口。宋神宗熙宁年间(1068～1077)，司马光买地置庄于叠石溪旁，故名。作诗《新买叠石溪庄再用前韵招景仁》：“一溪清水佩声寒，两岸莓苔锦绣斑。三径谁来卜邻舍，千峰我已作家山。鹿裘藜杖贪偏老，紫陌红尘不称闲。早挚琴书远相就，许歌烂醉白云间。”山庄左襟短崖，右拖长溪，内循崖曲砌，水绕石流，有宛峡亭、籁川亭、好好门、卧游石、存古石等景点。司马光于元丰七年(1084)前十余年间尝于春、夏居此撰修《资治通鉴》，并同邵康节游此。 《避暑录》：“温公居洛，游嵩山叠石溪，乐之，复买地于旁，以为别馆。然每至不过数日即归，有‘暂来还似客，扫去不成家’之句。尝携邵尧夫来游，诗曰：‘石下泉声蔓草深，石上露浓苍苔遍。山鸟惊起飞且鸣，叶坠空林人不见。’康节诗曰：‘两口并游叠石谷，断崖还合与云齐。飞泉亦有留人意，肯负他年至此栖。’”时任登封崇福宫提举北宋大臣范镇有诗《叠石溪》赞之。
北宋，1068～1077	崇圣寺	河南郑州		明洪武十五年重修，置僧正会。景泰间重修。清顺治九年，僧福山重修。康熙二十九年，僧慧珍重修。已毁。

建园时间	园名	地点	人物	详细情况
北宋	圣寿寺	河南新密	信公和尚	信公和尚奉敕建。已毁。
北宋，约1069	岁寒堂	广东潮州	吴子野	在潮州市灶浦镇的麻田山中（当时州城左厢右贤坊），潮州道士吴子野所建宅园，宋代郑侠写有《吴子野岁寒堂记》详述，园内有岁寒堂为吴子野读书处，堂前二柏，柏南为小沼，沼南为二石山，山南为远游庵，庵南为知非轩，堂东为日益斋，又有十二石，采自山东登州（今蓬莱），是吴子野熙宁二年（1069）游登州时，得好友地方官李天章、解贰卿的帮助，使人入北海诸岛采怪石12枚，运回潮州，事隔24年后，吴子野的好友苏轼感此举之艰，题《北海十二石记》和《远游庵铭》。南宋绍兴葵丑年（1134），杜绾根据《北海十二石记》将北海石（时称登州石）撰《云林石谱》名著。明朝赏石家林有麟所撰《素园石谱》，转载《云林石谱》，还把吴子野所采藏的北海十二石绘图收入。绍圣三年（1096），海寇黎盛犯潮州，焚民居，此园亦毁。 吴子野（？—1100），名复古，号远游，揭阳蓬洲都人，被封为皇宫教授，是潮州前八贤之一。因双亲去世，归揭阳结庐守墓三年，并设帐课徒。
北宋，1071～1086	夏县独乐园	山西夏县	司马旦	司马旦为北宋政治家、史学家司马光的哥哥，1071年，王安石变法后，司马光退居洛阳，构建洛阳独乐园。司马旦在家乡夏县西30里的地方建司马别墅，亦名独乐园。
北宋，1076前	叶公园	安徽铜陵		《江宁府志》载，叶公园位于铜陵县东五十里的叶山下，王安石曾游此园。
北宋，1077	半山园	江苏南京	王安石	在城东海军学院内，为北宋宰相王安石所建，熙宁九年（1076）十月，王安石辞相出为江宁府通判，半年后辞职，在城东白塘建宅园，开渠引水入城河，高处建宅园，因距城和钟山皆七里，故名半山园。因势高低，园不设垣，以山水植物为主景，松竹繁茂、楸梧蔽日，渠池芰荷，相互辉映，其诗《营居半山园作》云："今年钟山南，随分作园囿。凿池沟吾

建园时间	园名	地点	人物	详细情况
				庐,碧水寒可濑。沟西催丁壮,担土为培娄。扶疏三百株。莳楝最高茂,不求鹓雏实,但取易成就。中空一丈地,斩木令结构。五楸东都来,斸以绕檐溜。老来厌世语,深卧寒门窦。赎鱼与之游,喂鸟见如旧。独当邀之子,商略终宇宙。更待春日长,黄鹂弄清昼。" 元丰七年(1084)春因病重舍宅为寺,赐报宁禅寺,俗呼半山寺。明代半山园为后宫禁地,清道光年间,总督陶澍重建半山寺,保留院内王安石手植柏,咸丰时毁于兵火,同治九年(1870)重建,有两院五进十五间一方亭,宣统时重修,民国后驻军,再改为半山园小学,新中国成立后为海军学院,西院一度拆毁,1982年归钟山景区,1984年恢复西院。半山园宅院建于山岩下,东西25米,南北33米,坐北朝南,东西院间有一米防火巷,西院为正院,二进三楹中天井,门厅西壁有道光无题记事小碑,东壁有1984年重院半山园记事碑,后进为厅堂,天井东壁开园门,厅东壁亦开一门与东院通。东院为侧院,三进三楹两天井,后进为内厅,方亭建于山岩上,登亭可望石城钟山。亭东有同治九年《重修半山亭记》。
北宋,1084	彭园	广东揭阳	彭延年	欧阳修的表弟彭延年创建的私园,在揭阳县浦口村(今厚洋村),园背山面水,左松右竹,建有四望楼、碧涟亭、赏月水阁、药圃、书斋、轩有东堂、假山、武馆等,毁于宋末元初战争。彭延年(1009—1095),字舜章,号震峰,江西庐陵(今吉安市)人。皇祐元年(1049)进士,历任福州推官、大理寺评事、大理寺少卿、大理寺正卿。熙宁九年(1076)因反对王安石变法,被贬为潮州知府,平乱兴农,深得平民,数年后复官大理寺正卿,出使西辽,不辱使命,归后却受猜忌。1084年他愤然归隐,神宗赐紫衣金带,食邑百亩,致仕归潮,成为潮州彭氏开山祖。他在浦口村用御赐钱财建祠堂,筑园林。园图由彭大匠带回老家庐陵,20世纪90年代由彭氏28世孙捐出,彭园得以恢复。

建园时间	园名	地点	人物	详细情况
北宋,1086	梦溪园	江苏镇江	沈括	沈括(1031—1095),北宋科学家、政治家,字存中,杭州人,仁宗嘉祐进士,神宗时参加王安石变法,熙宁五年(1072)提举司天监,1073 年赴两浙考察水利,1075 年出使辽国,1076 年任翰林学士,权三司使,后知延州,1082 年遭贬,谪守宣城,元祐元年(1086),过润州(镇江),得旧园,筑室安身,以为梦溪园,在此撰写《梦溪笔谈》。园中有梦溪、泉水、池渊、百花堆(土丘)、庐室、彀轩、山阁、岸老堂(茅堂)、苍峡亭、萧萧堂、深斋、远亭、杏嘴垣、画舫、竹坞、巨木、花卉等景。
北宋,1086～1093	贺铸别墅	江苏苏州	贺铸	贺铸(1052—1125),北宋词人,字方回,号庆湖遗老,河南卫州(汲县)人,曾任泗州、太平州通判,元祐年间(1086～1093)任通直郎,不齿权贵而退居苏州,在苏州西郊横塘建有别墅,在城内升平桥又建有企鸿轩,经常往来于两园宅之间。
北宋,1088	南山	福建长乐	袁正规	在长乐市区中心,山高 45.8 米,广 7 公顷,始建于唐代,宋元祐三年(1088)知县袁正规全面开拓,有景邹孝子墓、胜会堂、九日亭、圣寿宝塔、劝农亭、风光霁月亭、南山禅寺、天妃宫、三清殿等,1934 年辟为公园。
北宋,1094 前	李氏山园	广东惠州	李思纯	在惠州府城南子西岭和龙船街附近之临江(西枝江)处,从下埔滨江公园到紫西岭靠近水门桥头一侧,为北宋官僚李思纯的别墅。张友仁《惠州西湖志》载,园广几十亩,草木华实,无所不有,唐庚于大观四年(1110)贬居此时有潜珍阁。李光道,李思纯子,归善(惠阳)人,进士,无意仕途,归隐于园。他与贬惠(1094—1097)的"元祐罪人"苏轼结交往来。苏轼再贬海南,他又护送百里离惠去琼,三年后,苏轼遇赦北归,又重书阁铭因由。苏东坡曾为其题铭作记。《惠州李氏潜珍阁铭》:"袭九渊之神龙,沕渊潜以自珍。虽无心于求世,亦择胜而栖神。蔚鹅城之南麓,擢仙李之芳根。因石阜以庭宇,跨饮江之鳌鼋。岌飞檐与铁柱。插清江之

建园时间	园名	地点	人物	详细情况
				瀇沦。眩古潭之百尺，涵万象于瑶琨。耿月魄以终夜，湛天容之方春。信苍苍之非色，极深远而自然。疑贝阙与珠宫，有玉函之老人。予南征其万里，友鱼虾与蛭螾。逝将去而反顾，托江流以投文。悼此江之独西，叹妙意之不陈。逮公子之东归，寓此怀于一樽。虽神龙之或杀，终不杀之为仁。" 唐庚(1070—1120)，北宋诗人，字子西，人称鲁国先生、小苏轼，四川眉州丹棱人，苏轼同乡，进士，历任宗子博士(1094)、提举京畿常平、承议郎、提举上清太平宫，作诗精炼工对，推敲苦吟，有《唐子西文录》和《唐子西集》。宋大观四年(1110)被贬惠州，在惠州李氏山园中客居 5 年。惠州子西岭(又作紫西岭)也因其字而得名的。李思纯，广东惠州人，宋皇祐五年(1053)三礼出身，历官朝奉郎知封州、琼州安抚使，与李思义、陈周翰、陈开、黎献臣为邻，皆官居知州，薪俸二千石，合万石，故人称其街坊为万石坊。
北宋，1094～1097	章园(桃花坞别墅)	江苏苏州	章质夫	绍圣年间(1094～1097)太师章质夫(字楶)在五亩园之南筑桃花坞别墅，广七百亩，章氏诸子在庄园内开池沼、植花木，人称章园。在五亩园之西又筑旷观台、走马楼、章氏功德祠，祠周围曲房奥室，连房洞闼。《吴门表隐》称其为"园林第宅，旧冠一时"。章质夫之子章咏华与梅宣义之子梅采南，仿效兰亭禊事，在梅、章两间用曲水相通，春时以禊。园在北宋末年的建炎兵火中毁去，明代吕毖在梅章园址上建采香庵和小桃源，清乾嘉时期时园毁，道光时叶昌炽建叶氏花园，咸丰初归潘氏，庚申兵火(1860 年太平天国战争)毁。
北宋，1094～1097	阳江西园	广东阳江	丁涟	在阳江州治西二里，召圣年间(1094～1097)，丁琏知连州，建有莲花濠，园内乔木怪石，萧然出尘，亦名盘玉壑。丁涟诗赞："桥从菡萏花间过，人在玻璃镜里行。"南宋时陆续添建和理堂、隆荫堂(摄州事黄公度建)、韫玉亭(晋康别驾韦翼建)、静明庵、讲武堂(1253～1258，知州黄必昌建)、"名园胜概"石刻(知府李伦题)。丁涟，广州番禺人，字玉辅，神宗元丰二年(1079)进士，授融州司户，迁朝议郎，哲宗元祐六年(1091)被贬为桂林教授，绍圣(1094～1097)初年知连州，元符三年(1100)转朝散大夫致仕，性廉洁，为政刚明，博学多识，年 73 而卒。

建园时间	园名	地点	人物	详细情况
北宋,1095	白鹤居	广东惠州	苏轼	苏轼(1037—1101),北宋文学家、书画家,字子瞻,号东坡居士,四川眉山人,嘉祐进士,神宗时任祠部员外郎,知密州、徐州、湖州,反对王安石变法,被贬黄州,哲宗时任翰林学士,出知杭州、颍州,官至礼部尚书,后贬惠州、儋州,北还时死于常州。1094～1096 年,他被贬谪惠州期间在白鹤峰建白鹤居,与妾王朝云居此。白鹤居共有房屋二十间,每间有名,最有名者为德有邻,取自《论语》的"德不孤,必有邻",另一间取名思无邪,取自《诗经》,在南边一块小空地上,种橘子树、柚子树、荔枝树、杨梅树、楷杷树、桧树和栀子树。
北宋,1098	载酒堂(东坡书院)	海南儋州	苏轼	苏轼在绍圣四年(1097)再贬海南儋州,历时三年半,次年其挚友黎子云出资为他在今市中和镇东一公里之处建屋,当年建成,苏名之为载酒堂,在此煮酒论诗和讲学,元泰定三年(1326)建东坡祠,明嘉靖二十七年(1548)扩建为东坡书院,其后历代增建载酒亭、垣墙、上中殿、耳房及池塘等,1920 年初毁,1934 年修复,"文革"时又毁,1985 年修复,现有书院、东园和西园,院内有载酒亭和载酒堂及陈列室,西园有苏轼像,东园有碑刻。
北宋,1098～1100	流杯池	四川宜宾	黄庭坚	在今宜宾市郊岷江北岸,现为江北公园,北宋诗人黄庭坚于元符年间(1098～1100)谪居戎州时仿王羲之流觞之意所凿,园内有天然石峡,谷内有池,名流杯池,池长 5.2 米,宽 0.55 米,壁上有黄庭坚手书"南极老人无量寿佛",池边有涪翁亭、涪翁楼、涪翁岭等建筑。苏东坡与黄庭坚曾在此行曲水流觞事。黄庭坚(1045—1105),北宋诗人、书法家,字鲁直,号山谷道人、涪翁,江西分宁(修水)人,治平年间(1064～1068)进士,官至校书郎、著作郎,出于苏轼门下,与苏轼齐名,人称苏黄,与苏反对王安石变法而受贬于四川宜宾。自宋以后,后人相继建了涪翁亭、涪翁楼、山谷祠、丞相祠、关帝庙、吊黄楼、点将台、观音阁、荔红亭,还有明代四米多长巨砚,人称笔点丹池。新中国成立后,在池北建烈士陵园,并建流杯池公园。
北宋	桃花洞	江苏扬州	宋徽宗	宋徽宗的私园,主要是上清宫的道士居住。(李濂《汴京遗迹志》)

建园时间	园名	地点	人物	详细情况
北宋	筠庄（李弥逊宅园）			徽宗游之，曾经写过《筠庄观鹤》。
北宋	吹台			俗呼二姑台，今改为禹王台。“宴台，在城东北十五里，宋帝春耕田东部，祀先龙毕，享胙宴百官于此”（汪菊渊《中国古代园林史》）
北宋	灵台			在城南二十里，梁惠王筑，在固子门外。（汪菊渊《中国古代园林史》）
北宋	惠王台			在固子门外，宋徽宗筑。（汪菊渊《中国古代园林史》）
北宋	百花台			在固子门外，宋徽宗筑。（汪菊渊《中国古代园林史》）
北宋	拜郊台			在城南十里，其东又有东拜郊台。（汪菊渊《中国古代园林史》，李濂《汴京遗迹志》）
北宋，1106 左右	同乐园（朱家园）	江苏苏州	朱勔	朱勔(1075—1126)，北宋末年苏州人，商人出身，交结蔡京、童贯，冒军功为官，1105 年宋徽宗为造寿山艮岳，派朱勔在苏杭设立应奉局，凡民间有一石一木可用，即直入其家，破墙拆屋，运往东京。其运送花石的船队称为花石纲。吏民稍有怨言，则生事陷害，流毒东南达 20 年，人称六贼之一，后被宋钦宗赐死，全家被流放海南。他在苏州盘门内孙老桥建有同乐园，俗称朱家园，园面积极广，光牡丹园一区就长达一里，园中以奇石最为特别，堪与艮岳神运峰相比。园内景点有：神霄殿、上善庵、纠察司庙、双节堂、御容殿、御赐阁、显忠阁（水阁）、迷香楼、九曲桥、八宝亭、九曲路、大鱼池（18 个）、牡丹（几千本）等。南宋绍兴二年(1132)同乐园赐予孟忠厚。元代至元年间(1264～1294)庐山陈惟寅、惟元兄弟购得此地建绿水园（见元“绿水园”条），明崇祯年间(1628～1644)，吴县市孝廉张世伟得园，改为泌园，但世人一直称为朱家园。（汪菊渊《中国古代园林史》）
北宋，1100～1126	婆娑园	河南汝州	崔鹏	《河南通志》道，在汝州府郏县城西石牛庄，宋朝崔鹏居此。婆娑园，是崔鹏被免官的 10 余年里，在郏县城西购地数亩修建的。崔鹏静居期间，在园里种植了大量果树、花卉，每逢春季，这里鲜花盛开，姹紫嫣红，景色婆娑迷离，如同仙境。崔鹏离开郏县后，从山西迁居而来的王姓家族以园建村，名曰婆娑园村，

建园时间	园名	地点	人物	详细情况
				至明末，园子日渐破落，渣滓遍地，才被改叫作渣滓园村，后随着口语的演变，现在又叫“渣园村”。清代咸丰年间开始，当地百姓在婆娑园周边广植桃树，所产伏桃色艳味美，成为特产，有诗赞曰：“伏桃芬芳味香甜，枚重半斤实罕见。请教老翁出何处，名扬四海产渣园。”直到20世纪80年代末期，渣园村周边还有大片桃树、梨树等，但随着果林悉数被砍，婆娑园的影子再难寻觅。 崔鶠，字德符，开封雍丘(今河南杞县)人，元祐进士。宋徽宗年间，崔鶠上书揭露章敦，被蔡京归入“邪等”而免官，退居郏城(今河南郏县)十余年。1124年，崔鶠被起用为宁化军通判，召为殿中侍御史。宋钦宗即位后，以谏官召用崔鶠。晚年的崔鶠，又以龙图阁直学士掌管嵩山崇福宫。为人正直敢言，“指切时弊，能尽言不讳”，为时论所重。其诗文很多，为时人喜爱。《宋史·崔鶠传》中说，徽宗朝被屏退闲居时，“人无贵贱长少，悉尊师之”，“长于诗，清峭雄深，有法度”。《郡斋读书志》称其“清婉敷腴”。朱熹曾把崔鶠与张耒相提并论，说：“张文潜大诗好，崔德符小诗好”，评价极高。
北宋，1111	东林书院	江苏无锡		位于无锡市东门苏家弄内，我国古代著名书院之一，创于北宋政和元年(1111)，二程高足杨时长在此长期讲学，现有景：石坊、泮池、东林精舍、丽泽堂、依庸深圳、燕居庙、三公祠、东西长廊、来复斋、寻乐处、心鉴斋、小辨斋、再得草庐、时雨斋、道南祠、东林报功祠等，明清时为鼎盛时代。1956年10月由江苏省人民委员会公布为省级文物保护单位。
北宋，1111～1115	酎泉	山西太谷		在太谷县城南十里凤凰山下，是太谷第一名胜，泉上有黄色砂岩悬崖。酎泉寺始建于唐朝前，唐时毁，遂为白将军祠，宋政和年间(1111～1115)重建为隆道观，金皇统元年(1141)凿石为佛，构楼覆之，建风州亭于泉池上，元延祐五年(1318)和明洪武十六年(1383)重修，万历时，风州亭毁，酎泉潴而为塘，邻有莲花池、榜栳池、圣母池，广植芰荷浮

建园时间	园名	地点	人物	详细情况
				萍，明时列为县八景之一，清初亦为名景，道光六年(1826)重修寺及泉，层峦飞阁，周以垣墙，墙外酎泉，汇为池塘，中起四明亭，南北通石桥，抗日战争时，寺存，1958年酎泉尚可浇地30余亩，1972年侯城公社为扩大水源毁坏泉眼，1975年为建化肥厂而拆酎泉寺，今池半涸，亭半倾，崖上"第一山"尚在。乾隆五十年版和咸丰五年版《太谷县志》皆有绘图，太谷中医李善福1931年又绘有酎泉图，清代武一韩有诗"凤州亭"，魏一鳌有诗《游酎泉》。
北宋，1111～1117	蜗庐	江苏苏州	程致道	中书舍人程致道为政和年间(1111～1117)进士，因不满于当世而举家来吴，筑蜗庐以居。蜗庐内有景：蜗庐、常寂光室、胜义斋、竹子、菊花、凤仙、鸡冠花、红苋、芭蕉、冬青等，程自赋诗七首以赞之："有舍仅容膝，有门不容车。"
北宋，1113	延福宫	河南开封	赵佶	政和三年(1113)宋徽宗赵佶命童贯、杨戬、贾祥、何欣、蓝从熙五位宦官督造延福宫(因此名延福五位)。宫左有七殿：穆清、成平、会宁、睿谟、凝和、昆玉、群玉等，东阁十五：蕙馥、报琼、蟠桃、春锦、迭琼、芬芳、丽玉、寒香、拂云、偃盖、翠葆、铅英、云锦、兰蕙、摘金，西阁十五：繁英、雪香、披芳、铅华、琼华、文绮、绛萼、秾华、绿绮、瑶碧、清阴、秋香、丛玉、扶玉、绛云。凝和殿的次阁(可能是殿上有阁)叫明春阁，高110尺，侧有玉英、玉涧二殿，背面依北宫墙筑土山，植杏树，名杏岗。岗上有茅亭、修竹、流水。宫右为宴春二阁，广十二丈，舞台四列，山亭三峙。又有一海一湖。海横四百尺，纵二百六十七尺，海中有二亭、一岛、石梁，岛山上有飞华亭。湖为泉源疏汇而成，有堤坝、水亭、石梁，梁上有茅亭、鹤庄、鹿柴、孔翠诸栅。宫内珍禽异兽、名木嘉卉，直达西门丽泽门。
北宋，1113～1126	撷芳园	河南开封	赵佶	在延福宫建成后，宋徽宗仍不满足，跨内城北墙的护城河景龙江又建一区，名撷芳园。在景龙江上建二桥，东名景龙门桥，西名天波门桥。东过景龙门至封丘门，引水疏流，堆山植木，楼观参差，堪与延福、艮岳相较。

建园时间	园名	地点	人物	详细情况
北宋，1115	艮岳	河南开封	赵佶 孟揆 梁师成 朱勔	在宫城东北（艮位），与延福宫东邻，内有土山，故名艮岳（户部侍郎孟揆筑此山）。宋徽宗赵佶亲自设计，宦官梁师成主持工程，朱勔负责材料供应（花石纲），从1115年始建，历七年，于1122年建成，为造园史上最著名皇家园林之一。享园不过四年，于靖康元年（1126）冬金兵破城，名园毁于一旦。园内四面积土为山（北万岁山、南寿山，西北万松岭、东西小岗），西北来水，泛为曲江、大方沼、雁池三水，成风水之制。宋徽宗《艮岳记》、祖秀《华阳宫记》、李质曹组《艮岳百咏诗》、张昊《艮岳记》、《枫窗小牍》和《宋史·地理志》皆有记载。筑土为山，仿杭州凤凰山山形，有主峰、次峰、山岭、悬崖、峡谷、沟壑、岩洞、山台，宾主相应、远近相呼、余脉延展。水自主山西引入，忽而溪，忽而池，一收一放，一潋一泛，有溪、沼、瀑、潭、泉、涧、岛、堤、桥、梁等水景。石景多赐名龙、玉、峰、仙、星等：神运峰（盘固侯）、昭功峰、敷文峰、万寿峰、朝日升龙、望云坐龙、矫首玉龙、万寿老松、栖霞扪参、衔日吐月、排云冲斗、雷门月窟、蟠螭坐狮、堆青凝碧、金鳌玉龟、叠翠独秀、犇云、风门雷穴、玉秀、玉窦、锐云、巢凤、跱龙、雕琢浑成、登封日观、蓬瀛须弥、老人、寿星、卿云、瑞霭、溜玉、喷玉、蕴玉、琢玉、积玉、迭玉、丛秀、翔鳞、舞仙、玉麒麟、南屏小峰、伏犀、怒猊、仪凤、乌龙、留云、宿雾、藏烟谷、滴翠岩、搏云屏、积雪岭、抱犊天门、玉京独秀太平岩、卿云万态奇峰等。建筑有：介亭、极目亭、圌山亭、跨云亭、半山亭、萧森亭、麓云亭、清赋亭、散绮亭、清斯亭、炼丹亭、璇波亭、小隐亭、飞岑亭、草圣亭、书隐亭、高阳亭、噰噰亭、忘归亭、八仙亭、环山馆、芸馆、书馆、消闲馆、漱琼轩、书林轩、云岫轩、绛宵楼、倚翠楼、奎文楼、巢凤阁、三秀堂、萼绿华堂、岩春堂、和容厅、泉石厅、挥云亭、泛雪亭、妙虚斋等。园中园有药寮和西庄，前种参术、杞菊、黄精、芎藭，后者种禾、麻、菽、麦、黍、豆、秔、秫等。还有酒肆、射圃等景点。

建园时间	园名	地点	人物	详细情况
北宋，1116	神霄玉清万寿宫（天宁万寿观）	河南开封		天宁万寿观改建为神霄玉清万寿宫。洞天福地修建宫观，令天下塑造神像。1119 年建神霄宫、神霄玉清之祠。宋徽宗亲自撰文并书写《神霄玉清万寿宫记》，令晶石神霄宫刻于碑，以碑本赐天下摹勒立石。
北宋，1116	上清宝箓宫		宋徽宗	筑神霄九鼎，以奉安于该宫之神霄殿。皇宫附近，新宋门里街北，景龙门东，对景晖门。城上作复道使与皇宫相通，以便他经常前往作斋醮和授箓等事。
北宋	乐安庄	山西永和	薛氏	《山西通志》载有乐安庄南北二园，位于山西永和县，在东关古城的东北隅，是宋朝枢密直学士薛氏致仕归家后营建的庄园，因其封郡之名而称乐安，有南北二园。园中北有堂称逸老，东有堂称三圣，西有堂称无无。此外建有一台，称明月台。（汪菊渊《中国古代园林史》）
北宋，1119～1125	东园	山西翼城	向淙	位于翼城县城内县治之北，为北宋宣和年间（1119～1125）县令向淙所建，邑人丁产师为此园作记。园内有静乐轩，其南有亭，称锦江亭，其北有台，称邀月台，稍北，建有叠翠亭，更北还有一亭，称五柳亭。（《山西通志》）
北宋，1121	孟府	山东曲阜		始建年代不详。据孟庙内现存明洪武六年（1373）立《孟氏宗传祖图碑》记载："宋仁宗景祐四年（1037），孔道辅守兖州，访亚圣坟于四基山之阳，得其四十五代孙孟宁，用荐于朝，授迪功郎，主邹县簿，奉祀祖庙。迪功新故宅，坏屋壁乃得所藏家谱。"这说明北宋景祐年间就已经修建了孟府，但不详地址所在。根据孟府大堂前现存几棵相当古老的桧树，紧同孟庙毗邻的建筑布局来考证，在宋宣和三年（1121）第三次迁建孟庙于城南的同时，迁建孟府于孟庙之西侧。 孟府初建时规模较小，后经历代重修扩建，至清初已形成前后七进院落。如今，孟府平面呈长方形，南北长 226 米，东西宽 99 米，总面积 2.24 万平方

建园时间	园名	地点	人物	详细情况
				米。以主体建筑大堂为界，前为宫衙，后为内宅，后为花园，西路为孟氏家学三迁书院。共有楼、堂、亭、阁100多间，占地面积60多亩，是国内保存较为完整古建筑之一。新中国成立后，此处成为收藏和展出文物之所。1988年被公布为全国重点文物保护单位。
北宋	十仙园	广东新兴		太守所创私园，园内有熏风堂、延景亭、明水轩、藏仙亭等，太守与手下十人因公案无事，流连于此，时人美其名曰十仙园。
北宋	牧苑	河南开封		位于开封陈桥东北，宋时为牧养马驼牛羊的地方。
北宋	蓬池	河南开封		《汴京遗志》道，池位于城东，春秋时为蓬泽，池下有温泉，是一个游乐去处。植菇、蒲、荷，为公共园林。
北宋	方池圆池	河南开封		《汴京遗志》道，池位于南熏门外玉津园边，是宋帝临幸之所。
北宋	莲花池	河南开封		《汴京遗志》道，池有两个，一个在城北时和保，一个在城西永安保。植菇、蒲、荷，为公共园林。
北宋	下松园	河南开封		《汴京遗志》道，园位于开封城西郑门外。
北宋	药朵园	河南开封		《汴京遗志》道，园位于开封城西水门外。
北宋	养种园	河南开封		《汴京遗志》道，园位于开封城西水门外。
北宋	一文佛园	河南开封		《汴京遗志》道，园位于开封城西南。
北宋	马季良园	河南开封	马季良	《汴京遗志》道，园位于里城外西南，为私园。
北宋	景初园	河南开封		《汴京遗志》道，园位于城南凤城冈。

建园时间	园名	地点	人物	详细情况
北宋	奉灵园	河南开封		《汴京遗志》道，园位于陈州门内西北。颇具园林景观。五岳观前有奉灵园，东边有迎（凝）祥池，“夹岸垂柳，菇蒲莲荷，凫雁游泳其间，桥亭台榭，棋布相峙”。
北宋	同禧园	河南开封		《汴京遗志》道，园位于陈州门的东北。
北宋	同乐园	河南开封	赵佶	《汴京遗志》道，园位于固子门内东北，为宋徽宗赵佶所建。
北宋	环溪	河南洛阳	王拱辰	王拱辰，宣徽南院使，他在洛阳建有宅园，名环溪，园中南北二池，中间大岛，东西连以溪流，故名环溪。岛山之顶建多景楼，岛北建凉榭，岛南建洁华亭，北池西面有秀野台，北面有锦厅、风月台。登风月台可望隋唐宫阙楼殿。秀野台可坐百人。园中遍植松、桧、花卉。（李格非《洛阳名园记》）
北宋	湖园	河南洛阳	裴度	原为唐朝宰相裴度的宅园，宋归何人未知。园中心有大湖，湖中有大洲，洲中建百花洲堂，湖北建四并堂，两堂隔水相望。另有桂堂、迎晖亭、梅台、知止庵、环翠亭、翠樾亭等景。李格非道：“园圃之胜，不能相兼者六；务宏大者少幽邃。人力胜者少苍古。多水泉者难眺望。兼此六者，唯湖园而已。”（李格非《洛阳名园记》）
北宋	张氏园（大字寺园）	河南洛阳	白居易 张氏	该园原为唐诗人白居易在履道里的宅园，园废后改大字寺园，北宋时，张氏得其半，建为会隐园，水竹甲于洛阳，水、木、堂、亭皆合旧图，可见此园基本保持唐代白氏园林山水亭台格局。（李格非《洛阳名园记》）
北宋	董氏东西园	河南洛阳	董俨	董俨为北宋工部侍郎，他建有东西两园。西园有大池、泉水、小桥、厅堂、高台、高亭、竹林、石芙蓉花等景。东园西部有醒酒池，池中含碧堂，东部有厅堂、流杯亭、寸碧亭等。东园机巧在于水池用喷水，相当于今日喷泉。（李格非《洛阳名园记》）

建园时间	园名	地点	人物	详细情况
北宋	独乐园	河南洛阳	司马光	位于城东南常安村（司马街），司马光于熙宁六年（1073）在尊贤坊北国子监侧故营地购地造园。独乐园面积20亩，园内有水池、暗渠、明渠、虎爪泉、小岛、读书堂、弄水轩、钓鱼庵、种竹斋、采药圃、竹廊、花栏（牡丹、芍药、杂花各二栏）、浇花亭、见山台、台屋等景。司马光崇尚孔子和颜回之朴素，故园中建筑皆土墙茅顶，景名皆有历：读书堂为董仲舒，钓鱼庵为严子陵，采药圃为韩伯林，见山台为陶渊明，弄水轩为杜牧之，种竹斋为王子猷，浇花亭为白居易。司马光自题《独乐园记》和三首《独乐园咏》。司马光（1019—1086），北宋大臣、史学家，字君实，陕州夏县（山西）人涑水人，宝元进士，仁宗末年任天章阁侍制兼侍讲知谏院，王安石变法，不从，1070年知永兴军，次年退居洛阳，出版《资治通鉴》。1085年高太后听政，入京主政，次年任尚书左仆射兼门下侍郎，废新法，主政八月而卒。（李格非《洛阳名园记》和司马光《独乐园记》）
北宋	刘氏园	河南洛阳	刘元瑜	右司谏、给事刘元瑜的宅园，园内有台、楼、堂、廊、庑等景，尤以建筑比例合度为时人所称道。时人建筑崇尚高峻，但易坏，但此园建筑则正合法度，且与周边花木搭配相宜，时人赞园为刘氏小景。（李格非《洛阳名园记》）
北宋	丛春园	河南洛阳	安焘	门下侍郎安焘建有园林，园以植物为主，有桐、梓、桧、柏等，建筑有丛春亭、先春亭，据亭可借景洛水和天津桥，并听到洛河水声。（李格非《洛阳名园记》）
北宋	松岛（吴氏园）	河南洛阳	李迪	本为五代时旧园，北宋时归真宗、仁宗两朝宰相李迪所有，后又归吴氏为园。园内有水池、岛屿、清泉、亭子、道院、南台、北堂、水榭、古松（两棵）、竹子等，尤以松岛著名。（李格非《洛阳名园记》）
北宋	水北胡氏园	河南洛阳	胡氏	胡氏在洛阳北面邙山下瀍水北面有二园林，相隔仅十余步，园内有土室（两个）、望月台、水榭、高楼、学古庵等景。最妙在于借景，一是土室，在瀍水岸边下挖百余尺（30余米），开窗可见水态，听水声；二是望月台，登之可四望一百多里。（李格非《洛阳名园记》）

建园时间	园名	地点	人物	详细情况
北宋	吕文穆园	河南洛阳	吕蒙正	吕蒙正(944—1011),北宋大臣,河南洛阳人,字幼功,太平兴国进士,太宗、真宗时三度为相,以敢言著名,景德二年(1005)辞官回乡。他在朝时建有宅园,园居伊水上游,木茂水清,终年不涸,园中有池塘,池中有一亭和一桥,池外有二亭。(李格非《洛阳名园记》)
北宋	紫金台张氏园	河南洛阳	张氏	张氏在文彦博东园的北面建有宅园,园林以水景取胜,遍植竹木,有四亭。(李格非《洛阳名园记》)
北宋	归仁园	河南洛阳	牛僧孺 李清臣	该园原为唐代宰相牛僧孺的宅园,宋绍圣年间(1094～1097),归中书侍郎李清臣,改为花园,面积占归仁坊一坊之地,故称归仁园,是洛阳最大宅园。园内有牡丹、芍药千株,竹千竿,南有桃、李弥望,还有唐代七里桧一株。(李格非《洛阳名园记》)
北宋	李氏仁丰园	河南洛阳	李氏	该园为洛阳花木品种最齐全的园林,园内有花木千余种,桃、李、梅、杏、莲、菊各几十种,牡丹、芍药百余种,外地花卉紫兰、茉莉、琼花、山茶等。除花木之外,还有五亭:四并亭、迎翠亭、濯缨亭、观德亭、超然亭等。(李格非《洛阳名园记》)
北宋	郭从义宅园	河南洛阳	郭从义	郭从义请匠师蔡奇为其建造宅园假山石洞,洞名宋竹节洞,据说,聪明的人穿过此洞可成神仙。(《洛阳县志》)
北宋	海岳庵(研山园)	江苏镇江	米芾 苏仲恭 岳珂 冯多福	米芾(1051—1107),北宋书画家,初名黻,字符章,号襄阳漫士、海岳外史等,世居山西太原,迁居湖北襄阳,定居江苏镇江,徽宗诏为书画学博士,官至礼部员外郎,人称米南宫,举止癫狂,人称米癫,能诗文、擅书画、精鉴别。在镇江时,以一方凿成山形的砚台,换得苏仲恭在甘露寺下依长江的宅基,在此筑园,名海岳庵,因此自号海岳外史。南宋嘉定年间(1208～1224),润州(镇江)知府岳珂购得海岳庵旧址,构筑研山园(详见南宋“研山园”条)。

建园时间	园名	地点	人物	详细情况
北宋	天王院花园子	河南洛阳		天王院花园子以牡丹著称，院中植牡丹十万株，凡是城里卖花为生的人，以此为家，一到花时，主客张帷列幕，可赏可游可购。（李格非《洛阳名园记》）
北宋	凝祥池	河南开封		在开封普济门西北，植菇、蒲、荷，为公共园林。
北宋	学方池	河南开封		在皇家园林玉津园附近，植菇、蒲、荷，为公共园林。
北宋	鸿池	河南开封		植菇、蒲、荷，为公共园林。
北宋	讲武池	河南开封		植菇、蒲、荷，为公共园林。
北宋	韬光庵	浙江杭州	吴越王韬光	在北高峰南侧、灵隐寺西侧的巢构坞，最早为吴越王所建的广严庵，唐时四川诗僧韬光建法安寺修行，白居易为寺堂题名。宋代，寺改名韬光庵，以自然风景为胜，有山泉、细流、观海亭、修竹。麟庆有《鸿雪因缘图记》中的《韬光踏翠》篇记之。
北宋	丁家园	江苏苏州	丁谓	丁谓（962—1033），苏州吴县（今吴县市）人，字谓之、公言，北宋太宗淳化三年（992）进士甲科，真宗景德年间（1004～1007）为右谏议大夫、权三司使，天禧三年（1019）为参知政事，次年排挤寇准，升为宰相，封晋国公，独揽朝政，乾兴元年（1022）仁宗即位后被贬海南崖州司户参军，后授秘书监，死于光州。又曾任平江军节度使和枢密等职，可能是在任平江（苏州）军节度使期间建园。
北宋	孙觌山庄	江苏苏州	孙觌	孙觌为宋徽宗大观年间（1107～1110）进士，晚年退居苏州，建别墅以居，在建筑上梁时作上梁文以纪。
北宋	邵氏园亭	江苏苏州	邵郎中	邵郎中在苏州建有园亭。北宋诗人梅尧臣（1002—1060，字圣俞，宣城人，中年后赐进士，授国子监直讲，官至尚书都官员外郎）在游过邵郎中园后，赋诗《邵郎中姑苏园亭》："吟爱乐天池上篇，买池十亩皆种莲。薄城万竿作婵娟，藤缆系桥青

建园时间	园名	地点	人物	详细情况
				板船……”从诗中知：园主学白居易池上篇，购田十亩，园中有桥、船、怪石、折腰菱、竹、藤、杜鹃、七叶树、鸟、鹤、鲈、鲍等景。因梅在中年方中进士，故与朝中邵郎中相交该在中年后，大约在宋仁宗时代。
北宋	苏州府学园林	江苏苏州	范纯礼	两宋府学为今之文庙故址，北宋范仲淹任苏州太守时得南园东北角，开创府学，时占地 150 亩，左广殿，右公堂，前泮池，旁斋室，嘉祐年(1056～1064)中建六经阁，元祐年(1086～1093)时范仲淹之子范纯礼得南园隙地扩建，成十景：辛夷、百干黄杨、公堂槐、鼎足松、双桐、石楠、经头桧、蘸水桧、泮池、玲珑石等。建炎兵火(1127)，园毁。绍兴年间(1031～1062)重建，乾道年间(1165～1173)造直庐，淳熙间(1174～1189)建采芹亭、仰高亭、御书阁(奉高宗御书)、五贤堂、宝庆三年(1227)殿阁风毁，后修复。宝祐年(1253～1258)拓地凿池建桥门、敏行斋、育德斋、中立斋、就正斋、隆本斋、立武斋、养正斋、兴贤斋、登俊斋、成德堂、传道堂、咏涯书堂、立雪亭、道山亭等。元明清修缮不断，有诸景：灵星门、洗马池、石桥、碑亭、高陛、露台、嘉会厅、泮宫坊、杏坛、来秀桥、钟秀门、名宦祠、乡贤祠、范文正公祠、泮池、石桥、仪门、大池、七星桥、露台、范仲淹手植柏、明伦堂、至善堂、毓贤堂、尊经阁、众芳桥、游息所、采芹亭、小池、道山亭、大池、射圃、观德亭、畦圃等。王鏊《苏郡府学志序》有详述，清徐崧亦有诗云此学园。
北宋	张郎中园亭	江苏苏州	张沔	张沔，官居刑部郎中直史馆，居于苏州，在此建有园亭，梅尧臣和胡武平皆有诗赞之。
北宋	长洲衙署园林	江苏苏州		长洲为苏州所属县治，在衙署有园林，内有茂苑堂、岁寒堂、掬月亭、蟠翠亭、百花亭、尊美堂、维摩丈室、绿野轩、绿筠庵、岩谷、石林、嘉木、修竹等，其中以茂苑堂最美，米芾长子米友仁(1074—1153)曾专为茂苑堂撰记《茂苑堂记》，县令常至园中宴会宾客，试学品景。

建园时间	园名	地点	人物	详细情况
北宋	吴县市衙署园林	江苏苏州	章珉	吴县(今吴县市)为苏州所属县治,原为雍熙寺故菜圃故址,其衙署园林尤美,大厅西有平理堂、无倦堂,堂西有延射亭,亭南北有小山,山上有小亭,南名松桂,北名高荫,亭边有池沼、假山、花木,以延射亭为最胜,宋代章珉《延射亭记》道:"虽洛中之季伦,山阴之辟疆,咸有名园,雅好宾侣,吾不知其彼为胜,此为劣也。"
北宋	梅家园	江苏苏州	梅尧臣	梅尧臣(1002—1060),北宋诗人,字圣俞,安徽宣城人,少年屡试第,历任州县官属,中年后赐进士出身,授国子监直讲,官至尚书都官员外郎。晚年退居苏州,在苏舜钦的沧浪亭边建梅家园以居。
北宋	州西园	福建福州		遗址在今福州北门府里,鼓楼区新民路(旧三民里,俗称府里)福州市第三中学。当时在州衙西,为州园。园内有春来馆、春风亭、秋千、水池等,蔡襄有《开西园》:"风物朝来好,园林雨后清。鱼游知水暖,蝶戏觉春晴。草软迷行迹,花深隐笑声。游观聊自适,不用管弦迎。"已毁。
北宋	熙春台	福建邵武		位于市区西部富屯溪南岸,依山傍水,风景秀丽,因公园主体建于熙春山而得名。熙春山原名狮峰,海拔 265 米。北宋建熙春台后,元、明、清又建成醉翁亭、六虚亭、清风亭、钓鱼台、天香阁、惠应祠、沧浪阁、灵井等,因年代久远,至 1975 年仅残留沧浪阁一个牌坊。1978 年末筹建公园,规划总面积 38 公顷,包括外园、内园和园中园等。
北宋	朝园	江苏江阴	韩氏	在江阴市,韩氏所创私园,毁。
北宋	雷州西湖	广东湛江		位于市西湖大道北,广百亩。雷州西湖古名罗湖,苏轼于宋哲宗绍圣四年(1097)与胞弟苏辙同游湖上,雷人为志贤踪,改罗湖为西湖。雷州西湖在 1950 年以前,湖亭失修,祠宇荒废,1984 年,重修亭台馆榭,有苏公亭、寇公亭、钓鱼台、茅亭、荷池、蛙岛、飞瀑等胜景。

建园时间	园名	地点	人物	详细情况
北宋	熙春园	江苏江阴		在江阴市，毁。
北宋	王太尉园	河南开封	王太尉	宋人袁䌹云："州南则玉津园、西去一丈佛子、王太尉园、(孟)景初园。"
北宋	灵嬉园	河南开封		宋人袁䌹云："陈州门外园馆最多，著称者奉灵园、灵嬉园"。(安怀起《中国园林史》)
北宋	麦家园	河南开封		宋人袁䌹云："州东宋门外麦家园，虹桥王家园。"(安怀起《中国园林史》)
北宋	王家园	河南开封		宋人袁䌹云："州东宋门外麦家园，虹桥王家园。"(安怀起《中国园林史》)
北宋	李驸马园	河南开封	李驸马	宋人袁䌹云："州北李驸马园。"(安怀起《中国园林史》)
北宋	庶人园	河南开封		宋人袁䌹云："州西北有庶人园。"(安怀起《中国园林史》)
北宋	蔡太师园	河南开封	蔡京	即蔡京的宅园，有东园和西园。东园位于城都之东，"嘉木繁阴，望之如云"。西园位于城都之西，园中除花木外，有用太湖石叠成的假山，亦很有名。(安怀起《中国园林史》)
北宋	惠州西湖	广东惠州		惠州西湖是广东省第一批省级风景名胜区之一，历史上曾与杭州西湖和颍州西湖齐名。宋朝诗人杨万里曾有诗曰："三处西湖一色秋，钱塘颍水与罗浮"，说的就是这三大西湖。有"海内奇观，称西湖者三，惠州其一也"和"大中国西湖三十六，唯惠州足并杭州"的史载。西湖景区自然布局甚佳，景区面积 3.2 平方公里，其中水面 1.68 平方公里。山川透邃，幽胜曲折，浮洲四起，青山似黛。古色古香的亭台楼阁隐现于树木葱茏之中，景城妙在天成，享有"苎萝村之西子"美誉，由五湖、六桥、七山、十六景组成。

建园时间	园名	地点	人物	详细情况
北宋	王太宰园	河南开封	王黼	王太宰名黼，家宅在阊阖门外，后苑中“聚花石为山，中为列肆巷陌”。其在西城竹竿巷的一所赐第，“穷极华侈，垒奇石为山，高十余丈，便坐二十余处，种种不同……。第之西，号西村，以巧石作山径，诘屈往返，数百步间以竹篱茅舍为村落之状”。（安怀起《中国园林史》）
北宋	天竺园	浙江杭州		位于天竺山麓，以山石奇俊而闻名。灵隐天竺诸山，方圆数十里，山峦重叠，统称天竺山。当地有上、中、下三天竺之分。北宋时苏东坡常来此欣赏奇景，南宋时辟为御园。园内有葛公井、理公岩、香林洞、凡经堂、东坡煮茶亭、无竭泉、枕流亭等名胜古迹。宋高宗曾为枕流亭书写匾额。亭下溪水潺潺，四周遍植桃树。每逢春日，桃花怒放，令人心旷神怡，流连忘返。（安怀起《中国园林史》）
北宋	平山福地	福建福州	宋端宗	是宋端宗浮海从闽江中进入福州的驻跸之所。《中国历代都城宫苑》：平山福地背依平山，前临濂江，濂江与闽江相遇，山光水色，别有情趣。行宫后山因山顶平坦所以叫作平山，驻扎着羽林禁军，山中古松森森，至今犹存，行宫建筑精巧别致，后百姓将行宫改为泰山行祠，至今还称它为泰山庙，历代重修，保留至今。 明代林瀚《平山怀古》诗：翠辇金舆载恨游，岂线南越觅丹邱。钟声落日孤林寺，海色西风万里舟。王气销沉天地老，胡尘溟漫古今愁。伤心最是濂江水，环绕行宫山下流。（安怀起《中国园林史》）
北宋	长春园（希右园）	安徽芜湖	张孝祥	由宋代词人张孝祥“捐田百亩，汇而成湖”。并以陶塘易名，张孝祥还在湖边建“归去来堂”和“野志堂”，后均毁，现为芜湖市镜湖公园中的柳春园。 “长春园在芜湖北门外，即宋张孝祥于湖旧址。本邑人陈氏废园。山阴陈岸亭先生圣修宰芜湖时，构为别业。园中有鸿雪堂、镜湖轩、紫藤阁、剥蕉亭、鱼乐涧、卓笔峰、狎鹭堤、拜石廊八景，赭山当牖，潭水潆洄，塔影钟声，不暇应接，绝似西湖胜

建园时间	园名	地点	人物	详细情况
				概。曩余楚北往回，屡寓于此，时长君恒斋、次君默斋皆与余订兄弟之好，极文酒之欢。迨先生擢任云南，此园遂废矣，惜哉！后三十年而为邑中王子卿太守所购，故名希右园，有归去来堂、赐书楼、吴波亭、溪山好处亭、观一精庐、小罗浮仙馆诸胜，时黄左田尚书亦予告归来，日相过从，饮酒赋诗．为鸠江之名园焉。”（钱泳《履园丛话》二十和孔俊婷《观风问俗式旧典湖光风色资新探》）
北宋	沈氏园亭	江苏苏州	沈仲嘉	在江苏苏州西山镇，里人沈仲嘉所建，从孙觌诗《沈氏园亭》道：“包山美人构亭子，岿然屹立深园里。窗近断岩见怪石，壁临绝涧闻流水。”可知园中有景：流水、绝涧、峭壁、怪石、亭子等。（汪菊渊《中国古代园林史》）
北宋	飞盖园	陕西延安		在延安府城南，宋朝庞籍常在此游玩。庞籍（988—1063），北宋大臣，单州成武（山东）人，字醇之，举进士，西夏兵兴，以龙图阁学士知延安府，加强防御，宋夏媾和，还任枢密副使，皇祐三年（1051）为宰相，五年罢知郓州，后以太子太保退休，封颍国公。
宋	盘溪园	四川新繁	勾氏	在新繁城北，勾氏所创私园，取唐人李愿的太行之谷名盘谷者，名之盘溪。句昌泰有诗赞园：“黄尘没车毂，平地得林丘。花木风光早，陂池烟雨秋。不弹长剑铗，甘赋大刀头。九轨利名痼，逢君应少瘳。”宋诗人白麟有《盘溪园亭诗》二首：“爱梅爱竹爱溪山，可惜天公未放闲。待学盘溪溪上老，松门虽设日常关。”“割忙载酒把寒来，指点盘溪花未开。撼动东风须好句，扫除积雪放春回。”
宋	富顺西湖	四川自贡		位于县城内西北隅，南大北小，形似平放的葫芦，素以荷花闻名。西湖原是钟秀、神龟、五府、玛瑙诸山雨水汇流的自然洼地。早在宋代即已疏凿，砌石为堤，遂成湖泊，“湖阔六七里”。经历代培修点缀，先后修建有西湖厅、湖光亭、凌波亭、吹香亭、春风亭、醒心亭、涣乐亭、景濂亭、浩然台、超然台。湖中仿杭州西湖画舫造就的舫船，可在其中摆设筵席，宴请嘉宾。古时曾有“天下西湖三十六，富顺西湖甲四川”之说。

建园时间	园名	地点	人物	详细情况
宋	包家园	浙江杭州	包氏	在韬光庵附近，有石景、茂林、亭子、轩馆等。
宋	窦氏园	河南济源	窦氏	王岩叟有诗写此园。(《河南通志》)
宋	相公园	河南汝宁	范纯仁	在汝宁府信阳州，是宋朝范纯仁创立的园林，园内以花木为主。(《河南通志》)
宋	田于秋园	河南灵宝		田于秋所创之园，位于灵宝市南。(《河南通志》)
宋	白氏庄	陕西长安	白序	宋朝白序建此园，白序，字圣均，自称侍郎。庄中有挥金堂、顺牛堂、疑梦室、醉吟庵、翠屏阁、林泉亭、辛夷亭、岩桂亭等景。金朝时，庄归石氏，疏通泉水，建有方池、曲廊、四银亭、八银亭等。元延祐元年赵尚书游园作诗。
宋	曹皇后园	陕西渭南	曹皇后	在渭南县花园村，为宋代曹皇后所建。(《陕西通志》)
宋	嵩山泛觞亭	河南登封		位于嵩山南麓，有宋代崇福宫，其内有泛觞亭及曲水。(冈大路《中国宫苑园林史考》)
宋	芙蓉园	江苏如皋	史志 史逸叟	位于县南一里，史志与其父逸叟曾在此居住。(《江宁府志》)
宋	复轩	江苏吴县	章宪	在吴县市黄村，为宋代苏州处士章宪的宅园。章宪，字叔度，乐道好德，操行高洁，人称隐君子，其《复轩记》道：复轩分宅与园，前宅内有先人之庐和东庑之轩，以为藏书之所。后圃有清旷堂、咏归亭、清闼亭、遐观亭、竹林等。
宋	闲贵堂	江苏苏州	萧氏 周虎	在醋坊桥东，本为萧氏双节堂，周虎得之后改为闲贵堂，园中有凌霜台、闲贵堂、桂花(千株)、陂陀、亭子等景。
宋	臞庵	江苏苏州	王份	在苏州吴江市城东门外，园主为大冶令王份。园占地十亩，围湖入园，有景：琉璃沼、钓雪滩、臞翁涧、花屿、凌风台、郁峨城、云关、与闲堂、平远堂、

建园时间	园名	地点	人物	详细情况
				种德堂、山堂、聚远楼、烟雨观、横秋阁、浮天阁、竹厅、龟巢、结林、枫林、回廊、竹林、莲花、桑麻、松树、菊花、果树、白鸥、蜜蜂、彩蝶、喜鹊、蛇等景。其中浮天阁为第一，蒙与义、吕本中、王铚、程子山、何称等文人都有诗赞此园。
宋	蒙圃	江苏苏州	陈之奇	是陈之奇在苏州的别墅，园中有归来堂和醉吟堂等，方子通对此园咏有诗句。
宋	乐庵	江苏昆山	李衡	侍卿李衡在县东六里的园明村，建有宅园，以为归老之居。园内植竹为主，明时园毁。
宋	墨庄	江苏昆山	范良遂	范良遂车塘里东山上建有读书处，内有墨庄亭、雨花阁、半月池、九龙井、双娥石、楼等景。当时诗咏甚多。园在明代毁。
宋	北园（陈氏园）	江苏昆山	陈氏	陈氏在漳潭建有北园，时人称为陈氏园，有潭水、竹林、亭台、轩馆。
宋	西园	江苏昆山	卫文节	卫文节在石浦镇建有别墅，名西园，园内有后乐堂、友顺堂等建筑，亦多太湖石，嘉靖年间尚存，后毁。
宋	栎斋	江苏昆山	卫湜	卫湜在石浦镇建有藏书处，名栎斋，叶适《栎斋藏书记》道，栎斋周皆花石奇异之观，室皆台馆温凉之适，至明代嘉靖年间毁。
宋	四时佳景园	江苏昆山	陈世昌	吏部郎中陈世昌在玉山镇东城桥西建有园第，题额为“四时佳景”。
宋	陈陆园	江苏张家港	陈起宗 陆绾	在南沙乡，原为春秋吴王鹿园，宋时为陈起宗和陆绾所得，陈筑读书台，陆作待潮馆，因此而得名，概不同时而建。待潮馆建成之后，同读书台有曲径相通，自然融合成一处文人墨客雅集赏景的好去处。因其建造者系陈、陆二位地方先贤，故人称作陈陆园。

建园时间	园名	地点	人物	详细情况
宋	翁氏园	江苏昆山	翁氏	翁氏在县城西建有宅园。园以植木芙蓉为名。
宋	孙氏园	江苏昆山	孙氏	孙氏在城北建有宅园。
宋	洪氏园	江苏昆山	洪氏	洪氏在城东建有宅园。
宋	水竹墅	江苏吴江	叶茵	叶茵在同里建有别业水竹墅，内有十景：曲水流觞、峭壁寒潭、安乐窝、野堂、竹风水月、广寒世界（多植桂花）、明鸥、得春桥、赏心桥、寻源桥。
宋	光禄亭	江苏常熟	张枏	衢州知府张枏在虞山南五里处建有光禄亭，因亭前有巨杏，故名杏花亭，花时邑人争相观望，后改为佛寺。
宋	何子园亭	江苏苏州	何氏	何氏在郊外尹山建有园亭，植有牡丹，周益公与崇福寺僧曾同游此园。
宋	万华堂	江苏苏州	蓝师稷	提刑蓝师稷在资寿寺后建有万华堂以为居所，堂边植牡丹三千，品种有：玉碗白、景云红、瑞云红、胜云红、间金之等。
宋	道隐园	江苏苏州	李弥大	尚书李弥大被罢官后回乡，在苏州洞庭西山林屋洞西建道隐园，园西有石壁、丙洞、阳谷、曲岩（巨石名）、石室、齐物观（奇石景观）、驾浮亭、无碍庵、易老堂（在此研易经）、古梅（十余）等景。
宋	郭希道园亭	江苏苏州	郭云	大夫郭云（又说为郭希道或为同族）在饮马桥西南所建的宅园。吴梦窗的《声声慢·陪幕中饯孙无怀于郭希道池亭》等词多次提到郭希道园亭，后来该园成为巡抚后圃。
宋	只园	江苏吴县	支公	在陆墓镇，初为红莲寺，后为园居，几度易主，支公曾退隐此地，园内有高梧、阴井、荷花、水池、奇石、曲径、梁桥等景。有诗道："吴国莲华寺，为园已寂寥。阑残几片石，错落数间寮"，"高梧阴井冷，小雨歇荷香"，"为爱闲园胜，支公作退居。溪通池水活，门入径桥虚。"可知园内池塘与园外溪流相通，才得活水不腐。

建园时间	园名	地点	人物	详细情况
宋	卢园	江苏苏州	卢瑢	苏州人卢瑢在城西南的越来溪建有宅园，额题：吴中第一林泉。园内有景三十：南村、柴关、带烟堤、佐书斋、吴山堂、正易堂、柴芝轩、瑞华轩、静空轩、玉华台、苍谷、来禽坞、逸民园、植竹处、江南烟雨图、香岩、湖山清隐厅、听雪、傲蓑、得妙堂、云村、玉界、古彦、玉川馆、山阴画中、杏仙堂、藕花洲、桃花源、曲水流觞等。如辋川二十景图咏，每景卢瑢皆有题咏，其中静妙堂为御书。
宋	徐都官山亭	江苏苏州	徐佑之	徐佑之在胥门外建有宅园，园内有七个奇石，分别刻有诗，笔法苍劲，杜祁有诗赞之。
宋	府山	浙江绍兴		在绍兴市西南，由府山、吕府、大通学堂三个景区构成，府山又称卧龙山，海拔 74 米，面积 22 公顷，因越大夫文种葬此而名种山，后绍兴府设于此，改府山。山全盛于宋代，时有 72 处楼台亭阁，现存：越王台、越王殿、南宋古柏、清白泉、飞翼楼、风雨亭、文种墓、樱花园、摩崖石刻、龙湫、烈士墓。大通学堂为革命团体光复会的大本营纪念地。
宋	众乐园	浙江永嘉		《乾隆温州府志》载，旧郡治北有衙署园林众乐园，纵横一里，中有大池，亭榭棋布，花木汇列，宋时每岁二月开园设酤，尽春而罢。
宋	宝成庄	上海		在崇明县中部西北，后毁。
宋	秦氏别业	上海	秦氏	秦氏在崇明县中部东所创别墅，后毁。
宋	施家园	上海	施家	施氏在松江县(今松江区)所建宅园，毁于元代。
宋	叶氏别业	上海	叶以清	叶以清在奉贤区所建别业，后毁。
南宋	倦圃	浙江嘉兴	岳珂	位于城西门内，岳飞孙岳珂所建，圃甚宽广，俨若山林。嘉庆甲子(1804)三月，(家恬斋)圃中荒废久矣。近为陈氏所购，葺而新之。据朱彝尊《曝书亭集》所载，有丛菊径、积翠池、浮岚、范湖草堂、静春轩、圆谷、采山楼、狷溪、金陀别馆、听雨斋、橘田、芳树亭、溪山真意轩、容与桥、漱研泉、潜山、锦淙涧、留真馆、澄怀阁、春水宅诸胜，俱仍旧题，为嘉禾胜地。

建园时间	园名	地点	人物	详细情况
南宋，初期	凤凰台	山东济宁		古代凤和风两字同体，故又名风化台，为风姓教化之台，祭祀太昊伏羲之所。任城自宋、元、明、清以来经贸繁华。特别是在明天启年间，由运河总河军门刘东星提倡，并集当地数村之力，在台上创建观音堂，万历年间告成，每年的农历二月十九观音圣诞日，凤凰台庙会时，南北商贾云集，为鲁西南春会之首，数百年不衰。成济宁八景之凤台夕照。明代大司马徐标（任城人）赞誉为“尘世蓬瀛”。清光绪年间重筑高台。清光绪年间修整，使石阶顶门楼为凤头，左右有两块出水石为凤耳，门楼南3米处，东鼓楼和西钟楼为凤眼，大殿为凤背。殿后有一片紫竹林为凤尾，东西两庑为凤翅，远望似一只展翅欲飞的凤凰。（汪菊渊《中国古代园林史》）
南宋，1125之前	屏山园	浙江杭州	赵昀	在钱湖门外南新路口，正对南屏山，故名屏山园，亦称南屏御园。宋理宗赵昀时改名翠芳园。园内有八面亭。
南宋，1127～1207	刘婕妤庄	上海	刘婕妤	在崇明县中部西北，南宋初刘婕妤所筑，南宋开禧三年（1207）前毁。
南宋，1127～1161	张循王庄	上海	张浚	张浚（1097—1164），南宋大臣，字德远，汉州绵竹人，政和进士，1129年任知枢密院事，1135年任宰相，1161年封魏国公，力主抗金，著有《中兴备览》，在崇明筑有别墅。开禧三年（1207）前毁。
南宋，1127～1186	龚氏园	上海	龚明之	龚明之（1090—1186），南宋学者，著有《中吴纪闻》，他在嘉定区黄姑塘建有宅园。
南宋，南宋初	养种园	江苏南京		《江宁府志》载，在上元县城东，曾为南宋行宫，园内有熙春堂、玉雪堂、清华堂、怀洛亭、芳润亭及各种花草树木。至明时犹存。
南宋，南宋初	藏春园	江苏苏州	孟忠厚	南宋初年保宁军节度使孟忠厚兼治苏州，在苏州阊丘坊建宅园，名藏春园。园内有静寄堂、清心亭、万卷堂等景。元时，平江路总管张伯颜在此构别业，仍名藏春园（《相城小志》）。清时依园、息园相继在此遗址上建成（钱泳《履园丛话》，见清“依园、息园”条）。

建园时间	园名	地点	人物	详细情况
南宋，南宋初	招隐堂	江苏苏州	胡元质	胡元质，苏州人，绍兴十八年(1148)进士，历任秘书省正字校书郎、礼部兼兵迁右司等职，退休后归苏州在昼锦坊，购光禄大夫程公辟故居建成宅园招隐堂，园内有溪堂、云锦池、碧琳堂(竹堂)、秀野榭、奇石(三个，为其在成都任官时所得)等景。
南宋，1127～1130	依绿园	江苏昆山	盛德辉	梁人盛德辉在苏州任抚谕官，遂定居昆山巴城高墟，在建炎(1127～1130)初建有宅园，园中有池、台、竹、石，为一时之胜，明宣德年间(1426～1435)，其玄孙盛颐修缮该园，入清园毁，清人张潜之有诗叹园。
南宋，1127～1162	富景园	浙江杭州		在临安新门外，俗称东花园，南宋高宗赵构和孝宗赵昚常临幸此园。《咸淳志》说富景园规制略仿湖山，南宋度宗赵禥时尚存。
南宋，1127～1162	庆乐园(南园、胜景园)	浙江杭州	韩侂胄	位于临安长桥，宋室南渡时为庆乐园，南宋光宗时(1190～1194)赐韩侂胄(1151—1207)，改名南园，韩以外戚掌权达13年，宁宗时权居左右丞相之上，加封平原郡王，1206年见金朝势弱，主张攻金。南宋兵败求和，迫于金朝压力杀韩。韩亡后园复归御园，复名庆乐园。淳祐年间(1241～1252)，理宗赐给嗣荣王与芮(福王)，又更名胜景园。《梦粱录》和《武林旧事》道：园内有许闲堂、容射厅(和容厅)、寒碧台、藏春门、凌风阁、西湖洞天(假山洞)、归耕庄(农庄)、清芬堂、岁寒堂、夹芳亭、豁望亭、矜春亭、鲜霞亭、忘机亭、照香亭、堆锦亭、远尘亭、幽翠亭、红香亭、多稼亭、晚节亭、射圃、流杯池、清流、秀石等景。陆游《南园记》详述园名来历。
南宋，1130	方塔园	江苏常熟		位于常熟古城区东，主景点是崇教兴福寺塔，原名崇教宝塔，俗名方塔。始建于南宋建炎四年(1130年)，清咸丰间，寺毁而塔幸存。1963年9月重又进行了大修。方塔虽建于宋代，仍沿袭唐代方形楼阁式木塔的形制。塔为四面九层盝形顶，砖木结构，逐层递收，立面的轮廓呈抛物线状。塔院内

建园时间	园名	地点	人物	详细情况
				有古银杏一株，古井一口，皆宋代遗物。1977 年起，于院内建镜花阁、雨香堂及亭榭、茶室，堆筑舒袖、展翅假山，移植花木，辟为方塔公园，并将大东门总官庙的一座大殿移建于塔寺旧址。1978 年置塔铃。同年，中国佛教协会会长赵朴初为塔题额“崇教兴福寺塔”。1984 年 4 月，恢复方塔原名。1990 年园内又辟月季园，花容秀美，千姿百色。后院增建长廊，亭、堂、凿荷池、堆假山，设常熟市碑刻博物馆、常熟市名人馆。
南宋，1130～1140	刘锜宅园（玉壶园）	浙江杭州	刘锜	位于钱塘门外南漪堂后，为南宋初年陇右都护刘锜之别业，刘锜（1098—1162），南宋名将，字信叔，德顺军（甘肃静宁）人，建炎四年（1130）为泾原经略使，富平之战有功，后至临安领宿卫亲军。绍兴十年（1140）任东京副留守，大破金兀术，受秦桧、张俊排挤，罢兵知荆南府，1162 年任江淮浙西制置使，忧愤而卒。在东京期间建有别墅，内有玉壶轩，死后归官家，宋理宗赵昀在位时（1225～1264）改为御苑。
南宋	皇城后苑	浙江杭州		在杭州凤凰山西北，分为庭院区和苑林区，庭院区被中间长廊分为左右两列，每列十个小院，每院 50 间房，各有花园、宫女。长廊 180 余间，直达苑林区小西湖，湖广十亩，湖边筑山植梅，曰梅岗，建冰花亭。临水有水月境界、澄碧。湖边有佑圣祠，内有庆和泗洲、慈济钟吕、得真等景。湖边遍植牡丹、芍药、山茶、鹤丹、桂花、海棠、橘子、木香、竹子等花果。建筑有昭俭亭（茅亭）、天陵偃盖亭（松亭）、观堂（在山顶，祭天所）、芙蓉阁、清涟亭、梅堂（赏梅）、芳春堂（赏杏）、桃源（赏桃）、灿锦堂（赏金林檎）、照妆亭（赏海棠）、兰亭（修禊）、钟美堂（赏大花）、稽古堂（赏琼花）、会瀛堂（赏琼花）、静侣亭（赏紫笑）、净香亭（采兰桃笋）等，盆景有茉莉、素馨、建兰、麋香藤、朱槿、玉桂、红蕉、阇婆、薝葡等。（周密《武林旧事》）

建园时间	园名	地点	人物	详细情况
南宋	舣舟亭（东坡公园）	江苏常州		位于常州东郊公园弄，今为公园。相传北宋大文豪苏东坡11次来常州，曾乘船至此停泊。后南宋有人为纪念在常州终老的苏东坡，建舣舟亭以示怀念。公园三面环水临运河而筑，小巧玲珑，布局得体，东有厅堂、西有土山凉亭、南有假山和乾隆碑廊、北有盆景园，中间还有造型奇特的龙亭，亭榭结合，浑然一体。经过碑廊则有"洗砚池"静卧假山湖石之间，舣舟亭飞檐翘角，气势恢宏，临运河而立。近年来还新增抱月堂、御码头、半月岛等，曲廊流水，林木蔚秀，为常州著名的游览胜地。现为市级文物保护单位。
南宋，1130～1136	丹徒西园	江苏镇江	韩世忠	韩世忠(1089—1151)，南宋名将，字良臣，绥德(陕西)人，北宋时抗西夏、金，南宋时官至浙西制置使、京东淮东路宣抚处置使、枢密使，主张抗金，死后追封蕲王。建炎四年(1130)韩世忠率军至镇江破金、伪齐联军，绍兴六年(1136)任东京淮东路宣抚处置使，可能是在此期间，在镇江丹徒城西建有宅园，内有飞盖亭、传觞亭、凌云台、留仙洞等景。
南宋，1131～1161	俞氏园	浙江湖州	俞澄	由俞汝尚的玄孙俞澄(字子清，自号且轩)修建，他约在南宋绍兴年间，官至刑部侍郎，继承俞汝尚的家风，为官刚正不阿，致仕后居家十年，饷银用于置楼创园——即创置湖郡有名的俞氏园。地处湖州太湖之滨。袁说友《俞氏园》："好景环深院，名园得故家。楼高春带月，池曲晓催花。亭著城头稳，溪浮眼界赊。成阴虽岁月，老树看槎牙。"清光绪《乌程县志》："俞氏园在临湖门外俞家漾口，宋俞澄置"、"他在祖产俞家漾口建有私家园林，规模较大，为旧时乌程县的一处佳景。" 《癸辛杂识》记载，俞澄，别号子清，刑部侍郎，擅书画，家有宅园，以假山称奇，大小石峰一百余个，高者二三丈，奇奇怪怪，不可名状，众峰之间，绕以曲涧，砌以五色山石，傍引清流，激石高下，淙淙有声，下注石潭。峰上巨竹寿藤，薜荔女萝。潭旁横石作杠，下为石梁，潭水流溢。潭中文龟斑鱼，自由往来。此山被周密认为是平生所见最"秀拔有趣者"。可见俞澄不仅是一个政治家，亦是一个画家和造园家。

建园时间	园名	地点	人物	详细情况
南宋，1131～1162	张氏园池（南园）	江苏苏州	蔡京 张仲几	北宋末年，宋徽宗下令把南园赐给蔡京，1126年毁于兵火。绍兴年间张仲几复建，名张氏园池，元后渐毁，民国沦为民居菜田。
南宋，1131～1162	止足堂	江苏昆山	郑竦	韶州知府郑竦去官归田，在苏州昆山城的马鞍山前筑止足堂，以取知止知足之意，园中有退耕堂、道院、牡丹、竹林。户部尚书叶梦得(1077—1148)与之交好，为园厅书匾：玉山佳处。园概以绍兴年间(1131～1162)建成。此“玉山佳处”与元代昆山界溪顾阿瑛"玉山佳处"不同时代不同地点。
南宋，1131～1162	就隐园	江苏苏州	张廷杰	绍兴年间(1131～1162)吴县(今吴县市)邑人张廷杰从靖州推官任上解甲归隐，在吴县市华山处兴建别墅，取名就隐，搜奇选胜，经营三十年，凿池立亭，因阜安室，成为吴门绝境，园内有32景：天池庵、临赋亭、天池、绿龟池、流愒亭、泓玉钓滩、绿净亭、更好亭、宿云庵、独绣亭、绣屏、不夜关、大石屋、小石屋、花岛、俯首岩、浮槎桥、龟巢石、翠壁、钓云台、云关、张公岩、观音洞、石鼓月、观藋石、石仙坛、龟甲井、瑞洞、柳洲、曲水流觞等，以天池为第一，张氏曾绘图征题，名士征而赋，成为一时胜概，然卢熊《苏州府志》贬道：“山石粗犷，殊乏秀润。”
南宋，1131～1162	杨存中宅园（陆志宁寓馆、正觉寺、丁元复别业、西竹堂寺）	江苏苏州	杨存中	绍兴年间(1131～1162)南宋将军杨存中(追封和王)在苏州和令坊建立别墅，居此30年。园广百亩，屋仅数楹，余皆树艺，与山居无别。元朝为陆志宁寓馆，旋即舍为大林庵。明初庵毁，永乐(1403～1424)中云南弘此宗和尚再建为正觉寺，亦曾为丁元复别业，明代吴宽有《正觉寺记》赞之：园亭极盛，竹林尤茂，禽声上下，犹在山中。明代祝枝山和唐伯虎皆在此读书，留有石琴台至今。清初徐崧有诗咏此园：“和王别墅全无迹，陆氏高名久不知。”辛亥革命后建为西竹堂寺，地广二百余亩，为苏州著名寺院园林。
南宋，1131～1162	祥符园	浙江杭州	赵构 赵昀	在西湖北面的孤山上，南宋高宗在绍兴年间(1131～1162)创建祥符园，理宗赵昀建太乙宫，向西扩展，成为孤山中段诸园之首。为皇家园林。

建园时间	园名	地点	人物	详细情况
南宋，1131～1162	张婉仪别墅（后乐园）	浙江杭州	张婉仪	位于葛岭南坡，前水后山，两桥相映，一水横穿，本为张婉仪别墅，园内有楼阁、水池、泉源、古木、寿藤等。绍兴年间(1131～1162)收归官家，高宗赵构题有蟠翠（古松）、雪香（古梅）、翠岩（奇石）、倚绣（杂花）、挹露（海棠）、玉蕊（荼蘼）、清胜（假山）诸景。淳祐年间(1241～1252)理宗赐贾妃弟贾似道，改名后乐园。园内有峰峦、曲廊、石磴、石洞、石梁、飞楼、层台、凉亭、奥馆等，又有初阳精舍、警室、熙然台、无边风月、见天地心、琳琅台、步归舟、甘露井等景。
南宋，1131～1162	水月园	浙江杭州	杨存中	《淳祐临安志》道，园林在大佛头西，绍兴(1131～1162)年中，高宗赵构赐予杨和王（存中），并御书水月二字，后来园又收复为御园，孝宗赵昚(1127—1194)赐予嗣秀王（伯圭）。园中有水月堂，遍植柳树，登堂可俯瞰万里平湖，为登临之最。
南宋，1131～1170	西园	江苏苏州	赵思	西洛人赵思在苏州阊门建有别业西园，张孝祥为之书匾“古江村”，园内有足娱堂等多幢建筑景点。张孝祥(1132—1170)，南宋词人，字安国，号于湖居士，安徽和县乌江镇人，绍兴进士，官荆南、湖北安抚使，该园在张出仕后的绍兴至乾道年间所建。
南宋，1134前	玉津园	浙江杭州	赵构	玉津园，宋代四大皇家园林之一，在临安嘉会门外南四里，循汴京时旧园名，绍兴四年(1134)，金使来贺高宗天申圣节，射宴于玉津园。后孝宗赵昚常临幸，命五品以上官员皆行射礼。
南宋，1144前	沈园（许氏园）	浙江绍兴	沈氏 陆游 唐婉	在绍兴延安路洋河弄，为南宋越州（绍兴）沈氏私园，池台极盛，园内亭台楼榭、小桥流水、假山林荫尽皆上品，被称为越中名园。沈氏为取悦邑民，对外开放，陆游和唐婉绍兴十四年(1144)在园中相会，推定此时为最晚时间。1151年，离婚后的陆唐再次邂逅于沈园，写下千古绝唱《钗头凤》。其后为许氏所有，更名许氏园，南宋宁宗庆元年间(1195～1200)仍存。1945年只余4.5亩，存葫芦池、石板桥、假山、水井等。1962年郭沫若重游沈

建园时间	园名	地点	人物	详细情况
				园，1987 年扩园修复达 18.5 亩，辟有八堂馆、一假山、二池塘、二桥，断云石、诗境石、问梅阁、天地间、冷翠亭、八咏楼、六朝井亭、孤鹤轩、闲云亭、宋井亭、钗头凤诗碑、半壁亭、如故亭、双桂堂等。2000 年左右，投资亿元，扩至 57 亩，分西园（0.6 公顷）、东园（0.6 公顷）、南园（2.6 公顷）三园。原来部分为西园，南园内增有寿观堂、安丰堂、博取堂、雪晴斋、北望亭、香袖亭、纳云山房、春水亭及水池。东园内增有水池、祈愿台、琼瑶池、广相斋、琴台、秋千、吴山石、越山石、相印亭、鹊桥、石塔、水帘月和月窟门等。所有景点以陆游和唐婉故事为主题。
南宋，1147～1155	培筠园	安徽黟县	汪勃	为徽派私邸园林，面积 2000 多平方米，园中有假山、池塘、竹林、石笋、古木、花卉，园中小路上有用巨大石块堆砌而成的卷洞。
南宋，1151	小山丛竹书院	福建泉州		在泉州鲤城区北门模范巷第三医院内，为泉州四大书院之一。绍兴二十一年（1151）朱熹任同安主簿，因省亲到书院讲学，并建亭于五尺之丘上，环亭种竹，占地 6000 余平方米，亲题“小山丛竹”。毁后明嘉靖间（1522～1566）通判陈尧典重建，建小山丛竹石坊、过化亭，凿寒泉井。清初毁于兵燹，康熙四十年（1701）通判徐之霖扩建书院，重建过化亭，新建诚正堂、瞻紫书屋、敬字亭，补植竹子。康熙五十年（1711）知府刘侃又修，名小山丛竹书院。乾隆五十三年（1788）重修，清末废科举，书院毁。民国时改为温陵养老院，建晚晴室，修过化亭，1942 年弘一法师在此圆寂，建有墓塔。“文革”后期亭毁、像碎，小山及丛竹被铲平，惟余石坊。
南宋，1160 后	金池园	福建泉州	梁克家	在泉州东街金池巷，即旧县学东，东街北侧，西起相公巷，东至金池巷一带，是宋宰相梁克家的府第花园，园在府西，内有假山、银台、金池，银台种梅，金池植莲，民国初尚见池畔散见不少花石，近年毁尽。梁克家（1127—1187），字晋叔、叔子，泉州晋

建园时间	园名	地点	人物	详细情况
				江蚶江(属石狮)人,博闻强记,胸怀大志,游学广东,南宋绍兴二十九年(1159)解元,翌年联捷状元,历官平江签判、秘书省正字、著作佐郎、中书舍人、给事中、端明殿学士、签书枢密院事、参知事兼知枢密院事、右丞相兼枢密使、观文殿大学士出建宁知州等,回乡守母孝后一度受贬落职,起知福州知府,醴泉观使,复右丞相,封仪国公,进封郑国公,卒赠少师,谥文靖,著有《三山志》、《中举会要》、《梁文靖集》。因淳祐六年(1174)知福州府,概建于此后,或更准确地说是在中状元后。
南宋,1162～1232	杨皇后宅院	杭州吴山	杨皇后	南宋恭圣仁烈杨皇后宅院位于杭州吴山清波坊,建于南宋时期,属南宋恭仁皇后所有。在2001年的考古中,发现了庭院中大型假山与方形水池遗址。
南宋,1162	德寿宫	浙江杭州	赵构	在临安外城望仙桥东,南宋高宗赵构晚年将原秦桧的府邸改建为御苑,园林引西湖水积为中部大池,遍植荷花,四周分四区,东区花卉:梅、竹、松、菊、芙蓉、酴醿、木樨,有景梅堂、竹堂、清新堂、清妍堂、站台、梅坡、松菊三径、芙蓉冈等。南区娱乐,有:载忻堂、射厅、跑马场、球场、灿锦亭、至乐亭、半丈红亭、清旷亭、泻碧亭、忻欣石、古柏、荷花、金林檎、郁李、木樨等。西区山水,有曲溪、冷泉堂、文杏馆、浣溪楼、古梅、文杏、牡丹、海棠等。北区建筑,有绛华亭、俯翠亭、春桃亭、盘松亭等。湖边叠石峰,仿灵隐寺飞来峰,内有石洞,可容百人,上有高楼,名聚远楼,更有清泉飞瀑。百年后的咸淳年间(1265～1275),园林闲置,半舍为道观(宗阳宫),半舍散为民居。清光绪年间仍存假山石洞,乾隆南巡,移芙蓉石于圆明园朗润斋,改名青莲朵。
南宋,1163后	傅府山	福建泉州	傅察 傅自得 傅自修	又名三相傅花园,在泉州涂山,为南宋傅自得、傅自修的宅园。园依涂山构图,松林竹径,亭台架廊,面对通津门,可俯瞰浯江。山前(南麓)于清末尚有庙,内供傅三像,民国初毁, 庙后山顶散置花

建园时间	园名	地点	人物	详细情况
				石，为花园遗址。傅自得(1116—1183)，孟州济源人，南渡后居泉州，傅察(1090—1126)子，其父傅察为吏部员外郎，其母为宰相赵挺之的女儿，封清源郡君，曾秦国夫人，1163年携三子迁泉州城西涂山(今傅府山)。以荫为福建路提点刑狱司干办公事，主管台州崇道观，通判漳州，知兴化军，以忤秦桧罢，孝宗即位，再知兴化军，召为吏部郎中，出为福建路转运副使，改两浙东路提点刑狱，寻主管武夷山冲祐观，有《至乐斋集》。其子伯寿，官至少师、太师。傅自修，傅察长子，高宗绍兴中知潮州，曾招降海寇，籍为水军，累官至宝文阁、江西漕运转运副使、礼部尚书。傅自得于南宋隆兴元年(1163)随母南迁入泉，定居此地。
南宋，1163～1189	聚景园(西园)	浙江杭州	赵昚	在清波门外湖滨，旧为西园，南宋孝宗赵昚在北宫休养，拓圃于西湖之东，清波门外为南门，涌金门外是北门，流福坊的水口为水门，孝宗题有二十余亭榭：含芳殿、会芳殿、瀛春堂、揽远堂、鉴运堂、芳华亭、花光亭、瑶津、翠光、桂景、艳碧、凉观、琼若、彩霞、寒碧、花醉，引西湖之水入园，建学士、柳浪二桥。宁宗在位时(1195～1124)，园渐毁，元代改为佛寺，清代荒芜。该园以柳树最，每至春来，处处莺啼，故有柳林之称。现为西湖十景之一的“柳浪闻莺”。据周密的《武林旧事》记载，乾道二年(1167)三月，退位后的宋高宗赵构曾数次来这里赏花观景，并看小内侍抛彩球、蹴秋千。又至射厅看百戏、登御舟、绕堤闲游。
南宋，1164～1189	石湖别墅	江苏苏州	范成大	范成大(1126—1193)，南宋诗人，字致能，号石湖居士，江苏苏州人，绍兴二十四年(1154)进士，历任处州知府、知静江府兼广南西道安抚使、四川制置使、参知政事等职，晚年退居苏州西南楞伽山(上方山)建石湖别墅，南宋孝宗赵昚御赐“石湖”二字，在别墅中著作《石湖居士诗集》、《石湖词》等，与陆游和杨万里齐名。园中有石湖、山壑、农

建园时间	园名	地点	人物	详细情况
				圃、北山堂、千岩观、天镜阁、玉雪坡、锦绣坡、说虎轩、梦渔轩、绮川亭、明鸥亭、越来城等景，以天镜阁为最胜。明代正德年间在石湖处建范文穆公祠以纪，徒御书碑置于壁间，并书范成大田园杂兴诗，清嘉庆初年重建天镜阁，现在范公祠仍存，成为范成大纪念馆。
南宋，1164～1189	范村	江苏苏州	范成大	范村是范成大的又一处别业，在苏州他的桃花坞本宅之南。园林中建有重奎堂，堂中奉孝宗和光宗两朝宸翰，村中广植花卉，以梅为最，众芳杂植处曰云露，后庐名山长庵，梅花名凌寒，海棠名花仙，荼蘼洞名方壶。全园梅花 12 种，占地三之一，菊花 36 种，并画《梅谱》和《菊谱》以传世。
南宋，1165～1173	盘洲	江西波阳	洪适	洪适(1117—1184)，南宋金石学家，字景伯，江西波阳人，工文词，与弟遵、迈并称三洪，孝宗时任司农少卿、中书门下平章事、兼枢密使，乾道年间(1165～1173)回到家乡波阳，在城北一里许择址建筑别墅，称为盘洲，并自号盘洲老人，着有《盘洲集》。园中山水石有：北溪、南溪、鹅池、墨沼、方池、沟壑、九曲洞、蟦洲、蟠石钓矶、云叶石、啸风岩、豹岩、桑田、叠石山、流杯洞、桃李蹊、西郊、梦窟、玉虹洞、绿沉谷等。建筑有：洗心阁、有竹轩、双溪堂、舣斋、践柳桥、胡床屋、西许舟、饭牛亭、兑桥、并闾屋、一咏亭、双亭、蓍卜涧、种秫之仓、索笑之亭、日涉门、文枳关、碧鲜里、野绿堂、隐雾轩、楚望楼、巢云轩、凌风台、驻屐亭、濠上桥、野航舫、龟巢亭、泽芝亭、流憩庵、桥西亭、拔葵亭、容膝斋、芥纳寮、聚萤斋、美可茹亭、云起亭等。植物有：竹(斑竹、紫竹、方竹、人面竹、猫头竹)、柞、柳、梅、莲、蕨等。动物有：鱼、龟、犬、鹊、猿、鹤等。
南宋，1165～1173	环谷	江苏苏州	王珏	南宋乾道年间(1165～1173)，王珏因双目失明而罢归故里，在苏州西南尧峰山东凿池沼，种花竹，置奇石。

建园时间	园名	地点	人物	详细情况
南宋，1165～1173	清真观园林	江苏苏州		在苏州昆山山塘径东，原为放生池，宋乾道年间建清真观，淳熙年(1174～1189)初建三清殿、两庑、山门，后续昊天阁。元初观毁，后重建三清殿、玉皇阁、方丈、灵星阁、太乙祠、二圣祠、梓潼祠、钟楼。明代修建真武殿、玄坛庙、天师殿、仙人殿、太乙殿、贤圣行宫、文昌阁、集仙馆、斗姥殿、放生池、飞虹桥、放生亭、北廊、竹洲馆、二阁，又有银杏、桂花、荷花、竹林、枫树等，祝枝山、卢蒲江、朱希周皆有诗赞此观园林，朱希周叹道："城中哪有此，一到一迟留。"
南宋，1168年	西园	浙江绍兴		史浩有持："于飞盖堂之南为桥，桥外有水竹亭。"
南宋，1169	万桂堂	福建泉州	王十朋 陈孔光	在泉州子城西北，乾道五年(1169)，郡守王十朋割俸钱，创贡院，节度使推官陈孔光督理，建屋120区，并建从事堂、校文舍、万桂堂，以供试子住宿、应试与考官公余啸咏，师生馈赠多以植桂，故成万桂林，王十朋诗有"蟾宫分桂十千章"、"仙籍题名叶叶香"。其后嘉泰间(1201～1204)郡守倪思、嘉定年间(1208～1224)郡守真德秀、太常朱钧，皆堂增建。真德秀题有"青青万本新移桂，尽是梅仙物为栽"。堂前辟有一池，王梅溪诗云："大厦垂垂就，双莲得得开……"其后，又建有光华坊、嘉宾亭、弥封誊、状元井等。元时堂废。(《西园》绍兴市河道综合整治投资开发有限公司编印)
南宋，1174～1189	韩侂胄庄	上海崇明	韩侂胄	韩侂胄(1151—1207)，南宋大臣，字节夫，相州安阳人，宁宗(1195～1224)时以外戚执政13年，封平原郡王，任平章军国事，居左右丞相之上，主张抗金，他在淳熙年间(1174～1189)在崇明县中部的西北建庄园，开禧三年(1207)他被杀，园遂毁。

建园时间	园名	地点	人物	详细情况
南宋，1174～1189	渔隐（网师园、网师小筑、瞿园、蘧园、苏邻小筑、逸园）	江苏苏州	史正志	即今之网师园，在苏州葑门西阔家头巷，南宋淳熙(1174～1189)初年，扬州人、吏部侍郎史正志（字志道，号阳巷，绍兴二十一年进士）归老苏州，耗150万缗在此建万卷堂，堂后筑园名渔隐，取渔隐终老之意。史死后园归常州丁季卿，丁四子瓜分其园，园毁。清乾隆三十年(1765)前后，光禄寺少卿宋宗元（1710—1779，字光少、鲁儒，号悫庭）退隐购园址再建园亭，名网师小筑，时有曲涯、池沼、碧流、古石、乔木。宗元死后于乾隆六十年(1795)归太仓儒商瞿兆骙（1741—1808，字乘六，号远村），构筑园圃，奠为今局，称为瞿园或蘧园，时有八景：梅花铁石山房、小山丛树轩、濯缨水阁、蹈和馆、月到风来亭、云冈亭、竹外一枝轩、集虚斋等。同治年间(1862～1874)园归江苏按察使李鸿裔（1831—1885，字眉生，号香岩、苏邻），因园在苏舜钦沧浪亭东，故名苏邻小筑。光绪三十年(1907)园归黑龙江将军达桂（1860—?，字馨山），1917年军阀张作霖以30万元购此园赠予义父张锡銮（1843—1922，字金波、今坡），改名逸园，俗称张家花园。1940年归收藏家何澄（1880—1946，字亚农，号灌木楼主），复名网师园，复大厅名为万卷堂，1950年何子女何泽瑛（植物学家）等献园于国。1958年修复，重建冷泉亭，增梯云室。现有景：轿厅、大厅、撷秀楼、小山丛桂轩、蹈和馆、琴室、濯缨水阁、月到风来亭、看松读画轩、集虚斋、竹外一枝轩、射鸭廊、五峰书屋、梯云室、殿春簃、冷泉亭等。
南宋，1176～1179	天庆观园（玄妙观园）	江苏苏州	陈岘 赵伯骕	在苏州观前街，原为西晋咸宁二年(276)始建的真庆道观，唐714年改开元宫，北宋至道年(995～997)改玉清道观，1009年改天庆观，南宋1130年火毁，1146年王奂重作壁画廊，1176～1179年郡守陈岘、提刑赵伯骕重建三清殿，元1295年改玄妙观，地方500亩，明1371年改正一丛林，明代建五岳楼，清康熙时改圆妙观，至今犹存。史载宋代

建园时间	园名	地点	人物	详细情况
				天庆观园以桃为主，赵伯骕画有“桃源图”，史载观内有36景，现存31景：钉钉石栏杆、一步三条街、无字碑、五十三参、武当山铜殿、《重修三门碑》、水火亭、六角亭、四角亭、二角亭、妙一统元匾、海井、运木古井、合照墙、麒麟照墙、望月洞、半月石水盂、七泉眼、七星坛、一人弄、五鹤街、七星池、月牙池、古柏山房、刘海画像、鱼篮观音像碑、靠天吃饭图碑、永禁机匠叫歇碑、八骏图石刻、坐周仓立关公像、双宝塔等。
南宋，1178	范蠡湖	浙江嘉兴		在嘉兴市环城南路、环城西路、城南路交汇处，相传为春秋战国时范蠡偕西施居住，从此后发棹远遁他乡，因名范蠡湖。南宋淳熙五年(1178)，状元姚颖在湖畔筑园，名景范庐，元时称范蠡宅，明清称范蠡祠，设范蠡西施像。清光绪八年(1882)里人集资重建范蠡祠、临湖水阁(西施妆台)。南宋乾道八年(1172)在庐后建金明寺，开禧元年(1025)赐额，绍定中僧文琇建大雄宝殿，景泰天顺年间，建三大士殿、祖师伽蓝殿、天王殿，嘉靖戊子僧子正重修佛阁，题匾“湖天海月”，万历六年(1578)，僧真性重修，十年(1582)郡守龚勉于阁后创“凭虚揽胜”轩，阁下有范蠡祠，康熙十六年(1677)里人钱江重修禅房，寺毁于咸丰兵火，只余僧舍，光绪八年重建。清末湖缩为20亩，渐与外河断绝，1949年寺、祠作为地区粮馆所粮仓，1958年改为嘉兴艺专，1961年改嘉兴一中，1986年重修，1988年开放，现存湖面5700平方米，长300米，有金明寺、西施妆台、西施雕塑、九曲桥、假山、槜李亭、吴越轩等，园中遍植桃、竹、柳、桂、梅，并有槜李十余株。
南宋，1179	白鹿洞书院	江西九江	李渤	位于庐山五老峰南麓。唐贞元六年(785)洛阳人李勃、李涉兄弟隐居庐山，涵养白鹿自娱，称白鹿先生。宝历元年(825)李渤为江州刺史时，于旧址修建亭台楼阁，疏引山泉，种植花木，号为白鹿洞。南唐升元年间(940)建为“庐山国学”，宋初扩建为书院。南宋淳熙六年(1179)朱熹为南康郡守，重

建园时间	园名	地点	人物	详细情况
				建院宇，在此讲学，宋太宗诏赐九经，从此成为"白鹿国学"，名声大振，陆象山、王阳明等都在此讲学。元末，书院毁于战火，明清两代多次维修，办学不断。1988年公布为全国重点文物保护单位和国家二级自然保护区。白鹿洞四山会和，一水中流，泉清石秀，古木参天。院内原殿阁颇多，后屡经兴废，现存建筑为清道光年间所建，仅存圣殿、御书阁、彝化堂。后山洞中有石鹿，洞上有思览台，还有碑廊，存有碑百余块。院门外有独对亭、枕流桥、华盖松、钓台等景观及古人书法石刻多处。
金，1180	灵水院，栖隐寺	北京门头沟		八大水院之一，地处门头沟仰山之巅。金大定二十年正月始建，明代学士刘定之重建。山秀泉秀，五峰八亭。
南宋，1183	云间洞天	上海松江	钱良臣	在华亭县钱江巷（松江镇），为参政钱良臣于南宋淳熙十年（1183）所建，园中有兴庆寺堂、东岩堂、巫山十二峰、观音岩、桃花洞、雪窗云榭、来禽渚流、杯亭、桃溪、柳村、黾巢、桔坞、明月湾、檐葡林、围绣香风、露香笼锦等景，宋光宗赐园额"云汉昭回之阁"。词人姜夔有词《蓦山溪．题钱氏溪月》即是在观园后所作。钱良臣，字友魏，与范成大同榜进士，曾任参知政事、谏官。
南宋，1185	张镃园（曹氏园）		曹氏 张镃	周密《齐东野语》道：曹氏荒园于南湖之滨，后归张镃，地广十亩，以植梅为主，有古梅数十，红梅三百余，筑堂数间，开涧环绕，挟以两室，东植千叶缃梅，西植红梅，各一二十章，小船往来。
南宋，1187～1233	史弥远园	浙江杭州	史弥远	在葛岭西，为史弥远的别墅，有半春、小隐、琼华三园。史弥远，字同叔，鄞县（今杭州市鄞州区）人，史浩之子，1187年进士，任太常主簿、诸王宫太小教谕、起居郎，枢密都承旨，加开府仪同三司，开禧三年（1207）矫旨杀韩侂胄于玉津园，向金求和，嘉定元年（1208）升知枢密院事，进奉化郡侯，兼参知

建园时间	园名	地点	人物	详细情况
				政事，拜右丞相，重尊理学派，重用文人，1225 年废皇子，更立赵昀为理宗，宝庆三年(1227)，封鲁国公，绍定六年(1233)，食邑千户，封会稽郡王，卒于绍定六年(1233)，被追封为卫王，谥忠献。
金，1188～1208	黄普寺(圣水院妙觉禅寺)	北京海淀	金章宗尹奉和尚	八大水院之一，地处西山车儿营西北五里。金章宗建黄普院，明尹奉和尚在遗址以南建妙觉禅寺。内有一石曰金刚石，一洞曰明照洞，一泉曰圣水泉，一塔曰金刚千载寿塔。
金，1188～1208	香水院(法云寺)	北京海淀	金章宗	八大水院之一，地处西山妙高峰。《珂雪斋集》云：寺枕最高处，近寺有双泉鸣于左右，过石梁拾级而上，至寺门，内有方池，石桥间之，水沧然沉碧，双泉交会也……山有银杏二株，大数十围。至三层殿后，仍得泉涌。西泉出间，经茶堂两庑潦霄而下。东泉出后山经疏圃绕香积厨而下，会于前之方塘，是名香水也。(焦熊《北京西郊宅园记》)
金，1188～1208	金水院(金仙庵)	北京海淀	金章宗	八大水院之一，地处西山金山。抗日战争时被烧毁，仅存遗址和古银杏两株。金山翠碧幽谷，山青泉洌，至今不衰。(焦熊《北京西郊宅园记》)
金，1188～1208	双水院(香盘寺)	北京石景山	金章宗	八大水院之一，地处石景山双泉村北，西山之名刹。东北西三面环山，泉从寺后山麓涌出，砌石池汇聚寺中，然后再从寺中流入河谷，形成两股自然小溪。这里苍柏翠松，泉流飞瀑，润石嵌空，山峦清秀为四奇。(焦熊《北京西郊宅园记》)
南宋，1190	复轩	福建漳州	朱熹 赵汝说	在芗城区延安北路南端西 100 米。宋绍熙元年(1190)，大理学家朱熹知漳州期间仅一年，在此构复轩，嘉定四年(1211)，郡守赵汝说于此凿七星池，又建君子亭，以纪念朱熹。今亭已废，池尚完好。七星池半月形，东西长 73.2 米，南北最宽处 21 米，占地面积 1537 平方米。

建园时间	园名	地点	人物	详细情况
南宋，1195～1224	昼锦园	江苏苏州	赵师幸	园在苏州府学西南，为南宋宁宗年间尚书赵师幸所建，宁宗赵扩御赐四匾：聚奎、玉辉、宗表、与闲。园中有聚奎堂（奉高宗、孝宗、宁宗宸翰）、荣桂堂、泰然堂、四支堂、玉辉堂、拟蓬堂、深净堂、双清堂、玉虹亭、锦霞亭、占春亭、双林亭、采采亭、桃溪亭、杏庄亭、宗表堂、与闲楼、吾善舟步放船（射圃）、好风景台、莲花池、假山、花卉、竹子、松树、梅花、海棠、柑橘、菊花等景。赵师幸为淳熙间进士，善画花草，长期在京城杭州，后归苏州建园。因宁宗赐匾，盖在此前后建园。
南宋，1195～1224	盘野	江苏苏州	黄由	淳熙八年（1181）苏州状元黄由在苏州吴江区东门外学宫旁所建别墅，南宋宁宗赵扩赐名盘野。园广百亩，内有共乐堂、联德堂、茆堂、明月台、拥书楼、墨庄、道院、三清阁、看街楼、如壶中天、露台等建筑，还有花卉、竹林、桧柏等植物景观，名胜著于当时，黄由有多篇诗咏之，清代徐崧亦有诗咏之。
南宋，1195～1207	西园	江苏昆山	莫仲宣	莫仲宣在苏州昆山建有别墅，因在城西，故名西园，宅名半隐堂。韩侂胄在宁宗时以外戚当权十三年时，莫仲宣处居不出，自号西园居士。
南宋，1199后	山仔池	福建泉州	曾从龙	位于泉州西门街曾井巷内状元井南畔，为南宋状元曾从龙所创私园。园中有池，池曲折蜿蜒，池中及池畔筑有多座假山，土石相间，呈散落状，土石间点缀山花水草，粗犷中透出野趣。其残迹在“文革”前犹存，现余状元井。曾从龙（1175—1236），北宋中叶政治家曾公亮四世从孙，泉州晋江人，原字一龙，号云帽居士，庆元五年（1199）状元及第，得宁宗、理宗赏识，历任签书奉国军节度判官、秘书省正字、信州知府、起居郎、中书舍人兼国子祭酒、给事中、刑部尚书、签书枢密院事、参知政事、提皋洞霄宫、建宁知府、湖南安抚使兼潭州知府、隆兴知府、沿江制置使兼建康知府、资政殿大学士兼知枢密院事又参知政事督视淮荆襄军马。他勤奋嗜学、刚正不阿、选贤任能、兴学养士、整顿吏治、严明法纪，政绩卓越，卒赠少师，封清源郡公。

建园时间	园名	地点	人物	详细情况
南宋，1205～1207	梅隐庵（灵瑞园）	江苏苏州	钟氏	始建于南宋开禧年间(1205～1207)，原为钟氏之宅园，后钟氏舍宅为寺，经历代修葺，至清代园景殊盛。朱载轮有诗道："精舍环流水，层阴散一园。为寻丛桂约，得共老僧论。"
南宋，1205后	芙蓉园（芙蓉别馆、芙蓉别岛、武陵园）	福建福州	陈韡	在今福州鼓楼区法海路花园巷19号，濒临朱紫坊河，宋参知政事陈韡所创芙蓉别馆，花园巷因其胜而名，内有假山、水池、亭台楼阁，其东为明万历年间为叶向高宅第，叶向高两次辞归，居此十年。清光绪年间广东布政使、藩司龚易图(造园家)宦归，耗巨资将三座并联，更名芙蓉别岛，又称武陵园，园内有两座假山、三口鱼池，以及花亭雪洞、楼台水榭，西花在柏假山，池上一峰，镌有芙蓉临空、鹭臂吟风、霞洞、桂枝、玉笋等石刻，另有达摩面壁、龟、蛇等奇石，芙蓉别岛厅集杜甫诗为联："唐人错比杨雄宅，日暮聊为梁父吟。"抗日战争时卖给柯顺直，1949年前为陈兆锵花园，1950年为民革办公处，"文革"时归房管局，作为民居，后院大部分鼓楼区公安分局，1998年末仅存假山鱼池和亭台，今遗迹2000余平方米，叶向高故居亦修复。陈韡(1179—1261)，宋福州闽侯人，字子华，号抑斋，从叶适学，开禧元年(1205)进士，嘉定中为京东、河北斡官，理宗绍定端平年间知南剑州、福建路兵马钤辖、隆兴知府、江西安抚使、参知政事兼同知枢密院事、湖南江西安抚大使，知福州致仕，卒谥忠肃。叶向高(1559—1627)，字进卿，号台山，福建福州港头镇后叶村人，万历十一年(1583)进士，历翰林庶吉士，南京国子监司业、皇长子侍班、礼部右侍郎、吏部左侍郎、礼部尚书兼东阁大学士(1606)、首辅(1607)，掌阁十三年，万历十四年辞归，泰昌元年(1621)召还，天启元年(1621)任内阁首辅兼吏部尚书，被魏忠贤诬为东林党魁而于天启四年(1624)再辞归。

建园时间	园名	地点	人物	详细情况
南宋，1208～1224	研山园（海岳庵、崇台别墅）	江苏镇江	岳珂	本为北宋末年书画家米芾的宅园海岳庵（见北宋“海岳庵”条），园毁后，南宋嘉定年间（1208～1224），润州（镇江）知府岳珂购得海岳庵旧址，构筑研山园，继任知府冯多福为前任书有《研山园记》，园记详述园景：宜之堂、抱云（侧屋）、重岗、陟巘、英光祠（祠米芾）、小万有、彤霞谷、春漪亭、鹏云万里之楼、清吟楼、二妙堂、洒碧亭、静香亭、米芾故石、映岚山房、涤研池。景名尽摘自米芾诗句，有些题字还模仿米芾笔迹。
南宋，1208～1224	梅园	江苏仪征	吴机	在仪征市西15里，是南宋宁宗嘉定年间郡守吴机所建，园中有王意亭。
南宋，1214	云崖轩	广西桂林	方信孺	在桂林市区象山西南，宋嘉定七年（1214）方信孺在此建书斋，题云崖轩，为私园。明代在此建范方祠，祀范成大和方信孺，清代改云峰寺，后改福庵。明张鸣凤《桂故》载：“故宋提刑方公信孺即南壁下建精舍以居，曰云崖轩。轩废已久。”方信孺（1177—1222），字孚若，兴化军（福建莆田）人，卒年46岁，有隽才，未冠能文。周必大、杨万里颇赞善之，以荫补番禺尉，治盗有异绩。开禧三年（1207）假朝奉郎使金，自春至秋三往返，以口舌折强敌，历淮东转运判官，知真州，后奉祠归，屏居岩穴，放浪诗酒以终，工诗词，著有好庵游戏一卷，《文献通考》南海百咏一卷，《四库总目》传于世。
南宋，1214	碧桂山林	广西桂林	方信孺	在桂林市区千山坳，为南宋方信孺所建私园，后毁。
南宋，1219年	孔庙	上海嘉定		当时称文宣王庙，仅有一座大殿和化成堂三楹，淳祐九年（1249）在大殿前凿泮池，建兴贤坊，咸淳元年（1265）又重建大殿，名为大成殿，元朝改建化成堂为明伦堂。由于庙前不到半里路，有一座留光寺，据说破坏了孔庙的风水，天顺四年（1460）在庙前堆了一座土山，算是起了屏障作用。万历十六年（1588）又将庙前附近的新渠、野奴泾、唐家浜，

建园时间	园名	地点	人物	详细情况
				南北杨树浜五条河流汇合成一大池塘，凿成汇龙潭，使土山屹立在潭中央，取名应奎山。对此，当地人称为“五龙抢珠如镜碧参差，一一平冈倒影垂”的景色。 明以后，孔庙又不断扩充，平添了许多景物，如辟桃园，构陆居舫、闻赖居、众芳亭等，成为庙园。明人罗列了八景是：汇龙潭影、映奎山色、殿廷乔柏、黉序疏梅、丈石凝晖、双桐揽照、启震虹梁、聚奎穹阁。至今大多还可见到。麟庆有《鸿雪因缘图记》中的《阙里观礼》篇记之。
南宋，1225～1227	怡园	上海嘉定	陆纮	在嘉定区南翔镇，陆纮于南宋宝庆年间所创。（汪菊渊《中国古代园林史》）
南宋，1225～1227	太素宫	安徽休宁		位于安徽省休宁县祁云山，为丹霞地貌景观道教名山，始建于北宋宝庆年间（1225～1227 ），最后修于光绪年间。园林环境殊异，合风水四神宝地，三面环山如太师椅，临渊环流，五峰列峙，香炉峰居中，铁亭耸立，狮山象山分列左右。
南宋，1225～1237	鹤山书院	江苏苏州	魏了翁	魏了翁（1178—1237），南宋学者，字华父，号鹤山，四川邛州蒲江人，官至端明殿学士，反对佛老，推崇朱熹理学，观点与陆九渊相近，客居苏州时，南宋理宗赵昀赐宅第，以为鹤山书院，书院中有高节堂、事心堂、靖共堂和读易亭等景，属于书院园林，魏了翁在书院中著有《鹤山全集》。“魏文靖公宅……中有高堂、事心堂、靖共堂、读易亭。”（《苏州府志》）
南宋，1228～1233	桃园	江苏苏州	陆大猷	在苏州市吴江芦墟的来秀里，是理宗绍定年间（1228～1233）陆大猷的别业。时贾似道当权，陆大猷为儒学提举，见官场腐败，辞职归田，在吴江营建桃园，仿陶渊明《桃花源记》之景，绕岸植桃百株，园中有翠岩亭、嘉树堂、佚老堂、问芦处、翡翠巢、钓鱼所、半亩居、乐潜丈室等景。
南宋，1230	秀邸园（择胜园）	浙江杭州	赵昀	位于临安钱塘门九曲城下，绍定三年，宋理宗赵昀创建秀王府，理宋赵昀御笔“择胜”和“爱闲”两匾以赐，故秀邸园又称择胜园。

建园时间	园名	地点	人物	详细情况
南宋，1236	绣春园	江苏江宁		在江宁旧社坛东，南宋端平三年(1236)高定了载有此园，明代仍存。(《江宁府志》)
南宋，1237	万花园	江苏江都	赵葵	位于江都市堡城内，南宋端平三年(1237)制使赵葵所建。(《江宁府志》)
南宋，1237～1240	涌金寺园	云南通海		在通海县秀山顶，为南宋嘉熙年间(1237～1240)所建寺院园林(又传始于西汉，《通海县志》称元代僧东岩始建)，明嘉靖四十五年(1566)失火，知县申请，黔府大将王大经主持修复，康熙十二年(1673)行僧清正重修殿阁山门，1979年新建长廊和妙空亭等。现有大雄宝殿、东西配殿、黄龙坊、白马坊、雨花坊(法海圆明坊)、古柏阁、东西走廊、药师殿、两耳房、禅房、山门、东西花园。花园在大雄宝殿东西二处。东园有曲尺形水池、方亭、堤桥和花坛。西园有自然水池、六角亭、假山。寺下还有圆亭、三元宫、澄瀛桥、挹秀亭、普光寺、虎豹峡、紫薇廊、玉皇阁、清凉台等。
南宋，1241	黄龙洞	浙江杭州		位于栖霞岭北麓，最早建于南宋淳祐年间，原为佛寺，清末改为道观。正殿利用地势优势偏居高处，与山门不直接相对。院墙沿道路顺山势转折，划分出小竹园的独立空间。
南宋，1241～1252	千株园	江苏苏州	赵节斋	宋理宗淳祐年间(1241～1252)，宗室赵节斋在苏州西山消夏湾建有千株园，园内主要种柑橘，建读书处。明代改为为四声斋，清代建为寺院，清人诗咏仍有景：山楼、小阁、山泉、松竹庵等。
南宋，1241～1252	百花庄	上海青浦	林鉴	林鉴在青浦区旧青浦镇于南宋淳祐年间(1241～1252)所创。
南宋，1242	富储庄	上海崇明		在崇明县中部西北。
南宋，1249～1275	水乐洞园	浙江杭州	贾似道	水乐洞园为贾似道别墅，《武林旧事》和《西湖游览志》道，园在满觉山左麓，园内有金莲池，山石奇秀，水洞有声，故名水乐洞园，有堂亭：声在堂、界

建园时间	园名	地点	人物	详细情况
				堂、爱此、留照、独喜、玉渊、漱石、宜晚、上下四方之宇等。园概在为其官时(1249～1275)建造。 贾似道(1213—1275)，南宋末年浙江台州人，字师宪，理宗贾贵妃弟，1249 年为京湖安抚制大使，1250 年移镇两淮，1259 年为右丞相，向蒙古求和，专权多年，重法督责武将，推行公田法，度宗时(1265～1274)更盛，封太师、平章军国重事，1275 年被迫出战，败后被革职放逐，至福建漳州木棉庵被监送人郑虎臣杀。
南宋，1249～1275	水竹院	浙江杭州	贾似道	贾似道在葛岭西泠桥南还建有别墅，别墅左挟孤山，右带苏堤。这是在集芳园的基础上构建的庞大而繁华的建筑群，为宋理宗赵昀赐建。院中又有后乐园、善乐园等。亭阁众多：秋水观、第一春、思剡亭、剡船亭等。(周密《齐东野语》)
南宋，1245～1278	棋盘园(蒲家花园)	福建泉州	蒲寿庚	在泉州市内，阿拉伯人蒲寿庚所创私园，是元代泉州最大的私园，园内中心有一巨型棋盘，南北各垒一假山，集城中美石、花木。棋盘东建二层彩楼，可容二十余人，楼南北有台阶上下，楼后为椭圆形后池，池中筑岛，名小瀛洲，岛上构亭，宾客可选棋女陪游，后登陆观棋，巨形棋盘以石铺成，以美女为棋子，以篾筛为棋面，双方各听司棋员口令而奔跑到位。该园清代散为民居，只余棋盘街、后池之名，椭圆水池至 20 世纪 80 年代后期方填建为宿舍楼。 蒲寿庚(？—1283，)宋末元初大商人，祖籍阿拉伯，伊斯兰教徒，南宋时与兄寿晟从广州移居泉州，有大量海船，为沿海商人首领，淳祐间(1241～1250)击退海盗。因功授泉州提举市舶(1245～1275)、福建安抚沿海制置使(1271～1274)、福建及广东招讨使，1276 年降元，1278 年任福建行省中书左丞，在位 30 年，富而有势。

建园时间	园名	地点	人物	详细情况
南宋，1253～1258	官厅花园	福建泉州	林希逸	在泉州府城西，为衙署园林，有纳凉轩、莲池，南宋宝祐年间(1253～1258)节度推官林希逸(福清人)重建，额曰“水木清华”，增构一堂，额“桐城道院”，面植刺桐一株，其后林希逸又更名敬放堂，堂西另有书院三间，额“即心”。元代至正年间(1341～1368)，推官徐居正重修。泉州府新署落成后，此地废，后人在旧址上前半建为镇抚司宫，置司狱彦贤的塑像，后花园部沦为菜地，至民国间，水池尚在。
南宋，1245～1278	云麓别墅	福建泉州	蒲寿晟	在泉州东海法石云麓村，为阿拉伯人蒲寿晟所创别墅，广植国内外名花异卉，特别是从阿拉伯来的名花，如白茉莉、素馨花、含笑花、粗糠花等。蒲寿晟，寿庚兄，咸淳年间(1265～1274)知梅州，景炎元年(1276)降元，大商人。
南宋，1253～1258	壶春园	江苏江都		位于扬州江都大市东面，宋代《宝祐志》道，南宋理宗宝祐年间，壶春园内有佳丽楼，为该郡名胜。
南宋，1253～1258	石涧书隐（扫叶庄）	江苏苏州	俞琰	郡人俞琰于南宋宝祐年间(1253～1258)在苏州府学西面的采莲里建园隐居，园内有石涧。其孙俞贞木增筑咏春斋、端居室、盟鸥轩等景，俞贞木之孙又增筑九芝堂，又有果园、蔬圃、水渠、湾埼、石梁、松竹、花卉等。陈谦《石涧书隐记》道：“有井可绠，有圃可锄，通渠周流，而僧舍渔坞映带乎其右，旁舍之所联属，湾埼之所回互，石梁之所往来，烟庖水槛，迤逦缮葺，是则可舟可舆，可以觞，可以钓，书檠茶具，鼎篆之物亦且间设，环而视之，不知山林城府孰为远迩……有花卉竹石，园池室庐，真称隐者之居。”郑元佑亦写有《题石涧书隐记后》。明时，园林废为菜圃，清代医生薛雪购此地建扫叶庄以著书，树木翁郁，俨如森林。
南宋，1253～1258	汀州府郡圃	福建长汀	赵太初	长汀府治所在的郡圃，在卧龙山麓，是宋宝祐年间(1253～1258)郡守赵太初创立。圃内有东山堂，是赵氏取前太守东山堂诗而得名，又因前太守有诗“堂留绿野春常在”之句，又题名常春堂。

建园时间	园名	地点	人物	详细情况
南宋，1255～1266	乌衣园（青溪园）	江苏南京	马光祖	在城南乌衣巷，又名青溪园，为马光祖所建私园，因原址为东晋王导和谢安的旧居，故园中建有来燕常及亭馆多处，有桂花等。马光祖（约1201—1270）字华父，号裕斋，浙江东阳马宅人，宋宝庆二年（1226）进士，从德真学，宝祐三年（1255）始三任建康知府。减租养孤、兴学礼贤、辟召僚属，深得民心。理宗时任临安知府、浙西安抚使、建康知府、资政殿学士、沿江制置使、江东学抚使、大学士兼淮西总领、同知枢密院事，度宗时任参知政事、知枢密院事兼参知政事，以金紫光禄大夫致仕，卒谥庄敏。此园概在其任建康知府时所建。
南宋，1260	永安寺（颐浩禅寺）	上海青浦		在青浦金泽镇，始建于南宋景定元年（1260），初名永安寺，元朝元贞元年（1295）更名颐浩禅寺，元至正元年（1341）的《元颐浩禅寺记》载：元至大（1308～1310）初年“拓方丈，即其后蒉土为阜，垒石为峰”。经历代重葺，有景：五老峰、枯树峰、桃源洞、金卿池、不断云、梅雪轩、天香亭、贝多林、薝卜室、凌云阁、微笑堂、书画、石刻、碑记，抗日战争时初被日军毁，今原址存古银杏 3 株，其中一株 650 年，另外二株 200 年。
南宋，1265～1274	谢太后园（万花小隐园）	浙江杭州	谢太后	谢太后（1210—1283），南宋理宗皇后，名道清，浙江天台人，度宗时（1265～1274）尊皇太后，咸淳十年（1274）恭帝即位后尊为太皇太后，主国政。德祐二年（1276）元兵破城，她递降表，元封为寿春郡夫人。在太皇太后期间，于杭州昭庆湾建立府园，清山清观，宏丽特甚，又名万花小隐园。园中有眉寿堂、百花堂、一碧万顷堂、船亭等。
南宋，1276～1277	林浦行宫	福建福州	赵昺	在福州郊区的林浦，1276 年元兵破临安，恭帝及太后皇后被俘，旧臣陆秀夫和张世杰护送恭帝异母弟赵昺从海上逃至福州，拥立赵昺为帝，年号景炎，在林浦建有行宫，次年被迫逃至广东，因在战乱时节，行宫十分简单，概行宫及御园亦简。

建园时间	园名	地点	人物	详细情况
南宋,1278 前	梅坡园（杨郡王园）	浙江杭州	杨太后	杨太后在小麦岭的梅坡建有园林,又名杨郡王园。董嗣杲诗云“园丁自饱栽花利,月入杨家得几何”者是也。杨太后是南宋最后一帝赵昺母亲,1278年,蒙古军进逼临安,太傅张世杰、丞相陆秀夫等一班文武官员保护年仅八岁的赵昺和杨太后南下,最后兵败南澳,母子双双投海自尽。
南宋	延祥园	浙江杭州		在西湖北孤山的四圣延祥观内,又名四圣延祥观御苑,《梦粱录》卷十九道,此园为湖山胜景之冠,园内山顶有凉台,其他景有:中池、曲流、沙洲、飞楼、后山亭等。侍臣周紫芝曾从皇帝驾幸此园,赋有诗句。
南宋	琼华园	浙江杭州	林逋	园西依孤山,原为林逋故居,林逋(967—1028),北宋诗人,字君复,卒谥和靖先生,钱塘(杭州)人,隐居孤山,终身不仕不娶,以梅为妻,以鹤为子,在故居中写下《山园小梅》一诗,内有名句:“疏影横斜水清浅,暗香浮动月黄昏。”林去世后,南宋在此建皇家园林。园内有水池、梅花。
南宋	五柳园	浙江杭州		《南宋古迹考》记载,园位于新门外金刚寺北。
南宋	蒋苑使花园		蒋苑使	《梦粱录》卷九十,园囿条载:“内侍蒋苑使住宅侧筑一圃,亭台花木,最为富盛,每岁春月,放人游玩。”“里湖内诸内侍园囿,楼台森然,亭馆花木,艳色夺锦,白公竹阁,潇洒清爽。沿堤先贤堂、三贤堂、湖山堂,园林茂盛,妆点湖山。九里松嬉游园、涌金门外堤北一清堂园、显应观西斋堂观南聚景园……”(汪菊渊《中国古代园林史》)
南宋	赵府北园			园中有“东蒲书院、桃花流水、薰风池阁、东风第一梅等亭”(汪菊渊《中国古代园林史》)
南宋	真珠园	浙江杭州		《南宋古迹考》记载,园位于雷峰塔前,为御园,内有真珠泉、高寒堂、杏堂、水心亭、御港等景。(汪菊渊《中国古代园林史》)

建园时间	园名	地点	人物	详细情况
南宋	快乐园	浙江杭州	赵婉容	在孤山西，赵婉容的别墅。
南宋	下笠御园	浙江杭州		《临安志》记载，下笠御园内有枕流亭、无竭泉等景。
南宋	梅冈园	浙江杭州		《南宋古迹考》记载，园在北山路，为南宋御园。
南宋	梅木园	浙江杭州		《南宋古迹考》记载，园在北山路，为南宋御园。
南宋	樱桃园	浙江杭州		《南宋古迹考》记载，园位于瑞石山太庙边，园以樱桃著名，每值太庙大祭，在此园采摘樱桃以为供花。
南宋	小水乐园	浙江杭州		《武林旧事》记载，就是福邸园。
南宋	赵翼王园	浙江杭州	赵翼王	《南宋古迹考》记载，园位于方家峪，《西湖游览志》又道，园中有假山、石洞（华津洞）、曲流、泉水、仙人棋台、花卉、竹林等景。
南宋	甘氏园（谢氏园）	浙江杭州	甘氏	《南宋古迹考》记载，园位于惠照齐宫西边，初为中常侍甘氏宅园，后归谢氏。
南宋	卢园	浙江杭州	卢元升	内侍卢元升的私园，在今花港观鱼处。
南宋	廖药洲园	浙江杭州	廖莹中	在杭州葛岭路履泰山西，为贾似道的门生廖莹中的别墅，园内有花香亭、竹色亭、心太平亭、相在亭、世彩亭、苏爱亭、君子亭、习说亭等。
南宋	斑衣园	浙江杭州	韩世忠	在九里松附近，为韩世忠的别墅。
南宋	瑶池园	浙江杭州	吕氏	在小流水桥，是中贵吕氏的别墅。

建园时间	园名	地点	人物	详细情况
南宋	云洞园	浙江杭州	杨和王	《武林旧事》和《咸淳临安志》道，园林在北山路，为杨和王府花园，面积甚广，筑土为山，山中有洞，山上建楼构堂（万景天全堂），主山高耸，群山环列，岭上建双亭（紫翠间亭、桂亭）。有景：万景天全（堂）、方壶、云洞、潇碧、天机云锦（亭）、芳所荷亭、紫翠间（亭）、桂亭、濯缨、五色云、玉玲珑、金粟洞、天砌台等。花木皆蟠结香片，盛时有园丁四十余人，监园使臣二人。
南宋	环碧园	浙江杭州	慈明太后	《淳祐临安志》道，环碧园是慈明太后的宅园，在丰豫门外柳洲寺侧，西临西湖，尽得两山之胜。
南宋	湖曲园（甘园）	浙江杭州	甘升之	《淳祐临安志》道，园林在慧照寺西雷峰处，北临西湖，遥望孤山，柳堤梅岗，左右映照，是中常侍甘升之的宅园，后赐谢节度使，日久园废，大资政赵公购之修葺而成。周密诗："小小蓬莱在水中，乾淳旧赏有遗踪。园林几换东风主，留得亭前御爱松。"
南宋	裴禧园	浙江杭州	裴禧	在杭州西胡三堤路，园突出湖岸，杨万里有诗道："岸岸园亭停水滨，裴园飞入水心横。榜人莫问游何处，只拣荷花开处行。"
南宋	壮观园	浙江杭州	张侯	中常侍张侯宅园，在嘉会门外包家山。
南宋	王保生园	浙江杭州	王保生	在嘉会门外包家山。
南宋	蒋苑使宅园	浙江杭州	蒋苑使	《楚梁录》卷十九中记载：蒋苑使宅园，数亩之地，位于宅侧，亭台花木，最为富盛，每年春天，任人游玩，届时有屋舍、平台、花路皆置货物，官窑碗碟，并皆时样。歌叫之声，清婉可听，小小园圃，俨如商市。
南宋	翠芳园	浙江杭州		在西湖南岸，为皇家园林。

建园时间	园名	地点	人物	详细情况
南宋	云洞园	浙江杭州		在西湖北面昭庆寺西石涵桥北。
南宋	聚秀园	浙江杭州		在西湖北面昭庆寺西石涵桥北。
南宋	水丘园	浙江杭州		在西湖北面昭庆寺西石涵桥北。
南宋	水月园	浙江杭州	宋高宗	在西湖北面宝石山大佛寺附近，宋高宗赐杨存中，亲题：水月，孝宗又赐予秀王伯圭。
南宋	隐秀园	浙江杭州	刘鄜	在钱塘门外，是刘鄜的别墅。
南宋	半春园	浙江杭州		在西湖北面玛瑙寺边。
南宋	小隐园	浙江杭州		在西湖北面玛瑙寺边。
南宋	挹秀园	浙江杭州	杨驸马	在葛岭，是杨驸马的别墅。
南宋	秀野园	浙江杭州		在葛岭。
南宋	西湖十景	浙江杭州		南宋定名西湖十景：苏堤春晓、曲苑风荷、平湖秋月、断桥残雪、柳浪闻莺、花港观鱼、三潭印月、双峰插云、南屏晚钟、雷峰夕照。成为后世大型公共园林的楷模。
南宋	南沈尚书园	浙江湖州	沈德和	《吴兴园林记》记载，尚书沈德和在湖州城南建有宅园，人称南尚书园，占地百余亩，以山石、果树见长，园景有：水池、蓬莱岛、聚芝堂、藏书室、果树、太湖石等，果树以林檎最盛，太湖石有三，各高数丈，秀润奇峭，沈家败落时被贾似道购去。
南宋	北沈尚书园（自足园）	浙江湖州	沈宾王	《吴兴园林记》记载，尚书沈宾王在吴兴城北奉胜门外建有宅园，人称北沈尚书园，又名北村，后又自名自足园，园林占地30亩，以水景见长，三面背水，园中有五池与太湖相通，堂舍有灵寿书院、怡老堂、溪开亭、对湖台。

建园时间	园名	地点	人物	详细情况
南宋	菊坡园	浙江湖州	赵师夔	《吴兴园林记》记载，新安郡王赵师夔在湖州建有私园，园内有大溪、中岛、长堤、画桥、亭子、屋宇、蓉柳、菊花等景，中岛之菊达百种，是赵师夔儿孙赵菊坡和赵中甫二人自己筹划的。
南宋	叶氏石林	浙江湖州	叶梦得	叶梦得(1077—1148)，南宋文学家，字少蕴，号石林居士，原籍江苏吴县(今吴县市)人，迁居浙江吴兴，绍圣进士，绍兴时任江东安抚制置大使，兼知建康府、行宫留守、尚书左丞，致力军务、学问。周密《吴兴园林记》和叶梦得《避暑录话》道，叶梦得在任尚书左丞时在湖州弁山建有宅园，因在弁山之阳，万石环绕，故名园为石林。园内有东泉、西泉、碧琳池、涧流、兼山堂(正堂)、石林精舍、承诏堂、求志堂、从好堂、净乐庵、爱日轩、跻云轩、岩居亭、真意亭、知止亭、东岩、西岩、罗汉岩、松树(一千)、桐杉(三百)、竹子(三四千)等。叶梦得在园林中写出了《石林词》、《石林诗话》、《石林燕语》、《避暑录话》等书。
南宋	朱氏园	浙江湖州	朱氏	叶梦得石林之侧，有朱氏家园，园内有怡云庵、涵空桥、玉涧，遍栽杨梅。
南宋	韩氏园	浙江湖州	韩氏	《吴兴园林记》记载，韩氏在湖州距南关30里的地方建有园林，园内有湖石三峰，每石高达数十尺，为韩氏全盛之时，役千百壮夫所立。
南宋	丁氏园	浙江湖州	丁氏	《吴兴园林记》记载，在湖州奉胜门内，背靠城墙，前临溪流，原为万元亨的南园和杨氏水云乡，总领丁氏得二并一，园后部有假山和砌台，每到春天，邑人来此游玩，郡守每年劝农回来，在此行宴。
南宋	莲花庄	浙江湖州	莫氏 赵孟頫	《吴兴园林记》记载，莲花庄位于湖州月河西，四面临水，唐时为白萍洲的一部分，776年书法家颜真卿在此剪榛导流，建八角芳菲亭，836年刺史杨汉公疏四渠，凿三池，树三园，构五亭，舟桥廊室俱全。北宋金元中(1038—1039)知州事滕宗谅修复杨氏旧园，建五亭，疏三沼。宋末元初赵与訔筑菊坡园，亭宇甚多。元代书画家赵孟頫(1254—1322)在此

建园时间	园名	地点	人物	详细情况
				建莲花别业。清同治年间陆心源叠石为山，引水为池，修建潜园，以十六景名于世。辛亥革命后沈锦轩在此建义庄，花经竹篱，丽幽兼之。1956 年在沈氏义庄西部划出 1.2 公顷建为青年公园，1986 年合二园莲花庄，1987 年建成开放，占地7.5 公顷，分三园十景，有景点：西大门、碑廊、吴兴赋、集芳园、顾渚烟云、白苹洲、芝亭、松雪斋、欧波亭、印水山房、题山楼、大雅堂、天开图画、晓清阁、清绝轩、莲花峰、潜园等。赵孟頫为南宋宗室，字子昂，号松雪道人、水精宫道人，擅书画，浙江吴兴人，1279 年，宋灭入元，官居刑部主事、翰林学士承旨、封魏国公，谥文敏。
南宋	倪氏园	浙江湖州	倪文节	《吴兴园林记》记载，尚书倪文节在湖州建有宅园，有城区月河，四面为水，园内有池沼。
南宋	玉湖园	浙江湖州	倪文节	《吴兴园林记》记载，玉湖园是倪文节在湖州岘山的别墅，可借浮玉山和碧浪湖二景，故把两景合为玉湖二字。园中建有藏书楼。
南宋	赵氏南园	浙江湖州	赵氏	《吴兴园林记》记载，赵氏三园在湖州南城下，园与宅相连，处势高闲，气象宏大，园内有射圃、高楼等。
南宋	王氏园	浙江湖州	王子寿	《吴兴园林记》记载，使君王子寿的宅园在月河之间，园宅皆小，然曲折有趣，园内有水池、南山堂、三角亭。苕水和雪溪两河汇于园中，苕清雪浊，各不相混，泾渭分明，令人惊诧。
南宋	瑶阜	浙江湖州	赵氏	《吴兴园林记》记载，是兰坡都承旨赵氏的别业，离城很近，景物颇幽，园后部有石洞，内藏石刻《瑶草贴》。
南宋	绣谷园	浙江湖州	赵忠惠	《吴兴园林记》记载，该园旧为秀邸，后属赵忠惠家宅园，园内有山，山上有堂，名雪川图画，登堂可尽临全城及雪溪景色。
南宋	苏湾园	浙江湖州	赵菊坡	《吴兴园林记》记载，该园为菊坡所建，离城区只有三里，园近碧流湖，园前浮玉山，景物殊胜，山顶建有雄跨亭，据之可饱览太湖诸山。

建园时间	园名	地点	人物	详细情况
南宋	钱氏园	浙江湖州	钱氏	《吴兴园林记》记载，该园离城五里，在毗山上依山就势构筑景观，园内有岩洞、石居堂。石居堂为钱氏居所，登岩洞可俯瞰太湖。
南宋	卫清叔园	浙江湖州	卫清叔	《吴兴园林记》记载，作者平生所见假山最大者，为浙右卫清叔吴中之园，该园一山连亘二十亩，山中建制40余亭，实属罕见。
南宋	孟子园	浙江湖州	孟无庵次子	《吴兴园林记》记载，孟无庵次子做了赵忠惠的女婿，居于湖州，在河口地建了宅园，名孟子园，园内有亭阁屋舍十余处。
南宋	程氏别墅	浙江湖州	程文简	《吴兴园林记》记载，程文简（冈大路《中国宫苑园林史考》为文简年，因为是程氏园，可能有误）在湖州建有别墅，在离城数里的河口，园内建有藏书楼，贮有万卷书。
南宋	程氏宅园	浙江湖州	程文简	《吴兴园林记》记载，尚书程文简在城东宅后建有后园，园背靠城东水濠，园内建有至游堂、鸥鹭堂、芙蓉泾等景。
南宋	刘思园	浙江湖州	刘思	《吴兴园林记》记载，富民刘思在湖州北山的德本村建有园林，后被赵忠惠所得。
南宋	水竹坞	浙江湖州	章南乡	《吴兴园林记》记载，章南乡在湖州北山建有别业，以水、竹为胜，称水竹坞。
南宋	嘉林园	浙江湖州	沈晦岩文庄公	《吴兴园林记》的作者周密道，他的外祖文庄公居于湖州城南，背依城墙，有地数十亩，原有潜溪阁，为沈晦岩清臣的故园，园内有嘉林堂、怀苏书院。传说苏东坡曾流连于此，故建怀苏书院。城外又有别业二顷，种植果树桑麻之类。
南宋	毕氏园	浙江湖州	毕最遇	《吴兴园林记》记载，毕最遇在湖州迎禧门建有宅园，园林三面皆是溪流，南面有山。后来，园归赵忠惠所有。
南宋	蜃洞	浙江湖州	赵忠惠	《吴兴园林记》记载，赵忠惠购得蜃洞，成为园林主景，因当初有蜃入洞，故名蜃洞。

建园时间	园名	地点	人物	详细情况
南宋	小隐园	浙江湖州	赵氏	《吴兴园林记》记载，赵氏在湖州北山法华寺的后面建有小隐园，从山涧引来泉水，建有流杯亭，植有梅花和竹子。
南宋	兰泽园	浙江湖州	赵氏	《吴兴园林记》记载，赵氏建有兰泽园，该园地域广阔，有墓地、寺院、牡丹，后来寺院被毁。
南宋	清华园	浙江湖州	赵氏	《吴兴园林记》记载，新安郡王赵氏在湖州建有宅园，背靠城墙，内有秫田二顷、大池一方、清华堂一座。
南宋	赵氏园	浙江湖州	赵氏	《吴兴园林记》记载，端肃和王之家后靠着颜鲁公的池子，依城而曲，内有善庆堂，最为优美。
南宋	李凤山南园	浙江湖州	李凤山	《吴兴园林记》记载，参政李凤山是四川人，后来居住在湖州，创建南园，轩中有怀岷阁，是穆陵的御笔书。
南宋	丁葆光西园	浙江湖州	丁葆光	《吴兴园林记》记载，丁葆光在湖州清源门内建有西园，园前临苕水，依水筑成一山，临水建成一亭（茅亭或称丁家庵），当时名士洪庆善、王元渤、俞居易、芮国器、刘行简、曾天隐等人都曾来此园游玩，并有诗词歌咏此园。
南宋	牟端明园（南漪小隐）	浙江湖州	牟端明	《吴兴园林记》记载，牟端明园原本是郡志中所载的南园，园荒后归李宝谟所有，李氏之后又被牟端明所得，复建为宅园。因园前有大溪流过，故又名南漪小隐，园中有硕果轩、元祐学堂、芳菲二亭、万鹤亭、双杏亭、桴舫斋。（周密《癸辛杂识》）
南宋	苍坡村景观	浙江永嘉		在楠溪江中游，村景为公共园林，位于村东南部，街巷、给排水、园林为南宋规制，有景：寨门、仁济庙、宗祠、望兄亭、水月堂、长条石等。为水景园，以池为砚，以石为墨，以村为纸，以正对笔架山道路为笔，形成笔墨纸砚文房四宝之景，体现当地耕读传家文化。
南宋	南外宗正司花园	福建泉州		在泉州古榕与涂杀藏之间，涂杀藏是城内洼地，开元寺后，为南外宗正司（即皇家宗室管理处），南宋时构有芙蓉堂、天宝池、忠厚坊诸胜，饰山石、种花竹，至明清为寺庙，花石星散，20 世纪 50 年代梨园剧社成立时，仍有残山剩水，后废品石搬至青年乐园，于是水石俱毁。

建园时间	园名	地点	人物	详细情况
南宋	丰乐楼	浙江杭州		《武林旧事·湖山胜概》云:“丰乐楼旧为众乐楼,又改耸翠楼,政和中改今名。淳祐间,赵京尹与筹重建,宏丽为湖山冠。又甃月池,立秋千梭门,植花木,构数亭,春时游人繁盛。旧为酒肆,后以学馆致争,但为朝绅同年会拜乡会之地。林晖、施北山皆有赋。赵忠定《柳梢青》云:‘水月光中,烟霞影里,涌出楼台,空外笙箫,云间笑语,人在蓬莱。天香暗逐风回,正十里,荷花盛开。买个小舟,山南游遍,山北归来。’吴梦窗尝大书所赋《莺啼序》于壁,一时为人传诵。”
南宋	雷峰显严院	浙江杭州	雷氏 钱王妃	《武林旧事·湖山胜概》云:“雷峰显严院郡人雷氏所居,故名雷峰。钱王妃建寺筑塔,名皇妃塔。或云地产黄皮,遂讹为黄皮塔。山顶有通玄亭、望湖楼。”
南宋	净相院	浙江杭州		《武林旧事·湖山胜概》云:“净相院旧名瑞相。有无尽意阁、娱客轩。一段奇轩,幽深可喜。今皆不存。”
南宋	苏堤	浙江杭州	苏东坡	《武林旧事·湖山胜概》云:“苏公堤自南新路直至北新路口。”又云:“元祐中东坡守杭日所筑,起南迄北,横截湖面,夹道杂植花柳,中为六桥九亭。坡诗云:‘六桥横截天汉上,北山始与南屏通。忽惊二十五万丈,老葑席卷苍烟空。’后守林希榜之曰:‘苏公堤。’章子厚诗云:‘天面长虹一鉴痕,直通南北两山春’。”
南宋	小新堤	浙江杭州	赵京尹	《武林旧事·湖山胜概》云:“小新堤自曲院至马蝗桥。”又云“淳祐中,赵京尹与胞自北新路第二桥至曲院筑堤,以通灵竺之路,中作四面堂三亭,夹岸花柳,比苏堤。或名‘赵公堤’。”
南宋	杨园	浙江杭州	杨和王	《武林旧事·湖山胜概》云:“杨和王府。”
南宋	乔园	浙江杭州	乔幼闻	《武林旧事·湖山胜概》云:“乔幼闻园。”

建园时间	园名	地点	人物	详细情况
南宋	史园	浙江杭州		《武林旧事·湖山胜概》云："史屏石微孙。"
南宋	资国园	浙江杭州		《武林旧事·湖山胜概》云："资园院旧名报国。有东坡书隐秀斋，赵令畤德麟跋语。"
南宋	养鱼庄	浙江杭州	杨郡王	《武林旧事·湖山胜概》云："杨郡王府。"
南宋	迎光楼	浙江杭州	张循王	《武林旧事·湖山胜概》云："张循王府。"
南宋	刘氏园	浙江杭州	刘公正	《武林旧事·湖山胜概》云："内侍刘公正所居。"
南宋	秀邸新园	浙江杭州		《武林旧事·湖山胜概》云："秀邸新园。"
南宋	谢府园	浙江杭州		《武林旧事·湖山胜概》云："有一碧万顷堂。"
南宋	赵郭园	浙江杭州		《武林旧事·湖山胜概》云："赵郭园。"
南宋	张氏园	浙江杭州		《武林旧事·湖山胜概》云："张氏园。"
南宋	总宜园	浙江杭州	张太尉	《武林旧事·湖山胜概》云："水张太尉。后归赵平远淇。今为西太一宫。"
南宋	大吴园	浙江杭州		《武林旧事·湖山胜概》云："大吴园。"
南宋	小吴园	浙江杭州		《武林旧事·湖山胜概》云："小吴园。"
南宋	秀月邻	浙江杭州	廖莹	《武林旧事·湖山胜概》云："廖莹中园，后归贾相。"
南宋	香林园	浙江杭州		《武林旧事·湖山胜概》云："香林园。"

建园时间	园名	地点	人物	详细情况
南宋	斑衣园	浙江杭州		《武林旧事·湖山胜概》云:"韩府。"
南宋	王沆园(隅园、安澜园、陈园)	浙江海宁	王沆	南宋安化郡王王沆故园(见《海昌胜迹志》),明万历间陈元龙的曾伯祖陈与郊(官太常寺少卿)就其废址开始建造。因园在海宁域的西北隅,以西北二面城墙为园界(园门地点今称北小桥),而陈与郊又号隅阳,所以用隅园命名,当地人则呼为"陈园"。隅园时期仅占地三十亩,到明朱崇祯间,从葛征奇《晚眺隅园》诗"大小涧鳖鸣",陆嘉淑诗"百增涵清池"与"池阳堂外水连天"等诗句来看,园之水面渐广,景物又胜于前了。到清初,园略受损坏,雍正时已到岁久荒废的地步。雍正十一年(1733)陈元龙以大学士乞休归里,就隅园故址扩建,占地增至六十余亩,更名遂初。当时胤禛(雍正帝)赐书堂额"林泉耆硕"四字。从陈元龙的遂初园诗序来看,"园无雕绘,无粉饰,无名花奇石,而池水竹存",以"幽雅古朴"见称,还是保存了明代园林的特色。陈元龙殁后其子陈邦直(官翰林院编修),园居凡三十年,乾隆四十二年(1777)83岁去世。据陈瑾卿《安澜园记》道:"迨愚亭老人(即陈元龙之子陈邦植,号愚亭)扩而益之,渐至百亩。楼观台榭,供憩息,可眺游者三十余所,制崇简古,不事刻镂。乾隆壬午(乾隆二十七年,1762)纯皇帝(乾隆帝谥号)南巡,复增饰池台,为驻跸地,以朴素当上意,因命名以赐,园由是知名。"据《南巡盛典》:"安澜园在海宁县拱宸门内,初名隅园,前大学士陈元龙之别业也,镜水沦涟,楼台掩映,奇峰怪石,秀削玲珑。古木苍翠蓊郁,乾隆二十七年,皇上亲阅海塘。驻跸于此,赐名安澜园。"园址近海塘,取"愿其澜之安"的意思。 因帝王的四次驻跸其间,复经陈氏的踵事增华,遂成为当时江南名园。沈三白《浮生六记》卷四所谓:"游陈氏安澜园,地占百亩,重楼复阁,夹道回廊。池甚广,桥作六曲形,石满藤萝,凿痕全掩,古木千章,皆有参天之势,鸟啼花落,如入深山,此人

建园时间	园名	地点	人物	详细情况
				工而归于天然者。余所历平地之假石园亭，此为第一。曾于桂花楼中张宴，诸味尽为花气所夺。”这是乾隆四十九年(1784)八月所记，正是弘历第六次南巡、第四次到安澜园之后，即该园全盛时期。沈三白对瓦林欣赏有一定的见解，对安澜园有这样高的评价，可以想见造园艺术的匠心了。陈瑾卿于嘉庆末作《安澜园记》描绘得相当细致，就是该园全盛时期结束后开始衰落时的记录。《安澜园记》最末一段云：“自老人殁，一再传于今，园稍稍衰矣。然一丘一壑，风景未异，犹可即其地而想像曩时，过此以往，年弥远而迹日就湮，余恐来者之无所征也，故记之。”
南宋，南宋末	定轩（复古桃源、桃花园）	江苏苏州	杨绍云 沈有光 钱泊庵	南宋末年礼部侍郎杨绍云在苏州吴江震泽建宅园，园广数亩，怪石林立，中有石洞，名桃源洞。宋元之际，屡有增构。明代，沈有光得桃源洞筑园，名复古桃源，筑亭阁数十间，内有池沼、石山、厅堂、馆轩、台榭、空心老树，不一而足。明万历年间(1573～1619)，钱泊庵得故园，构建桃花园，园内有小池、幽竹、花卉，至清代，园只余桃源洞。（汪菊渊《中国古代园林史》）
宋	别峰庵	江苏镇江		在焦山双峰之阴的别岭上，翠竹环抱之中，有一座别致的方形四合院，称别峰庵。别峰乃是指该岭有别于焦山山顶之主峰(东峰和西峰)之意。别峰庵始建于宋代，宋代高僧佛印法师有诗云：“绝顶无寻处，何人为指南。回头见知识，原在别峰庵。”明人章诏又有诗云：“竹密凝无路，云开忽到门。转看诸院子，独见一峰尊。”深山孤寺，人迹罕至的别峰庵，庵内北侧有小斋三间，天井中有一花坛，桂花树两株，修竹数竿，环境清雅幽绝。这里就是世称诗、书、画“三绝”的清朝著名画家、扬州八怪之一的郑板桥于雍正年间读书处。今存“郑板桥读书处”的横额，门上还保留着当年郑板桥手书“室雅何须大，花香不在多”的对联。麟庆有《鸿雪因缘图记》中的《别峰寻径》篇记之。

建园时间	园名	地点	人物	详细情况
辽,937～1012	瑶池	北京		辽太宗会同元年(937)升幽州为南京,圣京开泰元年(1012)改幽都府为析津府,盖在此时建成,在辽代宫城西部,池中有岛,名瑶屿,岛上建瑶池殿,为皇家园林。
辽,937～1125	柳庄	北京		辽会同元年(935)升幽州为南京,金天会三年(1125)金攻取辽之燕山府(北京),园即在此时建成,辽代南京(北京)子城西部的皇家园林。
辽,937～1125	粟园	北京		在幽州升为南京(935)至被金攻取(1125)之前建成,辽代南京(北京)外城西北通天门内。
辽,937～1125	长春宫	北京		在幽州升为南京(935)至被金攻取(1125)之前建成,辽代南京(北京)外城西北的行宫御苑,以牡丹著名,辽帝常在此赏花垂钓。
辽,940	赵延寿别墅	北京	赵延寿	址未详,赵延寿所建。赵延寿(? —948),五代常山人,本姓刘,赵德钧养子,仕后唐为枢密使,末帝令北伐,降契丹,乃导诱蕃戎,蚕食河朔,契丹封其为燕王,进大丞相。契丹主死,称权知南朝军国事,后为永康王兀欲所囚,卒于契丹。
辽,984 年	独乐寺观音阁	天津蓟县		建于宋太宗雍熙元年,而下距《营造法式》之刊行尚有 106 年,阁内三层外观二层,3.28 米下檐用四跳华拱出挑,上檐用双杪双下昂,为现存古木构建筑的典型。
辽,982～1009	华林行宫和天柱行宫	北京	萧太后	位于密云县城南黍谷山,始建于辽昭圣帝之母萧太后摄政期间,行宫内外松荫蔽地,古柏参天,池水滢滢,殿亭辉煌,萧太后在松下纳凉并建避暑殿。萧太后(953—1009),辽代景宗皇后,辽圣宗的生母,名燕燕,汉名绰。辽北院枢密使兼北府宰相萧思温女。辽景宗即位,册封皇后。乾亨四年(982),辽景宗死,辽圣宗年幼而立,萧燕燕奉遗诏摄政,号承天皇太后。时宗室 200 余人拥兵自政,向背难测。她任韩德让和耶律斜轸参决大政于内,耶律休哥总领南面军务于外,并加强对宗室的

建园时间	园名	地点	人物	详细情况
				约束和对吏民的管理，使政局渐趋稳定。她注意改善契丹族和汉族的关系，在倚重契丹族官员的同时，也任用了许多汉族官员。改革辽国旧例，令契丹人和汉人同罪同科。从统和四年到二十二年(986～1004)，辽宋交战多次，她常与圣宗亲征，多有建树。统和时期，辽的国势达到全盛，都与她的活动有密切关系。(汪菊渊《中国古代园林史》)
辽，1007 ～1098	大明塔	内蒙古宁城		位于辽中京内城的正南门——阳德门外东侧，辽统和二十五年到寿昌四年(1007～1098)间建。因辽中京延续到明代而只留下塔，人们习惯称为大明塔。塔高 80.22 米，在高度上仅次于陕西省泾阳的崇文塔和河北省定州市的料敌塔，是全国第三高塔，体积为全国第一。此古塔雄浑凝重，巍峨矗立。晴日，便在百里之遥，亦可用肉眼望见。清代乾隆皇帝描写该塔的诗句就是“自远早见郁迢娆，逼近欲瞻翻不易”。观者无不为工程之浩大、造型之壮观、雕刻之精细而叹为观止，使人不禁肃然起敬。
辽，1020 年	奉国寺	辽宁义县		奉国寺的大雄宝殿创建于开泰九年(1020)正月，“殿高七丈，佛像称是，又名七佛寺。”大殿规模宏大，气势雄伟，是我国现存最大的木结构建筑之一。(汪菊渊《中国古代园林史》)
辽，1025 前	内果园	北京		为辽代南京(北京)子城东门宣和门内皇家园林，辽太平五年(1025)十一月，辽帝幸内果园，邑民争相聚观，进士 72 人即兴赋诗，以诗好坏定其官职。(汪菊渊《中国古代园林史》)
辽	天宁寺砖塔	北京西城		平面为八角形，共十三层，总高 57.8 米。塔身建于方形平台上，最下部是须弥座，其上是具有斗栱、勾栏的平座和三层仰莲瓣，以承塔身。座身四面有券门和浮雕装饰，再上就是十三层的密檐，第一层出檐较远，其上十二层出檐深度逐层递减，塔顶以宝珠形的塔刹结束，造型十分优美，是我国现存密檐式砖塔中比较典型的。空体塔内部中空，可直登塔顶。

建园时间	园名	地点	人物	详细情况
辽	白塔子	内蒙古林西		佛教建筑。
辽	白塔山（瑶屿、琼华岛）	北京	海陵王乾隆	白塔山周长880米，高45米。辽代称为瑶屿，金代改名琼华岛。金代海陵王命人从北宋的御花园运来太湖石，将土山扩建成的石山。依山南麓建白塔寺，山顶建白色藏式宝塔。1742年，乾隆重修时改名永安寺。西坡上有一平坦院落，正殿名悦心殿，每至寒冬，清代帝王都要到悦心殿内观赏太液池中的冰嬉。悦心殿后面是庆霄楼，楼内有乾隆亲笔颂诗。白塔山西坡脚下有阅古楼，楼内存放着乾隆年间摹刻的《三希堂法帖》。北麓方形高台，名曰仙人承露盘，内有铜人和铜露盘。北坡山脚的临水游廊，临湖环山，是乾隆仿照金山江天寺格局修建。帝后们登舟泛湖的码头名漪澜堂。东麓立有燕京八景之一的“琼岛春阴”石碑，背面有乾隆的七律一首。（汪菊渊《中国古代园林史》）
辽，1056年	释伽塔（应县木塔）	山西应县		塔高二十丈，平面为八角形五层。各层间又夹设暗层，实际为九层。塔身为楼阁式，全部都是木结构。各层内外所用的斗栱繁复，约有六十多种。
辽，1062年	华严寺	山西大同		寺内保存两座大的木构建筑，其中上华严寺的大雄宝殿，面阔九间，进深五间，规模宏大，殿内采用减柱法，省去大量的柱子，空间宽敞，大殿斗栱，采用斜栱，这是辽金建筑的特殊风格。下华严寺是一座藏佛经的殿，称薄伽教藏殿，建于兴宗重熙七年(1038)。殿身面阔五间，进深四间。整个建筑结构严谨，形制稳健。（汪菊渊《中国古代园林史》）
辽，1068	大觉寺	北京	北京海淀	始建于辽咸雍四年(1068)，名清水院，后称灵泉寺，为金章宗时“西山八大院”之一，明宣德三年(1428)扩建，改今名，清康熙五十九年(1720)，雍正重修，乾隆十二年(1747)再修，成今局。寺坐西朝东，依山而建，成有八景：古寺兰香、千年银杏、

建园时间	园名	地点	人物	详细情况
				老藤寄柏、鼠李寄柏、灵泉圣水、辽代古碑、松柏抱塔、碧韵清池。建筑分三路，中路有：山门、碑亭、放生池、钟鼓楼、天王殿、大雄宝殿、无量寿佛殿，东路有：北玉兰院，西路有：戒坛、南玉兰院、憩云轩。后花园在三路之北，依山势布置，中轴上有大悲坛、舍利塔、龙潭、龙王堂、四宜堂、明志轩、明思轩、玉兰院、古松、古柏、竹林，东面有两屋，西面堆石假山，上建领要亭。水景和古树为主要特色。(汪菊渊《中国古代园林史》)
辽	延芳淀	北京通州		在今燕京东南郊漷阴县。辽代皇室、贵族的弋猎之所。《辽史·地理志》云："辽每季春，弋猎于延芳淀。""延若淀方数百里，春时鹅鹜所聚，夏秋多菱芡。国主春猎，卫士皆衣墨绿，各持连锤、鹰食、刺鹅锥，列水次，相去五七步。上风击鼓，惊鹅稍离水面。国主亲放海东青鹘擒之。鹅坠，恐鹘力不胜，在列者以佩锥刺鹅，急取其脑饲鸭。得头鹅者，例赏银绢。国主、皇族、群臣各有分地，户五千。"
金，1123～1137	圣安寺	北京宣武	耶律楚材 阮葵生	位于今南横西街119号。这座古刹经过历代修缮，至清末时其寺院尚有一定的规模，有山门、天王殿、瑞像亭、大雄宝殿、东西配殿以及周围多出附属用房。特别是大雄宝殿内的壁画，是明代宫廷画家商喜所绘，甚是有名。寺内庭院栽植多种树木。《析津日记》称："寺中金、元旧碑无一存者，……松柏已尽，惟有两楸树而已。""……其地名东湖柳村，匪独湖湮，柳亦不见。"可见当年圣安寺的周边是一泓池水，湖边遍植绿柳的景色。(汪菊渊《中国古代园林史》)
金，1151～1156	同乐园	北京海淀	完颜亮 梁汉臣 孔彦舟	金天德三年(1151)，完颜亮命梁汉臣、孔彦舟按北宋汴京样式建燕京，正隆元年(1156)基本建成，金朝称燕京为中都，同乐园概稍晚于此建成。《揽辔录》道，正隆元年(1156)金主完颜亮率百官幸刚建成的中都，时城西至玉华门，为同乐园，内有瑶池、蓬瀛、柳庄、杏村。据师柘诗《游同乐园》和赵秉文《同乐园二首》，园中有景：水池、蓬丘、山峦、溪流、石垣、柳树、钓鱼船、竹林、鹅栅、鹿园、莺鸟等。(《宣武文史》)

建园时间	园名	地点	人物	详细情况
金，1151～1156	琼华苑	北京	完颜亮	于中都城稍晚时间建成，《揽辔录》记载，苑内有横翠殿。
金，1151～1156	宁德宫	北京	完颜亮	于中都城稍晚时间建成，《揽辔录》记载，宫内有瑶光台、瑶光殿。
金，1151～1194	北苑	北京		位于金代中都皇城北偏西，苑中有湖泊、荷池、岛屿、溪流、景明宫、枢光殿、柳林、草坪等，赵秉文有诗《北苑寓直》和《寓望》赞之。明昌五年(1194)四月，章宗完颜璟游幸北苑。
金，1151～？	长春宫（光春宫）	北京		位于中都城东郊，为辽代长春宫旧址，宫内有湖泊(数个)、芳明殿、兰皋殿、辉宁殿等，皇帝在此举行“春水”活动。
金，1153	团城(圆城)	北京	海陵王	海陵王迁都燕京后，增建外城，在北海疏浚湖泊，堆土砌石成岛，挖海堆团城。团城周长276米，城高4.6米，面积约4500平方米。两面临水，是琼华岛的影照，又是万宁宫中一个点景和乘凉的水中高台。元代开拓成一座圆台，上建仪天殿，重檐圆顶，叫“瀛洲圆殿”。明永乐年间，因营建宫殿，改动了团城周围的地势，团城被圈在围墙外，中海和北海随之分开。1745年，团城周围砌以临清砖，才建成今天的形状。团城因为圆形，又叫圆城。古汉语词意，圆是虚心，团是实心，所以多称团城。团城只有两座门，东叫临景门，西称衍祥门。明代两门全开，一般东进西出。清代，衍祥门不开，依照当时风水师的说法，衍祥门与皇帝犯冲，因此被关闭。衍祥门北面曾有一株探海松，如今不复存在。金代种植的一棵栝子松尚存。团城内的建筑有：承光殿，现存的是乾隆十一年重建，殿内有一尊1.6米高的一整块白玉石雕刻而成的玉佛，身上镶嵌宝石。玉瓮亭，亭中央汉白玉石莲座上陈列着一个黑色大钵盂，是传说中1265年元朝忽必烈命人制造的盛酒器皿。后被乾隆购买置于团城，兴建了石亭，赐名玉瓮，亲笔题写了“御制玉瓮歌”七言诗三首及注释。金鳌玉蝀桥，在团城脚下，桥两端原有两座牌坊，西“金鳌”，东“玉蝀”，是典型的提栈式石拱桥。

建园时间	园名	地点	人物	详细情况
金,1157	南园	山西绛州		《山西通志》道,园位于绛州,园内有无邪堂、快轩。金正隆二年(1157),观察韩子瑞为南园作记。
金,1161～1188	大永安寺	北京	金世宗	是金中都郊区一座兼有行宫性质的寺院园林。《元一统志》载:轩之西叠石为峰,交植松竹,有亭临泉上。千楹林立,万瓦鳞次。向之土木,化为金碧丹砂,旃檀琉璃,种种庄严,如入众香之国。
金,1161～1189	永安寺	北京	阿勒吉	辽代时中丞阿勒吉舍建,金大定年间扩建,改名永安寺,寺以山景为优,时有金章宗完颜璟的祭星台、护驾松、感梦泉,清代乾隆于1746年在此建成静宜园(详见清"静宜园"条),英法联军和八国联军两度毁之,新中国成立后修复并入香山公园。(《北京志——园林绿化志》)
金,1162	宝峰寺	河南中牟		在县南土山里,金大定二年十月初十日,尚书礼部牒南京开封府中牟县保甲到本县第三都看土山佛堂,僧宁坚告称:本处建有佛殿僧堂一十九间半,自来未有名额,已纳讫合钱数,乞立院名,勘会是实,须核给赐者,牒奉敕可特赐宝峰院。已毁。
金	清凉寺	河南嵩山		《河南通志》:寺在登封西,金贞祐中建。《河南府志》:清凉寺在少室前清凉峰下。已毁。
金,1163前	广乐园	北京		位于中都皇城南偏西,与熙春园、南园相邻,为射柳、观灯之所,《金史・世宗纪》记载,金大定三年(1163)五月,完颜雍幸广乐园射柳,常武殿赐宴,以后习以为常。大定二十三年(1183)正月,广乐园灯山焚,殃及熙春殿。
金,1166	太宁宫(大宁宫、寿宁宫、寿安宫、万宁宫)	北京	完颜雍	在中都东北(今北海处),世宗完颜雍命少府监张仅言建皇家离宫太宁宫(今北海),大定十九年(1179)五月建成,世宗首幸,大定二十八年(1188)三月,更名寿安宫,大定二十九年(1189)正月,世宗临终遗言移棺寿安宫,当年七月章宗完颜璟奉太后旨幸寿安宫,明昌二年(1191)四月章宗更名万宁宫,仪鸾局增设万宁宫收支都监一官员(正九品)。后又增设万宁宫提举司(从六品)掌守护,同年帝驾常幸。承安元年(1196)三月、五年(1200)

建园时间	园名	地点	人物	详细情况
				三月、泰和元年(1201)三月、八年(1208)四月章宗屡至万宁宫游幸及处理政务。大宁宫有太液池，其中筑琼华岛、瀛屿，琼华岛上建广寒殿、妆台(章宗为李宸妃建)，并使用汴京艮岳运来的太湖石。为刺激运输，以石折粮赋，故称此石为折粮石。宫内有大小殿宇九十余所。琼岛春阴和太液秋波为金代燕京八景之二。
金,1172	圣后祠	河南郑州		《金史,河渠志》:大定十二年春正月,尚书省言郑州河阴县圣后庙,前代河水为患,屡祷有应,尝加封号庙额。今因祷祈河道安流,乞加褒赠。上从其请,特加号曰昭应顺济圣后,庙曰灵德善利之庙。现已无考。
金	文殊寺	河南荥阳		在县西北康砦、曹砦间,亦曰西寺。《开封府志》:寺创于金,明洪武间,里人修建。宣德年,僧道通重修。文殊寺在县西北十九里,宋季,土人建于蔡,一名蔡村寺。其地山环水聚,林木森耸,亦一邑之胜概也。元末寺废。明宣德改元,僧道通重修。又武子顶北亦有文殊寺,今惟存明天顺元年僧妙通寺伽蓝殿一钟而已。
金,1177前	东园	北京	完颜雍	位于金代中都皇城东墙处,为东苑一部分。在辽代内果园上建成,内有楼观甚多,芳园为其一部分。《大金国志》载,大定十七年(1177)四月三日,完颜雍与太子诸王在东园赏牡丹,晋王允猷赋诗以陈,和者十五人。《金史·章宗本纪》载,泰和七年(1207),完颜璟在东园射柳。
金,1179	青山(万岁山、煤山、百果园、北果园、景山)	北京	完颜雍	在中都北面,今紫禁城北门外,隔护城河。1179年,金世宗完颜雍为了建大宁宫,把挖西华潭(北海)的潭泥就近堆于东面,成为土山。元代忽必烈建大都,在土山上建延春阁等建筑,山北广植花木,人称青山,并常在此举行皇家佛事、道场、宴会。1420年朱棣迁都北平后,把拆旧城的渣土和挖紫禁城筒子河的泥土压在原来的青山上,形成五峰,最高达47.5米,重名为万岁山,并在山内堆煤以备战争,故又名煤山,山北建永寿、观德、观花

建园时间	园名	地点	人物	详细情况
				三殿，山上植果树养动物，又称北果园和百果园。入清，顺治帝更名为景山，1751年乾隆在五峰上建五亭（周赏亭、观妙亭、万春亭、辑芳亭、富览亭），山南建倚望楼，东北建寿皇殿、集祥阁，西北建兴庆阁。1928年辟为景山公园。现有五亭、倚望楼、崇祯上吊槐、寿皇殿、集祥阁、兴庆阁、观德殿、牡丹园。
金	会宁府	黑龙江		西依山，东傍阿什河。城呈长方形，东西2300米，南北3300米。东北角近沼泽地，故向内收缩400米。城墙是土筑，城墙外建圆形马面，角隅处有方形角楼址，城四面各有一门，均不相对，门外设瓮城。城内中部有一东西横墙，分城内为南北两部。横墙中部偏东有门。南部西北角地势高而平，上建约560米见方的宫城，是宫殿区。宫殿区布局很整齐，《大金国志》记载："规模曾仿汴京，然十之二、三而已。"
金	敷德殿			百官在此朝拜。
金	庆元宫			安放金太祖以下诸帝遗像。
金	明德宫、明德殿			供太后居住，安放金太宗遗像。
金，1186年	香山寺	北京	阿勒弥 完颜雍	香山寺址，据徐善《冷然志》："辽中丞阿勒弥（满洲语，旧作阿里吉）所舍，殿前二碑载舍宅始末，光润如玉，白质紫章，寺僧目为鹰爪石。"香山有行宫、佛寺始自金世宗完颜雍的大定年间。"大定中，诏匡构与近臣同经营香山行宫及佛。"（《金史·本传》）《金史·世宗纪》载："大定二十六年（1186）三月，香山寺成，幸其寺，赐名大永安寺。给田两千亩，粟七十株，钱二万贯。"据记载：金章宗完颜璟曾多次幸香山并有所建树，"明昌四年（1193）三月，幸香山永安寺及玉泉山。承安三年（1198）七月，幸香山。八月，猎于香山。四年（1199）八月，猎于香山。五年八月，幸香山。泰和元年（1201）六月，幸香山。六年九月，幸香山"（《金史·章宗纪》）。忽必烈也曾幸香山，"元世祖幸香山永安寺，见书辉和字于壁，

建园时间	园名	地点	人物	详细情况
				问谁所书。僧对曰：国师兄子特尔格书也”(《元史·本传》)。元仁宗爱育黎拔力八达于“皇庆元年(1312)四月，给钞万锭修香山永安寺”(《元史·仁宗纪》)。明朝英宗朱祁镇的正统年间(1436～1449)，太监范弘在永安寺旧址上“拓之，费钜七十余万(两)”(《帝京景物略》卷之六)，遂成大寺。 清朝，康熙初年，玄烨曾临幸香山诸名胜，十六年(1677)于香山寺，“建行宫数字于佛殿侧，无丹护之饰，质明而往，信宿而归，牧圉不烦”(见弘历《静宜园记》)。弘历又记云：“乾隆癸亥(1743)，予始往游而乐之。”“乾隆乙丑(1745)秋七月，始廓香山之郛，薙榛莽，剔瓦砾，即归行官之基，葺垣筑室。佛殿琳宫，参错相望。而峰头岭腹凡可以占山川之秀，供揽结之奇者，为亭，为轩，为庐，为广，为舫室，为蜗寮，自四柱以至数楹，涂置若干区。越明年丙寅(1746)春三月而园成，非创也，盖因也。”就兴建了众多的佛殿琳宫和园林建筑群，凡总 28 处，内垣为景二十，在外垣为景八。(汪菊渊《中国古代园林史》)
金，1190 前	西苑	北京	完颜璟	在中都西部，为西苑主体部分，《金史·章宗本纪》载，明昌元年(1190)正月金主完颜璟到西园击球，五月在西苑拜天、射柳、击球。(汪菊渊《中国古代园林史》)
金，1190～1208	建春宫	北京		位于中都城南郊，始建于章宗时代(1190～1209)，宫有殿宇宏阔，成为皇帝驻跸时政务场所。
金，1190～1108	燕京八景	北京		金章宗时，燕京八景已经形成：居庸叠翠、玉泉垂虹、太液秋风、琼岛春阴、蓟门飞雨、西山晴雪、卢沟晓月、金台夕照。
金，1190 前	玉泉山行宫	北京	完颜璟	在金中都北郊，辽代已经创立，金章宗时修缮，加建芙蓉殿，为金代西山八院之一和燕京八景之一。园内有玉泉五处，汇为水池，流入长河，补高粱河、运河和大宁宫太液河，更有玉泉山之景。《金史·章宗本纪》载，章宗完颜璟多次幸此行宫避暑和

建园时间	园名	地点	人物	详细情况
				狩猎：明昌元年（1190）八月、六年（1195）四月、承安元年（1196）八月、泰和元年（1201）五月、三年（1203）三月、七年（1207）五月。赵秉文有诗《游玉泉山》。明正统年间（1436～1449）英宗在此建华严寺，嘉靖二十九年（1550）毁，清康雍时期，就建有离宫，乾隆于1750年扩建成静明园，1860年被英法联军毁。辛亥革命后一度成为公园。
金，1192前	南园	北京	完颜雍	在中都皇城南，《金史·章宗本纪》记载，显宗死后停在南园熙春殿，世宗完颜雍从上京来，未入园门，先到熙春殿拜祭。可见与熙春园同时存在，可能还更早，属于南苑一部分。
金，1192前	熙春园	北京		《金史·章宗本纪》记载，章宗完颜璟于明昌三年（1192）幸熙春园。园内有熙春殿，概与南园相邻，为南苑组成部分。
金，1194	梁公林	山东曲阜		梁公林内有柏、桧、楷、槲各种树株467棵。南北长200米，东西宽143.4米，占地63亩，是孔子父母的墓地。大门为3间，中间匾额镌“启圣林”三字，门前左右有石狮一对。甬道尽头为享殿，广五间，深三间。墓前立碑刻“圣考启圣王墓”，墓后原有的“圣考齐国公墓”碑，元代已佚。
金，1195前	后园		金章宗	《金史》记载，金章宗于明昌六年（1195）十二月庚辰，“幸后园阅军器”。
金，1196前	环秀亭	北京	完颜璟	《金史·章宗本纪》载，金主完颜景于承安元年（1196）六月至环秀亭观稼。（安怀起《中国园林史》）
金，1197前	西园	北京	完颜璟	在中都西部，为西苑主体部分，《金史·章宗本纪》载，承安二年（1197）三月皇帝完颜璟至幸游西园，观看军器。冯延登有《西园得西字》诗，可知园中有：鱼藻池、层峦、百鸟、芝廛、兰畹、竹林、仙舟等景。

建园时间	园名	地点	人物	详细情况
金,1198前	东明园	北京	完颜璟	在中都皇城东墙处,为东苑一部分。园内有阁,承安三年(1198),完颜璟在东明园赏菊,登阁见屏风画有北宋徽宗建的艮岳,就问内侍余琬是何地,余答:"宋徽宗为造艮岳而亡国,先帝命画艮岳以警戒。"宸妃郑氏(南宋华原郡王曾孙女)怒道:"徽宗灭亡不是因为造艮岳,而是宠信童贯和梁师成等宦官。"
金,1202前	芳苑	北京	完颜璟	《金史·章宗本纪》载,金主完颜璟于泰和二年(1202)正月到芳苑观灯。
金,1212	承天宫	河南嵩山		位于金壶峰下,《嵩山志》:承天观,金重庆元年建,即因唐观故址,亦称承天宫。
金,1215	普安寺	河南巩义		寺在巩义市南,金贞祐三年建。明洪武中,置僧会司于内。已毁。
金,1216前	宝林寺	河南嵩山		寺在县西二十里清凉峰下。寺西有谷,僧人堰之灌稻,境最幽胜。谷西之峰,高于丹砂。昔人于寺左建一大塔,甚庄严。金贞祐四年重建。
金,1225前后	聚芳园	山东曲阜	孔元用	据《阙里新志》记载:该园在旧县城内西北隅,元世袭县令孔元用所筑,在其第之西,传之数代。有古楷老柏,修竹数顷,名花异卉,聚四方之珍,过鲁宾客,多馆其中。金党怀英有《聚芳园记》。今虽亭树秃废,而刻碑犹可读也。因孔元用为在其弟、衍圣公孔元措随金迁汴州之后,主孔府祭祀,宝庆元年(1225)宋收复山东,以孔元用为衍圣公,二年(1226)改授其子孔之全为衍圣公。概在宝庆元年前后建该园。
金,1243前	临锦堂	北京	刘公子	在北京城御园西北隅,为幕府从事刘公子所建宅园,蒙古乃马真后二年癸卯(1243)八月,元好问第二次来北京,时年五十四岁。曾觞于临锦堂,撰写有《临锦堂记》。园引金沟之水,渠而沼之,堂构池上,竹树葱茏,行历棋列,嘉花珍果,灵峰玉湖,往往而在。元好问(1190—1257),山西忻县人,字裕之,号遗山,兴定进士,金代著名诗人和史学家,曾作行尚书省左司员外郎,金亡不仕,居遗山著述,有《遗山集》和《中州集》。

建园时间	园名	地点	人物	详细情况
金	钓鱼台	北京	王郁	址未详，为文人王郁隐居之所
金	兴德宫	北京		位于金代燕京外城东北，为皇家离宫。
金	钓鱼台行宫	北京		在中都西北郊三里河西北三里许，即今之玉渊潭公园，辽时为蓄水湖泊，金代建御苑行宫，湖边植柳。现存园林为清乾隆三十年(1774)修建的行宫，有景：钓鱼台、望海楼、养源斋、潇碧轩、澄漪亭、假山、游廊、水池等，乾隆亲题“钓鱼台”。
金	金陵行宫	北京		在北京大房山脚，为皇家行宫。
金	光春行宫	河北保定		为皇家行宫。
金	庆宁行宫	河北宣化		为皇家行宫。
金	大渔泺行宫	河北张化		为皇家行宫。
金	石城行宫	河北滦县		为皇家行宫。
金	遂初园	北京	赵秉文	赵秉文(1159—1232)，金文学家，字周臣，号闲闲老人，磁州滏阳(河北磁县)人，大定进士，官至礼部尚书，擅诗文。在为官期间建有遂初园。其《遂初园记》道，园占地30亩，有琴筑轩、翠贞亭、味真庵、闲闲堂、悠然台、竹子、花卉、水池等景。
金	趣园	北京		在金中都城内。
金	崔氏园亭	北京		在金中都近郊，为私家园林。
金	赵园	北京		在金中都近郊，为私家园林。
金	蓬莱院	北京		
金	庆寿寺	北京		在金中都北郊，寺内有：清溪、仙洲、红蕖、松树。路铎有《庆寿寺晚归》赞此寺。

建园时间	园名	地点	人物	详细情况
金	西湖	北京		在金中都西郊，今之莲花池，池方十亩，有泉涌出，终年不冻。赵秉文有诗赞之。
金	泌园	河南怀庆		《河南通志》载，怀庆东北三十里，泌水北岸。金朝时，众官们在此宴游，有图本存在。
金	成趣园	山西虞乡	麻长官	《通志》载，金元好问(1190—1257)有麻长诗《虞乡麻长官成趣园诗》两首，载有园景：水池、假山、屋舍、衡门、曲径等。
金	遗山书院	山西定襄	元好问	在定襄县城东北 15 公里的遗山上。遗山东西 160 米，南北 40～70 米，高 20 米，占地 8000 平方米。金元时诗人元好问在山上居读，并自号遗山，1949 年时遗存魁星塔、戏台、二郎神棚等明清建筑，1985 年按明清样式重建，有景：山门、牌坊、千佛殿、十王堂、观音庙、门厅、祠堂、真味斋、书屋、碑亭、藏经阁、文昌庙、结义殿、老君庙、讲堂、大佛殿、鼓楼、钟楼、放鹤亭、读书亭、六角亭、厢房、耳房、梳洗楼、奶母庙、魁星塔、二郎神棚，建筑面积 1700 平方米。
金	高汝励别墅	山西应州	高汝励	金朝著名宰相、荣国公高汝励在应州城南建有别墅。
金代	北苑	北京	赵秉文 师柘	位于今西城区广外红居街。苑中有溪流池沼，莲花草坪，园亭树木，宫墙殿宇。此宫殿为御苑内景明宫之枢光殿。
金	纯和殿	河南开封		纯和殿宫苑的规模极大，《金史》上记载：纯和殿，正寝也。纯和西日雪香亭，亭北则后妃位也，有楼，楼西曰琼香亭，亭西曰凉位，有楼，楼北少西曰敷锡神运万岁峰，右曰玉京独秀太平岩，殿曰山庄，其西南曰翠微阁。苑门东曰仙诏院，院北曰翠峰，峰之洞曰大涤涌翠，东连长生殿，又东曰涌金殿，又东曰蓬莱阁。长生西曰浮玉殿，又西曰瀛洲殿……东则寿圣宫两宫太后位也，……徽音，寿圣东曰太后苑，苑殿曰庆春，与燕寿殿并。……其西

建园时间	园名	地点	人物	详细情况
				北曰临武殿……又西则撒合门也……。从这些记载上可以看出，这些宫苑建筑繁密。而且苑中有很大的叠石峰和岩洞。这些是北宋的风格，但又混入了临武殿、撒合门等金人的名称与风格。(《宣武文史》)
金	景明宫	内蒙古桓州		在正蓝旗西北金称桓州，是锡林郭勒大草原南端。此处是历史上著名金蓬川腹地，金代景明宫、元代察汗淖尔行宫、清代胭脂马场都在此地。钦定四库全书《御制文》二集，卷二十二："金时于此，建景明宫为避暑之所。"(孔俊婷《观风问俗式旧典湖光风色资新探》)
金	天平山行宫	内蒙古通辽		"临潢府·下·总管府"条载："地名西楼，辽为上京。国初因称之，天眷元年(1138)改为北京。天德二年(1150)改北京为临潢府路，以北京路都转运司为临潢府路转运司，天德三年(1151)罢。贞元元年(1153)以大定府为北京后，但置北京临潢路提刑司。大定后罢路，并入大定府路。贞祐二年(1218)四月尝侨置于平州。有天平山、好水川，行宫地也，大定二十五年(1185)命名。有撒里乃地(译：月亮湾)。熙宗皇统九年(1149)尝避暑于此。有陷泉，国言曰落孛鲁。有合袅追古思阿不漠合沙地(译：北中窝子古老沙地)"。(《金史·地理志》)
金	好水川行宫	内蒙古通辽		除《金史·世宗纪》，史载还见于《金史·地理志》"临潢府"记，"有天平山、好水川，行宫地也，大定二十五年命名。有撒里乃地。熙宗皇统九年，尝避暑于此。有陷泉，国言曰落孛鲁。有合袅追古思阿不漠合沙地。"
金	庆州行宫	内蒙古巴林右旗		在内蒙古巴林右旗(古称庆州)辽宫，金又用之。(孔俊婷《观风问俗式旧典湖光风色资新探》)
金	御庄	河北张家口		辽称望云县，今为云州，在今张家口赤城县。辽宫，金又用之。(孔俊婷《观风问俗式旧典湖光风色资新探》)

第八章

元代园林年表

建园时间	园名	地点	人物	详细情况
元初	释迦寺山池	福建泉州	蒲寿庚	在泉州涂门城南段，释迦寺原为宋末元初阿拉伯人、官商结合的蒲寿庚之所创书房，后改为寺，大殿后有池，池与城墙之间垒石为山，山虽不高，但绰约有姿，奇石曲洞，幽中带秀，山南北植花树，如夜合、月桂、含笑。抗日战争时假山毁，寺与池至今犹存。
元初	浮香亭	山东曲阜		在曲阜城南，此处自古多泉，为运河主要水源，可考者30余处，其中以建泉为著，春秋时鲁侯作泉宫于此，金大定年间重整建泉，元初，附近建有大明禅院，西南有浮香亭和竹亭，现毁。
元初	芙蓉庄（碧梧红豆庄、红豆山庄）	江苏常熟	顾立	在常熟白茆，原为芙蓉庄，始建于元初，明宣德年间（1426～1435），为顾立的别业。嘉靖年间（1522～1566）顾立后裔、山东副使顾玉柱添植梧桐，嘉靖末次子顾耿光从海南带回红豆种植园内，从此改名碧梧红豆庄。明末，顾氏外孙钱谦益（1582—1664，明末清初常熟人，字受之、牧斋，号蒙叟，明万历进士，崇祯初官礼部侍郎，弘光时任礼部尚书，清南下，率先迎降，任礼部侍郎管秘书院事，以诗文著名）与妾柳如是从城里绛云楼移居庄内，钱八十大寿时，恰逢红豆开花，以为吉兆，遍请诗坛名流，成为盛事。时人改园名为红豆山庄。庄外是柳堤古岸、墓门石马、麦陇泥犁。庄内有草堂、竹榭、曲水、斜桥、春鸟、红花。庄毁后红豆树归徐氏，今存。
元初	朱清园	江苏太仓	朱清	朱清（1236—1302），元代上海崇明人，字澄叔，宋末为海盗，专贩私盐，与张瑄降元后官至江南行省左丞，1285年与张瑄合伙每年海运江淮粮米三百余万石至大都（北京），因财富极多而遭构谄，被捕入京，自杀。朱清在太仓建有别墅，自赋有园诗。
元初	花园堂	江苏太仓	朱清	为朱清在太仓建的园林，自赋有园诗。
元初	松石轩	江苏苏州	朱廷珍	在苏州城中心，为参政朱廷珍的宅园，郑元佑《松石轩》道，宋园入元多毁，而朱廷珍之园则“深沉宏敞”、“古松蛟腾、怪石鹄峙”，书法家、参知政知事周伯琦为园题匾。

建园时间	园名	地点	人物	详细情况
元初	曹氏园	上海	曹泽 曹知白	学者曹泽在县城建乐静堂，并在堂后建东西二园，植果树，其侄曹知白扩园为曹氏园，园广数十里，有水池、石景、古斋厚堂、求志堂、玉照堂、遗安堂、且堂、暖香亭、摇雪亭、息影亭、洁芳亭、洼盈轩、遂生亭、清浅亭、怡旷楼、清远楼、楚诵亭、晋逸亭、花竹间、东庄、雪舟、正斋、巢云楼、乾坤一草亭、灌畦亭、素轩、停云听松斋、扪虱轩、松石斋、笙月亭、藕花舟、白醉亭、清晖外霞亭、卧元翠斋、听雨春楼、小溪吟屋、卧云斋、小墨庄、云中春雪月最佳处、清静斋、元虚宅、警梦尸居、受采轩、受采桥、雪洞桥、流月桥、霞川桥、蹑虹桥、月窦桥、仁寿桥等景，元天历二年(1329)冬奇寒，竹树冻死，次年特大洪水，园渐毁。 曹知白(1272—1355)，元画家，字又玄，号云西，人称贞素先生，上海松江人，曾任昆山教谕，后辞官隐居，好经书、道教、结交、收藏，擅山水，早年秀润，晚年简逸，有《寒林图》、《心林幽岫图》、《群峰雪霁图》。
1215	万宁宫（万安宫）	北京	丘处机 忽必烈	为元代最优秀皇家园林，在辽代万宁宫上扩建成，明代后成为西苑。1215 年蒙古石抹明安攻克万宁宫，1224 年铁木真赐万宁宫给全真教丘处机，1226 年丘处机死，园凋，1227 年改万宁宫为万安宫，1260 年忽必烈驻跸琼华岛，1262 年扩建修葺琼华岛，1264 年再修琼华岛，1265 年渎山大玉海制成，建广寒殿，1267 年定都燕京，1271 年改国号为元，改琼华岛为万寿山(或万岁山)，1272 年改燕京为大都，1273 年忽必烈幸广寒殿。1274 年宫阙建成，分颁官职。1275 年迎佛于万寿山仁智殿，1284 年立法轮竿，建金露亭、温石浴室、更衣殿。1325 年六月修万寿山，1327 年植万岁山花木 870 株。综各史载，园林采用一池三山制，池名太液池，山为万岁山、圆坻、犀山。万岁山最大，上有广寒殿、仁智殿、延和殿、介福殿、荷叶殿、更衣殿、方壶殿、方壶亭、金露亭、玉虹亭、瀛洲亭、胭粉亭、线珠亭、温石浴室、东浴室、牧人室、马湩室、石拱坪、漾碧池、日香泉潭、温玉狻猊、白晶鹿、红石马、假山、石渠、灵囿等，圆坻上有仪天殿，东、西、北有桥与岸和万岁山通。犀山植木芍药，太液池遍植荷花。万岁山上水景用转机运夹斗汲至顶上方池，伏流至仁智殿后，从石刻蟠龙口喷出后东西经石渠流入太液池。

建园时间	园名	地点	人物	详细情况
1227	长春宫云集园（天长观、太极宫、白云观）	北京		在北京阜成门内，始建于唐玄宗诞辰日的天长节，初名天长观，为道教圣地。金正隆五年(1160)毁于兵火，大定七年(1167)重建，大定十四年(1174)重修三月竣工，更名十方天长观，泰和二年(1202)毁于大火，泰和三年(1202)重建，改名太极宫。入元，丘长春(名处机，字通密，号长春子，人称蓑衣先生)入主太极宫，元太祖二十二年(1227)因丘处机后在此著书立说，1269 年忽必烈赠之长春真人，更观名为长春宫，同年丘逝世于此。其弟子尹志平继掌此宫，1226 年重建更名为白云观。明代扩建更多，明内宫刘顺建后部三清殿、藏经楼、朝天楼，又建后山云集园，又名小蓬莱，园内以戒台和云集山房为中轴，绕回廊内院，院外东、西、北各堆假山一座，称三山，东山建有鹤亭，西山建妙香亭，西北依墙建有退居楼等，北山东建遇仙亭，东山南建有云华仙馆。西院 1993 年有十二生肖壁和二十四孝壁。
1227	雪香园（莲花池、行宫、莲池公园）	河北保定	张柔	在保定裕华西路南，处于古城中心，占地 3.15 公顷，水面 0.79 公顷，为保定八景之一，为保定最古园林。唐上元年间(760—761)在此建临漪亭，金泰和六年(1206)保定府元帅张柔把南征掳来的匠人毛正卿、文学家元好问和郝经投入到重修城垣和建园之中，引水入城，疏浚河道，排涝防旱，降元后，于元太祖二十二年(1227)开凿园林四处：种香园、雪香园、芳润园、寿春园，其中雪香园为部将乔维忠私园，历七年于 1234 年竣工，1249 年乔次子乔德玉在园中临漪亭盛宴上写下了《临漪亭记略》，明代，雪香园没为官园，嘉靖四十四年(1565)知府张烈文修园，万历四年(1576)知府张振先扩园，万历十五年(1587)知府查志隆重修并更名莲花池。康熙四十九年(1710)知府李绅文修园，增屋深池，建水闸，雍正十一年(1733)直隶总督李卫在园中建书院，名直隶莲池书院，增建皇华馆，乾隆六巡(1746、1750、1761、1781、1785、1792)五台山，皆驻跸于此，改为行宫，题诗，连年大修，称十二景：春午坡、花南沂北草堂、万卷楼、高芬轩、笠亭、鹤柴、蕊藏精舍、藻咏

建园时间	园名	地点	人物	详细情况
				厅、篇留洞、绎堂、寒绿轩、含沧亭，是莲花池鼎盛时。嘉庆十六年(1811)皇帝巡五台驻此。道光二十六年(1846)直隶总督讷尔经额修园，在池南开校场，扩绎堂，道光诏撤行宫改宾馆。咸丰十年(1860)直隶总督官文修园。同治十年(1871)直隶总督兼北洋大臣李鸿章在此设局修《畿辅通志》，翰林编修黄彭年夫人刘氏绘莲池景物12帧，改课荣书舫为君子长生馆，光绪七年(1882)莲池书院院长黄彭年建六幢亭，光绪二十年(1894)直隶布政使陈葆箴修园，光绪二十六年(1900)八国联军入园，尽毁建筑，珍宝被夺，次年袁世凯历三年建为行宫，慈禧和光绪谒西陵幸园，宴乐三日，1904年废书院，改校士馆和文学馆。光绪三十二年(1906)直隶布政使开放为莲池公园，光绪三十三年(1907)知县黄国瑄重建六幢亭，光绪三十四年(1908)直隶提学使卢靖建直隶图书馆。 1917年保定水灾中水心亭浸塌，次年修复，1919年保定各校联合会成立于此，扩建藻咏厅，1921年直隶省长曹锐和巡阅使曹锟修园，1924年直奉战争中曹锟掠夺珍宝，1925年国民军邓宝珊驻园，园受损，1931年商震重修，1937年七七事变后园遭破坏。1848年10月保定解放，成立莲池文化馆，1950年修园，1951年扩博物馆，拆藏经楼和煨芋室，1952年11月22日毛泽东视察，1955年王阳明草书《夜宿天池》二诗碑由王文公祠移入园中唐田琬德政碑侧，1956年列园为省重点文保单位，1957年刘少奇视察，1963年成立管理处，1965年王阳明《客座私祝》碑刻从浙江会馆移入，修大门，迁入农大石狮，重建西院，1975年建牌楼，改建君子长生馆，修宛虹桥，1982年建立文管所，2001年列为全国重点文保。现有景：春午坡、东碑廊、西画廊、牌楼、图书馆、水东楼、濯锦亭、北塘、观澜亭、篇留洞、寒绿轩、绿野梯桥、南塘、茶社、藻咏厅、六幢亭、群艺馆、不如亭、露天电影院、博物馆、蕊藏精舍、西小院、鹤柴、小方壶、君子长生馆、小蓬莱、响琴榭、洒然亭、莲池书院、碑刻、奎画楼、高芬轩、长廊、万卷楼等。

建园时间	园名	地点	人物	详细情况
1242～1253	巴橘园	重庆	余玠	南宋末年，宋名将余玠入巴蜀阻击蒙古军，治巴蜀十年，建有私园巴橘园，概在重庆。余玠(？—1253)，字义夫，江西修水(分宁)人，历任招信军知军兼淮东制置司参议官、淮东提点刑狱、淮安知州、淮东制置司参谋官、淮东制置副使、兵部侍郎、四川宣谕使、兵部侍郎、四川安抚制置使、重庆知府等。宝祐元年五月，谢方叔诬余，帝疑，诏余归，七月余在四川服毒自杀，直至宝祐三年八月，谢方叔罢相，追复官职。
1246前	高氏园	河北保定	高氏	在保定城东北隅，贵家高氏所创，景物秀美，人皆游赏。内有翠锦堂，至元辛卯四月，诗人刘因为之作记。记曰："园依保城东北隅，周垣东，就城隐，映静深，分医穠秀。保旧多名园之堂，其最高敞者尚书张罗符题为翠锦……" 刘因(1249—1293)，宋元学者，幼时名骃，字梦骥，更名因，字梦吉，保定容城(今河北容城)人，天资卓绝，三岁识书，日记千言，六岁写诗，七岁作文，落笔惊人，二十岁才华出众，然家贫，以课徒为生，爱诸葛亮"静以修身"之语，题所居为"静修"。初为经学，究训诂疏释之说，稍长，钻研程朱理学。至元十九年(1282)元世祖诏征他为承德郎、右赞善大夫，不久以母病辞归，至元二十八年(1291)忽必烈再召为官，以疾辞。著有《静修集》，自订诗作100余篇，人莫能解，《四库全书》录其30卷。《登武遂北城》、《塞翁行》、《武当野老歌》、《渡白沟》、《白沟》、《感事》、《秋夕感怀》、《除夕》、《拟古》等皆点评时事并抒己志。
1254后	朗赛林庄园	西藏山南	多吉贝	在山南地区札囊札其乡，是西藏历史上规模最大、比较典型的一个贵族庄园。1254年后，万户长多吉贝势力扩大，先后建立12个庄园，朗赛林为首批建立的庄园。庄园设有双重围墙，有主楼、附

建园时间	园名	地点	人物	详细情况
				楼、平房、牲畜棚、外围濠、外围墙、内围墙、望楼、碉楼和花园。花园部分是总面积的三分之一，呈现半圆形，在庄园围墙外的北侧，有一片很大的场院，是庄园每年收割后的打麦场，如此大面积的打晒青稞场是极为罕见的。在庄园围墙外南侧面，有一座风景秀丽的花果园，其面积不亚于庄园围墙内的面积。国内以苹果树、桃树、杏树等果树为主，在道旁、林中空间种有许多花色品种的花卉，鲜艳夺目、千姿百态。在花丛中还建有一亭台，更增添了园内美丽的景色。
约 1260	廉园	北京	廉希宪	在元大都城南草桥丰台之间，为元代相国廉希宪的宅园，《长安客话》道："园近西湖(后称莲花池)，引水入园，水中植莲，园内有清露堂、假山、奇观台、天桥，水中广植莲，陆上广植松，双峰对峙，飞梁横架，明时，园废。园内名花万株，成为京城第一。"贡奎有《集廉园诗》："宿雨洗炎燠，联车越城关。广廛隘深潦，飞栋栖连阛。行经水石胜，稍见花竹环。阴静息影迹，窈窕纷华丹。兢兢是非责，侃侃宾友间。蔬食堂苦饥，世荣竟何攀。学仙本无术，即此超尘寰。" 廉希宪(1231—1280)，元代维吾尔族政治家，字善甫，魏国公布鲁海牙之子，因其父曾任诸路廉访使，遂以官为氏，始姓廉。笃好经史，人称廉孟子，精于骑射，19 岁入侍忽必烈，蒙哥汗死后，辅助忽必烈继位，历任陕西宣抚使(1254)、京兆、四川宣抚使、中书右丞相、中书平章政事(1262)等职。佐政数十年，振举纲纪，汰逐冗滥，兴利除弊，秉公执法，政绩卓著。1275 年，元军攻占江陵，改任荆南行省平章政事，镇守其地，禁剽夺，通商贩，深得人民称赞。后以久病召还，1280 年病逝于大都，追封魏国公，谥文正，加赠恒阳王。

建园时间	园名	地点	人物	详细情况
约 1260	万柳堂	北京	廉希宪	在元大都城西钓鱼台，为元代宰相廉希宪所建别墅花园，园内构万柳堂，植柳万株，水池数亩，牡丹若干，号称京城第一，《日下旧闻考》卷 90 详述园宴盛况，时友人庐疏斋和赵孟頫与会，赵题诗："万柳堂前数亩池，平铺云锦盖涟漪。主人自有沧州趣，游女仍歌白雪词。手把荷花来劝酒，步随芳草索题诗。谁知咫尺京城外，便有无穷万里思？"王嘉谟游此感而赋诗："西望重关五畸平，数株烟柳夹河生。山当曲径云常白，池凿沈灰水更清。落叶千城催春雨，浓阴万里静秋声。当年歌舞堪回首，遗迹风流万古情。又城西胜迹已尘，池水东流何日回？荒树远迷白马寺，寒云还覆钓鱼台。绮罗积翠留春草，文采风流托酒杯。满目山川自愁思，千秋雅抱恨难裁。"
1264 后	东岳庙	北京	元世祖	庭院绿化以油松、桧柏、国槐为主，主要院落皆呈对称种植。碑亭和七十二司掩映于林木之中。主建筑岱宗宝殿被树木衬托得更为突出。东岳庙内的东跨院有花园，花园南北长 65 米，东西宽 18.4 米，园内种植着多样花木，木有桧柏、桑、桃、香椿、合欢、枣、石榴、油松。花有牡丹、芍药、藤萝、迎春、西府海棠等。（《北京志——园林绿化志》）
1264	赵氏别墅	陕西长安	赵氏	《陕西通志》引《马志》载："元代至元元年（1264），宣抚赵氏葬父母于樊川杨坡就岗原爽垲，在建祖庙石碑的同时，建造别墅，引水入园，栽楸种竹，建有安适堂、归潜洞、赵公泉等景，在园中逍遥自在，自号樊川钓叟。"
1264～1294	绿水园（朱家园、泌园）	江苏苏州	陈惟寅 陈惟元	在苏州盘门内孙老桥东，原为北宋末年朱勔的同乐园（见北宋"同乐园"条），元代至元年间（1264～1294）江西庐山陈惟寅、惟元兄弟购得此此地建园，取杜甫"名园依绿水"诗句更名为绿水园，园中有来鸿轩、清泠阁、萝径等景。明崇祯年间（1628～1644），吴县（今江苏苏州）孝廉张世伟得园，改为泌园，但世人一直称为朱家园。

建园时间	园名	地点	人物	详细情况
1264～1294	廉相泉园	陕西长安	廉希宪	《陕西通志》载:“元代至元年间,平章廉希宪在长安樊川杜曲的地方建别墅,疏泉引水,建置亭榭,移植花卉(汉沔洛阳诸地的奇花异草、松桧梅竹),与宾客宴饮作乐于园中。”
1265～1293	遂初堂	北京	张九思	位于金中都施仁门北(今魏染胡同南口)附近,当初元大都南门外,为詹事张思九别业,有遂初堂、水池、奇石,张常与公卿大夫们宴饮于园。赵孟頫诗“雕阑留戏蜂,藻井语娇燕”、“园林足佳胜,钟鼓乐时康。去天尺五韦杜,此日汉金张。谁似主人好客,暂趁金华少暇,尊俎共徜徉。三馆尽英隽,簪履玉生光。眺东台,登北榭,宴南堂。露凉玉簪零乱,竹静有深香。醉听新声金缕,爱仰东山雅量,清赏兴何长。高咏遂初赋,松柏郁苍苍”。《天府广记》载,“绕堂水石之胜甲于都城”。 张九思(1242—1302),宛平(今北京丰台)人,字子胡。至元二年(1265),宿卫东宫,十六年(1279),授工部尚书,十九年(1282),千户王著矫太子令杀阿合马时,适值宿宫中,识破真伪,指挥卫士捕杀王著等,迁詹事院丞,荐名儒宋衜、刘因、夹谷之奇、李谦等,三十年(1293),拜中书左丞,成宗立,改徽政院副使,进中书右丞,领修世祖、裕宗实录。
1267 后	后御苑	北京	元世祖	御苑位于皇城北门厚载门之北,西临太液池,外周垣红门 15 座,苑内有水碾,引水自玄武池,灌溉种植花木,自有熟地 8 顷。苑西有翠殿、又有花亭、球阁、金殿。金殿四外尽植牡丹,有百余本,高可五尺。御苑外重绕长庑,庑后出内墙,外连海子,以接厚载门。门上建高阁,东百步有观台,台旁有雪柳万株。(《北京志——园林绿化志》)
1274 前	隆福宫西御苑	北京		从太液池西去,建有隆福宫及西御苑。隆福宫为太后居所,有寝殿、值房、针线殿、香殿(供佛)。宫西侧建御苑,面积很小,内有三红门、石屏、东西池、东西水心亭、歇山殿、柱廊、东西亭、圆殿、东西庑、东西圆亭、流杯池、石假山、香殿、龟头屋、石台、荷叶殿、棕毛殿、盝顶殿、白石玉床、石水兽、木水鸟等景。1274 年设仪鸾局,掌管园林。

建园时间	园名	地点	人物	详细情况
1277	目澜洲	江苏吴江		在吴江市盛泽镇之南，元至元十四年(1277)建有骨池庵，庵边有莲花池，乡人死后投尸于此。至正年间(1341～1360)改名园照庵。因四面临水，放眼波澜，故又名目澜洲。文人墨客爱在此流连，明画家沈周(1427～1509，字启南，号石田、白石翁，苏州吴县市长洲人，擅山水，粗细兼工，为明四家)咏目澜洲为木兰洲。明宣德八年(1433)和嘉靖二年(1523)重修，民国时改为公园，1979年扩建，有景：环溪、长堤、石碑、园照庵旧址、园照堂、回廊、塔柏、龙柏、荷花、黄桷、垂柳、紫藤。
1276	周观星台	河南登封	周公旦 郭守敬	郑樵《通志》："在测景以北，周公所筑。"现存观星台由元代科学家郭守敬建于至元十三年(1276)，是我国现存最古老的天文台。
1277后	姚仲实园	北京	姚仲实	姚仲实于大都城东艾村得田五百亩，构堂建亭，环植榆柳，引泉疏池，药栏菜圃，常与名士觞咏其间，优游达四十年。姚仲实(1239—1311)，元河南人，徙大都，字仲华，世祖至元十三年(1277)为京敖盐局使，迁真州三备使，后弃官归，经商致富，好施舍。造园应在任盐运使(1277)后。
1286～1307	漱芳亭	北京	吴全节	位于北京朝阳门外，为道士吴全节所筑园林，吴利用江南访贤之便从江南带来很多梅花植于园中，时燕京无梅，吴为梅花始作俑者。 吴全节(1269—1346)，为元代著名玄教道士，字成季，号闲闲，饶州(今江西波阳)人。儒道兼修，十三岁学道于龙虎山上清正一宫之达观堂，师李宗老、雷思齐，至元二十四年(1287)，张留孙征之至京师崇真宫，成为左膀右臂，曾多次奉诏出祀岳渎山川，又数次奉诏去江南访求遗逸，成宗即位，奉敕每岁侍从行幸，并继续奉命外出祠祀。元贞元年(1295)，制授冲素崇道法师、南岳提点。大德二年(1298)，制授冲素崇道玄德法师、大都崇真万寿宫提点。此后，或奉诏设醮，或受命祷雨，或奉旨降御香于江南。大德十年(1306)，制授江淮荆襄等处道

建园时间	园名	地点	人物	详细情况
				教都提点，次年，武宗即位，制授玄教嗣师、总摄江淮荆襄等处道教都提点、崇文弘道玄德真人，佩玄教梁师印，视二品，至大三年(1310)，封赠其祖及父，奉命归乡省亲，至治二年(1322)，继张留孙之后，任玄教掌教，制授特进上卿、玄教大宗师、崇文弘道玄德广化真人、总摄江淮荆襄等处道教、知集贤院道教事，佩一品印。掌教后，参与政事，举荐贤能，疏解关系，恢复孔府衍圣公制。
1289	广源闸	北京		《缘即景杂咏》有"广源设闸界先堤，河水遂分高与低。过闸陆行才数武，换舟因复溯回西。万寿寺无二里遥，墙头高见绣緂飘。……夹岸香翻禾黍风，无论高下绿芃芃。……"等句。(汪菊渊《中国古代园林史》)
1295	太乙集仙观	北京	元成宗	位于大都之西冯家里的太乙集仙观，始建于元贞元年(1295)，有栗树五千株，观立于栗林隙地，重冈环抱，下有寒泉，旁地衍沃，可引为灌溉。(《北京志——园林绿化志》)
1306	国子监	北京		国子监位于北京东城区国子监街，是元、明、清的国家最高学府。始建于元大德十年(1306)，明初改北平郡学，永乐二年(1404)复称国子监。建筑坐北朝南，中轴线上分布有集贤门、太学门、辟雍、彝伦堂、敬一亭等。集贤门为正门，太学门为二门，辟雍为国子监全部建筑的中心，与北面的彝伦堂形成院落。其东西两面的配庑构成四厅六堂：东为典簿厅、绳衍厅、率性堂、诚心堂、崇志堂。西为博士厅、典籍厅、修道堂、正义堂、广业堂。彝伦堂的后面敬一厅，创建于嘉靖七年(1528)，是国子监祭酒(最高领导人)的办公处。国子监东夹道存有乾隆石经。
1308	飞放泊	北京		在大兴区正南，飞放是元代狩猎活动的意思，元代皇族官员常到此擒杀天鹅、大雁，并纵放名雕"海东青"，时广四十顷，至大元年(1308)立鹰坊为仁虞院，至大四年(1311)，罢仁虞院，改置鹰坊。飞放泊后为明清南苑。

建园时间	园名	地点	人物	详细情况
1308～1311	素园	上海	王陛良	在南市区淘沙场街，王陛良在元至大年间(1308～1311)所建，清代毁。
1314～1320	桧亭	江苏南京	丁复	在城北，为诗人丁复所建别墅。地处深僻，有园亭、古松二。 丁复，元诗人，浙江天台人，字仲容，号桧亭，延祐(1314—1320)初游京师，与杨载、范椁同被荐，未及批文而请辞不就，放情诗酒，浪迹绝黄河、憩梁楚、过云梦、窥沅湘、涉匡庐、浮大江、至于金陵，凡三徙居，晚乃侨寓于金陵之城北。平生所作不下数千篇，脱稿即弃去，故多所散佚。其婿饶介之及其门人李谨之各据所得，编辑成帙。介所编称《集》，谨之所编称《续集》，不存，至正十年(1350)南台监察御史张惟远合二集为《桧亭集》，其诗常因酒而作，不事雕琢，自然俊逸。
1321～1323	宜两亭	山西阳曲		乾隆年所修《山西通志》载："元至治年间(1321～1323)阳曲县的罗汉院，内有宜两亭和杨柳等。"
1321～1323	雪香馆	山西阳曲		乾隆年所修《山西通志》载："元至治年间(1321～1323)阳曲县西街之西有雪香馆，有雪香亭、邃绿亭、花心亭、月波亭、环碧亭、流杯池、寒翠轩、桥、竹、梅、楸、梧、松等，流杯池在月波亭中，环碧亭四面环水，寒翠轩则松竹森蔚，雪香亭则竹梅交映，邃绿亭则长楸翠梧。"
1321	卧佛寺	北京	元英宗	卧佛寺在西郊寿安山东南，"寺唐名兜率，后名昭孝，名洪庆，今(指明朝)日永安，以后殿香木佛，又后铜佛，据卧，遂目卧佛寺"(《帝京景物略》)。据《长安可游记》："卧佛寺名寿安，因山得名，卧佛，俗称也。"元朝英宗时始楚寿安山寺，"英宗即位，是年(至治元年即 l321)九月建寿安出寺，给钞千万贯。十月，命拜珠督造寿安山寺"(《元史·英宗纪》)。又载："至治元年春，诏建大刹于京西寿安山……三月，益寿安山造寺役军。十二月，冶铜五十万斤作寿安山寺佛像，二年(1322)八月增寿安山寺役卒七千人。九月，给寿安山造寺役军匠死

建园时间	园名	地点	人物	详细情况
				者钞，人百五十贯，幸寿安山寺，赐监役官钞，人五千贯”(《元史·英宗纪》)。到了泰定帝时，于“泰定元年(1324)二月，修西番佛事于寿安山死，三年乃罢”(《元史·毫定帝纪》)。“天历元年(1328)，立寿安山规运提点所。三年，改昭孝营缮司。”(汪菊渊《中国古代园林史》)
	太液池	北京		只包括现在的北海和中海。当时太液池“周回若干里，植芙蓉”。池有两个小岛：南面的小岛，称瀛洲，上有圆殿，即仪天殿。北面的小岛，面积较大，即琼华岛，至元八年改称万寿山，后又改称万岁山。两个岛都是四面临水。 《辍耕录》云：“太液池在太内西，周回若干里，植芙蓉。仪天殿在池中圆坻上，当万寿山，十一楹，高三十五尺，围七十尺，重檐，圆盖顶，圆台址，甃以文石，借以花茵，中设御榻，周辟琐窗。东西门各一间，西北厕堂一间，台西向，列甃砖龛，以居宿卫之士。东为木桥，长一百廿尺，阔廿二尺通大内之夹垣。西为木吊桥，长四百七十尺，阔如东桥。中阙之，立柱，架梁于二舟，以当其空。至车驾行幸上都，留守官则移舟断桥，以禁往来。是桥通兴圣宫前之夹垣。后有白玉石桥，乃万寿山之道也。犀山台在仪天殿前水中，上植木芍药。”(汪菊渊《中国古代园林史》,《北京市丰台区园林绿化简志》)
	圆台址	北京	陶宗仪	“圆台址，甃以文石，借以花裀，中设御榻，周辟琐窗，东西门各一间，西北侧堂一间，台西向，列甃砖龛，以居宿卫之士”又载：“犀牛台在仪天殿前水中，上植木芍药。”(汪菊渊《中国古代园林史》)
	望湖亭	北京		在斜街之西，最为游赏胜处。
	贤乐堂（燕喜亭）	北京		南瞻宫阙，云气郁葱。北眺居庸，峰峦崒嵂。前包平原，却依绝崿。中园为堂，构亭其前，列花果松柏榆柳之属。(汪菊渊《中国古代园林史》)

建园时间	园名	地点	人物	详细情况
	南野亭			“南野亭前临涧水，绕亭多花卉。”元虞集诗：“门外烟尘接帝扃，坐中春色自幽亭。……前涧鱼游留客钓，上林莺啭把杯听……”（汪菊渊《中国古代园林史》）
1329	大承天护圣寺（功德寺）	北京	元文宗	大承天护圣寺位于大都城西玉泉山脚下，始建于天历二年(1329)，至顺三年(1332)正月落成。元代曾到过大都的高丽(朝鲜)人写的《朴通事》一书中详细记载其寺的园林环境：“湖心中有按圣旨盖起来的两座琉璃阁，远望高接青霄，近看时远浸碧汉，殿前阁后，擎天耐寒傲雪苍松，也有带雾披烟翠竹，诸杂名花奇树不知其数。” 元代至正初年(1341)，毁于火灾，宣德二年(1427)葺修，改称功德寺。寺中庭院古树三四十围，半朽腐。寺两侧皆古松，枝柯青翠，蟠屈覆地，盖塞外别种。“敕寺百年湖水濆，渚花汀柳尚秋芬。草迎凤辇传前事，柳引龙舟说异闻。驰道逶迤还鹫岭，行宫寂寞下鸥群。太平游幸仍今主，波上重看五色氛。”(王维桢《功德寺游眺》)。(《北京志——园林绿化志》)
1331	碧云寺	北京	于经 魏忠贤	碧云寺位于大都西山聚宝峰下，始建于至顺二年(1331)，明代，先后由宦官于经和魏忠贤于正德九年(1514)和天启三年(1623)，在元代碧云庵的基址上扩建而成。寺院坐西朝东，依山构寺，弥山跨谷，林木繁茂，泉流回环。碧云寺以其庭院的清静幽邃及周围的园林环境，赢得当时文人骚客的赞誉，其寺也以十景闻名大都城。十景即为：玉峰叠翠、碧云香霭、曲径通幽、危桥跨涧、池泉印月、洞府藏春、修竹欺霜、奇桧连阶、楼台潇洒、乔松傲雪。碧云寺十景皆以寺院中的松、桧、竹、花等植物景致取胜。寺后山势旋舞外张，两翼如抱，而寺枕中岗，独收其胜。基之两旁，皆深谷数仞。后山嵯峨，松柏插天。登之则平原一望，举目可见。寺后有卓锡泉，寺僧因之为亭。泉前有御书为沼堂，池畜金鱼万计，大者如魴，投之饵，可诱以浮，亦奇观也。(《北京志——园林绿化志》)

建园时间	园名	地点	人物	详细情况
1333～1334	归雁亭	上海	费用和	在南市区(今黄浦区),费用和于元统年间(1333～1334)建成,明万历十六年(1588)毁。
1335～1340	谭氏园	上海宝山	谭友文	在宝山区月浦镇,谭友文于至元年间(1335～1340)建成,后毁。
1341～1368	稷山县衙署园林	山西稷山		稷山县衙重建于元至正年间,邑人段永思记,绛守武叔安留题于壁,正统间(1436～1449)知县杨春增饰,知县宅在节受堂后,还竹轩在宅西,园内有台有亭,列竹森然,明知县贾宁建友槐亭,后知县孙倌重修为必爱竹轩,明末园竹被伐,入清,顺治十年(1653)知县姚延启复植竹数竿,易匾还竹轩。
1341～1368	梧溪精舍	上海青浦	王逢	在旧青浦镇附近,王逢于至正中期所创私园。王逢(1319—1388),元明间常州人府江阴人,字原吉,元至正中称疾归田,避乱于上海的青龙江、乌泥泾,自号最闲园丁,入明,1382年以文学录用不仕,自称席帽山人,在园居时作诗多怀古伤今,集有《梧溪诗集》。
1341	戒幢律寺(归原寺)	江苏苏州	徐世泰	位于苏州留园路,始建于至正年间(1341～1368),初名归原寺,明嘉靖年间,是太仆徐世泰的私园,其子将东院留园作为宅第,西园舍为寺庙。明崇祯八年(1635)正式改名戒幢律寺,在咸丰十年毁于战火,同治、光绪年间重建。主要建筑有天王殿、大雄宝殿、罗汉堂、观音殿、藏经楼等。此外,以放生池为中心的西花园,环池亭台馆榭,曲栏回廊,掩映于山石花木之间。
1342	狮子林(狮林寺、五松园)	江苏苏州	天如 倪云林	在苏州老城娄门内园林路23号,占地16.7亩。此地宋时为官僚别业,怪石林立,竹林成丛。元代至正二年(1342),天如禅师(1286—1354,名惟则)在此创狮林寺。聘请当时画家倪云林等构思立意,堆石颇似其师中峰和尚在天目山的狮子岩,绘有《狮子林图卷》,作《过狮子林兰若》诗,时有指柏轩、冰壶井、问梅阁、禅窝、立雪堂、卧云室、小飞虹、玉鉴池、翠谷及五石峰等12景。元至正十二年(1352)更名菩提正宗

建园时间	园名	地点	人物	详细情况
				寺。元末潘元绍居此。明洪武五年(1372)归并承天能仁寺,如海和尚重修寺园,时有景十四。明万历十七年(1589)明性和尚托钵化缘于长安,重建狮子圣恩寺佛殿、经阁、山门等,再度繁荣。清康熙年间,寺与园分立,南寺北园,园归张士俊,后来衡州知府黄兴仁购得此园,更名涉园。1703年,康熙南巡游园,赐名狮林寺。乾隆十二年(1747),杲彻上人修殿,十六年(1751)后,高宗六下江南,六入该园,先后赐“镜智圆照”、“画禅寺”及现存“真趣”等额匾,共题诗十首,赐匾三块,回宫后更在圆明园的长春园和避暑山庄。乾隆三十六年(1771),黄兴仁之子黄轩高中状元,重修园景,因有五松故更名五松园。太平天国一役园渐衰败。1918年,颜料巨商贝润生用银元9900元购得此园及东宅,起高墙,建族校、家祠、住宅,请画家刘临川主持,重修园林,增建燕誉堂、小方厅、湖心亭、九曲桥、石舫、荷花厅、见山楼、人工瀑布、九狮峰及牛吃蟹景观,至1926年方完工,自此,私园全局形成。1949年(新中国成立)后,贝焕章献园归公,1954年经整理后对外开放,祠堂及部分住宅现辟为苏州民俗博物馆。现有景:贝氏祠堂、燕誉堂、立雪堂、小方轩、揖峰指柏轩、五峰山、卧云室、修竹阁、见山楼、荷花厅、真趣亭、湖心亭、水泥舫、暗得疏影楼、瀑布、飞瀑亭、问梅阁、双香仙馆、扇亭、文天祥碑亭、御碑亭等景。
1341～1370	小丹丘	江苏苏州	陈基	至正年间(1341～1370)末年,浙江天台人陈基在江苏苏州为官,欲归不能,在苏州天心里兴建宅园,名小丹丘。元诗人戴良(1317—1383),字叔能,号九灵山人,浙江浦江人,曾任淮南江北等地行中书省儒学提举,后至吴中仕张士诚,元亡,隐于四明山,诗多怀忆故国)为此园写《小丹丘记》。
1341～1368	春光堂	上海	张守中	在古上海县(今闵行区)乌溪,张守中于至正年间(1341～1368)所创,后毁。
1341～1368	清微观	河南嵩山		旧志:在少室南路,元至正中建。已毁。

建园时间	园名	地点	人物	详细情况
1344	拨赐庄	上海闵行	元皇室公主	在闵行区杜行乡，元代皇室公主于至正元年所创，后毁。
	白鹤观	河南嵩山		《嵩书》：白鹤观故址，浮邱接王子晋居嵩山二十余年，即此处。《河南府志》：观以子晋控鹤得名，不详起于何代。据登封旧志，元至正十二年重建，故列元代。
	玉晨观	河南巩义		《渊键类函》：《太洞玉经》曰玉晨宫中有玉映之宫。又有元君六渊之宫，黄老图华之宫，上清真阳宫、太极上宫，主仙涌泳。《通志》：观在巩县（今巩义市）西南，元至治元年建。《府志》：玉晨观在巩县（今巩义市）苏村保。旧志：玉晨观作玉宸。早已毁。
1345	颖谷书院	河南登封		旧志：在颍阳城西，元至正五年重建。先师殿旁祀颍考叔。登封尹阎询具请河南郡使者闻于朝，赐额颍谷书院，礼部尚书王沂碑记。乾隆八年，颍阳绅士宋祺、王琢等改建。
	广孝寺	河南荥阳（河阴）		在高村寺村，一名高村寺。旧志载：在县西十里。明天顺八年碑记：河阴县治之西古有广孝寺，乃僧人焚修之所，于郡治建置莫考。正统乙丑，居民于遗址掘得古钟，其款识云：元成宗大德十二年，僧理兴、理政重修。
	长春观	河南荥阳		位于城关乡宫寨村东南，东临河王水库，创建于元代，明、清、民国时期屡有修缮。目前，尚存主要建筑多座。
1356	春锦园	江苏苏州	张士信	张士信，江苏泰州白驹场（大丰）人，从事贩盐，与兄长张士诚、张士德在元至正十三年（1353）率盐丁起义，张士诚次年称诚王，元至正十六年（1356）定都苏州，宫阙未成之前，张士诚居于春锦园。
1363～1369	秃黑鲁·帖木儿汗王陵	新疆		位于霍城东北20多公里处，始建于1363～1369年间，是成吉思汗后裔黑鲁·贴木尔汗及其儿子的王陵。树木繁茂，把两座王陵掩映在绿色之中。

建园时间	园名	地点	人物	详细情况
1366	最闲园	上海	张氏 王逢	在乌泥泾镇，原为南宋张氏故居，元至正二十六年(1366)诗人王逢为避兵祸从青浦的梧溪精舍迁居此地隐居，扩园为最闲园，有景：俭德堂、藻德池、怀新阪、乐意生香台、幽贞谷、濯风所、卧雪窝、流春矼、先民一丘(假山)、先民一壑(山沟)、林屋余清洞、直节峰、泗磬石、丰钟石等，园毁于清初。王逢(1319—1388)，元诗人，字符吉，号席帽山人、最闲园丁，江苏江阴人，著有《梧溪集》。
1366～1398	青园	上海	王逢	王逢先避居上海青龙江，而后迁徐汇区乌泥镇东，在此建青园以居。
元初	松石轩	江苏苏州	朱廷珍 郑元佑	在苏州城正中，为元初参政朱廷珍的宅园，郑元佑《松石轩》道：宋园入元多毁，而朱廷珍之园则“深沉宏敞”、“古松蛟腾、怪石鹄峙”，书法家、参知政知事周伯琦特为园题匾。
	西前苑	北京		在大都沿海子循金水河，过邃池向南，即为西前苑，苑前新殿，半临邃河，殿后有水晶二圆殿，全用玻璃制成。水中建长桥，通达嘉禧殿，桥旁对立二石，高达二丈，渡桥步万花丛后可到懿行殿。
	万春园	北京		在元大都海子岸边，进士及第者在恩荣宴会后在此集会，宋显夫诗有“临水亭台似曲江”之句，把它与长安的曲江相并列。
	兴圣宫	北京		在太液池西，隆福宫的北面，内有正殿和许多别院，别院中住妃子。
	葫芦套	北京	相君	在大都南城原金中都城内金宫城之金藻池，金亡后御苑荒废，为元枢府相君占为私园，《析津志》道：园内楼台掩映，清漪旋绕，水花馥郁。明刘侗写《帝京景物略》时，却早已无址无基，莫名其处。
	小圃	河南光州	马祖常	《河南通志》载：马祖常在汝宁府光州建有小圃。

建园时间	园名	地点	人物	详细情况
	胡相别墅	陕西长安	胡恭芑	《马志》和《通志》载，元朝中书丞胡恭芑年老退居陕西长安樊川的杜曲，在此建别墅，别墅中有池塘、馆舍、亭台、梅竹，在园中读书作画，会宴宾客，并命人绘成樊川归隐图，请翰林侍制孟攀麟为图作序，其余名士大多在此园中有诗作。
	牡丹园	山西太原	李信之	位于太原安化门西杜城北面五里处，是元朝河东北路(治所在太原)行省郎中并州人李焕卿的儿子李信之所建的园林。李信之无意官场，崇敬圣贤，饱读经史，修建别墅，耕治田园。园内有牡丹三四百，是牡丹专类园林，兼有其他花卉。
	玉泉园	陕西澄县		《通志》引《贾志》，在陕西澄县西北 50 里处有玉泉园，园内有老树、怪石、岩崖、泉池、蔬圃，经冬不涸。元朝西台御史潘汝劼有诗赞之。
	乐隐园(乐荫园)	江苏太仓	瞿孝祯	乐隐园在江苏太仓市沙溪镇，有江南著名园林美誉，原为元代(有说是宋代)隐士瞿逢祥(字孝祯)的读书处，园毁后，只余木杓浜，1949 年后复建，全园占地 1.5 公顷，水面占五分之一，全园有景：门楼、影壁、龙头墙、曲廊、临池方亭、汀步、六角亭、水榭。杨维桢为乐隐园作记。
	万花园	江苏如皋	镇南王世子	万花园在如皋市东三里，《江宁府志》载：园为元代镇南王世子所建的园林，植有花木万株。
	静春别墅(适园)	江苏苏州	袁易	元代隐士袁易在吴淞江畔蛟龙浦的赭墩构筑隐居之所静春堂，园四面周以池水，累石为山，莳花种竹，号为静春先生，赵松雪慕其高名，为之画《卧雪图》。袁殁后成为袁村，清末诗人袁学澜为袁易后裔，在故址建适园，园中有环流、曲沼、垂柳、石山、花卉、蜂蝶等景，袁学澜有诗咏适园。
	乐圃林馆	江苏苏州	张适	原为北宋朱长文乐圃，南宋为学道书院和兵备道署，元代张适得之筑乐圃林馆，面积数亩，园内似王维辋川别墅，内有乐圃林馆、方池、流水、树木、叠石、苔藓、荷花、鹤等景。明时为杜琼东原、申时行适适园、申揆蘧园(见明“东原、适适园、蘧园”)，清代为蒋楫园、孙士毅园、汪藻汪坤耕荫义庄、环秀山庄(见清“蒋楫园、孙士毅园、环秀山庄”)。

建园时间	园名	地点	人物	详细情况
	玉山草堂（玉山佳处）	江苏昆山	顾德辉	在昆山正仪镇，为顾德辉（字仲瑛）别墅，名流为其题。有景二十四：桃源轩、芝云堂、可诗斋、读书舍、碧梧翠竹、种玉亭、浣花馆、钩月亭、春草池、雪巢、小蓬莱、绿波亭、绛雪亭、听雪斋、百花坊、拜石坛、柳塘春、金粟影、寒翠所、放鹤亭、书画舫、玉山佳处（总名）等。元人郑元佑特为此园撰《玉山草堂记》，张大莼《姑苏采风类记》称其“园池亭榭，宾朋声伎之盛，甲于天下”，又把园与绍兴兰亭和洛阳西园比，兰亭清而隘，西园华而糜，唯玉山草堂清而不隘，华而不糜。园荒后，明嘉靖年间（1522～1566）魏恭简在其故址筑坛讲学，至倭寇劫掠，园全毁。
	南园（墨庄）	江苏太仓	瞿智	在太仓沙溪镇，又名墨庄，为昆山人瞿智（字惠之）所构，秦约有诗《过南园》道：“古铁塘西博士家，高轩瞰水筑新沙。阶头雨长青裳草，池里风摇白羽花。”
	万玉清秋轩	江苏吴江	宁昌言	在苏州吴江同里镇，为吴江同里人、江浙财赋司副使宁昌言所建的别墅，面积数亩，园中有岁寒屏、苍筤谷、来鹤亭、橘圃、芙蓉沼、菊坡、金粟坞、碧梧冈、师古斋、栖云馆。周叙诗《题宁氏万玉清秋轩图》道：“别墅遥从天上开，竹间处处起楼台。岁寒屏古苍松老，来鹤亭深碧涧回。亭前橘柚千株绕，圃上芙蓉荫芳沼。残荷细卷玉露清，疏柳低垂紫烟凝。长坡迤逦篱菊芳，花开三径如紫桑。万斛香生金粟坞，满庭阴绕碧梧冈。”诗人刘溥和刘铉亦有诗赞之。
	小潇湘	江苏吴江	宁伯让 沈璟	在苏州吴江长桥南，为宁伯让所辟园林，园中有池沼、台榭、馆舍、林木。明万历年间（1573～1619），光禄丞沈璟得之，重葺为宅园，时有八景：涤元斋、净因楼、篆月廊、半榻庵、琴居、翛然阁、峭茜、间延墩等。沈璟（1533—1610），明戏曲理论家、作家，字伯英，号宁庵、词隐，江苏吴江人，历任吏部员外郎、光禄寺卿丞、行人司司正等官，罢官后在小潇汀蛰居30年，致力于戏曲，成为吴江派鼻祖，故该园应在1580年左右建成。沈后归太学生周道登，增构亭阁，成为东城之胜，光绪年间（1875～1908）只存遗址。

建园时间	园名	地点	人物	详细情况
	谷林	江苏常熟	虞似平	在苏州常熟城西的虞山南麓，为参议虞似平创立的园林，内有翠微亭和退耕亭等。
	来鹤园（五曲溪）	江苏太仓	张寅	在苏州太仓城外，为元代张寅的宅园，内有五曲溪蜿蜒于其中，溪边构筑若干，园于民国时仍存。
	缑山宅	江苏吴县市	王鹏	在江苏吴县市洞庭东山的干山岭下，是元代隐士王鹏开辟的宅园，园内有荷池、松林、竹圃等。
	徐清宁庵	江苏吴县市	徐清宁	在吴县市张林镇，西山大德甲辰葺，园内有池沼、溪流、树木、怡闲亭、蒙泉亭。
	束季博园池	江苏苏州		在苏州文庙前，园中有东壑、第一流溪、钓台、云关等景。
	梧桐园（洗梧园）	江苏常熟	曹善诚	在常熟北十八里陆庄桥，为富户曹善诚所建宅园，内有梧桐百株，故名梧桐园，曹爱梧至深，每日早晚必洗梧桐，故又名洗梧园。园内有清如许亭，为早年所构。时人把此园与石崇之金谷园和王维之辋川别墅相比。《轰耕录》则评之为江浙第二名园："浙江园苑之胜，惟松江下砂瞿氏为最古……次则平江（苏州）福山之曹、横泽之顾……又其次则嘉兴魏塘之陈……"邀请画家倪云林观荷，初时登楼未见，饭后再登，荷花怒放，鸳鸯戏水，原来主人置盆荷后灌水放禽，一惊一诧。又请杨铁崖（字维桢）观海棠，再用故招，初时不见，须臾则二十四位少女列队歌舞，图如海棠，杨称赞不已。长洲人刘溥有诗写此景。
	姜园（顾家花园）	江苏张家港	顾元骐	在苏州张家港杨舍镇今建委内，元明之际顾氏开创的别墅，俗称顾家花园。清康熙年间（1662～1722）顾氏后裔、进士顾元骐重建，面积三亩，园中有茅舍、深池、修竹、古梅、杂花、果树等景，以树木为着。后渐毁，嘉庆年间（1796～1820）中尚有古梅数本，1860 年毁于太平天国兵火。赵翼有诗咏姜园："平壤无山水，为园仗树多。喜兹三亩地，竟有百年柯。矮柏臂帝攫，高藤尾倒拖。稍芟芜秽去，亦足寄清哦。"

建园时间	园名	地点	人物	详细情况
	慈悲庵（大悲庵，观音庵）	北京西城		位于今天的陶然亭公园，葫芦形小岛的南端。又叫大悲庵，建于元代，元、明两代叫观音庵。是一所四合院式的建筑，东、南、西、北诸殿各三间。庵内有许多珍贵石刻，其中有彭八百的画兰石刻三块，嵌于方丈院文昌阁前的西墙上，还有辽金石幢，如《慈智大德师佛顶尊胜大悲陀罗尼幢》。慈悲庵占地面积不大，庙内有观音殿、准提殿、文昌阁等建筑。大门前有国槐一株，硕大无比，浓荫遮地。陶然亭地处南下洼之南，南临城堞，东为刺梅园，西为封氏园，西北部有龙泉寺、龙树寺。两侧更有洼地积水，遍植芦苇。（魏开肇《北京名园趣谈》，《宣武文史》）
元末	西陂园	福建福州	陈友定	建于元朝末年，园主陈友定。园中有平章池等景致。明朝时已日渐破损，清朝年间全园被设，遗址在今福州动物园南面及西门闸湖面。
	笠泽渔隐	江苏昆山	陆德原	陆龟蒙的九世孙陆德原在苏州昆山的吴淞江滨建有别墅，园中有池沼、泉水、石壁、山涧、杞菊轩、亭子、桂花、柳树、薜萝、竹子、小船等景。张适《题笠泽陆氏隐居》详述此园。
	千林园	江苏昆山	乘白云	为乘白云和尚所建的宅园。
	秦氏园	江苏昆山	秦约	为秦约所筑的家园，内有鹤冢。
	朱氏园	江苏昆山	朱士隆	为朱士隆所筑的园林，内有义冢。
	慕家园	江苏昆山	夏氏	为太常卿夏氏所建的园林。
	丘家园	江苏吴县市	丘氏	元末明初，丘氏跟随朱元璋讨伐陈友谅，功成身退，不愿就职，客死京师，但家中尚有园宅。此园载于康熙年间的《林屋民风》。
	周氏园	江苏太仓	周贤	周贤在太仓双凤镇建有宅园，园广二十余亩，内有：怀远亭、守玄亭、晚翠亭、采芝台，又有幽径、泉水、紫石梁、龙池、竹林、松树、花草、南圃等。

建园时间	园名	地点	人物	详细情况
	怡园	江苏太仓	周豫	周豫在苏州太仓涂崧镇建怡园以豫悦老亲，园内有八景，恭翊有诗咏之。
	桃源小隐	江苏常熟	徐垄 徐彦弘	在常熟虞山北郭，初为徐垄的宅第，后为徐彦弘购得，开辟园林，名桃源小隐，徐氏为常熟富族，园池之胜，甲于他族。园内建有致爽堂，堂前叠石、栽花，成为名流会聚之所。
	水花园	江苏吴江	叶振宗	叶振宗在吴江同里建有水花园，园广数里，内有聚书楼、约鸥亭、小垂虹、石梁、水榭、楼阁，明代洪武年间(1368～1398)没为官产，逐渐荒废，成为鱼塘。
	灰堆园	江苏吴县市		在吴县市风池乡鱼城桥东北。
	卢氏山园	江苏苏州	卢廷瑞	元代临安县(今临安市)尹卢廷瑞在苏州西南的横山下建有别墅，园中有八景：越溪春水、柳涧啼莺、分水钟声、上方塔影、石湖秋月、城湾古桂、横山雪霁、吴岭梅开等。
	程园	江苏苏州	程氏	在苏州城内。
	叶园	江苏苏州	叶氏	在苏州城内。
	俞家园	江苏苏州	俞氏	在苏州城内。
	匏瓜亭	北京	赵禹卿	《日下旧闻考》引《风庭扫叶录》，断事府参谋赵禹卿在大都(北京)城东阳春门外十里建有匏瓜园，内有匏瓜亭、幸斋、东皋村、耘轩、遐观台、清斯亭、流憩园、归云台、秋涧等。
	什刹海	北京西城		什刹海位于北京西城区，分北海、后海和西海，是三海的统称。元代，称为积水潭和海子，与通惠河通，为大运河最繁书忙的港口，江南粮船、商船泊于此。明代，城南成为城外，永乐年间扩皇城，下游圈入西苑北海，积水潭缩小，又在积水潭中间建德胜门桥，

建园时间	园名	地点	人物	详细情况
				分为西面的净业湖和东面的什刹海，在净业湖上挖水关河道，堆土成小岛，上建净业寺，又称镇水观音寺，清代改为通汇祠，清代，因淤积而成二湖，合称什刹海。明清代，环湖皆为私园和寺园：漫园、方公园、太师圃、湜园、杨园、刘百川别墅、刘茂才园、临锦堂、莲花亭、虾菜亭等，寺院有海印寺、广化寺、龙华寺、三圣庵、什刹海庵、佑圣寺、镇水观音庵等。湖上满是渔船、画舫。清代从银锭桥上看湖波荷柳和西山远景成为一时胜概，称为银锭观山。现在环湖成为公共园林，植杨柳、荷花。前海南岸为商业街，西南角为川府酒家，皆为古典建筑，临池为水榭水亭。岛上建亭、轩。后海西为公园，点有亭台，湖东为楼阁、拱桥，路外为北京老胡同。通汇祠依旧在山顶，山腰建有酒家、石景，水中为礁岛芦苇。
	桃花堤	天津红桥		在北运河勤俭桥处南岸丁字沽一带，每年仲春，桃花缤纷，柳絮飞扬，此景始于元代。由于津沽漕运大兴，丁字沽和西沽开设粮栈，南北文人多在此驻足。是天津盛景：沽上春景。元代，成始终诗《发桃花口直沽舟中述怀》赞："杨柳人家翻海燕，桃花春水上河豚。"清初查慎行诗赞："独客叩门来，老僧方坐睡。欲知春浅深，但看花开未。"康熙词《点绛唇》道："再见桃花，津门红映依然好。回銮才到，疑似两春报。锦缆仙舟星夜眄，辰晓情飘缈。艳阳时袅，不是垂阳老。"汪沆诗赞："桃花寺外桃花树，春去犹迎銮辂开。莫讶天公机杼巧，红云要护翠华来。"乾隆巡幸时题诗二首，其子永理亦题一首。嘉道诗人崔旭在《津门百咏》中道："风家茅屋名西东，见说桃花夹岸红。剩有一弯流水碧，桃花何处笑春风。"载明《咏西沽》道："柳营村牧避，桃花晓迷津。"1900 年庚子之变，义和团首领曹福田大败西摩尔联军，武库被炸，桃花林毁于一旦。1902 年北洋大学迁此，校长冯熙令施工单位把本要贿赂他的钱来恢复桃花林。经过民国战乱，仅余一小片桃林。1985 年，复建桃花堤，有景：清乾隆皇帝登临处、桃柳堤碑、龙亭、园中园等，2001 年建北洋园。

建园时间	园名	地点	人物	详细情况
	浦氏园	上海嘉定	浦氏	在嘉定镇东南,毁。
	严氏园	上海宝山	严氏	在宝山区月浦镇,毁。
	翡翠碧云楼	上海南汇	杜元芳	在南汇区周浦镇,杜元芳所创私园。
	云锦楼	上海	黄窳	黄窳所创私园。
	沧州一曲	上海松江	邵文博	在古华亭(松江区)杨溪镇,邵文博所创私园。
元末	榆溪草堂	上海浦东	陶中	在浦东陆家嘴西北,陶中所创私园。
元末	椒园	上海闵行	钱鹤皋	在闵行区诸翟镇附近,钱鹤皋所创私园。
元末	耕渔轩(邓尉山庄、见南山斋)	江苏吴县市	徐良甫	在吴县市光福里,元末明初徐良甫(字达佐)辟居,内有耕渔轩、遂幽轩、林庐、田圃,画家倪云林为之绘《耕渔图》并题诗,徐良甫好文,与好友在园中唱和集为《金兰集》。明景泰(1450～1456)中,良甫曾孙徐季清建先春堂。左鸣凤岗,左铜井岭,中邓尉山,流水汇于池,林木掩于路,葱茜铺于圃。冬春之时,松、竹、梅、橘、柚,芬敷烂漫。在元明之际与倪云林之清閟阁、顾德辉之玉山佳处鼎足而三。清嘉庆(1796～1820)初海宁查世炎(字淡余)购址建为邓尉山庄,时有 24 景:思贻堂、小绉云(英石)、御书楼、静学斋(雍正书额)、月廊(杨万里有诗"月到西廊第二间")、宝禊龛(嵌《兰亭集序》石刻)、蔬圃、耕渔轩、杨柳湾、塔影岚风阁(可望龟山塔)、淡虑簃(韦应物诗"青山淡吾虑")、读书庐、钓雪潭、银藤舫、秋水夕阳吟榭、金兰馆(徐良甫有《金兰集》)、鹤步徛(石梁)、石帆亭、索笔坡、梅花屋、听钟台、无棣传经室(查曾在山东无棣学经)、

建园时间	园名	地点	人物	详细情况
				春浮精舍、竹居。查氏返浙后园芜，吴县（今吴县市）冯桂芬得地建园，复名耕渔轩，后叶楠材得，在遂幽轩址建园，易名见南山斋，时有叠石、花卉、两廊、斗室、桃花。咸丰年间（1851～1861）园毁，再建。
元末	城南佳趣（虞园）	江苏常熟	虞子贤	元末虞子贤在常熟东偏芝溪上建园林。园地广袤，绵亘七里，有屋舍三十间，松竹花卉环列左右，俨然山林野处，园景各有诗咏。
元末	南村	江苏吴江	张璹	元末隐士张璹在苏州吴江的绮川建有园居，名南村，中有素心堂、陶庵、茗翠馆、雪俏亭等景，明洪武年间（1368～1398）没入官产。
元末	渔庄别业	江苏姚城江	王云浦	元末王云浦在苏州姚城江之北建有别业，倪云林为之作画《渔庄秋色图》。
元末明初	小蓬台	上海	杨维桢	杨维桢所创私园。杨维桢（1296—1370），元明间浙江山阴人，字廉夫，号铁崖，晚号东维子，元泰定四年（1327）进士，授天台县尹，累擢江西儒学提举，因兵乱未赴，避居富春山，适杭州，张士诚累招不赴，以忤元达识丞相，再迁松江。入明，洪武三年（1370）召至京师，旋乞归，抵家即卒。擅诗，有集《东维子集》和《铁崖先生古乐府》等。
元末明初	三味轩	上海青浦	张麒	张麒（1337—1381），明松江府华亭人，字国祥，号静鉴居士，洪武年初为粮长，主粟漕京师，官无负逋，民不劳扰。在今青浦镇祥泽建私园。
元末	云所园（南园）	上海松江	陶舆权	在陶宅镇（今青村乡陶宅村），陶氏为求仙道而建园，树表迎鹤，筑馆求仙，园锁烟云，湖集影舞，桥通化径，时有八景中的西湖晓色、南园霁景、道院幽栖、园桥纵步、东庵华表五景皆在南园。明中叶毁于倭患，今存园湖。

建园时间	园名	地点	人物	详细情况
元末明初	南村	上海	陶宗仪	陶宗仪(1316—?)元末明初浙江黄岩人,文学家、史学家,字九成,号南村,元末应试不中,于学问无所不窥,元末避兵,侨居松江之南村,因以自号,累辞辟举,入明,有司聘为教官,永乐初卒,年八十余,有《说郛》、《书史会要》、《南村诗集》、《辍耕录》等。在南村时建南村别墅,其弟子杜琼(1396—1474,画家,字用嘉,号东原耕者、鹿冠道人,江苏苏州人)绘有《南村别墅十景咏》,图中可知有十景:竹主居、闾杨楼等。
	万竹园(通乐园、张家花园)	山东济南		位于济南市趵突泉公园内,面积21亩,是一座兼有南方庭院与北京王府、济南四合院风格的古式庭院,具"清、幽、静、雅"的隐士之风。始建于元代,因园中多竹而得名。明隆庆四年(1570),当朝宰相殷士儋曾归隐于此,并易名通乐园。清康熙年间,济南诗人王苹在园内筑书室,名二十四泉草堂。清末民国初年间,山东督军张怀芝重建,故又名张家花园。重筑时集江南江北之能工巧匠,历时10年,始成今日规模。园中空间极多,有3个院落,13个庭院,186间房屋,还有5桥4亭1花园及望水泉、东高泉、白云泉等名泉。园内曲廊环绕,院院相连,楼、台、亭、阁,参差错落,结构紧凑,布局讲究。石栏、门墩、门楣、墙面等处,分别有石雕、木雕、砖雕,雕刻细腻逼真、精美雅致。石雕、木雕、砖雕为万竹园"三绝"。园内还植有修竹、翠柏、芭蕉、玉兰等多种花木。整组建筑玲珑雅致,古朴清幽。1986年,当代著名大写意花鸟画家李苦禅纪念馆设于园内,常年展出李苦禅画作。李苦禅画竹与竹园两相辉映。
	罗星洲	江苏吴江		在吴江同里镇同里湖中的小岛,始建于元代,几经毁损,清光绪年间重建楼台园景,抗日战争时又毁为荒岛,1996年重建,现有城隍殿、文昌阁、斗姆阁、旱船、曲桥、游廊、荷池、鱼乐池等。

建园时间	园名	地点	人物	详细情况
	御果园	广东广州	忽必烈	在广州荔枝湾现荔湾公园，元世祖忽必烈和元成宗铁穆耳喜欢喝柠檬汁（时称渴水），下令在此建御果园，种800余棵柠檬树，吴莱有诗道："广州园官进渴水，天风下熟宜檬子。百花酿作甘露浆，南园烹成赤龙髓。"御果园除了种柠檬外，还种荔枝。
	吴园	江苏江阴	吴氏	在江阴市，为吴氏所创私园，后毁。
	番佛寺山池	福建泉州		在泉州汽车总站，站西北一段原有水池，池畔构有假山，寺本为古印度婆罗门教派圣迹，元末寺毁，山石散入民间。
	封氏园	北京		在西城区今陶然亭公园云绘楼西，后毁。
	竹深亭	浙江杭州	张来仪	"城东地腴美，多水而宜竹。竹色深碧，笋稍晚，与西谿种略异。洪武中，浔阳张来仪（羽）《竹深亭记》云：杭城之东偏，有地曰戚家园，周广十亩。通衢外，环限以修垣，其中民舍若干区。舍西有大竹数百竿，青秀敷腴，蓊若深谷，烦嚣攸祛，忘在阛阓，然居人莫知为胜。吴兴沈君某僦庐于斯，悼众之遗，乃增亭竹间，以娱宴休，命之曰竹深亭。亭纵一筵，衡广倍之。栋宇简易，疏棂闲静。林园之胜，专于是矣。……"（《东城杂记》、汪菊渊《中国古代园林史》）
	东里草堂	浙江杭州	王维	元至正间，有王维贤者，隐居嗜古，所交多胜友，筑东里草堂于城东。张光弼题诗云："周遭多是及肩墙，马过犹知旧草堂。苔径雨晴蝴蝶乱，药阑风暖牡丹香。诗篇未觉为时重，杯酒能留共日长。岂是辋川无作者，却同裴迪赋山庄。……"（《东城杂记》、汪菊渊《中国古代园林史》）
	城曲茅堂	浙江杭州	蓝瑛	"蓝瑛，子田叔，杭人，善画山水，知名于时。家东域，自号东皋蝶叟，又号东郭老农，榜所居曰城曲茅堂。……"（《东城杂记》、汪菊渊《中国古代园林史》）

建园时间	园名	地点	人物	详细情况
元末	兰菊草堂	浙江杭州	徐子贞	“……洪武初，仕为潭府典宝正。所居曰兰菊草堂。天台徐一夔为之记云：钱塘徐子贞、甫廉介有雅操，筑草堂于东城隅，独莳兰与菊，而日徜行其间。客或见之，曰子爱此耶？子贞曰：吾爱其与吾性合尔。既而大书兰菊草堂四字，而请余记。盖兰之为物，生子涧谷深绝之地，人虽不采，而清芬细馥，洒洒然于风露之下，有不求媚于人之意焉。菊之为物，发于卉木凋落之后，时虽揫敛，而幽姿雅艳，采采然在风霜之表，有不争妍于时之意焉。之二物者，有道之士所不弃也，……”（《东城杂记》、汪菊渊《中国古代园林史》）
	万芳亭公园	北京丰台		万芳亭公园位于北京南三环以内，西罗园小区西侧。经考究，元栗院使别墅《玩芳亭》遗址约略于此，故名玩芳亭公园，1991 年更名为万芳亭公园。（《北京市丰台区园林绿化简志》）
	玉渊亭	北京海淀		在大都城西玉渊潭上。《长安客话》云：“玉渊亭在城西玉渊潭上，潭为郡人丁氏故地。柳堤环抱，景气萧爽，沙禽水鸟，多翔集其间，为游赏佳丽之所。元时，士大夫休暇宴游于此，赓和极盛，今俱不传。本朝（明）王嘉谟诗：‘玉渊潭上草萋萋，百尺泉声散远溪。垂柳满堤山气暗，桃花流水夕阳低。春来日抱清源黑，夜半云归玉乳迷。散发踟蹰天万里，漱流不惜醉如泥’”。《析津志》云：“玉渊亭，在高良河寺西，枕河埂而为之。前有长溪，镜天一碧，十顷有余。夏则熏风南来，清凉可爱，俗呼为百官厅。盖都城冠盖每集于斯，故名之。”
元朝	北极阁、南丰祠、汇波桥	山东济南		位于大明湖北岸东部，楼台亭阁高峻，称北极阁，也称北极庙，为道教的庙宇，始建于元朝，明朝曾重修。东端有南丰祠，为纪念宋朝文学家曾巩而建。曾巩在济南做太守时，水灾为患，他提倡修水利，建立水北门，平了水患，人民因他治水有功，建祠纪念。祠内有荷池，临水建四面厅，可坐赏湖景。南丰祠东北有汇坡桥，也叫汇坡门，实为水闸涵洞。明洪武四年（1371）建有汇坡楼，傍晚登楼观夕照最佳，有“汇波晚照”一景之称。

建园时间	园名	地点	人物	详细情况
	望湖亭	北京		在大都"斜街之西,最为游赏处"。地在今西海北岸一带。
	刘仲明别墅(野春亭)	北京	刘仲明	位于大都文明门之南,为刘仲明别墅,"俗号刘十二之别墅"。《析津志》又云:"刘仲明,有别墅在新都文明之南。商左山区曰:野春。一时大老咸有题跋。仲明排序十二,今此城有刘十二角头是也"。
	垂纶亭	北京	宋本	位于大都城西,元学士宋本故居。宋本至元元年(1264)进士,曾任吏部侍郎、礼部尚书。《天府广记》云:"垂纶亭,元学士宋本故居,在都城之西。袁桷题其亭曰:'汉滔流兮日倾,东沧浪兮泠泠。蹇一士兮沉冥,垂芒鍼兮不屑以罾。明玗兮贝宫,朱柯蔚兮青葱。鱼戢鳞以为卫兮,龙胜章以屏气。谢娟嬛之昌巧兮,口垂沫以纵恣。吾宁养之以岁年兮,宝秘郁而不宣。岂直鉤以违众兮,守钓道之自然。时至而迅举兮,匪荒幻之诡诱'。"
	南野亭	北京		《长安客话》云:"元人别墅,万柳堂外有匏瓜亭、南野亭、玩芳亭、玉渊亭,今俱废。然当时文人骚客来游赏者,多有题咏。""虞集南野亭诗:'门外烟尘接帝扃,坐中春色自幽亭。云横北极知天近,日转东华觉地灵。前涧鱼游留客钓,上林莺啭把杯听。莫嗟韦曲花无赖,留擅终南雨后青'。"
	韩御史别墅	北京	韩御史	在大都城南,名远风台。《析津志》云:"韩御史,先世禹城人。城南远风台为别墅。"又云:"诸老有诗。远风台在燕京丰宜门外,西南行五里。韩御史之别墅也。"元人王恽有《寒食日韩氏南庄宴集诗》云:"重城鞍马压红尘,春草池塘发兴新。自拟啸歌知道在,不分宾主更情亲。青山似喜谈时事,白髪空惭满领巾。黩数向来投辖饮,不应惊坐独陈遵。"此园有小池、草坪,似在距城较远处。元人又称:"宜门外西南行四、五里,有乡曰宜迁,地偏而嚣远,土腴而气淑。郊丘带乎左,横冈亘其前。中得井地三之一,筑耕稼,植花木,凿池沼,覆篑池旁,架屋台上,隶其榜曰远风台,以为岁时宾客宴游之所者,韩氏之昆仲总管通甫判府君美也。"

建园时间	园名	地点	人物	详细情况
	柏溪亭	北京	张仲和	《析津志》云:“张仲和,燕之孝义者。昆仲八人,五世不异居。事亲至孝。家有柏溪亭,范阳卢疏斋作亭记,时彦等咸有赞咏。先祖如园有诗:‘桃李东城酒一杯,转头红雨扫莓苔。麻衣醉卧溪亭月,不管东风来不来’。”
	种德亭	北京	赵亨	赵亨宅园,在大都南城。《析津志》云:“赵汲古,汲古,自号也。名亨,字吉甫。父仕金朝,官至燕京留守掌判,迄今有呼赵留判。家居城南周桥之西,即祖第也。有园名种德。一时翰苑元老,咸有诗题咏。有斋曰汲古,盖先生隐居之读书处也。”又云:“恒斋、汲古斋在燕京丰宜门里,园桥南岸之西。赵吉甫老人所建,在种德园内。”
	王俨别业	北京	王俨	在大都城外东南,为“元御史王俨别业,在文明门外东南里许。园池构筑甲诸邸第”。当时有诗描述云:“北瞻闉阁,五云杳霭。西望舳舻(指通惠河上船只),泛泛于烟波浩渺、云树参差之间。”即在园中北眺,可见之宫城之殿阁,向西可望通惠河中行船。其地当在今东单东南泡子海附近。
	张经历园	北京	张经历	在大都城东南,“通惠河上,元都水监张经历园”。有诗云:“吏退公庭雁鹜行,持杯暂对水云乡。山开罨画涵晴影,花落烟肢漾晚香。酒帜隔津标柳陌,渔舟避浪向蒲塘。怀人不得同相赏,空赋停云第二章。”可知园位于河岸,内有园亭,彼岸设有酒店,园近处还有池塘、小沼。此园位于距城不远的通惠河岸上,当在今东便门以东不远。(汪菊渊《中国古代园林史》)
1328前	清閟阁	江苏无锡	倪瓒	为倪瓒所筑。倪瓒为元代著名画家,元末离家流亡。入明后作道士装,混迹民间。其家居无锡梅村祇陀里,有云林堂、朱阳馆、萧闲馆等,而以清閟阁为最胜。清閟阁制如方塔,三层,其高可与宁波望海楼相比,方广倍之。窗外巉岩怪石,皆太湖、灵璧的奇石。碧梧高柳,葱茏烟翠。阁左有二、三古藤,蜿蜒盘曲,恍如木栈。倪瓒(1301—1374),初名珽,字元镇,又字玄瑛,号云林,云林子、云林生,别号宋阳馆主,沧浪漫士,如幻居士、宝石居

建园时间	园名	地点	人物	详细情况
				士、净名庵主、荆蛮民、东海农、曲全叟等，署名懒瓒、迂瓒、东海瓒。无锡人。祖父辈富甲一方，为东吴三大巨富之一。父倪炳早逝，赖同父异母兄倪昭奎培养。然昭奎和其母其师(王仁辅)于元泰定五年(1328)相继去逝。家道始落，倪瓒流浪于太湖各地。1355年张士诚攻占苏南，1366年朱元璋破苏南。倪妻死，子不孝，48岁加入全真教，不染尘世。
元末	终吉园	山东曲阜	孔克坚	位于曲阜城东南十里许，为第55代衍圣公孔克坚所建私园，院内盛栽花草松柏，及桃李杏等诸果木，以便游览餐食娱乐，晚年因名其村曰终吉，有终吉村别墅碑记。 孔克坚(1316～1370)，元明间曲阜人，字璟夫，孔思晦子，孔子55代孙，元顺帝元统元年(1333)袭衍圣公，至元元年(1335)授嘉议大夫，至正八年(1348)晋中奉大夫，赐二品银印。至正十五年(1355)征为同知太常礼仪院使摄太常卿。至正十九年(1359)迁礼部尚书。至正十五年(1355)同知太常礼仪院事，累迁至国子祭酒，二十二年(1362)，谢病归里，明太祖洪武元年奉诏入觐。
元末	南园	广东广州		在旧广州文明门南的南原今文德路原中山图书馆南楼，园内有大忠祠、臣范堂、抗风轩及罗浮精舍等，大忠祠为祀文天祥、陆文秀、张世杰、而建，南园茂林修竹、垂柳依依，池榭幽胜，前临清水濠，后依护城河，明初岭南名士孙贲、王佐、黄哲、李德、赵介在南园抗风轩结诗社，人称南园五子，明嘉靖年间又有顾大任、梁有誉、黎民表、吴旦、李时行复于园中结诗社，人称南园后五子。明末陈子壮有画《南园诸子送黎美周北上诗卷》。晚清诗人张维屏的家就住南园附近，写有《南园诗》。
	杏花园	北京	董定宇	为董定宇私园，植杏千株，树木繁盛，春日灿烂如锦。
	饮山亭(婆娑亭)	北京	马文友	在彰义门里近南，《天府广记》和《日下旧闻考》道，为元代词客马文友的别墅，万历年间为万历皇帝外祖父、武清侯李伟治为别业。

第九章

明代园林年表

建园时间	园名	地点	人物	详细情况
明初	瞻园（徐达王府园、西圃）	江苏南京	徐达 徐鹏举 徐雄志	在南京市瞻园路，明初为朱元璋赐魏国公徐达中山王府，因明初明令尚俭，此地不过是马厩织室，至徐七世孙徐鹏举任太子太保，于洞庭、武康、玉山征石，蜀国征木，吴会征花，始创园林，名西圃，时有石山、后堂、山亭、梅、桃、海棠等。万历（1573～1619）中，徐达九世孙、嗣国公徐雄志扩园，即今北山，仰欧阳修“瞻望玉堂，如在天上”句而名瞻园。清代曾为兵备道衙、江宁布政使司衙门，乾隆二十二年（1757）二巡，御题“瞻园”二字，并令画师绘景，仿于长春园东南。咸丰三年（1853），太平天国定都南京，先后成为东王扬秀清府、幼西王府萧有和、夏官副丞相赖汉英衙署。同治三年（1864），湘军攻城，仅余山池。园重归藩署，同治四年（1865）重建瞻园，光绪二十九年（1903）修复。 民国时为“内政部”、“中统局”所在地。抗战时假山倾毁，1939 年石工王君涌重修假山。其遂初园内有三块二丈余高太湖石，兼具透瘦皱漏四美，日军入侵时失落一块，1949 年后一块观音石移至玄武湖。1960 年春至 1966 年夏，刘敦桢率弟子叶菊华、詹永伟、金启英及叠石名家王其峰重修园林，主要改南面扇形池为葫芦形池，并筑南假山。同时易北山茅亭为石屏，未竟而“文革”始，刘公殁。1987 年春再修。园东住宅部分几经民间与官衙交替，1958 年辟为太平天国革命历名博物馆，瞻园成为展馆附园。现有：前院、草坪（中院）、水院（后院）、水亭、北假山、西岗、岁寒亭、扇亭、静妙堂、南假山等景。
明初	徐达西园（五府园、魏公西园、六朝园、吴家花园、愚园）	江苏南京	徐达 徐俌 徐天赐	在江宁城西南杏花村南，前临鸣羊街，后倚花露岗，瓦官寺基，今饮虹桥西五福巷，又名五府园，为徐达别业，后传至五代孙徐俌，徐袭魏国公（1465），拓园后名魏公西园，后徐俌的小儿子徐天赐重修，传至其第三子徐继勋，继勋官至锦衣卫指挥史，再修后更名徐锦衣西园。顾文庄《杏村诸园诗》云：“其水木森秀，山谷窈

建园时间	园名	地点	人物	详细情况
				窕，惜堂宇钜丽，差损山泽间，仪中有古栝及石皆宋时物也。"时水石极一时之胜，最负盛名者为朱之蕃题名的"六朝松石"，栝子松乃宋仁宗手植以赐陶道士者，下覆紫烟、鸡冠二石。宋梅挚等名人刻诗其上，后一部分归瓦官寺，拆阁犁台，垦为田地，种植庄稼。后该园易主徽州商贾汪氏，再易主为桐城吴用先，吴后来官至兵部尚书，罢官后购得西园，重修后更名六朝园，人称吴中丞宅或吴家花园，园景有：葆光堂、澄怀堂、海鸥亭、本末亭、荼蘼轩、桃花坞、梅岭、菊畦、荻岸、桐舫、茆亭、南轩、云深处等。至清中叶，松死，石被势者所夺，乾隆以后，该园逐渐败落。咸丰役后，园毁。清同治十三年（1874）为苏州知府胡煦斋所有，名愚园（见清愚园），俗称胡家花园。
明初	袁家堂花　园（正香园、何园、凝香园）	山东菏泽	袁氏 何应瑞	在城东岳楼村，元末明初袁氏所创，称袁家堂花园，袁家败落后，为万历三十八年（1610）进士、工部尚书、何楼村人何应瑞购得，改为何园，又名正香园，以牡丹和芍药为主，其他花卉40余种，此园培育出何园白、何园红。1936年前，何园的牡丹还很盛，就连城北赵楼、李集等盛产牡丹的地方也来何园买"下广"的大胡红，1940年前后，花园尚有100余亩，现余10余亩，牡丹不足3亩，有品种70余。何应瑞（？—1644），曹州人，字圣符，号大嬴，是大理丞何尔健之子，明万历三十八年进士，授户部主事、常州知府、河南督学、副都御史、广西布政使、南京太常卿、尚书，闻崇祯吊死，绝食七日而卒。
明初	快园	浙江绍兴	韩御史	在胜利西路、今绍兴饭店处，面山枕流，时初为韩御史所创别墅，后因韩氏快婿诸公旦在此读书而称快园，著名散文家张岱在此蛰居24年，写有《快园道古》。园内有十亩水池、九曲平桥、三面回廊、水阁石桥、楼宇建筑。诸公旦读书时植桑百株、桃李梅杏、黄葵海棠、僧鞋菊、雁来红、剪秋纱、荷花、

建园时间	园名	地点	人物	详细情况
				笋桔瓜菜,四时花卉,一应俱有。张岱居此时,园景废圮八九。清代改为道观,民初改为凌霄社。
	文昌宫园	云南巍山		位于巍山县城内东南隅,始建于明代,初设启蒙义学于此,清乾隆四十六年(1781)增修,改为学古书院,咸丰七年毁于兵燹,光绪十二年(1886)重建后改为学古书院,1917年设四年制蒙化中学于此。文昌宫由大门、牌坊、讲堂、大殿、金甲、魁神等殿及两厢三大院组成,宫内古柏森森,环境幽静,园景亦好。
1368	西苑	北京海淀	朱祁镇 朱厚熜	西苑为元代大宁宫,洪武元年(1368),朱元璋派徐达攻下北京,封燕王朱棣于北平,仍保持元代太液池,明成祖朱棣1421年迁都北京,定为西苑,仍未变动,主要建设者为英宗朱祁镇和世宗朱厚熜,英宗后接圆坻为半岛,开中海,建琼华岛及三海沿岸建筑。1460年九月建凝和殿、迎翠殿、太素殿、飞香亭、拥翠亭、澄波亭、岁寒亭、会景亭、映辉亭、远趣轩及保和馆。1489年修承光殿、西海石桥、金鳌玉蝀坊。1515年修太素殿。1532年移建宝月亭。1534年建河东亭榭飞霭亭、浮香亭、秋辉亭、涌玉亭。1543年更涌玉亭为汇玉渚西、会景亭为龙泽亭、岁寒亭为五龙亭、映辉亭为腾波亭、金海神祠为宏济神祠,新建雷霆洪应殿。1544年更澄碧亭为飞霭亭、凝和殿为惠熙殿。1551年更飞霭亭为涌福亭、浮香亭为芙蓉亭。1552年更承光殿为乾光殿。1556年更腾波亭为滋祥亭。1579年广寒殿倒。1602年建龙渊亭,更滋祥亭为香津亭、涌福亭为腾波亭、龙泽亭为龙湫亭。1621年拆龙寿、玉华、游仙三洞。西苑以水为主,为一池三山之制,南北有轴线,既有神仙之境,又有田园之境。琼华岛上有:堆云积翠桥坊、仁智殿、介福殿、延和殿、广寒殿、方壶亭、瀛洲亭、玉虹亭、金露亭、水井、虎洞、吕公洞、仙人庵、琴台石、棋局石、石床石、翠屏石。西苑门内有:蕉园(椒园)、崇智殿、药栏、花圃、金鱼池、临漪亭。团城有:承光殿、

建园时间	园名	地点	人物	详细情况
				古松、金鳌玉蝀桥坊。北海东有:凝和殿、涌翠亭、飞香亭、藏舟浦、浦亭(二个)。北海北岸有:进水闸、涌玉亭、金海神祠、大西经厂、北台、乾佑阁(改嘉乐殿)、太素殿(改先蚕坛)、五龙亭(龙潭、澄祥、滋香、涌瑞、浮翠)。北海西岸有:天鹅房、映辉亭、飞霭亭、澄碧亭、迎翠殿、浮香亭、宝月亭、清馥殿、翠芳亭、锦芬亭、玉熙宫。中海有射苑、平台小殿、临射苑(改紫光阁)。南海有:南台(趯台坡)、涌翠亭、御田、出水闸、水池(九岛三亭)。三海岸上以榆、柳、槐为主,水中则北海荷花、南海芦苇。
1368～1370	张氏梅园	江苏苏州	张识 顾大任	在安齐王庙西,明初,元代文学家、书法家杨维桢居处。杨维桢(1296—1370,字廉夫,号铁崖、东维子,浙江诸暨人,泰定进士,官至建德路总管府推官。其门人张识居此时种以梅花,成为梅园,天启(1621～1627)初年,顾大任得之,整饬一新,有景:小吟香阁(酒酿楼),后几易其主,为诗人范起凤得,在此结社吟咏。
1368～1375	听雪蓬	广东广州	黄哲	在城西荔枝湾邻近泮塘,文人黄哲所创。黄哲(?—1375),元末明初广东番禺人,字庸之,号雪蓬先生,通五经,能诗,与孙贲、王佐、赵介、李德被合称岭南“五先生”,朱元璋建国,招徕名儒,拜翰林侍制。洪武初出知东阿县,剖决如流,后因判东平案有误而获罪,被追杀,有《雪蓬集》。
1368～1398	叶唐夫宅园	江苏苏州	叶唐夫	洪武年间(1368～1398)叶唐夫在苏州江村桥建宅园,宅门为柴门,前绕绿水,内种松树,养禽畜。
1368～1398	南园	上海闵行	沈方野	在闵行区诸翟镇一带,沈方野所创私园,毁于清初。
1368～1398	亦有东园(余芳轩)	上海闵行	沈龙溪	在闵行区诸翟镇一带,沈龙溪所创私园,毁于明末。

建园时间	园名	地点	人物	详细情况
1368～1398	驿内巷假山	福建泉州		在泉州城州顶驿内埕巷，宋代为贡院，元代为清源驿站，明洪武年间扩建驿运总站，清乾隆、嘉庆时期，驿舍移设城外，原驿舍遂废，皆与教会，为妇人习道院、培英女学、幼稚园。在女学前有假山立于大门内庭院东侧，面积二丈见方，山北构亭台，台高及丈，台西植大树，树下凿井。妇人习道院和幼稚园倚墙多垒花石，或围石种花。女学墙北的西医柳鸿鸣购为住宅，亦有巨太湖石遗存。
1369～1373	明西苑（御花园）	江苏南京	朱元璋	明宫城位于南京城东，洪武二年(1369)开始建宫城，洪武六年(1373)建成。宫内建筑分中、东、西三路。中路有奉天、华盖、谨身三殿。东路有文华、文楼、东六宫等。西路有武英殿、武楼、西六宫、御花园等。御花园位于宫城西路的后部，亦名西苑，形如北京御花园。朱元璋晚年也想建豪华园林，并命名为上林苑，已划定区域，但因财力不够而未建。
1369	清荫园	广东广州	蒋之奇	在广州城西现南方大戏院处，南越时为赵佗的药洲，南汉时国王刘龑所创皇家园林名九曜园，北宋时蒋之奇建为西园，明洪武二年(1369)易名清荫园，内有蕉竹山房、来青阁、红雪阁、红雪亭、古树堂、环翠轩、近水榭、西池、榭舫、射堂、弢庵、风烟一览、小山丛桂、小桥、曲径等。
1372～1392	靖江王府御园（中山公园）	广西桂林	朱守谦	在桂林独秀峰下，朱元璋侄孙朱守谦分封桂林为靖江王，于明洪武五年(1372)至二十五年(1392)历 20 年营建藩王府，前为承运门，中为承运殿，后为寝宫，最后为御园，围绕主体建筑建有 4 堂、4 亭，以及台、阁、轩、室、所等建筑 40 余处，占地 20 公顷，御园有独秀峰、清樾亭、喜阳亭、拱秀亭、望江亭、凌虚台、中和馆、延生室、可心轩、修玄所、拥翠门、平矗门、拱辰门、朝天门，有月牙池，可以泛舟。又有乐山、探奇、瞻云之处，可备清眺，成为当时胜景。至明末历 12 代 14 位藩王，入清，王府被毁，顺治七年(1650)明降将孔有德克桂林后改为定南王府，顺治九年(1652)义军李定国克桂林，孔兵败焚府，顺治十四年(1657)建贡院，1921 年孙中山北伐时驻节于此，民国初年，先后为第二师范学校、模范小学、第三高中、甲程工业学校，1925 年冬，辟为中山公园，1937 年改为广西省政府所在地，抗战时被毁后重建，现为广西师范大学。

建园时间	园名	地点	人物	详细情况
1378	蜀王府	四川成都	朱椿	“蜀王府是一座气势恢宏、具有典型皇家风范的王宫,人们习惯将其称为‘皇城’。”(蜀王,朱元璋十一子)(谢伟《川园子》)
1380	晋王府花园	山西太原	朱棡	在太原,为朱元璋第三子朱棡的王府,洪武三年(1370)朱棡封晋王,始建王府,洪武十一年(1380)府成就任,世代累封,在府西建有花园,山石池亭,胜于藩王之园。 在南北主轴线上建有几进宏伟的宫殿,类似皇宫格局,称为宫城。宫城前左有天地坛,是晋王祭天地之处。右有王府花园,建有山石池亭楼阁。晋王府开有三道门,即东华门、西华门和南华门。围绕宫城还有一道夯土外城墙,叫萧(肖)墙,分东萧墙、西萧墙、南萧墙和北萧墙。清顺治三年(1646)晋王府失火,燃烧月余,全部化为灰烬。
1380 后	靖安园	山西太原	朱新环	在太原,为靖安王朱新环所建王府花园,因在晋王府西,故名西园,园重门深邃,青松如壁,草木茂盛,兰竹青青,奇石异卉,曲径高台,园中有青蓼阁、瑶天鸿水亭、云林清籁亭、会心处亭、画船亭、水池,梁知县中秋得入赏月,题:“地近金天爽气清,西园坐对月华明”,“开樽幸浴梁园宠,自愧才疏赋未成。”
1380 后	远溪园	山西太原		在晋王府后,园内垒石成山,引水为沼,建有最乐楼、澄然阁、窈窕亭等。
1380 后	河东园	山西太原	河东王	晋王府后,为河东王的府园,园内有峻阁、高台、园亭、假山、鱼池、水榭、花卉等。
1380 后	熙景园(西景园)	山西太原	潘东平王	在晋王府西北角,亦称西景园,为晋潘东平王的府园,苏维霖《晋邸熙景园》道:“酌酒东平日,朔风吹暮天。”
1380 后	潘太仆园	山西太原	潘太仆	在太原晋王府左侧,起初可能是晋藩园林,后归潘姓。

建园时间	园名	地点	人物	详细情况
1382	崇鹿观	河南巩义		《通志》:观在巩县(今巩义市)南,洪武十五年(1382)建,置道会司于内。清代已毁。
1382	寿圣寺	河南巩义		有碑记。寺已毁。
1391	南阳王府后园	河南南阳	朱柽	洪武二十四年(1391)朱元璋第23子唐定王朱柽受封南阳王,于是大兴土木,兴建王府及花园,嘉靖《南阳府志校注》载:“唐王府在南阳府城内通清街,永乐二年(1404)以南阳卫治改建……后有山石,名曰王府山。”康熙年间、抗日战争多次毁山拉石,20世纪50年代修复,山以太湖石构成,补以独山石,高18米,底直径21米,周61米,占地346平方米,山孤立一峰,高而险,顶构接天亭,下构三清殿、娘娘堂,内构四个石洞,四条暗道,现存。
1398～1435	月河梵苑	北京东城	道深	位于朝阳门外苜蓿园之西,为僧人道深之别院。“苑主道深性疏秀,通儒书。宣德中住西山苍雪庵,赐号圆融显密宗师,而自称苍雪山人。后归老,乃营此以自娱”。“池亭幽雅,甲于都邑”。“苑之池亭景为都城最”,苑中龙爪槐“枝柯四布,荫于阶除”。
1399	节园(中山东园)	甘肃兰州	朱楧 那彦成	在今兰州市委院内,明建文元年(1399),肃王朱楧创建为王府后花园,乾隆二十八年(1763)陕甘总督驻节肃王府,时王府自北而南有:辕门、大门、仪门、大堂、二堂、三堂、内宅、后楼等组成十六个院落,除各自院落有花木外,后楼北至北城墙为后花园,因总督驻节,故名节园。道光年间,那彦成三任陕甘总督,多次修葺,俗称东花园,民国时为甘肃督军署、甘肃省政会后花园。1926年,一度改为中山东园,定期开放。1949年后为甘肃省委驻地,1957年省委迁水车园,市委迁入,1963年建办公楼。

建园时间	园名	地点	人物	详细情况
	刺梅园	北京西城		在陶然亭东北，黑龙潭西北，与陶然亭相距最近，是明清两代士大夫最喜聚会、宴饮、赋诗联句的地方。《藤荫杂记》一书中，记录了不少诗句，仅谭吉璁一人就联句五十韵。《藤阴杂记》载。"城南刺梅园，士大夫休沐余暇，往往携壶榼班坐古松下，觞咏其间。"太常高层云绘制有全景图。光绪初亭榭楼台都已渺无踪迹，池沼也变成苇塘。《光绪顺天府志》载有曹贞吉游黑龙潭还过刺梅园诗，"刺梅花未开，有约故人来。落叶纷如梦，松树对举杯"。可见这里已是一片凄凉景象。（陈文良、魏开肇、李学文《北京名园趣谈》，《宣武文史》）
	云淙别墅	广东广州	陈子壮	故址在今白云山南麓濂泉坑一带。为明朝礼部侍郎陈子壮别墅。依山建筑，有面积达百余亩的宝象湖，环湖布设楼馆10余所，内有云淙、草堂、邀瀑亭等园林建筑，故名。园内大量种植松、梅、竹、柳和荔枝。
1402～1424	窑台	北京西城		明永乐帝在北京建造宫殿，修筑城墙时，工部衙门设立了五个制造砖瓦的窑厂，窑台就位于陶然亭附近的黑窑厂。黑窑厂附近原有不少名园，大小土山，峰峦起伏。窑厂官吏为烧砖敬火神，在高坡上建了火神庙，以及与此对应的窑神庙地基，因其异常高大著称，取名窑台。清末，窑台上的庙宇坍塌，成了光秃秃的土台，是北京居民重九登高望亲人的地方，又是文人诗酒宴会的场所。清乾隆年间，窑台产权归慈悲庵，其上建真武殿，诗人沈德潜有窑台登高诗。民国初年荒芜。1931年，日军入侵，奉天怀宁汲姓兄弟避难于京，葬父亲灵柩于窑台东坡，重修真武殿、再建茶馆，并在台下南侧开凿莲池。（陈文良、魏开肇、李学文《北京名园趣谈》）
1402～1473	五塔寺（大真觉寺，正法寺，正觉寺）	北京西城	永乐帝板的达明宪宗乾隆	于1473年建成，在西直门外无塔村，地处长河北岸，与动物园后门相对。明代为印度和尚板的达创建，命名为大真觉寺。"诏寺准中印度式，建宝座，累师太五丈，藏级于壁，左右螺旋而上，顶平为台。"建金刚宝座石台，上建五座宝塔。"塔前有成

建园时间	园名	地点	人物	详细情况
				化御制碑，曰‘寺址土沃而广，泉流而清，寺外石桥，望去绕绕，长堤高柳，夏绕翠云，秋晚春初，绕金色界’”。（《帝京景物略》真觉寺条）后为明宪宗行宫。金刚宝座石台的左边有一座覆盖黄色琉璃瓦的九龙亭式宝塔，俗名成化万寿塔，塔下埋明宪宗穿过的冠服、玉带、鞋袜、裤袄，又称“衣冠冢”。大真觉寺清初改名正法寺，乾隆二十一年（1756）重修后，改名正觉寺，俗称五塔寺。1860年，英法联军火烧西郊名园，五塔寺毁于一旦。1937年至1938年，重新修复。（陈文良、魏开肇、李学文《北京名园趣谈》）
1403～1424	蜀山寺	山东曲阜		位于汶上蜀山之巅，寺院内翠竹亭立，柳暗花明，曲径迂回，鸟唱蝉鸣。寺院内主建筑为三大殿堂：圣母殿、释迦牟尼殿、宗鲁堂。寺后有巨石，石根溪流潺潺，石下成挂瀑，石上构亭，名流憩亭，灵观正南有两层小楼，为明吏部尚书吴岳（号望湖）辞官回乡后为弟子讲书游乐之所，人称望湖先生乐处。山下有湖名蜀山湖，碧波万顷，成为寺园借景之处。
1403～1424	废园	江苏苏州	沈均	沈均号养真老人，他在苏州桃花坞建有废园，园内有：锁烟亭、镜心池、闻香室、环翠轩、栖鹤楼等景。清初，园归谢氏，乾隆年间（1736～1795）重修，建有来燕堂、赋雪草堂、书叶轩、望炊楼（原栖鹤楼址）等景。
1403～1424	东园	江苏吴县市	马文远	马文远于永乐年间（1403～1424）在苏州吴县（今吴县市）甫里眠牛泾建有东园，园中有名石翠云朵。
1403～1424	留耕堂	上海浦东	王斗文	在浦东三林镇，王斗文所创私园，毁于明嘉靖三十二年（1553）。
1403～1424	刘氏花园	上海奉贤	刘氏	在奉贤区钱桥乡，刘氏年创私园，毁。
1403～1424	小桃源	上海青浦	陈衡	在青浦区境，陈衡所创私园，毁。陈衡，明浙江淳安人，字克平，永乐十五年（1417）举人，官亳州学正，工诗，有《半隐集》。

建园时间	园名	地点	人物	详细情况
	望江楼	四川成都		明代于古井玉女津周围辟园林，康熙三年(1664)立“薛涛井”石碑，嘉庆十九年(1814)方积、李尧栋井旁筑亭台，咸丰、同治皆渐废，光绪十二年(1886)马长卿募资开建，光绪十五年(1889)落成建濯锦楼，光绪二十四年(1898)重修吟诗楼、浣笺亭并建五云仙馆、泉香榭、流杯池，光绪二十九年(1903)建清婉室，1928 年辟为郊外第一公园。1953 年更名为望江楼公园，1953、1960 年两次扩建，纪念薛涛区域形成园中园。
1403～1424	客园(峃园)	江苏常州	陈洽 陈玉琪	在鸣河巷内，明永乐年间陈洽所建，名峃园，也叫陈氏园，后归陈玉琪，改名客园。园内有天远堂、百尺楼(百花楼)、四老堂(南宋绍兴十二年参知政事张守所建)、荷花池等，现余百花楼。陈洽(1370—1426)，明常州府武进人，字叔远，好古力学，谨敏有才，与其兄陈济、弟陈浚皆有名。洪武中荐布衣，善书，授兵科给事中，得朱元璋赏识，得赐金织罗衣。永乐初随永乐帝北征九年，历任吏部左侍郎、大理寺卿、兵部尚书，宣德初再攻安南，兵败自刎，朝廷追赠少保、谥节愍，永乐十三年(1415)朝廷为之建尚书坊，死后又建祭祠。
1403～1424	飞龙顶	河南荥阳		创建于明代永乐年间(1403～1424)，至明嘉靖和万历年间(1573～1620)陆续进行过规模较大的增建、重修。清顺治年间(1644～1661)，又大力开拓扩建。
1405～1407	宏村公共园林(牛肠水圳、月沼、南湖)	安徽黟县	汪升平 汪思齐 汪奎光 汪必得	在黟县西南 11 公里宏村，村落公共园林分八景：西溪雪霭、石濑夕阳、月沼风荷、雷岗秋月、南源春晓、东山松涛、黄堆秋色、梓路钟声等。村内主景由三个水景组成：水圳、月沼、南湖。水圳建于永乐初年(1405～1407)，由汪升平等人主持，历三年修成人工水圳 380 米，引西溪水(阳水)自西入村，支圳 340 米引雷岗山地下水(阴水)，阴阳水在村中汇合，九曲十弯，南转东出，流入田野，复出西溪。圳宽 2 尺至 1 米，明暗结合，上铺石板，下铺卵石，家家引水入户造园。水圳建成后几年，汪思

建园时间	园名	地点	人物	详细情况
				齐献祖田，凿成半月形水池，建成后，村人绕塘建屋：敬修堂、根心堂、冒华居、聚顺庭、敦本堂、望月堂等。 万历三十五(1607)年汪奎光号召全村人，在村南凿池百余亩，合93处洞窟沼泉，历时三年建成南湖，重修多次：乾隆七年(1742)(汪必得)、同治年间(汪怀远)、宣统二年(1910)(汪子仁)、1924年(汪祖懿)、1958年、1986年、1998、2000年。南湖平面弓形，弓弦处铺石板建楼舍，弓背建二层湖堤，上层嵌卵石，下层植杨柳，引水圳水入湖，出水口暗道通田园，入西溪。水圳、月沼和南湖成为村民的生命线、景观的风景线。
1414	南海子	北京		明永乐十二年(1414)在元下马飞放泊的基础上，扩大为周垣20里，面积约210平方公里，设海户千人管理苑内种植、畜牧、维修、桥道事务，同年围墙，名南海子，后筑晾鹰台，建行宫(称吴殿)、关帝庙，设24园栽植花木，架76桥，专供皇帝游猎玩赏。至隆庆年间(1567～1573)园渐废，入清成为清代南苑。
1420	御花园	北京东城		在故宫轴线北端，与北京城同时建成，面积1.17公顷，中轴对称明显，为中国古园中最严谨之皇园。在轴线布置了承光门、钦安殿、天一门、大甬道。主干道、次干道。建筑和景观对称布局，东西对称景点有：堆秀亭与延晖阁、摛藻堂与位育斋、凝香亭与玉翠亭、浮碧亭与澄瑞亭、万春亭与千秋阁、汉白石台与观鹿台、绛雪轩与养性斋、东西井亭、钦安殿前东西亭、绛雪轩前与养性斋前假山、东西鎏金铜象、琉璃焚帛炉与重檐小香亭、东西金麒麟等。园中建筑多，小品多(石几凳、鎏金象、盆景石、驮盘狮、铜香炉)、古木多(古柏、连理树、金丝楸)。
1420	东苑	北京	朱祁镇	在皇城东南角，永乐迁都北京后以此为击球射柳之地，永乐、宣德时是以水亭为主的天然景观，引泉凿池，池上玉龙喷水，池南有高台、三殿，另辟水

建园时间	园名	地点	人物	详细情况
				村野居一区。1450年，英宗朱祁镇以太上皇居东苑，建重质宫，1457年英宗复辟，再建承运库、洪庆宫、重华宫、皇史宬、御作（坊）、龙德殿、崇仁殿、广智殿，成为小南城。小南城北为苑林区，内有飞虹桥、飞虹坊、戴鳌坊、天光亭、云影亭、石假山、秀岩洞、乾运殿、凌虚亭、御风亭、永明殿、圆殿、环碧池。东苑实为一个前宫后苑的宫城，轴线明显。
约1421	广宁伯故居	北京	刘荣	广宁伯街14号，"广宁伯刘荣永乐十九年（1421）七月封，追进侯，其故居尚在此"（《京师坊巷志稿》卷上）。（汪菊渊《中国古代园林史》）
1426～1435	南园草堂	江苏常熟	顾颙	邑人顾颙（字昂夫）于常熟何家桥西其舅筑的南园中构建草堂，园中有蔬圃、果园、药栏，堂不修饰，以荫以茅，十分简朴。
1426～1435	五祯园	江苏常熟	章珪	宣德年间（1426～1435）监察御使章珪在苏州常熟县城北建有五祯园，弃官归田后灌园养性，园中有：池塘、九瑞堂、五龙楼、三进士宅、并蒂莲花、金桃石榴、紫茄、芍药、竹子、灵芝。
1426～1434	适适园（东原、蘧园）	江苏苏州	杜琼 申时行 申揆	原为吴越时钱文恽金谷园、北宋长朱文乐圃、元代张适乐圃林馆（见吴越"金谷园"、北宋"乐圃"、元"乐圃林馆"条）。明宣德年间（1426～1434）杜琼得东南角居之，名为东原。建延绿亭、木瓜林、芍药阶、梨花棣、红槿藩、马兰坡、桃李溪、八仙架、三友轩、古藤格、芥涧桥十一景。万历年间（1573～1619）宰相申时行购得此园，建适适园，面积约五亩，园中有宝纶堂、赐闲堂、鉴曲亭、招隐榭、高楼、花竹、溪流等景，仿景愚谷、鉴湖。明末清初，申时行孙子申揆扩建园林，更名蘧园，筑来青阁，闻名于苏州，并养鹤于园，恭迎贵客。入清，为蒋楫园、孙士毅园、汪藻、汪坤耕荫义庄、环秀山庄（见清"蒋楫园、孙士毅园、环秀山庄"）。
1430	辟疆馆	江苏苏州	况钟	况钟（1382—1443），江西靖安人，字伯律，出身小吏，宣德五年（1430）任苏州知府，严惩贪吏，与巡抚周忱奏请江南减赋。他在苏州居住和丰坊五显

建园时间	园名	地点	人物	详细情况
				庙南偏，认为五显王灵验，早中晚三次祈祷，皆得应验，于是奏请朝廷重修五显庙，落成之时，从废井中掘得一断碑，上题“辟疆东晋”，才知居于东晋辟疆故居，于是命私宅为辟疆馆，时馆内有山池之胜，竹木明瑟，况常与友朋会宴于此。
1436 前	东林	广东佛山	冼效	在忠义乡今纸箱厂一带，为知州冼效于正统年间(1436—1449)前所创私园，因园中东林拥翠故名，后世子孙扩建，成为佛山八景之一。地广里许，有景：试马堤、湖池、射圃、棚溪、水榭、书斋、楼阁、虹桥、怪石、棋坪等，亭台楼阁环池布列，水中荷花，陆上桃、柳、李、荔、竹、枫、松、榆等树木荫郁。有习武的射圃，又有会文的集雅堂，清代后落荒，民国不存，现遗东头坊名。
1436～1449	鹤园	广东佛山	冼灏通 冼桂奇 冼屏翰	三处，在忠义乡。其一在马廊，为乡绅冼灏通正统年间(1436～1449)所筑私园，冼在园中养鹤，建有浴鹤池、冼心亭、光霁楼、马廊等。其二为主事冼桂奇在观音堂铺的秋官坊另建鸣鹤楼、荣养堂、广居堂、自然池、无极墩、望樵阁、祖祠、牌坊，湛若水撰《鹤园记》清末园毁。冼灏通，字亨甫，号月松，以铸镬为业，家产丰殷。正统十四年(1449)黄萧养起义，冼受命乡长，抵御义军有功，景泰二年(1451)受封忠义官，佛山赐为忠义乡，并敕建灵应祠。冼桂奇去世后园渐废，入清，后裔冼屏翰在今鹤园街另辟家园，取名鹤园遗址，清末民国初，园毁散为民居。冼桂奇，字少珍，嘉靖十四年进士，官至南京刑部主事。
1436～1449	葑溪草堂（天赐庄）	江苏苏州	韩雍	韩雍，字永熙，苏州长洲人，正统年间(1436～1449)进士，授御史，官兵部右侍郎，在苏州葑门内姜家巷建有葑溪草堂，亦名天赐庄，园外有溪流环绕，宅东园西，园内有水池、草堂、密林、飞鸟，与名士徐有贞、祝颢、冯定、刘珏等人在园中吟咏作对。

建园时间	园名	地点	人物	详细情况
1436～1449	沧江别墅	江苏张家港	许庄	正统年间(1436～1449)许庄在张家港杨舍镇斜桥里建宅园,名沧江别墅,俗称后园。园广十几亩,内有水池、沧江书舍、鸣鹤轩、香雪窝、梅(三百株)、花卉等。许庄及其宾客题有八景:假山浮翠、令节乔林、月浦渔歌、烟村牧笛、瀫渎潮声、海门帆影、斜桥鹤鸣、沙渚鸥眠等。明末倭寇入侵,园毁,清末仅余一池。
1436～1449	马鞍山	江苏昆山	天如禅师	昆山城西北的马鞍山素为风景胜地,有明一代,重构迭砌,成为一座人工大园林。正统年间(1436～1449)天如禅师植松柏十万余株,嘉靖年间(1522～1566)倭寇入山,尽伐松柏,后补植小松三万余。山上名胜古迹甚多:石王庙、樊公祠、天王殿(万历)、玄秘阁、云居庵、玉林精舍、大雄宝殿、碧霞元君行宫、南朝宝塔(嘉靖)、百里楼、卧云阁、含秀山房、隐王楼、春风亭、文笔峰、白云洞、三元殿、玄帝宫、武安王庙、仙人桥、试剑石、一线天、飞来峰、斗母石、四面观音殿、杨威侯庙、抱玉洞、玉泉禅院、玉泉井、迭浪轩(址)、天阙、三茅、真武殿、东岩亭、刘过墓、梅花石、小溪、石桥、不竭泉、山王庙、海眼泉、三贞祠、镇山土地庙、桃源洞、定光殿、佛楼、昙花亭、藏经阁、禅堂、小楼、翠微楼、长阳洞、四贤祠、留憩亭等。
1436～1449	水月寺	河南新郑		位于新郑市辛店镇岳庄村东南300米处。水月寺为新郑著名佛寺。
1442	观音阁	河南新郑	张久敬	钱九同有《观音阁碑记》。
1442	翰林院园	北京		《日下旧闻考》卷六十四载,明正统七年(1442)在紫禁城外玉河西岸的翰林院,有衙署园林,正堂三间,中设大学士、侍读学士、侍讲学士公座,左为史官堂,右为讲读堂。首领官房在仪门外之右,1928年,始建御制五箴碑于敬一亭,亭建于堂南,左有刘文定井,井外为莲池,右则柯竹岩亭,亭前为土山。

建园时间	园名	地点	人物	详细情况
1442	艾提尕清真寺	新疆喀什		位于喀什市中心艾提尕广场西侧，占地1公顷，始建于1442年，1789年扩建水池和栽植树木，1804、1835、1872、1902、1932、1934、1935年多次重修，寺院为不对称四合院，占地1.68公顷，由门殿、礼拜殿、讲经室、学员宿营舍、阿訇住宅和庭院组成。庭院铺十字形道路，水池有两个，由水池引水渠环绕道路两边，似有水网之意。
1446～1619	水源头	北京	道深 邓铿	沿水源头山谷陆续修建了五华寺、普济寺、隆教寺、广泉寺、广慧庵、圆通寺、太和庵等十余座寺观建筑。在明代形成全盛时期，逐渐形成以寺观为主，山泉、篁竹、红叶、松柏、奇石、野花点缀其间的寺观园林群落。宣德初年东洲禅师在沟内建五华寺，正统十一年(1446)僧人道深建普济寺，成化六年(1470)太监邓铿建隆教寺，万历年间兴建广慧庵、圆通寺和太和庵等寺宇。两山相夹，小径如线，山泉淙淙，四季花木妆点。(《北京志——园林绿化志》)
1448年	塔儿院	甘肃兰州	刘永成	是一组由庙宇建筑和白塔组合的院落，俗称塔儿院，位于黄河北岸白塔山山巅平台上，据明嘉靖二十七年(1548)肃王所立石碑记载："吾兰之河北，素有白塔古刹遗址，正统戊辰年(1448)太监刘公(永成)来镇于此，暇览其山，乃形胜之地。于是起梵宫建僧居，永为金城之胜景。"现存塔儿院为景泰年间(1450～1456)刘永成重建。到明嘉靖，清康熙、乾隆、光绪年间曾多次扩建修补。 塔儿院内正南方修建轮廓线较为柔和的五楹两层歇山卷棚顶前楼，北为前后歇山抱厦的菩萨殿，正北为地藏殿(已毁)，东西两侧为硬山配殿，构成一组紧凑的四合寺院。院落正前方屹立白塔，白塔具有喇嘛塔和密檐塔相结合的造型，最下层为5.4米的正方基座，其上为八角形的束腰座，上方为覆钵，覆钵之上为八面密檐七级塔身，每级每面都有砖雕佛像，角挂铃铛，并有绿顶宝刹。塔高17.44米，形体玲珑高峻，外刷白浆，故俗称白塔，此山也因白塔而得名。(汪菊渊《中国古代园林史》)

建园时间	园名	地点	人物	详细情况
约 1451	陈献章宅园	广东江门	陈献章	在江门市蓬江北岸，明代心学家陈献章在会试不第后回乡所筑私园，有阳春台、碧玉楼、钓鱼台，闭门读书，碧玉楼藏有明宪宗赐的碧玉，故名，他还写有《碧玉楼新成》。碧玉楼边还有嘉会楼（1494年御史熊逵为陈所建）和楚云台，现江门大道仁贤里建有贞节坊、春阳堂、贞节堂、崇正堂、碧玉楼、钓鱼台（1888 年重建），其中崇正堂是万历二年（1574）敕建。新会县令王植有诗咏钓鱼台。陈献章（1428—1500），字公甫，号石斋，晚号石翁，人称白沙先生、陈白沙，广东新会白沙里人，理学家，时人称为活孟子、岭南第一人，创茅笔字，有《自书诗卷》，别开生面。
1451～1456	七桂园	江苏太仓	顾仑	顾仑在景泰年间（1451～1456）于太仓双凤建宅园，名七桂园。
1455	华孝子祠	江苏无锡	华守正 华守吉 华宝	位于无锡惠山镇锡惠公园二泉庭院东偏，祠最早建于南齐建元三年，唐宋曾建三次，明景泰六年（1455）华氏子孙迁建今址，华守正倡建孝祖享堂、承泽池、门头、碑亭、1503 年华守吉捐田 500 亩为祠产，其子建成志楼、永锡堂，1747 年重建竹叶玛瑙盘陀石门头，次年在碑亭故址建四面坊（无顶亭），1959 年划入锡惠公园。风格中轴式，以水、桥、坊见长，现有景：四面坊、祠门坊、承泽池、溯源桥、鼋池、石螭首、双龙泉、享堂、明清碑刻 35 方。祠主华宝（？—481），东晋至南朝无锡惠山人，南齐高帝萧道成赐其为孝子，事迹见《南齐书・华宝传》。
1457～1464	元和山居	江苏苏州	袁德良	天顺年间（1457～1464）道士袁德良在采云里西园之左筑坟茔，中有三间厅堂，供北帝，绕堂松竹翠荫。清代屡修，内有：粉墙、高竹、长松、水池、叠石、桥梁、金阙、林中塔、阁外园等。
1457～1487	南溪草堂	上海	顾英	在上海肇家浜路南，顾英于天顺、成化年间所创读书草堂，玄孙重葺。顾英，字孟育，号草堂，顾敏之子，明天顺三年（1459）举人，官授广南知府，为政清廉，晚年回乡后在肇嘉浜南岸筑南溪草堂，赋诗

建园时间	园名	地点	人物	详细情况
				自娱。又卖四十余顷置义庄，救济族中穷人。去世后葬郁家宅东，所著书多散失，仅存《南溪草堂遗稿》，流传极少。子顾澄，继承父风，明成化年间以粟一千石救济灾荒。
1457～1464	朋寿山（朋寿园、谈家花园）	上海闵行	谈伦 谈田	在闵行区杜行乡召楼鹤坡塘东，明工部侍郎谈伦于天顺年间（1457～1464）罢归，其子谈田在宅畔建园以娱老亲，园广 40 亩，有峰峦岩岫 72 座，亭台馆榭 13 所、桥梁谷洞 21 处，主峰朋寿山上有钱福（字鹤滩）题的朋寿石，谈田作《朋寿山百咏》，园早废，朋寿石存于莘庄群众艺术馆。谈伦，明天顺丁丑科进士。谈田，谈伦长子，著有《云间百咏》。
1457～1464	崇效寺	北京	明英宗	“俗名枣花寺，花事最盛。昔，国初以枣花名。乾隆中以丁香名，今则以牡丹名。而‘青松红杏’卷子，题者已如牛腰。相传僧拙庵本明末逃将，祝发于盘山，此图感松山杏山之败而作也。其图画一老僧趺坐，上则松荫云垂，下则杏英露艳。首有王象晋序，后题以竹垞、渔洋冠其首，续题者几千人，亦大观也。……”（《天咫偶闻》卷七）。寺坐北朝南，依次为山门、天王殿、大雄宝殿、后殿及藏经阁，占地万余平方米。在明代天顺年间重修。万历十年（1582），在寺内阁东有台，台后有塔，环植枣树千余株。环境清雅，以枣花之香及枣树之多闻名。（《北京志——园林绿化志》、《宣武文史》）
1465	洪光寺	北京	郑同	在香山寺西北侧山顶，明代成化元年（1465）由太监郑同始建。明代王衡纪曰：洪光寺，入石门路甚修平，可步，古柏夹之，外不见林，上不见颠，枝干交荫，人行道上，苍翠扑衣，日影注射，如荇藻凌乱。洪光寺的奇径及径旁之松、柏，在明代尤得文人墨客的赞咏。（《北京志——园林绿化志》）
1465～1487	顾家园	江苏苏州	顾凤川	顾凤川，原籍金陵，世袭都指挥千户，成化（1465～1487）中避祸于苏州碧凤坊，在此筑园隐居。
1465～1487	听雪园	上海嘉定	陆孟宣	在嘉定南翔镇，为陆孟宣所创私园，后毁。

建园时间	园名	地点	人物	详细情况
1465～1487	郝家园	山西太原	郝本	在太原大东门里北头，为郝本私园，园内有楼名绿烟阁，亭台环绕，青松翠柏，下有紫荆千树，花香馥郁，郝本为太原人，成化进士，官居陕西佥事。
1465～1487	梁家园	北京宣武	梁梦龙 莲性 周之极	在西城区南新华街南端西侧，骡马市大街近东端以北，红线胡同以东一带。兵部尚书梁梦龙建于宪宗成化年间(1465～1487)。引凉水河入园，前对西山，后绕清波，创为大湖，建半房山(正厅)、疑野亭、警露轩、看云楼、晴云阁、朝爽楼、牡丹园、芍药园、水池、荷花等景。清初成公共园林，文人墨客多前来观园。牡丹园和芍药园达几十亩。入清，毁为平原，只余牡丹芍药之地，还有方塘荷池十亩，为卖花场所。乾隆四十四年(1779)僧莲性在此建佛寺。乾隆五十六年(1792)宛平绅士周之极于寺西创办义学，清末名宛平模范小学，后河道填平，改学校为梁家园小学、北京147中学、北京财会学校。《日下旧闻考》称“亭榭花木，极一时之盛”，程敏政《篁墩集》道：“园之牡丹芍药几十亩，花时云锦布地，香冉闻里余”，王横云《宋荔裳招饮梁家园诗》：“半顷湖光摇画艇，一帘香气扑新荷。”沈心斋《陈以树招饮梁家园警露轩诗》：“野旷天高启八窗，门前一碧响淙淙。”王士祯《过梁家园忆昔游诗》：“此地足烟水，当年几溯游。故人皆宿草，衰柳又警秋……永怀川上叹，游者竞悠悠。”梁梦龙(1527—1602)，真定(今河北正定)人，字乾吉，号鸣泉，嘉靖进士，历兵科给事中，刑科都给事中、顺天府丞。黄河决堤于沛县，开徐、邳新河，因功由河南副使升布政使。隆庆四年(1570)任山东巡抚。次年，移抚河南。万历初，得张居正助，召为兵部右侍郎。五年，以右都御史总督蓟、辽、保定，移戚继光驻山海关，巩固防务，进为兵部尚书，加太子太保。张居正死，被劾罢官，家居19年病卒，有《海运新考》、《史要编》。

建园时间	园名	地点	人物	详细情况
1465～1487	极乐寺	北京		一说元代至元年间(1335～1340)所建,另说明成化年间(1465～1487)所建,天启初年犹未毁也,神庙四十年间,士大夫多暇,数游寺。"去高梁桥三里,明成化中(1465～1487年间)建。门外有二柳,高拂天,长条豌地,可扫马蹄。(寺)中有松亦佳。成化中,寺内牡丹最盛,春日游骑恒满。寺东有雨花亭,西为通霞观。有老柏四株,两人抱之不能合也"(《宸垣识略》卷十四)。或云:"殿前有松数株,松身鲜翠嫩黄,斑剥若大鱼鳞,可七八围。"《潇碧堂集》《燕部游览志》则称:"殿前四松遮荫,不见一人。寺左国花堂,花已凋残,惟存故畦耳。堂左有三层台,望西山,借树封之。"《日下旧闻考》按语:"极乐寺今尚存碑二,明嘉靖间立。为一大学士袁郡严嵩撰。一无撰人姓名。"门外古柳,殿前古松,寺左国花堂牡丹,是观赏牡丹的好去处。(汪菊渊《中国古代园林史》)
1465～1487	幽胜寺	河南新郑		幽胜寺位于新郑市西南风后顶西侧,今千户寨乡柿树行村,又名幽盛寺。始建无考,坐北向南,现存有山门、大殿、东西厢房。因年久失修,甚是残破。寺存有明成化十三年(1477)新郑人监察御史邵进《幽胜寺碑记》碑,以及《重修古景幽胜寺记》碑两个。
1484～1505	朱尚书园	上海徐汇	朱恩	在徐汇区乌泥镇,为朱恩所创私园。朱恩(1452—1536),明松江府华亭人,字汝承,号慈溪,成化二十年(1484)进士,历南京都察院右副都御使巡视江道,首建更逻之令,设水寨,立赏格以御海寇,正德时官至南京礼部尚书,刘瑾败,言官劾其党附刘瑾,除名。
1484～1508	蒙引楼假山	福建泉州		在泉州西街裴巷与奇仕巷之间,为明朝进士蔡清执教时东家庭院,园在宅西北,依楼而建,后人以蔡氏著作《四书蒙引》名楼为蒙引楼。入清之后,蒙引楼易主,假山旋坍,民初楼、山尚足观览,1915年,旅菲华侨宋文圃购宅重建为紫洲新筑。蔡清

建园时间	园名	地点	人物	详细情况
				(1453～1508),字介夫,号虚斋,晋江人,成化十三年(1477)乡试第一,二十年(1484)进士,历任礼部祠祭司主事(1488)、吏部稽勋司主事,礼部祠祭司员外郎、南京文选司郎中(1499)、江西提学副使(1506),因得罪江西南昌的宁王而大半生蛰居泉州讲学,谙理学、易学,为官刚正,潜心教育,著有《易经蒙引》、《河洛私见》、《太极图说》、《四书蒙引》,创立清源学派。万历中,追谥文庄,赠礼部右侍郎。楼及假山概创于中举之后。
1488～1505	瑞芝园	江苏常熟	程景和	御史程景和在常熟县城致道观前建有瑞芝园,园北枕虞山,南瞰湖村,园中有灵芝甚为难得,弘治年间(1488～1505)程景和之子又增有溪山茅屋、凝香涵碧、积翠等景。
1488～1505	晚圃	江苏苏州	钱孟浒	弘治年间(1488～1505)钱孟浒在苏州憩桥巷建筑晚圃,占地数亩,园内有水池、亭子、花卉、蔬菜、果树、溪流。钱与朋友们在此觞咏,伊乘写有《晚圃歌》。
1488～1505	读书台	江苏常熟	杨子器	萧统(谥昭明太子)是梁武帝长子,曾在常熟游学著述,后人在其所居建读书台,明代弘治年间(1488～1505),县令杨子器在台上建石亭,嘉靖十五年(1536)重建,清乾隆八年(1743)苏州知府觉罗雅尔哈善重修,题读书台三字。嘉靖年间里人、国子监祭酒陈寰篆刻里人邓韨撰写的赞辞。石亭中有大石台,称取自书院弄的虞麓园。台下植榆、榉、朴、栎,皆为四五百年古木,台后有焦尾泉、仓圣祠、巫咸祠、酒醒石,山坡上有茶室、摩崖石刻(寿、富、康、德、考五字)、巨石(题"适可"和"昨夜飞来",为明代书法家、铁琴铜剑主人瞿启甲所书)、西亭、石碑(嘉靖年间刻)等。
1488～1505	近峰别业	江苏苏州	皇甫录	弘治年间(1488～1505),顺庆太守皇甫录(苏州长洲人,进士,居苏州孔副使巷)在苏州虎丘旁建近峰别墅。

建园时间	园名	地点	人物	详细情况
1488～1505	北山小隐	江苏太仓	周墨	弘治年间(1488～1505)周墨在太仓双凤建私园，园中有石屋、竹林等景。周锡有诗赞之。
1488～1505	西园山亭	江苏太仓	唐天佑	弘治年间(1488～1505)唐天佑在太仓双凤建私园，名西园山亭，园中有亭、台、石、洞、塘、桃、柳、竹、苔。
1488～1505	将军府花园	福建福州	林庭㭿	在省立医院，为明代兵部主事林庭㭿于弘治年间(1488～1505)年所建私园，清军入关后归将军衙门，改称将军府花园，抗战时被毁，但建筑主景犹在，"文革"时全园毁，1998年末只余少数遗石，如登云石、寒碧石等。林庭㭿(1472—1541)明福建闽侯人，字利瞻，号小泉、林瀚子，弘治十二年(1499)进士，授兵部主事，历兵部郎中、苏州知府、工部尚书(嘉靖中)，其规划称上意，在建沙河行宫时，因建议加赋而被罢归。将军府花园概在其任兵部主事或郎中时所建。
1488～1505	芝山三亭	福建漳州	林编	在漳州市郊，原名登高山，山列三峰，每峰各一亭，合称芝山三亭：北峰万寿亭、中峰甘露亭、东峰日华亭。明弘治年间(1488～1505)在北峰建威镇亭，清康熙五十二年(1713)重修后改名万寿纪恩亭，俗称万寿亭。嘉靖十六年(1537)在中峰建甘露亭，崇祯年间(1628～1644)在东峰建日华亭，清乾隆五年(1740)邑人林编重建。三亭均石构，面积约21平方米，万寿亭八角，甘露亭和日华亭六角攒尖。
1488～1521	南园	江苏昆山		归有光高祖于弘治(1488～1505)、正德(1506～1521)年间在昆山建有园宅，内有环溪、花木，其祖既富且侠，故园中常是高朋满座。后来，园荒，里人沈大中得之，建为世有堂。
1492	停云馆	江苏苏州	文林 文徵明 文奎	文林有《停云馆初成》诗记其事："居西隙地旧生涯，小室幽轩次第加。久矣青山终老愿，居然白板野人家。百钱湖上输奇石，四季墙根杂树花。暴有功名都置却，酒杯诗卷送年华。"后来，文徵明和

建园时间	园名	地点	人物	详细情况
				其兄文奎曾多年居住于此，文徵明并绘《停云馆图册》、《停云馆言别图》、《停云馆帖》十二卷。其实停云馆并不繁盛，据《文氏族谱续集．历世第宅坊表志》："待诏公停云馆，三楹。前一壁山，大梧一枝，后竹百余竿。悟言室在馆之中。中有玉兰堂、玉磬山房，歌斯楼。"明人陈继儒《太平清话》说它。"不甚宽敞。先生亦每笑谓人曰：'吾斋馆楼阁，无力营构，皆从图书上起造耳。'"文徵明在咏停云馆的诗中写道："贫家无物淹留得，两壁图书一炷香"，"依然俭陋本先人"，足见园景之萧索。正德三年(1508)，文徵明 39 岁时，其兄对斋前小山进行过整修，文徵明有"斋前小山，秽翳已久，家兄召工治之，剪薙一新，殊觉秀爽，晚晴独坐，诵王临川'扫石出古色，洗松纳空光'之句，因以为韵，赋小诗十首"记其事。他 40 岁时，也对停云馆之西斋进行过重新修葺，因"家无余赀"，只得"赖知友相助"。后来文氏子孙至五、六代仍居停云馆祖居，几代经营，园景亦有增减。
1492	玉磬山房	江苏苏州	文徵明	文徵明本人亦曾建宅园，即他卸待诏之职回苏州后所筑之玉磬山房，文嘉在《先君行略》中说："到家，筑室于舍东，名玉磬山房，树两桐于庭，日徘徊啸咏其中，人望之若神仙焉。""盖如是者三十余年，年九十而卒。"文徵明五十七岁弃官，九十而归道山，终老于玉磬山房。玉磬山房亦极简陋，其诗为证："横窗偃曲带修垣，一室都来斗样宽。谁言曲肱能自乐，我知容膝亦为安。春风蔓草通幽径，夜雨编篱护药栏。笑煞杜陵常寄泊，却思广厦庇人寒。"
1493	吏部古藤	北京	吴宽	1493 年，吴文定公(即吴宽，字原博，官至礼部尚书，死后赠太子太保，谥文定)在吏部右堂种植紫藤，二百年后莆田方兴邦做《古藤记》并在树下刻碑纪念。质本蔓生，而出土便已干直。其引蔓也，无掸委之意，纵送千尺，折旋一区，方严好古，如植者之所为人。方夏而花，贯珠络璎，每一鬣一串，下垂碧叶阴中，端端向人。蕊则豆花，色则茄花，紫光一庭中，穆穆闲闲，藤不追琢而体裁，花若简淡而隽永。

建园时间	园名	地点	人物	详细情况
1496～1521	二恩堂	上海	沈恩	在南市区福佑路，沈恩于弘治九年至正德年间所创私园，后毁。
1498	万松书院	浙江杭州	周木	位于浙江省杭州市万松岭路 76 号，始建于唐贞元年间(785～804)，初名报恩寺，明弘治十一年(1498)浙江右参政周木改辟为万松书院，明代王阳明和清代齐召南在此讲学，随园主人袁枚在此读书。康熙十年(1671)巡抚范承谟重建改为太和书院，五十五年(1716)康熙题“浙水敷文”，遂更名敷文书院，雍正十一年(1733)赐名省城书院。2002 年按明代样式修复，占地 5 公顷，建筑面积 1200 平方米，现有万松门、三座牌坊、桃李坪、民国牌坊、名人雕塑、泮池、浣池、可汲亭、仰圣门、敏粹门、居仁斋、由义斋、明道堂、颜乐亭、曾唯亭、大成殿、民国平台、观风偶憩亭、于子三墓、石林、露天舞台、休闲场地、见湖亭、节义亭等。传说梁祝在此读书，故以此为主题，建毓秀阁、观音堂和草桥等。
1503	铁山园	山东曲阜	李东阳 严嵩 孔庆镕	在曲阜孔府，为孔府后花园，据文献载，金代时孔氏有家园，但位置不详。明弘治十六年(1503)由长沙人、太子太傅、吏部尚书、华盖殿大学士、国史总裁李东阳为其女嫁第 62 代衍圣公孔闻韶而建，李亲自设计监工，并四次赋诗，勒碑刻铭。嘉靖年间(1522～1566)严嵩代替李东阳为首相、太子太傅、吏部尚书、华盖殿大学士、国史总裁，也把女儿嫁给第 64 代衍圣公孔尚贤，重修花园，从各地购奇石名卉以充园景。清嘉庆年间(1796～1820)第 73 代衍圣公孔庆镕得铁石几块，以为天降神石而命名为铁山园。园林仿照御花园形式，有中轴线，端处是后花厅，又有太湖石假山、荷花池、九曲桥、扇面水榭、六角亭、五君柏、铁石等。孔庆镕(1787—1841)字陶甫、冶山，自号铁山园主人，第 72 代衍圣公孔宪培胞弟宪增之子，因宪培无子，过继为嗣，乾隆五十九年(1794)袭第 73 代衍圣公，诰授光禄大夫，工诗词，擅书画，热情好客，在后花园西花厅以文会友，饮酒赋诗，酒量甚大，有“第三酒人”之称，其诗：“园林厅榭好，岁岁客凭栏。九月寻篱菊，三春就牡丹。”著有《春华集》、《鸣鹤集》、《忠恕堂集》、《铁山园诗集》和《铁山园画集》。

建园时间	园名	地点	人物	详细情况
1504 前	芳桂堂	上海	赵宏毅	在上海乌溪，赵弘毅所创私园，后毁。
1504 前	时春堂	上海	朱柯	在上海横溪，朱柯所创私园，后毁。
1504 前	玩芳亭	上海	朱熙	在上海横溪，朱熙所创私园，后毁。
1505	桃花庵（唐家园、沈太翁园、桃花仙馆）	江苏苏州	唐寅	唐寅（1470—1523），明画家、文学家，字伯虎、子畏，号六如居士、桃花庵主、逃禅仙吏，江苏吴县（今吴县市）人，因涉科场舞弊案被革黜，遍游名川大山，卖画为生，为明四家之一，擅书法、诗文。初居苏州吴趋坊口，弘治十八年（1505）以画资购宋代章质夫的桃花坞别墅，名之桃花庵，筑景：学圃堂、梦墨亭、读书阁、桃花庵、蛱蝶斋、检斋、桃花圃（数亩）等，自称桃花庵主，唐死后葬桃花庵，后移城西祖坟。清顺治初年，云间沈明生移居苏州，得之更筑有：长宁池、蓉镜亭、梦墨楼、桃花庵、六如亭等，人称沈太翁园。康熙中巡抚宋荦重修，乾隆时建宝华庵，县令唐仲冕在庵东建别室，祀唐寅、祝允明、文徵明，名桃花仙馆，时有宝华庵、水阁、绿水等。现有双荷花池、石板桥等。麟庆《鸿雪因缘图记》中有《桃庵雅叙》篇记之。
1505 后	徐子容园池	江苏苏州	徐子容	徐子容，名缙，号崦西，苏州吴县（今吴县市）人，王鏊女婿，弘治十八年（1505）进士，在洞庭东山建有园池，园中有思乐堂、石假山、水槛楼、风竹轩、蕉石亭、观耕台、蔷薇洞、荷池、留月峰、柏屏、通泠桥、花源、钓矶。
1506～1521	松巢	江苏太仓	周在	正德年间（1506～1521）周在于太仓双凤建私园，园林以松为主，中有松树、梧桐、花卉、碧苔、薜萝、层台、石蹬、莺鸟等。
1506～1521	宝寺林园	江苏苏州	宝林懋 白云英 素庵褧	元至正年间（1341～1370）圆明大师宝林懋在苏州阊门内专诸巷东创立宝林庵，至明宣德年间（1426～1435）庵毁。后来白云英重建该庵，正德年间（1506～1521）素庵褧重修，大治园林，时有十景：周文襄公祠、栟榈径、梧桐园、水竹亭、山茶坞、煮雪寮、停鹤馆、方塘、石桥、蕉窗、薜萝庵等。清康熙年间（1662～1722），重建大殿，疏龙池，造伽蓝、五圣殿等。明代画家沈周（1427—1509）曾有诗咏十景。

建园时间	园名	地点	人物	详细情况
1506～1521	后乐园	江苏太仓	周坤	正德年间(1506～1521)宁波知府周坤在太仓双凤建有宅园,名后乐园,园中堆有东山,植有松竹,凿有泉流,立有奇石。陈锡有诗赞园中东山。
1506～1521	直沽皇庄	天津		正德年间在天津建的行宫花园,占地甚广,已毁。
1506～1521前	东园(太傅园)	江苏江宁	徐达	在城东南长乐路,为明太祖赐中山王徐达别业,又说为朱元璋禁私园,此园为永乐初徐达长女成祖仁孝皇后所赐。《游金陵诸园记》载,在江宁,与横塘(莫愁湖)为邻。为太傅所建,故又名太傅园。园内有大池、小溪、小蓬山、峰峦、山洞、沟壑、心远堂、站台、一鉴堂、大桥、亭子、高楼、亭榭、柏、榆、柳、竹、麦田等。明武宗朱厚照南巡,在此园内小溪钓鱼,日落不归。园古柏、老树特出,更有麦田,示返朴之意。又《金陵琐记》云:"苑家桥徐锦衣天赐之东园在焉,中有世恩楼(徐霖建),徐霖所篆额也,其壮丽为诸园甲,有园丁苑姓居桥旁,故桥以苑姓之。"后又经徐天赐扩建,规模更大。因徐达及其后代曾任太傅,故名太傅园。民国时更名白鹭洲公园。
1506～1521	东庄	上海松江	孙承恩	在松江区车墩乡,孙承恩所创私园,后毁。孙承恩(1485—1565),明松江华亭人,字贞父,号毅斋,孙衍子,正德六年(1511)进士,授编修,历官礼部尚书,兼掌詹事府,嘉靖三十二年(1553)罢归,擅文章,工书画,有《历代圣贤像赞》、《让溪堂草稿》和《鉴古韵语》。
1509	拙政园(归田园居、复园、补园、书园、吴园)	江苏苏州	王献臣	在苏州娄门内东北街,原为三国郁林太守陆绩宅第,东晋时为高士戴颙宅第。唐代诗人陆龟蒙,早年举进士,性高洁,隐居于苏州临顿里(今拙政园处),宅地低洼,宜治园池,于是制有池石园圃,从陆龟蒙与皮日休诗中可知,园中有水池、泉水、太湖石、石壁、疏篱、绿槿、竹子、莲花、杉树、薜萝、盆景、游鱼等。用篱笆、桑麻、网架,可知园如田园村居。到宋代,山阴簿胡稷言居陆氏宅园,重筑园圃,清凿池沼,学陶渊明,在园中种五柳,故名五柳堂。其子胡峄依杜甫"宅舍如荒村"之意而改名如

建园时间	园名	地点	人物	详细情况
				村。元至元年间(1264～1294)毁,其子孙胡百能荣归故里,复筑宜休堂于故园中。后为大弘寺,元末为潘元绍驸马府。明正德四年(1509),御史王献臣[字敬止,号槐雨,弘治六年(1493)进士]得罪东厂被罢官,回乡建园,因慕晋潘岳《闲情赋》“此亦拙者之为政也”之句而名拙政园,1533 年文徵明为之作园记,园有 31 景:梦隐楼、若野堂、繁香坞、倚玉轩、小飞虹、芙蓉隈、小沧浪亭、志清处、柳隩、意远台、钓砮、水花池、净深亭、待霜亭、听松风处、怡颜处、来禽囿、得真亭、珍李阪、玫瑰柴、蔷薇径、桃花沜、湘筠坞、槐幄、槐雨亭、尔耳轩、芭蕉槛、竹涧、瑶圃、嘉实亭、玉泉。王死后其子赌输于徐少泉(徐佳),后园荒,崇祯四年(1631)为侍郎王心一(1572—1645,字纯甫、元渚,号玄珠、半禅野叟,吴县人,万历四十一年进士,御史、刑部侍郎)购去东部十亩,1635 年建成归田园居。 明・文徵明在《拙政园图咏・序》中写道:“园有积水,横亘数亩,类苏子美沧浪池,因筑亭其中。”苏舜钦在《沧浪亭记》中写道:“亭构北埼,号沧浪焉。前竹后水,水之阳又竹,无穷极。”于是才有后人“上有沧浪天,下有沧浪水。孤亭峙其中,四虚旷无倚。想见嵚奇人,岸帻幽篁里”的感叹了。清康熙年间宋荦重修沧浪亭于小山顶上,“亭虚敞而临高,城外西南诸峰,苍翠吐欱”。言象相离,读其《重修沧浪亭记》则有些明了:“去而休乎清冷之域,寥廓之表,则耳目若益而旷,志气若意而清,明然后事至而能应,物处而不乱。” 清雍正年间尚盛,沈德潜为园中兰雪堂作图记,道光后毁。园西部清初钱谦益购得,与名妓柳如是在园中作乐。顺治十年(1653)被海宁阁老、大学士陈之遴(1605～1166)购得。康熙三年(1664)改为苏松常兵备道行馆,后又还陈之遴子,陈子卖与吴三桂之婿王永宁,建斑竹厅、娘娘厅,后再度入官,曹雪芹祖父曹寅任苏州织造期间居此,后归曹

建园时间	园名	地点	人物	详细情况
				舅父李煦,1684年康熙南巡幸园。乾隆初太守蒋棨(字诵先)购中部建为复园,园内有堂、阁、楼、斋、馆、房、亭、台等,成为一时之盛,西部同年为太史叶士宽(字映庭,号筠洲)购建为书园,有拥书阁、读书轩、行书廊、浇书亭等景。嘉庆十四年(1809),中部归刑部郎中查世倓,亦名复园,后归吏部尚书协办大学士吴璥,称为吴园。咸丰十年(1860)中西部为忠王李秀成府园,清军入城后又分中西部。同治十年(1871)中部为八旗会馆(抗战时为汪伪政府所在地,后为"国立社会教育学院")。西部在光绪三年(1877)归吴县(今吴县市)商会总理张履谦(1838～1915,字月阶,号樾嘉),改称补园。张请画家顾若波等为之设计并改建为商家园林,建筑几乎全部重构,一直延续至1949年。 1951年重修中西部,1959年修东部,三园合一,"文革"时曾改东风公园,现有景:芙蓉榭、天泉亭、林香馆、放眼亭、海棠春坞、玲珑馆、听雨轩、嘉实亭、远香堂、倚玉轩、小飞虹、小沧浪、雪香云蔚亭、香洲、玉兰堂、别有洞天、宜两亭、三十六鸳鸯馆、塔影亭、留听阁、浮翠阁、倒影楼、见山楼、荷香四面亭、雪香云蔚亭、待霜亭、梧竹幽居等,是中国私家园林的代表。
1510	康山草堂	江苏扬州	康海	康海,明弘治十五年(1502)状元,历任翰林院修撰、经筵讲官等。正德五年(1510),康海被免职归乡,以山水声伎自娱。据野史记载,康海罢官后,筑室于扬州,流连诗书,召集女乐,自弹琵琶,宴饮宾客。后董其昌为它题写了"康山草堂"四个字,并刻成门楣石额,砌入园墙。
1511	寄畅园(凤谷行窝、凤谷山庄)	江苏无锡	秦金 秦燿 秦得藻 秦仁存 张涟 张鉽	在西郊锡惠公园内,明正德六年(1511)兵部尚书秦金归田时构建,初名凤谷行窝、凤谷山庄,与龙山相对,嘉靖三十九年(1591)族侄秦燿罢归后扩园更名寄畅园,时有20景:嘉树堂、清响斋、锦汇漪、清籞、知鱼槛、清川华薄、涵碧亭、悬尝洞、卧云堂、邻梵阁、大石山房、丹邱小隐、环翠楼、先月榭、

建园时间	园名	地点	人物	详细情况
				鹤步滩、含贞斋、爽台、飞泉、凌虚阁、栖元堂等。其子孙析产为四，顺治年间曾孙秦得藻合并为一，请造园家张涟及其侄张鉽大改，康乾二帝幸园14次，并仿此园于颐和园中。康熙六十一年(1722)没官，改为节孝祠和钱王祠，乾隆时放归，公议为祠园，咸丰十年(1861)兵燹毁园后修复，抗日战争时又受损，1952年秦仁存献园于国，1954年修复，1959年拓路切园七米，1981年复梅亭，1999年复卧云堂和凌虚阁，现有：秉礼堂、双孝祠、含贞斋、九狮台、八音涧、梅亭、嘉树堂、茶室、廊桥、涵碧亭、七星桥、清响、知鱼槛、郁盘、锦汇漪、镜池、先月榭、卧云室、乾隆御碑亭、钱王祠、介如峰等。秦金(1467～1544)，字国声，号凤山，无锡凤山人，进士出身，诗文皆好。秦燿(1544—1604)，字道明，号舜峰，隆庆五年进士，官至湖广巡抚。秦得藻(1617—1701)，字以新，号海翁。
1513～1564	听雨楼（东楼别墅，查氏别墅）	北京	严世藩	北半截胡同有听雨楼，是严嵩子严世藩的花园，称东楼别墅。园内四周建有许多斋轩堂馆，与怡园并不相属。在清初转为查氏别墅，乾隆以后，改作民房和会馆。(陈文良、魏开肇、李学文《北京名园趣谈》)
1513～1566	南园（储少参园、储芋西园、储氏园）	上海	储昱	在三林塘芋泾西，明正德八年(1513)至嘉靖(1522～1566)前期，太仆寺卿、江西布政使少参储昱所筑，荷池三面环绕高达十米的站台，亭馆参差，水竹环绕，清王孟洮的《记玲珑石》载豫园中的玉玲珑原在储氏园，储将女儿嫁潘允端弟时做嫁妆运入豫园。明末园毁，清初王氏修园，后又毁。
1513～1566	自得园	上海松江	吴稷	在松江区俞塘，吴稷于明正德八年至嘉靖前期所建私园，后毁。
1513	大慧寺（大佛寺）	北京	张雄	“大佛寺在西直门北三里香山乡畏吾村(今称魏公村)，明正德中(1506～1521)，太监张雄建，赐额曰大慧，并护敕勒于碑。寺有大悲殿，重詹架之，范铜为佛像，高五丈，土人呼为大佛寺”(《宸垣识略》

建园时间	园名	地点	人物	详细情况
				卷十三)。 大慧寺为明正德八年(1513)司礼监太监张雄创建,嘉靖时寺左增建佑圣观,时寺与观共有殿宇183间,占地28公顷。后因明世宗崇道,为保寺庙,又在寺后建真武庙。万历二十年(1592)和乾隆二十二年(1757)曾重修,仍保持原貌,光绪时寺院和道庙渐毁。(汪菊渊《中国古代园林史》)
1513	北山观园林	重庆		始建于明正德八年(1513),古观位于孤立小山之上,三面绝壁,四周筑有寨墙。有前后并列房间七座,大殿气宇轩昂。后有兵棚六间及其他附属建筑。清代历朝曾数次维修。南面山门有石梯可登。清代为万县屯兵之所。1925年,杨森选此划地近一万平方米,拟建"北山公园"未果。
1516	浣俗亭	天津	汪必东	明正德十一年(1516)户部天津分司汪必东(崇阳人)在北门里户部街衙署内建浣俗亭,是天津最早园林,属衙署园林类。汪曾诗《浣俗亭》道:"十亩清池一墁台,病夫亲与剪蒿莱。泉通海汲应难涸,树带花移亦旋开。小借江南留客座,远疑林下伴人来。方亭曲槛虽无补,也应繁曹浣俗埃。"可知园广十亩,有景:亭子、清池、墁台、蒿莱、泉水、花木、方亭等。诗人汪沆和华鼎元皆有诗《浣俗亭》,汪诗道:"浣俗亭开十亩池,傍地杂树带花移。软红百丈都抛却,清绝吾家金部诗。"正德十四年(1519)八月京官吕盛奉命整顿漕运,与司员郑士凤饮宴于浣俗亭。到清末已成遗迹。
1516	二泉书院	江苏无锡	邵宝	在锡惠公园内惠山听松坊53号,东邻寄畅园,系明代南京礼部尚书邵宝于正德十一年(1516)所建的私家书院,时有点易台、海天石屋等,邵宝(1460—1527),字国贤,号二泉山人,卒谥文庄,无嗣,弟子改书院为邵文庄公祠,万历三十一年(1607)重建,时有十五景,明末荒废,清顺治中督学佥事张能瞬重修,塑像刻碑,乾隆间顾光旭再修,道光十九年(1839)族裔邵涵初再修,2001年

建园时间	园名	地点	人物	详细情况
				恢复旧景多处，现为晚清风格，三进两院，有门楼、厢房、君子堂、雨知堂、超然堂、方池、石桥、享堂、点易台、石碑(50余方)，依山在亭与点易台间疏浚滴露泉，叠石理水，顺热流淌，形成湍涧、青壁丹崖、望阙崖、曲流等。
1517～1566	怡老园	上海长宁	朱豹	在今之长宁区法华镇路附近，朱豹于正德十二年(1517)至嘉靖前期所创私园。朱豹(1481—1533)，明松江府上海人，字子文，号青冈居士，正德十二年(1517)进士，授奉化知县，改余姚，擢御使，官至福州知府，有《朱福州集》。
1519～1566	习园	上海南汇	王佐	在南汇区下沙乡，王佐于正德十四年至嘉靖前期所创私园，毁。
1522～1534	安氏西林	江苏无锡	安国	在无锡安镇北、胶山南，为明嘉靖年间(1522～1566)安国所创。乾隆《无锡县志》说他“富几敌国”，因山治圃，植丛桂于后冈，延袤二里许，因字号“桂坡”。其别业西林，是“二百年来东南一名区”。明王永积《锡山景物略》云：“假山可为，假水不可为也，竭人力之为，高原大阜，顿成江河。西林非以林胜，以水胜也。邑地莫高于胶山，山为安氏世居。……缘山凿池，大不可量。桂坡公固饶于资，且具大经济，嘉靖中岁旱民饥，乃发粟千钟，计口就食，即计日程功，日役千人，不岁月池成，广数百亩，深数十丈，中留二墩，题曰金焦分胜。”安国之子如岗、孙绍芳，大加装修，招邀宾客，王世贞为之作《安氏西林记》。
约1522	嘉荫园	江苏无锡	安国	方塘广数亩，艺芙蕖，周遭石砌，光腻无驳杂。岛高数丈，峰峦洞壑皆具，磊落杳折，不复人间也。杂树花木，林林其表，垂垂其址，依依拂其半塘，而北堂曰宏仁，石渠三面，月台前之，为五老峰，竹树丛之。堂东、西径以石渠通。古柏高槐，荫满两崖。塘而南，高台陵级而上，敞阁曰玄揽，杰出树杪，苍峰环峙，嘉荫四揖，园名所自也。阁南下，湖石为台，参差曲折，梅女余本，乱缀石次，花时香雪

建园时间	园名	地点	人物	详细情况
				高下，韵甚。台下为涧，引方塘水绕之。跨涧斑竹千竿，翠欲滴。依涧或棚木香，或架蔷薇，或古树绊朱藤，或橙橘杂古树，幽深闲靓，青紫黄绿，不可方物。右园曰：樱桃，左园曰桃李、曰枣栗，园前后曰菜畦、菊圃，各自为垣，统而不属。园创于嘉靖初，后授先太更胶峰公，公授伯祖少峰公，公子孙世守，然兵燹以来，荒而不治矣。（安怀起《中国园林史》）
1522～1566	猗园（古猗园）	上海	闵士籍 李宜之 叶锦	明嘉靖年间，曾任河南嵩县通判、汝州知州的南翔人闵士籍所建，聘请嘉定著名竹刻家朱稚徵（号三松）参加设计，取《诗经》“绿竹猗掎”意名为猗园。明末，为贡生李宜之购得未久，嘉定上海一带发生奴仆索契斗争，史称“奴变”，李宜之全家被杀，园林荒废。到清乾隆十一年（1746），洞庭东山南人叶锦购得并修葺增饰，更名为古猗园。 清康熙年间，古猗园前建城隍庙。乾隆五十四年（1789），古猗园作为城隍庙的灵苑，成为邑人游览胜地。嘉庆中，曾经重葺。太平之役，多有损毁，同治七年修复，近改为公园（《江南园林志》）。抗日战争期间，大部分园景遭到轰炸。1958 年进行修复，从二十余亩扩至九十多亩。 今园以戏鹅池为中心，亭台以池为中心而筑，并堆有土山。有景楠木厅、盘槐、山洞、鸢飞鱼跃榭、松岗、清碧山房、春藻堂、藕香榭、鸳鸯厅、不系舟、长廊、鹤守轩、玉映居、梅花厅、小罗浮、浮筠阁、竹枝山、补阙亭。 1937 年“八·一三”抗战之后，园内只剩下南厅、不系舟、微声阁和五老峰以及二株老盘槐，孤立在废墟间。1958 年重建时，恢复了戏鹅池东面和南面的景物，北面和扩充部分成公园，有大草坪、动物园、儿童乐园、餐厅松鹤园等。（汪菊渊《中国古代园林史》）

建园时间	园名	地点	人物	详细情况
1522～1566	西关别墅	山东曲阜	孔尚贤	在城外南隅，明第64代衍圣公孔尚贤所筑别墅，面积有三十余亩，大半部为水池，其余则为花园。池北岸砖砌花墙，高约半米。花园偏西有一院落，内有一排八间向阳的瓦房，花园偏东有亭一座。孔尚贤，字象之，号希庵，明嘉靖三十八年(1599)承袭衍圣公，赠太子太保。
1522～1566	大庄花园	山东曲阜	严嵩	在大庄东北，为明代宰相严嵩所筑，积约有十五亩，四周绕以墙垣。大门坐北朝南，门旁一对石狮瞋目雄踞。园内有二门、八角亭、莲池以及假山奇石等遗迹。嘉靖年间，严嵩取代了李东阳的地位，权倾一时，把女儿嫁给衍圣公孔尚贤。并在大庄修园林。
1522～1566	青山庄	江苏常州	吴襄 张玉书	在青门外五里的凤嘴桥侧，今武进三井镇高山村，明嘉靖中邑人吴襄所筑，清朝初年卖给徐氏，康熙五十年(1711)镇江张玉书后人购得并扩建，乾隆年间籍没入官，旋即废。据谢聘《春及堂集》载，“自庄门首三山在望第一重起，至烟雨横塘堂止，为基一百四十余亩”。有景42处：三山在望、水镜轩、碧涵池、新月廊、藤花径、飞翠堂、桃园、智光塔、七星桥、烟雨横塘等，为常州历史上除离宫之外最大的园林。
1522～1566	东园	上海	沈灼	在嘉定镇东大街，沈灼于嘉靖(1522～1566)前期所创私园，后毁。沈灼，明苏州府嘉定人，字文灿，正德三年(1508)进士，官御史，与宁王作对，又言朝弊，嘉靖初因议大礼未见纳而辞归。
1522～1566	周神祠	江苏苏州	陈蒙	陈蒙等在苏州桃花坞建有周神祠，嘉靖年间石碑文道，此神祠与吕贞九之小桃源为最胜。
1522～1566	紫芝园(项家花园)	江苏苏州	徐默川	嘉靖年间(1522～1566)长洲人徐默川在苏州阊门外石盘巷建私园，名紫芝园，时有一泉、一石、一榱、一题，无不秀绝，文徵明为之布画，仇英为之藻饰。徐晚年家道中落，园荒残败，其孙徐景文出任太仆少卿，增修此园，时园广数亩，因假山约占一

建园时间	园名	地点	人物	详细情况
				半,故世人称徐景文为假山徐。园中有景36亭、四洞、三津、亭阁若干、山岛一些、奇石无数:紫芝梁、永贞堂、揽秀门、五云楼、友恭堂、紫芝桥、五老峰(又名仙掌)、迎旭轩、延熏楼、入林门、卧虹梁、东雅堂、太乙斋、白雪楼、遣心槛、浮岚亭、窥壑洞、瞻辰亭、钓台、联珠洞(双珠洞)、骋望台、标霞峰、排云门、隔尘亭、留客楼、浮白轩、浮波渡、清响亭、琴台、玄览、群石、石梁等。崇祯间(1628～1644)徐景文因有诉讼之灾而卖园于吴县(今吴县市)人、进士项煜,称为项家花园,后项投李自成而园被焚。
1522～1566	石湖草堂	江苏苏州	智晓	嘉靖年间(1522～1566)智晓和尚在苏州石湖边的山上建有石湖草堂,园内有修竹、泉石、薜萝等。蔡羽为之撰有《石湖草堂记》,文徵明为之题额,王宠为之题诗。
1522～1566	艺圃(醉颖堂、药圃、颐圃)	江苏苏州	袁祖庚 文震孟 姜采	明嘉靖三十八年,按察司副使袁祖庚罢归苏州府长洲县,在城西北吴趋坊购地10亩,营建家宅,名醉颖堂,此即艺圃营建之始。 后归文徵明的曾孙文震孟,文建有世伦堂、青瑶屿、药圃等。清初,崇祯进士、莱阳人姜采寓居此处,更名颐圃,因姜采曾得罪朝廷被贬于宣城,城外有敬亭山,故建敬亭山房以纪念,隐居此地达30年,并自号敬亭山人。其长子姜安节筑植枣树,建思嗜轩,次子实节辟为艺圃,成为一时之胜,园中有梧桐(十株)、延光阁、东莱草堂(迎宾)、馎饦斋、方池(两亩)、莲花、念祖堂(祭祀)、广庭、旸谷书堂(讲学)、爱莲窝(讲学)、四时读书乐、香草居(楼)、敬亭山房、红鹅(馆)、六松(轩)、改过(室)、绣佛(阁)、响月(廊)、度香桥、南村鹤柴、土山、朝爽台、水涯、山峰(数十个,最高者为垂云峰)、乳鱼亭、思嗜轩(旁植枣),康熙年间(1662～1722)画家王石谷为艺圃绘《艺圃图》,道光三年四年(1823～1824),吴姓居此,曾大肆修葺,道光十九年,吴氏迁居,园宅归绸业,名七襄公所,修缮缩小,成今日之局。太平军入阊门,曾有数百人投池而死。同治中,复为七襄公所,建思敬堂,民国初,公所经济不支,出租宅屋。1956年,重修,1982年苏州市政府斥资50万元大修,1984年9月竣工开放。宅与园合面积5.7亩,园5亩,有景:乳鱼桥、世伦堂、旸谷书堂、水榭、博雅堂、念祖堂、响月廊、渡香桥、芹庐、香草居、浴鸥池、南斋、大假山、朝爽亭。

建园时间	园名	地点	人物	详细情况
1522～1566	韩蕲王庙花园	江苏苏州		在苏州胥门外枣市街小学内，嘉靖年间(1522～1566)为了纪念南宋抗金名将韩世忠及夫人梁红玉而建祠庙，园在庙西，原有假山、亭子、花木等，后毁。
1522～1566	小漆园	江苏苏州	张凤翼	吴人语：前有四皇(指皇甫四子：冲、涍、汸、濂)，后有三张(指张氏三兄弟：凤翼、燕翼、献翼)。皇甫氏与张氏皆建有园，张园在苏州小曹家巷，为嘉靖年间(1522～1566)张凤翼慕庄周漆园而建，名小漆园。张凤翼(1527～1613)，明戏曲作家，字伯起，号灵墟，苏州长洲人，嘉靖四十三年(1564)举人，屡考不中，晚年以卖字和诗文为生，有《灌园记》等六部作品。
1522～1566	碧浪园	江苏苏州	公灿明	在苏州云隐庵南，始建于嘉靖年间(1522～1566)，园内有曲廊、围墙、花竹、湖石、溪流、方池、青松、莲花、药栏等。崇祯年间(1628～1644)公灿明和尚改为镜水庵。
1522～1566	赵氏园	山东菏泽	赵邦瑞 赵玉田	初为菏泽牡丹乡赵楼村人赵帮瑞所创，园址曾多次迁移，园主也一易再易，至清道光年间，传至赵玉田之手，赵玉田酷爱牡丹，90岁时仍致力于园艺，育有天香独步、种生花、种生红、帮宁紫和骊珠等名种。玉田去世后，此园疏于管理，逐渐荒废，现已不存。
1522～1566	春玉圃(茧园、半茧园)	江苏昆山	叶文庄	嘉靖年间(1522～1566)叶文庄(字盛)在昆山县城东城桥北建宅园，名春玉圃，其孙叶恭焕增拓，康熙年间(1662～1722)，叶恭焕的孙子、工部主事叶国华又增拓，更名茧园，时有60亩，内有：大云堂、据梧轩、樾阁、霞笠、唐亭、小有堂、绿天径、烟鬟榭、濠上、舒啸、寒翠石(宋代快哉亭内的旧物，有苏轼题识)。叶国华三子分园，次子奕苞(字九来)得东偏，重修，更名半茧园，增景：春及轩、梅花馆，其曲廊、佳石、林泉、屋舍皆叶九来亲自设计。半茧园后来为平湖人陆氏所购，乾隆(1736～1795)中成为邑庙，时重建有舒啸堂、歌堂，赎回大云堂遗址，绕以石墙，嘉庆年间(1796～1820)重修樾阁，建廊榭，在假山顶建揖山亭，道光间(1821～1850)又建楼三间，不久园废，张潜之有诗叹之。

建园时间	园名	地点	人物	详细情况
1522～1566	许蓉前园	江苏张家港	许蓉	嘉靖年间(1522～1566)抗倭英雄许蓉在张家港市杨舍镇横河里建宅园,因许庄之已建有后园,故名前园。许蓉性嗜书画、古董,常与客在园中鉴赏。园广五亩多,有荷花池一方,玉兰十株、牡丹和芍药百余,花时盛冠三吴,名士多有题咏,后来被倭寇毁坏,至清康熙年间(1662～1722)只余芍药二十余本,再后只余荷花池。许蓉,字子城,号近川,好古博闻,通文知武,豪使而有智略,明嘉靖间,倭寇犯江南,许蓉聚集乡民,屡败倭寇。晚年于园中种菊花牡丹,著有《近川诗集》。
1522～1566	樊春圃	江苏太仓	郑鼎	嘉靖年间(1522～1622)参政郑鼎在太仓双凤建樊春圃,内有西山、梅岩、浣溪亭、漏雪峰等景,郑鼎辞官归田后在此居住十余年。
1522～1566	丹山	江苏太仓	陈汪	嘉靖年间(1522～1566)陈汪在太仓双凤建有私园,名丹山,园中有竹桥、芝屋、幽轩、壶岛、两山、水池、歌馆、桃花、桂花、竹林等。周锡有诗咏此园。
1522～1566	三山	江苏太仓	周锡	嘉靖年间(1522～1566)周锡在太仓双凤建有私园,名三山,园内有石亭、耕耘台、清泉、碧石、梧桐、菊花等,郑鼎有诗《闰九月登三山》咏之。
1522～1566	诒燕堂	江苏太仓	周土	嘉靖年间(1522～1566)周土与其兄周在皆在北京为官,时周土在家乡在太仓双凤建诒燕堂,以为怡老之所。
1522～1566	桃浪馆	江苏吴县市	郭仁	嘉靖年间(1522～1566)郡人郭仁死后葬在吴县(今吴县市)木渎东的花园山,其子孙在坟旁建花园,园中有桃浪馆、静文阁等。
1522～1566	月驾园	江苏苏州	皇甫汸	皇甫汸为苏州长洲人,嘉靖(1522～1566)进士,工书法,好吟咏,在苏州西麒麟巷西三太尉桥建月驾园,园内有池沼林石之胜,后为词人钱希言所有,再后于叔夜得园之一角建府第。
1522～1566	许家花园	河南郑州	许赞	在郑州黄河古渡的花园口,明嘉靖年间吏部尚书许赞的后花园,占地540亩,遍植奇花异卉,现只余路名称花园口。

建园时间	园名	地点	人物	详细情况
1522～1566	挂鹤台	山西永济	吕柚	嘉靖年间侍郎吕柚与南京光禄卿马理(1474—1555)合修《陕西通志》,吕在《王官谷记》中写道王官谷中有挂鹤台,瀑布自天柱峰飞流直下,而台在其左,有鹤一对,二月而来,五月生子而去。
1522～1566	真率园	上海松江	沈恺	在松江区松江镇,沈恺于嘉靖前期所创私园,毁。
1522～1566	曹园(花园滨)	上海金山	曹梁	在金山区乾巷,曹梁在嘉靖中期所创私园,毁。
1522～1566	永福堂	上海松江	王会	在松江区松江镇,王会在嘉靖中期所创私园,毁。
1522～1566	慈云楼(旧雨轩)	上海	朱察卿	在古上海县(今上海市闵行区)城东,朱察卿在嘉靖中期至万历初期所创私园,毁。
1522～1566	大隐园	江苏南京	徐元超	在仙鹤街,为徐元超宅园,有景:玉林、茶泉、中林、恩元室、春雨畦、观生处、容与台、海月楼、鹅群阁、洗砚矶、柳浪堤、秋影亭、浮玉桥、芙蓉馆、鹤迳、萃止居等。清时为官峄县知县张若谷所得,太平军攻城时,张氏全家死于园池之中,马士图诗道:“清秘主人去,频年客懒窥。野禽巢彩栋,病犬吠花篱。海内书千纸,窗前墨一池。风流今不朽,泉下可能知。”
1522～1566	龚氏园	上海嘉定	龚有成	在嘉定区嘉定镇东清镜塘北,龚有成在嘉靖时期(1522～1566)所创私园,毁。龚有成,明苏州府嘉定人,字子完,归有光弟子,嘉靖十六年(1538)举人,选诏安知县,擒倭寇,官至蜀府长史。该园是否与龚弘私园有关,未知。
1522～1566	松寮	上海青浦	张之象	在上海青浦区境内,张之象在嘉靖年间(1522～1566)所创私园,国内有猗兰堂和细林山馆为刻书藏书所。毁。张之象(1507—1587),明松江府华亭人,字月麓、玄超,号王屋山人,好收藏,博览群书,以太学生游南都,才情蕴藉,与文徵明、董宜阳、彭孔嘉为莫逆,为人正直。嘉靖中官至浙江按察司知事、布政司经历,罢归,有《诗苑繁英》、《司马书法》、《楚骚绮语》、《唐诗类苑》、《彤管新编》等。

建园时间	园名	地点	人物	详细情况
1522～1566	日涉园	上海金山	姚士元	在金山区廊下，姚士元在嘉靖年间所创私园，毁。
1522～1566	果园	安徽歙县	吴天行	在歙西的西溪南村，嘉靖年间巨商吴天行（号百妾主人）所创，设计师为祝枝山和唐寅，园广二十亩，借景溪流、林木和松明山，园内有：荷池（内湖和外湖）、绿绕亭（元 1328 年本村吴斯能、吴斯和建，明 1456 年重建）、老屋阁、池山、石峰、土山、牡丹台等景，池山集岩、峦、洞、涧、壑、坡于一体。
1522～1566	小桃源	江苏苏州	吕贞九	嘉靖年间，昆山人吕贞九在苏州桃花坞处建有小桃源，待吕退隐之后，增筑采香庵、更好轩、荷花池、碧藻轩、寄茅庐、拜石堂、桃花坞、旃檩庵、桂香精舍、走马楼、鸭栏桥、杨柳堤等景。
1522～1566	东园	江苏昆山	周康喜	周康喜（字伦）在昆山儒学坊东建有东园，园内建有舒啸堂，嘉靖年间（1522～1566）并入茧园。
1522～1566	西园	江苏苏州	徐泰时 徐溶 茂林	戒幢律寺在苏州城西，始建于元代至元年间（1271～1294），初名归元寺，明代嘉靖年间（1522～1566），太仆寺卿徐泰时（1540—1598 年，原名三锡，号舆浦，苏州人）建东园（今留园），并购归元寺作为别墅，更名西园。徐殁后，子徐溶舍园为寺，名复古归元寺。明代崇祯八年（1635），茂林和尚主持寺务，提倡律宗，遂更寺为戒幢院。1860 年兵火，寺与园蒙难，光绪十八年（1892）重建为戒幢律寺，俗称西园寺，除大雄宝殿、罗汉堂、藏经阁、方丈室、斋堂外，还有放生池、九曲桥、池心亭（额题：月照潭心、西域莲池）、爽恺轩、苏台春满（四面厅），另有：庭院、东南门紫藤、黄石假山、云栖亭、茶馆、大鼋、半岛等。
1522～1566	百可园（紫薇园）	浙江永康	王崇	在永康市城区紫薇路以东，嘉靖末年名臣王崇所建府邸后花园，年久失修而日渐荒毁，只余紫薇湖，2001 年，市政府投资 3600 万元重建，占地 1.24公顷，内有百可苑、紫薇堂、望湖轩、状元亭、榜眼亭、三友亭、枢密厅等亭台楼阁 20 余处，其中有人文典故的达 6 处。王崇，字仲德，号麓泉，浙

建园时间	园名	地点	人物	详细情况
				江永康人，明嘉靖八年(1529)进士，初试第四名，礼闱第二名，赐亚元，并赐府第，在吏科给事中任内，直言进谏，评论朝政，颇有名声，后调任广东佥事，再任山西副都御史，蒙恩授节，总管兵马，嘉靖三十六年(1557)，湖、广、川、贵等省苗民起事，王崇平叛有功，且以文名世，有《麓泉文集》和《池州府志》等。
1522～1566	玉恩堂（玉兰宇）	上海松江	林景阳	在松江区松江镇，林景阳在嘉靖末期至万历前期所创私园，毁。林景阳(1530—1604)，明松江府华亭人，字绍熙，隆庆二年(1568)进士，官至南京太仆寺卿，有《玉恩堂集》。
1522～1566	孙园	上海松江	孙克弘	在俞塘一带，孙克弘在嘉靖末期至万历前期所创私园，毁于清代。孙克弘(1533—1611)明南直隶松江人，字允执，号雪居，孙承恩子，以荫授庆天治中，官至汉阳知府，致仕归，构建园亭，搜集古玩，擅书工画，以枯笔见长，爱画花卉，晚年仅画墨梅。
1522～1566	归有园	上海嘉定	徐学谟	在今嘉定体育场附近，徐学谟于嘉靖末期至万历前期所创私园，娄坚，程嘉燧纪诗，王世贞撰《归有园记》。毁。徐学谟(1522—1593)，明苏州府嘉定人，字叔明、子言，号太室山人，嘉靖二十九年(1941)进士，授兵部主事，后为荆州知府，与景恭王之藩德安结怨，为王所劾，改官，万历中累官至右副都御史、礼部尚书，加太子少保，有《世庙识余录》和《万历湖广总志》等。
1523～1583	徐太师宅园	上海松江	徐文贞	在松江镇，太师徐文贞所筑宅园，毁。徐文贞(1503—1583)，明松江华亭人，字子升，号少湖、存斋，嘉靖二年(1523)进士，授编修，因忤张孚敬，谪延平府推官，累官至国子监祭酒，迁礼部侍郎，改吏部，进礼部尚书、文渊阁大学士，参与军机，进武英阁大学士，改兼吏部尚书，弹劾严嵩成功，代首辅，世宗卒，于隆庆二年(1568)致仕归，卒赠太保、文贞，有《世经堂集》。

建园时间	园名	地点	人物	详细情况
1523	田氏园	江苏太仓	田千户 凌司马 杨氏	《娄东园林志》道在太仓卫左穿一巷而东百步，王世贞《太仓诸园小记》道，镇海卫田千户在苏州太仓建有私园，园中有土石山(高数丈)、太湖石峰(数个)、水池、亭子、馆舍、桥洞、石洞、大树(十余)、垂柳等。嘉靖癸未(1523)假山建成。其子参将累战功至大官，积数千金，然好游侠，守之不成，归大司马凌公，无增景致，后再归杨氏，台榭花木仍全。
1524	后乐园	上海	陆深	在陆家嘴。陆深于明嘉靖三年(1524)回乡为父守丧，孝期满后不归，在旧居北购地建园，堆土成五峰，状若卧龙，故自号俨山，山上有澄怀阁、小沧浪、柱石坞、四友亭、小康山径等，山下有望江洲(又名快阁)、江东山楼、江东山亭、后东精舍(又名俨山精舍)等景，又有泉石花木，陆家嘴也因此园而名。嘉靖三十二年(1553)倭患迭起，陆深于次年迁居浦西，园渐毁。陆深(1477—1544)，明代松江人，弘治十八年(1505)二甲第一名进士，嘉靖中为詹事、翰林编修，谥礼部侍郎，擅书法。
1526	浣笔泉(墨华泉)	山东济宁	白旆	在阜桥东，泉分大泉头池、小泉池头、水渠，传为李白洗笔处，先后六次重修，占地 1.5 公顷，有楼、堂、亭、池、桥、花木。嘉靖五年(1526)主事白旆筑亭，以供宾客游览，万历二十六年(1598)主事胡瓒重修，浚池护栏，外护以柳，构墨华亭，在泉北筑二贤堂，以祀李白和贺知章，自此泉又名墨华泉。明潘呈念题诗《墨华泉碧》:“何如一勺墨泉水，天宝年来流到今。”明末清初多次重修，乾隆十五年(1750)知州席恒轩修祠增廊，配中厅，凿方圆二池，题浣笔，自此，泉又名浣笔泉。乾隆五十六年(1791)河督李公重修后堂，起层楼，楼上祀李白、杜甫、贺知章，堂前构墨华亭，亭后置巨石“小雷峰”，石旁筑时旱舫，跨小桥。1914 年，清末翰林杨毓泗、举人高为汉等重修，杨题联:“谪仙乃以往诗人偶尔濡笔随作为千古亦事，在我亦将来过客侧身怀古冀保存一线文波。”1980 年后重修两次。

建园时间	园名	地点	人物	详细情况
1527	晋溪园	山西太原	王琼	在晋祠庙外陆堡河南，奉圣寺北，为明代嘉靖六年(1527)王琼之子为其所筑私园，时王琼被发配绥德归宁，官员们作诗辞行，刘龙(明弘治十二年探花，官至吏部尚书)作诗《晋溪别墅》："家山谁用买山钱，竹坞当溪亦胜缘。菡萏池通苹叶水，垂杨门俯稻花田。烟霞拍塞藏诗橐，鸥鹭将迎载酒船。我已得归宁更出，北庭休勒草堂篇。"在《紫岩集》又道，池沼华馆间，栽有花卉竹子，在稻畦塘岸，蒲草茵茵，流水击石。王死后晋溪园西建王恭襄公祠，其子王朝立居此，再后晋溪园改为晋溪书院。清代后期建筑倒塌，刘大鹏《晋祠志》道，清末时以李著称，有青李、紫李、绿李、青皮李、马肝李、斑点李等，还有枣杏、海棠等。民国时仅余破屋几间。王琼(1459—1532)，山西太原人，字德华，号晋溪，成化二十(1484)进士，授工部主事，进郎中，因治漕河有功而于正德初擢户部侍郎，进尚书，正德十年至十五年，进兵部尚书，因平定宸濠叛乱而进三孤"少保、少传、少师"、三辅"太子太保、太子太傅、太子太师"，世宗立，被劾下狱，再谪绥德，迫令回籍，居晋溪园内，嘉靖六年(1527)复出，次年，以兵部尚书兼右都御史督陕西三边军务，卒于任上，著有《漕河图志》、《晋溪奏议》。
1528	金氏园(秋霞圃)	上海嘉定	金翊	在嘉定区嘉定镇东清镜塘北，金氏园在龚氏园之北，为明万历十年(1528)举人金兆登之祖父金翊所置。宅畔遍种翠竹、凿池叠石，人称金氏园，有柳支居、霁霞阁、冬荣馆等景，现在秋霞圃的清境塘景区。
1529	真趣园	江苏苏州	吴一鹏	位于今苏州阊门外广济路东杨安浜16号。为明代大学士吴一鹏故居，清雍正年间(1723～1735)为赵成秩所有，重修，人称赵园，园内有梅花亭和拜石轩等，后废为戏园，元和袁学澜有竹枝词咏之："袍笏登台劝客觞，歌楼舞馆枕山塘。人间富贵原如梦，阁老厅高作戏场。"可知园中有歌楼、舞馆、山塘、阁老厅(改为戏场)。新中国成立后被苏

建园时间	园名	地点	人物	详细情况
				州茶厂占为车间，香山帮造园家薛福鑫 2002 年 12 月始历 8 个月修复，占地 5168 平方米，建筑面积 6366 平方米，有中东西三路五进，中路正厅堂，西路为花园路，依次为接待楼、桂香楼、杏秀楼、疏影楼、花园。园名真趣园，占地 1110 平方米，原为库场，2002 年修复，园以水池为中心，形成春夏秋冬四景，北建梅花草堂，环园为曲廊，池东有入胜亭，东南角有拜石轩，池西有金秋待月，园林按照风水布局，北屋中池南山，西北角和东南角各有水口和镇水桥，前为三曲桥，后为拱桥，南岸为假山石峰，有巨峰一座。梅花草堂偷步柱双花篮厅，三间，面积 110 平方米，屏门正面刻老桩一桩，背面刻文徵明梅花诗："北风繁木正苍苍，独占春风第一芳。调鼎自期终有实，论花天下更无香。月娥服驭非无所，玉女精神不尚妆。落岸苦寒相见晚，晓来竟梦到江乡。" 吴一鹏(1460—1542)，字南夫，号白楼，长洲人，明天顺至嘉靖年间人，弘治六年(1493)进士，世宗初，累擢礼部左侍郎，与尚书毛澄、汪俊力争大礼，颇著风节，俊去，一鹏署部事，累进尚书，入内阁典诰，张璁、桂萼忌之，出为南京吏部尚书，致仕，卒，终年 83 岁，谥文端，著有《吴文端集》40 卷，《四库总目》行于世。
1530	陈渡草堂（荆川公园）	江苏常州	唐荆川	在常州荆川公园内，抗倭英雄和文学家唐荆川隐居时所建读书处，年久毁圮，1989 年 9 月重建为荆川公园，占地 200 亩，有景：唐荆川墓、陈渡草堂（读书处）、王言楼、懒云阁、压溪榭（舞台）、春池馆、曲廊（200 米）、名人石刻等。唐顺之（1507—1560），常州人，字应德，号荆川，嘉靖八年（1529）进士，二甲第一，授翰林院编修，一年后因直言罢归常州老家，筑草堂课徒习武，著书授徒，达十余年，后因倭寇猖獗而以郎中身份督师抗倭，因功擢右佥都御史、兵部主事，代凤阳巡抚。通晓军事、天文、地理、历史、数学、乐律、散文，与王慎和归有光并称嘉靖三大家。

建园时间	园名	地点	人物	详细情况
1532～1556	五峰园	江苏苏州	杨庄简 文伯仁	在江苏苏州市阊门西街下塘，为长洲（今苏州）尚书杨成（庄简）于嘉靖年间（1522～1566）所建，俗称杨家园。设计师是明代画家、文徵明的侄子文伯仁。文伯仁号五峰老人，因园中有五座石峰，故名，后园屡易其主，抗日战争时散为民居，园因年久失修，水池填塞，二座石峰倒塌，1982 年列为市文保，当年曾稍加整修，1998 年 10 月 1 日修复开放。面积 1900 平方米，有景：轩式园门、曲廊、柱石舫、五峰山房、水池、五峰假山（有五峰：丈人峰、观音峰、三老峰、庆云峰、擎云峰）、岩洞、石梁、柳毅墓、柳毅亭、古树。杨成（1499—1556），南京人，字全卿，号水田，嘉靖十一年进士，授南京兵部主事，严州知府，为官时严禁溺女婴等陋俗，官至四川布政司左参政。
1534	兔园	北京		在元代隆福宫西御苑的基础上改建而成的。叠石假山名兔儿山，《西元集》记载："从南台绕西堤，过射苑，有兔园，其中叠石为山，穴山为洞"，峰峦森耸，通体呈云龙之象。山腰有平台，名旋磨台，又名仙山。山顶建清虚殿，为皇城内的一处制高点，俯瞰都城历历在目。嘉靖十三年（1534），于山之北麓建鉴戒亭，山之南麓为正殿大明殿。山上埋大铜瓮，注水其中使水下流，水自龙口而出，经大明殿侧的流杯渠注入方池。溪侧建曲水观，方池之上架石梁。万历年间，又于苑中建迎仁亭和福峦、禄渚二坊。每逢九月重阳佳节，皇帝驾幸兔儿山和旋磨台登高，吃迎霜麻辣兔和菊花酒。（《北京志——园林绿化志》）
约 1534	竹素园（石友园）	江苏无锡	冯夔	在今无锡市北禅寺巷，明代嘉靖年间广东按察司佥事冯夔（字延伯）所建，凿有广池，池中筑台，台上立石峰，池周植竹。邑人邵宝题有《观冯廷伯园池湖石》："石丈新从湖上来，君家方筑水中台。百年风力谁能挽，万古灵根我更培。袍笏有时真合取，斧寻何处尚须裁。题名何敢轻拈笔，恐露精光逼斗台。"此石因此而又称石丈峰。冯去世后园归顾可久，顾因石而筑石友堂，并题《石丈台》，后此

建园时间	园名	地点	人物	详细情况
				石被其八世孙顾光旭于乾隆六十年(1975)移至顾可久祠。顾可久(1485－1561),字与新,号前山、洞阳,无锡胶山人,正德九年(1514)进士,授行人司行人,正德十四年(1519)被贬国子监学正,世宗时拜户部员外郎,嘉靖三年(1524)因廷议而受杖刑,嘉靖五年(1526)出为福建泉州知府,十三年(1534)调江西赣州知府,旋升广东按察副使兼海南防务,后遭忌而罢归,著有《洞阳诗集》。
1536	慈宁宫花园	北京	朱厚熜	位于故宫西路,为慈宁宫附园,面积约 0.69 公顷,始建于明嘉靖十五年(1536),1538 年建成,1583 年火灾,1585 年修复,1600 年再修,明代有咸若馆和临溪亭。入清后多次重修,1765 年增慈荫楼、吉云楼、宝相楼。格局为中轴和对称。中轴有:甬道、慈荫楼、咸若馆和临溪亭。对称有:宝相楼与吉云楼、含清斋与延寿堂、东西配房、东西井亭、道路、小品等。因为慈宁宫是太后、太妃、太皇太妃的居住地,故称寡妇院,园林主题为慈母爱心。
1536	九龙池行宫	北京昌平	明世宗	九龙池行宫位于昭陵西南,为皇帝谒陵事毕临幸之所。行宫的九龙池,系引山泉潴而为池,有石琢九龙张口吐水入池。夹池植桃柳,池上筑粹泽亭。(《北京志——园林绿化志》)
1539 后	钟邱园	福建福州	马森	在鼓楼区钟山杨桥巷尾花弄,为明户部尚书马森所创私园。钟山是福州看不见的三山之一。园依山而建,故有现名花弄。园广五亩,内有竹轩亭、凌云馆、不缁轩、凌虚楼、听莺亭、四照轩、水中亭等,花木池石甚多。马森(1506—1580),福建惠字人(祖籍河北怀安),字孔养,号钟阳,嘉靖十八年(1539)进士,授户部主事,历太平知府、江西按察使、大理寺卿,屡驳疑狱,初称为“三平”之一。隆庆初为户部尚书,隆庆三年(1569)乞归,万历八年(1580)卒,赠太子少保,谥恭敏。

建园时间	园名	地点	人物	详细情况
1541	东溪草堂	福建长汀	杨昱	杨昱所创私园，无考。
1541～1572	适　园（亦园）	上海松江	陆树声	在松江区松江镇，陆树声于嘉靖二十年至隆庆所间所创私园，毁。陆树声（1509—1605），明松江府华亭人，字与吉，号平泉，初冒姓林，嘉靖二十年（1541）进士，授编修，历太常卿，掌南京国子监祭酒事，严敕学规，万历初，官至礼部尚书，性恬退不趋附权要，卒谥文定，有《长水日钞》、《陆学士杂着》、《陆文定公集》。
1543～1572	夕园	上海松江	朱大韵	在松江区松江镇，朱大韵在嘉靖二十二年至隆庆年间所创私园，毁。
1547 前后	竹西草堂（宜园）	上海松江	徐陟	在西塔弄底，明嘉靖进士、少司寇徐陟别业，其孙扩建前更名为宜园，清初归大学士王顼龄更名秀甲园，康熙两次临幸，赐额“蒸霞”，乾隆间张研斋得园，鸦片战争时东部改为陈化成祠，有小九峰等景，民国元年（1912）12 月孙中山来松江，曾住陈化成祠，西部改为宁绍会馆，今为上海市工业技校。
1548	小云林	广东广州	李时行	明代诗人李时行于嘉靖二十七年所创私园，园池五亩，池周植槐、柳、桃、李、莲、菊等，池北有湛虚亭、石假山、竹丛，池左有月波桥、招鹤亭，池右有驭风亭，又有水云居、石洞、影山楼、元同轩、别为乐室、青霞精舍、钓月台等。李时行，明代广州番禺人，字少偕，嘉靖二十年（1542）进士，知嘉兴县，迁南京车驾主事，坐事罢，遍游吴越、齐鲁名山，有《驾部集》。明顺德欧大任、梁有誉，从化黎民表，南海吴旦，番禺李时行五个诗人合称南园后五子。
1550～1566	桂子园（金粟园）	山西阳曲	王道行 河东王	在今太原城东南小五台小学和盲童学校一带，为明嘉靖年间进士王道行归隐后所建私园。王为官清廉，归宁时得朝廷嘉奖三万两，以此构建桂子园。王以苏州园林为摹本造园，园中以桂为主，故

建园时间	园名	地点	人物	详细情况
				名，又有斐堂，堂东为雨足轩，轩前修竹百余。堂左莲花池，池前又小鱼池，池上架桥，过桥为太湖石假山。假山依城墙，山顶有逍遥亭，亭后数间矮屋，向西可接城楼新南门承恩门，为借景处。西头顺墙而下有土岗，岗东有清虚亭，环亭植槐，树下石床石凳，引水成溪，为品茶胜境。园东有祠堂和茅亭，北头为园门。明李维桢有《桂子园集序》。王道行死后园为河东王府所夺，改名金粟园。乾隆间山西布政使朱珪游小王台道："忆昔桂子园，风雅何喧阨。一为王孙夺，再及鱼池灾。美人化精卫，金粟无遗荄。"河东郡王重建后远胜桂子园，明末清初保定人魏一鳌《游金粟园记》详述此园。一进园门有金粟坊，向西为石径、桂藂轩和岁寒居，题：西园翰墨林。自坊东，有篱笆、苍云坞坊、花竹，为园中园。向南有丹药院，植牡丹芍药。对丹药院有山石环绕的望汾楼，楼下有鱼池，上架小桥，池周杨柳枯松，树下大石，题：古木仓烟。再东有几亩菜地花畦，路通锦云乡亭和富有春亭。亭向西有槐林，林内有槐荫亭，亭内名人题咏。南向登山，山依墙起伏，如履树梢，俯瞰园景，树海绿波。朱彝尊游园后题《调寄燕山亭词》。顺治年间衰败，康熙年间湖广总督、保和殿大学士吴琠游小五台后题："纵目看形胜，城隅小五台。太行山北转，汾晋水南来。带砺名犹在，笙歌云不回。空留荒院址，终古法云开。"后人在此建魁星阁，民国时建学校。王道行，明山西阳曲人，字明南，号龙池，嘉靖二十九年(1550)进士，嘉靖末在世，历苏州知府、河南按察使、四川布政使，与石星、黎民表、朱多煃、赵用贤号称续五子，工诗善画，有《奕世增光录》、《益州书画寻续编》和《桂子园集》。
1551	悠然亭	江苏昆山	周大礼	嘉靖三十年(1551)河南参政周大礼经历二十年宦海，辞官归田，原居昆山千墩，后移居昆山县(今昆山市)的马鞍山前，建悠然亭，取陶渊明"悠然见南山"意。

建园时间	园名	地点	人物	详细情况
1553前	晚景园	广东广州	黄衷	在城西，为官僚黄衷所创别墅园林，因造园时年事已高，故名晚景园，园内白石为堤，湖名石虹湖，架石桥，湖边建浩然堂，绕堂植以竹、柏，还有天全所、表泛轩、素华轩、鸥席草堂、后乐榭等，小桥流水，丹荔夹道。黄衷(1474—1553)，字子和，南海人，弘治九年(1496)进士，授南京户部主事，监江北诸仓，清查积年侵羡，得粟十余万石，万户部员外郎、湖州知府、广西参政督粮、云南巡抚、工部右侍郎、兵部右侍郎，为官清廉，督粮严谨，荐贤安民，兴修水利，年八十，致仕卒，有《海语》和《矩洲》。清代诗人谭莹有诗云："出廓先经晚景园，半塘南岸果皆繁，三水大石红相望，熟到陈村有李村。"
1555～1572	太初园(侯氏东园)	上海闵行	侯尧封	在闵行区诸翟镇一带，侯尧封于嘉靖三十四年至隆庆年间所创私园，毁于清末。侯尧封，明苏州嘉定人，历监察御史，以忤张居正外调，累官至福建右参政，廉直有声。
1558	龙泉寺	辽宁鞍山		在千山，始建于唐，金代规模尚小，寺僧不多。明代以后逐渐兴盛。嘉靖三十七年(1558)建后堂，隆庆五年(1571)在后山罗汉洞和佛堂的旧基上建如来堂，东西修建禅堂、斋堂。万历六年(1578)在如来堂下建大殿五间和配房。万历九年(1581)重建山门，万历十二年(1584)建藏经阁，万历二十五年(1597)建东殿，以后几经增、扩，至清代康熙年间，已成今局。其园林景观依高岩峭壁之下，香道曲折而行，从头山门到二山门到天王殿，一路照壁、摩崖石刻在曲折和进退中出现，形成流动空间和转折空间。寺内有法王殿、韦驮殿、大雄宝殿、毗卢殿、风阁凉亭、藏经阁、西阁(王尔列书房)、招提院(司公塔院)、极乐洞等。
1559	露香园(万竹山居)	上海黄浦	顾名儒 顾名世	在今上海市大境路和露香路一带。明嘉靖三十八年(1559)湖南道州守顾名儒在此筑万竹山居，其弟顾名世(嘉靖进士，时任尚保丞)在山居东凿池得元代书法家赵孟頫刻石"露香池"，因石构园，名露香园，广数十亩，主屋为碧漪堂，堂后积翠冈，冈

建园时间	园名	地点	人物	详细情况
				东独莞轩，堂前10亩露香池，另有阜春山馆、分鸥亭等景，多植水蜜桃。明末顾氏衰落，水师入驻，园渐毁。清初池余亩许，石余二三，道光十六年(1836)徐渭仁修园，筑秋波亭(后易名秋水亭)，建万竹山房，大体如旧。鸦片战争中设火药局，道光二十二年(1842)火药库爆炸，园毁。民国初年建万竹学校。
1559	豫园	上海黄浦	潘允端 张肇林	豫园园主潘允端，字中履，号充庵，是明刑部尚书潘恩之子。嘉靖三十八年(1559)"稍稍聚石凿池，构亭艺竹"，动工造园。嘉靖靖四十一年(1562)，潘允端出仕外地，无暇顾及建园。万历五年(1577)，潘允端解职回乡，再度经营扩修此园，万历末年竣工。建园目的"愉悦老亲"，故名豫园。明末，潘氏豫园一度归通政司参议张肇林(潘允端孙婿)。清初，豫园几度易主，清康熙四十八年(1709)，上海士绅为公共活动之需，购得城隍庙东部土地2亩余建造庙园，即灵苑，又称东园(今内园)。乾隆二十五年(1760)，一些豪绅富商集资购买庙堂北及西北大片豫园旧地，恢复当年园林风貌。乾隆四十九年(1784)竣工，历时20余年。因已有"东园"，故谓西边修复的园林为"西园"。园基原称广袤70余亩。全园分西部、中部、内园三大景区，共计48处景点。西部：三穗室、仰山堂、卷雨楼、假山、亭、铁狮、萃秀堂、亦舫、鱼乐榭、复廊、两宜轩、点春堂和煦堂。东部：玉玲珑、玉华堂、积玉峰、积玉廊、会景楼、九狮轩。中部：织亭、浣云假山、藏书楼。内园：静观厅、观涛楼、还云楼、延清楼、耸翠亭、船厅、九龙池、古戏台。(陈从周《中国名园》)
1561	天一阁	浙江宁波	范钦	位于宁波市区月湖北侧，建于嘉靖四十至四十五年(1561～1566)，是明兵部右侍郎范钦的藏书处，取古言"天一生水，地六成之"之意，题名"天一阁"。阁为六开间二层楼。康熙四年(1665)时，范光文绕池堆假山，建亭桥植竹木，1933年重修时，建明州碑林。1982－1988年陈从周主持扩建东园，达2.6公顷，挖水池，堆假山，构廊亭。

建园时间	园名	地点	人物	详细情况
1563	离薋园（静逸园）	江苏太仓	王世贞 张南垣 钱陛 毕秋帆	在太仓城厢鹦鹉桥东第宅左，薋为是《离骚》中的恶草，以此比喻构害死王世贞父亲王忬的严嵩父子。严欲得王家《清明上河图》未果，将王忬罢官处死，世贞兄弟上访未果退居，嘉靖四十二年(1563)年建此园，隆庆元年(1567)冤案昭雪，王世贞撰《离薋园记》。张采的《娄东园林志》中有"琅琊离薋园"篇。园东西不过十余丈，南北三倍左右。内有俯盎沼、石假山、山涧、山洞、山岭、石梁、书室、壶隐亭、琋发亭、小圃、鷃适轩、碧浪室、小憩室、太湖石、蟠松（二株）、方竹（十余）、梅（二十余）、桃花、杏树金鱼等。顺治二年(1645)，天藻园主人钱增之弟钱陛得之，延请张南垣所造，与天藻园的建造时间应大致相同。钱陛(1616—1693)，字如卿，一字臣扆，晚号讷斋，好客，常在园中宴集。钱氏作为太仓望族，家世鼎盛，但钱陛俭朴。后来钱氏没落，静逸庵归官员、学者毕沅所有。毕沅《静逸庵》详述园景有：冈峦、水池、精庐、平泉、丘壑等，"丘壑布置精，传是南垣笔"，"粉本辋川庄，洞天狮子窟"。清嘉庆时期，改为毕氏享堂。唐孙华有《过静逸庵访宗岐兼怀钱太仆再亭》，吴伟业有《赠钱臣扆》和《遗安堂答客问》等。 毕沅(1730—1797)，字秋帆、纕蘅。自号灵岩山人，著《续资治通鉴》、《经典辨正》、《传经表》、《灵岩山人诗文集》等。晚年在灵岩山下筑有灵岩山馆，未住即亡。
1565～1615	梅花源	上海黄浦	王圻	在今上海市黄浦区境内。王圻在嘉靖四十四年至万历四十三年间所创私园，毁。王圻，明松江府上海县(今上海市闵行区)人，字符翰，嘉靖四十四年进士，授清江知县，擢御史，在党争中受挤，出为福建按察佥事，复谪邛州判官，后官至陕西布政参议，乞归养，筑室黄浦江边，植梅万树，名梅花源，专心著书，有《续文献通考》、《东吴水利考》、《三才图会》、《稗史汇编》等。
1565～1615	侣鸥池	上海闵行	王圻	在今上海市闵行区诸翟镇一带。陕西布政参议王圻于嘉靖四十四年至万历四十三年所创私园，王圻生平见"梅花源"条。

建园时间	园名	地点	人物	详细情况
1565～1676	锦园（陈御史后园）	江苏吴江	陈王道 陈沂震	在吴江同里镇珍珠塔景区，是明代御史陈王道和清代御史陈沂震的府园，后毁。2006 年重建。据考证《珍珠塔》故事发生于此，故根据故事和史料重建。风格为明末清初风格，府与园广二十七亩，园以水池为中心，水边有假山，主要景点有清远堂（四面厅）、紫薇堂（园中园）、珍珠塔、绿秋亭、茹古斋、碧筠山房、藏翠坞、锁澜桥、长廊、水流云在轩、绿绮亭、小兰亭、浮翠舫、雅韵馆、知音斋、闻韵亭、承平豫泰戏台、碑刻（18 幅）等。陈王道（1526—1576），字孟甫、敬所，号浩庵，嘉靖四十四年（1565）进士，授靳县知县，历任阳信知县、邵武守、南京监察御史，陈府概为其中进士后所建。万历八年（1580）赐建侍御坊，题"清朝侍御"。陈沂震，陈王道五世孙，字起雷，号狷亭，康熙三十九年（1700）进士，历山东督学、礼部给事中、刑部掌印给事中，有《微尘》、《敝帚》二集，雍正五年、六年退职，因受贿案抄家，自杀于园内茹古斋。
1565	延青阁（枣园）	江苏兴化	李春芳 李思诚 李清 李兰	在兴华海子池西南岸，嘉靖四十四年（1565）李春芳（1510—1584，兴化人，字子实，号石麓，嘉靖二十六年进士，授修撰，擢翰林学士，累官礼部尚书，四十四年兼武英殿大学士，参与机务，隆庆初代徐阶为内阁首辅，进吏部尚书，以安静称帝意，不为高拱和张居正所容，辞归）入宰相后于家乡的海子池构别业，延青阁为其主体建筑，隆庆五年（1571）理学家韩贞游园，题："名园碧水依鱼藻，礼座清华俨凤章。"诗人符旌诗《海子池打渔歌》道："海子池西延青阁，海子池东饮虹池。"天启六年（1626）李春芳之孙李思诚（字次卿、碧海，万历二十六年进士，授编修，天启六年擢礼部尚书、太子太傅）被魏忠贤构陷罢官归来扩别业为枣园，占今英武桥以北今人民武装部及正对人民武装部的英武路段。园四面环水，东、西、北临海子池，南为英武桥小溪。遍植枣树，李福祚《枣园》道："左九棘，右九棘，赤心取义彤廷植。"改延青阁为杏花楼，西北临

建园时间	园名	地点	人物	详细情况
				水处垒山石，构山洞，筑水明楼、土窟楼、淡宁斋、补亭等。1645年，南明弘光败灭，李思诚之孙，文学家、史学家、遗民领袖李清主园。李清（1591—1673），字心水、映碧，号碧水翁，晚号天一居士，崇祯四年（1631）进士，历宁波府推官、刑、工吏科给事中。南明弘光朝大理寺左寺丞，弘光败后，潜归隐居，三征不起，在园中与冒辟疆、魏僖、李沂、宗元鼎、陆廷抡、王仲儒、李驎交游，著书38年，有《三垣笔记》、《南渡寻》、《折狱新语》、《明珠缘》。李清之子李楠官户部尚书，另一子李兰（久庵）掌园，孔尚任曾驻节北岸海光楼，时常入园，在园中修改《桃花扇》。雍正之后，家败楼废，郑板桥的家书道："一片荒城，半堤衰柳。断桥流水，破屋丛花。"毁后杏花楼成小观音阁，园西半于1958年改建为兴化市人武部，旧城改造时小观音阁亦拆。
1567～1572	谐赏园	江苏吴江	顾大典	隆庆年间（1567～1572）福建提学副使顾大典，工书画，解音律，归故里后建宅，割宅左之半为园，名谐赏园，园景甲于吴江。宅内有世纶堂、春晖楼，园在楼后，有景：方池、澄潭、武陵一曲（溪）、石桥、平桥、仄径、锦云峰、栖云洞、石梁、小山、载欣堂、云罗馆、环玉楼、清音阁、美蕉轩、静寄轩、修廊、翠微亭、枕流亭、烟霞泉石亭、水亭、宜沽茅屋、净因庵（禅居）、舒啸台、短垣、高台、雪窦、福建石、群峰石（状若怪兽）、美人蕉、古藤、桂树、柳、榆、槐、棘、梅、杏、桃、梨、蔷薇、荼蘼、木香、竹子、石几、石榻、山神祠等。登楼、阁可借景园外。园中有福建任上带回的奇石和美人蕉，又有参禅的净因庵。
1567～1672	小西园	上海南市	乔承华	在南市区学前街尚文路一带，乔承华在隆庆年间所创私园，毁。
1567～1672	写心亭	上海宝山	钱春沂	在宝山区月浦镇东钱宅，钱春沂在隆庆、万历年间所创私园，毁。钱春沂（—1612），明苏州府嘉定人，字仲与，号一庵，以慷慨陈词解其父冤狱，嘉靖中举人，任德化知县，不受贿赂，求归不许，遂书"林下清风"四字，悬于马首，扬长而去。

建园时间	园名	地点	人物	详细情况
约1568后	素园	上海松江	林景旸	今松江景德路40号机关幼儿园。明代太仆寺卿林景旸所创，其子林有麟因之写有《素园石谱》。清初易主处州知府周茂源，道光年间（1821～1850）再易主。道光十八年（1838）为进士、兵部员外郎、江西道御史钱以同所有。宅南向，存东西两轴线，占地2000平方米，建筑面积1400平方米，东轴为明代旧居五进三开间，西轴为林家素园，现改为门厅、茶厅、走马楼，均五间，庭院中有古木湖石，可能是素园故物。林家为藏石世家，到林有麟时已有众多名石，故建玄沁馆以拜石，建青莲舫以专供雨花石。林景旸（1530—1604），明松江府华亭人，字绍熙，隆庆二年（1568）进士，官至南京太仆寺卿，著有《太恩堂集》。林有麟（1578—1647），字仁甫，号衷斋，景旸之子，富而好礼，有“翩翩佳公子”美誉，以父荫授南京通政司经历，历任南京都察院都事、太仆寺丞、刑部郎中，累官至龙安知府，博古通识，好奇石字画，善画山水，在其素园中广罗奇石，并遍搜石谱，著有《素园石谱》，列名石102类计249图，所载大多源自宋杜绾《云林石谱》和赵希鹄的《洞天清录》。周茂源，顺治末期华亭人，字宿来，顺治六年（1649）进士，官处州知府，勤政爱民，工诗，与陈子龙和李文旧好，几社成员，罢官后著《鹤静堂集》、《四库总目》。园概为林景旸在中进士后所建，林有麟扩建。
1572前	麋泾园（麋场泾园）	江苏太仓	王愔 王世贞	《娄东园林志》载，王世贞的伯父王愔所筑，在太仓（今太仓市）。名麋场泾园，园内有：松柏屏、瞰崖亭、静庵、山堂、台、怪石、花卉、竹林、方池、芙蓉、桥（二座）、桥亭、石洞、石崖、深涧、雪山（石山）、土岗等。园初成，冠于吴郡，后园废，奇石皆移至弇山园。王愔，号静庵，以堂为号，少年居家，晚年官至山东承宣布政使司都事，不重权贵，唯爱园林。王世贞的园林观源自他，王世贞题有《寿长兄藩幕静庵先生谐龚夫人七十序》。王愔故后王世贞撰《明故承事郎山东承宣布政使司都事静庵王公墓志铭》。王愔妻龚氏，生有王世德、王世业、王世闻、王世望四子和五女。子不肖，园败废，峰石尽被王世贞移建于他的弇山园中部山区。故推算园林应在弇山园之前。

建园时间	园名	地点	人物	详细情况
1572	弇州园（弇山园、琅琊别墅、半园）	江苏太仓	王世贞	在太仓西城河东福寺西，俗称王家山、小只园处，是明代文人王世贞的私园。经左毅颖考证，隆庆六年（1573），时年四十八岁的王世贞请造园家张南阳所构，名之弇州园、弇山园、只园、琅琊别墅。晚年，王世贞怕园毁后无考，特撰《弇山园记》八篇七千多字，详述园景，后尚觉不足又题《弇园八记后》。张南阳有手绘图，清代亦有《弇山园图》。园广70余亩，土石十之四，水十之一，室庐十之二，竹树十之一，中有三山（西弇、东弇、中弇）、一岭、三佛阁、五楼、三堂、四书室、一轩、十亭、一修廊、二石桥、六木桥、五石梁、四洞、四滩、二流杯渠等。具体如下：惹香径、知津桥、清音栅、楚颂（圃）、小只林、此君（亭）、点头石、梵生桥、清凉界、中岛、西山、会心处（屋）、小罨画溪、城市山林（屋）、含桃坞、弇山堂、芙蓉渚、始有坊、虽设坊、琼瑶坞、小有桥、盘折沟、香雪径、饱山亭、萃胜桥、西弇山、文漪堂、簪云（峰）、侍儿（峰）、射的（峰）、突星濑、岞崿峰、楚腰峰、蜿蜒涧、天镜潭、潜虬洞、小龙湫、小雪岭、息岩、指迷石、青虹石、缥缈楼、契此岩、大观台、毗虞榭、超然台、白云门、隔凡（洞）、蜿蜒洞、枕流滩、雌霓、呀牙洞、丛桂亭、中弇山、缩奇（台）、环玉（亭）、月波桥、古廉（峰石）、壶公楼、率然洞、司阍石、西归津、小云门、盘玉石、东弇山、借芬岭、含雪岭、荣芝所、梵音阁、红缭峰、洞庭、青玉笋（蜀石）、鳌背（石梁）、徙倚亭、东泠桥、窈窕峰、得胜亭、百衲峰、小百衲峰、蟹鳌峰、飞练峡、流觞所、娱辉滩、挹青峰、锦云屏、嘉树、似莲峰、玢碧梁、振屧廊、阳道、山神祠、留鱼洞、留鱼涧、西弇山、惜别峰、广心池、先月亭、知还桥、息交门、凉风堂、尔雅楼、墨池、小酉阳等。园记道："弇之奇，在水，水之奇，在月。"园之胜在于六宜：宜花、宜月、宜雪、宜雨、宜风、宜暑。王氏败后，园为多户所有，其一为半园，然园小不复当年。明代上海名儒陈所蕴在《竹素堂集》中称它"为东南名园冠"，袁宏道（1568—1610）的《园亭记略》中称"近日城中，惟葑门内徐参议园最盛"，"殆与王元美小只园争胜"（小只园即弇山园）。《园亭记略》中还记录"只园

建园时间	园名	地点	人物	详细情况
				轩豁爽垲，一花一石俱有林下风味，徐园微伤巧丽耳”，足以证明“弇山园”更胜一筹。明陆钺在《穿山志》云：“太仓惟弇山名满天下，乃辇四丈之石垒成，非若此天生岩洞以为奇也。”张宝臣《熙园记》中提到“以余耳目所睹记，如娄水之王、锡山之邹、江都之俞、燕台之米，皆近代名区”（娄水之王指王世贞）。崇祯年间张采的《娄东园林志》载此园已散为民居，不复可游。 王世贞(1526—1590)，字元美，号凤洲、弇州山人，苏州府太仓州人。王世贞十七岁中秀才，十八岁中举人，二十二岁中进士，先后任职大理寺侍郎、刑部员外郎和郎中、山东按察副使青州兵备使、浙江左参政、山西按察使，万历时期出任过湖广按察使、广西右布政使，郧阳巡抚，后因恶张居正被罢归故里，张居正死后起为应天府尹、南京兵部侍郎，累官至南京刑部尚书，卒赠太子少保。王世贞与李攀龙、徐中行、梁有誉、宗臣、谢榛、吴国伦合称“后七子”。李攀龙死后，王世贞独领文坛二十年，著有《弇州山人四部稿》、《弇山堂别集》、《嘉靖以来首辅传》、《觚不觚录》等。王世贞同时是造园家，他在《太仓诸园小记》中提及他家三园，即弇山园、离贲园和其弟的澹圃。他不仅造园，还喜游园写园，有《游金陵诸园记》、《太仓诸园小记》、《弇山园记》、《离贲园记》、《淡圃记》等。（左毅颖《王世贞与园林》）
1572～1620	惠安伯园	北京	张升 张庆臻	位于城西嘉兴观西二里。惠安伯名张升，正德五年(1510)始封。六世孙张庆臻，于万历三十七年(1609)袭封，崇祯十七年(1644)卒。惠安伯园以种植牡丹闻名，《帝京景物略》云：“都城牡丹时，无不往观惠安园者。园在嘉兴观西二里，其堂室一大宅，其后牡丹数百亩，一圃也，余时荡然藁畦耳。花之候，晖晖如，目不可极，步不胜也。客多乘竹兜，周行塍间，递而览观，日移晡乃竟。”花的名称、品种各有标记，而颜色和花心、花瓣等，多有变种。其中夹种十分之一的芍药，有“数十万本”，同牡丹互为早晚。还植有海棠三十余本。花丛之中，构有敞亭。袁宏道有《游牡丹园记》。（《北京志——园林绿化志》）

建园时间	园名	地点	人物	详细情况
1572	钓鱼台别墅	北京	李伟	位于阜成门外南十里的玉渊潭，在金代有文人王郁隐居于此，后金章宗完颜璟曾在这里筑台钓鱼(引自《钓鱼台历史探秘》)，到明万历初年武清侯李伟将其据为己有，辟成避暑别墅。“堤柳四垂，水四面，一渚中央，渚置一榭，水置一舟，沙汀鸟闲，曲房人邃，藤花一架，水紫一方。”园在李伟死后便荒废了，明末清初因战乱被夷为废墟。乾隆年间拓建重现名园胜景，直至今日的“钓鱼台国宾馆”，但景致已不再是昔日的私园景观。正如《帝京景物略》文中所道：“一园亭主易，一园亭名、泉流不易也。园亭有名，里井人俗传之，传其初者。”
1572～1620	兴胜庵	北京	明神宗	在昌运宫西半里许，地名松林庄，始建于万历年间，后有藏经阁，可眺西山，东北有果园，园中有亭曰众芳。亭北砌石，为流觞曲水，其东有阁曰明远。春月桃杏杂发，登阁望之不异锦城花海。惜果园及明远阁于清初皆废。(《北京志——园林绿化志》)
1573～1619	遁园(息园)	江苏南京	顾起元	在城西杏花厅凤凰台侧今花露岗39号，方圆一里内，十之九为遁园所占。官僚顾起元于万历末年所创。园景有：七召亭、小石山、横秀阁、耕烟阁、郊旷楼、快雪堂、花径、高卧室、懒真草堂、五巳堂、劈纱舫等，松竹荫，梅花行，自题《咏遁园》：“其他不盈亏，所贵远俗状。自无车马音，但有烟霞相。西邻嘉树多，垂帷荫深巷。流影堕庭除，皓日翳重障。”并称息园：“可以息机，可以谢事，可以养疴。”李赞元《遁园杂咏》道：“地回尘嚣息，林深古木齐。苦吟迟月上。独酌听莺啼。山接星辰逼，楼临睥睨低。兴来无障碍，杖履任东西。”“辟地清凉下，稍营数亩宫，云霞纷几席，梅竹照帘栊。灌圃课园叟，摊书命侍童。倏然方外想，此趣与谁同?”顾起元(1565—1628)，字太初、璘初、隣初，号遁园居士、名培，以字行，江宁人，万历二十六年(1598)会试第一、殿试第三，授翰林院编修，迁南京国子监司业，历任左谕德、右庶子、国子监祭酒、詹事府少

建园时间	园名	地点	人物	详细情况
				詹事兼侍读学士、吏部左侍郎等。万历后期辞官归隐遁园。他在此埋首著述，七次婉拒朝廷征召为相，园内有友人所题七召亭在《遁园记》中道："遁于志惟园寄之，故曰遁。"其于经史子集、诗词曲画、文字音韵、方言俗语等均有涉猎，死后谥文庄。有《中庸外传》、《顾氏小史》、《金陵古金石考》、《雪堂随笔》、《客座赘语》、《遁园漫稿》、《四书私笺》、《嬾真草堂集》、《尔雅堂家藏诗说》等30余种。
	李皇亲新园	北京东城	李伟	位于城南崇文门外东晓市街路北，系疏浚三里河故道而建。李皇亲即为明神宗朱翊钧生母之父李伟，封武清侯。其曾孙李国瑞于崇祯年间袭封。在海淀别有李皇亲园，故此处称新园。《帝京景物略》云："三里河之故道，已陆作义，然时雨则渟潦，泱泱然河也。武清侯李公疏之，入其园，园遂以水胜。以舟游，周廊过亭，村暖隍修，巨浸而孤浮。入门而堂，其东梅花亭，非梅之以岭以林而中亭也，砌亭朵朵，其为瓣五，曰梅也。镂为门为窗，绘为壁，甃为地，范为器具，皆形以梅。亭三重，曰梅之重瓣也，盖米太仆之漫园有之。亭四望，其影入于北渠，渠一目皆水也。亭如鸥，台如凫，楼如船，桥如鱼龙。历二水关，长廊数百间，鼓枻而入，东指双杨而趋诣，饭店也。西望偃如者，酒肆也。鼓而又西，典铺、饼炸铺也。园也，渔市城村致矣，园今土木未竟尔。计必绕亭遍梅，廊遍桃、柳、荷蕖、芙蓉，夕又遍灯，步者、泛者，其声影差差相涉也。计必听游人各解典，具酒，且食，醉卧汀渚，日暮未归焉。"
1573～1619	康庄	江苏吴江	吴秀 吴维翰	万历年间(1573～1619)进士出身的扬州知府吴秀弃官归田，在吴江震泽西南的匡字围建别墅，原地低洼，吴以米换工，填洼结庐，名康庄，园中有：石室、五老石、一勺水、玉皇阁、范公祠、九贤祠、假山、水池、石梁、高楼、华馆、长堤、密室、石洞、石桥、梧桐、修竹、珍果等。施守官写有《吴大夫园记》。园久荒，清康熙年间，吴秀六代孙吴维翰重建园林，清道光《震泽镇志》盛赞此园。

建园时间	园名	地点	人物	详细情况
1573～1619	寒山别业	江苏苏州	赵凡夫	万历年间(1573～1619)云间名士赵凡夫(字宧光)葬父于苏州支硎山南，遂在此定居，自劈丘壑，凿山琢石，园中有景：小苑堂、盘陀庵、空空庵、化城庵、法螺庵、千尺雪、云中庐、弹冠室、惊虹渡、绿云楼、飞鱼峡、驰烟驿、澄怀堂、清晖楼、水池、松竹等，以千尺雪为最胜。园在山中，又有池泉，遂建有庵以修禅，赵与夫人陆卿子及友朋在此多有题咏，徐树丕《识小录》述及建园情况，乾隆六次临幸，赐诗三十首，分别仿建于西苑、避暑山庄和静寂山庄。
1573～1619	天平山庄(赐山旧庐、高义园)	江苏苏州	范仲淹 范允临	在苏州城西 8.5 公里的天平山南麓，本是唐代白云庵旧址，北宋庆历四年(1044)范仲淹奏，因祖坟所在，请改为“功德香火院”，后得赐天平山为范家“家山”，人称为范坟山。天平山的三绝：怪石、清泉、枫树，其中枫树就是范氏后人植。明代万历年间(1573—1619)，范仲淹十七世孙范允临辞福建参议不就，回归故里，在祖墓边营建天平山庄，依山建亭，引泉凿池，时有：听莺阁、咒钵庵、岁寒堂、寤言堂、翻经台、桃花涧、宛转桥、鱼乐国、来燕榭、芝房、小兰亭等建筑，另有水池、泉水、长堤、长廊、复壁、梅千树，竹成林，归庄称其“池馆亭台之胜，甲于吴中”。徐崧、张岱亦有诗文状园。 清康熙二十九年(1690)，山庄右侧增辟参议公祠，乾隆七年重修园林，改名赐山旧庐，时园中亦有白云泉和白云亭、如是轩、楼阁、松、栝、枫、榆、竹等。乾隆六次南巡，四次至此(1751～1784)，初巡时(1751)慕范仲淹云天高义，取杜甫《奉和严中丞西城晚眺十韵》诗中“辞第输高义，观图忆古人”之句，赐名高义园，范瑶随后建坊以悬匾，而后范家子孙陆续扩建坊、亭、楼、殿至山门。咸丰十年(1860)和同治二年(1863)，两度遭遇战火，同治五年(1866)至 1921 年范后甫历两年修复，1954 年政府拨款修园，后因“文革”工程停顿，古迹复毁，1981 年至 1983 年再修。狭义的高义园指天平山庄的咒钵庵、来燕榭、范参议祠、高义园和白云古刹五部分，广义的还批引道的石坊、接驾亭、十景塘、宛转桥、御碑亭、古枫林、祖坟等，全园占地 5.3 公顷。

建园时间	园名	地点	人物	详细情况
1573～1619	杨柳岸（密庵旧筑）	江苏苏州	苏怀愚	万历年间(1573～1619)，御史苏怀愚在苏州阊门内后板厂处滨河建私园，园内尽植杨柳，故名杨柳岸，俗称北园。园毁后，兵备道李模得此，建密庵旧筑以隐居，园中有桃坞草堂、芥阁等，李模子李文中常在此宴会友朋，李死后改为老和尚堂，后堂亦废为菜地，只余地名北园。
1573～1619	槐楼	北京	李伟	在报国寺东侧，《日下旧闻考》道为武清侯李伟的别墅，有三层楼阁，碧梯赤栏，隐见苍霞碧露之间，望之胜于登焉。至乾隆年间已无考。
1573～1619	蒹葭庄（茶山草堂）	江苏常州	吴宗兖	在三桥头南，明代邑人吴宗兖所筑，吴氏三兄弟各筑一园，吴襄青山庄，宗兖蒹葭庄，三弟建罗浮坝。青山庄规模宏大，罗浮坝以梅为主，蒹葭庄山明水秀。蒹葭庄在茶山上，又把风景秀丽的白荡之半纳入园中，园内遍植花木，点缀竹石，构筑亭阁，有景：绿蓑庵、明月廊、云外堂、学穑楼、众度庵、白荡芙蓉城等，人称"茶山风景甲郡城"，明、清时期的王鏊、杨庭鉴、陈龙珠、钱名山等名人在诗文中用"花点客衣"、"莺啼春树"、"帘挂绿萝"、"霜醉平林"、"野云流水"等辞藻来描绘。清初武进诗人董以宁在《蒹葭庄看梅》诗句中曰："茶山曲径远闻香，柳弄新晴半欲黄。有约翻嫌前度早，重来却忆少年狂。寒花久待游人屐，芳树遥邻牧马场。指点园林无限思，几回萧瑟对斜阳。"
1573～1619	小辋川（水壶园、静园、虚霩居）	江苏常熟	钱岱	万历年间(1573～1619)监察御史、山东巡抚钱岱告老回乡，于常熟城西九万圩建宅园，慕王维辋川而名小辋川。园内山、水、桥、石、洞、台、峰、岗、滩、花、木、屋尽齐，有景：槐陌、拟欹湖(亭)、小辋川(门)、竹里馆、蓝田别墅(门)、水木清华(堂)、栾濑(屋)、湖、桥、空明阁、先春廊、白石滩、华子岗、孟城分胜(亭)、荷池(三亩)、青雀栖霞(舫楼)、柳浪台、倒影清漪亭、风景濠梁轩、椒园、聚远楼、木兰砦、妙高阁、永思祠、文杏馆、金鱼池、金屑亭、芍药栏、木香亭、蔷薇架、桃花坞、殿春亭、先春廊等，花木有：桂、竹、桃、李、梅、橘、枣、柿、栗、榴、樱、柰、柏、柽、柳、蒹葭、杜若、芦苇。

建园时间	园名	地点	人物	详细情况
				园毁后，清代嘉庆、道光年间(1796～1850)吴峻基得部分遗址重建为水壶园，又名水吾园、吴园(见清“水壶园”条)。同治、光绪年间(1862～1908)阳湖人赵烈文得园，更名静园，俗称赵吾园。民国后盛宣怀得之，更名为宁静莲社。光绪七年(1881)曾之撰得小辋川另一半遗址建虚霩园，俗称曾家花园、曾园(见清“虚霩园”条)。新中国成立后赵吾园与曾家花园合并为常熟师范学校使用，后归常熟师范高等专科学校，后校迁修复成园。
1573～1619	多木园	江苏苏州	顾云龙	万历年间(1573～1619)，乡贡顾云龙在苏州宝城桥北建园，因园中乔木甚多，故名多木园。
1573～1619	适园	江苏苏州	申时行	万历年间(1573～1619)宰相申时行在苏州唐代武则天时期的龙兴寺址上建立的别业，时有古银杏十株，皆寿在千年。
1573～1619	集贤园(湖亭、东园)	江苏吴县市	翁彦升	万历年间(1573～1619)吴县(今吴县市)东山人翁彦升在家乡洞庭东山的风月桥北，背山面湖，建有集闲园，俗称湖亭。近代许明煦的《莫厘游志》称之为“东山第一园林”。《具区志》则赞：“亭榭水石之胜，甲吴下。”当时，大儒董其昌、陈继儒皆游历于此，并赋有诗词。园位于太湖水中，经长堤石桥方得进入。园内有开襟阁(可远借：莫厘峰、武账、葑山、灵岩山、尧峰，近借：太湖、葛洪炼丹墩)、阁前亭、群玉堂(主屋)、来远亭、楼、榭、回廊、飞香径(亭)、一叶居(屋)、寒山斋、漪漪馆、积秀阁、池东亭、土神祠、朱桥渡、荷池、碧潭、石假山、谷壑、石洞、石桥、石梁、木莲、牡丹、玉兰、碧梧、古梅、虬松、修竹、樱桃、海棠、丛桂、茶圃(数亩)、橘、柚、桃、梨等。入清，于康熙年间归席本祯，更名东园，康熙南巡幸园，席作有《春仲东园社集》，后园渐废，民国时只余池、榭。
1573～1619	肯获堂	江苏昆山	许承周	万历年间(1573～1619)萧山知县许承周之子在昆山小濮浦购得旧园六亩，重治为肯获园，有景：厅堂(五间)、水池(一个)、洲岛(一个)、竹子(千竿)、杏树(三棵)，以及涉趣亭、小濠梁亭等。

建园时间	园名	地点	人物	详细情况
1573～1619	赵氏北园	江苏常熟	邱氏	本为邱氏在常熟北旱门街的别业，万历年间(1573～1619)为赵文毅所得，后废。
1573～1619	徐园	江苏吴江	卜景川	万历年间(1573～1619)武举卜景川在吴江盛泽建有别业，后归徐寅，重修园池。
1573～1619	有怀堂	江苏苏州	韩菼	万历年间(1573～1619)苏州长洲人韩菼的祖父在此苏州娄门内直街建有怀堂，明有开云堂(文震孟书额)、寒碧斋(董其昌书额)、绀雪斋(董其昌书额)。清代乾隆时(1736～1795)韩菼重修，增辟：刓轩、归愚愢、闻斗室等景。
1573～1619	小园	江苏常熟	顾氏	万历年间(1573～1619)顾氏在常熟城内今翁府前街建有小园。
1573～1619	石榴园(丁家花园、固园)	浙江杭州	丁阶	在杭州市奎垣巷，原称石榴园巷，《万历府志》载，石榴园巷，今灰团巷。清乾隆年间将园之半割为山东盐运使丁阶所有，园中亭台池桥，碧树繁花，称为丁家花园。丁阶，字方轩，山阴人，乾隆甲辰进士。丁家花园后为旗人固氏所有，更名固园，奎垣巷为固园巷之谐音，但杭人仍俗称丁家花园。现为学校和拓路所占大部，仅存一角，20世纪30年代吴兴陈氏在此建西式别墅，现为民居。
1573～1619	熙园	上海松江	顾正心	在原积善桥左，为明代万历年间光禄丞顾正心(字仲修，号清宇，刑部主事顾中立次子，富且侠)所建别墅，广百亩，有四美亭、听莺桥、芝云堂、五溪洞、飞虹桥、池上亭、与清轩、齐青阁、步虚廊、小秦淮等，罗汉堂前名石万斛峰，乾隆年间为浙商购去，现在浙江博物馆文澜阁，清末园毁，存桥、池。
1573～1619	濯锦园	上海	顾正谊 钱氏	在东门外北俞塘，万历年间中书舍人顾正谊所建，与熙园并称顾氏两园，面积不及熙园一半，但园景胜于熙园，有敞闲堂、天琅阁等。1645年清军攻城时毁，钱氏购址建宗祠。抗日战争又毁，解放初只余水池、石桥、五老峰，1975年迁入方塔园。

建园时间	园名	地点	人物	详细情况
1573 ～ 1619初	西新园（西新避暑）	广东惠州	李学一	在惠州西湖披云岛，为明朝进士李学一在万历初年构建的园林，园以树为主，夏季甚凉。后明朝归善人陈运居此，建有留书楼、浩然亭、放生池。康熙前，此园是西湖十二景之一的“西新避暑”，时种有垂柳和竹子，康熙四十一年(1702)举人叶适(叶梦熊曾孙)居此，康熙五十九年(1720)惠州太守吴骞游园时题诗：“堤边修竹间垂杨，绿嫩繁荫夏景芳。飞阁窗开无暑到，蝉声唤起满湖凉。”李学一(1534—?)，字万卿，明代归善县人。24岁中解元，隆庆二年(1568)进士。历官庶吉士、刑部给事中、吏部给事中、转左给事中、湖广参议、贵州督学、转广西副宪、理移苑马寺卿，为人坦诚、友爱、正直，被邑人祀于五先生祠，有《文轩集》。陈运，字子昌，归善人，少从理学名儒杨起元，万历四十三年(1615)举孝廉，授湖广济阳令，禁耗羡，止斗争，修文庙，置学田，逢母艰归，不复仕，继承杨起元遗志讲学湖上，有《左传特删》、《皇明文正》、《惠州西湖志》、《潇湘草》、《披云草》等，卒后私谥惠端，光绪《府志·儒林》有传。叶适(1656—?)，广东归善(惠阳)人，明嘉靖年间兵、工两尚书叶梦熊玄孙，康熙四十一年(1702)进士，修有《叶氏家谱》。
1573～1619	卢山草堂	上海松江		在松江卢山，私园，毁。
1573～1619	涉园	上海嘉定	陈炎	在今之嘉定区娄塘镇，陈炎于万历初年所创私园，毁。
1573～1619	时氏园	上海嘉定	时偕行	在今之嘉定区嘉定镇北境，时偕行于万历初年所创私园，毁。
1573～1619	祥石堂	上海松江	何三畏	在松江区凤凰山，何三畏在万历前期所创私园，毁。何三畏，号士抑，上海奉贤区庄行乡人。万历年间任浙江绍兴推官(法官)，因惩治权贵而受流言诽谤，挂甲而去，晚年著有《云间志略》、《凤凰山稿》、《芝园集》、《何氏类熔》等书。
1573～1619	芝园	上海松江	何三畏	在松江区松江镇，绍兴推官何三畏在万历前期所筑，毁。

建园时间	园名	地点	人物	详细情况
1573～1619	日涉园	上海闵行	顾允贞	在闵行区杜行乡，顾允贞于万历前期所创私园，毁于清末。
1573～1619	拄颊山房（董园）	上海黄浦	董其昌	在文庙路梦花街一带，董其昌创园于万历前期。董其昌(1555—1636)，明松江府华亭人，字玄宰，号思白、香光居士，万历十七年进士，授编修，天启时累官南京礼部尚书，因忌阉党而告归，崇祯四年复出，掌詹事府事，三年后致仕，工书法，擅山水，为一代宗师，卒谥文敏，有《画禅室随笔》、《容台文集》、《画旨》、《画眼》等。
1573～1619	竹安斋（董园）	上海闵行	董其昌	在闵行区启秀桥一带，董其昌创于万历前期，毁于民国年间。
1573～1619	吾与园	上海黄浦	朱家法	在黄浦区复兴东路东街一带，万历中期朱家法所创私园，毁。
1573～1619	归氏园	上海嘉定	归子顾	在今之嘉定区嘉定镇东清镜塘北，万历中期归子顾所创私园，毁。归子顾(1559—1628)，明苏州府嘉定人，字春阳，号贞复，万历二十六年进士，任中书舍人、刑部左侍郎，致仕，生性恬淡寡欲，人称佛子，工文，有《删正纲目通鉴》、《备我集》和《天绚集》等。
1573～1619	黄石园	上海徐汇	张所望	在徐汇区龙华镇境内，为万历中期张所望所创私园，毁。张所望，明松江府上海人，字叔翘，万历二十三年进士，官至广东按察司副使，有《阅耕余录》。
1573～1619	唐氏园	上海嘉定	唐时升	在今之嘉定区体育场附近，万历年间唐时升所创私园，毁。唐时升(1551—1636)，明苏州府嘉定人，字叔达，师从归有光，年未三十而弃子抛业，专意古学，家贫好施，灌园艺蔬，萧然自得，工诗文，与同里娄坚、程嘉燧并称练川三老，再加李流芳为嘉定四先生，有《三易集》。
1573～1619	石宝寨	重庆忠县		位于忠县城西40公里处长江北岸五彩巨石上，明末谭宏起义据此为寨，自号武陵王，故名，号称世界八大奇异建筑。依山就势筑有寨门、寨身、阁楼十二层、高56米的木结构建筑群。康熙、乾隆所间历代有所修缮。山寨、寺院、山水融为一体，是人工与自然的杰作。寺内供有关羽、张飞、巴蔓子、秦良玉、太上老君、西王母等人物。

建园时间	园名	地点	人物	详细情况
1573～1619	嘉隐园	上海嘉定	张景韶	在今之嘉定区南翔镇，万历年间张景绍所创私园，毁。
1573～1619	万春亭	上海松江	王俞	在松江区松江镇，万历年间王俞所创私园，毁。
1573～1619	醉仙岩	福建厦门	池怀绰	在厦门的醉仙岩，明太常少卿池怀绰（名浴德）在万历年间所开，时有石室、仙井、甘泉，明万历十一年（1583）傅钺在洞顶镌“醴泉洞”三字。乾隆年间同安知县倪冻著《醉仙岩记》，详述池怀绰凿洞筑室的经过。池怀绰，字浴德、仕爵，号明洲，厦门人，明嘉靖四十四年（1565）进士，历遂昌知县、南京吏部郎中、乡试同考官（1580）、居太常太卿，致仕归。
1573～1619	棱层石室	福建厦门	林懋	在厦门城郊玉屏山虎溪岩，为万历年间厦门人林懋所开，林喜欢游山玩水，酷爱石头，自比石痴，游虎溪岩奇石林立，洞穴玲珑，便效愚公，邀友人一同开拓山岩，遂取名棱层石室，又似猛虎张牙，人称虎牙洞，现存，后为嘉禾八景之一的虎溪夜月。明池显方（福建同安人）有诗《啸风亭记》、《游虎溪岩记》。
1573～1619	东园	上海黄浦	王昌会	在黄浦区小西门内尚文路一带，王昌会于万历后期所创私园，毁。王昌会，松江府上海县（今上海市闵行区）人，陕西布政参议王圻之孙，进士，着有《诗话类编》。
1573～1619	葆真园	上海	王昌纪	在黄浦区小西门内文庙路一带，王昌纪于万历后期所创私园，毁。
1573～1619	南有园	上海浦东	王观光	在川沙镇城厢小学，王观光于万历后期所创私园，清代中叶，渐毁，南有园银杏为川沙八景之“南园古木”，毁于同治三年。王观光，字公觐，川沙人，工山水，擅诗文，为王府长史。

建园时间	园名	地点	人物	详细情况
1573～1619	南园	江苏太仓	王文肃 王时敏 董其昌 陈眉公 钱泳	在太仓城南，万历年间阁老王文肃（字锡爵）所创，园广三十余亩，遍植梅花，其中名“瘦鹤”者为王手植，点缀以绣雪轩、潭影轩、香涛阁等，王文肃常在园中处理政务，人称太师府，又与董其昌、陈眉公三人在园中觥酒交筹，绣雪堂壁上还题有董其昌的字“话雨”。清初，王文肃之孙、画家王时敏（1592—1680），字逊之，号烟客、西庐老人，太仓人，明末官居太常寺少卿，入清不仕，擅画山水，笔墨苍润松秀，与王鉴、王翚、王原祁合称四王，加吴历、恽寿平合称清六家，有《王烟客先生集》和《西庐画跋》），拓建园林，从弇山园移来簪云、侍儿二峰。乾隆时荒，嘉庆、道光、同治皆有重修，后废，清钱泳有诗《南园》叹之。民国初设蚕馆于此，1937年日军炸毁园内石碑，惟余听月峰，1989年在南园址出土青狮一对。1998年重建南园，有景：门楼、绣雪堂、香涛阁、栽花小筑、盆景园、鹊梅仙馆、大还阁、廊桥、寒碧舫、知津桥、九曲桥、拱桥、听月峰、月波桥、潭影轩、宋井亭、钓鱼台、侍儿峰、听月峰、香涛阁、瀑布、兰苑、琴台、沙摩亭、牡丹苑、兰苑、梦顶仙阁、廊桥、亭桥等。
1573～1619	巢云园	山东菏泽	郭允厚	在何园北郭楼村，明万历年间户部尚书郭允厚私园，有百年老松，以牡丹尤胜，次子郭如意著有《牡丹种植谱》二卷，今已失传，如意故后其子郭琼经营，牡丹仍盛不衰，花开时，车马云集。郭允厚，字万舆，号默千，曹州（今菏泽市）城里人。明朝大臣，官居户部尚书。其父郭堵，曾任户部主事。郭允厚明万历三十五年（1607）中进士，授文安（属河北省）知县，天启间授兵科给事、湖广副使、太仆寺少卿、兵部左侍郎、户部尚书、光禄大夫、宫保。
1573～1619	公署园	山东菏泽		在城内，明万历间所创，园内以牡丹为主。
1573～1619	对凫山庄	山东济宁	潘明宇	位于市区南屏凫山，北、西、南三面环绕，泗河风景。

建园时间	园名	地点	人物	详细情况
1573～1619	月岩寺	山东泰安		寺院正殿为大雄宝殿，殿前存 3 幢明清古碑。两株唐代古柏，一名乌柏，一名血柏，老干新枝，树影婆娑。满院松啸鸟鸣，泉泻溪流。环境幽雅清奇。殿前右侧有钟楼，左右为僧舍。殿后为经楼(清光绪九年增建的双层藏经阁)。寺院内外林立的古碑，崖壁遍刻的古代名人题字题诗，盛赞山、寺、泉、柏及其他景物。
1573～1619	范氏东西园	山西太谷	范朝引	位于太谷城东北 50 里范村，为明万历年间巨富范朝引所建私园，有东西二园，今毁。东园在范村东北，今为农田，南北长，东西宽，占地 8 亩。大门朝西，园墙分西园为南北二部，北部正中有石假山，山上有亭、庙，山下有池，山内有洞，东北有魁星阁，阁南有石假山。南北部依分隔墙西面有五间正房，依西墙有关帝庙，东南有魁星阁，平地植楸、柳、枣、桃等。西花园南北长，广 12 亩，大门朝南，对称布局，中墙分园为南北二部。南院依西墙有房十门，院心为打粮场，周边植有枣、槐、臭椿。两院间正中为五间二层过街楼，中间过道。北院对称，正中轴线依次为水池、假山、戏台、土石山、五间正房。前假山下土上石，山顶构六角亭，下为石洞，南为水池拱桥。戏台三间，下为花窖。正房前为土山，上植柏树。北院南假山左右依墙为东西厢房，房花台前植牡丹。戏台左右依墙为游廊，正房西南有井，东厢房前亦有井。
1573～1619	水绘园	江苏如皋	冒襄	在如皋城东北隅，万历年间冒一贯依唐代曾肇的洗钵池所建别墅，其子冒梦龄建逸园，明末清初冒辟疆完善，后荒废。乾隆二十三年汪之珩建水明楼，1991 年陈从周主持重建，三年告竣。园无围墙，以洗钵池为中心，池水四方分流，把园分为数块，有景妙隐香林、壹墨斋、枕烟亭、寒碧堂、洗钵池、小语溪、鹤屿、小三吾、波烟玉亭、湘中阁、涩浪坡、镜阁、碧落庐等。陈维崧有《水绘园记》，冒辟疆有《水绘园诗文集》。今水绘园含水明楼、古澹园、匿峰庐、易园、长寿博物馆、灵威观、动物园、游乐园等，广 30 公顷。

建园时间	园名	地点	人物	详细情况
1574～1619	蔡家园	福建龙岩	蔡梅岩	在所内坊，1945年郑丰稔《龙岩县志》载，蔡侍御梅岩所建花园，后代式微，易主，园中风景无足纪述，惟门额题“城市山林”四字，为蔡手笔，园内有楼，传为女眷梳妆之所，时名梳妆楼。毁。蔡梅岩，名梦说，字君弼，号梅岩，万历三年(1574)进士，授中书舍人，擢御史，巡按南畿、广东、雷州，为政清廉，政绩丰著，辞归隐居20年后复出，为海南道副使兼摄学政，升南韶道参政，乞归。因居龙岩东宝山岩洞读书，故以梅岩为号，后人在此建阁，名蔡公阁。阁右壁上誊写有明御史蔡梅岩上神宗、熹宗的三疏。
1575年	景贤祠	广东惠州	李几嗣	景贤祠在崇道山北，前身原为会英、崇道二祠。明万历三年(1575)，惠州太守李几嗣始将二祠合并为景贤祠。至清末废。(《惠州西湖新志》)
	龙树寺，兴诚寺	北京西城		原名兴诚寺，因寺内有古槐，乃龙爪槐，故称龙树寺。风景古刹，地处陶然亭西北、龙泉寺东南，地名龙爪槐。寺门外植有两棵龙爪槐，曾是古迹珍品。清初，东面的名园逐渐坍塌，龙爪槐无人顾及，龙树寺随之败落。现存为民间出资，为了迎合寻访龙树寺古迹的游人，在龙爪槐地方建的寺庙，取名龙树寺。(陈文良、魏开肇、李学文《北京名园趣谈》,《宣武文史》)
1577后	傅侍御园	山西太原	傅霈	在太原五府壑子街，是傅霈的花园。傅霈，字应沾，山西阳曲人，万历五年(1577)进士，为傅山叔祖，历咸阳县令、华亭令，后以御史家居，此为其家居时花园。
1578	古墨斋	北京	李荫	万历六年(1578)宛平县令李荫在县署挖地得柱础六个，有唐朝时李邑书碑，故建斋以纪。名曰古墨斋，傍置花柳以韵之。
1580	加思栏花园	澳门	苏雅士	澳门第一个园林，也是第一个开放的公园，因近南湾，又名南湾公园，为规则式公园，曲尺形基地，面积6100平方米。1580年2月2日西班牙旧斯蒂利亚方济各会会士在此建立修道院，内有花园，五

建园时间	园名	地点	人物	详细情况
				年后归葡萄牙方济各会会士管理，1834 年澳门政府没收为公产，1861 年修道院被拆迁，建如今的加思栏兵营，原来花园保留并开放。花园设计和监工为苏雅士(Matias Soares)。初时有四面围墙，入夜关门，是上流社会人士聚会之地，黄昏时可欣赏园内音乐台上传来的音乐。1870 年花园侧建陆军俱乐部，1920 年花园前填海建楼，故临海面被大楼所隔。1935 年开辟家辣堂街，花园缩小，音乐台被拆。花园末端中式八角亭曾是上流社会的酒吧，现为图书馆。另有三个喷泉水池、一个儿童游乐场、纪念第一次世界大战阵亡战士圆形塔楼。园内古树众多，其中罗汉松、杨桃、芒果是树王，还有人面子、双叶合欢和凤凰木等。
1580	列子祠	河南郑州	苏民望	位于郑州市东郊圃田乡圃田村北，前有潮河，后有丘陵，四周枣林丛丛。此祠创建年代待考，据碑文记载，祠曾一度被改为佛寺，明万历八年(1580)监察御使苏民望巡视河南过圃田时，得知此事，因命奉直大夫知郑州事许汝升重建祠堂，并立《重修列子祠记》碑石。祠堂原有大门、硬山房大殿、左右厢、过厅、门楼 15 间，呈长方院落，建筑均为近年重建。
1580 后	艮园(万京兆园)	山西太原	万自约	在太原城东北隅，为万自约私园，亭舍不多，林木茂盛，百鸟争鸣，颇具山林野趣。万自约，山西太原人，万历八年(1580)进士，刑科给事中，改户科，前后劾罢两尚书、两都御史、一翰林学士。倭寇犯朝鲜，主战，官至顺天府尹，以停罢大内所索珠宝，贬官。
1582 前	清华园	北京海淀	李伟	李伟为明神宗朱翊钧的外祖父，封武清侯，在北京海淀今清华大学内建有清华园，面积 80 公顷，极广，为京城特大型私园。清华园位于北京海淀镇西北，又叫李园、李皇亲园、李戚畹园、李戚畹别业等，在当时号称“京国第一名园”。[①]《帝京景物略》记载，“(清华园)方十里，正中挹海堂，堂北亭，

① 《泽农吟稿》记载：“开清侯海淀别业引西山之泉汇为巨浸，缭垣约十里，水居其半。叠石为山，岩洞幽居。渠可运舟，跨以双桥。堤旁俱植花果，牡丹以千汁，芍药以万计。京国第一名园也。”

建园时间	园名	地点	人物	详细情况
				置清雅二字，明肃太后手书也。亭一望牡丹，石间之，芍药间之，濒于水则已。飞桥而汀，桥下金鲫，长者五尺，锦片片花影中，惊则火流，饵则霞起。汀而北，一望又荷蕖，望尽而山，剑铓螺矗，巧诡于山。假山也。维假山，则又自然真山也。山水之际，高楼斯起，楼之上斯台，平看香山，俯瞰玉泉，两高斯亲，峙若承睫。园中水程十数里，舟莫或不达，屿石百座，槛莫或不周。灵璧、太湖、锦川百计，乔木千计，竹万计，花亿万计，阴莫或不接。"园林为水景园，内有前湖、后湖、挹海堂、清雅亭、习桥、汀洲、土山、楼（高百尺）、台（题"青天白日"和"光华乾坤"）、金鳞、别院（2个）、柳堤（20里）、花聚亭、水阁、冰船、泉水、怪石、锦石、石山、岛屿、矶石、洞壑、瀑布、荷花、牡丹、芍药等。牡丹花开时足称花海，特以绿蝴蝶最为少见。《明水轩日记》称："若以水论，江淮以北亦当第一"，《日下旧闻考》引《泽农吟稿》称"堤旁俱植花果，牡丹以千计，芍药以万计，京国第一名园也"。王嘉谟《丹陵沜记》称："竹最美，亦帝京之仅有也"，梁清标《李园行》称："李园钜丽甲皇州"，阎尔梅《游李戚畹海淀园》则认为"知他独爱园林富，不问山中有辋川"。清代康熙则在清华园上建皇家园林畅春园，此园仍存。
1583后	可蔬园（王少参园）	山西太原	陈震	在太原新南门街，为王辰的私园，又称王少参园。王辰，原名陈震，万历十一年（1583）进士，曾任诸城县令，后改名王辰。
1584	淡圃	江苏太仓	王世懋	在太仓西南恬淡观三百武，北距其兄弇山园半里，面积与弇山园略大。王世贞有《淡圃记》载，以绿色为主，比弇山园朴素。水景有水池（半规）、长沟（四百赤）、长堤、荷花、桥梁等，建筑有学稼轩、左右厢房、精庐、丙舍、仓库、厨房、牡丹、明志堂、书房、水阁、回廊、复道、昙阳靖、暖室二、雪洞一、浴室一、多座小轩等，假山为石山，有峰峦洞穴，峰石有武康石（高四尺）、灵璧石、英石等，小品有彝鼎

建园时间	园名	地点	人物	详细情况
				等，其他有收获场、花台等，植物有竹林、果园、牡丹为主。园有三胜：池、桥、台。有一桥长达七十尺，宽十四尺。据园记载，他从陕西学政任上回来(万历十二年，1584)，后觅地建园。在园中享受没几年就去世了。 王世懋(1536—1588)，字敬美，别号麟州，时称少美，江苏太仓人。王世贞之弟，善诗文，嘉靖三十八年(1559)进士，当年其父王忬被严嵩斩于北京，持丧而归，服丧期满，始任南京礼部仪制司主事，时年三十二，后又擢礼部员外郎，母丧归。之后先后为祠祭司、尚宝县丞、江西参议、陕西学政、福建提学，终于南京太常寺少卿。隆庆元年(1567)王氏兄弟进京讼父冤，为其父平反。万历十六年(1588)病卒。著有《王仪部集》、《二酉委谭摘录》、《名山游记》、《奉常集词》、《窥天外乘》、《艺圃撷余》等，其《学圃杂疏》是明代著名的园艺作品之一，是他在淡圃中耕作的总结。
1585后	白石庄	北京海淀	万炜 瑞安公主	驸马、都尉万炜在高梁河白石桥东北河畔建庄园，园引水自高梁河，园分三路，中路为三间门楼、前池、五间前厅、后池、竹林、柳溪(红桥亭)、绿篱前门、三间正厅、东方亭西书房、后堂、五松、绿篱后门、土阜、牡丹芍药园。东路有柳林、方亭、福禄寿三星台、柳溪、古槐、爽阁。西路为前院(东西配房、厅堂、西北角亭和土阜)、柳溪(曲桥)、翳月池、西厅、高台、台上方亭、环台土阜。《帝京景物略》记载园门临溪柳，园内亦遍植柳树，门内柳林中有小亭，亭后有"台之象"，是高台而非临水的平台，故有"迳辟龙孙长碧鲜，高台回出蔚蓝天"的诗句。明刘荣嗣、阮泰元、张学皆有诗赞之。《燕都游览志》载为"附郭园这档为第一"，规模宏大，建筑不多，以柳为主，取"杨柳非花树，依楼自觉春"之意。新中国成立前白石庄址辟为耕地，新中国成立后建为亚运村，白石桥至今仍存。万炜，明万历皇帝妹妹瑞安公主的丈夫，万历十三年(1585)结婚，崇祯时，公主封大长公主，子长祚、弘祚皆官都督，炜

建园时间	园名	地点	人物	详细情况
				官至太傅，管宗人府印，尝以亲臣侍经筵，每文华进讲，佩刀入直，崇祯十七年(1644)李建泰西征，命炜以太牢告庙，时年七十余。园林建设概在万炜结婚后。
1586 前后	东佘山居	上海松江	陈继儒	起初，东佘山居只有山下的顽仙庐一块，1607年，构高斋，次年，筑青黴亭于高斋之后，东佘山居开始往山上扩张。1614 年，“得高氏故墟，仅存小房”，改建“水边林下”，使得东佘山居的范围扩展到了山的西隅。此后，陈继儒对东佘山居不断充实，先后“结遗庵于坠骡坡下”，构“老是庵”，“由含誉堂结一亭为代笠”，建“筲帚庵”，构“古香庭院”，最终完成整个建构。总体说来，东佘山居的修建，是一个由山下到山上，自中央往东西扩展的过程。 东佘山居主要有三个片区，山南片区，此区为西佘山居的核心区，建筑主要有顽仙庐、含誉堂、老是庵、代笠、东篱、遭庵、采药亭、筲帚庵。山中片区，建筑主要有高斋、青黴亭等。山西片区，建筑主要有水边林下、垒石可轩、点易台、此君轩及喜庵等。
1586 后	镜山山房	福建泉州	何乔远	在泉州北门外镜山，进士何乔远所创书院园林，内有一阁、二亭、三室、四斋，绕以松、荔，至今仍有镜山、镜亭、不厌、醉月岩等字刻。何乔远(1558—1631)，福建晋江(泉州)人，字稚孝，号匪莪，人称镜山先生，为温陵五子之一，万历十四年(1586)登进士，历官刑部主事、礼部仪制郎中、广西布政使经历、光禄少卿、太仆、广西左通政、户部左侍郎等职，因刚正而被贬家居 20 年，崇祯二年(1629)起为南京工部右侍郎，旋又被弹罢归，居家时创镜山书院，任山长，著有《狱志》、《膳志》、《西征集》、《名山藏》、《闽书》、《明文征》、《武荣全集》、《安溪县志》、《泉州府志》、《东湖浚湖记》、《同安海丰埭记》、《顺济桥记》等大量方史志及诗文。

建园时间	园名	地点	人物	详细情况
1586	乞花场	上海松江	陈继儒	乞花场是陈继儒归隐之后的第一个隐居之所，也是他建造的第一个园林，始建于万历十四年(1586)，位于小昆山南麓。得他人资助，购买他人旧室，与徐孟孺携筑。乞花场的自然条件比较优越，涓涓小溪，斑驳竹林，错落石垣，奇峻的石岩，垂柳、花草、苍翠树木应有尽有，利用原有条件，“稍稍更饬”。景点有槿垣、湘玉堂、蕉室、赭石壑、蝌蚪湾、红菱渡、杨柳桥、鹤洗溪、花麓亭、乞花场、浇花井。
1587	愚公谷(听泉山房)	江苏无锡	冯夔 邹迪光	在惠山下锡惠公园内，原为惠山僧所听泉山房，正德中冯夔改作墅园，后废，万历十五年(1587)原湖广提学副使邹迪光购址筑园，历十载得六十景，取柳宗元愚溪愚丘为意，名愚谷，一时与寄畅园齐名，胜绝吴中，其子德基殁后，园废。旧址现余黄石水池、石公堕履处石梁、古银杏、古玉兰各一，1958年在园址上重筑园区50亩，建湖滨山馆、金粟堂(桂花厅)、慧麓草堂、游廊、土山、花墙，最妙处为东西侧串联的门厅、荷轩、滤泉亭与临水曲廊相缀，联结二泉、锡麓书堂、碧山吟社的垂虹爬山廊，形成一山一水两个景域。
1591～1595左右	尺远斋	福建泉州	黄志清	在泉州安海镇，为翰林编修黄志清在家乡所创私家园林，园内有水池、太湖石假山、小石曲桥、方亭、楼阁、石笋(海参石)、龙眼等，为安海古园林之首。听月楼是黄特为其夫人邱应以所建，建成之日，本欲题赏月楼，误书为听月楼，邱氏当即展纸草成《听月楼》一诗云：“夜静楼高接太清，倚栏听得十分明。磨空轨辄冰轮转，捣药铿锵玉杵鸣。曲唱霓裳音细细，斧侵丹桂韵丁丁。忽然一阵天风鼓，吹下嫦娥笑语声。”遂听月楼名胜尺远斋，此园至今保存完好，民国时为台湾已故国民党“立法委员”黄哲真(新编《晋江市志·人物传》有传)的故居，整个园林虽占地不大，但布局小巧有致，闻名遐迩。黄志清，字以度，万历十九年(1591)解元、二十三年(1595)进士，被尊为金玉君子，著有《易说》。

建园时间	园名	地点	人物	详细情况
1592～1610	日涉园（唐氏废圃）	上海黄浦	陈所蕴 张南垣 曹谅 陆明允 陆起凤 陆秉笏	在黄浦梅家弄和药局弄间，占地20亩，为明代太仆少卿陈所蕴所建，本为唐氏废圃，陈购得并请名师张南垣设计建造，园未建成而张去世，由曹谅继任，历时12年，与豫园和露香园齐名，有景36：园池、过云山（西南，50米高）、尔雅堂、啼莺堂、知希堂、来鹤楼、濯烟阁、浴凫池馆、问字馆、春草轩、殿春轩、万笏山房、小有洞天、明月亭、东皋亭、修禊亭、香雪岭、夜舒池、偃虹桥、漾月桥、飞云桥、飞云桥、白云洞、桃花洞、步屧廊等，修禊亭中有王羲之的《兰亭集序碑》，知希堂前有榆绘各一，为原唐园旧物。后又立五石峰，名五老峰，建五老堂，又名四可堂，陈所蕴曾与众画家合作《日涉园图》36幅。明末陆明允、陆起凤父子购园，春草轩、啼莺堂、明月亭已毁，重建长寿堂、德馨楼、绿漪亭、古香亭、钓鱼台等，孙陆秉笏增建传经书屋，其子陆锡熊得乾隆题字和杨基的《淞南小隐》，故改传经书屋为淞南小隐，鸦片战争后园败，清末仅余五老堂。《日涉园图卷》现只余十卷。
1593	留园（寒碧山房、花步小筑、刘园、东园）	江苏苏州	徐泰时 周时臣	留园位于苏州留园路79号，始建于明万历十七年(1589)，万历二十四年(1596)完工。初时园主徐泰时(1540～1598)，字大来，号舆浦，苏州人，万历八年进士，任工部主事，富堪敌国，因受陷害而归乡，聘请当时画家兼叠山家周时臣建东园，时有名石瑞云峰。明末几易园主，乾隆五十九年(1794)，官僚刘恕（1759—1816，字行之，号蓉峰，吴县市人，广西左江兵备道）从知府任上解归故里，得东园故址大加兴造，购12名石（奎宿、玉女、箬帽、青芝、累黍、一云、印月、猕猴、鸡冠、指袖、仙掌、干霄，大多仍存），集掇名帖，勒石凿刻，慕苏州状元韩菼之寒碧庄而更园名为寒碧山庄，又名花步小筑，俗称刘园。经太平天国一役，园受损许多，至同治十二年(1873)，湖北布政使盛康（1814～1902，道光进士，字勖存，号旭人）得园历三年重构，更名留园，大学者俞樾为园作《留园记》，时园广四十亩，有景：涵碧山房、济仙石、荷花池、池西北石山、闻木樨香轩、可亭、半野草堂、清风起兮池馆凉（轩）、绿荫（轩）、濠濮（亭）、碑廊、藏修息游

建园时间	园名	地点	人物	详细情况
				(厅)、佳晴喜雨快雪(亭)、灵璧石台、花好月圆人寿(屋)、揖峰轩、洞天一碧(屋)、冠云峰、岫云峰、瑞云峰、冠云沼、奇石寿太古(厅)、冠云台(题"安知我不知鱼之乐")、冠云亭、仙苑停云楼、亦不二(屋)、又一村、少风波处便为家(屋)、小蓬莱、别有天、活泼泼地(阁)、梅花月上杨柳风来(屋)、西丘、小溪、至乐亭、月榭星台亭,其西南诸峰林壑尤美(房)、射圃。辛亥革命时盛氏渡日,园荒,日占时遭损,后国民军亦驻军于此,1954 年修园,面积 30 亩,1991 年园、祠、义庄合一,面积达 50 亩,有景:古木交柯、绿荫、明瑟楼、涵碧山房、闻木樨香轩、可亭、远翠阁、汲古得绠处、清风池馆、西楼、曲溪楼、濠濮亭、五峰仙馆、还我读书处、揖峰轩、林泉耆硕之馆、伫云庵、冠云峰、冠云亭、冠云楼、佳晴喜雨快雪之亭、月季园、又一村、小桃林、至乐亭、舒啸亭、活泼泼地等。中部山水胜,最佳,东部建筑及庭院胜,次之,北部田园景色,西部山林景色。
1593	纯阳宫	山西太原	朱新扬 朱邦祚	在太原五一广场西北隅,始于宋末小庙[纯阳宫本是建于宋末的一座小庙,供奉唐朝道士吕洞宾(道号纯阳子)的道观,人们也叫它吕祖庙]。元代长春真人丘处机的弟子宋德芳(披云子)主持道观,明万历年间再兴,晋王朱新扬、朱邦祚于万历二十五年(1597)重建为道观园林,所有建筑皆具园林特色。宫前有牌坊,门侧有宋槐二,宫门内为四进院,古柏婆娑。纯阳宫居二进院中,殿后山石壁立,上有楼阁,下有石洞,题:别有洞天,楼檐题:瀛洲妙境,穿洞入第三进院落,院中为底正方上八角楼阁,八方拱券窑洞,人称九窑十八洞或八卦楼。第四进院为四合院,正楼为砖石窑洞式建筑,其余木构,南砌台阶,为登楼亭通道。正楼背后为文瀛湖,乾隆年间知府郭晋请本地人曾召南督造危阁三层,人称小天台,登顶可借景宫外。明朱求桂有诗:"嚣尘不到处,碧洞可栖霞。白鹤时临水,青猿独卧沙。古松邀月隐,修竹弄风斜。闲共山人语,清幽兴最赊。" 新中国成立后辟为太原市文物馆,并将原宫门外空地和牌坊圈入馆内,堆砌太湖石假山,山上建风景亭,借景五一广场。东侧关羽亭内立关公像,西侧碑廊陈列历代碑像。

建园时间	园名	地点	人物	详细情况
1593～1643	映碧园	山西代州	孙传庭	《代州志》载，代州西郊建有映碧园，是尚书孙传庭的私家别墅，园内有景：西溪、荷亭、涵虚阁、玄涤楼等，孙传庭有诗各记之，如《玄涤楼》、《西溪》、《涵虚阁》等。孙传庭（1593—1643），明代州振武卫人，万历进士，崇祯九年（1636）出任陕西巡抚，与李自成战于陕西、河南，在守潼关时战死。
1595	泌园（锦衣园）	广东惠州	叶梦熊	在惠州西湖，为进士叶梦熊在万历二十三年（1595）归故里后所建别墅花园，时为惠州最大私园，东起城隅，西至孤岛，南近荔浦风清，北近披云岛（惠州宾馆），水陆各半，有啸花深处、香隐、留云亭、过帆亭等景，清康熙二十三年（1684）惠州太守吕应奎在园内建有西湖书院（在黄塘），康熙二十八年（1689）惠州太守王瑛建丰湖书院（近荔浦风清）时，重修亭榭，今丰湖之湖心亭为旧时过帆亭，时名流云集，盛极一时。 叶梦熊，1531～1597，字男兆，号龙塘、龙潭、华云。明广东惠州府城万石坊人。嘉靖四十四年（1565）进士，历任赣州知府、安庆知府、浙江副使、永平道兵备、山东布政使，巡抚贵州、陕西、甘肃。因平叛宁夏擢左都御史，兼兵部左侍郎，赠太子少保，太子太保，升兵部尚书，转南京工部尚书，是惠州明代著名的三尚书之一。廉能著称，忠勇、智谋，五次请辞方获归，有《华云集》、《太保集》、《五镇奏疏》、《筹边议》、《战车录》、《运筹决胜纲目》、《四库提要》等。
1597	天泉书院	广东惠州	周应治守道	位于惠州西湖元妙观左。书院面向千顷西湖，有若天然，故取名天泉书院。后废为棠荫祠，即为东岳庙，再并入元妙观。清末改为元妙观知客厅，名曰“清虚堂”。（《惠州西湖新志》）
1597	婉娈草堂	上海松江	陈继儒	陈继儒幸而得到朋友的资助，在小昆山筑读书台，一来为了读书，二来也为了和朋友交往论道。婉娈草堂是在晋代陆机陆云读书台的遗址上建造的。婉娈草堂始建于万历二十五年，位于小昆山西北坡山腰，居高临下，视野开阔，泖湖风光尽收眼底。景点有婉娈草堂、藤萝壁、墨池等。

建园时间	园名	地点	人物	详细情况
1597	湛园	北京	米万钟	在皇城西城根，为书画家米万钟自己设计的宅第园林，是米氏三园中最后构成者，宅东园西，园内有：石丈室、石林、仙籁馆、茶寮、书画船、绣佛居、竹渚、敲云亭、曲水、竹林、花径、猗台、蔬圃。米万钟爱园殊甚，自号湛园，题有《湛园花径诗》，行书极为潇洒，又题有《湛园杂咏》一卷，标园中佳胜 18 处，题咏而成。米万钟(1570—1628)，宛平人，祖籍陕西安化，宋书画家米芾后裔，字仲诏、子愿，号友石、湛园、文石居士、勺海亭长、海淀渔长、研山山长、石隐庵居士，自署莲花中人、宛香居士、烟波钓叟、古今怪言知己、燕秦一畸人，明代著名画家、诗人、书法家、造园家，还工篆刻、琴瑟、棋艺。万历二十三年(1595)进士，先后任永宁、铜梁、六合县令，后任江西布政使、山东参政，秉性刚直，疾恶如仇，天启五年(1625)时受诬获罪削籍，崇祯元年(1628)再被启用，补太仆寺少卿，不久病故。一生喜山水花石，工书画，长诗咏，行草得米家法，绘事以北守为范，山水细润精工，皴斫幽秀，渲彩研洁，布局深远，著有《澄淡堂文集》、《诗集》、《易经》、《石史》、《象纬兵钤》、《琴史》、《奕史》和《篆隶考伪》。与邢侗、董其昌、张瑞图并称明末四大书法家，并有南董北米之称，性好石，故号友石，平生多在江南做官，定居北京后，在北京设计五园：漫园、湛园、勺园、湜园和杨园，前三者为自家园林，万历至天启年间，达官显贵和文人墨客皆到米氏三园游览，米因园名噪。邓拓以马南邨笔名写有《米氏三园》，专门考证，米家有四奇：园、灯、石、童，米氏三园以勺园为最，皆有山水园、山水诗、山水画。
	古云山房	北京	米万钟	米太仆万钟之居也。太仆好奇石，蓄置其中。其最著者为非非石，数峰孤耸，俨然小九子山也。又一黄石，高四尺，通体玲珑，光润如玉。一青石，高七尺，形如片云欲堕。后刻元符元年二月丙申米芾题。又有泗滨浮玉四篆字。太仆尝以所蓄石令闽人吴文仲绘为一卷，董玄宰、李本宁尝为之题。(汪菊渊《中国古代园林史》)

建园时间	园名	地点	人物	详细情况
1597～1619	湜园	北京	苗君颖 米万钟	太守苗君颖在北京内城建造的私园，设计者为米万钟，园西面可眺湖面。建园时间在米万钟从南方调回京城之后。“湜园者，太守苗公君颖别业也，西面望湖。”
1597～1619	杨园	北京	杨侍卿 米万钟	杨侍卿请米万钟为其设计建造的私园，在湜园南面。建园时间在米万钟从南方调回京城之后。
1598	漫园	北京	米万钟	在北京德胜门积水潭东（什刹海），为书画家米万钟所建，园内有一阁，三层。建园时间在米万钟从南方调回京城之后，毁于清初。其造园风格为江南水乡。有景点十八处，分别是：池、石林搂、椅台大娄江南布置，中有书画船、绣佛斋、花径、松关、竹渚、水槛、无漏敲云亭、蔬圃、茶寮、戈国杏、仙籁馆、板桥、曲水、石丈斋、饮光几十八号。漫园刚建成时米万钟题诗《漫园初成》二首：“纪胜无劳出郭舆，卧游眺听日堪书。岚冲石发萦山带，梵挟松弦韵木鱼。狎立风烟俱老大，惯系鸥鸟独迂疏。偶从图画新摹得，疑向江乡乍卜居。”“三年放作北山农，时看狂云失乱峰。归沐栖虽仍落落，乐饥流幸枕淙淙。鉴湖他日无须乞，彭泽清时好自容。桃李笑非零露地，且依秋水醉芙蓉。”后又题《自题湛园诗》、《湛园花径诗》和《湛园杂咏》、《立春漫园社集》，还以漫园漫士自号。四季邀约朋友赏游。描写最丰富者为邓诗选的《湛园赋》。其他文人李之椿、韩弘达、贺世寿、陈以闻、方逢年、韩霖、刘道贞、王可象、刘容嗣亦有诗篇。（赵展《米万钟及其园林研究》）。
1599	雨花禅院	江苏苏州	松竹和尚	在东山镇古街东的茅场岭山坞，万历二十七年（1599）僧松竹于雨花潭上筑雨花台，构雨花禅院，有萃香泉、瀑布等自然景观，1920 年东山叶氏子弟为纪念族人叶翰甫而在禅院右建醉墨楼，叶乐天在禅院左侧山冈建还云亭，钱谦益有诗《游东山雨花台次许起文韵》，吴伟业、严国芬、张謇、吴荫培皆在此留有诗文联字。十年动乱，院毁，1985 年 2 月重建。

建园时间	园名	地点	人物	详细情况
1599	月张园（李园、寄园、全浙会馆）	北京西城	冉兴让	位于北京阜成门内靠城墙处，长椿寺西南（原下斜街，今长椿街路西），为寿宁公主驸马冉兴让的宅园。园内有垂柳、黛柏、苍槐、厅堂、水池、菜畦。入清，为李文勤所有，称李园，园中梨树年年结果，李甚喜食，康熙二十三年（1684）李病逝后梨枯萎，叹为奇事。其后，园归朝议大夫赵吉士，赵修缮后改名寄园，于园中写诗著作，赵好友，常约文人墨客会集园林。康熙二十六年（1687）七夕，取堂额“相赏有松石间意”为题，赋诗，和者 270 人，汇成《寄园诗集》。因其子科举中占用浙籍，有愧而将寄园捐作全浙会馆，浙人在会馆中建敬贤堂祀之。民国初年，号称“铁肩辣手”的革命报人邵飘萍、林白水被张作霖张宗昌杀害，1928 年北平市长何其巩在此举行邵林追悼会。 冉兴让，万历二十七年（1599）与万历次女寿宁公主结婚，封都尉，公主深得万历所爱，命五日一来朝，恩泽异于他人，崇祯时，洛阳失守，命其同太监王裕民、给事国叶高标往慰福世子于河北，不久回京，恰李闯王军破都城，兴让被义军拷打至死。 赵吉士（1628—1706），字天羽、渐岸，号恒天，安徽休宁人，入籍钱塘。顺治八年（1651）举人，康熙七年（1668）调山西交城知县，五年半内开渠植树、修路筑城、葺署挖湖、兴学均徭、劝农修志，镇严义军，康熙十二年（1673）以功擢户部主事，先后任山西、河南、四川司主事。旋连丁母、父忧，起复原职。二十年（1681）调通州中南仓主管，纂修盐漕二书，二十五年（1686）擢户科给事中，因勘河不力被黜，复补国子监学正。善诗文，勤著作，有《寄园所寄》12 卷、《万青阁全集》8 卷、《续表忠记》、《杨忠公列传》、《录音韵正》、《牧爱堂编》、《交城县志》、《徽州府志》。
1602	桂杏农园	北京		《竹叶亭杂记》：“宣武门内武公旦胡同，桂杏农观察卜居矣。宅西有园，进榭茅亭之前凿小池，砌石为小山，屹然苍古，为群石冠，苔藓蒙密，摩挲石阴，得万历三十年（1602）三月起堆叠山，高倪修造十六字。”案燕都以堆石著名为华亭张南垣、张然父子，半亩园、怡园皆其手笔，为海内艳称，兹之高倪则又先于张氏父子，其事迹尚待考。（汪菊渊《中国古代园林史》）

建园时间	园名	地点	人物	详细情况
约1603	贲园（莘庄、梅村）	江苏太仓	王士骐 吴伟业 张南垣	王世贞的儿子王士骐在太仓城厢镇建别业，名贲园、莘庄。贲园可能是王士骐在万历三十一年(1603)被削职回乡后所建。王家居贲园，著有《醉花庵诗选》、《符秦书》、《铨曹要》、《御倭录》、《四侯传》等。《太仓王氏》载，其子王瑞国为其父写传，“性喜多费，兴作无虚日。然考是园不为侈，廓然堂则其长子庆常瑞庭俗呼大痴者为之”。园中的廓然堂是长子瑞庭所建，不如意，三次推倒重建。享受二十多年就败了。据《忆先贤:“江左三大诗人”之吴梅村太仓遗迹查考》，约崇祯十四年(1641)买下贲园，请造园家张南垣主持改造，张数次来此，到鹿樵溪舍顺治十四年建成，历17年。园广一百多亩，是太仓史上最大者。园改梅村，遍植梅花千树，有景:乐志堂、梅花庵、交芦庵、娇雪楼、鹿樵溪舍、梠亭、苍溪亭、旧学庵等。为此，他专门为匠人张南垣立传。钱潧的《乐志堂记》载全园布局，乐志堂为主体建筑，背冈临涧，越水双桥，南面又有万松岭，岗峦起伏。全园山水尤妙。王梁《读画录》赞张氏假山“标峰架壑，平远阪陀，皆以老峰顽石骈填而成，绰有倪黄法律”。吴伟业写梅村诗最多:《盐官僧香海问诗于梅村梅大发以谢之》(种梅三十年，绕屋已千树)、《春日小园即席次白林九明府》、《园居柬许九月》、《新霁孙令修至同步后园探梅》、《园居》、《梅村》等。顾湄有《吴梅村先生行状》、王昊有《梅村先生堂中与纡士九日宴集》等。 王士骐(1554—?)字冏伯，明太仓人，王世贞长子，成化进士，万历十年(1582)江南乡试解元，十七年登进士，授兵部主事，任至礼部员外郎，有政绩。后署吏部郎中。三十一年，为权者所嫉，坐妖书狱削籍归。屡荐不起，刚直以终。天启初录国本功，赠太仆寺少卿。士骐长子王瑞庭，字庆常，万历武科举人，习为侈汰，姿声色，先世业荡尽无余。 吴伟业(1609—1672)字骏公，号梅村，别署鹿樵生、灌隐主人、大云道人，江苏太仓人。明崇祯四年(1631)一甲第二名，曾任翰林院编修、左中允、左谕德、左庶子等职，恨党争而辞。弘光朝被召任

建园时间	园名	地点	人物	详细情况
				少詹事，居二月又辞归。清顺治十年(1653)被迫应诏入京，次年授秘书院侍讲，升国子监祭酒，败于党争，发配东北。顺治十三年(1656)底，以奉嗣母之丧为由乞假南归，此后不复出仕。他是明末清初著名诗人，与钱谦益、龚鼎孳并称“江左三大家”，又为娄东诗派开创者。长于七言歌行，初学“长庆体”，后自成新吟，后人称之为“梅村体”，最突出者为《圆圆曲》。著有《梅村家藏稿》五十八卷，《梅村诗馀》，传奇《秣陵春》，杂剧《通天台》、《临春阁》，史乘《绥寇纪略》，《春秋地理志》等。《四库全书总目提要》把《梅村诗集》列为“国朝别集之冠”。曹汛有考，王凤阳《张南垣园林研究》有示意图。
1604～1627	日涉园（淡明园）	山西太原	李成名 裴氏	在太原五福庵东南，为太仆寺卿李成名告退之所。园中有山石、小桥、曲水，李与友人在此行曲水流觞之乐。李亡后归裴氏，更名淡明园。李成名，太原人，字心白、寰如，万历三十二年(1604)进士，授中书舍人，擢吏科给事中，因疏陈铨政失平，语侵尚书赵焕，时党人攻击东林，乃告疾归。天启间复官太仆寺卿、佥都御史、赣南巡抚，在赣南时严惩贪官，被魏忠贤革职归省，崇祯初时复起，任户部右侍郎，专理边饷，京师戒严，改兵部左侍郎，帝召对平台，区划兵事，数月告老归省，旋卒，有《半亩园诗集》和《日涉园诗集》。
1604～1627	双园（桑园）	上海黄浦	徐光启	在今黄浦区桑园街一带，明万历三十二年至天启年间徐光启所创私园，毁于清代。徐光启(1562—1633)，明松江府上海人，字子先，号启扈，曾入天主教，教名保禄，万历三十二年进士，1600年向意大利人利玛窦学天文、数学，译《几何原本》，天启间任礼部侍郎，被魏忠贤劾罢，崇祯元年召还，擢礼部尚书、东阁大学士，有《崇祯历书》、《农政全书》，葬上海徐家汇。

建园时间	园名	地点	人物	详细情况
1605前	拂水山房、拂水山庄	江苏常熟	瞿纯仁 钱谦益 张南垣	拂水山房和拂水山庄都在常熟虞山西麓拂水岩下。据林建曾《钱谦益瞿式耜师弟关系考辨》，万历已巳(1605)年瞿式耜16岁，钱谦益24岁，两人为师兄弟，同在老师瞿纯仁的拂水山房读书。据《初学集》内《瞿元初墓志铭》载："虞山之西麓，有精舍数楹，直拂水岩之下，予友瞿元初君之别墅也。"《瞿太公墓版文》谓："余年逾壮，与瞿子元初读书拂水山房。"由此可见，此拂水山房为稼轩族叔祖瞿纯仁的别墅。而钱谦益自筑的拂水山房，则属他崇祯三年(1630)请张南垣所筑。《初学集》卷45道园内有耦耕堂、朝阳榭、秋水阁、明发堂、花信楼等景。崇祯九年(1636)，钱改山庄为墓地，建明发堂。别营山庄于新阡之东，而仍其旧名。新建花信楼、留仙观、玉蕊轩、团桂阁及梅圃溪堂。《初学集》之《重修素心堂记》云："而余方营先墓于拂水，筑丙舍墓之西偏。美是堂之制，命工图以来，视其栋宇而构焉。他日堂成，亦将属异度为之记。崇祯九年正月记。"由此可知线谦益自筑拂水之居为拂水丙舍，此丙舍在《初学集》、《有学集》内反复提及，和青年时读书之拂水山房分明为不同之建筑，可能相近，可能购取。康熙五十一年(1712)《常熟县志》说拂水山庄售与去官后自楚入吴的王材任(字子重，号西涧老人)。钱谦益有七处楼阁的文记、《夏日偕朱子暇憩耦耕堂》、《八月十二夜》，以及《新阡八景诗》与《山庄八景诗》。其中后两部作品描述的是崇祯九年山庄移建后，园外与园内的景致。程嘉燧有《七夕同受之坐雨偶吮墨作中峰夜雨因忆拂水山居旧事漫书口号三首》、尹伸有《拂水山庄赠诗》、周准有《行经拂水山庄》、顾诒禄有《虞山经拂水山庄》、冯班有《过山庄》、汪绎有《拂水山庄登秋水阁》等。新阡八景即拂水回龙、湖田舞鹤、石城开障、箭阙朝宗、杳石参天、层湖浴日、团桂天香及紫藤衣锦。山庄八景为锦峰晴晓、香山晚翠、春流观瀑、秋原藕耕、水阁云岚、月堤烟柳、梅圃溪堂与酒楼花信。后来拂水山庄毁，2010年政府重建园林，有景：明发堂、秋水阁、耦耕堂、朝阳榭、花信楼、梅圃溪堂等。

建园时间	园名	地点	人物	详细情况
1606～1627	檀园	上海南翔	李流芳	嘉定四君子之一李流芳在南翔镇金黄桥建园，多涧壑流泉，有泡庵、萝壑、剑蜕斋、慎娱室、次醉阁、翏翏亭、春雨廊、山雨楼、宝尊堂、芙蓉泮等，明末毁。
1607～1619	梅花墅（海藏梅花墅、二耕堂）	江苏苏州	许自昌	位于苏州角直镇（甫里）东市下塘街姚家弄西，万历（1573～1619）晚期镇中书舍人许自昌创建，名梅花墅，园广百亩，皆水，亭阁尤美，内有：杞菊斋、映阁、流影廊、湛华阁、浣香洞、石梁、水池、小西洞、招爽亭、锦淙滩、在涧亭、转翠亭、灵举石、碧落亭、漾月梁、石梁亭、得闲堂、石台（可坐百人）、竟观居（佛所）、浮红渡、藏书楼、鹤簾、蝶寝（居所）、涤砚亭等，回廊曲水，荷池石岛，石梁岩洞，莫不称奇，被誉为仅次西湖和虎丘的第三胜地，故主人亦自号梅花墅，明人钟星于万历己未年（1619）游此园后作园记。入清，家道中落，其子许孟宏为保家祠，舍园为海藏庵，后归曹氏，增建钟楼和大殿，易名海藏禅院，面积只余一半，人称海藏梅花墅，后汪缙购建为二耕堂，现已恢复。许自昌（1578—1623），明戏曲作家，字玄佑，号霖寰、云缘居士，苏州长洲甫里镇人，其父为万历年间吴中富商，他中举后四次会试不第，万历三十五年（1607）捐得文华殿中书舍人，不久告归，以读异书交异人为快，工乐府，有《樗斋诗钞》、《樗斋漫录》、《秋水亭草》、《吐馀草》、《捧腹谈》等诗文，又有《水浒记》、《橘浦记》、《报主记》、《灵犀佩》、《弄珠楼》、《临潼会》、《百花亭》等传奇。
1608	春晖园（西园）	江苏常熟	瞿式耜	瞿式耜（1590—1650），南明大臣，字起田，号稼轩，万历进士，1644 年任广西巡抚，1646 年拥立桂王，任文渊阁大学士，1650 年抗清失败被俘遇害。他在老家常熟西门外拂水岩左建有别墅，本为瞿家墓田，称程桥山房，万历三十六年（1608）自北京扶母亲灵柩归于此，葺墓庐守墓，名春晖园，内有湖池、竹屋，有屋名白云居，为瞿式耜读书处，瞿在园中写诗《春晖园》。清康熙年间，园荒芜，后改为曹节妇祠。

建园时间	园名	地点	人物	详细情况
1611～1613	勺园(风烟里、弘雅园、集贤院、淑春园、墨尔根园、肆勤农园)	北京海淀	米万钟	在今北京大学图书馆、留学生大楼往北至西校门再折东经办公楼至未名湖四周，约百亩，为明代画家米万钟自己设计建造的私园，平面成“勺”形，取“一勺代水”之意，又名风烟里。园景为江南风格，园内有水池、文水陂、逶迤梁、缨云桥、玉带桥、槎丫渡、曲径、松风水月阜、屏墙、怪石、雀滨石(有黄山谷书迹)、定舫、太乙叶(舫屋)、勺海堂(吴文仲题匾)、栝子松、曲廊、翠葆楼(邹迪光题匾)、水榭、厅堂、林于澨(竹林匾)、莲花、柳树景。 勺园以水景为主，水面几十亩，《天府广记》载：“一望尽水，长堤大桥，幽亭曲榭，路穷则舟，舟穷则廊，高柳掩之，一望弥际。”园中建木船，名梅桴，以利舟游。勺园叠石和藏石与京师内外诸园相比，远胜一筹，因米一生最好山水花石，并自称石隐，取号友石。为得奇石，走遍京郊诸山，在房山发现一石奇异，雇百余人，掘井泼冰，再用几十匹马拉滑行，仍未能运归，回后写《大石记》，百年后乾隆去易县祭祖经过良乡发现此石，降旨运归颐和园，题为青芝岫，写《青芝岫诗》。米万钟有诗《勺园集》和《勺园修禊图》、王思任有《米仲诏召集勺园》、王铎有《米氏勺园》、袁中道《七夕集米万仲诏勺园》，1933年后燕京大学洪业《勺园图录考》，引明清外国书凡85种，考校史225条，详述米万钟家世、勺园胜景和所在。 建园时间在米万钟从南方调回京城之后，明亡后，勺园渐荒，清初归官家所管，不久康熙建为弘雅园，赐予郑亲王，康熙二十九年(1690)建畅春园，四十八年(1709)建镂月开云，雍正时命名为圆明园，时弘雅园改集贤院。因园南有米万钟生父米昆泉的墓(米家坟)，影响乾隆去畅春园向母亲请安，故传旨工部在米家坟北挖小渠引水入畅春园西北的筒子河，并在河汊建偻佝桥，俗称漏斗桥，以破米家风水。后该园赐予和珅，扩建为淑春园，嘉庆四年(1799)和获罪后归内务府，后归睿亲王多尔衮11世孙魁斌(1863—1915，1876年袭爵，最后一位睿亲王)，时有名石寿星石，光绪十五年(1889)魁斌献寿星石入颐和园，有子中铨(1892—1931)和中铭，家道中落，变卖为生，民国初年，军阀陈宗藩从中铨(另说德七)手中以两万元购得，改建勤农园，后被燕京大学(今北京大学)购为校园，至今山水格局仍未变，现有亭、廊、桥、石、荷、池等景。

建园时间	园名	地点	人物	详细情况
1613	石仓园	福建福州	曹学佺	在福州闽侯洪塘乡建新乡文化馆和篦梳厂处，为明末文人曹学佺所创私园，取后汉曹曾“积石为仓以藏书”之典为园名，有浮山堂、石桥、临赋阁、春草亭、梅花馆、荔枝园、琴书社、沉香榭、八角台、半月池诸胜，清中叶园毁。曹学佺（1574—1646），福建闽侯洪塘乡人，字能始，又字尊生，号雁泽，自号石仓居士、西蜂居士，万历二十三年（1595）进士，历任户部主事、大理寺左寺正，1613 年任四川按察使时被蜀王中伤，削归乡里，筑石仓园，天启二年（1622）启用任广西右参议，升陕西副布政使（1626）、广西副使（1628）、太常寺卿、礼部尚书、太子太保，清兵陷福州，自缢。多才，著作等身，诗、词、曲、文、史、戏无不涉及，为闽剧始人，闽中十才子之首，罢官 20 余年，著述 30 余种，诗集《石仓全集》。
1614	鹤洲草堂	浙江嘉兴	朱茂时张熊	在嘉兴鸳鸯湖畔，占地百亩。此地在唐德宗时，贤相陆贽在洲上建园，因放鹤而名鹤渚。唐文宗时，成为宰相裴休别业，人称裴岛。万历四十二年（1614），朱大启在此建园，邀请陈懿典作文记其事，请大书法家董其昌为其题写匾额，请李日华绘画。崇祯十五年（1642），其子朱茂时解甲归田，请张南垣次子张熊改造此园，名之鹤洲草堂（《嘉兴县志》之《张南垣传》）。朱茂时侄子朱彝尊的《静志居诗话》称张南垣为此画有墨石图，由此推断可能父子合作。园分东西二园，占地百亩。关于园景，朱彝尊《静志居诗话》道：“自湖之田，有堂有亭，有桥有船，有冈有榭，有庖有湢。杂树花果、瓜畴芋区菜圃，糜所不具。”徐宏泽、项圣谟、戴晋、卞久、王时敏、鲁得之觞咏题壁。吴伟业题有《题朱子葵鹤洲草堂》，项圣谟还专门绘图。后来，园渐荒，徐釚偕友人登放鹤洲，题《游放鹤洲记》。称西园中有石桥、草堂、古梅、修竹、乔松寿藤、石山、山涧，东园有水池、垂柳、茅屋等。《嘉禾献征录》称之“胜概甲一郡”，杜濬的《倦圃诗为秋岳赋》把放鹤洲推为嘉兴第一名园。朱彝尊还有《霜天晓角·早秋放鹤洲池上作》和《春晚过放鹤洲》，王庭有《鹤洲》，吕留良有《坐鹤洲梅花下》，项玉笋有《春日同汪曾城游放鹤洲与履师话》，曹溶有《游朱氏

建园时间	园名	地点	人物	详细情况
				鹤洲五首》，余怀有《秋日集鹤洲》。园林在清中叶渐毁，2004 年，政府修建放鹤洲公园，四面环湖，中有荷池、鱼池、菱塘、果园、门坊、亭榭、楼阁等。朱茂时，字子葵，号葵石，曾任顺天府通判、贵阳知府，官至工部员外郎，擅诗文，有《咸春堂遗稿》。(王凤阳《张南垣园林研究》)
1614	南园	江苏太仓	王锡爵 王时敏 张南垣	在太仓城南潮音庵北，占地三十余亩，万历四十二年(1614)前，已是太傅王锡爵的宅园，以种梅养菊为主。万历四十八年(1620)，其孙王时敏请造园家张南垣扩建后有绣雪堂、潭影轩、香涛阁、水边林下、烟垂雾接等，绣雪堂有董其昌所题“话雨”，两峰石从弇山园移来。入清，王时敏避居西田。王请从父王卫仲在此课子，又增筑独树轩和小山堂以延宾朋。卫仲第三子王香涛得园三分，其少子竹嵝以诗文主盟宾朋于梅花季节，成为南园雅集，乾隆间逝并葬此。嘉庆间，竹嵝次子王白石好道，在水边林下故址上建吕祖祠，题为鹤梅仙馆，傍造玉癯阁。道光初年，邑人集资重修南园，奉王锡爵为栗主，以王世贞和吴伟业为副主。咸丰年间，毁于太平军之役，园东属他姓，仅存宅后二十七亩。同治初，里人集资在鹤梅仙馆旧址上建台光阁，同治九年，知州蒯德模建逊志堂、忆鹤堂、栽花小憩、寒碧舫等，移安道书院于此。光绪间太原裔孙立案后世不得买卖南园，供王锡爵于台光阁。20 世纪 30 年代童寯写《江南园林志》到此考察，只余几个建筑、一个水池、几个奇石，名为“簪云”与“侍儿”，到中华人民共和国成立之初，建筑全毁，水池被填，树木尽折，听月峰被击碎。1998 年政府修复南园，有景：水池、黄石假山、潭影轩、月波桥、影视厅、大道阁、鹤梅仙馆、寒碧舫、知津桥、香涛阁、宋井亭、侍儿峰、钓鱼台、听月峰、瀑布、云阳观、娄东书院、栽花小憩、兰苑、廊桥、琴台、沙摩亭、南国香雪、牡丹苑、梦顶仙阁、绣雪堂等。有关南园文献有钱泳的《履园丛话》之“南园”、吴伟业的《琵琶行序》、王时敏的《遗训·自述》、《娄东园

建园时间	园名	地点	人物	详细情况
				林志》、王祖畬的《太仓州志》和《忆南园始末》、王浩的南园布局图、王麟士的南园寻胜图、曹汛《张南垣的造园叠山作品》、尧云《娄东园林志初探》、王凤阳《张南垣园林研究》。
1614	豆区园	福建福清	叶向高	在福清融城官驿巷，明万历四十二年(1614)秋内阁首辅叶向高罢政后重建此园(始建年代不详)，全园 0.2 公顷，因小而名豆区园，有小书斋、大石屏、鱼池、小拱桥、水榭、景石(牧童骑牛、麻姑进酒、和尚背尼姑、达摩过江、蝙蝠石、石龟、石蛙、石蛇)、茶炉、漱石亭、眼云洞、土地公、后花园、石美人、龙门禹迹、鲤鱼石、百猴石、六角亭、小鱼池、水井、钓鱼台、水阁等。新中国成立后为县政协和工商联办公处，“文革”时部分景点毁，1995 年修复。
1614	琼园	海南海口	翁汝遇 朱为潮	在海口市海府大道 169 号五公祠内，苏东坡被贬时两度(1097 年和 1100)寓居，发现泉水，后人把此题为东坡读书处，而后置学田，建书舍，聘山长，开办东坡书院，历南宋、元、明、清，至光绪二十五年(1899)迁入府城后停办。万历四十二年(1614)琼州郡守翁汝遇在泉边修粟泉亭，万历四十五年(1617)建苏公祠，相近时间又建五公祠，下祠上楼，人称海南第一楼，内祀李德裕、李纲、李光、赵鼎、胡诠，1915 年雷琼道台朱为潮在此筑琼园，内有亭阁、假山、花池等，五公祠及琼园。在 1954 年、1974 年、1984 年多次重修扩建，达 100 亩，近年又建仰忠桥、荷池中亭榭及对岸陈列馆，现有古建筑和仿古建筑及景点：海南第一楼、学圃堂(浙江郭晚香讲学处)、观稼堂、东斋、西斋、五公精舍、苏公祠、东坡读书处、思贤坊、海南胜境坊、两伏波祠、洞酌亭、拜亭、浮粟泉、浮粟亭、洗心轩、粟泉亭、游仙洞、仰忠桥、荷池、岛屿、风亭及五公祠陈列馆等 20 余处。

建园时间	园名	地点	人物	详细情况
1614前后	而园	山东曲阜	孔贞丛	在曲阜西郭外，为孔子第63代孙孔贞丛所建私园，现毁。孔贞丛，官至曲阜知县，曾于万历四十二年(1614)迁四氏学于庙西观德门外，为现曲阜一中处，故其私园概建于孔贞丛任期内。著有《阙里志》。
1615	集贤圃、湖亭	江苏吴中	翁彦陞 张南垣	在东山镇具区风月桥北，因临太湖，故称湖亭，是光禄寺署丞翁彦陞(字亘寰)所建的园林，翁澍《具区志》称"亭榭水石之胜甲为吴下"，近代许明煦的《莫厘游志》称之为"东山第一园林"。翁彦陞祖父是大商人翁笾，富甲一方。翁致仕后在湖嘴头购地百亩，请造园大师张南垣建园。陈宗之《集贤圃记》详述园景：开襟阁、群玉堂、石桥、来远亭、琉璃三角亭、朱桥、一叶居、牡丹台、寒香斋、小轩、漪漪馆、土神祠、亭子、茶田、果园、长廊等。范景文有《题集贤圃》、吴伟业有《跋翁季霖石刻远翠阁记》、王维德有《林屋民风》、王世仁有《过洞庭亘寰亲翁开襟阁工》、叶方标有《湖亭翁园故址诗序》等。陈宗之，明末清初苏州府长洲县人，字玉立。崇祯六年(1633)举人，十六年会试中乙榜。选推官，以亲老辞归。曹汛考证为张南垣作品，吴伟业《张南垣传》和《嘉兴县志》的《张南垣传》则无载。王凤阳《张南垣园林研究》绘有示意图。
1619	赵家堡汴派园和辑卿小院	福建漳州	赵范 赵义	在漳浦县湖西乡赵城村赵家堡，流落漳州的南宋闽冲郡王赵若和八世孙赵范在明代衣锦还乡后于1600年建堡，1604年建堡墙及府第，1619年2月赵范之子赵义(字公瑞，文华殿中书舍人)扩建府、园、寺等处，有水池区、丘岗区和辑卿小院。全园约六十亩，湖池十亩，百米长堤分池为二部分，内池一角架汴派桥。丘岗名硕高山，区内有墨池、聚佛塔、佛寺、禹庙、土地庙等。松竹村位于堡东高岗，园内广植相思树、松树、竹子。辑卿小院是赵义的宅园，有"读书处"石、平台、古树、天然巨石等，石上题"云巢""薰来"题刻。

建园时间	园名	地点	人物	详细情况
1616	东皋草堂（赵家花园、东皋老屋）	江苏常熟	瞿汝说 瞿式耜	万历四十四年(1616)冬瞿汝说(江西布政司参议)从江西任上荣归故里,建园于常熟城内大东门外鸭潭头,名东皋草堂,其子瞿式耜(1590—1650)又扩建园林,时有浣溪草堂、贯清堂、镜中来、潮音阁、耕石斋等,瞿式耜写有《东皋三十景》诗,题为:桃堤柳障、菊圃香城、中流塔影、竹林禅雨、回廊香雾、虹桥醉月、蓉溪泛棹、画桥烟雨、绀阁香灯、湛阁听莺、草堂观画、别蒲蒹葭、水槛乘凉、东楼月上、野鹤鸣皋、修鳞跃浪、静夜潮音、茅舍村谈、春涨流红、秋砧霁月、雨窗观稼、烟艇垂纶、西岭云生、茜野浮觞、雨沐郊林、波翻夕照、梧桐踏月、带雨春耕、肃霜秋护、菊花张灯等,时人把徐家戏子和瞿家园林合称为虞山二绝。园至曾孙瞿昌文时毁,后归赵元恺,题为东皋老屋,俗称赵家花园,1949 年时园已毁。
1617	曼园（柳园）	江苏兴化	李长倩	在兴化市梅子池正南,今实验小学西半及校外西部,与枣园相接,隔水与拱极台南北遥对,东邻小岛(今实小东半部),岛上有放生庵。为李长倩父亲所建私园,李长倩少时曾在此坐亭观园读书。曼园景点沿海子池南岸一线排开,长堤如丘,高低错落,东部濒水筑苔藓山,中部伸入水池构水榭,其余复廊皆掩映在林木之中。苔藓山仿枣园之土窟楼,以奇石垒成,内洞外土,遍植翠竹,顶构危楼,楼设佛堂。山石浸水,湖浪拍石,百窍发声。王士祯慕名游园作《苔藓山》:“苔藓山边路,玲珑岸洞深。朱华低冒水,碧竹散成林。香积旃檀气,溪流钟磬音。维摩犹示疾,方丈一披襟。”又题《李氏曼园水亭》:“君家亭榭好,渔浦在亭中。朝夕登临意,邈然江海同。当杯上明月,送客起樵风。疑有秦人在,言从世外逢。” 李长倩(1588—1646),字维曼、瞻鹿,晚明江苏兴化人,崇祯七年(1634)进士,官至江西按察副使提督学政,弘光时授福建提学,唐王隆武时官至右都御使、户部尚书,1646 年 6 月清兵入八闽,李知大

建园时间	园名	地点	人物	详细情况
				势已去，服毒自杀。其三子李淦守园，李淦(1626—?)，字若金，号季子，别号沧浪水樵，曾以举人身份随父抗清，兵败回乡，隐居曼园，性好山水，有《砺园集》，其妻徐尔勉，字幼芬，徐相国之后，工诗文，有《幼芬诗稿》和《偕隐居诗集》。康熙后期，李淦殁后，亭台倾圮，园林荒毁。康雍时园址重构，名柳园，增建绿天亭、半青楼，成为文人荟萃之所。陆震、李复堂、郑板桥、顾于观、王国栋、赵秉亮、赵秉忠等皆在园中留下名作。陈乔《柳园小聚同顾海陆郑板桥许衡州》："狼籍一樽酒，陶然花柳边。午莺啼林断，晚蝶抱香眠。几辈素心客，相期太古天。论诗忘久坐，明月上华巅。"陈乔子陈多士、陈燕桂、孙陈礼齐皆能诗工画，性情豪放，在园中以文会友，直至同治初年，陈氏败落，园成芦洲荒滩。1908 年，改为昭阳学堂，今为实验小学。
1619～1646	洛墅	广东广州	陈子壮	大学士陈子壮所创宅园，建园时间在其中举和广州城破之间。园内有池十亩，塘三口，池中有虹桥和画舫(名"此花身")，舫名取自唐诗"几度木兰舟上望，不知原是此花身"。陈子壮(1596—1647)，明末广东南海沙贝村(今属广州市白云区石井镇沙贝村)人，字集生，号秋涛，万历四十七年(1619)进士，授编修，天启四年(1624)典浙江乡试，发策刺魏忠贤而削回原籍，崇祯初起故官，累迁礼部左侍郎，因批评时政而罢归，隆武二年(1646)广州城破，南明永历帝授他以东阁大学士，封兵、礼二部尚书的官职，领尚方宝剑，总督广东、福建、江西、湖广军务。他和陈邦彦、张家玉等义军，三人被称为岭南三忠，被俘后被处以锯刑，十分惨烈。谥文忠，有《云淙集》、《练要堂稿》和《南宫集》。

建园时间	园名	地点	人物	详细情况
约1620	昙阳观	江苏太仓	王焘贞	在太仓西南，是当地百姓为纪念太傅王锡爵的女儿王焘贞所建的道观。王焘贞道号昙阳子。人传她得道升天，大文豪王世贞等文人大肆渲染，于是昙阳子的名号很快传遍整个江南。王锡爵因思念女儿而结庐于旁。观内有园，园内有假山。修筑时间与南园相近，约在万历四十八年(1620)左右。嘉庆二年(1797)昙阳观移建于隆福寺西。乾隆七年(1742)，王梁《读画录》中描述了其所购买的张南垣的山水画作并回忆自己在昙阳观所见的张南垣的叠山，“其所垒石尝于太仓吴氏贲园及昙阳观见之，标峰架壑，平远陂陀，皆以老峰顽石骈填而成，绰有倪黄法律，乃知胸有成竹，自然吐出耳”。陆世仪《桴亭先生诗集》卷四有《过昙阳观》诗。
1620	乐郊园	江苏太仓	王锡爵 王时敏	在太仓东门外，原来是明代太傅王锡爵罢相归乡后建的东园，以芍药为胜。园内以水、木为胜。王锡爵辞世后，东园日渐衰败，明万历四十八年(1620)，其孙王时敏请造园家张南垣主持重建，天启年间(1621～1627)完工，崇祯年间又略有改动。诗人吴伟业《王奉常烟客七十序》道，“江南故多名园，其最者曰乐郊”。园占地数十亩，王时敏是画家，与张南垣一起规划设计，画家沈士充的《郊园十二景》描绘了初建之景，《娄东园林志》“东园”记载的是崇祯年间改造后的景致，严虞惇的《东园记》详细描述了康熙年间的园貌，称此园“吴中之佳山水弗过也”。按十二景图，有景：秾阁、浣香榭、霞外阁、晴绮楼、就花亭、凉心堂、竹屋、扫花庵、藻野堂、聚景阁、田舍、雪斋。王时敏《乐郊园分业记》道，晚年无力整顿，想分园四处给后代，但后辈无力，于是渐废。此园多有文人赞述，程嘉燧有《咏乐郊园》、王宾有《奉常公纪略》、陆世仪有《甲戌仲夏宴集王太常东园》、吴曝有《过王太常乐郊五首》、程穆衡有《娄东看旧传》、龚炜有《巢林笔谈》之《东园》。曹汛对历史有考证，王凤阳《张南垣园林研究》有意向图。 王时敏(1592—1680)明末清初画家。初名赞虞，字逊之，号烟客，自号偶谐道人，晚号西庐老人等，

建园时间	园名	地点	人物	详细情况
				江苏太仓人，首辅王锡爵孙，翰林王衡独子。崇祯初以荫官太常寺卿，故被称为王奉常。擅山水，从黄公望，笔墨含蓄，苍润松秀，浑厚清逸，然构图较少变化。其画在清代影响极大，王翚、吴历及其孙王原祁均得其亲授。王时敏开创了山水画的娄东派，与王鉴、王翚、王原祁并称四王，外加恽寿平、吴历合称“清六家”。 沈士充，字子居，出自画家宋懋晋门下，擅画山水，其笔墨秀润、清逸，常为王时敏的恩师、姻亲董其昌代笔。
1620	结义园	山西运城	张起龙	州守张起龙主持，始建于明万历四十八年。天启元年同知张九州《新创莲池记》载：园广十亩，有坊、莲亭、君子庙、官厅，荒后乾隆二十三年州守张镇重开东西二池，筑君子亭，乾隆二十七年州守言如泗按君臣之礼改建并题结义园，时建有三义阁、水渠、石桥、石山、熏风亭等。乾隆三十七年解州牧李友洙，疏渠引泉，凿开三池，阁后建教忠堂，两池边筑舟亭，载于《重亲大庙增修结义园记》中。同治六年至九年，重建春秋楼时一并修葺。 1915 年县长周庚寿应袁世凯之令改君子亭为关岳殿，左右舟亭改为东序西序，西北角建官厅，熏风亭改为学校。1949 年时破败，渐散为民居，1984 年渐收回，1998 年集资重修，次年竣工开放，园内有结义坊、莲池、君子亭、砖影壁、结义亭、结义桥、扶汉山、瀑布、石刻线画结义图、仿古教场等。
1621	黄士俊宅园	广东顺德	黄士俊	在顺德大良镇华盖里，广东第一位状元黄士俊于天启元年(1621)所创，他在凤山下修黄家祠、天章阁、灵阿之阁，环祠阁莳花种木，营造园林，乾隆年间，黄家败落，庭园荒废，约 1751 年左右将宅园售与进士龙应时，后龙子龙廷槐和龙廷梓分别改建为清晖园(详见清晖园)、龙太常园和楚芗园(见清龙太常园)。黄士俊(1570—1583)，顺德杏坛镇右滩村人，字亮垣、象甫，号玉仑、碧滩钓叟者，隆庆四年(1570)，万历三十五年(1607)状元，授修撰，历任礼部尚书、太子太保、宰辅、太子少傅、文渊阁大学士，三次辞官，入清不仕，筑留芬阁以明不踏清土，年 85 而卒。

建园时间	园名	地点	人物	详细情况
1621～1644	赵氏园	上海嘉定	赵儒珍	《嘉定县志》卷三十《第宅园亭》载："赵氏园，一在学南，赵洪范辟，园中垒石相传出张南垣手。一在永康桥西，洪范子儒珍辟。"
1621～1644	无梦园	江苏苏州	陈文庄	陈文庄，字仁锡，天启年间探花，苏州长洲人，在苏州葑门内下塘构有园第，宅园中有耀远堂、白松堂、轩辕台等。在孔副巷又构有别墅，名无梦园，园中有息浪、见龙峰、又一村等。陈为园赋对联：流水之间心自得，浮云以外梦俱无。
1621～1627	香草坨	江苏苏州	文震亨	天启年间（1621～1627）苏州长洲人文震亨（1585—1645，字启美，文徵明之曾孙，任中书舍人，晚年定居北京，能诗善画，亦好造园，为造园家，着有《长物志》十二卷，其中与园林有关的为室庐、花木、水石、禽鱼四卷）在曾祖父文徵明的停云馆对面，即冯氏废园上构建宅园，名香草坨。园中有百窗楼（文徵明建）、四婵娟室（以下全为文震亨建）、绣铗堂、笼鹅阁、斜月廊、众香廊、玉局斋、啸台、乔柯、奇石、方池、曲沼、鹤栖、鹿柴、鱼林、燕幕、纤筠、弱草、盎峰、盆卉、石假山、石榴树（文徵明植）等。清代为陆纯锡所有，后园废，光绪间江宁邓氏得园址，铅华尽失。
1621～1627	蕃圃	江苏太仓	王在晋	天启年间(1621～1627)兵部和刑部尚书王在晋在太仓城厢镇西郊建有别墅，名蕃圃。
1621～1627	曹州百花园	山东菏泽	何应瑞 杨聘 郝省谦	位于洪庙村，为明熹宗天启年间何应瑞所创牡丹园，后送外甥杨聘经营，名何尚书花园，杨家败后，售予洪庙村郝省谦，又名郝家花园。郝任曹州总团练，重修时多栽桃、梨、柿，搜集牡丹芍药名种，修塘养金鱼和鲤鱼，后郝遭官司，日渐萧条。民国时成荒野，解放初花农在此植牡丹芍药，1958 年重构为洪庙花园，1982 年重建为百花园，1990 年南京园林设计院设计扩建为曹州百花园，园广 100 余亩，植牡丹 20 万株，560 个品种，芍药 10 万余株，270 余个品种。

建园时间	园名	地点	人物	详细情况
1621～1627	渡鹤楼（也是园）	上海	乔炜	在县城南凝和路和乔家路口，明天启年间礼部郎中乔炜所建，因在城南，故名南园，园中叠石凿池、池水与黄浦江通，古木层峦，有景：明志堂、锦石亭、息机山房、珠来阁等。清初先后为曹垂灿和李心怡所得，李更名也是园，1890 年改蕊珠宫，供道教三清，嘉庆年间（1796～1820）初建斗姆阁，礼道教斗母，此后设祀吕祖纯阳殿，道光八年（1828）设蕊珠书院，后历次修建，在咸丰年间（1851～1861）初除神殿外还有湛华堂、园峤、方壶一角、海上钓鳌处、榆龙榭、蓬山不运、太乙莲舟、育德堂、致道堂、芹香仙馆、珠来阁等。园池数亩，植荷，上海除豫园外，此园最胜，咸丰十年（1860）年太平军围攻上海，园中成为外国兵营，建筑物及花木毁半，战后十多年重建来阁等，光绪年间（1875～1908）在西北增建水阁廊榭，改建湛华堂前厅，改纯阳殿为楼，民国以后，香火渐消，成为民居和军政粉公场所，抗日战争时毁，仅余峰，名“积玉峰”，20 世纪 50 年代被陈从周发现移至豫园。
1621～1627	绿园（横云山庄）	上海松江	李逢申 张涟	在松江区天马乡横云山麓，园主为明天启年间工部主事李逢申，设计者为张涟（南垣），自然式布局，建筑很少，如倪云林的平远山水画，清初归户部尚书王鸿绪，易名横云山庄，他在园中修《明史稿》，后毁。
1621～1627	沈氏园（西园）	上海嘉定	沈弘正	在嘉定区嘉定镇西，天启年间诸生沈弘正所建，园内有扶疏堂、聊淹亭、闲研斋、觅句廊等建筑。直至清代乾隆年间并入秋霞圃，同为城隍庙后花园，现为秋霞圃凝霞阁景区。清代著名史学家钱大昕有诗云：“烧香才罢游园去，延绿轩前薄相回。”沈弘正，明苏州府嘉定人，集鸟兽虫鱼异事，取《庄子》“唯虫能天”之意，著《虫天志》。
1621～1627	屏山园	上海松江	李逢申	在松江区境，天启年间工部主事李逢申所建私园，毁。
1621～1627	宿云坞	上海松江	李逢申	在松江区横山，天启年间工部主事李逢申所建私园，毁。清初为刑部尚书张照得之。与横云山庄仅一水之隔，为左邻，创庵起阁，题园名为宿云坞。后为张氏家祠。

建园时间	园名	地点	人物	详细情况
1621～1644	桃园	上海黄浦	徐龙与	在今黄浦区。天启、崇祯年间徐龙与所建私园，清代毁。
1621～1644	杞园	上海嘉定	张鸿盘	在嘉定区南翔镇，天启万历年间张鸿盘所筑私园，毁。张鸿盘，字子石，嘉定县(今嘉定区)南翔镇人，贡生、诗人，深得陆游之法，崇祯末年上京请愿，减免赋税。
1622～1643	洙上园	山东曲阜	孔闻诗	在曲阜城南，为给事中孔闻诗所建私园，毁。孔闻诗(？—1643)，字四可，孔弘山之子，孔子第62代孙。明天启二年(1622)进士，授中书舍人，考中吏科给事中。明思宗崇祯元年(1628)，上呈八事以革新政治，即："一端士品，二肃铨政，三稽援纳，四慎署官，五严政教，六重恩荫，七清兵饷，八恤驿递。"受皇帝嘉奖并采纳。他为人刚直，处事公正，受嫉妒而被外转为真定井陉兵备副使。当时，清兵已入昌平，下京畿州县，闻诗应援守御，战绩卓著。后因加固防之事，与镇守意见不合，被降调河南大梁督粮道参议，未受任，乞归乡里。编有《奏议》数卷。
1623	姚思仁别业	浙江嘉兴	姚思仁 张南垣 张熊	在鸳湖边，为宰相姚思仁天启三年(1623)告老还乡后建的园林。园中主体建筑是水周堂，《嘉兴府志》道，"其山石为张叔祥所垒"。据曹汛《张南垣的造园叠山作品》考证，县志对造园者记录不甚准确，并非其子张熊，而是张南垣。陈经《水周堂诗》和朱麟应《姚尚书故园诗》描述了后期园景的败象。 姚思仁，字善长。浙江秀水(今嘉兴)人。初时授行人，后升任御史等职，不久巡按河南。天启二年(1622)，官至工部尚书，位居宰相之职。次年以年老致仕，享年91岁。
1623	东第园	江苏常州	吴玄 计成	天启三年(1623)万历进士、江西参政吴玄所创，造园家计成设计。园与宅共广十五亩，宅十亩，园五亩，凿池堆山，叠石为岩，依势构亭台，岩隙植虬松，在园中构片山斗室。 计成(1582—？)江苏吴江人，字无否，号否道人，能诗能画，少年以画名，宗关仝、荆浩。后游燕京及两湖等地，中年(42岁左右)定居镇江，开始造园，

建园时间	园名	地点	人物	详细情况
				活动于南京、仪征、扬州、常州、苏州一带，擅理残山剩水，东第园为其处女作，还造有仪征汪士衡的寤园、南京阮大铖的石巢园、扬州郑元勋的影园等，在总结造园经验后，写下中国第一部造园专论《园冶》(1631 成书，1634 刊行)。因大奸臣阮氏为之作序并负责刊行而在有清一代被湮没，直至1921 年陈植留学日本，捧书而归。 《园冶》用骈体文写成三卷，附画 235 幅，集诗、园、画于一体。其经典之说有“三人匠七分主人”、“虽由人作，宛自天开”、“巧于因借，精在体宜”、“俗则屏之，嘉则收之”、“景到随机”等。
1624～1627	冯家花园	河北涿州	冯铨	在涿州游福街今地质局处，为明代天启年间武英殿大学士冯铨的府第花园。据今涿州有关人士介绍，在 1975 年左右，园中湖面还有十余亩，土山一座。冯铨(1595—1672)，明末清初大臣，字振鹭，顺天涿州人。万历进士，选庶吉士，授翰林院检讨，其父被劾罢官，冯铨亦回籍。天启四年(1624)魏忠贤进香涿州，冯铨跪谒道左，得复故官、进右赞善兼检讨。天启五年七月以谕德兼检讨升少詹事，补经筵讲官，六月杨涟劾魏忠贤，冯铨暗嘱忠贤行廷杖以立威。八月遂进礼部右侍郎兼东阁大学士入阁。九月升礼部尚书兼文渊阁大学士，天启六年正月任《三朝要典》总裁，四月进少保兼太子太保、户部尚书、武英殿大学士。因其贪贿太甚，为崔呈秀所嫉，于同年闰六月初二日免官回籍闲住，天启七年十二月给诰致仕。崇祯初年忠贤伏诛，冯铨论贬，赎为民。崇祯十四年谋复官不果。顺治元年(1644)应清廷征召，降清，入内院协理机务，后累官礼部尚书，加少傅兼太子太傅，弘文院大学士，加少师兼太子太师。初年上疏请恢复明朝旧制，议定郊社、宗庙乐章。后屡次受诸言官弹劾。顺治十三年以年老离职，仍留备顾问。康熙十一年卒，谥文敏，列之于《二臣传》中，曾收藏过王羲之的《快雪时晴帖》。
1628～1644	耕云小圃	上海闵行	朱长世之子	在闵行区，崇祯年间朱长世之子所筑私园，毁。

建园时间	园名	地点	人物	详细情况
1625～1643	瓯安馆	福建泉州	黄景昉	在泉州涂门街南侧、清净寺对面，为明代户部尚书黄景昉所创，园内有假山、水井等。黄景昉（1596—1662），福建晋江人，字太稚，号东厓，天启五年（1625）进士，历翰林院庶吉士（1625）、礼部尚书（1642）、太子少保（1643）、户部尚书（1643）、文渊阁大学士（1643），当年乞归，明亡后家居十余年卒，有《瓯安馆诗集》等17种。园概在中进士至乞归期间所创。
1625～1671	朴园	福建泉州	周廷鑨	在泉州市，为进士周廷鑨的宅园，园内第侧园内有朴树连蜷，故名朴园。周廷鑨（1606—1671），字元立，号芮公，自称朴园居士，泉州新门街人，万历二十三年（1595）进士、通政使周维京之子，天启五年（1625）进士，时20岁，历官史部验封司主事、文选郎中、詹事兼翰林院侍读学士、太常寺少卿、提督四译馆，知时事不可为，告归，工诗文，于园内吟咏风流，在清源山刻有"等岩"，著有《朴园诗集》、《两都篇》、《三余篇》、《三山草》、《去来草》、《颐园草》等。
1627	止园	江苏常州	周天球	苏州画家周天球私园。张宏作《止园图》册，画中有亭台楼阁、溪流、池塘、竹岸、幽径、假山。
1628	汉槎楼	浙江嘉兴	徐必达 张南垣	在嘉兴五龙桥西，是兵部尚书徐必达归田后请张南垣建的园林。康熙和光绪的《嘉兴县志》只言位置园主和主景南州峨雪亭。李应征《花朝集徐德夫园亭》、李日华《题徐德夫醉翁轩》、徐必达《南州峨雪亭成》等言及园景：南州峨雪亭、醉翁亭、丘壑、水池、山峰、药栏、松、莺等。 徐必达（1562—1631），字德夫，号玄仗，浙江秀水（今嘉兴）人，有室名曰南州书舍。善诗文，邃于理学，精通卦气、皇极、正蒙、经世诸书。万历二十年（1592）进士，初任太湖知县，补溧水县，召补南铨部主事，后任太仆少卿，迁应天府尹，累仕至晋南右佥都御史，官至南京兵部左侍郎兼南都御史。崇祯四年（1631）擢刑部尚书，卒年七十，赠兵部尚书。所著有《正蒙释》、《南州集》、《南州诗说》、《南京都察院志》、《光禄寺志》、《元经订注》及《编订豫章全书》等。其父是徐学周，其弟徐行远，有子徐世淳、徐世湜，孙子为徐肇森、徐肇梁、徐发、徐善。

建园时间	园名	地点	人物	详细情况
1628～1644	高时明宅园	北京	高时明 顾子良 孙围 孙六	在京西温泉村北五里许黑楼辛庄村中，明崇祯年间掌印太监高时明的宅园，园广10亩，园中建筑不多，西北建五间三层楼，名黑楼，进门正厅有正方形石井，内藏机关，厅东西供哼哈二将，二楼为铜佛和檀香木佛，四壁西王母宴群仙像，三楼卷棚歇山顶，为起居处，因楼青紫石构建，故名黑楼。楼前粉墙，中开月洞，楼南凿小池，池岸散置山石，池中有岛，岛上建方亭，岛北以曲桥接北岸，池四周堆土为阜，环抱清池。转过山弯南为园门，门外古槐蔽日，进门东西倒座加回事房各三间，中间甬路，两边修竹园东北为四合院，前为五间厅堂，进院东西配房各三间，正北正厅五间，前后抱厦，厅北为假山，山环中建重檐亭一座，名上青亭。园凸显道家思想，从风水方位及池山上看很明显。东为建筑，西为山水，各占一半。民国初园归顾子良，添建房舍，不久售与孙岳，再后售与孙岳胞弟孙六。1937年“七七”卢沟桥事变时园被炸毁，日军在修建炮楼时，拆木、砖、石为料。新中国成立后，建公社办公房，现余汉白玉石雕一块。
1628～1644	石虹园（金幢庵）	江苏苏州	许方伯	崇祯年间(1628～1644)许方伯在苏州南仓桥东北建石虹园，园内有楼(三层)、池、台、花、木等。清代顺治时(1644～1661)被印持和尚购得，改建为金幢庵，时人多有题咏，寺内有楼、双塔、鹿苑、高阁等，亦有幽林庭花。
1628～1644	南园、西园（玉树园）	江苏太仓	凌必正	崇祯年间(1628～1644)桂林道凌必正在太仓直塘重冈桥北建有南园，又名南侘，园内有九如堂、屿雪亭等。凌必正在太仓直塘杨木桥西建有私园，名西园，园广十余亩，广植玉兰，故又名玉树园，后归举人崔华。
1628～1644	无隐庵	江苏吴县市		在木渎镇上沙，明崇祯年间所建，依山结屋，有问梅堂、瓢丰泉、泻雪涧、金莲池、涌月轩、清簌寮、侍碧廊等。嘉庆、咸丰、同治年间曾重修。现废，残迹仍在，摩崖石刻仍存，沈复在《浮生六记》中提及皂荚树生机盎然。

建园时间	园名	地点	人物	详细情况
1629	赵洪范园（南轩）	上海嘉定	赵洪范	在今嘉定区孔庙南。光绪《嘉定县志》之《第宅园亭》载,“园中垒石相传出张南垣手”。张庆孙有《和范潞公太史寓赵侍御园亭》、王鸣诏有《练川杂咏》、吴伟业有《木兰花慢.寿嘉定赵侍御旧巡滇南》。从孙诗可见,园中有假山、水池、石窦、板桥、曲径、岛屿、假山、岩洞等景观。 赵洪范,字符锡,号芝亭,嘉定人。万历四十三年(1615)举人,天启二年(1622)进士,两年后出任湖北麻城知县,有惠政。崇祯元年(1628),擢升为监察御史,先后巡按陕西道、云南道,崇祯五年(1632),巡狩临安州,因云南土司普名声谋逆案罢官归田。入清后不仕,卒于康熙年间。园林应在归田前后请张南垣建造。他在城东建有岁有堂,孔庙南建有园林,今两处皆毁,岁有堂前的奇石翥云峰立于今孔庙的汇龙潭公园内。此石造型奇特,瘦、皱、透、漏,相传是宋代花石纲遗物,系赵洪范从云南归田时由水路携归。因巨大在东关登陆时,“重不能举,一时尽收合城之葱,铺地令滑,百人曳之,始得入宅”(清程庭鹭《涂松遗献录轶事》)。赵洪范精于治《易》,著有《周易要义》、《西台疏稿》,长于吟咏,刊有《淡叟诗集》。今遗《首春王研存诸同人社集》一首(清王辅铭《明练音续集》卷六),文一篇《封孝子(㬎)传》(清封导源《马陆志》卷四)。
1630	横云草堂	上海松江	李逢申 张南垣	在松江西北的横云山中,是工部主事李逢申所建私园,崇祯三年(1630)初请造园家张南垣主持造园,崇祯九年(1636)左右,李逢申罢归后二请张氏续建该园。园成,其子李雯为张南垣作《张卿行》。横云草堂依小昆山北的横山而筑,是典型山地园。陈子龙《横云山石壁铭》载,横山有石壁、石窟、石池、石笋、泉水、高楼,李氏园在石壁环绕之中,有深涧水池,有堂宇松枫,特色在于因借自然,并于悬崖间构屋。吴履震《五茸志逸》、邢昉《游横云山李氏园亭》亦赞之。吴伟业多次造访此园,其《张南垣传》说“以李工部横云”冠首,可见其精,又题有《九峰草堂歌》、《横云山》、《李氏横云草堂歌》等

建园时间	园名	地点	人物	详细情况
				多首诗文，盛赞园景。李氏园亭废后，褚嗣郢(字干一)题《过横云李氏园感赋》，得之后改筑。清初，园归户部尚书王鸿绪，更名横云山庄，中有含清堂。 李逢申，初名见素，字行初、延之，号若鹤。万历四十七年(1619)进士，出为慈溪知县，迁县佐。继升工部主事，遭构陷。长子雯携弟为父上书始得平反，再任工部郎。甲申(1644)三月李自成攻陷京师，李逢申不屈而亡。其子李雯与宋征舆、陈子龙共创云间诗派，合称云间三子。 王鸿绪(1645—1723)清代官员、学者、书法家。初名度心，中进士后改名鸿绪。字季友，号俨斋，别号横云山人，华亭张堰镇(今属上海金山)人。康熙十二年进士，授编修，官至工部尚书。入明史馆任《明史》总裁，为《佩文韵府》修纂之一，后居此园完成《明史稿》。一生精于鉴藏书画。书学米芾、董其昌，具遒古秀润之趣。为董其昌再传弟子。著有《横云山人集》等。
1630～1636	西郊园	上海松江	李逢申 李雯 张南垣 邢昉	在松江西城河边，是李逢申在城郊请张南垣造的另一处别院。在崇祯九年(1636)，张南垣的五十大寿就是在此园中举行，李雯为之作贺文《张卿行》。造园时间无载，但推测应在此前。邢昉题有《过李舒章郊园二首》，李雯题有《郊园独坐二首》、《家园四绝》、《西郊秋望》、《归家园作》、《晚意》、《春日遣怀》、《秋郊杂诗》等。据诗园景有：池塘、假山、置石、楼阁、庐、亭、水榭、植物、动物。诗中年提植物有兰、竹、杨、柳、桔、柚、楝、枫、竹、萝、桂、荷、橙、海桐、梧桐、蔷薇、蒲苇等二十余种，动物有蜜蜂、燕、莺、鹘、鸟、鸠、蝈蝈、鲦鱼、雀、鸬鹚、苍隼、猿、虫、猿等。 李雯(1608—1647)，李逢申长子，字舒章，青浦(今上海)人。明崇祯十五年(1642)举人。顺治元年(1644)，清军入关，龚鼎孳荐他曰“文妙当世，学追古人之李雯，国士无双，名满江左。石录天禄，实罕其俦”。于是，在京的李雯被授官为内阁中书舍

建园时间	园名	地点	人物	详细情况
				人。顺治三年(1646)南归葬父,次年返京途中染病而亡。李雯才华过人,与陈子龙合称陈李,又与宋征舆创立云间诗派,人称云间三子,与彭宾、夏允彝、周立勋、徐孚远等合称为"云间六子",其中李雯、陈子龙、宋征舆三人是云间诗派的中坚力量,而陈子龙、李雯才名尤甚,被时人并称为"陈李"。有《蓼斋后集》。(王凤阳《张南阳园林研究》)
1631	东皋别业	广东广州	陈子履	在广州城东今中山三路东皋大道,陈子壮的堂兄御使陈子履于崇祯四年(1631)所创私园,园林北依白云山,南望校场,有景:孔曰山口关、玉带桥、干霄径、浣清堂、开镜堂、浸月台、绿云堆(屋)、怀新轩、舒啸楼、长春庵、恰爱舟、只在舟、弄碧舟、渔长舟、浮家舟、元览亭、十丈亭、泛花亭、柳浪亭、清夏亭、虽设门、碧丛门、桃花源里人家(门)、金粟馆、锄径馆、羊眠陂、陀岩洞、九龙井、浴鹅池、蔬叶池、赤岗、花坞、河堤、蒲涧、文溪、田亩、梅岛、鹤径、菜畦、茶寮、奇石、钓矶,以及竹、松、柏、榉、桂、杨、柳、榕、荔、莲梅等花木。屈大均的《广东新语》详述了此园盛况。明末园毁,康熙年间清驻防镶黄旗参领王之蛟修葺后作为别业。
1631～1644	石林园(涛园)	福建福州	许豸 许友	又名涛园,在福州乌山南麓,山上怪石嶙峋,明末许豸在此建有别墅,一家五代人在此读书,皆为文学家和书画家,以怪石交错、林木荫郁而名,又有半月池、奇奕堂等。清初废后其子许友修复,因山上松涛阵阵,题为涛园,镌有"吞江、汲云",建箬茧屋(书屋)、米友堂,种梅花,召友吟咏作赋,还写有《石林自记》、《题箬茧读书图》、《月下石林问梅》、《九日集石林同陈振狂》等诗文。 清初福建布政使周亮工赠句云:"文献旧家余硕士,河山故国有涛园。"许友子许遇,建匏庵、真意庵。许遇子许鼎,修石林,开瞻云堂、竹路、云巢、石床、独树坡、灵岩、流霞坞、天门、天光云影亭、梅坪、平泉(半月池)、松冈(松岭)、鹤涧、落珠岩等,改其父的匏庵为梦鹤寮,与其姑子、长乐监生陈学

建园时间	园名	地点	人物	详细情况
				良读书其中，著《石林唱和》、《涛园坐雨喜晴》等。许鼎弟许均，所著《雪村集》中有《竹路》、《天门》、《梅坡》等。许鼎子许良臣和次子许荩臣都在石林读书。清末，乌山南麓部分的石林园废为菜地，光绪六年(1880)沈瑜庆购部分为其父沈葆桢建祠堂，山上部分仍存，今部分建筑被围于市政府院内。 许豸，字玉史，福建侯官（福州）人，崇祯四年(1631)进士，官至浙江提学副使，擅诗、画，著有《介及堂集》和《春及堂遗稿》。许友，康熙间人，原名许宰、友眉，字有介、瓯香，秀才，少师会稽倪云璐，晚慕米芾，书画诗三绝，有《许自介集》(《米友堂诗集》)，诗孤旷高迥，钱谦益、王士祯皆赞之。许遇，康熙三十九年(1700)前后在世，字不弃，号花农、月溪，顺治间贡生，官河南陈留知县，调苏州长洲，有惠政，从王士禛，工七绝、画松石竹梅，著有《紫藤花庵诗钞》。许鼎，字伯调、梅崖，雍正元年(1723)举人，任浙江上虞和遂昌知县，著有《少少集》和《刺桐城纪游》。许均，诸鼎弟，雍正年间人，字叔调，号雪村，康熙五十七年(1718)进士，改翰林庶吉士，散馆，授官吏部主事，性严正，勇于任事，擢礼部郎中，以诗、书、画名，有《玉琴书屋诗钞》。许良臣，许鼎子，字石泉，举人，有《影香窗存稿》。许荩臣，许鼎子，号秋泉，举人，有《客游草》。
1632	寤园	江苏仪征	汪士衡 计成	在仪征城西新济桥，为内阁中书汪士衡于崇祯五年(1632)聘请造园家计成所筑，《仪真县志》道："园内高岩曲水，极亭台之胜，名公题咏甚多。"有水池、岛屿、屋舍等。阮大铖题有《宴汪中翰士衡园亭》、《从采石泛舟真州遂集寤园》和《计无否理石兼阅其诗》道，前诗道："大隐辞金马，多君撰薜萝。圣游宾漠野，倒景烛沧波。虑淡烟云静，居闲涕笑和。鸾情复何极，高咏出层阿。桃原竟何处，将以入青云。众雨传花气，轻霞射水文。岩深虹彩驻，淀静芷香纷。讵遣渔舸至，灵奇使世闻。神工开绝岛，哲匠理清音。一起青山寤，弥生隐者心。墨池延鹊浴，风篠泄猿吟。幽意凭谁取，看余鸣素琴。缩地美东南，壶天事盍簪。水灯行窃月，鱼沫或蒸风。自冠通入旨，慵教俗子谙。"

建园时间	园名	地点	人物	详细情况
1633	豫园	江苏金坛	虞大复 张南垣 吴伟业	在金坛城外西北距城65里的茅山(初名勾曲山)脚下,是下个山庄别墅。吴伟业《张南垣伟》说是张南垣所构。园中有石山、水池、泉水、水潭、山亭、轩、阁、桥,种有竹子、芍药、荻蒲、浮萍,动物有雁、鸭、鱼、鲈、鹤、鹊等。给《园冶》写序的阮大铖有《虞学宪来初筑园甚适招余泊元甫往游先之诗》、《泊丹阳先柬来初学宪》、《题虞来初豫园》三首诗,钱谦益有《赐兰堂寿宴诗》。
1633	涵园(莲花池)	重庆渝中	王应熊	在重庆渝中区七星岗,原为战国时巴国将军巴蔓子的衣冠冢,明末东阁大学士王应熊于崇祯六年(1633)在此创建府邸,迁走墓冢,构有莲花池、亭、榭、台、阁等景,最具特色者为上下荷池,初夏红白莲花盛开,蔚为壮观,故又称莲花池。清顺治四年(1647)王死后归周氏,嘉庆二十一年(1816)园主周钟周镛捐部分建字水书院,民国时为字水女学和巴县高等小学、县立女校,今为重庆宾馆一部分,附近六角形水池为新修,园踪无迹,惟莲花池街尚用。 王应熊(?—1647),字飞熊,重庆府巴县人,万历四十七年(1613)进士,天启中,官詹事,丁忧归,崇祯间召为礼部侍郎(1630)、礼部尚书兼东阁大学士(1633),以匿义军陷凤阳奏报罢官,周延儒再为首辅时,再召回,南明福王立,改兵部尚书兼文渊阁大学士,总督川湖云贵军务,孙可望破遵义,应熊遁入永宁山中,死于毕节,著有《涵园集》和《云程纪》。
1634前	泡子河	北京东城	方氏	在北京东城区南部,明末崇祯间方氏所建,北起京安饭店附近。泡子河,元代为通惠河支流,名泡子河,是漕粮必经之地,明代北京城南移,河道圈入城内崇文门东城角,属明时坊,《燕都游览志》载,泡子河"前有长溪,后有广淀,高堞环其东,天台峙其北,两岸多高槐垂柳,空水澄清,林木明秀"。河两岸还有不少私人园林,如方家园、张家园、房家园、傅家园等。沿岸建有亭台、石桥,夏日林木苍

建园时间	园名	地点	人物	详细情况
				郁，鱼鸟腾跃在芦荻上下，景色幽雅别致，是浏览胜地。崇祯七年(1634)进士刘侗《帝京景物略》卷二记载，泡子河东西两面是堤岸，堤岸上有园亭，有林木，有芦荻，芦荻上有禽鸟，下有游鱼。南岸、北岸是私家园林的故址，有方家园、张家园、房家园、傅家园、张家园等五座园林。明代陆启宏《咏泡子河》诗云："不远市尘外，泓然别有天。石桥将尽岸，春雨过平川。双阙晴分影，千楼夕起烟。因河名泡子，悟得海无边。"概毁于康雍时期，乾隆时期建盔甲厂，河水污染。已无园景。1949 年填平河沟，修建民宅，1965 年改为泡子河西巷。
1634 前	张家园	北京东城	张氏	在北京东城区南部泡子河南岸，明末崇祯七年(1634)进士刘侗《帝京景物略》载有张氏所建张家园，未详述。《燕都游览志》亦有载，园概毁于清初康雍时代。查嗣瑮查浦诗钞杂咏诗："张园酒罢傅园诗，泡子河边马去迟。踏遍槐花黄满路，秋来祈梦吕公祠。"《北京园林志》载，北岸亦有张氏所建张家园，与南岸张园不是一家，未详述。
1634 前	房家园	北京东城	房氏	在北京东城区南部泡子河南岸，明末崇祯七年(1634)进士刘侗《帝京景物略》载有房氏所建房园，未详述。房家园是泡子河南岸最胜之园，园内水多。《燕都游览志》亦有载，园概毁于清初康雍时期。
1634 前	傅家东西园	北京东城	傅氏	在北京东城区南部泡子河北岸，明末崇祯七年(1634)进士刘侗《帝京景物略》载有傅氏所建傅家东西园，未详述。《燕都游览志》亦有载，园概毁于清初康雍时期。
1634 前	泌园	北京东城	杨舍人	在北京东城区南部泡子河西岸吕公堂西，明末崇祯七年(1634)进士刘侗《帝京景物略》载有杨氏所建泌园，未详述。《燕都游览志》亦有载，《京师坊巷志稿》载，东城都，杨舍人建泌园，园概毁于清初康雍时期。

建园时间	园名	地点	人物	详细情况
1634	影园	江苏扬州	郑元勋 计成	在扬州城西墙外护城河南湖中长岛的东端，考古发现在今荷花池以北，头道河、二道河之间、双虹桥以南，郑元勋所创水景园，计成设计，广不足十亩。郑于崇祯七年(1634)会试未第，又遭丧妻和眼疾，购废圃以造园奉母，工程历一年八个月。郑元勋写有《影园自记》，因得柳影、水影、山影而名影园。有水池、长河、石涧、石壁、二门、半浮阁、玉勾草堂、一字斋、媚幽阁、湄荣桥、菇芦中亭、淡烟疏雨院、柳堤、短篱、桃源门、曲廊等，植桃、梅、杏、梨、栗、竹、芦苇、荼蘼、海棠、荷花、兰、蕙、虞美人、良姜、梧桐、木芙蓉、玉兰、山茶等景。李斗在《扬州画舫录中草》中称之为中国八大花园，建成不久，清兵入城，毁于战火。建园之初(1632)，山水画大师董其昌与郑论画，谈论六法，并题影园额，园成后又有倪元璐和陈继儒等名家题额。郑元勋(1604—1645)，明末徽州歙县人，字超宗，号惠东，盐商出身，侨居江都，好山水竹木，擅诗画，嗜园林，在园中藏书，结交文士，以诗文自适，崇祯十六年(1643)进士，请假归，次年参与调解扬州士人与高杰纷争，被百姓误杀，有《读史论赞》、《瑶华集》和《英雄恨》等，《园冶》的刊行归功于他的资助。
1634 左右	休园	江苏仪征	郑侠如	在仪征，地广五十余亩，郑侠如在宋代朱氏园旧址上重建为园，宋介三的《休园记》载有景：阁道、坂、门、语石堂、北山、墨池、空翠楼、山洞、山泉、樵水居、沙渚、南山、玉照亭、曲廊、来鹤台等。郑侠如，与郑元勋为兄弟，明末清初江南江都人，字士介，明贡生，官工部司务，工词，有《休园诗余》。概成园为郑元勋寤园前后。
1634 左右	嘉树园	江苏仪征	郑元嗣	在仪征，为郑元勋兄弟郑元嗣(字长吉)所建，园广建园概与元勋寤园相近。
1634 左右	五亩之园	江苏仪征	郑元化	在仪征，为郑元勋之弟郑元化所建，与元勋寤园相近。

建园时间	园名	地点	人物	详细情况
1636	石巢园、冰雪窠	江苏南京	阮大铖 计成 陶湘	在司库坊(明裤子裆巷),崇祯九年(1636)奸臣阮大铖所筑园林,计成设计,晚清时为孝廉陶湘所购,重筑为湘园。园一亩余,筑有咏怀堂,清人蒋士诠游后题《过百子山樵旧宅》:"一亩荒园半亩池,居人犹唱阮家词。"冰雪窠在司库坊阮氏石巢园址,(清)江宁陶衡川孝庚购拓之,改名冰雪窠。如涤之以冰雪焉。老树清池,盎然古趣,遂名其地曰陶园。咸丰癸丑(1853)上元秦文学士妻何与从姊侄女同殉难池中,世所称三烈者也。 阮大铖(1587—1646),明安庆怀宁人,万历四十四年(1616)进士,字集之,号圆海、百子山樵、石巢,天启间倚左光斗,历行人擢给事中,后认魏忠贤为干爹,升太常寺少卿、光禄卿,与东林党人作对,崇祯即位清阉党,废为民,马士英在南京迎福王,投马士英,招为兵部右侍郎、右佥都御史、兵部尚书兼右副都御史,顺治二年(1645)南京破,次年在浙江钱塘投降,充当向导,死于路上。有文才,通音律,能戏剧,著有《石巢传奇四种》(《燕子笺》、《春灯谜》、《牟尼合》)、《咏怀堂诗集》等。因其名声极坏,又为《园冶》写序,世人常把计成看成阮氏党羽,致使该书被湮没三百多年。
1635～1636	归云庄(梅皋别墅)	江苏常熟	瞿式耜	崇祯八年至九年(1635～1636)瞿式耜在常熟破山寺东南半里购张氏废圃建归云庄,内有卧雪亭、瞻云阁、梅花(三百)、泉流、奇石、森林等,瞿式耜有诗《归云口占一首》。清代道光年间(1821～1850)河东道张大镛得此重建,改名梅皋别墅,时有多景,详见清"梅皋别墅"。
1637～1638	竹亭湖墅、勺园	浙江嘉兴	吴昌时 张南垣	在嘉兴城南鸳鸯湖畔,是文人官员吴昌时的别业,又名勺园。吴昌时(? —1643),字来之,吴江人,迁嘉兴,后为嘉兴人,明末文士。天启四年(1624),与郡中名士张采、杨廷枢、杨彝、顾梦麟、朱隗等十一人组织复社。其好友钱谦益、吴伟业同为复社重要成员。崇祯七年(1634)进士,官至

建园时间	园名	地点	人物	详细情况
				礼部主事、吏部郎中。崇祯十年至十一年(1637～1638),吴回乡请张南垣在湖北造园,与烟雨楼相对。园以水景为主,有曲岸、回沙、高馆、楼桥、铃阁、曲榭、妓堂、长堤、杨柳、花蔓、燕、莺、鹳鸽、狐狸、兔子等,极尽歌舞之乐,成为当地名园。崇祯十四年(1641),周延儒为相,提拔吴昌时为文选郎中。吴把持朝政,被御史蒋拱宸、曹良直弹劾受贿等十大罪,崇祯十六年(1643)吴被斩首。园林渐荒,成为渔民晒网之所(嘉庆《嘉兴县志》)。顺治四年(1647),好友吴伟业有《鸳湖感旧》和《鸳湖曲》,钱谦益亦有《题南湖勺园》、《感叹勺园再作》及《东归漫兴六首》。民国初,勺园的遗址仍在原址处,包括太湖石的遗迹。(王凤阳《张南垣园林研究》)
1639 后	芹园	福建泉州	洪垣星	在泉州市,为进士洪垣星所创。洪垣星,字日生,号遁庵,武荣铺(丰州)人,明崇祯十二年举人,翌年进士,授长寿令,著有《四书绎注》、《易经绎注》、《诗经绎注》、《铸错编》、《芹园诗钞》等。
1639～1640	莲花墩	江苏苏州	一新和尚	在角直镇东市正阳桥外河中,为崇祯十二至十三年间一新和尚募捐营建,他运石砌岸,围栏筑路,建二层六角楼阁,四壁设框景月洞,内设石桌石椅,周围遍植桃、梅、杏、桂,再筑堤桥通南岸,堤上种柳,成为甫里八景之一的莲阜渔灯,今恢复。
1640	香妃墓园	新疆喀什	阿帕克和卓	在喀什东北,是乾隆香妃的家墓和衣冠冢,1640年香妃高祖优素福葬于此,后来他的家属也随葬于此,1694 其祖阿帕克和卓重修为豪华墓园,香妃死后葬于遵化裕陵。墓园包括:大门、陵室、清真寺、讲经寺、经学院、接待室、净地、阿訇住宅,占地 2.68 公顷,墓葬区、小清真寺区、讲经寺区、经学院区和大清真寺区用空透木栏分隔,既分又合。

建园时间	园名	地点	人物	详细情况
1642	山楼	浙江嘉兴	朱茂昉 张南垣	在嘉兴城南最繁华的角里街,距离南门外的鸳鸯湖与放鹤洲都较近。《嘉兴府志》之《园宅》载,园主是朱茂昉。朱茂昉,字子葆,明太学生,明亡后隐居不仕。山楼应建于明末,王凤阳推测,山楼大约修建于崇祯十五(1642)年左右,与朱茂时及朱茂昭的宅园同一时期由张南垣修筑。由朱茂昉的族侄朱彝尊诗《鸳鸯湖棹歌》中"舍南舍北绕春流"和"毕竟林塘输角里"两句可知,山楼是一座以林塘之景为主的宅园。据清沈季友《槜李诗系》卷二十八《朱官生茂昉》条记载,朱茂昉好客,山楼成为宴集之所。陆启浤有《朱子葆留宿山楼诗》,周筼有《宿朱子葆山楼同徐松之》,屠爌有《和金陵余淡心俞右吉朱子葆山楼待月二首》,李良年有《朱子葆隐君留话山楼诗》。(王凤阳《张南垣园林研究》)
1642	东谿别墅	浙江嘉兴	朱茂晭	东谿别墅位于浙江嘉兴城外的鸳鸯湖边,紧邻放鹤洲,曹汛推测建于明崇祯十五年(1642)左右,园主是朱茂晭,字子蓉,县学生,擅诗文,古风豪俊,崇尚李太白之风,清初杰出诗人、文学家王士禛称其诗如"出水芙蓉,天然修饰"。兼工书法,著有《镜云亭集》及杂著若干。东谿别墅的前身应是唐代裴仆射的宅园,王士禛《感旧集》及余贞木《题镜云亭诗》都有所记载,园外溪水萦绕,竹木茂盛,最为幽胜。园内有镜云亭一景。东谿的太湖叠石负有盛名,清曹溶著有《东谿叠石吟》一诗,叹咏张南垣巧夺天工的叠山技艺,并将东谿别墅比作"群仙洲岛天之涯",朱彝尊有《鸳鸯湖棹歌》描绘园中竹、篱、花、树、藤及茅屋等景。朱茂晭有《东谿歌》,释大汕有《赠朱子蓉》,陈恭尹有《朱子蓉诗序》。(王凤阳《张南垣园林研究》)
1642	闲敞轩	浙江嘉兴	朱茂昭 张南垣	在嘉兴真如寺右侧,板桥西面,距放鹤洲很近。《嘉兴府志》载为都察院照磨朱茂昭(字子藻,朱茂时三弟)的小园。据曹汛考证为张南垣作品。建园时间应是崇祯十五年(1642)左右,朱茂昭回归故里后请张南垣所建。朱彝尊《静居诗话》和嘉庆《嘉兴府志》载,闲敞轩夹岸紫藤,春梅盛放,四方名士竞相游览觞咏。杜濬有《游槜李朱氏东西园》。

建园时间	园名	地点	人物	详细情况
1642	南　园（绿雨庄、四桂园）	浙江嘉兴	朱茂晭 张南垣 朱彝尊 杨瑄	在嘉兴南湖边，与放鹤洲相距不远，苏轼的煮茶亭在水的北边。朱茂晭（1617—1646），字子庄，崇祯九年（1636）中举，崇祯十四年（1641）任宜春知县，一年后罢官回乡家居，明亡时卒，年二十九。家居期间延请张南垣修建南园（张修建的另一座南园为王时敏的南园）为别业，又名绿雨庄和四桂园。朱彝尊有《鸳鸯湖棹歌》描写园中有沙汀、绿树、四桂和煮茶亭等。清杨瑄有《饮朱氏四桂园和曹倦圃韵诗》。王凤阳《张南垣园林研究》
1642	商丘西湖	河南商丘	李自成	明崇祯十五年（1642），李自成会同罗汝才、袁时中攻克睢州城（民国后，睢州称睢县）。李自成拟建都开封，便效法秦始皇灭六国时的战略“欲倾大树，先剪重枝”，拆除了睢州城墙。当时由于黄河五年三泛，黄水每泛，城门关闭，水在城外淤积大量泥沙，久而久之，形成了城内低、城外高的地貌。李自成引黄河水淹没睢州城，即今睢县西湖。湖面呈规则的长方形，在全国罕见。
1643	微云堂	江苏无锡	秦德藻 张南垣	位于无锡的仓桥下，秦氏敷庆堂之内。微云堂由宋代文学家秦观的后裔秦德藻所筑，取意秦观的词“山抹微云”。秦德藻（1617—1701），字以新，号海翁，官至光禄大夫。约在崇祯十六年（1643）或稍早一点，延请张南垣在堂前叠石，王时敏书写匾额。微云堂一直作为秦家后代和乡邻子弟读书之所，培养出许多名人，因此微云堂颇负盛名，堂室建筑和庭院松竹山石传承多辈秦氏子孙，仍然保存完好。至六世孙秦格时，假山仍然“山石峨峨然”。秦格有《微云堂记》，秦涣有《秦氏宅第考》，毓钧有《秦氏宅第考附识》。（王凤阳《张南垣园林研究》）

建园时间	园名	地点	人物	详细情况
1644前	张氏园	河北保定	张罗彦	在保定西门内双井湖同，为光禄寺少卿张罗彦所建，1644年张氏满门赴义之后，园易姓，至康熙二十八年，双亭已圮，张罗彦刚满周岁的孙子张秉曜被老妪抱走，长大之后，园已他属。张罗彦，字仲义，号二酉，崇祯元年进士，累官至光禄寺少卿，李自成部将刘芳亮攻城时，张氏兄弟四人（张罗俊、张罗彦、张罗善、张罗酷）拒守，满门23人或自缢或投井集体赴难。康熙二十八年(1689)巡抚于成龙居衙舍，因园与府邻近，探访该园，感张家忠烈，捐钱构亭以祀，取易之井卦“改邑不改”之义，题为不改亭，又于井边题“泉水犹香”。
1644	顾燕诒园	江苏太仓	顾燕诒 张南垣	位于太仓市区，园主顾燕诒字安彦，号松霞，又号容庵，太仓人，崇祯元年(1628)进士，明末官至浙江布政使，入清则居家不仕。顺治十三年(1656)与王时敏、吴琨（吴伟业之父）等人被州守白登明遴选为邑中耆硕七人。据顾思义《梅村先生年谱》卷三顺治五年(1648)戊子条记载，在甲申年（清顺治元年1644）期间，顾燕诒到吴伟业的宅园梅村会晤张南垣，约请张南垣为其造园叠山，但顾燕诒本人的日记与诗文集《容庵集》、《仙舍集》并未流传下来，地方志中也无顾燕诒家第宅园林的记载。
1644～1645	郁滋园	江苏太仓	郁滋 张南垣	位于太仓南城，距离吴伟业的梅村很近，宅园内的叠石由张南垣所作，大约叠于顺治元年(1644)至顺治二年(1645)期间。园主郁滋，字静岩，号愚斋，是太仓当地的社会名流，与吴伟业有姻亲关系，加之两家宅园距离不远，故而经常走动，交往较为密切。张南垣为郁滋叠石后，吴伟业也多次赋诗咏赞。在《张南垣传》中说极富荆浩、关仝笔意的叠山设计，又有《题郁静岩斋前垒石》、《郁静岩六十序》。唐孙华有《元宵前一日同年郁愚斋招同王麓台沈台臣王潞亭夏畴观灯》。至康熙中期，郁园依然风采。

建园时间	园名	地点	人物	详细情况
1645	天藻园	江苏太仓	钱增 张南垣	位于太仓城东，园主是钱增(1604—?)，字衰卿，号曼修、桓孙，官至刑科都给事，耿直敢言。钱氏是太仓的望族，家境优渥。顺治二年(1645)，钱增告老归乡，延请张南垣为宅边建天藻园。徐文驹《游天藻堂记》描述园内有水池、假山、置石、长堤、石桥、天藻堂、水榭、读书庐、观稼楼、亭轩等。钱增卒后，其子钱廷锐(字瞿亭)修缮，后来钱氏没落，天藻园归于尹氏。唐孙华有《和叶星期明府题钱瞿亭园用杜工部游何将军山林十韵》、黄与坚亦写《游天藻堂记》、王抃题有三首:《钱右文招集天藻堂》、《过天藻堂时右文有鼓盆之戚次九日韵慰之》和《七夕后二日瞿亭招同黄忍庵太史唐实君吴元朗进士吴少融在韶诸昆季集天藻堂观荷》等。王凤阳《张南垣园林研究》有图和详文。王抃(1628—1692)字怿民、鹤尹，别号巢松。画家王时敏之子，著有《王巢松年谱》、《巢松集》、《北游草》、《健庵集》等。
中叶	殳宅(吴宅花园)	浙江杭州	殳云桥 殳龙山	在杭州市岳官巷8号，明中叶孝廉殳云桥和从弟殳龙山居此，因以学官名巷，其屋为明代高文清所得，后转与翁开之，乾隆年间售与孙葑，孙氏建松寿堂，藏收甚至丰，咸丰年间归云贵总督吴仲云。吴氏后代科举不绝，时人誉学官巷吴家为武林门第之冠。吴宅三纵，中轴有账房、守敦堂、道骚堂、肇新堂，东西两轴皆为花园及建筑，东轴有前花园、书房、正堂花园、载德堂、后院，西轴前花园和竹园。东轴花园皆为庭院小园，西轴为大花园，有华宜馆、曲廊、假山、水池等。现修复东、中两纵，西轴假山水池皆毁，正筹复建之中。
晚明	朱氏园	江苏苏州	朱氏	明代晚期朱氏在苏州距虎丘三里处建有私园，园广二百亩，弥耗万金，有亭、榭、楼、阁、池、石、花木等，留名者有七松草庐、绿荫斋、桂花(百岁)、七松(宋元物)等。朱某殁后，园分付诸子，季子得绿荫斋，其好读而常招朋诗酒于园中。明人贺甫撰有《过虎丘朱氏花园》。清代康熙年间园毁。

建园时间	园名	地点	人物	详细情况
明末	笑园	江苏苏州	徐枋 戈裕良	在升平桥弄 14 号，残存面积 2.8 亩，叶恭绰《遐庵谈艺录》载，明末崇祯进士、检讨中允徐枋创建此园，入清后隐居不出，清康熙(1662～1722)枫江渔父居之，相传假山为名家戈裕良作品，后归基督教徒华氏，再归湖北官僚冯氏，民国时归苏州巨商陆孟达，抗日战争时陆氏后裔将花园北部住宅翻建为楼房，后为敌伪所据，新中国成立后房产归公，1958 年居二十余户居民，园南空地由日用五金厂建小高炉，园归园林处，失修而毁损严重，前园后宅，较奇，园依城墙而筑，可登城借景远山，尤以假山和建筑著称。 园内有：荷池（中心）、水榭（船厅）、土丘石山（池南）、石桥、假山（十二生肖）、各式亭阁、白皮松、白桦等，现只余四面厅、楼阁、旱船、书条石二十八块(嘉庆年间)、白皮松等。徐枋(1622—1649)，字昭法，号俟斋，江苏吴县市人，崇祯十五年(1642)举人，顺治二年(1645)父徐汧殉节后，于天平山麓筑涧上草堂隐居卖画，终身不入城市，自号秦余山人，与宣城沈寿民和嘉兴巢鸣盛称海内三遗民。擅行草、山水、诗文，有《居易堂集》。
明末	东崦草堂（吴家花园）	江苏苏州	徐镜湖	明末光福人徐镜湖在吴县市光福镇建东崦湖畔建宅园，前宅后园。清道光年间，其孙徐傅重修。徐傅，字月波，通经史，好交游，历楚湘，博见闻。晚年归田，依旧制建园。前宅二层楼房，后园山水俱全：荷池、小溪、东崦草堂、月满廊、欣怀亭、延翠轩、丛桂小榭、读书堂、看云处、黄石驳岸、紫荆、古银杏、桃、梅等，东廊嵌有《东崦草堂记》。徐氏败后草堂归苏州画家吴似兰，故又称吴家花园，现宅、廊、亭、轩、池皆在，成为乡政府所在地。
明末	圆峤仙馆（琢园 祝园）	江苏苏州	徐波	明末高士徐波在苏州县（今苏州市）桥巷建有宅园，徐弃家入郭山读书时，宅园归外孙许眉叟，改筑为圆峤仙馆，精雅宏敞，其曾孙重葺，增有：来鹤亭、碧梧龛等，后归诸生祝寿眉，重筑更名为琢园别业，俗称祝园。

建园时间	园名	地点	人物	详细情况
明末	潭上书屋（水木明瑟园）	江苏苏州	徐白	明末吴江高士徐白(字介白)在苏州灵岩山和天平山间的上沙村建潭上书屋,后来成为郡人陆稹的别业。康熙四十三年(1704)嘉兴人朱彝尊(1629—1709,康熙时任编修,号竹坨)应邀游园,作《水木明瑟图赋》,文中命之为水木明瑟园,从此遂更名。清初苏州人何焯《题潭上书屋》,画家王石谷为之绘图。前对灵岩山,后据天平山,平畴在左,溪流在右,广庭数亩,内有大水池、小波塘(方池)、木芙蓉溆、鱼幢池、坦坦猗、石梁、东沜桥、叠石山、茶坞山、冰荷壑、适箬冈、石柱、益者三友蹊(《论语》:友直、友谅、友多闻)、潭上书屋、介白亭、升月轩、听雨楼、帷林草堂、山阁、饭牛宫、砚北村、桐桂山房、暖翠浮岚阁、蛰窝(室)、松、竹、桂、古梅、草药、梧桐、海棠、皂荚树等。三十年后,园归尚书毕秋砚,嘉庆(1796～1820)末年,园荒废。
明末	长松亭	山东曲阜	孔贞番	在曲阜苗孔村,为孔尚任之父孔贞番所建私园。孔贞番,明末曲阜人,崇祯六年(1633)进士,慕西汉大侠朱客、郭解,入清不仕新朝,在家自娱而终。
明末清初	枝津园	山东曲阜	孔贞瑄	在曲阜西关,学录孔贞瑄所建私园,毁。因孔贞瑄为明末清初人,故此园概建于明清交际之时。
明末清初	康百万庄园	河南巩义	康应魁	在巩义市康店镇南村庄园路69号,背依邙山,面临洛水,有金龟探水之称,庄园为砖石结构,临街建楼,靠崖筑窑,四周修寨,濒河设码头,规模宏大,布局严谨,集官、商、农为一体,综合了宫廷、庙宇、民居、园林等园林艺术,为17～18世纪典型堡垒建筑群,占地240亩,建筑面积64300平方米,有九组、31院、73窑、53楼、1300多间,为全国三大庄园(其二为刘文彩、牟二黑)之一,1963年被定为省级文保,2001年被定为国家文保单位。慈禧西逃回銮路过康家,康出资逾万白银修建县城、行宫、龙窑,被慈禧赐为豫商第一人,康应魁人称康百万,土地商铺遍及山东、陕西、河南三省八县。

建园时间	园名	地点	人物	详细情况
1637前	横山草堂	浙江杭州	江元祚	位于杭州西溪横山，为江元祚所筑。草堂上有拥书楼，崇祯十年(1637)嘉定马元调《横山拥书楼记》云："自横山草堂盘曲而上，即堂为楼，眉题拥书，果睹万卷。""推窗远眺，眼界全碧，千峰若围，隐见树杪。邦玉(江元祚字)因言，吾年三十八，即高揖博士，不愿备弟子员(谓辞别学官不想入学为生员)，将尽读楼中书，以自乐其乐。"明僧大善《黄山松径》诗序云："横山草堂在妙境寺东，六松林畔，即江氏之别业，有醉仙阁、拥书楼，有竹浪居、藏山舫，有亭，有桥，有泉，有石，为景不一，皆为置天巧，当世名公巨卿，题咏成集。"(安怀起《中国园林史》)
	曲水园	北京东城	李成梁 万炜	位于城东，原为新宁远伯李成梁的故园，后归驸马万炜。万驸马名炜，娶明穆宗朱载垕女瑞安公主。此园不仅以水、竹景观取胜，更以形态如松的异石著称，为北京地区所少见。《帝京景物略》云："驸马万公曲水家园，新宁远伯之故园也。燕不饶水与竹，而园饶之。水以汲灌，善渟焉，澄且鲜。府第东入，石墙一遭，径迢迢皆竹。竹尽而西，迢迢皆水。曲廊与水而曲，东则亭，西则台，水其中央。滨水又廊，廊一再曲，临水又台，台与室间，松化石攸在也。""然石形也松，曰松化石，形性乃见，肤而鳞，质而干，根拳曲而株婆娑"，表皮、干根和株，皆与松无异。府邸四周环墙，曲径两侧都是竹，曲廊滨水而行，台、室之间有形态各异的化石，为松、柏、槐、柳、榆、枫等所化，如茯苓、琥珀等。
	抱瓮亭	北京宣武	袁伯修	位于西长安门附近，为袁伯修的宅园。《燕都游览志》云："袁伯修寓近西长安门，有小亭曰抱瓮，伯修所自名也。亭外多花木，西有大柏六，长夏凉阴满阶。梨树二，花甚繁，开时香雪满庭。隙地皆种蔬，宛似村庄。小奴负瓮注水，日夜不休。"
	海月庵(吴匏庵园)	北京	吴匏庵	《析津日记》云："吴匏庵园居有海月庵。玉延亭、春草池、醉眠桥、冷淡泉、养鹤阑。今访其遗迹已不可得。"

建园时间	园名	地点	人物	详细情况
	午风亭	北京西城	李宗易	位于时雍坊，翰林编修李宗易所建，园在居第之后。“园广数亩，缭以周垣。径西南而入，正北为舍三楹，藏经史图籍。亭在舍之南数寻，北向，望之若举盖然。环植桃李，间以杂卉丛竹。亭稍北为小地，上横木为桥，引井水自渠而入，可蓄可泄。”（安怀起《中国园林史》）
	英国公宅园	北京西城	张辅	英国公的赐第。英国公张辅，始封于永乐六年(1408)，子孙世袭。据《帝京景物略》记载：“英国公赐第之堂，曲折东入，一高楼，南临街，北临深树，望去绿不已。有亭立杂树中，海棠族而居。亭北临水，桥之。水从西南入，其取道柔，周别一亭而止。亭傍二石，奇质，元内府国镇也，上刻元年月，下刻元玺。当赐第时，二石与俱矣。亭北三榆，质又奇，木性渐升也，谁搤令下，既下斯流耳，谁掖复上，左柯返右，右柯返左，各三四返，遂相攫拿，捺捺撇撇，如蝌蚪文，如钟鼎篆，人形况意喻之，终无绪理。亭后，竹之族也，蕃衍硕大，子母祖孙，观榆屈诘之意。用是亭亭条条，观竹森寒。又观花畦以豁，物之盛者，屡移人情也。畦则池，池则台，台则堂，堂傍则阁，东则圃。台之望，古柴市，今文庙也。堂之楸、朴老，不好，奇矣，不损其古。阁之梧桐，又老矣，翠化而俱苍，直干化而俱高严。东圃方方，蔬畦也。其取道直，可射。” 园在第宅之东，与宅并列，南面临街有楼，楼北杂树丛林，林中有亭翼然，水从西南入，绕亭一周入池。说明亭在园的西南，亭北面跨水有桥，亭后西北，是一片森寒的竹林。亭东有花畦，池在园中的中部，临池有台，台后有堂，堂傍建阁。园的东部是菜圃，圃中有直道可以射箭。
	英国公新园	北京西城	张维贤	《帝京景物略》道，英国公张维贤买什刹海中部银锭桥畔的海潮观音庵之半构园。园内有一亭、一轩、一台。在亭里可借景银锭桥，四面借景尤妙：南望万岁山，西望园林，东望稻田，北望街巷。英国公看中周边的景色，选址于此建园。仅建一亭、

建园时间	园名	地点	人物	详细情况
				一轩、一台，与周围水景、古木古寺勾勒在一起，即可四面观景。近看园林稻田，远观烟树西山。山、水、林、田，美景尽借入园中。借景的典范。风格不追求小巧，崇尚宏大，将园内园外连成一片。
	李长沙别业	北京	李长沙	在北京北安门北，为李长沙幼时故居。《渌水亭杂识》云："李长沙别业在北安门北，集中西涯十二咏，程篁墩学士和之，有桔槔亭、杨柳湾、稻田、菜园、莲池，而响闸、钟鼓楼、慈恩寺、广福观皆在十二咏中。今其遗址不可问，当在越桥相近，盖响闸即越桥，下闸而钟鼓楼则园中可遥望尔"。《日下旧闻考》按："西涯为李东阳幼时故居，成德渌水亭杂识云，遗址不可问。今考东海集诰命碑阴记云：曾祖洪武初以兵籍隶燕山右护卫，挈先祖少傅始居白石桥之旁。后廓禁城，其地已入北安门之内，则移于慈恩寺之东海子之北。又云：吾祖代父役靖难之师，实在行伍，以功得小旗，迁居海子之西涯，坐贾为养。然则西涯者即海子之北、慈恩寺之东也。集中重经西涯诗甚多。其二首之次首有注云：东阳六歲时，先君以诗命题，手改结句云，明月满天霜满地，清风时复送虚寒。谨识于此。然则本传东阳四歲能径尺书，景帝召试之甚喜，抱置膝上赐果钞还家时，正在西涯。是其幼时所居之地也。其与程敏政倡和西涯十二咏所咏，不尽在别业中。大约举其左右之相近者而悉咏之。""李东阳西涯杂咏十二首：《海子》海子西入城，中与龙池连。高楼河口望，正见打鱼船。《西山》盘石傍幽溪，群峰坐回首。静爱白云来，苍苔湿衣久。《响闸》春涛夜忽至，汩汩溪流满。津吏沙上来，坐看青草短。《慈恩寺》水绕湖边树，花垂石上藤。长来寺前坐，不识寺前僧。《饮马池》立马春池上，沙水清可怜。溪翁熟予马，汲罢不须钱。《杨柳湾》沙崩树根出，细路萦如线。垂柳隔疏帘，人家住西岸。《钟鼓楼》月黑行人断，高楼钟漏稀。城中闻夜警，逻吏不曾归。《桔槔亭》野树桔槔悬，孤亭夕照边。闲行看流水，随意满平田。《稻田》水田杂

建园时间	园名	地点	人物	详细情况
				花晚，畦雨过溪足。老僧不坐禅，秋风看禾熟。《莲池》秋风吹芰荷，西塘凉意早。独负寻芳期，苦被诗人恼。《菜园》西园芳意湿，不闲春雨声。野人闭门睡，园中青菜生。《广福观》飞楼凌倒景，下照清彻底。时有步虚声，随风渡湖水。”
	白云庄	河南新密	温源	为明朝御史温源别墅。温源，字宪之，蒲阪人，官至河南道监察御史。他平生刚直不阿，忤时退隐于超化东岩石之上，题所居“白云庄”。当时与诸名流酬题赠志，众皆尊称为云庄先生。庄在超化东崖上，每推窗俯视，田庐村市俱在眼底，山波翠光，掩映左右，一片胜景。清初，杨布政思圣、耿宫詹介石、城赵御众、范阳马而楹皆往来此地，为一时文人之薮。白云庄为新密超化镇古八景之一，其他古景为：超化塔、金花泉、薄林山、丈石崖、龙池潭、刀痕柏、暖水泉。
	金山寺	河南荥阳		旧在山北张沟西。明重修碑记：金山寺旧在今县北，北有河流南倚广武古招提也。景泰钟款识云：元至正十八年圮于河水。至正统间，知县刘侃移建于本县预备食西。
	银山寺	河南荥阳		申《志》：东水峪去县正北十五里，有银山寺遗迹。《开封府志》：“其东西二水峪之间，尚有金山寺、银山寺遗迹。”
	清真寺	河南郑州		郑州清真寺因地处北大衔，故又名北大街清真寺、北大清真寺或北大寺，是伊斯兰教在郑州建造最早、规模最大的清真寺。始于元末明初，位于北大街 128 号，为郑州伊斯兰教传播发源地。
	城隍庙	河南郑州		位于郑州市商城路东段路北，原名城隍灵佑侯庙，始建于明代初年，现在庙内供奉的是汉刘邦麾下大将纪信。据民国《郑县志》记载，明弘治十四年(1501)知州石纯粹，嘉靖六年(1527)知州刘汝，隆庆四年(1570)知州李时选均曾重修。清康熙三十

建园时间	园名	地点	人物	详细情况
				年(1691)知州陈一魁、五十三年(1714)知州张大猷,乾隆五年(1740)知州张钺,光绪十六年(1890)知州吴荣桀亦重修。庙内有明初郑州知州张大猷草书石碑《福赞》、《寿赞》两通,城隍庙坐北朝南,原占地面积约10亩。由大门、过庭、戏楼、大殿、后寝宫和东、西廊房组成。
	南林	江苏无锡	安氏	"胶山址有西林,王弇州记之。百武而前曰南林,先王父我素公读书谈道处也。""清流环绕,绿荫蔽天,……渡小桥,茅屋临溪,曰芳旬。而北,曰岁寒堂,自志也。桂丛为门,堂后长松拂云,声飕飕丝竹,林间青山如黛。东曰鸿冥阁,志不得于时而高蹈远引也,然极登眺之胜。西曰夕佳轩,扶栏流泉,斜阳西下,紫绿万状。阁折而北,曰疏快轩,香雪万树,绕屋作光,……轩折南,曰嘉莲亭,水面红妆,临风自媚,或开并蒂,迥于凡品,故名。堂后池广可数十亩,亦蒲苇,亦菱芡,亦芙蕖,亦鱼梁之。方其中,朱阁周之,可燕赏,曰七星桥。池流东、西分,汇于芳甸。周池之岸,皆古木,郁然深秀,兹林独擅。"
	珠媚园	江苏通州	王景献	珠媚园在通州城东北隅。有州人王景献者,尝为广州太守,得前明顾大司马旧第,为增筑之。极池台花木之胜,其正中为花对堂,堂前大紫薇二株,海内罕见,明时植也。余(钱泳)由福山渡海到州城,……置酒园中,欢会竟日,因书四绝句云:"……一湾春水曲通池,池上桃花红几株。为语园丁好培植,再栽垂柳万千丝,朱廊寥落暮云多,满径苍苔绊薜萝。"(仅录第三、第四绝句。引文见钱泳《履园丛话》卷二十园林。)诗人慨叹,若能再栽垂柳,桃红柳绿,形胜更佳。(汪菊渊《中国古代园林史》)
	傅少参园	山西太原		有两处,一在东城墙下草场街,一在圆通观右侧。少参是职称,究系何人,无考。傅家园里树木稠密,花草繁多,山石壁立。后山上建有华馆,山下有深洞,山前有楼,楼前有池,池中有鲤。池中临

建园时间	园名	地点	人物	详细情况
				岸筑亭，亭前松柏交错，织成凉棚，在它的两侧还有社丹亭和菊花亭，为当时府城中园林之最。此园明末毁于兵火，到清初仅存残树几棵。(汪菊渊《中国古代园林史》)
1608	双塔寺	山西太原		双塔寺在太原城外东南，遥遥相对，以砖结构建筑见胜。双塔寺本名永祚寺，以双塔为名为昔日阳曲八景之一的“双塔凌霄”。两座塔都是八角十三层。北塔高 54.76 米，南塔高 54.78 米。1982 年在修复中发现建塔铭文，万历三十六年(1608)兴工，至四十年(1612)完工。塔内有台阶能盘旋而上。建塔后三百七十多年中，太原历经几次大地震和战争仍岿然不动。 北塔曾是太原最高的建筑，也成为太原的标志。在太原，牡丹与双塔齐名。大抵明朝后期，双塔寺的杜丹名种繁多，就在一方出名了。每当立夏前后牡丹盛开，游人如云。游双塔、看牡丹，几乎家喻户晓，成为一种盛事。(汪菊渊《中国古代园林史》)
	范氏东、西花园	山西太谷		离县城东北五十余里的范村，村中有两个花园即东花园、西花园，园主是明初范朝引。东花园位于范村东北部，今已辟为农田。原园占地约八亩，大门朝西偏南。入门南面有墙，将全园分成南北两部分，南墙东侧有一门沟通南北院。北院中部有一座土山载石的假山，其上有凉亭，且建有一小庙，假山下部有洞，可通达山顶，洞前是鱼池。院东北隅建有魁星庙，至今土台基尚存，庙南又有一假山，土台基亦在。南院部分的西北有正房五间，西墙中部有关帝庙，已不存，只见土台基：南院的东南部有魁星阁，而空处植柳、楸、枣、桃等树。 西花园：亦南北为长，占地十二亩，大门朝南，分内外两院。外院西墙处有西房十间，院心作打粮场，周边植有枣树、槐树、臭椿等。两院隔以二层过街

建园时间	园名	地点	人物	详细情况
				偻,共五间,中间是过道,可达内院。过街楼两侧有墙与周围墙相连,并在连接处形成一块空地,可供车辆停放。进入内院,两侧东西房各三间,房前各植一排牡丹,东房前有井一眼。东西房往北均有倚墙游廊,彩画华美。坐北正房十间,东侧倚墙,西侧植有黑枣树(君迁子)。正房前有井一眼,又有盘道假山一座,山上栽植柏树,山前是戏台,台下设大花窖。戏台前又有一座载石土山,山上有凉亭,山下有洞,可通山顶,山旁有鱼池,池上架桥。这里有山与池之筑,惜今已不存。(汪菊渊《中国古代园林史》)
	凤台园	江苏南京	徐三锦衣 胡煦斋	位于城西南,与魏公西园隔弄,为徐三锦衣所创,因近凤凰台,故名。凤台园厅峰峻岭,参差崔粤,怪木素藤,樛互映带。王世贞《游金陵诸园记》道,园在瓦官寺边,原为魏公的别业,园内有台、阁,后来归瓦官寺所有,寺僧拆阁犁台,垦为庄田,植以庄稼。后废地属凤游寺。余孟麟诗云:"高台曾是主家园,摇落西风半废垣。不复居人思竹格,空余过客问桃源。疏林遬遬寒流咽,荒径萋萋露草繁。独有秋萤烟水外,飞来依旧照黄昏。"废后与魏公西园址在同治年间被苏州知府胡煦斋购得,重建为愚园(见清"愚园"条)。 《游金凌诸园记》另有一条凤台园,文如下:"旧为魏公别业,后属上瓦官寺,诸髡次第平其台,芟其树,而税与灌园者,名胜尽陁,诸髡且自咤为青铜海矣。诗:伤心千古凤凰台,萧瑟僧寮伴草莱,歌扇舞衣无处觅,西风蝉咽不胜哀。"(汪菊渊《中国古代园林史》)
	吴本如中丞园	江苏南京	吴本如	《金陵古迹图考》载:吴本如中丞园即徐氏西园,有葆光堂、澄怀堂、海鸥亭、木末亭、桃花坞、梅岭、菊畦、荻岸、桐舫、茆亭、南轩、云深处诸胜。

建园时间	园名	地点	人物	详细情况
	徐锦衣家园	江苏南京	徐锦衣	“徐锦衣家园，与凤台基址相接，在宅第之后”(《古今图书集成·园林部》)。“三锦衣家园：徐三锦衣者，东园君(指徐天踢)之仲子，而凤凰台主人也”(《弇州山人续四部稿》)。“穿中堂，贯复阁两重，始达后门，门启，折而东，五楹翼然，广除称是，为月榭以承花石。复折而东，启垣，则别一神仙界矣。始由山之右，蹑级而上，宛转数十武，其最高处得一楼，东北钟山，紫翠在眼。……自是东，其窦下上迤逦，皆有亭馆之属，伏流窈窕穿中，石桥二，丽而整，曲洞二，蜿蜒而幽深。益东，则山致尽而水亭三楹出矣。亭枕池南而北向，启扉则三垂(东、西、北三面)之胜，可一揽而既”(《弇州山人续四部稿》)。 王世贞《游金陵诸园记》道，在江宁，与凤台相接，是宅邸后园。园中有月榭(五间)、高楼(可望钟山)、亭馆、伏流、石桥(二座)、曲洞(二处)、水亭、水池、金鱼、奇峰、峻岭、怪石、怪木、素藤等。强调借景，擅理曲洞。画阁朱楼，极尽雕饰。
	尔祝园	江苏南京	王尔祝	“王太守尔祝园，即所分徐氏之一也。中有高楼古树，颇自苍然。太守生前，足迹曾不一至，园丁灌艺而已。诗：高台杰阁倚崔巍，叠石疏花面面开，为问辋川文杏馆，几从裴迪赋诗来。”(汪菊渊《中国古代园林史》)
	同春园	江苏南京		同春园，“其地在城西南潘，去某之居第，武可数也。入门可方驾(可并行两车)，转而右辟广除豁然，月台宏饬，峰树掩映，嘉瑞堂承之。自是复得一门，有堂曰荫绿。……许太常记所谓垂柳高梧，长松秀柏，绿荫交加，复于栏槛者是也。堂北向，其背枕水而阁，曰藻鉴。傍为漱玉亭，太常所谓亭下有泉，泉外植竹千挺，泉流有声。垒土石为山，逶逦上下。亭馆列焉，多牡丹、芍药，花时烂漫，大足娱目。”“主人今逝矣，故不恒扃闭，群公时时过从，以故声称与东、西二园埒，实不如也”。(《弇州山人续四部稿》)

建园时间	园名	地点	人物	详细情况
	何参知露园（疏园、哈氏园）	江苏南京	哈公	“西北枕凤凰台，亭馆池树，参差多致。旧为哈公所创，屡易主矣。后为方士醒神子馆。参知得之，小为拓润，与遁园东西相望也。”按《金陵古迹图考》作：“何公露凤嬉园。西北枕凤台山，亭馆池树，参差多致。”何参知露园、凤嬉园、疏园、哈氏园，名虽不同，实则一也。
	味斋园（卜园）	江苏南京		“卜太学味斋园，在花番岗，西枕上瓦官寺。地既高旷，有楼三楹，面东而峙，遍览域内外，最为登眺胜处，俯视西园，如接几案矣。诗：嵯峨飞栋入烟空，俯视皇州一气中，谁向赏心夸绝景，已专丘壑大江东。”《金陵园墅志》有“卜园，在花尽岗，卜太学味斋园。”(《游金陵诸园记》)。
	张氏园	江苏南京		“在花盝岗，江宁张元度、茂才、振英园。家徒壁立，窗外杂植杞菊。左图右史，焚香扫地秩如也。隙地种竹数十竿，因号苦竹。君与顾文庄(遁园主人)邻近，互相过从。”(《游金陵诸园记》)
	茂才园	江苏南京	李象先	“李象先茂才园，在古瓦官寺南，余遁园之右，面东，门有长榆数株，清阴夹巷。旧为宁伯邻书屋，仅老梅数株耳。象先扩而润之，幽邃有幽趣。”(《游金陵诸园记》)
	陆文学园	江苏南京		“在许典客园(即长卿园)南，有池种荷芰，小亭踞其上，花架绮错，望之斐然。诗：一点妖红泛绿波，曲池芳树影婆娑，不妨静引南薰坐，自按江南子夜歌。”(《游金陵诸园记》)
	羽王园	江苏南京		“在骁骑仓东南，有池可种莲，新架高阁，延瞩东南诸山。诗：欲隐何须更买山，即有高阁迥尘寰，夸他建业千峰出，尽在危栏指顾间。”按《金陵园墅志》在遁园条中载：“其弟(指顾文庄之弟)羽王鸿胪起凤园，在骁骑仓前街，有池可种莲，高阁突兀，延瞩东南诸山。”那么，凤园即是羽王园。(《游金陵诸园记》)

建园时间	园名	地点	人物	详细情况
	楠　园（贞园、太复新园）	江苏南京		《金陵园墅志》在上文后接着写道："周南起楠园，在仓北，修竹数十竿，小屋数椽，饶有野趣。太复郎中起贞园，屋宇花竹，其规模大概如遁园。" "太复斩园在九天祠之北，地平旷，新构屋宇，莳花木，其规模大概如遁园而加整饬。诗：自爱山林引兴长，更怜花草媚池塘。行园处处皆相似，唤作新丰也不妨。"据此，《金凌园墅志》所载贞园即太复新园。 王世贞《游金陵诸园记》道，太复新园位于九天祠的北面，地势平旷，园内开拓水池，新构屋宇，种植花木，其规模与遁园相仿但比遁园规整。
	熙台园	江苏南京	汤太守	"汤太守熙台园在杏花村口。地不甚广而多佳树，亭子外老杏数株，花时红霞映地。诗：杏花村外酒旗斜，墙里春深树树花，莫向碧云天末望，楼东一抹缀红霞。"
	李氏小园	江苏南京		"邻人李氏小园，在汤园（汤熙台园）之东，西塘相连，弯环清澈，堤上垂杨，大可合抱，杏花斜佛水面，老干铁立，亦可赏也。诗：小池微亚绿杨低，黄鸟春晴不住啼。何处一樽堪引醉，小桥斜日杏花西。"
	张保御园	江苏南京		"在许无射园北，旧为王太学馆，保御得之。中有屋三楹，清寂可人，亦多佳树，友人沈不疑常称之。诗：曾从沈约间郊居，此地仍堪赋遂初，苦竹自深人不到，可能重驻子猷车。"
	金太守与陈中丞园	江苏南京		"皆在乌龙潭侧，停画舫于潭中，天然图画也。"
	山水园	江苏南京	唐宜之	"在乌龙潭侧。上元唐宜之长史，时弃官归里，临潭筑室，山光水色，远眺高吟。黄俞邰秋其处世疏寒而不伤于刻露。"
	寤园	江苏南京	茅止生	"在乌龙潭北，旧安茅止生总兵元仪园。轩亭错落散处山坡陀间，又构木蹴石如幔亭，朱栏回互之，浮泊潭中，名曰喻筏。"

建园时间	园名	地点	人物	详细情况
	扫叶楼	江苏南京		“在清凉山南麓(善司庙后),即半亩园也。上元龚半千、贤隐居处,绘一僧持帚作扫叶状,因以名楼。有联云:四面云山朝古刹。一天风雨送残秋。凭栏静坐,城外帆樯过石头城,影掠窗前。而莫愁湖、雨花台,皆迢迢在望。今属善庆寺,品茗之胜地也。”上引文括弧中“善司庙后”为《金陵园墅志》扫叶楼条中文字,又在“影掠窗前”四字之后,作:“其高旷有如此者。今其楼犹复旧观,有僧庵而修葺之。”
	祴园	江苏南京	卓忠贞秦允	“在清凉山下,卓忠贞敬祠园。其六世孙发之于万历间秦允建祠并筑园,笠广汐山锄月湾,呼龙蟹寒江榭、药草畦、葱柯坪、悬鼓峰、直树林诸胜。杨龙友为图,董玄宰跋。”
	朴园	江苏南京	熊文端	“在清凉山侧,孝感熊文端赐履居金陵所拓者,有洗心亭、寻孔颜乐处亭、藏密斋、深造斋、潜窟室、学易堂诸处。韩慕庐谓其有武陵柴桑之胜。”
	亓园	江苏南京	朱问源	“在清凉山侧,本熊氏朴园基,上元朱问源观察澜,得而拓之,改曰亓园。有通觉晨钟、晚香梅萼画舫、书声清流、映月古洞、纳凉层楼、远眺平台、望雪、一叶垂钓、接桂秋香、钟山雪声十景。”
	半园(钱家花园)	江苏常州		在雪洞巷古村与西庙沟(现晋陵中路)交叉口,常州闻人钱以振祖上所建花园,1952 年售与常州归范,20 世纪 70 年代末居民拆园建房,园尽毁。基长方,园广八亩,有二亩黄石假山,高达四米,有峡谷、山涧、水池、石桥、山上植桃、杏、枫、楝、槐、梧桐、海棠等,山北有四间厅堂,厅堂后为 30 平方米金鱼池,池东建临水亭阁,厅西种四株桂花,宅西出之字曲廊,沿中部假山西假向南接续三间宅屋。
	清真观园林	江苏昆山		在昆山山塘径东,南宋始建,园林殊美,元代重建,明代修建更多,景观最全,达到全盛,详见南宋“清真观园林”。

建园时间	园名	地点	人物	详细情况
	定国公园（太师圃）	北京西城	徐氏	《帝京景物略》和《日下旧闻考》引《燕都游览志》：定国公徐氏在什刹海西岸建别业，园内有池沼、厅堂、广榭、书室、高台、垂柳、荷花、芦苇等。“堂左右书室，西筑高台，耸出树梢，眺望最远，滨湖园为第一。”明人称为北京滨湖众园之冠。此园构筑皆力求自然随意，风格粗放浑朴，不够精致，即使有物妨碍观赏，也不凭借人力破坏自然。素朴“荒荒如山斋”，墙用土垒，不粉刷。地是土地，不铺砖。稍筑堂屋，不建亭阁。植树不求花果，亦不讲究搭配和整齐，貌似随意为之，其实蕴含深意和情趣。
	刘百世别业（镜园）	北京西城	刘百世	在什刹海边，孝廉刘百世所建，《日下旧闻考》引《燕都游览志》道：内有厅堂三间，南有广庭，可以远眺湖如镜，故又名镜园。又作一台，登临可远望青山。园后来归冉都尉所有。
	刘茂才园	北京西城	刘茂才	《日下旧闻考》引《燕都游览志》道，刘茂才在什刹海边建有园林，园内厅堂三间，坐南朝北，东面有台阶，沿阶而下，为朱栏小径，北轩二间，南面开池沼，种莲花，北窗面对湖东，建书室，上作平台。此园居于湖中南北最狭处，故景色最好。
	宣家园（焦园、毛家园）	北京	卫公	原为宣城伯卫公的别业，园旁多屋宇，外有药圃，园内初有射堂，后毁，园内怪石和牡丹称奇，石名有：隅虎、伫鹄、惊羽、奋距，牡丹数种，堪称京师第一。后归焦鸿胪，称焦园，再转为毛户部，改毛家园。
	方公园	北京	方公	相国方公在北京城北水关之西建有宅园。
	宣城第园	北京		为府第中园林，内有层台、高馆、丛林。其中有两株夹竹桃最盛。
	陆舟园	北京		为私家园林。
	恭顺侯园	北京	恭顺侯	为恭顺侯的私园。

建园时间	园名	地点	人物	详细情况
	适景园	北京	成国公	成国公园 最初为成国公家园,后归的武清侯李氏。园名为“适景”,俗称“十景花园”,在京城东南石大人胡同以西,有三堂。堂皆荫,高柳老榆也。此园以古树苍然著称,左堂侧种植有盘松,“盘者瘦以矜,干直以壮,性非盘也。”右堂侧有水池约三四亩,堂后有一株四五百岁的老槐,“身大于屋半间,顶嵯峨若山,花角荣落,迟不及寒暑之候”。树下有数块景石,犹如槐树根,树旁有一休憩台,台的东侧是一阁,以榆树行列种植夹道。
	宜园	北京	仇鸾	仇鸾(?—1552),明陕西镇原(今甘肃)人,字伯翔,将门出身,甘肃总兵,以贪虐被革职,后勾结严嵩父子得重用。嘉靖二十九年(1550)官至大将军,加太子太保,后为陆炳揭发而革职,忧惧而死。此园在1550年前后所建。仇死后园归成国公,后再归冉驸马。 《帝京景物略》称:“冉驸马宜园,在石大人胡同”,正园部分《帝京景物略》称:“冉驸马宜园,……其唐三营楹,阶墀朗朗,老树森立,堂后有台,而堂与树,交蔽其望。台前有池,仰泉于树杪堂溜也,积潦则水津津,晴定则土。客来,高会张乐,竟日卜夜去。”《宸垣识略》:“有石假山,名万年聚。” 堂屋三楹,凿池筑山,山前置石,老树森立,一片自然之趣. 宜园水无泉源,靠下雨积水而凿池,可见对水之喜好。而凿池者,沿池建堂,堂前(后)临水筑台,也成当时较通行的一种模式。
	最乐园	陕西长安	秦藩	在陕西长安西北角,秦藩所创,作为文人游宴之所,园中有水池、阁、台、榭,若不是贵客或是文人,不得入内。
	瀑园	陕西	司空某氏	司空某氏在宅南建园圃,园内有亭、台、池、榭及花木、竹子等。
	斑竹园	陕西周至		在周至县城东20里处,园广数顷有余,园内遍植斑竹,大者如椽,其密如篑。

建园时间	园名	地点	人物	详细情况
	莫愁湖园	江苏南京	李尧栋	在南京水西门外，总面积0.41平方公里，水面0.33平方公里，岸6公里，六朝时为长江一部分，有莫愁女居岸边，唐时称横塘，北宋成为莫愁湖。明筑胜棋楼，成为一时名胜，王世贞《游金陵诸园记》称此园与徐达之园并胜。清乾隆五十八年(1793)知府李尧栋建郁金堂、湖心亭、赏荷亭、光华亭，道光时(1821～1850)建六宜亭、长廊、曲榭，号称“金陵第一名胜”。毁于太平天国兵火。同治年间(1862～1874)再建，1929年辟为公园，1953年重修，增建湖心亭、待渡亭、水榭、露天舞台、曲廊，在郁金堂西重雕莫愁湖女像，壁嵌梁武帝《河中之水歌》及石刻画像。1979年在西岸建“粤军殉难烈士墓”和孙中山手书“建国成仁”碑。2002年再修。
	逸园	江苏南京	王心旗	《江宁府志》载，在江宁县驯象门南，明太保王心旗创建的别业，在其未出仕前建三间草庐，做高官后，种竹置石，不断修饰。
	栝园	江苏南京	徐达 周亮工	《江宁府志》载，在江宁县大功坊东巷，原为徐达别业，后归周亮工，因有两株老栝而名，赵宧光有诗题之。周亮工(1612—1672)，明末清初人，字符亮，号栎园，河南祥符(开封)人，明崇祯进士，授监察御史，仕清后任户部右侍郎，著有《赖古堂集》、《因树屋书影》等。
	魏公南园	江苏南京	魏公	王世贞《游金陵诸园记》道，魏公赐第的对街，园内有堂、站台、峰石、花卉、水池、金鱼(一百余)、回廊、高楼、馆、榭、亭、台、阁、轩、怪石、奇树、峰峦等。楼则朱甍画栋，轩枕于水上，峰石则千重百迭。此园十分豪华，朱甍画栋、绮疏雕题，宏壮华丽。

建园时间	园名	地点	人物	详细情况
	锦衣东园	江苏南京	锦衣某氏	王世贞《游金陵诸园记》道，在江宁大功坊东，为锦衣某氏的私园。园内有华堂、月榭、后室、耳室、曲廊、峰石(可比刘公石)、高楼(可望报恩寺塔)、华轩(北对诸山)、亭轩(十余)、假山、桥梁、石洞、水池、金鱼(百尾)。华轩和高楼皆为借景之物，石洞三个，王世贞所游石洞中，此园之洞最大，别有水洞，则清泠流水，旁建有亭。厅堂台榭，十分宏丽，高楼华轩，不一而足。
	万竹园(佚园、许氏新园)	江苏南京	徐继勋	在城西南，西园隔弄，近城根处，王世贞《游金陵诸园记》道，与江宁瓦官寺相邻，为徐达儿子徐四锦衣(徐继勋)的私园。园中有厅堂(三间)、高台、朱楼、左厢(三楹)。此园没有水，为旱园，在江宁极少。《金陵琐志》云："幽篁成荫，群鹭飞翔。"《杏村诸园诗》云："古树深篁杳然异境。"后为王尧封(山东巡抚、户部尚书、兵部尚书、右副都御史)和张文晖所有，园中堂榭楼台，故树深篁，一应无改。王张两家仆人为争一树而斗，文晖止之，曰家本军卫，三百余年属魏国公，我偶得一官，分买其园，心颇不安，又与人争树，我子孙能守之乎？遂让之，既得是园因之曰佚园，人失也。张死后，其少子张循质与众儿孙在此读书。顾起元有《佚园》诗："万木琅玕抱石斜，朱栏深锁但栖鸦。自从仲蔚辞三径，谁为羊求扫落花。"后为许长卿购得，重构为新园，园广数百丈，内有半亩方塘，豆棚瓜架，亭馆幽雅，花木烂漫，许长卿与宾客常在园中饮酒作诗。顾起元又有诗云："春深日日雨廉纤，空勒花枝晓雾添。玄度可知悭酒兴，小楼烟午闭青帘。"入清，为邓太史旭之宅园。张文晖，字孚之，江苏江宁人，万历二十三年(1595)进士，台州知府，善真、行书，有《江宁府志、续说郛》。
	梁园	北京西城	梁氏	东起今南新华街，西至西线胡同，北起前孙公园，南到近骡马市大街。园内建有亭、轩、楼、阁等并种有花卉，仅"牡丹、芍药几十亩，花时六锦布地。"同时还由凉水河引水入园，供人荡舟赏景。(《宣武文史》)

建园时间	园名	地点	人物	详细情况
	徐九宅园	江苏南京	徐九	王世贞《游金陵诸园记》道，园内有厅堂、峰石（锦川武康石）、牡丹（十余种）、水池、亭、馆、楼、洞、壑、松、栝、桃、梅等。水池三角都有叠石，峰峦起伏，亭馆与洞壑相交错，左右画楼相对出。
	武定侯园	江苏南京	武定侯	王世贞《游金陵诸园记》道，在江宁竹桥西、汉府的后面，土墙围合，周一里多。园中有轩、堂、亭、池、竹。园内满是竹子，一望无际。
	武氏园	江苏南京	武氏	王世贞《游金陵诸园记》道，武氏静敛，不涉世俗，建园以清修。园在江宁南门内小巷中，园内有轩（四座）、方池、桥（数丈长）、台、古树、老竹、精舍、厅堂、丽楼（楼上供吕祖像）等。园主信佛，故园中多佛教建筑。
	欣欣园	江苏南京	冯晋渔	在江宁凤池，今丰富路，为中书冯晋渔在凤池讲学时构筑。园中有绉云峰，广植樱桃、古木、缨络松。参天古木百余，株株合抱，缨络松曲干荫浓，皆世所罕见。此街后改为欣欣园街。
	息园	江苏南京	顾璘	《江宁府志》载，在江宁县淮青桥东北，尚书顾璘在园中建见远楼。顾璘（1476—1545），明苏州吴县人，高祖顾通在洪武年间以匠作被征，寓居南京上元，字华玉，号东桥居士，弘治九年（1496）进士，授广平知县，正德间为开封知府，忤太监廖堂谪知全州，后累官至南京刑部尚书，罢归。少负才名，与同里陈沂、王韦号金陵三俊，后添朱应登并称四大家，诗以风调胜，晚年筑息园、筑幸舍以居，好藏书，延接名流，被推为江左名士领袖，有《息园》、《浮湘》、《山中》、《凭几》诸集及《息园诗文稿》、《国宝新编》、《近言》、《顾尚书书目》等。
	吴孝廉园	江苏南京	吴孔璋 邓元昭	王世贞《游金陵诸园记》道，吴孝廉园本为齐王之孙的别业，吴重金购得，修葺一新，时园内有竹子和桂树，其竹子曾被称为胜过梁园。后来太史邓元昭得此，又重治馆舍楼阁。
	长卿园	江苏南京	许典客	王世贞《游金陵诸园记》道，许典客在骁骑仓西北的九天祠边建有长卿园，园内有堂、阁、亭、轩、绣球花。园林以绣球花为特色，可与凤台西的紫薇相媲美。

建园时间	园名	地点	人物	详细情况
	无射园	江苏南京	许无射	王世贞《游金陵诸园记》道，园在萧公庙东面，张保御园南，为许无射所建，园内有曲房、幽径、隐洞、竹子、树木等，园路与曲房深邃幽深，竟使人迷路。顾起元有诗云：“人间玉斧自仙才，隐洞深依古殿开。宛转曲房何处入，直疑瑶馆秘天台。”
	方太学园	江苏南京	方太学	王世贞《游金陵诸园记》道，太学方子中在村东城下建有私园，门口竹子一丛，园中古屋数间，牡丹繁盛，土垣版扉，俨如村居，路人过而不知为园。雪浪和尚曾在此居位。
	武文学园	江苏南京	武文学	王世贞《游金陵诸园记》道，武文学在下瓦官寺东面建有私园，园与凤台园相邻，园内有竹木花草、山石曲溪，尤以杏花为盛。
	市隐园	江苏南京	姚元白	《江宁府志》载，在江宁县武定桥东，明代鸿胪姚元白所建私园。园内有堂、轩、亭、台、馆、小巷、茅亭、小山、大池（七八亩）、平桥（两座）、平屋（叫中林堂，五间）、鹅群阁、奇木古树、竹子等。雨时坐阁望池，山如泼墨，极富诗意。
	杞园	江苏南京	王贡士	王世贞《游金陵诸园记》道，王贡士在江宁聚宝门外小市西的巷子里建杞园，园门正对大河，河北为皇城。园内有堂（三间）、牡丹（几百）、锦边池、芍药、茉莉（数百）、建兰（十余）、莲花等。园林特色是牡丹，可以与北宋洛阳天王院花园子的牡丹相媲美。
	竹西草堂	江苏南京		未详。
	乐闲园	江苏南京		未详。
	齐王孙园（赤石矶）	江苏南京		未详。
	石坝园	江苏南京		未详。

建园时间	园名	地点	人物	详细情况
	万松别墅	江苏南京		未详。
	宴园	江苏南京		在评事街。
	读乐园	江苏南京		未详。
	陈氏园	江苏南京	陈铎	为南京锦衣卫指挥使陈铎的别墅。陈铎(1488—1517),明散曲家,淮安府邳州(江苏邳县)人,家居南京,字大声,号秋碧,正德中世袭指挥使,风流倜傥,工诗善画,通音律,弹琵琶,尤擅散曲,山水仿沈周,被教坊子弟称为乐王,有传奇《纳锦郎》,散曲集《秋碧乐府》、《香月亭诗》、《梨云寄傲》、《可雪斋稿》、《滑稽余韵》,词集《草堂余意》,杂剧《花月妓双偷纳锦郎》、《郑耆老义配好姻缘》等。
	天阙山房	江苏南京	朱海峰	为朱海峰在南京牛首山的别墅,离城 22 里,东晋宰相王导称此山为天阙。
	竹坡园	江苏南京		以竹为主。
	斐园	江苏南京		未详。
	豆花园	江苏南京		未详。
	寒山园	江苏南京		未详。
	槐树园	江苏苏州	皇甫信	皇甫信在苏州南仓桥西建有槐树园。
	墨池园	江苏苏州	孔镛 皇甫录 周嘉定 李之先 李绶	孔镛,苏州长洲人,景泰时(1450～1456)进士,曾做广西按擦使、侍郎,他在家乡苏州清道桥南孔副司巷建有园宅。园中有墨池和碧涟亭,传说苏文忠曾洗砚于此。弘治(1488～1505)、嘉靖(1522～1566)时,皇甫录及其子冲、涍、汸、濂居此,建有晨

建园时间	园名	地点	人物	详细情况
				熹楼和梧亭。明末归周嘉定，清初南织造局得半，李之先得半，后举人李绥又得李氏园一角，时园中有一亩方塘、六株乔木，环池皆屋，曲廊洞达，池旁隙地，杂以花竹瓜果之属。
	寄傲园	江苏苏州	刘珏	刘珏(1410—1472)，字廷美，号完庵，画家，苏州长洲人，郡守况钟招而不就，在苏州齐门外相城建宅园，名寄傲园，又名小洞庭。园林规划仿“卢鸿一草堂图”，有十景：笼鹅馆、斜月廊、四婵娟室、螺龛、玉局、啸台、扶桑亭、众香楼、绣铗堂、旃檀室。
	徐园	江苏苏州	徐源	御史徐源在苏州府学之西建有宅园，从园中可尽揽郑景行的南园。
	夹浦书屋	江苏苏州	徐源	御史徐源在苏州瓜泾建有别业，有池塘、轩馆、花木、泉水等。
	杨氏日涉园	江苏太仓	杨尚英	王世贞《太仓诸园小记》和《娄东园林志》载，是都督杨尚英的宅园，在太仓卫后偏西。园前楔，左亭右榭，中凉堂，绕回廊，侧有便房、奥室。园中列太湖石、灵璧石等峰石，植以竹木苹果。在王世贞的《弇山稿》有更详细的叙述。园才建成四年，其子不能守，转售崇明人郁氏。 杨尚英，字时俊，祖籍九江德化人，后居太仓，以平倭功得千户，调镇海卫，官自署指挥佥事指挥使、都指挥同知，以至都督，其职自把总浏河，以至总兵于浙，其阶自昭勇明威，以至骠骑将军，拟以云中副将召，不果，感疾卒。王世贞为其营葬，入苏州五百名贤祠。
	吴氏园	江苏太仓	吴云翀	王世贞《太仓诸园小记》和《娄东园林志》载，在州南稍东，吴云翀把宅后读书处治为园圃。园大约五亩园，内有前楼、方沼、后池、沟渠、假山、山亭、水榭、后楼、厅堂、曲桥、东洪、绿竹。王世贞说此园“其园最晚成，而最整丽，虽于山林之致薇，然亦差不俗矣”。又言“最为阛阓”。吴瑞鹏，字云翀，安徽翕县人，富甲州邑，轻财急义，好读书，不仕。其孙吴继善，中进士。

建园时间	园名	地点	人物	详细情况
	季氏园	江苏太仓	季竹隅	王世贞《太仓诸园小记》和《娄东园林志》载，观察季竹隅在城南门外度津桥所建园林。园依城濠，园内有一轩、一楼、一池、一亭、一桥、一台、一柏、牡丹若干。以牡丹最盛，侧柏奇秀。季氏是王世贞的老师，曾求王为之写园记未得，待转归吴氏，王世贞堆弇山园的中弇山时，曾从此购旧石。在《太仓诸园小记》中尚存土冈、溪池、竹柏等，然已不可游。
	曹氏杜家桥园	江苏太仓	曹茂来	王世贞《太仓诸园小记》和《娄东园林志》载，同乡进士曹茂来在太仓杜家桥建有私园，园中有池塘、亭子、石山、竹子等，竹是全园特色。王世贞说，曹茂来好治园墅，在太仓城有一，在老家沙头有二，晚年在虎丘筑园读书。沙头一园大池数亩，养鱼，种有玉兰和木樨，世贞欲游不得，引以为恨。季竹隅，季德甫的别号，明江苏太仓人，嘉靖三十七年(1558)任袁州知府。
	石亭山居	浙江阳羡	吴强 王世贞	王世贞《弇州续稿卷五十七》载，当地贤达吴强弃官归田，于城南五里购得故墅一座，广约五亩，因傍石亭山，故名。“益置厅宇，治丙舍，为凉榭，暖合庿浴室之属，杂莳名卉，翼以松柏篁竹，相土之宜以滋果蓏，旁亩益拓粳秫，参之潴流，以为鱼防，辟场以为鸡豚栖。”吴有二子，入太学。二子请世贞为之作记。其子吴仕，官大夫，以文行双显，曾三度授学使而三不受，人称颐山先生。
	西畴	江苏太仓	陈符	处士陈继善的儿子陈符(字原锡)在太仓涂菘建有宅园，名西畴，园内有八景：来鹤轩、佳肴馆、望绿堂、玩莲溪、金橘圃、万玉珠、晚翠亭、梅花陇等。
	驻景园	江苏太仓	陈符	处士陈继善的儿子陈符在江苏太仓县(今太仓市)涂菘镇所建的宅园，名驻景园。
	寂园	江苏太仓	陆容	参政陆容在苏州太仓城厢镇明德坊西建有寂园，园中有成趣庵、独笑亭等景。

建园时间	园名	地点	人物	详细情况
	西墅	江苏太仓	刘檄	处士刘檄在苏州太仓穿山建有别业西墅，园在屋室之西，园中有石山、泉水、池沼、晚翠亭。文徵明(1470—1559)有诗赞之。
	南墅斋居	江苏太仓	陈符	处士陈继善的儿子陈符在太仓沙溪建有别墅，园中有八景：心远楼、耕耘亭、适趣亭、映雪斋、藏春园、万玉坡、宜秋径、寒香涧。
	洞庭分秀（怿园、日涉园）	江苏太仓	江有源 桑民怿 张氏 黄氏	明初都御史江有源在苏州太仓城厢镇樊泾村（俗称江家山）建有私园，名洞庭分秀，园中有池塘、假山、亭榭、花木等，石洞内立有石碣，碑上刻明代乡里明人诗章。太仓名人桑民怿在此读书，故又名怿园。后园归张氏，改日涉园。清道光时归黄氏，仍名怿园。日久园废，石碣尚存于太仓公园内，上有桑悦和毛澄诗各一首。
	顾瑛别业	江苏常熟	顾瑛	顾瑛在苏州常熟的任阳镇建有别墅，园内有寻梅舫、鹤梦楼，恭翊有诗咏此园。
	水东丘园	江苏常熟	许可	知县许可在苏州常熟东唐市建有水东丘园，园中有古木若干，轩榭几些。明画家文嘉(1501—1583，文徵明次子)为此园题额。
	黄氏园	江苏常熟	黄中	黄中在苏州常熟县都察院西建有私园。
	徐氏园	江苏常熟	徐振德	徐振德在苏州常熟县城阜成门外建有私园。
	菟园	江苏常熟	蒋以化	御史蒋以化在苏州常熟扈城村建有菟园。
	湖田庄	江苏常熟	陈文周	盐运使提举陈文周在苏州常熟的尚湖边建有湖田庄，又叫湖田佳胜，面积三亩，临湖建亭，自题一联："五湖三亩宅，万里一归人。"
	周氏园（万竹草堂）	江苏常熟	周于京	财主周于京在苏州常熟县迎春门外建有私园，其子在园东又构万竹草堂。

建园时间	园名	地点	人物	详细情况
	山居园	江苏常熟	陈氏	陈氏在苏州常熟县城山居湾开创山居园，后被赵用贤购得，旋归御史钱岱。
	北园	江苏常熟	陈国华	广州知府陈国华在常熟县城致和观处建有北园。
	洪溪庄	江苏常熟	朱大韶	教授朱大韶继承世业，在苏州常熟县城宾汤门外建立私园，名洪溪庄。
	余适山庄	江苏常熟	张应遴	诸生张应遴在苏州常熟昭明太子读书台下建有余适山庄。
	荷亭（五松园）	江苏常熟	张希厚	太学生张希厚在苏州常熟县城东北角建有私园，名荷亭，后改五松园，为的是让父亲高兴。
	晚香小筑	江苏常熟	时淮	时淮在苏州常熟辟有种菊之地，名为晚香小筑，王锡爵题为菊隐。
	南皋别业	江苏常熟	赵晔	赵晔在常熟建有南皋别业，园内有水池、池亭、曲溪、大方舟等景。大方舟上堆土植花竹，主客觞咏其间。
	北园	江苏常熟	周彬	孝廉周彬为娱悦双亲，在常熟县城北门内建有私园，内有乐山亭、古木、奇石、流泉等。
	椒园	江苏苏州	翁文曜	翁文曜在苏州城郊建别业，名椒园。
	怡老园（西园）	江苏苏州	王鏊 王尚宝	王鏊，苏州人，官至户部尚书，去官归田，喜好山居，其子王尚宝在苏州吴趋坊西城下原夏驾湖处建私园，仿山林意境，取名娱老园，又名西园，开凿水池，临水建屋，园中有清荫看竹、玄修芳草、撷芳笑春、抚松采霞、阆风水云诸景。王鏊与沈周、吴宽、杨循吉结为文酒社，而文徵明、祝枝山、王宠、唐寅、陆粲先后为其弟子，众人在园中游乐达 20 余年，王、文皆有诗文咏之，王鏊死后，子孙在此栖息 200 年，至清朝，园改为布政司署。

建园时间	园名	地点	人物	详细情况
	真适园	江苏苏州	王鏊	王鏊归宁苏州洞庭东山唐股村时建有私园，因在京城为官时建有小适园，故命此园为真适园，以示心满意足，园内有十六景：苍玉亭、湖光阁、款站台、寒翠亭、香雪林、唯玉涧、玉带桥、舞鹤衢、来禽圃、芙蓉岸、涤砚池、蔬畦、菊径、稻塍、太湖石、莫厘巘。王鏊有诗《真适园梅花盛放》，祝枝山有"款站台"诗。
	安隐	江苏苏州	王铭	王鏊长兄王铭少随父任职湖北光化，年未就归隐故乡，在苏州洞庭东山建园，名安隐，自称安隐居士，园为庄园类型，广数亩，园中有：水池、堤坝、果园。池以养鱼，堤以种梅竹花柳，园以种桔。王鏊为兄书《安隐记》。
	壑舟园	江苏苏州	王槃	王鏊二兄王槃亦有隐志，在苏州洞庭东山筑园，壑舟园，取藏舟于壑之意。沈周、蒋春州为之绘《壑舟图》，唐寅、祝允明题诗其上。后园废，清乾隆时图画诗文归钱谦益，后屡易其主，王槃裔孙王金增兄弟购图诗，再购朱氏缥缈楼，修筑为园，亦取名壑舟园，园中有壑舟舫、天绘阁、云津堂、缥缈楼等，题有八景：缥缈晴峦、碧螺拥翠、石公晚照、三山远帆、石桥渔艇、豸岑归樵、双墩出月、弁山积雪。乾隆时东山人吴庄曾写《洞庭名园记》，称"屈指首推此地"。
	且适园	江苏苏州	王铨	王鏊之弟王铨在苏州太湖东横金塘桥建且适园，为庄园类型，有楚颂亭、观稼轩、观鱼亭、格笔峰、浣花泉、珞丝台、归帆径、菱庵港、蔬畦、柏亭、桂屏、莲池、竹径、遂高堂、远暄堂、东望楼、橘林。登楼可北望横山、灵岩，西望穹窿、长沙，东望洞庭一峰，兄弟二人常在一起观游。
	招隐园（南园）	江苏苏州	王延陵	《太湖备考》记述在真适园西，王鏊第三子王延陵建有招隐园，园中有击壤草堂、红睡轩、垂杨池馆、停云峰、丽草亭等。明人贺泰有诗咏之。清康熙年间（1662～1722）太仆席本贞在此建南园，又称席园，园中有池塘、丘壑、莲花、果树、桂、竹、松，叶承庆《乡志类稿》述园。

建园时间	园名	地点	人物	详细情况
	从适园	江苏苏州	王学	王鏊之侄王学在苏州洞庭东山建有从适园，以示追随叔父之意，王鏊为之书《从适园记》，园基原为太湖之滨，王学围堰而成，规之以园，为庄园类型。园中有：亭榭（柏亭）、果园、桑圃、菜畦、鱼沼，柑橘、池鱼足以养家，竹林、松径足以徜徉。
	毛家园	江苏苏州	毛理	中丞毛理在苏州阊门外下津桥义慈巷建有宅园。
	耕学斋	江苏苏州	徐衢	徐衢在吴县（今江苏苏州吴中区）光福镇东街杨树头建有宅园，名耕学斋，园内有来青堂、耕学斋、荷池、竹楼、花卉、绿竹、果树等。明画家沈周为之绘画。
	阳山草堂	江苏苏州	顾大有	顾大有（字仁效），在吴县（今江苏苏州吴中区）阳山下筑有草堂，作为园居，园内有草堂、水池、竹亭、溪流等。
	桐园	江苏苏州	王世材	在苏州城东甫桥，为王世材家旁之园，因园中多植梧桐而名。
	真如小筑	江苏吴县市	汪起凤 汪廙	汪起凤在吴县（今吴县市）光福珍珠坞初构私园，经其子汪廙重葺成为一处风景佳处。
	凝翠楼（茧园、淡园）	江苏苏州	徐政 贝绍溥	隐士徐政（字惇复）在苏州横山西面跨塘桥边建立别业，与文徵明、王宠在此结社，后改名茧园，又名玺园，园中有经耒堂、如谷斋、碧深楼、梅畛、疏雨林亭、紫香庵、赢龛、饮虹涧、南畸、短塘等，成为北山一带园林之冠。徐政每景必题，吟成“茧村十六字令”，风靡一时，和者接踵。清乾隆初年，贝绍溥得园，重修并易名为淡园，时有十八景，贝之子有诗咏之。
	归氏园（洽隐山房、宝树园、顾家花园）	江苏苏州	归湛初	归湛初在苏州苑桥巷建有宅园，有假山、石洞、峰石、米丈堂等，后来水部胡汝淳得园，重构为洽隐山房，明末清初顾其蕴得之，园广数亩，多植山茶、花竹，名为宝树园，顾之孙顾秉忠又增构一新，时有：石洞、奇石、花木、安时堂、蘅草庐、澄碧亭、芥圃，俗称顾家花园。1860 年太平天国时为听王陈炳文部所用，太平军败后没为官产，改为织造局，园中房屋租与他人，园毁，现余残沼。顾氏在乾隆年兴盛一时，先后在城内旧学前、因果巷一带建有雅园、依园、秀野草堂等七座园林宅第。

建园时间	园名	地点	人物	详细情况
	越溪庄	江苏苏州	王宠	王宠(1494—1533),明书法家,字履吉,号雅宜山人,江苏吴县人,工书法,与文徵明和祝允明齐名。王在苏州石湖越城桥东建园,园内有茶室、酒舍、亭子、书屋、竹林、花圃、大堤(高二十尺全为岩石,传为隋代杨素所筑)、芙蓉滩、采芝堂、御风亭、小隐阁等。
	息圃	江苏苏州	王弘经	将军王弘经在苏州开元寺后的西蒲帆巷,依百花洲建有息圃,园中有帆影堂、池沼、竹木等。
	橘林	江苏苏州	陆俸	陆俸弃官隐居苏州桃花坞,在此种橘成林。
	黄山草堂	江苏苏州	袁袠	学宪袁袠在苏州横塘建有别业,园中有列岫楼,可借景湖山之胜。
	周天球园	江苏苏州	周天球	周天球在苏州南张师桥西岸建有宅园,宅在和丰仓东,园在支硎中峰下。
	曲溪(夏荷园)	江苏苏州	严公弈	严公奕在苏州东山马家底安仁里,现吴县市教育局校办工厂处建有别墅,园林引入西南诸山之水,在园内曲折成溪,供人觞咏,明代真怀先生在此著书,文徵明为之题额,诗人严果曾在此觞咏。入清,乾隆元年(1736),陆奎勋为园题跋作记,严公奕裔孙重修,园内有岩壑、荷池、曲溪、亭榭、林木等,现大部分存在,更有古银杏、紫薇等。
	泗园	江苏昆山	易恒	易恒在昆山淞南大泗瀼建有泗园。
	北山草堂	江苏昆山	沈丙	沈丙在昆山马鞍山前浣花溪上建有北山草堂,门前有怪石,长松绕院,院内有亭子。
	夏昶园	江苏昆山	夏昶	进士、书法家夏昶在辞官后于昆山景现景德寺处建有宅园,以为游居之所。
	一枝园	江苏昆山	顾氏	顾氏在昆山建有一枝园,李东阳为园书额。

建园时间	园名	地点	人物	详细情况
	东、西园	江苏昆山	沈杞	文学家沈杞在昆山溢渎村建有东园和西园，两园相距一里。
	展桂堂	江苏昆山	顾潜	御史顾潜在昆山建有宅园，面临溪流，园广数亩，内有顾潜祖父所植老桂，潜除去树下碎石后桂树生长茂盛，于是筑展桂堂于树下。
	乐圃	江苏吴县市	马受	马受在吴县市角直镇建乐圃，园内有水池(半亩)、奇石、葵、桂、莓、苔、竹、九曲径、百堵墙、蔬菜、亭、轩等，时人有诗道："吴中亭苑天下奇，马氏园林今所独。"
	宜杏园	江苏太仓	刘淑	定海县令刘淑辞官后，在太仓穿山建有宜杏园，并在园中著书。
	竹深草堂	江苏太仓	周野	周野在太仓双凤建竹深草堂，作为隐居之所，园中有曲水、回塘、危桥、曲径、竹林、莲花、菊花。
	麋场小径	江苏太仓	王忬	王世贞之父王忬(1507—1560)，太仓人，嘉靖进士，嘉靖二十九年(1550)任御史巡按顺天，主持通州防务，嘉靖三十一年(1552)任浙闽提督军务，屡败倭寇，后被严嵩父子构谄至死。他在家乡茜泾建有私园，名麋场泾园，园内有：松柏屏、亭子、静庵、山堂、台、怪石、花卉、修竹、方池、芙蓉、桥(二座)、桥亭、石洞、石崖、深涧、雪山(石山)、土岗等。园初成，冠于吴郡，后园废，奇石皆移至弇山园。
	大石山房	江苏常熟	孙艾	孙艾在常熟县城西的山麓凿开大石，建有私园，名为大石山房，园中有大石、毂茶泉、山房、古榆、水池、石洞。石隙中长出一株古榆，流出泉水，筑山房，前檐正接大石之隙。
	乐寿园	江苏常熟	严文靖	严文靖在常熟县城南门外社坛之左建有乐寿园。
	西村别业	江苏吴县市	蔡升 聂大年	隐士蔡升在吴县(今吴县市)洞庭西山的消夏湾建有西村别业，宅东园西，园中有水池、竹林、亭子、水榭。

建园时间	园名	地点	人物	详细情况
	五湖田舍	江苏吴县市	陈淳	陈淳(字道复)在吴县(今吴县市)木渎镇的白阳山下建有宅园,园中有阅帆堂、碧云轩、茂林、修竹、名卉、柳澳、鸭阑、鹤圃、酒帘、渔艇。
	陆氏庄房	江苏吴县市	陆氏	陆氏在吴县(今吴县市)湘城中建有庄房,园中有假山、池沼、白皮松、修竹、高杉等。
	有竹居	江苏吴县市	沈周	沈周(1427—1509),明画家,字启南,号石田,晚号白石翁,苏州长洲湘城人,擅山水,用笔细腻,人称细沈,与文徵明、唐寅、仇英合称明四家,有石田集。他在湘城建有宅,园门口抱清川,园内有青山、泉水、奇石、竹林、书房,以竹为胜,而且把园林与王维蓝田的辋川别墅相比:“东林移得闲风月,来学王维住辋川。”
	阳山草堂	江苏吴县市	岳岱	山人岳岱在吴县(今吴县市)阳山建有草堂,园内有修竹、幽兰,时称兰香甲于吴下。园后来废为观音庵。
	征寿园	江苏苏州	陈汸	文学家陈汸在苏州城郊浒墅关建有园居,名征寿园,以示养颜增寿,园中有沁心亭。
	何衙园	江苏苏州	何真	指挥使何真在苏州水仙庙东建有宅园,园废后,其十四世孙于清嘉庆年间(1796～1820)在园址上立碑,以示其祖之荣。
	水竹庄	江苏苏州	顾荣夫	顾荣夫(字春潜)在苏州临顿东建有水竹庄,园广十亩,园内有水池、竹林、梅花等,尤以水、竹为胜,文徵明有诗道:“风流吾爱陶元亮,水竹人推顾辟疆。”
	石湖别业	江苏苏州	张献翼	三张(指张氏三兄弟:凤翼、燕翼、献翼)之一的张献翼在苏州石湖建有别墅,园内有稽范斋。
	思翁别业	江苏苏州	董其昌	董其昌(1555—1636),明书画家,字玄宰,号思白、香光居士,上海华亭(松江)人,官居南京礼部尚书,谥文敏,擅书法,专山水,标榜文人画和士气,

建园时间	园名	地点	人物	详细情况
				分画为南北宗，对画坛有重大影响，有《容台集》、《容台别集》、《画禅室随笔》、《画旨》和《画眼》等。在苏州宝华山坞建有别业，作为读书之处。
	澹园（五美园、陆氏园林）	江苏太仓	王世懋	王世贞之弟王世懋在弇山园东半里建私园，名淡园，面积约12亩，因有五美：花美、木美、泉美、石美、屋美，故又名五美园。园内有：半规池、小池、大池、长渠、学稼轩、精庐、平台、明志堂、书室、平桥、曲廊、小轩、灵璧石、英石、水阁、莲花、北轩、短垣、小桥、高台、果园、柑橘、牡丹、高榆、丛竹等。当时诗人屠隆有诗句“名园楼榭郁参差”，盛赞此园。后来园归陆氏，称陆氏园林，园废后只余观音峰，新中国成立后移至太仓人民公园。
	卢氏园	江苏昆山	卢楩	员外郎卢楩在昆山小澞东建有私园，园中人紫薇堂，堂前紫薇殊茂。
	养余园	江苏昆山	许从龙	吏部给事许从龙去官五年后在家乡昆山市的马鞍山西麓建私园，名养余园，园内有水池、遂初堂、穆如阁、丛桂亭、静观庵、贮春馆、竹子、桂树等，王世贞为之写《养余园记》载：“园有畲，可稼可蔬，乐子之恒余。园有滉，可钓可网，乐子之能养。”
	黄宅庭园	广东潮州		因主人喜爱在园中养猴，故其庭园又称为“猴洞”，是宅第结合书斋的一种庭园布局。正座部分是传统的三座落平面，因地形关系，大门西向，庭园在住宅之北。由前座侧厅和侧巷联系。从侧门进入庭园后，只见假山居中，山上有小亭，山下有小池。书斋在东面，房屋三间，另在西南半山腰筑屋三间，由庭园登石级而上，亦作为书斋使用，颇有山舍风味。庭园布局紧凑，假山玲珑通透，惜已大部坍毁。（汪菊渊《中国古代园林史》）
	桔泉亭	江苏昆山	魏仲文	魏仲文在昆山正仪镇建有私园，名桔泉亭，园内有桔百株，井一眼。

建园时间	园名	地点	人物	详细情况
	青阳溪馆	江苏昆山	周复俊 周泉	太仆周复俊在昆山县(今昆山市)马鞍山东南麓建青阳溪馆,园中有玉兰亭、绥成祠。后来,周复俊儿子周泉进一步开拓,内有云东草堂、忘归亭、绿竹居、桐榭、松坪、默林、杏圃等。明代废弃,清康熙年间其址上重建绥成祠,然园不复存。
	容春堂	江苏昆山	张擢秀	张擢秀,曾为广平、清漳知县,在清漳时与上司不和,辞官归田,在昆山玉山镇建宅园,园内有容春堂,其北窗正对马鞍山,花开四时,水绕户外。明代散文家归有光(1507—1571)为之作园记。
	棘园	江苏昆山	邬景和	驸马都尉邬景和在昆山拱辰门外,建有别墅。
	巽园	江苏昆山	邱孙登	天台主簿邱孙登在昆山千墩建有巽圃,园中有秀野堂、塔影池、桂香斋、竹林深处等。
	乐彼之园	江苏昆山	顾藻	都事顾藻在昆山县城马鞍山东麓建东岩亭,后来,其玄孙顾锡畴拓建为乐彼之园,园中有假山、岩洞、谷壑。
	安氏园	江苏太仓	安氏	王世贞《太仓诸园小记》和《娄东园林志》道,安氏在太仓东北,前有小溪,对面稻田,园内有竹径、花草、亭阁、莲池,以竹为和时蔬为特色。后废为僧居,然世人仍称之为安家园。
	王氏园	江苏太仓	王锡爵	王世贞《太仓诸园小记》说,是他的宗伯王锡爵在太仓城内住宅后面所建的园林,东西三百尺,南北一千尺,约 45 亩,园内有菜地、大池、石岛、桥梁、亭子、水榭、梅花楼、厅堂、菜畦、牡丹(300 本)、菊花(600 株)等,有个襄阳人能在石隙作喷泉水戏,以牡丹和菊花为特色,又名花异果。后来《娄东园林志》又重复王文述景,补言菜地后改为台榭。1860 年毁于兵火。 王锡爵(1534—1611),字元驭,号荆石,明苏州府太仓人。嘉靖四十一年会试名列第一(会元),廷

建园时间	园名	地点	人物	详细情况
				试名列第二(榜眼)。后来其子王衡在顺天乡试名列第一,在万历二十九年(1601)高中进士第二名,被时人誉为“父子榜眼”。王锡爵的后代不乏科场得意者,其家族延续到清代成为名副其实的簪缨世家。王锡爵在进士及第后被授翰林院编修,累迁詹事府右谕德、国子监祭酒、詹事、礼部右侍郎、文渊阁大学士。万历二十一年(1593)为首辅,官至太子太保、吏部尚书、建极殿大学士。万历二十二年辞官致仕后仍一再被召,终老于太仓老家,赠太保,谥文肃。
	北园	江苏太仓	曹巽学	举人曹巽学在太仓沙溪建有北园,园中多植玉兰和樨。
	小南园	江苏常熟	桑瑾	通判桑瑾在常熟虞山镇草桥西南建有小南园,园中有四二亭(取四美两难之意)、高榆、密竹、曲径、细莎、水榭、白鹅等,桑瑾与其弟桑瑜以园中欢饮对诗,桑瑾有诗咏之。
	西岩庄	江苏常熟	桑瑾	通判桑瑾在常熟虞山拂水岩西建有西岩庄,园背山对湖,内有八景:把钓石、代茶泉、围棋坞、玩易台、葬诗冢、红锦嶂、碧云坡、振衣亭等,画家沈周专为之绘图写诗。
	秀野园(西园)	江苏常熟	李文安	礼部尚书李文安在常熟虞山镇北郭外石城里建别墅,称秀野园或西园,内有回马鹘头巨人(石峰)、漱浪夹镜(石峰)、瑞芝朵云(石峰)、楚娥狮口(石峰)、莲蕊熊耳(石峰)、高髻丫(石峰)、削玉(石峰)、观芳揽秀(亭)、箬笠寒翠(亭)、屯云洞、谈棋坞、涵清池、双碧洞等景,李与友人在此结社。
	万禄水居(万禄山居)	江苏常熟	陈言	抚州太守陈言在常熟虞山的宝岩湾建有私园,园内有水池、竹子、桱椐、红樱等。陈言有诗道:水竹湛清华,桱椐密荫翳。紫笋劈锦绷,红樱摘火齐。

建园时间	园名	地点	人物	详细情况
	藤溪草堂	江苏常熟	孙柚 顾云鸿	孙柚在常熟虞山西北麓的秦坡涧下建藤溪草堂，园内有：藤溪、饮虬亭、松龛、丛桂轩、芙蓉沼、蕊珠宝、昙花庵、古逸祠、寒香径、松风馆、芦埼等景。园毁后孝廉顾云鸿购得，重修，明朝时已毁。
	五湖三亩园	江苏常熟	邵鏊	兵部郎中邵鏊在常熟尚湖东渚建五湖三亩堂，园中有浣花阁，以借景尚湖为美。
	孙氏园	江苏常熟	孙林	孙林在常熟虞山初平石畔建有别墅，与蒋世卿的日涉园右邻。
	湖村别业	江苏吴江	任秀之	任秀之在吴江同里建有宅园，园内有钓台、家塾、含香馆、玩月亭等。
	梅园	江苏吴江	陆璘玉	医生陆璘玉在吴江同里建有梅园。
	陆园	江苏吴江	陆府修	陆府修在吴江同里建有宅园，园内有水池、亭子、书斋、梅花、竹子、牡丹、芙蕖等。
	盘窝	江苏吴江	顾昶	顾昶在吴江同里建有宅园，园内有池、涧、溪、堂、斋、阁、榭、桑、竹等，姚明有《题盘窝》诗赞之。
	求志园	江苏苏州	张凤翼	孝廉张凤翼在苏州城东北角建有宅园，钱叔宝曾为这绘《求志园图》，王世贞所撰《求志园记》中的采芳径、文鱼馆、香雪廊皆可按图索骥。
	顾宗孟宅	江苏苏州	顾孟宗	顾孟宗在苏州天赐庄建有宅园，内有高酣亭，文震孟为之题额，清时崇明人施何牧在此隐居，焚香吟诗。
	蒋若来宅	江苏苏州	蒋若来	蒋若来在苏州娄门接待寺建宅园，内有玉兰堂，环植玉兰五株。
	梅隐	江苏苏州	吕纯如	大司马吕纯如在苏州城郊横山的徐家坞建有别墅梅隐，俗称南宅，园中有四宜堂、水渠、小阁、鹤坡、老梅（百株）等，其中以百株老梅最引人入胜。明亡后园为他人所有，后废。

建园时间	园名	地点	人物	详细情况
	海涌山庄（塔影园、云阳草堂、靖园）	江苏苏州	文肇祉 居士贞 赵氏 顾苓	在苏州虎丘便山桥东南山塘街845号，上林苑录事（官名）文肇祉（字基圣，文徵明孙子）所创，园中有亭子、梧桐、竹子、清泉、水池、白石、塔影桥，因池可倒影虎丘塔，故更名为塔影园，后为居士贞（文徵明徒）凭居，天启年间归吴江赵氏。明末清初长洲人顾苓（字云美，文氏外甥）辞官归乡，在园址上建云阳草堂，终老于此，园内有景：曲池、修廊、奇石、松风寝、照怀亭、倚竹山房、松树（十株）等，归庄为照怀亭写记，说照怀亭额是文徵明所题。清光绪二十八年（1902），园内建李鸿章祠，改名靖园，园中有亭榭山石，荷池旱舫，四时花木，辛亥革命后渐荒，抗日战争时改作草席厂，胜利后改造纸厂，后为私立淮上中学，新中国成立后为虎丘初中，"文革"时石狮被砸，1971年后拆西部假山及鸳鸯厅，填水池，建教学楼和大操场，现为市28中，1983年修复水池，复现塔影，祠门、码头、门厅、回廊、大厅等为旧制，残存15亩。
	梅园	江苏苏州	张朴泉	张朴泉在苏州城内建有梅园。
	李模别业	江苏吴县市	李模	兵备道李模在吴县（今吴县市）唯亭龙墩墓旁建有别业，内有春水船、紫函阁、颐厂、唯龛、静寄、晶庐诸胜。李模儿子李文中更加修葺，在此隐居终老。
芳草园（花溪、廉石山庄）	江苏苏州	顾凝远		诸生顾凝远（字青霞）在苏州齐门石皮巷内建芳草园，园内水石清幽，花竹秀野，别馆闲亭，颇擅佳胜。园北端建有丰阁。顾工画、博学、收藏，常与名士在园中论文。清初观察周荃得之，康熙间（1662～1722）昆山人徐乾学（1631—1694，昆山人，字原一，号健庵，曾任内阁学士、刑部尚书，归田后，因亲属横行而受夺职，死后复官，有《传是楼书目》和《憺园集》）得之，其孙徐绳武于乾隆十三年（1748）售与金传经，时有房屋159间，披廊亭棚29间，园内供有康熙御书"勤耕乐织"，有景：瑞云峰（高三丈）、"花溪"石碑、自香池上（屋）、春晖堂、荫远堂、致远堂、二虞书屋、在水一主（屋）、下帷处

建园时间	园名	地点	人物	详细情况
				水阁、旱船绿荫等。园中山水俱胜，土岗回互，高出檐际，两面皆溪，一路楼台。植物更胜，木有：松、柏、梧、楸、榆、柳、枫、桑、桫、楝，花有：桃、梅、枣、石榴、金柑、枇杷、葡萄、香橼，草有：萱艾、蒲藿马兰、薄荷、苹蓼、荇藻，金宝树为此园作《芳草园记》。金氏居园达百年，后半为陆氏，更名廉石山庄，半为胡氏。1949年只余两个荷池、荷花厅、旱船、曲桥、回廊、亭子等，现已毁，遗石屋料移至唐寅墓。
	管园（北园）	江苏苏州	管正心	管正心在苏州油车巷建有园林，俗称管园或北园。
	绿荫园	江苏苏州	顾豫	明大参顾豫在苏州仁孝里建有园宅，内有燃松堂，后来北部归树氏，南部归文起鸿、文起潜。园内东部有巢凤堂，西部有介寿堂。文起鸿曾孙文培源扩西角，开池沼，迭奇石，构馆舍，建有卓闲居。
	郭氏别业	江苏苏州	郭少卿	郭少卿在苏州阊门外长荡东建有别业，楼榭雕梁画栋，林木郁郁葱葱。
	竹梧园	江苏苏州	顾醉吾	顾醉吾在苏州旧学前建有私园，园内有亭、池、树、石等景。
	西坞书舍	江苏吴县市	贺元忠	贺元忠在洞庭东山建有墓庐，因庐成园，边守边读，园内有亭、馆、松、竹、花等景。
	湘云阁	江苏吴县市	翁彦博	翁彦博在家乡吴县（今吴县市）洞庭东山的翁巷建有私园，名湘云阁，园以湘云阁为主体建筑，登阁凭眺，湖山尽望。园内有崇台高馆、曲院亭桥、名花奇石。
	晚香林	江苏苏州	顾天叙	万历年间（1573～1619）昆山人顾天叙在苏州光福邓尉山建别墅，以前人诗“莫嫌老圃秋容淡，且看黄花晚节香”之意，名之为晚香林。园内有石浪亭、画不如轩、赐宦堂、蝉叶斋、清音阁、景范台、第一玄（又名炳烛，为寝室，取前人诗“欲知睡梦里，人间第一玄”之意）、翔鸿墅、雁影廊等。入清，仅余巨石横陈、秋风瓦砾了。

建园时间	园名	地点	人物	详细情况
	映雪山居	江苏常熟	孙森	明代高州丞孙森在常熟虞山麓石梅街，即今常熟市政府内，建有映雪山居，内有博雅堂，其子孙朝昌又拓建，增饰亭、榭、花、木。后来园归陆氏。
	秀野园	江苏苏州	王心一 韩璟	侍郎王心一（1572—1645，简历同"归田园居"条）在苏州灵岩山麓的香溪构筑别墅，后来，里人韩璟得之，更名乐饥园，园中有溪、山、池、亭、花、木之胜，韩璟在《乐饥园记》中盛赞之，并说远胜于其他园林。
	二株园	江苏苏州	徐汧	徐汧在苏州吴趋坊周五郎巷建的宅园，徐在京城做官时，其子徐贯居此园，园中有亭子、水榭、奇石、水池、狗马、鱼禽，徐汧死后，园归他人，清代嘉庆（1796～1820）、道光（1821～1850）年间为节氏所有。
	荒荒园	江苏苏州	汤传楹	汤传楹在苏州馆娃里建有宅园，园极朴，无雕画，只有藏书斗室一间，其他植以牡丹、丛桂、梅花、木莲，似有荒意，又谦道自己腹中空荒，需要读书充饥，故名荒荒园。
	鷃适园	江苏昆山	马玉麟	参政马玉麟在昆山西门外仓北建有鷃适园，园中有聚远楼等景，后来园售与他人，马之女又赎回。清顺治时（1644～1661）归徐氏，建为尼庵法雨庵（见清"法雨庵"条），时有水池、假山、西阁、南亭、乔木、莲花等景，时人徐崧、马鸣銮有诗叹之。
	颐　园（硕园）	江苏昆山	王澄川	中丞王澄川在昆山留晖门外濠仓北建有颐园，以豫悦双亲，园广数亩，内有：观颐堂、听松阁、万竹楼、雪舫、清荫堂、天香隐、无住、渡香等景。王澄川殉难后，园毁。康熙（1662～1722）初，王石玄移居家园，更名三笏堂，在园中再建大宗享祠、大耒居、止止航、易居本无轩、欣欣草堂、得风楼等，因故宅已毁，园硕果仅存，故更名为硕园，归庄、徐崧都有诗赞之，乾隆年间（1736～1795）改为新阳县白粮仓，园毁。

建园时间	园名	地点	人物	详细情况
	郊园	江苏昆山	马云举	河曲知县马云举在昆山县城西门外鷃适园右首建有郊园。
	丙园	江苏昆山	王志庆	光州牧王三锡在昆山玉山镇宾曦门外浦塘东建园,名东庄,死后葬于此。曾孙王志庆及其从孙王喆先后读书于此,志庆重修时更名丙园。清康熙帝(1662～1722)曾书唐人句送王喆生。
	顾氏园池	江苏昆山	顾锡畴	礼部尚书顾锡畴在昆山玉山镇杨家巷建有私园。
	附巢山园(遂园、普义园)	江苏昆山	张寰	在昆山的马鞍山,以马鞍山为中心,有文笔峰、昆石、琼花、双萼并蒂莲(元末顾仲瑛植)等景,园中还建有南宋词人刘过(1154—1206,字改之,号龙洲道人,江西太和人,有《龙洲词》、《龙洲集》)的墓。新中国成立后为了纪念明末昆山思想家顾炎武(1613—1682,名绛,字宁人,自号蒋山佣,人称亭林先生,昆山人,早年致力于反清复明,晚年致力于研究,着有《日知录》、《亭林诗文集》等)而建顾炎武纪念馆,故园林称为亭林公园。明末张寰在山北建有别墅,园中有宁化知县夏津的墓,张筑墩以梅花墩以护之。别墅毁后顾震寰在此建私园,因顾震寰别字附巢,故名附巢山园。康熙时,顾炎武外甥、刑部尚书徐乾学重葺,名遂园,有景:池、桥、亭、台、桃花径、梧桐岗,康熙曾驻跸于此,并题堂额"天光云影",雍正年间徐及其子因涉文字狱被杀,园入官拆卖,废为普义园。1986 年政府重修该园,陈从周题园名,有景:水池、小岛、池北亭、曲廊、家山轩(龚定庵句:无双毕竟是家山)、水亭、石刻、拱桥、小溪、土垄、梅花墩、梅花、竹、桃花、冬青等。
	逸我园	江苏昆山	方麟 方鹏	礼部主事方麟创逸我园,其子方鹏增筑,园中有:溪南书屋、着存祠、待尽精舍、水池、水假山、亭子、桧(二株)、远辱轩,古木、花卉、佳果甚多。
	洗心池	江苏昆山	余良桂	余良桂在昆山吴家桥建有私园,名洗心池,有景:荷花池、竹坞等。

建园时间	园名	地点	人物	详细情况
	闲止山房	江苏昆山	王临亨	杭州太守王临亨在昆山玉山镇柴东槐荫堂西建有私园，名闲止山房，有景：傧儒堂、雨尊馆、花卉、修竹等。
	怡我园	江苏昆山	张浦	光禄孟绍曾在昆山张浦建私园，名怡我园。
	清心园	江苏昆山	程丕缵	程丕缵在昆山绿葭镇南木瓜河畔建私园，因淡于仕途，沉醉书画，故名清心园，园中有峰、岭、泉、池、台、榭、亭、馆等，尤以石为最，怪石林立，如人坐、虎踞、马饮、熊登、狮吼，俨如苏州狮子林，水石清泠，又如顾仲瑛之玉山佳处。园毁于1860年兵火。
	实园	江苏张家港	缪昌期	万历年间（1573～1619）进士、东林党首领缪昌期在张家港市旗杆村建私园，名实园，园中有读书台、古柏、碑刻等。
	施家园	江苏太仓	施良猷	福建光泽县令施良猷在太仓璜泾建立宅园，清时废。
	匏园	江苏太仓	奚宸最	太学生奚宸最在太仓璜泾筑有匏园，清时废。
	涉趣园	江苏太仓	赵氏	赵氏在太仓璜泾建有涉趣园，清时废。
	翁家窝	江苏太仓	翁天章	老学究翁天章精通种植花艺，在太仓蒋泾北建翁家窝，采集名花异卉，称雄于当地。
	黄氏园	江苏太仓	黄元勋	参政黄元勋在太仓沙溪镇建有私园。
	学山园	江苏太仓	张灏 张溥	尚书张辅之之子、篆刻家张灏在太仓城内海宁寺西建有学山园，人称张家山，园内有张家池（20亩，广可行船）、罨蔼堂、谈昔轩、放眼亭、欧社、云巢、佛阁、紫藤架、松柏岗等。园后归其从兄张溥所有，再后废。
	勺园	江苏太仓	毛张健	毛张健在太仓太平铺建有勺园，俗称毛家园，后归举人陆建运所有。

建园时间	园名	地点	人物	详细情况
	柏园	江苏常熟	柏起宗	诸生柏起宗在常熟东唐市建有私园，园广四十亩，书画家董其昌(1555—1636)为其题额，园内有太湖石山二座，陡壁峭峰，依山为池，石龙吐水，后池干台倾，人称柏家山子。
	茅亭	江苏常熟	孙朝让	布政使孙朝让在常熟城西虞山山麓读书里建有私园，名茅亭，建筑构件皆为原木，不加斧斫，杂以梅竹花树，绕以石墙，清代吴蔚光撰有《茅亭记略》。
	十五松山房	江苏常熟	陆尊礼	赠文林郎陆尊礼在常熟虞山东麓建有私园，名十五松山房，园内有嘉荫堂、涌月轩、郁苍楼等景。
	依绿园	江苏太仓	盛氏	盛氏在太仓城厢北巷后建有私园，名依绿园。
	郭家园	江苏太仓	郭斯士	诗人郭斯士在太仓茜泾建有私园，园内有桂花，在清代雍正年间(1723～1735)为海潮侵毁。
	萼秀轩	江苏太仓	李虎符	李虎符在太仓茜泾南门建有园第，内有叠石、花木。
	吴家园	江苏太仓	吴鹤洲	吴鹤洲在太仓茜泾建有园第，园内多梅、竹。
	应家园	江苏太仓	李梦园	李梦园在太仓茜泾建有应家园，园内多梅、杏。
	周家园	江苏太仓	周京	周京解官归田后在太仓茜泾建有宅园，园额题为“水木清华”。
	桴亭	江苏太仓	陆世仪	明末清初陆世仪在太仓州治建有读书处，名桴亭，园小而花木尤胜，流水其中，亭出水际。
	仲家园	江苏吴江	仲鸣岐	诸生仲鸣岐在吴江盛泽建有私园，园中有小潇湘阁，后毁。仲氏六世孙、儒士仲季甫重修，迁阁于东，时有楼阁(小潇湘阁)、厅堂、池塘、孤峰、石磴、竹树、芭蕉等。清雍正年间(1723～1735)园毁。
	西村钓游处	江苏吴江	史鉴	处士史鉴在吴江盛泽黄家溪建有别业，名西村钓游处，内有27景：榆柳园、鹤汀、桔洲、桃李溪、回塘、迷鱼岛、花屿、芳草渡、芙蓉庄、碧庐湾等。

建园时间	园名	地点	人物	详细情况
	谢鸥草堂	江苏吴县市	王勋中	王鏊后裔王勋中在吴县（今吴县市）永昌村建有园林，名谢欧草堂，园临漕河，南对虞山，内建草堂，取陆龟蒙“载诗谢白鸥”意而名之为谢鸥草堂。归庄撰有《谢鸥草堂记》。
	耕乐堂（贴水园）	江苏吴江	朱祥	明代处士朱祥在吴江同里上元街建有宅园，后几易其主，清代重建，20 世纪 90 年代重修，宅与园面积 3800 平方米，前宅后园，宅前临河，建筑皆依水而建，称为贴水园，后园有鸳鸯厅、燕翼楼、环秀阁、方亭、复廊、木樨轩、古松轩（二层额题）、藏幽门、半廊、芭蕉小院、太湖石假山、白皮松等。
	秀园	江苏吴江	仲有仪	诸生仲有仪在吴江盛泽西肠圩建有私园，名秀园，有潇湘阁、水池、竹子、花卉、石磴、孤峰等，后毁，只留潇湘阁。
	小虎丘（香雪藏）	江苏苏州	莫怡	娄关人莫怡，字君和，在苏州元墓山奉慈村建有私园，名香雪藏，园内有又石、梅花，莫怡与诗友结诗社于此，并更名小虎丘。
	淡园（小园）	江苏苏州	顾贞孝	顾贞孝在苏州西白塔子巷建有园第，内有两个小园，中园名淡园，西园名小园，顾隐居不仕，招朋呼友，歌咏其中。
	司徒庙园	江苏吴县市		吴县市光福的司徒庙是纪念东汉开国大将邓禹的庙宇，邓禹，南阳新野人，字仲华，从刘秀起义，封酂侯、高密侯，任大司徒，后隐居光福的邓尉山，死后立祠祭祀，庙史二千余年。历代建筑毁，明代有建筑一幢，亦毁，今存之建筑皆为清代所建。园林在庙东，内有古柏四株、黄杨、长廊、石刻（明刻楞严经、金刚经）等。其中古柏四株传为邓禹手植，乾隆六巡于此，誉为“清、奇、古、怪”，被李根源称为苏州四绝（邓尉山古柏、文征有手植藤、环秀山庄假山、织造府瑞云峰）。
	小隐亭	江苏苏州	汤珍	嘉靖年间（1522～1566），文徵明的至交汤珍（字子重）在苏州虎丘建有私园，名小隐亭，园内有葵花、石榴、梧桐、竹子、菊花、山堂等景，文有诗咏之。

建园时间	园名	地点	人物	详细情况
	一元子园	台湾台南	郑经 朱术桂	在台南赤坎楼旁承天府府署边西定坊，郑成功儿子郑经为安置由厦门、金门逃往台湾的宁靖郡王朱术桂，因朱号一元子，故名。清军攻台，宁靖王自缢后，施琅为收揽民心，奏请改建，祀奉妈祖，即今大天后宫，是台湾第一座官方建的妈祖庙。（张运宗《台湾的园林宅第》）
	吴庵亦乐园	北京		亦乐园的布局造景亦无考，仅知有庵有亭有池有桥有泉有阑而已。（汪菊渊《中国古代园林史》）
	荣杏园	北京	杨文敏	《天府广记》载："文敏随驾北来，赐第王府街，植杏第旁，久之成林。"（汪菊渊《中国古代园林史》）
	成国公园（适景园、十景园、什锦园）	北京		《帝京景物略》卷之二："园曰适景，都人呼十景园也。"园中内容，《帝京景物略》曰："园有三堂，堂皆荫，高柳老榆也。左堂盘松数十科，盘者瘦以衿，干直以壮，性非盘也。右堂池三四亩，堂后一槐，四五百岁矣，身大于屋半间，顶嵯峨若山，花角荣落，迟不及寒暑之候。……数石经横其下，之轮脉错，若欲壮怀之根。树旁有台，台东有阁，榆柳夹而营之，中可以射。"又名十景花园，今名什锦花园。（汪菊渊《中国古代园林史》）
	张园	北京		"东城有英国公张园，铁狮子胡同北，志和尚之第，即张园故址。后有土山可望顺天府学，即古之柴市也。以今地旺考之，第一助产学校当是其地。"《燕都名园录》
	月河梵院	北京朝阳		月河梵院在朝阳关南苜蓿园之西。苑后为一粟轩，曾西墅道士所题。轩前峙以巨石，西辟小门，门隐花石屏，屏北为聚星亭，四面皆栏槛。亭东石盆高三尺，夏以沉李浮瓜者。亭前后皆石，少西为石桥，桥西雨花台上建石鼓三。台北草舍一楹曰希古。东聚石为假山，峰四，曰云根，曰苍雪，曰小金山，曰璧峰。下为石池，接竹引泉，水涓涓自峰顶下，池南为槐屋。屋南小亭中有鹦鹉石，重二百斤，色净绿，石之似玉者。凡亭屋台池悉编竹为藩，诘屈相通。自一粟轩折而南，东为老圃，圃之门曰曦光，其北藏花之窖。窖东春意亭，四周皆榆柳。穿小径以行，东有板桥，桥东为弹琴处，中置石琴，上刻曰苍雪山人作。少北为独木桥，折而西为苍雪亭。亭下为击壤处，有小石浮屠。（汪菊渊《中国古代园林史》）

建园时间	园名	地点	人物	详细情况
	金刚寺	北京西城		金刚寺在积水潭东南抄手胡同，……寺有石刻金刚经，今无存。元名般若庵，万历中，蜀僧省南大之。工未竟，南殁，方僧争宇以讼，桐城诸绅，迎蕴璞住之。旧有竹数丛，小屋一区，曲如径在村，寂若山藏寺。后前立大殿，后立大阁，廊周室密，奂焉。
	太平庵	北京西城		太平庵在净业寺北。循城垣有桥，桥下为水关，南流入大湖。岸左为庵，庵小而洁。（汪菊渊《中国古代园林史》）
明	潭柘寺	北京		寺为西山罕见古刹，于晋时名嘉福，唐名龙泉，后改为潭柘。清康熙更名为岫云禅寺。里许，一山开，九峰列，寺丹丹碧碧，云日为其色。望寺，即已见双鸱吻，五色备，鳞而作，匠或梯之。云五色者，鱼、龙、虾、蟹、荇藻，各现其形其色，非匠可手。寺碑七，金碑二，元碑二，明碑三。
明	嘉禧寺	北京		明神宗年间始建，寺“混缁素，事商贾事，其一切资地力，所为本富，计诚得也”。土沃水肥，址高林深，到寺如到一城。植物景观：“贴梗海棠高于槐，牡丹多于薤，芍药蕃于草。”
明	灵济宫	北京		永乐十五年，文皇帝有疾，梦二真人授药，疾顿瘳，乃敕建宫祀，封玉阙真人、金阙真人。十六年，改封真君。成化二十二年改封上帝。古木深林，春峨峨，夏幽幽，秋冬岑岑柯柯，无风风声，日无日色，中有碧瓦黄甃，时脊时角者。
明	晏公祠	北京	晏长侍忠	过涧，石桥，过桥，石门，曰道统门。石殿三楹，像皆石。殿外一石亭，堂后累石为洞。正德中晏长侍忠所立也。
	韦氏别业	北京		韦氏别业，四周多水，荻花芦叶，寒雁秋风，令人作江乡之想。（汪菊渊《中国古代园林史》）
	英有园	北京	王文安	在城西北，种植杂蔬，井旁小亭环以垂柳，公余与翰苑诸公宴集其地。（汪菊渊《中国古代园林史》）

建园时间	园名	地点	人物	详细情况
	李公园	北京	李时勉	为李时勉园，在文安园之傍。二园当在今西便门外向北、阜成门向南一带。（汪菊渊《中国古代园林史》）
	槐园	北京	李公	在报国寺左，武清候李公别业，置三层楼于上，层级升之，碧梯赤栏，隐见苍霞碧露间，望之胜于登焉。槐楼今无考。（汪菊渊《中国古代园林史》）
	尺王庄	北京		《燕都名园录》称尺王庄为“夏日游玩之所。其西北为柏家花园，有长河可以泛舟，有高楼可以远眺。（至清）沦为废颓，不可复旧，改为茶社，荷池半亩，砌为上方”。（汪菊渊《中国古代园林史》）
	草桥	北京		右安门外南十里是草桥，方十里，皆泉也。会桥下，伏流十里，道玉河以出。四十里达于潞。……土以泉，故宜花，居人遂花为业。……草桥去丰台十里，中多亭馆，亭馆多于水频圃中。此桥为当年宋辽界河，相传北宋杨六郎曾在此建草桥，故得名。明时草桥为众水汇聚处，沿河十里居民皆栽花为业。
	睿忠亲王府	北京		“在明南宫，今为缎疋库。”（《啸亭杂录》）
	普度寺	北京	多尔衮	位于南池子大街东侧，普渡寺前巷35号。其址原为明代东苑（又称南城、小南城）中之重华宫，南界在今缎库胡同。明末被毁，清顺治初年改建为摄政王多尔衮之睿亲王府。顺治七年（1650）多尔衮死于喀噶城。二月后追夺王爵，王府上缴。康熙三十二年（1694），缩小规模，将南部改建为缎匹库，北部改建为玛哈噶喇庙，供奉护法神大黑天。乾隆四十年（1775）赐名“普度寺”，正殿名“慈济殿”，在正殿、山门两侧保留或兴建了行宫院、方丈院、小佛殿及僧寮等。（汪菊渊《中国古代园林史》）
	高云阁	浙江杭州	莫云卿	“明，云间莫云卿（是龙）有闻于时，近吾杭莫云卿（如锦），亦以文雅好事，为名流所重，……家东园，有高云阁，疏泉列树，颇极清旷……”（《东域杂记》）。

建园时间	园名	地点	人物	详细情况
	金中丞别业	浙江杭州	金学曾	“金学曾，字子鲁，号省吾，仁和人，隆庆戊辰（隆庆二年，1368）进士。……今东域土桥畔，别业在焉，里人尚目为金衙庄也。公常为太夫人造望江楼，极高，风帆沙鸟，在阑槛间，兼擅水木之胜，窈窕明靓，远隔市嚣矣。”（《东域杂记》）
	药园	浙江杭州	吴溢	药园在东城隅，与皋园相望。明季吴文学我匏，名溢，构。轩槛虚敞，竹木箫森。玉照堂前，玉兰一株，大可数抱，高花如雪，盖百余年物。康熙中，萧山毛西河太史（奇龄）与吾杭诸名士于立夏前一曰集此作送春诗，时弃笔数十人，多有佳句。……”（《东域杂记》药园送春句条）
	欧安馆	福建泉州	黄景昉	为明朝户部尚书黄景昉住宅花园，在涂门街南侧、清净寺对面。园内布置有假山丘壑、井溜花径、水榭台松，精巧别致。（汪菊渊《中国古代园林史》）
	石仑园	福州	曹学佺	建于明朝，园主为曹学佺，坐落在城郊洪塘乡，该园毁于清中叶，现存遗址为空地。（汪菊渊《中国古代园林史》）
	中伎园	福州	高氏	又名西园，系明朝督舶内监高氏宅园，址在怀德坊西宦园里。该园清朝时被分割变卖，改作尼房，渐被毁，到抗日战争时欺，已无迹可觅。（汪菊渊《中国古代园林史》）
	锦溪小墅	江苏太仓	陆昶	“明参政陆昶筑，在城东南隅，何乔新记略。福建参知政事陆公通昭，家太仓域之巽潘。所居之西有地数百弓，规为园。园之左，澄溪溶溶自东南来，芙渠芰荷，列植其间。花时烂若锦绣，故以锦云命溪云。孟昭爱其幽雅，遂徙家于兹。前为堂五楹，匾曰宝敕，所以藏列圣所赐玺书也。次为层五楹，匾曰寿安，所以奉其母太宜人也。又次五楹，匾曰世荣，所以居其诸子也。东一轩，聚石为山，匾曰翠去小朵。园之东西为亭二，其一，幽兰白芷，香袭中袂，匾曰洒香，其二，屐风暮滚，翠浮几席，匾曰霏翠。合而名之曰锦溪小墅，因其址也”。（《镇洋县志》）

建园时间	园名	地点	人物	详细情况
	青藤书屋	浙江绍兴	徐文长	青藤书屋在绍兴府治东南一里许，明徐文长（徐渭）故宅，地名观巷。钱泳履园丛话载："青藤者木莲藤也，相传为文长手植，因以自号。藤旁有水一泓曰天池，池上有自在岩、孕山楼、浑如舟、酬字堂、樱桃馆、柿叶居诸景。国初陈老莲亦尝居此，皆所题也，后屡易其主。乾隆癸丑岁（1793），郡人陈永年翁购得之，翁之子侄如小岩、九岩、十峰、士岩辈皆名诸生，好风雅，始将天池修浚而重辟之。复求文长手书旧额悬诸生上，即老莲所题诸景亦仍其旧，并请阮云台先生作记，一时游者接踵，饮酒赋诗，殆无虚日。" 据乾隆抄本《越中杂识》卷古迹中亦青藤书屋条 青藤书屋今在前观巷，整个院落占地不到二亩，但布局得法，分东园、天池、北园三个小区。现东园中疏植桂花、蕉丛、翠竹、女贞、蜡梅、石榴等花木，经由小路入腰门，便是堂屋，前临天池。（汪菊渊《中国古代园林史》）
明末	顾氏小园	常熟	顾氏	环秀街顾氏小园主厅，"似建于明末，施彩绘，有木制瓣形柱与櫼，在苏南尚属初见"。厅南小院置湖石杂树，楚楚有致。厅北凿大池，隔池置假山，山下洞壑深幽，崖岸曲折，似仿太湖风景。山上有白皮松一株，古曲矫挺，厅东原有廊可通主假山，今已不存。假山后虞山如画，成为极妙的借景。""此园布局，仅用一古池，崖岸一角，招虞山入园，简劲开朗，以少胜多，在苏南仅此一例。"（汪菊渊《中国古代园林史》）
	庞氏小园	常熟	庞氏	有荷香馆，花厅三间南向，厅前东侧倚墙建小亭，亭隐于假山中，门后有一小池，其上贯以三曲小桥，岸北复有假山建筑物，今已不存。（汪菊渊《中国古代园林史》）
	唐氏宅园	常熟	唐氏	位于域区县南街。是园占地仅半亩，然匠心独运，筑有亭、台、轩、榭。其布局中心为一小池，上有三曲石桥，池四展堆假山较高，植花木，俯视池水，有如临深渊之感，沿墙环以游廊，其北筑旱船半截，又筑半亭多处。园景玲珑，富有诗意，现由市图书馆使用。（汪菊渊《中国古代园林史》）

建园时间	园名	地点	人物	详细情况
	孙家园	上海松江	孙克弘	位于华亭县被云门外，是明朝人孙克弘的别墅。(汪菊渊《中国古代园林史》)
	邃庵铭	江苏南京	杨一清	明太常杨一清之园(邃庵为其居室之号)。吴宽楷书“邃庵铭”。“邃庵铭”中言：“同年杨太常应宁，作屋于居之后，以窈然而深远也。名曰邃庵，而因以为号，请予铭之。”
	傲园	上海松江	钶良俊	位于华亭县南，是明朝翰林孔目钶良俊在自己的别业中构筑的园。(汪菊渊《中国古代园林史》)
	赐金园	上海松江	王鸿绪	位于娄县谷阳门外，是尚书王鸿绪的别墅。(汪菊渊《中国古代园林史》)
	右倪园	上海松江	沈绮云司马恕	右倪园在松江府域北门外，沈绮云司马恕所居，今谓之北仓，即姚平山构倪氏旧园而重葺者也，相传元末倪云林避乱尝寓于此。恐亦附会。园中湖石甚多，清水一泓，丛桂百本，当为云间园林第一。(汪菊渊《中国古代园林史》)
	环青园	山东临淄	张至发	《淄川县志》载，张至发有一园，在水磨头庄范阳河北岸，因山架阁，阁下作洞，洞前凿池，置莲花阁，额题：环青。题字者为明代书法家张中发，当年所题额石最近在淄川区杨寨乡坡子村小学院墙上，高 60 厘米，宽 90 厘米。
	晋安王园（西园）	山西阳曲	晋安王	光绪间《山西通志・卷 55》载，在废府西北角有晋安王园，又名西园。
	菊园	山西阳曲	沈藩	光绪间《山西通志・卷 55》载，在阳曲县有潞安府沈藩的菊园。
	葵园	山西阳曲	沁水王	光绪间《山西通志・卷 55》载，在阳曲县有沁水王葵园，在演武巷。
	保定园	山西长治	保定王	明保定王在长治县建有保定园，清乾隆时改为慈人庵。

建园时间	园名	地点	人物	详细情况
	内邱园	山西长治		在长治,毁。
	唐山园	山西长治		在长治,毁。
	稷山园	山西长治		在长治,毁。
	安庆园	山西长治		在长治,毁。
	葵园	山西长治		在长治,毁。
	平遥园	山西长治		在长治,毁。
	方谷园	浙江杭州	应朝云 章氏	马市街方谷园巷2号,钱学森外公赠给钱母的陪嫁,传为明代浙江布政使应朝云的后花园,因慕石崇金谷园而名,清末民初犹花木扶疏,假山鱼池,亭台楼阁,后为章氏所有,占地1.3亩,现有二进二层木楼,楼房、厢房、平房合十余间前有小院,后有花园曲径。
	颐园(高家花园、因而园)	上海松江	赵氏 罗氏 高君藩	在今松江秀南街陈家弄东首上海第四第福利院内。明代赵氏所创,初名因而园,后归罗氏,清代道光年间归安知县许威,民国间归金山人高君藩,俗称高家花园。明有水池、琴台、三曲桥、观稼楼等,新中国成立后归第四福利院,拆住宅、门厅、厢房,现存水池、观稼楼、厅楼、曲廊、水榭、船舫、三曲石桥、黄石假山、书斋等。山内构洞,洞内有石桌石椅,临水呈峭壁状,水中有石矶。山危屋倒,1989年重修建筑部分,面积1300多平方米。君藩父高燮,号吹万,南社诗人,藏书十万余卷,常邀集当时著名诗人、画家、学者来园赏吟,清末民初南社社员也在此雅集。

建园时间	园名	地点	人物	详细情况
	西园	陕西三原	王端毅	在陕西三原县城西北二里外，王端毅所创，园内有涵碧池、草亭、后乐亭、三爱圃。所谓三爱辅，指兼爱陶渊明之菊、周茂叔之莲、唐人之牡丹，故园中遍植三者。
	南园	江苏吴县市	郑景行	郑景行在苏州吴县(今吴县市)唯亭阳澄东湖建有宅园，园背依岗埠，前临大湖，叠石为山，环以花竹，建有撷芳亭、观鱼槛和听鹤亭等。
	南园	江苏太仓	陈继善	处士陈继善在太仓涂菘建有私园，名南园，园中有十景，宾主常在园中轻歌漫谈，放浪形骸。
	西园	江苏常熟	钱承德	盐运同知钱承德在苏州常熟县城青墩浦建有西园，园中有水池、亭子、五老峰(五奇石)等景。
	东庄	江苏太仓	陈蒙	处士陈蒙在太仓涂菘建有东庄，园内有八景：丰乐堂、幽胜处、延辉堂、雪浪轩、昼锦堂、嘉树园、秋水亭、秋风径。龚翊咏“幽胜处”：“采菊见南山，佳兴与心会”，咏“秋水亭”：“碧水涵秋空，幽花映奇树。茅亭四面开，是依钓鱼处。”
	南园	江苏吴县市	叶复初	叶复初在吴县(今吴县市)洞庭西山的枝头岭建有南园，园中有花卉、水池、水榭、长墙、流水、石山、石洞、修竹、薜萝等，唐寅和祝枝山都写有《南园赋》，祝文道：“吴多名苑，而兹其特优。”
	小园	江苏吴县市	俞氏	俞氏在吴县(今吴县市)湘城陆巷的宅内筑有小园圃。
	西园	江苏昆山	归有光	归有光(1507～1571)，字熙甫，昆山人，号震川先生，嘉靖进士，官居南京太仆寺丞，以散文著称，朴素简洁，善于叙事，为时人推崇。他在家乡昆山县城宣化坊建有府第，内有承志堂、项脊轩、西园，园为归有光祖父始辟，内有蔷薇、井。
	东园	江苏太仓	王锡爵 王时敏	太学士、阁老王锡爵在太仓县(今太仓市)城东门外半里建的私园，园内有三桥、二楼、二亭、二阁、一庵、一庭、二池、一佛堂、石峰若干：石桥、修廊、水池(二三亩)、小方池、曲流、揖山楼、凉心阁、期仙庐、扫花庵、板屋、看耕稼庵、藻野堂、梵阁、石假山、石崖、石峰、石蹬、松径、竹径、小土丘、桂林、竹子、松树、芍药、紫藤等，以芍药为主。其孙王时敏曾大加修饰，后毁。

建园时间	园名	地点	人物	详细情况
	日涉园	江苏常熟	蒋世卿	蒋世卿在常熟虞初平石畔建有日涉园，其子后来又重构增饰。
	归有园	江苏昆山	徐宗伯	明代徐宗伯在昆山玉山镇西门外建有园第，园毁后余双石，清道光时朱右曾居此，重葺为归有山房，有三间屋舍、曲折回廊、双石(故物)。
	东庄	江苏太仓	郑辅世、郑元良	隐士郑辅世在太仓涂菘北印溪之南建有东庄，园中有承训堂、古香阁、小山书房、踈庵、红昼轩、桂花(十余本)。清康熙时其子郑元良重修。
	西园	山西长治		在长治，毁。
	醉园	浙江嘉兴	王光熙	西塘镇塔湾街31号，明代宅园，现为西塘王代版画馆。醉园共有三进院落，面积二百多平方米，是一个老宅花园，有水池、太湖石、回廊、竹子、醉经堂等，其中，醉经堂为清朝王光熙所建，王代是乾隆年间书画家，攻楷、行、草，擅诗、画，现主人为王亨，其父王慕仁。
	天和堂	上海	朱朴	在松江区西部，朱朴所创私园，毁。
	锦溪茅屋	上海	曹贤	在古上海县(今上海县闵行区)锦溪，曹贤所筑私园，毁。
	荆隐旧庄	上海	夏淑吉	在闵行区诸翟镇一带，夏淑吉所筑私园，毁。
	秦氏花园(花园头)	上海	秦羽鼎	在闵行区诸翟镇一带，秦羽鼎所筑私园，毁于明末。
	奚氏厅	上海	奚子葵	在闵行区北桥一带，奚子葵所筑私园，毁于清代。
	梅园(唐氏园)	上海	陈志科	在浦东川沙镇，陈志科所筑私园，毁。
	藿圃	上海	周人玉	在宝山区月浦镇，周人玉所筑私园，毁。

建园时间	园名	地点	人物	详细情况
	水邱园	上海		在嘉定区嘉定镇北大街。
	韩氏园	上海	韩瑄	在嘉定区娄塘镇,韩瑄所创私园,毁。
	梅谷山园	上海	徐勖	在嘉定区嘉定镇石马弄,徐勖所筑私园,毁。
	市隐园	上海	孙以明	在嘉定外冈乡葛隆村,孙以明所筑私园,毁。
	滕氏园	上海	滕伯诚	在嘉定区嘉定镇南大街,滕伯诚所筑私园,毁。
	三老园	上海	李文邦	在嘉定区南翔镇,李文邦所创私园,毁。
	石冈园	上海	沈学博	在嘉定区石冈门,沈学博所筑私园,毁。
	张氏园	上海	张士悫	在嘉定区嘉定镇西南,张士悫所筑私园,毁。
	薖园	上海	张崇儒	在嘉定区南翔镇,张崇儒所筑私园,毁。
	水香园	安徽歙县	汪右湘	在歙县西乡潜口村,明代邑人汪右湘所筑私园,清代仲桐皋重修,广2000多平方米,邻借阮溪,远借紫霞山,园中有:莲池、台、榭、堂、假山、石桥、古梅、竹林等,莲池两个,古梅百余,现存:绿参亭、半豹堂、草堂、石洞、石台、牡丹、银杏、古藤等。清鲍薇省有《水香园》诗及序、扬州八怪之一高风翰有水香园诗,及其他:《水香园诗》、《半豹堂咏物诗》、《阮溪深柳堂诗》、《陶村诗稿》、《寿藤斋诗集》、《胡心泉集》、《水香园记》、《歙事闲谭》等。
	南溪草堂	上海崇明	张元敏	在崇明县,张元敏所筑私园,毁。
	曲水园	安徽徽州		在徽州西溪南,明代创建,园广十亩,园内有曲水、水池、假山、亭阁、廊桥、竹林、古木,院落呈纵三横四格局,荷池被桥分为东西两园,东园以假山花卉胜,西园以绿竹、梧桐、丛桂、玉兰胜。园内有四大名亭:玉兰亭、三秀亭、青莲阁、万始亭等。园中堆石用宣石。以曲水著名,园内"凿池,坼南北如天堑,圳入涧道,涧道入池,勾如规,折如磬",清末许承尧赞:"曲水以水胜闻,斯善用寄也已"、"以一曲水而尽得风流。"园毁于清末,其时只有方池和奇石。明代汪道昆有《曲水园记》,祝枝山有诗赞"清溪涵目"和"竹坞凤鸣"两景。

建园时间	园名	地点	人物	详细情况
	日休园	浙江东阳	卢惟钦	在东阳市区卢宅附近，为卢氏17世孙卢惟钦所建，植木为荫，引泉为池，周莲，陶菊，取“作德，心逸日休；作伪，心劳日拙之言”意名日休园。
	菽水园	浙江东阳	卢惟钦 卢炳涛	在东阳卢宅街附近，青崖公之子卢惟钦所筑，在园内另筑有日休亭，作为养心之处，一时名流赠送题匾。另有流泉、水池等。清代进士卢炳涛(1768—1823)有诗道：墙阴一脉泻清泉，鱼鸟优游得所天。传是昔贤颐养地，平芜漠漠草芊芊。
	圆觉寺园	云南巍山		位于云南巍山县巍宝山西南麓，原为明代左土司之母所建，历经明、清三次扩建，成为今天规模较大的佛教寺院。两进院落内植树莳花，寺周古树参天，寺前半月形台地左右双塔，前临大壑，引道有两流三叠之景的小桥流水。
	草堂池	福建泉州		在安海镇，为明代私家园林，毁。
	东园池	福建泉州		在安海镇，为明代私家园林，毁。
	监生池	福建泉州		在安海镇，为明代私家园林，毁。
	寅居池	福建泉州		在安海镇，为明代私家园林，毁。
	中使园	福建福州	高氏	在乌石山西北麓道山路怀德坊西宦里，明成化初，在福州设立市舶提举司，管理外贸，另派太监建提督市舶衙门(市舶太监府)为督察机关，其时督舶太监高氏创此园，以为游宴之所，人称中使园，园内“高台曲池，花竹清幽”，嘉靖初罢督舶，园遂废。清初改为八旗旅闽官吏要员住所，面积5000平方米，五进院，满族风格，清中叶改为满人旅闽居所，俗称八旗会馆，1954年改为盲聋哑工厂，现修复400平方米，有厅堂、戏台、走楼、戏台等，园毁。

建园时间	园名	地点	人物	详细情况
	毛家园	山东菏泽	毛景瑞	在今牡丹区牡丹办事处毛胡同南，占地5亩，民国时传至五世名医毛景瑞，他爱牡丹，园中牡丹品种殊异，有墨花魁、种生黑、姚黄牡丹等，后荒废，今不存。清人成德乾有《过毛氏花园》："微吟小醉踏春行，瞥见园林百媚生。也有天姿曾识面，几多国色不知名。芳菲莫怪美人妒，潋滟应关花史情。坐久景闲心亦静，绿杨深处传流莺。"
	古今园（万花村军门花园）	山东菏泽	王孜涌 王愈昌	在城北王梨庄村北，距城二公里，明时，王梨庄曾为万花村，园主人以村名而命园名。园内以牡丹芍药为主，经明末战乱后日荒，至乾隆年间，该村岁贡王孜涌（号花村）重修该园，清末，其后代王愈昌再次修复该园，编松修柏，育花植木，渐复旧观，后来，花园被曹州府军门据为己有，改名军门花园。民国时花无销路，园破败。
	青华洞	山东济宁	王敦临	据《州志》记载，此地原是明代举人王敦临的别墅，清代由差琦改建为庙宇，后来，又经多次修缮。青华洞前院正中筑大型方亭，高约8米。亭四周环绕宽约1米的石砌水渠。此亭名曰："小瀛洲"，四面环水，寓意"蓬莱仙境"。
	颜氏乐圃	山东曲阜		在天官第街东头路北，圃内有古槐大数围，石池广半亩，池北为亭，池南为山，上多名人石刻。乐圃内苍松翠柏，古藤虬枝，还有宏敞的东轩。孔贞丛著有《阙里志》。
	芜园	山东曲阜	魏鼎梅	在城西20里沂水北岸，金口坝上游五里的西柳庄，为明参议魏鼎梅所建花园，为曲阜五大私园之一。园皆茅屋，翠柏参天，至则坐树下，石案可环五六人……步林外，平畴数亩。艺杂花，四时不绝。适当寒霜，楷叶赤，木瓜嫩、黄、香，橙，桔、柏，累累挂树头。天晴地阔，意旷如也。……
	水南园	山东曲阜	孔贞灿	在曲阜城南五里许石家村中间，内有亭曰遂安楼。

建园时间	园名	地点	人物	详细情况
	乐园	江苏南京	罗衡	在南京市，具体地址未详，为罗衡所建，园内有寿椿堂、萝萱楼、挹翠楼、松轩诸胜。
	淡然亭	山东曲阜	郭木	在仓巷街，明代御史郭木所创私园，毁。
	张主政园	山西太原	张氏	在城隍庙街，为张氏宅园。
	斑竹园	江苏南京	徐继勋	在南京城西南，位于魏国公徐继勋万竹园之左，园内以竹为主，群鹭飞翔，风水先生称为百鸟朝凤之地。毁于兵火。
	小蓬莱	江苏南京	徐氏	在城东南隅，为徐魏国公弟侄之宅园，有景：心远堂、迎晖亭、总春亭、一鉴亭、观澜亭、萃青亭、玉芝丹室亭、挂笏石、归云洞等。
	快园	江苏南京	徐霖	在城东武定桥东，广数十亩，为明曲作家徐霖宅园，有景：西湖、丽藻堂、晚清阁等，池满荷莲，岸绿桃柳，明武宗游幸，夜居晚静阁，钓得金鱼，宦官争购，上大笑落水，故更西湖为浴龙池、丽藻堂名宸幸堂。朱兰《快园》诗道："古人不可见，胜地足徘徊。怪石环廊立，奇花拥阁开。帘疏秋乍入，窗暗雨将来。斯会良非偶，谁为旷世才。"清代园废，然西湖桃柳依然，再后淤于街巷，余地名：小西湖、西湖里、大荷花巷、小荷花巷等。 徐霖(1462—1538)，苏州长洲人，字子仁、子元，号九峰道人、快园叟，6 岁丧父，随兄居南京。7 岁能诗，时称奇童。善书法，9 岁即能写大字。14 岁中秀才，随即被诬告革去，于是放任不俗，正德十四年(1919)，武宗朱厚照南巡召见，随从至京授官，会宗卒，辞归。博学工文，精解音律，善词能曲，工书精篆，善画山水、花卉、松竹蕉石。与散曲作家陈铎并称"曲坛祭酒"，与谢承举并称江东三才子，因自筑有园，人称快园叟，因其美须，自号髯仙，有《快园诗文集》、《丽藻堂文集》、《中原音韵注释》、《北行稿》、《皖游寻》、《绣襦记》，现存画作不少。

建园时间	园名	地点	人物	详细情况
	饮虹园	江苏南京	李熙	饮虹园是明朝名臣李熙故居，位于新桥西、今秦淮区城南牛市 25 至 27 号。饮虹园里面有何风光，鲜见文字，但据老南京、南京文史专家苏洪泉先生回忆，饮虹园坐西向东，西倚秦淮河，分数路五进，门厅前有双抱鼓石，大门和大厅十分气派。
	海石园	江苏南京	张庄节	在凤凰台，为建昌守备张庄节所建私园，俗称张家园，张从海外庙岛载回一巨大海石，高二丈、径三尺，玲珑透漏，五彩斑斓，故名。张怡先《海石园》道："海上相逢石丈人，移来南郭伴松筠。只今院宇凄凉甚，谁向仙山再问津？"
	沈园	江苏南京	沈万三	在玄武湖东北，为富商沈万三所建，园内湖石亭台，林木葱郁，牡丹繁盛甲于金陵。沈万三充军云南后改为刑部衙门。沈万三，浙江湖州南浔人，名富，字仲荣，行三，人称万三秀，元时随父沈祐迁苏州长洲县东蔡村，再迁昆山周庄，投吴中巨富陆氏门下，尽得其财，又以海运发财，为全国首富，入明，迁居南京，奉诏出资建南京城，传说南京城一半为沈氏所修，后以请犒军触怒太祖，流放云南，家产充公。
	西街粘假山	福建泉州	粘氏	在泉州西街头，三进左右护厝及东西厅建筑群，后进大天井为花园，有假山，高及墙头，原为粘氏大祠堂，古名西街粘假山，略点花木，并无亭台，20 世纪 50 年代因改建影剧院而拆假山庭院，遗石尚存于影剧院化妆室外。
	丽水湖	浙江楠溪江		位于浙江省楠溪江岩头村村口，为水口园林，始建于明代，积水为丽水池，湖中仿琴形构琴屿，上建塔湖庙和戏台，湖上构丽水桥，入口区建南门、接官亭、乘风亭和丽水街。
明末	刘郎中花园	河南焦作	刘郎中	在焦作市李贵作村，为明末朝廷刘郎中在家乡所建私家园林，广 200 余亩，广植花卉树木，遗址仍存。
明清	日涉园	浙江东阳		在东阳卢宅街太和堂前，现为木雕厂，卢炳涛有诗《日涉园》："雨黛烟鬟映绿萝，当年成趣几回过。香山埋骨空千古，暮霭苍苍宿草多。"

建园时间	园名	地点	人物	详细情况
明清	金谷园	浙江东阳	楚白	在东阳市区卢宅附近，为福建省人楚白所创，有假山和方池。卢炳涛有诗《金谷园》："万花攒绣想名园，醉月飞觞笑语喧。留得八闽清节在，不同石氏怨英昏。"
明清	蔗园	浙江东阳	卢毅轩	为刺史卢毅轩著书处，有朱栏曲槛、高阁回廊、绿水文林、墨池等景，时人题有八景：溪桥石马、长汀绕绿、桃浪翻红、松经梵钟、墨池漾日、修竹吟风、长槐爽道、笔架横峰等。卢炳涛（1768—1823）有诗《蔗园》："来非有意去无心，流水闲云自在行。青简尚存楼阁眇，一泓桥下泻琴声。"
明清	应峰园	浙江东阳		在卢宅街南稍东，正对东岘峰，郁郁葱葱佳气蟠，苍茫凭眺感无端。数峰青峭长如此，何似当年拂槛看。
明清	绿斐园	浙江东阳		在东阳市西河外，地邻西何府故址，有墨池、琅轩等，卢炳涛有诗《绿斐园》：南朝旧相家何在，胜国文园址亦荒。淇澳琅轩都砍尽，秋风禾黍照斜阳。
明清	芙蓉园	浙江东阳		元时木芙蓉最盛，园中可借景白青、鹿台、乌伤诸峰，园内以植物为主，有木芙蓉、丹枫、青松、海棠、梨树等。卢炳涛有诗《芙蓉园》：丹枫乌桕间青松，尚有棠梨花发秾。徒倚高秋空怅望，凭栏何处采芙蓉。
明清	百果园	浙江东阳		在树德堂东后山，内有麓站台、松林等景。卢炳涛（1768—1823）有诗《百果园》道：松涛谡谡沸清秋，云影岚光泌眼流。为问前时花月夜，阿谁觞咏共勾留。
明清	亦园（轩园）	浙江东阳		在树德堂东北，一名轩园，轩内有未全贫、曲沼等，卢炳涛（1768—1823）有诗《亦园》：不见先生乌角巾，板扉犹号未全贫。可知杜老当时趣，芋栗收来饷客新。
明清	乐山楼（更好亭）	浙江东阳	卢玉立	在河以北，卢玉立所创，初名更好亭，后更名乐山楼。

建园时间	园名	地点	人物	详细情况
明清	一枝园	浙江东阳	卢时庵	卢时庵所创。
明清	仓园	浙江东阳		未详。
明清	绿玉山房	浙江东阳	卢书臣	卢书臣所创。
明清	漾月轩	浙江东阳		未详。
明清	夏园	浙江东阳		未详。
明清	雅溪书院	浙江东阳	卢廿八	卢廿八所创,为书院园林。
明清	淇园	浙江东阳		未详。
明清	清夏园	浙江东阳		未详。
明清	南园	浙江东阳		未详。
明清	花果园	浙江东阳		未详。
明清	西果园	浙江东阳		未详。
明清	怀玉园	浙江东阳	卢怀莘	卢怀莘所创。
明清	学辅	浙江东阳		未详。
明清	蓬门	浙江东阳		未详。

建园时间	园名	地点	人物	详细情况
明清	东白山房	浙江东阳	卢东麓	卢东麓所创。
明清	绿雪楼	浙江东阳	卢禹南	卢禹南所创。
明清	午台堂	浙江东阳		未详。
明清	野旷天低	浙江东阳		未详。
明清	万卷楼	浙江东阳	卢毅轩	卢毅轩所创。
明清	赛岳阳	浙江东阳		未详。
明清	盟鸥阁	浙江东阳	卢星紫	卢星紫所创。
明清	铧和堂	浙江东阳		未详。
明清	太乙楼	浙江东阳		未详。
明清	屏山草堂	浙江东阳		未详。
明清	豸山书院	浙江东阳		为书院园林。
明清	后山草堂	浙江东阳		未详。
明清	茶亭别墅	浙江东阳		未详。
明清	也园	安徽歙县	汪丽青	在阮溪旁，距水香园二十里，依阮溪，明清之际阮丽青所筑私园，《胡心泉集》载：累石作山，引泉成沼，绕以周垣，间以台榭，梅桂数十。
明清	十亩园	安徽歙县		在阮溪之旁，距水香园二十里，明清时所筑私园，《绿参亭》诗序载，有水池、书屋、亭子、花木等，毁。

建园时间	园名	地点	人物	详细情况
明清	遂园	安徽歙县		在歙县城东,毁。
明清	西园	安徽歙县		在歙西,毁。
明清	荆园	安徽休宁		毁。
明清	季园	安徽休宁		毁。
明清	七盘园	安徽休宁		毁。
明清	葑门彭氏状元府	江苏苏州	彭氏	彭氏状元府位于苏州葑门十全街61号,明清两代走出13名进士,清代彭定求、彭启丰祖孙先后考中状元。整个建筑群有门厅、轿厅、大厅、楼厅4进建筑群,建筑面积458平方米,宅前城河,后筑花园,园中有水池、假山等。2003年7月修复。
明清	泉州衙署后园	福建泉州		在泉州市中心,明清两代衙署后园,园内有广胜楼、大假山、猴洞、古树、名花等,1926年改为中山公园,详见民国“泉州中山公园”条。
明清	遁园	广东佛山		在明照铺,毁。
明清	守拙园	广东佛山		在祖庙铺西头,毁。
明清	甡园	广东佛山		在丰宁铺甡街,毁。
明清	西园	广东佛山		在汾水铺,毁。
明清	素舫斋	广东广州		在广州濠畔街南濠水畔,为耿湘门所创,池馆清幽,耿题诗于壁:“背郭临河静不哗,一轩深筑抵山家。茶烟出户常萦树,池水过篱欲漂花。小睡手中书未堕,半酣窗下字微斜。丛兰不合留香久,勾引喧蜂入幕纱。”

建园时间	园名	地点	人物	详细情况
明清	祝家园	北京宣武	祝氏	园址在先农坛西，推约今陶然亭公园东部，具体位置及原貌无考。《宸垣识略》载，为左都御史祝氏别业，有述该园诗："谁怜濠濮意，酒罢独登楼。藻动知鱼乐，花飞人客愁。无新同止水，何地不虚舟？芳草美人暮，惊风吹未休""阶草衔虚槛，亭榴接断垣。酒阑携锦瑟，请唱祝家园。"说明到清初时园内亭楼虽在，但已开始衰败。
明清	菱溪草堂	江苏常州		未详。
明清	洛原草堂	江苏常州		未详。
明清	胡氏山堂	江苏常州		未详。
明清	放园	江苏常州		未详。
明清	邱家园	江苏常州		未详。
明清	庆丰园	江苏常州		未详。
明清	陶园	江苏常州		未详。
明清	孙觌山庄	江苏常州		未详。
明清	嘉树园	江苏常州		未详。
明清	王家园	江苏常州		未详。
明清	来鹤庄	江苏常州		未详。

建园时间	园名	地点	人物	详细情况
明清	南村	江苏常州		未详。
明清	鹤园	江苏常州		未详。
明清	钮园	江苏常州		未详。
明清	罗浮坝	江苏常州		未详。
明清	朱家园	江苏常州		未详。
明清	宴春园	江苏常州		未详。
明清	瞿家园	江苏常州		未详。
明清	城隅草堂	江苏常州		未详。
明清	会芳园	江苏常州		未详。
明清	天得园	江苏常州		未详。
明清	东园	江苏常州		未详。
明清	暂园	江苏常州		在新市路。
明清	韵园	江苏常州		在娑罗巷。
明清	西湖景（水晶宫）	山西太原		在太原南关西侧，近老军营，因地势低洼而成泽国，东北有观音堂，岸边有茅亭，水中植藕养鱼，湖边芦苇，成为太原柳溪毁后的一处公共园林，人称西湖景，又美其名曰水晶宫。

建园时间	园名	地点	人物	详细情况
明清	后小河（小儿河）	山西太原		在今省人民政府后，东西缉虎营南，为宋太原城的北城濠，明护太原城后成为城内小河，后称小儿河，河上有九仙桥（九间桥），桥东有古圆通寺、洋务局后花园，有凉亭、小桥、花树，桥西北岸居家，沿河植柳，南岸有学府令德堂之涵静楼，成为借景。1921 年西岸填土终至平地，现只余涵静楼。
明清	松花园	山西太原	李氏	在今五一路南段路西今和平旅社以南皇华馆以北，包括和平旅社、曙光药材店、省广电服务部、劳动服务公司和省群众艺术馆宿舍。旧连金鸡岭，以松柏为主，故称松花坡。相传为李氏御史所建花园，园景未详，文徵明有画，跋题涉及松花园。
明清	大涧寨	山西太谷	孙氏	在太谷大涧沟，富户孙家所建避暑山庄，毁。
明清	四棱寨	山西太谷	员氏	在太谷沟子村山里，富户员氏所建避暑山庄，毁。
明清	赤伍庄	山西太谷	孙氏 孟氏	在太谷黄背凹山里，富户孙氏和孟氏所建避暑山庄，毁。
明清	许宅庭院	江苏苏州	许氏	在苏州人民路中段西侧，三落四进，占地 2000 平方米，建筑面积 1560 平方米，东院对照厅和书房间为园林庭院，院中堆一座大假山，四周分别形似象、狮、虎、豹，中间一座形似簇拥着骑在鹿上的老寿星，更奇者，在假山中间有一棵碗口粗的大凌霄，沿着老寿星背上攀长，枝繁叶茂，形似大伞。
明清，明末清初	山塘雕花楼	江苏苏州	许鹤丹	位于苏州山塘街 250 号，为清代名医许鹤丹的宅园，素有“姑苏城外第一宅”之称。乾隆二十四年(1759)宫廷画家徐杨的《盛世滋生图》(又名《姑苏繁华图》)详绘此园。园宅占地 2890 平方米，建筑面积 2590 平方米，二纵五进。第一进石库门，第二节轿厅。第三进正厅，正厅西南有更楼，东靠山墙，西依邻屋山塘街 252 号，建于道光八年(1828)，形似飘于屋面的小舟，可登楼远眺虎丘。

建园时间	园名	地点	人物	详细情况
				第四进走马楼，回廊把第三、四进连为一体。第五进为戏楼，下为餐厅(古为戏台)，前为水院，水中植莲，西面为半亭(听香亭)，亭中可观景、听戏、闻香。第五进后为花园，园内有水池，戏楼(一层为餐厅)，六角亭、方亭、曲廊、假山、水池、厨房。2000年5月因电器老化而失火，三四进建筑初毁，2001年企业家周炳中购下废墟，按原形制、原尺寸、原材料、原工艺修复。
明清，明末清初	娑罗园	安徽徽州	潘氏 吴祭酒 方氏	在徽州岩寺镇，为明末清初徽州名园，一直到乾嘉时期年间仍为人所称道，里人潘氏所筑，后售与吴祭酒，再归方氏，明代王青羊题园名，汪道昆、董其昌、王世贞、袁枚曾游此园并有题吟，清吴茜次有《娑罗园记》，园内有：娑罗树、虬山草堂、横川阁等，园毁，现存娑罗树。此园为富堨村娑罗园之母。
明清	岳山寺	河南郑州		据《荥泽县志》记载，岳山寺曾是茂林修竹，松柏苍翠，寺观遍布，香客如云。寺现在黄河游览区内，现有三层建筑紫金阁，高32米，阁顶有洪钟一口。
明清，明末清初	东圃	上海青浦	钱嘉泰	在青浦区，钱嘉泰所筑私园，毁。
明清，明末清初	南园	上海嘉定	王霖汝	在嘉定区嘉定镇西南境，王霖汝所筑私园，毁。
明清，明末清初	东岗草堂	上海嘉定	朱芜久	在嘉定区嘉定镇外冈镇一带，朱芜久所筑私园，毁于清代乾隆元年(1736)。
明清，明末清初	蕉窗	上海嘉定	朱岸先	在嘉定区嘉定镇外冈镇一带，朱岸先所筑私园，毁。
明清，明末清初	染香书屋	上海嘉定	曹子元	在嘉定区嘉定镇外冈镇一带，曹子元所筑私园，毁。

建园时间	园名	地点	人物	详细情况
明清，明末清初	梅花书屋（云林秘阁）	浙江绍兴	张岱	在绍兴，张岱家盛时所建的书斋园林，张岱《陶庵梦忆》载，在陔萼楼后老屋倾圮后，造书屋，前后空地为庭院，搭竹棚，砌石台，插太湖石，植牡丹三、西府海棠二、滇茶数枝、西溪梅、西番莲等，因慕倪云林的清閟阁，故又名云林秘阁。
明清，明末清初	砎园	浙江绍兴	张岱	在绍兴，是张岱家道盛极时的宅园，他的《陶庵梦忆》载，园中有寿花堂、小眉山、天问台、霞爽轩、长廊、曲桥、东篱、荷池、鲈香亭、梅花禅、贞六居、无漏庵、菜园、土堤、竹径等。
明清，明末清初	于园	江苏扬州	于五所	在扬州瓜洲五里铺，张岱《陶庵梦忆》载，园以垒石称奇。前堂石坡高二丈，上植松、牡丹、芍药，后厅临大池，池中奇峰绝壑，水中植莲，卧房槛外，一壑如螺蛳，再后为水阁跨河，四围灌木。
明末，明末清初	醉经堂	北京西城	严世蕃	位于北半截胡同，《藤阴杂志》载，传为明严嵩之子严世蕃的东楼别墅听雨楼的一处。后归侍郎汪苻洲寓居，再后即韦约轩自四松亭迁居于此。醉经堂为主体建筑，园内还有古藤书屋、得石轩、松石间精舍，槐荫馆、绿天小舫、桐华书塾等。园内松、槐、桐等高大乔木，碧阴绿天，假山孤石布于院中，名卉花草栽于室旁，为一处清幽典雅的环境。后归查氏居住。

第十章

清代园林年表

建园时间	园名	地点	人物	详细情况
清初	祖园	北京		位于今陶然亭公园露天舞池一带。《京师坊巷志稿》载“刺梅园旁又有祖园”。徐儋园(徐乾学)《饮禊祖园》诗:“旧游农坛西,紫阁郁连畛。入门问丘壑,凭栏纡胜引。”清人刘廷玑有《祖园即景》:“洞外垂高柳,阶前睡矮松。块然几顽石,随意叠成峰。看过雨冥冥,桥连数亩清。荷花共荷花,团抱水中亭。”
清,清初	新衙门行宫	北京		行宫占地面积不大,东西面宽大约 26 丈 5 尺南北进深大约 39 丈。有宫门三间,左右垂花门内对面房 10 间,前殿三楹,后殿三楹。后殿东有裕性轩,裕性轩西为淡思书屋,后面有陶春室。另有古秀亭。春望楼等建筑,新衙门行宫裕性轩庭前有一株古玉兰树,清代帝王常在此赏花、读书,有诗曰:“一树当庭万玉蕤,春风别馆及芳时。”(孔俊婷《观风问俗式旧典湖光风色资新探》)
清初	六枳园	北京	冯检讨	位于海波寺街(今宣外大街东)。清著名学者、诗人朱彝尊《冯检讨勖招诸同年集六枳园对菊》诗有“可怪南邻冯检讨”句,推该园可能为冯检讨(官职)宅园,园内还莳养菊花。
清初	聊园	山东曲阜	孔贞瑄	孔贞瑄,清初山东曲阜人,字璧六,号历洲,晚号聊叟,孔子第 63 代孙,顺治十八(1661)年会试副榜,历任泰安学正、云南大姚知县,归后筑聊园以自乐,究心经史,精算法、韵学,卒年八十三,有《聊园文集》《操缦新说》《大成乐律全书》。
清初	后圃	上海	邹延壁	后圃于清初建,在奉贤区南桥镇横泾港东。清光绪《重修奉贤区志》载:“后圃,在横径东。光禄寺典簿邹延壁所居。有文漪堂、玉树堂、水月楼、舒啸轩、饮香亭、竹石居、众香谷、片玉山、手花斋诸胜”。后圃南百余步的荷花池中,曾有亭名“君子亭”。已废。
清初	曹家花园	上海	曹氏	在今奉贤区胡桥乡孙桥村,曹氏所筑私园,毁。
清初	雅园(桤林小隐)	江苏苏州	顾予咸	顾予咸为苏州长洲人,顺治(1644～1661)进士,官至考功郎、吏部员外郎,因故去职归里,在苏州史家巷南筑桤林小隐以为宅居,宅东为旷地,俗称野

建园时间	园名	地点	人物	详细情况
				园，顾购此旷地治为园林，因谐音而名为雅园，有八景：虹桥春涨、绿沼荷香、明致桐阴、卧云石壁、渚阁朝烟、荷亭晚霁、爽轩丛桂、曲径寒梅。后来，范揆臣购雅园一角治宅第，美名为邻雅，内有：船厅、花厅、书房、曲廊、假山、水池、牡丹、山茶、棕榈、蜡梅等，园毁于"文革"。 顾予咸(1613—1669)字小阮，一字以虚，号松交。清长洲人，居史家巷，为雅园主人。顾嗣立之父。有《温庭筠飞卿集笺注九卷》。
清初	丘南书屋（丘南小隐）	江苏苏州	汪琬 康熙	刑部郎中汪琬(1624—1691)在虎丘二山门东购地造园，园不足一亩，系汪琬别业，又名十四石圃，内有圆石、乞花场、山光塔影楼等，康熙南巡，御题"丘南之堂"。后来园毁，1926 年改建为商团纪念碑林，旋即更名云集山庄，后来管道通过此园，成为河埠。 汪琬(1624—1691)，清初散文家。字苕文，号钝庵，晚年退太湖尧峰山庄，称尧峰先生，长洲(今江苏苏州)人，顺治十二年(1655)进士，曾任户部主事、刑部郎中等。后因病辞官归家，康熙十八年(1679)，召试博学鸿词科，授翰林院编修，预修《明史》，在馆六十余日，后乞病归。与侯方域、魏禧合称清初散文"三大家"，有《陈处士墓表》《尧峰山庄记》《绮里诗选序》《江天一传》《书沈通明事》等文。亦能诗，以清丽为宗，有《钝翁类稿》62 卷，《续稿》56 卷，晚年自删为《尧峰文抄》50 卷，包括诗 10 卷、文 40 卷。
清初	苕华书屋	江苏苏州	陆完 汪琬	原为明正德年间(1506～1521)尚书陆完故居，清初汪琬归老于此，建书屋园林以为园居，园内有老屋(二十余间)、花药(三株)、老梅(二本)、立石等，汪琬晚年孤守此园，在园中写下《苕华书屋记》，颇为伤感。
清初	南垞草堂	江苏苏州	吴士缙 金拱辰	医士吴士缙与汪琬为友，最羡汪琬园居，故购邻地建小园，名南垞草堂，园内有：漱石廊、搴云阁、容安轩、乔木、景石、飞泉等。康熙年间(1662～1722)园归贡士金拱辰，重修一新，以为歌咏之地。

建园时间	园名	地点	人物	详细情况
清初	从吾馆	江苏昆山		清初葛芝(字龙仙)祖父在昆山西门内建有读书处,命为从吾馆,葛芝曾一度避居山中,后归从吾馆,亦在馆中读书。书馆约一亩,内有水池、容膝居、莲舫、长廊等景。
清初	秋水轩	江苏昆山	太史某氏	闻密斋太史某氏在昆山西门鳌峰桥南的宅前建立的别业,园内有竹篱、板桥、荷池、亭子、楼阁、花卉等。
清初	西田(西庐)	江苏太仓	王时敏	王时敏晚年回归故里在太仓城厢镇西门外六七里许建田园式别墅,名西田,又名西庐,置水田二顷,宅于田边,房前屋后筑以园林,内有水池、假山、花木,时与高朋宴饮,并自号西庐老人,着有《王烟客先生集》和《西庐画跋》。 王时敏(1592—1680),明末清初画家,字逊之,号烟客、西庐老人等,太仓人,王锡爵孙,明末官太常寺少卿,入清不仕,擅长山水,工隶书,能诗文,后人将他与王鉴、王翚、王原祁合称四王。
清初	香雪海	江苏吴县市	姚承祖	香雪海指吴县市的光福,邓尉山、马驾山、玄墓山诸峰之上,自西汉起就植梅花,冬末春初,百花方睡,梅花独放,漫山遍野,积芳如雪,清初江苏巡抚宋荦独爱邓尉梅花,逢春必至,并为之题名香雪海,从此,邓尉梅花扬四海,康熙、乾隆皆曾观咏,乾隆幸梅三次。邓尉梅事至今不衰。1923年,建筑大师姚承祖建梅花亭,富有地方特色,上下错彩,花砖地墁均作梅瓣。另有闻梅阁一景。
清初	憺园	江苏昆山	徐乾学	尚书徐乾学在昆山半山桥西建有园第,名憺园,前宅后园,园内有:怡颜堂、看云亭等,徐有著作名《憺园集》,可见园之重要。 徐乾学(1631—1694),江苏昆山人,字原一,号健庵,曾任内阁学士、刑部尚书等职,解职归田后,门人亲属仗势横行而被夺职,死后复原职,在世时奉命修《大清统一志》《清会典》及《明史》《通汇堂精解》《读礼通考》《憺园集》等。

建园时间	园名	地点	人物	详细情况
清初	来青阁	江苏常熟	王翚	王翚在常熟县城石梅之东建有来青阁，画家王时敏为之题额，毁后，六世孙王元钟重建于镇江门大街，1860年毁于战火后，元钟之子重建为石谷先生祠。 王翚(1632—1717)，清初画家，字石谷，号耕烟散人、乌目山人、清晖主人等，江苏常熟人，康熙时绘《南巡图》而著名，弟子众多，称虞山派，与王时敏、王鉴、王原祁合称四王，再加吴历、恽寿平合称清六家。
清初	松梅小圃	江苏常熟	王维宁	处士王维宁在常熟东唐市建有别业，名松梅小圃。当时建有房舍、亭榭、回廊、假山、池塘、梅林、竹园、隧洞等。
清初	栩园	江苏昆山	顾锡畴 王缉植	中书王缉植购得明朝礼部尚书顾锡畴宅邸重筑为园居，有累石、园亭、古栩等，因庭中有古栩一株，故名栩园。
清初	青门草堂	江苏常州	邵长蘅	在距城50里的漳湟里，是明末清初文学家邵长蘅陈居的地方，草堂规模不大，颇具田园风光，邵在园中写《青门草堂记》道："堂凡五楹，翼堂而屋者凡若干楹，不陋不华。外环以溪者以里计，溪清而甘，溪内外而田者以顷计，可秫可秔。环东南而峰者，皆在十里外，苍烟晴翠。" 邵长蘅(1637—1704)，字子湘，别号青门山人，武进人，十岁补诸生，束发能诗，弱寇以古文辞名，游京师与施闰章、汪琬、陈维崧、朱彝尊相过从，旋入太学，再应顺天乡试，报罢，寄情山水，放游浙西，客于江苏巡抚宋荦幕，选王士祯及宋荦诗，编为《二家诗钞》，所著有《青门簏稿》《旅稿》《剩稿》等。
清初	亦园	江苏常州	陈国柱 陈旭 陈明善	邑人陈国柱所构筑，其子陈旭扩建，至其孙陈明善最终落成。在常州市，以收藏唐宋明清时闺秀墨迹石刻为主，明末清初文学家邵长蘅题有《亦园记》。
清初	檀干园	安徽歙县	许氏 许承尧	位于安徽省歙县西10公里的唐模村东边，清初许氏创建，乾隆年间增修。商人许氏仿杭州西湖建园以供母亲养老，属水口园林的代表，园依村落水

建园时间	园名	地点	人物	详细情况
				口，园门前有八角石亭、同胞翰林石坊，园内仿西湖名景，建有景：小西湖、桃花林、白堤、蜈蚣桥、巡官桥、玉带桥、三潭印月、响松亭、环中亭、湖心亭、镜亭、小溪等。镜亭四壁有刻石十八方，皆名家：苏轼、黄庭坚、米芾、赵孟頫、朱熹、董其昌、文徵明、查士标、八大山人等。清末本村翰林许承尧为园撰长联："喜桃露春浓，荷云夏净，桂风秋馥，梅雪冬妍，地僻历俱忘，四序且凭花事告；看紫霞西耸，飞布东横，天马南驰，灵金北绮，山深人不觉，全村同在画中居。"
清初	娑罗园	安徽歙县	汪世渡 汪大顺	在歙县县城西北 6 公里的富堨村，清初名医汪氏所筑，汪氏世代名医，历有汪士震、汪元询、汪世渡、汪大顺，乾隆时汪大顺治愈皇帝顽疾，御赐娑罗树两株，栽于园中，故更名娑罗园，园广 600 平方米，现有门楼、石榴、娑罗、曲径等。嘉道年间丁俊、汪恭各绘有娑罗园图，另有《娑罗园诗社序》等。今园中花坛、古井尚存，两株娑罗树枝繁叶茂，蔚为壮观。
清初	半亩园	北京	贾汉复 李渔 麟庆	半亩园位于东城弓弦胡同，原是清初贾汉复所居之地，李渔是他的幕僚，李渔的设计理念："因地制宜，不拘成见，一榱一椽，必令出自己裁。"他崇尚新奇大雅，独出一帜，以叠石著名，引水作沼，平台曲室，奥如旷如。1841 年此园为河道总督麟庆所居，并对宅院重新修缮，是半亩园的鼎盛时期。麟庆为官时，走遍中国，游历颇丰，晚年将自己的经历请画家绘出形成了《鸿雪因缘图记》，共收图 240 幅，逐图撰写图记、其中记录了半亩园的全景图和局部图，也是研究李渔建筑思想的珍贵资料。园内布局曲折回合，山石嶙峋。正堂名云荫堂，旁边的拜石轩，亭院中有名家楹联："湖上笠翁，端推妙手；江头米老，应是知音"，记录了李渔造园一事，园中尚有退思斋藏书斋"琅寰妙境"、近光阁等园林建筑。(《北京志——园林绿化志》、安怀起《中国园林史》)

建园时间	园名	地点	人物	详细情况
清初	半野轩	福建福州	萨与相	在福州鼓楼区北大路136号，原为福州市最早的寺院晋代开元寺址，明寺毁，清初萨与相辟为别墅，称半野轩，园地不大，乾隆间归吴氏并重修，光绪年间吴维贞传子吴继篯，扩建，1930年左右家道败落，1932年归福建信托地产公司，抗日战争后为福建省主席刘建绪公馆，新中国成立后为福州军区机关宿舍和招待所。 园广四十余亩，中辟长方形池塘，绕池建亭台楼阁，花木香艳，山石玲珑，有景：八角门洞、石凳、非堂、半野轩(榭)、奇石(石头陀、层云拥月、五湖烟雨归顽仙)、假山、流泉、莲池、船轩(舫式楼)、曲亭、玻璃屋、菊圃、桂圃、五角亭、八角亭、五角亭、钓鲈桥、半壁廊、松、竹、梅、桃、荔等，现余方塘、钓鲈桥、五角亭、半壁廊。(史志学家林枫《半野轩诗》) 园主吴氏，祖吴汉，字青溪，生三子，其次子仲翔，系沈葆桢妹夫，历广东按察使、福建船政提调、天津水师学堂总办；三子叔章，字维贞，清光禄大夫，福建盐务道，生五子。其四子即继篯，字小铿，号捷皋，自署菊禅，半野轩园林主人，擅书法，子吴铎、吴宪皆贤达。
清初	三爱堂花园	山东菏泽		在城内老县府西街，清初所创，广十余亩，民国间毁。
1622～1723	履福堂	安徽黟县	胡积堂	位于西递村司城第弄内，建于清代康熙年间，为收藏家笔啸轩主人胡积堂故居。天井内置石几、鱼池、盆景假山等。(洪振秋《徽州古园林》)
1626	饶余郡王府	北京	阿巴泰	饶余郡王府，始王阿巴泰为清太祖第七子，勇猛善战。天命十一年(1626年)封贝勒，崇德元年(1636年)封饶余贝勒，顺治元年(1644年)晋升为饶余郡王。入关后镇守山东。1646年卒，终年58岁。康熙元年(1662)追赠饶余亲王。爵由其第四子岳乐承袭，另开安亲王府。饶余郡王府原为明代宁远伯府，阿巴泰只住二年。后成为睿亲王新府。

建园时间	园名	地点	人物	详细情况
1644～1661	张惟赤新园	北京	张惟赤	在北京西城区枣林街，清顺治年间(1644～1661)，事中张惟赤，喜园林之胜。合肥尚书过钦诗云："柳市城闉百尺居，枣林街里一囊书。" 张惟赤，字侗孩，号螺浮，海盐人，顺治十二年(1655)进士，历官工科给事中，有《退思轩诗集》。
1644～1661	醉白池	上海松江	顾大申 顾思照	清顺治年间(1644～1661)顾大申购得此处旧园，精心翻修后辟为别宅。乾隆年间(1736～1795)为亭林贡生顾思照所有，又加修葺，成为当时诗人墨客结社唱和之处。嘉庆二年(1797)此园为松江善堂公产，内设育婴堂、征租所。道光至咸丰年间，叶圭主事堂事，用善堂田产建征租厅(今改为"轿厅")，重修宝成楼、大湖亭(悬"花露含香"匾)、小湖亭(悬"莲叶东南"匾)，长廊等。光绪二十三年(1897)重修船屋，仍悬董其昌书"疑舫"匾额。光绪二十五年，建池南仓房及池西南六角湖亭(悬"半山半水半书窗"匾)等建筑。宣统元年(1909)筑水阁，即池上草堂。同年建雪海堂，后在堂前置明代石狮一对。1912 年 12 月 26 日孙中山来松江视察同盟会松江支部时，曾在雪海堂里发表演说。1917 年园又修。不久，又被驻宁军斗山部队作团部进驻。同年拆去池北茅亭，建"乐天轩"。1927 年池西畔倒卧女贞树旁，建"卧树轩"。1931 年，张氏后人献明代书法家张弼从江西南安带回的"凌霄怪石"，因张弼为官清廉，还乡时以该石作压船石，故俗称"廉石"，今置乐天轩东。抗日战争期间，日军设立"慰安所"。1940 年，汪伪在雪海堂后新建一座西式的迎宾馆，现改为中式。1941 年蔡光耀将郡学明伦堂及郡斋海石堂内散乱之"邦彦画像"石刻移置醉白池廊壁之间。 松江解放后，部队开办第二十三速成中学。1958 年 8 月，移交地方政府，扩建为人民公园，并将松江区文化馆设在园内(1992 年迁出)。1959 年初，县人民委员会拨款 50 万元，向西征地 60 亩扩建外园，加上原有内园 16 亩，使内外两园合计达 76 亩。同年 10 月 1 日对外开放。1979 年恢复醉白

建园时间	园名	地点	人物	详细情况
				池原名。1961年秋，宝成楼由松江博物馆筹备处开辟历史文化陈列室。1980年1月，市园林局拨款70万元，新辟玉兰园、赏鹿园、盆景园，前后赤壁赋碑廊，砖雕照壁，并将雕花厅、读书堂迁入园中。2000年，翻建新园西大门仿古建筑及醉白酒楼，使新园与旧园融为一体。 新中国成立后进行了改扩建，园地从16亩扩大到76亩。园林布局以一泓池水为中心，环池三面皆为曲廊亭榭，晴雨均可凭栏赏景。园内古木葱茏，亭台密布，古迹甚多，有四面厅、乐天轩、疑舫、雪海堂、宝成楼、池上草堂等亭台楼阁及邦彦画像石刻、历史艺术碑廊、“十鹿九回头”石刻、“赤壁赋”真迹石刻、“难得糊涂”石刻等艺术瑰宝，还有古银杏、古樟树古牡丹。（汪菊渊《中国古代园林史》）
1644	英亲王府	北京	阿济格	东华门大街路。阿济格为清太祖第十二子，骁勇善战，崇德元年（1636年）受封武英郡王，顺治元年（1644年）晋英亲王，靖远大将军，破李自成军，杀刘宗敏、俘获宋献策。多尔衮死后被指谋乱，于顺治八年（1651年）被削爵、赐死。十年后其第二子傅勒赦无罪，恢复宗室，康熙元年（1662年）追封镇国公。该府原为明代的光禄寺署。清王府只有英亲王府和睿亲王府在皇城中。民国时期，法国人在园中开办孔德学校，现为北京第27中学。
1644～1661	涉园	浙江海盐	张惟赤	位于浙江海盐，为张惟赤的藏书楼，园中有研古楼、筠心堂、清绮斋，涉园不仅以藏书、刻书及园林盛景闻名，更因坚守道义而享誉一时。顺治年间，复社名士冒襄疆携眷董小宛南下逃亡，便由张惟赤收留于涉园，二人结为兄弟。乾嘉年间，涉园藏书达到巅峰，道光年间，家道中落，藏书瞬时散去，随即毁于咸丰年间太平军兵火。张氏后人著名出版家张元济亦好藏书，致力于收购涉园旧书，后来全部捐给上海合众图书馆。

建园时间	园名	地点	人物	详细情况
1644～1661	采香庵	江苏吴县市	沈如桩	里人沈如桩资助，由白庵禅师在吴县市云岩山南创立采香庵，取“撮群经而为果，采百花以为浆”之意，有景：茅屋（五楹）、水池、石山、蔬圃、寮房、修竹、青松等，时人题咏甚多，有诗云“幽栖自得山林趣，小筑宁求殿宇工”等。
1644～1661	借园	上海闵行	沈文恪	在闵行区诸翟镇附近，沈文恪所筑私园，毁于清咸丰年间(1851～1861)。
1644～1661	五亩园	上海南市	曹炳曾	在南市区乔家路黄家路一带，曹炳曾所筑私园，毁。
1644～1661	桐园	山西闻喜	翟凤翥	《古今图书集成·园林部录考》载，布政使翟凤翥在家乡闻喜县城南涑水上建有桐园，内有景：小滕王阁、梅岩、绛雪居、曲水等景。
1644～1661	斗坛	江苏苏州	周韫玉	原为南宋时在金阊门外北濠的崇元道院分院，顺治时(1644～1661)重修，康熙年间(1662～1722)道士周韫玉募建礼斗坛，乾隆时(1736～1795)道士张云龙谋建杰阁未果而化，其徒完成其志，三年而成，住坛道士除清修外，还读书、作画、弹琴，坛中花木清幽，有山林意趣，有景：倚石居、奇石、老梅等。
1644～1691	得树园	江苏昆山	徐元文	徐元文(1634—1691)，江苏昆山人，字公肃，号立斋，顺治进士，康熙年间任明史馆总裁官、左都御史，官至文华殿大学士兼翰林院掌院学士，与其兄徐乾学、其弟徐秉义皆为进士出身，合称“昆山三徐”。在朝招权纳贿，其亲朋在乡间为非作歹，后被弹劾解职。他在昆山县治的半山桥东塘建有园居，内有古樟，巨干冲天，嘉庆间(1796～1820)改为沈氏家祠，旋毁。
1644～1661	法雨庵	江苏昆山	徐氏	本为参政马玉麟在昆山西门外仓北建有鷃适园（见明“鷃适园”条），清顺治时(1644～1661)归徐氏，建为尼庵法雨庵，时有水池、假山、西阁、南亭、乔木、莲花等景，时人徐崧、马鸣銮有诗叹之。

建园时间	园名	地点	人物	详细情况
1644～1661	胜莲庵	江苏昆山	无歇	顺治年间(1644～1661)无歇禅师在昆山许墓塘北其外祖旧园上创立胜莲庵,有堂楼、荷池,其弟子密照廉再修,园景更胜,诗道:“隔岸柳丝犹袅袅,出池荷叶正田田”“曲沼危峰幽胜足”等。
1644～1661	涉园(小郁林、耦园)	江苏苏州	陆锦 沈秉成 顾沄	顺治年间(1644～1661)保宁太守陆锦在苏州娄门新桥巷东(现为 6 号)建私园,名涉园,广约十一亩,园东近城墙,三面临水,陆引流注水,积池构屋,时有:得站台、畅叙亭、小郁林、观鱼槛、吾爱亭、藤花舫、浮红漾碧宛虹桥、浣花井、觅句廊、月波台、红药栏、芰梁、筼筜径、流香榭、陆宣公墓、柏重青碑及四时花卉。屋舍朴素,不加丹漆。每至花时,开放园林,任人观看,清诗人袁学澜《苏台览胜词》赞之。后来书法家郭凤梁凭居此园,其后归上海崇明人祝氏得以为别墅。1860 年别墅毁于战火。 同治十三年(1874)按察使沈秉成购涉园旧址,请画家顾沄设计,于光绪二年(1876)建成东花园,沈好金石书画及收藏,夫人严永华亦为才女,两人双栖于此,故名耦园。园广 0.8 公顷,内有东西两花园,东花园为主,面积 3340 平方米,西花园为庭院。沈氏夫妇在此隐居八年后离开,留下许多诗作。东园有十景:城曲草堂、双照楼、筠廊、樨廊、邃谷、受月池、宛虹杠、山水间、枕波轩、听橹楼等;西园有:织帘老屋、还砚斋、水木明瑟等。清末词坛巨子朱祖谋、郑文焯常至园中与沈孙迈士觞咏。1931 年杨荫榆于此办二乐女子学社,后史学家钱穆和常州实业家刘国钧先后居此,因年久失修,山水荒芜,解放初曾驻起义部队,1949 年重修,陆续在此办工人学习班、驻志愿军伤病员、居委会等,1958 年刘国钧将园赠予陶叔南,陶转赠振亚织石作为工人疗养院、工人宿舍、仓库、托儿所,20 世纪 60 年代初归园林局。1965 年先修东花园继而开放,十年动乱中曾一度关闭,山水再荒,1979 年投资 8 万元,重修东花园,1986 年重修西花园。宅四进,以载酒堂为正厅。西花园有:假山、织帘老屋、藏书楼。东花园有:枕波轩、藤花舫、樨廊、城曲草堂、双照楼、筠廊、吾爱亭、望月亭、山水间、听橹楼。

建园时间	园名	地点	人物	详细情况
1644～1661	自耕园（凤池园、省园、养心园、英王行馆）	江苏苏州	顾汧	在銮驾巷，传为周代泰伯十六世孙吴武真宅，有凤集于家中，故名凤池，宋朝为顾氏宅，明为袁氏宅和钮氏宅，入清，顾氏族人月隐君在此筑自耕园。康熙年间（1662～1722）河南巡抚顾汧去官归田，园已易姓，乃购之重筑为凤池园。园广数十亩，前临清流钮家巷河，后通古萧家巷，园内有：日涉门、回廊、见南山（屋）、撷香榭、岫云阁、石径、梧桐、梅花、亭子、赐书楼、洗心斋、康洽亭、抱朴轩、石桥、寒塘、石台、石壁、爽垲、浸玉、山岭、洞壑、菊畦、药圃、虹梁、鹤浦、桂花、金粟、官柳、文杏、桃花、牡丹、朱藤、竹子、李树、榆槐、紫薇、柏树等。清末，园林一分为三。园东归陈大业，陈氏又购东邻扩建为省园，园内有：水池、爱莲舟、春华堂、飞云楼、修廊、曲径、楼下宿（屋）、知鱼轩、引仙桥、浣香洞、接翠亭、凤池阁、鹤坡、�青榭、梅山墅等，大学者袁学澜有诗咏之。园中部归王资敬，西部归大学士潘世恩，仍名凤池园，其孙又在对岸筑养心园，园内有：凤池亭、虬翠居、梅花楼、粉墙、修廊、凝香径、芳堤、平桥、瀑布声（飞泉）、蓬壶小隐、玉泉、先得月处（兰寮）、烟波画船、绿荫榭等。太平军入苏，英王陈玉成入主该园仅三日即离去，人称英王行馆，后来园毁为民居，只存纱帽厅，1982 年重修英王行馆。
1644～1672	梅村	江苏太仓	吴伟业	原为王世贞的儿子王士骐在太仓城厢镇建立的别业贲园，清初为诗人、国子祭酒吴伟业购得重建，改名梅村。吴伟业（1609—1672），清初诗人，字骏公，号梅村，太仓人，师张溥，为复社成员，明崇祯进士，官左庶子，弘光朝（1644）任少詹事，他与钱谦益、龚鼎孳并称“江左三大家”，今存诗 1000 多首，著作有《梅村家藏稿》、《梅村诗馀》，传奇《秣陵春》，杂剧《通天台》、《临春阁》、史乘《绥寇纪略》等。其以园为号，并著述于此。其诗咏园：“枳篱茅舍掩苍苔，乞竹分花手自栽。”李渔与梅村为好友，曾多次拜访、写诗《梅村（吴骏公太史别业）》《莺啼序·吴梅村太史园内看花各咏一种分得十姊妹》《满庭芳·十余词吴梅村太史席上作》《与吴梅村太史》。

建园时间	园名	地点	人物	详细情况
1644～1796	郑亲王府花园（惠园）	北京西城	德沛	郑亲王济尔哈朗，清太祖努尔哈赤之弟，清朝的开国元勋。府邸在北京西城大木仓胡同，建于顺治初年，占地广阔，建筑巍峨。顺治四年（1647）因逾制而遭罢官罚款。王府的西部为花园，名惠园，为乾隆年间德沛袭简亲王位后兴建，传为李笠翁的杰作，是当时著名的园亭之一。《履园丛话》云："惠园在京师宣武门内西单牌楼郑亲王府，引池叠石，饶有幽致，相传是园为国初李笠翁手笔。园后为雏凤楼，楼前有一池水甚清洌，碧梧垂柳掩映于新花老树之间，其后即内宫门也。楼后有瀑布一条，高丈余，其声琅然，尤妙。嘉庆己未三月，主人尝招法时帆祭酒、王铁夫国博与余同游。"《清稗类钞》云："郑邸园亭最胜，皆王所建也。"（《北京志——园林绿化志》）
1645	南苑	北京大兴		从顺治二年始，在明代南海子基础上兴建南苑，设海户 1600 户，人各耕地 24 亩，以物质生产、饲养牲畜为主，有果园、猪圈、羊圈、牛圈、马圈、骆驼圈等，除此之外，还有：七圣庙、一亩泉、新衙行宫、披甲房、十口井、达摩台、饮鹿池、迎风台、青台、晾鹰台、龙王庙、望围楼、干壕、药王庙、马神庙、五海子、武圣庙、关帝庙、双台子、大土台、德寿寺、旧衙行宫、元灵宫、镇国寺东大红门、东小红门、南红门、北大红门、北小红门、镇国寺门、西红门。康熙在南苑围猎阅武 132 次，设九门，增建永佑寺、永慕寺、南红门行宫，有马圈二、牛圈二、鹿圈一、鹰房一、果园五。乾隆时期增：更衣殿、团河行宫（详见团河行宫），改筑土墙为砖墙，增马家堡、潘家庙、高米店等 13 座角门，疏浚凤河水系，以后至清末未增建。南苑一直保持狩猎和演武功能，自乾隆后增加读书、聚会、吟咏、作画、弹琴、赏花等功能。

建园时间	园名	地点	人物	详细情况
1645后	涧上草堂	江苏苏州	徐枋	徐枋(1622—1694),字昭法,号俟斋,明代高士、书画家,崇祯年间进士,授检讨中允等职,以忠直诋行闻名。清军破苏州之后,徐枋离家至西郊诸山隐居,后来灵岩山和尚宏储为之在天平山和灵岩山之间的上沙建了涧下草堂,有屋二十余间,皆竹篱茅舍,极为简素,屋依山而无石,树苍老而盘郁。沈复《浮生六记》道:"余所历园亭,此为第一。"园左为鸡笼山,山峰陡直,上覆巨石,如杭州之瑞石古洞,旁一青石如榻,可安卧其上。归庄(1613—1673,清初文学家)和袁学澜亦有诗咏此园。林则徐到此凭吊,写有《题涧上草堂俟斋先生遗像》诗。
1645～1695	僻园	江苏南京	佟汇伯	位于江苏南京长干路,是佟汇伯中丞在金陵所创的别墅,园内屋宇参差,林峦错落,牡丹、芍药各千百本,莲池岸柳,无不入画,后为历阳牧夏禹贡所有,重建十景:万竿苍玉、双株文杏、锦谷芳丛、金粟幽香、高台松风、方塘荷雨、桐轩延月、梅屋烘晴、春郊水涨、夜塔灯辉。在栖霞山隐居50年的诗人张怡(1608—1695)诗赞:"从来郭外饶幽趣,况是花时遇好天;但许看花兼买酒,何人忍惜杖头钱。"据此推测清初之园。
1646	西田别墅、归村	江苏太仓	王时敏 张南垣	在太仓西北郊归泾,是王时敏晚年别业,又名归村,也是张南垣在城中为其改筑南园、乐郊园二十余年后另一作品。民国《镇洋县志》载"有农庆堂、稻香庵、霞外阁、锦帆亭、西庐诸胜。"西田别墅于顺治三年(1646)四月落成后,王时敏先后招吴伟业、苍雪大师等人赏菊唱和。王时敏自撰有《西田园记》《首夏西田杂兴》《西田看菊归,梅村以佳什见投,次韵奉和,并用为谢》《润甫卞翁为余茅庵画壁,高妙直追董、巨,歌以纪之》《同黄摄六水田泛月后以三律寄示次韵答之》《西田感兴》和《首夏西田杂兴用沈景倩家林诸作韵》;吴伟业有《归村躬耕记》《王奉常烟客先生七十寿序》《和王太常西田杂兴》《王烟客招往西田,同黄二摄六、王大子彦及家舅氏朱昭芑、李尔公、宾侯兄弟

建园时间	园名	地点	人物	详细情况
				赏菊》和《西田招隐诗》;钱谦益有《西田记》《王奉常烟客七十寿序》和《奉常王烟客先生见示西田园记,寄题十二绝句》;王宾有《奉堂公事略》;陆世仪有《王烟翁卜隐西田首夏为杂诗十首依韵奉和》;程穆衡有《娄东耆老传》;归庄有《王氏西田诗序》;苍雪有《丁亥秋王奉常烟客西田赏菊和吴骏公韵》;王宝仁有《奉常公年谱》。到顺治八年(1651)王时敏六十寿之际,西田已是吴中的名园。曹汛有考证,王凤阳《张南垣园林研究》有示意图。
1646～1698	怡园	北京 宣武	王崇简 张然	在北京西城区七间楼,东起米市胡同南路西,跨丞相胡同(菜市口),西至南半截胡同,南止南横街。相传为明权臣严嵩父子花园,入清为礼部尚书王崇简请造园家张然为其建为宅园,成为当时规模最大的宅园。 园中辟池,临水构正楼,楼后辟院落,池南有假山、亭榭,池中有双栏曲桥,园景有二十六:听涛轩、翠虬坞、饮霞阁、引胜桥、桃花石间仰亭、南屏、嘘云洞、鹰岛、响泉亭、褰萝阁、碧璜沼、凫舟、藕塘、月波楼、涵碧堂、致爽轩、莺林、鹤圃、古获斋、丽晖楼、松月台、叠翠楼、木末亭、竹山屿、凉云馆等。席宠堂、耆年硕德、曲江风度为康熙御题。全盛在康熙中期,毛奇龄《集宛平相公园林诗》述有盛景,内廷画家焦秉贞绘有《怡园图》,康熙三十七年(1698)新安书法家黄元治为图题词并对二十六景各题诗一首,诗人王士祯在《居易录》中赞:"怡园水石之妙,有若天然,巧夺化工。"朱彝尊有燕集怡园诗六首,其中有云:"石自吴人垒,梯悬汉栈牢。白榆星历历,苍藓路高高。宛得栖林趣,浑忘步履劳。"又曰:"涧白泉初徙,篱金菊未枯。夕曛含略彴,乱石点樗蒲。"乾隆二年(1738)已败落,池平台毁,地析为民宅。汪文端《感宛平酒器》道,毁数年,之后建为官房,再后为韦约轩在此构四松亭,筑有椒书屋,其后拆建为吴兴会馆、潼川会馆,粤东会馆,现为南塘街小学,余皆为民居。

建园时间	园名	地点	人物	详细情况
				(《京师坊巷志镐》卷下)载其东米市胡同者已归胡云坡少寇季堂,开地重建,水亭杰阁,颇称幽雅。王崇简(1602—1678),字敬哉,一作敬斋,顺天府宛平(今北京市)人。明崇祯十六年(1643)中进士。顺治三年授内翰林国史院庶吉士,历任秘书院检讨、国子监祭酒、弘文院侍读学士、詹事府少詹事、吏部侍郎、礼部尚书、太子太保等职。谥文贞。有《青箱堂文集》、《青箱堂诗集》传世。王熙(1628—1703),王崇简子,字子雍、胥廷,号慕斋,顺天府宛平县人(今北京丰台),顺治四年(1647)进士,历官礼部侍郎兼翰林院掌院学士、工部和兵部尚书、保和殿大学士兼礼部尚书,加太子太傅,进少傅。顺治十八年(1661)曾撰遗诏,康熙初年,疏请抑制吴三桂,裁拴减饷;恢复顺治朝旧制,皆被采纳。"三藩之乱"时,专管机密奏题,为汉官参与军机之第一人。卒谥文靖。
1646～1698	忆园	北京西城	王崇简	位于米市胡同,《京师坊巷志》载,为清大学士王崇简家祠内小园,园内有青箱堂。王在此存有《青箱堂诗集》、《清箱堂文集》及家谱、年谱数十卷,镂板亦藏祠中。雍正七年(1729)五月十三日,祭祀汉寿亭侯(关羽)时,纸灰燃着凉棚,延烧千余家,王氏之祠并青箱堂俱被焚毁。此园概与怡园同期建造。
1647	伊园(伊山别业、小蓬莱)	浙江兰溪	李渔	李渔(1610－1680,戏曲家、文学家和造园家),一生自建宅园三处,人称:三园及第。1646年,36岁的李渔归农学圃,回家乡夏李村过隐居生活,1648年,在家乡的伊山之麓建宅园,名伊园,又名伊山别业,他又自称小蓬莱,是集宅、园、圃一体的宅园。伊园是李渔展示其园林技艺的最初杰作,园内经他独具匠心的设计和安排,构筑有廊、轩、桥、亭等诸景,自誉可与杭州西湖相比,"只少楼台载歌舞,风光原不甚相殊"。并写下《伊园十便》《伊园十二宜》等诗篇咏之。"此身不作王摩诘,身后

建园时间	园名	地点	人物	详细情况
				还须葬辋川”，他决定学唐代诗人王维，在伊山别业隐居终生，老死于此。园前临清流，后依悬崖，广三亩，开池搭桥，一亩为屋，半亩方塘，亭廊环绕，堂轩列次，旱船入水，菜畦瓜果，有景：燕又堂、停舸、宛转桥、蟾影、宛在亭、打果轩、迂径、踏影廊、来泉灶。在园前百步之遥往兰溪路上又建且停亭。李渔自诗道：“方塘未敢拟西湖，桃柳曾栽百十株；只少楼船载歌舞，风光原不甚相殊。”他在园中作《伊山别业成・寄同社五首》《伊园杂咏》《伊园十便》《伊园十二宜》等三十余首。李渔在园中居三年，至顺治七年迁居杭州，从此自号湖上笠翁。此外，李渔还构建过且停亭(1996 重建)、李渔坝、半亩园、惠园等。
1648	顺承郡王府	北京	勒克德浑	顺承郡王府位于西城区赵登禹路。顺承郡王名勒克德浑，系礼亲王代善第三子萨哈林第二子。顺治五年(1648)晋封顺承郡王。成为清朝开国“八大铁帽子王”之一。顺承郡王府占地面积约 3000 平方米。
1649	巽亲王府	北京	满达海	巽亲王满达礼为礼亲王代善第七子。他于顺治六年袭礼亲王爵，八年改号为巽。顺治九年薨后，其子常阿岱袭亲王爵。后因父罪被降为贝勒，巽亲王爵位由代善第八子祜塞之第三子杰书袭，并改号为康，从而结束了巽亲王的封袭。也就是说巽亲王只有两代，其后代只好降一等袭爵。其历代封袭如下：满达海，代善第七子，顺治六年袭礼亲王，八年改封巽亲王，九年薨，谥号简，十六年追夺谥号及碑文。常阿岱满达海第一子，顺治九年袭巽亲王，十六年因父罪降为贝勒，康熙四年卒，谥号怀愍。星尼，常阿岱第六子，康熙四年袭贝子，二十七年革退，复降袭辅国公。星海，星尼第一子，康熙二十七年袭镇国公，五十二年革退。福色铿额，星海孙，乾隆四十三年追录满达海功，以辅国将军世袭，道光元年卒。《啸亭杂录》中说：“巽亲王府在缸瓦市，今为定亲王府。”在前面述说礼亲王府时已经很明确了，巽亲王府就是老礼亲王府，即后来的定亲王府，而新礼亲王府是杰书所建的康亲王府。

建园时间	园名	地点	人物	详细情况
1649	洽隐园（皖山别墅、惠荫园）	江苏苏州	韩馨	在南显子巷18号，后门在县桥巷32号，以太湖石水假山著名，现为苏州第十五中学，残址面积7亩。明末归湛初创立，名洽隐园，园内多美石，画家、造园家周时臣（秉忠）仿洞庭西山林屋洞构石洞，名小林屋洞，石山内有洞，洞内有水、钟乳石、栈道。 清顺治六年（1649）韩馨得此废园，修为栖隐之地，名为"洽隐园"，云壑幽深，竹树沧凉，小林屋洞若天开。康熙四十六年（1707）园毁于火，惟存水假山。乾隆十六年（1751）修复，蒋蟠漪篆书"小林屋"洞额。韩是升《小林屋记》云："洞故仿包山林屋，石床、神钲、玉柱金庭，无不毕具。历二百年，苔藓若封，烟云自吐。"园继归皖人倪莲舫，改称"皖山别墅"。太平天国时期一度作为某王府，园景有所曾损。同治年间，江苏巡抚李鸿章在此创立安徽会馆及程公祠，作为安徽同乡宴息之所，并重修园林，取名"惠荫园"。苏州知府蒯子范又加扩建，遂有八景：柳荫系舫、柳荫眠琴、屏山听瀑、林屋探奇、藤崖伫月、荷岸观鱼、石窦收云、棕亭霁雪。光绪四至六年（1878～1880）会馆增筑伫月楼、戏台，并造机房数十间。二十年，张振轩增建安徽先贤祠，李鸿章续拨巨款，命赵宗道修园。并于园北厅堂两廊壁间嵌置"惠荫园八景"石刻，镌吴宝善绘惠荫园总图、洪立朴绘八景分图，以及王凯泰序、阚风楼记、赵宗道识。游园观戏，赋诗作画，经商习工，祭先祀祖，坐堂办公，集于一处，时为惠荫园全盛时期。民国后，园渐衰，曾设阅报社、游艺场，对外开放，游人甚多。抗日战争胜利后，西部一度由施剑翘创办从云小学，东部散为民居。 20世纪50年代初，曾有朝鲜贵宾来此参观。其后会馆、花园俱为第一初级中学使用。1966年以后，学校为建教学大楼和操场，填没水池，拆去部分清代建筑；因挖防空洞，致使假山坍塌，小林屋洞淤塞。今存会馆门楼、程公祠、安徽先贤祠及水假山。近几年来，祠堂建筑已由学校陆续加以维修保护。水假山则有待于抢救维护。

建园时间	园名	地点	人物	详细情况
1650～1704	喀喇河屯行宫	河北承德	康熙 雷金玉	喀喇河屯行宫是清王朝在塞外建造最早、规模最大的一座皇家宫苑。它位于承德市双滦区滦河镇西北，地处滦河与伊逊河汇合处的南北两岸上。“喀喇河屯”本是蒙语的译音，是“黑城”、“乌城”或“旧城”之意。顺治七年(1650)七月四日摄政王(多尔衮)谕：“……今拟止建小城一座，以便往来避暑。”顺治八年(1651)十二月，顺治亲政后，下谕户部避暑城停建。这座皇家的避暑城，就是喀喇河屯行宫的前身。康熙四十年(1701)十二月十八日开始筹建喀喇河屯行宫。康熙四十三年(1704)竣工。 喀喇河屯行宫由滦河南岸的宫殿区和滦河北岸的别墅区和滦河中间的小金山景苑区三组建筑组成。滦阳别墅东至滦河镇下弯村耕地、西和南至滦河边，北侧邻山，总计两处宫殿区占地 113 亩。宫区圈有虎皮石围墙，总面积为 589 亩。喀喇河屯行宫设计师，是清朝著名宫廷建筑师“样式雷”第二代传人雷金玉。行宫与别墅之间的滦河中有一个小岛，康熙皇帝为其取名曰“小金山”。喀喇河屯行宫建成后，周围相继建有穹览寺、琳霄观、孔庙、文昌祠、龙王庙、龙母庙、财神庙、雹神庙、药王庙、静妙寺、御书寺等 17 处寺庙。其中穹览寺、琳霄观、神祇只坛、静妙寺、御书寺为敕建官庙。现存穹览寺、琳霄观、关帝庙、清真寺等古迹，喀喇河屯行宫仅存遗址。 张玉书《扈从赐游记》称：“茅茨土阶，不彩不画。”苑园部分有水流从滦河引入，水南有“松鹤清樾”和“泉萝幽映”两座大轩，它们从东西两侧烘托着松林岗上的佛寺，一座贮有藏经的慈云大士阁。喀喇河屯行宫的规模虽然不大，但因河谷宽敞，水面宽广，四周山上树林茂密，夏日暑气尽消，诚是避暑胜地。(孔俊婷《观风问俗式旧典湖光风色资新探》、安怀起《中国古代园林史》)

建园时间	园名	地点	人物	详细情况
1650～1661	景山	北京 西城		在北京皇城北，原为明代万岁山，顺治帝福临嫌俗，又是前朝之名，欲更名，于是口谕礼部和工部更名为景山，此名语出古诗《殷武》之句："陟彼景山，松柏丸丸。是断是迁，方斫是虔。松桷有梴，旅楹有闲，寝成孔安。"商朝人曾采伐"景山"中的松柏为武丁建宗庙以供祭祀，故更景山亦有仰慕武丁中兴商朝丰功伟绩的意思。乾隆于 1751 年大兴建筑，成为今局，详见金"青山"条。
1651	高旻寺	江苏 扬州	吴惟华 曹寅 李煦	相传高旻寺创建于隋代，屡兴屡废，且数易其名，清初重建为行宫。顺治八年(1651)，两河总督吴惟华于三汊河岸筹建七级浮屠，以纾缓水患，名曰"天中塔"。顺治十一年(1654)秋塔成，复于塔左营建梵宇三进，是为"塔庙"。康熙三十八年(1699)江宁织造曹寅、苏州织造李煦修缮并扩建塔庙。四十三年(1703)康熙帝四次南巡，曾登临寺内天中塔，极顶四眺，有高入天际之感，故书额赐名为"高旻寺"。清中叶，高旻禅寺规模大备，名僧辈出，臻于鼎盛。乾隆三十六年(1771)，金刹为飓风吹落，损及塔身，由两淮盐商修复，于次年上顶合尖。道光二十四年(1844)，塔再次倒塌，此后未能重建，高旻禅寺自此衰微。咸丰中，寺与行宫俱毁于火。同治、光绪以来，寺僧虽锐意兴建，仅略具规模，难复旧观。直至近代高僧来果住持高旻寺三十多年，扩建寺宇，整顿寺规，严明宗约，断绝经忏，唯以参禅悟道为指归，由此宗风大振，名闻于世，与镇江金山、宁波天童、常州天宁并称，号禅宗四大丛林，又有"上有文殊、宝光，下有金山、高旻"之说，并为长江流域禅宗四大道场。 该寺是临水寺，建筑活泼轻灵，构成曲折幽深的空间，幽雅而又含蓄，实际上是佛教建筑形态的民居化、花园化，世俗情态格调逐渐代替了宗教神秘色彩。新建的禅堂，现存的老禅堂、念佛堂、藏经楼、西楼、水阁凉亭、寮房各抱地势，高低错落，自得天趣。一楼一阁都造得奇，隐得巧，山光岚影恰到好处，梵音晨钟点到人心。寺外运河水泊，涟漪平

建园时间	园名	地点	人物	详细情况
				缓，微波荡漾，殿宇倒映湖中，衬以白云蓝天，嘉木葱茏。 高旻寺近期修复的大殿完全采用皇家宫殿的建造方式，高 30 米，面积为 1320 平方米，殿亭的基座为花岗岩的须弥座，极为厚重。殿宇气势宏大，雕梁画栋，金钩彩绘。
1651	伏虎寺离垢园	四川乐山	寂玩和尚	伏虎寺位于峨眉山麓，是山中最大寺院，始建于唐，后多次重修，明末毁于兵火，主持寂玩和尚从顺治八年(1651)始历 22 年重建，康熙题为离垢园，占地百亩，建筑 1.3 万平方米，主景在寺外，引道上依次有伏虎寺坊、虎浴桥亭、虎溪桥亭、虎啸桥亭、布金林坊，寺正殿左侧有华严宝塔亭，内有紫铜钟，引道掩映在寂十万八千株的楠木林中。 伏虎寺离垢园牌匾上的三个大字，是清朝康熙皇帝来此时亲笔题写的.从离垢园看庭院四周的屋顶上，一年四季都没有枯枝败叶，整个寺院无尘无垢，被世人视为奇迹，所以称为“离垢园”。
1652	东园	江苏吴县市	席本祯	在吴中区东山镇翁巷南，席本祯顺治九至十年间(1652～1653)，购前朝翁彦升的集贤圃，移石头花木，在此巷南重建新园，名东园。《具区志》赞:“亭榭水石之胜，甲吴下。”陆燕喆《张陶庵传》载，张南垣率子张然合作堆山，高峰父堆，小山子堆。康熙南巡幸园，名人汇集，席本祯作有《春仲东园社集》《巡幸》，张云章作有《工部虞衡席君家传》等，本祯故后传子席启寓。清中叶园渐废，民国时只余池榭。席本桢(1601—1655)，字宁侯，亦曰康侯，别字香林。家富于财，而好行其德。父亲席端攀和叔父席端樊兄弟是明末著名的大商人。本祯曾列为太学生，而未从政，继承父志成为巨商，家富而有德行，死后公请祭祀于吴县市乡贤祠，后又在东山建专祠，钱谦益、吴伟业、尤侗、宋征舆等人为其作家传、墓志铭、行状、墓表等。席启图(1638—1680)，字文与，好藏书。席启寓(1650—1702)，字文夏，号约斋。清代藏书家，刻书家。官至工部虞衡司主事。(曹汛有考，王凤阳《张南垣园林研究》分析。)

建园时间	园名	地点	人物	详细情况
1653	止园	山西晋城	陈昌言 陈昌期	在晋城中道村皇城相府内，为康熙师傅陈廷敬的府第花园。陈廷敬伯父陈昌言于崇祯六年(1633)建成内城，崇祯十五年(1642)得地四十亩，建别墅和外城，清军入关后，陈昌言立即归顺，官复原职，视学江南，顺治十年(1653)建成止园和书院，其信件道："其南一区作止园，为书堂，引水通梁，栽花灌木，可以课读，可以陶情，老足矣。"以课读和娱老为主要目的，落成时陈昌言题诗《止园落成即景》："随地聊成趣，依山近水滨。凿池生荇藻，叠石象嶙峋。楼建元龙志，园修董子邻。竹林书屋邃，花坞药栏新。塞门蠲尘虑，交游尽古人。天渊时共映，鱼鸟日相亲。蜡屐寻樵路，青蓑理钓纶。狂歌邀月盏，滥醉落风巾。自可称园叟，何妨作酒民。心闲身似客。榻静主如宾。且得如三径，何须别问津!"园以莲池为中心，环以画廊，筑快哉亭、水榭、望江亭、状元桥、濂泉、曲江烟柳亭、石壁飞鱼、月岩、飞鱼阁、宝文轩、碑廊等。陈廷敬从小在此读书，中举后成为康熙老师，一生28次升迁，一生三次归居家园。陈昌言，明崇祯庚午(1630)科举人、甲戌(1634)科进士，曾任乐亭知县、浙江道监察御史、山东御史，但入清之后立即以"原官视学江南"，官居江南学政。陈昌言委托其弟陈昌期购地，陈昌言从任上归家一年造园，次年(1654)建成后重新赴任。
1654	退谷(水流云在、鹿岩精舍、周家花园)	北京	孙承泽	在北京西山，为明末清初官僚孙承泽所建告老别墅，孙在城区还建有孙家园。基地三面环山，中间峡谷，因此谷名退谷，别墅名碣石退谷，又取杜甫"江亭"诗意，题为：水流云在；水源自谷底，流水曲淙，积水成塘。有退翁亭、烟霞窟、平台、退翁书屋、樱桃林等景，胡世安题《退谷赋》："谷南则时葩接茁，峪北则峨然列嶂，依流增况遘樱之春薮，憩岚岩以睟旷，谷南则象教新煌，壁立回塘，谷两侧清萦崿涧。"释修懿《水源头》诗道："乱石参差出，泉光碎不全；源应逢此地，声始沸何年；吹壁寒秋雾，翻涛响暮烟；稽留来听者，几坐几回眠。"孙承

建园时间	园名	地点	人物	详细情况
				泽的《天府广记》有“退谷”条，详载景点。孙承泽，生平见“孙家园”，明末清初人，为崇祯进士，官至刑科给事中，入清，又官至吏科都给事中和吏部左侍郎。他六十三岁(1654)时，又在京西西山卧佛寺旁山谷之中建退谷，并自号退谷，在此隐居二十年，以郦道元和徐霞客为榜样，遍访京城各县山川名胜，写下了《天府广记》和《春明梦余录》。当时曹雪芹是退谷的常客。 民国时，退谷被周肇祥购得，改名周家花园。周肇祥(1880—1954)，字嵩灵，号养庵，绍兴人，清末举人，毕业于京师大学堂、政法学校，近代著名书画家、鉴赏收藏家，历任奉天警务局总办(1910)、奉天劝业道(1911)、山东盐运使(1911)、警务局督办兼屯垦局局长(1911)，民国元年加入统一党，后转为进步党，历任北京警察总监及山东盐运使(1913)、上大夫加少卿衔(1915)、代理湖南省省长(1917)、湖南省财政厅厅长(1917)、湖南省省长(1917)、奉天葫芦岛商埠督办(1920)、临时参政院参政(1925)、北京古物陈列所所长等职，晚年从事绘画，任东方绘画协会干事和委员，与金北楼共创中国画学研究会，主持北京画坛十余年 、为京津画派领袖，沟通中日艺术交流，曾数渡日本。精鉴赏，工诗文，善兰梅，书法有晋唐意，花鸟有明人意。有《游山》《山游访碑目》《辽金元古德录》《虚字分类疏证》《复辑录庄教馆金石目》《辽文拾》《宝觚楼金石目》《宝觚楼杂记》《重修画史汇传》《辽金元官印考》《石刻汇目》《画林劝鉴录》《退翁墨录》等。周入住退谷后，改名鹿岩精舍，人称周家花园。 孙承泽(1592—1676)，明末清初藏书家、学者，字耳北、耳伯，号北海、退谷、退谷逸叟、退道人、退谷老人等，祖籍上林苑采育(今河北大兴)，迁益都(今属山东)，崇祯四年(1631)进士，官刑科都给事中。李自成攻克北京，任四川防御史，入清，官至吏部左侍郎，加太子太保、都察院左都御史，精于

建园时间	园名	地点	人物	详细情况
				鉴别书画，收藏颇富，在京师任职时，曾手抄经籍200余册，藏于万卷楼中。当时与河北梁清标以富藏书而著称一时，其藏书印有“北平孙氏研山斋图书印”等，熟悉明代掌故，著有《天府广记》《庚子消夏记》《己亥存稿》《五经翼》《春明梦余录》《尚书集解》《九州山水考》《学典》《四朝人物略》《畿辅人物志》《研山斋集》等20余种。
约1655	桃园（桃源）	江苏常州	李长祥	位于东门外会龙桥南，旧名桃源，明李长祥隐居时所建，园内桃树延袤数里，园中有读易台、海棠居等景，每至花开，游者云集，有诗道：“载酒寻芳甸，行行曲阜东；桃花千树绕，流水一湾通；罗绮开金雀，笙歌拥玉骢；春风迷醉眼，疑是武陵中。” 李长祥，明末清初四川达州人，字研斋，明崇祯十六年进士，选庶吉士，福王立，改监察御史，鲁王监国，官至兵部左侍郎，翁洲师溃，被羁江宁，携才女姚淑逃走，游历大江南北之后，晚年定居常州，筑桃园以居，有《天问阁集》。
1655～1665	郭南废园	北京	汪琬	位于菜市口之南，清末汪琬《游京师郭南废园记》云：“居京师十年，游其地者屡矣。最后偕二三子会饮于此，箕踞偃松之下，相羊杂花之间，予与二三子皆乐之。日中而往，及晡而后返。”园广数亩，有松阴日，有杂花可赏，未提及建筑，推为花圃类园子或未建。
	台怀镇	山西忻州		台怀镇地处由五台山五大高峰东台、西台、南台、北台和中台形成的怀抱之中，故名“台怀”。在五台山，一人们把台怀地区（即现在的台怀乡）称为“台内”，其他地区则称“台外”。 我国明代的地理学家徐霞客，在他的地理名著《徐霞客游记》中的《游五台山日记》里，记述台怀镇的地理形势时写道：“北台之下，东台西，中台中，南台北，有坞曰台湾（湾与怀的音义皆同），此诸台环列之概也。”这样描述台怀镇与五个台项的地理位置是颇贴切的。台怀镇距东台望海峰十九公里，

建园时间	园名	地点	人物	详细情况
				距西台挂月峰二十二公里,距南台锦绣峰二十八公里,距北台叶斗峰二十公里,距中台翠岩峰十九公里,是登台顶的中心。台怀镇的东面有一座经常隐没在云雾中的小山峰,人称黛螺顶,亦称"青峰顶",以山色青翠故名。山顶有寺原名佛顶庵,清代以后改称黛螺顶寺。寺内供有"五方文殊"像。这处高约四百米的山峰,是五台山五大台项的象征。"以五顶山高路遥,有不能尽到者,至此犹至五顶也。"朝台的佛教徒,如果体力不支,不能遍临五个台顶,登上黛螺顶便称作"小朝台"。黛螺顶是朝山佛教徒一定要登临朝拜的地方。黛螺项背靠耸入云端的东台望海峰,下临流水潺潺的清水河,峰顶古树参天,景致绝佳。清代的乾隆皇帝于乾隆五十一年(1786)登临黛螺顶后曾赋七律一首,诗曰:"峦回谷抱自重重,螺顶左邻据别峰。云栈屈盘历霄汉,花宫独涌现芙蓉。窗间东海初升日,阶下千年不老松。供养五台曼殊像,舍黎终未识真宗。"乾隆手书的这首诗刻在黛螺顶寺内的一座汉白玉石碑上,诗中所说的"千年不老松"在大雄宝殿之前,高达三十多米,直冲霄汉,独秀于林。
	红杏园	河北泊头市		曾经是汉时编修《四书五经》日华宫的所在地。清朝时改名红杏园。后来乾隆皇帝南巡,这里曾经是行宫。乾隆皇帝在经过红杏园时,曾经写过《红杏园诗》:"渤海经古邑,芳园驻翠辇。徘徊寻古迹,云昔日华宫。三雍曾著称,五经亦赖显。崇构早倾颓,土阶新拓展。池台取略具,琴书供静遣。物力毋殛劳,容膝斯亦善。"这首诗里,古邑即是沧州,芳园即是沧州泊头市富镇镇严铺村。三雍即是《诗经》的别称。《泊头市志》记载"汉后荒废,至明成化中,御史王注,得其故址,建别业,种杏树百株,称为红杏园。清乾隆十五年,即其地置行宫,为乾隆帝南巡驻跸之所,至今遗迹犹在。目前村中散弃园中假山石数方,并存'清朝光绪年间所立'"日华宫遗址石碑一幢。

建园时间	园名	地点	人物	详细情况
1657	温郡王府	北京	猛峨	东长安街路北，王府井大街南口迤西，现址为北京饭店新楼。猛峨为武肃亲王豪格第五子。顺治十四年(1657 年)受封温郡王。后代于康熙三十七年(1698 年)因罪降贝勒，再后与清世宗的政敌廉亲王结党而被废黜。温郡王始于顺治，经三世五主，历时七十多年。清末该处辟为京汉铁路局，原仅存的温良郡王祠也消亡。
1657	庚园	浙江杭州	庚庵公	沈秀岩(绍姬)《庚园纪胜诗序》云："余家东城横河，当双桥之中，门临流水，左带岩城，右环官市，其北即庚园也。园为从祖庚庵公所创，经始于顺治丁酉(顺治十四年，1657)，历七年而工始竣。其中叠石为山，疏泉为沼，间以竹木，错以亭台。即一花一草，必使位置得宜，详略有法。室宇落成，少不当意，即毁而更张之，鸠匠庀材，縻以万计。园亭之盛，甲于会城。……主人方秉烛夜游，乐以忘返。予小子，忝列群从之末，尚叨广厦之被。念山树无尽，臣缣有穷，虽殊坠天之忧，敢忘履霜之戒？犹恐曲终人散，一时胜地，湮没不传，故不揣愚蒙，援笔为诗，志其梗概，藏之椟中，未敢陈于诸大人之前也。康熙二年(1663)九月。"这是纪胜诗序，下面对庚园一诗。 诗写道："千金叠一邱，百金疏一壑。泉石惨经营，花叶纷相错。经春有余妍，凌霜无损萚。一水悬树杪，三峰穿帷幕。中有庚公楼，飞梯连复阁。书库初落成，酒池将次凿。鱼鸟且无恙，琴尊谅有托。迎送不下床，宾至但酬酢。玉津已邱墟，兰亭久寂寞。盛事原不常，俛仰幸无怍。人生贵适意，何为自束缚？行乐庶及时，高怀寄寥廓。"从诗中可知园景有：一池、三峰、庚公楼、复阁、书屋等。(汪菊渊《中国古代园林史》)
1658	旧衙门行宫	北京大兴		旧衙门行宫在小红门西南，明代修建，为海子提督衙署。清顺治十五年重加修葺，乾隆间又经重修。高宗乾隆二十八年《旧衙门行宫即事诗》注云："去岁霖潦，漏圮益多，奉宸请内帑重修，焕然一新。"

建园时间	园名	地点	人物	详细情况
				旧衙门官门三楹，前殿五楹，二、三层殿宇各五楹。又荫榆书屋三楹在后殿，殿东转西为西书房，南为书室。平台楼之东另一所，宫门三楹，内殿二层。前殿额题阅武时临，三层殿额题爽豁天倪；东壁联曰：平野晴云横短障；满川烟霭润新犁。四层殿西间额题清溢素襟；东间联曰：短长诗稿闲中捡；来往年华静里观；中间联曰：入座韶光发新藻；隔林山鸟试春声。荫榆书屋为高宗题额，联曰：烟霞并入新诗卷，云树长开旧画图。南书室联曰：雨是春郊，亭皋开丽瞩；风清书幌，花竹有真香。东所二层殿内联曰：风经锦埭香犹烟，鹤步兰皋篆欲斑。 清高宗曾在《旧衙门行宫》诗中写道："清时作行官，明委乃衙门，不必其名易，于中鉴斯存。"注曰："旧衙门明季太临提督南海子者所居，其时朝政不纲，至阉寺擅权，营构宏壮，号称衙门，兹仍其旧名，亦足存鉴戒也。"关于荫榆书屋，高宗在乾隆九年《荫榆书屋》诗序中说："荫榆书屋，南苑旧行宫内囊时读书舍也。" 旧衙门行宫在民国年司被奉军拆毁，今其地为旧宫村。（孔俊婷《观风问俗式旧典湖光风色资新探》）
1661	双桂堂	重庆梁平	破山禅师	在梁平县城西南十三公里的万竹山，清顺治十八年(1661)破山禅师所创，占地七公顷，轴线上坐东朝西建筑七进：大山门、弥勒殿、大雄宝殿、戒堂、破山塔、大悲殿、藏经楼等，两侧有厢房和僧舍三百余间，回廊曲巷，长亭短榭，主次分明，虚实相生，景观幽雅，有白莲池、后缘池、假龙窟、果园、花园、桥、亭、台、榭、竹林等景，被誉为西南佛教禅宗祖庭、蜀中丛林之首、第一禅林等。 破山禅师(1597—1666)，俗姓蹇，名海明、通明，字懒愚、万峰、号破山禅师，四川大竹人，善琴棋，精书画，十九岁出家，万历四十七年(1619)在湖北黄梅破头悟禅，后从天童寺密云禅师，历主万峰寺、凤山寺、禅符寺，著有《双桂草》《破山语录》等。

建园时间	园名	地点	人物	详细情况
1661～1674	德聚堂	台湾台南	陈泽	闽南式祠堂，具有三百多年历史，又称陈德聚堂，在格局上是标准的四合院形式：前落门厅，后落正厅，两侧护龙（长廊），中庭天井。（张运宗《台湾的园林宅第》）
1661～1687	自怡园（明珠相国园）	北京	叶洮明珠	位于长春园北部，万泉河以西一带。为康熙年间武英殿大学士明珠的邸园，建于康熙二十六年(1687)，由清初山水画家叶洮设计，园盛时期有二十一景：筼筜坞、桐华书屋、苍雪斋、巢山亭、荷塘、北湖、隙光亭、因旷洲、邀月榭、芦港、柳泬、芡汊、含漪堂、钓鱼台、双遂堂、南桥、红药栏、静镜居、朱藤径和野航等。其中水景占有一半。查慎行和揆叙题写了自怡园二十一景诗。遗址位于清华大学西校门内，现无存。（焦雄《北京西郊宅园记》、王珍明《海淀文史～京西名园》、《北京志——园林绿化志》）
1661～1722	陶然亭	北京西城	江藻	江藻是一个喜爱山水的诗人，也是个书法家。他在兼任黑窑厂汉籍监督时，住在慈悲庵内，并将慈悲庵的土台基用砖包砌，在庵中建三间西厅取名“陶然亭”。江藻所写的《陶然吟》，和其族兄江皋所写的《陶然亭记》两块石刻镶嵌在敞轩的南山墙上。 陶然亭周边有龙泉寺、龙树寺、法华寺、晋太高庙、毗卢庵、三圣庙、黑龙潭、哪吒庙等大小不同的庙宇。新中国成立后建为公园，在景点建设方面，保留了原慈悲庵、陶然亭、窑台遗址、火神殿、抱冰堂、龙树寺遗址及哪吒庙等旧有建筑。拆除在中南海内的云绘楼、清音阁，移建在陶然亭公园内。新建景点，如水榭、露天舞池、露天影院等，同时也将原有的抱冰堂拆除，新建一处西式建筑，仍称“抱冰堂”，露天影院是由原龙树寺遗址的一部分改造，旧有的窑台遗址尚存，但火神殿已拆除，建成代有加廊的封闭式庭院，基本保留原样。只有慈悲庵、陶然亭经过翻建后基本保持原样。接着又完成了一批景点的建设，如玉虹桥、商店、东湖

建园时间	园名	地点	人物	详细情况
				码头等，同时改建了东大门和北大门以及东湖的悦宾轩，并彻底改造了两湖码头，全面整修了园路，达到了全园“黄土不露天”。进入20世纪80年代，增加华夏名亭园。先后建有四川杜甫草堂的少陵草堂亭；绍兴书法圣地的兰亭等。（陈文良、魏开肇、李学文《北京名园趣谈》，《宣武文史》）
1661～1722	索额图宅园	北京	索额图	位于京西太舟坞村北，占地约一百五十余亩，前宅后园。根据地势高低，因地制宜，高处欲就亭台，低凹可开池沼，构园得体。 索额图(1636—1703)，赫舍里氏，清代康熙年间权臣，满洲正黄旗人，大学士索尼第三子，孝诚仁皇后叔父，世袭一等公。出生年代推算当在崇德元年(1636)前后，生于盛京。康熙八年(1669)至四十年，先后任国史院大学士、保和殿大学士、议政大臣、领侍卫内大臣等职，曾参与许多重大的政治决策和活动。康熙帝继位之初，鳌拜擅权，索额图辅佐计擒鳌拜，并将其党羽一网打尽，故深受信任。索额图因参与皇太子之争，1703年5月被圈禁宗人府，9月21日因饥饿而死。（焦雄《北京西郊宅园记》）
1661～1722	水村园	北京	胤祉	诚亲王胤祉之园，后赐予陈梦雷。位于京城西北，河流环绕。榆柳千株，旧有监司建楼，入贵戚而台榭增设矣，后续建斗阁三楹。康熙亲幸水村园御书一联：“松高枝叶茂；鹤老羽毛新。”园中遍植苍松翠柏，金碧楼台相间。后乾隆十六年建长春园时，占去了水村园南部大半。（焦雄《北京西郊宅园记》）
1661～1722	自得园	北京	胤礼	为果亲王胤礼的赐园，占地约五十余亩。园内主体建筑心旷神怡，有春和堂、小山居、向日轩、来青榭、揽云台、燕子矶、静观楼、欣然亭、澄观书屋、碧桐院、西山晴雪轩、延月楼、含润轩、观鱼乐小堂、

建园时间	园名	地点	人物	详细情况
				绿满轩、流杯亭，园内有小桥临河画，叠山名拥翠峰，小溪、池水、假山、桃源洞。（《北京志——园林绿化志》）
1661～1722	燕郊行宫	河北三河		《畿辅通志》：属三河县（《东道纪略》）。县治西二十里曰泥洼镇。又西二十里曰夏店。又西二十里曰烟郊，与通州接界（《方舆纪要》）。行宫建自康熙年间。乾隆二十年移建于旧址迤南（《日下旧闻考》）。计道五段。第一段，石道，自三间房西通州交界起，令八牡桥头止，八里八分。第二段，自八里桥下起，至东浮桥西马头止，九里三分。第三段，自山东泞桥起，至堤子庄东柳树林止，九里三分。第四段，自堤子庄东柳树东起，至邢各庄斜道西止，九里三分。第五段，自邢各庄斜道口起，至燕郊行宫止，九里三分。共四十六里（《东道纪略》）。（孔俊婷《观风问俗式旧典湖光风色资新探》）
1661～1722	三家店行宫	北京		建自康熙时期，拆于道光年间。狩猎途中停歇，为清康熙驾幸热河首站行宫。（孔俊婷《观风问俗式旧典湖光风色资新探》）
1662	芥子园	江苏南京	李渔	李渔（1610—1680），原名仙侣，字谪凡，号天徒，中年改名李渔，字笠鸿，号笠翁、别署伊园主人、觉道人、觉世稗官、十郎、笠道人、随庵主人、新亭樵客、回道人、情隐道人、情痴道人、反正道人、湖上笠翁等，祖籍浙江兰溪，出生地江苏如皋，戏曲家、文学家，造园家。1662 李渔一家移居南京，先住金陵闸，后在韩家潭周处台（现南京市遵义塑料石部分厂址，老虎头43—44 号）购沈氏家园重建为芥子园，康熙十八年（1669）建成。 园内有栖云谷（两座石假山中间夹以山谷）、池塘、月榭、歌台、书房、一房山、浮白轩、来山阁等，园十分小，三亩不到，故名芥子园，其名气远胜旧园。李渔有联："仿佛舟行三峡里，俨然身在万山中。"以此形容峡谷。芥子园还是书铺，门联道："孙楚楼边觞月地，孝侯台畔读书人""因有卓锥地，遂

建园时间	园名	地点	人物	详细情况
				营兜率天";"到门惟有竹,入室似无兰。"月榭有联:"有月即登台,无论春秋冬夏;是风皆入座,不分南北东西。"书房题联:"雨观瀑布晴观月,朝听鸣禽夜听歌。"如今芥子园早已经人去园废,旧址不知所终。 京师芥子园:康熙十二年(1673),李渔游京师,居住在南城韩家潭,以其金陵芥子园之名名之,后屡易其主,改为广东会馆,现无迹可寻。 兰溪芥子园:兰溪人民为纪念李渔,于 1987 年 12 月重建芥子园,园址坐落浙江省兰溪市横山路,该园占地面积约 6300 平方米,建筑面积约 900 平方米,以水池为中心,池北燕又堂(楼上为啸傲楼),池南古戏台,过石桥向西为土石相间的栖云谷,上有佩兰亭,西南为怡情斋(画苑)。 《芥子园画谱》:其婿沈因伯(字心友)长居芥子园,把明代画家李长蘅课徒画稿为本,又请王槩、王蓍、王臬三兄弟增绘,以此园之名题为《芥子园画谱》,李渔移居杭州层园之后为之卧病写序,于康熙十八年(1679)刊行,成为后学习国画入门教材。全书共分四集,第一集为山水谱,第二集为梅、兰、竹、菊谱,第三集为花卉、虫草及花木禽鸟谱,第四集为人物画谱。《芥子园画谱》每门之前有叙论,各门叙论合为《学画浅说》。其山石法、画山起手法、诸家峦头法、流泉瀑布石梁法等,皆是园论佳作。
1662～1722	香山行宫静宜园	北京海淀	康熙 乾隆	清康熙年间(1662～1722),就香山寺及其附近建成香山行宫。乾隆十年(1745)加以扩建,翌成竣工,改名静宜园。包括内垣、外垣、别垣三部分,占地约 153 公顷。园内的大小建筑群共五十余处,经乾隆皇帝命名题署的有"二十八景"。 香山丘壑起伏,林木繁茂,为北京西山山系的一部分。主峰香炉峰,俗称"鬼见愁",海拔 557 米,南、北侧岭的山势自西向东延伸递减成环抱之势,景界开阔,可以俯瞰东面平原。内垣接近山麓,为园内

建园时间	园名	地点	人物	详细情况
				主要建筑荟萃之地,各种类型的建筑物如宫殿、梵刹、厅堂、轩榭、园林庭院等,都能依山就势,成为天然风景的点缀。外垣占地最广,是静宜园的高山区,建筑物很少,以山林景观为主调,西山晴雪为燕京八景之一。别垣内有见心斋和昭庙两处较大的建筑群。园中之园见心斋始建于明代嘉靖年间(1522～1566),庭院内以曲廊环抱半圆形水池,池西有三开间的轩榭,即见心斋。斋后山石嶙峋,厅堂依山而建,松柏交翠,环境幽雅。昭庙是一所大型佛寺,全名“宗镜大昭之庙”,乾隆四十五年(1780)为纪念班禅六世来京朝觐而修建的,兼有汉藏风格。庙后为七层琉璃砖塔。(王珍明《海淀文史——西名园》《北京志——园林绿化志》、汪菊渊《中国古代园林史》)
1662～1722	龙潭行宫	江苏南京		《南巡盛典》记载:“句容县西北八十里,背倚大江,京口、金陵适中之地。圣祖仁皇帝南巡,恭建行宫于此。大吏重修,以驻清跸。槛前烟树,仗外岩密,苍翠葱茏,昕夕效灵而献秀云。” 行宫背北朝南,共分五进,内设茶膳房、书房、垂花房、止殿、照房、大殿、寝宫、便殿、戏台、厂厅等殿房馆舍,规模宏大。乾隆驻跸龙潭行宫时曾题匾额“胜揽龙蟠”“江声潭影”,有联句“冈峦萦绕桑麻富,洲渚参差帆桨通”及“三茅天际青莲声,二水云龙白鹭飞”。(孔俊婷《观风问俗式旧典湖光风色资新探》)
1662～1722	妙喜园	江苏昆山	严氏	初为严氏园,后为徐坦斋别墅,康熙年间鉴青禅师由灵岩山退居此园,园广数亩,有景:荷池、竹圃、石峰、危桥、老树、垂藤、莲花等。鉴青禅师题有《妙喜园三十咏》。
1662～1722	留卧园	江苏苏州	王汾	康熙年间(1662～1722)苏州长洲人王汾在苏州娄门内建有私园,名留卧园。

建园时间	园名	地点	人物	详细情况
1662～1722	己畦(二弃草堂)	江苏吴县市	叶燮	康熙年间(1662～1722)叶燮购地筑庄园,三之一为园,三之二为田,取李白诗“君平既弃世,世亦弃君平”而名二弃草堂,草堂前顽石一二、桂梅数株,又有方池、金鱼、二弃草堂、二取亭、独立苍茫室(取杜甫“独立苍茫自咏诗”意)、石假山等,园外另有田地菜圃,称己畦,环以篱笆,杂以桃柳,种以豆麦蔬果。 叶燮(1627—1703),清文学家,字星期,号己畦,寓居吴县市横山,故又称横山先生,康熙进士,官至宝应令,因忤逆长官而被革职,以诗论见称,著有《己畦文集诗集》。
1662—1722	六浮阁	江苏吴县市	张文萃	明代李流芳欲在吴县市光福茶山建六浮阁未果,康熙年间张文萃购山造园,仍以六浮阁名园,阁背山面湖,石楠、栝柏为蕃,高阁雄峙于南,春来怒放,园中灿若披雪,引来各地游客。张文萃死后,其子重修,有曲径、厅堂、庖厨等。 李流芳(1757—1629),明文学家、画家,字长蘅,号泡庵、慎娱居士,嘉定人,万历举人,擅诗、画,工书法、篆刻,与唐时升、娄坚、程嘉燧合称嘉定四先生,有《檀园集》和《西湖卧游图题跋》。
1662～1722	志圃	江苏苏州	孙彤	原为明代缪国维在太平桥南建的宅邸,康熙年间参政孙彤在宅边构园,为表示完成了祖父归田建园未果的志向而名之为志圃,园内有:双泉草堂、白石亭(亭内景石为白居易所遗)、媚幽轩、似山居、青松坞、大魁阁、小桃源、不系舟、更芳轩、红昼亭、梅洞、莲子湾等。
1662～1722	潭山丙舍	江苏吴县市	顾汧	康熙年间(1662～1722)河南巡抚顾汧去官归田后在吴县市光福潭山筑私园,园广十亩,顾汧有诗:“高山閟寝护松筠,十亩园林手泽新。”

建园时间	园名	地点	人物	详细情况
1662～1722	慕家花园（毕园、遂园、荫庐）	江苏苏州	慕天颜	慕家花园前门在养育巷慕家花园路16号，后门在景德路303号，即今苏州儿童医院内。康熙年间巡抚慕天颜在苏州黄鹂坊桥南处建私园，后归河南人、绍兴太守席椿，再归海宁人、大学士陈元龙，再归谷州尉志斌，乾隆年间毕沅割东部重筑为小灵岩山馆，人称毕园，园以水池为中心，缀以假山、亭台、曲桥、花木等。废后道光年间道员、观察董国华重修，建有旷观楼、梅花园等。太平天国后为茶肆。宣统年间（1909～1911）安徽人刘树仁（一说云南人刘咏台）购董园重筑为遂园，内有：绿天深处、听雨山房、映红轩、延秋亭、容闲堂、逍遥室、琴舫、荷池、曲桥等。民国初年辟为开放的游艺场，内有游艺场、茶点、诗社琴会，游人以赏荷者多。1931年以2.1万两售与沪商吴涤尘，1934年红叶造纸厂主、东山人叶荫三把慕家花园西部重筑为荫庐，为罗马式，成为苏州最新式的私宅。园地2000余平方米，建筑南依荷池，有石阶入水，曲桥、石岸、洞窟、假山、山亭、石舫、自流井、喷水池、容闲堂等，抗日战争爆发，叶氏外出，为顾祝同所有，“八一三”后蒋介石、何应钦、白崇禧等要人在此小住。1938～1945年成为伪维持会、日本领事馆，用作监禁、刑讯和杀人的监狱。抗战胜利后中央信托局入住，新中国成立后先后为驻军机关、苏南行署、公安局、康复医院、通草堆花社、轻工业局等，1953年存池沼、峰石、假山，1958年下半年起改儿童医院，1962年填池毁石，存有：水池、假山、琴舫、亭子、荫庐、曲桥、自流井等，1983年在园东新建楼房，现存面积1400平方米，有景：荷池、曲桥、琴舫、假山及小亭。
1662～1722	锦春园行宫	江苏扬州		《履园丛话》：在瓜州城北，前临运河，余往来南北五十余年，必由是园经过，园甚宽广，中有一池水，甚清浅，皆种荷花，登楼一望，云树苍茫，帆樯满目，真绝景也。（孔俊婷《观风问俗式旧典湖光风色资新探》）
1662～1722	蓝旗营行宫	北京		供皇帝巡视休息和驻跸之用。（孔俊婷《观风问俗式旧典湖光风色资新探》）

建园时间	园名	地点	人物	详细情况
1662～1722	渌水园	江苏苏州	朱襄	康熙年间布衣朱襄在苏州碧凤坊建有渌水园，园内有：水池、假山。
1662～1722	汪氏庭园	江苏苏州	汪氏	汪氏在苏州东花桥巷建有宅园，宅西园东，内有：水池、假山、亭子、小桥、四面厅，宅三路七进，有康熙嘉庆年间款门楼各一，现有：花厅、湖石假山。
1662～1722	寄叶庵	江苏苏州		位于苏州麒麟巷，始建于康熙初年，庵中建有小园，道光(1821～1850)、同治(1862～1874)年间两度重修，现庵存园毁。
1662～1722	剑浦草堂	江苏常熟	陈文照	康熙年间诗人陈文照在常熟县城南建有剑浦草堂，园内有山爽阁、竹子、石峰，当时常熟诗人多为陈氏，有城东、城西、城南三陈为最，三陈诗人多会集园中觞咏。
1662～1722	王氏园	江苏吴江	王俊彦	康熙年间王俊彦在吴江黎里作字圩建别业，以梅为主景，有水池、山石等，光绪时(1875～1908)毁。
1662～1772	五柳园	江苏苏州	石韫玉	何焯(1661—1722)，清初校勘家，字润千、屺瞻，号茶仙，人称义门先生，江苏长洲人，康熙时为翰林，好藏书，著有《义门读书记》。康熙年间何焯在苏州金狮巷建有赍砚斋，乾隆年间吴县市人石韫玉得之重筑，因有五柳而名五柳园，园内有：五柳、涤山潭、花间草堂(三间)、花韵庵(原赍砚斋)、微波榭(形如舫，题：旧时月色，环植梅花)、瑶华阁(前植玉兰)、石山、石洞、在山泉、卧云精舍(洞内石室)、梦蝶斋、晚香楼(原语古斋)、静寄阁、鹤寿山堂、独学庐(藏书地万余卷)、舒咏斋(童子读书处)、征麟堂、玉兰舫、归云洞、瘗鹤堂等。咸丰年间大学者俞樾(1821—1907，字荫圃，号曲园，浙江德清人，道光进士，官翰林院编修、河南学政，晚年讲学杭州诂经精舍，能诗文，会戏曲，重教育)自河南罢归，寓居此园，太平军攻城，园毁。

建园时间	园名	地点	人物	详细情况
1662～1722	香林苑	天津	王聪	康熙年间，原天妃宫道士王聪（号野鹤）傍三汉河口北岸建香林苑，是一个道观园林，面积十亩，有石有水，有草有树，有花有禽，景点有：若楼居、玉笈山房、抱瓮园、盘石、望雪亭、草花亭、草花渠、乱云岛、竹圃等，还开有10亩菜园，养鹤种菜，被时人称为“津门之小天台”。乾隆五十三年（1788），乾隆巡幸此观，写下《香林苑瞻礼作》等，并更观名为崇禧观。第二次鸦片战争（1860）后成为外军驻地，同治八年（1869）被法国人拆除，建为天主教堂和领事馆。 王聪，康熙初年天后宫道士李怡神的弟子，字玉笈，号野鹤，好读书，善诗文，通书画，擅琴棋，喜交游，著有《香林史略》和《王野鹤诗》等，成为香林苑的苑主，与文人龙震、张霔、周焯、朱函夏、韩成封、梁洪、陆石麟、查为义等为友。这些文人在香林苑题诗不下数十首，龙震诗《王野鹤开园》道：“闲闲十亩间，道士有所慕。尽除芳草根，独留苍松树。开畦引流泉，往来亲指顾。欲种东陵瓜，不栖南山雾。”
1662～1722	岭南轩	天津	金氏	在天津老城厢西北，金氏所创，毁。
1662～1722	浣花村（艳雪楼、空谷园）	天津	佟鋐	佟鋐是康熙年间诗人，字蔗村，号空谷山人、已而道人，长白人，家世贵显，父为河南布政使，兄弟六人皆居官，他以国子监授通判，不就官职，独脱屣轩冕，放情诗酒山水之间，又重情义，早年诗学苏陆，一变而入大历、贞元。在城西三里南运河左岸建有园林浣花村，与水西庄隔河相对，内有空谷园和艳雪楼。艳雪楼是专为其妾赵艳雪（诗坛女杰）而建的楼，赵工诗能文，有诗“美人自古如名将，不许人间见白头”，从此，艳雪楼名气大振。不过浣花村在乾隆中叶随首主人亡故而荒废。金玉冈有诗《过佟蔗村艳雪楼故居》：“共沿流水到篱根，燕雀喧喧最小村。几点红芳遮破屋，满庭青草闭闲门。缥缃散尽残书轶，樵牧唯余旧子孙。艳雪犹名楼已废，海棠一树最销魂。”园址为现佟家楼。

建园时间	园名	地点	人物	详细情况
1662～1722	康园（南溪、曲水园）	天津	康尧衢	康尧衢(1742—1803)，字道平，号达夫，晚年自号海上樵人，天津人，曾祖康月波为河南道台，祖父康鸿仁为山东知府，叔祖康鸿文为知州，皆有政绩。约在康熙年间，在城东南隅建有私园，名曲水园，俗称康园，仿苏州园林样式，颇有“舍南舍北皆春水，微雨微风入画楼”之情，园以荷花著称，内有荷池、水亭、牌坊、疏篱、柳树等。后来康雍之交，康家败落，售与牛氏，更名南溪。《天津县志》道：“曲水通濠，杨柳掩映，宛有江南村落风景。”张霔(1659—1704)诗《康园荷花初放》：“池上风光改，周围已筑墙。禁人开酒肆，许客借河房。水失因苹没，花疏逊叶香。晚来云气散，一派月苍苍。”沈起麟诗《康园水亭即事》：“此中饶鼓吹，耳畔杂鸣蛙。辟径通流水，编篱护野花。嫩荷经雨涨，疏柳趁风斜。倘遂栖迟志，衡门自可家。”康尧衢是清代天津诗坛的中兴之祖，能立就百韵诗，著有《海上樵人稿》、《焦石山房诗草》、《津门风物诗》、《云构诗谈》、《发硎集》，并节录《女诫》。面对旧园旁落，康尧衢在《曲水园》叹道：“到此抛双泪，于今过百年。望中空伫立，怀旧夕阳前。”但是后继的牛氏南溪却风景依旧，《津门征迹诗》的《南溪》道：“衰柳扶疏绿未齐，手携鸠杖步南溪。江南风景今犹昔，庭院萋萋暮鸟啼。”
1662～1722	杞园	天津	金平 金玉冈	金玉冈(1709—1773)，字西昆，号芥舟，又号黄竹老人，原籍山阴（浙江），祖父金平盐业发家，康熙年间始居天津，金平在城西北角建杞园，颉颃于张氏问津园和查氏水西庄，有景：草亭、竹子、水潭、石岸、楼阁、书房等。其孙金玉冈诗、书、画全能才子，高淡成性，沉渊于学，终生布衣，梅面栋评：前有帆史张霔，中有虹亭于豹文，后有芥舟金玉冈。高凌雯评三家：“帆史逸气，芥舟之清才，得于天也，虹亭取材富，出笔厚，优于学也。”年长后又在杞园添景，建苍莨亭、黄竹山房等景，叠石栽花，植黄竹，蓄白鹤，煮茗弹琴，鹤伴左右。徐文山有诗《题金芥舟黄竹山房》，查昌业有诗《陪芥舟舅杞园夜坐》和《夜过杞园不值芥舟舅》。壮年时金玉冈告别杞园，游历全国，人称天津徐霞客，以诗文记载各地风景。

建园时间	园名	地点	人物	详细情况
1662～1722	只芳园	山东曲阜	颜伯珣	位于山东曲阜春亭村，为康熙年间颜伯珣所建私园，毁。颜伯珣，字石珍，号相叔，曲阜人，颜回第六十六代孙，以恩贡授江南寿州同知，康熙三十七年(1698)寿州知州傅群锡派颜伯珣督修芍陂，历时六年而成，为当地做出重大贡献，后卒于任上，著有《只芳园诗集》。
1662～1722	圣化寺（万泉水景园）	北京海淀	康熙 乾隆 样式雷	在北京海淀中和村西南，为康熙命样式雷设计建造的寺院行宫，在畅春园宫门之南，东为万泉河，西为金河，全盛时有九溪十八滩之胜。寺院有山门、大殿、二门、三皇殿、观音阁、龙王殿、星君殿。寺门外左右石拱桥两座，东牐桥北为北所，正北有宫门，进门为正殿，西为西跨院，有正殿居中，左为虚静斋，斋对面为高峰层峦，秀峭多姿，斋西为方亭，佳石错立周道，至西岩为石林，有东西二岩，登高而上有罗汉岩，石状怪诡，嵌空而县，气势磅礴，为寺中主景。临河为欣稼轩，登轩望水，小滩盈溪，溪围滩流，滩围溪转，形成内园外园，宛若九溪十八滩。北所正额题：青翠霄汉，西院正宇题：和风霁月中和虚静斋，皆为康熙手书。宫门内额：怡庭柯。从北所过东拱桥转西，过宫门为含淳堂，殿后建佛楼，楼旁辟池沼，楼临水池，四周驳石，池北建佛楼，题：湛凝斋，斋后幽僻宛转，平远疏宕，题：敷嘉室，室西为仙楹楼，往东为小溪，弯向东北，溪中架石桥，过桥东为襟岚书屋，屋前为小沼，古树秀石，稍东循廊而西有瞩岩楼，登楼可望虚静斋中高岩峭壁。又南敞宇五间，与虚静斋隔水相对，形成以圣化寺为中心，东西两翼独立的景区，均以水景取胜。乾隆有《西园泛舟至圣化寺》(1743)、《虚静斋小憩》(1748)、《万泉堤上至圣化寺即景杂咏》，样式雷绘有三张《圣化寺画样》，明示了品字形大殿、北所仙楹佛楼及西院青翠霄汉殿以及乾隆最爱盘桓的静虚斋。乾隆二十九年(1764)疏浚河道，重修圣化寺，并建泉淙庙，形成东西两座以水景为主的小品园林，亦称万泉水景园，兴盛一时，然今日圣化寺只余一座殿基，俗称喇嘛庙。

建园时间	园名	地点	人物	详细情况
1662～1722	秦氏东园	上海闵行	王士琦	位于上海闵行区诸翟镇一带，康熙年间王士琦所创私园，清中叶毁。王士琦，浙江临海人，父为刑部尚书王宗沐，历重庆知府、兵备副使、山东参政监军、河南右布政使、山东右布政使、右副都御史，巡抚大同，被劾拟调，未几，卒。
1662～1722	复园	上海松江	高不骞	位于松江区东门外马弄口西，高不骞所筑私园，毁。高不骞(1678—1764)，清江苏华亭人，字查客，晚号小湖，康熙南巡求士，召为翰林院侍诏，工诗赋，善书画，长考据，有《方与考略》、《月令辑要》、《商榷集》、《罗君草》、《傅天集》、《松玗书屋集》等。
1662～1722	念祖堂	上海浦东	张集	位于浦东三林镇，康熙年间张集所创私园，毁。
1662～1722	宜园(借园、梓园)	上海黄浦	周金然	位于上海黄浦区乔家路113号，康熙二十一年进士周金然所创私园，内有乐山堂、吟诗月满楼、寒香阁、青玉航、快雪时晴、琴台、归云岫、宜亭诸胜，乾隆间归乔光烈，增董氏家藏贴刻石、最乐堂法贴。咸丰、同治年间归郁氏，改名借园，同治八年(1869)郁熙绳购得借园，清末民初归书画家、实业家王一亭，因园有古梓，更名梓园。1932年12月8日日军毁园。现存日式楼(二层)、中式佛阁、大堂、门楼等，莲池、亭子、假山已毁。 王一亭(1867—1938)，名震，号白龙山人，任伯年弟子，同盟会会员、日本大阪商船会社买办、上海面粉交易所理事长，为上海巨贾。
1662～1722	渠香居	上海闵行	诸章	位于上海闵行区华漕镇，康熙年间诸章所筑私园，毁。
1662～1722	万照堂(万一园)	上海闵行	孙百里	位于上海闵行区，康熙年间孙百里所筑私园，毁。
1662～1722	肯园(清樾堂)	上海松江	马潮	位于上海松江泗泾镇，康熙年间马潮所筑私园，毁。

建园时间	园名	地点	人物	详细情况
1662～1722	保闲堂	上海青浦	张梁	位于上海青浦朱家角，康熙后期至雍正前期张梁所筑私园，毁。
1662～1722	陶圃	上海嘉定	陆培远	位于上海嘉定区南翔镇东林庄桥北，康熙年间邑人陆培远所创私园，其长子陆廷灿隐居于此，1782年改造。 陆廷灿，字扶照、秩昭，自号幔亭，从司寇王文简、太宰宋荦，工诗博识，康熙年间以贡生入仕，任宿松教谕和崇安知县，隐居陶圃后着有《续茶经》、《艺菊志》、《南村随笔》数十本书。
1662～1722	意园	山东济宁	潘赓虞	在城区里塘子街路南，为康熙年间进士、浙江虞县令潘赓虞(兆云)所建，三路五进，名噪一时，后归李氏、郭氏，20世纪30年代前堂楼以北售与平民钱局，南半部宅院包括意园售与德国天主教堂。意园在府后，长方形院落，广两千平方米，东北有门，园东侧倒座后堂楼，楼西前后出廊，接三间大花厅，题赐间堂。园内筑假山于西半，高达五六米，山顶有四角亭，名一水亭，亭西架木桥，通向城镜楼的二楼，半山有水渠，上架石拱桥。园东凿荷花池，池广100平方米，绕以雕花石栏。山南有书房，名客逋山房，东门靠角楼，楼十一间，两层，环抱在意园东、南半部。
1662～1722	广东会馆	四川成都		来蓉建立会馆早的还有广东会馆，即南华宫，建于康熙年间，乾隆三年(1738)重修。在成都还有南华宫若干所。
1662～1735	遂初园	江苏吴县市	吴铨	康熙雍正年间，安吉知府吴铨(字容斋)在吴县市木渎东街创建，园广二十五亩，三路七进之大园，为姑苏名园。内有：邃室、修廊、拂尘书屋、掬月亭、听雨篷、鸥梦轩、凝远楼、清旷亭、假山、默林、横秀阁、补闲堂、桂丛等，登凝远楼可观馆娃山、五坞山、天平山、皋峰山。登横秀阁可观东北平畴万里，阡陌纵横。清人徐扬绘有《盛世滋生图》，沈德潜题有《遂初园记》，园后归葛氏，咸丰年间归洞庭

建园时间	园名	地点	人物	详细情况
				西山徐氏,光绪年间属柳氏,再后毁尽,今余中路三进宅第。 吴铨,字容斋,祖籍安徽休宁,随父迁居上海,晚年居此,其后四代皆为清代有名藏书家。吴铨首建璜川书屋,长子吴用仪(号拙庵)多藏宋元善本,次子成佐(号嫩庵)筑书楼乐意轩,长孙吴泰来,字企晋,号竹屿,乾隆二十五年(1760)进士,1762年授内阁中书,为吴中七子之一,藏《礼记》和《前汉书》宋元善本。次孙吴元润,字泽均,号兰汀,别号谢堂,喜藏书。三孙吴英,字兰舟,及其子吴志忠,字有堂,皆好藏书。
1662～1723	孤山行宫(圣因寺、中山公园)	浙江杭州	康熙 乾隆	位于西湖孤山上正中,原为南宋时帝王苑囿,元代毁。康熙时始建行宫,雍正时舍宫为寺,改为圣因寺。乾隆十六年(1752)又修建行宫御苑,四十九年(1785)将圣因寺之藏经阁改建为储藏四库全书之文澜阁,重新修缮布置假山、亭、廊、水池等园林建筑。整座行宫、御花园、文澜阁均于咸丰十年(1860)被侵略军毁,除文澜阁于光绪六年按原状重建外,其余建筑、花园几经重建,不复旧观。行宫的主体建筑,即今中山公园,文澜阁和水池、假山、亭榭成为浙江省博物馆的一部分。(陈从周《中国名园》)
1663	云起楼	江苏无锡	吴兴祚	在锡惠公园,原为惠山寺天香第一楼故址,原楼塌后,康熙二年(1663)知县吴兴祚从若冰泉旁迁来楼屋三楹,在此筑为云起楼,楼依山就势,由爬山廊、假山组成庭院,楼在最高处,楼下有假山石洞,曲廊盘旋,由低到高,层次分明,中段设洞门,题"隔红尘"。楼二层三间,隐于假山古木之中,四面开窗,仰可览龙山,俯可察二泉,是惠山除寄畅园之外最佳景区,乾隆年间地方官多次在设宴接驾,清廖纶书联:"腾两邑之欢,千村稻熟;据一山之胜,四照花开。"

建园时间	园名	地点	人物	详细情况
1663	陕西会馆	四川成都		陕西会馆经历三次修建。初建于康熙二年(1663),是旅蓉陕人共建的。嘉庆二年(1797)修葺,并在原有基础上拓展。第三次是在光绪十一年(1885)由陕籍川省布政使和预首倡,成都的"庆益"、"益泰"等三十三家陕人商号集资重建的,这时陕西商人势力最大,成立了"陕帮"。关于陕西会馆始建的年代还有一说是建于乾隆五十二年(1787)。
1664～1708	摄政王府花园	北京后海	明珠载沣	原为清初大学士明珠的宅第,清末为摄政王载沣的王府。园中有濠梁乐趣、畅襟斋、听鹂馆、观花室、恩波亭、听雨屋、曲廊、假山、池塘、河道与东西茅院曲折,绿树遮天。(陈从周《中国名园》)
1665～1689	半亩园	南京	龚贤	龚贤在公元1685年《赠王翚》诗中作序云:"余家草堂之南,余地半亩。清凉山名,山上有台,亦名清凉台。登台而观,大江横于前,钟阜枕于后,左有莫愁,右有狮岭。"及施愚山在《半亩园诗赠柴丈》中所说:"南望清凉巅,北枕清凉尾"一诗中所讲的推断半亩园位于清凉台的东北侧,即虎踞关处(扫叶楼在山南侧)。施润章《半亩园诗赠柴丈》云:"南望清凉巅,北枕清凉尾。高斋木叶疏,四山茅屋里。微云拂林麓,澄绿如春水。于焉独栖啸,洵美中林士。"孔尚任在《虎踞关访龚野遗草堂》也说半亩园:"簇簇余寸墟,竹修林更茂。时有高蹈人,卜居灌园圃。晚看烟满城,早看云满岫。"
约1665	王玩亭寓居	北京		位于琉璃厂火神庙西夹道(今琉璃厂东街西太平巷),著名学者王士祯的寓居之所,院内有藤,花时满架,为王手植。曾署其门曰"古藤书屋"。王士祯故后,该居由《四库全书》副编纂程晋芳居住。王士祯又有屋在琉璃厂夹道,孙丹五有诗吊云:"诗人老去迹犹存,古屋藤花认旧门。

建园时间	园名	地点	人物	详细情况
				我爱绿杨红树句，月明惆怅海王村。”康熙四年(1665)王士祯在扬州任满后升礼部主事，入京寓居，直到罢官回乡。 王士祯(1634—1711)，原名士禛，字子真、贻上，号阮亭、渔洋山人。山东新城(今桓台县)人，出身世宦，顺治八年(1651)举人，十二年(1655)进士，十六年(1659)扬州推官，康熙三年(1664)礼部主事、累迁户部郎中、十一年(1672)典四川试、十七年(1678)翰林侍讲转侍读直南书房、十九年(1680)国子监祭酒、二十三年(1684)少詹事、二十九年(1690)都察院左副都御史、寻充经筵讲官、国史副总裁和兵部督捕侍郎、三十一年(1692)户部右侍郎、三十三年(1694)户部左侍郎、三十七年(1698)左都御史再迁刑部尚书，王五案革职回乡，四十九年(1710)复职，五十年(1711)卒，谥文简。善古文、工词，间有剧作，人称南朱北王，为诗坛盟主四十年，为清代六大诗人之首，有《带经堂集》、《渔洋文略》、《渔洋诗集》、《池北偶谈》、《香祖笔记》、《渔洋山人精华录》等五十余种，还编选有《古诗选》、《唐贤三昧集》、《唐人万首绝句选》、《华泉集》等多种诗文集。
康熙初年	白沙翠竹江村	江苏扬州	郑肇 石涛	始建于清代康熙初的真州白沙翠竹江村，传说是由清代著名画家、垒园匠师石涛帮助园主富商郑肇设计营造。许多名流来此游览，留下了多首歌咏的诗篇。园今已不在。《扬州园林品赏录》载有耕烟阁、香叶山堂、见山楼、华黍斋、小山秋云、东溪白云亭、溉岩、芙蓉沜、箖箊径、度鹤桥、因是庵、寸草亭、乳桐岭等13景。而据道光《重修仪征县志·名迹》所载为14景，遗漏桃花潭一景。(朱江《扬州园林赏录》、阮元辑《淮海英灵集》)

建园时间	园名	地点	人物	详细情况
1666	若己有园（艺香圃、鸣鹤园、望园、憩园、西花园、西中山园、中正公园、鲁迅公园）	甘肃兰州	张勇李渔	在甘肃省群众艺术馆内。今兰州军分区驻地原为清甘肃布政使署，亦称藩署，康熙五年(1666)靖逆侯张勇请李渔为幕僚，在署东北构筑后花园，名艺香圃。乾隆时因仙鹤栖鸣而更名鸣鹤园，又称望园。道光时甘肃布政使程德润改为若己有园，光绪时，陕甘总督杨昌浚改为憩园，民国初年称西花园，1926年为纪念孙中山而更名中山西园，定期开放，抗日战争时改为中正公园，1944年在园中设国立西北图书馆与社会部兰州社会服务处。20世纪50年代初改为鲁迅公园，并为甘肃省图书馆，1986年改为省群众艺术馆，次年2月迁入。自溥惠渠引阿干河水入园中小湖，湖可荡舟。湖东为水榭西佳楼，园正北建蔬香馆，馆中嵌乾隆御书《圣主得贤巨颂》，馆南建天香亭，光绪时甘肃布政使谭继洵题联："鸠妇雨添三月翠，鼠姑风裹一亭香。"亭北有牡丹数十，亭南古木参天，散置数个巨石。蔬香馆东建四照亭，亭南建仁寿堂，堂东植花木，筑月洞门，题：日涉成趣，园西有花神庙、鸣鹤亭、回廊。墙角玻璃镜可揽全景，廊下嵌清代景廉诗碑。20世纪30年代花坛围以栏杆，古树根犹在。
1667	凌云寺	四川乐山		凌云寺又名大佛寺，位于四川省乐山市东面。寺建于唐开元初年(约713)，现存寺院为康熙六年(1667)重修，由天王殿、大雄宝殿、藏经楼三重四合院建筑构成。在凌云寺前有七十余米长的几百米香道为园林奇景，充分利用自然，在悬崖峭壁凿道格亭。上依次布局有：凌云山楼、山阴道、龙湫石洞、回头是岸、龙潭、耳声目色、弥勒殿、雨花台、载酒亭、集凤峰、山门等。特别是在载酒亭处，临江置亭，既可望青衣江，又可上观山门，下观弥勒殿。

建园时间	园名	地点	人物	详细情况
1670 前	绣谷	江苏苏州	蒋垓	苏州府长洲县举人蒋垓在苏州阊门内后板厂购地造园，掘得刻石，上书"绣谷"二字，传为明代画家王石谷手笔，遂以为园名。园林很小，背城临溪，回以长廊，绕以短墙，杂以松石，时有：绣谷、卒翠堂、余清轩、松龛、湛华山房、羊求坐啸处、匿圃、吾庐、个庵、苏斋等。蒋垓死后，几易园主，其孙蒋深自朔州归来，赎回重修，增筑：开径亭、小杏梁、桃花潭、含晖台、西畴阁，以阁为最胜，人道堪与王维的辋川别业相比美。内阁学士兼礼部侍郎沈德潜(1673—1769，清诗人，字确士，号归愚，长洲人，乾隆进士)27 岁时(1700)曾参加蒋深的送春会，仅居末位，蒋深之子蒋仙根亦遵父风，常在此轩举行送春会，时沈德潜跃居首位。其后，几易其主，嘉庆中园归叶观潮，道光时归南昌谢椒石，再归婺源王凤生，1860 年毁于兵火，绣谷石移入虎丘蒋参议祠中。
1670	环水楼	天津	薛柱斗	康熙九年(1670)天津兵备道的薛柱斗在城外东北角南运河接近三汊河口的左岸长芦巡盐御使衙署后院建园，因西有兖、豫诸水入南运河环其前，北有诸演之水会于北运河，故名环水楼。属衙署园林。华鼎元《津门征迹诗》道："碧瓦朱楹据上游，使君营建意详周"，"百尺乌台俯碧湍，登临每向静中看。怒涛声震疑排闼，骇浪花飞欲绕栏。"雍正元年(1723)盐院衙门及花园破损甚重，次年二月盐商们乘盐官莽鹤立出巡山东时修缮了院与园。
1670 后	南园	北京	徐乾学	《宸垣识略》载，南园为康熙间刑部司寇的总裁官徐乾学别业。位于虎坊桥南，徐诗中有"市南虎坊园，幽居带林薄。雅堪延野色，凭眺有菌阁"句，意园内林木亭阁均或有之。遗址无考。

建园时间	园名	地点	人物	详细情况
1671	泰安府行宫	山东泰安		行宫依山而建，坐北朝南，北高南低，分前中后三院。所有建筑中碧霞元君祠、送子娘娘殿为砖石土木结构，其余均为石质结构。根据管理的碑文记载，此行宫创建于清康熙十年四月五日，"山东济南府泰安州西南孙伯集以东呼雷山口创修"。发起人有社首信女袁九江、赵氏等人。康熙三十年四月、嘉庆八年六月曾先后对行宫进行了扩建和重修。现为市级保护单位。（孔俊婷《观风问俗式旧典湖光风色资新探》）
1672	近园（东园、复园、静园、恽家花园）	江苏常州	恽厥初杨兆鲁	在长生巷常州宾馆内，原为明代布政使恽厥初别业，称东园，清康熙七年(1668)典与里人杨兆鲁，历五年(1672)重构而成，因近乎似园，而名近园，杨请画家恽南田、王石谷、笪重光雅集于园中，杨作《近园记》，王作《近园图》，恽书石，笪为之题跋，现题跋园记皆在园中。同治初园易主，光绪初归恽氏，改名复园、静园，俗称恽家花园，近园南北长80米，东西长64米，园广七亩半左右，有西野草堂、见一亭、天香阁、安乐窝、得月轩、秋爽亭、虚舟、容膝居、三梧亭、垂纶洞、四松轩、俗语阁、种菊圃、鉴湖一曲(池)、书条石(30方)等。
1672	龙王堂（龙泉庵）	北京	康熙	位于大悲寺西北，建于清代康熙十一年(1672)。寺中有清泉小榭，龙王堂前石座上双柏有"旗柏"美誉。寺前有冰川遗迹，为一巨石，石上有"冰川漂砾"为李四光手迹。（《北京志——园林绿化志》）
1673	芗畦小筑（南村草堂、依绿园）	江苏吴县市	吴时雅	康熙十二年(1673)隐士吴时雅(号南村)在吴县洞庭东山的武山山麓构筑私园，初名芗畦小筑，又名南村草堂，康熙二十九年(1690)徐乾学等人奉命编修《大清统一志》时，陶子师根据杜甫"名园依绿水"而更名依绿园。园广数亩，临池面山，四望皆远景在即，园内高轩广亭、曲折高下，十分美好。园中有：厅堂、柳门、水香簃、平桥、飞霞亭、欣稼阁、假山、小阜、平冈、松、竹、梅、石幢、花圃、花鸟

建园时间	园名	地点	人物	详细情况
				间(楼,上沙高士徐俟斋书额,壁刻董其昌《归去来辞》,登楼可借景:锦鸠峰、濮公墩)、桂花坪、芙蓉坡、鹤屿、藤桥、凝雪楼、回廊、奇石、盘柏、竹屏、短垣、斗室(冬日藏兰之所)、花间石逸(室)等。园中假山为迭山名家张南垣之子张陶庵所构,清初画家王石谷为之绘图。民国时李根源访西山时园林建筑已废,山、水、桥、石仍在,其后全园毁。
1673	寄园	北京	赵吉士	《日下旧闻考》和《宸垣识略》、《燕京访古录》记载,园位于教子胡同,是清初康熙朝户部给事中赵恒夫(吉士)另一处别墅,与下斜街寄园同名,赵在园内浚池累石,分布亭馆,种植花木,一时成为名园。园中山明水秀,草清树郁,亭馆雅致,引得"海内名士入都,恒流连不忍去",有超尘脱俗之感。清朝著名诗人查慎行《九日游寄园》诗曰:"暝色苍然至,遥光剧可怜。鸟棲明月下,人语落花前。有约琴樽合,无拘坐卧偏。暗香通石罅,清响接云巅。心觉缁尘洗,衣看白袷鲜。草萌茵借软,茶洁碗生妍。远市城烟重,高台树影连。"乾隆年间亭馆已圮,仅存遗址,老屋数间,树木甚古。因其在康熙十二年(1673)以功擢户部主事入京,故推定园在此时建成。
1673～1769	三景园	江苏苏州	沈德潜	沈德潜(1673—1769),字确士,号归愚,江苏长洲人,是我国少有长寿诗人,67 岁中进士,官至内阁学士、礼部尚书、太子太傅。曾在苏州沧浪亭对面开坛讲学,后来成为三景园,园景有:花竹、盆景、杨树,废为茶肆,花圃当时还在,后毁。
1674	盆山阁	上海嘉定	侯旭	在嘉定区嘉定镇东塔城路,侯旭所筑私园,毁。
1676	三益园	江苏昆山	葛氏 徐开任 叶九来 吴扶风	葛氏在昆山城厢的马鞍山老人峰下筑别业,康熙十五年(1676)徐开任、叶九来、吴扶风三人集资购葛氏别业筑园,名三益园,园内有屋数间,背溪临流,奇石环列,三人在此促膝交谈,共论学业,开门可借景:夕阳岩、一线天、八公石、老人峰等。

建园时间	园名	地点	人物	详细情况
1676后	亢家花园	北京	魏银官 亢氏	《燕都丛考》记载，园位于今琉璃厂西街路南为魏银官宅园，传魏氏有弟子二人，长曰金官，次为银官。兄弟同置房于孙公园（见孙公园条），别宅而居。银官宅在后孙公园，当时称亢家花园。闻其中有茔地。就“复赂亢氏子孙使迁葬”，其后大兴土木，穷极侈丽。“不二月而祸作，门外筑马墙犹未竟也”。后无考。
1676～1680	耿王庄（绘春园、南公园）	福建福州	耿继茂 耿精忠	在今国贸路一带，顺治十七年（1660）耿继茂由广东入闽镇守，于康熙十四年至十八年（1676～1680）间建耿王别墅，时33多公顷，湖面13.3公顷，可荡舟泛游，有假山、石桥、亭台、楼阁、水榭，植荔枝、龙眼、榕树、紫薇、梧桐等，继茂死后，子精忠嗣立，继续统治福建，人称耿王庄。精忠反清失败，园没入官。同治五年（1866）闽浙总督左宗棠设桑棉局于园中，光绪间王凯泰督闽令修复，改名绘春园，园内台榭参差，湖水澄碧，春秋佳日，游客如云。清末建左宗棠祠于园中，1915年改公园，名南公园，广4.2公顷，园中有辛亥革命闽籍烈士祠、桑柘馆、荔枝亭、藤花轩、望海楼诸胜，五四运动时，群众在此建国货陈列馆，立“请用国货”碑于馆侧。抗日战争时园受损严重。1952年改名大众公园，国货展览馆和耿王梳妆台改为龙津小学，1958年台江区修复，1962年归园林处西湖公园，复南公园名，1963年移凤池书院木牌坊为园门，建八荔亭，叠假山，砌湖岸，拆左宗棠祠改为影剧院，“文革”时占为赤卫区农场、市毛巾厂，1973年恢复南公园，改建木桥为石桥，建临湖阅览室、石舫，1980年补植花卉，1983年建儿童园和旱冰场，公园面积缩为3.66公顷，其中水面1.1公顷，1984年建南公园游乐中心，失败后增设老人娱乐馆、武术馆、综合娱乐馆、录像馆、桌球室、旅社、餐厅、舞厅，1994年改舞厅为夜总会、改赛车场为恐龙山，增水上乐园。 耿继茂（？—1671），怀顺王、靖南王耿仲明长子，汉军正黄旗人，顺治八年（1651）袭靖南王，先后镇广东福建二地。耿精忠（？—1682），耿继茂长子，汉军正黄旗人，康熙十年（1671）袭靖南王，1674年与吴三桂反清，攻浙赣屡败，被俘处死。

建园时间	园名	地点	人物	详细情况
1678	清晏园	江苏淮安	麟应	位于今淮安市人民路西侧，原为明代 1416 年所建的户部分司，康熙十七年(1678)河道总督靳辅，于明代户部分司公署旧址建行馆，雍正七年(1729)大修园林，乾隆十五年(1750)河督高斌为迎乾隆南巡而建荷芳书院，乾隆三十年(1765)河督李宏于荷池中兴建湛亭。道光十三年(1833)河督麟庆莅任，在任十一年，精心修园，园景达历史最佳水平。1917 年李兰轩集资修园，名城南公园。1927 年北伐军到清江浦，后把该园从官衙中分离出来，成为人民大众公园，1946 年更名叶挺公园，1948 年复名城南公园，1983 年重修，1989 年复清晏园名。全园占地 120 亩，水域面积 50 亩，堆有太湖石大假山、黄石大假山，以及大片湖区，是典型衙署园林，有景：甲元堂、蕉吟馆、重檐砖亭、御碑亭、碑廊、荷芳书院、紫藤花馆、今雨楼(思润轩)、石舫、湛亭、槐香堂、黄石大假山、太湖石大假山、扇亭、荷望阁、半帝庙、忠勇亭、叶园、夕照亭(唱晚亭)、柳凭轩(楚河隋柳)、五柳亭、环漪别墅门、水榭、蔷薇园、河帅府、绿野涵秋、儿童游乐园等。
1678	层园	浙江杭州	李渔	1678 年，67 岁的李渔(1610—1680)厌恶尘世，带全家 42 口人回杭州，家境贫困，向亲友借钱并得官府资助，在杭州吴山东北麓购买了一处旧宅，“予自金陵归湖上，买山而隐，字曰层园。因其由麓至巅，不知历几十级也”。故名层园。建造两年(1680)完成第一层，“层园无力势难乘，竭蹶才完第一层。地旷足容千百骑，轩微恰受两三朋”，李渔病故。他曾说：“身居湖上自得其乐，甚至乐而忘忧。”又撰一联：“繁冗驱人，旧业尽抛尘市里；湖山招我，全家移入画图中。”
1679 前	万柳堂	北京	冯溥	位于京城外东南角，今广渠门内板场新里，无遗迹。万柳堂，原是坑洼积水的空地，冯溥购得后开辟为园。挖沟为池，聚所出之土为山，并以矮墙围绕。建堂五楹，悬圣祖御书匾额“简廉堂”，称御书楼。在《康熙大兴县志》中，被列为大兴区八景之一。京城另一处万柳堂乃廉希宪所建，冯易斋因

建园时间	园名	地点	人物	详细情况
				慕其名而效之。刘大櫆的《游万柳堂记》中记载："临朐相国冯公，其在廷时无可訾亦无可称，而有园在都城之东南隅。其广三十亩，无杂树，随地势之高下，尽植以柳，而榜其堂曰"万柳之堂"。短墙之外，骑行者可望而见。其中径曲而深，因其洼以为池，而累其土以成山，池旁皆蒹葭，云水萧疏可爱。"李渔曾写诗《万柳堂歌呈冯易斋相国》和联《题冯易斋相国二联》。
1679	尧峰山庄	江苏苏州	汪琬	汪琬（1624—1691），清初散文家，康熙十八年（1679）举博学鸿词科，授编修，预修《明史》，在馆60余日，后乞病归，在苏州西南尧峰山麓胡巷村建山庄，园内有御书阁、锄云堂、梨花书屋、墨香廊、羡鱼池、瞻云阁、东轩、梅径、竹坞、菜畦等。因山庄在尧峰山，故人称尧峰先生，并著有《钝翁类稿》和《尧峰文钞》。
1679～1685	忏园	北京	王燕	位于广安门内大街路北，今广安中学附近，《宸垣杂记》和《燕都丛考》载，为贵州巡抚王燕别墅，该园内曲池亭榭，花草扶疏，石险水潺，景致怡然。毛奇龄有写游忏园诗："揽胜觅佳囿，入门生隐心。岩从云外接，人向洞中寻。绝阁摩天豁，空坛负日阴。恍疑临塞峡，骑马度弹琴（居庸关有弹琴峡，水声如琴～～原注）。"该园很快荒芜，乾隆年间万柘坡有《游忏园》诗："……残蝉斜照后，独鸟乱烟中。树老藤全白，篱荒枣半红。曲池无寸水，弹入雍门桐。"全然一派衰败景色。民国期间改为工艺局，后为广安中学。因毛于康熙十八年（1685）告归浙江，故园应在他留京期间已有。王燕即忏园主人、尚书王崇简之子，大学士王熙之弟，受父荫任户部郎中，历官江苏按察使、贵州巡抚（1689～1701），任上建学校、减赋税、抚苗族、公平司法，有政绩。
1679～1685	四屏园	北京	毛奇龄	《藤阴杂记》载，园在横街（今南横街）口内，为康熙时明史馆纂修官毛奇龄所创，毛曾在园中送吴郎中归时赋诗，同馆高检讨举杯诵张谓诗："不饮郎中桑落酒，教人无奈别离何？"吴郎中即便痛哭流涕。园毁后，荒冢累然。

建园时间	园名	地点	人物	详细情况
1679～1711	兔儿园（兔山园）	福建泉州	施世榜	在泉州安海镇，为当地最大的假山园，乾隆年间台湾凤山兵马副指挥施世榜卸任时营建，典出月宫玉兔，故名。园内有太湖石假山，山内构洞，委曲绵延，十分巧妙，山外开水池，架石桥，植花木。施世榜（1671—1743），原名寅，别名长龄，字文标，号淡亭，施琅族侄，原籍福建晋江龙湖衙口，随父迁晋江安海和台湾凤山，康熙三十六年（1697）选为台湾凤山县拔贡，授福建寿宁教谕，期满归安海经营房地产，四十岁赴台袭职凤山兵马副指挥使，康熙五十八年（1719）招募大陆移民开发台湾，修筑台湾三大水利之一的八堡圳和福马圳，为台湾漳化地区经济发展奠定了基础。兔山园概为他在安海时所建。
1680～1682	静明园（澄心园）	北京	康熙 乾隆	静明园是清朝著称的“五园三山”之一，清朝康熙十九年（1680）开始在玉泉山建行宫，又经乾隆帝二次扩建，这时的静明园把玉泉山和山麓的河湖地段全部圈入宫墙内，其范围，南长约1350米，东西宽约590米，总面积约为65公顷。乾隆时，“园内为门六”，“宫门五楹，南向。门外东西朝房各三楹，左右罩门二”，前为三座牌坊所形成的官前广庭，再前为高水湖。“东为东宫门，为小南门，又东为小东门。园之西北为夹墙门，稍南为西宫门。”“门外左右朝房，中为石桥，桥西即达香山之跸路也。”“其中水城关闸一（在南宫墙之西段），及东宫门南闸，宣泄玉泉，由高水湖东南引入金河，与昆明湖水合流为长河”（《日下旧闻考》）。 乾隆初年，为了使大运河的通州到北京一段的畅通，仰给于玉泉山汇经两湖之水不被截流而去，于乾隆十四年（1749）冬开始进行一次大规模的西北郊水系整理工程。为此，乾隆帝在扩建静明园的同时疏浚了玉泉山东麓的裂帛湖、镜影湖、宝珠湖，南麓的玉泉湖，西麓的含漪湖以及串联于它们之间的河渠，形成七个完整的河湖水系，环绕于山的东、南、西三面．再由小东门北的五孔闸流经玉河，通过玉带桥而导引入昆明湖。另外还把寿安山、香山一带拦蓄的泉水和涧水通过石渡槽导引入于玉泉山水系。

建园时间	园名	地点	人物	详细情况
				清漪园建成后，乾隆帝命在玉泉山东面的一带洼地上开凿养水湖，作为昆明湖的辅助水库，二十四年(1759)为了扩大农田灌溉，又在静明园南宫门的南面，就原来的一个小河泡“南湖”开拓为“高水湖”。高水湖因水成景，于是拆卸畅春园西花园内的“先得月楼”，迁建于湖的中央，命名为“影湖楼”。 乾隆题有“静明园十六景”：即廓然大公、芙蓉晴照、玉泉趵突、圣因综绘、竹垆山房、绣壁诗态、溪田课耕、清凉禅窟、采香云径、峡雪琴音、玉峰塔影、风篁清听、镜影涵虚、裂帛湖光、云外钟声、罩云嘉荫。 咸丰十年(1860)，园遭到英法军焚掠。光绪帝时部分修复。辛亥革命后，作为公园，在南宫门及正宫的遗址上修建旅馆，利用玉泉山的泉山开办汽水厂。日伪时期，曾修缮加固了玉峰塔，香严寺也按原样修复。 到北京解放前夕，静明园内的建筑如香严寺、云外钟声、伏魔洞、华滋馆、龙王庙、竹垆山房、真武祠、垂虹桥、含辉堂、清音斋、东宫门等，或劫后幸存，或经后期修复；东岳庙、圣像寺尚残存部分殿宇。此外，佛塔、幽洞、奇石以及“十六景”的大部分尚能看到。玉泉湖、裂帛湖、镜影湖和部分水道仍如初。(汪菊渊《中国古代园林史》、王珍明《海淀文史——京西名园》)
1681	木兰围场			清代皇家猎苑，位于河北省东北部(承德市围场满族蒙古族自治县)，与内蒙古草原接壤，东西三百里，南北近三百里，总面积达一万多平方公里。这里自古以来就是一处水草丰美、禽兽繁衍的草原。木兰围场周围和各隘口均以树栅(又称柳条边)为界，其地形划分为六十七个小型围场，木兰围场又是清代皇帝举行木兰秋狝之所。历史上的木兰围场主要由现在的塞罕坝国家森林公园、御道口草原森林风景区和红松洼国家自然保护区等三大景区组成。(汪菊渊《中国古代园林史》)

建园时间	园名	地点	人物	详细情况
1681后	春夏秋冬四园	福建泉州	施琅	皆为将军施琅康熙年间所创，春园在泉州浯江北岸，有竹林迷径和小溪土墩，面对三洲芳草，取“春游芳草地”意，1955年改建为青年乐园，毁于“文革”。夏园在挂坛巷内，有拜圣亭、涵碧亭、澄圃、荷池、拱桥、假山、石洞、小亭、楼台、厅堂、长廊、太湖石、古树、修竹等，取“夏赏绿荷池”意，后改为清源书院，20世纪三十年代尚存，现为晋光小学。秋园在通源境（今泉州农校西北角）释雅山故宅，号东园，傍城郭，据高岳，园内有古榕、共鸣乐台、假山曲径、东篱菊圃、崇正书院等，取“秋饮黄花酒”之意。冬园在城北梅花石旁，依北郭，眺清源山，内有梅石书院、假山石峰、梅林等，取“冬吟白雪诗”之意，现为泉州一中。 施琅（1621—1696），字尊侯，号琢公，晋江龙湖衙口人，著名的军事家，崇祯时任游击将军，因郑成功杀其父、弟而降清，先后被授予同安副将、同安总兵、内大臣封伯爵（1668）、福建水师提督（1681）、右都督、太子少保，封靖海侯（1681），二十二年（1683）率师克台，统一中国，卒谥襄壮。建园约在升福建水师提督之后。
1681后	涵园（来同别墅）	福建厦门	施琅	在厦门市，为靖海侯施琅封侯后所建，清郑缵祖有《来同别墅记》详载，园广数亩，园内有足观堂、青砺亭、介亭、旭斋、醉月轩、指升轩、罗浮轩等，园中多巨石，植松、竹、梅，高出城上，可俯瞰内外，左挹山光，右收海色。
1682	亦园	江苏苏州	尤侗	尤侗（1618—1704），清文学家、戏曲家，字同人、展成，号悔庵、艮斋、西堂老人，苏州长洲人，顺治拔贡，康熙十八年（1679）举博学鸿词科，授翰林检讨，参与编《明史》三年，告归，能诗词、骈文，有《鹤栖堂文集》和《西堂全集》。1682年告归后购地建园，园广十亩，池点一半，园内无楼阁廊榭和层峦

建园时间	园名	地点	人物	详细情况
				怪石，有一亭，名揖青亭，成为登高之所，池中有一轩，名水哉轩，另有鹤楼堂，楹联为：章皇天语真才子，圣上玉音老名士。约有园林十景：南园春晓、草阁凉风、葤溪秋月、寒村积雪、绮陌黄花、水亭菡萏、平畴禾黍、西山夕照、层城烟火、沧浪古道等。尤侗题有十景竹枝词。太平天国时为腊大王所居，腊大王擅诗画，曾在宅墙上题有梅兰画作。
1682	偶园	山东青州	冯溥	偶园在青州城里今民主南街路东，本是清朝康熙年间文华殿大学士冯溥的宅园，当地俗称冯家花园。当年冯家花园北接古朴宽大的冯氏宗祠，东北连接楼台参差的冯宅，从而形成一组第宅、宗祠、宅园三结合的群体。冯溥"端敏练达，勤劳素著"，深得康熙帝的信任，康熙十年(1671)拜文华殿大学士。十一年他上书乞休未准，康熙二十一年(1682)冯溥74岁时又上书乞沐，这回获准了。"冯溥既归，辟园于居第之南，曰偶园。"(《青州府志》、汪菊渊《中国古代园林史》)
1683	密云行宫（刘家庄行宫）	北京		在密云县城东门外刘林池村西，占地100亩，始建于康熙二十二年(1683)，有房58间，康熙四十八年(1709)增建，有房387间，行宫正门朝南，六侧汉白玉石狮和上马石，宫前有假山，四面宫墙，正门两侧各有侧门，行宫内外有1000余株松树和柏树，主要有正殿、佛室、配殿，康熙御书殿额。康熙在赴木兰围场返京途中写下《回銮抵密云城》："连年驻跸此城限，云谷无尘金碧堆；斗室何妨宇宙志，晨昏常掖銮辇回。"(孔俊婷《观风问俗式旧典湖光风色资新探》)
1683	河槽行宫	北京		临时休息和避暑。(孔俊婷《观风问俗式旧典湖光风色资新探》)
1683	台麓寺	山西五台山		为纪念清圣祖于康熙二十二年(1683)春二月西巡五台，事毕回銮至此时为民射死猛虎之事，将此地改名射虎川，并创建此寺。康熙二十四年(1685)，于此设大喇嘛一员，格隆班弟二十五名，焚修香火。

建园时间	园名	地点	人物	详细情况
				康熙三十七月(1698),圣祖幸山时,又设供佛像三尊;康熙四十年(1701),特遣官送镂刻香檀佛像,御制碑文;四十四年(1705),赐梵文藏经,御书匾额。台麓寺为清代诸帝朝台行宫,清末为五台山黄教二喇嘛驻地。 现存寺宇占地一万五千平方米。内有清建天王殿三间,石碑一通,寺前有雕刻精致的汉白玉石桥一座。
1683～1696	快园	福建厦门	施琅	为水师提督官邸的附园。清人许原清撰有《快园记》云:厦门厅事后,依山为园,古木阴翳,怪石林立,有洞有泉,有亭有台,面漳海,临浯,大担小担峙其前,沧波灏瀚,樯桅万里,每一登眺,快然于心,因名之"快园"。(孔俊婷《观风问俗式旧典湖光风色资新探》)
1684～1690	畅春园	北京海淀	叶洮 张然	畅春园,位于北京海淀区,圆明园南,北京大学西。原址是明朝明神宗的外祖父李伟修建的"清华园"。园内有前湖、后湖、挹海堂、清雅亭、听水音、花聚亭等山水建筑。根据明朝笔记史料推测,该园占地1200亩左右,被称为"京师第一名园"。清代,利用清华园残存的水脉山石,在其旧址上仿江南山水营建畅春园,作为在郊外避暑听政的离宫。设计为宫廷画师叶洮,施工为江南园匠张然《日下旧闻考》载,有景大宫门,九经三事殿、春晖堂、寿萱春永、云涯馆、瑞景轩、林香山翠、延爽楼鸢飞鱼跃亭大学士张文贞有《赐游畅春园至玉泉山记》,西花园是畅春园的附园,布局上自由,为皇子居住,以居住建筑(四所)为主,水景多,树木蓊蔚。(孔俊婷《观风问俗式旧典湖光风色资新探》)
1684	织造署花园	江苏苏州		苏州织造署始于元代,明代在今小公园一带,清顺治三年(1646)设总织局,康熙十三年(1674)年,改为苏州织造衙门,时广五十余亩,有厅堂、廨宇、吏舍、机房四百余间,康熙二十三年(1684)在织造署西偏建行宫以备帝居,康乾二帝皆驻跸于此。园内有曲池、假山、楼阁等景,乾隆四十四年(1779)乾隆

建园时间	园名	地点	人物	详细情况
				南巡,太监将原为留园内的瑞云峰移至行宫,并环池配以石峰十余。光绪三十三年(1907)年改建为振华女中,今为苏州第十中学内,现余:园池、瑞云峰、环池石峰、土山、己巳亭等。
1684	古藤书屋	北京西城	朱彝尊	在宣武门外海波寺街(今海柏胡同),大学者朱彝尊在康熙十八年(1679)博学鸿词科会试中举之后,移居虎坊桥,与徐釚同住,二十一年(1682)春江南典试后挈妻冯氏来京,次年赐居景山之北的禁垣之内,二十三年(1684)迁居海波寺街古藤书屋。园中古藤书屋为主体,以屋前两株紫藤而名,“古根蟠坞,柔干萦棚。每当春杪花开,嫩紫蒸霞,新清浥露。夏时则绿叶青葱,满荫庭院,浓阴纳爽,翠影飘凉”,“旁贴湖石三五,可以坐客赋诗”,屋对面构有曝书亭。二十五年(1686)送梁佩兰还广东时在此饯行,作《送梁佩兰还南海》,在此辑《日下旧闻考》,表弟查嗣瑮至京,留宿古藤书屋,并互以诗赠答。彝尊诗云:“盐官人到逼残年,赠我吴兴十两绵。肌栗顿消生暖后,鬓丝相视入愁边。醉拼把盏循环饮,倦便安床曲尺眠。玉桂园中来底事?开春同缚送穷船。”康熙二十八年(1689)二月自古藤书屋移居槐市斜街,三月,查慎行、梁佩兰过访,查并作《三月晦日饮朱十表兄槐市斜街新寓》诗:“古藤荫下三间屋,烂醉狂吟又一时。惆怅故人重会饮,小笺传看洛中诗。”三十一年(1692)罢官后携眷离京,从此未至京城。古藤书屋后数易其主,至顺德会馆。会馆楹联为“一庭芳草围新绿,十亩藤花落古香”。三十五年(1696)朱于家乡居后之荷花池南仿建京城之曝书亭,作《曝书亭偶然作》,死后五年《曝书亭集》刊行。 朱彝尊(1629—1709),清代著名词人和学者,字锡鬯,号竹垞,晚号小长芦钓鱼师、金风亭,浙江秀水(嘉兴)人,康熙十八年(1679)举科博学鸿词,以布衣授翰林院检讨,入值南书房,曾参加纂修《明史》,出典江南省试,后因疾罢归,学识渊博,著述甚丰,与当时王士祯南北齐名,与陈维崧分领浙西派和阳羡派,有《曝书亭集》、《日下旧闻》、《经义考》、《明诗综》、《词综》、《食宪鸿秘》等。

建园时间	园名	地点	人物	详细情况
1684	施琅泉州故居	福建泉州	施琅	在泉州市蔡巷东原农校内，分上下侯府、祠堂、小宗祠、花园，占地 17.4 亩，花园不在，建筑大部分存，现拟扩建为释雅山公园。
1684	朱竹垞寓居	北京		“在海波寺街，有古藤书屋”(《宸垣识略》卷十)。案：康熙甲子(康熙二十三年，1684)朱彝尊初罢禁职，自黄瓦门移居宣武门外有诗(略)。《曝书亭集》：“僦宅宣武门外，庭有藤二本，柽柳一株，旁帖湖石三五，可以坐客赋诗。”朱彝尊在此撰《日下旧闻考》，见自序。赵吉士《寄园集》：“甲戌元夕，饮于章云中翰汉翔古藤书屋诗的自注云：寓为金文通之俊甲午旧邸，递传龚芝麓、何蕤音(《藤荫杂记》：何蕤音元英寓此名丹台书屋)。朱竹垞以及中翰，互易主矣。”此后，黄俞邰，周青士诸君先后寓此。“古藤书屋……其扁字作两行，乃龚端毅公为金孝章所书，古藤久已不存，而匾额亦不可问矣。”但《京师坊巷志稿》又载：“今古藤靠壁，铁干苍坚，古色斑斑，洵百余年物。特屋未宏敞，大第已拆为三四，宅西偏赁施小铁冏卿朝干”等。
1685	溶　园(西园、寄闲别墅)	上海金山	程珣	在金山区朱泾，程珣于光绪十年左右建，又名西园、寄闲别墅，毁。程珣，字洁文，康熙二十四年(1685)进士，官到中书。概园建于中进士之后。光绪十年(1884)年前存，后毁。
1685	要亭行宫	北京密云	康熙	位于密云石匣城北瑶亭村，距密云 60 里，始建于康熙二十四年(1685)，有房 58 间，康熙四十八年(1709)增建，有房 387 间，占地 100 亩。行宫坐北朝南，宫门南有 2 个月牙形花坛，旁有 2 株国槐，往北有 1 座石桥，汉白玉桥栏石柱，桥下为护宫河，过桥为甜水和苦水两井，从桥头到行宫南门 30 丈，两旁两行桧柏，桥东四行垂柳，桥西四行杨树，宫门两侧各有两株树，再往南为两株洋槐，行宫四面为山石宫墙。宫院边长 75 丈，正宫门坐北朝南，门内 60 丈甬路，侧柏成墙，两边各有三排洋槐，殿前两侧各有两株古柏。主要建筑有正殿、

建园时间	园名	地点	人物	详细情况
				佛室、后殿、东室、西室等，题额皆康熙手书。乾隆驻跸期间写下《要亭行宫晚坐诗》《要亭行宫叠旧韵》，其中有："游丝爽簌斗秋阳，户列席峣峰渺茫；历历出篱垂果裸，嘤嘤绕砌足常羊。"大殿东为青石假山，周围十余株油松，行宫东有石桥，桥东毕杨树，西宫墙外也为杨树，北墙外八株响杨。
1685后	岸堂	北京西城	孔尚任	位于宣外大街路东的海柏胡同，康熙二十三年(1684)，康熙南巡北归时到曲阜祭孔，孔尚任御前讲《论语》合圣意，次年(1685)被任命为国子监博士，入京居此，写下了著名剧作《桃花扇》，一时洛阳纸贵，频频演出。"海波巷里红尘少，一架藤萝是岸堂。""生苔满壁笼诗满，引蔓藤萝接座长。"院中藤枝迎客，题满了诗的墙壁长了青苔。自题《长留集》："岸堂予京寓也，在海波寺街。其前有青厂乃先朝牧马处。"诗云："青草官田邻马苑，海波萧寺接天街。""岸堂如野圃，待客只秋红。"台阶下开满了各色花草，尚任诗中记有茉莉、玉簪、望江南等，"篱花香暗淡，窗树影玲珑"花影横斜的园地。"半亩山园开芍药"，可知园广半亩，以花为主，多达24种，其中以芍药和紫藤为最。王渔洋、蒋京少、陈健夫、朱悔人、朱字绿等友人在花下分韵作诗。 孔尚任(1648～1718)，字聘之、季重，号东塘、岸堂，自称云亭山人。山东曲阜人，孔子第64代孙，清初诗人、戏曲作家，与《长生殿》作者洪升并论，称"南洪北孔"，1685年入仕后，于江南治水，二十九年(1690)回京任国子监博士、三十三年(1694)户部主事、三十八年(1689)写成《桃花扇》、三十九年(1700)户部广东司外郎，不到一个月罢官，闲居两年后于四十一年(1702)返乡。其作品还有《小忽雷》传奇、诗文《湖海集》、《岸堂集》、《长留集》等。
1686	金山寺行宫	江苏镇江		乾隆南巡之用。(孔俊婷《观风问俗式旧典湖光风色资新探》)

建园时间	园名	地点	人物	详细情况
约 1686	百尺梧桐阁	江苏扬州	汪懋麟 郑板桥 乾 隆	位于在东关街哑官人巷，今称雅官人巷，曾任内阁中书与刑部主事的汪懋麟(1640—1688)曾隐居于此。园内旧有百尺梧桐、千年枸杞，并有十二砚斋一座、朱砂井一眼、墨池一泓。据说乾隆乙酉(1765)春，73 岁的郑板桥曾题其所居云："百尺梧桐阁；千年枸杞根。"又题云："百尺高梧，撑得起一轮月色；数椽矮屋，锁不住五夜书声。"乾隆南巡扬州曾驻跸此园。园中的百尺梧桐，当是此园最显眼的标志，园以此得名。园东南有十二砚斋，据说因汪懋麟曾梦见十二砚入怀，故名。
1687	西湖书院	广东惠州	吕应奎	位于丰湖黄塘，当时称为义学。清嘉庆七年(1802)改建为丰湖书院。(《惠州西湖新志》)
1687	文 园(绿净园)	江苏如皋	张祚 汪淡庵 汪为霖 戈裕良	在如皋县城丰利镇中心，康熙二十六年(1687)进士张祚始作小园，雍正年间归盐渔富商汪氏，汪淡庵在园中建假年课子读书堂，雍正十三年(1735)因梦文昌帝君而名文园。园广 50 亩，园内树木高大葱瀛、叠山巧夺天工、溪流蜿蜒盘旋。园中建有课子读书堂、念竹廊、紫云白雪仙槎、一枝庵、浴月楼、读梅书屋、碧梧深处、桃花潭、凤楼山馆、韵石山房、停云馆、归帆亭、魁星阁、燠馆等多处佳景。其子汪之珩好山水，巨资扩建文园，与李御、刘文玢、吴合纶、顾駉、黄振号"文园六子"，著有《文园六子诗》、《甲戌春吟》、《文园集》等。另外文园编辑出的著名诗歌总集《东皋诗存》与《东皋诗余》，被收入《四库全书》。之珩早逝，汪为霖四岁继承家业，十六岁提为户部侍郎，随乾隆皇帝热河行宫阅射，赐顶戴花翎，出为广西思恩太守，嘉庆元年为苍梧道，嘉庆八年(1803)病归故里，请戈裕良在文园北面扩建北园，广 40 亩，次年完工，主景小山泉阁。洪亮吉游北园，取韩昌黎"绿净不可唾"名为绿净园，题有《葺补绿净园》诗二首。嘉庆十三年汪复官后次年请归孝母，道光二年(1822)春钱泳访文园，有《过如皋汪氏文园赠春田观黎》二首及《履园丛话》之"园林"篇，是年汪卒。道光十年

建园时间	园名	地点	人物	详细情况
				(1830)其子汪承庸请季标绘成《文园十景图》(课子读书堂、念竹廊、紫云白雪仙槎、一枝庵、浴月楼、读梅书屋、碧梧深处、小山泉阁、韵石山房、归帆亭)和《绿净园四景图》(竹香斋、药栏、古香书屋、一篑亭),并请南通书法家朱英和朱玮题咏,十年后,合历年诗赋合为《汪氏两园图咏合刻》。汪承庸后任山东蓬莱知府,园疏于管理而于同光年间废,又于近代战火毁。课子读书堂诗八,念竹廊诗八,紫云白雪仙槎诗七,韶石山房诗七,一枝庵诗七,小山泉阁诗八,浴月楼诗六,读梅书屋诗七,碧梧深处诗六,归帆亭诗七,香竹斋诗七,药阑诗七,古香书屋诗六,一篑亭诗六,张薇《戈裕良与园林》有复原图。
1688～1690	西花园	北京	曹寅	是清代康熙年间建成的京西御园畅春园的附属园林,位于畅春园西墙外的南部紧邻。花园呈扁方形,东西较宽而南北稍窄,占地 142.36 亩。修建于康熙二十七年至二十九年之间(1688～1690),曹寅主持修建。 西花园是一座水景园,万泉河水从南园墙的西端进水闸流入园内,在花园中部和偏南一带形成一座横跨东西的湖泊。湖西部有从北到南三座横向小岛。湖东部从湖东岸到湖中心,有一座长长的半岛。花园东部靠园墙有一带连绵的假山,假山在北端顺小溪往西延绵。园西部在西园墙与荷花之间,也有一道假山。东西假山上下,植有松柏、山桃、和竹林,以及名贵花卉,把幽静的庭院装扮得古朴素雅又瑰丽多姿。西花园的主要建筑,是建于半岛西端即小湖中心的讨源书屋。花园南部荷花池畔,建有南、东、中、西四所。西花园共有殿宇大小房七十四间。西花园的正门为南宫门,门前为通向畅春园的大道。 西花园建成后,成为皇太子和诸皇子居住和读书之所。西花园建成不久,康熙曾到园内看望诸位皇子并赏花观景,写下一首《畅春园西新园观花》。乾隆也写了《讨源书屋对雨》、《讨源书屋记》等关于西花园的诗作。《海淀文史:京西名园》

建园时间	园名	地点	人物	详细情况
1688～1766	街南书屋（小玲珑山馆）	江苏扬州	马曰琯 马曰璐	位于扬州东关街南侧，李斗《扬州画舫录》卷四写道："马主政曰琯，字秋玉，号嶰谷，祁门诸生，居扬州新城东关街……于所居对门，筑别墅，曰'街南书屋'，又曰'小玲珑山馆'。有看山楼、红药阶、透风透月两明轩、七峰草堂、清响阁、藤花书屋、丛书楼、觅句廊、浇药井、梅寮诸胜。玲珑山馆后丛书前后二楼，藏书百橱。" 马曰琯（1688—1755），字秋玉，号嶰谷，著作有《沙河逸老小稿》。马曰璐（1697—1766），字佩兮，号半槎，著作有《南斋集》。兄弟俩勤敏好学，擅长诗词，广交朋友，爱好园林，时称"扬州二马"。（李斗《扬州画舫录》）
1689	宜亭	天津	朱士杰	据《天津县志》记载：康熙二十八年（1689）天津兵备道朱士杰在城西三里演武厅右侧月堤上创建宜亭。康熙年间天津诗人张坦的一首诗赏菊佳作《宜亭看菊》道："寻菊到宜亭，空郊眼倍青。沙痕分野圃，秋色赛园丁。浊酒赛香湛，蓝舆夕照亭。由来耽隐逸，不爱五候鲭。"宜亭在西门外，演武场右月坛上，康熙年间天津道朱士杰建。夏日，时人竞相在宜亭中消暑纳凉，秋季，商人在园中布置菊花，招揽游人，兼营其他，开创天津赏菊的先河。 朱士杰，清奉天人，康熙间官衡永兵道、天津兵备道，时吴三桂之乱甫平，士杰捕治余党，除浮粮，豁单丁，修治石鼓书院，士民交颂之。
1689	紫竹林	天津		在今和平区承德道与吉林路交口西侧原市图书馆附近，康熙二十八年（1689）在此建造供奉观音的紫竹林，正殿三间，两厢有配殿，院内植竹为园。嘉庆诗人梅成栋诗道："高柳绿围村，村烟接水痕；板桥通古寺，花圃背衡门。"寺前临海河，南临海大道，临近马家口，地处要冲，咸丰十年（1860）《北京条约》签订后，英美法三国在此划分租界，光绪二十六年（1900）八国联军入侵天津，紫竹林被毁。后在寺址建法国公议局。

建园时间	园名	地点	人物	详细情况
1689	灵岩山行宫	江苏苏州		灵岩山，本是春秋时代吴王大差馆娃宫的旧址，也是越国献西施的地方。灵岩山景区位于“秀绝冠江南”的灵岩山麓。景区内楼台亭榭依山势而建，九曲长廊因地形而走，清池涓流，岸曲水回，是吴中著名的旅游胜地。（孔俊婷《观风问俗式旧典湖光风色资新探》）
1689	杭州府行宫	浙江杭州		《南巡盛典》记载：在涌金门内太平坊。旧为织造公廨。康熙二十八年（1689），圣祖仁皇帝南巡，驻跸于此。此后屡蒙巡幸，即奉为行宫。乾隆十六年，皇上法祖勤民，亲奉皇太后銮舆，巡幸浙省，大吏重修，恭驻清跸。
1690前	桔园	江苏吴县市	翁天浩	里人翁天浩在今吴县市洞庭东山社下里西建有私园，名桔园，园林建筑不事雕饰，朴素无华，兼具林泉谷壑，内有：水池、社西草堂、敞云楼等。康熙二十九年（1690）刑部尚书、昆山人徐乾学请告归里，康熙命修《明史》和《大清统一志》，徐即住于此地，故该园应在1690年前建成。
1690	韩家花园	重庆	韩成	清代康熙年间总兵韩成府邸花园，韩成子孙皆官至提督，韩成为康熙年间平三藩功臣，概园建于此时。
1691	文殊院（信相寺、信相文殊院、空林堂）	四川成都	慈笃禅师	位于成都西北的文殊院街，建于隋唐，名信相寺，明末毁于战火，清康熙三十年（1691）慈笃禅师重建庙宇，初名“信相文殊院”，康熙三十六年（1697）改名文殊院，又名空林堂，康熙四十二年（1703）康熙曾书“空林”匾额，赠予该寺。嘉庆十九年（1814）第七代方丈本园禅师进行重修，大体奠定现在的规模。寺内外古木成林，楠、樟、柏、慈竹等遍布全园，“文革”期间遭到砍伐，所剩无几。文殊院坐北朝南，殿宇建在一中轴线上，从山门进入，依次是天王殿、三大士殿、大雄宝殿、说法堂、藏经楼。东西两侧有钟、鼓二楼、斋堂、客堂。全院占地82亩，共殿、堂、房、舍192间，建筑面积1.16万平方米。殿宇以长廊密柱相连接，布局严谨。（《成都市园林志》）

建园时间	园名	地点	人物	详细情况
1694	雍和宫花园	北京		位于北京东城区，清康熙三十三年(1694)，康熙帝在此建廷府邸、赐予四子雍亲王，称雍亲王府。雍正三年(1725)，改为行宫，称雍和宫。乾隆九年(1744)，改为喇嘛庙。“在国子监之东，地本世宗(胤禛)潜邸，改为寺，喇嘛僧居之。殿宇崇宏，相设奇丽”(《天咫偶闻》卷四)。寺“前为昭泰门，中为雍和门，内为天王殿，中为雍和宫。宫后为永佑殿，殿后为法轮殿。西为戒坛，后为万福阁，东为永康阁，西为延宁阁，后为绥成殿，宫西后 为关帝庙，前为观音殿”(《宸垣识略》卷六)。“宫东为书院，乃昔之山池。入门三间为平安居、如意室，石假山环之。正室曰太和斋，后为海棠院，又后延楼一带，树石丛杂”(《天咫偶闻》卷四)。据《宸垣识略》卷六则云：“(太和)斋之东，其南为画舫，南向，正室曰五福堂。斋之西为海棠院。北有长房，更后延楼一所。西为斗坛，坛东为佛楼，楼前有平台，东为佛堂。”《天咫偶闻》卷四还载述了：“寺憎分四学，曰天文学，曰祈祷学，曰讲经学，曰医学。学各有经论，文字不能相通，故始入某学，终身不迁。上殿诵经，座位亦分四列。惜其经皆梵文，无从证其法之精粗。”(汪菊渊《中国古代园林史》)
1695	万石园	江苏扬州	石涛	清代李斗所著的《扬州画舫录》说石涛：“工山水、花卉，任意挥洒，云气进出。兼工垒石，扬州以名园为胜，名园以垒石胜，余氏万山园出道济手，至今称胜迹。”今万石园已毁，其迹已荡然无存。
1695	大涤草堂	江苏扬州	石涛	在大东门外河沿上，清康熙三十四年(1695)石涛和尚筑。其地兰竹丛生。康熙三十七年(1698)涛给八大山人信中云：“平坡上老屋数椽，古木樗散数株。阁中一老叟，空诸所有，即大涤草堂也。”是堂久圮。那里兰竹丛生，背负古城，前临一番山水画意，是以为石涛选中造园，自行规划，且巧叠假山，精心布局。(汪菊渊《中国古代园林史》)

建园时间	园名	地点	人物	详细情况
1695～1713	遂闲堂、问津园、一亩园、思源庄、篆水楼	天津	张霖	张霖(？—1713),字汝作,号鲁庵,晚年自号卧松老衲,先祖抚宁人,父明宇,于清世祖顺治年间(1644～1661)经营长芦盐,遂迁居天津。张霖历任岁贡官工部管缮司主事、兵部车驾司郎中、陕西驿传道、安徽按察使(1695)、福建布政使(1698)、云南布政使,又承办盐运,搜刮民财,回津构建豪宅和园林,后来因为贩私盐落职入狱,儿子张埙遣送宁古塔,家产被抄,园日趋荒废。 张霖所建的园林有问津园(在三汊河口以东锦衣卫桥金钟河畔)、一亩园(天津古城东北角)、思源庄、篆水楼、遂闲堂。其园林冠绝天津,文人贵客纷至沓来,著有《遂闲堂稿》。《老余随笔》称:“沽上园林之盛,张氏首屈一指。”园内“树木葱郁,亭榭疏旷,垂杨细柳,流水泛舟”。吴雯诗《初过问津园》道:“河流带残雪,轻舟向前渡。沙软没履齿,柴门向溪路。却登水上楼,遥见海边树。大野浩茫茫,春鸿正东去。花隐弹棋局,日照吹笙处。舞巾超距远,争席藏钩误。归途画桥北,避棹起风鹭。回首糟邱台,苍苍隔烟雾。”园景有:河流、沙滩、柴门、溪路、水上楼、画桥、风鹭、花树、景石、亭榭、楼阁、古玩、字画等。张霖被革职后,家道日衰,园林荒毁,康熙末年成为废墟,乾隆间张霖曾孙张映辰在旧址建墓园,名思源堂,或思源山庄,袁世凯督直隶时,山庄被改建为天津劝业会场,现中山公园为其一部分。
1695～1713	七十二草堂	天津	梁洪	张霔妻弟、补卫诸生梁洪,字崇此,号芰梁,原籍山西大同,举家来津,诸生、诗人,生性潇洒恬泊,才思敏捷,一夜能诗十首,不乐仕进,书法宗苏长公,诗格近韦苏州,与龙山人东溟(震)同为遂闲堂座上宾,赵执信和汪士鋐十分推崇他。他在三汊河口的锅店街南运河右岸筑七十二草堂。张霔诗《草堂》道:“七十二之沽草堂,主人为谁梁芰梁。牵船岸上久已免,居人庑下今可忘。鸥影开门白皎皎,潮声卷幔青茫茫。高枕更何以自适,海思万里随风长。”张霔诗《寄梁芰梁》道:“衣履清华绝点

建园时间	园名	地点	人物	详细情况
				尘，松风水月寄闲身。饮非文字终难快，交到烟霞更觉亲。居士通禅元佛子，书生能相岂凡人？何时得试弹琴手，一曲和平天下春。”
1696 前	秀野园	江苏苏州	顾予咸 顾嗣立	顾予咸及其子顾嗣立在苏州乘鲤坊建私园，以苏东坡“花竹秀而野”名秀野园，内有回廊、迭山、水池、曲径、秀野草堂、大小雅堂、因树亭、野人舟、闾丘小圃、修竹、芙蓉、丛桂、绿苔浙等。水木亭台之胜，甲于吴下。朱彝尊《饮顾孝廉嗣立秀野堂同周吉士赋》道：“秀野堂深曲径通，巡檐始信画图工。小山窠石屋高下，清露戎葵花白红。已许糟丘成酒伴，不妨蠹简借邮筒。入秋准践登舻约，吟遍江桥两岸枫。”著名的画家王原祁还仿《鸿庐草堂图》笔意，又为顾嗣立作过一幅《秀野草堂图》。顾予咸，字小阮，号松交，居史家巷，为雅园主人，他通过科举考试取得了进士资格，曾任知县等官，虽然官衔不大，但开创了顾家由普通士人步入仕宦的路途。 顾嗣立(1669—1722)，字侠君，江苏长洲人，性嗜书，耽吟咏，弟兄六人，皆名满京城，以嗣立为最，康熙三十八年(1699)，举于乡，会圣祖南巡，被选至京师，给笔札分纂宋金元明四代诗选与皇舆全览等书，以勤勘最，议叙内阁中书，五十一年(1712)会试，特赐进士，改翰林院庶吉士，后以散馆改授知县，移疾而归。性轻财，好施与，豪于饮，终其身无与抗者，有酒帝之称，嗣立所辑《元诗选》、《林韶》、《闾邱辨囿》、《秀野集》、《闾邱集》。朱彝尊(1629—1709)特撰《秀野堂记》，称之为“登者无攀陟之劳，居者无尘埃之患”。
1696	曝书亭	浙江嘉兴	朱彝尊	在王店镇广平路南端，为清初文学家朱彝尊于康熙三十五年(1696)所创私园，原有潜采堂、静志居、六峰阁、瓯舫、娱老轩、茶烟阁、敬悦轩、桂之树轩、煮茶听雪亭等建筑及芋坡、荄池、乡鸭滩、钓船坊等，号称竹垞十二景，百年后均毁。嘉庆元年(1796)浙江学使阮元重建，道光七年(1827)秀水县令吕延庆扩瓯舫，道光三十年(1850)县令朱绪

建园时间	园名	地点	人物	详细情况
				曾修园，同治五年（1866）浙江学使吴存义增建朱氏家祠，祠内悬康熙“研经博物”匾，壁嵌朱氏头像，1922年政府重修祠宇并新建桥亭房舍，新中国成立前，园内景点或塌或毁，1955、1963年两次维修，重建六峰亭，现广七千七百平方米（含西侧空地两千三百平方米），有瓯舫、娱老轩、潜采堂、曝书亭、六峰亭、荷池、九曲桥、板桥等。 朱彝尊（1629—1709）号竹坨，精通经史，为浙西词派创始人，诗与王士祯齐名，世称“南朱北王”。
1696	晚翠园	北京	顾嗣立	《宸垣识略》载，晚翠园为顾嗣立寓居时园林，近西便门，查慎行《顾庶常招饮晚翠阁》诗有“依稀宣北坊西角，鸿爪留泥我亦曾”句。今无考。成园时间应在小秀野前。
1696	依园（息园）	江苏苏州	顾嗣协	顺治进士顾予咸之子顾嗣协在宋代孟忠厚的藏春园（又道为黄州太守闾丘终孝的旧园）旧址建私园，因与其父之雅园相依而名依园。此地梁朝时为梁武帝女妙严公主墓，故依园内有妙严台、妙严亭、妙严泉、妙严池、红桥、话雨轩、畅轩、学诗楼、丛桂、太湖石峰等。顾嗣协好交游，与金侃、潘镠、黄份、金贲、蔡元翼、曹基结为依园七子，唱咏其间。园毁后，嘉庆年间（1796～1820）参军钱盘溪购依园旧址重筑为息园，内有：妙严台（旧物）、池塘。同治年间（1862～1874）诗人袁学澜游园并作记，道园已是残垣断壁、亭榭毁圮。 顾嗣协，字迂客，号依园（在苏州家境宽裕，构筑有依园），又号楞伽山人，江苏长洲（属苏州）人。他出生于诗文极盛的江南，诗才甚高，是清代有名诗人，著有《依园诗集》（六卷）、《漪园近草》等。
1696～1706	小秀野	北京	顾嗣立	京宣武门壕上（今上斜街）三忠祠内，苏州富家才子顾嗣立于康熙三十五年（1696）到京赶考时创建的学园，因思老家秀野园而名小秀野，请其邻查嗣瑮题额：小秀野，并题诗“一片波光拂槛流，西山晴翠压墙头。书声灯影微茫里，差胜苏州隔秀州”。

建园时间	园名	地点	人物	详细情况
				园背郭环流，杂莳花药，傍花映竹，藤萝成荫，丁香花放，满院浓香。鸿胪寺卿禹之鼎为之绘《小秀野图》，墨客唱咏于园，顾自题四首后百人应和，遂集成《小秀野唱和诗》。顾嗣立在京十年以小秀野为据点，以文酒会友，小秀野因此声名远播。在道光年间，小秀野和顾嗣立一度成为宣南士大夫的追忆对象。顾嗣立的玄孙顾元恺于道光二年(1822)与祁寯藻、张穆、何绍基等交游，曾展示祖上园图和诗，梁章钜《为顾杏楼工部题其先人顾侠君先生小秀野画卷禹鸿胪所作也》和祁寯藻《题顾侠君先生小秀野图追次自题韵四首》，后园毁。道光二十八年(1848)，山西学者张穆考得园址，请诗坛盟主祁寯藻补题了"小秀野"匾额，其友何绍基特书祁寯藻的诗句"草堂小秀野，花市下斜街"为联。同治十二年(1873)诗人陈衍初到北京，鹤老为他凭居此园，说："群木绕屋，古槐夭矫拿空，是数百年物。层楹轩爽，稍具亭榭，缭以朱藤海棠丁香诸杂花，间以湖石，枣树覆之，袁珏生(励准)谓是顾侠君先生小秀野草堂。"陈因此蛰居十年，掀起第二次小秀野雅集高潮，1910春，尧生、瘦唐、刚甫、毅夫、叔海、掞东诸同人，在此创为诗社。上巳日(三月初三)，陈衍与江叔海(瀚)为主人，集于天宁寺，晚饮于小秀野草堂。花朝后一日，陈衍又招幽威、芷青、仲毅、次公、秋岳诸子齐饮小秀野，各赋五言律诗，以秀野和斜街四字入诗。同年十月五日，又与杨昀谷、赵尧生、胡瘦唐、王书衡、马通伯、姚叔节、吴君遂、冒鹤亭、林畏庐集饮，题"流风逾百年，佳处尚林樾。侠君秀野堂，今日石遗室。清流日骈罗，韵事未衰歇"。 陈衍(1856—1937)，字叔伊，号石遗，福建侯官(福州)人，清光绪八年(1882)举人，曾入台湾巡抚刘铭传幕，二十四年(1898)参与百日维新，后受湖广总督张之洞邀往武昌，任官报局总编纂，二十八年(1902)应经济特科试未中，后为学部主事、京师大学堂教习，清亡后，在南北各大学讲授，编修《福建通志》，最后寓居苏州，与章炳麟、金天翮共办国学会，任无锡国学专修学校教授，陈衍通经史训诂之学，特长于诗，与郑孝胥同为闽派诗的首领人物，有《石遗室丛书》18种。

建园时间	园名	地点	人物	详细情况
1698	龙王庙行宫	北京		《畿辅通志》：在卢沟桥，去京南三十里(《析津志》)。明正统中，建龙神庙于堤上，康熙三十七年重建。乾隆十六年重修。三十九年又修。庙额曰"南惠济"(《日下旧闻考》)。谨案：此处行宫，《日下旧闻考》等书皆不载，盖嘉庆以后所修。为皇上临幸卢沟，亲阅永定河堤驻跸之所。恭绎宣宗成皇帝御制《驻跸黄新庄行宫》诗注，有"启跸后中途阴雨又作，皇太后安舆行次二老庄，难以前进，奉懿旨即日回銮，驻卢沟桥龙王庙行宫，于明日进城还宫"之训，谨知龙王庙行宫于道光朝圣驾奉皇太后恭谒西陵时曾经驻跸，稽其道里，当在首站黄新庄行宫之前。兹敬谨恭录于此，以昭圣训。(孔俊婷《观风问俗式旧典湖光风色资新探》)
1700	接叶亭	北京	汤右曾	《燕都丛考》和《藤阴杂记》载，接叶亭位于烂漫胡同中部，京都名士汤西涯故居。西涯咏斋中草木至五十二首。该园屡转其主，后为河北省高阳(今高阳县)李鸿藻后人所有。李鸿藻曾当过同治皇帝的老师，任过军机大臣等职。园内庭石森罗，楚楚有致，在外城为佳宅。 汤右曾(1656—1722)，字西涯，仁和人，康熙二十七年(1688)进士，改庶吉士，由编修累官吏部侍郎，兼翰林院掌院学士，日讲起居注官、经筵讲官、河南学政、奉天府丞、光禄寺卿、吏部右侍郎兼翰林院掌院学士，为官公正清廉。康熙帝重其文学，御制诗赐之，目为"诗公"，其诗才大而能恢张，与秀水朱彝尊并为浙派领袖，与方灵皋、蒋南沙、汪绎齐名于京师，前三人性情豪放，惟汪绎迂谨，世人多有褒贬。又工行楷，遒媚似苏轼。著有《怀清堂集》20 卷。因汪绎为康熙三十九年(1700)状元，故可推定园在此前后存在。
1701～1706	普陀寺(海光寺)园	天津	官蓝理	康熙四十年至四十五年(1701～1706)得到天津镇总兵官蓝理的支持，在南门外三里建普陀寺，寺园甚美，康熙五十八年(1719)康熙更其名为海光寺。早年水西庄、西沽、海光寺为天津三大春游胜地，

建园时间	园名	地点	人物	详细情况
				因寺近城故人最多。园西南面地低，南洼积水相连，一望无际，东北植杨柳万株，绿荫遍地，阳春时节，一天飞絮，十里波光，人称小桃源。清人胡捷有诗《正月九日过海光寺》："春郊策马日初迟，正是沙平草浅时。漳道犹闻冰瑟瑟，溪头已见柳丝丝。"乾隆以后海光寺仍是蒹葭苍苍，水波淼淼，清人梅成栋诗《游海光寺》道："日暮凭栏感旧游，西阳无语下沧洲；萧萧芦荻疑风雨，满浦秋声抱一楼。"1858 年清政府与英法等国在此签《天津条约》，1900 年八国联军再过天津，寺园尽毁。
1702	两间房行宫	北京		始建于康熙四十一年(1702)，位于滦平县两间房乡东侧，距县城 22 公里，101 国道和京承旅游高速公路基本并行西南东北向穿过，是清朝皇帝由北京紫禁城到承德避暑山庄御路(北道)沿途各行宫滦平段保存最好的行宫。行宫由山区和平地两部分组成，原建筑规模雄伟，围廊曲径通幽，太和殿、保和殿、照房等建筑，布局考究，东面山峰上的畅远亭遗迹尚存。 《承德府志》：在滦平县治的西南。去古北口四十余里。康熙四十一年(1702)建。南向，殿五楹，额曰"秀抱清芬"，曰"镜风含月"。后殿越过小桥，当山东北隅，曰澄秋轩。盘折而东，高山木杪有亭曰畅远。塞外山川，兹地首当形胜，自昔以两间房得名。今则成聚成都烟火相望，极称丰盈矣。(孔俊婷《观风问俗式旧典湖光风色资新探》)
1702	众春园行宫	河北定州		《畿辅通志》：属定州，在城东北隅(《采访册》)。园始于宋中山守李昭亮，园之名则自韩琦始。康熙壬子至嘉庆辛未，恭逢列圣巡幸，皆驻跸于此(《定州志》)。道光二十六年(1846)，直隶总督奏明将各州县境内行宫勘估，因内有御碑房三间，为宸翰昭垂，又雪浪斋卧苏祠系先贤遗迹，禀请一并存留，并留宫门直房相基改修，暨围墙树木，均未列估，余估银子余两以为修复御碑等处之用(《采访册》)。(孔俊婷《观风问俗式旧典湖光风色资新探》)

建园时间	园名	地点	人物	详细情况
1703	鞍子岭行宫	河北滦平		建于康熙四十一年(1702),因东有形似马鞍的山梁而得名。宫南向,为东、西、中三座宫院,占地面积5万平方米。苑景区由几个山头组成,亭、台、轩、阁掩映在榆柳松柏之间。后宫门东有水井一眼,井东建有荷花池、养鱼池。康熙赴木兰秋狝,多次驻跸于此。(孔俊婷《观风问俗式旧典湖光风色资新探》)
1703	桦榆沟行宫	河北滦平		位于桦榆沟村东滦河岸上的高阜处,距王家营行宫15公里,西北山峦绵延,形成天然屏障。行宫分东、西、中三院,占地6万平方米。宫南400米处为赴木兰秋狝的八旗兵丁驻地,称南营房。宫东南是当年皇帝阅步骑射场地,宫西南角有花窖。宫后面为花园、鱼池,因当年玄烨曾在此放养过名贵的花、鱼,故又有花鱼沟之称。花园西山奇峰险峻,山顶有座寺庙峭壁寺,其额曰“天半香林”,占地1000平方米。在桦榆沟南4公里许的滦河东流转弯处,自然形成一个水流舒缓、河面宽阔的天然鱼场,玄烨在此建有钓渔台。 康熙四十二年(1703)至康熙六十一年(1722)间,玄烨赴木兰秋狝往返途中在此住过24次。康熙四十九年(1710),玄烨曾由热河行宫到王家营行宫,迎接皇太后驻跸此宫。乾隆七年(1742)奉旨拆掉此宫,将木料运往喀喇河屯和热河行宫。(孔俊婷《观风问俗式旧典湖光风色资新探》)
1703	热河行宫(避暑山庄、承德离宫)	河北承德		承德避暑山庄是中国古代帝王宫苑,清代皇帝避暑和处理政务的场所。位于河北省承德市市区北部。始建于1703年,历经清康熙、雍正、乾隆三朝,耗时89年建成。与全国重点文物保护单位颐和园、拙政园、留园并称为中国四大名园。1994年12月,避暑山庄及周围寺庙(热河行宫)被列入世界文化遗产名录。2007年5月8日,承德避暑山庄及周围寺庙景区经国家旅游局正式批准为国家5A级旅游景区。避暑山庄的营建,大至分为

建园时间	园名	地点	人物	详细情况
				两个阶段：第一阶段：从康熙四十二年(1703)至康熙五十二年(1713)，开拓湖区、筑洲岛、修堤岸，随之营建宫殿、亭树和宫墙，使避暑山庄初具规模。康熙以四字题三十六景。第二阶段：从乾隆六年(1741)至乾隆十九年(1754)，乾隆扩建，以三字为名又题三十六景，合称为避暑山庄七十二景。 建筑物达一百多处，总面积564万平方米，蜿蜒宫墙长达10公里，是我国现存占地最大的古代帝王宫苑。分宫殿区和苑景区两大部分，苑景区又分湖区、平原区、山峦区。(《钦定热河志》、孔俊婷《观风问俗式旧典湖光风色资新探》、《北京志——园林绿化志》、汪菊渊《中国古代园林史》)
1703	波罗河屯行宫	河北承德		波罗河屯为蒙语，汉译"情城"或"怕城"。行宫建于康熙四十二年(1703)，位于隆化县城的东北部，为左、中、右三宫。中宫有门殿三间，四进院，二门内有连腰墙。墙后正殿三间，左右各有三间照房，玄烨题额仙泉赏，秋澄景清，檐标千峰。西两院有城台门殿三间，门内各有二道门殿三间，三进院，有大殿三间和东西照房各三间。东院隔墙后又有两座殿，各三间。 行宫所在原为土城子旧城遗址，曾是四朝州治故城，现今城垣犹存，南北长747、东西宽566米，基高残存3至8米。城内四角有楼台。城址占地41万平方米，城内出土文物丰富。经考证，此城为北魏安州、辽北安州、金兴州、元大兴州。波罗河屯行宫主要毁于国民党进攻热河时，拆掉宫宇修炮楼碉堡，致使宏伟的清代宫苑荡然无存。 《承德府志》：康熙四十二年(1703)建。殿南向，后依崇巘，前俯平林，有额曰"山泉赏"，曰"詹际千峰"，曰"秋澄景清"。(《大清一统志》、孔俊婷《观风问俗式旧典湖光风色资新探》)
1703	张三营行宫	河北隆化	康熙	从波罗河屯行宫沿伊逊河谷北行28公里即为张三营行宫，建于康熙四十二年(1703)。宫南向，门殿三间。门内为一殿一厦式垂花门，内大殿五间，抄手廊与垂花门连接。后殿五间，东西各有一跨

建园时间	园名	地点	人物	详细情况
				院，分别为果园和花园。行宫东有泥潭，西有莲花山，南有锣鼓山，北有磨盘山，伊逊河从北流来，山环水绕，风光绮丽，占地近百亩。此行宫是清帝木兰秋围集宴四事的重要场所。1937 年，日伪统治时期，张三营行宫被毁掉。 《承德府志》：在承德府治之北，波罗河屯北 62 里，康熙四十二年(1703)建。北即为石片子。高宗御题额曰：云山寥廓(《大清一统志》)。地近崖口，山势雄奇，峭拔横萃，霏艋送爽，迎秋云烟，万状岁行。秋弥东道有波罗洲屯驻跸于此，过此则御行营，逮木兰回跸，宴赏从猎诸蒙古，亦多于此举行。(《钦定热河志》、孔俊婷《观风问俗式旧典湖光风色资新探》)
1703	怡神园	河南		怡神园系山西、陕西会馆附园。咸丰四年(1854)毁于战火，同治九年(1870)重建，光绪二十一年(1895)完工，共建二十五年之久，总投资白银二十七万两。会馆分中、西、东三部分，由夹巷相隔，中部为主要殿堂，大门前建有旗杆水池。从东西两门出入前庭，东门匾额是“德参天地”，西门匾额是“明竞日月”门厅前左右石狮对峙，门厅之上为戏台，过前院有拜殿，左右各有钟楼。北行有正殿、韦驮殿、左右碑亭、春秋缕和佛殿，建筑严谨对称，气魄宏大，为会馆主要礼仪和议事场所。西部有七圣殿祭台，文昌殿和吕祖阁，为祭祀之所；东部为怡神园。花园居中，南为东厅、魁星楼，北为逍遥楼、戏台台房。沿东巷北行，巷辟两门，一达东厅，一达花园(花园长 6 丈 8 尺，宽 6 丈 4 尺，面积约 0.7 亩)。由东厅右后小门入花园接以回廊，文以雕栏，廊尽一亭，额曰“怡神园”，北楼三楹，左三楹为逍遥楼，右三楹为财神殿之戏台。房园中荧石为山，跆折玲珑，山下穿一石洞以通曲径。洞口凿月池，横架小石桥以达平地。山下有径可通，上构六角亭，杂以花木蕉桐，绿荫匝地。山尽至墙隔，因势支半亭，循墙而西而北，一亭额曰“漱芳亭”，亭依东厅后墙之小厨房。园之后左为天后殿，右为财神殿。(汪菊渊《中国古代园林史》)

建园时间	园名	地点	人物	详细情况
1703	唐三营行宫	河北隆化		建于康熙四十二年(1703),位于隆化县唐三营村。早在康熙二十年(1681)初设木兰围场时,就有八旗兵驻防于此。康熙四十五年(1706)设木兰围场总管大臣一员,秩四品,六品章京八员,总管衙门也设在此地。 现今所见到的唐三营行宫,仅剩一座庙宇苏寿寺。当年行宫的建筑规模和布局以及何年改为庙宇,尚未查到有关史料记载。(孔俊婷《观风问俗式旧典湖光风色资新探》)
1703 后	槐簃	北京	查慎行	《宸垣识略》记载,槐簃为清著名诗人查慎行寓居所在,在槐市斜街(今上斜街),因屋前有两株槐树而名,周桐野、王楼村《过槐簃看菊留小饮》诗:"老瓦盆中花十本,上槐街里屋三间。眼前此景殊不俗,辇下几人能爱闲?我已掀泥除藓径。客方冒雨叩柴关。寒林瘦竹萧萧意,着片疏篱即故山。" 查慎行(1650—1727),清代诗人,初名嗣琏,字夏重,后改名慎行,字悔余,号他山、初白,浙江海宁人,康熙四十二年(1703)进士,授翰林院编修,入直内廷,五十二年(1713)乞休归里,家居10余年,雍正四年,因弟查嗣庭诽谤案,以家长失教获罪,被逮入京,次年放归,不久去世。
1703 后	四松亭	北京	韦约轩	位于南横街,《藤阴杂记》载,本为王崇简怡园西部一隅,王氏败落后,将宅园先后租给张总宪、吴少宰,韦恒谦(约轩)自黔回京,赁住怡园,旧址尚存四株松树立于假山间。韦氏在松石间建接叶亭,俗称四松亭,又于亭周栽花树二十余本,又建有椒书屋,自赋诗曰:"半亩荒园枕碧苔,小亭容我日徘徊。断无热客侵书幌,合有门生共酒杯。松石尚能邀明月,莺花偏为逐春来。"时桃杏正开,然只余年余,园屋又转售,甚是留念,于是留别诗道:"知道主人将去汝,故将颜色媚春风。"次首云:"不知接叶成荫后,谁记山翁手自栽?"光绪年间粤籍官员商贾建为粤东新馆,1898 年 4 月,应试举子张篁溪、康有为等于此成立保国会,新中国成立后,改为学校等使用。

建园时间	园名	地点	人物	详细情况
1703后	胡季堂园	北京	胡季堂	位于米市胡同,《水曹清暇录》载,为胡季堂园少司寇胡季堂宅园。王熙败落,王氏家祠被火焚毁,怡园割裂售人,其家祠部分归胡季堂。胡"开池重建,水亭杰阁,颇称清雅",因未起园名,俗称胡季堂园。 胡季堂(1729—1800),字升夫,号云坡,胡煦幼子,初由荫生入仕,授顺天府通判,调至刑部任员外郎,后升任郎中。乾隆三十一年(1766),出任甘肃庆阳知府,旋升任甘肃按察史,三十六年(1771),调江苏布政使,因政绩于三十九年(1774)升刑部右侍郎,兼管顺天府,四十四年(1779),升刑部尚书,赐紫禁城骑马,五十五年(1790)受命山东滨州,暂署山东巡抚,赈灾有功加封太子少保,六十年(1795)调任兵部尚书,受理户部三库。嘉庆三年(1798)授直隶总督,赐孔雀翎,翌年,加封为太子太保,首劾和珅,并受命镇压各地起义。卒赠太子太保,赏《陀罗经》,谥庄敏公。
1704	南天门行宫(南天门御书房)	北京		在今古北口西南。它前拱神京,后卫古北口,形势险要,是清帝北巡的御道息饮之地(即停歇站,不留宿)。为拱形门,赐名"天门"。因位于古北口西南,故称南天门。清康熙四十三年(1704)建。拱形门上有矩形木栏杆圈围樵楼。门旁依山垒筑平台,上建南海大士、真武大帝殿各三盈。关圣帝君、二郎爷配殿各三盈。山门外禅房六间。工程告竣后,康熙帝手书"横翠"匾额。乾隆五年(1740)敕建观音寺,内建御书房,寺旁建精舍,御制额曰"揽胜轩"。南天门风景优美,令人赏心悦目,乾隆皇帝过往此地时写有诗作多篇,其中《南天门》诗曰:"牝谷晨行冲晓雾,是处淙淙鸣石濑。回溪复岭数十盘,莲宫始见青云外。到来初地空尘心,凭虚万景窗前绘。举鞭旋复度岩扉,直教隔绝仙凡界。天关虎豹信森严,此或当然我所戒。"(孔俊婷《观风问俗式旧典湖光风色资新探》)

建园时间	园名	地点	人物	详细情况
1704	王家营行宫	河北承德		建于康熙四十三年(1704)。宫前有清溪,宫后倚青山,峰峦叠翠,山环水绕。行宫分东、西、中三座院落,大宫门三间,东西宫门各三间。正宫为三进院,大殿五间,有“引流成溪”四字榜文。东西各三间配殿,二殿七间,后照房九间。东宫大殿五间,后照房三间。西宫大殿五间,二殿五间。整个宫殿区以回廊连接,布局严谨,占地25.3亩。前照山69亩,数峰连峙,奇石天成,松柞树满山。后靠山31亩,灌木丛生。 《承德府志》:在滦平县治西常山峪东北40里,康熙四十三年(1704)建。榜曰“引流成溪”,凡四重东西亦如之其阳面山,地势平旷,宫内廊轩接比院宇高明。(《大清一统志》、孔俊婷《观风问俗式旧典湖光风色资新探》)
1706	九峰草庐(逸园、西碛山庄)	江苏吴县市	程文焕	康熙四十五年(1706),孝子程文焕(字豫章,号介庵)葬父于吴县市邓尉山之西的西碛山麓,筑庐墓旁,长年守墓,苏州名儒何焯为园题九峰草庐,后来康熙进士邵泰题逸园。园广五十亩,右临太湖,植梅万株,修竹百竿,牡丹一二十本,银杏一本(宋元旧物,大三四围)园内有景:池水、饮鹤涧、九峰草庐(借景远近九峰)、花上小阁、寒香堂(嘉兴鸿儒朱彝尊题)、养真居(居所)、心远亭、北崖、钓雪槎、清阴接步廊、清晖阁、梅花深处、涤山潭、澡渌亭、盘徛石梁、芍药圃、竹篱、短垣、石径、白沙翠竹山房、宜奥(斗室)、山之幽(室)、飞桥、云梯、涤山、莫厘峰、缥缈峰。园东丹崖翠巘,云窗雾阁,西面水天相接,风帆沙鸟,为逸园借景胜处。六十年(1766)后,园传至程之孙程在山,程在山善诗,其妻顾蕴玉(号生香)亦能诗,两人唱和于园中。袁枚至邓尉山探梅时访园,题有诗记,在《履园丛话》等中可知此时亦有增景:茶山、石壁、在山小隐、生香阁、腾啸台、鸥外春沙馆等。程顾夫妻亡后,乾隆四十年(1775)扬州江橙里购得此园,易名西碛山庄,袁枚为之作《西碛山庄记》。以后改建为行宫,乾隆四十五年(1780)乾隆南巡驻于此园,南巡过后园渐荒,1820年园尽毁。

建园时间	园名	地点	人物	详细情况
1706	汤泉行宫（汤山行宫、汤泉山行宫）	北京		位于昌平区小汤山镇，为明清帝后龙浴之处。从明朝起辟为皇帝禁苑。清康熙五十四年(1715)在此建汤泉行宫，建汉汤泉行宫白玉方池，供皇帝、显贵洗浴。乾隆年间，称原行宫为前宫，向北扩展建成一座清幽的园林，为后宫。前宫为皇帝处理政务之处，后宫建澡雪堂、漱琼室、飞凤亭、汇泽阁、开襟楼等，山清水秀，曲径通幽。后遭八国联军破坏。新中国成立后在行宫旧址建起疗养院，并在后宫辟有遗址公园，现存有龙池、庙宇、荷池、叠桥等，环境清雅幽致。（孔俊婷《观风问俗式旧典湖光风色资新探》）
1707	南石槽行宫	北京		为由圆明园巡幸热河避暑山庄驻跸之所。（孔俊婷《观风问俗式旧典湖光风色资新探》）
1707	蔺沟行宫	北京		为由圆明园巡幸热河避暑山庄驻跸之所。（孔俊婷《观风问俗式旧典湖光风色资新探》）
1707	西湖行宫（圣因寺行宫）	浙江杭州		《南巡盛典》记载：在孤山之南。群山环拱，万堞平连，足揽全湖之睹。康熙四十四年(1705)，圣祖仁皇帝省方南服，数经驻跸于此。乾隆十六年(1751)，皇上翠华临幸，全浙臣民环忭踊跃，因共旧制，略加恢廓，为圣主欢奉慈宁之地。万汇光昭，湖山耀彩，皇情悦豫。琬琰名山，永符明圣之瑞应云。（孔俊婷《观风问俗式旧典湖光风色资新探》）
1707 后	澄怀园	北京		在圆明园和畅春园之间，为圆明园附园，御道北，圆明园福门外，与今北京大学蔚秀园教职工宿舍仅一墙之隔，园南是虹桥至清漪园御道，园西为石板道，道西为扇子湖与善缘庵和福慧寺，园东是绮春园的西墙，如今是101中学的西院墙。园北距圆明园南墙仅数十丈，如今成了福园门村。样式雷图样中有四件澄怀园资料。最早是康熙帝赐给大学士索额图的花园，雍正三年(1725)赐予张廷玉、朱轼、蔡珽，吴士玉、蔡世远、励宗万、于振、戴瀚、杨炳九等九位翰林居住，雍正五年(1727)以澄

建园时间	园名	地点	人物	详细情况
				怀二字赐园名，世称翰林花园，咸丰年间被英法联军焚毁。民国期间建为达园。其特殊在于从雍正三年一直到咸丰朝，一直是南书房和上书房翰林的值庐，这是清廷对汉族官员的最高礼遇，咸丰皇帝曾有诗云："墙西柳密花繁处，雅集应知有翰林。"园的护卫和管理都由圆明园管园大臣统一负责，规格极高，入住官员皆有诗作，以张廷玉最多。
1708	陆宣公祠	江苏无锡		在惠山直街43号，始建于宋建中靖国元年(1101)，祭祀的是唐代宰相陆贽，因为他死后被赐谥号"宣"，因而他的祠堂称为陆宣公祠。毁于明末，康熙四十七年(1708)重建，嘉庆时重修，园林式布局，现存二进，门间后为戏楼，下临水池，池上架有通往享堂的石桥。新中国成立后归惠山派出所。
1708	沽水草堂	天津	安尚义 安麓村	安尚义，又名尚仁、安三，字易之，为明珠家臣，替明珠在天津经营盐业。安麓村，安尚义子，名岐，字仪周，号麓村、松泉老人，两淮盐总、收藏家、鉴赏家，父子二人借明珠势力在津、扬两地经营盐业，数年巨富，时人评有"北安南亢"之说，安氏父子富而慷慨，在康熙五十年(1711)天津遇灾，安氏粥厂赈民十年。雍正三年(1725)，天津洪泛城毁，安氏捐款修城，雍正钦定西门为卫安，可见在1711年前富可敌国。康熙四十七年(1708)定居天津，在天津城东南六里处建园林沽水草堂，《天津县新志》道："中饶水竹，台榭之胜，别构邃室，藏金石书画甚富，人比之天籁阁。"安麓村不好声色琴弈，惟嗜收藏和鉴定，毕一生之力收集金石书画，著有《墨缘汇观》。同治年间诗人华鼎元《津门征迹诗》道："三径就荒元亮宅，十年曾眺仲宣楼。而今风月都依旧，谁与诗人续盛游。"园概毁于同治年间。

建园时间	园名	地点	人物	详细情况
1708	隆兴寺行宫	河北石家庄		《隆兴寺志》:行宫东宫门三间、西宫门三间、前面游廊三十九间、内朝房五间、清茶房二间、浑茶房二间;皇帝行宫垂花门一座、大殿五间、前后净房四间、前后游廊六十六间、三转房一座九间、寝室一间、前值房六间;皇太后行宫垂花门一座、大殿三间、照房五间、前后净房六间、前后游廊五十四间、前值房十四间;皇后行宫垂花门一座、正殿三间、净房二间、前后值房十四间、前后游廊三十四间、前值房五间。行宫周围院墙内夹道更房四间,西宫门外照壁一座。(孔俊婷《观风问俗式旧典湖光风色资新探》)
	清西苑	北京		西华门之西,为西苑。榜曰西苑门,入门为太液池。"西苑门循池东岸西折,临池面北正门曰德昌门,门内为勤政殿(五楹北向,额曰勤政)殿后为仁曜门。"(汪菊渊中国古代园林史》)
1710	二沟行宫	河北承德		适合于清帝休息、避暑和寄情山水,又适合军旅途饮水放牧。(孔俊婷《观风问俗式旧典湖光风色资新探》)
1710	巴克什营行宫	河北滦平		坐落在古北口东北5公里多的滦平县巴克什营南北向大街中部东侧,建于康熙四十九年(1710)。宫殿区占地26000平方米,是出古北口塞的第一座行宫。殿为南向,门殿三间,有左、中、右三院。宫门内有一道贯通三宫院的大墙,两侧各一小门殿。正宫门三间,大殿五间,三殿五间,后殿七间。东、西宫各置垂花门一座,大殿三间,东宫二殿五间,西宫二殿三间,东西配房各三间。后殿三间,东西配房各九间。在东西宫之间由曲廊连成一体,周围有2米高的虎皮石宫墙。宫殿前曾有两棵槟子树,金秋时节,果实累累,清香袭人。在西宫墙外建有三所官厅,为侍从六部居所。宫门前原有一石桥,桥下流水潺潺。行宫南照山,有猎场265亩,北靠山23亩,山上麋鹿成群。行宫所处,前为九龙口,后靠虎头山,潮河水东北两川相会于

建园时间	园名	地点	人物	详细情况
				金牛山脚下，其地形地貌奇特无比。行宫建成后，归直隶古北口提督管辖。康熙五十一年(1712)至六十一年(1722)木兰秋狝曾往返驻跸18次，道光九年(1829)裁撤。1926年汤玉麟统治热河时，拆宫殿，砍古松。日伪时，行宫被彻底损毁。《承德府志》：在滦平县治去古北口10里，康熙四十九年(1710)建。殿五楹，南向。后殿左右各二重，旁东西向。规制纯朴，南望、边墙，高出，山上潮河，奔流入塞。田畴井里，熙然丰瞕，不觉在边关之外。(《大清一统志》孔俊婷《观风问俗式旧典湖光风色资新探》)
1710	怀柔行宫	北京		以三教堂旧址改建只园寺，遂建行宫于此地。(孔俊婷《观风问俗式旧典湖光风色资新探》)
1711	南阳武侯祠	河南南阳	元仁宗 明世宗 罗景	位于河南南阳古城西郊卧龙岗，为纪念诸葛亮的纪念园林，魏晋时始创，唐宋时驰名，元初遭兵燹，大德二年(1298)重修，改前祠后庐，皇庆二年(1313)元仁宗为武侯祠命名，并敕建诸葛书院，嘉靖七年(1528)明世宗敕赐门额，清康熙五十年(1711)知府罗景重建卧龙岗十景，达到全盛，近年又重修，现园广二百余亩，保存元明清殿堂160余间，牌楼、仙人桥、山门、大拜殿、茅庐、小虹桥、宁元楼等依次排列于中轴，两侧有诸葛井、碑廊、古柏亭、野云庵、老龙洞、半月台、躬耕亭、读书台、三顾祠、道院，并有大量匾额、楹联及三百余块碑刻。
1711	鸣鹤园	北京	和珅	鸣鹤园位于北大西门内北侧，当年被誉为京西五大邸园之一。鸣鹤园与北大镜春园同属淑春园(春熙院)。乾隆年间，赐予驾前宠臣和珅为园，成为淑春园(春熙院)的一部分。后至嘉庆七年，将淑春园一分为二，东部较小园区赏赐给嘉庆四女庄静公主，名曰“镜春园”；而西部较大园区则赏赐给嘉庆第五子惠亲王绵愉，即为鸣鹤园，俗称老五爷园。园主绵愉是晚清政局中一位举足轻重的人物，为道光、咸丰皇帝所倚重，曾与僧格林沁一起

建园时间	园名	地点	人物	详细情况
				镇压过天平天国北伐军。 全园面积近 9 公顷,东西长约 500 米,南北最宽处近 200 米。全园可分东、西两部分:主要的起居、待客、戏台等建筑集中在东部,占地近五分之一;西部是具有山水名胜和园林建筑群的游园。正门在全园东南隅,过二门渡桥就是规模较大的居住建筑群,并有戏台小院。二门以西的土丘建有城关,再西有膏药庙。 西部以烟斗状主岛为中心,环湖岸外围以土丘。西泡子的东北角又有一小岛叫福岛。主岛的烟斗斗把部分(即东部)横卧一座小土山。烟斗部分是以一个方形金鱼池为中心的园林建筑群,由厅堂、回廊组成一个庭院。庭院东南角有叠廊可拾级而上至山上方亭。庭院西面的厅堂为颐养天和,北面的厅堂为延流真赏,东接钓鱼台。园址归燕京大学后,山亭今存。主湖曾改作北大学生游泳场。主湖北岸有花神庙和龙王亭。(汪菊渊《中国古代园林史》)
	镜春园	北京		鸣鹤园东边原有一小园,叫作镜春园,它与鸣鹤园(还有北边的朗润园)原来是一个整体,后来被清朝皇帝分割开来,赐给三家皇亲筑园。镜春园的遗址,早已不可辨认。(汪菊渊《中国古代园林史》)
	朗润园	北京		在鸣鹤园东北,位于万泉河南岸。其水源由睿王花园流来,从西北角归流万泉河。全园中心是一个大岛,岛的四周为溪河,或收或放,大小不一,曲折有致,东北角水面较大似湖。全园外围环以土山。园门在东南隅。进园门后,穿过山间小路,度过平桥到之岛上,迎面就是特置的多姿的湖石,湖石后面,堆叠一座陡峭的土山。主岛上中心建筑群,前后两个大院,东西各有回廊围起。廊为内敞外墙,墙有各式花窗。建筑群分东西两部,东部的南厅堂称寿和别墅,北厅堂称恩辉余庆。寿和

建园时间	园名	地点	人物	详细情况
				别墅南为东所，西部在轴线上有三座厅堂，其南为中所。其西又有一小院，南称西所，北为益思堂。岛上主建筑恩辉余庆和寿和别墅，至今尚基本完好。朗润园曾是恭亲王奕䜣的住所，现在是北大经济研究所。（汪菊渊《中国古代园林史》）
1711	罗家桥行宫	北京		在密云县城东北35华里小营，今已为密云水库所淹没，始建于康熙五十一年（1712），有房74间，由正殿、西室、佛室组成。正殿西室联："千畦香扑黄云遍，列嶂屏拖碧霭横。"佛室联："照海慧珠通眼藏，霏空法雨涤心源。"均为康熙手笔。用于狩猎途中停歇。（孔俊婷《观风问俗式旧典湖光风色资新探》）
1711～1799	四贤祠行宫	山东泰安		《南巡盛典》记载：在泰安县西南魏家庄。所谓四贤者，宋臣胡瑗、孙复、石介、孔道辅也。泰郡名迹，背依山取胜。至是则土壤平旷，林木僻葱，登陟之劳，此焉偃憨偃憩。前接抚臣恭建行宫以驻清跸，不侈雕镂，不崇彩饰，庶畿仰承俭德焉。（孔俊婷《观风问俗式旧典湖光风色资新探》）
1711～1799	广宁行宫	辽宁北镇		《奉天通志》卷二十九：乾隆第四次东巡于乾隆四十八年九月乙卯（1783年9月16日）御行殿；嘉庆第二次东巡于嘉庆二十三年八月辛巳（1819年9月15日）驻跸广宁行宫，题行宫内二层殿"含碧斋"诗："庙左建斋室，解鞍一宿停。洁清展庭院，淳朴守仪型。广甸田收碧，晴霄山叠青。留都天作镇，荐享永扬馨。"题"仰止堂"诗曰："北镇舆图著，祯符表大清。高山钦仰止，景柞沐承平。丹壁岩端灿，翠屏林外横。皇恩久徕洽，申锡典欣成。"道光东巡于道光九年九月丁酉（1829年10月3日）"驻跸北镇庙行宫，翼日如之"。（孔俊婷《观风问俗式旧典湖光风色资新探》）

建园时间	园名	地点	人物	详细情况
1712	中关行宫	河北隆化		位于今隆化县后中关大街的西头北侧。此为三水武烈河、鹦鹉河、兴隆河交汇、扼控五川石洞子川、鹦鹉川、头沟川、武烈河川、茅沟川)之要地,周围奇峰环绕。行宫建于康熙五十一年(1712),占地6万平方米,依山水。行宫共分东、西、中三院。中院门殿三间,殿前东西两侧有膳侍房三间,门内为垂花门。内门中大殿五间,左右均有回廊连接。后殿五间,东、西两宫大门前突,为重台式城门,前后连脊的门殿12间。内为垂花门,内大殿和东西照房各五间,后殿五间。苑景区在宫殿后。行宫建成后,康、乾、嘉三帝每举行木兰秋称,必要驻烨于此。行宫破落于民国初年,汤玉麟任热河都统时,拆走殿堂与门楼木料,砍光树木,使行宫毁于一旦。 《承德府志》:在承德府治黄土坎行宫东北。七十里,康熙五十一年(1712)建。南向,殿五楹,榜曰松间明月。后殿膀曰云林蔚秀。东十余里处,有峰崭然,洞穴嵌空,赐名玲珑峰。自空中望之飘渺,云际致为胜境。(《大清一统志》、孔俊婷《观风问俗式旧典湖光风色资新探》)
1713	怡庄	福建泉州	颜仪凤	在泉州安海镇西安村,是清初进士颜仪凤的故居,建筑完好,园林以假山为主,现只余园门、匾额、太湖石和龙眼树。颜仪凤,福建泉州人,康熙五十二年(1713)进士,任贵州正安知府,著有《黔草集》和《带山堂诗稿》,工书画,致仕告归后,不入城市,整天以诗酒为乐,画作不多,以水墨芭蕉著称。
1713	南红门行宫	北京		有宫门二重,南向,门对南苑苑墙。前殿五楹,御题额曰"芳甸佑春"。西间为佛室。后殿五楹,御题额曰"景湛清华"。三卷房东间额题"畅远襟",西间联曰"草木惬生意,风泉清道心"。后间之后西正室联曰"惬心雅得个中趣,澄景凭催象外诗"。内间额曰"理趣"。(孔俊婷《观风问俗式旧典湖光风色资新探》)

建园时间	园名	地点	人物	详细情况
1713	帆斋	天津	张霔	在三岔河口附近，现天津美术学院一带，是诗人、书画家张霔的私园，有景：欸乃书屋、琴海堂、云庵、阅耕堂、茶圃、旧雨亭、蝶巢、艳雪龛、诗星阁、卧松馆等。造景皆以朴素天然为尚，蔬以瓜果豆叶，莳以四季花卉，点以石影碎砖，居如村舍，近如船家。 张霔(1659—1704)，字念艺，号帆史、笨仙、笨山，别号秋水道人，天津人，是福建布政使、云南巡抚、大盐商张霖的从弟，以廪贡生员官居内阁中书，屡试不中，绝意仕进，专事歌咏，自成一家，著有《绿艳亭稿》，与当时名流朱彝尊、吴雯、李大拙、姜西溟、王野鹤、查汉客、石涛、梁洪、龙震为座上客，与梁、龙为莫逆，他的大部分诗词都是在帆斋中写成的。华鼎元诗《帆斋》云："园中竹石费安排，处士风流动雅怀。欸乃声偏助诗兴，乱帆丛里是帆斋。"写出了园林布局与意境。
1713	皇船坞	天津		皇船坞在今北安桥南、海河西岸，是专为皇帝临幸时泊船的地方，始建于康熙五十二年(1713)，乾隆二十六年(1761)改建。船坞里平常贮船11艘。皇船坞本身就是津门一景。四周围以160丈长院墙，以水为中心，环池植花栽木，建门楼、值房。康熙和乾隆都来津十多次，皆泊船于此。汪沆有诗："船坞周遭百丈强，常扃锦缆与牙樯。官家勤政希游豫，闲煞黄头鼓棹郎。"蒋诗也咏："皇船坞口是渔家，杨柳青青一路斜。绝似西湖好风景，二分烟水一分花。"
1713～1723	老夫村(东溟别墅、龙家别墅、红玉草堂)	天津	龙震	龙震(1675—1723)，字文雷，号东溟山人，又号由甲，世居天津，与张霔最好，因家父经销长芦盐而致富，其兄为官，他却一试不第(康熙二十九年)，不复再试，但嗜诗，却无子嗣，生性豪爽机敏，踔厉风发，雍正元年(1723)去世时，出版了《红玉草堂集》、《红玉草堂后集散录》。晚年他在今自由道海河对岸的沿河筑老夫村，又名东溟别墅、龙家别墅、红玉草堂，园占地五亩，有水池、草堂、棋亭、葡萄、竹子、薜荔、莓苔、荷花。他有诗《夏日闲居》、查曦有《夏日集东溟别墅》和《老夫村消暑》，华鼎元有《老夫村》皆述园景。

建园时间	园名	地点	人物	详细情况
1715	汤泉行宫（汤山行宫、汤泉山行宫）	北京	康熙 乾隆	亦名小汤山温泉行宫，位于昌平区东部，距县城30公里。小汤山因有温泉而著名。温泉有二，一曰沸泉，一曰温泉。两泉处曾建有龙王庙，明代中叶辟为皇家禁苑。康熙五十四年（1715），建汤泉行宫。在泉源处凿出方池，以承二泉之水。乾隆时进行扩建，将旧庙移于宫外，名为前宫，并拓地作后宫。行宫内有温泉、柳色、池塘、荷花、玉兰、山亭、游鱼、书室、官鹤等景物，乾隆皇帝曾作诗大加赞美。（《北京志——园林绿化志》）
1715	黄帝故里祠	河南新郑		汉代始建轩辕故里祠，迭有毁修。现存为清代及近代重修。
1716	筱园	江苏扬州	程梦星 卢见曾	1716年，翰林程梦星辞官归家，因筱园所在"襟带保障湖，北挹蜀冈三峰，东接宝祐城，南望红桥"的绝佳地理位置，将之收购成为自家园林。以今有堂为中心，在堂边种梅，建修到亭；堂前挖初月池，筑畅余轩；堂南筑南坡，种竹，建来雨阁；堂北种芍药古松，建馆松庵；旁置红药栏，湖边建藕糜轩，轩旁种桂树，至1755年，筱园易主为卢见曾。今有堂易名旧雨亭，新建春雨阁主体建筑供奉三贤。1784年，筱园被两淮盐商八总商之一的汪延璋收购，并进行再次修改，时人称之为汪园。
1717	黄土坎行宫	河北围场		位于黄土坎甸子村北一山坡上，南距热河行宫20公里，建于康熙五十六年（1717）。行宫北为赛音河与固都呼河交汇处，宫殿临水向阳，地势开阔，占地一万平方米。宫门三楹，内为垂花门。前殿五楹，后殿九楹。宫墙外植有方形松柏林带，四周围绕，使行宫掩映在绿荫之中。玄烨对此行宫十分喜爱，行宫建成后，仅6年时间就在此宫住过8次之多。道光三年（1823），旻宁谕旨："斯有坍倒外围墙垣勿庸修理，着派兵丁二、三名看守。"1926年汤玉麟拆毁行宫。日伪时期运走所有的砖石，砍光了树木，行宫自此无存。 《承德府志》：在承德府治之北，钓鱼台东北十七里之处。康熙五十六年（1717）建，南向，殿五楹，后殿九楹，左右各三重，宫之北有赛音河会入固都尔呼河。（《大清一统志》、孔俊婷《观风问俗式旧典湖光风色资新探》）

建园时间	园名	地点	人物	详细情况
1718 前	片石山房	江苏扬州	石涛	在扬州城南花园巷，又名双槐园，园以湖石著称。园内假山传为石涛所叠，结构别具一格，采用下屋上峰的处理手法。主峰堆叠在两间砖砌的石屋之上。有东西两条道通向石屋，西道跨越溪流，东道穿过山洞进入石屋。山体环抱水池，主峰峻峭苍劲，配峰在西南转折处，两峰之间连冈断堑，似续不续，有奔腾跳跃的动势，颇得“山欲动而势长”的画理，也符合画山“左急右缓，切莫两翼”的布局原则，显出章法非凡的气度。片石山房叠山之妙，在于独峰耸翠，秀映清池，当得起“奇峭”二字。石壁、石磴、山洞三者最是奇绝，现天人合一的汉民族文化所在，假山前有楠木厅三间为当年遗物。(耿刘同《中国古代园林》)
1720	常山峪行宫	河北滦平		建于康熙五十九年(1720)。行宫南向，由宫殿和苑景区组成，分左、中、右三院。大宫门三间，二宫门三间，中为正阳宫，有大殿五间，东西配房各三间，垂花门三间。二殿五间，东西配房各四间。楼一座，名蔚藻堂，东西配房各六间。各殿之间有回廊相隔。东宫有垂花门三间，泰和殿五间，东西配房各三间。西宫与东宫建筑布局相同，各有凌霄亭一座。两宫之间有宫道相隔。行宫北门三间，两边各有朝房三间，北二宫门三间，门外两侧各有九棵罗汉松，俗称十八罗汉松。宫东北角有堆房27 间。宫内生长着 300 多棵松榆和果树，泰和殿前有孔雀松一株。宫殿区占地面积 63 亩。苑景区分北照山鹿苑 163 亩，南边由几个山头围成871 亩的鹿苑，其中最高山峰建有四柱亭，占地200 平方米，四周有假山、碑刻。北坡山根有甘泉一眼。康熙曾将宫内八景亲笔题额：蔚藻堂、青云梯、虎白轩、如是宝、翠风棣、绿撇径、枫秀坡、凌霄亭。道光十八年(1838)七月，行宫因失修不断倒塌。常山峪千总姜勇察称：因棺槽腐烂落架，已拆卸三卷房九间，外朝房五间。其主体建筑在 1919 年被热河都统姜桂题拆毁，木料运送到承德。《承德府志》：在滦平县治之西南，两间房东北三十三

建园时间	园名	地点	人物	详细情况
				里，康熙五十九年(1720)建。南向，殿五楹，曰蔚藻堂。内曰青云梯，西为虚白轩，后曰如是室，蔚藻堂之右，曰翠风埭，曰绿樾径，曰枫香坂，曰陵霞亭，皆创建于圣祖时，高宗巡幸时标为八景，御书题额，分章叠咏焉。(《大清一统志》、孔俊婷《观风问俗式旧典湖光风色资新探》)
1720	什巴尔台行宫	河北隆化		位于隆化县什巴尔台村为、北角，南距中关行宫18.5公里，建于康熙五十九年(1720)。行宫为东、西、中并排三院，各有独立宫墙环绕。中院门殿三间，大门内为连脊垂花门，前后殿各五楹，前殿与垂花门由曲廊连成一庭院，后殿为泳怀堂。东院大门为“随墙门”，门内前后大殿各五楹。西院些若殿内供奉关公像，殿前十米处建有戏楼，为一殿一厦式，前卷棚悬山，后卷棚歇山。行宫平呈长方形，由东北向西南顺山势而建，面积3万平方米。 1922年5月29日，直系军阀王怀庆继任热河都统后，拆毁了这座耗资万两白银的宏伟建筑，昔日的皇家离宫别墅变为了村落桑田，现今仅剩戏楼尚矗立在公路旁边。 《承德府忠》：在丰宁县治东南，中关北37里，康熙五十九年建。自中关至波罗河屯，以什巴尔台为止顿，南向，大殿五楹，后为永怀堂(《大清一统志》)。左傍乔峰，右倚兰若殿，后涉山及半有亭，清溪达岫旷望，高深俯视则塞田万顷，秋稼盈畴，可以见丰仁亨之景象(《钦定热河忠》、孔俊婷《观风问俗式旧典湖光风色资新探》)
1720	岳阳书院	湖南岳阳		位于岳阳市学道岭，建于清康熙五十九年(1720)，为岳州府属学校。至中日甲午战争后，仿湘水校经堂章程，开设经学、史学、时务、舆地、算学、词章六门。光绪三十年(1904)，与慎修书院合并，改为岳州府中学堂。书院由牌坊、大门、二门、讲堂、藏书楼、知味轩、稻香楼组成，是典型的庭院园林。

建园时间	园名	地点	人物	详细情况
1721～1789	水南花墅	江苏扬州	江春乾隆	原为康山草堂，扬州盐商商总江春建随月读书楼，筑秋声馆，辟江家箭道。此时的康山，到处是亭榭池沼、药栏花径，名曰水南花墅。乾隆两次亲临康山草堂，并写了《游康山即事二首》、《游康山》等诗。乾隆五十八年(1793)。盐商集资五万两购为商人公产。
1722～1735	七峰别墅园(淀庐)	北京	庆复	位于挂甲屯村。庆复始建，后赐予军机处。园中有七星山，拱宸楼、欧斋、湖阴西舫、有嘉树轩、井屋、池、桥、湖、榭，布局淡雅，务求精致。园内满园高树、果树和木本花卉，与假山、湖水相映衬。吴俊著有《七峰别墅杂咏》，王拯著《淀庐六咏》。(焦雄《北京西郊宅园记》，王珍明《海淀文史——京西名园》)
1722	怡亲王府	北京	胤祥	康熙第十三子爱新觉罗·胤祥，康熙六十一年(1722)清世宗雍正帝即位时，受封怡亲王。管理户部三库，在财务管理上有所建树。雍正三年(1725年)，兴修水利，清世宗为其题写“忠敬诚直，勤慎廉明”的匾额。胤祥于雍正八年(1730年)卒，谥贤，他是雍正最为礼遇的胞兄弟，屡加赏赐，主要是因胤祥于政治无野心，为“自古无此公忠体国之贤王”，是除铁帽王之外，又一“世袭罔替”亲王。怡亲王共九代，王府前后共有三处。
1722～1735	安家花园	北京	安家	位于京西海淀镇北三里许城府村。后花园内有假山两座，名曰“金山”和“银山”。前廊后厦，筑有单檐六角亭、藤萝架，植果树尚百株。(焦雄《北京西郊宅园记》)
1723～1735	大明寺西园(西苑芳圃、御苑芳圃)	江苏扬州	汪应庚	西苑芳圃亦称御苑芳圃，坐落于大明寺平山堂之西侧，初建于清雍正年间，后为迎接乾隆帝南巡陆续修建。乾隆元年(1736)，扬州巨富光禄寺少卿汪应庚购地数十亩扩建园圃，并重建平山堂。1980年大修，1991年又经改建，现在的西苑芳圃，山水布局景色自然，新颜胜于旧貌。园中青松绿竹，层峦耸翠，疏密有间，其形多样，风姿各有意

建园时间	园名	地点	人物	详细情况
				境。园之中部一池清泓,碧波洄涟,池中有屿二处,大小不一,神色各异。环池四周,岗阜起伏,绿荫夹道,宛如深山幽谷。
1723	水西庄(芥园)	天津	查日干 查为仁	查日干(1667—1741),字天行,号慕园,祖籍江西临川,万历间迁宛平,长大后迁居天津,任天津关书办,年满后随张霖行盐,发家后建于斯堂。水西庄是查日干辟建的私家花园,为津门第一,广159亩,袁枚的《随园诗话》把它与扬州马氏秋玉之小玲珑山馆和杭州越氏公子之小山堂相提并论。因在卫河之西故名小西庄。分四期建设,历时五十年。第一期历十一年(1723～1734),园景有:揽翠轩、枕溪廊、数帆台、藕香榭、花影庵、碧海浮螺亭、泊月舫、绣野簃、一犁春雨、红板桥、读画廊、淡宜书屋、水琴山画室、古芸台、竹间楼、夜月廊、平冈、绿野簃、课晴问雨、香雨楼、琵琶池第二期。乾隆四年(1739)查为仁为父查日干构晚年娱所屋南小筑,有景:晴午楼、来蝶亭、小丹梯、小旸谷、送青轩、花香石润之堂、玉竺亭、小憩、图书馆、牌坊、若槎读书廊、月明黡笛台、萱苏径、古香小茨、苔花馆、小憩舫等等。乾隆十二年(1747)增三期工程“小水西”,疏篱围圈、茅草为顶、竹林茂密、幽静自然。乾隆二十三年(1758)四期工程为查为仁弟查为义于园东所建,因查为仁1713年受科考弊案受刑八年出狱后长一介之士,故名介园,内有景:歇山楼、夕阳亭、假山、御碑亭、牌坊、木板桥,乾隆三十五年(1770)为祈神保佑园林免受运河水患而建河神庙。乾隆四次驻跸,乾隆二十三年(1758)赐名为芥园。陈文龙《水西庄记》载:“亭台映发,池沼萦抱,竹木隐茈于檐阿,花卉纷披于阶砌,其高可以眺,其卑可以憩,津门之胜于是可揽于几席矣。”乾隆二十七年朱岷绘《水西庄夜雨读书图》,道光二十七年田雪峰绘《水西庄修禊图》,另存有《莲波诗话》、《兰闺清韵》和《绝妙发辞笺》。咸丰同治年间两次大堤决口,建筑植物渐毁,光绪四年(1878)荒毁,光绪二十六年(1900)军警入驻,毁

建园时间	园名	地点	人物	详细情况
				尽。1903年在此修芥园水厂，即今泰科水务公司，民国年间，曹锟弟曹锐借查家修园之际，把园中的太湖石运至自家花园，从此，水西庄毁尽。其长子查为仁(1694—1749)，名心谷，一名成苏，号莲坡，又号莲坡居士，别号蔗村，天资聪颖，时人称南马(曰琯)北查(为仁)，科举受挫，在水西庄筑花影庵以绝仕途，与当时名流往来其间。清末民初盐商黄铁珊曾筹款复建，20世纪二三十年代组织水西庄保管委员会，力主重建，90年代初，成立水西庄学会，政协提出复建案，得到市府批准。
约1723	杜甲庄园	天津	杜甲	杜甲是遵化知州，在天津三汊河口与水西庄相对的地方建有杜氏花园。
清中期	金家花园（进士第、周家花园）	江苏兴化	王继美 金子石 周渔	在兴化市金家花园巷，今干部招待所，明代为王氏进士第，清中期金周二氏在此造园，一条火巷立三家园林：从东往西为翰林大夫第、金家花园和进士第。进士第主人姓王，从南往北为庭院、厦屋、庭院、照厅、庭院、正厅，火巷北尽头为东花园，园广四亩，南以土岗与金家花园相隔，东以花墙与周家大院相连，互为借景。园主堂为曙光轩，园北有黄杨，正中为荷池，池中筑岛，岛上立亭，亭中有圆桌石墩，西园、南为土岗竹林，花木有：黄杨、榆、桃、杏、枣、柿、石榴等。进士第最初主人为明万历三十二年(1604)进士王继美，官至户部郎中、山东布政参议兼兖东兵备道，其子王象山(字贵一)、孙王仲儒、王熹儒、曾孙王国栋皆为明末清初名家，乾隆时王氏因王仲儒的《西斋集》案而罹文字狱，仲儒被剖棺戳尸，家道中落。进士第最后一个主人王开益，字友三，人称王八爷，八爷在新中国成立被批斗死后，东花园荒毁，沈一山及子沈惕奋入住。 金家花园依墙堆山，有千竿竹林，祖上金子石，金子石，名德辉，道光二十五年(1845)贡生，工山水，擅诗词，与邑中郑子砚、黄子仲、宗子受并称四子。1946年兴化公安局设于金家花园。后裔金谷香居此。 周家花园老祖宗为周渔，周渔，顺治十六年(1659)进士，官翰林编修，曾与顺治帝论文，并作《孚斋说》，乞归后居此讲学，有《加年堂讲易》。20世纪70年代，因干部招待所扩建时占三园南部，90年代全部拆除，更建为板桥宾馆。

建园时间	园名	地点	人物	详细情况
1723～1735	贺园	江苏扬州	贺君召	始建于雍正间，为贺君召创建，后为莲性寺之东园。贺园建有翛然亭、春雨堂、品外第一泉，云山、吕仙二阁，青川精舍。乾隆九年(1744)，增建醉烟亭、凝翠轩、梓潼殿、驾鹤楼、杏轩、芙蓉沜、目矚台、对薇亭、偶寄山房、踏叶廊、子云亭、春江草外山亭、嘉莲亭。乾隆十一年(1746)间，以园之醉烟亭、凝翠轩、梓潼殿、驾鹤楼、杏轩、春雨堂、云山阁、品外第一泉、目矚台、偶寄山房、子云亭、嘉莲亭十二景，征画士袁耀绘图，以游人题壁诗词及园中匾联，汇之成帙，题曰"东园题咏"。之后，又"截贺园之半，改筑得树厅、春雨堂、夕阳双寺楼、云山阁、菱花亭诸胜"为东园。园之东面子云亭改为歌台，西南角之嘉莲亭改为新河，春江草外山亭改为银杏山房，均在园外。另建东园大门于莲花桥南岸。春雨堂，植柏树十余株，树上苔藓深寸许，中点黄石三百余石，石上累土，植牡丹百余本，围墙高数仞，尽为薜荔遮断。堂后虚廊架太湖石，上下临深潭。有泉即品外第一泉，其北为菱花亭，亭北为夕阳双寺楼，高与莲花桥齐。夕阳双寺楼西为云山阁。(安怀起《中国园林史》)
1723～1735	阅微草堂	北京	岳钟琪 纪客舒 纪晓岚	位于虎坊桥路口以东约200米处，珠市口西大街路北241号，本为威信公岳钟琪老宅，建于雍正中，有一石高达七八尺，移自兔儿山，为南城太湖石第一，故钟岳琪自号孤石老人。后来被纪晓岚的父亲纪客舒买下，乾隆三十二年(1767)纪晓岚入住。院落三进四合院，一进为正房及倒座房组成，正房为船厅，名岸舟，院中有古藤一本，二百余岁；二进正房为阅微草堂，为纪晓岚书房；三进为二层楼，院中有青桐一株；后更有东西跨院，后门在百顺胡同，现小楼及后院已拆除，青桐不在。纪殁后，其子孙将草堂割半赁与户部侍郎、诗人黄安涛，小院屡易房主，民国初，房产为盐商刘氏所有，后售与京剧艺人连泉(艺名筱翠花)，1924年北洋政府议员杨某(化名刘少白)租为公馆，1927年刘在此救过中共党员，1930年刘公馆成为中共河北省委秘密联络站，1931年京剧艺术家余

建园时间	园名	地点	人物	详细情况
				叔岩、梅兰芳在此创办国剧学会，北大刘半农、徐凌霄在此授课，出版《国剧画报》，1936 年富连成京剧科班购为班址，1949 年前夕又为银号，1949 年初为宣武区(今西城区)党校，1958 年辟为晋阳饭庄，1963 年建成开放，郭沫若题匾，彭真、老舍常在此请客。“文革”时砍海棠一株，现余海棠和紫藤各一，为北京古树名木。 纪客舒，河北河间(献县)人，康熙恩科举人，在京为官，后外放姚安知府，为考据学家。子纪晓岚(1724—1805)，名昀，字晓岚、春帆，晚号石云、观弈道人、孤石老人，人称茶星，直隶河间人，故又被称为纪河间，12 岁(1735)随父入京，24 岁(1747)顺天府乡试为解元，31 岁(1754)中进士，入翰林院为庶吉士，授编修，乾隆二十四年(1759)后多次出任考官，乾隆二十五年(1760)擢为京察一等，乾隆三十二年(1767)为侍讲学士，乾隆三十三年(1768)授贵州都匀知府，又因才学而留京，同年六月因亲家卢见曾贪污案而发配乌鲁木齐佐助军务，乾隆三十六年(1771)召还为编修、侍学士，三十八年(1773)为《四库全书》总纂官，后升为内阁学士、兵部尚书，书成后(1784)迁左都御史、礼部尚书，复左都御史，60 岁后五度掌管都察院，三任礼部尚书，嘉庆十年(1805)拜协办大学士、礼部尚书，加太子少保，兼理国子监画，官居一品。卒谥文达，另有《阅微草堂笔记》、《纪文达公集》、《四库全书总目提要》。
1723～1735	石家花园	山西阳泉		在山西阳泉市义井镇，是一个集北雄南秀于一体的园林式大院建筑群，建筑面积一万多平方米，院中有窑洞 65 眼，起脊房 112 间，一个小花园。大院有八大特点：选址坐西朝东，背山面水；三台式布局，76 个台阶；院多门多，21 个小院 72 道边门 6 座大门；天井在中，四周围合；全部单脊双兽或五脊六兽硬山顶建筑；雕刻精美；文人墨宝众多；院中有园。园中有景：书房、绣楼、颐年堂、鱼池、小桥、流水、假山、凉亭、游廊等。

建园时间	园名	地点	人物	详细情况
1723～1735	半泾园	上海	赵东曦 曹一士	在上海城区西南，现为蓬莱路第二小学。原为明万历年间礼部郎中赵东曦所建别业（见明“赵东曦别业”条），清雍正年间（1723～1735）经曹一士增建，因园前有半段泾故名半泾园。有景：四焉斋、澄经堂、五峰亭、碧池、小桥等，并广植桂花、杏花。同治年间日荒，光绪十五年（1889）官绅捐款修复，增建万寿宫、清节堂，园内有楼台、亭榭、小桥流水。清末驻军，后归西城小学，抗日战争胜利后，园内尚存五峰，池畔林木荫及墙外。新中国成立后改为蓬莱路第二小学。
1723～1735	非园	上海	王玑	在嘉定方泰乡，诸生王玑辟建的私园，毁。
1723～1735	陈元龙园亭	北京	陈元龙	在绳匠胡同（后改丞相胡同、菜市口胡同），《宸垣识略》和《藤阴杂记》载，为清雍正年间大学士陈元龙的宅园，花园西通北半截胡同，园内有康熙御书爱日堂额，后为少司寇钱维城所有，再归查氏，嘉庆年间屡易其主，遂无考。 陈元龙（1652—1736），江苏海宁人，字广陵，号乾斋，世称广陵相国、海宁相国，康熙二十四年（1685）榜眼，官大学士入直南书房，官至文渊阁大学士，备受宠遇，康熙四十三年（1704）告归，工楷书，法赵、董，圣祖命就御前作大书一幅，颇受嘉奖，以御书阙里碑文赐之，著《爱日堂集》。卒年八十五，谥文简。
1723	果亲王府	北京	胤礼	为清圣祖第十七子，雍正元年（1723 年）受封果郡王，1728 年晋果亲王，主管理藩院、工部、户部事，办理苗疆事务。清世宗评其“实心为国，操守清廉”，并诏命辅政。清高宗即位，胤礼总理事务，并著有《春和堂集》、《古文约选》等。受赐双俸。乾隆三年（1738 年）卒，谥毅。胤礼无子嗣，以清世宗第六子弘瞻袭继果亲王。亲王善诗词，好藏书，后因夺民产和倒卖人参于 1763 年降为贝勒，1765 年临终前恢复郡王，后世因事降为贝子，瑞亲王分府选中此地，果亲王后世迁出。《乾隆京师全图》中此府范围很大，东起育幼胡同，西与慎郡王府隔

建园时间	园名	地点	人物	详细情况
				一夹道，南墙至今平安里西大街，北墙则在今大觉胡同及前广平库胡同，即现中国少年儿童活动中心的东部。该府正门阔五间，正殿面阔七间，前出丹墀，东西配殿也面阔七间，后殿面阔五间，后寝、后罩正房面阔七间，花园的规模很大。
1723～1735	杜家花园	山西太谷	杜大统	在太谷阳邑镇，花园始建概在雍正年间，嘉庆年间主人杜大统掌园，多有作为。1920 年前后为杜氏后裔变卖，1950 年初尚存柏树花窖，70 年代建拖拉机站时夷为平地。清末太谷郭里人李善福 1934 年绘有杜家花园全景图。杜家花园为三层台地园。入东门为底层，东西长，引水入园。东为莲花室，中为峭壁山水池，西为水亭。莲花室有北屋、东西轩，东北角有砖梯上五米高台，台上为同样北屋东西厢小院。莲花室西南墙角立石峰，题“独置”，北台壁以太湖石筑峭壁山，山前为八米直径水池，池中架石拱桥，拱券下有龙头。峭壁山西为客房，房左右为花坛。底台西端为方池，池中立亭，南北通石桥，周以柳树。从莲花室壁又筑为峭壁山，台阶寻此而上三米高二层台，台东西 40 米，南北 9 米，东端登二米高台可入东院，有客房三间，花坛二个；东院西邻又为中院，登阶上台，正中攒尖方亭，东西北俱为敞轩，皆为杜大统石刻展所。西端为大院落，院前为大平台，台后为正院，院门额题“沁心”，院内有大观厅，厅北为戏台。院西南有角门通偏院，院内有客房和六角亭。全园以台地、峭壁山、套院、池亭为特色。 杜大统(1734—?)，字维九，号枕岗道人。当地著名财主、隐士，擅书法，有蓄银 300 万两，人称三奇：人奇、书奇、刀奇，81 岁仍书刻不已，嘉庆十四年(1809)在榆次常家大院题有石芸轩法贴。
1724	五贤祠	广东惠州	吴骞	位于惠州西湖披云岛北端，同治初惠州知府华定重修。光绪中邑人李绮青等增筑楼为印金局。惠州知府吴骞始建。(《惠州西湖新志》)

建园时间	园名	地点	人物	详细情况
1724	绎志轩	天津	莽鹄立	雍正二年(1724)巡盐御史莽鹄立在盐政署内建绎志轩,属衙署园林。 莽鹄立(1672—1736),满洲镶黄旗人,伊尔根觉罗氏,字树本,号卓然,初授理藩院笔贴式,累迁员外郎,迭充右翼监督、浒墅关监督。世宗时,深受信任,历甘肃巡抚、正蓝旗蒙古都统、工部尚书等官。善用西洋画法绘肖像,曾绘圣祖御容。
1724 后	时晴斋	北京	汪由敦	《燕都丛考》和《宣武文史集萃》载,时晴斋在椿树三条胡同,是兵部尚书汪由敦寓所,西偏屋数椽,雅有数石,汪氏自署"时晴斋"。"我时僦居时晴斋,花前置酒招朋侪。紫藤传是匠门植,晴香扑扑萦襟怀。"古木寿藤,小桥流水,对厅有怪石如虎踞狮伏。汪由敦(1692—1758),字师苕、师茗、师敏,号谨堂、松泉,徽州休宁人,清雍正二年(1724)状元及翰林院授编修,历日讲起居注官、右中允、侍读、侍讲等官,乾隆元年(1736),入直南书房,授内阁学士,二年(1737)降为侍读学士,九年(1744)历任工部和刑部尚书,十一年(1746)左都御史兼军机大臣,十四年(1749)协办大学士加封太子少师,十七年(1752)工部尚书,十九年(1754)加太子太傅兼刑部尚书、二十年(1755)平叛有功升军机大臣,二十一年(1756)工部尚书,二十二年(1757)吏部尚书,因敏捷、干练、持重、勤勉而深称圣意,书法力追晋、唐大家,兼工篆、隶,卒后,帝命词臣集其书仿摹翻刻,勒石内廷,名《时晴斋法帖》,成为传世之作,加赠太子太师,谥号文瑞。《圆明园四十景图咏》的诗为乾隆题咏,汪由敦书写,还有圆明园和颐和园的建造工程签发单,皆出自汪手。
1726	愉郡王府	北京	允禑	《乾隆京城全图》绘制的该府范围是东起今柳荫街,西至铜铁厂胡同,南起定福楼胡同,北至铜铁厂胡同。愉郡王府始王胤禑,系清圣祖康熙第十五子,雍正八年(1730 年)晋愉郡王,次年卒。按清律其子降为辅国公,迁居他所。光绪二十八年(1902),醇贤亲王奕譞的第七子载涛过继给钟郡王奕詥为嗣,承袭贝勒爵,迁居于愉王府,称涛贝

建园时间	园名	地点	人物	详细情况
				勒府。1925 年，载涛贝勒府租给罗马教廷天主教会，作为创办公教大学的校舍，1927 年更名辅仁大学。1929 年，辅仁大学在涛贝勒府南部的马圈和花园前空地上，建中西合璧式主楼。1951 年，人民政府接管辅仁大学，1952 年并入北京师范大学，现为北京师范大学继续教育学院。
1727	西园（塔射园）	上海	许缵曾 张南垣	在松江区西林寺东塔弄青松石南，明代始建，张南垣设计，初名西园，康熙年间归云南按察使许缵曾。许因吴三桂事发，以 40 万家资免罪，后家道中落，西园半归李氏，半为张维煦，雍正五年(1727)张氏改建，更名塔射园，因近西林寺圆应塔，园与塔相映射，故名，太平天国战役中东部建筑毁，1931 年遭灾又毁，现存部分水池驳岸。
1728	中宪第（九十九间）	福建泉州	郑运锦	在南安市石井镇石井村公路边，雍正年间，台湾富商郑运锦用巨款购得“中宪大夫”牌，在家乡建中宪第，俗称九十九间，占地 7780 平方米，1728 年落成，有大小房屋 112 间，越百间之制，佯称九十九间，五进五间，11 亩，有前厅、官厅、半厅、祖先牌位厅、住宅。后花园包括书院、演武厅、梳妆楼、月亮潭、九曲桥、假山、水榭、亭阁、鱼池、屏风等。建筑穿斗式砖木结构，许多建材从台湾运来。现建筑皆存，园只余北缘半月池、书院大门、演武厅，假山在大炼钢铁时拆作助熔剂。据泉州华侨大学陈允敦编写的《泉州古园林钩记》载：“演武厅后山坡一片，辟为园林，因其建筑皆用土墙，故至解放初，即坍塌一空，其假山系湖石所垒，仍得屹立，大炼钢铁时期，湖石全数被拆充作助溶剂，故现存者仅该园北缘半月池一泓，其他构筑仅存废墟一片耳。”郑运锦(1698—?)，福建南安县石井人，从小父母双亡，后在厦门台湾一带置船交易，在台湾开勃兴行和勃兴港，富甲一方，又乐善好施。（陈允敦《泉州古园林钩记》）

建园时间	园名	地点	人物	详细情况
1730～1763	清勤堂	北京	梁诗正	《燕都丛考》载，园位于杨梅竹斜街25号，雍正年间进士、乾隆间工部尚书、大学士梁诗正的赐第，园林以满架紫藤著称。严海珊诗："满架藤阴史局中，让君一手定《三通》。"梁文庄告养归里时，原又曾送诗"藤阴假馆年华晚，潞水抽帆别思频。"民国时藤花尚茂，后改为旅店。 梁诗正(1697—1763)，字养仲，号芗林，钱塘(杭州)人，字养仲，号芗林，浙江钱塘(今杭州)人。雍正八年(1730)进士，授编修，乾隆初为南书房行走，迁户部侍郎，十年(1745)擢户部尚书，十三年(1848)调兵部尚书，次年(1749)，为刑部尚书，翰林院掌院学士，协办大学士，十五年(1750)，调吏部尚书，二十三年(1759)，丁父忧，召署工部尚书，调署兵部尚书，二十五年(1760)，仍命协办大学士，兼翰林院掌院学士，二十八年(1763)，授东阁大学士，寻卒，谥文庄，著有《矢音集》。
1731	顾宅庭院	江苏苏州	顾仲华	在苏州城南滚绣坊内，前临十全街，北靠南林宾馆，顾氏于雍正九年(1731)所建，民国时归画家顾仲华所有。占地2400平方米，建筑面积1780平方米，由正落、西庭和东居组成。宅前原来影壁改为临河方亭，十分有趣。中落第四进内厅前四周有廊，围合成宽敞四合院，两边作小姐楼，形成歇山顶，造型优美；两楼阁间过道相通，东西墙为圆形小姐窗，可供小姐临窗观景。西院为庭院，中间用船厅将庭院分成两部分，南庭有古井，北庭有粉墙洞门。 顾仲华(1890—1975)，原名福妹，学名恩彤，字仲华，画题广泛，山水人物，花鸟翎毛无所不能，山水师承四王，人物追随王慎和费晓楼，1956年调入苏州刺绣研究所，创作了30余幅刺绣作品，作了300余幅花鸟写生稿，其间还在江苏师范学院、中央工艺美院教工笔花鸟画，以工笔花鸟为主，远吸古法，近追南田，广采众长，以恽南田的没骨法为基础，善用积水法。

建园时间	园名	地点	人物	详细情况
1731	竹素园	浙江杭州	李卫	在西湖岳坟前、曲院风荷左，雍正七年(1731)浙江总督李卫建湖山神庙后在庙边建园，雍正题“竹素园”三字，内有流觞亭、临花舫、聚景楼等，民国后期改为他用，1952年为浚湖工程处工地，1956年为园林局，保留有青石桥一座，垒石一组，乾隆碑一块，1963年扩建曲院风荷时，按湖山春社布局恢复旧园，以竹类为主，引栖霞岭涧水，叠石理水，曲水流觞，临水筑有临花舫、水月廊、聚景楼、流觞亭、观瀑亭等，布置盆景，成为盆景园，园西以假山为主，立江南三大名石之一的绉云峰于此。
1733	悯忠寺（崇福寺、法源寺、花之寺）	北京		原名悯忠寺。寺占两万余平方米，建筑面积七千余平方米。建筑群体布局、空间多变，可分为中路及东西两路。中路为寺院之主体建筑，布置了山门，钟鼓楼、天王殿、大雄宝殿、悯忠台（即观音阁）、净业台、大悲坛、藏经阁。东西两路则有廊、庑、庭院，组成多层次大小不等的空间。中路严格对称，东西两路屋寺院落自然组合，体现了中国传统的寺庙格局。法源寺内总体绿化面积五千多平方米，深邃的寺院古树高枝，浓荫覆盖，烘托着宗教的肃穆气氛。从园林布局看，从侧门进入东西两侧小院时，除在灰墙处有一块太湖石外，无一花木。两层藏经阁以及阁前的数百年的银杏、两株乾隆年西府海棠、菩提树，绿荫满园，形成幽静神秘的空间环境。明正统年间为该寺牡丹的茂盛时期，清初以海棠花为主，从清中叶开始，丁香亦为法源寺名花。清末著名文人罗聘有诗句咏赞后者为“朵朵红丝贯，茎茎碎玉攒”。寺院中牡丹殊盛，高三尺余。青桐二株，过屋檐。(《北京志——园林绿化志》、《宣武文史》)
1734	国清寺	浙江台州	最澄法师	浙江天台山麓，创建于隋开宝十八年(598)，唐以后屡有兴废，现在主要建筑为清雍正十二年(1734)修建，其后又有增建。共有四殿、五楼、二亭、一室，共有房屋六百余间，总面积约两万平方

建园时间	园名	地点	人物	详细情况
				米。寺前有空心砖塔，为隋代建筑，大雄宝殿左侧有古梅一棵。佛教天台宗创建于此，日本高僧最澄法师受鉴真和尚影响，于公元 804 年来国清寺游学，并得到《法华经》三百四十五卷，回到日本后创立了天台宗。所以日本天台宗往往尊称国清寺为天台宗的"祖庭"。
1734	卧佛寺及行宫园林（兜率寺）	北京	胤祥 弘晈 弘晓	在北京西郊北京植物园内，卧佛寺始建于唐贞观年间(627～649)，初名兜率寺，雍正十二年(1734)怡亲王胤祥及其子弘晈和弘晓修缮竣工，乾隆多次大修，四十八年(1783)大修完成，卧佛寺中路有琉璃坊、放生池、钟鼓楼、山门、天王殿、三世佛殿、卧佛殿、藏经楼、配殿、客房，东路有大斋堂、霁月轩、清凉院、祖堂院，西路有雍正和乾隆的三座行宫。行宫南北五重，第一重为前院及西厢，第二重为假山(30 米长，5 米高)、影壁、方池、平桥、垂花门，第三重为正房和东西厢，第四重为二帝后的行宫院，内有北房五间和耳房、假山、青松，第五重院为三行宫院，有介寿堂、荷池，现行宫只余第二重院落的假山水池，其余改造为卧佛山庄客房。1955 年重修后的寺院景观有木牌坊、古柏道、琉璃坊、放生池、放生桥、古银杏、古槐树、古蜡梅、古娑罗、荷池、游廊、万松亭、大盘石、观音阁(凌霄阁)、天池、青石假山、龙王堂小院、寿山亭。
1735	太湖厅治园林	江苏吴江		雍正八年(1730)太湖厅治设在吴江同里，专修太湖水利，雍正十三年(1735)移驻太湖东山王衙前，即今吴县市工艺美术研究所内，加督捕衔兼理东山民事。园为衙署园林，占地五亩，屋六十多楹，内有：葵向堂(司马居所，前植桂花二)、绿筠山馆(听雨)、青桐轩(望月)、碧桃居(庖厨)、望山楼(五间，高百尺)、莲室、梁孟阁等。楼后小园，有景：野绿斋、梅雪亭及四时花木。道光(1821～1850)年间同知刘鸿翱《太湖厅治记》评道："太湖之奇，厅治也，各具湖山小景。"
1735～1795	秋集好声寮	江苏扬州	江春	在北门街顾家巷龙光寺之西偏，乃清乾隆间江春所筑别墅。园久圮不存。(汪菊渊《中国古代园林史》)

建园时间	园名	地点	人物	详细情况
1735～1795	法华寺	北京		法华寺的前身是明朝太监刘通的住宅。明代宗景泰年间,刘通舍宅为寺。明熹宗天启年间,太监姚某重修,该寺已具规模。明末清初世道混乱,该寺接近废弃。清朝乾隆年间,真如禅师“见寺近颓敝,苦心修葺”。真如禅师圆寂后,德悟和尚重修该寺,使“山门佛殿廊庑僧寮之属,无不焕然增丽”。德悟和尚圆寂后,其弟子如元增修该寺建筑,完成了藏经阁等,“自重建楼阁外,若黝垩丹漆以及镌匾悬额,无不金碧交辉,庄严宝重”。法华寺,位于北京市东城区报房胡同,是一座汉传佛教寺院。“法华寺,在豹房胡同,明代建。……寺之西偏 有海棠院,海棠高大逾常,再入则竹影萧骚,一庭净绿桐风松籁,畅人襟怀,地最幽静”。(《天咫偶闻》卷三、汪菊渊《中国古代园林史》)
1735～1796	南海和中海	北京	乾隆	南海和中海,总面积约 100 公顷,其中水面约 46 公顷。湖面周围和岛上,分布有勤政殿、涵元殿、瀛台、淑清园、紫光阁、仪銮殿、蕉园、万善殿、水云榭等主要建筑。(《北京志——园林绿化志》)
1735～1796	宁寿宫花园	北京	乾隆	位于紫禁城内东北隅,宁寿宫的西路,俗称乾隆花园。原是明代仁寿宫(一号殿)鸾、凤诸宫的故址,为宫妃养老的地方。清康熙年间因旧修饬,改称宁寿宫,为东太后的居所。清高宗乾隆,为其“归政”退居后有个“养尊”、“燕憩”受贺的地方,从乾隆十六年至四十一年,用 6 年修园。南北长 160 米,东西宽 37 米,狭长如带。宁寿宫以大内中轴宫殿为模分前后两个部分。前半以皇极殿、宁寿宫为主。后半中分三路,中路以养心殿、乐寿堂为主,有殿宇九重,是乾隆归政后受贺之所;东路南部为阅楼、畅音阁等一组建筑,北部有景福宫,仿御花园中的静怡轩。西路即是宁寿宫花园,俗称乾隆花园。宁寿宫花园占地 5920 平方米,南北长 160 米,东西宽三十七米,狭长如带。园内纵深有四进院落。第一进院落以古华轩为主体,轩西南、山石前有禊赏亭,亭西北山上有旭辉亭,二亭之间

建园时间	园名	地点	人物	详细情况
				有斜廊相连。古华轩东南，有小的别园。花园的东南角假山上有撷秀亭。第二进院落为一座三合院，正北有遂初堂。院内有花坛、树木。第三进院落正北为萃赏楼，楼南山石上建耸秀亭，西南有延趣楼，东南有三友轩。院中的养和精舍，是藏书处。院内满布假山，石洞穹曲，亭台相望。山石顶上的碧螺亭，平面呈梅花状，甚为精致。第四进院落以符望阁为中心，阁北有倦勤斋。院内回廊四出，与斋阁相通。宁寿宫花园的正门，为衍祺门。《养吉斋丛率》云："宁寿宫，康熙间建。外有景福门，内有景福宫，圣祖奉孝惠章皇后居此。乾隆壬辰(1772)重修，授玺之后，将以是为燕居地，故居曰养性轩、曰颐和堂，曰遂初室、曰得闲阁、曰符望斋、曰倦勤，皆寓此意"。(《北京志——园林绿化志》、安怀起《中国园林史》)
1735～1796	安骥宅院	北京	安骥	位于京西南辛庄村中，宅园本是三所，自西山迤逦而来，尽西一所是个极大院落，只有几处竹篱茅舍。菜圃、稻田从墙外引水，灌溉稻田菜蔬，往东一所是个园庭，竹树泉石。安氏现在的住房宅对着一座山峰，东南有滹沱、桑干下来一股水源，流向西北灌入园中，有无数的松榆槐柳，映带清溪，阜石假山。(焦雄《北京西郊宅园记》)
1736	光节堂(梅园)	上海松江	张景星	在松江金沙滩吉丽桥南，位于松江金沙滩吉丽桥南，现为松江纸浆厂。明代为参政任勉在此建光节堂，清顺治时诗人姚宏启居此，姚手植玉蝶梅一株，枝繁叶茂，覆阴达一亩余。清乾隆三年(1738)，张景星得之，在古梅四周筑看楼，更园名为梅园。毁于太平天国战火中。
1736	芍园(勺园)	江苏扬州	汪氏	《扬州画舫录》云："勺园，种花人汪氏宅也。汪氏行四，字希文，吴人，工歌。乾隆元年(1736)来扬州，卖茶枝上村，与李复堂、郑板桥、咏堂僧友善。后构是地种花，复堂为题勺园额，刻石嵌水门上。"芍园有水廊十余间，湖光滟潋，映带几席。廊内芍药数十畦。廊后构屋三间，中间不置窗棂，随地皆

建园时间	园名	地点	人物	详细情况
				使风月透明。外以三角几安长板，上置盆景，高下浅深，层折无算。下多大瓮，分波养鱼，分雨养花。后楼二十余间，由层级而上，是为旱门。（安怀起《中国园林史》）
1736	紫泉行宫	河北高碑店		紫泉行宫建于清乾隆初年1736年，位于高碑店市新城镇紫泉河边。咸丰九年(1859)改建为紫泉书院。光绪二十九年(1903)，紫泉书院改设高等小学堂。新中国成立后紫泉行宫被用于建设学校，古建筑已经荡然无存。 《南巡盛典》记载：在新城县（今高碑店市）西南。其西北十五里有紫泉。考《水经注·拒马》篇，上承督亢沟于乃县东，东南流历紫渊东。今按方位紫泉即紫渊，其名旧矣。源出龙堂村，径钓鱼台，绕县城而西。厥有奥区，碧流环带如练。乾隆辛未，建行陛，书舫风亭，清幽飒爽。埭旁植修竹，拳石秀峙，略彴纡回，树杪答苓，掩薄洲渚。爰荷天章，谱为十景焉。（孔俊婷《观风问俗式旧典湖光风色资新探》）
1736～1795	池上草堂	江苏吴江	迮云龙	乾隆年间(1736～1795)迮云龙游历黔滇归宁后，在吴江分湖开创此园，有景：池塘（数亩）、草堂、花木等。
1736～1795	端本园	江苏苏州	陈鹤鸣	乾隆陈鹤鸣在吴江黎里镇创建，同治年间(1862～1874)重修，现有：双桂楼、六角亭、回廊、假山等。端本园本是邑中名园，该园原有曲廊、荷池、回廊、假山、亭、榭、楼、轩等建筑，园中植有桂树两株，故楼名双桂楼，是一幢古色古香的小楼，主人在楼前两侧各植一棵金桂，一棵银桂，故名“双桂楼”。陈家二公子陈绚文与清宗室、满洲正白旗副都统永豪杰的爱女在园中结婚，破满汉禁婚律，陈成为“郡马”，端本园遂被百姓尊称为“郡马府”。因年久失修，现仅存六角亭一座、双桂楼一幢以及部分假山、回廊。

建园时间	园名	地点	人物	详细情况
1736～1795	淡园	上海 崇明	何启秀	在崇明县城桥镇县署后，知县何启秀于乾隆中期创建，有朗玉堂和琴鹤馆诸胜。传清乾隆中知县何启秀修葺有郎玉轩和琴鹤馆诸胜。辛亥年间故园已倾圮荒废，新中国成立后，只见荷花池一塘，土山一堆，曲桥一座，一片废墟。 今淡园经移址重建，全国人大副委员长周谷城题写园名，宋任穷亲临游赏题字，邑人施南池、宋代石、樊伯炎、刘侃生等在园内吟诗作画，为淡园增辉添彩。
1736～1795	半亩园	上海 崇明		在崇明县北门外太平街，园中湖石最佳，毁。
1736～1795	佳春园	上海	张云会	张云会所创私园，毁。
1736～1795	古倪园（倪家园）	上海 南汇	倪邦彦 沈虞杨 沈恕	在南汇区北一灶港（又道在松江镇北），原为明代倪邦彦筑（见明“倪家园”条），初名倪家园，乾隆年间为沈氏得，清代为松江著名巨富太学生奉政大夫沈虞扬所有，称古倪园。沈虞扬长子沈恕，号绮云，江南名士，倡泖东莲社，一时名流汇集，如改七芗、张祥河、高崇瑚、冯承辉、何其伟等，时相过从。园毁于太平天国战火。同治三年（1864），松江府重修试院，购拆古倪园旧厅九十余间。上海愚园，太湖石皆选购于此。至此，园中遗物大多已流散。毁于太平天园之役。
1736～1795	啸园	上海 长宁	陆思诚	在长宁区法华镇路351号，乾隆年间贡士陆思诚在此授徒，宅内有明经堂、经魁堂和易安藏书楼，因宅前有四根旗杆而名陆家旗杆，后来次子陆南英拓宽宅园，种竹栽木，凿池架石，以啸园为名，并筑有专供其孙陆锺秀读书养志的啸楼。易安楼后有一方池潭，鱼虾嬉游于清流之间，高树秀竹，环绕阁楼。清同治年间，宅第遭到破坏。新中国成立后，旧迹湮没，仅存一株古银杏树。

建园时间	园名	地点	人物	详细情况
1736～1795	啸园	上海松江	沈虞杨	在松江镇邱家湾，现为松江教师进修学校一部分，明代为参政范惟一私第，清乾隆年间为松江巨富、太学生、奉政大夫沈虞杨所得，与古倪园并称沈氏二园，时有：振文堂、天游阁、假山、荷了等，后为虞次子沈慈所居，成为泖东莲社觞咏之所，廊壁有大量石刻，其中董其昌的《戏鹅堂法贴》被李鸿章运往合肥，李秀成与洋枪队设指挥所，沈家中落后，东部卖与天主教堂，西部为天马张氏所居，现园毁，建筑存。
1736～1795	凤树园	上海南市	乔光烈	在南市区天灯弄南药局弄之间，乔光烈所创私园，毁。
1736～1795	峄园	上海南市	龚懋源	在南市区三牌楼路至四牌楼路之间，乾隆年间龚懋源所创私园，毁。
1736～1795	思敬园	上海南市	朱之淇	在南市姚家弄一带，乾隆年间朱之淇所筑私园，毁。
1736～1795	小梅园	上海南市	史槐	在南市大林路一带，乾隆年间史槐所筑私园，毁。
1736～1795	西樵村居	上海青浦	邵玘	在青浦，乾隆年间邵玘所创，毁。 邵玘（1710～1793），清江苏青浦人，字椭亭，号西樵，贡生，有《西樵诗钞》、《花韵馆词钞》和《宝树堂杂集》等。
清中叶	非园	上海南市	凌桐心	在南市小东门内福佑路一带，清代中叶凌桐心所创（又有说明代崇祯年间所建），毁于咸丰年间。
1736～1795	吴氏庭园	江苏苏州	吴氏	在人民路大石头巷35、36、37号，吴氏在乾隆年间所建住宅，前门在大石头巷，后门在仓米巷，原有三落六进，沿仓米巷是后花园，20世纪70年代后花园改建为宅，后门被堵，前部住宅仍完好，现吴宅占地2290平方米，建筑面积2490平方米，三落五进，正落门厅、轿厅、正厅、堂楼、内厅，东落有三进，船厅与贡式厅相对，形成对照厅，前后有两个小庭院，为吴宅内最雅处，有景：湖石假山、花木、

建园时间	园名	地点	人物	详细情况
				楠木厅等，毁后只余楠木厅。园中有“四时读乐”砖雕门楼，被列为市文保，沈复(三白)曾住吴宅宝香阁，在《浮生六记》中对此宅进行描述。近代属吴氏，现大部分散为民居，部分为居委会使用。
1736～1795	虚舟亭	天津	宋氏	乾隆年间，宋氏在城南建有私园，名虚舟亭，内有荷池、平桥、曲榭、虚舟亭等，以夏日荷花著名，临近风景瑰丽的名刹海光寺。虚舟亭以水为盛，水中有亭，桥亭相连，夏荷莲藕，清爽香飘，秋芦纷披，亭榭幽邃，尽显沽上园林景色，同治年间诗人华鼎元有诗《虚舟亭》赞曰：“远望城南草色新，虚舟近与寺为邻；平桥曲榭清凉界，四面荷花灿似银。”(郭喜东、张彤、张岩《天津历史名园》)
1736～1795	锦怀园	天津	王氏	在天津城东南四里，为王氏别墅。清康熙、雍正年间，文人赵方颐有《五月二日游怀园有作》一诗曰：“野岸潮初长，轻舟似浴凫。到门风舶棹，入竹鸟提壶。古蔓缘墙上，园荷接槛铺。居然三伏过，苍翠满菇蒲。”迨至清同治年间，津门学者华鼎元有《怀园》诗云：“古蔓缘墙薜荔痕，风光五月小江村。扁舟一棹冲烟出，雨后菇蒲绿到门。”(郭喜东、张彤、张岩《天津历史名园》)
1736～1795	枣香村	天津	童氏	童氏在城东南四里，与王氏锦怀园边建有别墅，名枣香村，又名南庄。清嘉庆年间文人牛琳有《枣香村》赞曰：“枣花香里雨初晴，独傍南庄取次行。闲共鹭鸶分畔立，移时听取水田声。”园内清水绿树，鹭鸶玉立，清雅而极富野趣的意境。(郭喜东、张彤、张岩《天津历史名园》)
1736～1795	杨园	天津		据《天津县志》记载：杨园在城西三里许，与水西庄相近，位于南运河北畔。(郭喜东、张彤、张岩《天津历史名园》)

建园时间	园名	地点	人物	详细情况
1736～1795	问莲浦	天津		在城西二里的南运河故道河畔，约在水西庄以东，今红桥区外语中学一带。园中“野水弥漫，周遭皆种芙蕖(荷)，园中水轩数盈。以供游眺”。(郭喜东、张彤、张岩《天津历史名园》)
1736～1795	领南轩	天津	金氏	金氏在城西北建有别墅，名领南轩。
1736～1795	西园	天津	查昌业	在城西北。
1736～1795	环青园	天津		在城西北，《天津杂咏》有环青园十景：荷窗、站台、鱼池、药栏、萝架、竹径、雨石、石床、花厅、草亭。
1736～1795	枝巢(图鞈布园)	北京	图鞈布	在西郊外，为乾隆侍读学士图鞈布的别业，图氏辞官后筑室于西郊外，园广半亩，有假山奇石、篱扉茅舍，植花种蔬，“篱扉茅檐轩窗精雅。院中垒石为山，奇峰峯岭，路径迂折，饶多清趣。后圃植花种蔬，公亲灌课”。他在诗《枝巢》：“茅屋三楹小，闲园半亩宽。苔痕缘径合，竹影入窗寒。剥枣充珍果，烹蔬荐野盘。客来迎送少，拂石坐团圞。架上堆书满，屏间抱膝安。田园三径僻，风雨一蓑寒。树色连墙合，山光入座看。江湖安肯去，聊此寄盘桓。”后又筑墓于舍旁，病重时嘱其妻，曰“死即埋我于此，不必移至城中。” 图鞈布，字裕轩，满洲旗人，乾隆十三年(1748)进士，改庶吉士，授检讨，历官侍讲学士，有《枝巢诗草》。
1736～1795	环秀山庄(适园、孙士毅园、蒋楫园、颐园)	江苏苏州	戈裕良 蒋楫	原为吴越时钱文恽金谷园、北宋长朱文乐圃、元代张适乐圃林馆(见吴越“金谷园”、北宋“乐圃”、元“乐圃林馆”条、明“东原、适适园、蘧园”)。清代乾隆年间(1736～1795)，刑部侍郎蒋楫居此，重修厅楼、园林，建求自楼以藏经，并请叠山家戈裕良在楼后叠山理水。半亩之地，恍若千岩万壑，全用小太湖石叠成，有沟壑、洞穴、悬崖、峭壁、蹬道、石桥、天梁，成为苏州三绝之一。又掘地三尺得古甃井，取苏轼茶诗题为“飞雪”。后太仓人、尚书毕沅割其东部以为适园，引泉叠石、莳花种竹，增益景观，时有清池、峭壁、古亭台等景。后来，杭州人、

建园时间	园名	地点	人物	详细情况
				相国孙士毅得此，称孙园。道光（1821～1850）末年工部郎中汪藻、吏部主事汪坤购孙园，建汪氏宗祠，名耕荫义庄、汪氏义庄，又重修东部花园，改名环秀山庄，又名颐园。时有问泉亭、补秋舫、半潭秋水一房山，俞樾、汪开祉为飞雪泉题联。“文革”时受损，后来修，现开放。 环秀山庄位于江苏苏州城中景德路，面积虽为3亩，却集建筑、园林、雕刻、诗书、灰雕等汉族传统艺术于一身。突出了汉族园林建筑中雄、奇、险、幽、秀、旷的特点。环秀山庄占地不大，但其内湖石假山为中国之最。据载，此山为清代叠山大师戈裕良所作，虽由人作，有如天开，尽得造化之妙，堪称假山之珍。环秀山庄亦因此而驰名。
1736～1795	城隍庙后花园	江苏常熟		常熟城隍庙在城内西门大街，现市政府大院，建于清中期约乾隆时代，时有园景，现已废。
1736～1795	怡园	江苏吴县市	陶绦	乾隆初年，邑人陶绦在吴县（含吴县市）木渎镇下沙塘建园娱亲，园名怡园，内有：舞彩堂、爱吾庐、环山阁、小桥、流水、星带草堂、蕉绿轩、玩月轩、容膝轩、湘竹亭等。
1736～1795	止园（朴园、北半园）	江苏苏州	沈世奕 周勖斋 潘氏 陆氏	乾隆年间郡人沈世奕在苏州白塔东路建有私园，内有怀云亭，取名止园。后归太守周勖斋得之拓为朴园，内有归云峰，后归潘氏改为古香亭，学者徐崧题有《踏莎行》诗：“径点苍苔，墙遮翠柳，闲亭面面开疏牖……瘦竹连松，衰梧映柳……”咸丰年间归陆解眉，改筑为半园，取知足不求全意，俗称半园，为与仓米巷半园区别，俗称北半园，广1130平方米，宅西园东，有钓鱼池、双荫轩、至乐斋、半波舫、东半廊、西半廊、怀云亭、半桥、藏书楼、知足轩（茶室）、古井等，因园小，建筑多折半而建：半桥、半廊、半船。曾为苏州第三纺机厂使用，后收归开放至今。

建园时间	园名	地点	人物	详细情况
1736～1795	塔影园（蒋园、白公祠）	江苏苏州	蒋重光 任兆炯	乾隆年间蒋重光购程氏宅地建别业，园三面环河，名塔影园，俗称蒋园，有景：厅堂、楼阁、曲廊、静轩、邃窝、亭台、虹桥、莎堤、高冈、白莲池、翻经台、洗钵池、花木（梧、柳、榆、桧、桃、杏、芍药、梅、藤萝、桂、松、杉、乌柏、银杏）等。嘉庆二年（1797）太守任兆炯改塔影园为白公祠，中有思白堂、怀杜阁、仰苏楼等，如今尚有：宝月廊、香草庐、浮苍阁、随鸥亭等。
1736～1795	丛桂园（遂初园）	上海长宁	王璞 李应增	在上海长宁区法华镇，今延安西路1448弄内，因在法华镇北，故俗称北园。乾隆年间候选州判王璞创建，园以桂林为主景，故名丛桂园。后归贡生李应增，扩建为遂初园，以明去官退隐之志，园景有：丛桂堂、坐花醉月、听松山房，后增筑石虹池馆、调鹤榭、水木清华之阁、吟巢、饯春别墅、竹径默林、鹤坡、试训楼等。试训楼为藏书及藏宝楼，内有万卷书籍、文物，道光十三年（1833）园建筑倾塌，沈氏购得后重建，清末园毁。
1736～1795	渔隐小圃	江苏苏州	王庭魁 袁廷梼	乾隆年间王庭魁（字冈龄）在苏州寒山寺江村桥南建渔隐小圃，初名江村山斋，王工诗善画，好收藏，崇文徵明，于是仿文徵明的停云馆而改斋为小停云馆，后归其婿袁廷檙，易名渔隐小圃，后又归袁氏弟袁廷梼（字又恺），重治，园景更盛，人道可与南园和乐圃相较。园广百步，内有：贞节堂（三间）、竹柏楼（奉母之处）、洗砚池、梦草轩、柳沚徛、不系舟、水木清华榭、五砚楼（藏袁氏名人五砚）、枫江草堂、小山丛桂馆、吟晖亭、稻香廊、银藤簃、挹爽台、锦绣谷、汉学居（著书处）、红蕙山房、足止轩、睇燕堂、列岫楼、乌催馆、来钟阁、小衡山亭、戏荷池、牡丹、芍药、桂花、木芙蓉等，名景十八，引来名士风流。
1736～1795	萱园	江苏苏州	周谨	乾隆年间在苏州阊门外下津桥东建有私园，名萱园。

建园时间	园名	地点	人物	详细情况
1736～1795	灵岩山馆	江苏苏州	毕沅	乾隆年间毕沅居灵岩山南西施洞下购地建园，名灵岩山馆，并自号灵岩山人。园广三十亩，耗资四十万金，历时四五年而成，袁学澜诗道："四十万金轻一掷。"有景：灵岩山馆门、钟秀灵峰门、御书楼（楼上题：丽烛层霄）、九曲廊、张太夫人祠、澄怀观、画船云壑房、西施洞、砚石山房等。袁枚曾访园，毕有诗自咏。嘉庆年间常熟虞山蒋氏得园，1860年园毁，清末学者袁学澜有诗赞园。 毕沅（1730—1797），江苏太仓人，字纕蘅、秋帆，自号灵岩山人，乾隆进士，官至湖广总督，治学博广，旁及经史、小学、金石、地理、诗文，著有《灵岩山人文集》、《灵岩山人诗集》等。
1736～1795	春熙堂	江苏吴县市	蔡氏	乾隆年间吴县（今吴县市）洞庭西山东蔡村的蔡某在湖南经商发财之后回乡建宅园，历代扩建修葺，终成一座花园式住宅群。春熙堂之名取自《老子》的"众人熙熙，如享太牢，如登春台"之意。建筑群除门厅、大厅、门楼、女厅、书屋、楼房（七座）外还有书房前后两个花园，有四面厅、九曲桥、八角亭等。书房前花园70平方米，有景：黄石假山（主景）、矮墙、花窗、花街、黄杨、天竺、蜡梅、棕榈、枇杷等。书房后花园90平方米，爬墙虎围墙围合，三宝：白皮松（径二米）、牡丹（百）、湖石（老人峰、太狮峰、少狮峰）。太狮峰三米高，堪与留园冠云峰和织造府的瑞云峰相媲美，传为宋代朱勔花石纲遗物。现春熙堂及其内花园保存完好。
1736～1795	娱晖园	江苏苏州	顾培元	乾隆年间顾培元在苏州城内建有娱晖园。
1736～1795	下塘山景园	江苏苏州	戴大伦	乾隆年间戴大伦在虎丘下塘建有山景园，有景：坐花醉月亭、拳石勺水堂、留仙阁等。阁联：莺花几緉屐，虾叶一扁舟；柱联：竹外山影，花间水香。
1736～1795	四美亭	江苏昆山		乾隆年间里人在昆山城隍庙后废地建园林，构四美亭于其中，规制宏敞，背依马鞍山，前程远阔。

建园时间	园名	地点	人物	详细情况
1736～1795	磊园	江苏昆山	徐棱	乾隆年间贡生徐棱在昆山周庄镇筑私园,名磊园,以湖石假山为主景,多植嘉果巨木。
1736～1795	闲圃	江苏苏州	蒋坦庵	乾隆年间蒋坦庵在苏州城内所创,有山、池、阁、亭等,蒋故后其子修葺,开径通山,架梁越水,围廊穿壑,植花荫宇等。
1736～1795	虹映山房	江苏吴县市	徐士元	乾隆年间山人徐士元在吴县(今吴县市)木渎虹桥下创此山房以为读书之所,内有玉兰,二百年物,乾隆四次宿此。
1736～1795	赋竹斋	江苏吴县市	沈见隆	沈见隆在吴县(今吴县市)唯亭创建,有景:水池、叠石、花竹、泉源等,沈见隆与内阁学士兼礼部侍郎沈德潜(1673—1769)交好,常于园中歌咏,概建于乾隆年间。
1736～1795	卷石洞天	江苏扬州		在扬州古城北轴依城河,此景以精巧的叠石取胜,充分表现了古时人们称誉的“扬州以名园胜,名园以叠石胜”的风格。运用高度的技巧将小石拼镶成巨峰,其石块大小,石头纹理,组合巧妙,拼接之处有自然之势,无斧凿之痕,气势雄伟俊秀,宛自天开,洞曲峰回,岩壑幽藏,峡谷险奇,清泉回旋,加之楼、阁、亭、台、廊、榭巧妙密布于假山周围,其间点缀树木,构成美的和谐。原为清代以怪石取胜的古郧园,为乾隆时瘦西湖二十四景之一,焚于咸丰年间兵火,新中国成立后基地归园林部门,1989 年复建,1990 年 5 月开放。占地 3350 平方米,以叠假山为特长,山中有水,建筑环绕,庭院两处,曲折有致,其假山与楼阁被誉为:“郊外假山,是为第一。”
1736～1795	王举人花园	重庆		为清末举人王猷祖先建造于清代乾隆年间,系万县较早具有一定规模的私家园林。房屋建筑约一万平方米,庭园占地六千余平方米。花园林木曾一度兴旺过,时值王家有人在外做知县,后因园林凋零,于清代光绪十八年(1892)出卖,民国初年作为万县电报局局址,可容纳职工 100～200 人。1949 年前夕,万县电报局仍设在此地。现位于电报路万州实验小学斜对面。

建园时间	园名	地点	人物	详细情况
1736～1795	淞溪园（东园）	上海长宁	王沛 李炎	在长宁区法华镇路一带，原有县丞王沛的别墅，乾隆年间贡生李炎购地，重构为园林，名淞溪园，因东镇东部，故俗称东园。有景：露凝深处、枝安山房、清啸坐忘矶等。李炎后代李丙曜和李应坤兄弟在园中增建池、台、馆、阁，并引种洛阳牡丹百余种，有品种：瑶池春晓、平分秋色、太真晚妆、紫球等，时称法华牡丹甲四郡。1853～1862 年清军与小刀会及太平军在此激战多次，园毁。
1736～1795	兴园	上海奉贤	顾绂	在奉贤区邬桥乡叶家村，乾隆年间贡生顾绂创建，广二十亩，有景：秋水廊、读易草堂、小孤山、赠春亭、紫薇冈、羡鱼矶、溪口亭、养正书屋、狎欧滩、度鹤亭、竹林青閟、宝墙轩、藏密坞、致远台、小山招隐亭、五老峰等。五老峰上有明代孙雪居的题字，分别为：独秀、舞仙、博云、藏燕谷，另一难辨。园毁于清中叶。
1736～1795	一邱园（南园）	上海	陈遇清 陈文锦	清乾隆年间建，此园因建于南桥而又名南园。明代为陈氏宗祠。《重修奉贤区志》载，一邱园，在南桥积善桥东，陈安仁及从子遇清、文锦所筑，有济乌台、小桃源、留云塔、涤观池、锦鱼溪、日月泉、友松岭、迎月轩、镜心亭、一线天，为南园十景。留云塔后易为阅耕楼。1949 年前夕衰颓，1958 年废圮。
1736～1795	陆氏宅园	江苏苏州	陆氏	明代为大学士王鏊住宅，清乾隆年间归陆氏，现有轿厅、清荫堂、嘉寿堂、藏书楼、账房 2 处、书房 5 处、花厅 2 处、女厅 1 处、上房 8 处、下房 5 处、厨房 3 处、饭厅 2 处、贮藏室 3 处、花园 3 处、果园菜园 1 处、小家祠 1 处、门房 3 处等。
1736～1795	临汾推官宅园	山西临汾		乾隆《山西通志・古迹》载，明洪武间郡守徐铎引汾水入临汾府治，推官（可能是清代乾隆间）旧宅东积水成莲池（又名永利池），池中有宛在亭，东有小阁，为衙署官宅之园。
1736～1795	郭园	天津	郭氏	郭氏在城东南四里许王氏别业锦怀园对面建有私园，俗称郭园。

建园时间	园名	地点	人物	详细情况
1736～1795	约　园（谢园、赵家花园）	江苏常州	谢旻 赵起	在今常州第二人民医院内，原为明代官府养鹿所，清乾隆初年，为中丞谢旻别业，经构成园，称谢园，后卖与赵翼之孙赵起（字于鞶），赵修葺后改名，2002年人民医院陈亮等修复中部假山部分，现为市级文物保护单位。赵起构园时，题有十二峰：灵岩、绉碧、玉芙蓉、独秀、巫峡、仙人掌、昆山片影、玉屏、朵云、舞袖、驼峰和飞来一角。并有梅坞风情、海棠春榭、小亭玩月、城角风帆等二十四景。建筑景点有文昌阁、革呈红新馆、米拜亭等，回廊壁有宋克、恽南田等名家书条石，赵起又每景写一词，以增添约园的诗情画意，故在道光咸丰年间名闻江南。现园中花木扶疏，清流回环，有紫藤一株自怪石缝中蟠曲而上，仿佛翠盖。池南叠石假山，有石亭、曲桥蜿蜒可通。 赵起（？—1860），字于鞶，号约园，江苏武进人。道光二十年（1840）年举人，工诗文，精六法，著有《约圆词稿》，善画写意花卉，尤工墨兰，长条柔叶，意态冲合，韵致洒落，有文徵明遗意，偶作枯木竹石，仿恽寿平，逸笔松秀，有轻清旷远之致。
1736～1795	静园	山西榆次	常氏	在山西晋中市榆次区，是常家大院的一部分。常家大院占地60余公顷，现修复开放12公顷，有一山、一阁、两轩、三院、四园、八贴、九堂、十三亭、二十五廊、二十七宅，又称八可庄园：可居、可读、可修、可思、可赏、可游、可悦、可咏。静园始建于乾隆、嘉庆年间，完成于光绪初年，占地八公顷多，是北方最大的私家园林，起初是在杏园、枣园、桑园、花园和菜园等后园子的基础上修建而成。静园是所有后花园的总称，现分为杏林、狮园、湖洲区、山区、遐园、槐园、可园等部分。杏林，以孔子为杏坛讲学主题，广植杏林，又有28间长廊、56方名贴、两座看楼（景星、庆云、披风、枕霞）、八卦影壁。狮园内有水池、曲廊、水榭、厅堂、狮子影壁和500多只石狮子（现余一百余只）。湖州区有昭余湖、琴泉、观稼楼和水榭等。遐园有水池、曲廊、水榭等，可园有花圃、亭子、景石等。

建园时间	园名	地点	人物	详细情况
1736～1795	孙家别墅	山西太原	孙氏	在晋祠公园仙翁阁西，为乾隆年间孙氏所建私园，占地两亩。刘大鹏载：门在西北，北有花厅，南有高台，中间鱼池，小溪曲"乛"字形。西南建园丁居所，东南辟花畦，东背角为厨房。西北来水在门外分两股，一股南流折东入园经花畦从东南出，另一股向东至东北入园南向在花畦合流而出，风水之制也。园小而栽树不多，以摆盆花为主。园主只在盛夏来住，平日由园丁作主对外开放。同治年间，主人故去，孙园败落，孙氏后人不争，园丁成了园主。光绪三年(1877)山西遭灾，园丁卖花石为生，园从此毁灭。
1736～1795	环碧轩	福建福州	林和 龚易图	在福州城北今西湖宾馆内，为乾隆年间林和所建花园，后为藩司龚易图高祖龚景瀚所得，一度转归他姓，后赎回，光绪年间龚易图重构，为榕城第一，园景以荔枝胜，池馆有联："荔枝阴浓随径曲，藕花香远过桥多"，1950年辟为福建省交际处，后改西湖宾馆，几经改建，园景全非，仅存少数残迹。龚易图(1830—1888)，字蔼仁，号含真、东海盟鸥长，福建闽侯人，咸丰九年(1859)进士，授云南大理府云南知县、知府(1868)、登莱青兵备道道员兼东海关监督(1871)、江苏按察使(1877)、云南、广东、湖南布政使(被劾奏革职，后又捐赈复衔)。工诗文，善山水，间写松、竹、兰、梅，善结构园林，城中有四处：城北曰环碧轩，以水胜，以荔枝胜；城南曰双骖园，以山与荔枝胜；城东南曰芙蓉别岛、曰武夷园，以水石胜，其所结构皆寓以画意也，著有《谷盈子》、《乌石山房诗存》、《小蓬莱阁铭》、《海防刍议》。
1736～1820	寓游园	天津	李承鸿	乾嘉时期时期，盐商李承鸿(字云亭，号秋帆，浙江山阴人)在城东建造花园，名寓游园，有十景：半舫轩、听月楼、枣香书屋等，高凌雯称："犹有张(问津园)、查(水西庄)风雅之遗"，人称小西庄。李擅诗，好客，广延名人贵客于园中，诗人康尧衢在此创建诗社，名流如吴念湖、金野田、冯昆山等皆在其中。咏诗极多：李鸿承《咏园十景》和《构寓游园成，同人以十景诗见贻，赋此为答》、华鼎元《津门征迹诗·寓游园》等。

建园时间	园名	地点	人物	详细情况
1736～1820	芥舟园（秦家花园）	江苏吴县市	蔡氏	乾嘉时期医生秦氏在吴县（今吴县市）洞庭西山东蔡秦氏宗祠边建私园，人称秦家花园。园仅二分地，十分小巧，故取芥子纳须弥之意，是乾隆、嘉庆时期园林小型化的代表作。有景：黄石假山（南部）、天竺、枇杷、万年青、罗汉松（百）、奇峰、异洞、石琴桌、灵芝状太湖石、小池、微云小筑（屋）等，微云小筑内板刻琴棋书画及博古图案，以及春兰、秋菊、芍药、牡丹、竹、梅和文人画。
1736～1820	爱日堂	江苏吴县市		爱日堂在吴县市西山缥缈西蔡村，创建时间稍晚于芥舟园和春熙堂，建于嘉庆年间，宅东园西，广150平方米，有景：书房、旱舫式亭、花廊、黄石假山（主景）、山洞、水池、花木（桂花、紫薇、山茶、蜡梅、天竺、棕榈、竹子）等。山茶二本，开十八色花，故有十八学士之称，花廊上有半墙，上缀“万福流云”，下设美人靠。住宅现为民居，花园仍旧。
1736～1820	梅园	江苏常熟		在城内北门外，建于清中期，概在乾隆、嘉庆时期，毁。
1736～1820	小园	江苏常熟	庞氏	在城内陶家巷，庞氏建于清中期，概在乾隆、嘉庆时期，现为陶乐酒厂。
1736～1820	瓶隐庐	江苏常熟		在虞山西麓鹁鸽峰下，建于清中期，概在乾隆、嘉庆时期，现为林场用地。
1736～1820	明瑟山庄	江苏常熟		在城内山塘泾岸，建于清中期，概在乾隆、嘉庆时期，毁。
1736～1861	孔祥熙宅园	山西太谷	孔祥熙	在太谷城内无边寺（白塔寺）西，现为太谷师范学校一部分，为孟氏于乾隆年间始建，咸丰年间完工的大型宅园，1930年孔祥熙以2万银元购得，略加修缮，1934年蒋介石驻跸；抗日战争时为日寇警备部及兵站、医院；抗战胜利后为阎锡山特务机关特警组所居，新中国成立后为晋中三中和太谷师范，1964年修缮。宅与园广9.5亩（6325平方米），东西宽91米，南北长69米，东西花园占地3.14亩，为三之一。全宅由正院、东园、西园、书

建园时间	园名	地点	人物	详细情况
				房院、厨房院、西侧院、戏台院与墨庄院等组成。正院三进,北入口,南为楼。东园东西 24.5 米,南北 63 米,广 1544 平方米,有南楼、戏台、角亭、西舫、东轩、爬山廊、东游廊(毁)、西游廊(北半毁)、花厅(毁)、东平房北楼、假山、山亭、椿树等。西园东西 17 米,南北 32.4 米,广 548 平方米,有赏花厅、水池、池心亭、石桥,亭名小陶然。
1737	黑龙潭(玉泉公园、玉泉龙王庙)	云南丽江		位于丽江古城北端的象山之麓,其地下泉水自然涌出,汇成面积近 4 万平方米的龙潭景观,泉水清澈如玉,纳西族著名的亭台楼阁点缀其间,风景秀丽,又称其玉泉公园。始建于乾隆二年(1737),其后乾隆六十年、光绪十八年均有重修记载。旧名玉泉龙王庙,因获清嘉庆、光绪两朝皇帝敕封"龙神"而得名,后改称黑龙潭。"泉涣涣兮涟漪,问何时最是可人?须领略月到天心,风来水面;亭标标而矗立,看这般无穷深致,应记取云飞画栋,雨卷珠帘。"
1740 前	洲仔尾园亭(北国别馆、承天府行台、郑氏别馆、郑氏旧宅)	台湾台南	郑经	为台南市四大古刹之一,开元寺原是郑成功的世子郑经所建,原称为洲仔尾园亭。又因这座园亭完工后郑经就时常驻在这里享乐,政事都委任他的长子郑克臧监国处理,所以亦称做承天府行台。郑氏据割期称为郑氏别馆或郑氏旧宅,又因这座园亭位置在台湾府治(即郑氏承天府治)的北边,亦称做北园。乾隆五年(1740)刘良壁所修的《重修福建台湾府志》曾在卷十八古迹,附宫室记有:北园别馆在邑治北五里许,伪郑为母董氏建。(张运宗《台湾的园林宅第》)
1740	建福宫花园	北京		建福宫西花园为帝后休憩、娱乐的场所,始建于乾隆五年(1740),位于紫禁城的北部,重华宫之西,北界宫墙,南为建福宫。建福宫花园占地不足0.4公顷,建福宫花园坐北朝南,东西长 67 米,南北长 64 米。以延春阁为中心,周围散布有敬胜斋、碧琳馆、凝晖堂等建筑。这些建筑高低错落,内以游

建园时间	园名	地点	人物	详细情况
				廊相连，并配有山石树木，虚实得当，堪称融皇家园林与江南私家园林艺术特色于一体的佳作。延春阁是园中的主要建筑，其西有凝晖堂，北有敬胜斋、吉云楼，东有静怡轩等建筑，堂楼斋轩之间有游廊连结。延春阁之南为用湖石叠成的假山，山峦起伏，山上建积翠亭。1922 年，建福宫花园毁于火灾。（《北京志——园林绿化志》、安怀起《中国园林史》、周维权《中国古典园林史》）
1740～1750	罗布林卡	西藏拉萨	格桑嘉措、强白嘉措、土登嘉措	18 世纪 40 年代，七世达赖格桑嘉措创立，初只有贤劫宫，1781 年八世达赖强白嘉措扩建湖心宫、辩经台、西龙王宫、持舟殿、宫墙，十三世达赖土登嘉措扩建宠幸宫、贤劫福旋宫，1954～1956 年十四世达赖丹增嘉措扩建新宫。此处历代都是达赖的避暑之处，总面积 36 公顷，分罗布林卡和金色林卡两区，前者有宫区、宫前区和噶厦机关，后者有宫区、林区和草地。湖心宫有一池三山，受中原园林影响。
1741	青羊宫（玄中观）	四川成都	张德地 安洪德 张清夜	位于成都市西郊百花潭北面，成都最古老的道观，原名玄中观，唐僖宗入蜀改青羊宫，五代至宋，青羊宫为游览胜地，宋陆游有诗句描述盛景。明蜀王朱椿重建，清初毁，仅存斗姥殿，柏木、楠木、银木、竹等千余株。清康熙七年（1668）巡抚张德地捐修三清殿；乾隆六年（1741）由华阳知县安洪德重修，武侯祠道士张清夜主持其事，嘉庆十三年（1808）、同治十二年（1873）均有增建。现有面积 2.47 公顷，主要建筑沿中轴线有灵祖殿、混元殿、八卦亭、三清殿、斗姥殿、唐王殿、降生台、说法台等。（《成都市园林志》）
1742	钓鱼台行宫	河北承德		位于热河行宫北 6.5 公里里处。此为热河上游三源汇合处，建于乾隆七年（1742），为弘历往返木兰秋祢中途休息和垂钓之所。宫门南向，殿东向，故而东亦有宫门。宫内北面连脊殿十楹，西有四柱亭，构思巧妙，小巧玲珑。行宫毁于嘉庆年间水灾。同治四年（1865）遗址成为荒地，面积约有二顷余。

建园时间	园名	地点	人物	详细情况
				《承德府志》：在承德府治之北，山庄东北十三里处，乾隆七年(1742)建。自热河启跸，至中关为首程，钓鱼台、黄土坎为止顿。宫门南向，殿东向。土人旧呼双黄寺。地当热河上流，三源既会，中产嘉鱼，故名钓鱼台。(孔俊婷《观风问俗式旧典湖光风色资新探》)
1742～1774	北海	北京	乾隆	北海总面积约68公顷，其中水面39公顷。北海是清代西苑主要苑林区，乾隆七年至乾隆三十九年(1742～1774)，在琼华岛顶建成善因殿，岛南坡建悦心殿、庆霄楼、静憩轩、蓬壶挹胜、撷秀亭，并扩建白塔寺易名永安寺；西坡建一山房、蟠青室、琳光殿、甘露殿、水精域、阅古楼、亩鉴室、烟云尽态、挹山鬘云峰、邀山亭；北坡建漪澜堂、道宁斋、碧照楼、远帆阁、晴栏花韵、紫翠房、莲花室、写妙石室、环碧楼、嵌岩室、盘岚精舍、真如洞、交翠庭、一壶天地、小昆邱亭、倚晴楼、分凉阁及长廊，还有仙人承露盘；东坡建智珠殿及牌坊、古遗堂，慧日、振芳、峦影、见春亭。北海东岸也进行了大规模的改建、扩建；北岸、西岸营建了新的亭、台、楼、阁、馆、坞等建筑。(《北京志——园林绿化志》)
1743	丫髻山行宫	北京		狩猎途中停歇。(孔俊婷《观风问俗式旧典湖光风色资新探》)
1744	静寄山庄（盘山行宫）	天津蓟县		位于蓟县盘山。乾隆九年(1744)，“始命建静寄山庄于山之阳”。工程历时11年，于乾隆十九年完工，定名为“静寄山庄”。山庄围墙石灰石块砌成，周长7.6公里。山庄由前宫、中宫、后宫、石佛阁、步云楼、捉云亭以及外八景、内八景、新六景组成。内八景有静寄山庄、太古云岚、层岩飞翠、清虚玉宇、镜园常照、众音松吹、四面芙蓉、贞观遗踪。新六景有半天楼、池上居、农乐轩、雨花室、会然阁、小普陀。1926年，胡景翼部为筹集军饷，伐松拆屋，静寄山庄遭严重破坏。抗日战争时期，又遭日

建园时间	园名	地点	人物	详细情况
				军扫荡，山庄被夷为一片瓦砾。1966年，石佛殿三尊佛像及乾隆御书碑被砸毁，现仅存建筑基址和六、七里宫墙。 山庄建成后，乾隆亲自定名内外八景。内八景为：静寄山庄、太古云岚、层岩飞翠、清虚玉宇、众音松吹、镜圆常照、四面芙蓉、贞观遗踪。外八景是山庄之外盘山诸胜：天成寺、万松寺、舞剑台、盘谷寺、云罩寺、紫盖峰、千像寺、浮石舫。合称“御题十六景”，后又新增六景即：半天楼、池上居、农乐轩、雨花室、冷然阁、小普陀。另外还有乐山书室、婉娈草堂、四面云山、极望澄鲜、目穷千里、林深石涧、云林石室、石林精舍、绿缛亭、攓云亭、摩青亭、石佛殿、沧浪亭、千尺雪、翠市亭、朵山亭、放鹤亭、净兰亭、西点亭、霞标亭、心静斋、中方亭、青阶堂、得慨轩、读画楼等建筑和景观。据姚文翰《盘山图》（现藏于台北故宫博物院）中所示，山庄内有景观一百余处。
1744	桃花寺行宫	天津	乾隆	桃花寺行宫位于蓟县城东17华里的桃花山上，占地近30亩，始建于唐，明万历十五年重修。清乾隆八年（1743），桃花寺奉敕重修，在寺旁建桃花寺行宫。行宫分东宫、西宫两部分，东宫为住所，西宫位于正殿西侧，仿照故宫而建，有正殿、配殿、朝房等几十间房子。乾隆御书匾额“清净法界”“云外香台”“忠贯人天”悬挂寺内。2001年4月18日，蓟县马伸桥镇中学在翻修校舍时发现了一块乾隆皇帝的御笔诗碑，据考此碑原在蓟州城东桃花寺行宫内“绿野润沾三月雨，绣岩芳斗一天春”。是乾隆皇帝《桃花寺行宫即目》中描写春日游览蓟县敕建桃花寺行宫的诗句。 《畿辅通志》：属蓟州（《东道纪略》）。渔阳有桃花山（《名胜志》），去蓟州南二合（《长安客话》）。山顶有泉，流绕山麓，入洵河。泉上有桃花寺（《名胜志》）。乾隆九年，奉敕重修，于寺旁恭建行宫（《旧下旧闻考》）。计道五段：第一段，自白涧行宫起，

建园时间	园名	地点	人物	详细情况
				至流水沟中间止，十里六分零。第二段，自流水沟起，至南营庙前止，十里六分零。第三段，自南营大庙前起，至蓟州西门口止，十里六分零。第四段，自蓟州东门起，至小毛家庄西止，十里六分零。第五段，自小毛家庄西角对墙起，至桃花寺行宫止，十里六分零。共五至十三里。(《东道纪略》、孔俊婷《观风问俗式旧典湖光风色资新探》)
1744	隆福寺行宫	天津		隆福寺行宫位于蓟县城东北50华里的隆福山下，隆福寺村村北，清东陵陵区之南，清东陵的重要门户——西峰口修有御路，西峰口距清东陵大红门外石牌坊仅3公里。隆福寺行宫以西2公里便是蓟县清代园寝聚集地，零落分布着清代荣亲王、理密亲王、裕宪亲王、纯靖亲王、直郡王、恂勤郡王等六个王爷的陵寝和端慧皇太子的陵寝。 《畿辅通忠》：属蓟州(《东道纪略》)。在州东六十里(《蓟州志》)，去孝陵一舍而近。因山为基，山名葛山。寺创于唐初(汪由敦《隆福寺碑记》)。乾隆九年奉敕重修(《日下旧闻考》)，建行殿于寺之西。皇帝有事于孝陵，至行宫驻跸(《隆福寺碑》)。计道三段：第一段，自桃花寺行宫东岔道口迤东，至姚铺村西口止，七里三分。又白东岔道口上山折回，至西岔道口止，三里三分。共十里六分零。第二段，自姚铺村西起，至俞家庄迤西止，十里六分零。第三段，自俞家庄村西南北车道口起，迤东由唐尔山脚下斜趋北上，至隆福寺行宫海浸止。又西北斜升至山上青石桥止，连太后宫门海浸止，共一千九百零八丈，该道十坐六分零。共三十二里(《东道纪略》)。(孔俊婷《观风问俗式旧典湖光风色资新探》)
1744	白沙小谷	上海	邹如孟	在奉贤，邹如孟所筑私园，毁。
1744	殊像寺园	河北承德		位于河北承德避暑山庄之北，乾隆二十六年(1761)始建，乾隆三十九年(1774)建成，仿五台山殊像寺规制，外八庙之一。占地2.3公顷，分前后两部分，会乘殿前气势宏敞，肃穆庄严，会乘殿之

建园时间	园名	地点	人物	详细情况
				后假山雄峙，真山又置于假山曲径之上，楼阁殿堂皆建于假山上，为外八庙中假山规模最大的一处，园林气氛亦最浓。
1745	万竹园（万竹楼）	上海	成廷珪	成廷珪所创私园，毁。
1745	曲水园（一文园）	上海		曲水园，位于上海市青浦城厢镇公园路650号，初建于清乾隆十年(1745)，当时是城隍庙的灵苑。据说为了建此园，曾向城中每个居民征募一文钱，故有一文园之称。嘉庆三年(1798)改园名为曲水园，因园在大盈浦旁，取古人"曲水流觞"之意。二百多年来，几经兴废。 曲水园整体坐北朝南，占地三十亩(1.82公顷)，其中水体占15%，园内建筑以青瓦、白墙、青砖构成，曲水园内植物以竹为主。以小巧玲珑、典雅古朴著称。有四个各具特色的景区：西园以建筑为主，楼堂华美，庭院幽静；中园以山水见长，山峰耸立，池水清澈；东园以野趣闻名，土地平旷，花木繁茂；书艺苑以古雅获誉，石鼓立地，碑刻满廊。
1746	团城	北京		团城位于北京市西城区北海南门外西侧。原是太液池中的一个小屿。元代在其上增建仪天殿，明代重修，改名承光殿，并在岛屿周围加筑城墙，墙顶砌成城堞垛口，初步奠定了团城的规模。乾隆年间进行较大的修建，增建了玉瓮亭金时，团城为御苑的一部分。1900年八国联军侵占北京时，团城横遭洗劫，衍祥门楼被击毁，白玉佛左臂被击伤，团城上的珍宝文物也被洗劫一空。新中国成立后，党和政府对团城多次进行修缮，1961年国务院将团城及北海列为全国重点文物保护单位。(汪菊渊《中国古代园林史》)
1746～1748	奉天行宫（盛京行宫、沈阳故宫）	沈阳		始建于后金天命十年(明天启五年，1625)，建成于清崇德元年(明崇祯九年，1637)。清顺治元年(1644)，清政权移都北京后，成为陪都宫殿。从康熙十年(1671)到道光九年(1829)间，清朝皇帝11次东巡祭祖谒陵曾驻跸于此，并有所扩建。

建园时间	园名	地点	人物	详细情况
				沈阳故宫以崇政殿为核心，从大清门到清宁宫为中轴线，分为东路、中路、西路3个部分。大政殿为东路主体建筑，是举行大典的地方。前面两侧排列亭子10座，为左、右翼王亭和八旗亭，统称十王亭，是左、右翼王和八旗大臣议政之处。大政殿于清崇德元年(1636)定名为笃功殿，康熙时改今名。殿为八角重檐攒尖顶木结构。在须弥座的台基上，绕以青石栏杆，殿宇八面全由木隔扇门组成。正门前金龙蟠柱，殿顶为黄琉璃瓦绿剪边。殿内彩绘梵文天花，团龙藻井。中路为整个建筑群的中心，分前后3个院落。南端为照壁、东西朝房、奏乐亭；前院有大清门、崇政殿、飞龙阁、翔凤阁；中院有师善斋、协中斋、凤凰楼；后院是以清宁宫为主的五宫建筑。中院和后院两侧各有一跨院，称东宫、西宫。东宫有颐和殿、介祉宫、敬典阁；西宫有迪光殿、保极宫、继思斋、崇谟阁。(孔俊婷《观风问俗式旧典湖光风色资新探》)
1747～1797	绿园	江苏南京	邢昆	南京上元诸生邢昆的宅园，在朝天宫东王府巷，与上江考棚毗邻，园建成后，诗人袁枚曾作联赠送："名园欣得主，此日楼逢哲匠。"园中有山亭、梅花涧、通幽阁、花雨楼、石浪径、碑廊、岸舟、环碧轩、蓉叶巢，梅郎中曾亮著有《绿园记》。《运渎洪桥道小志》载："考棚侧邢氏绿园……方池数亩，绿柳盈堤，广厦修廊，疏密有法……钱塘袁公枚知江宁时，宴新进诸生于此。"《随园琐志》载，邢园毁于1864年太平天国兵火。园概建于袁枚居江宁随园的五十年间。
1747	近园	北京	金兰畦	《雪桥诗话余集》载，园在宣武门外米市胡同金兰畦建。厅事西侧数亩地，南为曲池，池上列石数峰，有揽晖亭。南为莲池，池西北部有土山，山阴有琅环洞，入洞为卧云深处。池东北面山有紫云山房，最北为葆春轩，东为宝俭斋，西为清玉山堂，再南顺磴道为诵芬书屋，从东出即南舫。金兰畦，刑部司寇，乾隆十二年(1747)封疆大吏百龄(字菊溪)入都乞病归，或谒之于道次，百蹙然曰："吾以刑部尚书用，汉员为金兰畦光悌，其人张汤郅都也，吾不与衡，如民命何?"故可知金兰畦在任上，园盖在此时存在。

建园时间	园名	地点	人物	详细情况
1747	乐善园	北京	乾隆	建于顺治末年、康熙初年，占地面积为二百余亩。弘历从乾隆十二年开始修葺乐善园，到乾隆十六年重建新建工程完竣。乐善园原是康熙年间康亲王杰书的花园别墅，乾隆帝将其重建为一座行宫，它是乾隆帝乘船从高粱桥到京西御园在水上御道长河中途的歇脚站。 乐善园建造行宫的奏折中有如下记载：乐善园新建行宫、殿宇、亭座、游廊共一百五十四座，内房屋三百一十六间，游廊三百八十间，楼八间，戏台一座，亭座十六座，桥亭二座，牌楼二座，垂花门五座，券桥、平桥、木桥共十九座，石池一座，进水出水沟三道，石泊岸二十九丈八尺一寸，出水闸三座，外围大墙四百七十四丈八尺五寸，花墙院墙四百十六丈八尺四寸。药栏四十九丈五尺，并甬路、散水、堆筑土山、云步高峰、栽种树株以及油画裱糊、毡帘雨搭、坐褥靠背，清理湖底，开挖湖道，修理船只等项。 乐善园于乾隆十六年(1751)建成并投入使用，乐善园是长河岸边的一座水景园，乾隆还写有以乐善园为内容的几十首诗。如《题乐善园》、《倚虹堂进舟游乐善园有作》。乾隆在诗中称之为沼园、沼宫、沼墅、溪园、溪宫、溪墅、渚园、渚苑。可见园林以水成景，因水成趣。 乾隆四十七年后，乾隆不再到此，至嘉庆九年(1804)完全关闭。 据《乐善园册》载："乐善园宫门内跨小溪南为穿室，东向，曰意外味。转石径而南，为于此赏心，内间北向为含清斋，东为潇碧，北为约花栏，南有轩为云垂波动。含清斋对河敞宇为池月岩云，中穿堂为翠微深处，内为蕴真堂，南宇为气清心远，别院有室曰鸾举轩。"又载"于此赏心之西南为又一村，左有亭为揽众翠。意外味之西穿堂为'得佳赏'，西为兰密室，再西魏环清亭碧"。(安怀起《中国园林史》、王珍明《海淀文史——京西名园》、汪菊渊《中国古代园林史》)

建园时间	园名	地点	人物	详细情况
	康山草堂	江苏扬州	江春	位于扬州康山街，是扬州盐商江春的家园。据载，乾隆帝两次到江春家的康山草堂，并写了《游康山即事二首》、《游康山》等诗。《游康山》："新城南界有山堂，遗迹其人道姓康。曾是驻舆忆庚子，遂教题额仿香光。重来园景皆依旧，细看碑书未异常。述古虽讹近文翰，一游精鉴不妨详。"乾隆的诗中还有"爱他梅竹秀而野，致我吟情静以偿"之句，表达了他对江春家园的喜爱。江春字颖长，号鹤亭，旗名广达，原籍徽州歙县江村。他生于盐商世家，祖父江演、父亲江承瑜都是扬州盐商。时人誉之为"以布衣上交天子"。
1748	半壁店行宫	北京		《西巡盛典》：据韩村河二十三里，韩村河即侠河。在房山区与涿州良乡交界，半壁店以南，正北，正二村相近，建有行宫，为圣驾巡行，翠华临驻之所。（孔俊婷《观风问俗式旧典湖光风色资新探》）
1748	随园（曹頫故园、隋赫德园）	江苏南京	曹頫 袁枚 武龙台	原为江宁织造曹頫的故园，后归隋赫德，名隋园，乾隆十三年(1748)钱塘人袁枚任江宁县令时购园扩建，造园家武龙台参与设计建造，依谐音易名随园。因势造景，起南北二山，名小仓山，中间为溪流，南山建半山亭和天风阁，中溪植荷，有闸堤桥亭等景，主要景点有：小栖霞、蔚蓝天、仓山云舍、书仓、金石藏、小眠斋、绿晓阁、柳谷、群玉山头、竹请客、因树为屋、凉室、兼山红雪、盘之中、香界、泛航、渡鹤桥、水精域、回波闸、双湖、柏亭、奇疆石、澄碧泉、南台等 24 处。《随园诗话》记载："随园四面无墙，以山势高低难加砖石故也。每至春秋佳日，士女如云，主人亦听其往来，遮拦，惟绿净轩环房二十三间非相识不能遽到。"随园为袁枚终身寓所，宅、园、田、庐、墓全备，广百余亩，袁居此 50 年，1853 年太平天国定都天京后，夏官丞相居此，1864 年天京陷落，后期太平军被困，毁园造田，园毁。袁筑园后，曾撰六记（《随园记》《随园后记》《随园三记》《随园四记》《随园五记》《随园六记》），又有《随园二十四咏》。此外，尚有袁起《随园图记》。

建园时间	园名	地点	人物	详细情况
				钱泳《履园丛话》二十，有"随园"条；《鸿雪因缘图记》有"随园访胜"条。 袁枚（1716—1797），清诗人，字子才，号简斋、随园老人，乾隆四年进士，历任溧水、江浦、江宁县令，有《小仓山诗文集》、《随园诗话》、《子不语》、《黄生借书说》、《书鲁亮侪》等。
1748	黄新庄行宫	北京		《西巡盛典》载在良乡县黄新庄，为乾隆去西陵的第一座行宫，乾隆十三年（1748）建，20世纪80年代拆毁，现余假山一座和古柏一株。
1748	秋澜行宫	河北涞水		在涞水县，为乾隆去西陵的行宫，乾隆十三年（1748）建，毁。
1748	赵北口行宫（任邱县行宫）	河北任丘		赵北口地处东淀、西淀（白洋淀）交汇咽喉，界分燕、赵。十二连桥通南北御路，是京畿南下必经之路。素为军事要冲，赵北口行宫坐落在镇西北，占地12亩，建有大殿5间，皇后宫3间，太后宫3间，军机处3间，差办房3间，膳房3间，配房两处6间，东南有坐撵处，西建御花园，东大门前建石坊1座，赵北口行宫向西遥看，悠悠淀水潺潺东来，南观十二连桥，如巨龙腾起，北拜行动。（孔俊婷《观风问俗式旧典湖光风色资新探》）
1748	梁格庄行宫	河北易县		在易县清西陵梁格庄村西，与御用喇嘛庙永福寺毗邻，是乾隆为拜谒雍正的泰陵而建的行宫。南有龟山，北有易水，行宫内垂花门、游廊、八角鱼池、水假山、大殿（政务所）、寝殿（帝居），两侧有后照殿、三卷殿等，轴线后部为后花园。园中有假山、花木、亭台楼阁。1983年修复，占地2.47公顷，恢复了主体建筑如寝殿等，现辟为高档宾馆。 《畿辅通志》：属易州（《西道纪略》），在良各庄西。乾隆十三年建（《采访册》）。计道三段：第一段，自秋澜行宫起，至麻屋庄沟止，一十三里六分六厘。第二段，白麻屋庄沟起，至户部门口止，一十三里六分八厘。第三段，自工礼部门口起，至良各庄行宫石桥海漫止，又回銮道，自河滩桥下起，至良各庄村口止，共十三里六分六厘。共四十一里（《西道纪略》）。（孔俊婷《观风问俗式旧典湖光风色资新探》）

建园时间	园名	地点	人物	详细情况
1748	碧云寺	北京	乾隆	在香山元代晋律阿勒弥建，正德十一年(1516)内监于经拓为碧云寺，天启三年(1623)魏忠贤重修，清代乾隆帝依此建静宜园。自静宜园建成后，出外垣北宫门西折即碧云寺山门。《长安客话》云："从槐径入"，《帝京景物略》云："寺从列槐深径"，明张邦奇《和人宿碧云寺之作》的诗句也说"谷口树连寺，深林天色微"。今之槐径，外侧古槐，内侧毛白杨。记载说：远远就能听到流水潺声，明姚汝循《碧云寺》诗也写道："策马随流水，穿林到碧云。"穿林"一溪横之，跨以石梁"，所谓溪即今白石桥下几丈深的沟壑，沟内早先泉水常流，今仅雨季有水。"寺门有石狮二，雕镂绝工。"(《长安可游记》)寺有金刚宝座塔，建于乾隆十三年(1748)。碧云寺两翼有两个跨院。南跨院为罗汉堂，是乾隆十三年(1748)所建，仿杭州净慈寺。北跨院原是行宫，《日下旧闻考》载："寺北为涵碧斋，后为云容水态，为洗心亭，又后为试泉悦性山房(按语：是为泉水发源处)。" 1925年3月，孙中山灵柩暂厝于此，殿改为孙中山纪念堂。新中国成立前，堂里只挂有一张孙中山先生的纸像和几只陈旧的花圈，粉墙剥落，满屋灰尘。新中国成立后，1954年翻盖孙中山纪念堂，在金刚宝座塔台基上层拱门内，在汉白玉石刻"孙中山先生衣冠冢"。
1748～1797	半野园	江苏南京	刘春池	在台城西，与袁枚的随园相邻，织造署计吏刘春池所创宅园，广数亩，园内有：秋水堂、青松白石房、菜圃、庭榭、篱笆等。刘春池善唱，深得袁枚赏识，刘林芳有诗赞园："结庐在幽僻，乃在台城西。后有数亩地，诸翠横檐低；为园虽不广，亦足成幽栖。所喜在半野，门外无轮蹄。路接鸡鸣埭，地复通青溪。萧寺峙古塔，楼阁悬丹梯。时发钟磬响，能开心境迷。既无市喧到，而多山鸟啼。触目饶野趣，随步可攀跻。因以半野名，用待高人题。"刘因祸变卖园宅，曾题有《忆半野园旧居》《吊香橼树》等。因与袁枚同时代，故约在袁枚建随园之后。

建园时间	园名	地点	人物	详细情况
1750	共怡园	江苏吴江	龙铎	乾隆十五年(1750)知县龙铎移平望镇杨家村的神庙和园亭，巨舰运石运木，在县治城隍庙东改建为共怡园，故又名东园，内有假山、水池、泉源、花卉(桃花、玫瑰、海棠、辛夷、竹子)。张士元有诗《东园看花》赞之："泉石结构类天造，丛祠闲静容徘徊。"
1886	颐和园(清漪园)	北京		在海淀颐和园路，是现存最完整最豪华的皇家园林，1750年，乾隆为次年皇太后生日而建清漪园，广295公顷，改原山瓮山为万寿山，结合整理水系，改西湖为昆明湖，历四年(1754)建成101个建筑物和建筑群，分13类：宫殿2、寺庙16、庭院14、小园16、单体建筑20、长廊2、戏园1、城关6、村舍1、市肆2、桥梁11、园门5、后勤辅助建筑5。1860年清漪园被英法联军焚毁，1873年同治皇帝亲政，以奉养两宫太后为名重修未果，1886年始光绪帝为奉孝慈禧而动用海军军费重修，1888年改名颐和园，1894年竣工。修复的颐和园广290公顷，恢复、改建、新建建筑群97处，分12类：宫殿4、寺庙10、居住建筑11、庭院6、戏园2、小园9、单体23、长廊2、城关6、大桥11、园门6、辅助建筑7。仿杭州西湖布局，北山南水，南北隐轴，合风水格局。万寿山东西1000米，南北120米，高出地面60米，山上南北两寺依轴，顶上佛香阁统率群体。前湖水似桃形，南北1930米，东西1600米，以西堤划分为里湖、外湖、西北水域三部分，广一百二十九公顷，置一池三山，有大三岛和小三岛计六处。后湖称后溪河，广4.7公顷，东西长1000米，宽8～80米，收放自如。园中园有南湖岛、谐趣园。1911年辛亥革命后仍归溥仪，1914年以私产开放为公园，1924年收归国有，1949年全面整修。
1750	苏州府行宫	江苏苏州		《南巡盛典》记载：在府城内。旧为织造官廨，圣祖南巡，驻跸于此。乾隆十五年，皇帝下省方之诏，重葺其地，概从俭朴，以备临御。自是叠邀法驾，东南喁喁望幸，已历有年所。恭逢法祖时巡，鸿恩大沛，民间欢迎瞻就，巷舞衢歌，盖阅时而弥盛。吴阊一大都会，益见太和累洽之象焉。(孔俊婷《观风问俗式旧典湖光风色资新探》)

建园时间	园名	地点	人物	详细情况
1751	万寿寺	北京		“正觉寺西五里许为万寿寺，自正殿后殿宇佛阁凡六层。”（《日下旧闻考》卷七十七）。万寿寺，“明万历五年（1577）建，殿宇极其宏丽。左钟楼，前临大道，钟铸自永乐，径长丈二，内外刻佛号，弥陀、法华诸品经，蒲罕刻楞严咒。铜质精好，字画整隽，……名曰华严钟，击之声闻数十里。……后钟弃于荒地。本朝乾隆十六年（1751）称钟于城北觉生寺，有御制碑，清、汉、蒙古、西番四体书。”（《宸垣识略》卷十四） 万寿寺，“国朝乾隆十六年重修，二十六年（1761）再修。寺门内为钟鼓楼，天王殿，为正殿，殿后为万寿阁，阁后禅堂。堂后有假山、松桧皆数百年物。山上为大士殿，下为地藏洞，山后无量寿佛殿，稍北三圣殿，最后为蔬圃。寺之右为行殿，左则方丈”（《日下旧闻考》卷七十七）。（汪菊渊《中国古代园林史》）
1751	江宁府行宫	江苏南京		《南巡盛典》记载：地居会城之中，为织造廨署。乾隆十六年（1751），皇上恭奉慈宁巡行南服，大吏改建行殿数重，恭备临幸。（孔俊婷《观风问俗式旧典湖光风色资新探》）
1751	倚虹堂	北京		倚虹堂位于北京西直门外高梁桥附近，长河北岸，是清代的码头行宫，是乾隆皇帝弘历为圣母皇太后六十大寿所建。乾隆十六年（1751）建成，可在此乘舟至颐和园，也可在此易辇进宫。倚虹堂为样式雷所设计，现存有《倚虹堂》、《倚虹堂古船坞地盘画样》、《倚虹堂清挖河泡船道图》等图纸。 倚虹堂坐西朝东，宫门五楹，五楹南房中间穿堂门外紧临长河的是码头。宫门额云楣星鄂和倚虹堂其他匾额，皆为乾隆皇帝御书。倚虹堂隔岸是船坞和港湾（今大钱市 1 至 3 号楼），船坞有三座坞桶，每座 13 间，用来储放龙舟和冰撬。清末西太后常在倚虹堂船坞乘船前往颐和园。该船坞于民国初年为官厅所拆卖。 倚虹堂的北侧（今北下关 24 号门前）有一棵千年古槐，慈禧太后往返颐和园和圆明园，在倚堂用餐时，见树形好似展翅欲飞的蝴蝶，慈禧称其为“蝴蝶槐”至今。

建园时间	园名	地点	人物	详细情况
1751	涿州行宫	河北涿州		在涿州市南关大街105号药王庙内东侧，现存。西邻药王庙始建于明嘉靖年间，庙东开设丛林，定名保庆寺。乾隆十六年(1751)皇帝南巡，改为行宫。占地五十亩，分左、中、右三路，中路为行宫主体，依次为宫门、二门、假山、正殿、亭、游廊、丘山、后花园；东路为太后宫，右路为皇后宫。东路有前院、游廊、前配殿、后配殿、东西廊、后园。西路庭院、配殿。中路与西路形成大花园，园中六角亭与假山连成一片，西北角建楼阁，北面一线用围墙分出东西向长条形花圃，中间还分隔为东西两部分，东部分一直延续到东路北后，伸出东路，形成东入口。1978年行宫被拆毁，现仅存正殿和假山，殿前东厢房坍塌后余山墙，西厢房余台基。假山为屏山，东西长34.5米，南北宽9米，高4米，分为中岭、西岭、东岭，东中两岭各五峰，西岭六峰，三岭东西轴中有十峰，成龙形，峰形有虎、狮、龟、蛙、鸡等。中岭平面成如意形，前后各构一龛，南龛上有一峰，与东西岭合而如蝙蝠。石材有四种，主要为千层石，还有火烧石(北房山石)、太湖石、青石等。植物有栾树、椿树、槐树、紫藤，尤以紫藤最古，曲干径达20厘米左右，攀延至椿树之上。 《南巡盛典》记载：在涿州城南。涿州，古涿鹿城也。《水经注》：阪泉上有黄帝祠。今城南庙祀黄帝为药王，犹仿佛八遗迹。皓壁皓辉，丹楹歙艴，叫围浓翠，影罨缭垣。辛未年葺行殿于左。平冈迤逦，环若屏嶂，右经纡折，亭馆周通。飞阁构其旁，凴高遐瞩，控山襟河，萦畿带甸，云连万室，塔影浮空，信为辅雄形胜最。(孔俊婷《观风问俗式旧典湖光风色资新探》)
1752	宁化县圃	福建宁化		乾隆十七年(1752)曾曰瑛、王锡缙主修的《汀州府志》道宁化县有县圃。
1752	悠然楼	福建长汀		乾隆十七年(1752)曾曰瑛、王锡缙主修的《汀州府志》载，悠然楼在汀州府东通判厅，是一个衙署园林，内有寸碧堂、君子轩、横舟亭、岁寒亭、鄞江风月亭等景。

建园时间	园名	地点	人物	详细情况
1752	仙隐观	福建长汀		曾曰瑛、王锡缙主修乾隆十七年(1752)《汀州府志》载,长汀府治登俊坊的仙隐观为一例。该观唐时创建,既有自然之景,又有人工景观。观中辟有放生池、鱼乐亭、龙王庙、白鸥亭诸胜,观下还有天然岩洞,两石相夹成门,石上镌刻"仙隐洞"三字。
1753	独乐寺行宫	天津蓟县		位于顺天府蓟州西门内独乐寺东北角,扩建行宫,乾隆巡幸憩息之所。(孔俊婷《观风问俗式旧典湖光风色资新探》)
1753	白涧行宫	天津蓟县		位于蓟州城西十里,距燕郊行宫七十二里。《畿辅通志》载,属蓟州(《东道纪略》),在城西十里(《蓟州志》)。发源于盘山西峪,经沙流河,水色澄碧,上有白涧寺(《日下旧闻考》)。为皇上展谒东陵入州境首站(《蓟川志》)。乾隆十八年恭建行宫(《日下旧闻考》)。计道六段。第一段,自燕郊行宫起,至尹家构桥止,一十二里。第二段,自尹家沟起,至棋盘庄尖营止,一十二里。第三段,自棋盘庄尖营起,至李家辛庄东头止,一十二里。第四段,自李家辛庄东头起,至三河市北门外官道止,一十二里。第五段,自三河市北门外道口起,至三河市九百户村南止,一十二里。第六段,自九百户村南起,有南北小路一道,至蓟州白涧行宫海漫止,一十二里。共七十二里(《东道纪略》)。(孔俊婷《观风问俗式旧典湖光风色资新探》)
1753	蟠龙山行宫	河北三河		《畿辅通志》:属三河县(《采访册》)。山在县治西北五十里(《三河县志》)。旧有行宫。乾隆十九年(1754),始移建于山迤北之大新庄(《日下旧考》)。《三河县公路交通史略》:乾隆十九年移建于大新庄,内营房设立满州官兵看守,外营房设立经制外委一员,兵八名看守,官房三间,兵每名房二间,共房十九间。(孔俊婷《观风问俗式旧典湖光风色资新探》)

建园时间	园名	地点	人物	详细情况
1755	竹山书院	安徽歙县	曹文植 曹干屏	在歙南雄村的濒临渐江处，乾隆二十年(1755)前后，户部尚书曹文植的伯父曹干屏、生父曹暎青兄弟遵父命在江边创建书院和社祠，因园位于村庄水口，故为水口园林，又是书院园林，背依南山，面对竹山。书院占地1908平方米，建筑面积1169平方米，为徽州6县54所书院中最著者，由南至北依次为祭祀区、学术区、休闲区。山中天为书房北过渡空间，院内有芭蕉些许，紫荆数丛，原有百年牡丹和黄石假山，后毁。桂花厅为主庭院，有桂花厅、清旷轩、文昌阁、眺帆轩、曲廊，院墙漏窗可见面前渐江和慈光庵，登八角楼阁更可借景园外。院中有原有泮池、小桥、黄石岸，现余一池清水、数尾彩鲤、几杆翠竹、两叠湖石。竹、桂、杏、桃、梅，分别喻虚心有节、蟾宫折桂、杏坛讲学、桃李满天下，原有桂花52株，清旷轩前植丹桂、月月桂、八月桂等，皆为书院园林特征植物。又有玉兰和石榴。书院有七景：桃花坝、书院、桂花厅、凌云阁、山中天、含翠楼、桂林听雨。
1755	桧阳书院	河南新密		位于新密古城后街，坐北朝南。清乾隆四十年(1755)创建，建筑面积5400平方米。中轴线现存大门、斋舍、讲堂等，分三进院，大门、前院、中院、后院均为硬山灰瓦顶建筑。书院现存石碑2通，一为清乾隆四十年(1775)“重建卓君庙新建瑞春书院合记”，一为道光三年(1823)“桧阳书院神龛记”。
1756	德州行宫	山东德州		位于德州南门外古广川之地。《南巡盛典》记载：在德州南门外。古广川地，汉儒董仲舒故坐在焉。皇上南巡，入山东省第第一程也。丁丑而后，屡邀驻跸，叠焕宸章，蕞尔微区，传为胜地矣。(孔俊婷《观风问俗式旧典湖光风色资新探》)
1756	古洋池行宫	山东曲阜		位于曲阜市东南隅。《南巡盛典》记载：在曲阜。县东南隅，其地旧有泮宫台。按《水经注》，灵光殿东南及泮宫也。抬高八十尺，台东西一百步，南北六十步；台西，水南北四百步，东西六十步。台池咸结石为之，鲁颂所谓思乐泮水矣。乾隆二十年，前抚臣恭建数楹，屡邀临御。(孔俊婷《观风问俗式旧典湖光风色资新探》)

建园时间	园名	地点	人物	详细情况
1756	天宁寺行宫	江苏扬州	谢安 谢琰	扬州天宁禅寺，位于扬州市区城北丰乐上街3号，是江苏省文物保护单位。始建于东晋，相传为谢安别墅，后由其子司空谢琰请准舍宅为寺，名谢司空寺。武周证圣元年(695)改为证圣寺，北宋政和年间始赐名天宁禅寺。明洪武年重建，正统、天顺、成化、嘉靖间屡经修葺。清代列扬州八大古刹之首，康熙帝南巡曾驻跸于此。乾隆帝二次(1756)南巡前，于寺西建行宫、御花园和御码头，御花园内建有御书楼——文汇阁。(孔俊婷《观风问俗式旧典湖光风色资新探》)
1756	山西会馆	四川成都		山西会馆，建于乾隆十一年(1756)。
1757前	净香园(江园)	江苏扬州		在虹桥东，与西园门衡宇相望，为江春别墅，乾隆二十二年(1757)改为江园。乾隆三十七年(1772)南巡时赐名净香园。《画舫录》云："荷浦薰风在虹桥东岸，一名江园。乾隆三十七年，皇上赐名净香园，御制诗二首。"又云："园门在虹桥东，竹树夹道，竹中筑小屋，称为水亭。亭外清华堂、青琅玕馆，其外为浮梅屿。竹竟为春雨廊、杏花春雨之堂，堂后为习射圃，圃外为绿杨湾。"水中建亭，额曰"春禊射圃"。前建敞厅五楹，上赐名怡性堂。堂左构子舍，仿泰西营造法，中筑翠玲珑馆，出为蓬壶影。(安怀起《中国园林史》)
1757	栖霞行宫	江苏南京	尹继善	栖霞山乾隆行宫于1751年开始动工建设，由当时的两江总督尹继善负责修建，历时6年，于乾隆十七年(1757)建成，它是乾隆在南巡时所建行宫中最大的一座。但是这座皇家建筑，毁于咸丰年间的一场战火中。现仅存遗址，只能看到行宫中的青砖、柱础等建筑构件。 《南巡盛典》记载：在中峰之左，舆东峰相接。秀石嵯峨，茂林蒙密，白鹿泉潴其中。乾隆二十二年，翠华重幸，大吏恭建，以驻清跸。(孔俊婷《观风问俗式旧典湖光风色资新探》)

建园时间	园名	地点	人物	详细情况
1757	五亭桥（莲花桥）	江苏扬州	高恒	原名莲花桥，是一座多孔券的屋桥。该桥建于莲花堤上，清乾隆二十二年(1757)巡盐御史高恒所建，仿北京北海的五龙亭和十七孔桥而建，又叫莲花桥。其最大的特点是阴柔阳刚的完美结合，南秀北雄的有机融和。“上建五亭、下列四翼，桥洞正侧凡十有五。”桥身建成拱券形，由三种不同的卷洞联系，桥孔共有十五个，中心桥孔最大，跨度为7.13米，呈大的半圆形，直贯东西，旁边十二桥孔布置在桥础三面，可通南北，亦呈小的半圆形，桥阶洞则为扇形，可通东西。正面望去，连同倒影，形成五孔，大小不一，形状各殊，在厚重的桥基上，安排了空灵的拱券，在直线的拼缝转角中安置了曲线的桥洞，与桥亭配置和谐。(耿刘同《中国古代园林》)
1758	普宁寺	河北承德	乾隆	在承德市避暑山庄东北约2.5公里，外八庙之一，始建于乾隆二十三年(1758)，为汉地佛寺的伽蓝七堂式与藏传佛教的古刹桑耶寺合璧之作，形成四大部洲、八小部洲、须弥山、曼陀罗的格局。依山而建，山顶为园区，内有八小部洲、四色塔、北俱卢洲、假山等。
1759	济尔哈朗图行宫	河北隆化		位于伊玛图河右岸开阔的河谷地带，四周九条山谷向北汇集，形成“九龙”拱卫之势。行宫建于乾隆二十四年(1759)。宫门三间，二门为连脊九间，假山奇巧，藤萝绕崖。前殿七间以回廊与二门连接成小院，后殿五间。院内蛋石盘花砌道，松柏苍翠，宫院后半部丁香、玫瑰、乔灌杂植。再后山区部分建有亭台，山上榆、柞、杨、柳，树种繁多。宫外有秋祢八旗兵丁扎营之地。行宫石墙围绕，占地4.7万平方米。 《承德府志》：在丰宁县治东，波罗河屯西北五十八盟入围场。有两道，东道由张三营入崖口，西道由济尔哈朗图及阿穆呼哈朗图，入伊玛图口。乾隆二十四年(1759)建。济尔哈朗图蒙古语，安乐所。也水泉甘美，庶草丰芜，因以得名，内有四照亭。(《大清一统志》、孔俊婷《观风问俗式旧典湖光风色资新探》)

建园时间	园名	地点	人物	详细情况
1759	湖广会馆	重庆		重庆湖广会馆始建于清乾隆二十四年(1759),建筑群依山就势,坐落在长江和嘉陵江交汇之渝中半岛上,占地1万多平方米,包括禹王宫、齐安公所、广东公所三部分。禹王宫,为两湖(湖北、湖南)士商集资所建,由于两湖之地江水之患尤甚,两湖人久有信奉大禹的风俗,故修禹王宫于滨江处以取镇水之意。齐安公所是由湖北黄州商人集资修建的府会馆,黄州在隋唐时称齐安。广东公所,处于建筑群的最高位置,牌楼正中门额上阳刻"南岭观瞻"四个篆字。
1760	菩萨顶行宫	山西忻州		灵鹫峰之麓,距菩萨顶三里。驻驾瞻礼之所。改建行宫。(孔俊婷《观风问俗式旧典湖光风色资新探》)
1760	钱家港行宫	江苏镇江		镇江府西门外。《南巡盛典》记载:在镇江府西门外。傍临小港,可达大江。适当金山之麓,横峰侧岭,面目时呈,细浪长波,襟带斯在。乾隆二十五年(1760),恭建板屋数重,不施丹雘,以备御舟渡江驻跸之地。(孔俊婷《观风问俗式旧典湖光风色资新探》)
1760	顺河集行宫	江苏宿迁		《南巡盛典》记载:在宿迁县(今宿迁县)运河东,遥堤之旁,北距永济河五里,入江南将百里矣。銮辂时巡,向驻跸于行幄。二十五年,大吏构便殿数重,庶民攻之,成于不日。壬午、乙酉恭蒙羲驭初停,自此三山远黛,树色波光,长被纠缦之华,而腾文焕采矣。(孔俊婷《观风问俗式旧典湖光风色资新探》)
1760后	董四墓御果园	北京	杨德山	在京西小西山群峰的金山下董四墓村,《重修天仙庙记》载乾隆二十四年(1760)亦西北25里有董四墓,《鸿雪姻缘图记》载,前明内宫退老于此,善种桃,于是,清中叶起,被内务府定为御果园,专供皇室享用,康熙年间,桃被移栽至承德避暑山庄。御果园有两座,一在村口,一在宝藏寺山麓下,每座园约15亩,至光绪间,由花匠杨铁碗管理,杨原名德山,慈禧赐封铁碗。清亡后,园渐衰,变为良田,后被徐世昌购为墓地,后来东四墓园址被北京同仁堂购建为花园。

建园时间	园名	地点	人物	详细情况
1761	南园（九峰园）	江苏扬州	汪玉枢	在城南古渡桥畔，歙县汪玉枢得九莲庵地建别墅，名南园。有深柳读书堂、谷雨轩、风漪阁诸胜。乾隆二十六年(1761)，“得太湖石于江南，大者逾丈，小者及寻，玲珑嵌空，窍穴千百。众夫辇至，因建澄空宇、海桐书屋；更围雨花庵入园中，以二峰置海桐书屋，二峰置澄空宇，一峰置一片南湖，三峰置玉玲珑馆，一峰置雨花庵屋角，赐名九峰园”。 九峰园，园门临河，左右子舍各五间。门内三楹，设散金绿油屏风。屏内右折为二门，门内多古树，右建厅事，名深柳读书堂。堂前黄石叠成峭壁，杂以古木阴翳，遂使冷光翠色，高插天际。其旁有辛夷一树，老根隐见石隙，盘踞两弓之地。深柳读书堂前构玻璃房，三四折入谷雨轩。谷雨轩种牡丹数千本，轩右为延月室，东南构玉玲珑馆。玉玲珑馆两面为牡丹，一面临湖，辟“卐”字径，开川字畦，朝日夕阳，莲炬明月，最称佳丽。谷雨轩旁多小室，车轮房结构最精，其窗牖作车轮形，一名蜘蛛网。由车轮房数折通御书楼，即雨花庵旧址。雨花庵门外嵌石刻曰砚池染翰。门前石板桥三折，桥头三峻人立，其洞穴大可蛇行，小者仅容蚁聚，名曰玉玲珑，又名一品石。园中九峰，奉旨选二石入御苑，今止存七石。石板桥外湖堤上建方亭，额曰临池。东构小厅事，颜曰一片南湖，是屋窗棂，皆贮五色玻璃，园中呼之为玻璃房。一片南湖之旁，小廊十余楹，额曰烟渚吟廊。其东斜廊直入水阁，额曰风漪阁。风漪阁居湖北岸边，湖水极阔，中有土屿，松榆梅柳，亭石沙渚，共为一丘。风漪阁后东北角有方沼，种芰荷，夹堤栽芙蓉花。沼旁构小亭。烟渚吟廊之后，多落皮松、剥皮桧。取黄石叠成翠屏，中置两卷厅，其中或缀宣石，或点太湖石，即九峰中之二峰，名曰玻璃厅，匾额曰澄空宇。《画舫录》云：“石工张南山尝谓澄空宇二峰为真太湖石。太湖石乃太湖中石骨，浪激波涤，年久孔穴自生，因在水中，殊难运至。惟元至正间吴僧维则门人运石入城，延朱德润、赵元善、倪元镇、徐幼文共商，叠成狮子林，有狮子含辉吐月诸峰，为江南名胜。此外未闻有运至者，若郡城所来太湖石，多取之镇江竹林寺、莲花洞、龙喷水诸地所产。其孔穴似太湖石，皆非太湖岛屿中石骨。若此二峰，不假矣。”厅右小室三楹，室前黄石壁立，上多海桐，额曰“海桐书屋”。

建园时间	园名	地点	人物	详细情况
1761	焦山行宫	江苏镇江		焦山行宫是清乾隆皇帝南巡时下榻最多的地方。据《焦山志》载，乾隆皇帝十分喜爱焦山的山水。他六下江南八上焦山五次入住焦山，并留下大量的诗词楹联匾额。“金山似谢安，丝管春风醉华屋。焦山似羲之，偃卧东床坦其腹……若以本色论山水，我意在此不在彼。”就是乾隆皇帝对焦山真山水的高度评价。 据史书记载，焦山行宫于乾隆二十六年(1761)建成，有焦山行宫、东行宫、上行宫三个部分，因战火先后被毁，现焦山行宫是在自然庵和五圣庵旧址上改建而成，为典型的江南小庭院，有船亭、北极阁、黄叶楼、梅花楼、画禅山房、文殊阁、梦焦山仙馆、观澜阁等建筑，空间布局独特，层次富于变化，呈典型的江南民居式建筑群。植物配置均采用传统的配置艺术手法，以松、竹、梅构成“岁寒三友”景观，以桂花、玉兰、海棠、迎春形成“金玉满堂”景观，面积不过二千平方米，却有竹园、桂林，布置得十分紧凑、典雅。(孔俊婷《观风问俗式旧典湖光风色资新探》)
1762前	趣园(黄园)	江苏扬州	黄履暹	原名黄园，是盐商黄履暹的别墅。乾隆二十七年(1762)临幸，赐名趣园。《扬州画舫录》云：“四桥烟雨，一名黄园，黄氏别墅也。上赐名趣园。”“黄氏兄弟好构名园，尝以千金购得秘书一卷，为造制宫室之法，故每一造作，虽淹博之才，亦不能考其所从出。”是园接江园环翠楼，园中有二景，一曰四桥烟雨，一曰水云胜概。自锦镜阁起至小南屏，中界长春桥，东为四桥烟雨，西为水云胜概。四桥烟雨，园之总名也。四桥，虹桥、长春桥、春波桥、莲花桥也。虹桥、长春、春波三桥，皆如常制。莲花桥上建五亭，下支四翼，每翼三门，合正门为十五门。锦镜阁三间，跨园中夹河。阁之东岸上有圆门，颜曰回环林翠，中有小屋三楹。屋外松楸苍郁，秋菊成畦，畦外种葵，编为疏篱。篱外一方野水，名侯家塘。阁之西一间，开靠山门，阁门外屿上构黄屋三楹，供奉御赐匾趣园石刻。亭旁竹木

建园时间	园名	地点	人物	详细情况
				蒙翳，怪石蹲踞。接水之末，增土为岭，岭腹构小屋三椽，颜曰竹间水际。阁之东一间开靠山门，与西一间相对；门内种桂树，构工字厅，名四照轩。轩前有丛桂亭，后嵌黄石壁。右由曲廊入方屋，额曰金粟庵。是地桂花极盛。金粟庵北为涟漪阁，阁外石路渐低，小栏款敦，绝无梯级之苦，此栏名桃花浪，亦名浪里梅。面路皆冰裂纹，堤岸上古树森如人立，树间构廊。由此入面水层轩，轩居湖南，地与阶平，阶与水平。水局清旷，阔人襟怀。涟漪阁之北，厅事二，一曰“澄碧”，一曰“光霁”。光霁堂后，曲折逶迤，方池数丈，廊舍或仄或宽，或整或散，或斜或直，或断或连，诡制奇丽。树石皆数百年物，池中苔衣，厚至二三尺，牡丹本大如桐，额曰“云锦淙”。过云锦淙，壁立千仞，廊舍断绝，有角门可侧身入，潜通小圃。圃中多碧梧高柳，小屋三四楹。又西小室侧转，一室置两屏风，屏上嵌塔石，以手摸之，平如镜面。从屏风后，出河边方塘，有小亭，内供御匾半亩塘石刻。水云胜概在长春桥西岸，门内为吹香草堂，堂后为随喜庵。庵左临水，结屋三楹，为坐观垂钓，接水屋十楹，为春水廊。春水廊为水面最宽处，北、西、南来之水皆汇于是，波光滑笏，有一碧千顷之势。廊角沿土阜，从竹间至胜概楼。楼前面湖空阔，楼后苦竹参天，沿堤丰草匝地，对岸树木如昏壁画。登楼四望，天水无际，五桥峙中，诸桥罗列，景物之胜，俱在目前。此楼仿瓜洲胜概楼制。楼东有莲花桥，桥北岸有水钥，林亭极幽，山路称为“小南屏”。
1762前	蜀冈朝旭	江苏扬州	李志勋 张氏	地近筱园，原为李志勋别墅。筑有初日轩、眺听烟霞、月地云阶诸胜。后归由陕西移居扬州的张氏。张氏名兰，善画与方士庶其名。其子张绪增，工书善诗。乾隆二十七年(1762)，临河建楼，赐名高咏，又赐清韵堂额，楼前本保障湖后莲塘。“张氏因之，辇太湖石数千石，移堡城竹数十亩，故是园前以石胜，后以竹胜，中以水胜。”由南岸堤上过

建园时间	园名	地点	人物	详细情况
				筱园外石板桥，为园门，门内层岩小壑，委曲缦回。石尽树出，树间筑来春堂。堂前潋清储阴，细草杂花，布满岩谷。来春堂左，有临溪小室如画舫，小垣高三尺余，中嵌花瓦，用文砖镂刻蜀冈朝旭四字，与堤逶迤。东南角立秋千架，高出半天。在东岸小山上有旷如亭，过此山平水阔，水中筑双流舫，后增丁字屋，周以红栏，设宛转桥，改名流香艇。至是有长廊数十丈。高咏楼，高十余丈，原为苏轼题西江月处，后增枋楔，下甃石阶。高咏楼后，筑屋十余楹，如弓字，一曰含青室，室旁小屋十数间，曰眺听烟霞轩；一曰初日轩，原名承露轩。轩后度板桥入规门，有十字厅，颜曰青桂山房。厅前有老桂数十株，靠山多玉蝶梅。厅后方塘数亩，高柳四围。塘北后山崛起，构三山亭。其下竹畦万顷，中构小竹楼，楼下为射圃。过此为园后门，门外即草香亭。
1762	江西会馆（万寿宫）	四川成都		江西会馆，即万寿宫，建于乾隆二十七年(1762)。
1762	阿穆呼朗图行宫	河北隆化		位于隆化县步古沟南山坡上，距济尔哈朗图行宫21.5公里，建于乾隆二十七年(1762)。宫南向，门外左右各有硬山房三间，两侧各有水井一眼。门殿三间，二门殿三间，前殿五间，均由回廊连接成小院。后殿九间。宫殿全部为前出廊后抱厦，悬山卷棚，布纹筒瓦覆顶。后殿周围假山峻峭，奇石峥嵘。东侧为土小山，危崖嶙峋，错落有致，有六角飞檐凉亭和石砌蹬道。后山苑景区，麋鹿遨游嬉戏，自由觅食。登上凉亭眺望，塞外风光尽收眼底。皇帝每岁行围结束，出哨第一程东道张三营，西道阿穆呼朗图，乾、嘉二帝行围往返常驻跸。行宫毁于民国和日伪时期，今尚存后部假山、蹬道和宫墙残基。 《承德府志》：在丰宁县治东北，济尔哈朗图北四十三里，乾隆二十七年(1762)建。当西入围场之路。在伊玛图口之外，于猎场最近，阿穆呼朗图蒙古语，康宁也。（《大清一统志》、孔俊婷《观风问俗式旧典湖光风色资新探》）

建园时间	园名	地点	人物	详细情况
1762	思贤村行宫	河北沧州		《南巡盛典》记载：在任丘县(今任丘市)南十里，即四善村，汉太傅韩婴故居也。婴于孝文时为博士，景帝时为常山王太傅，推诗人之意，作内外传数万言，与齐、鲁二家并称燕赵，言《诗》者多宗之。兼著《易传》，惟韩氏自传其学。村有祠，授经台踞其后，卉木环荫，塍畦绮错，含秀铺。乾隆壬午岁，仍旧宇修葺，为驻跸之所。垣墙朴简，栏槛清旷，与远云树相映带。皇上即景怀古，易村名曰《思贤》并赐书授经台额。余葩流韵，叠被天章，洵昔贤之荣遇也。(孔俊婷《观风问俗式旧典湖光风色资新探》)
1762	太平庄行宫	河北河间		太平庄行宫位于河间城南 7.5 公里处，建于清乾隆年间，是乾隆帝下江南时而修建的一座较大的行宫，南到龙华店，北倚太平庄，东靠兴隆店，西傍福海庄，占地面积约 1.5 平方公里。有进深 3 层院落的宫殿数座和值房、军机处、毛公祠等，为碧瓦红墙，雕梁画栋，金碧辉煌的宫廷式建筑群，另有花园、牌坊和陪同官员的公馆。花园内有毛公讲诗台、金鱼池、平湖秋月、别有洞天、湖山在望等景点。此行宫毁于何时无据可考，今仅存乾隆题汉白玉碑，收藏在文物保护管理所。
1762	郯子花园行宫	山东郯城		《南巡盛典》记载：在郯城县城外里许，即古郯子花园。《春秋》襄公七年，郯子来朝，孔子所徙问官者也。其地林木苍蔚，相传为郯子花园。乾隆二十七年，前抚臣恭建行宫，规模简朴，无台沼观游之胜。邀皇上驻跸，赐以宸章，不啻逾于仑奂矣。(孔俊婷《观风问俗式旧典湖光风色资新探》)
1762	云龙山行宫	江苏徐州		位于徐州云龙山北麓。在《南巡盛典》卷七十九、八十的“程途”中有记载。(孔俊婷《观风问俗式旧典湖光风色资新探》)

建园时间	园名	地点	人物	详细情况
1762	萧闲园	天津	杨秉钺	杨秉钺，山西永济人，乾隆二十七年(1762)武举人，当年在县城东门内建萧闲园，有景：倚云廊、澄怀堂、入室峰、种芗渠、观鱼池、暖翠岩、幽兰谷、蹑丹坪、抱膝石、寄旷亭、紫�径、宿云洞等。同治间华鼎元诗《萧闲园》："老翁意趣本消闲，结构名园近市阛。偶向曲廊寻石刻，重刊阁贴读回怀。"杨爱好金石书画，有勒石图刻。清末渐毁，后归问津书院，成为前往天津讲学学者的下榻之处，光绪五年(1879)在此设立天津南北洋电报总局。
1763	朱家角城隍庙	上海		在青浦朱家角，庙原建于镇南雪葭浜，称青浦城隍庙行宫，乾隆二十八年(1763)迁今址，有景：假山、方池、荷池、曲溪、石桥、寅清堂、熙春台、梅亭、玉照廊、月香室、凝和书屋、荷净山房、潭影阁、可娱斋、乐溪庐、挹秀轩、花神殿、怡亭、含清榭等，今庙存园毁。
1764	分水口行宫	山东汶上		《南巡盛典》记载：在汶上县界，明尚书宋礼用老人白英策，遏汶水于此。济运地势高，仰南北分流。旧有大禹庙龙王庙、宋公祠。乾隆乙酉岁，前抚臣构数楹以备御舫至此登览，分水形势。(孔俊婷《观风问俗式旧典湖光风色资新探》)
1764	陈家庄行宫	江苏淮安		《南巡盛典》记载：在桃源县。自林家庄至此，计程五十三里。皇上三幸江南，俱驻跸于鲁家庄营盘。二十九年，钦奉谕旨：即于旧营酌添坐落数字，省带大城一分，以节驮运之烦。大吏钦遵相度，以陈家庄地势较高，且舆旧营相去无几，奏请恭建于此。松楝云楣，采椽不斫。三十年恭逢临幸，遂于此驻跸焉。(孔俊婷《观风问俗式旧典湖光风色资新探》)
1764	万松山行宫	山东费县		万松山位于山东省费县城东北5公里处的崮子村北面。温河由西南而来，绕神山山脚北去，浚河自西北而至万松山后北绕折而向东，在万松山北与温河相汇入祊(崩)河，万松山突兀于水，悬崖高耸，峭壁如削，陡岩危立，玲珑峻峭，树木葱茏，云

建园时间	园名	地点	人物	详细情况
				蒸霞蔚，气势壮观。南面有一条狭长的小岭与神山相连，使万松山孤而可通。凌空鸟瞰，恰似一把巨大玉勺，翻扣在碧波中，故古人称之为勺地。《南巡盛典》记载：在费县东北十里。按《齐乘》云：蒙山前阳口山有玉皇观，老子故宫也。又按《费县志》：阳口山，近枋城山之北，浚水出焉。今万松山即阳口山也。蔚然耸峙，苍柏成林，祊浚两河夹绕南北。二十九年，前抚臣恭构行殿，敬备驻跸。（孔俊婷《观风问俗式旧典湖光风色资新探》）
1765	绛河行宫（景州行馆）	河北沧州		《南巡盛典》记载：在景州城西北。河自故城流入。《水经注》：绛渎西至信都，东连广川县之张甲，故渎同锦于海。故《汉书·地理志》《禹贡》绛水在信都。按故城，汉广川治。景州属信都国，河即绛渎之遗也。斜抱村墟，环罨烟树，中构行馆，修廊回槛，曲通邃室，虹椅宛转，漾碧澄虚，月影岚光，随时延入亭榭。恭荷御题八咏，各赐书额，蓓市龙额之间，更增佳胜矣。（孔俊婷《观风问俗式旧典湖光风色资新探》）
1765	晏子祠行宫（齐河县行馆）	山东德州		《南巡盛典》记载：在齐河县西。地名晏城，春秋时齐臣晏婴食采于此，后人建祠祀之，至今弗替。前抚臣于祠之西，恭构行宫，以供宸憩。（孔俊婷《观风问俗式旧典湖光风色资新探》）
1765	灵岩寺行宫	山东济南		《南巡盛典》记载：在长清界东南九十里。灵岩山一名方山，《齐乘》曰即《水经》所谓玉符山也。上有黄龙、竹露、独孤、鸚鹤、卓锡、石翘六泉，下为灵岩寺。寺内有铁袈裟。山石黑锈如铁，覆地如袈裟披折之状，相传为希有佛山现之所。自后魏法定阌山，至唐三藏复移寺于山下。峰壑秀美，谒岱岳者必纡径以造焉。乾隆二十一年，前抚臣于阌

建园时间	园名	地点	人物	详细情况
				山寺旧址恭建行殿，采椽不斫，尚存茅茨土陪之风。而山色溪光，足供宸玩。《十道图》以灵岩与润之栖霞、台之国清、荆之玉泉，称为"四绝"，宜具屡邀睿藻，荣光烟天矣。麟庆有《鸿雪因缘图记》中的《灵岩听涛》篇记之。（孔俊婷《观风问俗式旧典湖光风色资新探》）
1765	岱顶行宫（泰山行宫）	山东泰安		《南巡盛典》记载：自南天门而上，出盘道而得坦夷，遂登岱顶。抚臣于此恭建行殿，坐观云起，髑石而出，肤寸而合，倏忽万状，恍若银海，御题曰"云巢"，洵为岱顶生色矣。（孔俊婷《观风问俗式旧典湖光风色资新探》）
1765	柳墅行宫	天津	史高成	柳墅行宫在现胜利公园处。乾隆三十年（1765）芦盐众商捐资，时任巡盐御史的史高成奏请御批，于海河左岸，今光明桥左侧，建柳墅行宫。占地 50 亩，分宫殿区和园林区，宫殿区有朝房、偕乐堂大殿、照殿、佛楼、西洋式戏台、海棠厅、题签室、藤萝厅、御座楼、船厅等五百余间，园林区以水池为中心，水中一个大岛，岛上一厅一榭一亭，东北水口架以飞虹桥，石筑假山从东向西绕半个花园，环池植柳，周边有小室一座，小院一座。在宫殿区还开有两个花园式庭院，之间隔以院墙，绕以石山。园院面积大于建筑一倍。临河御题"柳墅瀛津"匾牌楼。乾隆驻跸八次，题诗数十首，嘉道二帝皆未临幸。嘉庆六年（1801）天津特发生大洪水，行宫受损严重，虽经维修，难如旧貌，道光二十六年（1846）清廷欲变卖，但无人能购，只好分拆，至光绪十一年（1885）成为天津武备学堂。
约 1765	网师园（网师小筑、瞿园、渔隐、蘧园、逸园）	江苏苏州	瞿远村 李香岩	位于苏州带城桥南阔家头巷，又称瞿园，原为北宋花石纲发运使、侍郎史正志万卷堂故址，号称"渔隐"。清乾隆年间，宋宗元购得此地，建造园林，为退隐、养亲之所。"因以网师自号"，故改称网师园。宋宗元死后，"其园日就颓圮，乔木古石，大半

建园时间	园名	地点	人物	详细情况
				损失,唯池水一泓尚清澈无恙”。后来,此园由瞿远村“买而有之,因其规模,别为结构,叠石种木,布置得宜,增建亭宇,易旧为新”,成为苏州名园,人称瞿园。乾隆六十年(1795),钱大昕撰《网师园记》,此《记》刻石现仍存于网师园中。瞿远村死后,网师园归李香岩所有,更名为蘧园,因是园在苏舜钦沧浪亭之东,亦称苏邻小筑。光绪十一年(1885),李鸿裔又得到此园,1917 年旋归张金波所有,改名逸园。现园内景物基本上为瞿园时的旧物。 网师园分三部分,境界各异。东部为住宅,中部为主园。网师园按石质分区使用,主园池区用黄石,其他庭用湖石,不相混杂。突出以水为中心,环池亭阁也山水错落映衬,疏朗雅适,廊庑回环,移步换景,诗意天成。古树花卉也以古、奇、雅、色、香、姿见著,并与建筑、山池相映成趣,构成主园的闭合式水院。池水清澈,东、南、北方向的射鸭廊、濯缨水阁、月到风来亭、看松读画轩以及竹外一枝轩。集中了春、夏、秋、冬四季景物及朝、午、夕、晚一日中的景色变化。所以游园时,宜坐、宜留、以静观为主。绕池一周,可前细数游鱼,可亭中待月迎风。花影移墙,峰峦当窗,宛如天然图画,所以并不觉其园小。夜游网师园除了能品味园林夜景,还能欣赏到评弹、昆曲等节目。
1767 前	榕林别墅	福建厦门	黄日纪	位于厦门城南门外凤凰山南现基督教青年会招待所后院处,为厦门名士黄日纪辞官后宅园,面积约 10 亩。因园中有 6 株古榕,故名榕林别墅,有景:仙人池、百人台、踏云径、披襟台、钓鳌亭、半笠亭、果蔬圃等景。乾隆三十二年(1767)黄日纪《嘉禾名胜记》载:“古榕攒簇,奇石屹峙,有堂有楼,有台有阁,有池有亭,有果木有花竹。”清人蒋国梁诗《题荔厓先生榕林别墅》,清人莫凤翔有《榕林图歌》, 薛起凤《榕林别墅记》亦有载,黄日纪石刻

建园时间	园名	地点	人物	详细情况
				“凤凰山”，现只余古榕、怪石及石刻。黄日纪(1713—?)，字叶三、门庵，号荔厓，自号六榕居士，福建龙溪人，乾隆十三年(1748)生员，乾隆二十二年(1757)任兵部武选司主事，工诗能文，归隐厦门后辟榕林别墅，组织云洲诗社，著有《嘉禾名胜记》、《荔厓诗集》和《榕林倡和集》。
	东园	江苏扬州	江春	在扬州新城西门天宁门外，重宁寺东，江春所筑。江春为当时著名的盐商，曾六次接待乾隆南巡，三次入京为太后祝寿，乾隆二十二年(1757)改葺净香园进献，被赐予奉宸院卿官衔。江春居河南下街，建随月读书楼，对门为秋声馆。徐宁门外有射圃，号为江家箭道，增构亭榭池沼、药栏花径，名曰水南别墅东乡又有别墅，谓之深庄。北郊构别墅，为江园，即净香园。江园改为官园后，江春移家观音堂，与康山比邻，遂构康山草堂。又于重宁寺旁建东园。“凡此皆称名胜”，乾隆四十六年、五十二年南巡，曾至江氏园。东园门内，高柳夹道，中建石桥，桥下为池。过桥建厅事五楹，乾隆赐名熙春堂。堂后有广厦五楹，左有小室，四周凿曲尺池，池中置磁山，别为青、碧、黄、绿四色。中构园室，赐名俯鉴室。室外石笋迸起，溪泉横流。筑室四、五折，逾折逾上。户外有平台，登台远眺，江外诸山及南城外船只往来，皆环绕其下。堂右厅事五楹，中开竹径，赐名琅玕丛。其后广厦十数间，为三卷厅，厅事门外为文昌阁。东园墙外东北角，置木柜于墙上，凿深池，开闸注水为瀑布。入俯鉴室，太湖石罅八九折，折处多为深潭。雪溅雷怒，破崖而下，至池口喷薄直泻于池中。门外植双柏，其形“立如人，盘如石，垂如柳”。“游人谓：水、树以是园为最。”
	西园曲水	江苏扬州	张氏 黄晟 汪氏	“曲水”是取东晋王羲之的《兰亭集序》中“行曲水以流殇”之意，赏景、饮酒、斗诗的文人活动。该园因在卷石洞天以西，所以称为“西园曲水”，在卷石洞天之后。《平山堂图志》云：“西园曲水，本张氏

建园时间	园名	地点	人物	详细情况
				故园，副使道黄晟购得之，加以修葺。其地在保障湖水湾，对岸又昔贤修禊之所，因取《禊序》'流觞曲水'之义以名之。"《扬州画舫录》则云："西园曲水，即古之西园茶肆，张氏、黄氏先后为园，继归汪氏。中有濯清堂、觞咏楼、水明楼、新月楼、拂柳亭诸胜。水明楼后，即园之旱门，与江园旱门相对，今归鲍氏"。觞咏楼临河，楼后为濯清堂，堂前有方池广十余亩，尽种荷花。堂右为土山，植丛桂，山南为歌台。台西曲廊北折为新月楼，楼右为拂柳亭，亭左为长廊。折而北，临池有楼，仿西域形制，曰水明楼。楼左一带高楼遂阁，绕濯清堂而东，前与曲室相连。水明楼后，即西园之后门。
	倚虹园	江苏扬州	洪徽治	为奉宸苑卿洪徽治别业，《画舫录》云："虹桥修禊，元崔伯亨花园，今洪氏别墅也。洪氏有二园，虹桥修禊为大洪园，卷石洞天为小洪园。大洪园有二景，一为虹桥修禊，一为柳湖春泛。是园为王文简赋冶春诗处，后卢转运修禊于此，因以虹桥修禊名其景，列于牙牌二十四景中，恭邀赐名倚虹园。"园内有妙远堂、涵碧楼、致佳楼水厅等建筑。"倚虹园之胜在于水，水之胜在于水厅。"
	冶春诗社	江苏扬州	王士铭	冶春，意为游春。源于清初顺治年间的红桥茶社。清康熙年间，著名戏剧家孔尚任题"冶春社"。康熙甲辰春日王士祯赋《冶春绝句》二十首，在"红桥修禊"活动中，冶春词独步一代。扬州自清康熙年间，由渔洋山人王士祯，以一首《冶春词》长诗，集社瘦西湖虹桥茶肆，立冶春诗社起，绵延至民国初年，为北郊二十四景之一，后屡经兴废，诗风流韵三百余载，几易其址，以冶春二字独步海内，其名不改，为历史文化名城扬州的一处著名景点。 冶春诗社在虹桥西岸，原为州同王士铭园，后归知府田毓瑞，并以冶春社围入园中，提其景名冶春诗社，康熙年间，虹桥茶肆名冶春社，王世贞曾集诸

建园时间	园名	地点	人物	详细情况
				名士赋《冶春词》于此，遂传为故事，称为诗社。《画舫录》云："是园阁道之胜比东园，而有其规矩，无其沉重，或连或断，随处通达"。"由辋川图画阁旁卷墙门入丛竹中，高树或仰或偃，怪石忽出忽没，构数十间小廊于山后，时见时隐。外构方亭，题曰怀仙馆。馆左小水口，引水注池中，上覆方版，入秋思山房，其旁构方楼，通阁道，为冶春楼。楼南有槐荫厅，楼北有桥西草堂，楼尾接香影楼。后山构山亭二，一曰鸥谱，一曰云构。"
	韩园（名园）	江苏扬州	韩醉白	在长堤上，清初为韩醉白别墅，后为韩奕别墅，继又改称名园。园中筑小山亭。"闲时开设酒肆，常演窟儡子，高二尺，有臀无足，底平，下安卯榫，用竹板承之；设方水池，贮水令满，取鱼虾萍藻实其中，隔以纱障，运机之人在障内游移转动。金鳌《退食笔记》载水嬉，此其类也。"
	桃花坞	江苏扬州	郑氏	桃花坞，即今苏州市桃花坞大街及其周边地区。唐诗人杜荀鹤曾作《桃花河》诗，宋范成大《阊门泛槎》诗有"桃坞论今昔"句。可见桃花坞名称由来已久。宋末元初曾居住过桃花坞庆里的徐大焯在《烬余录》中详细描述了桃花坞的范围："入阊门河而东，循能仁寺、章家河而北，过石塘桥出齐门，古皆称桃花河。河西北，皆桃坞地，广袤所至，赅大云乡全境。" 亦在长堤上，与韩园比邻，以竹篱为界。堤上多桃树，郑氏于桃花丛中构园，门在河曲处。园门开八角式，石刻桃花坞三字额其上。门中方塘种荷，四旁幽竹蒙翳。构响廊，皮版架水上，额曰澄鲜阁，水中宛转桥接于疏峰馆之东。疏峰馆之西，山势蜿蜒，列峰如云，幽泉漱玉，下俯寒潭。山半多桃花，花中构蒸霞堂，复构红阁十余楹于半山，一面向北，一面向西，上构八角房屋，额曰纵目亭。中川亭树多竹柏，构亭八翼。由蒸霞堂阁道，过岭入

建园时间	园名	地点	人物	详细情况
				后山，四围矮垣，蜿蜒逶迤，达于法海桥南。路曲处藏小门，门内碧桃数十株，琢石为径，有草堂三间，左数椽为茶屋，屋后多落叶松，地幽僻，人不多至。后改为酒肆，名曰挹爽。
	白塔晴云	江苏扬州	程扬宗 吴辅椿光	原为瘦西湖二十四景之一，位于莲性寺北岸，坐落于瘦西湖风景区的中心地带。清乾隆年间按北京北海的白塔仿建。砖石结构，高 30 余米。该园门嵌赖少奇书“白塔晴云”石额。内设积翠轩、曲廊、半亭、林香榭等景点。 在莲花桥北岸，按察使程扬宗、州同吴辅椿光后营构。是园紧临水边，水中多巨石，如兽蹲踞；水落石出，高下成阶。上有奇峰壁立，峰石平处刻白塔晴云四字。阶前高屋三楹，去水尺许，种桂数百株，名桂屿。屋前缚矮桂作篱，将屿上老桂围入园中。山后多荆棘杂花，后构厅事，额曰花南水北之堂。堂右为积翠轩，在屿北树间。轩前建半青阁，阁前嵌石隙，后倚峭壁，左角与积翠轩通，右临小溪河。窗拂垂柳，柳阑绕水曲，阁外设红板桥以通屿中人来往。桥外修竹断路，瀑泉吼喷，直穿岩腹，分流竹间，时或贮泥侵穴。桥西梅花里许，筑之字厅，厅外种芍药，其半为芍厅。芍厅后于石隙中种兰，谓之兰渚。渚上筑室三间，过此竹势始大。筑小室在竹中，额曰苍筤馆。又数折入林香草堂，堂后小屋数折，屋旁地连后山，植蕉百余本，额曰种纸山房。种纸山房之右，短垣数折，松石如黛，高阁百尺，额曰西爽。其西竹烟花气，生衣袂间，渚宫碧树，乍隐乍现，后山暖融，彩翠交映。得小亭舍，曰归云别馆。外为望春楼，前有园池，左右设二石桥，曲如蟹螯，额曰一渠春水。池前高屋五楹，露台一方。台外即新河湾处，大石侧立，作惊涛怒浪，篙刺蜂房。飞楼杰阁，崛起于云霄之间，复道四通于树石之际。额曰小李将军画本。构小屋，高不盈四五尺，枋楣梁柱，皆木之去肤而成者，名曰木假亭。

建园时间	园名	地点	人物	详细情况
	锦泉花屿	江苏扬州	吴山玉 张正治	《扬州画舫录》记载，锦泉花屿为刑部郎中吴山玉的别墅，后归知府张正治所有。园分东西两岸，中间有水隔之，水中双泉浮动，故又名花屿双泉。其东岸临河面西为屋，屋后为绿竹轩，轩右有竹所。 地近石壁流淙，为张正治别业。《平山堂图志》云："锦泉花屿刑部郎中吴山玉别业，今已属知府张正治。园分东西两岸，一水间之，水中双泉浮动，波纹粼粼，即锦泉花屿之所由名也。"石壁流淙之下渐近蜀冈，地多水石花树，有二泉一在九曲池东南角，一在微波峡。东岸临河有屋，屋后为绿竹轩，背山临水，自成院落。过绿竹轩为清华阁，一路浓阴淡冶，曲折深邃，入筅烟筛月之轩。湖上园亭，以此为第一竹所。游人至此，路塞语隔，身在竹中。竹外山上为香雪阁、藤花书屋、清远堂、锦云轩诸胜。锦云轩在东岸最高处，多牡丹，园中谓之牡丹厅。九曲池西南角有二泉，水极清冽，谓之双泉，即锦泉。张氏于此筑水口引入园中夹河，即东岸观音山尾，任嘉卉恶木，不加斧斫，令其气质敦厚。中有古梅数株。爰于其上建梅花亭。亭外半里许，竹疏木稀，岸与水平，临流筑室，称曰水厅。山下过内夹河入微波馆，馆在微波峡之东岸。馆后构绮霞、迟月二楼，有复道潜通。迟月楼后，峡深岚厚，美石如惊鸿游龙，怪石如山魈木客，偃蹇嵬巍，匿于松杉间。老桂挂岸盘溪，披苔裂石，经冬不凋。构亭其上，额曰幽岑春色。微波馆前宛转桥渡入小屿，屿上构种春轩，如杭州之水月楼。
	诚亲王府	北京	胤祉	康熙第三子爱新觉罗·胤祉封诚亲王。府址在蒋养房，今新街口东街，积水潭医院处。《啸亭杂录》中说："诚亲王旧府在官园，今为质亲王府。"官园即今北京市少年活动中心，西直门南小街以东南地方。质亲王永瑢为慎郡王胤禧之后。胤禧雍正十三年晋为慎郡王，此时诚亲王胤祉已薨，其府改为慎郡王府，又为质亲王所袭。诚亲王胤祉第七子弘暻初封镇国公，雍正八年晋贝子，其父胤祉已被革爵，只好另建新府。所以，《啸亭杂录》中又说："诚亲王新府在蒋家房。"这个今新街口蒋家房胡同的新府就是贝子弘暻府。

建园时间	园名	地点	人物	详细情况
	敬瑾亲王府	北京		位于西单路口南侧。此地曾为清朝时期的敬谨亲王府，为清太祖之第一子褚英之第三子(努尔哈赤之孙)的王府。光绪年间这里改为学部，民国时期为北洋政府教育部，鲁迅先生当年曾在此任职。
	克勤郡王府	北京		克勤郡王府位于石驸马大街。克勤郡王系礼亲王代善的长子。克勤郡王是死后追封，为清初“八大铁帽子王”之一。此府是顺治年间所建。原占地面积不大，平面布局与王府规制尚符。府路南影壁尚存，府前部只存东翼楼。后部的内门、后寝与东西配房、后罩房均保存完整。西部跨院也存大部原有建筑。民国后最后一代克王曼森将府售给了熊希龄为住宅，现后寝两山墙角柱石上尚存熊希龄和夫人朱其慧将财产交由北京救济会的刻字内容。
	宁郡王府	北京	弘晈	宁郡王府位于东单北极阁三条71号，是东城区文物保护单位。宁郡王名弘晈，是康熙皇帝十三子怡亲王胤祥的第四子。雍正八年胤祥卒，雍正皇帝念其有功，除令允祥第七子弘晓袭怡亲王外，又封弘晈为宁郡王，建府于此。现在府邸外垣已拆除，正门临街朝南，正殿、后殿、后寝、翼楼及后楼基本保持完整。其布局与《乾隆京城全图》完全吻合。各大殿均为歇山灰筒瓦顶。其后楼原为两层，后被使用单位巧妙地在二层基础上接为三层。
	循郡王府	北京	永璋	循郡王府在安定门内大街方家胡同13号、15号。循郡王名永璋，是乾隆皇帝第三子，死后追封循郡王爵。后来过继循郡王为嗣子的绵懿按贝勒府的级别修建。西部正院(15号)是现存较少的贝勒府形制的府第，有正堂5间(已拆除)，后院还有正房和配房，东跨院属花园和生活居住区。东部是一组完整的大型四合院落，分主院、中院和后院，布局相似，有北房和东西配房。为北京市重点保护文物。循郡王府位于东城区国子监南方家胡同内。坐北朝南，原建筑面积1210平方米。正院在

建园时间	园名	地点	人物	详细情况
				西(15号),正门临街,街南有照壁一座。门内正堂五间已被拆除,后院尚存正房和配房。东西跨院几乎无存。东跨院原规模较大,属花园和生活居住区,现花园内仅留几株古树和积石。再东为一组完整院落(13号),庭院宽敞,房屋整齐,是在原址上重新改建的。
	和亲王府	北京		和亲王府位于北京张自忠路东口路北。北京宽阔的平安大街原铁狮子胡同东口路北的3号,坐北朝南。这里也是清陆军部和海军部旧址,原为段祺瑞执政府旧址。
	春台祝寿	江苏苏州	汪廷璋	在莲花桥南岸,为汪廷璋所建。汪廷璋其先世迁居扬州,以盐荚起家,“甲第为淮南之冠”,“富至千万”。由法海桥内河出口,筑扇面厅,厅后太湖石壁,中有石门,门中石路旁老树盘踞,小廊横斜而出,逶迤至含珠堂。园中有池,长十余丈,与新河仅隔一堤。池上构楼,旧名镜泉今易名环翠。池高于河,多白莲,堤上筑花篱。上置方屋,颜曰玲珑花界。玲珑花界之后,有小屋,屋后小池,方丈许,潜通园中。大池亦种荷,颜曰绮绿轩。与莲花桥相对,在新河曲处有熙春台,白石为砌,围以石栏,中为露台。第一层横可跃马,纵可方轨,分中左右三阶皆城。第二层建方阁,上下三层。下一层额曰熙春台,上一层旧额曰小李将军画本,后改曰五云多处。两翼复道阁梯,皆螺丝转。左通圆亭重屋,右通露台。
	万松叠翠(吴园)	江苏扬州	吴氏	在微波峡西,一名吴园,本萧家村故址,多竹。中有萧家桥,桥下乃炮山河分支。是园胜概,在于近水。园中竹畦十余亩,去水只尺许,水大辄入竹间。竹外桂露山房,前有小屋三四间,半含树际,半出溪边,仿舫屋式,不事雕饰,如寒塘废宅,横出水中。过萧家桥入树石中,有清阴堂,堂左为旷观楼。旷观楼十二间,如弓字,每间皆北向。楼后老梅三四株,中有一水,水上构两间小屋,题曰嫩寒

建园时间	园名	地点	人物	详细情况
				春晓。昔萧村有仓房十楹，临九曲池，是园因之为水廊二十间，由露台入涵清阁。旁增水厅五楹，水大时，石础松椇，间在水中，题曰风月清华。过此土脉隆起，构绿云亭。亭旁石上题曰万松叠翠。（安怀起《中国园林史》）
	凤凰台	河南郑州		位于现在郑州市管城区未来大道与陇海路交叉口东侧，民国前有一片风光旖旎的湖泊，古称仆射陂，湖中间有岛名凤凰台，为郑州八景之一凤台荷香的主景。
	尺五楼	江苏扬州	汪冠贤	在九曲池角坡上，为汪光禄孙汪冠贤所建。园之大门在炮石桥路北，门内厅事三楹，西为十八峰草堂，东为延山亭。延山亭在竹树中，左右廊舍，比屋连甍。由竹中小廊入尺五楼，楼九间，面北五间，面东四间。以面北之第五间靠山，接面东之第一间，于是面东之间数，与面北之间数同。其宽广不溢一黍，因名曰尺五楼。其象本于曲尺，其制本于京师九间房做法。尺五楼面东之第五间楼，下接药房。先筑长廊于药田中，曲折如阡陌。廊竟，小屋七八间，营筑深邃，短垣镂缋，文砖亚次，令花气往来。（安怀起《中国园林史》）
1767	可园（乐园、近山林）	江苏苏州	朱珔	在苏州人民路三元坊苏州医学院内，乾隆年间长洲诗人沈德潜曾读书于此，其西建有讲堂及生祠，后因诗狱被毁。乾隆三十二年（1767）泾县人朱珔得宋代沧浪亭一部分（四亩半）建园居，取“智者乐水，仁者乐山”意而名乐园，又名近山林，有景：厅堂（挹清堂）、水池（约一亩）、荷花、峰石、平台、亭子（坐春舻）、曲廊、濯缨处等，时人因园简朴无饰，又不擅崇楼曲榭和奇花异卉，问朱可否名为楼，朱依孔子无可无不可答道：“可”，于是可园之名传开。嘉庆九年（1804）巡抚汪稼门创办正谊书院，可园归书院。朱兰坡任院长时巡抚林则徐常来授课。道光年间（1821～1850）江苏巡抚梁章钜重修，时有挹清堂、南池、北池、坐春舻等。书院与园林毁于太平天国之役，1873年重建，同治帝赐“正

建园时间	园名	地点	人物	详细情况
				谊明道"匾,光绪十四年(1888)江苏布政使黄彭年增建学古堂、书楼、梅山、浩歌亭,时有八景:学古堂、博约堂、黄公亭、思陆亭、陶亭、藏书楼、浩歌亭、小西湖等,并植梅数十株,后又在楼右建沈德潜祠址建斋舍和讲堂。光绪三十一年(1905)巡抚陆春江停办学古堂,改设游学预备科,三十四年(1908)改存古学堂,大革命时期濯缨处为苏州共青团支部所在地,辛亥革命后张默君在此办《大汉报》,1914年改江苏省第二图书馆,1951年改苏南工业专科学校,1957年为江苏医学院,1963年和1979年两度重修,现有景:学古堂、浩歌亭、思陆亭、觚亭、一隅堂、挹清堂、坐看庐、陶亭诸构,廊壁有《可园记》和《学古堂记》。 沈德潜(1673—1769),清诗人,字确士,号归愚,江苏长洲人,乾隆进士,官内阁学士、礼部侍郎,有《逃归愚诗文全集》、《古诗源》等。梁章钜(1775—1849),清文学家,字闳中、茝林、退庵,福建长乐人,嘉庆进士,博掌故,著小说,好诗词,著有《文选旁证》、《制义丛话》、《楹联丛话》、《浪迹丛谈》、《称谓录》、《归田琐记》、《藤花吟馆诗钞》等。
1767	泉淙庙	北京	乾隆 样式雷	在京西万泉庄村西南,乾隆二十九年(1764),因泉淤塞而下旨疏浚,三十二年(1767)下旨修建,成为京西最大水景园,《日下旧闻考》载,庙四周围墙394丈,实际更大,样式雷《泉淙庙地盘画样》清楚展示,寺院分中、东、西三路,中路为礼佛区,东西路为园区。东苑以山、楼、亭、台、轩、榭取胜,疏散有致,西苑南假山,中半岛,大水池。乾隆考有名泉31眼,勒石立碑,苑中有泉38眼,均立石题刻。庙外有泉名大沙泉、小沙泉、沸泉。中路依次为:石牌坊两座、影壁、庙门、东西殿、大殿、祭香亭、东西廊、枢光阁、东西殿、东西垂花门(可通东西苑)、左右碑亭、后湖。从东西碑亭向东为东苑,向西为西苑。东苑有东所(正房、峰石)、曲桥、轩、六方亭、玉带桥、水池、溪流、中岛、岛山、挹源书屋、爬山水廊、曙光楼(桥亭)、秀举楼、临漪轩、水廊、轩

建园时间	园名	地点	人物	详细情况
				北方亭、石拱桥、问绿轩、湛虚楼、观澜亭、临水轩、秀润楼、曲桥、润亭、扇淳堂、方亭、小亭、锦汇漪等。西范南半岛把水池分成南北两域，岛上四面环山，构有四角水亭、方池、水座方亭、曲廊、茶轩、爱景亭、小院、集远堂、石台石坊、内河、岸北山、山后稻田、依绿轩、轩周假山、浣花泉、辉渊榭、钓鱼台、后堂、乐清馆、馆后假山、南廊、亭桥、水榭、御碑亭（刻万泉庄记）、五间堂、堂后假山。园林风水格局明显，水口设桥、馆周环山、堂后背山，桃红柳绿，稻浪盈帘，形成山、水、屋、木的四宜景色。1860 年英法联军劫焚圆明园时，泉淙庙同时蒙难，今无迹可觅。
1768 前	水竹居（石壁流淙）	江苏扬州		坐落于瘦西湖万花园北面区域，“瘦西湖二十四景”之一。 水经山涧石隙之间迸流而下，喷泻入湖，湖水为之流动，故名石壁流淙，盐商徐赞侯别墅。乾隆三十年（1768），赐名水竹居。《平山堂图志》云：“水竹居，奉宸苑徐士业园。”其地在莲花埂新河北岸，白塔晴云之右。园有二景，一为小方壶，一为石壁流淙。由西爽阁前池内夹河入小方壶，中筑厅事，额曰花潭竹屿。中建静香书屋，汲水护苔，选树编篱，自成院落，如隔人境。静香书屋之左，土径如线，怪石路齿，建半山亭。山下牡丹成畦，围以矮垣，垣门临水，为水码头，称如意门。门内构清妍室，室右环以流水，跨木为渡，名天然桥。室后危崖绝壁，壁中有瀑，入内夹河。过天然桥，出湖口，壁中有观音洞，小廊嵌石隙，如草蛇云龙，忽现忽隐，莳玉居藏其中。壁将竟，至阆苏风堂。堂后种竹十余顷，构小屋三四间，为丛碧山房扬。其下山路，尽为藤花占断。藤花既尽，土阜复起，洲阜上筑霞外亭。土阜西南，危楼切云，广十余间。水槛风棂，若连舻麋舰，署曰碧云楼。楼北小室，为静徐照轩。轩后复构套房，规制奇特，为水竹居。阶下小赞池半亩，泉如溅珠，高可逾屋。由半山亭曲径逶迤至此，忽森然突怒而出，平如刀削，峭如剑利，崖上飞泉。（安怀起《中国园林史》）

建园时间	园名	地点	人物	详细情况
1768	湖北会馆（梵武宫）	四川成都		湖北会馆即梵武宫，建于乾隆三十三年(1768)。
1768	贵州会馆（黔南宫）	四川成都		贵州会馆即黔南宫，建于乾隆三十三年(1768)。
1769	夏园行宫（永陵行宫）	辽宁新宾		位于今辽宁抚顺夏园村，距清永夏园行宫清永陵2.5公里，距县城25公里。整体建筑群内建宫宅81间，分为东、中、西三路，主体建筑集中于中路。《仁宗实录》卷：嘉庆四年五月仁宗在一份上谕中说，乾隆四十七年“皇考诣盛京陵，彼时侍郎德福始于该处添建行宫一所，皇考赏银一千雨”。《奉天通志》卷：在陵街西夏园村，原有殿宇八十余间，为有清列辟东巡驻跸之所。道光末年，停止岁修。光绪十四年苏子河涨，尽湮宫之前半垂，珠门内尚无恙。二十六年经俄兵拆取殆尽。宫内器具为俄人载去，此后看守无人，渐成荒墟。今有禾黍离离之戚矣(《兴京县志》)。(孔俊婷《观风问俗式旧典湖光风色资新探》)
1769	吴尚志花园	江苏苏州	吴尚志	在苏州西北街88号，为清乾隆三十四年(1769)所建较大型园林宅第，占地5200平方米，建筑面积3300平方米，三路四进，东园西宅和前宅后园式，内有大小六处园林，总面积达1200平方米，单独布置一座小型园林绰绰有余，但该宅却布置成分散形式。在内厅与正厅间有最大一处庭园，达400平方米，庭园被甬路分成东西两半，东西直廊，南北厅堂，院中峰峦起伏，古树参天，有山林野趣。在内厅与堂楼间庭院，厅局级各有一座假山，西侧山上建半亭，以爬山廊登亭，使内院活泼。过半亭往西，又是一座以曲廊为主，亭廊盘绕的小园，园西为楼厅，厅前又有山石小院。东路长廊从南到北一路贯穿，与东墙间形成南北狭窄庭院，中间被建筑分隔，南院北院各种花木，堆石成景。宅园之“兰茁其芽”砖雕最为精致，乾隆三十四年(1769)己丑科状元陈初哲(1737—1787)题额，陈博学多才，尤善写字，深得乾隆喜爱，长期任考官，中年遭雷击身亡。

建园时间	园名	地点	人物	详细情况
1769	绮春园（万春园、交辉园、春和园）	北京	乾隆 嘉庆	位于圆明园和长春园以南，清怡亲王允祥的御赐花园，名为交辉园。乾隆中期该园又改赐给大学士傅恒，易名春和园。乾隆三十四年(1769)春和园归入圆明园，正式定名为“绮春园”。乾隆始建，嘉庆完成，为太后太妃园居之所。 面积大约八百多亩，略小于长春园，由竹园、含晖园、西爽村、以及春和苑的北半部组成。绮春园的构成比较特别，它是由若干小园合并而成，分建于不同时期，因此全园并不像长春园那样有一个统一的总体布局，大体说来，绮春园是一个小型的水景园集锦。三十景：绮春园三十景由数个小型湖泊和山岗组合而成，山岗穿插，水系回环，布局自由散漫，但颇受嘉庆帝的赏识，并命名了绮春园三十景。宫廷区：春园的宫廷区设于东南角，依次为新宫门、迎晖殿、中和堂、敷春堂、后殿、问月楼。宫廷区北为凤麟洲、旁为春泽斋、生冬室、卧云轩，中部有春泽斋、四宜书屋、清夏堂，西有鉴碧亭、涵秋馆、畅和堂、澄心堂、绿满轩、展诗应律、松风萝月等景点。宗教建筑：绮春园布置了正觉寺等宗教建筑。 1860年该园毁于英法联军兵火，曾幸存宫门区、庄严法界、惠济祠、湛清轩、绿满轩等少量建筑。同治年间择要重修时，本园改称万春园，并修复个别建筑物，1900年八国联军入侵，彻底毁。至今唯存正觉寺十余间破旧屋宇。
1769～1843	万松园（伍家花园）	广东 广州	伍秉鉴	在广州河南海幢寺西邻，为十三行总商伍秉鉴所创私园，南及庄巷，西通龙溪涌，北至漱珠桥，占地13公顷，因广植松树而名万松园，瓦街直通大厅，厅前大水塘与龙泉涌相通，可坐船入园，塘中有浮碧亭，曲桥接亭，杨柳拂面，画家居廉的弟子伍懿庄在此作画。园中部有金鱼池、石桥、魁星楼、长廊、厅堂、奇石(名狮子猛回头，现存)、戏台(可容百人)、住宅，园后部为漱珠岗，岗上有小亭。伍氏有诗道：“家傍青山树几重，参差垣宇绿阴浓。海天至夏多风雨，寺院长年送鼓钟。疏处阑干须补

建园时间	园名	地点	人物	详细情况
				竹，闲来渔钓不扶茆。幽栖颇得衡门乐，更喜书声彻夜逢。”伍秉鉴(1769—1843)，字成之，号平湖，又名敦元、忠诚、庆昌，商名伍浩官、伍沛官，康熙间其祖从福建晋江迁广州；其父伍国莹于乾隆四十九年(1784)创立怡和洋行，伍秉鉴 1801 年接任行务，1807 使怡和行居行商第二位，1813 年任总商，1834 年资产达 2600 万两，被西方称为“世界上最大的商业资财，天下第一大富翁”，《华尔街日报》最近把他列为全球千年 50 富之一（中国 6 人)，在《南京条约》规定的 300 万两债务中，他独自承担 100 万。
1769～1843	南溪别墅	广东广州	伍秉镛	在广州海幢寺附近的万松园内，伍秉镛所创私园，是万松园的园中园。伍秉镛，广东南海人，字东坪，清嘉庆间官岳、常、澧观察使，著有《渊云墨妙山房诗钞》。子梅村曾骑马送其上任至梅关，值梅开雪飞，伍秉镛因作《梅关步武图》，其子及数十朋感作《梅关步武图咏》，计 80 余篇，篇幅之巨为历代之最。
1769～1843	清晖池馆	广东广州	伍平湖	在广州海幢寺附近伍秉鉴所创的万松园内，为伍氏家族伍平湖所创私园，成为万松园的园中园，后归同族伍崇曜所有。建园时间概在万松园之后。
1770	六松园（南雪巢、馥荫园）	广东广州	潘有为	在花埭栅头村（今芳村区醉观公园处)，为内阁中书潘有为所建，又称南雪巢，内有风亭、水榭、荔枝，潘有为死后，其后人潘正威居此，建景会楼，正威，字琼侯、梅亭，官选候补道。后潘仕光居此，仕光官选布政司，著有《六松园诗草》，其《六松园偶咏》详述园景，邱长浚诗道：“花竹楼台罨画中，六松湿翠泌帘栊”。康有为和张维屏曾寄居此园，题有不少诗文。园后归伍氏，易名馥荫园，新中国成立后改建为醉观公园，其石拱桥仍存。潘有为，广东番禺人，字毅堂，乾隆三十五年(1770)中举人，乾隆三十七年(1772)进士，翁方纲弟子，官内阁中书，参与编纂《四库全书》，因不事权贵，十余年不

建园时间	园名	地点	人物	详细情况
				升迁,父丧归宁不复出,所成南雪巢,收藏甚丰,工诗,有《南雪巢诗》。潘有为在《南雪巢诗钞》中有诗咏东园景物,题曰"册头村旧辟东园,选树莳花为先大夫暮年怡情之所",说明该园系潘氏所建,用以亲人养老。又民国版《番禺县续志》卷四十载:"六松园,在花埭栅头村。乾隆间潘有为筑以奉亲者。风亭水榭,并有老荔两株,自闽移至。今尚存。后归伍氏,易名馥荫。"
1770 后	橘绿橙黄山馆	广东广州	潘有为	在广州白鹤洲一带,为十三行潘有为所创私园,概为潘有为中举之后所创。
1771	桐柏村行宫	天津		《御制诗》中记载桐柏村行宫有八景,分别是:孚惠堂、古芳害屋、融眷堂、心矩亭、寒碧住、环胜齐、来青阁、泛虚舫。(孔俊婷《观风问俗式旧典湖光风色资新探》)
1771	普陀宗乘之庙	河北承德	乾隆 钮钴禄氏 达赖	在避暑山庄外山上,乾隆为前藏政教领袖达赖赴其 60 大寿和其母钮钴禄氏 80 大寿而于乾隆三十六年(1771)建成,占地 21.6 公顷,平面仿布达拉宫,无明显轴线,分前后两部分,前部位于土坡,由山门、白台、碑亭等组成,后部位于山顶,由大红台和房舍组成。按特征分为三部分:第一部分有山门、碑亭、五塔门、琉璃坊;第二部分为白台群,由若干大小白台组成;第三部分为大红台。
1771	潘村行宫	山东济南		在《南巡盛典》卷八十"程途"中有记载。(孔俊婷《观风问俗式旧典湖光风色资新探》)
1771	中水行宫	山东济宁		中水行宫建成于乾隆三十六年(1771),位置在今县城以北泗河北侧的故县村皇营旧址,主要用作乾隆帝南巡、东巡及来泉林时的中途停骖休憩之所,成为省方途中的一处重要站点。乾隆皇帝曾于乾隆三十六年、四十一年、四十五年、四十九年、五十五年先后五次在此驻跸,共作诗十八首、题写对联和斗方十四副。该行宫从建成至咸丰年间焚毁,仅存续了八十余年。(孔俊婷《观风问俗式旧典湖光风色资新探》)

建园时间	园名	地点	人物	详细情况
	魏家庄行宫	山东泰安		在《南巡盛典》卷八十“程途”中有记载，临时休息和驻跸之用。（孔俊婷《观风问俗式旧典湖光风色资新探》）
1773	海河楼（望海楼）	天津	乾隆 谢福音	在今胜利公园处，据说始建于康熙年间，乾隆三十八年(1773)天津郡守在原三汊河口北岸香林苑东临河处建海河楼，作为皇帝巡视天津或拈香的休息、用膳的行宫园林。外有临河码头和门楼，园林分两院区和园区，院区有堆山、厅堂、游廊、园中园。园区以方形水池为中心，临河建望海楼，可观三河交汇之景。方池周边有回廊、亭子、厅堂等。咸丰八年(1858)英法美等兵船入津，海河楼改为法国领事馆，同治八年(1869)年国天主教神甫谢福音拆楼，同年建成圣母得胜堂，次年天津教案毁教堂，光绪二十三年(1897)重建教堂，1900年再毁教堂，《辛丑条约》后用庚子赔款再兴教堂。
1775	柳泉行宫	江苏徐州		传说是按北京故宫的样式建造的，规模虽小，但气势雄伟。在《南巡盛典》卷八十“程途”中有记载，《御制诗》描写有八景：春霭堂、怡神室、知依斋、水乐庭、鸣翠亭、含漪馆、俯绿墅、漾影桥橘。（孔俊婷《观风问俗式旧典湖光风色资新探》）
1776	潘家花园	广东广州	潘振承	在广州珠江南岸乌龙岗一带，为十三行同文行老板潘振承所创私园，潘振承(1714—1788)，福建泉州人，年轻时在菲律宾经商，回国后在广州创立同文行，1753年成为十三行领袖，被称为商行首名商人，有七子，其中四子知名。乾隆四十一年(1776)在乌龙岗下购大片田地，修第宅，筑祠堂，建花园。潘家花园东至漱珠涌，北接珠江水，以其规模宏大、雍华雅丽而名噪南粤。园内有龙溪，仍是纪念潘振承的家乡龙溪乡。后来，潘氏子孙继续兴建，三子潘有度建南墅，次子潘有为建六松园，孙子潘正炜建听帆楼，其他子孙还建有华清池馆、三大村草堂、梧桐庭院（又名宋双砚堂）等。可能东园、六松园、南墅皆为其园中园。

建园时间	园名	地点	人物	详细情况
1776	曲陆店行宫	山东济南		《南巡盛典》记载：在平原县西北三十里，乾隆丙申岁皇上时巡东岳，抚臣恭建行宫，以驻清跸，嗣后翠华南幸，睿藻屡颁，从此赵胜故封管辂旧里常辉映千古矣，庚子御书额曰“霭绿”，曰“阅芳”，联曰：四壁图书鉴今古，一庭花木验农桑。（孔俊婷《观风问俗式旧典湖光风色资新探》）
1796～1830	卢氏园	江苏南京	卢氏 戈裕良	甘熙《白下琐言》载，南京沙家湾卢氏园为戈裕良所建，以假山为妙，对园主未提。据曹汛考证，应属江宁县内，但今未有此地名。建园时间只能从甘熙写书时间和戈氏生卒时间推断。《白下琐言》始撰于嘉庆（1796～1820）中期，成书于道光二十七年（1847）。戈氏生于1764年，卒于1830年，故可能在1796—1830年间。
1776后	东园	广东广州	潘振承 潘有为	在广州芳村区栅头村今花地大策、小策街一带，为潘氏所创，潘振承次子潘有为《南雪巢诗钞》有诗《栅头村旧辟东园选树莳花为先大夫暮年怡情之所》题咏园景，园内有荷池、厅堂、觞咏亭、水松、香荔、花圃、木棉、梅花等，后来东园租给文人张维屏，张题有《东园杂咏序》道：“园在珠江之西，花埭之东，潘氏别业也。虽无台榭美观，颇有林泉幽趣。四尺五尺之水，七寸八寸之鱼，十步百步之廊，三竿两竿之竹。老干参天，留得百年之桧；异香绕屋，种成四季之花。炎氛消涤，树解招风，夜色空明，池能印月。看苔藓之盈阶，何殊布席；盼芰荷之出水，便可裁衣。枝上好鸟，去和孺子之歌，草间流萤，半照古人之字。蔬香则韭菘入撰，果熟而桔柚登筵。”门前流水，舟楫可通，台榭不多，自然为主。园主潘氏，概为潘振承或其后人。
1776后	南墅	广东广州	潘有度	在广州珠江南岸漱珠桥南，为同孚行老板潘有度所创私园，园内有方塘数亩，架桥其上，周以水松，构筑义松堂、漱石山房和芥舟等，张维屏诗道：“一桥风山，万绿饮水。”潘有度（？—1820），十三行同文行老板潘振承三子，字宪臣，号容谷，创同孚行，1875年出任洋行商总，经商有度，1796年后，行商以潘有度、卢观恒、伍秉鉴、叶上林号称广州四大富豪，潘有度列富商之首。

建园时间	园名	地点	人物	详细情况
1776后	万松山房	广东广州	潘正亨	在广州珠江南岸，潘正亨所创私园，园内开有池塘，多植木棉，建榕阴小榭。潘正亨，潘振承孙子，字伯临，能诗，在园中著有《万松山房诗钞》。
1776后	秋红池馆	广东广州	潘正炜	在广州珠江南岸，潘正炜所创，园内有荷池、听帆楼、花架、廊榭，登楼可见珠江白鹅潭白帆点点。潘正炜(1791—1850)，潘有度四子，字榆亭，号季彤，贡生，官至郎中，潘氏第三代继承人，道光年间，他上获清廷官府信赖，下倚豪商绅士、文人学者拥戴，成为广州十三行中的首领人物之一，他在园中著有《听帆楼诗钞》。
1776后	双桐圃	广东广州	潘恕	在广州珠江南岸漱珠桥，今同福路33中附近，潘有度的南墅内，潘恕所创，因有梧桐二株而名，又名宋双砚堂，为南墅的园中园，园内有池，通珠江，植梅为胜。 潘恕，字子羽，号鸿轩，著有《双桐圃诗钞》。
1777	团河行宫	北京	乾隆	团河行宫在大兴南苑内，乾隆三十七年(1772)疏浚南苑内团河，历五年在此建成团河行宫，占地162亩，分宫廷区、东湖区、西湖区，乾隆钦定八景：璇源堂、涵道堂、归云岫、珠源寺、镜虹亭、狎鸥坊、漪鉴轩、清怀堂。有景：东湖、西湖、大宫门、军机处、二宫门、璇源堂、寝宫套店、妙明源觉、涵道斋、西配殿、值房、清怀堂、风月清华、东西殿、西配殿、子女房、御茶房、御膳房、西朝房、东朝房、茶膳房、寿膳房、寿膳房穿堂、二宫门、堆拨、两卷临河房、闸军房、过河厅、一洞天宝座船船坞、点景抱厦房、濯月漪、狎鸥舫、点景四方亭、归云岫、备膳房、四方碑亭、珠源寺、后如意门、鉴止书屋、镜虹亭、出水闸、四方亭、石板房、翠润轩、山石码头、漪鉴轩、钓鱼台、进水闸等。现为1987年建成团河行宫遗址公园，东湖、西湖皆存，有一座石拱桥、二座拱桥、一座御碑亭(原物)、圆亭(1987重建)、十字房(1987重建)、翠润轩(重建)，现面积500余亩，古柏170余株。 大宫门波在南宫墙偏东处。宫室部分紧接大宫门

建园时间	园名	地点	人物	详细情况
				之北，包括西所、东所两路。西所共有三进院落：第一进大宫门面阔三间，西厢值房、朝房、前为月河、石桥；第二进二宫门，迎面叠石假山“云岫”；第三进正殿璇源堂，是乾隆驻跸期间接见臣僚的地方。璇源堂有大殿五间、雕饰华丽。东所为寝宫，也是三进院落；大宫门、二宫门、后殿储秀宫。行宫分为东湖、西湖两大景区，宫内湖光山色，景色十分优美，是一座融南北方造园艺术的杰作，也是南海子里四所王行宫中最豪华的一座。《日下旧闻考》记载了乾隆年间的建筑格局：富门内前殿曰璇源，后殿曰涵道斋，别室为鉴止书屋。东所大宫门内有东、西配殿各三楹，九间房九楹，河中厂宇三楹，平台三楹，石板房三楹，石亭一，水柱房二楹，六方亭一，河亭三楹，圆亭一。河亭接苑墙之南，其下即团泊之水，流向苑外团河，迤逦而入凤河。六方亭在北也之上，山上有龙王庙五楹，半山房五楹，西临河房五楹。《观风问俗式旧典湖光风色资新探》
1777～1787	恭王府花园	北京西城	和珅	最早为乾隆年间和珅私宅，嘉庆四年(1799)，和珅被赐死，府邸入官，嘉庆帝赐给其弟庆禧亲王永璘为庆王府。咸丰元年，咸丰帝将庆王府收回，转赐其弟恭亲王奕䜣，改称恭王府。恭王府花园集西洋建筑及中国古典园林风格为一体，设置曲廊亭榭、叠石假山、林木彩画。入口在园南面，拱券门上饰西洋雕花。东西各有一山，名垂青樾、萃云岭。全园分三路，中路由三进院落组成，第一进是三合院，正面安善堂，东西厢为明道堂、棣华轩，堂前水池蝠池，西有榆关，东有秋亭，亭内有流杯渠；第二进院落为四合院，院心水池，上理湖石假山，山下石洞曰秘云，内嵌康熙手书福字碑一块，山顶有厅，厅两侧筑爬山廊，通东西厢；第三进院落有“蝠厅”。东路进垂花门，园内千百竿翠竹遮映，东房 8 间，西房 3 间，北为戏楼。西路为湖池区，湖心建敞厅，名观鱼台。

建园时间	园名	地点	人物	详细情况
1779	龙泉庄行宫	江苏宿迁	乾隆	《南巡盛典》记载：在宿迁县(今宿迁市)，为入江南首程，距山东接壤之红花埠三十五里，銮辂时巡，向皆驻跸行幄。乾隆己亥岁，督臣奏请添构便殿数楹，钦奉谕口，勿事浮靡，因于旧基西南二里度地营建，恭备临幸。(孔俊婷《观风问俗式旧典湖光风色资新探》)
1779	林家庄行宫	江苏宿迁	乾隆	《南巡盛典》记载：在桃源县，乾隆己亥岁，督臣奏请于早营旧基，酌添行殿，敬体圣心诸徒朴斲，弗施丹雘，恭逢羲驭经临，天章锡咏，仰见省方观民，庆行惠施，稽之前古无以加云。(孔俊婷《观风问俗式旧典湖光风色资新探》)
1779	桂家庄行宫	河北清河		《南巡盛典》卷七十九、卷一百有记载。(孔俊婷《观风问俗式旧典湖光风色资新探》)
	意园	江苏扬州	秦恩复	在扬州市广陵区堂子巷六号。乾隆末秦恩复在居所边筑园，因小而名意园，嘉庆初，请戈裕良仿黄山小盘谷构一黄石假山，名小盘谷，史望之题额，园内有书屋五笥仙馆，秦恩复之子秦玉笙与文人在园中唱和，有《意园酬唱集》。太平天国之役毁损，少笙建三楹小屋为读书处，少笙子秦荣甲在园中广种花木，请人绘有《小盘谷图咏》，今园不存。朱江《扬州园林品赏录》有五笥仙馆、享帚精舍、知足不知足轩、石砚斋、居竹轩、听雪廊等。 秦恩复，乾隆五十二年进士，改庶常，授编修。因病回家筑园，家居几十载后病愈，嘉庆十一年回京供职，次年受浙江巡抚阮元之请在诂经精舍讲学，十四年，受两淮盐政之聘在乐仪书院讲学，二十年，受聘校刊钦定的《全唐文》，一时名流附集。二十三年入京，阅四年乞归，晚号狷翁。[陈从周《园林谈丛》、曹汛《戈裕良专考论》《碑传集补》、张薇《戈裕良与园林》(有示意图)]
1779～1784	和珅十笏园	北京	和珅	乾隆四十四年(1779)以后，和珅在海淀以北建造了花园别墅十笏园。乾隆四十九年(1784)，皇帝又将位于澄怀园东南的淑春园及园外稻田赏给和

建园时间	园名	地点	人物	详细情况
				珅。和珅重新规划设计，进行了大规模的扩建新建工程，挖湖浚河，铺路架桥，取土堆山，建楼造屋，栽花植树，极尽奇巧奢华之能事。建山石岛屿、亭台楼阁、花神庙、钟楼、雕石画舫。园内共有亭台64座，建房达1003间之多，游廊楼台357间。竣工后，将淑春园改名十笏园。 和珅被抄家籍没后，淑春园东段给乾隆十一子成亲王永瑆，西端赏给了和孝公主。和孝公主于嘉庆十九年(1814)将此园交归内务府管理。淑春园在嘉庆年间又改称睿王园。睿王园在咸丰十年(1860)被英法联军烧毁。二十世纪二十年代燕京大学购得此园，成为校园的一部分，即今北京大学未名湖及西校门一带。(王珍明《海淀文史—京西名园》)
1779	仪亲王府	北京	永璇	仪亲王府位于西城区西长安街路北、府右街以西。始王永璇，为高宗第八子。乾隆四十四年(1779年)封为仪郡王，嘉庆四年(1799年)晋仪亲王。道光十二年(1832年)88岁时卒(少见的长寿)，谥慎。其长子绵志继袭郡王爵。故这里也称仪郡王府。《啸亭续录》说这里原为耿仲明宅，共有房间314间，规模宏大。今府右街南口以西，包括今文化局和电报大楼，皆属其范围。清末在该府址建邮船部、财政部，仪亲王的后人毓祺迁到西直门大街路北的祺公府。现今文化局院内残存的游廊和楼阁一般认为是当年仪亲王府花园旧物。
1779	梁家园	北京		亦地名，在十间房南，“明时部人梁氏建，亭榭花木，极一时之盛。地洼下，有水可以泛舟。后圮废。乾隆间即其地建寿佛寺”。“寿佛寺即梁家园，乾隆四十四年(1779)僧莲性募建。”(《宸垣识略》卷十)
1780前	磊园	广东广州	杨氏 颜亮洲 颜时瑛	在广州城西，为洋行商人杨氏所创宅园，园甚广，园主过世后其遗孀售与洋行富商颜亮洲，颜子颜时瑛为泰和洋行行主，命工匠绘图后扩建，时有十八景：桃花小筑、遥集楼、静观楼、留云山馆、倚虹

建园时间	园名	地点	人物	详细情况
				小阁、酣梦庐、自在航(榭)、海棠居、碧荷湾楼、假山、水池、花木等,静观楼藏书画金石,临沂书屋藏图书。造园规模之大、施工之精为羊城之最,颜嵩年《越中杂记》详述了其盛况。乾隆四十五年(1780),裕源洋行张天球、泰和洋行颜时瑛积欠英商债银近二百万两,政府下令抄家、发配新疆。磊园随之易主,最后售与怡和行老板伍崇曜。十三行怡和行行主伍氏一门伍国莹、伍秉钧、伍秉鉴、伍受昌和伍崇曜是鸦片战争前举足轻重人物,伍秉鉴和伍崇曜是广东外贸集团的代表人物。
1780	注经台行宫	山东临沂		《南巡盛典》记载:在费县北六十里,台前有汉郑、康成祠,相传为康成注经处石室尚存,西北有山七十二峰,秀插云表,即孔子所登东山也。乾隆庚子(1780)岁,抚臣于祠之西口建行馆,以备宸憩。(孔俊婷《观风问俗式旧典湖光风色资新探》)
1780	问官里行宫	山东郯城		《南巡盛典》记载:在郯城县西北境,八十里故郯子国,孔子尝从郯子问官,后人因名,此地为问官里。列墅萦纡,长林葱旧,每当春风迟日,桃李争妍,望如错绣。乾隆庚子(1780)岁,建行宫,嗣是时巡驻辇,睿藻频颁红蘸绿杨,皆宸赏矣。(孔俊婷《观风问俗式旧典湖光风色资新探》)
1780	燕园(燕谷)	江苏常熟	蒋元枢 蒋因培 戈裕良	乾隆四十五年(1780)大学士蒋溥之子、台湾知府蒋元枢在常熟城内辛峰巷灵公殿西旧宅东侧建园,并供海神天妃,人称蒋园,取晏殊"似曾相识燕归来"之意,又名燕园。乾隆五十九年(1794),于园中构七十二石猴湖石假山;蒋死后其长子蒋继煃作为财注输于赌场,1839年归族侄山东泰安县令蒋因培(1768—1839),蒋请江南叠石名家戈裕良筑黄石假山燕谷,钱叔美作《燕园三十六景图》,时有十六景指:五芝堂、赏诗阁、婵娟室、天际归舟、童初仙馆、诗境、燕谷、引胜岩、过云桥、绿转廊、仁秋、冬荣老屋、竹里行厨、梦青莲庵、一希阁、十楼。道光二十七年(1847),举人、常熟县令归子

建园时间	园名	地点	人物	详细情况
				瑾购得此园，太平天国之时，多有毁损，光绪年间又归蒋氏族人蒋鸿逵，光绪三十四年(1908)旋即售与文人张鸿(字隐南)。张大加修缮，自号燕谷老人、童初馆主，故又名张园。他在园中完成反清著作《续孽海花》。新中国成立后曾为常熟公安局、文化馆、皮件厂。沦为车间时，东山塌毁，楼台逝去。1982 年迁厂重修，1984 年开放。现园广 4 亩多，有景：童初仙馆、水池、莲花庵、三婵娟室、赏诗阁、天际归舟、五芝堂、黄石大假山、湖石大假山等。童寯先生《江南园林志》载有一图《绿转廊》。
1780	须弥福寿之庙	河北承德	乾隆	位于避暑山庄北、普陀宗乘之庙之东，狮子沟北山阳坡，乾隆为西藏政教领袖班禅额尔德尼六世赴乾隆 70 寿辰而建，1779 年动工，次年竣工，东西宽 120 米，南北深 360 米，占地 7.52 公顷，平面具有日喀则札什仑布寺特征，同时融入汉式建筑特点，主体建筑大红台及妙高庄严殿居中，南方为前导，北为后续，是汉藏建筑和园林艺术的结晶，依山就势，园林建筑与礼仪建筑融为一体，河、桥、坊、亭、塔、廊、台布局十分巧妙。
1781	大教场行宫	上海	袁守侗	《西巡盛典》:距法华寺四十六里，乾隆四十六年，督臣袁守侗面奉高宗纯皇帝谕旨发怒建立，行陛五十一年，西巡驻跸其地，嘉庆十六年恭逢皇上临幸，有御制题，近清齐诗，又御制春祺室诗。(孔俊婷《观风问俗式旧典湖光风色资新探》)
1781	双礼堂	台湾	刘家	刘宅前堂(第一近)为门厅，采用燕尾屋脊，后堂(第二进)采用硬山马背屋脊。后堂为家祭祀空间，内埕形成回廊，左右外侧横屋则为家族生活空间，遵循家族传统尊卑，依序建构，层次分明，横屋间的联系交通以过水廊相互连接。刘宅仍注重客家建筑构造：卵石墙基、白墙、斗砌砖墙、穿瓦衫墙的朴实风格。窗楣、门额、亭廊、梁枋彩绘仍以前堂门面为视觉重点，装饰亦较为华丽，而后堂正厅摆设则以庄严典雅，彩绘书画以礼义气节为主。(张运宗《台湾的园林宅第》)

建园时间	园名	地点	人物	详细情况
1781	白龙潭行宫	北京	乾隆	白龙潭行宫，始建于乾隆四十六年(1781)。乾隆皇帝去承德离宫，路过石匣镇时，总要到离石匣镇十五华里的白龙潭观光览胜，欣赏白龙潭风景。行宫坐落在白龙潭风景区进口处，坐北朝南，面对翠绿松山，与纱帽石相照应。行宫前有一条谷川小河，河水潺潺，小河道上架着一座三孔石桥，衬托着行宫古建筑，更有郊野意趣。 行宫分为东西两院，东院为膳房，北正房五大间，南倒座五间，西房五间，东面一道大墙，设施简单，如今仍为饭厅、厨房、管理和炊事人员所用。西院为寝宫，四合院，正房五大间为正殿，有东西耳房各一间。行宫正殿中间为套房，前出廊一间为过道房，行宫正殿居中为正厅。正殿东、西各两明一暗，书房、寝室各一间，暗间为卫生间。西头的两明一暗为皇后、贵妃所居。东、西厢房各三间，可为宫娥侍卫所居。南倒座五间大房为随从文、武大臣所居。东西耳房为兵器甲杖库房。行宫的房舍都是红油漆彩画，祥云缭绕，龙盘玉柱。(孔俊婷《观风问俗式旧典湖光风色资新探》)
1781	伊宁回族清真大寺	新疆		位于伊宁市汉人街闹市区，原名宁固大寺，后改名陕西大寺，始建于1781年，陕西匠人设计建造，现为原样，由宣礼堂、礼拜大殿、经房、接待室、沐浴室、庭院组成。主体建筑不在中轴上，使庭院成不规则曲尺形。院园引墙外之水入园形成曲水，依水植物架桥。寺院为汉式攒尖顶式，与园林相得益彰。
1782	岳麓书院	湖南长沙	罗典	长沙太守朱洞于北宋开宝九年(976)创建岳麓书院，院内古建筑群现存有大门、赫曦台、讲堂、御书楼、斋舍、文庙、专祠、园林等，多为明清建筑，为讲学、藏书、祭祀、休闲等四业一体的文化建筑景观群。乾隆四十七年至五十四年(1782～1789)山长罗典建有书院，有八景：柳塘烟晓(含饮马池和草亭，1787年罗典建)、桃坞烘霞(1782年罗典植)、风荷晚香(含黉门池、石曲桥和吹香亭，宋尚书钟仙巢创，理宗题，1788年罗典重筑)、桐荫别径(黉

建园时间	园名	地点	人物	详细情况
				门池至爱晚亭的曲径)、花墩坐月、碧沼观鱼、竹林冬翠、曲涧鸣泉。其中碧沼观鱼和花墩坐月在后花园中，其余在院落周边。园林部分有赫曦台(1167年张栻创)、杉庵(1838年两江总督陶澍建，后毁)、拟兰亭(1539年知府季本修，抗战毁后1986年改建)、汲泉亭(抗战毁后1986年改建)、文泉(1779年凿)、麓山寺碑亭(1469年知府钱澍创)、时务轩(1997年纪念时务学堂而建)、碑廊等。书院园林位于右后部，始建于乾隆四十七年(1782)，山长罗典所筑，时修池塘，筑亭台，堆假山，引溪泉，植花木，后历经修建，今存园林为1992年重修。
1782	文澜阁	浙江杭州	乾隆	位于杭州孤山南麓，乾隆四十七年(1782)为珍藏《四库全书》而建，光绪六年(1880)重建。1955年和1981年两次重修。仿宁波天一阁建造，木结构，面阔六间，二层楼，重檐筒瓦。东有碑亭，有光绪文澜阁三字，东南侧还有一碑亭，碑正面刻乾隆题诗，背面刻有《四库全书》上谕。建筑沿中轴线布置，前有垂花门、叠山、前厅，厅背面文澜阁前设一大水池，水中仙人峰一峰独秀。此水池既有防火功能，又美化环境。(陈从周《中国名园》)
1783	林安泰古厝	台湾台北	林家	林安泰古厝位于台北市，原址坐落于四维路，1978年迁建于中山区滨江街。至今已拥有160年以上的历史，在林回初建时只是五间开的一栋房舍，后来陆续加盖左右厢房和门厅，成为四合院，清末再加建两座外厢房与书房，才成为目前两进四厢房的格局，是台北市最完整的古厝建筑。六条龙雕代表的就是林回的六个儿子，组成宝瓶状，和蝙蝠、磐牌都具有吉祥富贵意义，为林安泰古厝的标志。而在搬迁及翻修过程中，除了砖瓦因年代久远以致破损而予以翻新之外，其余石材、木材等多半来自原建材，故仍深具历史价值。位于古厝外埕前方的月眉池，具有防御、养鱼、防火、供水、降温及改善气候的功能。(张运宗《台湾的园林宅第》)

建园时间	园名	地点	人物	详细情况
1785	谁园	湖北武汉		园内辟菏池，宽盈十丈。水中筑台，建得月亭，柳堤环池，过柳堤，由曲桥可达得月亭，桥为之字形。园内主景为问奇阁，是宴客赏景最佳处。阁前植梅，环以青竹百竿，其后有松林，俨然一幅岁寒三友图。园内大树参天，花木繁茂。园以养孔雀为奇。谁园养孔雀成群，常结队而行，全不惧人，悠闲于牡丹芍药花丛间。(汪菊渊《中国古代园林史》)
1785	黄氏北宅园(飘香园)	江苏常熟	黄廷煜 龚维才	乾隆五十年(1785)黄廷煜购得常熟唐市乡的黄氏北宅园，后归程氏，1860 年毁于兵火，民国初年龚维才得而重构，有景：假山、荷池、曲廊、亭台、石桥、丹桂(十株)等，引外河水入园，可通舟楫，20 世纪 80 年代重修，更名为飘香园，现为唐市乡文化中心。
1786	西溪别墅	江苏苏州	陆肇域	乾隆五十一年(1786)陆龟蒙第三十四世孙陆肇域在虎丘下塘甫里先生祠旁建有园林，名西溪别墅，园内有：长堤、杰阁、清风亭、桂子轩、斗鸭池、四美楼等。
1786	大梦山房	福建福州	萨玉衡	在西门陆庄，为官僚萨玉衡罢归后所创，大梦山又名廉山，在西湖之滨，以松著名，大梦松声为福州西湖前八景之一，东南麓有石磴引入假山石洞，上至大梦山亭可凭眺西湖全景，环山麓一带地势迂回，松竹滴翠。西南平章池为元末平章陈友定的西坡园，山南为明代薛家池馆，山东为明礼部侍郎萨琦祠堂，后为清代侍郎萨玉衡读书处，内有养龙、玉井、沙帽三池，1957 年合为动物园，园内有熊猫馆、猛兽舍、水族廊、海豹池、猴山、象园等，西隅为游泳池。 萨玉衡(1758—1822)，清代诗人、学者，回族，字葱如，号檀河，福建闽县人，入闽萨氏 12 世孙，乾隆五十一年(1786)举人，授陕西旬阳知县，改在三水、白水、榆林、米脂等县，后任绥德知州、榆林知府，因御白莲教无方罢归，筑园自娱，纵情诗酒，又游历访贤，与诗坛名家黄任、伊秉绶等齐名，为乾嘉时期闽派“足以震扬一代”的诗人，著有《经史汇考》、《小檀弓》、《傅子补遗》、《秦中记》、《金渊客话》、《曲江杂录》、《白华楼诗钞》等。萨琦，字廷珪，号钝庵，入闽萨氏 3 世祖，明宣德五年(1430)

建园时间	园名	地点	人物	详细情况
				进士，登状元林震榜二甲第二名，翰林院庶吉士，礼部右侍郎兼詹事府少詹事，通议大夫。萨琦为人耿介持正，世故淡如，侍亲至孝；仕 20 年不以家随；妻先卒，竟不娶。先世色目人，琦一变其俗，丧葬皆用文公家礼，卒于官任，享年 64 岁。
1787	杨椒山祠（松筠庵）	北京	胡季堂 阮葵生 郑澄	位于宣武门外大街路西，达智桥胡同 12 号，原为明忠臣李继盛故居。嘉靖三十年(1551)杨全家迁居此地，三十四年(1555)杨死后故居改为松筠庵，和尚守庵，内祀城隍，故居只东西 36 米，南北 75 米。乾隆五十一年(1786)，京师官员访得杨继盛宅，次年(1787)司寇胡季堂、阮葵生和侍御郑澄等重修祠堂，定名景贤堂，坐南朝北，三进跨院，题杨椒山先生故居，正堂祀杨画像牌位，嘉庆二年(1797)改为塑像，联云："不与炎黄同一辈，独留青白永千年"，后殿题："正气锄奸"，南面为花园，园中有书房、古槐，后来一直到光绪百余年间均有修葺，道光二十七年(1847)们心泉募捐扩建，拓通书房为大堂，何绍基题为谏草堂，又修回廊，修花园，堆假山。次年在草堂西南角建八角攒尖亭谏草亭，堂前花园也环筑回廊，使亭堂相连，成为清末士子集会吟咏之所，光绪二十一年(1895)甲午战争后，18 省举子在此举行会议，痛陈《马关条约》的后果，即公车上书。1949 后为河北同乡会所，每年 5 月 17 日公祭杨椒山，"文革"时是曾为工厂和仓库，现散为民居。格局仍存，谏草堂、谏草亭、回廊和若干景石可见，然花木已死，假山被平，牌匾、香炉、祭器、石碑在"文革"中被毁。 杨椒山(1516—1555)，字仲芳，号椒山，名继励，河北容城人，明嘉靖进士，初授南京吏部主事，后任兵部员外郎。因弹劾仇鸾议和辱国被下狱，贬为狄道典史。嘉靖三十年(1551)进京任兵部员外郎。因上《请罢马市疏》弹劾咸宁侯仇鸾，被贬到甘肃临洮任典史。仇鸾获死后，被召回京，三十二年(1553)擢为刑部员外郎，后改兵部武选司员外郎。一个月后，又上《请诛贼臣疏》奏劾严嵩十大罪状，被削职下狱。三年后，被严嵩杀于西市(今西四)。杨死后六年严嵩被罢官削籍，第十二年(1566)穆宗朱载垕登基平反，赐太常寺少卿，谥忠愍。

建园时间	园名	地点	人物	详细情况
1787	古怀庆府药王庙	河南沁阳	陈荆山	古怀庆府的药王庙位于明清时期河内县(今沁阳)城内天鹅湖南侧,始建于清乾隆五十二年(1787),全部工程完工于清道光十四年(1834),历时47年,陈荆山为首集"怀药"商集资建成。庙内有戏楼、前殿、正殿、二程殿、夫子殿和财神殿,回廊环之。正殿之后有西花园,东花园为最大,是主要宴客之所,园内有山、池、亭、楼,以池为主,亭配之。亭多茔,方圆不等,以廊联之。园东南有假山隔墙,植以薜荔藤架,北为药楼。地势起伏有势,岗峦迤逦。山岩玲珑,古槐漫天,另有大女贞数株,冬夏常青,花香四溢,籽可入药,甚为壮观。其余植物,配植得体,以致园中四时有景:"春则东阁红焉,夏则北窗绿净,秋则月娟山馆,冬则雪聚林皋,四时不改其乐。"登楼远眺,山色青黛,落日余晖葱郁,院落参差,确为"慧斐之园,离垢自辟畦町太崇之馆,逍遥别有天地",清嘉庆十九年(1814)汉口著名诗人程秉为豫成园作记,文体严整,措辞华丽,轰动一时,药王庙特地将这篇园记刻于碑,嵌于墙内。(汪菊渊《中国古代园林史》)
1787后	吴沙大厝	台湾宜兰	吴沙	吴沙大厝是简朴的三合院群,岩石墙基,斗子砌砖墙面,宽大坚固却无任何装饰,充分反映出重实际的拓垦特质,今存。(张运宗《台湾的园林宅第》)
	霭园	湖北武昌	刘居士	占地约十亩,周围建有虎皮围墙,其间以竹篱分隔之。园以山林野趣为胜,分南、中、北三园。南部花园,门首建花园以点花园山之趣,门西向,有祀花祠对之,供有花神以佑百花,北有来鹤茶室,为待客品茗之处。园内奇花异卉,蔚为壮观。中园为全园最高处,从南门东北角北进,在青石蹬道进梅苔荷箨山房,向上登达佳山草堂,堂建于清乾隆五十八年(1793),落成之日刘纯斋、吴白华应邀出席庆贺。佳山草堂地处高爽,坐堂中放眼开去,江城景色尽收眼底:北有凤凰山、南有胭脂山、蛇山,东有花园山,大树参天,西有龟蛇夹江。堂后有丹梯百级上小天台,登台更上一层倭,凭高四望,疏畅洞达。近则大江之环流;如带, 芳草如袍;远则

建园时间	园名	地点	人物	详细情况
				七泽三湘，当日群雄角逐之场，译客行吟之地，英伟奇杰犹恍惚于茸目之前，从小天台西去，为白华亭。北园自成幽邃静雅之所。入门有小径曲折，尽端为“一池秋水半房山”堂。堂东有一泓清水，池周林木茂密，俨然尘外。堂西依山建有吸江亭和春草亭，林荫深处，凉意袭人，实为避暑佳处，光绪中期霭园渐荒，独“蘧园”二字门额犹存，光绪末年，刘居士后人刘宝臣供职学部，绘制有蔼园画。（汪菊渊《中国古代园林史》）
1789	怡园	湖北武汉	包云舫	怡园湖山石峭，花竹径纡，泉瀑交流，松桂夹道。亭馆池沼。结构都非尘境。其中绿波山房，最为疏敞，图书弈鼎错陈其间。怡园由住宅和宅园两部分组成，住宅在北，花园在南，四周围墙高可八尺，有月洞门与外相通。园中池山，围以长廊，环林莹映，芳草平敷，“一石之安，必权其高下，一木之植，恒量其深浅”，此园中景色变化多端，有十二景之称，即：亭北春、屏月影、小山丛桂、曲蹬古梅、巉石洞天、悬岩瀑布、平台歌舞、高阁琴书等。其中高阁琴书即指绿波山房，为全园主景。（汪菊渊《中国古代园林史》）
1789	成王府	北京	永瑆	成亲王府，始王永瑆为清高宗第十一子，乾隆五十四年（1789 年）受封成亲王。永瑆自幼擅长书法，深得高宗喜爱。嘉庆年间曾刻《诒晋斋帖》。嘉庆四年（1799 年）曾任命永瑆军机处行在，开亲王领军机的先例。后屡受处分，嘉庆末令“于邸第闭门思过”。道光三年（1823 年）72 岁时卒，谥哲。位于后海北沿，原为康熙间大学士明珠府，后赐永王星。成亲王后裔毓棣袭贝子，《京师坊巷志稿》将该府称为棣子府。光绪十四年（1888 年）将这里设醇亲王府，毓棣迁居西直门内后半壁街。

建园时间	园名	地点	人物	详细情况
1792	爱晚亭（红叶亭）	湖南长沙	罗典	爱晚亭，位于湖南省岳麓山下清风峡中，亭坐西向东，三面环山。始建于清乾隆五十七年(1792)，为岳麓书院山长罗典创建，原名红叶亭，后由湖广总督毕沅根据唐代诗人杜牧“远上寒山石径斜，白云生处有人家。停车坐爱枫林晚，霜叶红于二月花”(《山行》)的诗句，改名爱晚亭。又经过同治、光绪、宣统、至新中国成立后的多次大修，逐渐形成了今天的格局。今亭与安徽滁州的醉翁亭(1046年建)、杭州西湖的湖心亭(1552年建)、北京陶然亭公园的陶然亭(1695年建)并称中国四大名亭，为省级文物保护单位。(耿刘同《中国古代园林》)
1792	铁公祠、小沧浪	山东济南		转到大明湖北岸西段有铁公祠，是纪念明朝山东布政使参政铁铉而建。铁铉是河南郑州人，因抗拒燕王而被处死。小沧浪始建于乾隆五十七年(1792)，是清朝盐运使阿林保所建。据说是仿苏州沧浪亭之意而建，故名小沧浪。此地在古代称北渚，广植荷花，《续修历城县志》载：“小沧浪者历下明湖西北隅别业，即杜子美所言北渚也。鱼鸟沉浮，水木明瑟 ……”这里的布局，翁方纲在《小沧浪记》中写道：“……周以回廊，带以弯桥，有亭翼然，有台豁然。地不加高而城南千佛诸山皆在几席，水香花气，摇扬于半波峰影之间……”在秋高气爽，风平浪静之时，可俯见佛山影，若即若离，若隐若现，有海市蜃楼之趣。(汪菊渊《中国古代园林史》)
1793	湖南会馆（楚南宫）	四川成都		湖南会馆即楚南宫，建于乾隆五十八年(1793)。
1794前	厦门道台衙署西园	福建厦门		在厦门市内，为厦门道台衙署内园，乾隆五十年(1794)东海德《兴泉永道内署记》载：大堂内为川堂，有楼名天一楼，由川堂折西，周遭回廊，有承恩堂，堂前为射圃，堂后石屏，佐岳轩对面立石，循石麓而上有半亭。由川堂折东，右历之径，为涵山阁，辟前庭，凭栏远眺海上诸峰。阁东巨石之巅为

建园时间	园名	地点	人物	详细情况
				圣帝庙，满径榕阴。出阁折南，南屋西屋，院落轩敞，北登级为观月台，台东为瑶圃、春晖堂，堂后为后山，署内最高处也。
1779	分防厅东书房花园	山西太谷		在太谷县范村镇，为清代分防厅所在之衙署园林，据乾隆六十年和咸丰五年的《太谷县志》、《新建范村镇分防官署记》载，园东南有小土山，周植柳树，南墙有小松，中建四方亭，名独乐，又凿池叠石。六十年后，咸丰五年(1855)重修，拆亭，东南叠石堆山。后毁。
1790～1800	洪亮吉园	北京	洪亮吉	《顺天府志》载园位于今前孙公园一带。清著名学者洪亮吉，号北江，于清嘉庆元年(1796)八月，移寓八角琉璃井官房，有亭池树石之胜。 洪亮吉(1746—1809)，清代文学家、经学家、方志学家，字君直、稚存，号北江，晚号更生居士，阳湖(今江苏常州)人，乾隆五十五年(1790)一甲第二名进士，授翰林院编修，充国史馆编纂官，出督贵州学政，嘉庆元年(1796)回京供职，嘉庆四年(1799)以越职言事获罪，充军伊犁，五年(1800)遇赦归里，潜心著书，有《毛诗千支考》、《春秋左传诂》、《十六国疆域志》、《晓读书斋杂录》、《北江诗话》、《更生斋文集》、《毓文书院志》等20余种。
1795	顾可久祠园	江苏无锡	顾光旭	在惠山下河塘14号，明隆庆三年(1569)应天巡抚海瑞奏请朝廷并捐建顾可久祠，次年落成，康熙二十七年(1688)毁于火，次年重建，乾隆间日芜，乾隆六十年(1795)年，顾可久八世孙、四川按察使顾光旭重修并增建，祠有前后两庭，前庭有四面牌坊，现余四柱，一对石狮，现移惠山寺大同殿前，院内有古银杏，正中三间享堂，前后双步廊。后庭五间祠楼，楼东筑拜石山房，楼西建松风阁，并凿池塘，移顾可久石友园的丈人峰入内，题诗两首刻于石上："凿池傍'云根'，根深云作雨；独立天地间，不知有今古。""以我三秋思，看君一片云；人来千载下，还与诵清芬。"光旭好友刑部侍郎秦瀛作《拜石山房记》。

建园时间	园名	地点	人物	详细情况
1795	至德祠园	江苏无锡	吴钺	在惠山镇锡惠公园映山湖畔，原址为明代园林愚公谷，祀主为商末泰伯，乾隆三十年(1795)无锡知县安徽全椒人吴钺自称泰伯之后，购邹园愚公谷的枝峰阁、绳河馆废址建至德祠供季札。祠园有池桥亭阁、华木之胜。咸丰十年(1860)太平军之役屋有损，同治间吴菊青等集资修葺，光绪及民国间吴氏族人屡修，邑人秦铭光于1918诗赞荷池景色，1958～1959年将亭堂、荷轩、莲池、滤泉归入愚公谷旧址。
1796	怡园	上海	奚桂森	在南汇区周浦镇，奚桂森所建私园，毁。
1796	王家大院花园(顶甲花园)	山西灵石	王森荣 王森椿 王梦鹏	王家大院位于山西灵石静升村，由高家崖(东)和红门堡(西)组成，有花园多处。红门堡建于乾隆四年(1739)至乾隆五十八年(1793)。高家崖建于嘉庆元年(1796)至嘉庆十六年(1811)。由主院(中)、柏树院(东北)、大偏院(西南)。东南和西南各有一园，西南园由两个花院相嵌而成。红门堡有三个花园，西南两处，北部东西向四个花院。王家花园以花院形式出现，前园后院，东西向嵌套，矮墙月洞，前低后高，依山就势，为山地花院的典范。其中顶甲花园最杰出，由四个花园构成，为王家十七世王森荣、王森椿的宅院。前面花园既相互联通，又独立成章，主人茶余饭后可在此吟咏诗书，布棋对弈。院中莱青山馆是十五世王梦鹏的书房。
1796～1820	鸭漪亭	江苏吴江	沈沾霖	嘉庆训导沈沾霖兄弟三人在吴江城东门外唐代陆龟蒙的养鸭场(俗称阿姨亭)建别业，名鸭漪亭，与阿姨亭谐音，有景：浮玉渊、垂虹桥、爱遗亭、怡怡堂、浮玉草堂、揽胜楼、梅花馆、养鸭栏、芳草亭、桃花堤、荷花、竹圃等。
1796～1820	秋水园	上海	张绣仪 张绣彬	在奉贤区庄行镇，清嘉庆初年张绣仪、张绣彬兄弟创建，内有闲闲居、伴山亭、云深处、超然堂、涵碧轩、桂岩、观成楼、听流轩等景。
1796～1820	方园	上海		在松江镇，嘉庆年间所筑，毁。

建园时间	园名	地点	人物	详细情况
1796～1820	南园	上海	陆钟秀	在长宁区法华镇路一带，陆钟秀于嘉庆年间所筑，毁于清末。
1796～1820	望云山庄	上海	张祥河	在松江区横山，嘉庆年间张祥河筑，毁。 张祥河(1785—1862)，清江苏娄县人，字诗舲，嘉庆二十五年进士，授内阁中书，充军机章京，道光间历户部郎中、河南按察使、广西布政使、陕西巡抚，咸丰间任工部尚书，工诗词，擅山水花卉，有《小重山房集》，卒谥温和。
1796～1820	省园	上海	顾瞻淇	在松江区柘林西门外，嘉庆年间顾瞻淇筑，毁于光绪前。
1796～1820	岂是园	上海	朱曜	在南汇区南一灶，嘉庆年间朱曜筑，毁。
1796～1820	胡氏园(花楼头)	上海	胡起凤	在嘉定镇西大街，嘉庆年间胡起凤筑，毁。
1796～1820	壶隐园	江苏常熟	吴峻基	明朝尚书陈必谦在虞山镇西门内西仓桥建宅邸，嘉庆年间(1796～1820)吴峻基在故址构亭台，后又得明代钱氏的南泉别业故址，扩建为壶隐园，有阁名“不碍山云阁”，后归丁氏，增湘素楼为藏书处，后废，现为中学宿舍。
1796～1820	水园	江苏常熟	吴峻基	吴峻基在常熟九万圩建的私园。
1796～1820	古芬山馆	江苏吴江	周芝沅	嘉庆提举周芝沅在吴江黎里筑宅园，名古芬山馆，园在宅后，庭广二丈，有花木、叠石、小山、台、洞、轩、求真是斋、稼墨庄、读书室、沁雪泉、石罅、老梅、清潭等。
1796～1820	哑羊园	江苏吴江	吴载	嘉庆副贡生吴载于吴江平望筑此园，有景：假山、鱼池、鱼背三千屋、莲华九品屋、哑羊庵、半亭、石径等，因假山高低错落，皆似羊，故名哑羊园和哑羊庵。
1796～1820	艺圃	江苏吴县市	王有经	嘉庆年间王有经在吴县(今吴县市)唯亭创立此园以奉先祖之灵，园内有：厅堂、迎来舫、小池、竹石、桃柳、思泉、虚中小筑、思五斋等。

建园时间	园名	地点	人物	详细情况
1796～1820	庞宅花园	江苏苏州		在苏州颜家巷，为宅园，门楼题款为嘉庆年，园亦在此时，内有：假山、曲桥、半亭、白皮松、黄杨等，现余残迹。
1796～1820	虬珠园（唐荔园、海山仙馆、荔香园）	广东广州	丘熙	在广州荔枝湾，清嘉庆年间，广州绅士丘熙在荔枝湾墨砚洲郑公堤处，建了一座遍植荔枝、兼备竹亭瓦屋的园林，取名虬珠园。丘熙常和当时广州的地方官员、文友、诗人在此品荔吟宴。道光初年，阮福（两广总督阮元之子，后任甘肃平凉府知府）对该园美妙和谐的亭台布局，赏心悦目的园林造景极为赞赏，谓足与唐代荔枝湾的荔园比美，特给它题名为唐荔园，道光四年（1824）唐荔园重加修葺，增建景点，时有任佛岗司狱的画家陈务滋，应主人之请，绘下“唐荔园图”，绘出了该园淡雅秀丽的景色。道光十年（1830）后，该园归潘仕成所有，成为海山仙馆的一部分。潘破产变卖后，落于新会陈氏手中，改建为荔香园。
1796～1820	吾园	上海	李筠嘉	在今尚文路龙门村。原为邢氏桃圃，光禄寺典簿李筠嘉购得，建为别墅。园内有锄山馆、红雨楼、潇湘临溪屋、清气轩等景致，绿波池上有鹤巢。又复垒山凿池，花木繁茂。园中引种露香园水蜜桃百株，桃花盛开时游人不断。《履园丛话》载，桃林中筑一亭，二鹤居之，清同治四年（1865）改为龙门书院，民国时期改为江苏省第二师范，后改建为龙门村。吾园景色无存。（汪菊渊《中国古代园林史》）
1796～1820	伴村园	山东济宁	王义庄	在南关外塘子街路东，为清代嘉庆年间王义庄（字叔廉）所建，是王氏宅府北部花园，同治年间为吏部主事、回族书法家唐传猷（晋徽）所购，其子唐承烈整修，20 世纪 40 年代租与济丰华记货栈经理陈华轩。园名意为纵情优游山村野趣。宅北的上房院把园分成东西二部，与苏式园林相类，为此地仅见。东园有二米高太湖石、书房，植桃、柳、杏、石榴。上房院为明三暗五出廊式北堂，堂前两侧植西府海棠，高达五米，院南半出厢房五间，院周房檐下石砌排水渠道与荷花池相连，通往西园门，

建园时间	园名	地点	人物	详细情况
				门上题“伴村”。西园面积较大，中部堆七米高假山，山顶建四角亭（槐亭），山上植槐、竹、松、柏、梧桐、合欢、文冠树、朴树、丁香、木槿、石榴、迎春、蔷薇等。园北建花厅，出抱厦为戏台，名露台仪庄。厅前为小溪，溪上架石桥。东、西、南三面回廊，西墙北有角门。王氏后人王新民（字新甡，号伴村）题有《浪淘沙·忆伴村园》有：“济上伴村家，汾海桑麻。比邻咫尺若天涯。僻院池台清且雅，朱栏廊霞。园小岂堪夸，修竹栽花。蓬莱山馆露亭斜，好景难常何处云？秋草黄花。”
1796～1820	郑氏庄园	山东济宁	郑氏	原有三处大型庄园，现仅存洪福寺、郑郗村二处。郑氏乃滋山一带豪门望族，明末清初初时便富甲一方，后建庄园。碑文记载，清嘉庆年间，该庄园雄踞乡野，规模壮观。
1796～1820	鲍家花园	安徽歙县	鲍启运	在歙县棠樾村，是盐商鲍启运的私家花园，为安徽最大私园，始建于嘉庆年间，以徽派盆景为主题，与牌坊群景区融为一体，毁于太平天国战争。抗日战争时期，国民党第十九集团军司令长官上官云相和第二十三集团军先后将司令部驻扎于此，可见规模之大，2002 年 5 月 1 日重建开放，一期工程占地 326 亩，有水池 80 亩，盆景园 80 亩 20000余盆，其中名家贺淦荪、刘传刚、谢克英、陈日生、赵清泉等大师作品共 300 余盆。又有鱼池、索桥、快活林，以及亭台楼阁、小桥流水等景。鲍启运，字方陶，又字甓斋，是淮南盐场场商鲍宜瑗（字景玉，捐九品）长子、盐法道员（正四品）鲍志道的弟弟，鲍启运不仅修建花园，还乐善好施，捐建女祠，捐义田 600 余亩。 鲍志道（1743—1801），字诚一，号肯园，20 岁定居扬州，任两淮盐务总商、盐法道员（正四品）20 余年，捐义学、修街道、复书院，兄道成为棠樾名人。

建园时间	园名	地点	人物	详细情况
1796～1820	张园	广东惠州	张天欣	在惠州黄圹，嘉庆末博罗人张天欣筑，园依山傍水，多垂柳、桃花、竹子、榕树等，道光十一年(1821)举人陈澧过张园，叩门无人，遂作《高阳台》："新曙湖山，严寒城郭，钓船犹阁圆沙。短策行吟，何曾负了韶华？虚亭四面春光入，爱遥峰绿到檐牙。欠些些，几缕垂杨，几点桃花。去年今日螺墩醉，记石苔留墨，窗竹摇纱。底事年年，清游多在天涯？平生最识闲中味，觅山僧同说烟霞。却输他，斜日关门，近水人家。"光绪进士江逢辰诗《过黄圹张园》："一曲丰湖水满坡，十围榕梲树交枝，难忘十五年前事，来看桃花细雨时。"(《惠州市园林绿化志》)
1796～1820	文殊庵行宫	河北秦皇岛		《畿辅通志》：在临榆县西关外石河西(《永平府志》)。周围一百八～十文(《采访册》)。上东幸谒陵，自盛京旋跸入山海关(《永平府志》)。道光九年以前，皇上恭谒祖陵，皆赴此驻跸(《采访册》)。(孔俊婷《观风问俗式旧典湖光风色资新探》)
1796～1850	水壶园(水吾园、吴园、静园、赵吾园、宁静莲社)	江苏常熟	吴峻基	在常熟老城西门内翁府前街，原为明代钱岱在万历年间建的小辋川(见明"小辋川")，后园毁。清代一部为遗址被吴峻基购得，建为水壶园，又名水吾园或吴园。同治、光绪年间(1862～1908)被阳湖人赵烈文得园，更名静园、赵吾园，民国后，园归常州人盛宣怀(1844—1916，近代买办官僚，字杏荪，号愚斋，秀才出身，为李鸿章幕僚，任轮船招商避会办、工部左侍郎、会办商约大臣、邮传部尚书，开办商业，后曾逃亡日本，有《愚斋存稿》)，更名宁静莲社，园以水取胜，园中有：能静居(三进院落)、先春廊、殿春廊、经堂、八角榭、方形榭、柳堤、柳风桥、静溪、天放楼(赵烈文藏书处)、小假山、石梁、九曲黄石桥、石台、似舫、舫栖浪(柳树数株，风吹如浪)、水涧、湖石假山、黄石假山、梅泉亭等。新中国成立后，赵家水壶园与曾家虚霩园并为常熟师范学校，后为常熟专科学校，后学校迁址，1995年修复开放，详见清"虚霩园"条。

建园时间	园名	地点	人物	详细情况
1796～1850	白鹤林庄园（彭家大院）	重庆	彭瑞川	在重庆南温泉白鹤林，占地4000余平方米，官僚彭瑞川于道光二年(1822)始建，耗资三万余两，历八年时间完成。园中林木茂盛，白鹤成群，故名。楼台亭阁，金碧辉煌，又有厅堂、戏楼、居室及其他用房55间，天井15个，建筑面积2482平方米，屋间隙地及后院有花园，右侧墙内有大黄葛树，大门内有胸径88及93厘米桂花二株，传为建园时所植。院中有寿字鱼池。大花园在大门内石坝下，有四季花果、鱼池、船舫、八角亭。彭死后家道衰落，抗日战争前已成民居，后办存古学堂，1938年成为国民党中央政治大学研究部、地政学院、立人中学，抗日战争胜利后为西南学院，新中国成立后为川东荣军校、市劳动就业委员会工赈第四大队，1953年成为二十七中宿舍，1982年为南泉职业中学。今庄园主体建筑仍存，大花园已毁，1987年评为市文保单位。
1796～1850	苏大人园（侗将军园、苏园、治贝勒园、侗五园）	北京	苏楞额溥侗	位于海淀镇北侧、成府村南头。《海淀苏大人园全底样》图纸上记载：园内有房一百八十五间，楼三间，游廊一百十四间，方亭一座，六方亭一座，垂花门一座。清代著名思想家龚自珍用诗句写出他对苏园的印象："有园五百笏，有木三百步。清池足荷芰，怪石出林栌。禁中花月生，天半朱霞曙。"宅院内有牡丹园、果园、小树林，设流杯渠，人工湖中荷花满塘、菱角等水生植物漂浮水面，云片石就土山叠砌成一座高台，台上建龙王庙。后归道光皇帝旻宁之孙载治贝勒，载治又传给其第五子溥侗。光绪二十年晋封镇国将军，三十四年加赏不入八分辅国公，因而人称"侗五爷"、"侗将军"。于是苏大人园也称为治贝勒园、侗五园、侗将军园。民国立，溥侗因手头拮据将园抵押给北京横滨(日商)正金银行。直到1924年，因无力偿还，遂被警察当局将侗将军园查封。1927年，实行拍卖。被燕京大学以45200元的价值购得。到21世纪初叶，昔日的苏大人园，位于北京大学的东南角。在逸夫楼南边一座古式小院门口，挂着一块"治贝子园"的标牌。(王珍明《海淀文史——京西名园》)

建园时间	园名	地点	人物	详细情况
1797	西圃	江苏常州	洪亮吉 戈裕良	在阳湖县左厢桥里，今解放路 824 号。为思想家、文学家、地理学家洪亮吉(1746—1809)所建宅园。嘉庆二年(1797)，洪亮吉请假归里修建西圃，次年，园未成即返京。因直言得罪，发配伊犁。嘉庆五年被召回，居家不出，于嘉庆七年(1802)请戈裕良扩建，次年竣工，洪亮吉写有《西圃记》，详述园景：光淡香斜月西堂、曙华、卷施阁、红豆山房、干鹊廊、更生斋、墨云轩、收帆港等。因为戈裕良堆山之绝，而特题诗三首《同里戈裕良世居东郭以种树累石为业近为余营西圃泉石饶有奇趣暇日出素笺索书因题三绝句赠之》：“奇石胸中百万堆，时时出手见心裁。错疑未判鸿蒙日，五岳经君位置来。”“知道衰迟欲掩关，为营泉石养清闲。一峰出水离奇甚，此是仙人劫外山。”“三百年来两轶群，山灵都复畏施斤。张南垣与戈东郭，移尽天空片片云。”诗中盛赞戈裕良和张南垣为三百年来难得的造园高手。
1798	一榭园(忆啸园)	江苏苏州	薛雪 薛六郎 任兆炯 孙星衍 戈裕良	原为邑人薛雪在苏州虎丘北部斟酌桥所建别业，有景：水榭、池沼、竹木、石峰等。嘉庆三年(1798)，苏州知府任兆炯(山东聊城人，乾隆四十五年举人)从薛雪之子薛六郎购得薛文清公祠废址改建为园，次年完成，嘉庆七年(1800)任离任，观察孙星衍购得，忆祖孙登长啸典故而改名忆啸园、隐啸园，有景：授书堂、假山、谷壑、石峰、疏泉，嘉庆十一年(1804)，孙改园为孙武子祠。嘉庆十四年(1807)孙星衍仍有宴集一榭园诗，嘉庆二十年(1813)石韫玉《独学庐三稿》卷六有《春日重过一榭园》诗。2013 年四月复建，当年十月竣工，面积 2.84 公顷，由东西两组建筑组成，计 2200 平方米，水池 4550 平方米，黄石假山 3000 吨。东部有水榭、壶天小阁、东轩庭院、亭、廊，水榭处可眺虎丘塔景和倒影塔影；西部有授书堂、宝顺斋、亭轩、连廊组成。

建园时间	园名	地点	人物	详细情况
清中叶	孟家花园	山西太谷		在太谷城东二里杨家村今山西农大内，原为清代中叶孟氏城东别墅花园，孟氏元代从济宁迁太谷，经商发迹，至晚清成太谷四大家族之一。全园为北宅南园，东西100米，南北220米，占地2.2公顷。全园由住宅、花园、菜圃三部分组成。住宅在北，有东院、中院(祀神)、西院(寝室书斋)，轴线明显。花园有洛阳天景区、四明厅景区、大假山景区。洛阳天景区有三间轩，题洛阳天。中轴尚德堂南有木牌坊，题色映华池，坊南为水池，正中建四明厅，厅北、东、西各架桥。池西北为折角水榭，东北为折角游廊和三孔廊桥，西南为之字形石板桥。池西为迎宾馆。南假山占地1600平方米，高10米，山上东为四方亭，西为六角亭。田园区有花圃、菜畦、瓜棚、豆架，北界有车马门、车棚、马厩、农具房等。植物有：杨、柳、榆、槐、松、柏、小叶朴、椿、楸、竹、木瓜、枸杞、牡丹、迎春、木贼、木麻黄、细叶苔、羊胡草等。孟氏元至正年间祖居山东济宁的孟仲明迁居太谷，晚清为太谷四大家族之一，清中叶建园，光绪庚子(1900)义和团教案后赔给基督教公理会，其时内设贝露女学，宣统元年(1909)铭贤学堂与贝露女学互换校址，抗日战争时铭贤学校南迁，校址被日军占领。1950年冬铭贤学校四川归来，1951年改组为山西农学院，1952年拆假山建礼堂，洛阳天亭、牌坊、长廊、拱桥、板桥、花墙、水池毁于“文革”，1987年翻建孟园，拆四明厅、迎宾馆、水榭，迁于田园区，扩建尚德堂、观赏楼、崇圣楼东西厢，旧貌全改。
1799	西塘(洪源记花园)	广东澄海		在澄海樟林镇，又称洪源记花园，为粤东著名庭园，始建于嘉庆四年(1799)，历代有重修，面积亩许，前临外塘，东部凹入为水湾，过去通船外河，集住宅、书斋、庭园三者为一体，有假山、水池、小桥、山顶六角亭和山下扁六角亭，书斋二层可直通假山顶部。山上有生肖石、鹤巢洞、挹爽石等。

建园时间	园名	地点	人物	详细情况
1800（又说1846）	清晖园	广东顺德	龙廷槐	原为明末状元黄士俊宅园，乾隆年间进士龙应时得，重修析产给儿子龙廷梓和龙廷槐，大概在1846年左右，龙廷槐归宁后为报母恩而重建所得部分，名清晖园，后经龙元任、龙景灿、龙渚惠五代人经营方成名园，民国时因战乱几毁，1959年修复，合并楚香园和广大园，20世纪90年代修，由原5亩扩至30亩，有景：三个水池、曲廊、红蕖书屋、沐英涧、凤来峰、读云轩、八表来香亭、园宝亭、留芬阁、碧溪草堂、澄漪亭、六角亭、小船楼、惜阴书屋、真砚斋、竹苑、笔生花馆、小蓬瀛、归寄庐、木楼、陶径、茶道、花耶亭、观砚台、长廊、丫鬟楼、绿云、一勺亭等。龙家三代五进士，在当地风光一时。 龙应时，字云麓，广东顺德人，乾隆十六年(1751)进士，授灵石知县，有《天章阁诗钞》、《赈恤纪略》。龙廷槐(1752—?)字澳堂，乾隆五十三年(1788)进士，任翰林编修、左春坊赞善、监察御使、越华书院主讲，与和珅不和，于嘉庆五年(1800)辞官南归，居家建园，著有《敬学轩文集》。龙元任，1807年进士，任山西督学、河南科试主考官，辞官归里，嘉庆十一年(1806)他请江苏武进的进士、书法家李兆洛题清晖园三字。龙元僖，龙廷槐侄，1835年进士，历任国子监祭酒、太常寺卿、贵州乡试主考官、山西乡试正考官、全国武举会试副总裁并督办团练(官居二品)。龙元俨，元僖弟，1847年进士，授知县，一任便归宁，好吟咏。
1800	红豆书庄	江苏苏州	惠周惕	嘉庆五年(1800)左右，惠周惕在苏州城东南冷香溪北今吴衙场建有红豆书庄，惠周惕移东禅寺老红豆树的新枝于园内，植于书房前，灿若烟霞，自号红豆主人，睿目存和尚为之绘《红豆新居图》，惠自题诗一首、词十首，和者二百余家，四方名士过而必访，园传子孙六十载而毁于1860年兵火。

建园时间	园名	地点	人物	详细情况
1800	龙太常花园(广大园、楚芗园)	广东顺德	龙廷梓	原为进士龙应时的宅园，龙应时传子龙廷梓和龙廷槐，廷槐得中部，建成清晖园，廷梓得左右，建成龙太常园和楚芗园。南侧龙太常园在园主败落后卖给曾秋樵，其子曾栋在要经营蚕种生间，挂广大招牌，故又称广大园。1959 年广大园和楚芗园并入清晖园，20 世纪 90 年代又扩建重修。
1800～1854	听涛楼	广东广州	伍元华 冯彩霞	在广州海幢寺附近伍秉鉴所创的万松园内，为伍氏家族伍元华所创私园，成为万松园的园中园。伍元华(1800—1833，又道约 1810—1854)，字良仪，号春帆，以受昌为商名，他接任怡和行商和十三行公行总商七年，精明能干，与英商勾结鸦片贸易；善画，好收藏书画金石，著有《延晖楼吟稿》；性嗜茗壶，特聘宜兴名家冯彩霞至园中开窑制壶，署“万松园制”或“伍氏听涛山馆春岚鉴制”。
1802	遂生园	上海	李大伦	在浦东新区川沙镇，嘉庆七年(1802)李大伦筑，毁于道光十七年(1837)。
1802～1820	今是园(传胪第、李侍卿山庄、李御史山庄)	广东惠州	李仲昭	在惠州西湖横冈，为御史李仲照归隐后所建私园，园内有广植梅花和桂花，为官刚正清廉，生性爱梅，人比杭州西湖的林和靖，题有咏梅诗 30 首。清廖鸣球游园时作《李传胪西湖花园梅花盛开步韵》：“冰肌玉骨耐荒寒，压尽群芳占小园；庾岭影疏沽酒店，罗浮雪暗口人村；山家冰透春消息，水月空如夜梦魂；何处氅衣骑马去？浅溪桥上雪纷纷。”江逢辰诗：“今是主人最寥落，水中梅影诵当时；园荒青桂无人折，浅草谁题墓石辞。”张蔚臻诗：“夙根原是在蓬瀛，濯向冰壶魄亦清；真假几人参梦幻，浅深一样见分明；只容明月枝头照，不许微风水面生；白雪调高谁和得？更愁色相画难成。”“曾向西湖爪印鸿，澄观楼下坐春风；闲云去住忘形迹，绝色聪明悟色空；邀月吟成三李白，临流幻出百坡公；孤根可惜清寒甚，莫问荒园玉树从。” 李仲昭，字次卿，广东嘉应人，嘉庆七年(1802)进士，二甲第一，是为传胪，授编修、文渊阁校理、御史、给谏，因揭查长芦盐案，虽案有果，然当年被罢归，于是主讲惠州丰湖书院，长达六年，期间筑今是园，挈家偕隐，扁舟草笠，与渔樵为伍，居三年，临终集家人饮酒赋诗，谈笑而逝。(《惠州市园林绿化志》)

建园时间	园名	地点	人物	详细情况
1803	伍园	广东广州	伍秉鉴	伍园是清末广州十三行行商所建私园(商行花园、商行庭院)的代表。伍氏家族大规模造园始于伍秉鉴。1801年,伍秉鉴接替其兄掌管家业,怡和行在他的经营下迅速崛起,并于嘉庆十八年(1813)取代潘氏同文行成为行商之首。嘉庆八年(1803),伍秉鉴在广州河南安海乡置地百亩,为伍氏开基立宅之始。伍观澜《秘园山馆诗钞》载:"安海,在溪峡侧,伍氏所居,其中有社岗荷塘三桥,土地祠,修篁埭,走马路曲径通幽处各景。"园景有伍氏宗祠、土地祠、荷塘、竹林(修篁埭),万松园。作为河南伍园的核心景区,万松园在1835年伍氏宗祠建成后陆续扩建而成。该园为园中园,是接待西方商人和城中名士最主要的场所。垣外即海幢大雄宝殿。内外古木参天,仿如仙山楼阁倒影池中,别饶佳趣。河南伍园在伍崇曜(1819—1863,为伍秉鉴三子)手中继续建设,其中包括粤雅堂等。第二次鸦片战争后,随着公行制度结束及伍崇曜去世,怡和行商贸活动迅速衰落。伍家花园更在民国初期遭遇火灾,园中景物或遗失或变卖,存世者有广州河南海幢公园内"猛虎回头石"和澳门卢廉若花园中的石山。
1803	江西会馆(万寿宫)	四川成都		江西会馆,即万寿宫,建于嘉庆八年(1803)。
1804~1822	芙蓉池馆(籍园)	广西桂林	罗辰	在桂林城西杉湖南岸西段,为画家罗辰所建私园,园广十亩,广植荷花,又种竹子、芭蕉、杨柳、玉兰、香樟、梨树等,岸上堆太湖石,池中筑堤桥,分水为二,馆东南是凉亭,西南为小屋两楹,过石板桥有小楼,左柳拂水,园西北有回廊,主体建筑涵碧楼,重檐歇山,北接坡埠,南临碧水,楼高四敞,临凭得景,最为佳妙,罗在园中作《涵碧楼赋》、《芙蓉池馆诗草》,造园家、政治家阮元任两广总督期间(1817~1826)造访芙蓉池馆,盛赞园中叠山理水和亭台楼榭,又与罗交谈甚欢,延请罗到广州为其幕宾,

建园时间	园名	地点	人物	详细情况
				阮离任后，罗继为李鸿章幕宾，在广州12年后于道光十四年(1834)返桂，卒于芙蓉池馆。罗辰的女儿罗杏初，颇有乃父的风范，亦善绘画，妻子查瑶溪擅长作诗，故时人评其“罗氏一门三代雅，殊为桂林山水增色”。罗辰死后，芙蓉池馆渐渐荒芜，后为桂林诗人朱琦购得，更名籍园。1955年在遗址上建芙蓉亭，亦称葵花亭，1988年改建成钢筋混凝土结构，6柱、6角、单檐、琉璃瓦、攒尖顶亭，高7米，长宽各5.45米，面积29.7平方米。亭中有石桌凳，柱间有石栏杆，亭周树茂荫浓，秀色可餐。罗辰，乾隆年生，字墨桥，自署武夫，桂林人，画家罗存理子，工诗、书、画，好武术，刀枪棍棒、骑马射箭，无一不精，嘉庆元年中秀才，投军无果后，为阮元和李鸿章幕僚，10岁起随父云游卖画，因终生不得志而寄情山水，遍访桂林名胜，又远涉兴安灵渠、全州湘山、灵川、阳朔、灌阳、永福等地，擅山水、兰竹，又好金石篆刻，曾为南海吴荷屋绘游踪图而名燥一时，参编《临桂县志》，有《桂林八景图》、《桂林山水》、《芙蓉馆诗草》、《芙蓉馆诗画稿》，1817年又为朱方增的翘秀园绘翘秀园图。
1805前	东洲草堂（鹤鸣轩）	湖南南道	何凌汉 何绍基	在永州，何绍基父亲何凌汉发迹前所创私塾，何凌汉(1772—1840)，湖南南道人，字云门、仙槎，嘉庆十年(1805)进士，授翰林编修，后历任吏、工和户部侍郎、尚书，重修鹤鸣轩，太平军兵燹，轩毁，咸丰元年(1851)何绍基回乡时重修，并建环秀亭，此亭今存。何绍基(1808—1874)，湖南南道人，字子贞，号东洲、猿叟，道光十六年(1836)进士，咸丰初任四川学政，典福建乡试，历主山东泺源书院和长沙城南书院，通经史，精金石碑刻，有《惜道味斋经说》、《东洲诗文集》、《说文断注驳正》等。
1805	邻圣苑（保安宫花园）	台湾台北		在台北市哈密街61号保安宫，1805年兴建，建筑与庭园建材皆来自大陆，保安宫内供奉福建省同安医生吴本。花园内有牌坊，园景中式，以水池为中心，水上架桥。

建园时间	园名	地点	人物	详细情况
1805～1819	多氏园	北京	多氏	《顺天府志》载，园位于今陶然亭公园内。清嘉庆翰林院庶吉士胡承珙《求是斋诗集》有偕同仁游城南多氏园林诗，园无考。胡承珙(1776—1832)，字景孟，号墨庄，安徽泾县人，嘉庆六年(1801)乡试中举，十年(1805)进士，选翰林院庶吉士，散馆，授编修，寻迁御史，转给事中，二十四年(1819)授福建分巡延、建、邵道，调署台湾兵备道，在台三岁，以疾乞归，年五十七。工词通籍，有《毛诗后笺》30卷、《仪礼古今文疏义》17卷、《尔雅古义》2卷、《小尔雅义证》13卷、《求是堂诗集》2卷、《奏折》1卷、《文集》6卷、《骈体文》2卷，未成者有《公羊古义》、《礼记别义》。
1807	环碧园(李园、水部别墅)	广西桂林	李秉绶	在桂林叠彩山北侧山脚下，为画家李秉绶别墅花园，又称，李园环境优美，岩洞奇绝，亭沼池木，以水池为中心，原为靖江王宗室的别墅。园内建有簪碧堂、补萝芳榭、藕香榭、竹楼、虹桥、倚虹廊、知乐亭，阑以竹篱，清水一碧，佳木幽篁。近旁的仙鹤峰“岩洞之胜，为桂郡一大观”，山上建有招鹤亭、寄云亭、豁然台等，错落有致，“下瞰李园花时苇绡，叠嶂弥望，皎洁如积雪，后为李芸甫所得，称水部别墅，在水竹处构茆亭，又有风亭水榭十余处，广植栗树，与茂树清流相映带，殆不减辋川之胜。” 李秉绶，字芸甫，一字佩之，号竹坪，临川(今江西抚州)人，寄居广西桂林，秉铨弟，工书画，梅竹尤佳，兴到落笔，脱弃凡近，其写意杂卉，大约以沈周、陈淳为宗，旁及徐渭、石涛、华嵒诸大家，兰石则专师钱载，纵逸秀挺，为世所赏，道光十一年(1831)曾作《苍松柱石图》、《粤西先哲书画集序》、《墨林今话》等。因李于嘉庆十二年(1807)在叠彩山刻有兰竹图，概园建于此时。道咸年间，李氏家族衰败，园废。

建园时间	园名	地点	人物	详细情况
1807	陈悦记老师府（陈悦记祖宅）	台湾台北	陈家	陈悦记祖宅由公妈厅与公馆厅两四合院并排组成。采坐东朝西，两厅皆面向淡水河。公妈厅为双护龙（凵字型）建筑，门面与厢房达10米，三进连同后来增设的四进纵深为20米。公馆厅为单护龙（L字型）建筑，除了内部构造与厅数配置与公妈厅不同之外，其规模与面积都与公妈厅相似。从建筑外观来看，是由单脊燕尾顶三落与四落并列构筑，设有家祠与客厅，而家祠是三进格局，从门口进去以后依序就是前厅、主庭院、正厅、轩亭与次庭院、后厅等等。至于客厅则是待客之处，四进格局依序是前厅、轩亭与庭院、正厅、中庭与最后的余庆堂。然而最明显的建筑，要算是矗立在前埕广场的石雕旗杆与座台，原有四座，如今只余完整的一座，这是科举制度的功名象征，上有蟠龙下有爬狮。（张运宗《台湾的园林宅第》）
1808	湖广会馆	北京		位于西城区骡马市大街东口南侧（原虎坊桥以西），始建于嘉庆十二年（1808），总面积达43000多平方米，原会馆大门东向，门嵌精美砖雕，馆内有戏楼、正厅和乡贤词，附有花园，戏楼在会馆的前部，北、东、西三面有上下两层的看楼，可容纳千人，清末民初，谭鑫培、余叔岩等均在此演出过。湖广会馆是北京著名的会馆之一，戏场、后楼保存基本完好，为北京市重点保护文物。
1809	五松园（五亩园）	江苏南京	孙星衍 戈裕良	原为明朝吴王府，嘉庆十四年（1809）年，清代学者、观察孙渊在《江宁忠愍公祠堂记》载："西南有园，有树石、池塘、廊楹，有轩亭、馆舍，以为子弟藏书读书之处。"嘉庆十六年（1811）孙告归南京后侨居其中，园广三亩，因有五松，时称五松园，嘉庆十九年（1814）时文人云集该园。其后，孙又于菜圃请戈裕良堆假山，凿水池，扩为五亩，时称五亩园。江宁《张侯府园》："其他如邢氏园、孙渊如观察所构之五松园，皆有可观。邢氏园以水胜，孙氏园以石胜也。"《履园丛话》载五松园的假山为戈裕良所构。孙的《亩园落成口占十二首》载十二个景：小芍坡、蒹葭亭、留余春馆、廉卉堂、枕流轩、窥园阁、

建园时间	园名	地点	人物	详细情况
				蔬香舍、晚雪亭、欧波舫、燠室、啸台等。 孙星衍(1753—1818)清著名藏书家、目录学家、书法家、经学家。字渊如,号伯渊,别署芳茂山人、微隐。阳湖(今江苏武进)人,后迁居金陵。少年时与杨芳灿、洪亮吉、黄景仁以文学见长,袁枚称他为"天下奇才"。于经史、文字、音训、诸子百家,皆通其义。辑刊《平津馆丛书》、《岱南阁丛书》堪称善本。著有《周易集解》、《寰宇访碑录》、《孙氏家藏书目录内外篇》、《芳茂山人诗录》、《冶城絜养集》等多种文集。
1810	潘宅花园	江苏苏州	潘世恩	在苏州南石子街,为豪门潘世恩故居,其父潘曾绶在嘉庆十五年(1810)购地筑宅,道光十四年(1834)潘世恩得到赐第圆明园的特别恩赏,为谢皇恩,回乡改造老宅,按圆明园赐第四合院格局,建成三落五进、四座四合院的大宅。占地3150平方米,建筑面积3710平方米,正落攀古楼前后为四合院,前院为花院,四面回廊。东落为花园,园内有池塘、曲桥、船舫,园南有花厅,名竹山堂,是园主会客之所,现园毁。潘祖荫(1830—1890),咸丰二年(1852)探花,潘世恩(1769—1854),清江苏吴县(今吴县市)人,字槐堂,作槐庭,号芝轩、乾隆状元,授修撰,后历任侍讲学士、内阁学士、户部左侍郎等职,偕纪昀经理四库全书事宜,嘉庆十二年(1807)充续办四库全书总裁、文颖馆总裁,次年任翰林院掌院学士,十七年授工部尚书,十九年调任户部、吏部尚书,武英殿总裁、国史馆总裁道光八年(1828)任礼部,工部、吏部尚书,道光十三年拜体阁大学士、国史馆总裁。次年命在军机大臣上行走。鸦片战争爆发后,支持林则徐禁烟,力主严内治、御外侮,二十四年奏请开发甘肃、新疆,召民垦种,节饷实边,咸丰帝即位后下召求贤,以八十岁高龄保荐林则徐、姚莹等人,卒谥文恭,有《潘文恭公自订年谱》。涉猎百家,精通经史,酷爱金石书画及青铜器收藏。其攀古楼内收藏达380件,大克鼎和大盂鼎为西周文物,1951年献宝于国。

建园时间	园名	地点	人物	详细情况
				潘曾绶(1810—1883),初名曾鉴,字绂庭,吴县市人,潘世恩子,曾沂、曾莹弟,潘祖荫父。道光二十年(1840)举人,历官内阁中书、内阁侍读等,以父年高致仕,引疾归养,父丧终,不复出,后以祖荫贵,就养京师,优游文史,宏奖后进,布衣萧然,无异寒素,老病杜门,仅与李慈铭相往还,工诗文和词,符葆森《国朝正雅集》云其"为诗清丽有则,无贵介气"。著有《兰陔书屋诗集》,自订《绂庭先生年谱》。
1811～1812	梦蝶园	北京	阮元	在西城阜成门内的上岗胡同,为阮元凭居的小园,园广不足十亩,有亭馆花木,一轩二亭,石峰假山,阮元《梦蝶园记》道:"辛未、壬申间,余在京师赁屋于西城阜成门内之上冈。有通沟自北而南,至冈折而东。冈临沟上,门多古槐。屋后小园,不足十亩,而亭馆花木之胜,在城中为佳境矣。松、柏、桑、槐、柳、棠、梨、桃、李、杏、枣、柰,丁香、荼、藤萝之属,交柯接荫。玲峰石井,嵌崎其间,有一轩二亭一台,花辰月夕,不知门外有缁尘也。" 阮元(1764—1849)字伯元,号芸台。江苏仪征人。乾隆五十四年(1789)进士,五十八年(1793)提督山东学政,嘉庆四年(1799)任浙江巡抚,二十二年(1817)调两广总督,道光六年(1826)改云贵总督,尝受敕编《石渠宝笈》,校勘《石经》,创编《国史儒林、文苑传》等,主持文坛峰会数十年,海内学者奉为泰斗,为一代儒臣、文献大家,自著有《揅经室集》、《小沧浪亭笔谈》、《定香亭笔谈》。
1812	桐阴小筑	江苏南京	甘福 戈裕良	位于建邺区南捕厅大板巷,现为南京市民俗博物馆。嘉庆四年(1799)甘家购进此院,扩建为中国最大宅院:九十九间半。嘉庆七年(1802),甘福请戈裕良在南捕厅东南傍宅建园,以假山水池为主,作为文读休憩之年。嘉庆十七年(1812)藏书楼桐阴小筑建成,道光十二年(1832)仿天一阁建成藏书楼津逮楼,请程恩泽题匾,藏书达十万余卷,编成《津逮楼书目》,道光十五年(1835)甘熙建卅六宋砖室;咸丰三年(1853)春,太平军攻城,津逮楼、

建园时间	园名	地点	人物	详细情况
				卅六宋砖室等建筑焚毁，假山被毁。同治三年(1864)清军攻克南京毁园。同治四年(1865)甘廷年之子甘鳌领证回迁修缮但未复园。1951上甘家卖宅于军事学院，假山被拆，水池被填。2006年，东南大学朱光耀主持修复园林。园以水池为中心，分为草坪区、山水区、书楼区，L形布局。南门入口有草坪，中部山水区有太湖石假山、水面、石桥、木桥、曲廊，北部书楼区有津逮楼和后院。假山仿环秀山庄做法。 甘福(1768—1834)，字德基，号梦六，江宁人，为甘国栋之子。甘国栋，字遴士，以藏书知名。嘉庆四年(1799)甘家购进这处宅第时，甘福已经三十二岁，甘熙仅三岁。甘福为南京第一富绅，从事织造业。甘福乐善好施，人称孝义先生，道光十八年(1838)受旌表，塑像祀于南京夫子庙大成殿。甘福好读书，善交往。 甘熙(1787—1853)，甘福子，晚清文人、金石家、藏书家，博学强记，师从散文家姚鼐。字实庵、石庵。道光十八年(1838)进士，以知县发往广西，选户部广东司兼云南司主稿。清道光十九年(1839)进士，以知县迁广西，道光二十二年升郎中。后任户部广东司兼云南主稿、记名知府等职。他博览群书，编撰南京方志，著有《白下琐言》、《桐荫随笔》、《栖霞寺志》等，还编有《重修灵谷寺志》12卷。以《白下琐言》最著，言及戈裕良造园之事，以及自家园林建设历史。张薇《戈裕良与园林》有示意图。曹汛《戈裕良传论考》。
1812～1814	礼王园（乐家花园）	北京	昭琏 乐氏	清太祖努尔哈赤的次子礼亲王代善的后代、第8代礼亲王昭琏建立的王府花园，称礼王园，总占地50余亩。此园拥有一条南北中轴线，其厅堂轩廊基本形成对称的格局，同时又通过假山、花木的穿插来取得灵活变化的效果。园中叠石数量极多，而且以青石为主，构成山峰、石洞、丘冈等不同景色，具有雄健奇丽之风。同时园中建筑造型丰富，名贵花木繁盛，有京西名园之誉。民国初年被北京大药店同仁堂的主人乐氏所得，改称乐家花园。

建园时间	园名	地点	人物	详细情况
				近年曾经得到大规模重修，目前正作为一家古典风格的高级餐馆而对外开放。周维权推断礼王园的兴建时间较晚，当在嘉、道以后。民国时期文人白文贵曾经著有一本《闲话西郊》，详细记载了晚清海淀（甸）地区大量府宅花园的分布情形，其中特别提及这座礼王园并大加赞誉："海甸附近，名园甚多，盖自元明以来，彼废此兴，有如剧幕……至清季修建颐和园时，府邸园亭，亦大兴土木，如南海甸铁笼库礼王园，连续兴工，亘四年之久，其设计之工、建造之巧，不啻仙"。
1813	朴园	江苏仪征	巴光诰 戈裕良	在仪征东北三十里，为大盐商巴光诰耗二十余万两白银，历五年（1813～1818）建成的私园，因巴氏号朴翁，故钱泳为之题为朴园。园景极多，名噪一时，巴氏自撰园记，请斋鲍君题跋。沈恩培题诗描述朴园27景，张安保和王镛亦有诗文。道光二年（1822）钱泳游园后不仅为之题名，还因戈裕良所构黄石假山和湖石假山之精妙而称之为淮南第一名园，题《朴园十六咏》和园景于《履园丛话》的《园林》中。据此诗载十二景为：梅花岭、芳草坨、含晖洞、饮鹤涧、鱼乐溪、寻诗径、红药阑、菡萏轩、宛转桥、竹深处、识秋亭、精书岩、仙棋石、斜阳阪、望云峰、小鱼梁。曹汛《戈裕良传考论》、张薇《戈裕良与园林》。
1813	潜园（桂隐园）	江苏吴县市	李氏 钱炎	本为明朝李氏在吴县（今吴县市）木渎的小隐园，后归歙县人汪氏。嘉庆十八年（1813）里人钱炎得汪氏废园重构成潜园，亦名桂隐园，有景：凉堂、奥室、山阁、水榭、老树、红莲、兰花（十余种）、菊圃（数百本）等，袁学澜有诗赞成之，1860年毁于兵火。
1814～1850	梁园	广东佛山	梁蔼如 梁九章 梁九华 梁九图	有无怠懈斋、寒香馆、汾江草庐、群星草堂四部分，由梁氏叔侄四人于嘉道年间历40余载筑成。嘉庆十九年（1814）梁蔼如中进士，官不几年归隐，购沙洛铺陈大塘200亩地建成无怠懈斋，有药栏、花坞和书斋（无怠懈斋）。道光初年，梁九章在西贤

建园时间	园名	地点	人物	详细情况
				里筑寒香馆，内有画室（寒香馆）、住宅、《寒香馆法贴》、奇石、梅花。道光年间，梁九图把升平路松桂里清初程可则蕺山草堂改建为十二石斋，内有紫藤花馆、一鉴亭和12个黄蜡石，最大奇石名千多窿；其后，还建汾江草庐，园内有湖池、画堤、双溪、韵桥、石船、个轩、笠亭等景，梁世杰的《汾江草庐记》有详述。梁九华在松风路先锋古道建群星草堂，占地千余平方米，园内有太湖石、赤壁石、英德石、秋爽轩、船厅、笠亭。清末民国初年四园相继毁损，1983年修复群星草堂，1996年修复汾江草庐，总面积约21260平方米。 梁蔼如（1769—1840），广东佛山顺德杏坛麦村人，字远文，号青崖、嘉庆十三年（1808）举人，嘉庆十九年（1814）进士，官内阁中书，好吟咏、善书画，有《无怠懈斋诗集》及画作《溪水深秀图》，祀赠奉政大夫。梁九章（1787—1842），字修明，号云棠，嘉庆二十一年（1816）进士，曾在四川市政司任职，并在四川担任过知州，喜搜鉴书画，藏收寒香馆，梁九图有《雪夜寒香馆观梅》诗。梁九图，字福草，号汾江先生，十岁能诗，博学工文，不乐仕进，惟喜山水，有《十二石斋诗集》、《草庐唱和诗》、《岭南琐记》、《石圃闲谈》、《佛山志余》数十种。梁九华，字常明、灯山，官至大理寺主事，人称部曹。
1815	湖西庄	广西桂林	李宗瀚	在桂林市榕湖，嘉庆二十年（1815），画家、少司空李宗瀚因母亲病故返乡，道光元年（1825），李离开桂林赴京任工部侍郎，在桂期间于榕湖西岸建湖西庄，四周以竹篱围合，庄内坡埠起伏，竹树繁荫，花圃与菜畦穿插，更兼小桥流水、草堂木楼，有乡野之趣，诗人张维屏在《桂游日记》中载："流水小桥，过桥有屋，屋后有轩，轩前有园。"屋上有楼，登楼则城外诸山列屏于前，植有榕、松、桂、蜡梅、石榴、竹子、菊花等，湖南新化人邓显鹤与之交情甚笃，李邓两人同住于园，吟咏唱和，辑为《杉湖酬唱诗略》。李离开后，园交予族弟李春经营，李善治园圃，竹木花草，过于旧观，年七十余亦提壶浇灌，

建园时间	园名	地点	人物	详细情况
				布政使张祥河曾到湖西庄求花竹，在张建议下，宗瀚购画船，每日与友登船游湖，张题之为烟波画船。宗瀚父亲李秉礼晚年居园，建有七松斋，后移居他处。 李宗瀚(1779—1832)，字公博，一字北溟，又字春湖，临川人，李秉礼之子，乾隆癸丑进士，改庶吉士，授编修，官至工部侍郎。
1815	湖北黄州馆（帝王宫）	四川成都		湖北黄州馆，即帝王宫，建于嘉庆二十年(1815)。
1815～1825	拓园	广西桂林	李宗瀚	在桂林榕湖东岸，李宗瀚一生痴迷金石拓片及书画，故命园为拓园，并在园中刻石、读书、聚友、吟唱。园中建有湖东楼、静娱室等。园中藏有在京为官时所得金石拓片、书画笔砚、瓷器细软等。最著名的有临川四宝、临川十宝。李在桂林十年，对桂林各处石刻几乎拓遍，并著有《静娱室石室题跋》、《静娱室偶存稿》等。道咸年间，李氏家族衰败，园废。
1815～1830	云林山馆	广西桂林	李秉礼	在桂林独秀峰下，李秉礼嫌其子宗瀚的湖西庄太偏僻，于是其子又在独秀峰下建云林山馆，李秉礼晚年移居此园。李秉礼(1748—1830)，字松甫、敬之，号韦庐，临川（江西抚州）杨溪村人，随父流寓桂林，工诗书画，以陶渊明和韦应物为宗，称“出陶入韦”，以韦庐为号，又将园中奇石名之为韦石，清乾隆三十九年(1774)捐刑部江苏郎中，42岁辞归，四十九年(1784)与袁枚重游桂林，有《朝阳洞题诗》，著有《韦庐诗内外集》1100余首传世，诰授中宪大夫，驰封光禄大夫，与父李宜民、子宗瀚被称为李氏三代红顶子、临川李氏。道咸年间，李氏家族衰败，园废。
1816	天台山行宫	河北秦皇岛	方观承	《畿辅通志》：在抚宁县西南二十五里天台山麓。嘉庆二十三年，直督方观承恭建。道光九年，奉旨招商折卖。(《永平府志》)

建园时间	园名	地点	人物	详细情况
1817 前	叶家山	上海	叶铭	在南汇区场镇，嘉庆二十二年前叶铭所筑，毁。
1817	易园	上海	李林松	在闵行区南北大街，清嘉庆二十二年(1817)李林松利用居宅第五楹仓楼和屋后三亩菜地改造而成，毁于抗日战争。因醉心易学，取名易园。园内有水池、假山、茅亭、易园门、依南楼(原仓楼，楼下名怀古堂)、曲廊、龙墙、翰萼半亭、月洞门等，依南楼可借景黄浦江。至同治七年(1868)已复为菜地。现址在闵行南北大街 80 弄和 122 弄之间，为居民住宅。 李林松，清江苏上海人，字仲熙，号心庵，嘉庆元年进士，官户部员外郎，治经学，有《周易述补》和《星土释》等。
1817	怡园	江苏吴县市	潘奕玙	嘉庆二十二年(1817)观察潘奕玙在吴县市光福河亭桥创建，有景：思原堂、石榴园，园内植物以石榴为主。
1817	翘秀园	广西桂林	朱方增	在桂林，为广西学政朱方增所筑私园，嘉庆二十二年(1817)落成之后，于上巳日约请名流罗辰、吕培、荔帷、叶绍楏、琴柯、鸣琦、梅生等入园，仿王羲之兰亭雅集于流觞亭。画家罗辰绘有《翘秀园图》，从图上可见，有水池、水榭、厅堂、六角亭、平台、假山、太湖石、梅、桃、柳、松等。朱方增(？—1830)，号虹舫，浙江海盐人，嘉庆六年(1801)进士，改庶吉士，授编修，典云南乡试，迁国子监司业，十八年(1813)教匪之变，方增劾直隶总督温承惠贻误地方，黜之。二十年(1815)入值懋勤殿，编纂石渠宝笈、秘殿珠林。寻督广西学政，累迁翰林院侍读学士。道光四年(1824)，大考第一，擢内阁学士。典山东乡试。七年(1827)，督江苏学政。十年(1830)，卒。谙朝章典故，辑国史名臣事迹，工诗文、书画、篆刻，著有《求闻过斋诗集》。
1818	个园	江苏扬州	黄至筠	在盐阜东路 1 号，由清代嘉庆年间两淮盐业总商黄至筠在明代寿芝园址上建成。园以四季景观为特色，春景：湖石傍门，修竹繁茂，碑参差，有景生肖之假山石，缘在似与不似之间。此为春景。夏

建园时间	园名	地点	人物	详细情况
				景“宜寸轩”，浓阴环抱菏花池畔，太湖石“夏山”，耦荷飘香，苍翠生凉。秋景：秋从夏雨声中入，长廊尽便是“秋山”，山势巍峨，峰峦起伏，古柏斜伸，红枫遍植，钟乳石柱，石桥俨然。冬景：“雪狮山”由白色石英石堆叠而成，似终年积雪，四排风洞，恰如其氛。黄至筠(1770—1838)，又称黄应泰，字韵芬，又字个园，原籍浙江，因经营两淮盐业著籍扬州甘泉县，嘉道年间八大盐商之一赐盐运使衔。
1819～1854	袖海楼	广东广州	许祥光	在广州城南珠江上太平沙，许祥光所创私园，楼名取自苏东坡“袖中有东海”，张维屏《袖海楼诗》赞：“连云第宅太平沙，别出心裁第一家。画里楼台先得月，镜中帘幙巧藏花。锦屏八面围金粉，绣阂三重护碧纱。要把南溟作襟带，袖中东海不须夸。”可见园林布局复室连楹，构造奇巧。许祥光(1799—1854)，番禺人，字宾衢，1819年举人，1832年进士。1840年后，因母丧回乡，经理投效局。1849年抗夷有功，赐三品顶戴，1851年，任广西桂平、梧州盐法道，再擢为按察使，三年后又加布政使衔，四年后主盐税于梧州，卒于任所，时年56岁。他博览群书，善集古成诗，有《选楼集句》。
1820～1841	番禺会馆	北京	龚自珍 潘仕成	道光年间，龚自珍曾在此居住。后由潘仕成把这所宅院赠予广东的同乡会，即番禺会馆。花木奇石，甚可观瞻。(《宣武文史》)
	渭南会馆	北京西城		位于西琉璃厂南八角琉璃井，有亭池树石之胜。(《宣武文史》)
1820	惠亲王府	北京		惠亲王府位于灯市口西街路北、富强胡同六号、甲六号及二十三号，原址为弘升贝勒府。始王绵愉为清仁宗第五子，嘉庆二十五年(1820)晋亲王，咸丰年间，授奉命大将军与僧格林沁督办防剿，抵御太平天国的北伐军。他倡导铸铁钱以辅大钱。英法联军入侵时，又与僧格林沁会办防务。同治三年(1864)卒，谥端。其第五子奕祥继袭郡王，后晋亲王爵。光绪十二年(1886)卒，谥敬。其长子继袭贝勒，直到清亡。今该府正门及后部均已改建楼房，正殿、后寝尚在，其余多被改建，现为机关宿舍。

建园时间	园名	地点	人物	详细情况
1820	真如小筑（顾家花园）	江苏苏州	沈琢堂	嘉庆二十五年(1820)沈琢堂在苏州胥门外泰让桥弄创真如小筑,后归乡货庄老板顾荫农,俗称顾家花园,宅南园北,广500平方米左右,有:鱼池、假山、凉亭、曲桥、花果、树木(黄杨二株)等,用彩色瓷砖铺楠木厅走廊,为仅见,现存楠木厅,有《真如小筑碑记》等。
1820后	壶园	北京西城	徐宝善	《顺天府志》和《京师坊巷志稿》载,壶园位于米市胡同,清道光初年徐宝善居住,后由许宗衡用,称为壶园。许题有《壶园诗》:"朱坊紫陌宣南路,旧井秋槐尚夕阳。当日园林盛宾客,一时文宴有沧桑。" 徐宝善(1790—1838),字廉峰,歙县人,嘉庆庚辰(1820)进士,改庶吉士,授编修,历官御史,有《壶园诗钞》。许宗衡(1811—1869),原名鲲,字海秋,原籍山西,随外祖父孙松溪官淮南批验大使客居江苏南京上元,道光十二年(1832)补博士弟子员,十四年(1834)中举,咸丰二年(1852)进士,选庶吉士,改宫中书,八年(1858)起居注馆主事,工诗文,有《我园集》、《玉井山馆诗》、《玉井山馆诗余》、《玉井山馆文略》、《玉井山馆文续》,合刊为《玉井山馆集》。
1820后	章氏园	江苏南京	章沅	在清溪里(今浮桥一带),甘熙《白下琐言》说此园为戈裕良所构,但未提章氏姓名,且园景未详述。曹汛考证上元章氏,只有章沅最合。黄叔璥《园朝御史提名》:"道光八年(1828)章沅,子芸伯,号荆帆,江苏上元(今南京)人。嘉庆庚辰(1820)科进士,由翰林院编修考选福建道御史,吏科给事中,升任长芦盐运使。"造园应于中进士之后。
1820～1850	明秀园（富春园）	广西武鸣	梁生杞 陆荣廷	道光初年梁生杞从湖南告归,命其子梁源洛、梁源纳在城西半岛上兴建果园,名富春园,广植荔枝、龙眼、扁桃等果树,并建蠼楼、桐花馆等。辛亥革命前后,两广巡阅使、耀武上将军陆荣廷以3000大洋购园,改名明秀园,建有楼阁、祠宇、凉亭、开塘、堆山,时称广西三大名园之一。1921年,两广战争,园毁,只留洞天亭、荷风亭,1937年,胡文虎、胡文豹捐建城厢中心国民基础学校,爱国将领梁翰嵩题刻,1939年被日军炸毁,1941年重建鸣山私立初中,新中国成立后修园,现有面积2.8公顷,特点为清、奇、古怪,有楼亭、荷池、怪石等。

建园时间	园名	地点	人物	详细情况
1820～1850	养怡别墅	山西太谷		在太谷城内，东后街东岳庙巷路东顶头，原是孟老五、孟老六的别墅，约建于清道光年间。园内有假山、凉亭、各式花草和楼房，还饲养有猴。抗战期间，此园已沦为赌场，现已全毁。（陈尔鹤《太谷园林志》）
1820～1850	增旧园	北京		在安定门街东铁狮子胡同，《燕都丛考》引《增旧园记》云："增旧园名天春园，在安定门街东铁狮子胡同，乃康熙年间靖逆侯张勇之故宅。明季为田贵妃母家，名姬陈园园曾歌舞于此，道光末年先考竹溪公由鸭儿胡同析居后赐以万金，因其基而修葺之，故更名曰增旧园。园有八景：净琴馆、四围亭、舒啸台、松蚰庐、古莓堞、凌云阁、开梧秋月轩、妙香阁。（汪菊渊《中国古代园林史》）
1820～1850	李莲英宅园（碓房居宅园）	北京海淀	李莲英	位于海淀镇西龙凤桥畔，东部园区叠置假山，植竹数百，翠柳成荫，小径弯曲，堆屏山，筑有花厅、抱厦廊、暖房、单檐六角梅花式小亭、单檐四角方亭、书斋，藤萝花架。（焦雄《北京西郊宅园记》）
1820～1850	永山宅院	北京	永隆	位于京西蓝靛厂外火器营南门内。为外火器营翼长（清禁卫军官名，位在掌印管理大臣之下）永隆的宅院。受到旗营建制所限，园中建造廊庑四十间，在廊壁上绘制了《红楼梦》全图，典型满族贵族的宅院。东部园区，空间广阔，园中散置峰石数座，山势不高，姿态奇秀，多自然之趣。厅前散置假山，廊外四周种植花木，每至花期，艳色如霞。廊院中种植紫丁香数十棵。（焦雄《北京西郊宅园记》）
1820～1861	萨利宅园	北京	萨利	位于京西海淀镇太平庄胡同，占地约十余亩，院内有秀亭、得胜轩、仙人洞、两层戏楼一座，山叠洞壑，植有玉兰。清末，后园自然荒废，宅院残存。（焦雄《北京西郊宅园记》）

建园时间	园名	地点	人物	详细情况
1821～1850	怡园	广东惠州	黄振成	位于西湖东北岸，毁废已久。清道光书画家黄振成所筑私园，建有画阁，邀约诗人张玉堂、喻福基、沈荷桢、李长荣等人园吟咏作画。《忆家》诗云："家在丰湖水一湾，六桥双塔画图间。别开楼榭供吟眺，时约琴樽共往还。鲈菜秋风孤馆梦，莺花春事故山园。新愁旧思知多少，忍写牢骚强醉颜。"吐露游子心曲，委婉缠绵。黄振成，广东惠州人，清道光二十六年（1840）中举，以后三试不第，授教职，咸丰初，因功授吴城镇同知，历江西瑞州、建昌、九江等地同知，同治五年（1866）以知府用，同治八年（1869）以道员留江西补用，加三品衔，旋以母老乞归，卒于家，年六十一。工诗擅画，与惠州理坛盟主赵念为忘年之交，被称为戎马书生、翰墨将军，诗作有《怡园诗集》，画作有《西湖十二景》等。（《惠州市园林绿化志》）
1821～1850	李莲英宅	北京	李莲英	有多处宅邸，黄化门大街 19 号，俗称黄华门，南向，四合院，三进。北长街 58 号为一大府。（汪菊渊《中国古代园林史》）
1821～1850	楼园	江苏苏州	王鸿皋	园建在苏州城内马医科巷高达三米的土墩台上，故名楼园，宅与园合，通过住宅楼上门与园通，道光（1821～1850）、咸丰（1851～1860）年间归王鸿皋，园东南是假山，其余几面绕以廊、屋、堂，形成围合空间，现存山石数个。
1821～1850	亦园	江苏常熟	钱鋆 俞焯	道光年间四川布政使钱鋆在常熟荷香馆建别业，道光年间归进士俞焯。
1821～1850	人民路某宅园	江苏无锡		在今人民路 36～42 号，有宅部和园部，为明、清、民国典型大宅院。
1821～1850	养真园（西林小筑）	上海金山	张嘉贞	在金山区境内，张嘉贞于道光初年所创，初名西林小筑，后更名养真园，光绪十年（1884）前毁。

建园时间	园名	地点	人物	详细情况
1821～1850	省园	上海	王文瑞 王文原	在原上海县城东大门城麓，今南市区淘沙场街，明嘉靖、万历年间何良俊在此建藏书楼清森阁，何为明代著名文学家、美术家、藏书家，时人把他与他的弟弟何良傅合称为二陆。清森阁为藏书四万卷，名画百幅，法贴几十种。明末清初归王氏，建为王氏家祠。道光年间，王氏后人王文瑞、王文原兄弟于祠西建省园，园南有堂，堂东北为曙海楼，楼西为池，池西南为水阁，园中还有苏东坡、黄庭坚、米芾、蔡京北宋四家书条石及曙海楼法贴，皆为王寿康摹刻。清军与小刀会在此战斗，园受损，日占后，王氏后裔出售石刻，园毁。
1821～1850	臞园	上海	胡式钰	在闵行区陈行乡题桥镇，胡式钰于清代所建，毁。胡式钰，清道光年间人，1841 年著有《窦存》。
1821～1850	茧园	江苏 太仓	钱宝琛	原为侍御陆毅的忆园，道光年间归江西巡抚钱宝琛，更名茧园，毁后其孙重建，咸丰初有桑树百株，1860 年毁于兵火。
1821～1850	闲园	江苏 苏州		苏州郡署之内建有闲园，内有辟疆亭，亭壁嵌明代正统年间(1436～1449)郡守顾况钟在五显庙南辟疆馆刻的碑碣。
1821～1850	棣园	江苏 吴县市	潘敦萼	道光年间潘敦萼在吴县(今吴县市)洞庭东山建此园，有景：松云轩、面山楼、水池、叠石、花卉等。
1821～1850	庄蒙园	江苏 苏州	韩有能	道光年间韩有能在苏州城内创立此园，内有：池、亭、树、石等。
1821～1850	萧家园	江苏 苏州		在苏州梵门桥附近，道光年间建。
1821～1850	广居	江苏 苏州	戈宙襄	道光年间戈宙襄在苏州阊门外寒山寺东创建园居，门外环水，门内有：书室(三间茅屋)、前庭(深五尺，植橡树)、后室、后圃(半亩，杂花木)等。
1821～1850	小神仙馆	江苏 昆山	陶保宗	道光年间陶保宗在昆山周庄化字圩创此宅园，宅前园后，屋宇二十多间，有景：两池、湖石、小亭、渔梁、假山、石洞、小桥、花果、竹树等。光绪年间(1875～1908)荒毁。

建园时间	园名	地点	人物	详细情况
1821～1850	息园	江苏张家港	郭兰皋	道光年间郭兰皋倡议在张家港市杨舍镇东郊原大生庵后废地集资兴建会文社友游憩之所，因它是苏州最早的公共园林，故取私之一姓诚不若公诸众有之一能息息不已而名之为息园。园广二亩，有景：亭（绿香亭）、轩（留客处）、池、石、柳、梅、桂、竹等，后扩亩许，增栽牡丹、芍药、虞美人及药草，围以竹篱，1860 年毁于战火，仅存池石。
1821～1850	梅皋别墅	江苏常熟	张大镛	原为崇祯八、九年（1635～1636）瞿式耜在常熟破山寺东南半里建的归云庄（见明归云庄），清代道光年间河东道张大镛得此重建，改名梅皋别墅，背山阴，面平野，两溪环后，旁建享堂。堂左为园，园中有：让亭、修廊、冬读书斋、妙吉祥馆、红杏山房、离波门、春水船、池沼、曲水、石梁、四时皆春堂、梅花（百株）、荷花、桃花、柳树、枫树等。
1821～1850	虞麓园	江苏常熟	倪良耀	粮储道署东倪良耀在县治石梅建有虞麓园，叠有石，种有树，撰有《虞麓园记》，题为：石梅仙馆。
1821～1850	隐梅庵	江苏吴县市	顾春福	道光年间顾春福在吴县（今吴县市）东山莫厘南麓卜坞构园十亩，八年乃成，有茅屋四十间，梅花三百本。园景有：卧雪草堂（环以梅花）、玩月廊、听涛观海阁、看到子孙轩、梦芗仙馆（卧室）、天雨曼陀罗华之室（植山茶）、不可无竹居（植竹）、可眺亭（山顶）、春雨流花涧、红栏板桥、梅岩、兰阪、桂壑、穿珠岭等。
1821～1850	通济庵	江苏苏州	祖观	道光年间僧祖观在苏州白马涧月伴桥创建通济庵，祖能诗文，工书画，在庵中栽桑种梅，成为园景。
1821～1850	近春园	北京	咸丰	康熙年始建，原为康熙皇帝的熙春园的中心地带，属于“圆明五园”之一，道光年分成东西两园，工字厅以西部分称近春园。近春园园志道：“水木清华，为一时之繁囿胜地。”为咸丰帝皇子时赐园。现存山水格局，建筑皆为后复，位于清华大学校园西面。 近春园景点的核心景观在一座岛上，此岛在西北侧通过一座汉白玉拱桥与岸边相连，岛东南侧另

建园时间	园名	地点	人物	详细情况
				有一短桥莲桥。岛上有高低的山丘和树林掩映，建有荷塘月色亭、纪念吴晗先生的晗亭与吴晗先生雕像，并有近春园遗址纪念石碑。岛上还陈列着1979年重修荒岛时发掘出的少量近春园残垣与残存的石窗与门券。岛西南侧有一古式长廊临漪榭，是仿原有同名建筑旧制修复，按清宫法式，歇山起脊，金线苏彩，也是近春园内唯一象征性的遗址修复。
1821～1850	依绿园（承泽园、承晖园）	北京	英和	其前身为清代大臣英和的别业依绿园，后改赐道光帝之女寿恩公主。此园经过改造、扩建，前后形成了不同的空间格局，特别在公主赐园时期直接把万泉河纳入园中，营造出2条长河横贯东西的独特水景，把全园分隔为院落、洲屿、空地等不同段落；同时又拥有一条南北轴线，显示出贵族府园严谨庄重的特点。庆亲王奕劻时期园景基本没有大的变化。目前园西部的小楼、游廊、西轩以及中部的二门、三门尚是清朝旧物，岛上的方亭被改为三间水榭，二门之北的原有木桥后改石桥。1998年又重建了西所部分建筑，用作北京大学科学与社会研究中心。 英和于道光六年至七年（1826～1827）间作有《依绿园十四咏》，其中诗曰：“命卜鷦鷯栖，图新舍其旧。朝夕便趋承，地近依灵囿。退值赋燕居，因风听宫漏。”道光八年（1828）英和父子因孝穆皇后陵寝透水一案而被革职系狱并籍没家产，此园也随之没官。道光十七年（1837）发还，改名承晖园，此事见载于英和《恩福堂年谱》：“（道光十七年七月）赏还挂甲屯旧园，改名承晖，因移居焉。”但道光十九年（1839）又奉旨“交还园居”，此园遂再度没官。《荣庆日记》曾经数次记载当时的相关情形，如光绪二十九年（1903）五月十一日：“赴园，本旗值日，谒庆邸于承泽园，午初归。”光绪三十二年（1906）八月二十日：“酉初与菊、宝、慰、午四人赴承泽园，庆邸召饭。”
1821～1850	含芳园（蔚秀园）	北京	奕铨 奕譞	原为康熙时含芳园，道光年赐定郡王奕铨，更名蔚秀园，咸丰年赐醇亲王奕譞，英法联军毁后，重修，有湖区10个，有戏台、亭、紫琳浸月、招鹤磴、南湖、万泉河、金鱼池等景，现存于北大校园。

建园时间	园名	地点	人物	详细情况
1821～1850	挈园	江苏扬州	魏源	魏源所筑私园,已毁。
1821～1850	伊园	江苏扬州	陈仲	陈仲所筑私园,已毁。
1821～1850	小云山馆	江苏扬州	阮元	阮元私园,已毁。
1821～1850	鸳鸯池馆	上海	周氏	在奉贤区城桥镇南,周氏于道光年间所创,毁。
1821～1850	苏州动物园	江苏苏州		在今城东北白塔东路1号,四面环水,南与东园相邻,占地40亩,原为创建于道光年间的昌善局,位于城河中的小洲上,为放生之用,同治中重修,光绪始建殡舍,1928年停收放生动物,1930年归吴县(今吴县市)救济院掩埋所,岁收寄柩之资,其内有园,亭榭、旱船、花木、假山、放生池、老柏一、紫藤一、银杏四等,东为小庙址。1951年改妇女生产教养院,改造妓女,1953年4月建动物园,收纳同发动物园的动物,1954年建西部涉禽游禽笼舍,1955年建东北虎猛兽笼舍及灵长类猴笼舍,1958年畜养动物110种,80年代后建扬子鳄和海豹池舍,1972年建海洋动物展馆,1985年动物达124种,动物类型以虎和鸟著称,布局依进化规律按长浜河和主干道分三区,北区为水禽区,东区为猛兽灵长区,中部放生池二个养太湖鼋,池北为金鱼廊馆,西部鸟禽区,邻东园为草坪,东端为鹿苑和骆驼场。
1821～1850	补山精舍	福建福州		在于山白塔东面戚公祠边,始建于北宋,为白塔寺迎宾场所,现存为道光年间重建,亭阁式建筑,东傍补山,岩石突兀,西有巨榕,下筑短垣,自成别院,单开间九脊顶,龙头翘角,雕梁画栋,周廊栏杆纤巧,建于高台之上。民国时归戚公祠,仍为接待室,1933年11月,十九路军军长蔡廷锴等人在此召开秘密会议,宣布倒蒋抗日,史称“闽变”。1982年10月精舍辟为明代古尸展览室,古尸现移他处。

建园时间	园名	地点	人物	详细情况
1821～1850	桑篱园	山东菏泽	赵孟俭	在赵楼北，园内植牡丹、芍药、桑苗，四周以桑树编篱，故名，《聊斋志异》的《葛巾》中的桑姥取材于此园。主人赵孟俭，字克勤，著有《桑篱园牡丹谱》，曹州府主考马帮举为其写序跋称之为冠盛一方。园内牡丹花色齐全，育出赵园红、赵园粉等上色牡丹，全国驰名。
1821～1850	盛果山庄	山东曲阜	蒋传俊	在城东北四至盛果寺村，为清道光间布政司理问蒋传俊所筑私园。
1821～1850	熙馀草堂	江苏吴县市	朱福熙	道光末年乡绅朱福熙在吴县(今吴县市)黄埭创草堂，位于今苏州市相城区黄埭镇西市，坐北面南，现存楼厅、花厅各一进，均硬山顶。有砖雕门楼两座。楼厅面阔三间10.5米，进深10.6米，前后带廊，另附厢房。楼下悬挂“熙馀草堂”匾额。花厅天幔四周镶嵌五彩玻璃窗格，地面斜铺磨细方砖。有景：熙馀草堂(余觉题额)、白玉兰、枇杷、花厅、长廊、葡萄架等，现为黄埭乡人民政府所在地。
1821～1850	羊山行宫	北京		密云县北侧20公里处，临时休息和避暑。(孔俊婷《观风问俗式旧典湖光风色资新探》)
1821～1861	粤雅堂园	广东广州	伍崇曜	在珠江南岸乌龙冈，为商总伍崇曜所创私园，园后倚乌龙冈，前临珠江，漱珠涌穿园而过，园内有池塘、丘陵、石桥、粤雅堂、远爱楼等。远爱楼用于藏书和宴饮，临白鹅潭，三面临水，四面可眺。 伍崇曜(1810—1863)，原名元薇，字紫垣，南海人，邑禀生，捐赈畿辅，钦赐举人，贩运鸦片起家，因捐军饷和调和中外事宜得授布政使衔，道光十三年(1833)接替其兄伍元华(1800—1833)，任怡和行行商和公行总商。他附庸风雅，轻财好客，赐乡举后，喜与士大夫交游，讨论著述，又爱搜书刻书，在粤雅堂和远爱楼藏书，刻有《岭南遗书》、《粤雅堂丛书》、《粤十三家集》、《楚庭耆旧遗诗》、《舆地纪胜》等，著有《远爱楼书目》。建园时间概在道咸年间。

建园时间	园名	地点	人物	详细情况
1822	夷齐庙行宫	河北唐山		《畿辅通志》:在卢龙县治西北二十里(《畿辅舆图》),滦河南岸(《采访册》)。(谨案:滦河自迁安入卢龙境,东流近夷齐庙,抗而南趋,故此云南岸,与志所载在滦河西之说有不同也)。其汎口夷齐庙(《畿辅舆图》)。上东幸谒陵,驻跸于滦河西,幸夷齐庙(《水平府志》)。道光二十六年,奉旨变估。知县石赞清按估值扪钱解司,详请改为万寿宫,责成守土之官随时捐资修补(《采访册》)。(孔俊婷《观风问俗式旧典湖光风色资新探》)
	徐州府行宫	江苏徐州		原为徐州织造署,临时休息和驻跸之用。(孔俊婷《观风问俗式旧典湖光风色资新探》)
	虎丘行宫	江苏苏州		风景名胜之地,临时休息和驻跸之用。(孔俊婷《观风问俗式旧典湖光风色资新探》)
	北固山行宫	江苏镇江		风景名胜之地。
1824 前	小辟疆园	江苏苏州	顾嗣芳	吴县(今吴县市)人顾嗣芳在苏州崇甫里构别业,名试饮草庐,旋废,其玄孙顾培业重筑为园,有来凤堂,培业子顾锦章更新,道光四年(1824)锦章子顾震涛请林则徐书“小辟疆园”,遂为名园。园广三亩,有:桃、李、池、石等,时人多有诗咏。
1824	南海会馆(汗漫舫、七树堂、康有为故居)	北京	康有为	位于米市胡同。康有为曾来京住该馆内,因楼房高大,观之似如船形,住处取名汗漫舫,又因院中有七株大树,故又名七树堂,张次溪撰《康南海先生故居记》载:“汗漫舫回廊叠石,曲折有致,榆挽青藤丁香之属,翁郁斜互尤胜,又名七树堂。”(《宣武文史》)
1824	炳蔚塔	广西		位于西江南岸的铁顶角山巅,建于清道光四年(1824),青砖结构,塔身呈六角形,高7层,34米。每层塔檐筑莲花图案浮雕,十分壮观。首层有清代梧州知事袁渭栓刻的“文峦耸秀”,二层碑额“炳蔚塔”(已遗失)3字,为清代状元陈继昌书刻。

建园时间	园名	地点	人物	详细情况
1824	西园	安徽黟县	胡光照	位于西递村横路街，为清代道光年间知府胡光照所建。园内花卉翠柏，石几石凳，巨大的石鱼缸、假山盆景，后院有石栏、石井，石雕漏窗“松石图”“竹梅图”为徽州园林中不可多得的园林珍品。(洪振秋《徽州古园林》)
1825	遂初园	台湾台南	郑志远	郑志远建宅园，已毁。
1825	羽陵山馆	江苏昆山	徐秉义	康熙年间侍郎徐秉义在昆山县治马鞍山之南的东塘街建宅第，道光五年(1825)龚自珍游昆山，购故宅重葺以奉母，龚把昆山比昆仑山，而昆仑山又名羽陵山，故此园名羽陵山馆，又名海西别墅。园内有宝燕阁(藏汉代张飞燕玉印)等景，龚在园中著书立说，并叙诗：“万绿无人嘒一蝉，三层阁子俯秋烟。安排写集三千卷，料理看出五十年。”后因赴任而离园而去。
1825	霍州衙署园林	山西霍州		道光五年(1825)《直隶霍州志》载，州治在宣化坊南向，前有坊表，列东、西、中……二堂后即内宅，东西翼为内书房。迤东为静怡轩，又东为绿云山馆，中有曲水池；东南隅有景岳亭，缭以短垣。
1825	岳雪楼	广东广州	孙继勋	在广州城南珠江中的太平沙，孔继勋所创书斋园林，为纪念冒雪游南岳衡山，故名岳雪楼，园内主楼藏书处名三十三万卷书堂，读书处名濠上观鱼轩。 孔继勋(1792—1842)，原名继光，字开文，号炽庭，广东南海南庄罗村人，以经古第一补廪膳生，嘉庆二十三年(1818)中第59名举人，道光六年(1826)任大挑化州学正，道光十三年(1833)中二甲第38名进士，选翰林院庶吉士，授编修，历任国史馆协修官、殿试收卷官(1836)，顺天乡试同考官(1837)，教习庶吉士(1838)。乞假南归两载，正欲还京恰逢鸦片战争爆发(1840)，林则徐、邓廷桢等大员力留办军务，积劳成疾。善书法，有诗名与番禺张维屏、黄乔松、林伯桐、段佩兰、香山黄培芳、阳春谭敬昭，号称“云泉七子”，与其子广镛、广陶皆善收藏，所藏字画甲于粤地，著有《岳雪楼诗存》、《馆课诗赋钞》、《云泉题唱》、《岳雪楼骈文集》、《北游日记》等，《南海县志》有传。

建园时间	园名	地点	人物	详细情况
1825 后	茧园	湖北武昌	陈銮	陈銮(？～1839),字芝楣,湖北江夏人,嘉庆二十五年(1820)探花,授编修,道光五年(1825)出为松江知府,后历任苏松太道、江苏粮道、苏松粮道、广东盐运使、浙江按察使、江西布政使(1832)、江西巡抚(1836)、江苏巡抚(1833)、两江总督(1839),卒于任上,赠太子少保。其子庆涵中举,庆滋为光绪中江西按察使,陈銮在武昌建有花园,御题有陈氏义庄,园极大,以八百桂花著名,在 1930 年仍存。该园创建年约为出任松江知府之后。
约 1828	息园	江苏吴县市	钱煦 龚自珍 顾震涛	钱煦在其长兄李炎的潜园西面百步得薛氏旧圃建成息园,广十余亩,有石峰、亭子等,1860 年毁于兵火。钱氏三园(潜园、端园、息园)成为一时之胜,名人争往,龚自珍诗道:"妙极自然,意非人意造","绮石如美人",顾震涛撰《兄弟咫尺三园记》。
1828	因树园	上海	陶澍	在今嘉定区安亭镇安亭中学,陶澍于道光八年所创。陶澍(1779—1839),安化人,字子霖,号云汀,嘉庆七年(1802)进士,历任翰林院编修、监察御史、户部吏部给事中、川东道、山西、福建按察使、安徽布政使、两江总督兼江苏巡抚(道光)、两淮盐政,赠太子少保,谥文毅。著有《印心石屋文集》《奏议》《蜀輶日记》,主修道光《安徽通志》和《洞庭湖志》。
1828	桂斋	福建福州	林则徐	在福州西湖,林则徐丁父忧在福州守制,倡导重浚西湖,在湖边荷亭西皇华亭故址建李纲祠,植桂两株,依李纲晚年住所名命为桂斋,撰挽联:"进退一身关社稷,英灵千古镇湖山。"咸丰元年(1851)林卒后次年 6 月 12 日,州人遵林遗嘱奉其像于桂斋,民国间在斋旁更建林文忠公读书馆和禁烟亭,毁后于 1985 年重建桂斋。 林则徐(1785—1851),清福建闽侯人,字少穆、元抚,晚号俟村老人,嘉庆十六年(1811)进士,授编修,历任江苏按察使、东河总督、江苏巡抚、湖广总督、两广总督、钦差大臣(1839)、陕甘总督(1845)、陕西巡抚、云贵总督,道光十八年(1838)禁烟,被革职发配,道光二十九年(1849)病辞,道光三十一年(1851)咸丰即位,起为钦差大臣赴广西镇压太平军,行至广东病卒,谥文忠,有《林文忠公政书》、《荷戈纪程》、《信及录》和《云左山房诗文钞》。

建园时间	园名	地点	人物	详细情况
1828	端园	江苏 吴县市	钱端溪 严国馨 姚承祖	原为内阁大学士、礼部尚书、太子太傅沈德潜(1673—1769)在吴县(今吴县市)木渎的宅居,道光八年(1828)钱端溪购得建园与其兄钱炎的潜园隔岸相对,名端园,有景:水池、石山、友于书屋(石韫玉书额)、眺农楼、延青阁等,咸丰兵火(1860)后,此园独存,光绪二十八年(1902)转让木渎首富严国馨,由香山帮建筑大师姚承祖为其改造,名羡园,更名端园,俗称严家花园。严国馨传子,严家淦(1905～1993),仍有友于书屋和延青阁等。园广 16 亩,中间住宅,三面为春夏秋冬四季花园,近年修复后景点达 33 处,童寯先生考察后写道:"北临田野,登楼凭窗,远瞩天平,近望灵岩,极游目骋怀之致,园内布置,疏密曲折,高下得宜。木渎本多良工,虽处山林,而斯园结构之精,不让城市。"宅部有:怡宾厅、尚贤堂、明是楼,北园有:宜两亭、采秀山房、盎春、琴室、海棠书屋、绿漪、九曲桥、忆梅、听雨轩、疏影斋、清苑轩、环山草庐、青分江上、半轩、眺农楼、见山楼、锁绿轩、小方斋、闻木樨香、鱼趣轩,西园有:锦茵山房、延青阁、淡碧、澈亭、织翠轩、友于书屋、静中观、广玉兰、雪鸿、清荫居,东园有:别有洞天、且闲亭、清漪桥。
1829 (或 1877)	王仁堪 状元府 园	福建 福州	王庆云 王仁堪	在福州灯笼巷王庆云宅,毁。 王庆云(1798—1862),福建闽侯人,字家镮,号乐一、雁汀,道光九年(1829)进士,历任编修、户部侍郎、陕西巡抚、四川、两广总督,悉典章理财,谥文勤,有《石渠馀记》、《福建丛书》。王仁堪(?—1893),福建闽侯人,字可庄,光绪三年(1877)状元,授修撰,历镇江知府、苏州知府,勤政恤民。状元府园可能在其父时已建,或在其中状元后扩建。
1830	吴园	台湾 台南	吴尚新 何斌	在枋桥头,台湾四大古典名园之一,园主是盐商吴尚新,园址据说是台湾最早的私家花园之主何斌的宅园(1658),现存。
1830	归园	台湾 台南	吴氏	在竹仔街,吴氏宅园,仍存,与前者同称吴园。

建园时间	园名	地点	人物	详细情况
1830 后	海山仙馆（虬珠园、唐荔园、荔香园）	广东广州	潘仕成	在广州荔枝湾，原为丘熙的虬珠园，道光十年归潘仕成，在保留原景之外扩建至几百亩，堆小山，修湖堤，建戏台、水榭、凉亭、楼阁，规模之大，豪华之至，为岭南园林之冠，园内土山高达百米，山下有湖水百亩，水通珠江，湖边有大堂，堂前绕曲廊，廊中嵌石刻，大堂对湖中戏台，水西有水榭，水东有白塔，五层全用白石砌成，西北高楼层阁，曲房密室，雪阁楼高百尺，鹿洞养数头梅花鹿，花木以荔枝为主，水景以荷花为主，联曰："荷花世界，荔枝光阴。"因水景岛景宛如海中神山，故题对联："海上神山，仙人旧馆。"潘恕诗赞："有时抛卷看山色，诗思远随云水浮"，"半爱豪华半野闲，又添余地买青山；菜畦稳稻斜阳外，少个牧童驱犊还。" 潘仕成（1785—1859，另说约 1804—1873），字德畬、德舆或德隅，祖籍福建，世居广府，先世盐商起家，道光十三年（1832）乡试中副榜贡生，后捐赈北京灾民钦赐举人，鸦片战争时，因捐制火炮水雷和筹防筹饷加布政使衔，又授两广盐务使、浙江盐运使，未赴任。因盐业成为十三行巨商，成为"粤省四家"（伍崇曜、康有为、孔广陶、潘仕成）之首。他性雅好古，搜文集刻，不惜重金，以 21 字命斋名：周敦商彝秦镜汉剑唐琴宋元明书画墨迹长物之楼，文海馆藏书万卷，多宋元珍本，刻成《海山仙馆丛书》56 种 461 卷 120 册。金石上搜历代书法家名贴，刻成千余方石刻陈于廊壁，编成《海山仙馆丛贴》68 卷，金石古贴被雀广为南粤之冠。同治年间潘仕成破产，财产抄没拍卖，海山仙馆以每张 3 两白银发行彩票，中奖者为不爱园林的教书匠，随即拆料变卖。后归新会人陈氏广，改建为荔香园，毁于抗日战争。海山仙馆的盛况载于清画家夏銮的《海山仙馆图》、19 世纪中叶十三行画商庭呱的水粉画《广州泮塘之清华池馆》、法国人于勒·埃及尔 1844 年拍摄的一组照片、美国人亨特 1885 年的《旧中国杂记》、余洵庆的《荷廊笔记》及李宝嘉的《南亭四话》等图画文字之中。

建园时间	园名	地点	人物	详细情况
1832 年前	潜园	浙江 杭州	杨孝廉 屠琴隖	“潜园在张御史巷，其门北向，前仪征令屠琴隖得余姚杨孝廉别业，增筑之。园中湖石甚多，清池中立一峰，尤灵峭，名曰鹭君。道光壬辰(道光十二年，1832)岁，嘉兴范吾山观察得之，自徐州迁居于此，赋诗云：‘窗前有石何亭亭，频伽铭之曰鹭君。当时得者潜园叟，太息主客伤人琴。此石之高高丈五，西面玲珑洞藏府。峭然独立波中央，但见群峰皆伏俯。瘦骨棱嶒莫傲人，羽毛为累失秋林。何日出山飞到此，不辞万里同归云。石乎！石乎！何不油然作云沛霖雨，空老荒山吾与汝。安心且作信天翁，莫羡穷鸮衔腐鼠’”(《履园丛话》)。
1832	问礼堂	台湾 新竹	林秋华	问礼堂为四合院建筑，共有三进，同时两边各有一个护龙，形成三堂四横的特殊结构，之间并有长形的天井，最后为义灵祠通道都为圆形拱门，皆以石材打造。问礼堂房屋所用木材多为福州杉，墙脚为鹅卵石而墙壁采用土埆建造，之间采用一层红砖，外涂上白色泥灰，1985 年定为三级古迹，2002 年修复。(张运宗《台湾的园林宅第》)
1832	先蚕祠	江苏 吴江		道光十二年(1832)盛泽丝业在吴江盛泽镇大适圩(今五龙路)的公所内建先蚕祠，祠内有：园亭、花木、石峰、小桥、曲廊、书舍等，今园毁屋在。
1832	半亩园	江苏 常熟	赵奎昌	在常熟城北报慈桥，原为明代宣德年间(1426～1435)副御史吴讷的思庵郊居和万历年间(1573～1619)吏部郎中魏浣初的乐宾堂两处遗址，乾嘉时期(1736～1820)赵用贤孙赵同汇购地扩宅，成为娱会之所，道光十二年(1832)赵同汇孙赵奎昌在旧宅东部辟地半亩筑半亩园，有景：贞远堂、溪山平远阁等，同治年间(1862～1874)奎昌子赵宗建旧山楼(曾国藩题额，为藏书处)、梅花百树、泰权汉镜铁如意之斋、梅花一卷廊(藏元代王冕“梅花手卷”)、总宜山房、梅颠阁、双梓堂、古春书屋、过酒台、拜诗龛、非昔轩、花木(白皮松、香樟、银杏、红豆)等。现园一部分为林场，大部分建筑毁或改功能。

建园时间	园名	地点	人物	详细情况
1832	东园	福建福州	梁章钜	在福州三坊七巷的黄巷18号至21号梁章钜故居后进，原为唐名士黄璞的黄楼，道光十二年(1832)梁章钜由江苏布政使任上引疾告归，购地造园，在不足100平方米的地方，堆山，砌洞，凿池塘，建小桥，修半亭子，命藏书楼为黄楼，有12景：藤花吟馆、榕风楼、百一峰阁、荔香斋、宾月台、小沧浪亭、宝兰堂、潇碧廊、般若台、淡困治、浴佛泉、曼华精舍等，各赋诗篇。 梁章钜(1775—1849)，福建长乐人，徙居福州，字茝中、闳林，号茝邻，晚年自号退庵，嘉庆七年(1802)进士，授庶吉士，历任礼部主事(1805)、清南书院掌席(1807)、张师承福建巡抚幕僚(1808)、军机章京(1818)、礼部员外郎(1821)、荆州知府兼荆宜施道(1822)、淮海河务兵备道、江苏按察使、山东按察使(1825)、江苏布政使(1826)、甘肃布政使(1835)、广西巡抚兼署学政(1836)、江苏巡抚(1841)、两江总督兼两淮盐政(1841)等，主战反贪，变法维新，能诗善书，精鉴赏，好收藏，50余年著作不辍，著有《经尘》《夏小正通释》和《归田琐记》《藤花吟馆诗钞》《退庵随笔》等70余部。
1832	小嫏嬛馆	福建福州	陈寿祺	在福州黄巷，为当时鳌峰书院院长陈寿祺宅园，内有小嫏嬛馆，藏书八万卷。 陈寿祺(1771—1834)，清福建闽县(今闽侯)人，字恭甫、苇仁，号左海，晚号隐屏山人，博闻强识，九岁遍群经，修贽孟瓶庵，孟待以国士，出朱珪、阮元门，嘉庆四年(1799)进士，散馆将改部，朱珪奏请特授为翰林院编修，寻假归时阮元主浙，在敷文书院和诂经精舍讲学，后历典广东、河南乡试，旋记名御史，充国史馆总纂，丁父忧后不出，主讲泉州清源书院，母殁后，主讲福州鳌峰书院11年，整课程、倡义学、陈时弊、校旧志。初治宋明理学，后专治汉学，甚笃许郑二家，以为两汉经师，著有《五经异义疏证》《尚书大传定本》《洪范五行传辑本》《左海经辨》《左海文集》《左海骈体文》《绛跗堂诗集》《东超儒林苑后传》《欧阳夏侯经说考》《齐鲁韩诗说考》《礼记郑读考》《说文经诂两汉拾遗》、《遂初楼杂记》等。

建园时间	园名	地点	人物	详细情况
约 1833	德贝子花园	北京	德贝子	位于海淀镇果子市东侧高台地带，占地二十余亩。建筑布局不多，东部空间为山区，西部为园区。园西有山，整体严谨，园路曲径通幽，数峰环抱，以精巧而取胜。园林景观自然疏散，不拘人工建筑，清幽淡雅。（焦雄《北京西郊宅园记》）
1833	小荔湾	福建福州	邱景湘	在城东北隅化民营，道光十三年(1833)进士邱景湘归里后所建，因园内有古荔而名，水榭楼台，错落有致，1959 年建为华侨大厦，今余一池，池畔荔枝皆为新植。邱景湘，字敬韶，号镜泉，籍长乐。能文，以庶吉士改吏部郎中。蹶而复起，出为广东惠潮嘉兵备道，主鳌峰、越山书院。
1833	露泽寺	四川成都		露泽寺，陕西来蓉同乡建于道光十三年(1833)。
1833	甘露寺	四川成都		甘露寺，寓蓉山西同乡共建于道光十三年(1833)。
1834 后	龚芝麓别业	北京	龚鼎孳	《宸垣识略》载，为清刑部尚书龚芝麓(鼎孳)别业，在西便门内，后改为一茎庵，内有妙光阁、香林亭等。汤右曾过妙光阁诗："披藓香门入，穿云小阁登。松间耿残照，天外刷秋鹰。"早废，无考(参阅"长椿寺"条)。龚鼎孳(1615—1673)，字孝升，号芝麓，安徽合肥人，崇祯甲戌(1634)进士，官兵科给事中，李自成进京，降为大顺政权直指使，清兵入关，他又归顺清朝，累官至礼部尚书，政治反复，官运亨通，能邀时誉，与吴伟业、钱谦益并称为江左三大家，工书，善画山水，笔墨苍郁沉厚。有《定山堂集》。
1835	金广福公馆	台湾新竹	姜秀銮 林德修 周邦正	位于新竹金广福公馆的建筑形式为两进一院之四合院格局，其两侧还各有一条外护龙。右外护龙于 1935 年大地震后改建为日式建筑，左外护龙为清代格局。邻近的天水堂是姜秀銮的故居，现由姜家家族自行修缮维护。 建筑的底部是采石材，上部是斗子砌的工法，屋顶是板瓦。没有燕尾而是客家的马背。天水堂是一栋规模很大的三合院建筑，一横六护龙两个庭院、两个庭门，第二个院门燕尾脊高高翘起，从围墙的乳洞可收为框景。（张运宗《台湾的园林宅第》）

建园时间	园名	地点	人物	详细情况
1836 前	水塔花园（观颐山墅）	北京海淀	英和 英瑞 载治 溥侗	在京西白家疃村西城子山处，原为辽代辽王行宫，元代忽必烈的女儿在此削发为尼，为紫宸宫下院，清中叶，为王公显贵游览避暑胜地，《鸿雪姻缘图记》载，过白家滩，望城子山，沿溪西南行，清池曲径之中有一园，名观颐山墅，道光年间为侍郎英瑞所有，1836 年其师英和流放归来探访水塔园未遇，英瑞感而赠园予师。道光年间，观颐山墅主人把园献给朝廷，后归治贝勒载治，载治得园后，略加修葺，每年来此消夏，载治死前传次子溥侗，溥侗扩建园中景物，布局亭台堂馆，又派人全国各地搜集名贵花木，建成山庄水园，成为京西名园。有障景假山、主景假山、养春堂、南厅、北厅、后堂、竹石小、揽翠亭、琴台、南绍、陶渊明像桃花园记石碑、延清堂、日池、月池、五间厅、方壶亭等。 英和(1771—1840)，幼名石桐，字树琴，一字定圃，号煦斋，索绰络氏，满洲正白旗人，隶内务府，其子奎照为道光帝时的尚书，其孙女索绰罗氏为咸丰帝妃嫔之一，光绪年间晋尊为婉贵妃。英和为乾隆五十八年(1793)进士，官户部尚书、协办大学士、军机大臣，人称英中堂、相国夫子、煦斋协楼。嘉庆帝即位，升吏部一品，道光七年(1827)，因监造皇陵入水，与时任左侍郎的长子奎照、任通政使的次子奎耀，以及做即补员外郎的孙子皆被革职入狱，次年秋父子流放黑龙江，道光十一年(1831)赐还。英和工诗文，善书法，幼时临多宝塔，少壮得赵孟頫之神，后列刘墉之门，晚年兼以欧、柳，自成一家，与成哲亲王、刘墉并名当世。兼长绘事，其妻萨克达氏亦善丹青，有《恩福堂笔记》。英瑞(1840—?)，历任员外郎(1857)、庆丰司员外郎(1860)、护军参领衔(1867)、广储司茶库员外郎(1868)、营造司员外郎(1871)、武备院卿衔(1872)、广储司瓷库员外郎(1875)、会计司员外郎(1878)、广储司缎库员外郎(1880)、宁寿宫郎中(1881)、淮安关监督(1881)、广储司银库郎中(1885)、掌仪司郎中(1888)、杭州织造(1888)、正白旗骁骑参领(1890)、广储司缎库郎中(1897)、上驷院卿(1901)、正白旗汉军副都统(1907)、成都副都统(1907)、青州副都统(1908)。溥侗(1871—1952)，北京人，载治子，道光孙，字厚斋、西园，号

建园时间	园名	地点	人物	详细情况
				红豆馆主，封镇国将军，精戏曲擅书画，对昆曲、皮黄，生、丑、净、旦，无一不工，收徒百余；曾在清华大学及北京美术学校任教，亦曾任南京政府监察委员等职。晚年在北京荣宝斋卖字。
1836	福建会馆（天上宫）	四川成都		福建会馆，即天上宫，道光十六年(1836)建。
1836	听松园（云衢书屋）	广东广州	张维屏	在芳村区新隆沙，今新隆沙西街的广州建设机械厂内，为晚清诗画家园林弘维屏所创。民国《番禺县续志》有详载，园广20余亩，有二池、松涧、竹廊、烟雨楼、空青道、柳浪亭、海天阁、松竹草堂、东塘月桥、万绿堆、观鱼榭、莳花塍、闻香稻处、听松庐、陔华堂、南雪楼、双英溆、还我书斋，因乔木林立，以松为著，张见松即拜，故名听松园。张诗谈布局：“五亩烟波三亩屋，留将二亩好栽花。”张园败后，1888年部分建为培英书院，抗日战争时为日机所炸，校迁鹤洞山顶，今校区假山石额“听松园道光丙午初夏松心主人书”为故物。听松园部为康云衢所得，改建为云衢书屋，1912年拓路，书屋毁。1913年康从日本回国，广东士绅邓华熙(1826—1917)等人联名请政府返还康家财产，政府以广州永汉路(今北京路)从周东生没收的回龙舍分给康有为，以示为其流亡15年的损失，1916年回龙舍亦售出，几年后平为马路。 张维屏(1780—1859)，近代诗画家、园林家，广东番禺人，字子树，号南山、松心子、珠海老渔、唱霞渔者，嘉庆九年(1804)中举，道光二年(1822)进士，历官黄梅知县(1822)、广济知县(1824)、襄樊同知、南康知府，一生清廉，后为学海堂学长(1829)，于经义、古文、骈体、词曲、书法、医学，无不究心，尤工诗，与黄培芳和谭敬昭合称粤东三子，有《听松庐诗钞》、《松心文钞》、《艺谈录》、《国朝诗人征略》等。道光十六年(1836)告病归田，时年56岁，凭居广州河南花埭潘氏东园，又别筑听松园，潜心著书讲学，第一次鸦片战争时，与林则徐交好，写下《三元里》、《三将军歌》，咸丰七年(1857)第二次鸦片战争时，听松园被炮毁，张迁居城西泌冲，两年后病逝，年80，留有诗作2000余首。

建园时间	园名	地点	人物	详细情况
1836～1895	徐家花园（黄家花园）	福建泉州	徐氏 黄永	在镇抚巷，本为乾隆时大盐商徐家的宅第，民国后期徐氏为包盐制度改变而衰落，黄氏购得其一别墅，黄氏一门从乾隆时代黄耀彬中武举后，有两广总督黄宗汉、刑部尚书黄贻楫、黄松等，至今仍有黄氏后人黄永居此。现园内余有水池、假山、石笋、月桂。
1837	开台进士第和北郭园	台湾新竹	郑用锡	郑用锡宅第，又称进士第，位于竹堑城北门外，即今新竹市北区北门街。建筑群建于道光十七年(1837)，共三开五进院落，整体风格与金门民居相同，特征为山墙马背较大而弧度较缓。建筑木雕精美，极具地方特色。北郭园为郑用锡于咸丰元年(1851)在竹堑城北兴建，取唐朝李白名句“青山横北郭”之意境。俗称外公馆。北郭园曾是台湾最负盛名的庭园之一。郑用锡身后，园林由家人继续经营。日治时期，略有改建。台湾光复后，园林被郑家后人变卖，并最终于1978年夏拆除。 郑用锡，字在中，号祉亭，道光三年进士，家居读书为乐，六年任同知，十四年入京任兵部武选司，十五年礼部铸印局员外郎兼仪制司，十七年归乡，咸丰三年(1853)办团练，给二品封典，著《劝和论》以息内乱，尽力农亩，岁入万石，于是晚年筑此园自娱，咸丰八年(1858)卒，年71，用锡多制艺，诗亦平淡，有《北郭园集》、《周易折中衍义》。（张运宗《台湾的园林宅第》）
1838前	长丰山馆	浙江杭州	王氏 朱彦甫	“长丰山馆在涌金门外，郡人朱彦甫舍人得王氏别业而扩充之，盖其先世居休宁之长丰里，故名。园中有萃云镂，六桥烟柳，尽在目前，可称绝胜。舍人豪迈好客，每于春秋佳曰，与郄中诸名宿载酒题襟，致足乐也。戊戌（道光十八年，1838）六月，余借寓楼上，有诗赠之云：搴云楼外水如天，楼上团团月正圆。清酒一壶诗百首，全家同泛采莲船。”（《履园丛话》、汪菊渊《中国古代园林史》）
1839前	绮园	山东菏泽	晁国干	在城南，广5亩，中辟南北小径，两旁尽植牡丹，株距五米，园主晁国干著有《绮园牡丹谱》，今已失传，其表叔、贯城教谕刘辉晓于道光十九年(1839)著有《绮园牡丹谱记》。

建园时间	园名	地点	人物	详细情况
1839 后	伊园	福建福州	王景贤	在省军区后勤部，为道光间举人王景贤所创，民国初割卖部分，抗日战争时园景被毁，1945 年为福建省农学院、省商业学校和国民党省党部，20 世纪 50 年代初为省商业学校，后改福州军区后勤部，1997 年末为省商业厅，园后部假山尚存。王景贤，福建闽侯人，字子希，号希斋，道光十九年(1839)举人，咸丰元年(1851)举孝廉方正，有《伊园诗钞》。园概在中举后所创。
1840	辟疆小筑	江苏苏州	顾沅	道光二十年(1840)顾沅在苏州甫桥西街创此园，园不大而具城市山林之趣，有景：思无邪斋、石假山、花木、苏文忠公祠、苏亭、苏轩、啸轩、雪浪轩、不系舟、心妙轩、清照泉、据梧楼、金粟草堂、如兰馆、春晖阁、艺海楼(藏书十万)、吉金乐石斋(藏历代碑刻)、传砚堂、白云生处楼(奉母所)、曲廊、泉池、古泉精舍、不满亭、得月先楼等。总督陶澍为之题额：心境奇绝，林则徐题联：“岭海答传书，七百年佛地因缘，不仅高楼邻白枝；岷峨回远梦，四千里仙踪游戏，尚留名刹配黄州。”1860 年园毁于兵火，苏公祠归定慧讲寺，20 世纪 30 年代，尚有传砚堂、艺海楼、白云生处、据梧要、不满亭、金粟草堂、如兰馆等，1956 年渐失旧观，现只余银杏二株，为苏州市职业技术培训中心。
1840	留耕草堂	江苏无锡	杨延俊 杨宗濂 杨宗瀚	上河塘路 20 号，为杨延俊 1840 年所建的别墅花园，其子杨宗濂和杨宗瀚改为祠，重修于 1915 年，新中国成立后归部队，屋舍拆改为营房，花园未动，面积 1400 平方米，有景：荷塘、曲桥、亭台、假山、潜庐、留耕草堂、丛桂轩和偏厅等。杨延俊(1809—1859)，字吁尊，号菊仙，别号觉先，无锡人，道光二十七年进士，官山东肥城知县。
1840	庆春园	广东广州	史氏	道光二十年(1840)，江南人史某在内城卫边街(今广州市吉祥路)开办了广州市首家戏园庆春园，为园林式茶园，兼演大戏。园内置桌凳于戏台前，边演戏，边卖茶点，广州人在此看戏饮茶，庆春园生意旺极一时。探花李文田，为该园撰书一对联云“东山丝竹，南海衣冠”。庆春园为广州戏园与园林结合的开始。晚清文人张维屏有诗《庆春园诗》。

建园时间	园名	地点	人物	详细情况
1840 后	怡园	广东 广州		在广州,道光二十年(1840)史氏庆春园之后所建,为园林式戏园。
1840 后	锦园	广东 广州		在广州,道光二十年(1840)史氏庆春园之后所建,为园林式戏园。
1840 后	庆丰园	广东 广州		在广州,道光二十年(1840)史氏庆春园之后所建,为园林式戏园。
1840 后	听春园	广东 广州		在广州,道光二十年(1840)史氏庆春园之后所建,为园林式戏园。
1841 前	师俭园	江苏 苏州	季氏	在苏州马大箓巷 37 号,是季氏宅园,坐南朝北,两落五进,占地 1600 平方米,建筑面积 1830 平方米,两层房面积达 1240 平方米,占三分之二。仁德堂匾为曹福元于道光二十一年(1841)题,“师俭贤后”砖雕门楼为榜眼冯桂芬于道光二十八年(1848)所题,西落有园,占地 200 余平方米,主体建筑为鸳鸯厅,厅接曲折半亭,半亭跨于小池之上,园东北角为船厅,西北为曲廊,西墙又建有方亭,与廊接,西南角建半亭,东南建书房,与东廊接,植桂花、美人蕉。现归古建企业家黄某,修葺一新,苏州文史专家魏嘉瓒为其写园记。
1841 前	美国花园	广东 广州		在沙面,建于 1841 年前,一佚名画家于 1844～1845 年间画有一幅美国花园(钢笔水墨画),画中表现了 1841 年大火后的美国花园。园临珠江,左方为丹麦馆、西班牙馆及法国馆,花园从前是一个未经开发的海滨广场,左方是靖远街,右方是新豆栏街。后毁。
1841 前	英国花园	广东 广州		在沙面,建于 1841 年前,紧临美国花园,东面是新豆栏街和十三行。1841 年大火后毁。按:广州开埠时间是 1843 年 7 月 27 日,英租界是 1847 年 5 月,法租界是 1857 年 12 月,故美国花园和英国花园似与此有出入,但据资料说是在 1841 年前各国已在此建使馆,多次被焚毁。

建园时间	园名	地点	人物	详细情况
1844	可园	福建漳州	郑云麓 郑氏 杨氏	在漳州解放街文川里，为道光二十四年(1844)郑云麓所辟，现为郑氏、杨氏所居，园面积2000余平方米，内有、荷花池、假山、吟香阁(小姐楼)、思哺堂、虚受斋、锄月亭，以及奇石等景，因年久失修，1942年楼毁，1952年在园中挖防空洞，1958年售与糕饼厂，1960年建厂，大假山、亭子、主花园被毁，现余吟香阁、守本斋、荷花池、塑石假山一角、水榭、景石、题刻，为漳州仅存古园林，有吟香阁为中西结合建筑，有西洋柱式，还有姚元之、祁隽藻等书碑，以及郑板桥、董其昌、郑云麓的书画(壁画)，郑书有《可园小记》。 郑云麓，名开禧，嘉庆十九年(1814)进士，曾任山东都转运使、观察等职，系清末学者，工诗文，曾为纪昀《阅微草堂笔记》作序，著有《郑云麓诗序》、《知足斋集禊序楹帖》等。
1844	开兰进士第	台湾宜兰	杨士芳	现在的进士第只剩下个门面，隐藏在转入杨家大宅前的透天厝之间。杨家大宅保留尚称完整，一个正身，左右两厢均以卵石做墙基，上为斗子砌砖墙。内凹数尺的门厅，俗称凹巢三川门，还可看见精致的木雕与彩绘。(张运宗《台湾的园林宅第》)
	鹿港	台湾彰化		历史学家将清康熙廿三年，台湾设府，道光二十年五口通商为止，前后一百五十余年称为台湾文化的“鹿港期”。其间鹿港发展出泉郊金长顺、厦郊金振顺、南郊金进期、布郊金振万、敢郊金长兴、油郊金洪福、染郊金合顺和糖金永兴等八郊。八郊中尤以泉郊为首。在港口和市街结构上，更保有大陆泉州的风味，所以赢得“繁华犹似小泉州”的美名。在古镇弯曲的街巷里，在散布于镇上的120座寺庙中，仍可看到世代相传，保持至今的大陆古风。沿全镇最繁华的中山路，可领略古镇风貌。自北向南，有天后宫、城隍庙、三山国王庙、半边井、隘门、民俗文物馆、龙山寺、地藏王庙等古迹。(张运宗《台湾的园林宅第》)

建园时间	园名	地点	人物	详细情况
1846	益源大厝（马兴陈宅）	台湾彰化	陈氏	益源大厝为三进二院式的建筑主体，以唐山石版与红砖所建，大三合院中有着小三合院，是所谓的“大厝九包五，三落百二门”格式，相传有九十九扇门，占地相当宽广，而大厝的雕刻与彩绘装饰也皆出自名家之手，以高雅的黑、红两色，配以贴金技术所呈现。（张运宗《台湾的园林宅第》）
	团圆堂	台湾彰化	刘氏	团圆堂是巨大的建筑群。以两栋前后独立的三合院为中轴，各自发展出或独立、或连接的左六右七的十三条横屋，而第二栋三合院正后面留出一大片空地，左右两侧同样筑有十三条横屋。民居外围入口由将爷庙镇守，前埕围墙上设置小巧的天公炉，为明显的客家习俗，正厅屋顶上立辟邪小石狮罕见。主建筑维持传统客家的简约风格，正脊以八仙为装饰，飞檐、垂脊上则以文官武将造型，凸显允文允武的期许。因第十二世祖刘元炳曾高中举人，屋顶遂采用民居少见的燕尾形式，此乃厅内挂“选魁”牌匾，前庭立旗杆。（张运宗《台湾的园林宅第》）
1846	遂养堂	上海	张祥河	在今松江中山中路444号，清代工部尚书张祥河购得明代松风草堂，于1846年改建成宅园，面积6700平方米，是松江最古老宅园，有三纵九进，西纵毁，余东中纵，正厅题松风草堂，东廊壁墙嵌铜鼓斋藏石，为元代赵孟頫书《幽兰赋》和《梅花十绝》等十方。东中纵间隔以龙墙，龙墙以东为庭院，称张氏园林精华，院北角为四铜鼓斋，内有汉代伏波将军铜鼓四只，斋前有漱月池，池边垒湖石假山，有花木藤篱，曲径、石丈、坐槛，文人常在此雅集。
1846	杏林庄	广东广州	邓大林	在广州花埭，与张维屏的听松园只一河之隔，画家邓大林于道光二十六年(1846)创建，园本无杏，邓大林在园中炼药，“丹药济人有如董奉，此庄所在名杏林也”，清镇国公奕湘题“岭南亦有杏林庄”，后来何灵生和陈澧从外地携杏植于园中以应庄名。园基狭长，约十亩，不设墙垣，旁有小河，环植

建园时间	园名	地点	人物	详细情况
				竹柳，前有柳、蕉、水松，入门为荷池、亭子、楼阁、奇石(太湖石英钟和英德石)、花木、小桥、流水、盆景，约有八景：竹亭烟雨、通津晓道、蕉林夜雨、荷池赏夏、板桥风柳、隔岸钟声、桂林通潮、梅窗咏雪，邓大林绘有《杏林庄八景图》，并集有《杏庄题咏》二集，新会萧耀祖题有《乙巳夏至后三日杏林雅集口占廿六韵》：“……我来荡桨过芳村，一望花环兼水复。板桥横处泊扁舟，三径新开茂松菊。马目篱疏露石苔，羊肠路曲通林腹。涉趣园中别有天，杏林庄即诗人屋。池塘半亩护朱栏，菡萏风回气芬馥。堂临水镇照仙心，绿水溶溶如绮縠。怪石奇葩夹砌旁，障木迎凉树乔木。小亭三两无俗尘，索笑巡檐倚修竹。向东构阁号藏春，八景丹青悬幅幅”，张维屏诗道：“结构无多妙到宜，要从雅淡见清奇”，南海女诗人李兰娇道：“花埭园林都看遍，依心独爱杏庄幽。欲将八景描归去，披向妆台作卧游”，陈澧《杏林庄老人蜂歌》云：“杏林老人爱奇石，远取太湖近英德。”民国间转售与东莞画家李凤公，新中国成立后，李移居香港，代管人捐出建为化工厂，太湖石被移至广州品石轩。邓大林，广东香山人，字卓茂，号荫泉、长眉道人，父卖药为生，在广州开有佐寿堂，专治外伤。邓为监生，官国子监典籍，工山水，兼花卉，与苏六朋、梁琛、袁杲、郑绩为画友，与陈璞和黄香石等结为诗画社，有《种玉山房诗钞》，大林自炼药于园内，悬壶卖药于市，年90而卒。
1847	香雪草堂	江苏吴县市	潘遵祁	道光二十七年(1847)秋编修潘遵祁归隐于吴县(今吴县市)邓尉山，在堂西筑园，名西圃，袭其城旧中西圃旧名(亦泉石、花木清幽)，内有：草堂、四梅阁(藏宋代杨逃禅四梅花图卷)、梅花(四本)等。大学者俞樾为草堂作记叹道：“曲园(俞氏家园)与之相比，实犹碛砾之于玉渊。”
1847	陕甘公所	四川成都		陕甘公所，道光二十七年(1847)建。

建园时间	园名	地点	人物	详细情况
1847～1857	浒园	北京	李德仪	在北京城西，方广五百弓（约825米），有水池、蓬莱岛、楼台、桃、李、松、荷，诗人李德仪把它比作唐代的杜曲、宋代的独乐，可见一斑，李说十年入红尘，概指中进士后十年为官之期，故园应在此时。李德仪，字吉羽，号筱舟仑、小麿，新阳人，道光二十七年（1847）进士，改庶吉士，授编修，历官侍读学士，有《安遇斋诗集》。其《浒园歌》："平生性癖耽山水，十年插脚黄尘里。都城西去富丘壑，人说山林在朝市。忽然振衣凌蓬莱，澄怀无地起楼台。浒园主人招手笑，满山桃李春风开。入门十步九移目，寿藤奇礓杂花竹。五百弓地敞幽径，一千株松拂老屋。护田近水绿半湾，瞰户远山青一角。丹棱雅谥兮芙蓉，不数樊川兼杜曲。东野家见少于车，火急危置琴剑书。樵苏不爨径须饮，铜钱三百村醪沽。客来谓真成独乐，斯园奥如还旷如。跫然足音空谷远，得无掩卷歌印须。我乃辗然答万物，皆吾徒烟云相供。养风月，相招呼。池水契交淡，林鸟乐友于。园父溪叟不识字，邂逅亦解谈黄虞。况复读书兼读画，有时落笔风雨快。纸上能传花草神，诗中如共渔樵话。回忆红尘碾车毂，役役东华几寒燠。剧场竹肉沸喧阗，典谒冠裳苦箝束。何如此处闭双扉，园林昼静剥啄稀。清间一日抵两日，云鹤振翩鸥忘机。胜游更与数畴昔，山寺碧云湖裂帛。携家今入画图中，自署头衔浒园客。"《松岑师和余假寓浒园诗叠韵奉报》："绝胜终南赋有条，惯看鸾凤上烟霄。百年乔木分新荫，万树名花护早朝。静坐试参周易妙，清谈应比晋人超。旧闻日下他时补，认取西句第几桥。"
1848	二龙喉公园（何东花园、兵头花园）	澳门	亚美打	在松山山麓，1848年由亚美打神父（padre vitoriano de almeida）命人建成，到19世纪末为澳督官邸，1931年园内一座20年代火药库爆炸，别墅无存，花园仍在，被香港富豪及慈善家何东爵士购得，故又名何东花园，后何赠予澳府，因园附近有山泉名"嫉妒之泉"经双龙石雕流出而名二龙喉公园，现泉已干，但名依旧。有景：沙池、池塘、二龙

建园时间	园名	地点	人物	详细情况
				石雕、综合球场、亭子、脚底按摩区、动物园。动物园建于1959年，1996至1997年维修和扩建，有雀笼、猴笼、熊舍、瀑布、有四类哺乳动物、近20种雀鸟和多类爬行动物。19世纪期间澳督罗沙开辟植物园。
1849前	西　园（杉湖别墅）	广西桂林	王鹏运	在桂林市杉湖南岸东段，是词人王运鹏的祖居私园，概建于1849年前，经先人几代经营，有西园、杉湖别墅、蔬香老圃、燕怀堂等园林建筑，还有临水看山楼、石天阁、竹深留客等胜景。新中国成立后在遗址上建石台，名邀月台，台上有王鹏运铜像。 王鹏运（1849—1904），字幼霞，一字佑遐，号半塘老人，广西临桂（今桂林市）人，原籍浙江绍兴。同治九年（1870）举人，后应试不第，历官内阁中书、侍读学士、监察御史、礼科给事中、江西道监察御史十余载。参加变法维新，因上疏直奏，几遭杀身之祸。辞官后主讲于扬州仪董学堂、上海南洋公学，晚年游历开封、南京、扬州，客死苏州两广会馆，归葬于桂林。其词宗苏、辛，多家国之痛，黍离之感，气势雄浑，提出“重、大、拙”词学理论。叶恭绰赞其“半塘气势宏阔，笼罩一切，蔚为词宗”。（《广箧中词》）被誉为晚清四大词人之首，自刻所作词《袖墨》、《秋虫》、《味梨》等集，晚年删定为《半塘定稿》。
1849	棣园	江苏扬州	包松溪	观察包松溪所筑宅园，为道光年间名园，已毁。
1849	秦家花园	上海	秦荷 秦溯萱	原为小山堂园，1760年归秦少游19世孙秦荷，称秦园，1849年，21世孙秦溯萱任兵部外郎，因海运致富，重修秦园，园内有荷池、石舫、曲桥、假山、龙墙、燕子矶、小山堂、攀月亭、秋水轩、拜石轩、权酌书屋、牡丹台、怀古草庐、观鹤亭、赏雪亭、挹翠亭、半山亭、塔影岩、小墨池、戏厅、福禄寿三星石等，假山呈山字形。1952年仍存，1962年改建为县少年宫，现存古树七株及古井一口。

建园时间	园名	地点	人物	详细情况
1849～1864	潜园	台湾新竹	林占梅	在新竹，亦称内公馆，为林占梅私园，为台湾四大名园之一。园林以水池为中心，水池命名为浣霞池，可见水是为映朝霞和晚霞而设，体现静美。环池筑有爽吟阁、掬月弄香之榭、兰汀桥、渐入佳境、碧栖堂、游廊等，另外还有北面的梅花书屋和著花斋，西部的西圃、池西别墅及孤山流渠等。西圃、池西别墅和孤山流渠早毁，园主的诗集言及。在日本统治时期，爽吟阁被迁到松岭，园址日渐荒毁。在后来的市政改造中，因园正当交通要道，故不免一劫，现只存园门、香石山房和梅花书屋等部分。园林特色在于池景的建筑与水面的空间组合。爽吟阁及掬月弄香之榭西面接一高起的石拱桥，水榭采用二层的平台部分起阁，一层露出两个方窗，中间出门洞有几级台阶直抵水面，再现了近水人家的情景。园林意境营造从全园的景名上可见一斑：爽吟阁为文人歌咏之所；掬月弄香之榭为秋来赏月，夜来品香之所；兰汀桥为滋兰水际，以兰鉴人之所；梅花书屋为主人潜居修身、格物致知之所；而孤山流渠则又显出了对兰亭曲水流觞的眷念。
1850左右	榕轩	福建泉州	蔡氏	在泉州安海镇玄坛宫后，为晚清蔡氏所创私园，原有假山、水池、松、竹、梅，毁于20世纪50年代。
1850	可园	广东东莞	张敬修 居巢 居廉	武将张敬修始建，其幕僚、画家居巢和居廉兄弟帮助规划设计，园建成后长期客居可园，在园中写诗作画。园原只有庭院部分3.3亩，1962年扩至扩建(门楼、后花园、雏月祠池、雷塘)30亩，建筑呈连房博厦式及碉楼式。有景：草草草堂、擘红小榭、环碧廊、邀月阁、双清室、花之径、狮子上楼台、滋兰台、问花小院、博溪渔隐廊、可亭、息巢、诗窝、观鱼簃、可湖、竹榭、红砖桥等。 张敬修(1824—1864)，东莞博厦人，字德甫、德父，擅军事，历任副同知、庆元同知(1845)、百色县官、平乐、柳州、梧州、思恩知县、浔州知府(1851)、东江督军(1858)、江西按察使(1859)、江西布政使(1861)，一生戎马生涯，三起三落，又擅诗画，好收藏，精琴棋。画家居廉、居巢、诗人张维屏、郑献甫、简士良、陈良玉、何仁山、篆刻家徐三庚等都是可园上宾。

建园时间	园名	地点	人物	详细情况
1850～1874	范长喜宅园（范长喜花园）	北京	范长喜	位于西山环谷园西坡上，以丁香花驰名。中为宅区，东西为园区，园中建筑布局疏散，将主要自然空间种植丁香花树，形成以花为主景的园林景观。园中峻石多致，花木繁茂，山石玲珑，色调谐和，淡雅幽静。（焦雄《北京西郊宅园记》）
1850～1874	方介梅宅园	北京	方介梅	位于京西大有庄村西，占地约十余亩。此园是以山水为主体的自然山水园。东部秀石苍翠，显物森然，有名川大山之势。西部景区以池沼为主体，秀映清池，碧水一潭，池旁筑山，点缀轩亭，周连复道，以花墙、山石、林木为园林所间隔，造成有层次，富有变化的多景观，以水体向北形成小环形驳岸。（焦雄《北京西郊宅园记》）
1850～1861	僧格林沁花园（僧王园）	北京	僧格林沁	坐落在京西海淀镇南倒坐观音堂北侧，占地面积约三十余亩，府邸兼有园林的布局。园林部分有东西两园。东园在不同建筑空间，叠山布石，种植名贵花木，景观布局有法，建筑精巧雅观，园路曲折委婉，峰石玲珑峻峭，使园景明洁宁静，小中离大，分合自如，步移景异。西园主要突出散中有聚的手法，以极小限度的建筑空间，达到览之有物。（焦雄《北京西郊宅园记》）
1850	庆安会馆	浙江宁波		庆安会馆位于宁波三江口东岸。清道光三十年(1850)，由旅甬北洋泊商集资建造，至清咸丰三年(1853)落成。会馆面朝甬江，视线开阔，周边景致一览无余。其建筑采取中轴对称的传统格局，轴线上依次为照壁、接水亭、宫门、仪门、前戏台、正殿、后戏台、后殿。其布置的独特之处在于，轴线起自毗邻甬江边的照壁而非大门，且轴线为马路所隔，江岸之上便为照壁和接水亭，旁植大树若干，拜访会馆之人可于此处稍事休息等候，并欣赏江边美景。

建园时间	园名	地点	人物	详细情况
1850～1861	余园（漪园）	北京	瑞麟	位于东城王府大街北口东厂胡同。瑞麟邸宅在西部，花园在东部。花园中广植树木花卉，并点缀以太湖石、台榭和假山。园之东、西，各有一湾小溪，汇集于东门口的月牙池，取名为漪园。光绪二十六年（1900），八国联军入侵北京时，漪园惨遭蹂躏，不久又转入德军之手，改充野战医院。光绪三十年（1904）漪园改名余园，取自“劫后余存”之意。余园开始供市民游览，是北京最早开放的一座私家园林。（《北京志——园林绿化志》）
	漪园	浙江杭州	汪献珍	据《江南园林志》载“漪园，在雷峰西，明末白云庵旧址，清初汪献珍重葺。易名慈云，复增构亭榭。高宗南巡，赐名漪园。现已荒圮”。
1851	卯桥别墅	台湾台南	许逊荣	许逊荣所建宅园，已毁。
1851	北郭园	台湾新竹	郑用锡	郑用锡所建私园，竹堑（现新竹县）二大名园之一（另为潜园），由于潜园位于城内，北郭园位在城外，故分别以内、外公馆称之，园内有八景，日据时城市改造时毁。
1851～1859	何家花园	重庆	何彤云	在重庆市中区通远门内，占地3333平方米，为清代户部侍郎何彤云于咸丰年间（1851～1861）所创私园。园中主楼为一楼一底中式楼房，楼前水池，池中水阁，池边有大黄葛树3株，抗日战争时售与刘文辉，1946年凿和平隧道时公路降低，进出乃用石梯上下，1951年售与西南军政委员会财政部，今为市中心区区政府。 何彤云（1811—1859），字赓卿，号子缦，云南晋宁人，道光二十四年（1844）进士，改庶吉士，授编修，咸丰初供内廷，晋少司晨，官至户部侍郎，工书，行楷俱秀，善画，饶有逸致，著有《赓缦堂诗集》和《矢音集》，以云南《石林诗》著名。刘文辉（1895—1976），字自干，字病虞，四川省大邑县安仁镇人，是刘湘的堂叔，但年龄却比刘湘小6岁。1911年夏四川陆军小学毕业，保送西安陆军中学，后入保

建园时间	园名	地点	人物	详细情况
				定陆军军官学校第二期,1916 年毕业返川,任第 2 师上尉参谋,1917 年经堂侄、旅长刘湘介绍,到陈洪范旅任营长。1918 年 4 月任第 1 混成旅第 1 团团长。1920 年秋带全团到宜宾,任第 1 混成旅旅长。1923 年任第九师师长,次年 8 月授为洁威将军。1925 年参加联军击败杨森发动的"统一四川"之战后,任四川军务帮办。自从 1926 年 12 月归国民党,与杨森、刘成勋、邓锡侯、田颂尧、赖心辉等七个川军军阀混战,争夺霸主,1928 年任 9 月任川康边防军总指挥,10 月任四川省政府主席。1932 年惨败于刘湘,1935 年任西康建省委员会委员长。1939 年 1 月 1 日任西康省政府主席。1941 年出面过问川事,联络进步人士。1942 年 2 月在重庆与周恩来秘密会晤,请中共派人到雅安设立电台与延安直接联络。1944 年冬加入民盟,任中央委员。1949 年 12 月 9 日,以西康省主席及第 24 军军长身份,同邓锡侯、潘文华等通电起义。新中国成立后历任西南军政委员会副主席、四川省政协副主席、中央林业部长、全国政协常委。1976 年去世。
1851～1861	孟氏小园	山西太谷	孟宪晴	在今太谷城南大街路大巷 32 号(原 24/25 号),为孟宪晴祖上老宅大厅后小院,有前厅、家庙,为庭院式布置,中轴明显,南厅北楼。整个庭院被过厅分成前后院,园在后院,过厅为轩式,围成四合院,广 50 余平方米,院中十字形花径,东西为小轩,南厅轩式,西南角用砂积石挂叠成峭壁山,山高四米,宽三米。山顶立小庙、小塔,以增山势。峰顶接南轩雨水,成落瀑,山前八角石条围成小池,池中大缸。今园在,山体塌落,园主孟宪晴将残石堆置一角。
1851～1861	壶春草堂	上海	侯孔释	在闵行区诸翟镇,侯孔释于咸丰初年或以前所建,已毁。
1851～1861	梅雪村	上海	侯孔释	在闵行区诸翟镇,侯孔释于咸丰初年或以前所建,已毁。

建园时间	园名	地点	人物	详细情况
1851～1861	闲园	上海	徐殷辂	在闵行区诸翟镇，徐殷辂于咸丰初年或以前所建，已毁。
1851～1861	南村草堂	上海	陶然	在闵行区诸翟镇，陶然于咸丰初年或以前所建，已毁。
1851～1861	江皋草堂（梅园）	上海	沈廷珪	在闵行区诸翟镇，沈廷珪于咸丰初年或以前所建，已毁。
1851～1861	亦园	上海	周焕	在南汇区三灶，周焕于咸丰初年或以前所建，毁。
1851～1861	仁园	上海		在崇明县城北同仁堂，清咸丰末建，园中曲廊幽沼，小山丛竹，别具情趣。
1851～1861	退园	江苏苏州	吴嘉洤	吴嘉洤为道光进士，官至户部员外郎，归田后于咸丰（1851～1861）初年在苏州城东井仪巷建此园。园不大而姣美，有景：水池（广百步）、微波榭、秋绿轩、仪宋堂、初日芙蓉馆、枫杨（二株）、家祠、曲室、群玉山房（中室）、台、牡丹（数本）、思树斋、桃源、荷池、丛桂等，1860年园毁于战火。吴嘉洤移居海外，常思旧庐，两度作记。
1851～1861	百花庄（孔园）	江苏太仓	孔庆桂	咸丰年间孔庆桂在太仓城厢镇南街创立此园，有景：水池（中心，有方形、长形、圆形、曲折形）、百花庄、东瀛草堂、亭榭、石舫、太湖石、钓鱼台、三曲桥、紫藤架、荷花、紫竹、牡丹、芍药、春兰、秋菊、丛桂等。东瀛草堂的后轩八扇纱窗雕刻《西厢记》，花街用卵石和碎瓷拼成鹿鹤同春、瓶升三戟等图案。家道后落后渐荒，1937年被日军飞机炸毁。
1851～1864	西圃	江苏苏州	熊万荃	太平天国时（1851～1864）民政长官熊万荃在此建王府，府内有西圃，光绪年间（1875～1908）编修潘遵祁得之，建筑为明代式样，精雕细刻，园内有景：长廊、曲径、亭子、水池、假山等。1959年尚完好，后拆毁，现存门楼、大厅、黄杨、木瓜各一，今为吴县市武装部所在地。

建园时间	园名	地点	人物	详细情况
1851～1874	柳堂	广东广州	李长荣	在城南珠江中的太平沙，临水而建，堂临水，柳依堂，故名柳堂（又名深柳堂），堂上构阁，名枕濠阁，与许祥光的袖海楼相依，登阁可远眺得月台。园主李长荣，字子黻、子虎，号柳堂，咸丰间人，广东南海（广州）人，贡生出生，官至教谕，工诗，著有《柳堂诗录》、《柳堂师友诗录初编》（1863）、《岭海诗抄》。
1851后	艾可久宅园	上海		在浦东孙桥镇中心村养政宅61号，艾可久，明嘉靖四年（1525）生，字德征，号恒所，1562年进士，授太常博士，历任南京御史、陕西按察使，为官30年，死后葬孙桥艾家坟，咸丰同治年间分支居此，建屋拓园，宅面650平方米，后园550平方米，菜地440平方米，宅为四合院，后园有百年银桂、竹园，屋前有菜园。
1852	李鸿藻故居	北京	李鸿藻	在菜市口胡同，为同治帝师傅李鸿藻的宅园，坐北朝南，三进四合院，一进前出廊柱正房五间，东西厢三间，院中植桃、杏、牡丹，二进900平方米，中间植松，两旁花墙，西梧桐，东山桃，四角为芍药，北房为五间卧室，南房为书房，三进为后院，为家眷所居，植西府海棠，再北为花房和花园。民国时为李大钊、张申府、胡适主编《晨钟报》的编辑部，后毁。 李鸿藻（1820—1897），字寄云，季云，号兰生、兰孙、石孙，直隶高阳人，咸丰二年（1852）二甲十八名进士，散馆授编修，入值南书房，咸丰十一年（1861）为太子载淳师傅（1861），同治元年（1862）擢侍讲，历任内阁学士、军机大臣、武英殿总裁、工部尚书、都察院左都御史加太子少保（1865），以清流议政名重京师，光绪二年（1876）任总理衙门大臣，户、兵、礼诸部尚书、协办大学士等，曾策动清流派弹劾李鸿章，中法中日战争时主战，卒谥文正。
1853～1864	后林苑	江苏南京	洪秀全	洪秀全定都南京（天京）后，扩建两江总督署为天朝宫殿，周围十余里，苑称后林苑。苑规模极大，其址在今长江后街北侧，内有豪华园林建筑、珍奇花木、飞禽走兽（虎、豹、孔雀、仙鹤等）。1864年6月曾国藩攻陷天京，园毁。

建园时间	园名	地点	人物	详细情况
1853～1864	东花园	江苏南京	洪秀全	洪秀全定都南京(天京)后,建宫殿,在宫东建东花园。1864 年 6 月曾国藩攻陷天京,园毁。
1853～1864	西花园(煦园)	江苏南京	洪秀全	洪秀全定都南京(天京)后,建宫殿,在宫西以煦园为基础改建为西花园,保留了两江总督尹继善所建的不系舟(石舫),现煦园西南角方形两层亭台、西侧凉台上五爪团龙壁及旁接短墙等皆为太平天国遗物。1864 年 6 月曾国藩攻陷天京,园毁。
1853 前	琴隐园	江苏南京	汤贻汾	汤贻汾(1778—1853),字若仪,号雨生,晚号粥翁,江苏武进人,多才多艺,工诗、书、画三绝,通琴、箫、剑、棋四艺,继承娄东衣钵,官居乐清协副将、温州镇总兵,见清朝日下,晚年寓居南京,待太平天国入城,赋绝命词后投水而死。他在纱帽巷购地建宅园,名琴隐园,因园内收藏了 12 张古琴,因此又被称为十二琴书屋。园中有:十二古琴书屋、琴清月满轩、画梅楼、还我读书斋、吟改斋、延绿山房、琴台、百步廊、黄花径、梅树丛、紫藤架、薜荔柏、戏鸳池、渡鹤桥、凌云峰、十三峰、七贤峰、狮子窟等。
1853	迁善庄	山西太谷	曹氏	位于太谷东南青龙寨山顶,为北洸曹家所建避暑山庄,有平台、庄门、天井、门房、石阶、外院、庙宇、紫燕门、正庄院、假山、巨石、下棋亭、照壁、水池等,宛若西方中世纪城堡。1896 年重修并扩建,1937 年抗日战争时曹氏举家入庄避难,1940 年日寇入寨火焚正庄院,1988 年陈尔鹤先生考察时完好。
1854	三落大厝	台湾台北	林维源	林家举族搬到板桥,兴建三落大厝。林家子孙唤三落大厝为天,适切地点出了大宅院的华丽、尊贵与高不可攀。张运宗《台湾的园林宅第》
1854	适园(陈家花园)	江苏江阴	陈式金 陈夔卿	位于今江苏江阴市南街 33 号,为晚清同知陈式金于咸丰四年(1854)所建宅园,谓无意而为园,故名,其子陈夔卿为光绪丙戌进士,工部主事,历十年补廊培屋,移树浚池,1860 年遭太平天国兵燹,抗日战争时又遭重创,20 世纪 60 年代归市政协,1980 年修复,重建水流云在轩,增设室外回廊,扩地七分,达七亩余,园部为 2260 平方米。有景:超

建园时间	园名	地点	人物	详细情况
				然台(毁)、假山、镜湖、紫薇园、水流云在轩、王羲之换鹅碑、秋入潫、适安斋、香廊、响秋舫、易画轩、倪云林山水画碑、董其昌手迹石刻、得蝶饶云山馆等。总体布局北山南水,环园皆屋。东峦之南,凿潭一泓。在园东北一角,屋后狭地,石为峰,峰顶一台,恰与东南山和西北山相呼应。园中用石,以太湖石为主,环池皆为太湖石驳岸,东南、东北假山亦以之构筑。唯土山蹬道皆以黄石立峰,以示区别。
1854	桃李园	安徽黟县	胡元新	位于西递村横路街,其名取自“桃李不言,其下成蹊”,建于清咸丰年间,为徽商胡元新旧居。园内石榴树、石条、石栏杆、鱼池等,次序井然,景色清幽。(洪振秋《徽州古园林》)
1855	沈家花园	福建福州	沈葆桢	在福州宫巷11号(现26号),原为明代盐商所居,面积2850平方米,当地人沈葆桢刚被破格提升为九江知府时在家乡所购,府园由西花厅和园林组成。 沈葆桢(1820—1879),福建侯官人,字幼丹、翰宇,林则徐婿,道光二十七年(1847)进士,历任御史、江西广信知府、九江知府、江西巡抚、福建船政大臣(1866)、钦差大臣(1874)、两江总督兼南洋通商大臣(1875),卒谥文肃,创办船厂、开发台湾有功,著有《沈文肃公政书》。
1855前	流觞小榭	江苏吴江	金二维	金二维在吴江城西门内所构园居,内有:池、石、亭等,咸丰中为黄小谷所得,植梅数十,名亭艳雪亭。
1858	盋山园	江苏南京	陶澍	1858年,陶澍在清凉山麓的龙蟠里修建了住宅,取名为盋山园,并在园内创建了书院,取名“惜阴书院”。盋山园很美,朱偰在《金陵古迹图考》中这样描述:“盋山园在龙蟠里……倚山麓为石台,冠屋于上,山巅有亭子曰听秋,魁松桧而立,陶分所谓金陵山水,盘互映带,俨如图画者,亭子实有焉。” 清朝末年,两江总督端方在南京创办图书馆,即在盋山园旧址上兴建书库两幢,更名为陶风楼,于1910年8月正式开放,定名为江南图书馆。1919年改名为江苏省第一图书馆,1929年10月,更名为江苏省省立国学图书馆。1954年定为南京图书馆。

建园时间	园名	地点	人物	详细情况
1858	宫保第	台湾台中	林文察、林朝栋	在雾峰乡民生路40号，林朝栋将其父林文察宅第重建为三大落五进的合院群，前三进兼做官衙的公共空间；第四进在中轴线上以穿心亭贯通第五进，并且出两个天井，最后透过回廊连接为私人起居空间。一祠驻两岸格局。（张运宗《台湾的园林宅第》）
1858	梅石山房（黄宗汉故居）	福建泉州	黄宗汉	在镇抚巷51号，为黄宗汉所创私园，现宅园面积2000平方米，园现余两座假山，一名太狮，一名少狮，以喻高升少师和太师，原为乾隆年间盐商陈舍坡所有，后赠予黄为礼物，山下为水池、拱桥，山顶为琴台、亭子，桥边有梅花化石，系黄宗汉任四川总督时运回，为镇园之宝。 黄宗汉（1803—1864），福建泉州人，字季云，号寿辰，清道光十四年（1834）举人，翌年进士，主战派官员，历任浙江巡抚（1852）、四川总督（1854）、钦差大臣、两广总督兼通商大臣（1857）、吏部侍郎（1860），翌年咸丰死，慈禧当政，他被革职，1864年客死于上海。
1859	宜秋山馆	台湾台南	吴氏	在砖仔桥，吴氏宅园，亦称吴园，已毁。
1859	响塘庙园	北京	周木成 沈云川 孙殿亭 王正和 冯文辅 范成轩 刘松泉 刘兰亭 王正光 王敬安 陈云亭 贾中访	在京西北安河村西秀峰山下，为咸丰九年（1859）由太监周木成、沈云川、孙殿亭、王正和、冯文辅等五人修建的退休养老寺院，同治三年（1864）太监范成轩、刘松泉、刘兰亭、王正光、王敬安、陈云亭、贾中访等人又加入。寺院有佛殿三层、山门、客堂、群房130余间断前庙后园式园林寺院，园中有菜田、果园、园林三部分。庙坐西朝东，进门前院东北角筑高台，台上建方亭，登亭可揽寺外景色，为了望亭。院中建两卷鸳鸯式戏楼，每逢中秋，请戏班演戏三天。出庙后角门为园区，园西依山叠砌两层高台，台下为响塘泉和鱼池，池水向北流入一段短溪，溪中建平石桥，过桥为一层台，上建迎旭轩，为太监喝茶、对弈之所，二层台为龙王堂，供龙王神，四周散置假山，龙王堂被掩映在苍松翠柏之中。山凹之中植竹万竿，鱼池南建四角亭，亭东为菜田，园东为果园数亩，植柿、梨、桃、杏、苹果等。如今山泉依旧，殿宇无痕，遗址归西山造林队使用。出庙下山里许为响塘庙太监墓址，墓北为环谷园，墓西为去金顶妙峰山的香道。

建园时间	园名	地点	人物	详细情况
1859	榜眼府花园	江苏苏州	冯桂芬	在木渎镇下塘街，为晚清榜眼冯桂芬 1859 年归隐后所建的宅园，广 6000 平方米。门对胥江，坐南朝北，前宅后园，园毁后 1998 年重建。宅部为门厅、显志堂、芙蓉楼、怀铅提椠、校邠楼、碑廊，以砖雕、木雕和石雕著称。园林广十亩，以水池为中心，有水榭、曲廊、三曲桥、含山亭、华佗馆、土山、石山、竹林、梅园等。 冯桂芬(1809—1874)，字林一，又字景亭，苏州吴县(今吴县市)人，翰林院编修冯智懋之子，林则徐弟子，道光十二年(1832)中举，二十年(1840)中榜眼，历授编修、顺天府试同考官、广西乡试正考官，1856 年任詹事府春坊中允，1859 年辞官归田，著《校邠庐抗议》，为中学为体，西学为用的先声，1861 年为李鸿章幕僚。1861 年具疏要求苏松太三府减赋三分之一，准奏；1864 年协助李鸿章在上海设广方言馆；又修《苏州府志》。
1859 后	泰华楼	广东广州	李文田	在恩宁路多宝坊 27 号，在清咸丰年间探花李文田旧居的书斋园林，占地 3800 平方米，现余 420 平方米，陈澧书有泰华楼匾，院门向东，内有书斋和庭院，庭院置假山，植花木。书斋 1988 年重建。 李文田(1834—1895)，广东顺德人，字仲约，号芍农，咸丰九年(1859)探花，授编修，光绪间官至礼部左侍郎，卒谥文诚，工诗擅书，精碑版，通辽金史，有《元秘史注》、《元史地名考》、《耶律楚材西游录注》、《和林金石考》、《宗伯诗文集》等。
约 1860	慕园	江苏苏州	谭绍光 潘氏	在苏州富仁坊 68 号宅与 70 号市邮电局内，花园尚存 2 亩，传为太平天国慕王谭绍光府邸，后居潘氏，20 世纪 50 年代归工艺美术局，1953 年园景尚全，池在山北，山势起伏，水走东西，岸藏水口，东北分流，石梁贴水，栏杆与桥墩为湖石巧构，苏州孤例，1962 年归园林局，改为苏州盆景园，园门改在人民路 292 号，“文革”时园遭破坏，园改充绿化队革委会，1972 年归邮电局至今，池西和池北改建高楼，临池建筑不存，1980 年修复。

建园时间	园名	地点	人物	详细情况
1860前	逸园	江苏 太仓	蒋省斋 蒋亦榭	道光年间(1821～1850)皖南盐商蒋省斋在太仓城西北角始建逸园,工未竟而遭庚申兵火(1860),大部分建筑受损,光绪(1875～1909)初年,其孙蒋亦榭请香山名匠重建,建筑别具一格,全园有亭台楼阁和假山池沼,全园雕花图案精美,无一雷同,所有屋脊构成一条龙形。童寯称之为"精雅为一地冠",陈从周称之为"水亭之采用方胜双亭式,则为新例,及今唯太仓逸仅存一端"。
1860前	静观楼	江苏 张家港	叶廷甲	叶廷甲在张家港市杨舍叶氏支祠(今装卸社)建前后两院,院中有:桂、梅、湖石、静观楼(藏书五万余卷)等,后毁于1860年战火。
1860	李腾芳古宅	台湾 桃园	李家	古宅所在地位于大汉溪东侧的河阶台地上,咸丰十年(1860年),同治三年(1864年),落成。 李腾芳古宅坐落于青翠田野中,红砖黑瓦与绿野相辉映,十分醒目。由前落的三合院及后落的四合院所组成的二进二护龙的宅院。宅坐西朝东略偏南,面积约一公顷,从营造方式和材料来看,本宅的规模并非完成于同一时期,应是后来逐渐添建的。古宅前有一半月形水池,即所谓的"案前池",水池和主建筑之间被两道院墙划分为外埕与内埕两部分,象征举人的四个旗杆台便四平八稳地落在大埕,从大埕到正厅之间,又有一道墙隔出内埕。宅院本身是一个以四合院为基本格局的两进多护龙建筑群,古宅具有强烈的防卫特征,不仅护龙形成层层外包的形式,基地四周亦有莿竹环绕,四个角落还建有铳柜。正厅大门挂有"大夫第"匾额,步入厅内,光线幽暗,自两侧门转入进天井,见正中厅堂高悬"文魁"两字,堂内奉有李氏祖先灵位。李宅除了墙面以白色和砖红色为主外,多用黑色,此为三至九品官之象征。其于大红、金、青、绿等色均以小面积点缀其中,此种安排,使李宅更为典雅朴质,难掩其书香气息的风范。

建园时间	园名	地点	人物	详细情况
1861	逋　园（焦家园）	天津	焦佑瀛	焦佑瀛，字桂樵，直隶天津人，道光十九年举人，为咸丰临终托孤的八大重臣之一，1861 年 11 月慈禧与奕䜣发动祺祥政变，焦被革职回乡。他在天津河北区兴业大街第一中心小学附近构地百亩，建宅造园，名逋园，又名焦家园。其内极亭台花木之盛，黴虫鱼鸟兽之欢，豆棚瓜架，菜圃蔬畦，亲自耕锄。又在园中开筵宴宾，成诗酒之盛。现园毁。
1861	侍王府花园	浙江金华	李世贤	在金华市城内，咸丰十一年(1861)5 月 28 日李世贤自安徽、江西进军浙江，攻克金华，以原试院(唐宋为州治，元为宣慰司署，元末明初为朱元璋住所，明为巡按御史台)为基础，修建侍王府，占地 1.7 万元，建筑面积 4000 平方米。王府分东西两院，东院有大殿、穿堂、二殿、耐寒轩等建筑，为议事、布政之所，西院为侍王的书房和居所，为太平天国王府中保存最完整之一。花园位于府后部，占地 0.25 公顷，由莲池和假山两部分构成，又有朱元璋观星台。院落中有五代钱镠手植古柏两株，另有 140 余年朴树、榆树各一，高达 15 米。号称太平天国艺术宝库的侍王府，至今仍保存着造型精美的砖雕、石雕、木雕，尤其是壁画和彩画，无论是其数量还是精美程度，均享誉中外。在这里有大小壁画 119 幅、彩画 409 幅，其数量超过全国各地太平天国遗址所保存的壁画、彩画之总和。
1861	兵头花园	香港		香港最早的公园是兵头花园，因园址在 1841 年至 1842 年为香港总督的宅邸，而总督被称为兵头，故称为兵头花园，它始建于咸丰十年(1860)，1864 年第一期建成开放，1871 年全部落成。园林建于英国维多利亚时代，故具有当时英国的风格特征。
1861	可园	北京	文煜	刑部尚书文煜(？—1884)在北京的宅园，共有五个院落，其中可园建成于 1861 年，有游廊、水池、树木、亭台，存。

建园时间	园名	地点	人物	详细情况
1861	倚洛园	广东佛山	黄镛	在祖庙铺城门桥侧，初为倚洛园，后改为江西会馆别墅，为公共园林，咸丰十一年(1861)由都司黄镛所创，作为巡查时休憩之所，园中有亭台楼阁，可登楼远眺石湾诸岗。
1861～1908	一亩园	北京	刘诚印	坐落在圆明园正大光明门东南，即西扇子河岸边，总占地面积达三十余亩。主要由家庙、宅院、花园、果园组成。(焦雄《北京西郊宅园记》)
1861～1874	苏德庄园	北京	苏德	位于京西海淀镇北约十余里的上地村中，占地面积约有一百多亩。园内有两卷歇山敞宇一座、花厅五楹、两层重楼一座，筑假山，建有折角廊，砌方池一座，遍植翠竹叠石，以竹石构园。(焦雄《北京西郊宅园记》)
	范姜五宅	台湾竹北	姜家	范姜五宅的基本特色是红砖卵石墙基的三合院；每一家皆以正堂搭配两侧横屋围拢出一个称为“禾坪”的公共空间，外层再兴建一道围墙表达强烈的私密性；围墙内面嵌入一个祈福的“天龙龛”，更是客家人独具的祭祀特色。(张运宗《台湾的园林宅第》)
1862	留种园	台湾台南	卢崇烈	卢崇烈所建私园，已毁。
1862	寄啸山庄(何园)	江苏扬州	何芷舠	何芷舠在乾隆时双槐园上扩建而成，因姓而名何园，后再购得片石山房，合为一园，1862 年始建，历十三年建成，园景丰富，有花厅、假山、水池、走马楼、蝴蝶厅、水心亭等，是扬州最晚且最完整的一园。
1862	颖园	浙江南浔	陈煦元	清丝业领袖陈煦元始建于清同治元年(1862)，至1875 年落成，历十三年，面积 10.8 亩。“环池筑一阁一楼，倒影清澈，极紧凑多姿。”园门简洁方形，上题二字：观乔。粉墙漏窗较奇，漏窗全为整石透雕，缠枝藤叶在外，书卷画框居心，当中再刻人物。门口立一对石狮守卫。入园，路右芭蕉依

建园时间	园名	地点	人物	详细情况
				粉墙，墙外是二层高楼，檐下植芭蕉，下雨时水滴蕉叶，成为听雨之作。路左一楼高起，粉墙瓦顶，上下二层半圆拱窗，楼后花木最抢眼的就是紫藤。直行见前面粉墙高耸，墙上嵌有门檐和窗檐，墙外旧时另通他宅。墙远端堆湖石假山一座，正前方立湖石一峰。向左转，见又是粉墙漏窗，漏窗依旧为方形透雕石作。中间开六角门洞，上题二字：饴谷。入内，见四面粉墙漏窗，无一开启窗子，全为小青瓦拼图案，玲珑剔透，与园门处的沉重石雕漏窗形成对比，惜此院废弃多时，窗花坍圮多处，惟地面的卵石铺底，青瓦拼花至今未损。
1862～1867（或 1870～1895）	丁香花园	上海	李鸿章	在华山路 849 号，李鸿章宠妾丁香居所，园内丁香为李所植，一说李于江苏巡抚至两江总督时建，另一说为任直隶总督兼北洋大臣时所建。中西结合，园内有美国乡村式别墅两幢，别墅前为西式草坪。中式园区有：未名湖、九曲桥、湖心亭(凤亭)、旱船、假山、龙墙(百米长)、石洞、瀑布、石洞等景，园中堆石如鸟兽虫鱼，并堆有大小石狮几尊，植丁香、茶花、月桂、牡丹、海棠、蜡梅、紫藤、雪松、红枫、铁树、香樟、原皮香。原面积 22.2 亩，解放时园亭榭多毁，1952 年重修，西扩后增至于 30.6 亩。现为豪华酒楼，增建四幢大楼。
1862～1874	桂公府（方园）	北京	胜保	位于东城区朝阳门内芳嘉园 11 号。北京现存的唯一座皇后宅邸。此地明代即名芳家园，园废后此地建净业庵。咸丰年间都统胜保在净业庵旧址上建了宅第。同治初年，胜保获罪被清廷赐死，此府遂转赐予慈禧太后之弟承恩公桂祥。“八国联军”侵华时曾被德军占领。《道咸以来朝野杂记》载：“钦差大臣都统胜保，住东城方家园。籍没后，赐予承恩公桂祥。”《燕都丛考》引《荃簪予斋诗序・清孝定景皇后挽词注》：“后为承恩公桂祥女，即孝钦之侄。一门两世，正位中宫，都人荣之，称大方家园桂公府为凤凰巢。”由于桂祥的女儿为光绪帝皇后隆裕，一家出了两代皇后，因此桂公府在民间有“凤凰巢”

建园时间	园名	地点	人物	详细情况
				的绰号。(汪菊渊《中国古代园林史》) 胜保(?—1863),字克斋,满州镶白旗人,1840年中举,历任詹事府赞善、翰林院侍讲、国子监祭酒、光禄寺卿、内阁学士。率军镇压太平军、抗英法联年、镇压回民等,因"讳败为胜"被责令自杀。
1862～1874	羞园	北京	耻庵	耻庵,满洲那拉氏,其先人麒庄敏公(庆),官热河都统,政绩著于旗常,姓名藏在册府,久已昭人耳目。耻庵以苏许国之多才,学张长公之避世。座盈佳客,家富藏书,自署其居曰:羞园。暇则与二三友人,闲踏天街,倾囊谋醉,今之振奇人也(耻庵少年咏猫,佳句最多,孙丹五戏呼之为"续狸奴",见《余墨偶谈》)。汪菊渊《中国古代园林史》
1862～1874	李昌宅	北京		东总布胡同34号,此外53号、17号均为大宅。按《京师坊庵志镐》,应为总铺胡同,铺俗忱捕,或讹布。《宸垣识略》。(汪菊渊《中国古代园林史》)
1862～1874	且园	北京	宜伯敦	《燕都丛考》载,且园位于西城区李铁拐斜街(今铁树斜街),《天咫偶闻》却道,园在帅府园胡同(刘凤云道帅府园在东城),园主满族人宜伯敦(名垕)为其父养老所筑,穿池置廊,栽花筑榭,建别舍三楹、小楼二楹,花畦竹径,别饶逸趣,建造中吸引一些士大夫观览觞咏,不知何故停工,后改为同丰堂。同丰堂歇业后,改为旅馆。同治初,伯敦请京城探骊吟社的名家,齐集且园,觞咏唱和,题为《日下联吟集》,并自写其序。宜垕,满族人,字伯敦,寄怀山水,性复好事,风雅丛中,时出奇致,他是第一个出使外国的官员(在同治六年至九年,1867～1870),但并非正式驻外使节,亦未递交国书,著有《初使泰西记》。
1862～1874	相在园(檀园)	江苏昆山	廖纶	初为明代时氏在昆山县城东张维申所建的留蘅阁故址上扩建的檀园,园中有留蘅阁、水池。清人张潜之有诗叹之。清代同治(1861～1874)初,新阳县令廖纶购园,改建为相在园,园中有观复堂、敬一亭、君子舫等。

建园时间	园名	地点	人物	详细情况
1862～1874	杨家庭园	台湾台中	杨氏	在台中清水镇社中村，始建于是同治年间，1937年重修成今局，建筑三纵三合院。杨家祖先从乾隆年间渡台，杨金波于光绪八年(1882)中举，之后出13位秀才，日占时政商两界人才辈出，成为清水豪族。花园为杨宅附园，为当地名园，今毁。
1862～1874	徐氏园	江苏苏州	徐氏	徐氏在阊门外创园，有景：桂馨阁、水池、修竹(万竿)、梧桐(两株)、紫藤架、红桥、月洞门、牡丹等，诗人袁学澜有诗咏园。
1862～1874	颐园	江苏南京	梅缵高	画家梅曾亮之子梅缵高所筑宅园，已毁。
1862～1874	小圃	江苏扬州		现今夹剪桥10号。
1862～1874	梨花梦处	广东潮州	卓兴	在潮州廖厝围8号和9号，是同治年间潮州府总兵卓兴的书斋庭园和观戏之所，南部为书斋园，北部为戏园。书斋园内山石和六柱圆亭，戏园有水池，戏楼采用拜亭形式，两侧为水池。已毁。卓兴(1828—1879)，字士杰，揭阳霖因棉湖人，早年孤苦，浪迹江湖，道光年间在广西钦州投军，因骁勇善战而出名，历任平镇宫都司、潮州总兵、虎门水师提督，受赐顶戴花翎和格良吐巴图鲁称号，封总兵时特赐三代一品封典，同治七年(1868)告病辞归，卒年51岁。
1862～1874	春桂园	广东普宁	方耀	在县城洪阳镇西村，总兵方耀于同治年间所创，动用几千民夫建宅筑园，宅四万平方米，园2000平方米，截取河道一段造园，北段有住宅、书斋、家祠、客厅、客房，中间夹河道，架小桥，建筑物之间用廊道、亭榭、水舍相连，南段全为花园，分东西部，东部内眷用，西部会客用。方耀(1834—1891)，名辉，字照轩，普宁洪阳西村人，行伍出身，与太平军作战出名，历任副官(1851)、把总、都司赐号展勇巴图鲁晋参将(1856)、琼州镇左营都司署三江协副将(1862)、副将加总兵(1865)、南韶连镇总兵、潮州总兵(1868)、广东陆路提督(1877)、潮州总兵(1879)、广东水师提督(1885)，在各地杀义军，镇顽民，创书院，开书局，设善堂，修水利。

建园时间	园名	地点	人物	详细情况
1862～1874	马家花园	山西太原	马存禄	在太原蔬菜公司购销处，同治年间河南安阳人马存禄创立的以经营为主的花圃。最兴盛时为光绪到民国初年。园广十余亩，筑五尺高土垅，上建南厅，周以花栏，置花盆，摆茶座，前台下为鱼池，2米宽，70米长，上架三座小桥，深井取水，池中养萍莲和金鱼。全园有盆花五六千，最著名为大桂花，约三米高，或卖或租，多样经营。马氏子孙不肖，抽大烟至园景衰败，抗日战争前夕已家产卖光，花园消失。
1862～1908	路家花园	山西太原	路氏	在今太原蔬菜公司附近，马家花园北头，为路氏所创商业花圃。
1862～1908	王家花园	山西太原	王氏	在今太原蔬菜公司附近，马家花园南头，为王氏所创商业花圃。
1862～1908	天顺马家花园	山西太原	马天河	在今太原蔬菜公司附近，马家花园北头，为安阳马氏所创商业花圃，传至马天河时，以培养牡丹著名，每盆能开24～26朵花。
1862～1908	赵家花园	山西太原	赵氏	在今太原蔬菜公司附近，马家花园北头，为赵氏所创商业花圃。
1862～1908	吴家花园	山西太原	吴氏	在今太原蔬菜公司附近，马家花园北头，为吴氏所创商业花圃。
1862～1908	侯家花园	山西太原	侯氏	在今太原南门外东岗、并州路，为侯氏所创商业花圃。
1862～1908	申家花园	山西太原	申德文 申金富	在太原城内，为申德文氏所创商业花圃。他在同治年间就到太原，先在上马街东头建花圃，后移至山右巷路东，现红旗橡胶厂一带。到民国年间，申家花园传至申金富手中，以培养海棠出名，还有石榴，与郭家花园胜于他家。至新中国成立后仍存。
1862～1908	郭家花园	山西太原	郭乾年	在太原城内桥东街，为郭氏所创商业花圃，民国年间传至郭乾年手里，以培养竹、梅、菊、大理花著名，新中国成立后仍存。

建园时间	园名	地点	人物	详细情况
1862～1908	衔远别墅（林家西书房）	福建泉州	林瑞岗 林瑞佑	在今泉州安海镇大巷，为同光年间（1862～1908）慈善家、富商林瑞岗和林瑞佑兄弟所创的书院园林，为子孙读书之用，故又名林家西书房。园以假山为主景，有山洞、石阶、小桥、亭子、古树、修竹、天然石桌石凳、花瓶门洞、花窗和花厅等，现存。
约 1863	陈承裘故居	福建福州	陈承裘	在福州文儒坊 45、47 号，是进士陈承裘为妾张氏所创宅园，张氏（1844—1915）原为仓山区故宅时陈承裘丫鬟，收妾后于城中建房舍，舍中有花园，园内有池，今已填。现陈氏故居分东花厅和西主屋，东花厅为张氏所建，西主屋为陈承裘长子陈芷芳为母亲添建，园建何时未详。陈承裘（1827—1885），咸丰年间进士，官至刑部主事，其六子皆中举，妻林氏子陈宝琛为溥仪皇帝老师，妾张氏子陈宝璜（1863—1906）居此，1894 年中举。三子进士，加上其祖陈若林、其父陈景亮，一家四代九举六进士。
1863	荣园（人民公园、李善人花园）	天津	李春城	在广东路、琼州道、厦门路和徽州道之间以赈灾出名的李春城所建私园，俗称李善人花园或李家花园，江南式，仿西湖景观，有堑壕、曲水、土山、中和塔、水心亭、曲虹桥、小榭、养静室、中和桥、山神庙、花窖、诗亭、藏经阁、回廊、楼阁等，1900 年，八国联军入津后渐荒，1917 年和 1939 年洪水中屋舍毁，1937 年日侵时改新民会会址，1945 年改育德学院校址，解放战争时国民党军队进驻，挖工事，新中国成立后李氏后人献园，1951 年改成人民公园，现存土山、中和塔、枫亭（原诗亭）和藏经阁等。
1863	社口杨宅	台湾台中	杨家	清乾隆二十一年（1756）泉州同安霞露杨氏十五世渡台祖杨咸曲（1733—1802）、杨咸仙由泉州府同安县蔡坝后洋乡渡台，在福建省台湾道台湾府彰化县大肚溪河口北岸的五汉港涂葛窟登陆，落脚于寓鳌头西势庄。咸曲生三子（16 世），长子舒昆（1770—1791）、次子舒献（1778—1852）、三子舒雾（1788—1829）。咸仙无子，二房舒献过继予咸仙继承咸仙家业。道光七年（1827）舒昆、舒献、舒雾

建园时间	园名	地点	人物	详细情况
				三房分产，公业共治。西势公厅是清水杨家大型瓦屋。同治二年(1863)，大房舒昆孙杨克湖(1827—1890)因团练乡勇有功赏戴蓝翎，集结二房与三房族人将西势瓦厝(同治元年大地震受损)扩建为今天北栋、中栋、南栋，长达百余米之三组三合院社口杨厝。门口设八卦井供族人共用。光绪八年(1882)三房舒雾子(17世)芳西(杨金波，1823—1890)年近六旬进士中举，官拜台湾府提督兼台湾道道台(光绪时福建省台湾道置二府，道介于省与府之间)，代表族人入住社口杨厝的中栋，厅悬“明经进士”匾，外前埕置提督旗杆座2支。(张运宗《台湾的园林宅第》)
1863～1885	亦园	福建泉州	龚显曾	在泉州市，为清末进士龚显曾的私园。龚显曾(1841—1885)，字毓沂，号咏樵，泉州人，祖籍晋江永宁(今属石狮市)，同治二年(1863)进士，曾授翰林院编修，官至詹事府赞善，后隐于家，曾主清源书院。雅好诗文，吟咏颇多，著有《亦园脞牍》、《薇花吟馆诗存》等书。
1863～1885	薇花吟馆	福建泉州	龚显曾	在泉州市，为清末进士龚显曾的花园。
1864	云山书院	湖南长沙	刘典	为陕西巡抚刘典(宁乡人)于清同治三年(1864)倡建，位于宁乡县城西45公里的水云山下，三面环山，佳木葱茏。宅地雄伟巍峨，建筑古朴大方，占地7200平方米，有讲堂、文昌阁、先师堂等，原建共有房屋158间。院东半里处建有魁星楼，楼3层，高5丈。沩水流经楼西，步云桥横越其上。天马山左右环抱，成为书院天然护卫，双乳峰与水云寺遥遥相望。
1864	景薰楼	台湾台中	林奠国 林文凤 林文钦	依地势逐渐由低而高逐级构建是一栋拥有独特造型的三大落四进的合院群。

建园时间	园名	地点	人物	详细情况
1864	淮湘昭忠祠	江苏无锡	李鸿章	在锡惠公园，同治三年(1864)江苏巡抚李鸿章奏请在惠山寺废址上建淮湘昭忠祠，祭与太平军作战时阵亡的淮军、湘军将士，依次由三层崇台及殿宇、庭院组成，殿前有小院，北院为花石院，南院爬山廊、戏台，以云起楼为结点。辛亥革命后改照忠祠，1958～1986年为无锡博物馆，1989年重修，将玉皇殿翻建为以松风堂为核心，组合易情轩、七步廊、四方亭的一组庭园建筑，又翻修惠泉山房，合并为无锡大观陈列馆，分名人馆、风土人情馆、居一道根艺馆。
1864	听枫园	江苏苏州	吴应之吴云	在金太史巷4号(现园门在庆元坊1号)，原址为宋天圣年间(1023～1031)词人吴应之红梅阁故址，同治三年(1864)苏州知府、金石家、湖州人吴云(字平斋)在此构筑宅园，因园中有古枫而名听枫园，吴昌硕在此任教，光绪九年(1883)吴卒后家道中落，宣统二年(1910)朱祖谋(字古微)寓此，民国17年(1928)归陈氏，曾修复，其后屡更园主，新中国成立后相继为教师进修学校、市二中、苏州评弹研究室、评弹团，花园为职工宿舍，“文革”时假山被拆，墨香阁被毁，堂构失修，1983年居民迁出修复，次年竣工，1985年苏州国画院迁入。园广660平方米，有大小庭院五处，主厅听枫仙馆居中，南北各一院，南院花木茂盛，东南角堆假山，两罍轩(吴云曾收藏两齐侯罍于此，故名)、味道居、红叶亭(现名待霜，古枫已不存)、适然亭诸建筑依廊连属。馆东为吴云书房平斋，其前叠湖石假山，山顶构墨香阁，花墙与他院分隔，为全园精华，现已与南院连成一片。北院有清池、旱船半亭、峰石、花木。另外，在味道居和两罍轩各置小院。
1864	锄经园	江苏吴江		在吴江震泽镇师俭堂内，同治三年(1864)创立，广400平方米，有景：假山、回廊、亭子、船阁、佛堂等。现存。

建园时间	园名	地点	人物	详细情况
1864	余荫山房（余荫园）	广东广州	邬彬 邬仲瑜	始建于清同治三年(1864)，历时5年，于同治八年(1869)竣工。岭南四大古典名园保存最完整者，1598平方米。内有临池别馆、深柳堂、榄核厅、玲珑水榭、南熏亭、船厅、方池、八角池。1922年，园主人的第四代孙邬仲瑜扩建了瑜园部分，约400平方米，内有书姐楼、书房、听涛小阁、望月台、方池、曲廊。近年，园门改从北面入，增加了祠堂前的水池、石龟和假山。门联"余地三弓红雨足，荫天一角绿云深"很有深意。邬彬，字燕天，广东番禺南村人，举人，官至刑部主事，七品员外郎，其长子和次子先后中举，故有"一门三举人，父子同登科"美誉。
1865	沙面公园	广东广州		原为法租界的前堤花园和英租界的皇后花园，始建于1865年，1949年由广州市人委接管后成为公众花园，面积21382平方米。全园没有围墙，但还是做了入口广场。北入口面临沙面南街。入口后退，两旁围墙低矮，在墙边摆有盆花，与周边的西欧风情相配。入口广场称罗马广场。在广场西面，有两个休息平台。花坛中以大榕树为主景树。高大婆娑的榕树把高架桥遮去了大半。在广场的东面，是儿童游乐区。这里有欢乐火车玩具。欢乐火车的山洞结合塑石和土台布置。在草地上有一个明朝正统年间农民起义首领黄肖养的塑像。塑像也是以黄色塑石雕成，正看是一座人像雕塑，背看是一座假山。曾经是英国租界地的园林，风格是英国自然风景园式，从草坪、缓坡和浓郁的植物中可以看到这些影子，但是，改造后的沙面公园已经失去了这些特点，广场、游乐设施使得当年的自然风景式特点受损，不过，尽管内部失之风景，然而沿湖可借外景则是全园的精华。
1865	公家花园(外滩花园、外滩公园、黄浦公园)	上海	克拉克	在中山东路28号，东濒黄浦江，南临外滩，工部局工程师克拉克倡建，1865年议案通过始建，1868年8月8日建成开放。初名公共花园、公家花园、公花园，中国人习称外国花园或外摆渡公园、大桥公园、外滩公园，1936年正式改名外滩公园，1945年更名春申公园，1946年1月20日更名黄浦花

建园时间	园名	地点	人物	详细情况
				园至今。园林1993年随外滩改造，成为新外滩一部分，大门同年完成。英租界的花园，为英国式样。初期面积29.3亩，除花草外只有小温室和一间门房，1870年建木构音乐亭，1880年堆假山，1888年建南喷泉水池（侨民伍德捐），1890年改建音乐亭为六角钢结构，1894年北喷泉水池及池山、1905年移常胜将军纪念碑入园，移马嘉理纪念碑入园，1909年建北茅亭，1922年改建音乐亭，1923年建钢筋混凝土亭子，1922年堆园西土山，1925年拆茅亭，东北建木亭，1936年拆池山建12道喷泉，1937年拆音乐亭并建南部木棚。1941年日军入驻毁园，1973年拆两纪念碑，光复后修园，1949年国民党军在园内埋地雷建碉堡，新中国成立后重修开放，1956年加高防汛墙，1959年拆围墙及门口喷水池和小孩雕塑，1961年园西建铁丝网，1972建望江亭、堆假山瀑布、园西水池、园东长廊平台、园西绿廊、园北茶室，改建阅报亭和画廊。1980年翻修地坪，1983年改西墙为钢结构透墙，改北茅亭为钙塑顶亭，1989建人民英雄纪念碑，1993年建成开放。现有景：纪念碑、江堤观台、勇士雕塑、音乐广场等。创园时规定华人与狗不能入内，直至1928年6月1日方取消。1995年面积2.07公顷。
1866	筱云山庄	台湾台中	吕氏	筱云山庄位于台湾台中市神冈区三角里大丰路116号，兴建于同治五年（1866），为神冈三角仔吕家在三角仔庄所建立的第二座宅第，因此又称吕家新厝或第二公厝。筱云山庄坐北朝南，北侧有小丘陵，左侧有沟渠环护，为风水意义上的吉地。当时人文荟萃于山庄，促进了台湾中部的文风鼎盛。（张运宗《台湾的园林宅第》）
1868	寸园	湖北武昌	张月清	旧址位于武昌胭脂路72号，园内以假石山居中，名为苍玉堆，石料白皙如玉，周围杂植花木十余株，“四时之花悉俱焉”。苍玉堆北为有事无事斋，为起居室。斋西有晚秀亭，亭南有亚字轩，为请客设宴之地，出轩有步廊可循，廊角有紫荆一树，春来花开满。全园虽小，但主景突出，植物布置得当。

建园时间	园名	地点	人物	详细情况
1868	义芳居	台湾台北	陈家	位于台北市基隆路3段155巷128号。义芳居由前埕、正身、左右护龙与左右外护龙组合而成。最大特色在于完密的防御系统，包括独立铳柜及墙上二十四个内大外小的铳眼，还种植密实的刺竹篱环围四周。石材也是义芳居的建筑特色，以砂岩为主，重要部分则用观音石；墙身下方以棕黄色砂岩为底，结合上方的闽南砖与土合砌而成。正厅除木构神龛外，其他皆为砖、石、土合成的墙体，即便前埕的石板也是棕黄色砂岩。
1869	雁山园（西林花园、雁山公园、雁山别墅）	广西桂林	唐仁 唐岳	在雁山镇东，为广西团练总办唐仁及其子唐岳所建，四年建成，名雁山别墅，宣统三年(1911)两广总督岑春煊(字西林)以4万两纹银购园，更名西林花园，岑移居上海后，园废，1926年岑捐给政府，1929年更名雁山公园，1936年广西大学迁此，现为雁山公园，面积15公顷。园林以山、水、花木、建筑著称，北为乳钟山，南为方竹山，方竹山下有桃源洞(亦名相思洞)，清泉流出名青罗溪，两山间为碧云湖，建筑有涵通楼、碧云湖舫、澄研阁、长廊，又有稻田菜地、茅房水舍、桃李林、花神祠、钓鱼台、戏台、红豆阁、八角亭、九曲桥等。(汪菊渊《中国古代园林史》)
1869	安徽会馆	北京	李鸿章	位于北京西城区后孙公园胡同路北，门牌三号、二十五号、二十七号。同治八年(1869)直隶总督、北洋大臣李鸿章与其兄湖广总督李瀚章及淮军诸将集资购得孙公园的大部分，建安徽会馆，同治十年(1871)落成。此后，又分别于清同治十一年(1872)五月和清光绪十年(1884)五月进行两次扩建。建成后的安徽会馆占地9000多平方米，共有219间半馆舍，其规模居在京会馆之首。清光绪十五年(1889)，因西邻泉郡会馆燃放鞭炮失火，安徽会馆大部分被毁，同年八月重修。新馆规模较之以前更为宏大。

建园时间	园名	地点	人物	详细情况
1869～1899	螺丝山公园	澳门	罗沙	位于澳门亚马喇马路，历时30年，到19世纪末才完成。它是“改善澳门环境”委员会的重点工程。时任总督的罗沙一直在实现这一绿化澳门、开辟公园的宏伟计划。公园总面积为9500平方米，依山而建，树木茂盛，风景独特，其独特在于公园最高处有一石假山，名螺丝山，全山用石堆成，两条园路呈螺旋上升，登上山顶，有一个人工眺望台，可远眺黑沙环区及渔翁街一带风景。公园的另一特色是座椅，全园椅子众多，布满每一个角落，座椅之多堪称澳门公园之最。另外，园内还有儿童游乐场和溜冰场，成为青少年喜爱之处。入口处的葡式餐厅，设有露天茶座，游人可一边品茶一边赏景，在亚马喇路入口处还设立一个鲍思高雕像。
1870	七桧园	广东南海	康国器	在南海苏村居安里1～3号，为广西巡抚康有为曾祖康国器调回广州，回南海所建园林，园内有淡如楼、二万卷书楼、七松轩、虹蝠桥，三面池塘，中间亭沼，清流映带，花木成荫，尤以七株数百年古桧为名，为当地著名园林。康有为在此读书考证，著《大同书》，戊戌变法败后，家产抄没，祖坟被掘，抗日战争时七桧园被毁，1983年康有为堂侄女出资重建，现有康有为纪念馆、故居、康氏宗祠、淡如楼、松轩、荷塘等景点，占地2公顷。康国器（？—1884），初名以泰，字交修，广东南海人，清军将领，道光末从军，以功授江西赣县桂源司巡检，咸丰初，募死士击粤匪，同治元年（1861）援浙，次年授道员（1862），三年克余杭（1864），授福建延建邵道，始专统军，五年（1866）擢按察使，七年（1868）迁广西布政使，十年（1871）护理巡抚，十一年（1872）内召，以疾归，光绪十年（1884）卒。
1870	意园	广东惠州	刘湝年	在惠州旧府署内，同治九年（1870）惠州太守刘湝年建，内有香界、篃榭等，多植香花、菊花、美人蕉、芭蕉、榕树、梅花等，刘题诗《古梅》：“松风不可见，玉蕊等琼玖。一株傍南荣，余香散十亩。似有缟衣来，云曾见髯搜。”《榕庐》：“老榕高参天，大可蔽十牛。结庐于其间，炎夏如清秋。有客手一编，息影方庄修。”

建园时间	园名	地点	人物	详细情况
1871前	西园（保素堂）	上海	钱氏	在今长宁区法华镇路附近，钱氏于同治10年前建成，毁。
1871前	玉弘馆	上海	顾从仪	在今肇嘉浜路南，顾从仪于同治10年前所建，毁。
1871前	程家园	上海	程氏	在今长宁区境内，程氏于同治10年前所建，毁。
1871前	芝露园	上海	沈朝鼎	在今浦东新区陆家嘴一带，沈朝鼎于同治10年前所建，毁。
1871	绮园（冯家花园）	浙江海盐	冯缵 黄琇	黄清燮曾建有拙宜园，1862年毁，1871年其女黄琇与夫冯缵一起利用拙宜园旧料在冯家三乐堂北建园，名绮园，为浙中第一园，新中国成立后献公，改人民公园。现复旧名，有景：泥香亭、美女照镜石、潭影轩、九曲桥、南山、东溪、长堤、罨画桥、蝶来滴翠亭、北山、依云亭、石潭、堑道、卧虹水阁、碑墙、花台等。
1871～1908	杨家花园	重庆	杨祖培	位于今重庆万州区沙河镇，面积四万多平方米，建于清光绪年间，现为万县人民政府驻地。
1871～1908	义源古民居	福建泉州		位于泉州安海镇，与尺远斋仅一墙之隔，闽南式门楼古色古香，建于光绪年间的“谦受益”八角形（八卦）石门和圆形窗都颇有特色，也有假山古树，是一处幽静的古园林。
1872	芝园	浙江杭州	胡雪岩 尹芝	在元宝街，晚清红顶商人胡雪岩创，历时三年乃成，1903年胡后人售与文煜，以建筑为主，有春夏秋冬四园，有洗秋轩、锁春院、夏颐院、融冬院，假山壁式，建筑密度太大，多用玻璃，7230平方米。落成之时，宅内有建筑二十余座。恢宏富丽的建筑、秀美清幽的园林，以及精致细腻的雕刻使它成为清代江浙民居建筑的典型。宅邸分为东部、中部、西部三部分。园林是在西部，名芝园，由晚清的造园名家尹芝设计。园林因擘飞来峰之一支，有“无品不精，有形皆丽”之美誉，故在20世纪的二三十年代在全国颇有名气。园林以水池为中心，建筑环绕，壁山矗立，桥亭高耸，院落转折。全

建园时间	园名	地点	人物	详细情况
				园以堆石见长，堆石以壁山为主，很少孤峰。全园有独立成景的壁山6处，仅有一处孤峰。另外，还以四季作为主题，建有锁春院、颐夏院、洗秋院、融冬院等四院，四院景皆不同，与个园四季假山相似，但每院全开，以院景取胜。
1872	格龙别墅（味莼园、张园）	上海	格龙 张叔和	在麦特赫司脱路（今泰兴路）南，1872年由英商格龙租得辟为花园洋房，1878年建成，占地20余亩。1882年无锡人张鸿禄（字叔和）购地建为商业园林，取晋张翰“秋风起，思莼鲈”典故而名味莼园，园广70余亩，1885年售票入园，20世纪初租给洋人经营，1905年俄军入驻，1909年收回，修后重开，1911年经营不好而拍卖，1919年卖给王克敏改建为住宅，现为新旧式里弄。当时园林中西合璧，有：安垲第、大草坪、碧云深处、海天胜处、曲池、荷沼、花房、茅亭、双桥、假山、日本板屋、花蹊，活动有：餐饮、住宅、摄影、焰火、戏剧、杂技、马戏、气球升空、高台行舟、电气屋、抛球场、网球场、弹子房、舞厅、碳石灯。园中举办的政治活动有：中国教育会、爱国学社集会、拒法大会、拒俄大会、中华实业联合会欢迎孙中山大会、追悼秋瑾大会、纪念黄花岗烈士大会、反对签订“二十一条”大会，其他活动有：赛花会、霍元甲打擂、筹饷、赈灾游艺会等。
1873	嘛呢寺	甘肃兰州		嘛呢寺，系藏传佛教寺院，始建于明代。重建于同治十二年（1873）。位于五泉山公园半月亭的西面。因惠泉众流汇合处有嘛呢转轮而得名嘛呢寺，嘛呢系梵语即观音，嘛呢寺是五泉山优美风景点之一。从西龙口山路拾级而上登山梁，有坐南朝北上书“嘛呢寺”的山门，进门为一进深十米的小院，东有依依径和仄仄门，均通矩形的品曲亭，西有重重院和叠叠园；从小院正中上台阶十余级，即到嘛呢寺过厅而进入寺院，正中为观音殿，西有侧杀另成一小院，正殿前面有轩和廊相接。嘛呢寺占地不多，约2.4亩（包括周围环境），但充

建园时间	园名	地点	人物	详细情况
				分利用地形高差,在有限的面积中创造不同的层次和空间,在建筑布局上组合得很紧凑,使小小的局部,变化较多,产生了丰富的景色,既可听水声,又可俯瞰幽谷。每到夏季,嘛呢寺周围树木葱郁,凉风习习,水声淙淙,另有一番情趣,是理想的消暑胜地。嘛呢寺在对景的运用上也是成功的,与谷东的清虚府高低遥望,可望而不可即,达到相互借景的目的。在空间处理上,中部严谨开敞,东部幽远安静,西部曲折多变,北部活泼闲适。所以嘛呢寺在西北地区是一个保留自然风貌较好的空间多变的山水园的典型。
1873	万选居	台湾 台中	张氏	位于台中市丰原区翁社里,占地一亩余,建筑三进院的大宅第,两旁均有护龙,向外有三道大门。外面筑有围墙,围墙中间有一个大门。门之构造精致美观,古色古香,门上悬挂石刻"万选居"三个大字。过大埕即到前院正厅,其建筑精美,门上有匾一方,上书"诒穀堂"三字,再入内便是二进院,庭院中种植了很多盆景和花卉,百花争妍,景色幽美芬芳。正门上挂"曲江世德"古匾一方,金碧辉煌。其对联为:"孝友传心异世居同家政美,开闽论道二铭理一圣功垂。"后院建筑富丽堂皇。殿上悬挂"德布中州"匾额一方。正殿供祀张氏祖先神位。(张运宗《台湾的园林宅第》)
1873	南半园	江苏 苏州	史杰 俞樾 陆鸿仪	在仓米巷 24 号,宅园面积 9.2 亩,花园 4 亩,本为俞樾老宅,同治十二年(1873)售与布政使、溧阳人史杰(字伟堂)。园于宅西,守半不求其全,故名半园。入门有联:事若求全何所乐,人非有品不能闲。园中有景:半园草堂、小池、石桥、石洞、假山、三友亭、安乐窝、还读书斋、小亭、风廊、月榭、君子居、不系舟、三层楼(下题:且住为佳,中层题:待月楼,上层题:四宜楼)、挹爽轩、双荫轩、紫薇、碧桃、芍药、玫瑰、牡丹、竹、荷、柽、柏等。王文治书联、俞樾书榜、吴云书联。廊壁嵌史杰历险图 10 幅及俞樾《半园记》。民国初率先开放,又有隐社、半园

建园时间	园名	地点	人物	详细情况
				女诗社、女学研究会在此集会,20 世纪 30 年代陆鸿仪在此开律师事务所,1930 年三层楼毁,20 世纪 50 年代私房改造后先后归市税务局、轴承厂,1964 年归第三光学仪器厂,1966 年池塘被填,假山和建筑大部被毁,1975 北部建四层楼,园门被封,宅园成为车站,1979 年规划为修复项目,今宅部尚整,园址完整,余半园草堂和部分亭廊。
1873	西云书院(湛园)	云南大理	杨玉科	在云南大理一中内,原为广东陆路提督杨玉科所建的爵府花园,又名湛园,从 1873 年始建,历两年至 1875 年建成。爵府及花园共占地 40 亩,有屋 130 多间,离任时赠地方为书院,成为书院园林,实为私家园林。分南庭(南花厅)和北庭(北花厅),南花厅名湛园,以水为中心,池中建水阁、石桥、六角亭、假山、曲水等,具有大理地方特色。北花厅于 20 世纪 50 年代初毁。杨作有《西云书院碑记》。杨玉科(1838—1885),字运阶,云南兰坪人,祖籍湖南,白族人,农民出身,1861 年任守备,1864 年暂任维西协领,1866 年任游击,1867 年任副将,赐"励勇巴图鲁",1868 年任总兵,1869 年任云南提督,赐瑚松额巴图鲁,同年末任记名开化镇总兵,1871 年赏黄马褂,赐一等轻骑都尉,1872 年改赐世袭骑都尉,1872 年末镇压杜文秀义军,1873 年入京受皇帝垂询大理战局,1876 年调高州总兵,1881 年任广州陆路提督,1885 年参加中法战争,死于镇南关战役,追赠太子少保,谥武愍。杨玉科在加官晋爵之时,控制滇西盐井,开办商号、汇号,置田建宅,1873 年,在大理建爵府,历两年建成。因私设商号,广置田宅而受翰林院编修何金寺等弹劾,被降三级,直到 1876 年才被重新启用,调任广东总兵,离别之际,把爵府及花园赠给当地作为西云书院。1906 年先后改为师范传习所、迤西模范中学,1911 年改为云南省立第二中学,1927 年改省立大理中学。

建园时间	园名	地点	人物	详细情况
1873	倚澜堂	广东广州	潘仕成	在荔枝湾，原为潘仕成海山仙馆一部分，潘仕成破产后，园裂分为彭园、荔香园、倚澜堂和小画舫斋等部分。
1873	彭园	广东广州	彭光湛	在荔枝湾荔湾今广州市第二人民医院后边，潘仕成的海山仙馆被抄入官后，园被分成彭氏和陈氏所有，彭氏部分为彭园，陈氏部分为荔香园，分处两岸。主人彭光湛，清末振天声革命剧团设于彭园，民国后改为民居。彭光湛，光绪间福建连城县知县。
1873	荔香园	广东广州	陈花村	在荔枝湾荔湾公园内，原为潘仕成的海山仙馆，潘氏破产，园被抄没拍卖，园分成四部分。陈园又名荔香园，于清末对外开放，供游客入园赏荔。孙中山、廖仲恺、陈独秀等人都曾前往游览，陈独秀还即兴作对联一副："文物创兴新世界，好景开遍荔枝湾。"20世纪30年代陈璧君（汪精卫夫人）之堂兄弟陈花村将此残垣败瓦园圃稍加修葺，在此居住数十年。榜门首曰荔香园，内种植时花果树，后来又被毁。
1874前	未园（港北花园）	上海	徐雨之	在今河南北路七浦路西北首小花园处，上海道观察使、广东人徐雨之于同治十三年前所建，俗称港北公园，广0.177公顷。半对外开放。园小而精巧，曲径通幽，竹木成林，一丘一壑，颇具武夷风光。清光绪二年(1876)，吴淞铁路通车典礼在此举行。清光绪五年(1879)，改为山西汇业公所，当年毁。
1874～1908	鸡鸭佟宅园	北京	佟家	位于京西海淀镇南小街路南。园内叠置环形假山，筑小轩、四角亭，植翠竹、丁香花、青翠轩、紫藤萝花架，中部院落为园区，北部建轩厅，叠山理石，显得紧凑。南部自然散落，间以花木为主，并点缀亭轩，尤其是小亭在园区一侧，旁倚粉墙之下，加之花木掩映，每当夕阳晚照，碎影盈亭，景致甚美。

建园时间	园名	地点	人物	详细情况
1874～1908	桂崇宅园	北京	桂崇	位于海淀镇灯笼库胡同。园内筑有假山曰“万笏”，牡丹坛、松风堂、景观主要以廊和叠山为主景，北部木秀石奇，长廊两旁山石回曲，可称奇绝。现已失存。
1874～1908	石居别墅	北京	张家	位于京西金山南麓。由妙云寺故址改建，石居别墅尚完整遗存。园子以叠山取胜，并以叠山石景为构园主体，建成一处幽静深邃，富于石林意趣小品的休养之处。山门外有古槐数株，进山门，院中一座水池，亦称小窖坑。系因开采石灰岩石挖成的，池岸西南叠置假山数座，峰石对峙，池中蓄水，构成绮丽的山石水景。另有大水池，池中叠置高大假山一座，山势高峻，独峰奇秀。沿池岸四周散置峰石，山石取材均为石灰岩石。山石丛中建单檐四角亭一座。这座水池比西园水池要大，故又称大灰坑。造园家充分利用地形，就地取材，进行造园。
1874～1908	张之洞宅院	北京	张之洞	位于六郎庄后街。园西墙散置假山，筑单檐四角方亭一座，亭北堆土阜石山，筑叠屏峰为障景，峰石青翠，石状怪诡，皆嵌空点缀。园内种植丁香、果树、苍松翠柏，园景自然活泼，以山、林、石为主，略加人工点缀。民初已圮废，只剩下东西一道断垣残壁了。
1874	潜园	江苏徐州	王琴九 桂中行 袁海观	在徐州淮海西路迎宾菜馆后诸达巷东，为孝廉王琴九于光绪十三年(1874)秋所建私园。园广三亩，园门向西，知府徐中行题额，门内三槐为屏，屏后为树草，门北有西屋三间，名十友轩，北屋五间，名今雨轩，屏后有罗汉墙，厅东南为草径，东以竹篱，草径尽头有小兰亭，每年三月三与道台袁海观和知府桂中行等在园中举行修禊活动，亭东南便门外为潜园河，有小舟可船游，南墙下为花坛，下有花圃，花坛西南有房五间，三间为厨房，一间为茶房，另一间为园丁住宅。辛亥革命后铜山教育会设此，1938 年徐州沦陷前，园被日机炸毁。王琴九(1838—1903)，徐州人，原名王孝敏，光绪年间江苏候选教谕、奉政大夫、修职郎，工书善画，喜好风雅，有《潜园赋》、《雨后过潜园》等。

建园时间	园名	地点	人物	详细情况
1874	曲园	江苏苏州	俞樾	在江苏苏州马医科巷43号，是清代大文学家俞樾的书斋园林，宅与园占地3.88亩，园占地1.58亩。同治十三年(1874)，在李鸿章和彭玉麟等的资助下购得乾隆年间状元、体仁阁大学士潘世恩旧宅西面数亩地，建屋30余间，光绪元年(1875)竣工，有名者如乐知堂、春在堂、认春轩，而后在宅间隙地建园，园内有曲池、曲水亭、假山、石径、认春轩、艮宦、达斋等景，因基地狭曲类篆体“曲”字，再取老子“曲则全”之意，故名曲园。光绪五年(1879)，在春在堂南建小竹里馆庭院，称前曲园，后已建者为后曲园。光绪十八年(1892)筑曲水池桥，又于山石间以竹筒引流泉。俞樾光绪三十二年(1906)病逝于斯。民国初后裔离苏，洪钧侄媳居，后荒废。1954年，俞樾的曾孙、著名学者俞平伯先生捐园于公，1957年整修，厅堂花园先后由市政协、苏州评弹团、市物资局贸易公司使用，住宅租于居民，1977年拓路拆屋毁假山水填水池，1982年整修，次年完工，1985年二期整修。园宅合五亩，园不过1亩。有景：轿厅、乐知堂、春在堂、老竹里馆、认春轩、回峰阁、曲水亭、俞樾手植紫薇、曲池、假山、山洞、竹篱、曲廊、达斋、艮宦等。俞樾(1821—1907)，字荫甫，别号曲园，浙江省德清人。道光三十年(1850)进士，授翰林院编修，放河南学政，仅两年，因“试题割裂经义”而被革职，并明确永不录用。1858年始寓居苏州达30年，著书讲学，曾主持苏州紫阳书院，亦在杭州、上海和湖州等地讲学，近代学者吴大澄、陆润庠和章太炎皆出自俞门，故有“门秀三千士，名高四百州”之美誉，章尊其为清代经学第一流大师，东南亚日本各国尊之为“东亚唯一的宗师”。

建园时间	园名	地点	人物	详细情况
1874	王武愍公祠	江苏无锡	洪钧	在下河塘8号，清同治十三年(1874)洪钧奏请敕建，冯桂芬题写碑记和祠额，祠分东、中、西三部分，各自成院，为江南寺院庭园布局，中轴由门厅、碑亭、二门、工字殿组成，两厢设廊。西院为王恩绶祠，由月洞门、天井、工字殿组成。东院由月洞门、水池、介福堂组成。新中国成立后归部队，1982年归园林局，1984年修复后为惠山泥人馆。王恩绶，字乐山，无锡人，系王羲之后裔。王恩绶为清道光二十九年举人，太平军攻克武昌时死于武昌知县任上，谥号武愍。(焦雄《北京西郊宅园记》)
1874	愚园	江苏南京	胡恩燮	明初为徐达后裔魏国公徐俌的别业，称魏公西园或西五府园，其子徐天锡重修后给其三子徐继勋，称徐锦衣西园，后易主汪氏，再易兵部尚书、中丞吴用先，称吴家花园或六朝园，清中叶毁去。同治十三年(1874)苏州知府胡恩燮(字熙斋，江宁人)购魏公西园及凤台园址重筑为愚园，因酷似苏州狮子林，故有金陵狮子林之称。园广20余亩，北面堆太湖石假山，南面开荷花池，丘壑跌宕，曲径通幽，亭榭清雅，有景：清远堂、春晖堂、水石居、无隐精舍、分荫轩、松颜馆、青山伴读之楼、觅句廊、依琴拜石之斋、镜里芙蓉、寄安、城市山林、集韵轩、延青阁、容安小舍、秋水蒹葭之馆、栖云阁、春睡轩、柳岸流光、课耕草堂、啸台、养俟山庄、在水一方、漱玉、小沧浪、竹坞、小山佳处、岩窝、憩亭、牧亭、西圃、梅崦、愚湖、鹿坪、界花桥、渡鹤桥等31景。清末，愚园仍为金陵胜地，有景：葆光堂、荼蘼轩、南轩、桐舫、本末亭、云深处、桃花菊畦、菜圃、荻岸、柳堤、梅岭、澄怀堂、飞虹阁、海欧亭、并松石等。辛亥革命后张勋攻入南京，纵火焚园，1915年胡恩燮嗣子胡碧征重整家园，增建怀白楼、揖蒋亭、海燕楼等，1931年已成大杂院，1947年，只余一池。

建园时间	园名	地点	人物	详细情况
1874	小东圃	北京	季文敏 李慈铭 袁爽秋	位于骡马市大街路南保安寺街，东通果子巷，西接米市胡同，是清末监察御史李慈铭宅园。李于同治十三年(1874)7月13日由铁门胡同移居此地，原为闽浙总督季文敏旧宅，院内有屋20余间，年久失修，屋漏院荒。李带童仆工匠铲草铺地，油饰廊庑，移植旧宅植物入内，有海棠二、丁香三、梧桐一、垂柳一、紫藤一。后东屋倒塌，拆作花圃，植竹数十，植海棠、梨、柰、桃、李、杏、枣、紫荆、梧桐于西院和后院，圃西改精舍两间为书房。以芍药围成短篱，题跨廊为花影廊，题园名为小东圃。屋北栾树、碧桃、紫白丁香，别院朱藤一架，墙边槐树，颜其室为碧交馆，馆旁小轩称听花榭。又于房南植垂柳。将房比船，题为轩翠舫。其友袁爽秋诗道："穷官半亩宫，例占藤阴翠；珑珑靖安坊，簇簇海波寺。"把小东圃比作韩愈长安的靖安里和朱彝尊的海波寺紫藤书屋。《同光间燕都掌故辑略》详述其中各景。(焦雄《北京西郊宅园记》) 李慈铭(1829—1894)，初名模，后改慈铭，字式侯、法长、爱伯，号莼客，晚室名越缦堂，会稽(今绍兴)人。自幼聪颖，十二三岁工诗韵，道光三十年(1850)汉学大师吴晴舫以侍郎督学浙江，以第二名补县学生员，凡试11次不第，咸丰九年(1859)入京，以诸生捐户部郎中，以诗文名于京师，为大学士周祖培、尚书潘祖荫赏识，清同治九年(1870)中举，光绪六年(1880)中进士。任户部郎中、户部江南司资郎。光绪十五年(1889)改御史，光绪十六年(1890)补山西道监察御史，转掌山西道。性格狂傲，忠直敢言，不避权贵，为人所忌，常闭门园中，种花吟咏，甲午败战，悲愤而死。他能文善诗，沉博绝丽，自成一家，自称经史子集及稗官、梵文、诗余、传奇，无不涉猎；对史学考据更掌知要，并以散文骈体文撰写考据笔记；悉心地方文献，纂辑校订地方志书。毕生著述甚丰，凡百数十卷，有《十三经古今文义汇正》、《说文举要》等。以《越缦堂日记》声震文坛，弟子著录数百人，以同邑陶方琦为最。(焦雄《北京西郊宅园记》)

建园时间	园名	地点	人物	详细情况
1874 后	岳云别业	北京	张百熙	《同光间燕都掌故辑略》、《宣武百科全书》和《北京西城区地名志》载，园在盆儿胡同，后临南横街，为同治尚书张百熙所建别墅，因有楼名岳云楼，故名岳云别业。南为二层小楼，院中有亭，周以高树繁花，西有曲墙，中开月门，门内又一花园，环境幽雅，花繁叶茂，后改鄞县（今鄞州区）西馆，新中国成立后为区职工夜校，50 年代初建筑尚存，后为联合大学建材轻工学院、城建学院。 张百熙（1847—1907），字埜秋、治秋，号潜斋，湖南长沙人，同治十三年（1874）进士，改翰林院庶吉士，光绪二年（1876）散馆，授编修，其后历山东乡试副考官、山东学政、四川乡试正考官、日讲起居注官、国子监祭酒、江西乡试正考官、广东学政、内阁学士兼礼部侍郎、礼部右侍郎、都察院左都御史、工部尚书、吏部尚书、京师大学堂管学大臣、户部尚书、邮传部尚书、管学大臣（1902）等职。一生致力于教育救国，光绪二十三年（1897）创办时敏学堂，创设大学制度，曾任《清会典》总纂官。《清史稿·艺文志》有《张百熙奏议》4 卷，另有《退思轩诗集》和《补遗》传世。
1874～1882	怡园	江苏苏州	顾文彬 顾承 顾公硕 任伯年 程庭露 王石香 范印泉 龚锦如	在今苏州人民路 343 号，占地 9.4 亩。明代，此地是尚书吴宽的复园，于清代同治十三年至光绪八年（1874～1882）为宁绍台（宁波、绍兴、台州）道台顾文彬以 20 万白银购得重筑，得洞庭山三座废园之石，历时八年乃成，取《论语》的“兄弟怡怡”而名怡园，抗战时被炮弹摧为瓦砾，古玩字画被洗掠一空，1953 年，末代园主顾公硕等献园归国，经整修后于当年十二月对外开放。设计者有顾文彬、顾承、任伯年、程庭露、王石香、范印泉等，堆石由名家龚锦如主持。 园主顾文彬（1811—1889），字蔚如，号子山、艮庵，苏州人，道光进士，无所不学，工书法、擅诗词，并精于鉴赏收藏，园中所有词联皆为顾文彬亲自选取于宋元词，并编集成册《眉绿楼词联》。实际参与造园的是顾文彬之子顾承。顾承，原名廷烈，字

建园时间	园名	地点	人物	详细情况
				骏叔，号乐园，工书画，被时人誉为“当代虎头”。怡园是集仿园，以苏州几个名园为模本进行仿写，东部庭院有留园的影子，中部水池有网师园余声，旱舫仿拙政园，复廊仿沧浪亭，假山参照环秀山庄，洞壑参照狮子林。现有园景：湛露堂、画舫斋、面壁亭、碧梧栖楼、小沧浪、玉延亭、四时潇洒亭、藕香榭、锁绿轩、石舫、金粟亭、坡仙琴馆、拜石轩、复廊、法帖等。俞樾撰《怡园记》，称之为“甲于吴下”。
1874～1903	藤花吟馆	福建广州	陈启仁	在泉州，为清末进士陈启仁所创私园。陈启仁(1836—1903)，字戟门、铁香，清末晋江永宁(今属石狮市)人，后移家泉州，同治十三年(1874)进士，授翰林院庶吉士，官中宪大夫，以知府衔广东补用，后改官刑部主事，因薄宦情，淡名利，假归不出，任泉州清源、石井、鹏南，同安双溪，厦门玉屏、紫阳，漳州丹霞、龙溪霞文等书院山长30余年，桃李遍闽南，博通经史百家，工篆籀，擅金石，著有《闽中金石录》、《说文丛义》、《闽诗纪事》、《海纪辑要》、《藤花吟馆诗集》，与妹夫龚显曾合纂《温陵诗纪·文纪》。
1874～1895	招鸥别馆	福建泉州	黄贻楫	在泉州，是清末探花黄贻楫的私园。黄贻楫(1832—1895)，字远伯，号雩川，清泉州人，同治十三年(1874)探花，累官侍郎，同治元年(1862)其父两广总督黄宗汉因反对慈禧太后垂帘听政被罢官，未几卒，他伏阙上书辨冤，时称孝子，后退隐泉州，从事文教公益，任清源书院山长，著有《柔远记略》、《招鸥别馆文集》、《救时高论》、《静妙轩诗钞》等，惜均失散未梓。
1875	社口林宅(社口大夫第)	台湾台中	林振芳	位于台湾台中市神冈区。林振芳购置吴张旧宅加以改建，初期规模大致在清光绪元年(1875)完成，而护龙厢房的部分，则在十几年之后，随着家族人口增加才陆续增建完成。社口林宅是一座两进多护龙形式的四合院建筑，为坐北朝南偏西方位。

建园时间	园名	地点	人物	详细情况
				其门楼是一层楼，面阔三开间。第一进门厅，入口为简单的凹寿式，第二进的正厅也有凹寿，前留设步口廊，正厅前面的中庭地上铺地砖，排列出丰富的图案，其中人字砌是主要的图案，象征"人丁兴旺、生生不息"。林宅石雕相当精致，在清代民宅中颇为罕见。门厅和正厅的部分都有地牛(柜台脚)的雕饰，门厅中央门额书有"大夫第"，两边廊墙的水车堵上，有细致的交趾陶装饰。中庭与侧院间的两道高墙墙体主要用斗砌砖砌成，多为红砖，墙基为鹅卵石，墙壁开辟可安枪支的铳眼小缝，正厅门楣上悬有一书卷形的匾额。壁上有相当精致的六角形木质花窗，花窗的四角雕蝙蝠，步口的托木饰以"憨番扛大梁"。供桌和神龛属于同期作品，雕刻精微细致，但太师椅已经佚失。正厅的屋架为穿斗式，而左右墙上的书画皆为文人墨迹，其中有光绪元年的落款。厢房屋架上雕螃蟹，即所谓的"二甲传胪"(甲象征科甲，科举第二类称为二甲)。
1875 前	茝园(陶园)	重庆		又名陶园，位于中区上清寺侧，光绪元年(1875)前所建，有方亭、三角亭、六角亭、蕉雨亭、涉趣无尽意轩、绿荫深入阁、农村门、茶社、太乙精舍、西洋楼一、荷池二、柳堤一、草地、石洞三等，花木繁盛，珍禽奇兽，抗日战争时为机关所用，新中国成立后为中区人民小学。现存一个砖构方亭。注：茝，植物名，即白芷。
约 1875	吴家花园	北京	载沣 吴鼎昌	在北京大学家属区承泽园西邻，现为政府部门，是光绪兄弟载沣于光绪年间或稍前(约 1875)所建，清末卖给大清银委总务局局长、盐业银行总经理、蒋介石总统府秘书长吴鼎昌(1884—1950)，小河穿园，积水一池，分园为南北两部分，中心轴线明显，有景：影壁、大门、过厅、正厅、东西院、八角亭、假山、水池、花厅、正房、方亭等。

建园时间	园名	地点	人物	详细情况
1875	石府花园	天津	石元仕	在西青区杨柳青，是当地富豪石元仕的豪宅花园。石元仕(1849—1919)，字次卿、次青，他组织保甲局、支应局，平息民教之争，热心公益，设立洋学堂，初授四品卿北试用道，后经慈禧召见，光绪帝钦加三品衔，赏顶戴花翎，1906 年为天津议事会第一任副议长，与曹锐结亲，当选为杨柳青公议局议长。1875 年他红极一时，建造华北第一宅石家大院，占地七千多平方米，内有 178 间，2003 年扩建后达 1 万平方米，依北方园林特点新建花园占地 2280 平方米，有景：观鱼台、月下小酌、神鱼戏水、游廊、水榭、亭子、假山、瀑布、鱼池等。
1875	可园	江苏南京	陈作霖	陈作霖(1837—1920)，字雨生，号伯雨，晚号可园，人称可园先生，祖籍河南，明末清初移居江宁，一生致力于教育、经学、文学、史志学，历任崇文经塾教习、奎光书院山长、上江两县学堂堂长，擅诗、词、文，合编有《金陵诗征》、《国朝金陵文钞》、《国朝金陵词钞》，自著有：《可园文存》、《诗存》、《寿藻堂文集》、《诗集》、《可园诗话》、《江宁府志》、《金陵通传》、《金陵锁志五种》、《运渎桥道小志》、《风麓小志》、《东城志略》、《金陵物产风土志》、《南朝佛寺志》。他于光绪元年(1875)在安品街 20 号筑有数亩宅园，堆山构亭，筑屋起居，开圃种蔬，名可园，他自称："土阜坡陀，筑亭其上，诸山苍翠，近接檐楹，种竹莳花，民悦晨夕，蔬肥笋脆，甘旨足供园居"，景点有：养和轩、寒香坞、望蒋墩、延清亭、寿藻堂、瑞花馆等。其后代陈鼍夫妇仍居此地。
1875	冯子材故居	广西钦州		又名宫保第，在钦州市钦州镇白水塘村，是冯子材退居时住所。总占地面积 15 万多平方米，建筑面积 2020 平方米。包括三个状如伏虎的小山丘，当地群众称为卧虎地。四周环以高墙，围墙内有主建筑三进，每进分为三大间，每大间又分为 3 小间，共 9 间，27 小间，构成了富有特色的"三排九"建筑模式。建筑注重牢固实用，没有豪华的装饰，但质高艺精。还有宗庙、塔、宇、马厩、鱼塘、水井、

建园时间	园名	地点	人物	详细情况
				花园、果园等附属建筑，故居范围包括三山一水一田，有六角亭、三婆初、珍赏楼、书房、虎鞭塔、菜园等，是典型的清代南方府第建筑群，具有简朴典雅的艺术特色。冯子材(1818—1903)，钦州人，字南干，号萃亭，历任广西、贵州提督。1885 年中法战争时，已年近 70，在镇南关(今友谊关)“短衣草履，佩刀督队”，浴血奋战，法军大败，乘胜追击至越南文渊、谅山等地，歼法军 1000 多人，史称“镇南关大捷”。
1875～1908	金溪别业	浙江杭州	唐氏	“金溪别业在金沙港，系唐氏祠园，又称唐庄，祠成于清光绪间，复于其东北为园亭，惟年久失修，将归湮灭。”(《江南园林志》)
1875～1908	世中堂府	北京		灯草胡同 14 号，四进，院带走廊，现为居民住宅和机关宿舍，分为几部分。世中堂的后人尚住本院。因建筑较晚(光绪年间)，房屋尚完好，花园部分较小，已不存任何景物。汪菊渊(《中国古代园林史》)
1875～1908	佳冬萧宅	台湾屏东	萧清华	坐东北向西南，占地四千多平方米，拥有台湾建筑罕见的五堂，外以两横为合成封闭空间，彻底显见客家围拢防卫的建筑功能。主体结构是以红瓦白墙搭配马背式屋顶。一堂是会客空间，二堂是祭祀祖先的大厅，三堂供奉天地君亲师、井灶龙君、福德正神等神位，四堂、五堂是家眷的生活空间。空间组织有别于古厝，屋顶是以第四堂最高，第一堂为最低，起落的层次相当分明，充分地表现出传统尊卑次序。其内部陈设非常简单，色系以朱、黑为主，建材及格局相当讲究，其中的书卷窗、瓮窗、八卦门等古拙的雕饰造型，也是一大特色。
1875～1908	香山别业	上海	范香孙	在南市区梦花街口，范香孙于光绪初年所建，毁。
1875～1908	补萝园	上海	张子标	在闸北区天通庵路原上海市传染病院，广东商人张子标于光绪初年所建，凉亭花木，景色宜人，宣统二年(1910)张子标将园出售，改成医院。

建园时间	园名	地点	人物	详细情况
1875～1891	淡庐	上海	周书	在宝山区月浦镇，周书于光绪中叶以前所建，园内有淡庐、水池、步月桥、土山等景，毁。周书(1719—?)，宝山月浦人，字天一，号淡庐，16岁中秀才，擅诗文，才华横溢，落拓不羁，未中举，得相国尹继善赏识，1748年随广东肇庆知府凌存淳赴肇庆书院任教，著有《宝山县志》、《恩平县志》、《淡庐遗稿》及《淡庐遗稿续刊》，以《采砚歌》、《渔水缘传奇》、《久客归家》著名。
1875～1891	种杏山庄	上海	赵守元	在宝山区月浦镇，赵守元于光绪中叶以前所建，毁。
1875～1908	桃园	浙江南浔	崔氏	崔氏宅园，已毁。
1875～1908	意园	江苏常州	赵熊诏	在市区后北岸街4—8号，1709年为康熙状元赵熊诏花园，其后人赵怀玉又建方玉堂、云窝、水阁、亭榭等景，太平军入城后设为圣库，英王陈玉成在此驻节，1864年，湘军破城焚屋毁园，余头门、大厅及魁星阁，光绪十二年(1886)归武进县(今武进区)令史干甫，史重筑，集蔡襄字“以意为之”四字为额，更名意园，筑垣墙，以漏窗隔成内外两园，内园有花厅、假山，呈现四季之景；外园有延桂山房、明月廊、鱼池、亭榭及临溪之望云水榭，廊壁嵌米芾、蔡襄等历代名字法贴十余方，现假山和水池已毁，建筑犹存。
1875～1908	怡怡园	山东济宁	查筠	城内西南隅天津府街西首路北，原有清初天津知府李钟淳(毓朴)和李钟淑兄弟建造的两座府邸，三路五进。光绪年间西府归马氏，东府由泉河通判查筠购得，查氏扩建后花园，名怡怡园，园内有三间旧草堂、蠡艇(船舫)、假山(六米余高)、山顶六角亭、花墙、丛碧山房、后堂楼、古藤墙、聊自适轩等，草堂前植二米高南天竹，山上植梧桐、赤松、桧柏、黄杨、翠竹、蜡梅、丁香、海棠、桃、杏、垂柳、月季、蔷薇，山南植凌霄、扶芳藤。
1875～1908	古常道观	四川青城		在青城山山上台地，为道教正一派天师道中心，南临大壑，北倚冲沟和峭壁，后部倚山岩景区如天师

建园时间	园名	地点	人物	详细情况
				洞和天师殿。始于光绪年间，其前主体部分建于民国初，分香道景、庭院景和后山景。香道景依山道而置，有：奥宜亭、迎仙桥、五洞天、翼然亭、集仙桥、云水光中；院景以莳花和水石为主；后山景依山坳而置，有洗心池、降魔石、慰鹤亭、饴乐仙窝、听寒泉等。
1875～1908	惕园	江苏吴县市	郑言绍	光绪年间(1875～1908)进士郑言绍在吴县(今吴县市)洞庭东山施巷创此园，园不广而擅花木之胜，因建园之日郑氏大病，园成而痊愈，于是名为惕园。
1875～1908	费家花园	江苏苏州	费仲琛	费仲琛在现桃花坞大街新华小学内建有宅园，宅西园东，有景：水池、假山、亭子、曲廊、花木，宅部有门楼(光绪年题款)、门厅、轿厅、大厅、堂楼等四进建筑。现园毁宅存。
1875～1908	晦园	江苏苏州	汪冠群	光绪年间(1875～1908)钦差大臣汪冠群在东美巷现十七中学处建宅园，1911 年后几易其主，原面积较大，现只余花篮厅、半亭、照墙、轿厅、大厅、玉兰、雪松、香樟等。
1875～1908	圆通寺	江苏苏州		在阔家桥头巷，光绪时(1875～1908)重建，园在寺东，有景：方池、水榭、黄石假山，现仍存。
1875～1908	济园	江苏苏州		又名虎啸桥放生池园，创立于光绪年间(1875～1908)，后由中国佛教协会苏州分会捐为灵岩山寺下院，园广十亩，有景：放生池、湖心亭、曲桥等，后毁，现为市妇幼保健医院。
1875～1908	襄陵按察分司园	山西襄陵		光绪间《山西通志・古迹》载，襄陵县兴义坊有西花园，宋时史氏父子相继建亭引水，元时杨姓在此辟地构亭植卉，明初改按察分司，后改按察院，园中有潺湲亭，为衙署园林。
1875～1908	辛家花园(松柏园)	上海	辛仲卿	在今静安区新闸路 16 号(泰兴路口，今新闸路 1010 号新亚药厂)，为光绪中叶南京巨商辛仲卿所筑，1910 年，辛经商失败，为盛宣怀购得，园广 10 亩，红墙围合，入口园门在东漤浦，须跨木桥(30 米)而入，园有景：曲廊、园池、七曲桥、池心

建园时间	园名	地点	人物	详细情况
				亭、游存楼、被读楼、宓清院、莲韬馆、闻思斋、假山、紫藤架、葡萄架等，养大龟、海狗、袋鼠，园内可舟游。1914年6月康有为赁居此八年，月租120银元，同年，康氏日本爱妾何旃理在此病逝，年仅24岁，十天后，他梦见何氏，作绝品诗作《金光梦》，1917年康60大寿在此举行，1921年康迁居后盛宣怀妻子舍宅为清凉寺，后寺毁。康迁出，玉佛寺成为举行丧礼之处，后清凉寺私自出售，盛氏依法赎回，改为里弄。
1875～1908	小兰亭（水云乡、徐家花园）	上海	徐棣山	在今上海曹家渡吴淞江北岸，今普陀区光复西路1141弄内，光绪年间徐棣山所筑，园广19亩，四周围篱，门额题：剪淞徐渡，园中茂林修竹，酷似绍兴兰亭，雅士云集，故名小兰亭，园以大丽花闻名，1930年前毁。
1875～1908	九果园（吴家花园）	上海	吴文涛	在上海曹家渡西，吴淞江北，今普陀区光复西路1301弄一带，园广24亩，光绪年间吴文涛所筑，因有桃、李、杏、梅、枇杷、花红等果树九株，故名九果园，俗称吴家花园，有绍修堂（正厅）、环江草堂、闹红画舸、萝补小筑、望江楼、荷塘、家祠（园北），植玉兰、山茶、栀子、秋菊等花卉，池中有荷名金边叶茶，十分珍贵，专业花匠管理花园，吴死后葬于园东，抗日战争初园毁。
1875～1908	残粒园	江苏苏州	吴待秋	在今装驾桥巷34号，本为扬州某盐商住宅一部分，1929年归画家吴待秋，取李商隐诗“红豆啄残鹦鹉粒”意，名为残粒园，现仍为吴氏所居，园广140平方米，有景：锦窠洞门、水池、括苍亭、湖石假山、湖石驳岸、蔷薇、蜡梅、桂树、榆树、竹子、仙鹤铺地等。园址是一个近方形的基地，长边只有12.5平方米，短边只不过11.5米，园内只有一亭、一池、一山、数木。中部是一个以聚为主的水池。因园面积小，故小以聚为主，连桥都不架，唯恐破坏水面的完整性。水面不方不圆，极其自然。

建园时间	园名	地点	人物	详细情况
				园池虽小，但有水口。驳岸湖石散点，北面蜡梅树下有踏步入水成石矶，岸石曲折高低，拱洞为水口，实为佳妙。在园的北部，堆石为山，蹬道陡峭。山内又有石洞，洞俯森森。平面以水为主，水居中央，山退角隅。立面上以山为主，依山就势，顺势立亭。把亭和山这两个都讲究立面效果的景观合于一处，叠加而成。亭因山而玉立，因石而能登。山倚角而省地，山因亭起而势长。再加上墙的交角和洞的中空，从而出现了"两墙直交而有始，一洞虚空而无终"的效果。
1875～1908	万宅庭园	江苏苏州	任道镕	在苏州王洗马巷 7 号，光绪年间河道总督、宜兴人任道镕所建，民国时归万氏，新中国成立后先后为美和布厂、大众染织厂和疗养院，1980 年修复，2006 年重建。宅与园共 9.3 亩，花园 1.53 亩。包括东花厅、前园池、书斋庭。书斋庭 180 平方米，有爬山廊、假山、方亭、湖石等景，为苏州庭园佳作。
	景德路庭园	江苏苏州		在景德路，是小型宅园，园在宅东，南以楼为借景，中间花厅，前后各立一园，前园有六角亭和四方亭，后园有两个四方亭，前后都堆太湖石假山，甚是巧妙。
1875～1908	之园	江苏苏州		为全浙会馆园林，光绪年间(1875～1908)旅吴者集资建成，有水石花木，后毁，现为印刷厂。
1875～1908	水竹居(刘庄)	浙江杭州	刘学询	原分祠、园、宅、墓四部，有望月楼、梦香阁、湖山春晓等景，20 世纪 50 年代改建，有 2 岛 3 池 13 桥，有景：松岛、水上茶室、水榭、石坊、景行桥、水竹居、爬山廊、西湖第一名园门楼、半隐庐、跨水廊、钓鱼台。据《江南园林志》载："水竹居，在丁家山下，即刘学询别业称刘庄。近重葺一新，为湖上别业中最大者。可分为祠、墓、园、宅诸部，又划一部为旅舍。"

建园时间	园名	地点	人物	详细情况
1875～1908	蒋庄(廉庄、小万柳堂、兰陔别墅)	浙江杭州	廉惠卿 吴芝瑛	光绪年无锡金石书画家廉惠卿和侠女吴芝瑛夫妇建园隐居,称廉庄、小万柳堂,1926年桐业大王蒋国榜购得,以供其母养病居住,蒋改造后更名兰陔别墅,清末大诗人陈三立写有《兰陔寿母记》,1928年作为国民党迎宾馆,蒋介石居此,抗日战争后作为西湖艺术专科学校教授宿舍,1950年国学大师马一孚应蒋国榜之邀入住,现为花港观鱼一部分。园广3468平方米,主楼中西合璧,其余中式,有景:长桥、主楼(1901)、西楼(1923)、东楼(1923)、夕照亭、走马廊、假山、云墙等。
1875～1908	余园	江苏扬州	刘氏	初名陇西后圃,1922年归盐商刘氏,更刘庄,又名怡大花园,前院筑湖石花坛,植白皮松,后院叠黄石山,磴道通楼,东院有楼,北向有凿池堆湖石壁岩,为精华所在。
1875～1908	朱家花园	云南建水	朱朝瑛	朱家花园地处建水古城的建新街中段,是一组规模宏大的清代民居建筑,是清末乡绅朱朝瑛兄弟建造的家宅和宗祠,有"西南边陲大观园"之称。从光绪年始,历时30年,至民国再度扩建,是云南著名宅园。占地2万平方米,建筑面积5000平方米,主体建筑群三横四纵,为典型并列联排组合民居的代表,有天井42个。新中国成立后为部队医院,1990年政府收回并修复,从二进院落中增辟梅馆、兰庭、竹园、菊苑等28间客房。花厅前筑大花园,江南风格,前为花园,左右花墙,分为东园和西园,花园占地面积较大,正前有花池、花木、苗圃。园主朱朝瑛,字渭卿,清光绪年间进士,授广东补用道。辛亥革命时,参加昆明重九起义,被推为南防军政府都统,授中将,故曾挂中将第匾,1915年袁世凯称帝,因附袁而于次年被蔡锷抄家,1927年任蒙自守备司令,与龙云手下对抗被囚,出狱后忧愤而死。
1875～1908	二分明月楼	江苏扬州	员氏	员氏所建,1991年修复,为旱园水做典范,修复时改水池,池边有黄石假山、曲桥、水榭、二分明月楼、爬山廊等,以月为主题,地面、花窗、屋基、井口、水面、桥梁等皆作月形平面。园门在小巷终

建园时间	园名	地点	人物	详细情况
				端，于两片高墙的狭缝间夹持门楼，一侧砖墙上有砖雕画一幅。园门与曲廊相接，出廊为硬地，卵石拼花铺地，图式为五蝠拱寿，正中为一水池，正对水池为二层楼阁，清代书法家钱泳题名“二分明月楼”匾额，典出唐代诗人徐凝的诗句“天下三分明月夜，二分无赖是扬州”。楼面阔七间，硬山顶，青灰瓦作，酱紫木作，抱柱题联：春风阆苑三千客，明月扬州第一楼。室内现为棋室。
1875～1908	淳园（胡家花园）	重庆	胡中行	在江北区静观镇桥亭子，占地 1.3 公顷，为当地名士胡中行于光绪初年所创，有亭台水榭、假山水池，又有盆景园，蟠扎紫荆屏风、丹凤朝阳、双狮戏水、二龙抢珠等名景，园内植 17000 余株观赏树木，池中植并蒂莲。1951 年川东人民行政公署在建川东江北园艺试验场，今为江北区苗圃。
1875～1908	魏氏逸园	江苏扬州	魏氏	在今康山街 24 号，魏氏宅园。
1875～1908	梅氏逸园	江苏扬州	梅氏	在今引市街 46 号，梅氏宅园。
1875～1908	贾氏庭园	江苏扬州	贾颂平	在今大武城巷 58 号，盐商贾颂平宅园，每一厅配一院，院中凿池叠石、栽花植竹，宅西还有后园，2178 平方米，已毁。
1875～1908	退园	江苏扬州	蔡氏	在今广陵路 8 号之西，蔡氏宅园。
1875～1908	刘庄（怡大花园）	江苏扬州	刘氏	在今广陵路 272 号，初建于光绪年，名陇西后圃，1922 年归盐商刘氏，修筑后更名刘庄，因临街开怡大钱庄，又名怡大花园，6160 平方米，西院有厅、廊、半亭、戏台，西南院有湖石花台，今不存。
1875～1908	刘氏小筑	江苏扬州	刘氏	在今粉妆巷 19 号，盐商刘氏宅园，有松竹梅铺地、湖石花池、老槐等，现建筑仍存。
1875～1908	金栗山房	江苏扬州	陈氏	在今陈氏宅园。

建园时间	园名	地点	人物	详细情况
1875～1908	飘隐园	江苏扬州	许氏	在今运司公廨43号宅内，许氏宅园。
1875～1908	梦园	江苏扬州	方氏	方氏宅园。
1875～1908	倦巢	江苏扬州	徐氏	在今正谊巷20号宅东，徐氏宅园。
1875～1908	桥西别墅	江苏扬州	臧氏	府东街，臧氏宅园。
1875～1908	庚园	江苏扬州		在今南河下街江西会馆，江西盐商集资所建。
1875～1908	容膝园	江苏扬州	方氏	在今金鱼巷5号，方氏宅园。
1875～1908	毛氏园	江苏扬州	毛氏	在今江都路107号，毛氏宅园。
1875～1908	魏园	江苏扬州	魏氏	在今永胜街40号宅，盐商魏次庚宅园，有吹台、旱舫、小阁、山石、花墙、黄杨、玉兰、青桐等。
1875～1908	华氏园	江苏扬州	华氏	华氏宅园。
1875～1908	熊氏园	江苏扬州	熊氏	熊氏宅园。
1875～1908	李氏小筑	江苏扬州	李氏	李氏宅园。
1875～1908	扬州公园	江苏扬州		扬州商界集资所建公园，园名不清。
1875～1908	任宅花园	江苏苏州	任筱源	光绪年间(1875～1908)道台任筱源创此宅园，宅西园东有景：花厅、船厅、小方亭、湖石等，现为民居。

建园时间	园名	地点	人物	详细情况
1875～1908	王家花园	重庆	王义升	位于原新城镇王家祠堂（现万州三中校址），是为王义升（1930年任万县第一区长）祖先于清代光绪年间所建造。当时占地面积约三万平方米，所建房屋典雅，园林布局有致，庭园中以种植茶花、梅花、桂花、石榴、四季柑及翠柏为主，其他花圃数十处。于1924年王家花园出卖给万县女中（原万县第二女校）作为校址，此学校先后经过陈菊馨、丁秀君、鄢瑞、李鸿明、郭风生、周岳南、谭惠菁等数位校长，并对校园的培植更具一定规模。抗日战争时期，万县女中迁至万县何口场天元寺，当时的王家花园又作为万县政府临时办公地点，并同时设有万县兵役监察委和国民兵团团部等外部机构。因机构复杂，庭园林木花圃，无专人管养，原有的园林绿遭破坏。至1945年，万县女中才迁返原址。新中国成立后，正名为万县市第三中学，现为城区太白路万州第三中学。
1875～1908	左家花园	重庆	左斗才	位于原新城镇太白岩下，为县内著名书法家、前清举人左斗才于清代光绪年间创建。左斗才在外出任知县，后返回家乡，以宦囊积蓄所得建此园林。园占地面积约一万平方米。因建筑不多，故以树木花草为主，环境颇幽雅。园中有绿树百余棵，花圃十余处，以桂花树、菊花最多。每逢八月十五日夜晚“摸秋”，附近妇女儿童都常到左家花园采摘桂花作玩乐。左氏女儿亦长于书法，其神韵酷似其父，亦酷爱菊花。父死后，在每年九月菊花盛开时，于宅园中款待客人，并展示左氏书法遗作。后左女嫁清泉镇吊岩坪程宅安为妻，家景逐渐日衰，园林凋败。抗日战争时期，曾佃给万县电报局作为躲避日本飞机空袭的临时办公地点，此后花园荡然无存。现为太白岩公园九·五纪念碑坡下。
1875～1908	杜家花园	重庆	杜伯容 杨森	位于原新城镇所属龙头井（城区白岩路中段），占地面积三万余平方米，杜伯容建造于清代光绪年间，花园中绿树成荫，亭台掩映，花圃数十处，以牡丹、芍药、茶花、桂花、茉莉花、罗汉松和海棠花等

建园时间	园名	地点	人物	详细情况
				花木居多，门前柳树成林。 后来杜伯容移居北京，由于开支浩大，债台高筑，致使杜家花园成为无力培植管养的荒园。1925年驻万州军长杨森在此创办军事团务政治学校，请留学日本士官学校的张赞任教育长，此后又开始培植园林花圃。1928年末，杨森败走离开万州，杜家花园日渐荒芜，1931年在北京城的杜家主人以银币四千元卖给江西会馆，作为开办私立豫章中学校址。由于改建校舍，房屋园林面貌大有改变，但后来旧园风貌仍未复苏。现为四川万县幼儿师范学校所在地。
1875～1908	李家花园	重庆	李伯皋	位于原新城镇高笋塘，为富绅李伯皋祖先建于光绪年间。李家与九思堂黄景伯家，均系经售官盐发家致富后，大修家宅私园。花园以园林为主，房屋建筑次之。园中遍植桂花、茶花、芙蓉花、黄桷树和竹类，尤以茉莉花和菊花为盛。后李家日衰，园林凋败。1925年杨森来后，把驻军司令部设于此处(系杨森公馆)。1928年冬杨森离开万州，驻军师长王陵基住于此。1933年至1938年作为万县警备司令部。1939年起四川省第九区专员督察公署、第九区保安司令部亦迁住此。闵永谦、曾德威、李鸿焘任专员时，在专署门前曾培植小园林和各种花木。经保护和栽培的古木名树郁郁葱葱，花坛密布，环境清雅，呈园林风貌。现为城区高笋塘万州区人民政府所在地。
1875～1908	旗山中山公园(鼓山公园)	台湾高雄		光绪年间(1875～1908)，乡绅请政府迁移墓地，改建公园，因园内有鼓山，故名鼓山公园，光绪三十二年(1906)日本人在旗山建神社(后移入旗山中山公园)，1945年台湾光复后改中山公园，又称旗山公园。建于旗山镇的鼓山上，与旗山相对，有旗鼓相当之意。园内景点依山而建，有景：凉亭、孔庙(1985年建，每年教师节祭孔于此)、游乐园区、体育训练区、烧烤区、雕塑园区等。

建园时间	园名	地点	人物	详细情况
1875～1908	春晖别墅	上海	陈锦春	在南市区方浜中路西马街一带，陈锦春于光绪年间所建，毁。
1875～1908	芥园	上海	侯庚吉兄弟	在今普陀区宜川路东，侯庚吉兄弟于光绪年间所建，毁。
1875～1908	宸虹园	上海	赵氏	在今虹口区武进路453号，赵氏于光绪后期(20世纪初)广东人赵氏所建，俗称赵家花园，结构精巧，似西式园林，清宣统三年十一月(1911年12月)孙中山回国时，广东同乡会曾在此举行欢庆宴会。解放初，曾作肺结核病防治所，现为工厂用房。
1875～1908	西园	山东济宁	刘锡纶	在南关税务街西段路北，为光绪年间举人刘锡纶(字祉民)所建宅园，刘氏为济宁商界四大金刚之一。园为扬州式，广600～700平方米，布局错落有致，小中见大，北有书斋，名眄柯山房，前植翠竹，园中有高六米假山，构洞名别有洞天，山间建溪桥，山顶有夕佳亭，登山可借景参议员孙培泰的小花园。
1875～1908	溷园	山东济宁	刘衍聚 刘嗣瑞	在黄家街路北，清光绪年间附贡生、候选训导刘衍聚始建，典出"漱石枕流，溷于吾园"，其子刘嗣瑞增修。园在宅西，与宅大小相近，扬州风格。门楼卷棚式，双面回廊，廊墙开漏窗，园北建花厅，厅前植鸡心黄杨二株，高达3米，树龄约50年，罕见。厅前跨石桥可达假山，山南北狭长，贯穿西部，由北而南，次第升高，半山凿方形荷池约4平方米，内植睡莲，山间有洞，极顶有方亭。山南建过厅，前后出廊，过厅前立太湖石。园中植松、柏、丁香、海棠、桃、柳、梧桐、槐、木香、月季等。进士夏联钰说："以溷名其园，殆谓劳形役志而与世溷，不如漱石枕流而溷于吾园也。"
1875～1908	夏宅花园	山东济宁	夏联钰	在黄家街路南，为清光绪年间进士夏联钰所创宅园，夏联钰，曾任河南太康、郏县等地县令。民国时归美国基督教浸信会，教会对宅园进行改建，保留西部假山一座，山高七八米，山顶建重檐六角亭，山间植梧桐、槐树、合欢、迎春、贴梗海棠、连翘等。山东为美籍牧师葛纳理构建的西式三层楼，楼周按西式花园布置，成为济宁唯一中西合璧小园。

建园时间	园名	地点	人物	详细情况
1875～1908	周家花园（纯庐、蕊园）	上海	周纯卿	在静安区乌鲁木齐中路西侧，华山路555号至563号之间，占地29.25亩，为房地产巨商周湘云之弟周纯卿（宁波人，上海滩一号汽车主人）所建（又有说建于20世纪初），旧名蕊园，1945年周死后转售于虞洽卿，其后归浙江徐舜如、虞舜慰，无锡陆率斋三人，内有假山、池沼、凉亭、厅房、石舫等，有百年紫藤一株，1952年后改为华山医院，现存。
1875～1908	冯氏山庄（冯家花园）	上海	冯振杨	在龙华镇以南，冯振杨所于光绪初所建，占地30多亩，1944年毁。
1876	樱桃园（鲁氏别墅、鲁家山庄、樱桃精舍）	山东泰安	鲁泮藻 鲁峰亭 鲁质庵	在泰山大佛寺北一公里，距泰山岱宗坊6公里，清光绪二年（1876）山麓王庄隐士鲁泮藻在此广植樱桃，密栽绿竹，构建房舍，名樱桃园，亦称鲁氏别墅、鲁家山庄、樱桃精舍。其子鲁峰亭、鲁质庵又构亭筑台，光绪间赵尔萃作《樱桃园记》："今则田禾茂密，果实缤纷，树可合围，竹可拱把，而池、而鱼、而藻、而芰，鸣禽上下，水木明瑟。来游者莫不欣然艳羡，谓天下以此佳境。"如今别墅已成农家山村，樱桃遍山，翠竹遍岗，山茶飘香，渠水环流。精舍旧址前有双株白玉兰，高达12米，东院亭台三间保留完整，廊式硬山顶，亭内嵌清光绪二十五年（1899）侯芳苞撰、李泽溶书《桃源村记》。亭前有石砌方池，李润书光绪二十四年（1898）题"鉴我池"，院中松树对生，古柏参天，石几石凳散布，清静幽雅。
1877	俞楼（小曲园）	浙江杭州	彭玉麟 徐花农	西湖孤山之西南麓西泠印社西侧，晚清学者俞樾讲学处，为中式花园书院，是他好友彭玉麟和弟子徐花农为他兴建，因仿俞氏在苏州的曲园，故名小曲园。原建2层楼，民国时改为3层，楼后有石室名曲园书藏。新中国成立后为住宅，1959年拆围墙为公园，1998年5月重修楼，园内有西爽亭、伴坡亭、连廊（后建）等景观，俞樾曾孙俞子平伯在此居住。

建园时间	园名	地点	人物	详细情况
1877	静安园（王家花园）	山西太原	王荣怀	在太原城北五十里的青龙镇街路南，主人王百万，故又称王家花园，王宅建于乾隆年间，至光绪年间，王绳中、王荣怀以钱捐官，王荣怀得北京兵部侍郎，携眷住京，光绪三年(1877)回家筑园，历十年建成。园以大楼院为主院，坐西朝东，有楼窑七间、垂花门、过厅、花厅、大鱼缸、方鱼沼、石猴、盆花盆树、石假山、洞原洞、棋亭、风景亭、玩月楼、巽阁(何绍基题)、爬山廊、静安园门等。中秋时分，满月穿过巽阁，正好落在玩月楼上，匠心巧构。树木有：松柏、栝槐、龙爪槐、桂花、棕榈、翠兰松、丁香、榆梅、迎春、芍药、牡丹、紫藤等。1900年8月16日，八国联军陷京师，慈禧太后和光绪帝西逃至此过夜，向王氏借款百万。1937年日机轰炸太原，此园遭七颗炸弹，后日军进驻，拆木取暖，再后来，王氏子孙吸毒变卖园景，如今只余残石。民国年间造园者多以静安园为样本。
1878	宫保第	漳州芗城		福建陆路提督林文察的专祠。
1878	白鸽巢公园（贾梅士公园）	澳门	贾梅士 马葵士	亦名贾梅士公园，是澳门地区较大、历史最悠久的公园。葡萄牙诗人贾梅士于16世纪中叶在该园石洞隐居两年，在饥寒交迫中写下了史诗《葡国魂》，一举成名。19世纪，葡国富商马葵士建别墅，养鸽数百，故名百鸽巢，马死后成为公园，园内有葡国诗人贾梅士隐居石洞，故又名贾梅士公园，1927年建博物馆。现有：贾梅士像、天文台、瀑布、铺地、水池、小桥等。
1878	继园	广东广州	史澄	在广州越秀山南麓，是进士史澄所创私园，园内有明德堂(祖祠)、读书处退思轩、藏书处经纬楼、儿孙读书处养翎馆、枕棉阁、佳士亭、香雪亭、得月台、假山、荷塘、寒菜畦、蔬笥堂，以及松竹梅岁寒三友，史澄在园中著有《继园随笔》、《七十老翁诗一百首》、《退思轩诗存》等。史澄，番禺人，道光二十年(1840)进士，一直从事教育、史志工作，在肇庆端溪书院和广州粤秀书院掌教，同治年间主编《番禺县志》，光绪年间总纂《广州府志》。

建园时间	园名	地点	人物	详细情况
1879	摘星山庄	台湾台中	林家	摘星山庄为土角厝建筑，历时6年完工，为三进四合院多护龙建物。“无处不雕，无处不书，无处不画”是摘星山庄最大特色，彩陶、石雕、字画浮雕是最常见的墙面装饰，其中以正厅大门最为繁复；正厅采“凹斗门”设计，门楣题“文魁”古匾，为同治年间朝廷所赐，入门处，自墙身中线以上全部铺满艳丽多彩的交趾烧。其他墙面也有不同的装饰，如竹节窗、交趾烧墀头。（张运宗《台湾的园林宅第》）
1880	阮公墩	浙江杭州	阮元	清代浙江巡抚阮元疏浚西湖的淤泥，堆成的湖心小岛。（耿刘同《中国古代园林》）
1880	五落大厝	台湾台北	林维源	刘铭传建设台湾，林家完成新三落大厝，林维源一手帮办抚垦、商贸、交通、教育，新三落大厝扩建为五落大厝。如今早已拆建成高楼大厦了。（张运宗《台湾的园林宅第》）
1880	海大道花园	天津		法租界园林，在今大沽路，数十亩有水池、曲径、小桥，已毁。
1880	薛庐	江苏南京	薛慰农	薛慰农，字时雨，咸丰进士，安徽全椒人，官居杭州守备，曾为杭州崇文书院主讲，1874年时在南京惜阴书院任山长。在南京时于钵山龙蟠里乌龙潭侧建别墅，1880年1月竣工，退老其中。园中有景：藤香馆、冬荣春妍室、双登瀛堂、吴砖书屋、夕好轩、抱膝室、蛰斋、小方壶亭、仰山楼、半壁池桥、美树轩、杏花湾半潭秋水、房山、寐园、叟堂，水榭窗开四面，对岸为驻马坡，坡前建武侯祠，并亭台数楹，供人观瞻休息，薛庐北有颜鲁公祠、曾文正祠、沈文肃公祠等。民国时，薛庐大都毁圮，教育局占其半改为校舍。薛庐建成时，他的学生张謇（南通人，清末状元，1874年从师）撰文《金陵小西湖薛庐记》（小西湖即莫愁湖），全文593字，行楷书成，薛庐不在，此文现存。

建园时间	园名	地点	人物	详细情况
1880	陶陶居（霜华小院、葡萄居）	广东广州		在西关第十甫，创建于光绪六年（1880），为园林酒家，康有为题园名，此居原为园林霜华小院，改为茶楼后先易名葡萄居，后取名陶陶居，1933 年重建，改建钢筋混凝土结构三层楼，上建六角亭，彩画灰塑，极具岭南风味，内庭有勾曲仙居，仙居边为名花怪石，二楼前为散座，后有和凝别馆和霜华小院，三楼有八阵图茶座，四壁悬名人字画，现陶陶居仅存三楼后部的天台花园，原有庭园改为房子。
1880～1883	聚奎书院	重庆	张元富 邓石泉	在江津白沙镇八里地界山头，广 20 公顷，由张元富和邓石泉等人发起建造的书院园林。地势高敞，对峙马鞍峰，环绕驴溪，有瀑布、九曲池、水廊、亭子、水榭、观景台、讨清檄文碑、潇湘墓、聚奎三杰墓、书院、石柱洋楼、川主庙、藏书楼、方体石碑、运动场、鹤年堂、教学楼等，有珍贵树木 800 余株，百年老树 240 余株，400 年古松，胸径 4.8 米香樟王，白鹤千只，尤以 540 余座黑石为著。1905 年留日归来的邓鹤丹掌教之后，开创了日式建筑和枯山水，20 世纪 80 年代后期毁石建舍，现已修复。
1881	虚霩园（曾家花园、曾园）	江苏常熟	曾之撰	在老城西门内翁府前街，原为明代万历年间钱岱之小辋川，清嘉、道年间吴峻基得部分遗址建水壶园，另一半在光绪七年（1881）刑部郎中曾之撰建为虚霩居，俗称曾家花园、曾园，时有荷花池（四亩）、虚霩村居、君子长生室、寿尔康室、归耕课读庐、莲花世界、邀月轩、水天闲冶、黄石假山（历六年建成）、山亭、盘矶（刻虚霩子濯足处）等，1904 年，文学家曾朴改编《孽海花》成名，1930 年居此园。新中国成立后曾为常熟师范学校、常熟高等专科学校所在，学校搬迁后，破坏十分严重，1995 年修复后开放，现有景：照壁、方亭、雪台、邀月轩、桃花坞、水天闲话、虚廓村居、琼玉楼、归耕课读庐、小有天、不倚亭、啸台等。 曾氏先有明瑟山庄，在山塘泾岸，系曾退庵所建，有山庄十大景图咏。其子启表又辟经园。该园以

建园时间	园名	地点	人物	详细情况
				清池为中心，借山取景，水光山色，融为一体，园中建筑，别具匠心。入门正中即有池塘，源头活水从域河入。环池有黄石假山，名“小有天”山巅筑亭，山下有盘矶，镌刻“虚廓子濯足处”。东北二隅砌围廊，壁嵌曾济之《勉耕先生归耕图》、《山庄课读图》两部石刻，并有李鸿章、翁同龢等书法石刻三十余块，池中央筑有“莲花世界”(荷花厅)，架木栏红桥(九曲桥)相通，池内植莲万枝，莲花世界曾署曰赏荷之处。池边遍插桃柳，柔枝拂地，间以红梅、绿竹、翠柏、丹枫、佳木繁荫，各尽其态，有城市山林之妙。寿尔康室旁植百年红豆树，西有邀月轩(或称伫月轩)东南构为水天闲治阁。庭中白皮松、香樟，均为明代钱氏所植，并有太湖石峰，刻“妙有”，附文曰：“余营虚廓园以虞山为胜，未尝有意致奇石，迺落成而是石适至，非所谓运自然之妙有者耶，即以妙有二字题其巅，石高丈许，皱瘦透三者咸备。光绪二十年七月初三日曾之撰并记男朴书。”由此向东越长廊直达“归耕课读庐”，可登“琼玉楼”。《孽海花》《鲁男子》曾之撰之子曾朴居此著述。
1882	东湖山庄	上海	苏局仙	在浦东牛桥站附近，苏局仙居所。坐北朝南，临池傍水，黑瓦粉墙，砖木结构五间，为书斋，题“水石居”。仪门额：霜菊余香。宅后植竹、堆石，宅外湖边广植杨、柳、榆树及各种花卉，庭院中植芭蕉数株。苏局仙(1882—1993)，字裕国，东坡后裔，历五朝，曾为上海第一老人。有《东湖山庄百九诗稿》《水石居诗钞》《寥莪居诗存》。
1882	申园	上海		申园位于静安寺西，今愚园路235弄，1882年原公一马房业主以集资方式组建申园公司，耗资1.6万两白银，把原有的西式花园别墅扩为申园，是上海滩第一个营业性园林，效益非常好，1890年愚园建成后，受到多家商业园林的冲击而于同年八月转售，翌年开张又失败，1893年8月彻底失败，1937年新华银行在此建新华园(新里弄)。申园

建园时间	园名	地点	人物	详细情况
				为中西合璧式小园，靠室内装饰和摆设吸引人，清人黄式权在《淞南梦影录》中道："画栋珠帘，朝飞暮卷。其楼阁之宏敞，陈设之精良，莫有过于此者。"园内供应中西菜肴、洋酒、洋烟、咖啡、中西细点、茶等。游乐屋为：弹子房。主楼为西式二层楼，上下可容200余人，为餐饮、游乐主要场所，园东有仿古建筑，前临荷池。
1883	双清别墅（徐园）	上海	徐鸿逵	在闸北西唐家弄（今天潼路814弄35支弄），占地3亩，初为徐鸿逵自用，1887年对外开放，1895年租给经纶丝厂，丝厂当月退回，次年整修后开放，其子徐冠云、徐凌云在1909年在康脑脱路5号（今康定路昌化路东）重建双清别墅，保留旧园全部景点，扩园至10亩，八一三战事后成为难民收容所，战后改建为一般住宅。中式风格，深得宋元山水庭院画精髓，有景：鸿印轩、竹林、东墅、兰言室、烟波画舫、鉴亭、回廊、假山、又一村、十二楼、孔雀亭、桐韵旧馆、梅花仙馆、玉壶春、妍行、纪其楼等，活动有：点心、香茗、饮宴、灯会、灯谜、焰火、摄影、戏曲、戏法、电影、书画展览会、蕙兰花会、牡丹花会、梅花会、杜鹃花会、菊花会、徐园书画社、琴会、曲会、赏花会、南社、修禊会等。
1883	茧园（柴园、繉园）	江苏苏州	柴实圃 柴莲青	在苏州醋库巷44号，道光初年建，光绪九年（1883）在吴江同里主管江震盐公堂的归浙江上虞人柴实圃迁居苏州，购园改建时于宅西辟园，俗称柴园。柴实圃卒后，其子柴莲青改名茧园、繉园，自号繉园主人。前部有鸳鸯厅，后有楠木厅，其间置庭四区，中部最佳，水池假山、旱舫水榭、曲廊回绕，东北书楼，西北堂屋。抗日战争时散为民居，新中国成立后南区政府办公于此，1957年后归聋哑学校，1972年拆北部之楠木厅、书楼、堂屋、回廊及假山，1974年建校办工厂，1978拆池北曲楼，建三层教学楼，现余门厅、北楼、门楼，1985年修复南部，现有鸳鸯厅、画舫、水轩、曲廊、纱帽亭、假山、池塘、花木等。故宅园5.85亩，其中花园2.63亩，现宅0.58亩，花园2.16亩。

建园时间	园名	地点	人物	详细情况
1883	庞宅花园	江苏苏州	庞氏	在苏州大新桥巷22号，为庞氏于光绪九年（1883）所建，全宅两落五进，建筑面积2110平方米，有三座小巧玲珑的庭院，一座在西落花篮厅前，院内有一组秀美假山，有些山石灵如动物，花篮厅与书房相对，又称为对照厅。另一座称月牙池庭院，院中有池塘如月牙（已填），池边曲廊，隔岸建六角亭；东院临河，有古井、花木、景石，现已改为住宅。
1883	关湖	新疆乌鲁木齐	刘锦棠 杨增新	位于乌鲁木齐河西岸，原称海子，1883年巡抚刘锦棠疏浚湖底，名之关湖，正式建园，1887年易名鉴湖，时有景点多处，1918年军阀杨增新浚湖，仿北京故宫建景点，时有丹凤朝阳阁、龙王庙、醉霞亭、晓春亭、鉴湖亭等，1921年为纪念清代学者纪晓岚而建阅微草堂。后名同乐公园，今为人民公园。
1884前	螟巢园	上海	康建鼎	在浦东水乡古镇南汇新场（旧称石笋里）原镇政府址南邻，康建鼎于光绪十年（1884）前所建私家别墅花园。园不大，营构颇工，有景：老人峰、挹翠岩、栖霞洞、邀月桥、听梧书舍、气花榭、净意轩、天香阁等，后毁，此园被称为笋山十景之一的高阁晴云，园中天香阁高耸入云。倪斗南有诗《螟巢园》道："螟巢园是康别墅，小小中庭异境逢；十山房觞咏池，天香阁外老人峰。"新场名士叶凤毛（内阁中书）和道《花下寄姚景清》："去年君来梅花开，今年梅开君不来。美人娟娟隔春水，花下独立吟徘徊。"
1884前	东园（又及西园）	上海	姚培厚兄弟	在金山区廊下，姚培厚兄弟于光绪10年前所建，毁。
1884前	魏园	上海	魏氏	在金山卫，魏氏在光绪十年前建，毁。
1884前	秋水山庄（老花园）	上海	王氏	在奉贤区南桥南街，王氏于光绪十年前所建，毁。

建园时间	园名	地点	人物	详细情况
1884	拥翠山庄	江苏苏州	洪钧 郑叔问 朱庭修	在虎丘山上的山地园，始建于清光绪十年（1884），由状元洪钧、词人郑叔问、朱庭修所修。1949 年后重修。面积 700 平方米，地形呈南北狭长形，地势从南到北逐步升上。在轴在线布置景点，形成类似于意大利古典园林的台地样式。现有景：抱瓮轩、问泉亭、拥翠阁、月驾轩、灵澜精舍、送青簃、憨憨泉（园边）等。从建筑和园林风格上看，园林依古制，不受现代造园影响，根据地形创造了古园山景的典范。
1884	金鄂书院	湖南岳阳	刘华邦	江右刺史刘华邦建，有书院、文昌亭、藏书楼、讲堂、小阜、桃李、兰圃、泉水、桃花洞、山涧等景，仿白鹿书院，为书院园林。
1884	人境庐	广东梅县	黄遵宪	爱国诗人、政治家、外交家黄遵宪亲自规划设计建设宅园，有无厅堂、七字廊、五步楼、无壁楼、十步阁、卧虹榭、息亭、鱼池、假山等 500 平方米，建筑为主，园中建筑景点名意在爱国，亭联“有三分水四分竹添七分明月，从五步楼十步阁望百步长江”。黄遵宪（1848—1905），广东嘉应人，字公度，别号东海公、布袋和尚，光绪二年举人，历使日参赞、旧金山总领事、驻英参赞、新加坡总领事、湖南按察使，因参加戊戌变法罢归，工诗，善以新事物入诗，人称诗界革新导师，有《人境庐诗草》、《日本国志》、《日本杂事诗》。
1884	寄园	浙江嘉兴	沈若笙	在张家弄（今勤俭路），为清末杭嘉造园家沈若笙所筑私园，沈氏从太平天国时从常熟迁居上海，后定居嘉兴，光绪十年（1884）租纺家弄唐家楼房开震昌照相馆，购楼后荒地依高就低，构筑了名震嘉兴的名园，据沈好友王和生道，园中有景：可琴轩（轩前假山，沈在此成立书画社）、寄园宿舍（有假山，招等戏曲艺人）、剧场（表演）、听鹂招鹭仙馆（又名老爷厅，举办菊花展）、半舫（举办灯谜活动）、梦春房（建于高石阜上，后改弹子房）、酒楼（茶室）、芝兰之室（1925 年创办《秀水华》半月刊的茶社）、若寄庐（30 年代上海辛酉学社嘉兴分

建园时间	园名	地点	人物	详细情况
				社)、花圃(在竹篱对面,有木桥通之,内本季花木和盆景不断,卖花)等。寄园面积不大,造园艺术水平很高,对于当时文人生活的时代性有鲜明体现,所有联额皆出自名家如吴受福、沈曾植、盛萍旨、王甲荣、朱宝璇等。1931年园让与庄氏,沈氏不久去世。抗战军兴,庄氏避居上海,寄园停业,主持茶炉者为俞庆和。
1884～1909	陈宝琛宅园	福建福州	陈宝琛	在福州仓山区螺洲镇镇政府,1884年陈宝琛因中法甲申海战失利而被连降五级,归乡筑庐蛰居25年,此间建了府第,赐书楼、沧趣楼、还读楼、北望楼、晞楼,赐书楼前有小园,现毁。陈宝琛(1848—1935),福建闽县人,字伯潜,号弢庵,同治进士,历任翰林院侍讲学士、江西学政、福建铁路公司经理(1906)、山西巡抚、内阁学士兼礼部侍郎、毓庆宫行走(1911)、太傅(1912)、汉军副都统、弼德院顾问大臣、伪满内阁议政大臣(1917)、伪满参议院参议(1931)。
1885	十笏园(丁家花园)	山东潍坊	丁善宝	十笏园在今潍坊市胡家牌坊街,原为清朝咸丰光绪年间本城乡绅丁善宝的宅园。丁善宝字黻臣,号六斋,咸丰时输巨款捐得举人和内阁中书衔,能诗文,著有《耕云囊霞》等文集刊行于世。丁家的邸宅规模很大,北面靠近旧城的北城墙,南临胡家牌坊街,东为梁家巷,西界郭家巷,共有二十多个院落,近三百多间房舍。从建筑平面布局看,参差不齐,显然是逐渐拓展扩充起来而构成的。邸宅内有两座宅园,北面的后花园面积较大,现已完全夷为平地;西南面有座小花园即十笏园,于光绪十一年(1885)建成。据丁善宝自撰《十笏园记》,这里原来是明朝刑部郎中显宦胡邦佐的故居,清初归陈姓,又归郭姓,后为丁善宝购得。当时的房舍已大半倾圮,故仅保留了北部较完整的一座三开间的楼房,其余均“汰其废厅为池”,改造成小型宅园,“以其小而易就也,署其名曰十笏园”。笏是封建社会大官上朝叩拜皇帝时手里捧的笏板。只有

建园时间	园名	地点	人物	详细情况
				十个笏板那么大，用来形容园池之小的意思，其总面积只有两千平方米，却建有亭台楼榭二十四处，房屋六十七间，园池部分有水池、小岛、曲桥、假山、游廊，布置紧凑，不显拥塞，小巧隽永，各得其妙，是潍县城内诸园之冠，鲁中一处具有晚清特色的名园。
1885	小莲庄	浙江南浔	刘镛 沈若笙	富商刘镛所建，俗称称刘园，历四十年至 1924 年完全建成，造园家沈若笙堆筑了园中假山。全园以挂瓢池为中心，有小姐楼、退修小榭、六角亭、小莲庄砖坊、曲桥园中园等，中西风格结合，34 亩。
1885～1887	退思园	江苏苏州	任兰生 任传薪 袁龙	在吴江市同里镇新填街 23 号，为晚清宅园，初建于清光绪十一至十三年(1885～1887)。园主任兰生，字畹香，号南云，历任资政大夫、内阁大学士、安徽凤颖六泗兵备道、淮北牙厘局、凤阳钞关等职，多为肥缺，无奈光绪十年(1884)，因弹压捻军不力，又中饱私囊而遭弹劾，在龙庭之上命将不继，急中生智，以《左传》中一句“林父之事君也，进思尽忠，退思补过”博得慈禧开恩，方得全身而退，归后以十万银元购园，以纪《左传》救助之功。宅园设计者为晚清著名画家袁龙。任兰生园成后两年亡故，其子任传薪，于光绪三十二年(1906)在园中开办丽则女学，晚年执教于上海圣约翰大学，园渐毁，“文革”中毁损更严重，1975 年陈从周呼吁修园，1982 年整修开放。现属全国重点文保单位和世界文化遗产。1986 年，美国纽约斯坦顿岛植物园以退思园为蓝本，建退思庄。园林占地 9.8 亩，分宅部和园部，有堂构 24 处，匾对 28 处，书条石 12 方，古树名木有玉兰、朴树等 9 种 15 棵。宅部有：轿厅、茶厅、正厅，西园有景：岁寒居、接待室、旱船、坐春望月楼、揽胜阁、廊轩、退思草堂、琴房、眠云亭、菇雨生凉、复道、老人峰、辛台、桂花厅、闹红一舸、石鼓文漏窗、水香榭。

建园时间	园名	地点	人物	详细情况
1885后	双骖园	福建福州	龚易图	在福州城南乌石山今省气象局处，清官僚兼造园家龚易图所创私园，园以山景和荔枝胜，建有乌石山房，抗日战争时被毁，今存大树几株。龚在园中游乐作诗，有诗集《乌石山房存》。龚为园题联："平生最爱说东坡，日啖荔枝三百颗；天下几人学杜甫，安得广厦千万间。"
1886前	鹤洲别墅	广东广州	杨永衍	在广州白鹤洲，为番禺人杨永衍所创私园，杨永衍字椒坪，清番禺人，杨孚后裔，道光(1821～1850)初，助林则徐查鸦片。后归退于乡，乐善好施，倡建爱育善堂，重修双洲书院。常与张维屏、陈礼、黄培芳等名士唱和于园中，又与居巢、居廉兄弟切磋画艺。1886年，黎雍与居廉曾在园中合作画《花卉》，故园在此画前建成。
1886	陈芳花园	广东珠海		位于香洲区前山街道，始建于光绪十二年(1886年)，占地面积7.2万平方米，东西长300米，南北宽240米，现存石牌坊三座，以及"胜地位城"碑刻、陈芳家族墓地、六角亭、石桥、莲池、石板路，种有桄榔树、凤凰树、紫荆树以及其他花卉。园内梅溪石牌坊先后建于清代光绪十二年(公元l886年)和光绪十七年(公元1891年)，是清廷为表彰清朝驻夏威夷第一任商董陈芳(字回芬)及其父母等亲人为家乡多作善举而赐建的。
1886	古藤仙馆	福建漳州	施调赓	位于漳州市新行街98号，是进士施调赓所创宅园。宅三进53米深，宽5.4米，前后分别为轿厅、花园、阁、楼、庭院、祠堂。花园被一堵花墙分为两部分，前有花池、盆景、壁画，后有水池、拱桥、放翁亭(六角亭)、放翁碑、塑石假山、景石、盆景、兰亭集序墙等，又有峰回、枕流漱石、活泼泼地、"问君今夕不痛饮，奈此满川明月何？""清光门外一渠水，秋景墙头数点山"等题刻。假山为塑石类，依墙头升起达6.4米，有三峰。园主施调庚(1841—1907)，字轴三，号少愚，次施开先。调赓为次子，光绪九年进士，朝考第24名，殿试39名，保和殿

建园时间	园名	地点	人物	详细情况
				复试第9名，钦点翰林院庶吉士，光绪十二年(1866)授四川资州资阳县(今资阳市)知县，只为官一年，退隐家中，营建宅园。施有七子，皆染大烟，家境衰败，售房及园与叔父施调培之子施荫棠，至今传至施正光(1932—今)，正光1959年厦门大学毕业后留校，不几年回漳修理钟表，1979年去香港，从事国际贸易，现为香港、印尼、新加坡、美国18家公司驻中国代理，常驻漳州。
1886	德璀琳别墅	天津	德璀琳	位于今河西区马场道一号院。德璀琳别墅是典型西洋风格的园林别墅，别墅内洋楼十余栋，初名养心园。花园为典型的西方园林，小路两旁，芳草铺地，树木成荫，曲径通幽，五座小洋楼掩映在绿树之中，深邃雅静。
1887	维多利亚公园(南楼公园、中正公园、市府花园、解放北园)	天津		位于英租界维多利亚道(即中街，今解放北路)，1887年为庆英女王诞辰50周年而建，英名victoria garden，1.23公顷，当初华人与狗不得入内，1900年增建东南角消防钟，1919年该钟移至南开大学，在原处建欧战纪念碑，1927年新建半圆形花架，1942年改南楼公园，1945年改中正公园，1949年改解放北园和市府花园，时面积8200平方米，1976年地震时戈登堂被震毁，1981年建市府大楼，园面积减为7500平方米，2000年改太湖石假山为青石假山，为半规则半自然式，集仿中、英、意三国要素，即英式浪漫主义学派、中国自然山水园、意大利台地园，曾有草地、钢筋白灰焦渣结构花窖、兽栏、欧战胜利碑。
1887	西园	上海	李逸仙	在静安寺东，1887年李逸仙招股建西园公司，投资建成营业性园林，因缺乏特色而于次年出售，1890年并入愚园。园景为中西合璧，有景：印泉楼(西式二层)、天下第六泉、假山、茅亭(两座)、秋千、动物园，园中植蔷薇、木香、紫荆等，项目有：饮餐、弹子房、荡秋千、观赏动物、乘马车观全园。

建园时间	园名	地点	人物	详细情况
1887	蓉镜斋	台湾台中	林文钦	最早为林奠国的住居，1887 年林文钦改建为书塾，取名蓉镜斋。以护龙和外围墙围成一个雅致的三合院，院里有个仿孔庙之制的泮池，护龙就是众子弟读书的地方。
1888	广雅书院	广东广州		书院园林，有观澜堂、一篑亭、水池、山石。
1888	醇王府园	北京	奕譞载沣	位于西城区后海北沿 46 号，清末两代醇亲王奕譞和载沣的王府花园，原为成亲王永瑆府，1888 改赐奕譞，赏十万银重修，后溥仪生于此。此园滨邻后海，坐北朝南，占地 2 万多平方米，建筑面积近 5000 平方米。院内有一座小院，原为王府花园时保存下来的清代四合院建筑。1963 年为宋庆龄居所，1982 年开放。园区有箑亭、南楼、听雨屋、恩波亭、濠梁乐趣、畅襟斋，山水建筑轴线对称，30 亩。
1888	大花园（半淞园）	上海	卓乎吾	在杨树浦路和腾越路口，南濒黄浦江，北临杨树浦路，候补知府卓乎吾于 1888 年购地 180 亩所建商业园林，1889 年 9 月建成开放，售票入园，有专用船或马车接送入园，1892 年初经营不善而由英商更名为半淞园继续营业，20 世纪初告废，1920 年日商在此建大康纱厂，现为上海第十二棉纺厂。风格以中式主，西式为辅，以大取胜，有景：假山（亭台楼阁其上）、园湖、园河、听涛楼、荷池、四面厅、小莲池（两处）、茅亭、小桥、回廊。特色为动物园，有禽兽笼舍、大型鸟槛、水族馆，游乐项目有：餐饮、焰火、戏曲、马戏、游河、划船、气球升空。
1888	愚园	上海	张氏	在静安寺路（今南京西路）北，赫德路（今常德路）西，1888 年宁波商人张氏建园 33.5 亩，同年建成对外开放，因较少特色而于 1898 年易主，次年改名为和记愚园复开，以后四度关闭，1916 年园废。有园景：敦雅堂、洋房、如舫、楠木厅、假山、花神阁、鸳鸯厅、杏花村、花圃、晤言室、云光楼、板桥、飞云楼、湖心亭、新厅等，游乐项目有：餐饮、摄影、戏曲、魔术、电影、烟火、赏花、夏夜游园、动物观赏、拒俄大会、中国金石书画赛会、南社雅集。

建园时间	园名	地点	人物	详细情况
1888	板桥花园（林家花园、板桥别墅、林本源宅园）	台湾台北	林维源	在台北板桥市流芳里西门街，又名林家花园、林本源宅园，是台湾缙绅林维源于光绪十四年(1888)改造，光绪十九年(1893)完成，1978年恢复，为台湾名园之首。面积1.6公顷，现有景：汲古书屋、方鉴斋、四角亭、来青阁、开心一笑、香玉簃、月波水榭、定静堂、观稼轩、海棠池、榕荫大池、大假山(仿漳州观音山)等。林本源是林家的公号，由林国华的本记和林国芳的源记合并而成。林维源，字时甫，祖林平侯从漳州渡台并于乾隆时发家捐官，定居板桥，其父国华为第二代掌门。他初捐内阁中书，历四品卿(1862)、内阁侍读(1884)、太常寺少卿、太仆寺正卿(1891)、“台湾民主国”议长(1895)，辞避厦门，1905年去世。他创立建祥商号、建昌公司，与台湾巡抚刘铭传和沈葆桢交好，在建立台北城、拓地垦荒、抗击法日多方面贡献极大。
1889	华人公园（新公园、新公共花园、中国人公园、河滨第二公园）	上海	殷司	在苏州河南四川路桥东的河滩上，产权属英国商人殷司(Ince)，因黄浦公园华人不能进，慑于群众斗争情绪，公共租界纳税人特别会议决定建园给华人使用，耗规银8000两，初名新公园、新公共花园，1891年更名华人公园，1943年更名河滨公园，1946年更名河滨第二公园，新中国成立后复名河滨公园，现面积4000平方米，当时有日晷亭，左右有茅亭二座，上海道台聂缉规题额“寰海联欢”，东北西式平房，园中有几个花坛和几块草坪，广植悬铃木和柳树，现为街道绿地。
1890	大花厅	台湾台中	林朝栋	在下厝宫保第旁营建的一座三落宴会厅，俗称大花厅。
1890	法国天主教堂石屋	重庆		在巴南区和平桥，位于经堂的后面悬崖处，以青石砌筑石屋，屋中四壁灰塑白色钟乳石，有天然溶洞之感。

建园时间	园名	地点	人物	详细情况
1890	薛家花园（钦使花园）	江苏无锡	薛福成 薛南溟	是清末著名思想家、外交家、维新派代表人物薛福成(1838—1894)的私家园林，始建于1890年，建成于1894年。占地21 000平方米，2000年始修，修复面积12 000平方米，其中建筑6 000平方米，花园6 000平方米，2003年1月1日正式开放，分主体建筑群、东花园、后花园西花园四部分，为全国第五批重点文保单位。建筑为中西合璧风格，有中华第一回楼的转盘楼、隔水听音的水榭式戏台、中国最早的西式弹子房。东花园由花厅、戏台、水池、小桥、假山组成，后花园由水池、黄石假山、石梁、揽秀堂、曲廊、转经楼组成。西花园未修复，将延续后花园水系，形成三岛三院一山，以曲廊划分水面空间。园林由薛福成新自规划指导，由其长子薛南溟督建。薛福成，字叔耘，号庸庵，无锡北乡寺头人。1865年入曾国藩幕，1875入李鸿章幕，自光绪十年(1884)起历任浙江宁绍台道、湖南按察使(1888)、钦差出使英法意比四国大臣(1889)等职。一生勤于笔耕，文属桐城一派，有《庸阉全集》等著作21卷刊行于世。
1890	中山公园（台中公园）	台湾台中		在公园路、双十路、自由路和精武路之间，首创于光绪十六年(1890)，日据时代把东大墩土丘和雾峰林家的敕建林公祠花园合并而设，称台中公园，面积12公顷，是台中市最大公园，1903年10月旧城北门楼迁建于此，园景有：有湖面、湖心亭(1908)、大门中心喷水池、土丘(西北角)、北城楼(1903)、音乐剧场、孔子纪念台(1973)、儿童乐园、网球场、凌波双桥、望月亭(1889)抗日纪念碑、码头等。1999年4月17日，列为市定古迹作为元宵节台中灯会的举办地点。 湖中红瓦白墙的中正亭，原名湖心亭，台中市的标志。园内的炮台山上的望月亭北门城楼的遗迹，建于清光绪十五年(1889)，日本占领时为修路移建于此。门楼四柱顶立，古朴庄重，翘首飞檐，十分壮观，“曲奏迎神”巨匾，为台湾知府黄承乙所题。

建园时间	园名	地点	人物	详细情况
约 1890	何魁山庄	北京	何魁	位于三柱香山麓百家水山岭平台上。园内有龙王堂，引山泉水，砌方池，种植丁香花树。宅四周山坡下种植槐树数十株，枝柯盘屈，横枝荫数亩，至今坡下尚存古槐数株。（焦雄《北京西郊宅园记》）
1891	余三馆	台湾彰化	陈氏	位于彰化县永靖乡，占地 1 公顷，为一坐西朝东的三合院，属闽南和粤东式建筑，其内部雕饰及白色素墙是广东饶平与福建泉州特色。宅院以正厅为中轴，左右分置内外双护龙，前有高矮两道围墙隔出内外埕，大门外有水池，形成合院完备的空间布局与风水方位，亦彰显客家族裔对内的凝聚力与向外的防御特性。由大门经内埕至正厅，两旁有护龙，正厅是创垂堂，厅内悬有同治年间所颁“贡元”牌匾，供桌两侧置有难得一见的“恩授进士”、“成均贡元”执事牌，两旁 8 张太师椅，椅背雕花精美。（张运宗《台湾的园林宅第》）
1891	白岩书院	重庆	游鉴洋	始建于清光绪十七年（1891），选址于太白岩山麓，面对长江，背靠山崖峭壁，占地约十亩，由乡绅游鉴洋独资捐建，系当年童生、秀才研读经史的地方，设掌院一人，当地有名举人任教授。培植林园，苍松翠柏，一度繁茂。后来由于各机构更迭频繁，林园遭到破坏，新中国成立后，归属单位注意保护树木，现存桂花、白兰、黄桷树等古树多株。
1891	刘永福故居（三宣堂）	广西钦州		位于钦州市板桂街 10 号（古称下南关），又名“三宣堂”，建于清光绪十七年（1891），是钦州市现存最宏伟、最完整的清代建筑群。占地面积 22700 多平方米，建筑面积 5600 多平方米，大小楼房 119 间。除主座外，有头门、二门、仓库、书房、伙房、佣人房、马房等一批附属建筑以及戏台、花园、菜圃、鱼塘、晒场等设施。头门临江向东，有醒目的“三宣堂”大字匾额。

建园时间	园名	地点	人物	详细情况
1893	昆山公园	上海		位于上海市虹口区昆山花园路13号，全园面积3024平方米，始建于1893年，1898年7月19日正式开放，公园初名虹口公园，1906年虹口娱乐场开放，遂改名昆山儿童公园，也称昆山儿童游戏场，初建面积10.27亩，1934年6月23日改名昆山公园至今。1935至1945年为9.5亩，解放初为8.65亩，1978年只余一半。1940年成为日军集中营，关押300中国人，园毁，新中国成立后重修于1950年1月开放，“文革”又毁，在园内建窑烧砖，开挖工事。1981年修复，1983年5月1日开放。初有木栅栏、草坪、四亭；1949年修复，1982年建：亭廊、棚架、地坪、围栏、花坛、小萝卜头雕塑。1999年再修。
1893	古巢寄园	上海	朱家禄 吴永清	在嘉定区南翔镇，清朱家禄所辟，光绪十九年归留洋诸生吴永清，更名古巢寄园，后毁。
1893	莱园	台湾雾峰	林文钦	莱园位于台湾省台中市雾峰乡，是晚清举人林文钦在光绪十九年(1893)建造的私家园林，与上海豫园一样，莱园亦为娱亲之作，取自老莱子彩衣娱亲之意。园林历清末林文钦草创时期(1893～1895)，日据时代林献堂扩建(1907～1949)两个时期，是台湾保留最好的两座古典园林之一(另一座是板桥花园)。初创时期，园内有景点：五桂楼、小习池、荔枝岛、歌台、考槃轩、望月峰、凌云蹬、捣衣涧、外花园、塌漥花园、观稼亭、梨园居所和柳桥等；扩建期后达到100多亩，增建有：木棉桥、夕佳亭、万梅庵、林家祖坟、社公祠和三十六级台阶等，改柳桥为水泥桥，改梨园居所为环翠庐，改歌台为飞觞醉月亭，迁夕佳亭，原址建林允钦铜像。与其他城市宅园不同的是，莱园建于住宅后面的自然山水之中，园林与自然山水的结合十分巧妙，巧于因借是它的特色。园林的背山是火焰山，其山有峰名九九山峰和望月峰，园林充分利用它们作为借景。

建园时间	园名	地点	人物	详细情况
1894	王文敏宅	北京		锡拉胡同21号，光绪二十年(1894)王懿荣购此宅，光绪二十六年，王在此殉难，二十九年东院辟为福山王文敏公家祠，光绪帝亲题碑文，两江总督樊增祥写《王文敏祠堂记》。现为红十字会宿舍。花园以游廊分为三个院子，前院以山石为主，后园以水池为中心，西院以花胜。有花厅、正房、凉弯、游廊、水井等 王文敏，名懿荣，字正儒，廉生，山东烟台福山人，中国近代金石学家和甲骨文发现者。光绪六年(1880)进士，以翰林擢侍读，官至祭洒。甲午战争爆发，返乡办团练，八国联军入侵，任京师团练大臣，兵败在家投井。谥文敏。
1894	桃子园(桃园)	广东惠州	张静山	在惠州桥东区新西街右侧，临塔仔湖塘，旧称木荆子岗，光绪二十年(1894)归善(惠州)人张静山所筑，园广2000多平方米，张题有《桃园记》，依山建屋，傍水为池，门前槐柳，门内桃花，有景：厅堂、藏书楼、梅坞、英石假山、眉妩亭、竹径、佩兰室、兰径、舫斋、莲沼、荔圃、桃园别墅、钓矶，兰室内有百余盆兰蕙盆景，别墅门临塔湖，外筑钓矶。辛亥革命后，毁于兵燹，楼阁无存。太史吴玉臣为厅堂题联：“将此间试比罗浮，明月桃花如有梦。门大隐是何风味，青谿桃树淡无言。”
1894	意园	江苏扬州	卢绍绪	在今康山街22号，为江西人、盐商卢绍绪所建，1894年始建，1897年竣工，耗银7万两，为扬州最大住宅，11进200间，占地面积6157平方米，建筑面积4284平方米。前院以漏窗分两小院，筑湖石花台，后园名意园，有水池、船舫、水面风来(书斋)、藏书楼、花随四时亭，植紫藤、桂花，用石为大理石和高资石，少用砖刻，为扬州后期盐商豪宅园林代表。
1894	瓜豆园(陆家花园)	上海	陆云僧 张謇	在龙华镇肇家浜，今龙华机场内，陆云僧约于光绪二十年(1894)创建，陆好园艺，故园内花卉最盛，园广40亩，有景：述闻堂、怀桔庐、陆氏家祠、墓茔等，南通状元张謇为述闻堂题额，陆自筑瓜豆路一里多以便出入，1944年日军扩建龙华机场，园毁。

建园时间	园名	地点	人物	详细情况
1894	味园（郁氏山庄）	上海	郁屏翰	在法华乡，今长宁区法华镇路 241 号和 191 弄间，郁屏翰于光绪二十年(1894)建，又称郁氏山庄或郁家花园，园内有景：春光门、小溪、祖先墓、立本堂、乐获榭、大草坪等，园中植桑百株，以育蚕为乐，榭前有草坪，环坪为花木、竹石。郁屏翰逝世后葬于园中，其子郁葆青、孙子郁元营拔桑树，叠石疏泉，构建淞溪草堂，堂北辟荷池，内有白玉兰百余株，为沪上之首，1932 年郁葆青在园中建普义坊，园毁。
1894	怡园	台湾台中	吴鸾旗	吴鸾旗所建私园，已毁。
1894	小桃园	广东惠州	张靖山	张靖山始建宅园，1000 平方米左右，后毁。
1894 后	潜园	山西太原	刘大鹏	在晋祠东北赤桥村，为晚清文人刘大鹏所筑私家果蔬园，广十亩，不筑围墙，以荆棘篱笆围合，其《潜园记》载："其地负山面野，宽阔十数亩，中有茅屋数椽，蔬菜几垅，桃李两三行，枣梨百余树，葡萄、架豆、花棚芝蕙、圃葱、蒜畦、兰溪、苔径、梅隖、瓜田，水场淙淙，日夜聒耳。"是蔬果足以自给的隐居田园。记中又说："园何以名潜，取《小雅·正月》篇，'潜虽伏矣'。"潜者藏也，是园主人逃避现实，潜藏隐居之意，但不是隐于山林，而是伏于田园。 刘大鹏(1857—1942)，字友凤，号卧虎山人，别号梦醒子、遁世翁，山西太原赤桥村人，光绪二十年(1894)举人，后三次会试不第，以怀才不遇隐居家乡，又在太谷武佑卿家任塾师 20 年，1914 年归家，任县立小学校长，兼营小煤窑和种地，光绪三十四年(1908)任省咨议局议员，1912 年任县议会议长、县教育会副会长、县清查财政公所经理和公款局经理。刘大鹏热心公益、勤于考古、博学多才，著述宏富，著作有《醒梦庐文集》《卧虎山房诗集》《从心所欲妄咏》等，惜其均系手稿，未能刊行问世。

建园时间	园名	地点	人物	详细情况
	桃园	山西		桃园在晋祠奉圣寺东南，靠于堡墙，园广十多亩大。园内只茅屋数间，绿水萦绕，杨柳依拂，花棚豆架，瓜田草畦，葡萄梨杏，葱蒜韭陇。但桃树特多，盛开时节，红粉满园春花烂漫。
1895	菽庄花园	福建厦门	林尔嘉	在鼓琅屿，台湾巨富林尔嘉于光绪二十一年(1895)离台居厦，在海边造园，1913年建成。以其字叔臧谐音而名菽庄花园。1955年献公，现对外开放。园广不到十亩，现扩至2公顷，其中水域3352平方米，建筑2451平方米。园分为藏海园和补山园两部分，借景大海，利用沙滩，达到园在海上，海在园中之效。有景：眉寿堂、王秋阁、真率亭、四十四桥、听浪阁、顽石山房、十二洞天、亦爱吾庐、观潮楼、小兰亭等十景，以二十四桥和十二洞天猴山最有特色。成为公园后扩建了听涛轩、蛇岑花苑、海滨廊道、知音广场。 林尔嘉(1874—1951)，台北板桥林家第五代，因甲午战败，随父内渡。历任清朝厦门保商局总办兼厦门商务总会总理、农工商部头等顾问、度支部审议员。民国时在参议院候补议员、厦门市政会长、鼓浪屿公租界工部局华董，授三等文虎章和二等大绥文虎章。
1895	五美堂别墅(榕湖别墅)	广西桂林	唐景崧	在桂林榕湖，为台湾巡抚唐景崧的私园，后毁，1949年后建有唐景崧雕塑于湖边古榕双桥附近。唐景崧(1841—1903)，字维卿，广西灌阳人，同治四年(1865)进士，选庶吉士，授吏部候补主事，不得志，光绪八年(1882)，法越事起，赴刘永福黑旗军，次年，抵越南保胜，劝刘永福内附，得张之洞支持成立景军，以功赏四品卿衔，1884年中法战争后，以功赏花翎，赐号迦春巴图鲁，晋二品衔，除福建台湾道，光绪十七年(1891)迁布政使，光绪二十年(1894)，署理台湾巡抚，1895年4月，《马关条约》割台于日本，唐七次上疏主战被拒，于是年5月23日宣布台湾独立，唐为总统，国号永清，战败后携款退回厦门，闲居桂林。在桂林市中心榕湖边建五美堂别墅，闲居不出。1899年任桂林体用学堂中文总教习，晚年热心戏曲，创造桂剧，著有《请缨日记》、《诗畴》、《迷拾》、《寄闲吟馆诗存》、《看棋亭杂剧》等。

建园时间	园名	地点	人物	详细情况
约 1895	瞻榆池馆（榆园）	广西桂林	谢光绮	在桂林榕湖，是广西粮道谢光绮所建私园，在叠彩山风洞中绘有《瞻榆池馆全图》，图中展示了全园概况，瞻榆池波光潋滟，画舫纤巧，东西水阁相望，南北树木、栏杆争辉，有大门二道，二道题“榆园”。谢光绮，字方山，宛平籍江阴人，广西候补道，有《蓬吟草》，在桂林期间，还在独秀峰小憩亭改建为小谢亭(1895)，为叠彩山一拳亭、杭州西湖平湖秋月亭、三潭印月的闲放台题联，皆十分著名。榆园概在其任职期间所创。
1896	东湖	浙江绍兴	陶浚宣	位于绍兴城东箬篑山北麓，教育家、书法家、园艺家陶浚宣利用汉代采石场，筹资仿桃源意境营建园林，1896 始，1899 年成。1905 年兴复会在此活动，1912 改正厅为陶社，纪念在上海遇刺的兴复会领导人陶成章。明代学者陶望龄撰《陶氏宗谱·陶堰考》中记载：“地脉从箬篑山……伏行水中，若龟鱼沉浮，藕断丝连，续行三十里……”，箬篑山“山顶龙池庵有池，池中有石，此陶堰阳基发祖处”，又记龙池庵和尚想凿石扩建庙舍，陶氏祖宗托梦给族人以求保护，以上种种可知箬篑山被陶氏族人视为风水主山。 陶浚宣 50 岁隐居东湖，身处乱世构室岩下，一方面希望能遁于桃源，醉心于残山剩水之间：“崖壁千寻，此是大斧劈画法；渔舫一叶，如入古桃源途中”(饮渌亭)，“江空欲听水仙操，劈立直上蓬莱峰”(灵石亭)，“闻木樨香乎？知游鱼乐否?”(东湖秦桥)另一方面又壮心未已，感时局艰辛力图变革：“倒下苍藤成篆籀；劈开翠峡走风雷。”(陶公洞)
1896	靶子场公园（娱乐场、鲁迅公园、虹口公园、）	上海	斯德克麦克雷戈	位于四川北路甜爱支路，租界园林，1896 年工部局建草地靶场，称靶子场公园，18 公顷；1901 年扩至 20 公顷，建公园式娱乐场，称新娱乐场；1902 年风景专家斯德克设高尔夫、网球、曲棍球、篮球、足球、草地滚木球、棒球场，1905 年建成；当年，英国园林家麦克雷戈完缮，1906 年完成，称虹口娱乐场，1909 年完成公园布局，1911 年规定，只有洋

建园时间	园名	地点	人物	详细情况
				人的随从华人或衣着整齐的华人才能进出，1912年规定，中国学生不得入，1918年规定，美国学校中华人教师不得从正门入。1922年改虹口公园，当地日本侨民称为新公园，1945年更中正公园，1951年复名虹口公园，1956年改造，迁鲁迅墓入园，1959年完成，面积24.87公顷，1988年改鲁迅公园，为英式风格。
1897	莫氏庄园	浙江平湖	莫放梅	1897年始，1899年成，园主地主莫放梅，4800平方米，莫氏庄园平面规划上以南北中轴线为主，设四进厅堂，置天井、轿厅、天井、正厅、将军亭、天井、堂楼。左右两侧轴线不明显，只是依附于中轴上的建筑，如东侧有祠堂、帐房、天井、厨房，西侧有书房、卧室和花园。环绕庄园有高达6米的集防风、防火、防盗于一体的围墙，是江南典型的封闭式第宅厅堂建筑群。
1897	陈勇烈祠	广西崇左		位于龙州镇南门街，南临水口河，北邻龙州粮库，东西面为民居，又名追忠祠，是为纪念在中法战争中牺牲的陈嘉而建的专祠。陈嘉生前获赏黄马褂，死后，清廷赐谥勇烈，国史馆立传，广西提督苏元春奉旨督建，于光绪二十三年(1897)建成。该祠占地近万平方米，现存前殿、揽秀园和昭忠祠及前面大院，有石砌宽台阶直通河边，大门旁的古炮尚存两门。该祠气势威武，飞檐盘龙，门首雕花，保存较好，具有较高的历史、科学、艺术价值的清代建筑，一九八一年八月定为全区重点文物保护单位。
1897	西园(南市)	上海	张远槎	在老城厢西门外斜桥东，今陆家浜路、制造局路口，1897年商人张远槎集资建营业性小园，次年开放，亭台楼阁疏于管理而衰败，1914年停业，宝善公所在园内建平房作为停棺房。风格中式，园门前的河浜上建花架廊桥，又有：四面厅、假山、亭子、石桌、石椅、金鱼池、小楼、曲廊、戏台等，活动有戏曲、魔术及焰火。

建园时间	园名	地点	人物	详细情况
1897	康家花园	广东广州	康有为	在广州芳村区新隆沙过江隧道芳村出口西侧，为康有为所创，当时面积很大，北起芳村平民东街，直至友伦里，东至芳村基督教堂至陆居路的芳村百货商店影剧院，现在此地人称康地，康有为《自编年谱》道，光绪二十三年(1897)还粤讲学时建园纳妾，室成而变法失败后被没封，民国后拨还，1917年参与张勋复辟后又被广东省省长朱庆澜没封，交学校使用，1918年北洋政府大赦后下令拨还，学校拒不迁出。园广东约20余亩，邻茂香园。园内有书斋及亭台楼阁，现在只余小蓬莱仙馆，时为康读书处。新中国成立后康氏后人捐赠国家，现为康有为史迹展馆，政府拟在康家花园之处建有为广场。康有为(1858—1927)，广东南海人，原名祖诒，字广厦，号长素、更生，晚年别署天游化人、西樵山人等，世称“南海先生”。家族为广东望族，世代为儒，以理学传家。清光绪二十一年(1895)进士，官授工部主事、总理各国事务衙门章，是我国近代史上著名的思想家、政治家、教育家和文学艺术家，1898年领导戊戌变法，失败后逃亡国外，辛亥革命后曾与张勋共谋复辟。他又是清代“碑学”书法的积极响应者和亲身实践者，是继包世臣后又一大书论家。组织《强学会》，编印《中外纪闻》，著有《康子篇》、《春秋董氏学》、《日本变政考》、《大同书》、《欧洲二十一国游记》、《新学伪经考》、《孔子改制考》、《广艺舟双揖》等。
1898前	城西公园	上海		在原宝山城西门外挹霭堂西依城河，今宝山中医院处，原有数座小园，后合并为城西公园，1898年在此园的半茧斋设宝山图书公会，1907年办林业试验场，1910年在此成立县农务分会，1937年毁于日军炮火。园内有堂、榭、亭、廊等。
1898	华士古达嘉玛花园	澳门		位于澳门得胜路、东望洋斜巷和东望洋街上，1898年当局为纪念航海家华士古达嘉玛而建立的公园，当时有500米长65米宽的林荫大道，两旁植假菩提树。经林荫道改建为学校、酒店和警察厅。1997年改建后花园7050平方米，规则式布局，中间有华士古达嘉玛铜像，为雕刻家高士达1911年创作。另有两个波浪形喷泉水池、凉亭和一个儿童游戏场。

建园时间	园名	地点	人物	详细情况
1898	潮阳西园	广东潮阳	肖钦 肖眉仙	1898年肖钦始建，1909年建成，花费38万两白银，宅与园合计1330平方米，建筑面积900平方米，中西合璧，东园西宅，园由二层书楼、房山山房和假山三部分构成，有景：扁六角亭、荷池、曲桥（两座）、曲廊、书房（两层）、假山、钓矶、潭影洞、螺径、耸翠峰、曲水流觞石桌（公心桌）、小广寒门洞、蕉榻、水晶帘壁、别有天洞门、引鹤石、探梅石、圆亭等。假山用珊瑚石和英石构成，山上圆亭，山下筑水晶宫，水晶宫为半地下室，用螺旋石梯联系。肖钦（1857—?）潮阳人，潮阳最早买办资本家，木工出身，经营土特产外贸、烟草、银行、加工、建筑、房地产、运输等行业，创捷盛营造厂、怡人庄银号、船务行、华资卷烟厂、榨油厂、自来水厂，曾任汕头商会首任总理，设立同文学堂。设计师肖眉仙为当地著名建筑师，园主又是内行，园林布局曾数易其稿，1908年，西园模型被送往北京参加博览会，获最高奖，慈禧称赞为“岭南园林一绝”。
1898	道清公园	河南焦作		位于焦作市，是英国伦敦的福公司在建设道清铁路（道口镇至清化镇）期间修建的公园。福公司1897年成立于伦敦，为英国资本向中国输出的公司。道清铁路1902年动工，1906年通车，收归国有。园林后毁。
1898后	洋务院花园	河南焦作		在焦作市，为英国投资公司福公司所建，毁。
1898后	李封煤公园	河南焦作		在焦作市李封煤矿，是英国福公司在矿区所建的公园。
1898～1921	福中公司花园	河南焦作		在焦作市，为英国福公司在中国本部福中公司的内部花园，松柏苍翠，杨柳成荫，有水池、假山、翠竹、花池，后毁。

建园时间	园名	地点	人物	详细情况
1899前	湘园	江苏南京	陶湘	在司库坊陶园巷，明石巢园旧址，晚清时为孝廉陶湘所购重筑为园，名湘园，有景：百城亚水阁、深柳读书堂、春草池、黄叶廊、光风霁月堂、冰封窝、平桥、墙东古柏、移灯处、小罗浮、竹梧小隐。该园至光绪二十五年（1899）仍存，园前街巷改名陶园巷。陶湘（1871—1939），字兰泉，号涉园，祖籍浙江慈溪，江苏武进人，1901年后受盛宣怀重用，任纱厂经理，辛亥革命后为中国银行分行行长及北京交通银行总经理，1915年在北京成立修绠堂书店，经营古籍四十余年，成为民国著名大藏书家和刻书家。
1899	之园	江苏常熟	翁曾桂	光绪年间（1875～1908）清流党领袖布政使翁同龢之侄翁曾桂在常熟城西南荷香馆创立此园，名之园，又名九曲园、翁园。有景：水池、九曲石桥、半溪亭、抱爽轩、漾碧桥、之趣桥、飞虹桥、画境文心榭、澄碧清华舫、静观亭、之福堂等，建筑得宜，小中见大，现园景多毁，为常熟市人民医院所用，1998年重修，存有一池、一亭、一闸桥、曲廊、树石等，以水见长，岛屿面积极大，闸桥为江南孤例。现存于第一人民医院。
1899	吴克明宅园	台湾云林	吴克明	吴克明所建私园，已毁。
1899	大连劳动公园	辽宁大连		始建于沙皇租借时期，为大连第一个大型综合公园，102公顷，集游览、娱乐、休憩、文化活动等为一体。
1899	胡家花园（胡巡按官厅）	湖北天门	胡聘之	在天门市竟陵雁叫街孝子里，为清代山西巡抚胡聘之故居。总占地1800平方米，建筑3000平方米，余皆院落和花园，现东厅和花园已毁，2000年后开始复建。胡聘之（1840—1912），字蕲生、萃臣、号景伊，竟陵人，1864年中举，次年进士，选为庶吉士，1868年授翰林院编修，1874年后历会试同考官、四川乡试主考官、内阁侍读学士、太仆寺少卿、顺天府知府、山西布政使（1891）、兵部侍郎兼都察院右副都御使、山西巡抚（1894）、浙江布政使、陕西巡抚，1899年戊戌变法失败后免官回家，筑园宅居，以诗词书画自娱。

建园时间	园名	地点	人物	详细情况
1899	天游园	山东青岛	康有为	位于青岛南区汇泉湾福山支路 5 号，1899 年建德式洋房花园，原为德国总督副官弗莱海尔·利利思可龙的府第，1922 年 12 月 10 日中国收回青岛主权，园归清末第二代恭亲王溥伟，1923 年康有为应青岛市长赵琪之约入住，因非常喜欢而购下，因溥仪曾赠康天游堂，故更此名，每年夏天携家人来此度假，1927 年 3 月 18 日，康有为在上海度过七十大寿之后返青岛，赴宴归宅而暴卒，现为康有为博物馆。园广 1128 平方米，砖木结构，楼位于信号山坡，屋小园大，开门望海，盛暑不热，康题有诗："截海为塘山作堤，茂林峻岭树如荠。庄严旧日节楼在，今落吾家可隐楼。"
1899～1912	李兆基花园	广东佛山	李兆基	在佛山文明里 68 号，李兆基（？—1919）光绪元年（1875）居佛山文明里，光绪二十五年（1899）于宅前创李众胜堂药铺，成为富商，兴建宅院花园，为明清风格，园内有亭台楼阁，鸟语花香。他乐心教育，办义学 20 年；支助文学社，1912 年把后花园让与龙塘诗社。
19 世纪末	得胜花园（懊悔者之园、胜利之园、得胜前地）	澳门		在得胜马路和士多纽拜大马路之间，曾名懊悔者之园、胜利之园、得胜前地，面积 2000 平方米，是为了纪念 1622 年 6 月 24 日澳门军民重创入侵的荷兰士兵而建立的纪念性公园。平面方形，分三个广场，中心广场中有得胜纪念泉，两边有两株古老的南洋杉，直径达 70 厘米。对称中心式，中心为圆形广场地势最高，直径 58 米，中心矗立得胜纪念碑。两边广场对称，地势较低。园内有一个儿童游戏场。
20 世纪初	六三园（鹿园）	上海	白石鹿六三郎建（日）孙中山吴昌硕	在虹口区老江湾路（今西江湾路 240 号），日本人白石鹿六三郎建，又名鹿园，为营业性园林，广二三十亩，往游者多为日本及欧美文人，不售门票，华人持西式名片可入，抗日战争时为日军高级军妓院，光复后园废。园景以简洁明朗著称，为日式风格，有景：草坪（五六亩）、小池、喷泉、动物笼舍、普迭妙龄（日本女雕塑）、土丘、日式住宅（园主居住）、小神社、挹翠亭等。项目有：餐饮、参拜、品茗、书画展等。1922 年日本领事津辰一郎在此为孙中山洗尘。以书画展驰名，1927 年在此举办吴昌硕遗作展。

建园时间	园名	地点	人物	详细情况
1900	环园	陕西西安	沈家祯	华清池的园中园，是1900年清代临潼县(今西安市临潼区)令沈家祯为慈禧西逃时临时休息所建的行宫，园内以荷池为中心，建有望湖楼、五间厅、三间厅、桐荫轩、望河亭、棋亭、飞虹桥、飞霞阁、碑亭等。西安事变发生于园内五间厅。
1900	俄国花园	天津		原为盐商墓地，八国联军入津后改建俄租界花园，7公顷，有大树数百，教堂一座，俄军纪念碑一方，大炮数尊，1924年还中国，改为海河公园，新中国成立后改为建国公园，后改作他用。
1900后	德国公园	天津		德租界园林，2.6公顷，有亭、阁、儿童游戏场、兽栏，1917年收回后渐毁，新中国成立后在其局部建解放南园。现园面积2.6公顷，入口有二个，主入口在解放南路，次入口在东南角。北入口为一个门厅式入口，似有中国传统味道，正面设墙一堵，墙上开景窗一个，恰好框住墙外的石笋和远处的假山。园林布局以轴线和节点为特色。东西轴线贯穿全园，西端为解放南路入口，东端为老干部活动中心，中间辅以十字交叉园路，南端为儿童活动区的女孩雕塑，东面为曲廊。东西轴线上有一个节点，是全园的中心，节点为圆形花池，中间堆水泥假山一座，假山做成一峰，作为西面入口影壁墙的框景。中轴线以北被十字交叉路分割成东西两个植坛，植坛中间铺草地，植以槐树、白腊等高大乔木，周边环以大叶黄杨绿篱。靠近北墙处设东西向曲廊，廊内设座椅，廊两面有漏窗洞。登山道路铺以毛石，两边杂以牙石山上植以低矮灌木。从造园风格来看，这个园完全没有当时的德国风格，纯粹是中国现代公园的做法，如轴线、对景、节点、围篱、草地等，并引入了一些传统造园手法，如曲廊、院落、园中园等。

建园时间	园名	地点	人物	详细情况
1900	托益住宅	上海	托益	位于西摩路，为英国汇丰银行的大班托益建于1900年的住宅，是当时上海罕见的城堡式建筑。楼二层高，红砖英式立面，有着中世纪城堡式的双塔，塔楼高三层。托益后来将房子卖给了祥茂洋行的买办陈炳谦。新中国成立后这里长期为上海第二工业大学所用。20世纪90年代因土地批租而被拆除。城堡后的另一幢别墅未被拆除，它现在为上海第二工业大学教研楼。
1900	盛宣怀别墅	上海	哇吸(德)盛宣怀	淮海中路1517号，中式风格，草坪1668平方米，植冬青、雪松、龙柏。中有南假山、亭台、希腊神像、喷泉、大理石水池。
1901	文君井	四川邛崃	陈嵩良	位于邛崃市文君街，为纪念西汉辞赋作家司马相如及其妻卓文君而建。明清之际，园林范围较大，经过战乱，已不复旧观。清光绪二十七年(1901)邛州知州陈嵩良建议修复，有州人张梓主事，于文君井之右后建榭，中筑琴台，凿池三面，内植荷花，池上横卧石桥，以通往来，构船三楹，缭以曲榭，护以栏杆。1913年在井南建汝楼，琴台西南两面，堆叠假山，山顶盖茅亭，山南建扇面水轩三楹，结茅为盖，隙地皆植君平竹。50年代初期，在井北建碑墙，碑南刻“文君井”；井东南建六角亭，亭南置镂花矮曲墙。琴台之东，临池有曲廊与井东之碑廊连接，东南建文君酒肆、当垆亭、听雨亭等。后又建问津亭和文君妆楼，名曰漾虚。1988年建陈列室、展览室，增植各种花木。扩建后的文君井达0.64公顷。(《成都市园林志》)
1901	任道熔旧居	江苏苏州	任道熔	在人民路乐桥干将西路北侧铁瓶巷22号，为河道总督任道熔于光绪二十七年(1901)购徽商汪园后改造而成，宅及园广3750平方米，建筑4400平方米，三路六进。宅东西各有宅园。东园有鸳鸯厅、戏台、水池、方亭、《清晖堂贴》碑廊、签押房、船厅、书楼，及两个小院等，院内有景石花木等；西园有对照厅和贡式厅，两厅前各

建园时间	园名	地点	人物	详细情况
				有一个庭院,院内有景石花木等。"文革"宅园受损,建筑尚存,1993年拓路时拆南厅,现余宅及部分园景。任道镕(1822—1906),字砺甫,另字筱沅,晚号寄鸥,江苏宜兴人,历任湖北、河南、江西、浙江、山东诸省知县、知府、道员、布政使、按察院、巡抚、河道总督,清光绪二十七年退居苏州。
1901	旭公园(会前公园、森林公园、中山公园)	山东青岛		位于市南区文登路28号德国租界辟为植物试验场,以树木、果园和花木为主,名为森林公园,1914年日本取代德国,增植樱花,名为会前公园和旭公园,1922年收回主权后名为第一公园,1929年5月为纪念孙中山而名为中山公园,有喷水池、藤萝廊、牡丹亭、小西湖、孙文莲池、会前村遗址、各类专类花园、游乐场、索道等,每年举办樱花会。
1901	日租界石屋	重庆		在南岸区王家沱日租界大有巷,为石屋式花园,日本样式,内有荷池,池畔有石屋,平面八角,上下二层,转角有简洁西洋柱式、线脚、圆拱窗,屋面为中式攒尖顶。
1902	遂园	上海	孙炽昌 孙寿昌	在奉贤区金汇镇,孙炽昌孙寿昌两兄弟于光绪二十八年所建,园广40亩,分三部分:北部为菜圃;西侧有四角亭,墙门额题"北门管钥";中部有中西合璧的棣萼轩,旁有迹野亭;南部有长廊。1938年1月日军烧毁,余下的棣萼轩至1965年拆除,改建公礼堂。
1902	小画舫斋	广东广州	黄景棠 黄子静 黄明伯 阮元	在龙津路逢源大街21号,是新加坡华侨黄景棠于1902年利用其父遗产购叶兆萼的小田园重建而成。黄去世后,其弟黄子静、黄明伯等购周边楼宇和隙地,扩建有北门厅、轿厅及部分园林,新中国成立后捐公开放。全园占地约1525平方米,一面临水,布局用连房广厦的方式,周边建筑,中间园林。周边建筑有门厅、轿厅、客厅、戏台、书斋(小画舫斋)、住宅、曲廊、厨房和杂物间等。小画舫

建园时间	园名	地点	人物	详细情况
				斋，占地约200平方米，两层船厅，一面临水，附有码头和游船，是园主会客和收藏的地方，两广总督题匾“白荷红荔泮塘西”。院内有凉亭（诗境亭）、假山和花木，植有九里香、白玉兰、荔枝树、米仔兰、茉莉花等。“文革”时南面建筑和诗境亭及连廊毁，现存家庙、小画舫斋、大门、后楼和一株古榕，其余皆为单位宿舍。黄景棠（1870—？）字绍平，广东新宁（今台山）人，其父黄福是新加坡侨商。他青年时回国，27岁拔贡，获候选道官衔未任，致力于工商业。1905年广州总商会成立时任坐办，1907年组织粤商自治会，后主办《七十二行商报》，在收回路权、澳门勘界、争回东沙岛主权等斗争中表现突出，1911年，反对铁路收归国有，被迫远赴南洋，至民国成立后才重返广州。能诗，著有《倚剑楼诗草》。
1902～1911	唐绍仪花园	天津	唐绍仪 乐达仁	唐绍仪（1860—1938），广东香山人，字少川、绍怡，1874年赴美留学，历任清朝天津海关道、外务部侍郎、署邮传部尚书、铁路总公司督办、奉天巡抚、赴美专使、国务总理、护法军政代表、国府委员、西南政务委员、中山县（今广东中山市）县长、复旦大学第一任校长等职。1902年，在天津任海关道时，在天津大经路和宙纬路交叉口建花园，灰墙城垛。入铁门后迎面有假山，后有荷塘和小亭，经曲径到园后部的中西合璧小楼。民国后，由于政务繁忙而于1916年卖与乐达仁，创建天津达仁堂药号，园内盖起几幢楼房做总厂，正中为欧式红楼作家人居住。后来厂扩大，乐达仁家庭迁出，园景日毁，“文革”尽毁。
1902	嘉业藏书楼	浙江湖州	刘承干	嘉业藏书楼位于浙江省湖州市南浔镇西南鹧鸪溪畔，与小莲庄一东一西隔溪相对，岸边不起墙，以水分隔，实为地利。它是我国近代著名的私家藏书楼，因末代皇帝溥仪曾赠园主“钦若嘉业”九龙金匾和赏赠“抗心希古”匾额，故以两匾为名，楼下名嘉业堂，楼上名希古楼。嘉业藏书楼与天一阁一样，是园林式藏书楼，楼在园中，全园占地20余

建园时间	园名	地点	人物	详细情况
				亩，建筑面积2400平方米，始建于光绪二十八年(1902)，至1924年方彻底完工(注：现楼始建于1920年，1924年完工，而花园建于何时无考，概先建小书房，后改建大楼，再建花园)，其园林式格局是有意模仿天一阁。园林南北轴线明显，北楼南园，园以三四亩池为中心，池中有岛，池左右为亭，格局较为对称，显出受西方园林和北方园林影响的痕迹。
1902后	义路金花园(埃尔金花园)	天津		义路金花园(位于英租界今南京路、开封道、徐州路交汇处)是在1900年八国联军入侵后，英帝国主义第二次扩张后建成的。该地原属美租界，在光绪二十八年(1902)，英、美两国私自相许，将英租界以南、沿海河西岸，计131亩美国租界并入英租界，英国当局称为“南扩充界”。当年九月二十二日，由天津海关道黄花农发出布告予以承认。由此，小白楼一带逐渐成了英、美、俄侵略者的乐园，义路金花园就在此背景下建成的。该园当年的面积为6.2亩，名叫义路金花园(另一种说法是埃尔金花园)，到1922年花园的西北面建起了由英籍印度人巴厘创建的平安影院(今天津音乐厅)。由于平安影院的名气越来越大，义路金花园与平安影院隔路相望，时间久了便被人们约定俗成地称为“平安公园”了。当年公园的设计采用了中国园林的手法，在其主景的三组花架上种植了我国植物品种藤萝。当年，园内以绿色为主，简洁明快，在树木和花架下设有专供游人休息的座椅，花园的西南方向是墙子河，给花园又增添了静谧感。园中设有儿童游艺场，故又称之为“儿童公园”。
1903	芦洲李宅	台湾新北	李家	位于芦洲市中正路243巷9号。李宅之整体造型朴素简约，全宅未用木柱，是砖造石构之大型院落；少华饰，叠层之马背脊屋顶，昂扬天际，是此建筑之特色。芦洲李宅可视为是三座四合院的建筑合群，全厝原有九厅、六十房，坐落于“七星下地·浮水莲花”的风水宝地，复因矗立于田尾，乡人皆称“田仔尾”(后雅称之田野美)，厝前扩建莲花池，昔逢天气晴朗，池中映现观音山顶倒影，清晰美观，是谓“李厝一景”。(张运宗《台湾的园林宅第》)

建园时间	园名	地点	人物	详细情况
1903	美庐	江西九江	兰诺慈	美庐位于庐山牯岭东，背靠大月山，前临长冲河，形如坐在安乐椅之中，此为风水宝地，建于1903年。当年建筑这座房子的主人是英国的兰诺慈爵士，1922年转让给巴莉女士，巴与宋美龄情同姐妹，1933年巴把这幢别墅让给蒋宋居住，次年正式送与宋，成为蒋宋爱巢，从此宋美龄成为这幢别墅的主人。蒋把它当成夏都官邸，而属下们则把它当成"主席行辕"。美庐全园以园为主，以居为辅，洋楼占地445平方米，建筑面积996平方米，而庭园则达7.4亩，建筑密度不及10%。建筑为英国式，大坡顶，皆为绿色，绿门、绿窗、绿栏、绿柱、绿廊，连屋顶也漆成墨绿色，原先的灰褐色石墙也被爬墙虎和美国凌霄所覆盖。建筑为石木结构，主楼2层，附楼1层。花园部分为中式自然山水园，不事人工创作，皆依自然地形，因势利导、因地制宜，一条小路穿行于景点之间，园中有一块巨大天然石，上面刻有蒋介石刻写的"美庐"两字，一表示宋美龄之美，二表示庐山之美。全园充满了珍木异卉，别墅周边为庐山松环绕，特色植物有：金钱松、玉兰、结香、箬竹、卫茅、凌霄、五角枫、鸡抓槭。
1903	慈禧行宫	河北保定	慈禧 袁世凯	在保定环城南路北侧，是清代直隶总督袁世凯为慈禧太后建立的行宫，原为北宋永宁寺（南大寺）金末毁于火，元初重建，清同治、光绪年间为义学，八国联军入侵时被毁，1903年秋，慈禧挟光绪谒西陵经此，院内重建富丽堂戏楼，由莲池开暗河引水于戏楼前积为池水，塘内植荷，清香扑鼻。院内广植花草，戏楼顶垂饰莲瓣与硕桃，以"莲叶托桃"讽刺慈禧在八国联军入北京时连夜脱逃的狼狈景象。莲叶托桃用要根松木雕成，桃高49厘米，周长119厘米，柱梃高210厘米，通高250厘米。现行宫存有部分院落。

建园时间	园名	地点	人物	详细情况
1903	尤文公简祠园	江苏无锡		在惠山镇二泉书院南侧，祠主尤袤(1127—1202)，字延之，小字季长，号遂初居士，晚号乐溪、木石老逸民，卒谥文简，无锡人，南宋绍兴十八年进士，官至礼部尚书，擅诗，有《遂初堂书目》，为南宋四大家之一。尤袤曾在锡山和惠山间筑有书堂，乾隆年间其后代在此建祠，咸丰十年毁于兵火，光绪二十九年(1903)尤桐重建于现址，四进十四楹，新中国成立后于1959年并入锡惠公园，有景：遂初堂、万卷楼、锡麓书堂、垂虹廊、假山、隧洞等，妙于书堂下为隧洞。
1903	孙家花园（曹家花园）	天津	孙仲英 曹锟	位于河北区黄纬路与五马路交叉口，今现解放军254医院和河北中学处，为清末买办孙仲英所建。孙仲英，江苏南京人，初在上海钱庄供职，光绪十六年(1890)到津经商，又在洋行担任买办，结识李鸿章，进而经营军火生意，获利甚丰，光绪二十九年(1903)在天津河北区购地200余亩，构建私家花园，园西起元纬路、东至宙纬路，南至五能上能下路，北抵新开河。园内楼台亭阁，溪水环流，遍植花木。园内建有戏台。1922年直系军阀曹锟贿选总统在此做寿时购下此园，之后大兴土木，改造园景，挖大湖、筑泳池、堆假山、建湖心亭、增爱奥尼克双柱门庭和弯曲檐部的西洋公主楼和公子楼，拆旧房，建新屋，皆成宫殿式，缀以曲廊，置神人、石马、石羊、石狮等。1924年第二次直奉战争后曹锟下野，曹家花园成为冯玉祥、李景林、褚玉璞、张作霖的驻地，1924年，孙中山与张作霖在此会晤，1935年曹锟将花园以25万元变卖，后改为天津第一公园，把中国古典和西洋造园艺术结合，建筑风格明显，开放后增加剧场和游艇、饭店。1937年3月辟空房为天津第二图书馆，同年八月日军占据为陆军医院，新中国成立后一部分是254医院，一部分是河北中学和其他单位。曹锟(1862—1938)，字仲珊，天津人，毕业于天津武备学堂，曾任北洋军第三师师长、直隶督军兼省长等职。1922年后控制北方政局，1923年收买了国会

建园时间	园名	地点	人物	详细情况
				议员，从而被选为“大总统”，1924 年 10 月，在第二次直奉战争中，被冯玉祥赶下台，囚禁于中南海，1926 年 10 月，冯玉祥部将鹿钟麟发动驱段兵变，曹锟获释，到河南投奔吴佩孚，1927 年吴败，1927 年以后，长期寓居天津，在日占时拒任伪职，1938 年病死，被追赠为陆军一级上将。
1903	中山植物园	江苏南京		中山陵附近，收集国内外树种 2000 多，186 公顷，为我国最早的植物园。
1903	可园	浙江湖州		在湖州公园路 80 号，钱庄业同仁集资于光绪二十九年(1903)所创会馆内花园，会馆占地 3000 平方米，原有正厅两进，供关羽赵公明等财神，园在宅东，名可园，有景：拜石草堂、假山、山洞、山亭、游廊、花窗、花木、盆景等。
1903～1907	广东会馆南园	天津	唐绍仪	光绪二十九年(1903)天津海关道唐绍仪(广东人)为扩大广东帮势力，联合梁炎卿等 44 个广东人集资 9 万两银子购鼓楼南运使署旧址 23.4 亩，历四年于光绪三十三年(1907)建成广东会馆，建筑为南北方结合形式，有照壁、门厅、大殿、配殿、戏楼、跨院、套房等，会馆周边还有铺房，合计 300 余间，并在会馆东南修建南园，栽花种木，园中有四方亭、桃花林、葡萄架等景。孙中山 1912 年在此演讲二次。1919 年邓颖超与觉悟社成员为募集救灾款而在此演戏，1925 年安幸生在此建天津总工会，1986 年修复，成为天津戏居博物馆。
1904	仓西公园(龙沙公园)	黑龙江齐齐哈尔	程全德 张朝墉	1904 年黑龙江将军、副都统程全德辟地莳花种草，名为仓西公园，表示与民同乐，设计师为其幕僚张朝墉，1917 年改名龙沙公园，时有枕流精舍、望江楼、花台、先烈祠、脑温桥、鱼沼、对欧舫、筹边楼、电气影院(1914 年俄人建)、花坛、动物笼、凯歌轩、冲气穆清厅、军政俱乐部、龙沙万里亭、喷水池、花圃、茗战社、温室花坞、小湖泊、假山等。现在有景：劳动湖、阳光岛、望湖岛、湖中岛、绿野岛、霁虹桥、映波桥、碧云阁、湖滨岛、九曲桥、动物园、大远阁、综合馆、大假山、寿公祠、文化宫、关帝庙、藏书楼、儿童区、望江楼、澄江阁、码头、荷花池、百花园、旱冰场、温室、办公楼、绿化队及四个门。

建园时间	园名	地点	人物	详细情况
1904	刘祥公馆（刘家花园）	湖北汉口	刘歆生	在汉口北部，民族资本家刘歆生所创中式公馆园林，占地25亩，有荷池花圃，假山树木、亭台楼阁、游廊水榭，雕梁画栋，金碧辉煌，园中还养狮虎，在清末民初，在武汉盛极一时，毁于20世纪初的天灾和战乱。刘歆生（1875—1945），名祥，字人祥，汉阳柏泉（今武汉东西湖）人。幼年替人放鸭，后随父来汉以挤牛奶谋生。信奉天主教，曾入教会学校学会英语、法语。后进汉口太古洋行当练习生、写字兼上街。光绪二十五年（1899）始经营房地产，成为汉口首富，被称为“地皮大王”。他是汉口开埠功臣，节俭而好交游工商巨贾、军政要员、洋行西商、使馆官吏。
1904	小盘谷	江苏扬州	周馥	在今大树巷58号，两江总督周馥在徐氏旧园上建园。周为李鸿章左右手，历任四川布政使、两江总督、两广总督，有水榭、花厅、北楼、曲廊、水池、假山等。全园依随地形，自东而西、山、水、建筑近乎平行布置。
1904	西泠印社	浙江杭州	浙江印人	西泠印社位于浙江省杭州市西湖孤山西部，是一座山地古典园林，占地0.34公顷，为全国重点文保单位。园中四泉为山地园林难得玉津，山顶的文泉和闲泉相通，其中以闲泉为最，为点睛之作，另有潜泉和印泉亦生色之笔。全园有几大特点：山地而地形复杂，有石而碑刻繁多，有泉而生机盎然，砖石木竹取材多样而古朴苍古，堂亭塔廊形式多样而变化多端，篆刻摩崖石刻众多而主题明确。
1904	商埠公园（中山公园）	山东济南	周馥	巡抚周馥奏请建成，初名商埠公园，时有花木、月牙池、云洞岭、四照亭、登啸亭、、喷泉、击石舟、董凤阁、方亭、圆亭、六角亭、动物舍笼，后称济南公园、五三公园，1925年改中山公园，日占时建电台、神社、炮楼、战壕，新中国成立后增图书馆、溜冰场、电影院，1953年改人民公园，1986年复名中山公园，4公顷。
1904	旗山公园	台湾高雄		日本人统治时期，1904年建旗山公园。

建园时间	园名	地点	人物	详细情况
1904	惠家花园（惠园、惠家园）	上海	惠雨亭	在漕河泾，惠雨亭于光绪三十年(1904)所创，又亭惠家园或惠园，初时30亩，后扩至77亩，园内有景：甬道、九曲池、四面厅、书屋、土假山、小岛、草坪等，惠氏喜欢园艺，广植名花异卉，有柏树百余、牡丹百丛，又有圆形草坪，惠雨亭死后葬于园西部，抗日战争时惠家逃难，园毁。
1904	哈同花园（爱俪园）	上海	哈同 黄宗仰	静安寺路与哈同路交接处，犹太富商哈同(1849—1931)创建私园，1904年始建，1909年成，因妻名俪穗，故名爱俪园，又名哈同花园，设计师为乌目山僧人黄宗仰，300亩，有80楼、16阁、48亭、4台榭、7桥、8池、10院、9路，共83景，时人称为海上大观园，中西风格，引泉桥为洛可可式，侯秋吟馆为日式，听风亭是中式顶希腊柱，涵虚楼是江南楼式，天演界戏台是中式厅堂，园兼还办学、收藏、出版。园分内外两部分，内园20余景：欧风东渐阁、黄海涛声楼(听涛钟楼)、红叶村、俟秋吟馆(广仓学窘)、待雨楼、椒亭、风来啸亭、仙药阿、戬寿堂、天演界剧场、环翠亭、驾鹤亭(半面亭)、文海阁、西爽阁、涌泉小筑。外园有景60余，分大好河山景区、渭川百亩景区、水心草庐景区。大好河山景区：爱夏湖、观鱼亭、拨云亭、扪碧亭、蝶隐廊、岁寒亭、绿天澄抱、冬桂轩、诗瓢、昆仑源、串月廊、引泉桥、九思庼、延秋小榭、飞流界、挹翠亭、水芝洞、小瀛洲、方壶、堆碧、北洞天(舍利石塔)、慢舸(载我舟)、太华仙掌、云林画本、迎仙桥、饮蕙崖、铃语阁、涵虚楼、六鳌远驾、平波廊、苍髯上寿、藏机洞、石坪台、山外山、逃秦处、万生囿、赊月亭、小苍莨亭(锦秋亭)、题扇亭、肄葹等；渭川百亩景区：横云桥、笋蕨乡、千花结顶、石笏嶙峋、卍字亭、松筠绿荫、梅壑、绛雪海、望云楼等；水心草庐景区：湖心亭、九曲桥、兰亭修禊、柳堤试马、阿耨池、阿耨北舍(曼陀罗华室)、藏经阁、崇礼堂、燕誉堂、肄成茅葹、芬若椒兰、慈淑楼、迎旭椽、卷影楼、一带春、淡池、思潜亭、淡圃、泻春潭(涉否)、万花坞、渡月桥、烟水湾等，另外大门处有景：海棠艇、看竹笼鹅、茝兰室、黄蘗山房、接叶亭、柳湾、舞絮桥、森立坌来坊；外园东南有景：玉蝶桥、养生池、频伽精舍、家祠、鉴泓亭、春晖楼；园后东西有仓圣明智大学和仓圣女学等。1931～1941年间，哈同夫妇相继逝世，日军进驻，后遭大火，园毁，1953年在此建中苏友好大厦，今为上海展览中心。

建园时间	园名	地点	人物	详细情况
1904	卢园(廉若公园、娱园、卢家花园、卢九花园)	澳门	卢华绍 卢廉若 刘光谦	又叫卢廉若公园、娱园、卢家花园、卢九花园,1904年博彩业巨子卢绰之(又华绍,广东新会人,行九而名卢九)购地造园,两年后卢九死,子卢廉若续建,1925年完工,历时21年,刘光谦设计,1927年为名人何贤购,1973年送给政府,1974年改造,江南园林式样,亦有西方建筑风格,为澳门八景之一的卢园探胜。占地5.4公顷。现有景:水池、月洞门、挹秀亭、奕濠浮雕及水池、春草堂、奕趣亭、九曲桥、玲珑山、碧香亭、狮子林、仙掌石、八寿亭、睡莲池、百步廊、梅花山、梅亭、瓶门、狮子望水石、观音石、月台等。卢鸿翔(1878—1927),字廉若,卢华绍长子,刘光谦,师从南海潘衍桐,承父业成为澳门赌业巨商、澳洲商会主席、孔教学校校长、镜湖医院慈善会主席,创清平戏院、宝诚银号、长春阁药店、九如押店,支持孙中山,孙辞职后居卢园,曾获葡国一等十字勋章、民国黎元洪三等嘉禾勋章、乐善好施匾。刘光谦,字吉六,更名光廉,广东香山人。以府同知分发广西,署泗城府知府。罢归卜居澳门时设计此园,辛亥后征召不出,以翰墨自娱,擅画梅花,苍劲似吴缶庐。榜所居日,摩兜坚室,晚岁住借罗浮酥醪观,法名永廉,年九十卒。
1904~1912	江太史府(江兰斋)	广东广州	江孔殷	在广州河南同福里,今海珠区少年宫,又称江兰斋,为清末进士江孔殷所创,园内有亭、台、楼、阁,一派江南景色。江孔殷(1864—1952),清末进士,佛山张槎人,字少荃、号霞公,人称江虾,1904年进士,入翰林院,授庶吉士,放广东道台,南海县(今广州市南道区)太史,在广州建江太史府,民国后,为英美烟草的总代理,认为必须科技救国,1930年在广州郊区罗岗洞办江兰斋农场和蜂场,改良和引种。1951年因曾镇压工人运动而被批斗,1952年死。财产充公,1957年其府园并入北轩酒家。
1905	达文士小楼	天津		西班牙建筑风格,有水泥廊架过度建筑和花园空间。花园无围墙,与街道绿化混为一体,植物茂盛。

建园时间	园名	地点	人物	详细情况
1905	阮　庄（竹 林别墅）	重庆	阮春泉	在重庆南温泉小泉，为阮春泉于1905年（黄济人道为30年代）所建，此地原有寺院，依山傍水，环境清幽，阮春泉为当地秀才，私塾先生，以80银元购得此地，与其众子筑坝蓄水，构屋立祠，开辟温泉浴室，经营旅馆，始称阮庄，1930年对外开放，1931年长子、唐式遵部秘书长阮蘅白建第一幢房屋竹林别墅，1935年增辟家庭澡房和露天游泳池，设旅店，改园名为竹林别墅。1937年阮蘅白建第二幢别墅工字厅，亦作旅馆（1943年被炸），阮蘅白所建第三幢别墅为子女所居的如是轩，1937年阮春泉次子和三子阮雨梅（担任乡长）和阮耕畲合建第四幢别墅雨耕庐（后为陈果夫公馆），1938年下半年阮耕畲建第五幢别墅耕庐（毁），阮春泉四子阮竹勋建第六幢别墅，1938年阮春泉小女阮少梅之夫、国民党立法委员彭勋武请好友、建筑师何北蘅堂兄建第七幢洋房别墅，1939年阮春泉建阮家祠堂，利用余料建成第九幢别墅小泉行馆（后为蒋介石官邸），1947年临终赠予脚疾长女阮叔声。抗日战争时为中央政府所在地，又是中央政治学校，为高层领导活动之所，修新房，增花木，1938年蒋介石以校长身份入驻，1946～1949年为南林学院和南林中学，新中国成立后为二野军政大学三分校、西南军区干部疗养院、中联部马列主义学院四川分院、重庆市内部招待所，“文革”时为324医院，增植大量香樟、栾树，1978年归市政府，1980年辟为小泉宾馆，现占地4公顷，有建筑60余幢，1985年修复蒋介石官邸，1990年改建松涛厅，1991年建成大型水上娱乐场（温泉水乐宫）。存有阮氏祠堂、中正堂、蒋介石官邸、陈果夫公馆、三八园等。三八园是1940年3月8日日本飞机轰炸小泉，陈果夫下令将弹坑凿池植荷，增景造园，以示不忘。

建园时间	园名	地点	人物	详细情况
1905	邓宅庭园	江苏苏州	邓氏	在苏州仓桥浜，是三面枕河古宅，与耦园相近，三落五进，建筑面积1250平方米，正厅与内厅前有光绪三十一年（1905）建筑的“慎乃俭德”和光绪三十二年（1906）建筑“厚德载福”两座砖雕门楼。西落是一座400余平方米的花园，园内方亭、六角亭翼然，亭前湖石假山数座，几棵挺拔古树与院北花厅、东侧走廊组成一个秀丽的园景。
1905	河北公园（劝业会、天津公园、中山公园）	天津		天津最早中国人建的公园，初名劝业会，辛亥革命后改天津公园，1912年孙中山在此演讲，1928年改天津中山公园，1936年4月改天津第二公园，新中国成立后复名中山公园。时任直隶总督的袁世凯在思原堂基础上兴建的公园，1907年5月建成，时有兽栏、花圃、曲廊、池沼，民国成立后增图书馆、游艺馆、博物馆、陈列所等，后再增艺圃、军乐亭、八风亭、持约亭、儿童游戏场、春水轩茶楼、中西饭庄，1937年和1945年日军、国军入驻毁园，1954年复园。
1905	李公祠后花园	天津	袁世凯	李公祠即李鸿章祠堂，原名李文忠公家祠，位于河北区天纬路李公祠西箭道4号，现为天津市五十七中学校址。清光绪三十一年（1905）由直隶总督袁世凯主持修建。1901年李鸿章去世后在他任职的十个地方分别建祠以纪，祠占地2万平方米，建筑仿照李家乡安徽省的风格，有门楼、石狮、影壁、门房、东西厢房、过厅、腰房、后院、享堂、配殿，院中有八角亭，北后院的殿堂间用游廊，正院西有一跨院。祠堂后有花园，凿池为湖，苍松翠柏。20世纪二十年代初，后花园一度向游人开放，并设有茶社，销售果点。1937年被日伪占用，抗日战争胜利后在西跨院办启明小学，后又办庐山中学，新中国成立后更名向前中学，李鸿章孙子李嘉琛任名誉校长，不久更名天津市第三十三中。几经拆改，祠内八角亭迁至宁园，其余皆不存。李鸿章（1820—1901），安徽合肥人，道光进士，淮军首领，因镇压太平军、捻军有功，先后担任江苏巡抚、湖广总督。1870年继曾国藩任直隶总督兼北洋通商事务大臣，掌管清廷外交、军事、经济大权，成为洋务派首领，开办近代军事工业和民用工业，创立北洋海军。1901年死后谥号“文忠”。

建园时间	园名	地点	人物	详细情况
1905	南通博物苑	江苏南通	张謇	在南通城东南濠河边，是中国人创办的第一座博物馆。创始人张謇（1853—1926，近代立宪派、资本家，字季直，南通人，光绪状元）早期有中馆、南馆、北馆等，用以陈列自然、历史、美术、教育四部标本、文物，建筑周有国秀亭、花竹平安、藤东水榭、味雪斋、相禽阁、假山、水池，又广植花草名木，饲养动物，园、馆至今完好。1988 年公布为国家重点文保单位，1999 年人民公园并入，建有盆景展室、临河茶楼、河心亭、濠上曲桥、儿童游乐设施等。2004 年 5 月 29 日，博物苑新馆正式奠基开工，总面积 6330 平方米，6 个展厅，由吴良镛设计。
1905	锡金花园（公花园）	江苏无锡	俞仲	无锡和金匮两县乡绅俞仲等集资创立，1905 年始建，1906 年建成，1911 年后定名城中公园，有乡衣峰（石）、多寿楼（1910）、涵碧桥（1918）、池上草堂（1920）、枕漪桥（1921）、九老阁（1934），1921 年经日本造园家松田设计，更兼日本风格，时有 24 景，大部分为植物景观，3.3 公顷。
1906	张家花园	云南建水	张汉庭	在建水西庄镇团山村今团山小学，仅次于朱家花园，占地 3588 平方米，地方特色明显，有东花园和西花园，园内有花坛、水池、楼房、回廊、临水台阁等今存。
1906	陆沈园（谪居小筑）	广东佛山	吴荃	在佛山社亭铺朝市街，又名谪居小筑，为清末名人吴荃所建，园内有石龙塘（塘底有石龙）、石龙池馆、赐书楼、护珉庐、听蛙阁、木兰堂、酴醉岛、湖光室、中丞家庙等，园主以文会友，创立石龙诗社，现存。
1906	种植园（北宁公园、宁园）	天津	周学熙	1906 年袁世凯命周学熙筹建种植园，工程于光绪三十三年（1907）动工，当年开湖十几公顷，有木桥相连，湖边堆起土山，山上建亭台楼榭，园内设闸从新开河引水，每年种植树木，在西北角种棉、葵、菊、马莲，在湖里种菱荷，开菜园，种谷蔬，建畜栏，养禽兽，一片田园野趣，名之为鉴水轩。慈禧太后于光绪三十四年（1908）死去，行宫花园的计划落空，1914 年更名农事实验场，成

建园时间	园名	地点	人物	详细情况
				为天津第一座农业实验场，才过两年(1916)，袁世凯在全国人民的声讨声中忧惧而死，从此种植园内的园地生杂草，台榭落闲鸦，屋倒桥断，草木凋零。1932年北宁铁路局以处罚开滦煤矿的50万元在种植园上建园，更名宁园，又称北宁公园，是铁路系统最早公园，时有长廊、礼堂、河北第一博物馆，1937年日军占为兵营，新中国成立后恢复，现面积57公顷，内有2100米长廊及七级宝塔。
1906	大和公园	天津		在日租界福岛街，占地7.06亩，日本风格，有凉亭、土山、叠石、竹门、喷泉、水池、射圃，日伪时为天津诸园之冠，建日清战争纪念碑，1919年建神社，1945年改胜利公园，1961年改建为少年宫，建八一礼堂。
1906	万牲园（北京动物园）	北京	福康安	原为三贝子花园，据张润普老先生谈：三贝子相传原为清朝异姓郡王富察氏福康安，三贝子花园是他的私人别墅，正名称环溪别墅。因他是傅恒的第三子，所以人们把他的别墅就叫三贝子花园。即勋臣傅恒三子福康安贝子的私园，东部称乐善园，西部称可园(1879年改继园)，1906年扩建成农事试验场，栽培植物，豢养动物，1908年对外开放，称万牲园，新中国成立后辟为西郊公园，1955年更名北京动物园。
1906	沈阳动物园	辽宁沈阳		在万泉河畔，始建于1906年，原名小河沿，是沈阳最早的园林，新中国成立后改名万泉公园，1979年5月改名沈阳动物园，62公顷，水面6.2公顷，有动物126种，一二类保护动物69种，辟有珍猴馆、熊猫馆、长颈鹿馆、水禽湖、猴山、狮虎山。
1906后	小德张宅园	北京市	小德张	在东直门北小街前永康胡同7、9号，为清末太监小德张宅，建筑坐北朝南，西有花园，园内有厅堂、假山、水池、游廊。小德张(1876—1957)，原外张祥斋，字云亭，河北静海人，光绪十四年(1888)自阉进宫，改名张蓝得，人称小德张，30岁左右(1906)为慈禧回事太监，善烹调，任御膳房掌案，1908年慈禧故后升为大内总管，权倾大内，在京津有多处住宅，1914年隐居天津。

建园时间	园名	地点	人物	详细情况
1907	适园	浙江南浔	张钧衡	原为明董氏宅园，富商张钧衡得之改造。张为南浔四大藏书家之一。日军入寇时被毁，现仅存石塔长生塔。
1907	红栎山庄	浙江杭州	高氏	在西湖边，高云麟别业，故称高庄，已毁。红栎山庄亦称豁庐，清光绪三十三年(1907)建造，为邑人高云麟别墅，俗称高庄。“或云：园系彭玉麟为高氏所筑，以酬旧谊者，故匾额题咏，年代均在同治十年(1871)以后”(《江南园林志》)。
1907	郭庄(汾阳别墅、端龙别墅、宋庄)	浙江杭州	宋端甫	旧园毁于清咸丰年，1907年丝商宋端甫重建，面积14.7亩，又名端龙别墅和宋庄，宋家败后为闽丝商郭士林所得，因慕其祖籍汾阳，故更名汾阳别墅或郭庄。1989年在陈从周指导下开工修复，1991年竣工，1992年开放，面积9788平方米，分静必居与一镜天开两区，水面29.3%，建筑面积1629平方米，现有景：镜池、浣池、香雪分春、汾阳别墅、迎风映月亭、翠迷廊、两宜轩、假山、赏心悦目亭、西湖站台、景苏阁、浣藻亭、廊桥、乘风邀月轩、香雪分春堂、凝香亭、如沐春风亭、影疏影亭等。“汾阳别墅，即郭庄，昔之宋庄也。在卧龙桥北，滨里湖西岸，有船坞。西式住宅，仅占一角。园林部分，环水为台榭，雅洁似吴门之网师，为武林池馆中最富古趣者。”
1907	鹤园	江苏苏州	洪鹭汀	光绪三十三年(1907)观察、道员洪鹭汀在苏州韩家巷创建，因俞樾书有携鹤草堂而名，园中池水似鉴，曲廊如虹，风亭月馆掩于山石。园未竣，洪离苏，园归吴江人庞屈庐，其孙庞衡裳复加修建，成为文人雅集之所，“岩靡”、“松径”砖额，自号鹤缘，又署其厅为栖鹤，词人朱祖谋曾寓居于此，园中有朱氏手植宣南紫丁香一株。邓邦述篆题“沤尹词人手植紫丁香”于花坛。1924年金松岑撰《鹤园记》，1942年售与苏纶纱厂厂主严庆祥作为办事处。建国后严氏捐园于国，成为市政协办公所，

建园时间	园名	地点	人物	详细情况
				1958年大修，1963年定为市文保单位，1966年后"文革"中匾被毁，相继成为印刷厂、物资局、汽车配件厂等使用。1980年再修，现为市政协所在地。园广不足三亩，有景：水池（中心，平面状如瘦鹤）、曲廊、枕流漱石（四面厅）、"沤尹词人手植丁香"石、携鹤草堂（桂花厅）、月馆（扇子厅）、风亭、鹤巢书屋（听枫山馆）、六角亭、木桥、湖石岸、峰石、丁香等。洪鹭汀，名尔振，苏州人，光绪年间任道员，宣统年间任四川成都华阳县观察，与吴昌硕为友。朱祖谋（1857—1931），原名孝感，字藿生，一字古微，一作古薇，号沤尹，又号彊村，浙江吴兴人。光绪九年（1883）进士，官至礼部右侍郎，因病假归作上海寓公。工倚声，为中国近代词学大师，著作丰富。书法合颜、柳于一炉。写人物、梅花多饶逸趣。卒年七十五。著《彊村词》、《枫园画友录》、《海上书画名家年鉴》。
1908	宋家花园	上海	约翰逊·伊索	位于陕西北路369号，原是一个名叫约翰逊·伊索的外国人建于1908年的别墅。1918年5月，被誉为"没有加冕的宋家王朝的领袖"的宋耀如先生在上海去世，其夫人倪太夫人携女儿宋美龄及两个儿子移居于此。宋美龄在此一直住到结婚前。建筑为西欧乡村别墅风格的二层楼建筑。宋家花园这幢洋房建筑面积约为600多平方米，花园的面积约为900平方米。1927年蒋介石回到上海，在这里正式向宋美龄求婚。
1908	法国公园（顾家宅公园、复兴公园）	上海	柏勃	原称顾家宅公园，因为法国园艺家柏勃设计，故名法国公园，规则式，轴线节点明显，有喷泉、水池、主次园路。1909年6月建成，8月开放，规定："华人不得入内。"1928年改章程，华人可买票进入，抗战胜利后，于1946年元旦改复兴公园，136亩。现公园为中法结合式，以法式为主，面积9.18公顷，以3条南北向干道划分园区为三纵，东西向又

建园时间	园名	地点	人物	详细情况
				成一轴。雁荡路延伸入园，成为园中林荫道，笔直的大道两旁种植悬铃木。道东为三角形小地块，自成一区，成为园之东纵，并向南延伸。中纵北部为方形草坪广场，中心为马克思、恩格斯雕塑，坐北朝南，环绕雕塑为高中层乔灌木围合。中纵中部为东西向轴线的花坛群，面积 2 742 平方米，地势低于周边，故称沉床式花坛群。中纵的南部为大草坪，面积达 8 000 平方米，周边为高耸乔木，中间为平坦草坪。西纵北面为椭圆形月季园，面积达2 741平方米，中心有 65 平方米的圆形水池，1988 年在水中建喷泉和牧鹅少女雕像，由上海油画雕塑创作室设计。在公园的南部为中国园，水面东西走向，水南为中式，水北为法式。
1908	丹阳公园	江苏丹阳	罗良鉴	丹阳知县罗良鉴倡建，1914 年知县胡为和扩建，自然式，有梧桐山、胡公亭、爱山亭、存古馆、阅报社、讲演厅、通俗教育馆、石碑，1938 年毁。
1908	那家花园（怡园）	北京	那桐	位于王府井附近的金鱼胡同，是军机大臣、直隶总督、协理大臣、大学士那桐于 1908 年所建的私园，原名怡园，25 亩，布局打破当时流行的一正两厢和中轴对称手法，布局灵活，建筑造型丰富，装饰华丽，叠山和理水富有情趣，盛时有味兰斋、吟秋馆、翠籁亭、筛月轩、井亭、水涯香界、澄清榭、圆妙亭、双松精舍，20 世纪 80 年代毁，现存翠籁亭、井亭、假山。
1908～1911	乐静山斋	北京	庄士敦	位于京西金顶妙峰山南麓樱桃村北山坡上，面积不大。园中散置山石，种植名贵花木，别墅门匾“乐静山斋”为溥仪手书。（焦雄《北京西郊宅园记》）
1909	余村园（松社）	上海	汪启山	在今徐汇区天平路 135 号，为安徽商人汪启山于宣统元年所建，原名余村园，1918 年梁启超为纪念蔡锷（字松坡），购余村园改为松社，园内绿荫夹道。1943 年 1 月梁启超在北平的北海公园设蔡锷将军祠，将松社迁北京，原址售与同昌纱厂，现为印刷厂。

建园时间	园名	地点	人物	详细情况
1909	竹石山房（愚园）	广东珠海	徐润	近代实业家徐润在上海致富以后，派人于宣统元年(1909)开始在家乡营造占地1.7万平方米的宅园竹石山房。布局仿上海豫园。园内有牌坊、凉亭、假山、石桥、徐公雨之祠、玻璃楼。徐润(1838—1911)，又名以璋，字润立，号雨之，别号愚斋，洋务运动的先驱，近代著名实业家，从事过矿务、医药、茶、书局、商号、码头、房地产、保险业等多种业务，先后保送四批学生赴美留学。愚园于1986年被列为珠海市文物保护单位。
1909	汇山公园（通北公园）	上海		在通北路和霍山路(原汇山路)处，1909年始建，1911年6月30日建成开放，工部局所建，耗规银4.4万两，初名汇山公园，1943年更名通北公园。园内有大片草地及百合花池，抗战后更名通北公园，新中国成立后改为杨浦区工人文化宫，园已不存。长方形平面，欧洲规则式，有许多几何花坛和6个小区：荷兰式花园、球场区、荷花池、岩石园、坡林地区、儿童园。
1909	遐园	山东济南		在大明湖南岸中段稍西，东北两面临水的角地有遐园，宣统元年(1909)山东提学史罗正钧创办山东图书馆时所建。图书楼模仿浙江宁波天一阁的式样。庭园布置有水池曲水，叠石假山，亭榭廊桥，精巧合宜，尤其叠石技艺，颇足称道。由遐园往西伸湖中，在此岬地上建有稼轩祠，是纪念我国抗金英雄和词人辛弃疾的祠堂。
1909	半淞园（沈家花园）	上海	吴氏 姚伯鸿	黄浦江边，原为吴姓桃园，1909年沈志贤购得建私园，名沈家花园，1919年被姚伯鸿所购，改为公园，时有听潮楼、留站台、鉴影亭、迎帆阁、江上草堂、群芳圃、又一村、水风亭等，几年后西部被自来水厂购去建水厂，因慕杜甫之“焉得并州快剪刀，剪取吴淞半江水”而更名半淞园，“八·一三”抗战时被日机夷为平地。
1909	南洋劝业会花园	南京	端方	宣统元年(1909)两江总督端方为振兴江浙经济，于南京创南洋劝业会(今湖南路丁家桥一带)，并建花园一座于内。

建园时间	园名	地点	人物	详细情况
1909	宜兰市中山公园	台湾宜兰		建于1909年，位于宜兰市区，公园内有凉亭、草坪、喷泉、儿童游乐区、民众活动区、水池、健康步道、宜兰演艺厅、献馘碑（为纪念被当地先民杀害的汉人而建）等。
1909～1911	植园	江苏苏州	何刚德 程德全	在城西南文庙西，东北通密蜂洞，西北近中军弄，宣统年间江苏巡抚陈启泰命苏州知府何刚德在城南文庙处围冢地214亩以建植园，植树二万余株，有桧、柏、椿、杉、罗汉松夹道，余以散种桑树为多，桃、梅、李各数亩，丛冢区多植枣梨。何氏辞官归闽后书《梦游植园》诗，宣统三年（1911）江苏巡抚程德全推行新政，封闭风池庵，连同其周围地开辟为农画园，分园林区、农田区等。1912年曾辟为公众游地，叶圣陶来游，1912年6月21日记园内“异花佳卉，一流碧水，红莲已绽，清香时送，士女如云”。同年垦熟田80余亩，园内有道山亭，1916年归苏州中学，后设蚕桑改良场，增加竹所、微波榭等，1930年左右设苗圃，后日荒，部分圈为苏州中学校园，苏州沦陷时日军砍树作养马场，1931年1月《苏州新报》载：“旧有竹所旱舫诸胜，今俱荒废，仅洋楼一所矗立丛篁间。”解放战争时被国民党伤兵及地痞偷伐树，渐成荒地及民居。20世纪50年代东部建建筑工程学校，内尚有少数古木及小桥清池，后为半导体总厂和电讯仪器厂。程德全（1860—1930），四川云阳人，字雪楼，官黑龙江营务处总办、道台、巡抚等，1911年宣布苏州独立，1913年拒孙中山讨袁而逃居上海。（焦雄《北京西郊宅园记》）
1909～1911	张家花园（怡园）	重庆	魏国平 魏英珊	位于市中区观音岩，为陕西棉纱商人集资所创，占地100公顷，环境清幽，有湖泊三、亭舍若干等。种有松、柏、梅、竹、梧桐，橘树万余株。民国初年，魏国平弟兄购得此园，大加培植，分清园、坡园、七蒙山等6园。20世纪20年代末期，刘湘部师长王缵绪强购花园作公馆。1933年后将景点和绿化设施拆除，建成巴蜀学校。现为市第41中学，巴蜀小学和巴蜀幼儿园校址。

建园时间	园名	地点	人物	详细情况
1910	金碧公园（南城外公园、金碧鸡公园）	云南昆明	傅宗龙 周钟岳 张维翰 庾恩锡	位于昆明砖城丽正门南鸡鸣桥畔，现云南省第一人民医院处，西邻玉带河，东有三官殿，昆明第一个公园。园内蜈蚣岭蜿蜒，梅花杨柳，亭榭莲池，清光绪年间为市民元宵赏花之所。宣统二年(1910)在原傅宗龙故居上扩建，1911年2月开设云华茶园，成为昆明最大戏园，名南城外公园。1912年新成立的共和政府实业司，责成云华花园管理公园。1915年8月，把盐店街、太和街、东岳街的牌坊迁入园内，10月建辛亥革命烈士杨振鸿铜像，其时翠湖、圆通山公园未建，该园属第一，园林以茶花和梅花为著，设茶楼、林春园酒馆、工艺土产展馆，1916年6月，唐继尧当选军务院抚军长，在此庆祝，1918年法国驻滇领事在园中放映电影，当年昆明花市迁入园中，成为集园林、花卉、茶楼、戏园为一体的综合性公园，1920年2月，省政府在园内成立林业实验场，代省长周钟岳在园中草药双梅茶园外种树，5月9日，各界在此举行“五九”国耻五周年纪念会，6月6日，云南第六次国民大会在此召开，当年，云花茶园的京剧因停业日久，东大街荣华茶园迁入，荣华之后，又办过民乐戏园，之后为滇剧园。1921年10月，园内举办第二次物产品评会，1922年12月，省劝业会在园中开幕，1923年3月市政公所主持举办花木展览会，成立昆明市园艺研究会，1924年爱好园艺术的张维翰升任督办，重修园林，更名金碧鸡公园，并创建翠湖、圆通、古幢、大观楼等五个公园。时公园分前中后三部分，入园有假山、喷泉、水池，池后为竹林围成广场，遍植梅林，称前梅园，砌有大小花坛，建有话雨、望云、披风、延月四亭榭。广场右有梨园，水利局在园内。园北有阅报室。广场左凿有月牙池，临池有浮香亭。公园中部有石坊、石林假山、商品陈列馆、杨振鸿铜像，南有大池，池中有瑶岛、石林、棕亭，池右为留春亭、矿产馆、矿产陈列室，池左后辟有苹果园、菊圃、农林馆、枣园、花红园。池左为云南实业司，后接围墙。公园后部有梅园，称后梅园，其右有植物园，戏园和电影院在后部。1925年4月，在此举办昆明赈济大理震灾游艺会，1929年庚恩赐任市长，庚氏同样

建园时间	园名	地点	人物	详细情况
				精于园艺，次年，荣森隆等商号倡议，在园内开设游艺场、京剧、电影、武术、杂技、宫中拉戏等，形成金碧游艺园，在园后建成天南大戏院。游艺园经理展秀山聘请京剧名角，重振游艺场，日趋繁荣，万字楼、共和春两个酒楼开办，1933 年初，京剧演出日落，展与段勉之商议开设有声电影院，10 月开放大中华有声影剧院，1935 年 9 月 24 日把园林后部改建为省立医院，1936 年 9 月省府把公园全部拨建昆华医院，但未执行，还开办戏园，天南戏院改称金碧大舞台，更换经理后名新兴大舞台，1937 年 2 月省卫生实验处接收公园后半部，建医院，同年 6 月新兴大舞台停演搬迁，1938 年 1 月昆华医院门诊部建成，原三官殿山门改停尸房，2 月万字楼、富春亭、实业厅、水利局旧址、农林馆、矿产馆全部拨交建设厅，3 月园内空房租与内迁的“中央研究院”所属理化工三个研究所，10 月医院大楼和礼堂建成，尽馆医院、机关、科研单位集中，公园停免费开放，1939 年全部由昆华医院接管。京剧名角黄玉麟、普佑安、廉少云、沈慧人、沈云萍、殷俊、王宝莲、谭鑫培、吴继兰等都曾在园中献艺。
1910	嘉义中山公园（嘉义公园）	台湾嘉义		建于宣统二年(1910)，位于嘉义市区东侧，原称嘉义公园，为纪念孙中山而更名，现在与兰潭地区一号公园合并，恢复旧名为嘉义公园。原占地 10 多公顷，扩建后达 26.8 公顷，园内丘陵起伏，建筑依山就势而建，有景：孔庙、太保楼、老火车头、福康安生祠碑(1786 清廷镇压林爽文叛变所立褒奖碑，乾隆题词)、忠烈祠、凉亭、假山、水池、滑梯、秋千、溜冰场、植物园、射日塔(底层为忠烈祠，高 62 米，可俯瞰嘉义全城)等。
1910	共乐园	广东珠海	唐绍仪	共乐园是清末珠海三大名园(另为含愚园、栖霞仙馆)之一，由清外务部右侍郎、邮传部左侍郎、奉天巡抚、民国第一任内阁总理唐绍仪始建私园，26 公顷，初名玲珑山馆，1921 年为与民同乐，更名共乐园，现扩建为康家湾公园。是集科学、民主、景观于一体的园林，内有：石牌坊(刻十年树木百年

建园时间	园名	地点	人物	详细情况
				树人,智者乐水仁者乐山)、观星阁(唐每日观星象)、田园别墅(唐住所)、莲池九寸龙(仿苏州园林)、六柱亭(立于山顶,可望伶仃洋)、暖房、信鸽巢(祈求和平)、网球场,文物有:黄蜡石(唐从马来西亚带回)、戥鱼石(广东武林高手唐家六练武石)、铁钟(刻国泰民安风调雨顺)、石刻、石狮、石盆等。后期还建有九曲人工湖、解放万山群岛纪念碑、碧海餐厅等。
1910	亦园	上海	乔楠	在浦东新区三林镇一带,乔楠于宣统二年建,毁。
1910	南园(强家花园)	上海	强联卿	在嘉定区南翔镇,强联卿于宣统二年所建,占地10余亩,后归曹氏,1925年购票入园,毁。
1910	意园	天津	李叔同	在河北区粮店街62号,为四套四合院,占地1400平方米,有屋60余间,院内建有游廊和小花园,宅西有西式书房,取名意园,是李叔同1910年从日本归来时所建。1990年修复时加李叔同碑林。李叔同(1880—1942),学名文涛,小字三郎,出家后法号弘一,是中国著名的近代新文化运动的先驱,同时也是享誉海内外的佛教高僧。他将西洋绘画、音乐、话剧等艺术引入国内,并曾著有《四分律化丘戒相表记》、《李庐寺种》、《李庐印谱》等,为中国近代文化艺术发展做出卓著贡献。1880年出生于天津地藏庵陆家胡同2号,不久迁此,1910年学成归居,建意园以示一展宏图的意愿,目睹北洋政府腐败后愤然出家。1912年迁上海,1942年逝世于福建泉州。
1910	左家花园	重庆	左德范	在南岸区南坪乡方家湾,士绅左德范于1910年所创,占地6600平方米,左有女绍梅,自幼爱花,左特为之建园,园内奇花异草甚多,有名贵的绿萼梅,用罗汉松蟠扎二米高狮子,紫薇扎成屏门,以及高达三米的安琪儿石柱,绍梅早夭,左见园思女心痛,遂离去,园几易其主,1947年为曾景星所购,1958年“大炼钢铁”和1966年“文革”中园被毁,今余一幢为曾氏后裔所居。

建园时间	园名	地点	人物	详细情况
1910	逸圃	江苏扬州	李鹤生	东关街356号，钱业经纪人李鹤生1910年历三年筑成，归国民党军长颜秀武，有牡丹台、壁岩、半亭、碧潭、小轩、复廊、布局与苏州曲园似，更胜曲园，左右参差、上下错综、境界多变、绝处逢生、别有洞天，现余地2000余平方米，建筑1445年平方米，山水已毁，建筑皆在。宅门南向，有六角形砖细门洞，上题逸圃二字，粉墙青瓦。门内天井，西部为住宅六进。过天井为东园，园南北狭长，西边依住宅墙为园路，东面依围墙为山石。湖石堆秀式，或积为峰，或从墙上挑出。墙上一排漏窗从南到北，岩壁虚实之比卓然。假山贴壁而筑是扬州园林的特色。山侧筑牡丹台，内植牡丹芍药几本，花时若锦。墙在东北角两折，转折处用湖石堆山高起，下构石洞，上构五角亭。假山下凿池一潭，湾湾细水，映出危峰耸亭。山北建有花厅，面阔3间，硬山顶，南向檐廊，落地长窗，窗镶贴玻璃，花式为晚清风格，装修极为精细。花厅后为天井，天井中堆湖石假山，天井北面3间小轩，轩东出门。门外为狭长火巷，两侧建筑山墙高起，西向有花瓶砖门，门上扇形砖砌额板。
1910	谢鲁山庄（树人书屋）	广西陆川	吕芋农	在陆川县乌石镇谢鲁村，吕芋农所创别墅花园，始建于1910年，20世纪20年代建成。初名树人书屋，目的为教书育人，1950年新中国成立后改谢鲁花园，1980年改名谢鲁山庄，有岭南第一庄之称。山庄广480亩，吕芋亲自设计建造，依山就势，就地取材，有景：折柳亭、迎屐门、含笑路、又一村、琅环福地、赏荷亭、邀云竹径。五千米长花径上，设13个游门、27间砖瓦平房。树人书屋用以“九”构思，一个小门、两座围墙、三层立体建筑、四个东西南北门、五处人造石山、六座房屋、七张鱼池莲塘、八座各式凉亭、九曲巷道。春有迎春、夏有牡丹、秋有菊花、冬有蜡梅，四季吐艳。鱼池里，假山立于其上。庄园中心有三层建筑：第一层名湖隐轩（船厅，书房兼卧室），第二层名水抱山环处（前后盆景花卉，客厅和娱乐处），两处间为凹形水

建园时间	园名	地点	人物	详细情况
				池，三面环屋；第三层名树人堂，人人在此教子攻书。中心区主景有：小兰亭、茶厅、留墨亭、湖隐轩、水抱山环处、树人堂、听松涛阁等。依山道而上又有：倚云亭、导云别径、堂荫亭、白云路、白云生处、樵径、寻梅别墅径、小庚岭、梅谷、望鹤亭等。吕芋农(1871—1950)，晚清秀才，后从军，历任国民党陆军少将、化、廉、陆、博四县清乡督办、保安司令。
1911前	寄园	江苏常州	钱振鍠	在东门大运河边，江南三大儒之一的钱振鍠父亲所建。钱振锽(1875—1944)，常州武进人，与胡石予、高万次被合称江南三大儒，字梦鲸，号名山，19岁中举人，29岁中进士，曾任刑部主事，因上书不用而于1909年辞官归隐，1914～1932年，他在园开馆授徒二十年，1937年日军攻陷常州，园被炸毁。20世纪90年代，运河疏浚指挥部在此，建名山亭以资纪念。
1911	顾家花园	上海	顾松泉	在徐汇区龙华镇南，顾松泉于宣统三年所建，1944年毁。顾松泉(1857—1926)，字征锡，上海人，幼习西文，1888年与徐亦庄和程尧臣一起创办第一家民族资本大药房，名中西大药房，从此发家，晚年投资面粉业失败，子孙不务正业，家业败落。
1911	礼园(宜园、鹅岭公园)	重庆	李耀庭 李湛阳 李和阳	在重庆市渝中区长江一路的鹅项岭，南临嘉陵江绝壁，北望长江，为云南恩安盐商、西南商会会长李耀庭及其子所创，为重庆最早的私家园林，原址是1886年的鹅岭教堂，重庆教案毁教堂后，李氏于宣统年间仿苏州园林建园。高处修台建亭，中部利用采石场蓄水成池，构建主屋。李氏友人清侍御赵熙曾书“鹅岭”二字刻于石上，至今存。园林“极亭馆池台之胜”，光绪间进士宋育仁《题礼园亭馆》道：“步虚声下御风台，一解山楼雨涧开；爽气西浮白驹逝，江流东去海潮湿；俯临木杪孤亭出，静听涛音万壑哀。”时有景：桐轩(石屋)、飞阁、御风台、山楼、孤亭等，石屋为中西结合式样。民国初年赵熙、向楚、何鲁都曾居此。蔡锷亦来此题咏，现存名人石刻多处。1922年后兵燹相继，礼

建园时间	园名	地点	人物	详细情况
				园破败，抗日战争时一度复兴，修路建宅，蒋介石、宋美龄、冯玉祥曾居园中，1939 年被日机炸毁，1950 年迁建苏军烈士墓，瞰胜楼，高七层，海拔 402 米，亦为雾都借景处，园林办公室为抗战时英、澳使馆，盆景园是土耳其使馆。1958 年 7 月 1 日改建开放为鹅岭公园，面积 98 亩。内有飞阁、江山一览台、榕湖、绳桥、梅园、茶园、石屋、绝壁、盆景园、瞰胜楼（两、江亭）等。东临市区，西接浮图关，有"雄、险、峻、旷"四美，园中的江山一览台，海拔 355 米，是借景之处，其中的飞阁，蔡锷、宋美龄、英使卡尔曾住。李耀庭（1836—1912），名正荣，云南昭通人，因得天顺祥票号老板王兴斋赏识而于光绪六年（1880）至渝管事，后使之成为南帮票号之首，李遂成立盐号祥发公司，成为川东最大盐商、西南首富，重庆商务总会成立后为首任总理，后又创办顺昌、锦和、烛川、川江行轮等工厂，其子湛阳、和阳在重庆辛亥革命中亦多有贡献。
1911	游憩山庄（太仓人民公园）	江苏太仓	陆佐霖 陈大衡 李液丰	民国初年太仓县（今太仓市）在海宁寺旧址建公园，由陆佐霖、陈大衡、李液丰设计，名游憩山庄。现占地 62 亩。海宁寺为梁天监年间的妙莲庵，为沧江八景之一，寺左有通海泉，明凿四眼，人称四眼井。寺右有铁釜，为元代遗物，左右石亭。寺前有香花桥，1860 年毁，光绪年重建。现为太仓人民公园，通海泉、铁釜、石亭、观音峰（明代五美园遗物）、师竹轩、树萱斋、碑石、半月池、动物园、鹿苑、孔雀轩、茶室、牡丹园皆存。民国时有：北溪、草坪、石座、土山、石山、凉亭、师竹轩、花坛、树萱斋、碑刻、荷池（二个）、石桥（二座）、池亭、重修寺碑记（明嘉靖翰林院编修王锡爵写）、写经碑（清书画家董其昌写）、相葬碑（钱大昕书）、郏亶墓（宋嘉祐进士）。
1911	菱湖公园	安徽安庆		建于辛亥革命前后，2004 年国庆前进行大规模改造，水面占三分之一，现有景：盆景园、黄梅阁、夜月亭、观鱼廊、湖心亭、动物园、花圃、龙潭瀑布、邓石如碑馆、月季园、茶社等景。园以湖景最具特色。

建园时间	园名	地点	人物	详细情况
1911	玄武湖公园（五洲公园、玄武湖园）	江苏南京	端方 张人骏 徐绍桢 贺耀祖 蔡元培 柏文蔚	在南京东北玄武门外，湖周长 15 公里，面积4.44平方公里，其中陆地面积 0.49 平方公里，湖水来自钟山北麓，故名桑泊，三国吴始引水入城，宋文帝时改玄武湖，宋武帝时在此检阅水军而更名昆明湖，明朝在玄武湖中洲（今梁洲）建黄册库。宣统元年（1909）两江总督端方和张人俊破明城墙设丰润门，筑新堤，设游线，有滑竿、驴、游船可乘，开放为公共园林，统制徐绍桢于老洲建陶公亭及湖山揽胜楼。1927 年 8 月 19 日作为第一批公园公布并建设开放，名玄武湖公园，1928 年 9 月更名五洲公园：长洲改亚洲，新洲改欧洲，老洲改美洲，趾洲改非洲，麟洲改澳洲。10 月贺耀祖立北伐光复南京阵亡将士纪念塔于非洲，植梅花、牡丹、芍药于梅岭（今郭璞墩），11 月办菊展于美洲。1929 年拓亚洲堤，建桥，4 月开放鸡鸣寺后封城门，蔡元培题玄武门。1930 年 1 月修成环湖马路 4032 米。1932 年 11 月孙元良于梅岭立“1·28 淞沪抗日阵亡将士纪念塔”。1934 年玄武门添建二城门，4 月，更名玄武湖园，改亚洲为环洲，欧洲为樱洲，美洲为梁洲，非洲为翠洲，澳洲为菱洲。1937 年 3 月柏文蔚在环洲建喇嘛庙、诺那塔、碑记以纪念诺那大师，5 月建水上飞机码头，6 月南京建市 10 周年大会于此。1937 年底日军入侵后，开武庙闸，泄湖水，毁建筑（13 座又 40 余间，倒 3 间），伐树木。1938 年 9 月更名五洲公园，1941 年建涵碧轩，1943 年日军于园中练兵。光复后拆日军在玄武门碉堡，拓翠虹堤，玄武门至梁洲设路灯 50 盏，1947 年 4 月改涵碧轩为玄武厅，“中央电台”设扩音器 4 只，梁洲西北网球场改为儿童乐园，有滑梯、双杠、秋千、跷跷板、浪板、沙池，10 月翠洲音乐台建成，有松木椅 250 张，11 月首都第一届菊花大会于此举行，1948 年 6 月玄武门至芳桥铺柏油路，1949 年春，玄武湖只余梁洲、翠洲大部及环洲部分为园区，其余为湖民村落、农田菜畦、私家庭园和权贵宅院。

建园时间	园名	地点	人物	详细情况
1911	陋园	台湾基隆	颜云年	颜云年所建私园，已毁。颜云年（1875—1923），号吟龙，台北瑞芳镇鱼坑人，台湾矿业巨子，主要经营煤矿和金矿，又是诗人、慈善家、政治家，曾创台湾瀛社（诗社），历任台北协议员、总督府评议员，基隆颜家为台湾五大家族之一。1911年始建，1919年10月建成，在园中举行全台诗人大会，结成《陋园吟集》508首。陋园有十景，为日式庭园代表，建筑皆为日式，四周有石山土丘，并有曲水和修剪花木。
1911	少城公园（人民公园）	四川成都		宣统年间玉昆将军并少城富宅庭院，增亭榭动植物，开放为公园。抗战毁损，1949年重修，更名为人民公园，现占地10公顷，有湖池、小山、儿童乐园、露天剧场、盆景园、游泳池，园中遍种菊花。
1911—1914	梁启超故居及饮冰室	天津	梁启超	梁启超在天津的居所。1911年他回国在天津意大利租界四马路购得周国贤宅地，即现在的河北区民族路44号和河北路46号，立基建房，聘请意大利建筑师白罗尼为其设计，1914年梁氏故居先建成，1924年又在故居南建书房，名饮冰室。1991年梁启超故居和饮冰室被列为天津市文保单位，2003年，政府耗资2 000万元、历时1年对其进行抢修并对外开放。梁启超故居二层砖木结构，意大利式小洋楼，建筑面积1121平方米，主楼群为水泥外墙，门窗柱有各式花饰，异型红色瓦顶，石砌台阶。书斋晚建10年，主要功能为书房，取《庄子》中“今吾期朝受命而夕饮冰，吾其内势与？”而命名为饮冰室，亦自号饮冰室主人，意思是：我早上接受出使之命，晚上就得吃冰，以解心中焦灼，表现了他忧国忧民的拳拳之心。两楼皆坐西朝东，楼前广场及花园修葺一新，概非旧貌，前为花园，面临大街，有中院门和北角门，前院墙低矮，北段用8个砖柱礅，上各立1个灯具，南段院墙9个柱礅，上各立灯具。北院墙和南院墙较高。东北角建有门房，作为售票处。两楼前合一小广场，中间甬道直通前面大街，分广场外的花园为两部分。广场临花园处置5个长凳。

建园时间	园名	地点	人物	详细情况
				北花坛正对梁氏故居，正中八丛黄杨球。南花坛正对饮冰室，与北花坛对称地植八丛黄杨球。临南围墙建有花架。花架西面植国槐两株。南面草坪花坛上植两株桃花，广场上植白蜡4株，北面围墙内植国槐1株。
1915年	深坑黄宅	台湾新北	黄家	位于深坑，为溪谷地形，房子散布，皆面向溪谷，院落顺应地形以台阶处理落差，以平面单进三合院，较大者有外护龙、正厅皆退路一步口，强化入口，次间与内护龙设有独立内廊，在多雨寒冷的冬季里，生活方便；在建材方面，除祖厝因建筑较早采用土墙及砖外，其余后建的五栋房厝则皆以砖、土坯及石材之承重墙方式为主，大量使用石材系因附近随意可得，另外在石窗下石墙亦皆设有铳眼，是为防守之用。（张运宗《台湾的园林宅第》）
	玉玲球阁、玉玲珑馆	浙江杭州	姚立德 沈秀岩 许增	钱泳《履园丛话》道："玉玲珑馆在城南横河桥前，大宗伯姚公立德所居，以窗前有湖石号玉玲珑，故名。按此石相传为宋宣和花石纲之遗，本包氏灵隐山庄旧物也，后归沈氏庚园，又归龚侍御翔麟，已屡易主矣。其石高丈许，颇有皱瘦之趣。道光癸巳(1833)冬日，余偶访顺德张云巢都转，曾一至焉。"厉鄂《东城杂记》"庚园"云："玉玲珑，宋宣和花纲石也，上有字纪岁月，苍润嵌空，叩之，声如杂佩，本包涵所灵隐山庄旧物。沈氏用百夫牵挽之力致之庚园，后归龚侍御翔麟，以名其阁焉。"沈秀岩《庚园纪胜诗序》云："经始于顺治丁酉，历七年工始竣。其中垒石为山，疏泉为沼，间以竹木，错以亭台。……园亭之胜，甲于会城。"《纪胜》以诗题景：东轩、揖翠亭、雪洞、卧云阁、玉玲珑、瀑布、西圃、玉玲珑阁等。归龚翔麟后，钱泳、白石、朱彝尊、李良年、沈皞日在园中唱和，署题有瞻园额，请王山人绘《瞻园旧雨图》。清末归许增(1824—1903)。许为浙江仁和人，藏书家，富暖园，扩至十余亩，因有榆树而名榆园。有大厅、二厅、花厅、船厅、书房、正屋及花园、菜园，以教奉母亲，又名娱园。许在园中著有《娱园丛书》民国时归诗人徐定戡，今为徐家祯所有。

建园时间	园名	地点	人物	详细情况
	豫亲王府	北京		在东单牌楼西三条胡同，见《莨垣识略》卷五。豫王府最有名的就是门前的一对石狮子，别的王府狮子都是威风凛凛地坐着，唯有这对是抬首匍匐，所以被称为懒狮。（汪菊渊《中国古代园林史》）
	东院	北京		在总铺胡同东城畔，“昔时歌舞地，今寥寥数家如村舍，犹记旧游有陈家阅，郝家亭子，树石楚楚，今无存矣”（《宸垣识略》卷五）。
	睿亲王府	北京		在石大人胡同东，见《宸垣识略》卷五。
	宝源局地	北京		在石大人胡同，袁世凯时 建外交部于此，自后，改称外交部街。
	塞尚阿宅	北京	塞尚阿	总理衙门，总理各国事务衙门的旧址，在北京市东城区东堂子胡同49号，原本是清朝大学士赛尚阿的府第。赛尚阿因镇压太平天国运动调度无方号令不明赏罚不当以致劳师糜饷日久无功被咸丰帝革职抄家。其府第变成清政府的铁钱局。总理各国事务衙门成立后将铁钱局稍加改造作为衙署改建后的衙门。一进大门有一条高大而宽敞的木结构走廊，现在虽已旧，整个院落仍然颇有气魄。由走廊向北，直通一座三间的二门，走进二门便是一处较大的四合院。四合院正北是此院最高大的房屋，就是当时大臣们议事、办公的地方，此房的两侧有三间厢 房。新中国成立后作为公安部宿舍时，正房和东厢房已于1982年毁，后在原址上兴建一幢家属大楼。（汪菊渊《中国古代园林史》）
	梅兰芳宅	北京	梅兰芳	无量大人胡同6号，今称红星胡同9号，住宅最后一院，北房三间，院中有青石叠山，颇有趣味。原有水池已填，青石早拆，建东单公园时被运走作叠假山用。现为外交部宿舍。据《京师坊巷志稿》：“元危素说学集：京师寅宾里有无量寿庵者，……今无量大人胡同，相传即无量庵故址，而地界不合。以坊巷胡同集考之，盖名吴良大人胡同，而后人附会之耳。”（汪菊渊《中国古代园林史》）

建园时间	园名	地点	人物	详细情况
	野园（半野园）	北京	佟国纲	在灯市口，《京师坊巷志稿》载，顺治时孝康章皇后之兄、安北将军佟国纲，康熙时孝懿仁皇后之父，内大臣佟国维，皆封一等公，后并袭，其赐第在此。佟国纲康熙二十九年战死后，传子鄂伦岱、鄂夸岱，再传其孙介。介仕礼部侍郎，其友汪由敦题野园诗："数竿修竹静生香，犹记轩六月凉。多少楼台图画里，吟情不较野园长。"（《藤阴杂记》）1913—1916年，佟府卖与华北教育联合会，1919年野园卖与交通总长、财政总长曹汝霖。曹1922年建洋楼一座，保留戏台和祠堂，点缀泉石，种笔直十余株，芭蕉两三本，改名半野园。曹下台后寓居天津，1990年代楼拆迁，改为高层。
	某府邸园	北京		内务部街1号、5号，又改11号，现为人民解放军总政治部宿舍，进大门后，西边为第一垂花门，门内三进；又西为第二垂花门，门内二进，东边直后为花园部分，有假山，有山洞，有亭子，有敞厅，有流水。（汪菊渊《中国古代园林史》）
	陆宅	北京		在演乐胡同，陆定一宅在此。（按：演乐胡同，俗讹为眼药胡同。）（汪菊渊《中国古代园林史》）
	阿文成公祠	北京	阿文成	在灯草胡同。"大学士一等诚谋英勇公阿桂在灯草胡同"（《宸垣识略》卷五）。《京师坊巷志稿》案："乾隆时大学士定西将军阿桂封诚谋英勇公，谥文成。"今子孙尚居之。（汪菊渊《中国古代园林史》）
	刘墉中堂府	北京	刘墉	礼士胡同129号。（汪菊渊《中国古代园林史》）
	刘墉又一府邸	北京	刘墉	礼士胡同45号，后改41号，现为市财贸系统毛泽东思想学习班。花园在院东，仅存小山和二亭。土山用砖围砌，上有一亭，油漆一新。（汪菊渊《中国古代园林史》）
	刘文清公故第	北京	刘文清	在驴市胡同西头，南北皆是。"其街北一宅改为食肆，余幼时屡过之，屋宇不甚深邃。正室五楹，阶下青桐一株，传为公手植。街南墙上横石，刻刘石庵先生故居七字。今屋皆易主，北宅久圻，横石亦亡矣"（《天咫偶闻》卷三）。（汪菊渊《中国古代园林史》）
	溥仪宅	北京		前炒面胡同8号，仅存一小亭。（汪菊渊《中国古代园林史》）

建园时间	园名	地点	人物	详细情况
	孚王府	北京		九爷府，朝阳门内大街117号，府邸规模较大，正院几进房子坎墙均贴六角形绿色琉璃面砖，建筑保存比较完好。原花园在府的东部已被拆除，仅留数株大松，现为中国科学院情报研究所。（汪菊渊《中国古代园林史》）
	莲园	北京		朝内南小街新鲜胡同内红岩胡同19号，占地约5亩，西半是住宅，东半是宅园。（汪菊渊《中国古代园林史》）
	泽公府	北京		北皇城根29号，即东皇城根北街，府南向，大房一间，房两层。（汪菊渊《中国古代园林史》）
	李莲英宅	北京	李莲英	弓弦胡同1号，建筑规模较大、有三进四合院，西部有花园，有花厅、长廊、小亭和青石假山，均残，一部分建美术馆时拆除。辛亥革命后，该宅曾被德国人买去，后又归杜聿明作公馆，新中国成立后作卫生部宿舍用。（汪菊渊《中国古代园林史》）
	诚亲王府	北京		在大佛寺北，诚亲王名胤祕，邸在大佛寺北，瑶华道人，即王子也。诗画皆有重名于世。今改公主府矣。（汪菊渊《中国古代园林史》）
	诚固山贝子府	北京		在取灯胡同，见《宸垣识略》卷六。（汪菊渊《中国古代园林史》）
	某公之府	北京		大佛寺西街11号、12号，建筑规模较大，东向，门前有石狮一对，沿革不详。现为中医医院和中医研究所。（汪菊渊《中国古代园林史》）
	隆福寺	北京		东四牌楼北隆福寺胡同，“月逢九、十日庙市。门殿五重，正殿石栏，犹南内翔凤殿中物。今则日供市人之模抚，游女之依靠。且百货支棚，绳索午贯，胥于是乎，在斯栏亦不幸而寿矣。……惟寺左右唐花局中，日新月异。旧止春之海棠、迎春、碧桃、夏之荷、石榴、夹竹桃，秋之菊，冬之社丹、水

建园时间	园名	地点	人物	详细情况
				仙、佛手、梅花之属，南花则山茶花、蜡梅，亦属寥寥。近则玉兰、杜鹃、天竹、虎刺、金丝桃、绣球、紫薇、芙蓉、枇杷、红蕉、扶桑、茉莉、夜来香、珠兰、建兰到处皆是。且各洋花，名目尤繁，此亦地气为之乎。此外，西城之护国寺，外城之土地庙，与此略等。而士大夫所尤好 尚者，菊也。……名目多至三百余种。……其精者，于茁苗之始，即能指名何种，栽接家不敢相欺。购秧自养，至秋深更胜于栽接家。故登巨室之堂，入幽人之宅，所见无非花者，春明士夫风趣，此为首称”（《天咫偶闻》卷三）。隆福寺并非宅园，但言及花事较详，摘录如上，以供参其。（汪菊渊《中国古代园林史》）
	裕鲁山制府第	北京	裕鲁山	在班大人胡同，制府官江南，有政声，晚节殉难甚烈。今其子孙尚承袭世职，此巷本义烈公班第所居，公之祖也。（《天咫偶闻》卷三）
	大学士崇礼宅	北京		东四六条36号、38号，现为轻工业部展览工作处及轻工业部家属宿舍。花园居子整个宅院的中部，园内现存方亭一，园亭一，七间带前廊勾连搭的建筑一座。从园西侧门进为另一小院（据云原为祠堂）。有北房五间，硬木隔扇，满刻字，北房东头接三间亭，面向园子。院中尚保留 有部分叠石假山。（汪菊渊《中国古代园林史》）
	朝靴李故居	北京		钱粮胡同15号，北向，四合院。（汪菊渊《中国古代园林史》）
	宝中堂宅	北京		马大人胡同24号，南向，中部为四合院二进，东、西为花园，现 为女十一中，又改一六五中学。（汪菊渊《中国古代园林史》）
	蒙古赵王府	北京		什锦花园胡同9号、10号，南向，府门二，平列院落三，现为居民住宅。按：什锦花园即十景花园。（汪菊渊《中国古代园林史》）
	某府	北京		东四什锦花闶胡同15～17号，格局较大，历史不详，现为铁道部规划院。（汪菊渊《中国古代园林史》）

建园时间	园名	地点	人物	详细情况
	庄王府	北京		东四什锦花园胡同25号、26号，南向，府门二，平列院落二。（汪菊渊《中国古代园林史》）
	马桂堂宅	北京	马桂堂	魏家胡同44号，马桂堂宅园，为现存清末宅园中规模较大者，宅园主马桂堂是清末慈禧时承造宫苑和王府邸园的四大营造主之一。（汪菊渊《中国古代园林史》）
	曹爷府	北京		东四九条西口内吉勾府34号、35号，旧称曹爷府，东为住宅，西为花园。敌伪时，日本特务金碧辉曾占住宅部分居住。以后，李宗仁曾在花园部分居住。建筑院落较狭小，但雕饰繁复，似乎受外来影响，进门后第二进院子里，在西房（平顶）的一端又加出了一个三开间的似轩的建筑，前面为月牙河，因此可能是旱船。花园内叠石假山已坍，仅留下一小堆石，月牙河等已填平，现为中国青年报宿舍。（汪菊渊《中国古代园林史》）
	梳刘宅	北京		即慈禧梳头太监住宅，东四九条32号、甲32号，后改61号。梳头刘是慈禧的得意太监，住宅规模较大，可见其生活阔绰。现宅及园为外贸部招待所，轻工业部制盐工业设计室和外贸部幼儿园三家分占。进甲32号大门，迎面为三间过厅，穿过厅便是假山叠石；今已析。山上一座凉亭，现改为三间房。以假山分隔成东西二院，西院有北房、西房，南为过厅，厅前院内原有月牙河和小挢。挢已拆除，月牙河被填。厅右有六角亭，左有建在高台上的轩三间，轩两侧接坡廊。东院以戏台为主，南房七间，当心三间作为戏台的出入口，两侧各二间，作为后台和化妆室，正对戏台为七间正房，为观戏之用。东西各厢房三间。北方王府达官宅园和会馆中，花园与戏楼有密切关系，也是不可或缺的。原宅至今虽然已经有了不少修改，但基本格局尚保持如上述。（汪菊渊《中国古代园林史》）

建园时间	园名	地点	人物	详细情况
	王怀庆宅	北京	王怀庆	东四十一条13号，此处原为京剧演员奚啸伯祖父奚侯爷之住房，为王怀庆所买，后来王怀庆搬至七条居住，靳云鹎曾住过，靳后又搬到棉花胡同南锣鼓巷。新中国成立后为民航局宿舍，再盖大楼，旧房全无，仅余大门。（汪菊渊《中国古代园林史》）
	汪由敦宅（寸园）	北京	汪由敦	辛寺胡同10号，或汪家胡同乙74号，案：辛寺应为新寺胡同，见《京师坊巷志稿》，“汪文端由墩第在东城十三条胡同。今名汪家。有黼黻宣勤和六典持衡赐额”（《藤荫杂记》卷四）。门牌号屡改，调查时，门牌改为17号、19号，17号东院原为花园，19号西院为居住院落，花园已不存。（汪菊渊《中国古代园林史》）
	顺天府	北京		府学胡同17号，“在交道口之西，即元之大都路总管署也。地极宽阔，堂亦宏状，其私宅甚小，厅事中有秦小岘侍郎书额并堂记”（《天咫偶闻》卷四）。
	肃亲王府	北京		南玉河桥东。见《宸垣识略》卷五。今东交民巷附近。正门面阔5间，正殿面阔7间，东西配楼面阔5间，后殿面阔5间，后寝面阔7间，抱厦面阔3间，后罩面阔7间。光绪二十七年(1901)沦为日本使馆，只存垣墙。1902年，肃亲王府迁往北新桥南船板胡同（今东四十四条西头路北），府址原为道光年间大学士宝兴宅，新府规模不大，不是按王府规制建造，仅由几个大的四合院组成。（汪菊渊《中国古代园林史》）
	淳亲王府			《宸垣识略》卷五载，府址在今东交民巷正义路西，门牌号4、号5号院，被当时英国使馆占，原府分东路、中路、西路，东路原建筑不存，仿建中式建筑，西路添建英式房屋。中路正门面阔五间，正殿面阔五间、东西配楼面阔五间，后寝五间建筑尚存。4号院现为公安部使用。（汪菊渊《中国古代园林史》）

建园时间	园名	地点	人物	详细情况
	裕亲王府	北京		《宸垣识略》卷五载，在台基厂二条中间路北，清末东交民巷地区开辟使馆区，该处为奥地利使馆，原府今不存。（汪菊渊《中国古代园林史》）
	恒亲王府	北京		在齐化门内烧酒胡同，见《宸垣识略》卷六。从乾隆帝京图看，府邸规模宏大，园在中西部。
	达公府	北京		地安门东大街即张自忠路11号，四合院，有八角亭。
	董书平宅	北京		雨儿胡同甲5号，雨或作鱼。宅园中有花厅，太湖石假山已拆除。
	步军统领衙门	北京		帽儿胡同22号，南向，规模较大，四合院六进，西跨院。
	洪文襄承畴第	北京		在南锣鼓巷路西，“门庭俨然，悬有顺治乙未科进士等匾，其名则洪汝亨，当是文襄诸子”（《天咫偶闻》卷四）。
	履亲王府	北京		在东角楼宽街，见《宸垣识略》卷六。
	固山诚贝子府	北京		在角楼宽街，见《宸垣识略》卷六。
	蒙古阿克图王府	北京		炒豆胡同23号，新改63号，案：即交道口南九条，南向，大门及厅房共九间，已拆为民居。
	憎忠亲王邸	北京		在炒豆胡同，“专祠在宽街。按：王本案古科尔沁郡王，以功晋爵”（《天咫偶闻》卷四）。
	德壮果公第	北京		“在炒豆胡同，其后人尚居之”（《天咫偶闻》卷四）。
	清集王府	北京		炒豆胡同甲乙丙5号、23号，三个四合院，两层，规模较大。
	宝文靖公鋆第	北京		“在南兵马司路东”（《天咫偶闻》卷三）。

建园时间	园名	地点	人物	详细情况
	肃宁府	北京		菊儿胡同，即交道口南二条，《天咫偶闻》卷四载："交道口西有巷曰肃宁府，明魏良卿封肃宁伯居此。至今巷口大石狮一岿然尚在，第则不可问矣。"菊儿胡同为今名，按：《宸垣识略》附图，《京师坊巷志稿》作局儿胡同，局或作桥。现分东西两院，东院为新华社，系旧式建筑；西院为外交部占用，为西式楼，尚有山石，或为原花园部分。（汪菊渊《中国古代园林史》）
	绮园	北京		秦老胡同35号，原18号，即交道口南五条，原为励廷方宅，后归内务府，现为国务院招待所和领导同志居住，先是一槺房，后为四合院，再后为一排罩房，迎门为青石构体，堆叠较有姿，以代照壁。（汪菊渊《中国古代园林史》）
	理亲王府	北京		在北新桥北王大人胡同，见《宸垣识略》卷六。
	范文肃公故居	北京		在交道口头条胡同。"交道口头条胡同，有地名范家大院，考其地为范文肃公(1597—1666)故居，开国元勋，功在社稷，子孙簪缨接武，令零替矣"(《天咫偶闻》卷四)。
	松文清公筠第	北京		"在(交道口)二条胡同，今子孙仍罟之"(《天咫偶闻》卷四)。
	璧星泉制府昌居	北京		在方家胡同。(《天咫偶闻》卷四)。
	王爷府	北京		北小街吉兆胡同东，后为段祺瑞住宅。
	云绘园	北京		园在太平湖西。孙古云《云绘园诗》自注："园在宣武门内太平湖之西。"太平湖一带，可称田野式胜地。《天咫偶闻》卷二有这样记述："太平湖，在内城西南隅角楼下，太平街之极西也。平流十顷，地疑兴庆之宫，高柳数章，人误曲江之苑。当夕阳衔堞，水影涵楼，上下都作胭脂色，尤令过者流连不能去。其北即醇邸故府，已改为祀，园亭尚无恙。"《京师坊巷志稿》卷上对太平湖的记述是："城隅积

建园时间	园名	地点	人物	详细情况
				潦潴为湖，由角楼北水关入护域河。桥二：一在湖北，一在西南隅。”太平湖靠外城西南隅，一直是公众游息地，新中国成立后曾辟建为太平湖公园。修建北京地下铁道时，填湖修街道和建筑物，存太平湖东里作地名。
	荣亲王府	北京		老莱街。《啸亭杂录》：“觅勒喀尔楚浑宅在太平湖，今为荣亲王府。”《宸垣识略》则称“荣亲王府在老莱街。”
	石镫庵	北京		在象房西承恩寺街。《天咫偶闻》卷二云：石镫庵在元代为吉祥庵，明易今名。国初（清朝初）诸老皆有题咏，汤西崖少宰诗所谓“岿然削出此香台。恰在蒹葭野水限”者也。今其地并无蒹葭、野水，信沧海桑田矣。然西傍官沟之上，窄巷相通，石桥互接。或倚茂树，或亘颓墙。金晃刹竿，最多古寺。花依篱角，略辫人家，且城带西山，离离瘦碧。尘飞夕日，点点疏红。
	象房	北京		象来街因此而得名。《天咫偶闻》卷二记述了象房之始末如下：“象房，在宣武门内，明之旧也。咸丰已末，滇南久乱，朝班无象者十余年，至同治戊辰（同治七年，1868），云南底定，缅甸始复贡象七只。余庚辰（光绪六年，1880）入都，曾往观之，至甲申春（光绪十年，1884），一象忽疯，掷玉辂于空中，碎之，遂逸出西长安门。物遭之碎，人遇之伤。掷阉人（太监）某于皇城壁上如植。西城人家，闭户竟日，至晚始获之。从此象不复入仗，而相继毙矣，京师遂无象。”
	袁克定宅	北京	袁克定	石驸马大街，即今新文化街 1 号、2 号，原住宅及园已全部拆除，现为北京铁路局招待所。（汪菊渊《中国古代园林史》）
	熊希龄宅	北京		石驸马大街 2 4 号，花园已拆除，现为女子中学校址。（汪菊渊《中国古代园林史》）

建园时间	园名	地点	人物	详细情况
	倭文端公仁居	北京		“前门城根西域察院之左,子孙至今居之”(《天咫偶闻》卷二)。
约 1805	姚伯昂总宪旧居	北京		“在东铁匠胡同。其中听秋馆、竹叶亭、小红鹅馆诸名尚存。先生安征桐城人,嘉庆乙丑(嘉庆十年,1805)进士,工书画。……”(《天咫偶闻》卷二)。
	周作人宅	北京	周作人	南半壁街 4 号,现为北新华街甲 3 号,周作人曾住此,墙外可见园中山石,但未进入调查,现为化工部宿舍。(汪菊渊《中国古代园林史》)
	绿雨楼	北京	陆元裕	“陆元裕深旧邸也,在正阳、宣武二门之间,东曰素轩,北曰潜室,其中为书窟。文裕记载集中,今已失其处”(《日下旧闻考》卷四十九)。
	彭尚书丰启故居	北京		“麻线胡同极东道北一第,……有山池花木之胜,今久易主矣,彭第尤巨丽”(《天咫偶闻》卷五)。
	梁士诒宅	北京		后为卫立煌宅,在麻线胡同东口可能即其址。(汪菊渊《中国古代园林史》)
	礼王府	北京		西皇城报 9 号,布局宏阔,并列五进。(汪菊渊《中国古代园林史》)
	疑野山房	北京		西皮市,《燕部丛考》引彭文敬自订年谱:“已卯住西皮市苇间公寓,寓中叠石为山,颇多乔木,韩桂龄尚书颜曰:疑野山房。”(汪菊渊《中国古代园林史》)
	明客氏私第	北京		丰盛胡同,此外《啸亭续录》载:公宏眺宅在丰盛胡同。(汪菊渊《中国古代园林史》)
	东顺承王府	北京		锦什坊街。《宸垣识略》附园作锦石坊街,王府规模宏敞,府门南向,前、中、后厅,东、西楼,东、西广场,现为中国人民政治协商会议全国委员会所在地,最南建全国政协礼堂。

建园时间	园名	地点	人物	详细情况
	宜家园（焦园、毛园）	北京		“在阜成门内，旧为宣城伯卫公别业，旁多宅宇，外有菜圃百塍。后属之焦鸿胪，称焦园，又属之毛户部，称毛园。旧有射堂为习武地，今废矣。牡丹数种，向为京师第一。先辈言，初创时多奇石。石皆有名，曰隅虎、曰伫鹄、曰惊羽、曰奋距，今不知所之矣”（《燕都游览志》）。
	述园	北京		“恩楚湘先生龄宅阜成门内巡捕厅胡同。先生于嘉庆间（1796—1820），曾官江苏常镇道。慕随园景物，归而绕屋筑园。有可青轩、绿澄堂、澄碧山庄、晚翠楼、玉华境、杏雨轩、红兰舫、云霞市、湖亭、罨画窗十景，总名述园”（《天咫偶闻》卷五）。
	裘日修第	北京		旧吴三桂（1612—1678）宅，在石虎胡同，南向，布局宏阔，前后三进，大小十二院，有园洞门、八角门相通，曾为蒙藏学校校址，现前部为木工厂，大部分为市公安局幼儿园（1958 年搬进）占用，德胜院曾是天主教神父居住，最后一进为修女住所。《燕都游览志》
	定固山贝子府	北京		“在石虎胡同”（《宸垣识略》卷七）。
	绚春园	北京		“尹文端第在今定府大街（也）。第有绚春园，又名晚香”（《天咫偶闻》卷四）。
	郑王府惠园	北京		支库胡同甲 10 号，府第布局宏阔，前后共六进，有石狮一对。现为教育部，早经拆建大楼。据《履园丛话》记载，府有园曰惠园。“惠园在京师宣武门内西单牌楼郑亲王府，引池叠石，饶有幽致，相传是园为国初李笠翁手笔。园后为雏凤楼，楼前有一池水甚清冽，碧梧垂柳掩映于新花老树之间、其后即内宫门也，嘉庆己未（嘉庆四年，1799）三月，主人尝招法时帆祭酒、王铁夫国博与余（钱泳）同游，楼后有瀑布一条，高丈余，其声琅然，尤妙”（《履园丛话》卷二十）。
	定郡王府	北京		“在干石桥北钢瓦市”（《宸垣识略》卷七）。

建园时间	园名	地点	人物	详细情况
	常园（桂春园）	北京		在西斜街19号、20号，有山石、水池，以及亭、廊、轩、屋、花架等。中国建筑科学研究院曾测绘有平面图。此园顺应弯曲的地形条件，其中建筑大多随机定向，灵活布置，此种方式不同于北京私家园林常见的正朝向格局，空间形态更近于江南园林。其主体部分以平顶游廊环绕，中心设有驳岸曲折的水池；园中同时拥有很多精美的湖石和青石，假山造型丰富；此外建筑做工精细，花木繁多，是北京私家园林的杰出作品。后宅园被拆除，修建为大楼。（汪菊渊《中国古代园林史》）
	康亲王府	北京		原礼王府，大酱房胡同西口，府位于大酱房胡同及西皇城根之间，新中国成立前为华北大学校址，现为内务部。建筑科学研究院调查资料：梠察存耆老先生云：此府明即有基础，为周奎府邸，清分为二，一为礼王府，一为定王府，房屋尺寸高大，府门甚雄壮，宏大之气魄为醇亲王府（在后海）所不及，房屋大部业经修改，但仍能看出旧规模。花园在宅邸西部，如乾隆京城全图所绘。园已毁坏，只有残迹可寻，从现存石堆看，大部为青石，原为青石假山，假山上一亭，于1962或1963年拆除。北房五间尚存，西房四间，基部为青石，掇高约1米许。登石级而上，看来原似为水榭之类建筑，从乾隆京城全图上看，是处原有游廊及亭，这个院子的后面为一排排住房，京城全图上是处有散点山石和游廊，除园外，值得一提的是正中第四进院的院门悬有康熙三十二年(1693)闰五月二十一日赐和硕康亲王匾一块曰："为善最乐"。进院正面为九间正厅，前出五间抱厦，再前为紫藤架，厅两侧接以斜廊，东西房平面近似方形。北面近门处左右各建有湖石一块。这一进院内建筑布局较活泼，并有花石点缀。调查时花园中有石碑一块，惜字迹斑斑，已不可辨认。（汪菊渊《中国古代园林史》）
	礼塔园	北京		砖塔胡同，"园为徐尚书会沣故宅……塔指万松塔"。

建园时间	园名	地点	人物	详细情况
	吕氏园	北京		双塔寺后，据《燕部游览志》云："吕氏园有朝爽楼，在双塔寺后……。"据《宸垣识略》卷六："朝爽楼在双塔寺后，吕氏园中楼也，今无考。按今双塔寺后有名菜园者，或即其地。"
	奎公府	北京		背阴胡同 12 号，南向，前后三进。
	张文襄祠	北京		背阴胡同，门榜：楚学精庐。
	景亲王府	北京		东官园，从乾隆京城全图看，府邸中部有花园，有叠石假山水池。
	㦤贝子府	北京		"在西直门内半壁街。贝子为成哲亲王后人，此府昔为九公主所居，宣宗第九女也"(《天咫偶闻》卷五)。
	恂郡王府	北京		在南草厂北口，西直门内大街南，已无可调查。
	端王府	北京		位于南草厂街，庚子间曾遭火，后为学校，中间屡经拆改。现为中国科学院心理研究所、幼儿园等占用，基本上已看不出原模样，尚残存少量建筑、破亭、假山，又石狮二、铁狮二。
	祖大寿故居	北京		"在祖家街(故居)今改为正黄旗官学。其屋全是旧制，厅事、正寝、两厢、别院，一一俱在。屋中装饰皆存，昔制足令观者兴故家乔木之思"(《天咫偶闻》卷五)。
	许文格宅园	北京		在石老娘胡同，为许文恪(乃普)故居，有山池花木之胜，后易主"(《天咫偶闻》卷五)。许乃普(1878—1866)，浙江钱塘人庚辰科进士，曾任兵、刑、工、吏四部尚书。
	谦郡王府	北京		"在五王侯胡同"(《宸垣识略》卷八)。
	某王府	北京		在太平胡同 1 号及 3 号，现为新太平胡同 11 号，解放初归北影作宿舍，于 1952 年建楼时将花园全部拆除，山石埋入地下做地基，仅存原花园最后的一排罩房五间。(汪菊渊《中国古代园林史》)

建园时间	园名	地点	人物	详细情况
	富双英宅	北京		前公用库，现为前公用胡同，富为张作霖手下军官，据云为造此宅，六个月未发军饷。园在住宅前部及西部，用铁花栏杆隔开。原有石砌长方池，青石假山，松柏和丁香等，现已拆除。（汪菊渊《中国古代园林史》）
	鄂文端公第	北京		“西域帅府胡同（现为西四北二条），为西林鄂文端公第”（《藤荫杂记》卷四），原为明武宗威武大将军府也，今已废。
	大小拐棒胡同花园	北京		大拐棒胡同、小拐棒胡同均有带花园住宅。小拐棒胡同甲66号后院有山石，有廊、亭、轩等建筑及花木。（汪菊渊《中国古代园林史》）
	庄亲王府	北京		“在西四牌楼北毛家湾”（《宸垣识略》卷八）。新中国成立前，前毛家湾3号和5号均为四合院附花园，尤以3号为大，可能是庄亲王府原址，后人折卖为二或三。5号曾是蒋梦麟住宅。“文革”期间，林彪在前毛家湾营宅，前毛家湾街遂成为禁区。（汪菊渊《中国古代园林史》）
	毛家湾3号余宅	北京		整个府邸布局可分为三个小区：东部为多进跨院并有庭园；中部为多进院落住宅；西部为花园。住宅正门在东南角，进门迎面为照壁，转而为东西长条形院落。院落南侧为倒座，即依墙而筑平房一排，通常作杂用间，杂住房及男仆的住所。院落东端有圆洞门通东跨浣，西端也有洞门，通车房及花园。（汪菊渊《中国古代园林史》）
	靖逆侯张勇第	北京		“在西直门街。侯之勋，已具国史，后裔尚能守世业”（《天咫偶闻》卷四）。
	马中骥宅	北京		在马状元胡同，“顺治中满洲状元马中骥所居”（《天咫偶闻》卷四）。
	泊园	北京		在护国寺后，为故将军永隆宅（见《燕都名园录》）。

建园时间	园名	地点	人物	详细情况
	张廷玉赐第	北京		护国寺街西头,“张文和公赐第,在护国寺西。后又赐史文靖公、王文庄公,最后为汉军李氏所居,今废”(《天咫偶闻》卷四)。护国寺街有多处府邸,如护国寺街8号,为高级领导居住,禁入。护国寺街97号,有园有叠石。护国寺街112号(后改52号)为规矩园,无山石树木。护国寺街117号(后改18号),为总参谋部宿舍,据称园中某石有乾隆题字“山青云根”、“石林弥贵”。(汪菊渊《中国古代园林史》)
	固山贝子(讳弘景)府	北京		在蒋养旁胡同,现为积水潭医院,院内北部尚保存有池、土山 及部分建筑物。(汪菊渊《中国古代园林史》)
	惠郡王府	北京		“在西直门新街口”(见《宸垣识略》卷八)。
	英煦斋协揆居	北京		“在李公桥北后海之西岸。原居史家胡同,此系赦归后所称居”(《天咫鸽闻》卷四)。
	小西涯(法梧门故居)	北京		“在松树街东头,李公桥西第一家。今已无人居,老树数株,茆屋半欹,灌园人栖止”(《天咫偶闻》卷四)。
	载涛府	北京		李广挢西街10号,南向,门前石狮子,贝勒载涛府邸建筑屋迭,分三路(即三小区)。后归辅仁大学。(汪菊渊《中国古代园林史》)
	李广桥东街某宅园	北京		柳荫街24号西面,解放初期某领导曾住此,后为李广桥东街门诊部。门诊部人员迁兰州后,归西城区工业局办七二一工人大学,后又归市出版局西城区装订厂使用。宅园北部为居住西式平房。房前小园内有五角水池,池中心有落地式喷泉,高1.2米。池南有古柏一,古白皮松一。园南部有叠石假山如屏风。假山石中有象皮青(可能是艮

建园时间	园名	地点	人物	详细情况
				岳遗物)数块,弥足珍贵。假山北有对称种植的龙爪槐两株。从西式平房和五角水池喷泉来看,此园大抵是民国初期就旧园改建而成,有古树、有叠石,但又有近代喷泉,中西合璧。(汪菊渊《中国古代园林史》)
	载家小府	北京		即礠园(大翔凤胡同5号)有花园,内饰假山。新中国成立后,为高级领导居住。(汪菊渊《中国古代园林史》)
	庆王府	北京		定阜大街西端路北,府第"坐北向南,西临德胜门内大街,东接松树街,北界延年胡同,呈长方形。……这里便是清末最后一代的庆亲王府"。最早的庆王府"在三转桥,系和珅宅"(《啸亭续录》),珅败,嘉庆帝将和坤之宅赐给庆郡王永璘居住。嘉庆二十五年(1820)三月,庆郡王永璘临死时才晋封为庆亲王。这就是前期庆王府。新中国成立后,华北军总司令部入驻。从20世纪50年代初至今,为北京卫戍区所在地。(汪菊渊《中国古代园林史》)
	钟郡王府	北京		清朝道光帝的第八子奕詥,咸丰帝即位后,封为钟郡王。奕詥的府邸,称为钟王府,最早是在西城大水厂的郑亲王府。(汪菊渊《中国古代园林史》)
	乐氏花园	北京		前海西沿18号,现墙角有界石,刻乐达仁堂四字。曾是蒙古国大使馆。解放初期,宋庆龄居此,郭沫若院长生前居此。 进门即是长条形南北长东西狭长的花园横在眼前。中部为长形土山,后因修汽车回车道而中分为二。园北端为南向中式庭院,二进,前进四合院,有步廊连接正房与侧房,后进为一排房。园西为西式楼房,现已有墙隔开。园本身无特色,土山上植白皮松等树木,仿佛城市山林,园东沿墙为草坪,散植花灌木少许。(汪菊渊《中国古代园林史》)

建园时间	园名	地点	人物	详细情况
	祝氏园	北京		崇文门外极井胡同“崇文门外板井胡同，有祝姓，人称米祝。盖自明代巨商，至今家犹殷实，京师素封之最久者，无出其右。祝氏园向最有名，后改茶肆，今亦毁尽。国初人多有祝家园诗词。《宸垣志略》谓在先农坛西，《藤荫杂记》谓在安定门西，皆非也”（《天咫偶闻》卷六）。
	夕照寺	北京		在万柳堂西北，创建年月无考。或云：燕京八景有金台夕照，此寺之所由名也。据赵吉士育婴堂碑记云：夕照寺，顺治初已圮，仅存屋一楹。盖其来久矣。（汪菊渊《中国古代园林史》）
	南台寺	北京		“在夕照寺后，亦古刹也”（《天咫偶闻》卷六）。“南台寺在安化寺南，康熙年重建，有钟一”（《宸垣识略》卷九）。
	鱼藻池	北京		俗称金鱼池，“在三里桥东南，天坛之北，畜养金鱼，以供市场”。前章已提及“金时故有鱼藻池。旧志云：池上有殿，榜以瑶池。殿之址今不可寻矣。居人界池为塘，植柳覆之，岁种金鱼以为止。池阴一带园亭甚多，南惟天坛，一望空洞，每端午日走马于此”（《帝京景物略》）。到了清朝，“今则居人几家，寥寥类村屋而已。池亦为种苇者所侵，地多于水。国初尚有端午日游尝之举，……今久废”（《天咫偶闻》卷六）。《燕都游览志》则称：“都人入夏至端午，结蓬列肆，狂歌轰饮于秽流之上，以为愉快。”
	放生池	北京		“在火神庙街。顺治中，浙人范思敬建。……放生池既成，延一老宿居之，……乾隆中，果邸重修之，后渐颓。光绪初，僧洞天募而新之，别建幽室数楹，颇为明净。种花数亩，秋菊尤盛。”（汪菊渊《中国古代园林史》）
康熙年间	金台书院	北京		鞭子巷即锦绣巷头、二、三、四条东，“本洪文襄园。施公世纶尹京兆，谋欲建书院，商之于洪后人某，不允。而施必欲得之，乃为之闻于朝云：洪氏愿施此园为义学。圣祖嘉之，御书：广育群才额赐之，洪氏乃不敢争，遂建书院。至今为京师首善，肄业极盛”（《天咫偶闻》卷六）。

建园时间	园名	地点	人物	详细情况
	诗止居	北京		为梁文庄公宅园。“正阳门外杨梅竹斜街内。‘清勤堂’，赐额也。堂左有味经斋，隔墙葡萄累累，其斋因以青乳名之”（《天咫偶闻》卷七）。
	得树堂	北京		火神庙夹道在小李纱帽胡同西，又称青风夹道，今名小力胡同。（王士祯故居）
	韩元少寓	北京		韩家潭，现韩家胡同，符右鲁户部曾“所居韩家潭。床帏之外，书签画卷，茗碗香炉，列置左右。几案无纤尘，四时长供名花数盆”为高书韩元少宅园（《天咫偶闻》卷七）。
	芥子园	北京		在韩家潭，“康熙初年，钱塘李笠翁寓居，今为广东会馆”（《宸垣识略》卷十）。“长元桉：笠翁芥子园在江宁省城，有所刊画谱三集行世，京寓亦仍是名。”据道光间麟庆《鸿雪因缘图记》的《半亩营园》中云：“忆昔嘉庆辛未（嘉庆十六年，1811），余曾小饮南城芥子园中，园主草翁言，石为笠翁点缀。当国初鼎盛时，王侯邸第连云，竞侈缔造，争延翁为座上客，以叠石名于时。内城有半亩园二，皆出翁手。”陈从周教授绘有芥子园平面围并附记。记中最后 云：“该园已毁，不复见其规模。今叶遐翁恭绰以草图属绘，存此写影，亦所谓人间孤本耶？陈从周记，一九六三年制。”
	王阮亭寓居	北京		“在琉璃厂火神庙西夹道。有藤花，为阮亭手植，尚存”（《宸垣识略》卷七）。
	孙公园	北京		南柳巷南口以东，孙公园亦地名，“孙少宰承泽（退谷）故居在章家桥西，名孙公园”（《宸垣识略》卷十）。据《京师坊巷志搞》卷下有前孙公园和后孙公园。前孙公园条下载有查慎行《敬业堂集》云：“宫有鹿寓孙公园”……晁方纲《复初斋集》云：“壬辰春还都，赁孙分园居，以屋中有合欢一株，因名青棠书屋。”后孙公园条载有《藤荫杂记》：“孙公园后，相传为孙退谷侍郎别业，前为安州陈尚书第，后有晚红堂，吴白华司空官翰林时赁住。为茶陵彭大司马维新旧第。宅后一第，有林木亭榭，沈

建园时间	园名	地点	人物	详细情况
				云椒侍郎寓焉。有兰韵堂,……叶继雯《刓林馆诗集》,移居诗注:庚中冬移居后孙公园即退谷研山堂也。……案孙氏别业今为安缴会馆。”(汪菊渊《中国古代园林史》)
	吴梅村旧寓	北京		虎坊桥北的魏染胡同,“毕沅《灵岩山人诗集》:梁瑶峰移居魏梁胡同相传为吴梅村旧寓诗……。《敬业堂集》:庚寅秋大槐簃湫隘,不能容,迁居魏染胡同。西邻枣树一本,巳累累垂实矣。余下榻于东偏,故名枣东书屋”(《京师坊巷志稿》卷下)。《宸垣识略》长元按:“康熙间汤少宰寓此。集联云:旁人错比扬雄宅,异代应教庾信居。手书悬于柱。”
	善果寺	北京		“在慈仁寺后,完然无恙。山门内左右廊有悬一山,大殿颇卑,与蓝淀厂广仁宫相类,疑此皆金元旧宇”(《天咫偶闻》卷七)。
	李将军园	北京		“在西城,其遗无考”(《宸垣识略》卷九)。但录有徐乾学题李将军园宴饮诗。
	同园	北京		“在西城,今无考”(《宸垣识略》卷九)。但录有查慎行上巳后五日同园赏花诗。
	施愚山宅	北京		“施愚山寓居在铁门,今宣城会馆”(《宸垣识略》卷十)。并录有王士祯过宣城馆诗。
	先农坛	北京		“居永定门之西。周回六里,缭以周垣。岁三月上亥,上率王公九卿躬耕。……”(《天咫偶闻》卷七)。“先农坛之西,野水弥漫,荻花萧瑟。四时一致,如在江湖,过之者辄然遐思。……”(《天咫偶闻》卷七)。
	野凫潭	北京		“在先农坛西。积水弥然,与东城鱼藻池等。其北为龙泉寺,又称龙树院。有龙爪槐一株,院以此名。久枯,僧人补种一小株。院有二楼,东楼为满洲高士炳半聋所筑。……”(《天咫偶闻》卷七)。
	黑龙潭	北京		“在先农坛西偏,有龙王亭,亦为祈祷雨泽之所。乾隆三十六年(1771)命工鸠治,修饰整洁。按京师有三黑龙潭,一在城西(郊)画眉山,一在房山县(今北京市房山区),一在南城黑窑厂(即先农坛西偏)。其潭一方池尔,水涸时,中有一井,以石甃”(《宸垣识略》卷十)。

建园时间	园名	地点	人物	详细情况
	黑窑厂	北京		“为明代制造砖瓦之地，本朝均交窑户备办，此厂遂废。其地坡垅高下，蒲渚参差，都人士登眺往往而集焉。长元按：今废窑上建真武殿三楹，翼以小屋，道人居之。路口有灵官阁，坡径迂回，盘折而上，可以眺远，名曰窑台。夏间搭凉篷，设茶具。重阳后，苇花摇白，一望弥漫，可称秋雪，亦城南一胜地也”（《宸垣识略》卷十）。
	两冢	北京		“在陶然亭之东，有香冢及鹦鹉冢。相传香冢为张春陔侍御稿处；鹦鹉冢则谏草也。《香冢铭》云：浩浩愁，茫茫劫。短歌终，明月缺。郁郁佳城，中有碧血。碧亦有时尽，血亦有时竭，一缕烟痕无断绝。是耶？非耶？化为蝴蝶。又诗云：萧骚风雨可怜生，香梦迷离绿满汀。落尽天桃又秾李，不堪重读瘗：花铭。《鹦鹉铭》云：“文兮祸所伏，慧兮祸所生。呜呼！作赋伤正平。”
	龙泉寺	北京		在黑窑厂西，有明谢一夔碑载，成化（1465～1487）间，僧智林修复。”谢一夔（1425—1488）江西安义人，天顺四年状元，终于工部尚书。（《宸垣识略》卷十）。
	封氏园	北京		“在南城，有古松。相传金元时物（形如偃龙，浓荫数亩，雍正时松已无存），今无考。”“长元按：同园，刺梅园，疑即李将军、封氏二园，俟考”（《宸垣识略》卷十）。“封氏园，一作风氏园，（在）龙泉寺之东”（《燕部名园录》）。
	李莼客居处	北京		在保安寺街，“渔洋老人曾住保安寺街，故邵青门与渔洋书云：奉别将十年，回忆寓保安寺街，踏月敲门，诸君箕坐桐阴下，清谈竟夕，恍然如隔世事。……”（《天咫偶闻》卷七）。
	粤东会馆	北京		戊戌变法会议厅，米市胡同南口，南横街26号，原建筑东向，规模较大，有花园、有戏台楼。今花园已失原状，戏楼早毁，仅留存一般建筑。（汪菊渊《中国古代园林史》）

建园时间	园名	地点	人物	详细情况
	陈元龙邸	北京	陈文简	“在绳匠胡同北，有圣祖御书爱日堂额。西有圆亭，通北半截胡同”(《宸垣识略》卷十)。 按：绳匠或作丞相胡同。除陈邸外，“时孙屺瞻同作堂在绳匠胡同，今改作休宁会馆，屋宇轩敞，为京师会馆之最”(《京师坊巷志稿》卷下)。《水曹清暇录》亦云：“绳匠胡同有休宁会馆，盖前明许相国维桢旧第也。屋宇宏敞，廊房幽雅，有古紫藤二，樱桃花一，相传乃相国手植。”
	听雨楼	北京	周于礼	在绳匠胡同，“周于礼，号立崖，堵峨人，官至大理寺少卿”。“所居听雨楼，在绳匠胡同，为明严介溪别墅。国初徐健庵尚书居之，继归于溧阳史文靖公，其后分为数区，毕秋帆得之，为宴会觞咏之地。秋帆出为观察，遂归大理。按：今此居尚存，历为要津所据，诚宣南第一大宅”(《天咫偶闻》卷七)。
	一亩园	北京	荣吉甫	“在大丞相胡同，先师荣吉甫先生棣曾居之”(《天咫偶闻》卷五)。
	王姓轩事	北京		“南河池，俗呼莲花池，在广宁门外石路南……有大池十亩许，红白莲满之”(《燕都名园录》)。
	冯园	北京		广宁门外小屯，“城西花事，近来以冯园为盛。园在广宁门外小屯，春月之牡丹、芍药，秋季之鞠为最。城中士夫联镳接轸，往者应集，园主人盖隐于花者也。园中又蓄珍禽数头，锦鸡、孔翠之属，飞舞花间，洵谐奇趣”(《天咫偶闻》卷九)。按：广宁门俗称彰义门，义或伪仪。彰义，金之正西门也。
	小有余芳	北京		《天咫偶闻》云：“城南(郊坰)诸园，零落殆尽，竟无一存。惟小有余芳遗址，为一吏胥所得，改建全类人家住房式，荷池半亩，砌为正方。又造屋三间，支以苇棚，环以土堇，仿村茶社式为之，过客不禁动凭吊之慨矣。”

建园时间	园名	地点	人物	详细情况
	碧霞元君庙	北京		永定门外，“俗称南顶。旧有九龙冈，环植桃柳万株。南郊草桥河，五月朔游人云集，支苇为棚，饮于河上。亦有歌者侑酒，竟日喧阗。后桃柳摧残，庙亦坍破，而游者如故。近年有某侍御奏请禁止，遂废其地，与昔日金鱼池相仿佛”(《天咫偶闻》卷九)。
	年氏园	北京		在草桥，见《宸垣识略》卷十三，并录有沈德潜过草桥年氏园赏芍药诗。《燕都名园录》云：“园在草桥，有堆阜，有名花，松涛塘坡，菇蒲林亭。”
	祖氏园	北京		在草桥，“予游祖氏园，中有古池台，云是元人旧迹，然无从考其为何乐园也”(《天府广记》)。《日下旧闻考》卷九十录此条并有按语：祖氏园遗址今废。《宸垣识略》卷十三云：“祖氏园在草桥，水石亭林，擅一时之胜。游草挢、丰台者，往往过焉。乾隆初年，归于王氏，今又易主矣。”又录有王士祯《祖将军园亭诗》，宋荦《游祖氏园诗》，沈德潜《看丰台芍药过王氏园诗》等。
	图塔布别墅	北京		在阜域门外钓鱼台“图塔布，满洲人。……中岁即以疾见告，筑室于西郊外数里。篱扉芳檐，轩窗清雅。院中叠石为山，奇峰萍晬。路径迂折，饶多清趣。后圃艺花种蔬，公亲灌课”(《天咫偶闻》卷四)。“图裕轩学士释布有野圃，在阜城门外钓鱼台。翁覃溪曾为之记曰：屋在圃之中，南向三椽，曰菜香草堂。折而西，二椽上有小楼曰山雨楼。南迤为栏架木，叠石为台，台下二椽，北向折为廊，东向，又东为茆亭。南横木为桥，桥下荷数十柄。每夏月出入，步其上，倾露满襟袖。其南蓠门也，门外方池积水，沿而东，过土阜，则新疏官渠也。土阜高下，隔水望山。而坐卧可致者楼与草堂之所得也。亭东诸畦，凿井引泉，而交响于菜香之间者。取少陵诗而总名之，所谓：野圃泉自泣者也。此圃久废”(《天咫偶闻》卷九)。

建园时间	园名	地点	人物	详细情况
	西直门	北京		“在京城西之北门外，修石道二十里，至圆明园。”“高梁河在西直门外半里，为玉河下游，玉泉山储水注焉。高梁，其旧名也。自高梁桥以上，谓之长河”(《寝垣识略》卷十四)。
	齐园	北京		“园中有板桥，海棠甚多，西凿一曲涧，引桥下水灌之，上作板桥，亭边有丛竹”(《燕都游览志》)。《宸垣识略》(卷十四)称：“园尽则高梁桥矣。园中有板桥、丛竹海棠甚多。”
	佟氏园	北京		“海淀佟氏园，有董文敏书瑞园石刻，申拂珊副宪甫寓园时，搜剔于墙东草棘中，为赋长歌移寓过园诗，诗云：偶寻断石留书法，即论栽松仿画家”(《藤荫杂记》卷十二)。
	洪雅园	北京		“即明(与李园东西相对的)米万钟勺园，今为郑亲王邸第”(《宸垣识略》卷十四)。清王朝建立后，勺园归皇家所有，乾隆时改名洪雅园，又称墨尔根园。嘉庆时为睿亲王所有，称睿王花园。该园与西郊诸园一样，被英法侵略军烧毁。1920年后，遗址归燕京大学所有。原园中的主要水面(文水陂)即今北京大学校园中的未名湖。花园范围东起未名湖以东，西至今北大西门(原睿王花园西门所在)。清朝时园中景物，有和珅所写的对联，描写了水景和水中石舫：“夹镜光微风四面，垂虹影界水中央；画舫平临苹岸阔，飞楼俯瞰柳阴多。”今石舫仍存，外联石刻也保存在北大校园中。
	睿王花园	北京		睿王花园位于畅春园下游。万泉河水经过万春园之后，才流进睿王花园。园中除有宽阔的湖面外，内部还分出小的溪流，环绕着高阜，西部丘阜连绵，溪流回转，野趣自成。归燕京大学所有后，这里大部分被填平，建成燕京大学的中心区。(汪菊渊《中国古代园林史》)

建园时间	园名	地点	人物	详细情况
	渌水亭	北京		“在玉泉山麓，大学士明珠别墅，子侍讲成德尝于此亭著大易集义粹言。”又“查慎行《渌水亭与唐实君话旧诗》：鑑里清光落槛前，水风凉逼鹭鸶肩。……江湖词客今星散，冷落池亭近十年。”（《识宸垣识略》卷十四）。
	日涉园	北京		“在西山麓。查慎行《日涉园送春诗》：惊雷掣；电夜窗明，忽转天头又放晴。梦里似曾听雨过，晓来不碍看山行。……”等句（《衰垣识宸垣识略》卷十五）。
	王文靖别业（容园）	北京	王文靖	“自柳村、俞家村、乐吉桥一带有水田。桥东有园，其南有荷花池，墙外俱水田种稻至蒋家街，为宛平大学士王文靖别业。……文靖为崇简子，以汉人参与军机为有清第一人，城内所营怡园已见前文”（《燕京名园录》）。
	晋祠东园	山西	杨菊痴	清朝晋祠地区有个东园，园主杨菊痴，本名杨 向阳，晋祠南堡人，太原县（今太原市）学生员，他酷爱菊花，就在南堡东围起一片园地，作为他培植菊花的所在，称东园，自号菊痴。东园起初只有北屋数间，但园内榆柳垂荫，桃李争艳，种菜几畦，有一池游鱼，渠水穿绕，几丛青竹，颇有田园风情。主人志趣在菊，专心培育，名种数十，高于别家。后来他又修建了一处楼屋园亭，名为玉烟书屋，并在园内设立诗社，邀集同好，吟菊为乐。（汪菊渊《中国古代园林史》）
	薛家花园	山西新绛	薛氏	基址为长方形，南北长 33 米，东西宽 22 米。地势北高南低，建筑因势随形而筑。南半中部为近方形水池，南北架石拱桥。池北为平台、上台建四明厅，三间歇山顶，为薛氏家庙。池南横列一楼，称南楼，三间半，重檐卷棚顶，外檐装修二层为直棂隔扇，这个建筑形制似为明代建筑。池西有台，台上北建攒尖顶望月亭，南建榭曰西榭。池东沿墙建有廊屋，北高南低，依势而下，中有阶七级。面积虽小，但由于建筑随势而有高低错落，随形而

建园时间	园名	地点	人物	详细情况
				有起伏曲折，中部一池，倒影参差，益增景深。宅园西北隅为一幽静小院，有书斋两间。斋前庭院的西墙，实为木槅屏风六扇，有门与内宅通。今已散为民居，水池也早已填没，东西亭榭游廊虽然残存也都改为住房用。（汪菊渊《中国古代园林史》）
	乔家花园	山西运城		在新绛县城内孝义坊。园主乔佐洲，生于嘉庆年间，道光十三年(1833)因捐赈而授恩赏举人。花园在宅院南部（见乔家宅院花园平面图），南北长 61 米，东西宽 49 米，占地 4.5 亩，呈长方形，边高中低似盆地一般。园由宅院东北角天井下台阶四、五十级，出曲廊南入园中。这个入口处为一长方形小院落，西建土窑三间，窑上建楼，土窑作花窖用。窑南折东西复廊（二层），长廊东端为一方亭。花园布局较简洁，中部为一鱼池，中架石拱桥，呈眼镜式。池水 由鼓堆泉水渠引入，由龙头注入池中，池深 1～2 米。池周及拱桥均有栏杆围护，鱼池南有小径环绕一座假山。假山跨度约 2 米，高约 3 米，东、西各有洞穴，洞通山南窑楼建筑，下面为三孔土窑，窑上建楼。可由假山东面上至二楼。据乔佐洲四代孙乔世锡（调查时年 69 岁）言，在他孩提懂事时，园已破损，亭廊将倾塌，池水早枯竭。宅院及花园现为新绛县人民医院、交电公司仓库和民居。（汪菊渊《中国古代园林史》）
	王百万花园	山西运城	韩城	在新绛县城内贡院巷 15～17 号，花园在宅院南。园主韩城（陕西）王某，名不详，清同治年间人，家富万贯，故号称王百万。花园部分，东西宽 21.4 米，南北长 24.6 米，略呈长方形，占地约 0.8 亩，地势北高南低，高差约一米许。所谓花园实为一院落式庭园，因厅堂亭廊及假山的布置，无形中分隔成三个庭院（有《王百万花园平面图》）。全园东半部为主庭院，西半部以中横高台上亭轩为分隔线，其南为西南小院，其北为西北小院，东有假山与主庭院相隔。

建园时间	园名	地点	人物	详细情况
				从宅院到花园入口洞门在庭园东北角，题荐馨，迎面为砖雕照壁。旁贴东墙有梯级可上至二层游廊（下为窑洞）建筑。壁后转入面东的“敬享”门，穿门进入园东半部的主庭院。主庭北厅、楼南北相对。主庭东有廊屋，即从梯级上登的楼廊，廊宽仅一米余，下为土 窑，题恪斋。主庭西凸出五边的八角亭，为舫式建筑。 西南小院，地势较低，北为筑在高台上亭轩，西为西花厅。西北小院北为北花厅，西为游廊，南为亭轩，东为假山，组成一封闭式小院，颇为幽静。假山体量不大，但叠得错落参差有致。
	翠微亭	江苏南京		麟庆《鸿雪因缘图记》“翠微问月”条：“翠微亭在清凉山顶。山在金陵城内西北隅、高踞石头，下临大江，上有寺曰清凉，建于吴，宋改广惠，其东有楼曰扫叶，西有阁曰江天一线，巅则亭也，南唐时建。旧藏有董羽画龙、李后主八分书、李宵逵草书，称三绝。余于抵金陵日，先登此亭。见三山峙于西南，秦淮中亘，东南一塔，金轮耸出云表，雄丽冠浮图，城内广衢修巷，江潮通域，空无游尘；城外则长江自西而东，沙洲绵渺，帆影出没烟树中，隐隐如画，令人箫然意近。寻入寺访问，古迹已不可得。”
	寓园	江苏南京	袁香亭	“在小仓山麓，钱塘袁香亭树居金陵所拓者，有卧雪堂、归云坞、百醉亭、半亭、端居阁、羡香书塾诸处。”袁香亭，名树，字豆村，号香亭，小名阿品，有《红豆村人诗稿》传世。
	余霞阁	江苏南京		“余霞阁在盔山西麓，江宁陶涣悦、济慎兄弟读书别墅。有古松四株，夭矫腾拏。胡太守钟以四松庵表其门阁，姚惜抱书额，稍下。深柳读书堂，乃陶文毅所增建者。”
	深柳读书堂	江苏南京	顾云	“在龙蟠里，上元顾石公训寻云拓而居之。用陶公旧名堂，面乌龙泽，高柳短垣，不出户庭，山水皆所有矣。”“赏之胜，大抵如此。”（汪菊渊《中国古代园林史》）

建园时间	园名	地点	人物	详细情况
	东园	江苏南京	徐天赐	“东园者，一曰太傅园，高皇帝（指朱元璋）所赐也。”地近聚宝门（今中华门）。故魏国庄靖公俌爱其少子锦衣指挥天赐，悉弃而授之（案：徐达长子辉祖曾孙俌，袭封魏国公，正德十二年卒，谥庄靖，赠太傅，故是时称太傅园）。时庄靖之孙鹏举甫袭爵而弱，天赐从假兹园，盛为之料理，其壮丽遂为诸园甲。锦衣自署，号曰：东园，志不归也（谓徐天赐从袭封魏国公的长侄鹏举手里，夺取太傅园，亲自料理，改名东园），竟以授其子指挥缵勋（六锦衣）。“尽大功坊之东，为东园公之第二子继勋宅，今所称四锦衣者也（按：东园公指徐天踢。天赐占鹏举所继承之太傅园而有之，改名东园，王世贞遂以东园公称之）。……主人为东园公爱子，所授西园，为诸邸冠，顾以远，不时至。益治其宅左隙地为园，尽损其帑，凡十年而成，顾以病足，多谢客，客亦无从迹之。己丑春（万历十七年，1589）忽要余游焉。”
	茉莉园	江苏南京		东园主所分也，蔬圃菜畦，地颇幽僻。金陵俗：中秋月夜，妇女有摸秋之戏，以得瓜豆为宜男，常往是间也。
	足园	江苏南京	何仲雅	《金陵园墅志》载：“足园，在油坊巷，江宁何仲雅侍御淳之，购市隐园北半拓之，改曰足园。”《金陵古迹图考》增注云：“淳之字仲雅，巡按福建有政声。明亡后，龚尚书鼎孳挈顾眉娘寓此，值其初度，张灯宴客，而园名益振。今皆无存（指市隐园与足园）。
	塔彩园	江苏南京		“在油坊巷，即市隐园故址。（隋朝）熊编修本园，旁有借影园、龚廓园，诗注云：即江淹宅基也。”
	丁继之水亭	江苏南京	丁继之	“秦淮两岸，试馆如林，率筑古榭。傍南岸者以合肥刘氏河厅为冠，盖在丁字帘前遗址左右（对河水港歧出如丁字形，所谓帘前丁字水也）。或曰即丁继之水亭，复社会文处也。《桃花扇》尝纪其事，常张灯，曰：复社会文，闲人免进。”

建园时间	园名	地点	人物	详细情况
	长吟阁	江苏南京	吴子充	《金陵园墅志》长吟阁条载："岷山吴子充扩，自称河岳顽仙，移家南京，筑阁秦淮上，啸咏其中，朱夔声诗有秦淮别派小成湖之句。"《金陵古迹图考》所载亦同，云："在桃叶渡旁，明吴子充筑园河上，啸咏其中。朱元律诗所谓：秦淮别派小成湖是也。今亦无存。"
	随园	江苏南京	焦茂慈	这个随园不是袁枚的随园，"随园江宁焦茂慈太守润生园。润生乃殿撰竑子。顾文庄诗赠随园，有句云："常忆牛鸣白下城，宋朝宰相此间行。园地当在东冶亭左右。"《金凌古迹图考》亦指出："随园，在汝南湾，晋汝南王南渡家此，旁即东冶亭，六朝士大夫饯别之所也。明焦太守润生之随园在焉。今无存。"
	韩襄宇园	江苏南京	韩襄宇	"在剪子巷，古名周处街，巷内江宁（明）韩襄宇通政国藩园。石山中峰高可二丈，名贤题跋甚众，从徐氏东园购得之。"今亦无存。
	亢园	江苏扬州	亢氏	在小秦淮头敌台至四敌台之间，乃青盐商亢氏 于城阴所构之园。长里许，临河造屋一百间，俗呼为"百间房"。乾隆末年，其址尚存，而亭台堂室已无考。今已无迹可寻。（汪菊渊《中国古代园林史》）
	合欣园	江苏扬州		本亢园旧址，改为茶肆。大门在小东门外头敌台，门可方轨。门内用文砖亚子，红栏屈曲，叠石数十阶而下，为二门。门内有厅三楹，题曰秋阴书屋。厅后住房十数间，一间二层，前一层为客座，后一层为卧室。或近水，或依城，游人无不适意。久已无存。（汪菊渊《中国古代园林史》）
	小秦淮茶肆	江苏扬州		在五敌台。入门，有台阶十余级。螺转而下，有小屋三楹。屋旁有小阁，石中古木十数株。下围一弓地，置石几石床。前构方亭，亭左河房四间，久称佳构，后改名东篱。今已无迹可考。（汪菊渊《中国古代园林史》）

建园时间	园名	地点	人物	详细情况
	研溪老圃	浙江湖州	沈宗骞	蒋宝龄所著《墨林今话》(咸丰二年刊行)中记载:"吴兴沈芥舟文学宗骞(1736—1820),囊以书画遍游吴越,雅负盛名。居乌程之砚山湾,自号研溪老圃。草堂数椽,环以水竹,纸窗木榻,图史罗列,愉然隐士庐也。"
	城南草堂	江苏扬州	陈章	在小东门内太平桥。钱塘人陈章(字授衣)傍城之阴,构精舍。有珍卉秀郁,藏书万卷,是为城南草堂。其子思贤字再可,号梅宅,白石山人。裾甘泉汪荣先所撰《白石山人还居城南草堂记》云:"于还居之先,获异石焉,称植于堂之东南隅,遂以白石山人自号。是石也,璁珑丈余,莹洁比石,有拔出尘俗之概。"
	小园	江苏扬州		在小牛录巷,某氏住宅东北之内院,夹道之尽头,小园在焉。墙东北隅,有一亭。……其南玫瑰一丛,牡丹一本。……其西稍南,透骨红梅花一株,金银花一株。南出垂花门,得小院落,木笔一株如盖,高出木阎,向北有屋三楹,西北经游廊,向西月光门外为客室。由北入,折而西,有门额曰花木翳如。有木香一株,引蔓出墙外。石笋高三尺,斑纹特奇。枇杷、天竹,及不知名野花杂莳其间。向南有屋两楹,东向因墙为窗。当亭之西窗,楼影横斜。如罨画,殆擅一园之胜。……今其园不存。(汪菊渊《中国古代园林史》)
	半吟草堂	江苏扬州	巴雨峰	在小牛录巷,为冶春后社诗人布衣巴雨峰所居,有屋二间,名曰半吟草堂。堂下多杜鹃,尝于花时觞客。今已不存。(汪菊渊《中国古代园林史》)
	思园	江苏扬州	陈逢衡	在文选巷,乃陈逢衡之别业。此园原先系郑氏园亭,后归陈氏,易名为思园。园有瓠室、读骚楼诸胜。其园已不存。(汪菊渊《中国古代园林史》) 陈逢衡(1778—1855),字履长,一字穆堂,江苏江都人。父陈本礼,好藏书,筑"瓠室"。
	樊圃	江苏扬州		在府署东,乃樊预所居,竹院清幽,小有园林 之胜。今已不存。(汪菊渊《中国古代园林史》)

建园时间	园名	地点	人物	详细情况
1865	桥西花墅	江苏扬州	臧谷	在府东街，乃太史臧谷(1834—1910)旧居。有楼屋数间，余地略栽松竹。太史喜种菊，称种菊生，又号菊隐翁、菊叟，今已无复园林遗意。(汪菊渊《中国古代园林史》)
	楼西草堂	江苏扬州	萧畏之	在文昌楼之西，乃诗人萧畏之所居。有小筑数椽，间莳花树。庭有西府海棠一棵，高出檐际，花时灿烂若锦。……后为李介石赁居，今已无存。(汪菊渊《中国古代园林史》)
	张润芝花园	山西太谷	张润芝	园主张润芝是太谷有名财主，居城内，于侯城镇外的神头东侧建园，作避暑用。园占地四十余亩，有正房十间，东西房各五间。园中设六角亭、荷花池、金鱼池。由于有神头泉水可引，得以种荷、栽竹，除多种花木外，还植有各种果树。园虽无特色，但有水为贵，树木繁茂，至今已不存。(汪菊渊《中国古代园林史》)
	五龙潭、贤清园	山东济南		五龙潭泉群位于旧城西门外，以五龙潭、古温泉为中心，曲水流觞，泉池众多，约有二十一处，都流入西护城河，会同自南流来的趵突泉水，向北流入小清河。主泉五龙潭是以附近五泉之水汇流一处，状如深潭而得名。清朝文人桂馥(1736—1805)，进士，云南永平知县，书法家，训诂学家。曾在这里建潭西精舍，为当时名园。桂馥撰《潭西精舍记》方振潭《潭西精舍》诗："天然成结构，幽折使人迷；花径窗三面，茅亭水半溪。芳林入幽处，画壁尽留题；倚杖桥边立，听泉日向西。"生动地描绘了精舍胜境。后来桂馥友人周永年(1730—1791)，字书昌在精舍的东北方设立了我国第一座供公众阅读的图书馆——籍书园。贤清园在五龙潭的北面，今俗称三娘子湾或李家池子。据《续修历城县志》记载，该园曾名朗园，有"朗园数亩纳清流，万卷藏书百尺楼"的诗句，对园的具体描述是："藏书万卷，种竹千竿，入门巨竹拂云，清泉汹涌过亭下，飒飒如风雨声，汇为方塘，周五六十步(与现存泉池相仿)，名贤清泉……"泉北有临水厅堂，堂后又一水池，"宽大如前，蓄金色红鱼百尾，皆长两三尺。"今建筑已不存，但泉眼仍较旺。

建园时间	园名	地点	人物	详细情况
	孙家花园	山西太谷	孙氏	在太谷中学内，原有花园二个，在清末已破落。花园中有二层的长廊，周匝以汉白玉栏杆，楼阁是“方砖墁地滚金梁”（这是民间最高级的建筑），隔扇用黄杨木制成。院内有池，池上架有汉白玉小桥，掇有太湖石的小假山；庭植迎春、丁香等花灌木。最有名的是四个大鱼缸，缸口大到可三四人合抱，太谷称之为“四大金刚”。现园址为太谷中学改建为教学楼。（汪菊渊《中国古代园林史》）
乾隆初	粤东会馆	广西南宁		粤东会馆位于南宁市壮志路 22 号，为壮志路小学校址，是民国初年南宁最雄伟的会馆建筑。此馆建于清乾隆初年，由广东旅邕商帮集资兴建。原馆分前、中。后三进，周边配有厢房 20 多间，占地 8000 多平方米，现仅存头门。
	吕家宅园	山东济宁	吕德镇	位于济宁财神阁街路北，为清末富商吕德镇（字静之）私人宅园，有三进院落，一进三楹，二进穿堂三间，东西配房三间，均为硬山建筑，前有廊，后有厦，三进为楼院，有五楹重檐硬山两层楼，前廊后厦，东西配楼。宅西北辟花园一处，堆土砌石，筑成假山，有凉亭，植海棠、丁香、女贞等。吕氏祖营商业，因通货膨胀而破产，负债逃亡天津，宅与园被“一贯道”首脑张天然从债权团中购得，1965 年为中共济宁市委驻地，1968 年改为市委机关招待所，现存二进院落。
	农事试验场	北京		清朝末年的农事试验场是由乐善园、三贝子花园、广善寺、惠安寺及小部分民房、稻田先后合并而成的。其旧址在今动物园的东部和北部，三贝子花园在中部和西北部，广善寺（今中国科学院植物研究所内，寺已不存）和惠安寺（今气象局托儿所内，寺已无存）均在园的西南部，民房、稻田在东部。（汪菊渊《中国古代园林史》）
	野水闲鸥馆	广东广州	倪鸿	在越秀山继园之西，后依越秀山，前临大鱼塘，塘中鱼游荇生，山上台阁林掩。倪鸿，字云癯，广西桂林人，在粤为官，长期寓居广州。工诗文、善书、画。

建园时间	园名	地点	人物	详细情况
	半野园（半野新庄）	江苏常熟	张大镛	原为明代进士张文麟在常熟城北旱门内的半野堂（见明“半野堂”），后归清初大儒钱谦益（1582—1664，明末清初常熟人，字受之，号牧斋，晚号蒙叟，明万历进士，崇祯初官礼部侍郎，弘光时为礼部尚书，清兵南下，率先迎降，居礼部侍郎管秘书院事，以诗文盛名。）筑有绛云楼作为藏书处，后毁于火。清末，张氏后裔、河东道张大镛寻故址建半野园，又名半野新庄，园内有飘然堂、云山绘图楼、留春一角、烟波云影、万花深处、调鹤亭、茂林修竹山房、补秋亭、群玉山头、半雅轩、早春步、小沧浪、戴月舫、绿杨成郭、五色牡丹等，张大镛咏有《半野园》诗。 张大镛（1770—1838），清藏书家，字声之，号鹿樵，江苏常熟人。
	刘家浜某宅庭院	江苏苏州		在苏州刘家浜，园内以涵生堂为主体建筑，面向庭园，园中以曲流贯穿全园，架石桥，植青枫、黄杨、棕树、广玉兰等。
	铁瓶巷12号庭院	江苏苏州		在苏州铁瓶巷12号，为苏州庭院园林，由前院、五岳起方寸、艮庵、后院、过云楼组成。
	钱氏花园	江苏太仓	钱鼎铭	清末河南巡抚钱鼎铭在家祠后创园，现存：水池、假山、石舫、亭子等，为县公安局所在。 钱鼎铭（？—1875），江苏太仓人，钱宝琛之子，道光举人。
	畅园	江苏苏州	王氏 潘氏	庙堂巷22号，道台王氏创建，民国初年潘氏修葺，面积900平方米，以水池为中心的小宅园，园小而手法细腻，山石花木点到为止，为小型园林代表作，有景：水池（中心，南北狭长）、曲桥、湖石岸、桐华书屋、延晖成趣、憩间、方亭、留云山房、涤我尘补襟（船厅）、方亭、待月亭、曲廊、竹、芭蕉等。
	复斋别墅	江苏苏州	袁龙	晚清著名画家袁龙，擅长诗词、书画、藏书、造园，他在宅后自建园林，园内有景：粉墙、叠石、竹子等。

建园时间	园名	地点	人物	详细情况
	澄碧山庄	江苏常熟	沈氏	清末沈氏在常熟水北门外菱塘沿建此庄，有景：双镜双潭、菱溪草堂、观稼室、止斋、小沧浪、涵虚室、潭水山房、水花阁、希任斋（藏书所）、回廊（嵌《金桔图》石刻）等，抗日战争时初毁，现为报慈小学。
	淡园	江苏昆山	吴成佐	清末吴成佐在昆山陆家浜西泾建园，有景：石峰、水池、梧桐、竹子等，园成不久，三易其主，后渐荒。吴成佐，清藏书家，字赞皇，号懒庵，江苏吴县人。
	偲园	江苏常熟		在常熟城内冲天庙前，已毁。
	庞家花园	江苏苏州	庞衡裳	鹤园主人庞衡裳创居思义庄于马医科巷，宅内有大厅和轿厅，园内有景：花厅、曲池、小桥、湖石假山、石笋、水榭等，建筑皆依水而建，现为民居，保存完好。
	张氏庭园	江苏苏州	张氏	在绣线巷，始建于清末，为宅园，第一进东有庭院，内有景：楠木花厅、湖石假山等，保存完好。
	东园（绿绕山庄）	浙江南浔	张颂贤 张定甫	在南浔城东，为巨富张松贤在宅后东墅故址上建造的园林。有荷池、水阁，亦称绿绕山庄，其次子张定甫扩建，后毁。。
	鹭亶别墅	浙江湖州	沈镜轩	沈镜轩捐筑的义庄。
	宜园	浙江南浔	庞虚斋	收藏家庞虚斋构，因春宜花、秋宜月、夏宜风、冬宜雪而名。
	张花园	山东菏泽	张筱珊	在城东15里岳程庄，广10亩，内有假山、流水、造型柏、松、杉、古槐、杨柳、园中遍植牡丹和奇花异草，入门有城堡、牌坊、狮子、老虎、仙鹤，均用扁柏剪成，栩栩如生。花园以蔷薇为墙、黄杨为柱，道旁植以麦冬。园主张筱珊曾任日伪要职，抗日战争胜利后潜逃，园渐毁。
	刘氏庭园	江苏扬州	刘氏	盐商刘氏宅园。

建园时间	园名	地点	人物	详细情况
	韬园	江苏南京	蔡和甫	道台、侍郎、驻日本大使蔡和甫，在南京复成桥东建宅园，前临街肆，后临青溪，园林布局为西式，南门内有环形车道，中为花坛，四时花开，北门内有西式洋楼，室内亦为欧式，再进为可容百人的剧场，舞台上是露台，台西有对厅，嵌玻璃，屋后有高楼，楼后有月洞，西又有花厅，嵌花玻，此外还有棋屋、书屋、酒屋、赏雪屋，南面有石桌、石凳、小亭，院墙开一门，可供乘船者入园。民国时为江苏省立民众教育馆。《新南京志》称："综观是园，后枕钟山，前临青溪，桃柳千行，楼台五色，真足以翘楚一时"，"秦淮风景，于此最胜。"
	刘园（又来园）	江苏南京	刘舒亭	刘舒亭所创宅园，在雨花台侧，园景依天然地形，随高就低，山形起伏，清溪环绕，《新南京志》载，园内有景：刘公墩、山涧、默林、访桥、又来堂、水榭、凌波仙馆（馆中有水鱼池）、云起楼（溪北）、堤、桥、东皋、西堤、卧波桥、小桃园（桃柳相间）、荼蘼廊、萦青阁、藏春坞、师竹轩、倚竹亭、罢钓湾、水月虚明堂，溪莲尤盛，太湖石星罗棋布，亭榭之中器具尽为竹制，四季游线有：春景自南而西游，可赏荼蘼廊、游目藏春之坞、开樽拥翠之堂；夏景自西而北游，可赏曲径通幽、师竹之轩、倚竹之亭；秋景自北而东游，可赏水月虚明之室和似镜之潭；冬景自东而南游，可赏山涧、回廊、萦青阁、默林、篱笆等。1929年，刘园仍存，后毁。
	龙华园	上海	曹纯甫	在徐汇区龙华路华容路一带，曹纯甫所建，占地10亩，园后临溪，园内有书屋、木亭、茅亭，屋前植紫藤、紫玉兰、桃、李等，龙柏尤茂，后转让与六合公司，1937年建为大美线厂，今为毛巾三厂。
	慈禧行宫	河北保定	袁世凯	直隶总督袁世凯为慈禧太后所建，原址为北宋永宁寺，有戏楼、荷池，内有"莲叶托桃"木雕，喻慈禧在八国联军时连夜脱逃。
	窥园	台湾台南	许南英	许南英所建私园，已毁。

建园时间	园名	地点	人物	详细情况
	励园	台湾台南	林凤藻	林凤藻所建私园,已毁。
	琴园	湖北汉口		在武昌徐家棚(秦园路),已毁。
	万松园	湖北汉口		在汉口万松园路武汉中山公园内,原为私家园林,后归入中山公园。
	何晋庵园	江苏南京	何晋庵	在鸣羊街白果树巷,与愚园相邻,为何晋庵所创,园中有一株白果树,树冠极大,可荫及愚园,故愚园内建分荫轩。园毁于“文革”。
	四季花园	福建厦门		在厦门岛,著名私家花园,毁。
	宜宜山庄	福建厦门		在厦门岛,著名私家花园,毁。
	田田园	福建厦门		在厦门岛,著名私家花园,毁。
	蒙泉山房	福建福州		在乌山北侧,为溥仪之师陈宝琛后裔所创宅园,规模较大,现仍可见旧迹。
	吕宅花轩	山东济宁	吕庆圻	在文昌阁街路北,为清末民国初济宁商界“四大金刚”之一的吕庆圻所创宅园,吕在20世纪20年代任济宁县参议会副参议员长。园在宅后,后堂楼东侧有角门通园,角门外小跨院内置山石盆景,东有木香花一架,墙壁附爬山虎。有前后两园,前园东西长方形,花木成荫,翠竹成林,有松、柏、梧桐、楷树、合欢、垂柳、丁香、海棠、月季、桃花、白玉兰、蜡梅等。园西偏构方亭,内有石桌椅,北有花墙,过门为后园。后园内有高五六米假山,山顶建重檐六角亭,山北筑暖阁,山下西北构花厅三间,厅前盆栽花卉。宅邸几易其主,1948年后为市委机关,20世纪60年代归机关招待所。

建园时间	园名	地点	人物	详细情况
	庄士敦旧居	北京	庄士敦	马占山将军曾居于此，花园不大，只有一小座掇石假山及一半亭。（汪菊渊《中国古代园林史》）
	西华门赐第	北京		有多处，南长街 54 号为一大府；南长街府前街 1 号为大府，七进。（汪菊渊《中国古代园林史》）
	大阮府	北京		大阮府胡同 15、17 号。花园位于住宅西侧，前部为四合院，北面五间，堂后出三间。阶前有小径引向假山；穿过山洞登山，山的北端近处为平台，上建有一堂，五间，前出抱厦三间。花园面积不大，呈长方形，叠以青石假山。（汪菊渊《中国古代园林史》）
1760	西园	上海	潘方伯	据清乔钟吴《西园记》载，西园在域隍庙西北，即明潘方伯豫园故址。乾隆二十五年（1760），邑人集资购其地，仍筑为园。庙寝之左有“东园”，故以西名之，历二十余年，所费累巨万。 园广约七十余亩，有景二玉华堂，玉玲珑石、得月楼、绿杨春榭、烟水舫、三穗堂、湖心亭、大湖、九曲桥、万花深处，可乐轩、留春坞、花神阁，听涛阁、溪桥、萃秀堂、石山、香石亭、流觞处，莲厅、亭桥、凝云桥、熙春台，憩舫、致远查、涵碧楼、磬楼、魁星石、凝晖阁、挹翠亭、濠乐舫，绿荫轩、千岩竟秀室、茶墙酒墅、清芬堂、鹤闲亭、飞舟阁、绿波廊、春禊阁、噙雪楼等。 与明朝豫园相比，总的格局未变。但重建后的厅堂亭楼均易新名。如原来的乐寿堂改建为三穗堂，仍保持宏敞高间，成为上海各业商人集会之处，每月初一和十五，官府派人来此，向绅商宣读“圣谕”，逢到皇帝生日，商人们来此朝贺万寿。此外，年逢干旱做道场祈神求雨，也在这里举行，嘉庆年间，上海的商业行会，日渐增多，有的便借西园厅堂设立公所 9 道光初年，官府索性出具告示，将西园分给二十几个公所管辖。自此，公所各筑高墙，自立门户，形成一个个小园。（汪菊渊《中国古代园林史》）

建园时间	园名	地点	人物	详细情况
	适园	浙江吴兴	张石铭	“在南栅新开河，清末张石铭拘。本明董氏园旧址。园有大池，分内外两部；外园有石山回廊，内园有四面厅土山。”原荷花池有九曲桥，到土山有天桥。山洞用钩带法，不用条石封顶。另有名石，题曰美女照镜。（汪菊渊《中国古代园林史》） 张石铭（1871—1927），名钧衡，字石铭，又称适园主人。浙江南浔人，系清光绪二十年（1894）举人，酷爱收藏古藉、金石碑刻和奇石，为南浔清末民初四大藏书家之一。
	觉园	浙江吴兴		“在镇南，园中两池南北并列，屋宇又杂用日本式及西式，地大而无曲折。”南栅又有刘氏留园、崔氏挑园、海氏述园。述园为太平战役以前所支，余则皆清光绪中叶创始也。（汪菊渊《中国古代园林史》）
	南园	浙江吴兴	刘承干	又称徐家花园，清末富商刘承干建，园尚完整。后为南浔中学校址，今址有著名的嘉业堂藏书楼。有石，阮元题名啸石，是石为阮相国莅浙时鉴赏之物，今归沈居茂庭。又有池、亭、假山等景。（汪菊渊《中国古代园林史》）
	皕宋楼	浙江吴兴	陆心源	“皕宋楼，是清末四大藏书家之一陆心源的私人藏书楼。陆心源（1834～1894）字刚甫，号存斋，晚号潜园老人，浙江归安（吴兴）人。他又是史学家，尤熟宋史，精于校勘。官至福建盐运使，一生致力金石书画的收藏，著有《潜园总集》。”（汪菊渊《中国古代园林史》）（《东城杂记》）。
顺治	皋园	浙江杭州	严颢亭	“皋园在城东隅清泰门稍北，少司农严颢亭先生所筑，即割金中丞别业之半。中有梧月楼、沧浪书屋、跨溪、小太湖、墨琴堂、绿雪轩、芙蓉域、怡云亭诸胜。”因“古树当轩，流泉绕户”而有“杭州第一好园林”美誉。 钱泳在《履园丛话》二十，“皋园”条云：“余以嘉庆元年自半山看桃花回，同海丰张穆庵都转访之，园主人托故不纳，怅然而返。至道光壬辰岁（道光十

建园时间	园名	地点	人物	详细情况
				二年,1832),又为严河帅烺卜筑于此。国初严公官少农,今河帅严公号小农,俱往此园,斯已奇矣。其明年冬,余偶至杭州,又偕范吾山观察访之,甫入门,见丛桂编篱,古槐抱竹,正顾盼间,园丁出报云,有官眷游园,不便入也。乃知一游一豫,俱有小数存乎其间。"《江南园林志》云:"嘉、道间,园归章氏,又属严氏。同治以后,改为局署。园中老树甚多,屋宇多已改造,旧存部分,如沧浪书屋等,亦屡经重修。"
1568	金衙庄(皋园、舒园)	浙江杭州	金学曾	在解放路东端与环城路交汇处,明隆庆二年(1568)进士、福建巡抚金学曾所建。园面积很大,园景亦美,为杭州私园之首。顺治时部分被户部侍郎,严颢亭购建为皋园,见清皋园条。嘉庆道光年间另一半归文渊阁大学士章煦,百年后归六合县令苏晚山,改名舒园,不久转让给江南河道总督严少农,严死后归颜姓,太平天国后,吴晓帆、万芭轩、濮少霞、许缘仲集资赎回,称四间别墅,民国后衰败。
清末	聊园	江苏常州	唐驼	为清代书法家唐驼故居,唐驼(1871～1938),江苏武进(常州)人,原名守衡,字孜权,改名唐驼,为曾朴《孽海花》题签始见用,人称唐驼子,书法家,宗王、欧,善写商店招牌,上海商肆招牌亦出其手。
清末	宾俊园	北京	宾俊	在东城灯市口礼士胡同(驴市胡同)129号,园面积960平方米,常被误为乾隆时刘墉园,经考为清末武昌知府宾俊宅园,民国初年传至其子锡琅时售与米商李彦青,转手律师汪颖,后归天津盐商李善人之子李颂臣,请朱启钤弟子设计改造,遂成今局。园在宅西北,园中以青石竖立为主,前有水池,环池为路,园东北角、宅的后部有八角亭。园中无真正的景观建筑,但后厅有八角亭、中部有圆亭,园东南两面为建筑立面的景观处理。园东部四个建筑都可入园,甚是奇特。

建园时间	园名	地点	人物	详细情况
清末	涵村（卢家花园）	重庆	卢德敷	在重庆南温泉虎啸口外韩村坝，占地1公顷，为航远商人卢德敷于清末所建，园基圆形，有数百楠木，白鹤来巢，十分壮观，园中遍植花草树木，池塘养鱼，点缀盆景。1938年林森访卢德敷，改大门及题为涵村，1961年成立花溪敬老院，1986年改建原屋为两幢楼房，增办园艺场。
清末民妆	童家花园	重庆	童克明	在南岸区黄桷坪龙洞坡，占地6700余平方米，为清末至民国士绅童克明所建，初时以花木为主，只有茅屋，抗日战争时始修楼房，添置名贵花木，修砌石山水池，1952年为市女子中学，今为第四中学，今余雪松、樟树、桉树、柠檬、白玉兰、桂花、茶花等。
	冷家花园	重庆	冷雪樵	位于铜梁县西门来山顶，为铜梁五大家族之一、童子军团长冷雪樵所建，面积3000平方米，现为部队营房。冷雪樵在民国期间曾任铜梁县实业局长、县道局长、国大代表、合潼马路工程处长，修筑五条主干公路，还迁钟楼、修西泉游泳池、办冷泉书院，平民免费入学，为民办了很多实事，1949年12月2日，铜梁解放，1951年2月冷雪樵被处决。
	施家花园	重庆	施雨昌	位于铜梁县河湾，面积200平方米，毁。
	赵铁山宅园	山西太谷	赵铁山	位于太谷城内田家后，为赵铁山宅园，现宅尚存大半。赵昌燮，字铁山、惕山、铁栅，号汉持，别号絅斋，晚号字省斋，61岁更名慜，清末民初山西著名书法家。整体由最东院（毁）、东大院（东院与东偏院）、新院（拔贡院、西院与心隐庵）。最东院建筑最早，名种福园，为祖祠，久废。东院与东偏院同期，为赵氏兄弟桂山、云山、渔山所建。拔贡院与西院建于宣统元年（1909）。宅与园占地5137平方米，南北96米，东西53米。拔贡院、心隐庵（私塾院）和书院房之南有园，门楼题“史弟登科”，内有敞棚花墙，东为花园，西为菜圃，有井一眼。花园占地520平方米，有6平方米莲花池，东为枣，

建园时间	园名	地点	人物	详细情况
				西为龙爪槐、沙果、槟子，北为葡萄架、金银忍冬、瓜蒌架，花架下置石。花架北端开月洞，题“心田艺圃”。再北为砖铺庭院，西香果，东桌椅，北为拔贡院门，题“拔贡”，西院砖刻门题“碍眉”。入门下阶，进入书房院，有游廊、花厅、小轩、南楼，院落东西宽10米，南北长45米，广454平方米。何绍基题花厅泳花小舫，刘书庵书廊匾“煮茗别开留客处”。陈尔鹤、赵景逵曾两次实测、摄影和调查访问，绘出《赵铁山住宅及花园总平面图》。赵氏第宅由多个四合院的基本单位组成，平面布局可划分为最东院(已废)，东大院(包括东偏院、东院和园圃)与新院(包括拔贡院、西院与“心隐庵”)。全宅第分三个时期建成，最东院建筑最早，名“种福园”，为祖祠，久废，图上用虚线表示，南有种福园入口。东偏院与东院建造于同时期，为赵氏兄弟渔山、桂山、云山居住；拔贡院与西院建造最 晚，于宣统元年(1909)落成。
	段家花园	安徽萧县	段书云	在萧县城西，为清末段书云任琼崖道时所建私园，其子段毋息1918年在徐州仿萧县老家花园另建红榆山庄。段书云(1856—?)，字少沧，江苏萧县人，初任广东雷阳道台，广东提学使司。充津浦铁路南段总办，授直隶清河道，后任广东琼崖道，入民国，1915年被袁世凯授予少卿衔，为湖北巡按使，袁世凯死后改任海州商埠督办。宣统二年(1910)年，段书云与牛维梁等人合资在安徽省淮南开设大通煤矿，成为淮南三大煤矿之一。
晚清	鉴园(止园)	北京	奕訢	位于北京什刹海小翔凤胡同，原为恭亲王奕訢所建别墅花园，又名止园，坐北朝南，广580平方米，东为四合院，西北为园区，有水池、假山、六角亭、花厅，民国期间被恭亲王后人傅伟售出，几经转折，基本完好。
	鲜家花园	北京	鲜俊英	在古北口镇河西村，为辽宁省岫岩州知府鲜俊英所建，广2亩余，南邻潮河，北靠清真寺，是古北地区知名花园，植丁香、月季、玫瑰、菊花等。鲜家常开放让平民入园赏花。

建园时间	园名	地点	人物	详细情况
	曹家花园	北京	曹兰谷	在高岭镇马峪村南，为清末书画家曹兰谷所建，时有皇帝出行的太监在瑶亭行宫，赏曹书画，遂与其交友，并出资为其改造宅院，建造花园，宅前二亩花园，宅后二亩果园，尚墙 8 株国槐，宅门口一对石狮，一对上马石，青色大门，题良相同心，进门后为花园，爬山虎笼罩影壁，墙北为圆形水池，池内有水和假山，再往里为径六尺的铁钵荷缸，甬道鹅石铺成，砖地上几十盆花，春有牡丹芍药，夏有石榴月季和木槿，秋有菊花。曹兰谷居正房，题：兰谷山庄，正房北为后花园，植果树：梨、桃、杏、桑、槟子树、葡萄架，还有柏对和几株芍药。现园毁宅存。
晚清	朱家花园（余园）	湖南长沙	朱昌琳	又称余园，位于长沙开福区德雅路西侧至丝茅冲一带，现德雅路 520 号长沙干休所，系晚清实业家、慈善家朱昌琳的私家园林，占地约 27 公顷。园内有宜春馆、延眺轩等，当时为与民同乐对外开放。朱昌琳（1822—1912），清末实业家，字雨田，长沙人，功授候补道、赠内阁学士，曾任阜南官钱局总办。以经营谷米起家，后开设乾顺泰盐号、未乾益升茶庄，转贩盐茶，设立钱庄，投资近代工矿业，成为长沙首富。乐善好施，耗巨资在长沙设保节堂、育婴堂、施药局、麻痘局，置义山、办义学、修义渡，捐资修路、疏浚新河，并多次捐赠大批粮食、布匹贩济山西、陕西等省灾民，是长沙近代慈善事业的开创者。
晚清	十香园	广东广州	居廉 居巢	清末岭南画家居廉（1828～1904）及其兄居巢的宅园，广 640 平方米，因园内有素馨、茉莉等十种花而名，现存局部。
晚清	宝墨园	广东番禺		私家园林，占地 5 亩，毁于 20 世纪 50 年代，1995 年复建，历时六载，面积扩至 100 多亩，景观十分丰富，是南北景观大融合，是集仿主义和新古典主义的代表。现有 30 多座桥、九个景区，景点有：门坊、九龙桥、吐艳和鸣壁、宝墨堂、包公祠、紫竹园、紫气清晖坊、紫带桥、紫洞艇、清明上河图、玫瑰园、荷花池、玉器馆、逍遥区、荔景桥、荔岛、聚宝桥、石舫、观景楼、大假山等。

建园时间	园名	地点	人物	详细情况
晚清	宋王台公园	香港		在香港九龙，是香港最早的公园之一，具体年份不详。园内有一块刻有“宋王台”的石碑。1276年蒙古大军南下，南宋陆秀夫和张世杰等逃到香港，拥立赵昺为帝，次年蒙军攻营，陆秀夫背幼帝投海，朝臣嫔妃皆投海。元人在小丘巨石上刻“宋王台”，日军扩建机场时重光，幸存而开辟为公园。
晚清	未园	上海	徐润	早期名园，园主为广东巨商徐润，1876年花园已在，只对少数文人开放，后成为沪北钱业公所，再成塘沽中学，1909年迁新址，全面开放，人评张氏味莼园与徐氏未园：“张园以旷朗胜，徐园以精雅胜”，毁后两戏台迁往汇龙潭公园和豫园，其他已毁。
	挹秀园	广东广州	陈巢民	在广州越秀山野水闲鸥馆旁，园中多种梅花，为山阴人陈巢民所创。
	梦香园	广东广州	郑绩	在广州越秀山将军大鱼塘之南，画家郑绩所创，郑绩(1813—?)，字纪常，号憨士，别署梦香园叟，新会人。知医术，工诗，山水之外，兼工人物，著有《梦幻居画学简明》，代表作《松园春燕图》、《拜月图》、《山水图》等。
晚清	碧琳琅馆	广东广州	方功惠	在广州城北大石街狮子桥，藏书家方功惠所创书馆园林，有池、馆、亭、台等。方功惠(? —1900年前)，字柳桥，原籍湖南巴陵。以通判仕广东，在粤居住30年之久，咸丰、光绪年间历任广东盐知事、番禺南海顺德知县、广州通判、潮州盐运使、潮州知府(三任)，治政有方，深得民心，最后因妒抑郁而卒。在广州居住最长，建成了碧琳琅馆书屋，共收藏宋、元、明、清刻本及明、清抄稿本达740多种，20多万卷，多为秘本孤本，成为全国之冠。
晚清	北塔园林	江苏苏州		在今北塔寺，原为唐代北寺园，内有湖石花木，韦应物、白居易、李绅都有诗咏，元明时寺内以竹林胜，沈周有诗“谁料此城中，其境自山林”，晚清寺东北角建后花园，内有假山、水池、花木，20世纪五六十年代毁，1978年重建，翌年6月建成，开放面积9亩，1985年5月二期完成，又开放10亩，草坪4000余平方米，现园内有水池、黄石假山、水榭、山亭、竹林等。

建园时间	园名	地点	人物	详细情况
	杨氏花园	台湾台南	杨氏	在台南永康龙潭国小，为当地富户杨氏所创，现存，园景非旧。
	毛家别墅	台湾台南	毛氏	在台南市六甲镇，是毛氏所创名园，现存，园景非旧。
	小田园	广东广州	叶兆萼	在广州荔枝湾，叶兆萼所创私园，毁。叶兆萼，广州南海人，叶廷勋曾孙，叶梦龙孙，叶应(兵部员外郎)子。后来被菲律宾华侨黄景棠所购，改建为小画舫斋。
	景苏园	广东广州	李秉文	在荔枝湾，李秉文所创，毁。
	君子矶	广东广州		在城西，毁。
	荷香别墅	广东广州		在城西，毁。
	吉祥溪馆	广东广州		在城西，毁。
	凌园	广东广州	凌氏	在荔枝湾，凌氏所创私园，毁。
	寄园(评香小榭)	广东广州		在广州小北门内天官里，为酒家园林，原为秀鱼旧址，又名评香小榭，以秀鱼羹著名。酒家落成时，诗人张维屏应邀参宴，于亭上题“小浪舟”。园内有水池、亭子等。
	南园(孔家花园)	广东广州	何展云 陈福畴	在广州南堤二马路(不是现海珠区南园)，原为清代孔家花园，园内有烟浒楼等建筑，后改为园林酒家，民初因地利不及襟江酒家，生意不好，东家何展云转让陈福畴，陈扩园景，善交游，生意日盛，时增建台楼阁，成为当时广州最高档酒楼，20 世纪 50 年代改为广州海员俱乐部。
	翠琅玕馆	广东广州		在广州珠江南岸，毁。
	磊园(耐轩)	广东潮阳		在潮阳市棉城，又称耐轩，园在宅西，有假山水池。

建园时间	园名	地点	人物	详细情况
	王厝堀池墘13号宅园	广东潮州		私园，现存，内有南北两院，北院有水池、假山，楼梯从假山边依墙而上，甚有趣。南院为平庭，只有两个花坛。
	潮州黄园	广东潮州	黄氏	在潮州下东平路305号黄氏所建，是一处别墅园林。园中假山均以太湖石垒成。有两古榕，枝干相连，成一榕树门，堪为奇观，现存。
	蔡氏半园	广东潮州	蔡州	在潮州市，始建于晚清，现存，前园式(园在宅前)，园内依角凿池，架石桥，堆假山，建亭子。后面左右天井亦有庭院绿化。
	林园	广东潮阳	林氏	在潮阳县城棉城镇，位于现平和东学校校园。林氏所建，园由假山、园亭、鱼池、古井和一座两层楼西式建筑合成。近年，林园经过修葺，较好保持原貌。
	王氏宅园	广东潮州	王氏	在潮州辜厝巷22号，是书斋庭园，三进住宅的西面建有书斋和庭园，园内有半亭、修竹、小径和盆景等。
	小画舫斋	广东广州		在荔湾湖畔，因它的书斋平面与舫相似，故名，为宅园，有门厅、客厅、轿厅、戏台、书斋、住宅、南门门厅、厨房、杂物间等。
	泥沟某宅园	广东普宁		在泥沟镇，现存。
	某宅园	广东澄海		在澄海樟林镇，现存。有曲池、花坛、景石、铺地等。
	太和巷2号宅园	广东揭阳		此宅位于两河交叉口，两面为河道，有临河水榭、内池。
	太和巷3号宅园	广东揭阳		此宅位于两河交叉口，两面为河道，有临河建筑大厅突出水面，内院分南北两院，皆莳花草，做植坛。

建园时间	园名	地点	人物	详细情况
	露波楼	广东广州	张耀杓	在城南珠江中的太平沙，地不及一亩，花木为主，内建露波楼，楼上设洋镜，江上帆影遂出没于镜中。园主张耀杓，字斗垣，番禺人，有《露波楼诗钞》。
	伫月楼	广东广州		在城南珠江中的太平沙，园内建伫月楼，楼上挂洋镜二面，收取江上桅帆。与风满楼毗邻。
	风满楼	广东广州		在城南珠江中的太平沙，园内建风满楼，楼上挂洋镜二面，收取江上桅帆。与伫月楼毗邻。
	得月台	广东广州		在城南珠江离太平沙不远的海珠石上，园内有得月台、海珠寺、珠江阁、文昌阁，凭台登阁可远眺周边景色，又成为周边园林和建筑的借景框景的对象。
	鹿门精舍	广东广州	叶廷勋	在广州荔枝湾，为南海人、官僚叶廷勋所建。
	百株梅轩	广东广州		在广州白鹤洲一带。
	船屋山庄	广东广州	潘正衡	在广州白鹤洲一带，为十三行潘正衡所创。
	养志园	广东广州	潘氏	是十三行潘正炜之孙所创的私园。
	黄宅庭园	福建连城	黄氏	在福建省连城县芷溪乡，为清代民居宅园，黄氏所建，院中有两片水池，一大一小，大池二面临厅，一边花园，一边围墙。小池为石桥分成两半，曲墙内堆石假山。
	萃园	福建泉州		在泉州安海古镇萃福境，为宅园，存。
	策园	福建泉州		在泉州安海古镇新街，为宅园，存。
	太史家	福建泉州		在泉州安海古镇西河境，为宅园，存。

建园时间	园名	地点	人物	详细情况
	菊园	福建泉州		在泉州安海古镇,为宅园,存。
	来园	福建泉州		在泉州安海古镇西宫,为宅园,存。
	鲁园	福建泉州		在泉州安海古镇安福桥,为宅园,存。
	古竹亭	福建泉州		在泉州安海古镇高厝围,为宅园,存。
	杏坛	福建福州		又名三百三十三怪石园,建于清朝,原是学台府。园址在福州延安中学院内,军阀割据时被毁。
1936	华岩寺	重庆	宗镜	华岩寺位于重庆市九龙坡区华岩乡大老山,因寺南侧有华岩洞而得名。该寺始建年代无史可考,清康熙、道光、同治年间陆继扩建。华岩寺高百丈,形状像笏,寺内外松竹修茂,十分幽邃,有天池夜月、万岭松涛等八景;华岩寺分大寺、小寺。大寺殿堂建筑系传统庭园式砖木结构建筑群;分为前、中、后三殿堂,即大雄宝殿、圣可祖师堂和观音堂;寺左侧为接引殿;大雄宝殿内的十六尊者木浮雕,为寺院所少见,寺内还珍藏有印度玉佛及铜、玉、石、木、泥雕像及大金塔模型等;小寺即华岩洞,与大寺隔湖相望,为华岩寺之祖庙。鼎盛时期四周全是树林,以桢楠林为主。1936年释宗镜兴建后花园和旷怡亭。环寺岗峦起伏,群山如莲,有天池夜月、曲水流霞、万岭松涛等八景,被誉为巴山灵境、川东第一名刹。
	新庙园林	重庆	王守斋	面积约4000平方米,有一楼一底四合院房屋八间,为王守斋家庙。房屋四周广植花木,柏树环绕,绿竹成林。庙内有梅花数株,盆花十余种,鱼池清浅,气氛宁静。

建园时间	园名	地点	人物	详细情况
	弥陀禅院园林	重庆	德高和尚	始建于清康熙年间，1926 年德高和尚整修改建。在空地上种植柏树、梅花等花木，周围绿树花丛掩映，德高和尚还培育盆花数十种，进门左侧知客室外的庭院植有桫椤、桂花、茶花等名贵树种，景致优雅。原有一钟楼，曾为万州早年的标志，但五十年代毁塌。园林在三十年代战乱中日衰，现不复存在。
	黄氏猴洞	广东潮州	黄氏	在中山路同仁里 6—8 号，现存，又传说建于明代，属书斋庭园，园在宅北，书斋在东西两面，园内有石峰、假山、六角亭、水池，植翠竹、芭蕉、鸡蛋花、玉兰等。以石构峰，山内构猴洞，山上建小亭，山下有水池。
	饶氏半园	广东潮州	饶氏	在潮州甲第巷 4 号，为饶氏所建宅园，建筑门匾题半隐，园名半园，依壁角构六角亭，前临曲池，有石桥跨水通亭，又有石头假山，内构石洞。
	石坞山房	江苏苏州	王咸中	王鏊六世孙王咸中在城中已建有园林，因慕汪琬尧峰山庄，又在尧峰山庄之侧筑石坞山房，内有：真山堂、木瓜房、鱼乐轩、快惬窝、自远阁、梅花深处、面峰处、牡丹径、芍药畦、曝背庐、苇间、松陂、莲溪、藤门等景。
	东园	江苏常熟	翁叔元苏桐	司寇翁叔元在常熟虞山宾汤门外建有私园，名东园，园内有：池塘、芦苇等，后来，园归诸生苏桐。
	景园	江苏常熟	景如柏	西宁道景如柏在常熟梅李北景巷建有私园，俗称景园，园内有假山、水池、曲径、画桥、花木等，春日画舫笙歌，男女争集，时人比之为王维辋川别业和石崇的金谷园。
	东园小隐	江苏张家港	金坤元	金元坤在妙桥乡金村建有东园小隐，内有漱六斋、丽瞩楼、水池、亭台、梅花（十株）、碑刻（十幅）等，二十世纪五十年代初，碑移入狮子林。
	杨园	江苏张家港	杨岱	杨岱在张家港市港口乡恬庄建有私园，园内有：假山、谷壑、古木（一二百）等，时与文人歌咏其中。

建园时间	园名	地点	人物	详细情况
	泛月楼	江苏吴县市	张大纯	张大纯在吴县(今吴县市)吴山山麓建有园第泛月楼,内有锦云草堂、永言斋、志喜亭、翠幄、泛月楼等,其中泛月楼前临石湖,后望灵岩,成为借景佳处。张大纯的姐夫顾汧有诗赞园景。
	云壑藏舟(泛香居、西崦草堂、鞾园)	江苏吴县市	陈玉亭	里人陈玉亭在吴县(今吴县市)光福马驾山筑园,名泛香居、西崦草堂,汪琬为之题云壑藏舟,园依林傍涧,内有:回波榭、逍遥邬、心月山房、同湖舫、泛香居、梅花等。同治年间(1862~1874)中丞潘霨购园,重葺为家祠,名鞾园,园内有亭(守梅亭)、轩、池、馆等。彭玉麟(1816~1890,清末湘军将领,字雪琴,湖南衡阳人,1883年任兵部尚书)为园画梅并题诗于壁上,诗画骨气凌霄,令人振奋。
	耐久园	江苏吴县市	缪彤	缪彤在吴县(今吴县市)皋峰山南麓建私园,名耐久园。
	崦西草堂	江苏吴县市		在吴县(今吴县市)光福西崦畔,亦称小云台,相传为石باب庵的下院,内有水阁三间,又有湖山之胜。
	茜园	江苏太仓	顾德辉	顾德辉在太仓茜泾建有私园,名茜园。
	桃源山庄	江苏吴县市	郑登远	处士郑登远在吴县(今吴县市)洞庭东山桃园里建园以娱亲,园广十亩余,建筑朴素,不尚华丽,园内有:梅、山岗、耕地等,是一个庄园。金砺题诗《郑氏桃园山庄》。
	清华园	江苏苏州	朱氏	朱氏在苏州阊门外上津桥建有私园,后来为观察所购,重筑为清华园,园内有:水池、石山、花卉、洲岸、殿堂、楼阁(清华阁)、亭台、凉房、暖室、长廊、曲槛、桥梁、汫椅、陂陀、村柴,登阁可远眺吴山、阳山、穹窿山、灵岩山、虎丘、天平山、上方山、五坞山、尧峰山等。
	盘隐草堂	江苏吴县市	毛逸槎	毛逸槎在吴县(今吴县市)砚山建有园居,名盘隐草堂,园中有:厅堂(名盘隐堂)、高阁、清池、水槛、平桥、幽房,前庭后圃、草树花石,四时皆宜。

建园时间	园名	地点	人物	详细情况
	李果宅园	江苏苏州	李广文 李果	李广文在大石头巷建有私园，李果割其一隅而成园居，内有莱圃（园久荒多蒿莱，于是取老莱子娱亲之意）、种学斋、悔庐观、槿轩、小石假山、黄梅、柑橘、古桂等。
	葑湄草堂	江苏苏州	李果	李果在葑门鹭鸶桥建有别业，名葑湄草堂，内屋十余间，有：书堂、轩、斋，中庭有枸橼、香橙、石榴、梅树、桂树、叠石、盆兰等。
	东斋	江苏苏州	吴枚庵	吴枚庵在苏州城南建有园第，名东斋，园广不过十笏，内有：楼、假山、景石、牡丹、蔷薇、绿萼梅、木芙蓉等。
	佚圃	江苏吴县市	蒋云九	侍郎蒋云九在吴县（今吴县市）阳抱山下建别业，名佚圃，内有：门、堂、寝、书房、小阁、亭、轩、花卉、曲水，蒋氏常与宾朋觞咏其间。
	艺云书舍	江苏苏州	汪士钟	观察汪士钟在阊门外山塘建有艺云书舍，园内有堂宇、树石等，堂联道：种树似培佳弟子，拥书权弄小诸侯。
	赍园	江苏昆山	李氏	李氏在昆山的马鞍山之南建有私园，人称李氏园，曾风盛一时，后来，徐开任以百十金购之，更名为赍园。
	半枝园	江苏昆山	王喆生	编修王喆生为奉母而在昆山西关外建私园，名半枝园。
	锄园	江苏常熟	陶式玉 张九苞	诸生陶式玉在常熟芝塘东建有别墅，园以潭水石竹为胜，后归处士张九苞。
	一松山房	江苏常熟	言氏	言氏在言子墓南构庐护坟，名为一松山房，园中有双池、茅亭、古松、岩石、嘉禾、茂林等。
	小楞伽	江苏常熟	严栻	兵部主事严栻在常熟锦峰山麓建成别业，名小楞伽，以为参禅之所，后成为寺院。
	语溪小圃	江苏常熟	李时日	孝子李时日在常熟东唐市建有私园，名语溪小圃。
	亦园	江苏常熟	陈壁	兵部司务陈壁归隐之后，在常熟东唐市建有私园，与语溪小圃隔水相望，名为亦园。

建园时间	园名	地点	人物	详细情况
	凤基园	江苏常熟	杨彝	都昌知县杨彝在常熟东唐市建园居，名凤基园，内有应亭，成为应社名流的会集场所。
	东胜园	江苏常熟	朱乐隆	处士朱乐隆在常熟支塘建有私园，名东胜园。
	藕花居	江苏常熟	钱朝鼎	副都御史钱朝鼎在常熟湖田建有别业，名藕花居。
	顾园	江苏常熟	顾镛	顾镛在常熟顾泾建有私园，花栏缤纷，峰石罗列，对外开放，佳日晴期，男女争往，登临胜景，甲于乡里。
	五峰园	江苏吴江	邱玉麟	邱玉麟在吴江黎里发字圩建有园第，广不足二亩，内有：假山、水池、默林、竹坞、寻芳径、拄颊岩、白莲渚、渔台、平坡、梧荫桥、钱月廊、餐雪草堂、玉照峰、风轩、晚安阁等。
	西园	江苏吴江	仲文涛	仲文涛在吴江盛泽建有园居，有：碧潭、长圃、曲垣、方池、曲流、蔬果、花卉、亭榭、楼阁等，以竹、梅、芍药为最。
	窦峰园	江苏吴江	汤维庄	汤维庄在吴江盛泽建有私园，名窦峰园，后人诗赞之："旧说园林好，黄花绕洞门"。
	鸥隐园	江苏苏州	潘功甫	潘功甫在苏州城西偏建有鸥隐园，内有清华池馆（水榭），更有花木之胜，潘氏与友人结社于此，人称吴门七子。
	青芝山堂	江苏苏州	张良思	直棣新乐令张良思在苏州葑溪筑私园，名青芝山堂，内有：石山、花木、池塘等。
	勺湖	江苏苏州	方还	广东人方还（字蕒朔）在苏州阊门东建私园，取《庄子·齐物论》义，池本非湖，名勺湖，广六亩，湖三亩，湖中有丹亭，另有：西亭、广歌堂（思念广东之意）、楮荫轩、石山、荫台、雁齿桥、竹木、瓜果等，老树十余：梧、梅、桂、梅、桃、榆、柳、槐、栋、桑、柘、檀、櫄，花卉：紫藤、白萼、萱草、芭蕉、蔷薇、刺梅、金雀、木芙蓉，水生植物：荷花、菱芡、菇蒋、荇藻等。

建园时间	园名	地点	人物	详细情况
	亦园	江苏昆山	李谨	光禄丞李谨在昆山宾曦门内创建私园，后来李世望重修，有景：春畬草堂（正屋）、五薇坞、不系舟、香满楼、看奕轩、揽笔亭等，1860 年毁于战火。
	逸园	江苏昆山	顾远铨	司马顾远铨在昆山南陆家桥夏甲村建有别墅，名逸园，有景：听鹂吟馆、春晖草堂、秋云一览楼等，同治（1862～1874）初年毁。
	藏秋坞	江苏太仓	陶菊泉	陶菊泉在太仓茜泾建园居，名藏秋坞，四面石墙，内有：界石居、醉古斋、花木（牡丹、兰花、老梅、梧桐）等，牡丹兰花最胜，老梅穿月洞而出，形如瘦鹤，陶菊泉与名士结诗社于园中。
	月湖丙舍	江苏吴江	王梁	南昌府通判王梁在吴江姚田建有园居，名月湖丙舍，有景二十：白华堂、瞻云阁、深柳读书堂、微尚轩、云俱步、稻香亭、观刈所、松间草屋、静寄东轩、清凉塔、爻田、偃仰桥、指月庵、龙溪、月湖、金石扃、筼蓥、磬池、栋花阡、饮犊滩等。
	淡虑园	江苏吴江	汪栋	副贡生汪栋在吴江平望建园居，名淡虑园，有景：春雨楼、淡虑堂、百城阁、宾影亭、水池、假山等。
	张氏庄房	江苏吴县市	张氏	张氏在吴县（今吴县市）湘城南塘创园，有景：假山、池沼。
	五亩园	江苏吴江	周元理	工部尚书周元理在吴江黎里发字圩建园，有景：残山、剩水、平泉、老树、新沼、蒲苇、暮楼、柳塘、高馆、疏桐、雕栏、稚竹、花卉等，邱章和陈燮有诗赞此园。
	采柏园	江苏吴江	凌坛	州同知凌坛在吴江平望筑园，因园中有古柏，故名采柏园，有景：苑委书堂、疏虫鱼馆、晤研斋、针孔庵、披襟阁、烟波洞天、寸寸秋色廊、奉饴楼（奉亲之所）、水池、泉源、叠石、桂花等。
	一枝园	江苏吴江	徐氏	徐氏在吴江城北门外创建此园第，内有丰草亭。1860 年毁。
	芳草园	江苏吴江	王氏	在吴江新桥河，本为明朝驸马府春夏秋冬四园之一的春园，后王氏购得。

建园时间	园名	地点	人物	详细情况
	西柳园	江苏吴江	郑氏	郑氏在吴江同里创此园。
	曲江书屋	江苏吴江	沈氏	沈氏在吴江金坝雪巷创立此园。
	翠娱园	江苏吴江	沈翊	沈翊在其九世祖(明代)水西庄遗址上创此园,园在吴江城东门外长桥之滨。
	八慵园	江苏吴江	吴格	吴格在吴江平望创立此园,大学者俞樾为之题额。
	七峰园	江苏吴江	蒯承濂	蒯承濂在吴江黎里发字圩建创立七峰园,徐达源有诗道:“园花含隐约,庭树见轮囷”。
	且园	江苏吴江	陈兆凤	陈兆凤在吴江黎里创立宅园,名且园,有景:水池(半亩)、耦杏山房(植杏)、宜秋室(植芭蕉、方竹)、石洞、舫斋(额题:得少佳趣)、小玻璃(屋)、梧亭(植老梧桐)、环水阁(山顶)、晓翠堂、夕阳远树亭(临水)、味根草堂、绣佛龛等。
	东园	江苏吴江	陈栋	处士陈栋在吴江震泽创东园,有:花竹、泉石、补畦池、醉吟寮、花径、竹篱、断桥、绿萼梅等。
	唐一葵宅园	江苏常熟		在常熟城内县南街,广半亩,有水池(中心)、游廊、半亭、旱舫(半舫)、台、轩、榭、桥(三曲石桥)、假山、花木等。现为图书馆。
	憩园	江苏张家港	庞氏	庞家在张家港市塘桥创建别业,分东西二园,有景:假山、石笋、九音石、紫藤长廊、九曲桥等,新中国成立后改为他用,遗存很少。
	开鉴草堂	江苏吴江	周宪曾	周氏在吴江黎里创建此园,有景:水轩、池塘、袅藤、游鱼等。有诗道:“凌霄树木空生籁,傍水轩窗迥贮寒;袅藤络石盘盘翠,曲沼游鱼寸寸澜。”
	汪园(半园)	江苏太仓	陆氏蒋氏	陆氏在太仓城厢镇皋桥南创建别业,旋归蒋氏,1911～1948年间增筑平阳庄,更名半园,沿称汪园,内有碑廊,后毁。
	墨庄	江苏苏州	朱愚溪	朱愚溪在苏州城南开辟,有墨庄轩、清池、小山、崇阜、嘉木等。

建园时间	园名	地点	人物	详细情况
	一枝园	江苏苏州		段玉裁曾寄居苏州枫桥的一枝园，园中有经韵楼等景。
	双塔影园	江苏苏州	袁学澜	元和人、诸生袁学澜在官太尉桥西双塔桥附近的卢氏旧居上创建别业，因塔而名，郑草江花室为会聚之所，其旁园广亩余，有景：假山、回廊、高楼、玉兰、山茶、海棠、金雀等，无亭台观榭和繁华藻饰，溪径爽朗，屋宇朴素，袁撰《双塔影园记》："余之园，无雕镂之饰，质朴而已；鲜轮奂之美，清寂而已。"
	荆园	江苏苏州	文彦可 陆氏 田绍白 程守初	本为明代文徵明侄子文彦可旧居，后归陆氏，称陆家门墙，清末归太守田绍白，更名荆园，民国后归昆山程守初，重修，宅东园西，广五亩，有景：假山、花厅等，曲折有度，结构有法，守初好交游，一时文人皆醉于园。
	吴家花园	江苏苏州	吴氏	吴氏在梵门桥弄建有大宅及附园，宅内堂楼为明代所构，园内有景：花厅、书房、半亭、湖石假山等，宅和园皆完好，为市文保单位。
	顾家花园	江苏苏州	马嘉桢 顾鸿培	在苏州申庄前4号，现存花园0.63亩，为清末河南枯城县县令马嘉桢所创，1932年上海老介纶绸庄店主顾鸿培以2万银元从马氏后裔购得，1956年北部花园改为服装一厂，现无存，其子留西南部花园，五六十年代古树死，古琴毁，石笋移，余皆存。有景：水池（中心）、湖石与黄石驳岸、石桥（两座）、花厅、半亭、琴台、方亭、曲廊、书房、松茅亭、瓶花树、雪松、木莲、棕榈、紫薇、黄杨等，其中松茅亭用料全为原木，不加雕饰。现园完好，为民居。
	王宅花园	江苏苏州	王氏	王氏在西花桥巷建有怀新义庄祠堂，祠东为花园，有景：水池、假山、湖石、船厅、花厅、书房等，现山水已失，建筑犹存，为民居。
	静中院	江苏苏州	詹氏	詹氏在间丘坊建宅园，宅东园西，有景：水池、花篮厅、书房、角亭、假山和月洞门等，现水池被填，其余尚好，为民居。

建园时间	园名	地点	人物	详细情况
	周氏庭园	江苏苏州	周氏	周氏在马大绿箓巷的宅园，宅西园东，除花篮厅、书房外还有四个小庭，各有：湖石花台、花草、竹子等，为苏州典型庭院类型。
	季氏庭园	江苏苏州	季氏	季氏在马大箓巷的宅园，宅东园西，有景：花厅、亭子、小池等，保存完好。
	叶氏庭园	江苏苏州	叶启英	叶启英在西花桥巷建有宅园，宅西园东，有景：水池、假山、花厅、鸳鸯厅、半亭、廊等，山水皆毁，建筑仍在，为民居。
	潘家花园	江苏苏州	潘氏	潘氏在卫道观前的宅园，宅西园东，有景：假山、鸳鸯厅、白皮松、天竹、紫薇等，现山毁屋在，保存尚好。
	三山会馆	江苏苏州	闽人	清代福建旅苏商人集资在阊胥路泰让桥畔建会馆，馆内庭园有景：水池、湖石、曲桥、杰阁、亭子等，现全毁，为工厂。
	种梅书屋	江苏苏州	韩葑	刑部尚书韩葑在东北街所建宅园，内有种梅书屋，现园毁，为长风机械厂宿舍。
	河南会馆花园	江苏苏州		在通和坊，为会馆花园，有景：水池、假山，已毁，现为塑料三厂。
	薛家园	江苏苏州	薛宗濂	薛宗濂在娄门外下塘建有宅园，有景：月波楼、锦香亭等。
	钱江会馆花园	江苏苏州		在桃花坞大街，馆东园西，有景：水池、假山、花厅、蜡梅、天竹等，原大殿移至双塔西院，只余花厅。
	顾氏庭园	江苏苏州	顾氏	顾氏在盘门新桥巷的宅园，住宅门厅、大堂为清式，第三进楼房为西式，民国期间为国民党要员顾某姨太太所居，有景：湖石假山、广玉兰等，仍存。
	葑水园	江苏苏州	冯勖	冯勖在葑门外创立私园，有景：含青堂、红时亭等。
	茧园	江苏苏州	彭南屏	长洲人彭南屏在葑门苏家巷建有茧园。

建园时间	园名	地点	人物	详细情况
	匠门书屋	江苏苏州	张大受	张大受在长元学宫之东的读书处，有景：孝廉船、读书亭、潮生阁等。
	浣雪山房	江苏苏州	顾嗣曾	顾嗣曾在天平山下汝村创建的山园。
	钱家园	江苏苏州	钱氏	在苏州通安桥。
	学圃草堂	江苏苏州	顾笔堆	顾笔堆创立的园林。
	涌泉庵	江苏苏州		在虎丘后过新塘西北半里，有景：月满楼、清足堂、翠竹轩等。徐崧有诗："砌石山根似，停泓水一方；游鱼穿树影，落叶点天光；岸尽烟笼壁，池深月映廊；依栏尘世隔，不觉心清凉。"
	折芦庵	江苏吴江	弘觉	弘觉国师在吴江盛泽镇创折芦庵数亩，园居水中，有小桥、竹林、荷池等。
	瑞莲庵	江苏苏州		在齐门内星桥巷，园在庵后，有景：荷池、亭、廊、曲桥等，其中以五色莲花著名。
	神农庙花园	江苏苏州		神农庙即药王庙，庙内有后园，有景：假山、水池、曲廊、小轩、亭子、曲桥、石舫等，现已毁，改为石路小学。
	亦园	江苏南京	朱问源	在清凉山侧，原为熊氏朴园，朱问源购废园，重建为亦园，有十景：通觉晨钟、晚香梅萼画舫、书声清流、映月古洞、纳凉层楼、远眺平台、望雪、一叶垂钓、接桂秋香、钟山雪声等。
	五亩园（孙渊如宅园、五松园）	江苏南京	孙渊如	清代学者、观察孙渊如（著有《孙渊如外集》五卷）创立的宅园，内有五松，故又名五松园，园内有景：小芍坡、蒹葭亭、留余春馆、廉卉堂、枕流轩、窥园阁、蔬香舍、晚雪亭、欧波舫、燠室、啸台等。
	大束别业	江苏南京	胡芝山	在白下路，为胡芝山的宅园，有景：碧薇堂、函笏轩、松墀曲池、美人石、善余亭、山照阁、榴屿桐轩、竹林站台、水阁牡丹砌钓矶、雪洞大桥、小桥等。

建园时间	园名	地点	人物	详细情况
	继园	江苏南京	李纫秋	在长江路西段，为李纫秋所创宅园。有景：芳蔼轩、窥园室、通幽境、挹翠亭、达观楼、屏山阁、绿净居、画舫斋、霏香亭、敛碧亭、观鱼堂等。
	春水园	江苏南京	曹恺堂	在莲花桥北石桥东，为曹恺堂的宅园，在清极负盛名。
	朴园	江苏南京	熊敬修	在清凉山侧，为熊敬修所筑别墅，园中有竹千竿，老梅数十，园后有四望亭，可远眺莫愁湖，园内有景：洗心亭、寻孔颜乐处亭、藏密斋、深造斋、潜窟室、学易室等，民国时园归周艮峰，日伪时假山石料为南京园林管理处征用，遂毁。
	孙家花园	上海	孙氏	在奉贤区胡桥乡孙桥镇，孙氏于清代所建，毁。
	谢家花园	上海	谢氏	在奉贤区泰日桥镇市河浜西，谢氏于清代所建，毁。
	颐园	上海	张履素	在嘉定南翔镇，张履素于清代所建，后归盛氏，又改育婴堂，后毁。
	桐园	上海	李凤昌	在嘉定南翔镇，李凤昌于清代所建，毁。
	兰陔小筑	上海	叶如山	在嘉定区嘉定镇南洋树浜北岸，叶如山于清代所建，有景：凝春草堂、雨啸轩、兰芬书屋、醉吟处、翠雰山房、西畴草庐、枕月轩、澄砚亭、茗坞、扇亭，钱大昕作《兰陔小筑记》。
	藤花别墅	上海	浦永元	在嘉定区嘉定镇南洋树浜岸，诸生浦永元于清代所建，园内有：香满楼、卷石洞天、柏荫草堂、乐琴书屋、听雨楼等，毁。
	平芜馆	上海	张大友	在嘉定区嘉定镇唐家浜北岸，张大友于清代所创，毁。
	鸿堂	上海	赵奎璧	在浦东三林镇，赵奎璧于清代所建，毁。

建园时间	园名	地点	人物	详细情况
	江罗坚别墅	西藏拉萨		占地1.2公顷，分别墅区、庭园、果园区和菜圃，四周绕以青杨和汉柳。别墅区以住房为主体，配以马厩和杂用房。庭园为主楼南面的方形草坪，植菊花、月季、牡丹、鸡冠花等，四角对称植榆、柏、苹果、山定子、玫瑰花架。果园在东北和西南两处，植苹果和桃。
	僧居园	西藏拉萨		位于拉萨市西郊五公里处，为哲蚌寺为格鲁派最大寺院。明永乐14年(1416)宗喀巴北子绛央却杰修建，最盛期拥有7700人、141个庄园和540余个牧场。寺内僧居园在哲蚌寺罗赛林札仓，是藏传佛教中的僧众辩经所，东西南三面开门，北面有达赖的听辩所和堪布(主持人)的坐台，南面为僧侣盘座广场。广场内植榆，杂以柏、桃、山定子。
	意园	北京	敬征 恒恩 盛昱	位于北京市东城麻线胡同3号，协办大臣敬征所创，传其子左都副御使恒恩，再传其孙收藏家盛昱，盛昱以意园为号，著有《意园文略》和《郁华阁遗集》，民国时归北洋政府总理唐绍仪，再转外交官梁敦彦，新中国成立后为机关单位宿舍。以曲池为中心，堆假山，构月洞，架石桥，四面回廊，东面构轩，南面倒座屋屋，北面筑正厅堂，西面建二层洋楼。敬征，肃亲王永锡之子，嘉庆十年(1805)封辅国公，历任头等侍卫、内阁学士、工部侍郎、内务府大臣、左都御史、工部尚书、都统等职，道光二十二年(1842)官至户部尚书、协办大学士，咸丰三年(1853)去世，谥文庄。盛昱(1850—1899)，字伯熙(希)，以早慧而著称，光绪二年(1876)中进士，十年(1884)担任国子监祭酒。
	常家花园	重庆万州	常万泰	位于原清泉镇吊岩坪，为万县富绅常万泰所建造。庭园建筑为万县私家园林之冠。主要建筑有九个庭园天井，每个天井植有桂花、花茶并摆设名贵盆花多种，房前屋后翠柏、绿竹环绕。还有柚子树数十株和柑橘树数千棵，屋外和园中建有水阁凉亭，周围被芙蓉花、茉莉花和柳树衬抱。整个庭园内

建园时间	园名	地点	人物	详细情况
				外，四季常绿花香，规模可观。常家有兄弟三人，常慎之居二，系清代举人，曾任德阳县(今德阳市)教谕。其下辈有常颂臣兄弟九人，但不事生产，失管园林，家道衰落。于1930年以银币四千元卖给万县致远中学作为校址。现为重庆三峡学院所在地。
	爱日堂	江苏苏州		在苏州西山岛上，建于清代，现存宅西小园，占地230平方米，园内有书房、亭廊、假山、水池、花木，书房三间，前后轩五架梁，假山黄石堆砌，植有白皮松、竹子、紫藤、山茶、天竺葵等。
	春熙堂	江苏苏州		在苏州西山岛东蔡村，建于清代乾隆年间，今存门楼、女厅、缀锦书屋三座建筑和书屋花园。书屋建于道光二十五年(1845)，广86平方米，鸳鸯厅做法，前后有园，前园70平方米，堆黄石，植黄杨、天竺、蜡梅、枇杷等。后园约100平方米，堆湖石假山，中峰老人峰，左右分别为太师峰和少师峰，太师高3.4米，少师2米，园内有大小白皮松两棵，五百年龄，树干周径2.1米，高26米。园内还有牡丹等。
	半半园	山东菏泽		在城东，清代所创私园，园内建有复兴堂，堂前植牡丹、芍药。
	四勤公所花园	山东济宁		在南门大街古槐路南段，原为清代所建宅邸花园，民国时在此设四勤公所，20纪世30年代初归美国基督教美以美会(卫理公会)，位于宅邸前方，为前园式，济宁城仅此一例。园广800平方米，正对大客堂，园内有六米高假山，山内构洞，环山凿渠，上架石板，过桥登山，山顶建重檐六角亭，植银杏、竹、松、槐、楷、柳、丁香、海棠、月季、玫瑰。假山南有花厅三间，厅北为荷花池。西园墙北开拱门，通西跨院，院内立太湖石，北有小室两间，窗前植蔷薇，旁设石桌石凳。
	篑山园	山东曲阜	孔继堋	在曲阜城南18里的小雪村，为清代恩贡孔继堋所建私园，毁。其子孔昭锟重修亭台花木。

建园时间	园名	地点	人物	详细情况
	对山园	山东曲阜	孔继壥	在曲阜城南18里的小雪村，为清代孔子裔孙孔继壥所建私园，毁。
	春及园	山东曲阜	孔昭诙	位于城东北六里汉下村，为孔氏后裔孔昭诙所创私园。后来，69代孙孔继涵于乾隆年间在园中建有微波榭。孔继涵(1739—1784)，山东曲阜人，字体生、诵孟，号茳谷（或荭谷），乾隆二十五年(1760)举人，乾隆三十六年(1771)进士，官户部河南司主事兼军需局主事，充《日下旧闻》纂修官，与戴震友善。精研《三礼》，善天文、字义、历算，好藏书，曾校刻有《微波榭丛书》、《算经十书》，著有《春秋氏族谱》、《勾股粟米法》、《红榈书屋集》等。以母病告归。
	桃园	山西太原		在晋祠奉圣寺东南，靠于堡墙，广十余亩，只茅屋数间，绿水萦绕，杨柳依拂，花棚豆架，瓜田菜畦，葡萄梨杏，葱韭蒜垅，以桃为主，或成行成列，或零星散点，每至花期，红粉满园，咏赞不绝。
	四美园（新美园）	山西太原		在太原今开化县西街94号，园北高南低，东有鱼池，东南有戏台，又有客楼，楼台前有平台凉棚，再前为假山，山侧有琉璃塔(今儿童公园南湖之塔)、再南有花树。咸丰八年(1858)魏秀仁(字子安)的小说《花月痕》以此园为背景，书中名之为愉园，因此园林大噪。此园先称四美园，后改新美园，几易其主，民国初由阳曲人郭、王、张等四姓集股一万银元购为饭店旅馆，更名新美园，1951年卖给省政府招待所，现为外贸局家属宿舍。 新美园从清朝后期到太原解放，一直是以饭店旅馆而存在。除鱼池、戏台外，其余建筑在1952年仍存。
	武家花园	山西太谷	武廼钧	在太谷西庄正街武家巷，为清代太谷富商武家宅园，日寇入侵时有损，新中国成立后归银行，1957年刘致平调查时尚完整，20世纪70年代建银行宿舍，花园全毁。今园主武廼钧。花园东西35米，

建园时间	园名	地点	人物	详细情况
				南北 70 米，分成三部分。北部以花园为中心，东墙建东亭，东南角搭藤萝架，北面九间书斋。南部设南花厅，厅北连戏台，三面游廊，成四合院，廊西南通西花厅。院南为假山，轴线中筑假山，山内构洞，石假山东西 3 米，南北 2 米。园中植榆、杨、松、侧柏、海棠、枣及各种果树。多摆盆花，有夹竹桃、石榴、桂花、无花果、菊花。
	帕拉庄园	西藏		位于西藏江孜县，日喀则至江孜公路旁，距县城 4 公里，是现今保存最完好的旧西藏贵族庄园。庄园布局合理，环境幽雅，花木繁茂。藏式主建筑高三层，气势宏大，内有经堂、客厅、娱乐室、卧房等，雕梁画栋，装饰考究，富丽堂皇。庄园主人当年使用的经书佛龛、金银玉器、服装饰品等都保存完好。
	一峰草堂	北京	乔莱尝	位于宣武门外斜街之南，《藤阴杂记》和《顺天府志》载，为侍读乔莱尝所建别墅亭园，有看花诗道“主人新拓百弓地，海棠乍拆丁香含”，一弓五尺，“百弓”约 160 米，园内草木本花卉不少。
	王氏轩亭	北京	王氏	《天咫偶闻》和《旧都文物略》载，园在广安门外南河泡子，俗称莲花泡子，今广安门火车站至莲花河一带。明朝时为水乡泽地。有王姓者于此植树木，起轩亭。园广十亩水池，广栽红白莲，可以泛舟，引游人竞集。水边有榭三间，八窗洞开。宣南士大夫趋之若鹜。后王姓中落，以低价租与德国人避暑，禁止市民游览。
	方盛园	北京	方成圆	《燕都丛考》和《北京园林史话》载，方盛园系安徽合肥昆曲名家方成圆（号盛园）先生故宅，位于南横街贾家胡同南口内，《方盛园记》中说：“成园号盛园，地以人传也”。“今盛园已变为小巷，仅有方盛园之名。”清《京师坊巷志稿》记有“放生园”之称。东至贾家胡同，西至张相公庙。成圆名扬江南，清乾隆帝南游时，招为供奉，随侍来都，卜居于此。花木山石，颇有逸趣。时士大夫乐与之游，觞

建园时间	园名	地点	人物	详细情况
				咏无暇日。方殁，家道衰落，其后亦不能继其盛。后变为小巷，可通行人。民国初年尚有三拜楼楼基，仅存方盛园之名。
清末	王文韶故居	浙江杭州		建于清末，属中式宅院，位于清吟巷。原为清末重臣、大学士王文韶府邸，后为某小学，现学校迁出，作加工场。王文韶祖上曾居清吟巷，后家道中落。待王文韶重兴家业，当上大官后，了解到曾有五只红蝙蝠绕梁飞行于祖宅的吉利之兆，遂耗巨资兴建规模宏大的住宅。宅院内原有“退圃园”、“红蝠山房”、“藏书阁”等大小厅堂楼阁、花园天井数十个。现门厅、轿厅、中厅、戏厅、鸳鸯厅等古建筑保存完好。
清末	句山樵舍	浙江杭州	陈句山	建于清末，属中式宅院，位于南山路与河坊街交叉口、柳浪闻莺对面的小山坡上，原是一代文学巨匠、清朝著名学者陈句山的旧居。陈句山，字兆仑，清雍正庚戌进士，“桐城派”祖师方苞的得意门生，曾任顺天府尹、太仆寺卿、《续文献通考》总裁。他擅诗文、会书法，著有《紫竹山房集》。为官后便筑宅第于句山。陈句山以句山自号，名其居室为“句山樵舍”。后传至其子陈玉敦。玉敦曾任登州府同知，临安府同知。再传至其孙女陈端生(1751—1796)。端生为女诗人、长篇弹词《再生缘》前 17 卷的作者。

第十一章

1911—1949年园林年表

建园时间	园名	地点	人物	详细情况
约1911年	张伯庸宅院	北京	张伯庸	位于京西小府村。园中有揖峰轩,与曲廊相通,筑有方亭,叠置假山,植有翠柏。(焦雄《北京西郊宅园记》)
1911年前后	环翠山庄	北京	黄氏	位于西山樱桃沟,山庄主人姓黄。环翠山庄有四宜:冬季宜雪,春季宜雨,仲夏宜暑,秋季宜风。今已变为废墟,只有厅东矗立的岩壁和壁面上镌刻的"环翠"二字尚存。(焦雄《北京西郊宅园记》)
1911年前后	傅作义宅园	北京	傅作义	位于海淀镇灯笼胡同东北,占地约十余亩。园内有两层琉璃瓦花台一座,筑有土山、假山,建草亭,凿水池,池中种莲荷。小园建筑不多,地僻幽静,春有丁香,夏有牡丹,秋有菊花,冬有蜡梅,一年四季有花可赏。现已无存。(焦雄《北京西郊宅园记》)
1911年前后	三桥俱乐部	福州	刘昆仲	建于清末民初,园主刘昆仲。园址在水部汉边,现为省机电学校宿舍,园已毁。(汪菊渊《中国古代园林史》)
1911年前后	汪氏小苑	江苏扬州	汪竹铭 汪泰阶	在东圈门地官第14号,是扬州保存最完整的清末民初大型盐商宅园,园主安徽旌德人汪竹铭清末初创,民国初其子汪泰阶兄弟扩建,建筑三纵四院,宅苑相合,宅主苑辅,广3 000平方米,建筑1580平方米,屋97间,有春晖堂、树德堂、秋嫮轩、静瑞堂、船厅、春晖小苑、迎曦小苑、春深小苑、可栖徲小苑等四苑,分春夏秋冬四景。后花园分东西两部分。东部与东纵、西部后花园皆有园门通,与东进通的沿门呈八角形,上题惜馀二字,两侧有青砖拼花图案的漏窗;与西部后花园分隔的门洞是圆形,下题迎曦二字,圆洞框住西部树干和湖石,两侧有拼花漏窗。东部后花园用直园路划分空间,在空地上堆湖石假山4座,半成植坛,边缘成峰,中间土埠高起,植古松、种芭蕉、树紫薇、插石笋、立峰石。因植坛多,故有些散漫,主题也不明显。院中堆湖石假山一座,假山较大,东西走向,内构石洞,山上植竹。此院题名于圆形门洞上,为"小苑春深",该院虽只一座假山,但主题明确,中心突出,植物与假山结合紧密,故较成功,胜于东部院景。

建园时间	园名	地点	人物	详细情况
1911 年前后	学圃（周家花园）	上海	周联云	在巨籁达路，今静安巨鹿路景华新村，浙江宁波周联云所建，后归鄞县（含鄞州区）周鸿荪，园林建筑为西式，花草树木极多，1938 年改建为景观里弄景华新村。
1911 年前后	宝记花园（郑洽记花园）	上海	欧阳守诚	在徐汇区龙华镇西俞家湾，占地 4 亩，欧阳守诚于清末民初所建，抗日战争时毁。
1911 年前后	石氏水榭	江苏南京	石氏	未详
1911 年前后	蛰庐	河南新安	张钫	位于洛阳新安县铁门镇，为民初豫西名园。时辛亥革命元老、北洋略威上将军张钫（1886—1966，字伯英）息戎返里，所建园寓。1923 年秋，南海康有为游陕过豫，履景生情，呼为蛰庐，乃濡墨挥毫，悬于林下。大字径尺，雄浑洒脱，新园遂得其名。东都漫士《洛阳赋》："史学珍宝，蛰庐一千方墓志；书坛奇葩，龙门二十品魏碑。"
1911 年前后	梅溪山庄	江苏南京		清末民初梅山别墅高海晴园，位于张公桥畔，门以临冶麓，园以竹为篱，花径通幽。有楼高耸，北可瞻钟阜，南可眺牛首，天印诸山，远青近翠，颇得清爽之气。
1911 年前后	溧水蒋园	江苏南京	蒋氏	在溧水。
1911 年前后	蔚圃	江苏扬州	余继之	位于扬州市风箱巷 6 号，民国初年造园名家余继之所筑，占地 400 余平方米，园北三间花厅，左右短廊，东廊接住宅，西廊接南向水阁，阁下水池，南墙下有湖石与花坛，现为广陵街道办。院中堆石四处，1 座主山，3 座次山，似花坛，略显杂乱。主山近院门，依南墙，植紫藤一株，灌木几棵。主峰用多个湖石构成依墙石洞，紫藤缠绕其峰顶，如人之发与帽。峰下伴一圈小石。西北角一处，湖石一圈，其中有一峰石巨大，高近屋檐，透漏有加，花

建园时间	园名	地点	人物	详细情况
				坛内植古柏一株。院西南角挖池一口，面积不过两平方米，东与北两面围石栏，西、南两面砌石台，建水榭，该榭为一依西南角的半亭，北与西廊接。榭屋角飞起，两面美人靠，一角临水池，池下养鱼。池南角湖石堆砌，做出水洞。陈从周评道："这小院布置虽寥寥数事，却甚得体"。
1911 年前后	九思堂	重庆	黄景伯	位于鸽子沟一带，为万县富绅（盐商）黄景伯所建造于清代末民国初年。九思堂建筑规模宏大，计大小房屋百余间，其中有庭园四个，共占地面积约四万平方米。园中林木荫郁，名花众多，各种桩头花盆各一百有余。大门内是一片茶花和桂花林，靠左边小庭园中植有柏树、石榴和绿竹。园中有水池，池水深而澄清，环境幽静，黄氏之父系前清代四川总督府首席师爷，晚年返万嘱其子建造私园，以"君子九思"而命名为"九思堂"。资金多为盐业拨付。1940 年期间分租给驻地机构公务人员作私人宅舍，园中花木和设施曾遭破坏，解放至今仍为万县卫生学校及附属医院所在地。
1911 年前后	陈廉仲公馆	广东广州	陈廉仲	在龙津西路逢源北街 84 号，为广州商团首领、英商汇丰银行买办陈廉仲所创花园洋房，建筑占地 900 平方米，中西合璧式三层洋房，庭园中式，1300平方米，建有水池、石山、岩洞和亭子。内池与西关涌相通，流入珠江，山石起势奇雄，园中植大叶榕、黄皮、龙眼、桑树、竹子、玉兰、荷花等，古榕最茂，榕须密布全石，人称：风云际会。民国时曾设荔湾俱乐部，现为荔湾博物馆。
1911 年前后	环翠园（蔡老九花园）	广东广州	蔡延蕙	在广州城西荔湾区环翠园小学一带，光绪举人蔡延蕙所创，占地 2.3 公顷，园景具典型的珠江三角洲水乡风貌，有宗祠、住宅和花园。蔡公生祠三进院落，两边青云巷，规模大，工艺精湛。园内建筑以环翠园街为主轴，铺三米宽白石路，两旁有船厅、玻璃厅、望云草堂。船厅仿颐和园石舫，玻璃厅意大利风格，回廊用玻璃装饰，望云草堂仿杜甫

建园时间	园名	地点	人物	详细情况
				草堂，路旁有鱼池、石山、花卉，饲养孔雀、梅花鹿、蜜蜂、猴子，取爵、禄、封、侯之意，外围绕以白石栏杆，再外为荷塘。蔡故后环翠园全部被拆，仅余宗祠和围墙，成为现在环翠园小学正门的翼墙。
1911年前后	留芳园	广东广州	梁木	在广州芳村花地，为清末民国初芳村八大名园之一，毁于1938年日机轰炸。2006年1月新留芳园重建，占地1.25公顷，内有一个巨型水车、几个独立湖泊，水面积3000平方米，水间用原木拱桥相连，陆地上遍植亚热带植物，摆有各种岭南盆景。留芳园有斗花局盛事，梅兰菊竹为必斗的花卉，花商竞相到留芳园中斗花，以示实力，而百姓则以此为观花良辰。
1911年前后	醉观园	广东广州	梁炽权	在广州芳村花地，为清末明初芳村八大名园之一，为梁炽权所创私园，毁于1938年日机轰炸。园据河畔，可乘船入园。园占地一公顷，花枝交柯，以牡丹著名，20世纪50年代，留芳园、群芳园、新长春园、翠林园等园林并入醉观园，称醉观花园，60年代拟建公园未果，1983年花园扩建，次年建成，易名醉观公园。1994年扩建改造，达3.6公顷，内有两个人工湖，面积3500平方米，绿地2.5万平方米，园林建筑面积1030平方米，由茗木园、花卉园、盆景园、儿童区组成，群芳园的六松桥、康有为的小蓬仙馆亦存于园中。
1911年前后	翠林园	广东广州	卜耿裳	在广州芳村花地，为清末民国初芳村八大名园之一，卜耿裳创建。是民间的宾馆园林，精舍优雅，设备齐全，环境清幽，外地来广做官的人上任前或本地做官的人卸任时，都会在翠林园中小住，以示纪念，无奈园林毁于1938年日机轰炸。
1911年前后	纫香园	广东广州	梁修	在广州芳村花地，为清末民国初芳村八大名园之一，为梁修所创。以花木为著，小小花园有花木品种120个，无奈园林毁于1938年日机轰炸。

建园时间	园名	地点	人物	详细情况
1911年前后	新长春园	广东广州	黎超海	在广州芳村花地，为清末民国初芳村八大名园之一，黎超海所创。以大型花局为著名，无奈园林毁于1938年日机轰炸。
1911年前后	群芳园	广东广州	潘氏	在广州芳村花地，为清末民国初芳村八大名园之一，潘氏所创。以六株百年老松独步芳村，无奈园林毁于1938年日机轰炸。
1911年前后	余香圃	广东广州	罗滔	在广州芳村花地，为清末民国初芳村八大名园之一，罗滔所创。以花卉、盆景和生榄著名，无奈园林毁于1938年日机轰炸。
1911年前后	合记园	广东广州	何氏	在广州芳村花地，为清末民国初芳村八大名园之一，何氏所创。以兰花著名，毁于1938年日机轰炸。
1911年前后	萨家花园	福建福州	萨福畴	萨福畴所构萨家花园，现为省政府温泉宾馆，园址甚大，无存。萨福畴，福州马江炮台司令(1928)、汪伪时为海军部次长、中将、广州要港司令(1942)，为福建省海军要员，1943年被游击队俘虏。
1911年前后	古松园	江苏苏州	蔡少渔	在吴县(今吴县市)木渎山塘街鹭飞桥东五十步，为清末民初富商本邑西山人蔡少渔(民国苏州首富)所建。前宅后园，交接处以剪波纳漪榭作为起始，全园以水池为中心，架三曲桥，建双层复廊，成为全园特色，左通胜台，右通山亭。园一侧堆大型太湖石假山，上建山亭、影亭，内构石洞，外叠瀑布。后花园主体建筑为水榭。榭立于水上，前临水，左右回廊分开，抱柱上题联“堂幽喜依木，岩宽知潜山”，上题一横批“剪波纳漪”。柱下砖座木栏，扶栏可见园之八九。前面一池，池后湖石假山，山脉峰回，有亭翼然，此山极其自然。全池以水面为中心，在榭前汇成一汪，在榭右后角出水口成去水态，廊架曲水之上，如镇水之桥，虽为廊桥，但桥平而水细，不觉有水之存，若有所失。池岸全为湖石构成，或探前或后退，石隙藤蔓阶草丛生，亦十分自然。在池中横向架三折曲桥，桥为石构，正当榭前景，此种设计罕见，一般是桥据水角，此地突破此例。

建园时间	园名	地点	人物	详细情况
1911 年前后	坚匏别墅	浙江杭州	刘锦藻	位于宝石山脚，中式花园别墅。有正屋坚匏堂、无隐庐、石碑、小假山、亭子、石桌、石凳，为小莲庄的园中墅。
1911 年后	汪园	山东济宁	汪氏	在东关太和桥迤南的府河东岸，为民国初年徽商汪氏别墅，园广 1 500 平方米，为南北狭长院落庭园。园门在西南，门侧有南厢房，园内植槐、柳、松、柏，小溪通园外河流，溪北部上架石拱桥，桥东为方形荷池，广 50 平方米，池岸绕雕花石栏，溪南部架石桥，通东南小山，极顶可借景东面玄帝庙（枣店阁）。园北构花厅，厅前立石坊，题汪园，西有厢房三间。
1911 年后	遂吾园	上海	程谨轩	在徐汇区肇嘉浜路 740—750 号，上海房地产商程谨轩于民国初建立，新中国成立后毁。程谨轩，徽州人，其子程霖生，上海地皮大王，承父业，1924 年资产达 6000 万银两，曾任黑龙江都统、蚌埠商务督办、上海公共租界工部局华董。
1911 年后	野园	上海	王玉书 王玉振	在奉贤区头桥乡联工村，王玉书、王玉振兄弟所创，面积四五亩，有景：岁寒亭、三曲桥、了求庐、慈云阁、三王画家、菊石图书馆等，园成之时，园主广征海内名人题词，集成《野园五百家题词》，王玉书在野园中著有《野园诗集》，该园于新中国成立前毁。
1911 年后	雨园	上海	邓雨农	在西江湾路，广东人邓雨农（日商买办）私园，2 亩，有荷池、草坪、西式洋房，1920 年开放为公园，当时在草地放电影，是我国最早放映露天电影之园，新中国成立初毁。
1911 年后	朱家花园	上海	朱氏	在奉贤区泰日桥镇东北，朱氏于民初建成，抗日战争初毁。
1911 年后	李园	上海	李显谟	在闵行区建设路一带，李显谟于民初建成，占地 4 亩，新中国成立初毁。李显谟为清末留日士官，在上海起义被推为上海商团临时总司令，后成为军阀。
1911 年后	奚家花园	上海	奚兰卿	在徐汇区龙华镇西俞家湾，奚兰卿所建，占地 19 亩，有日本式平房八间，祠堂五间，二层楼一幢，遍植花木，抗日战争时为日军所占，后荒为农田。

建园时间	园名	地点	人物	详细情况
1911年后	杨家花园	北京	杨四德	位于北安河村西阳台山北麓杨四德建。园内有一条山涧将园子一分为二。山道两旁,怪石丛生,石态各异,院内筑多景亭、花岗岩石拱桥,植紫色丁香花。至今较完整遗存。
1911年后	竹屋(百梅草屋)	浙江杭州	马寅初	位于庆春路上,马氏所建西式花园别墅,总体风格西式,建筑形态变化多端,装饰繁杂,三楼有雕花栏杆。楼前大庭院为草坪和花木。浙江省籍著名实业家和社会活动家陈叔通曾居此,因藏有梅花百图而名百梅草屋。
1911年后	鹫峰山庄	北京	林行规	位于北安河村西。北京市律师林行规,购置了已废圮的明代正统间秀峰和消债寺,重新修缮秀峰寺,并更名为鹫峰山庄。山庄建筑有为我佳处、盘景亭、旧两馆、听松,周遭风光秀丽,群峦耸翠。
1911年后	庙镇公园	上海		占地20亩,东西北三面环水,南筑砖墙及大门,有花坛、草坪、荷池、篮球场、图书馆、娱乐宣传设施等,植梧桐、松柏、银杏等,新中国成立后为庙镇文化馆,1957年改公社卫生院。
1911年后	怡怡别墅	江苏太仓		在城厢镇,民初建,毁。
1911年后	潜园	江苏太仓		在城厢镇,民初建,毁。
1911年后	淡远庄	江苏太仓		在城厢镇,民初建,毁。
1911年后	宁远庄	江苏太仓		在城厢镇,民初建,毁。
1911年后	钱园	江苏太仓		在太仓城厢镇隆福寺西,民国初年构筑,有多个别名:怡怡别墅、潜园、淡远庄、宁远庄、钱园,毁。

建园时间	园名	地点	人物	详细情况
1911年后	怡庐	江苏扬州	黄益之	在嵇家湾，钱业经纪人黄益之宅园，叠石家俞继之设计建造，有花厅、曲廊、雪石山、院院相套，点石栽花，是“庭院深深深几许”的代表作。两院南北串联成中轴线，南院北有厅堂，面阔3间，前出檐廊，左接耳房。紫黑色木柱门窗显出古朴庄重，玻璃窗花显出晚清及民国流风，屋脊在西端与西面耳房相接处断开，空档用六角形寿字砖雕拼花。厅后左右出厢房，中间留天井，植修竹，种石笋。院东、南两面为曲廊，与正厅前檐廊相接。廊柱间有青砖砌筑低槛，可凭可坐，线角简洁。院门在东廊。从东廊院门入，见对面青砖高墙有一高一低砖雕拼花漏窗，低窗前堆石成峰，峰侧一乔木高出云墙。院东南、东北两角亦有堆石植坛。地面为卵石拼花铺地，因石隙杂草丛生而辨不出图案。大院月洞门框住小院内的半个湖石。
1911年后	平园	江苏扬州	周静臣	花园巷西首，现723所，未开放，盐商周静臣宅园，面积3447平方米，花墙分园为两院，南向花厅五间，厅南有湖石假山和300年广玉兰2本，建筑亦完好。
1911年后	匏庐	江苏扬州	卢殿虎 余继之	在甘泉路221号(原81号)，资本家卢殿虎宅园，造园名家余继之设计，园北长南宽，形如匏瓜(俗称瓢)，故名，北宅南园，合1512平方米，园分东西二园，东园有曲廊、半亭、方池、太湖石、书斋、可栖月洞。西园以花厅为界分南北两院，北院为花池小庭，南院为主庭，正中堆太湖石假山，西南凿小池，构水阁，花厅与水阁间缀以曲廊。卢殿虎(1876—1936)，江苏扬州宝应县人，民国初任镇扬州汽车公司总经理，去世后，韩国钧为其作《行状》。
1911年后	邱园	江苏扬州		广陵路64号，邱氏宅园。

建园时间	园名	地点	人物	详细情况
1911年后	只陀精舍(只陀林)	江苏扬州	徐宝山	位于引市街84号。又名只陀精舍,原为民国初年军阀徐宝山家园。徐宝山被刺后,其二夫人孙阆仙皈依佛门,舍宅为庵,改名只陀林。朱江《扬州园林品赏录》有"只陀精舍"条,并作如下介绍:"是园南向,构厅屋数间于园东向,架一带穿廊,环其南与东西二壁,三面辟漏窗二十面,透漏雅朴。厅屋与花墙之间,旧有山石水池,今已圮没。尚余黑石二峰,极其秀拔,为他处未见。其间犹有松一本,柿一树,花草少许。十年内乱前夕,市佛教协会以只陀林为比丘尼宅,有法名元庆者,任秘书长,寓于其间。斯时斯人斯园,尚属佛国桃源,十年内乱后圮毁"。
1911年后	汪氏小筑	江苏扬州	汪竹铭 汪泰阶	在地官第14号,清朝末年徽商汪竹铭初创,民初,其长子汪泰阶(字伯平)率诸兄弟扩建,一宅四角宅园,分别为春夏秋冬四季院落,每个院景皆有湖石堆花池,植四季植物,3000平方米,2001年修复开放。
1911年后	了弦别墅	福建厦门		在今鸡母山亚热带植物园处,中西合璧,现存。
1911年后	清和别墅	福建厦门		在厦门岛,规模最大的华侨富商园林,中西合璧风格,现存,为驻军炮团营地。仿苏州园林,为大型山水园,有水池、假山、洞壑、亭台、花木、音乐台、喷水池、整形花坛、花架廊。
	江阴中山公园(万春园、清和园、季园)	江苏江阴		在澄江镇胜利路,原址是北宋初的万春园,明改清和园,清称季园,为江苏学政衙署园林,民国元年,孙中山视察江阴,后建有中山纪念塔和纪念堂,更名中山公园,还有雪浪湖、万寿山、雪香亭、獅缙亭、长廊、六角亭、荷花厅、永慕庐,3.5公顷。
	栖霞仙馆	广东珠海	莫咏虞	位于珠海市金鼎镇,是富商莫泳如为其侍女阿霞和本村的老处女们供佛所建造的,面积有1.5万平方米,是一处中西合璧的园林建筑。主体建筑

建园时间	园名	地点	人物	详细情况
				斋堂仿上海太古洋行样式建造，为二层混凝土结构，铺花瓷砖地板，镶彩色玻璃窗。门楼高3层，拱顶出尖，门前有一对西洋石狮。园内有喷泉、兰亭、茅亭、啖荔亭，花木繁盛，还有发电房可供全村照明。
1905	公董局总董府邸	上海		位于毕勋路（今汾阳路）79号，于1905年建成。其造型有点像美国华盛顿的白宫，因此，有人称之为小白宫。住宅面积达1500平方米，建筑物的形式为法国后期文艺复兴式风格的典范。整个建筑有明显的横三段与竖三段式的立面处理手法，强调外形的水平线条，建筑的比例及构图十分严谨。抗战胜利后，联合国世界学生组织曾在此办公。解放初期陈毅市长也曾住过此屋。1989年此建筑被列为第一批上海市近代优秀建筑及市级文保，今为上海工艺美术博物馆的所在地。
1912	桑园	山东曲阜	孔祥霖	在曲阜城东南门外，为近代实业家孔祥霖所辟农桑为主的实业园，以资教学之用。孔祥霖（1852—1917），字少沾，号惆民，孔子75代孙，同治十二年（1873）拔贡、光绪元年（1875）举人、光绪三年（1877）进士，授翰林院庶吉士，历任翰林院编修（1880）、国史馆协修、功臣馆纂修、顺天府乡试同考官、甘肃正考官、顺天府乡试磨勘官、会试磨勘官（1890）、湖北督学（1891），后丁母忧回籍。1894年甲午战争后从事实业和教育，在曲阜创曲阜算学馆、农桑局、工艺场。1902年任筹办山东学务处及农工商务局，当年赴日考察学务及实业，著成《东游条记》，回国后筹办山东各地学堂。历任兖、沂、曹、济农桑会总办（1904）、河南提学使（1906）、河南省按察使（1908）、一等谘议官（1910）、河南布政使（1910）。辛亥革命后第二年归曲阜，组织曲阜尚实社，并在城东南及住宅后开辟桑园。历任曲阜孔教总会总理（1914）、曲阜经学会会长（1916），著有《经史孝说》、《曲阜清儒著述记》、《曲阜碑碣考》、《四书大义辑要》、《东游条记》、《强自宽斋杂著》、《忏亶联语》。

建园时间	园名	地点	人物	详细情况
1912	楚园	上海	刘世珩	在静安区江宁路，刘世珩于新中国成立前所建，以园为号，园中有：玉海堂、宜春堂、聚学轩、双忽雷阁、唐石。刘世珩(1875—1926)，安徽贵池人，字聚卿、葱石，号檵庵、楚园，光绪甲午(1894)举人，历任江苏特用道、江宁商会总理、度支部右参议、湖北造币厂总办、天津造币厂监督，辛亥革命后定居上海，喜文学，工词曲，富藏书，亦好金石，著有《贵池二钞集》、《贵池唐人集》、《临春阁曲谱》、《大小葱雷曲谱》、《梦凤词》等。
1912	湖滨公园	浙江杭州		在西湖东岸湖滨路西侧，南起湖滨一公园，北至少年宫间圣塘闸，总面积 6.42 公顷。清代为八旗驻防营与城墙，民国元年(1912)7 月 22 日，拆钱塘门至涌金门城墙后辟建湖滨公园，即二公园至五公园四块，总面积 1.32 公顷，1929 年，向北扩 1.33 公顷，即六公园，同时改建二至五公园，先后设纪念碑、塔和雕像，1937 年沦陷后军人像被拆，另置纪念物，抗日战争胜利后修复铜像。1950 年改陈英士像为标准钟，1951 年改建六公园，1953 年炸弹模型题“和平”字，1953～1954 年在六公园设志愿军像，1956 年扩建六公园 0.34公顷。1963 年拆除北伐、抗日纪念塔及炸弹模型，1977 年拆埠头，1982 年改建六公园茶室及铺装。一公园民国时为民众教育馆，西有宋美龄别墅，新中国成立后为幼儿园和中医院宿舍，“文革”时改为大华饭店分部和知青办，1976 年拆围墙，1982 年迁移饭店和宿舍，恢复园景。1986～1990 年湖滨公园北扩西六公园，总面积 1.91 公顷，修缮湖畔居、玉屏问景、湖光山色共一楼。
1912	孤山公园（杭州中山公园）	浙江杭州		在西湖水中。孤山高 38 米，广 20 公顷，为西湖最大岛屿，现有公园 11.71 公顷。南宋时为西太乙宫，康熙时行宫，后毁。1912 年民国成立后将行宫御花园一部分改建为公园，1927 年为纪念孙中山将公园改名为中山公园。新中国成立时，南麓自东而西有苏白公祠、国立杭州艺专、浙江博物馆、中山公园、浙江图书馆、太和园菜馆、朱公祠、

建园时间	园名	地点	人物	详细情况
				西泠印社、楼外楼菜馆、广化寺和俞楼；孤山东麓有辛亥革命将士墓、徐锡麟墓、林启墓、林社、王电轮墓、坟庄；孤山后山有林和靖墓、菊香墓、徐寄尘墓、裘超墓、冯小青墓、苏曼殊墓、中山纪念林、中山纪念亭、超公祠、财神庙；后山西端有裘庄、杜庄，湖边是农地、农田；山顶自东而西有双照亭、鲁涤平纪念亭、杨虎的青白山居和西泠印社，实际游览面积只有 2.98 公顷。1950～1952 年，全面整理改造，重建放鹤亭，恢复梅林，整修中山公园、西泠印社、七星坟，辟建后山西端农地水田为绿地，建广化寺兰花室，复建林社，游览面积扩至 10.98 公顷。1955 年夏，清理墓葬，迁北伐军墓、徐锡麟墓、林启墓、拆冯小青墓、苏曼殊墓及其他墓葬，一周后，北伐军墓及徐锡麟墓迁回。1959 年拆广化寺和楼外楼菜馆为绿地，恢复六一泉和泉亭，太和园菜馆改为楼外楼菜馆。1964 年再迁七星坟、徐锡麟墓于鸡龙山，1965 年在西侧建梅花鹿雕塑，“文革”时改为《鸡毛信》中海娃放牛。1981 年，在西泠桥南重建秋瑾墓及像，1988 年，中山公园文亭被台风吹倒，1990 年重建，1991～1993 年拆迁孤山路 2—7 号、32—91 号住房 4 000 余平方米，搬迁政府单位若干。
1912	中城公园（提督署、中山公园、工人文化宫）	四川成都		在成都提督街中心，原为清代四川提督署衙门，辛亥革命后建成开放式公园，名中城公园，20 年代为纪念孙中山而更名中山公园，1950 年扩建为成都市劳动人民文化宫，宫内有电影院、小剧场、展览馆、图书馆、体育场、灯光球场等。
1912	课植园（马家花园）	上海	马文卿	在青浦区朱家角镇，富商马文卿于 1912 年始建，历时 15 年，耗银 30 万两建成，又名马家花园，集仿豫园、狮子林，为中西合璧古园私园，园广 94 亩，各类建筑 200 余间，有景：迎贵厅、宴会厅、正厅、耕九余三堂、逍遥楼、书城楼、望月楼、戏楼、打

建园时间	园名	地点	人物	详细情况
				唱台、藕香亭、倒挂狮子亭、司教亭、碑廊、假山、九曲桥、课植桥、荷花池、稻香村等，解放初园已大部残废，1956年辟为朱家角中学，1986年列为县文保单位。园林坐西朝东，面临西井港，港口舟楫往来，一派江南水乡风情。旧河边曾有照壁一米多高，壁旁建两座司鼓亭，每遇贵客来临，敲锣打鼓，以示欢迎。园分厅堂区、假山区和园林区3部分。首先进入厅堂区，厅堂多进，有门厅、头厅、二厅、三厅和迎贵厅四进院落。厅堂雕刻精美，屋顶双层瓦片行板结构，以得冬暖夏凉之效。贵宾厅不仅装饰华贵，而且一角出月洞门，两旁雕花落地门窗，地铺印纹水磨砖，拼各式图案，前植桂花，以谐音“贵花”厅。迎贵厅东首庭院平广，植草种花，一侧有四角攒尖井亭。亭边有书城，书城是课园的代表作，形态如台湾台北板桥花园的书斋。入口为城门，有城墙砖垛，拱门红砖勾边，上题“月洞门”三字。过门，院内3间两层书楼，屋顶硬山，砖木结构，上下带前檐廊，上二层楼梯为室外楼梯。梯式为岸桥形式，中间一圆形月洞门通一层当心间，门上扇形题板，桥梯两边可上，栏杆为民国时代常见的花色陶瓷栏，因略用蓝色点缀而倍觉洋味十足。
1912	梅园（大寨公园）	江苏无锡	荣宗敬 荣德生	在清末进士徐殿一小桃园旧址，1912年实业家荣宗敬荣德生兄弟为纪念其母80冥寿而建，以梅花为主景，500多亩，内有洗心泉、天心台、砚泉、诵豳堂、清芬轩、招鹤亭、小罗浮、念劬塔、豁然洞、松鹤园等。梅园在1916年初具规模，占地81亩，1960年，扩建梅园，增辟松鹤园，面积达500亩，1962年时开辟园艺场450亩，面积达1500亩，“文革”期间园林改名大寨公园，受损严重，1985年全面修复，对外开放，近年又增加喷泉、兰园、风车咖啡屋等新景。全园以梅为主题，以梅饰山，以梅名园，故园品高雅，从建园开始七十余年，植梅3500余株，有玉蝶、绿萼、宫粉、朱砂、龙游等珍贵品种30余个，每年还在此举办赏梅会，成为江南三大赏梅胜地之一。

建园时间	园名	地点	人物	详细情况
1912	敬善里石屋	广东广州	黄宝坚	在敬善里13号，是著名西医师黄宝坚于民国元年(1912)所创，占地350平方米，为广州市现存的三间石屋之一，整幢三层楼外墙均用长方形麻石精工砌筑，石面是旦点和不规则的斑纹，古雅别致。屋内有花园，东临石屋偏间，西近邻屋披墙，约40平方米。园内西边建有八角半边亭，形状各异的蜡石为根座支承，精巧别致，碧绿色檐瓦映衬着以卵石筑成的金鱼池，走廊和园中均设厅石作凳，古朴幽雅。
1912	文瀛公园（海子边、中山公园、新民公园、民众乐园）	山西太原	裴通政 阎锡山	在太原市东南，为雨水所积两个湖面，明代北湖大而圆称圆海子，南湖长称长海子，通称海子堰。康熙年间因水患而连通两湖，导水出城，裴通政见其近贡院，取名文瀛湖，成阳曲八景之一的“巽水烟波”。光绪年间冀宁道连甲清湖，在北湖东南建影翠亭，四周设栅栏，湖中放两游船，成为公共园林。光绪三十一年(1905)，北湖北岸建劝工陈列所(今公园办公室)，楼前广场称太原公会，为集会之所，辛亥革命后正式定名文瀛公园。1919年9月19日孙中山在此出席各界欢迎会并发表演说。1919年公园周围建兴起，北湖的东北为市政公所(今海子饭店)，南面为自省堂(今人民大礼堂)，西面为教育会(今游龙戏水处)。南湖为佛教景区，称湖为放生池，1927年建西岸建大佛殿。1928年北伐战争后，改名为中山公园。在湖东建讲演亭、通俗图书馆分馆、篮球场，在湖北建六角亭，湖边塑铜人喷泉。湖东、西、南排满茶社、餐馆、冰激凌馆、落子馆、说书场、小食摊、旧书摊，卖艺、耍把戏、拉洋片、算命看相，五花八门。1934年园归省公安局，1935年在北湖建扇形水阁，有曲桥通湖岸，抗日战争时塌；在太原公会前凿养鱼池，沿湖植杨、柳、杏、桃、丁香五百余株，陈列所改国货陈列馆。阎锡山罚部下南桂馨以薪改木栏为铁栏。1937年阎锡山为纪念其父建子明图书馆，人称卐字楼。状元桥东通皇华馆，西通小袁家巷。1937年底太原沦陷之后改名新民公园，“卐”字楼设日华俱乐部，北湖东南建大讲台，为群众集会处。1945年抗战胜利后改名民众乐园，设公园管理处，大讲台改复兴台，日华俱乐部改为合谋食堂，1946年南湖南端建成民众影剧院。新中国成立前夕国民党军拆复兴台和湖周砖栏杆修碉堡。

建园时间	园名	地点	人物	详细情况
1912 年	南投中山公园（南投公园）	台湾南投市		南投中山公园于 1912～1916 年由日本人建造，主要景点为红色屋顶欧式建筑物聚芳馆（现为蓝色屋顶），园区中还有烧陶窑、小火车展示区、露天舞台与景观区、滑梯草岭与水岸植栽等区域。
1912～1924	层园	福建泉州	傅维彬	在泉州鲤城区北门街的泉山宫附近，现存，为民国绅士傅维彬所创，园广三亩，依小山丘，所有建筑楼阁依山而筑，分成四层，各层间铺花岗岩条石，以石阶相通。园中植茶花名种十八学士，茶花种类和数量之多为泉城之冠。“层园”二字为泉州书法家、前清进士林羽中鹤物笔。晋江县（今晋江市）长胡子明撰并书有《层园记铭》。傅维彬（1884—1924），字高霖，祖籍南安，曾创立泉州同盟会，民国时任晋江商团团长，1918 年为泉州商会会长，1924 年春被刺身亡。
1912～1936	周公馆	上海		位于卢湾区思南路 51—95 号，过去称为义品村，是个名人荟萃之地。其中 73 号曾经是中共代表周恩来旧居。周公馆建于 1912～1936 年，砖木结构，法式花园住宅。1946 年 5 月，根据“双十”协定，周恩来率领中共代表团前往南京，与国民党进行谈判。6 月代表团在沪设立办事处，因当时对外用周恩来将军寓所的名义，故又称周公馆。
1913	大观楼公园（西园别墅）	云南昆明	沐氏	原为明代黔国公沐氏的西园别墅，清时建观音寺、涌月亭、澄碧堂、华严阁、催耕馆、大观楼，1913 年辟为公园，1951 年至 1952 年，近华浦东面、南面的鲁园、庾园、郑园、马园、陈园、柏园、李园、丁园等 8 家私家花园、别墅，先后由昆明市人民政府接收并交付大观公园管理使用。1970 年，除庾家花园、鲁家花园继续使用外，其余花园已不复存在。现有：观稼堂、揽胜阁、琵琶岛、挹爽楼、蓬莱仙境、游栏等，以大观楼长联最著。

建园时间	园名	地点	人物	详细情况
1913	沈阳中山广场	辽宁沈阳		始建于 1913 年，时名中央广场，1919 年改名浪速广场，国民党时期改中山广场，新中国成立后沿用此名，“文革”时改红旗广场，1981 年恢复中山广场至今，1956 年第一次改造，增喷泉水池，1969 年再改造，增毛泽东像。
1913	常州第一公园	江苏常州		在中心公园路，原为武进县(今常州市武进区)商会会馆花园，1913 年对公众开放，为常州第一个公园，时称公花园。20 世纪 20 年代末 30 年代初公园衰败，1950 年修缮扩建，增至 34 亩，定名人民公园。2002 年投资 6038 万元历时八个月扩建，新增绿地 11661平方米，总面积达 30212 平方米。分两区，西靠南大街步行街，北靠延陵西路，新增延陵春韵、枕流飞瀑、绿野芳洲、莺峠琴音等景。又有雕塑喷泉等。古典区名晋陵遗韵，有景：季子亭、浩然亭、落星亭、蒋氏贞节坊、崇法寺(建于隋)等。
1913	宋公园(闸北公园)	上海	宋教仁	在共和新路 1555 号，1913 年 3 月 20 日宋教仁在沪遇刺身亡，国民党在闸北辟地百亩，其中 43 亩为墓园，并自湖州会馆起北至墓地辟 2.5 公里道路，名宋园路，墓园人称宋公园。1929 年 9 月修园开放，1946 年 6 月 5 日更名教仁公园，1950 年 5 月 28 日易名闸北公园。面积民国 35 年增至 55 亩，1958 年增到 110 亩，1979 年扩到 205.36 亩，现为 13.69 公顷。1946 年植树 500 株，建茅亭二个，新中国成立前为屠杀革命烈士刑场，1949 年冬改造，1959 年扩建园门、亭、廊、茶室、展览馆、温室等，1962 年至 1964 年建溜冰场、码头、阅览室，1979～1981 年扩建，增售品部、石桥、水榭、双亭、六角亭、园廊、驳岸等，复建宋墓，1985～1990 年增史料馆、长廊、宣传廊、三潭印月、招待所、大门口圆花坛、铝合金温室等。1995 年改造成为茶主题园，现有景：壶王迎客、月亮花坛、宋教仁墓、小土山及蘑菇亭、紫藤架、荷花池、长廊、后岛及石亭、前岛及双亭、四方亭、松园、药物园、春晖堂、爱莲榭、鸣凤亭等。

建园时间	园名	地点	人物	详细情况
1913	菽庄花园	福建厦门	林尔嘉	在厦门鼓浪屿，台湾富商林维源长子林尔嘉始建，为福建仅存完整古典私园，新中国成立后献为公园，利用海、岛、山等自然地形，有景：四十四桥、壬秋阁、十二洞天假山、眉寿堂、补山园、顽石山房、枕流石、渡月亭、千波亭、听涛轩、山亭等。林尔嘉(1874—1951)，字菽庄，台湾富商林维源长子，1895年随父从台湾撤回厦门，为厦门商界和政界重要人物，创立电器通用公司，支持公益军事，历任福建铁路督办(1909)、厦门保商局总办、厦门商务总会总理、度支部币制议员、福建全省矿务议员、福建第二师范学堂监督、侍郎、临时参议院候补参议员、福建省行政讨论会会长、华侨总会总裁(1915)、厦门市市政会会长(1916)、鼓浪屿公共租界工部局华董等职。
1913	先农坛公园(城南公园、城南游艺园)	北京		位于永定门大街西，为清帝祭祀山川日月太岁诸神和躬观农耕之处，1913年元旦，内务府布告开放天坛和先农坛，定名先农坛公园，在观耕台上建环春亭，饰玻璃，周植桃树，坛内殿堂开放，另设演艺场。凭介绍券开放十日，热闹非凡，1915年6月17日内务府售票对市民开放，称市民公园，创北京市民公园之先，其后，天坛、太庙、地坛才相继开放。公园内设置：金鱼区、鹿囿，太岁殿内设茶座，西庑布置乐器、圭章、玉帛、太岁殿改为忠烈祠，祀黄花岗诸烈士，庆成宫前辟蹴球场。1917年，在外坛另辟城南公园，项目有：茶社、小吃摊、鼓书场，翌年5月，两园合并为城南公园，增建欧式四面钟，迁入警察训练所、女子养蜂训练班等。商人卜荷泉集资，利用东墙根北段水面，筑小岛，构水心亭，植莲荷、菱角，亭内设游艺餐厅，亭外引种水稻，筑堤植柳，后因中山公园开放而被冷落，1922年关闭，不久毁于大火。1918年，粤商、国会议员彭秀康集资，于东经路西，现友谊医院处租地20亩，浚池堆土，有莲花池、旧戏院，仿上海大世界兴建城南游艺园，放露天电影，开餐厅、杂耍、台球、旱冰等游艺项目。1920年内务府收回公园，

建园时间	园名	地点	人物	详细情况
				改设先农坛事务所，1925年因财政困难，而拆外坛半园北坛墙，售地建街市，内坛依旧售票开放，面积余四分之一。1927年伐古树，售鹿群，改庆成宫南为体育场。1928年奉军入驻，后国军入驻，1937年日军改为屠宰场，城南游艺园于翌年倒闭。沦陷期间日伪两次伐木“献木”。1949年列为市文保，坛周为各家单位所据，1982年造册保护园木230株，1988年重修为古建博物馆，开放展出。
1913～1914	圆山别庄	台湾台北	陈朝骏 黄国书	在台北市中山北路一段、基隆河南岸，是大稻埕茶商陈朝骏于1913年始建次年竣工的别墅，由英国人和日本人近藤十郎设计，英国都铎式建筑及庭园，园数千平方米，有亭子和草坪。陈朝骏(1886—1923)，福建厦门鼓浪屿人，自幼随父到印尼经商，1900年14岁时归台接管台湾永裕号茶行，1913年成为台北茶商公会干事长，为接待商业和政界人士而创此别墅，孙中山和胡汉民曾在此居住，1923年去世，1929年世界经济危机使其茶行破产，1932年别墅被总督府没收拍卖给日本人，1939年为日本宪兵队征用，20世纪50年代为中将黄国书居，1970年后为美国大使馆，花园和亭子拆除，成为圆山儿童乐园一部分，改设体育设施，1975年美军走后归市政府，1979年隔壁台北美术馆成立时并其庭园部分，1990年别庄亦归美术馆，成为美术家联谊中心，1998年中心他迁，2003年台积电文教基金会董事长陈国慈认养，更名台北故事馆，全馆占地6000平方米。
1913～1916	古檗山庄	福建泉州	黄秀娘	在泉州市晋江东石檗谷村，为旅菲华侨黄秀娘所建的族葬墓园，1913年始建，1916年建成，耗银25万两。园址在村左宗祠旁，南揖东石，西拱安平，北倚南天寺。园地纵横40丈，朝向东南，前低后高，依山势分成外、内、广三庭。从西南黄氏檗庄山门而入为外庭，过古檗山庄坊可至内庭。内(下)庭居中凿有半月莲池。广(顶)庭，中有拜墀，自广庭而上为墓地。现存墓十座，园内四角建有

建园时间	园名	地点	人物	详细情况
				西式建筑四座：檗荫楼、景庵、息庐、瞻远山居，沿瞻远山居而南，另筑有平屋，以供守陵。墓地四周环植月桂，外有土岸，杂植松、桐、树下为草坡，檗荫楼前有古梅，外围植古板，现园中树木多枯，改植龙眼，古木仅余两株木棉。
1913～1923	李纯祠堂	天津	李纯	李纯(1874—1920)，字秀山，天津人，1889 年入天津武备学堂二期，毕业后入淮军，得袁世凯赏识成为北洋嫡系，1913 年升任江西督军，1917 年任江苏督军，在此期间，把横征暴敛的钱用于建私园，1913 年在北京购得王府一座，拆运至天津重装，建成后因遭袁世凯猜忌而改为李家祠堂。祠堂占地 25600 平方米，由砖照壁、大门、石牌坊、石象、华表、前院厢房、玉带河、石拱桥、前殿、中殿、左右厢房、棋殿(北为戏楼)、中殿、左右耳房与厢房、后殿、左右耳房与厢房、空地、后园。解放战争时，后园被毁，20 世纪 70 年代，仍余方形水池，周边有建筑及花木，后毁。1958 年修缮，填护祠河，1960 年改南开文化宫。
1913	唐家花园(梅园公馆、唐继尧公馆)	云南昆明	唐继尧 袁嘉谷 唐筱明 舒子连	在昆明市圆通山西麓的北门街 71 号，今昆明动物园孔雀园一部，为唐继尧的公馆花园，俗称北门花园或梅园公馆，为昆明最大私园，云南状元袁嘉谷说："昆明园林，至大以唐公所有为第一，至小以我所有为第一，丰俭顿殊，均不失位第一。"可见该园的规模，园内有大假山、水池、喷泉、书房、红楼(中西合璧式)，50 株日本领事赠送的樱花，唐在园内做两个瓷美女，美女手抬水瓶，水从瓶中流入水池，为当时昆明最早流泉。唐亲民，周六周日两日把私园开放，让百姓参观，但不许进他书房。1923 年唐二次主政之后，在书房开办东陆图书馆，聘请状元袁嘉谷做馆长。园林背依圆通山，此山成为唐家的后花园，1927 年，唐病逝于园内，龙云为唐在圆通公园内修了唐墓。抗日战争爆发后，一度开为李氏医院，红楼被清华大学租为教师宿舍，其子唐筱明去香港后，1948 年回昆明，把花园卖与

建园时间	园名	地点	人物	详细情况
				保山人舒子连，1950 年为边防公安局，后改轻工厅幼儿园，1960 年前后改昆明三十中学，1981 年建茶花园时拆红楼，1987 年拆公馆部分设施，建 32 套职工宿舍，公馆面目全非，仅余大门和侧门，1996 年又建楼，只余一道大门，石狮、须弥座、石雕遍校园。唐继尧(1883—1927)，字蓂赓，云南会泽人，父亲是举人。唐继尧先中秀才，光绪廿八年(1902)东渡日本，入士官学校第六期，返国后遍游东北、北京、保定，宣统元年(1909)返云南，在讲武堂担任教官及从事革命活动，辛亥年(1911)，任陆军第十九镇卅七协七十四标第一营管带，当时 37 协协统是蔡锷，受蔡锷命平黔乱后被推为贵州都督，民国二年秋，继蔡锷出任云南都督，1913 年 11 月，任云南民政长，1915 年 12 月 25 日，他与蔡锷、李烈钧等发动了轰轰烈烈的护国运动，护国战争结束后，任云南督军兼省长，尔后，参加了孙中山发动的护法、靖国运动，1918 年被推为护法军总裁，并任滇川黔鄂豫陕湘闽八省靖国联军总司令，1912 年被驻川靖国滇军第一军军长顾品珍驱逐，次年不听孙中山先生的劝阻，率先回滇复职，1927 年 2 月 6 日，胡若愚、龙云、张汝骥、李选廷四人联合兵谏唐继尧，同年 5 月 23 日，唐继尧含恨病逝。
1913～1945	锦园	福建龙岩	翁锦泉	民国 34 年郑丰稔《龙岩县志》载，为邑人翁锦泉所辟，园内垒山架梅，池水中有小船。毁。翁锦泉，1913—1917 年归国的第一批华侨，在龙岩开煤矿，兴教育，创龙岩实验小学。
1914 前	麦边花园	上海	英国人	在静安区南汇路一带，英国人于 1913 年前所建，已毁。
1914	西泠印社		吴昌硕	西湖小孤山顶，有柏堂、数峰阁(毁)、仰贤亭、四照阁、隐闲楼、开潜泉、剔藓亭、还朴精舍、鉴亭、观乐楼、小龙泓洞、鹤庐、华严经塔、凉堂、石交亭、山川雨露图书馆、心心室(毁)、宝印山房(毁)、福连精舍(毁)等。可借景西湖和远山。

建园时间	园名	地点	人物	详细情况
1914	固园	台湾台南	黄欣	黄欣所建私园,已毁。
1914	兆丰花园(兆丰公园、极司菲尔公园、梵皇渡公园、中山公园)	上海	施约瑟	1860~1852年英租界霍锦士、霍格兄弟别墅,1879年美国圣公会主教施约瑟购兆丰洋行地产84亩建圣约翰书院,余地建私家花园,又名兆丰花园,因地在极司菲尔路,又称极司菲尔花园,后归安卡赞,1914年工部局购得此园,辟为公园,又称兆丰公园、极司菲尔公园,又名梵皇渡公园,1941年更名中山公园,面积320亩,1995年面积21公顷。国人设计,为风景园式。现有景:南北入口、儿童园、电动游乐区、儿童园、东假山、亭子、展览馆、小卖、水榭、大草坪、餐厅、樱花亭、大理石亭、牡丹园、牡丹亭、苗圃、假山花木园、花木园亭、疏林草坪、宣传廊、疏林区亭子、西假山、石亭、游泳池、文娱活动区、小剧场等。
1914	奉化中山公园	浙江宁波		奉化中山公园始建于1914年,是以锦屏山为主体的山地公园。公园中的游览步道依山势逐次展开,布置有总理纪念堂、中正图书馆等,还有各类亭台建筑用以点景,如淡游山庄、听涛亭、夕照亭等。山顶夕照亭处可俯瞰奉化城区和周边田园。在奉化中山公园建成十年以后,奉化的武岭公园经由蒋介石亲自选址后开建,园内楼阁遍布,林木扶疏。公园位于奉化溪口镇镇西长街的尽头,采用传统的园林手法造景,东首大门筑紫藤花架,溪岸砌石300余米,松篁缀接,称为锦堤。
1914	北京中山公园	北京		明清两代社稷坛,1914年辟为中央公园,1928年为纪念孙中山更名中山公园,1925年孙逝世后停柩于拜殿,1928年更拜殿为中山堂,362亩。主体建筑有:社稷坛、拜殿、戟门、神库、神厨、宰牲亭、松柏交翠亭、投壶亭、来今雨轩、迎晖亭、水榭、四宜轩、唐花坞、习礼亭、石狮、公理战胜牌坊、露天音乐堂、兰亭碑亭,有百龄古柏千余,其中七株为辽金古木。

建园时间	园名	地点	人物	详细情况
1914	任家花园	重庆	任百一	位于江北区香国寺，为任百一故居，始建于 1914 年，占地十余公顷，枕山带水、曲径回廊、台阁掩映，清池柳堤，翠竹苍松，红梅满岭。任佰鹏承旧业后修葺，龚晴皋为其双镜亭题联："一顷红莲三顷竹，四周绿柳万山云"，1949 年 11 月新中国成立后改为政府机关，今为江北区政府所在地。
1914	竹林新村	重庆	任百鹏 赵兴之	在江北区元通寺侧，为任百鹏、赵兴之等人于 1914 年所建，当地人称竹林花园，园墙以蔷薇为篱，依地势建楼，楼前为平台，平台栏杆浮雕其中，前有喷泉水池，池中为童子抱瓶雕塑，水中塑像喷水，池中栽莲养鱼，平台南为草坪，立圆弧花架，植九重葛藤，草坪中心为花草图案，园内植扶桑、蜡梅、郁金香、合欢等花木，今园景无存，为重庆第二结核病医院。
1914～1917	陈桂春住宅	上海		又称"颖川小筑"，位于陆家嘴中心绿地的南侧，是浦东新区地域内一幢富有中西建筑特色的上海近代优秀民居建筑。当地绅商陈桂春始建于 1914 年，建成于 1917 年，住宅由天井、花园、主楼、客厅、厢房、备弄等部分组成。中西庭院式。
1915	杨秋生树园（杭州花园）	上海	杨鸿藻	在长宁区中山西路何家角 496 号，教育家杨鸿藻（1907 年创杨村小学）于民国四年前后所建私园，面积 30 亩，新中国成立前毁。
1915	张勋祠堂花园	江苏徐州	张勋	在淮海东路更新巷鼓楼小学，民国初年，张勋数次盘踞徐州，以乱党盘踞为由包围省立第七师范学校，八县士绅求情，张勋以修祠为解围条件。于是，八县以每亩征 2 分银子筹集 3.6 万两，建成张勋祠堂及花园。园在祠东南，广 4 亩，园中有池塘，池中有九曲桥，桥中为暖阁和凉亭，亭畔为画舫，可容十余人，西、北以河为界，西河畔为竹篱，北河畔为土堤，堤上有凉亭、石桥、魁星阁、雕龙碑，堤畔列植杨柳。

建园时间	园名	地点	人物	详细情况
				张勋在徐州时，严禁他人入祠园，他自己在游园，并在画舫内宴客。张离徐后，门禁放松，1923 年张勋病故，祠堂及花园荒芜。张勋(1854—1923)，字少轩，号松寿，江西奉新县赤田镇赤田村人。光绪五年(1879)当兵，光绪十年(1884)参加中法战争，次年在镇南关大战中因功升参将，管带广武右军各营，驻扎广西边防。光绪二十年(1894)，中日甲午战争爆发，随四川提督宋庆调驻奉天。后随袁世凯到山东镇压义和团，升总兵。1901 年调北京，宿卫端门，多次担任慈禧太后、光绪的扈从。宣统三年(1911)擢江南提督。武昌起义后，奉令镇守南京，戒备第九镇新军。不久，江浙联军围攻南京，他兵败退徐州，仍被清政府授为江苏巡抚兼署两江总督、南洋大臣。袁世凯任大总统后，所部改称武卫前军，驻兖州，表示仍效忠清室，禁其部卒剪去发辫，人称“辫帅”。“二次革命”中，率军攻下南京，纵兵杀掠。旋被袁世凯任为江苏督军。任长江巡阅使，移驻徐州。1917 年 5 月，被黎元洪解职，寓居天津，策反并率三千军入京复辟受讨，逃入荷兰使馆，1918 年 10 月 23 日，徐世昌总统对张勋“免于追究”。1919 年五四运动，张勋收容支持学生。后热衷投资实业，1923 年 9 月 12 日，张勋在天津病故，废帝溥仪谕旨谥忠武。
1915	城南公园（南公园、大众公园）	福建福州		清初为靖南王耿继茂别墅，耿精忠反清败后没官，同治五年(1866)闽浙总督左宗棠设桑棉局于园中，光绪间王凯泰督闽令修为绘春园，清末建左宗棠祠于园中(详见清耿王庄)，1915 年改公园，因在城南，故名城南公园，简称南公园，广 4.2 公顷，园中有辛亥革命闽籍烈士祠、桑柘馆、荔枝亭、藤花轩、望海楼诸胜，五四运动时，群众在此建国货陈列馆，立“请用国货”碑于馆侧。抗日战争时园受损严重。1952 年改名大众公园，国货展览馆和耿王梳妆台改为龙津小学，1958 年台江区修复，1962 年归园林处西湖公园，复南公园名，1963 年移凤池书院木牌坊为园门，建八荔亭，叠假山，砌湖岸，拆左宗棠祠改为影剧院，“文革”时占为赤卫

建园时间	园名	地点	人物	详细情况
				区农场、市毛巾厂，1973 年恢复南公园，改建木桥为石桥，建临湖阅览室、石舫，1980 年补植花卉，1983 年建儿童园和旱冰场，公园面积缩为 3.66 公顷，其中水面 1.1 公顷，1984 年建南公园游乐中心，后增设老人娱乐馆、武术馆、综合娱乐馆、录像馆、桌球室、旅社、餐厅、舞厅，1994 年改舞厅为夜总会、改赛车场为恐龙山，增水上乐园。
1915	翊园（陈家花园）	上海南汇	陈文虎	在南汇区横沔镇东，现上海市民政第二精神病院，陈文虎于 1915 年创建，陈文虎为英籍犹太人哈同的义子，在哈同建造爱俪园之后，仿建于自己的私园中，人称小哈同花园。园景有：荷池、鲤鱼石雕、龙石雕和各种图案花街，遍植桃花。以名石著称，有瑞云峰（瑞云峰有三，留园原瑞云峰被移至苏州织造署，后盛宣怀补于留园，另一在翊园），花街有麒麟送子等。现存。
1915	马家花园	北京	马辉堂	北京皇家建筑世家马辉堂（1870—1939）于 1912 设计、1915 年建成的私园，园 4500 平方米，有三个水池，景点有戏楼、花洞子、台球厅、财神庙、三卷厅堂、惜阴轩、假山、古木化石、井亭、月牙河、影池、敞厅、南书房等，部分残存。马辉堂本名文盛，字辉堂，大约出生于清同治九年（1870）前后，1939 年去世。马氏为明清两代著名的营造世家，世代从事皇家建筑工程的营建工作，传至马辉堂时，家道更是大盛，成为清末北京“八大柜”（即兴隆、广丰、宾兴、德利、东天河、西天河、聚源、德祥八大木厂）之首，承建了包括颐和园在内的大量皇家建筑、王公府邸，主坛庙、寺观和陵寝，有“哲匠世家”之誉。民国时期，兴隆木厂关闭，马氏改营恒茂木厂，由马辉堂长子马增祺（字介眉）先生掌柜，直至新中国成立后收归国有。
1915	徐园	江苏扬州	杨炳炎	在韩园的桃花坞上为纪念为民办事的军阀徐宝山而建徐园，扬州人杨炳炎设计。园广 9 亩。园内建有听鹂馆、春草池塘吟榭、冶春后社、疏峰馆和羊公片石南朝萧梁时镇水铁镬等景。

建园时间	园名	地点	人物	详细情况
1915	白崇禧公馆	广东广州	白崇禧	在东山达道路和烟敦路交界处，花园别墅，别墅三层，别墅外为大花园，占地 800 平方米。白崇禧，1893—1966，广西桂林人，字健生，回族，曾任国民党政府国防部长、华中剿总司令，桂系军阀首领，去台湾后失势。
1915～1916	周家嘴公园	上海市		在杨浦区黎平路东南周家嘴，产权原属英商自来水公司（现杨树浦水厂），民国四年以年租 30 两规银租地建设，次年 6 月建成开放，以草坪为主，布置花坛几个，种植一些树木。1921 以规银 1.58 万两购得产权，1926 年下半年至 1927 年间被毁。
1915	露香园（张园）	天津	张彪	在现和平路鞍山道 59 号，是清末两湖统制张彪于 1915 年始建的私园，取名露香园，俗称张园，面积 20 亩，内有亭台楼阁、山石池榭、树木花草，后有长廊环绕，小楼、书斋等一应齐全。1923 年租与广东商人彭某开露天游艺场，与大罗天形成犄角之势，内设广东餐馆、剧场、游艺场、台球房、露天电影场，1924 年孙中山过津时居此，1925 年溥仪居此。1923 年重建，1936 年改建。张彪，山西榆次人，武举人，光绪年间搭救过山西巡抚张之洞，成为张保镖，后留学日本，民国后在天津经营纱厂致富，于是在日租界宫岛街建露香园。1927 年张彪去世，溥仪迁静园，张氏后人向溥仪索要租金，迨仪东北复辟后派日本女特务川岛芳子强得以 18 万元购去，拆三层小楼，改成二层楼，作为日军司令部，后又成为国民党天津警备司令部，1976 年南楼被地震震落，经维修，成天津市少年儿童图书馆。
1915～1920	可园	广东广州	廖仲恺	在广州东山恤孤院后街 1 号，为花园洋房，1920 年民国财政次长廖仲恺入住，1922 年陈炯明反，廖迁港。

建园时间	园名	地点	人物	详细情况
1915～1923	春园	广东广州		在广州东山新河浦路22—26号，坐北朝南，门前小河，五大侨园（即春园、明园、简园、葵园、隅园）之一，花园洋房，内有三幢洋房，门前立石狮，门内屋边乔木林立，绿荫掩映。1923年中共“三大”在此召开，马林、陈独秀、李大钊、毛泽东、瞿秋白、张太雷住24号楼，后售与华侨，现22号为幼儿园，24、26号为私宅。
1915～1929	简园	广东广州	简琴石	在广州东山恤孤院24号，南洋兄弟烟草公司简琴石所创，五大侨园（即春园、明园、简园、葵园、隅园）之一，花园洋房，20世纪二十年代成为国民政府主席谭延闿公馆，前后有花园，三幢建筑中西合璧，朝南，现已一分为二，前面为停车场。
1916	莲湖公园	陕西西安		位于莲湖路中段南侧，是明代引通济渠水灌注低洼地带而形成的大莲花池，1916年辟为公园，仍以莲湖相称，是西安历史最悠久的公园。公园以大湖水面为依托，布设了湖心亭、滨湖亭、图书楼、展览室、儿童游乐场等。湖面占全园面积的三分之二，约50 000平方米，分为东、西二湖，东湖供游船，西湖则莲花飘香。
1916	芝石山斋	福建福州	陈子奋	在福州乌山北侧现道山路（月香弄）235号，为陈子奋所创私园，北依乌石山，屋后一石，状如灵芝，上有古人题“芝石”二字，故名“芝石山斋”，又名乌石山斋，主楼名颐谖楼，因园中莳花种草，以桂为主，故名桂香书屋。陈子奋（1898—1976），字意芗，号凤叟，祖籍福建长乐，生于福州，中国美术家协会社建省分会副主席，毕生从事花卉画和书法篆刻，有《陈子奋白描花卉册》、《福建画人传》、《福建美术家传略》、《榆园画友录》、《颐谖楼印话》。
1916	林溪精舍	江苏南通	张謇	清末状元、资本家张謇在狼山北麓始建的别墅式园林，书斋208平方米，丁字形平面，双层玻璃，石凳栏植走廊，斋前挖溪、堆山、植树，今存。

建园时间	园名	地点	人物	详细情况
1916	镇江山公园（锦江山公园）	辽宁丹东		始建于1916年，原名镇江山公园，1965年改名锦江山公园，91.06公顷，园门为传统大牌坊，1924年始建时为木结构，1935年改为钢筋混凝土结构，1959年改为有民族特色的牌坊，长34米，高17米，总建筑面积396.7平方米，十分壮观。
1916	沙发花园（上方花园）	上海	沙发 马海洋行	在淮海中路1285弄，是英籍犹太人沙发的私家花园，为西洋园林，有草坪、喷水池和小别墅。1941年由英商马海洋行设计，改建为占地26633平方米的花园住宅小区，名上方花园。现存。
1916	古檗山庄	福建晋江	黄秀烺	在晋江石檗谷村，为旅菲华侨黄秀烺所建的族葬墓园，历三年于1916年建成，耗银25万两，园地纵横40丈，园东望深沪，南揖东石，西拱安平，北倚南天寺，山水形胜，有外庭、内庭和顶庭三级庭园依次升高。园内有西式建筑四座，分立于墓区四角，其中的瞻远楼为康有为、唐绍仪、吴昌硕等名流会集之地。
1916	山西督军府花园	山西太原	阎锡山	在府东街101号，为民国山西省督军府的花园。督军府原为晋文公重耳庙，北宋改建为潘美帅府，辽为西京道衙门，金为河东西京两路衙门，元为行中书省衙署，明改中书省衙署，清为山西巡抚衙门，辛亥革命后为山西督军府。中轴东为东花园，西为西花园，北为后花园，现存总面积3万平方米。后花园位于轴线最北，建于1919年，为山景园，积土垒古石而成梅山，山上栽乔灌木，内构随洞和当仁洞，山顶建进山楼，为灯塔式钟楼，砖石结构，基座三层，楼体五层，为哥特式建筑。下山有馆，馆前为自省堂，今改为梅山会议厅，为集会之所，西式结构，中式装饰，平面工字形，侧西洋式倚门，上下两层檐廊。梅山及梅山会议厅现存傅山书“可以栖迟”木匾一块，乾隆碑三通，乾隆临兰亭诗碑一块，零星石刻二块。东花园建于1916年，分主院、西偏院（中和斋）和东偏院三部分。西偏院有砖券门洞、南北厅堂，东西长廊。主院南北为厅，东西长廊，堆假山，凿水池，架小桥，池中构凉亭。院中植丁香、牡丹、何首乌等。北厅为阎锡山起居办公之所。厅后小院为其膳食处。南厅前小院为家眷居所。东偏院为阎氏五妹居所，北面四合小院，西南建小楼。西花园已毁。

建园时间	园名	地点	人物	详细情况
1916	类思中学花园	江苏徐州		即今徐州四中，原为1908年天主堂创建的要理学，1916年更名类思中学，不久在校园南部建花园，园内有加拿大神父从国外带来的大玫瑰和黑月季，并移植垂枝海棠、栽植皂角树、爬墙虎等，1936年更名昕昕中学，1951年改徐州四中，1988年左右新建养鱼池，广植花木。
1916	水心亭游乐园	北京	高尔禄 吴席珍	位于今天桥地区北纬路东路。利用其地势低洼的条件，扩大挖池蓄水，建成的一片水地。池内栽种荷花、荸荠、菱角等水生植物，同时备置游船供游人荡舟赏景。中心岛上，利用竹木，苇席搭有阁楼，并建有六角景亭，故称水心亭。
1917	霍山公园	上海		在霍山路102号，民国初年为西方侨民集资租赁此地，辟为儿童游戏场，民国5年听说要建厂，一些侨民向公共租界工部局写信请求征地改作公园，民国6年工部局以1.88万两规银购地5.47亩建园，同年8月对外籍儿童开放，1944年6月23日更名霍山公园。“文革”期间在园内建窑烧砖和挖掘工事，1978年重修开放。建园初为花木及儿童设施，民国14年建一凉亭，民国16年建洗手饮水喷泉，1978年修建棚架围栏，1983年调整绿化，现园中心为葡萄架，左右为月季海棠花坛，园南是儿童活动区。园西为老人休闲的亭良区，1994年建犹太难民居住区碑。
1917	范园	上海	梁士诒	在长宁区江苏路华山路口，梁士诒等创建，占地70余亩，毁。梁士诒(1869—1933)，字翼夫，号燕孙，广东佛山人，光绪进士，授翰林院编修，1903年经济特科试一等第一，受袁世凯重用，成为帝制忠实拥护者，历任北洋政府邮传部提调、交通部长，民国后为交通系首领，任财政次长(1913)、参议院议长(1918)、外交委员(1919)、经济调查委员(1919)、国务总理(1921)、财政善后委员会委员长(1925)、宪法起草委员会主席委员(1925)、交通银行总理(1925)、安国军总司令部政治讨论会会长(1927)、税务督办(1927)。

建园时间	园名	地点	人物	详细情况
1917	凡尔登中心公园（凡尔登花园、霞飞路公共花园）	上海		在霞飞路（现淮海中路）花园饭店和锦江饭店，1917年中国与德国宣战，没收德国花园俱乐部，改名为霞飞路公共花园，对外国人开放，为纪念凡尔登战役而更名凡尔登花园、1919年园面积4.13公顷，1920年扩6亩，园内有网球场、游泳池，举行花卉展、音乐会和魔术表演，1939年扩园12亩，改名凡尔登中心公园，1951年改体育公园，1960年7月拨与两家饭店使用。
1917	地丰路儿童游戏场（愚园路儿童游戏场）	上海		在愚园路和乌鲁木齐路，公共租界工部局于1917年创建，面积7亩，也称愚园路儿童游戏场，园内铺草坪，植乔灌木，建一只凉亭和置秋千若干。1930年面积减为5亩，1932年改造为西童小学一部分，设施迁至南阳路儿童游戏场。
1917	双清别墅	北京	熊希龄	在香山公园的香山寺下，因有两股清泉，乾隆题“双清”，1917年熊希龄在此建别墅，成为香山园中园，内有水池、泉水、亭、屋，借景尤妙，现存。
1917	广州中山公园（中央公园、人民公园）	广州	孙中山 杨锡宗	隋至清为官署，1917年孙中山倡议辟建，1918年成，为广州最早公园，故名第一公园，孙在多次在此演讲，孙逝世后更名中山公园，又因位于市中心而名中央公园，1966年更名人民公园，1999年改建成广场。最早的设计师为留法工程师杨锡宗，采用了意大利公园规整中轴对称手法。
1917	法国公园（霞飞广场、罗斯福公园、中心公园、中心文化广场）	天津		始建于1917年，又名霞飞广场，初1.27公顷，1922年竣工开放，平面规则圆形，法式，有辐射道路、西式八角石亭、草坪广场、铁栏杆、法国女英雄铜像，立有“华人和狗不得入内”之牌，1945年日侵时改中心公园，拆和平女神像，次年抗日战争胜利后改罗斯福花园，将铜像改抗战阵亡将士碑，1949年后改中心公园。1976年地震时受损，1982年重修，1995年增建吉鸿昌像，1998年大改造后定名中心文化广场，广1.5公顷，改中心亭为音乐

建园时间	园名	地点	人物	详细情况
				喷泉。园林节点有 5 个，一是中心草坪及亭子。中心草坪平面为圆形，中间被南北大道分为东西两半。草坪中心是一个亭子。亭子为西式八角双柱石亭，建于五级台阶上。南北两个入口为两个节点，在外圆环花池东、西各有一块硬地，平面圆形，东硬地内有两个座椅及儿童活动设施，西硬地内有中心花池、南北草坪花池、南北两个花架。1948 年内有植物龙爪槐、海棠、大叶杨、藤萝、侧柏、松树、榆叶梅、十字梅。新中国成立后修复时，又增加了对称的两座假山、1 座梅花喷泉及两处儿童车场和儿童综合游乐场。1988 年在东面建百花厅（现作为婚纱摄影用），属法国古典式建筑，1 层，立柱为罗马古典柱子，背墙中心突出半圆形平面，红砖砌墙白色双柱，柱间立 4 个音乐家雕塑，南北翼墙上下三段式构图，上下白色粉刷，中间清水红砖，红砖墙上画记一首五线谱乐曲。
1917	大罗天	天津		在鞍山道与山西路交口西南，即原《天津日报》社址，占地 9400 平方米，1917 年广东商人所创，大罗天是道教术语，指天外之天，道教认为宇宙有 36 天，其他 35 天总系于大罗天，其他天皆有限，而大罗天为无限。大罗天为游艺场式园林，内有假山、水池、亭台、楼阁、戏台、露天电影院、台球场、鹿圃、野兽间。梅兰芳、杨小楼、程砚秋、尚小云、马连良皆在此演出过。开业后热闹非凡，在 20 年代中，达到鼎盛，有“进了大罗天，死了也甘心”之谚。1925 年始设古玩市场，1932 年张大千在此办画展，溥仪、罗振玉、郑孝胥等朝野名流和军政要员常在此游玩。后因劝业、中原、天祥等游艺场竞相开放，大罗天萧条。（《宣武文史》）
1917	张勋花园	天津	张勋	位于德租界 6 号路（今河西区浦口道 6 号），东起台儿庄路，西至江苏路，南抵浦口道，北达蚌埠道，占地 25 亩，有东西二楼，德式，1899 年德国建筑师罗克格设计，东楼为住宅，西楼为会客厅，楼房 56 间，平房 54 间，建筑面积 5632 平方米。花园

建园时间	园名	地点	人物	详细情况
				在西楼南面，院内左侧有六角凉亭，中间有荷花池、石桥、亭阁，进门有横卧式假山，后院有一座长龙造型假山。假山为太湖石堆成，成龙、虎形，现虎山已拆，龙山完好，气势壮观，张勋死后，宅园售与盐业银行，1936 年又售与天津商检局，新中国成立后仍为天津商检局。
1917	光园	河北保定		在保定市裕华西路中段路北，东临保定市委，曹锟任直隶督军时慕戚继光之名改建宾馆为光园。该园原为明代大宁都司右卫署和断事司故址，崇祯十七年(1644)废，清康熙八年(1669)直隶省治从正定迁保定，以此为直隶巡道司狱署，雍正二年(1724)改为巡察使司狱署，民国时废，日伪时为河北广播电台，光复后为国民党河北电台和河北省教育厅驻地，保定解放后依旧为电台和教育厅。初建时为庭院式布局，园外有石狮、厅建平房数间，右有木梯二层楼，东南有六角亭，庭前为假山两座，高约 2.5 米，宽 7 米，厚 3 米，中心立石高达 4 米，中间甬道，两旁桧柏，院内花草。新中国成立后前部原建筑及花园、假山被毁，改建办公楼，为保定外贸局。光园曾为直系军阀曹锟大本营，1926 年为奉系张学良总部，1928 年北伐胜利，阎锡山在此设京津卫戍总司令部，1933 年蒋介石以此为行营的公馆，钱大钧为行营主任，现存屋 20 余间。
1917	海王村	北京	钱有训	在南新华街中部路东，正门在琉璃厂西口路北，1917 年，内务府总长钱有训倡议在琉璃厂窑厂前空地上建公园，次年建成开放，时有：中式亭子、假山、水池、手工艺品展馆(改进会陈列所)、欧式石雕喷泉，中西结合。沿墙内侧东西南三面建房并以环廊相连，院内为茶座，园中北楼工艺局，设工商品陈列所，招收摊贩或坐商经营珐琅、地毯、丝织品，名为公园，实为环行市场，因地处海王村，故名海王村公园，春节时园内举行厂甸庙会。1928 年北平政府接收交财政局，公园关闭，仅每年元旦和春节开放十日，现石雕喷泉假山均毁。

建园时间	园名	地点	人物	详细情况
1917	濠河五公园	江苏南通	张謇	1912年至1916年南通清末状元、实业家张謇于1912至1916年建成，1917年开放，指北公园(2.4公顷)、中公园(1.45公顷)、南公园(1.56公顷)、西公园(1公顷)、东公园(1.3公顷，也称儿童公园)。
1917	台南中山公园(台南公园)	台湾台南	岛田宗一郎 井泽半之	创建于日据时代的大正六年(1917)，由岛田宗一郎设计并由井泽半之监造完成，在北门路与公园路间，占地4万平方米，园区分北门城遗迹、燕潭、老树及有毒植物四区，园中主景为燕潭区的念慈亭，搭以念慈桥、石船坊、重道崇文坊(嘉庆二十年朝廷为林朝英立)、荷花池、孙中山雕像、大北门与城门遗迹、古文元溪河道以及驻警室等景点。
1917	颂德公园	台湾基隆	颜云年	颜云年采用三级租包制采金矿，形成九份第一次黄金时期，日本皇太子亲临视察，颜氏为之开了条保驾路，同时方便矿工，人们为了感谢颜氏，请鸡山吟社为颜云年撰写碑文，并在周围种花植树，后人便称为颂德公园。
1917	西园(傅公祠)	山西太原	王录勋	在东缉虎营3号，今山西省政协，为纪念明末清初傅山的祠园。1917年7～8月间，由山西大学校长王录勋设计，次年竣工，江叔海教授题联：论三晋人豪，迹异心同，风亮日永；作百年师表，顽廉懦立，霜满龛红。园建筑坐北朝南，有前门、假山、山顶小屋、山前水池、祠堂院。院内坐北朝南垂花门、硬山顶大厅(傅山祠)、长廊，廊壁陈列傅山遗墨及东魏李僧元造像碑、西魏陈神姜造像碑、北周曹格碑、明代铜弥勒佛等。假日学生来此临帖读书，外地客人来此游玩散步。1931年后改为清乡督办公署，祠内曾设高级招待所，1937年周恩来来太原谈判居此。新中国成立后成为机关单位，1983年重修小祠院，开鱼池，立池山，设喷泉，祠西新增13间厢房，南面新建六间半壁廊，改合西园，成为山西省政协文化活动中心，内设阅览室、书画室、棋艺室、健身室、会议厅等。傅山(1607—1684)，明末清初山西阳曲人，初名鼎臣。明末诸生，明亡为道士，陈居土室养母，康熙中举鸿博，屡辞不得，至京称病不试而归，顾炎武叹其气节，于经、史、子、书、画、医，无所不通，有《霜红龛集》。

建园时间	园名	地点	人物	详细情况
1917	马立斯别墅	上海	马立斯	位于瑞金二路马路西侧一排镶嵌着琉璃瓦的高墙之内,是一片占地面积达 4.8 万平方米的巨大花园。园内绿草如茵,巨樟如盖,各种花卉和紫藤架、葡萄架、灌木丛查间叠映,生机盎然。绿树平畴之侧,散落着小湖泊、喷水池、小桥亭阁和苗圃,原由 3 个相对独立而相连的小花园组成,内有 4 座风格各异的欧式别墅,在 20 年代初,是英籍冒险家、跑马总会的董事老马立斯的儿子小马立斯的花园。马立斯别墅建成于 1917 年,花园里除了有绿茵草地和森郁的树木,还有小桥流水、四季花卉。解放初期这里一度是华东局、华东军区的指挥部,邓小平、陈毅都曾住在现在的一号楼(三井花园)。后来曾为国宾馆,20 世纪 80 年代又改名为瑞金宾馆。
1918	云薖园	江苏无锡	杨味云	云薖园位于无锡城中长大弄 5 号,占地约 2660 平方米,又名云迈别墅,是杨味云所建住宅园林。杨味云从官从商多年,筑此园取此名,当是表明退隐、安逸度年之意。新中国成立后,进驻过纺织工业局、税务局等机关,六十年代后则是市文化局、市文联的办公用房。目前已归还给杨家后人。2003 年 6 月,被列为无锡市文物保护单位。杨味云(1868—1948),名寿枏,晚号苓泉居士,曾任山东财政厅长,财政部次长。
1918～1920	周家花园	山西太原	周玳	在后坝陵桥 19 号,为阎锡山部炮兵营长周玳公馆园林,1918 年始建,1920 年建成,地广 8 亩,四亩公馆,四亩花园,各自成院。住宅院以花墙和垂花门分成里外两院,摆设四个柏木金鱼盆和盆花。花园院(今坝陵桥小学)内用娘子关的石头堆山,用运城的何首乌为壁,山后有石雕龙头吐水,下临鱼池,池中植莲养鱼,池后有八角凉亭,亭周流水,亭后花房六间,常年二三名花工负责园务。后又以三千大洋购得野烟三营长顾祥麟的 3000 盆花以充园景,成为当时太原有名花园。

建园时间	园名	地点	人物	详细情况
1918～1920	荣家花园	山西太原	荣鸿胪	在北门街东二道巷东口，为晋军学兵团团长荣鸿胪(后为太原警备区司令)的公馆花园，与周公馆布局一样，西院为公馆宽院，东院为花园，园中一山一池一亭。园中有盆花四五百，果木繁茂，常年有一名花工。 荣鸿胪(1885—1972)，山西浑源人，字甲三，山西陆军小学、保定陆军军官学校毕业，历任学兵团团长，国民政府军事参议员参议，太原警备区司令，1936 年晋陆军中将，新中国成立后居太原，任山西省政协委员。
1918～1937	傅作义公馆	山西太原	傅作义	在北门东头道巷，为晋军傅作义的公馆花园，分公馆和花园两部分，常年有一名花工。
1918～1937	徐永昌公馆	山西太原	徐永昌	在精营东边街 14 号(今 12 号)，为山西省长徐永昌的公馆花园，西为公馆，东为花园，中间隔有长廊，宅院正厅和东西厢房全为卷棚顶，中有方亭，仿北京王府格局。花园中多林木，有花架水池。在东西两院前还有一个外院，新中国成立后为市政府，补植牡丹，“文革”时树木被伐，园址盖楼。 徐永昌(1887—1959)，字次宸，山西省崞县(今原平市)人，曾任国民军第三军军长、国民革命军北方军东路总指挥、国民革命军第三集团军第十二路总指挥，绥远、河北、山西省主席，南京军事委员会办公厅主任，军令部长，代表中国于东京湾美国密苏里号军舰上接受日本投降。嗣任陆军大学校长、国民大会代表、国防部长、“总统府”咨政。
1918～1937	黄国梁公馆	山西太原	黄国梁	在五福庵，为晋军兵站总监黄国梁的公馆花园，为公馆与花园二合一类型。内有亭、池、桥、假山、厅堂等建筑。
1918～1937	韬园	山西太原	贾景德	在典膳 10 号，为阎锡山的秘书长贾景德的公馆花园，为公馆与花园二合一类型。贾景德(1880—1960)，字煜如，号韬园，沁水县端氏镇人，13 岁随叔父贾耕到太原，先就读于明道书院，后来读早期的山西大学，光绪三十年(1904)中进士，被分发到山东，先任招远县(今招远市)知县，继任郯城知县。贾景德在从政之余，喜欢和文人学者相往来，并写过不少旧体诗词，著有《韬园诗集》、《韬园文集》。

建园时间	园名	地点	人物	详细情况
1918～1937	趣园	山西太原	陈芷庄	在天地坛,为晋军村政处长陈芷庄的公馆花园,为公馆与花园二合一类型。
1918～1937	徐一清公馆	山西太原	徐一清	在天地坛,为阎锡山岳叔、山西银行经理徐一清的公馆花园,为公馆与花园二合一类型。公馆十分讲究,厅堂能差起伏,曲廊蜿蜒联结,庭院中花木、山石点缀,柱红窗绿,叶嫩花鲜。公馆在打通府东街马路时拆除。
1918～1937	张维清公馆	山西太原	张维清	在精营东二道街,今五一路青年俱乐部,为晋军军械处长张维清的公馆花园,没有园林建筑,以花取胜。张维清在1904年与阎锡山一起东渡日本在士官学校学习。
1918～1937	商震公馆	山西太原	商震	在新民东街,今冶金振兴旅馆,为山西、河北省长商震的公馆花园,没有园林建筑,以花取胜。商震(1888—1978),字启予、起予,17岁入保定陆军学堂,加入同盟会,因反清被开除,赴东北从事革命工作,1910年派熊成基谋杀载洵未果,流亡锦州,入石星川军,辛亥革命前夕在关外组织民军,为总司令,1912年率军在烟台登陆,北洋政府时民军被解散,调任陆军部任高级顾问。1913年拥孙讨袁,1914年随陆建章入陕任陕北剿匪司令,1916年改投阎锡山,1927年北伐取保定,任河北省主席,1929年任山西省主席,1931年任华北第二军团总指挥,1935年任河北省主席兼天津市警备司令,抗日战争时任重庆委员会办公厅主任兼外事局局长,1941年为赴缅印马军事代表团团长,1943年随蒋介石参加开罗会议,1944年任中国驻美军事代表团团长,1947年赴日任同盟国中国代表兼驻日代表团团长,1949年定居日本,1974年和1975年国庆回国参观,1978年逝世于东京,葬于八宝山。

建园时间	园名	地点	人物	详细情况
1918～1937	高步青公馆	山西太原	高步青	在南华门，今五一路太原副食品贸易中心，为山西省银行经理高步青的公馆花园，没有园林建筑，以花取胜。高步青(1880—?)，字云阶，山西代县人，光绪三十年(1904)进士，民国初为山西督府军法课长，授陆军中将衔。战前担任过山西省银行总理等职，日伪时，任“山西省临时政府筹备委员会”委员长，工行书。
1918～1937	江家花园	山西太原	江叔海	在晋祠奉圣寺下，为执教于北京大学和山西大学的江叔海所建别墅花园。
1918～1937	黄国梁花园	山西太原	黄国梁	在晋祠难老泉西南，为黄国梁所建别墅花园。黄国梁（1885—1958)，字少济，陕西洋县人，1908年毕业于日本陆军士官学校第六期步兵科，1909年任山西新军第四十三协第八十五标标统，辛亥革命时任山西副都督，1914 年月任第十二混成旅旅长，1927 年任山西兵站总监，同年任国民革命军第三集团军总议兼山西兵工厂厂长，中华人民共和国成立后，曾任山西省政协委员会委员，1958年 1 月 4 日在北京病逝。
1918～1937	息庐	山西太原	陈学俊	在晋祠瑞云阁南，为陈学俊所建别墅花园。
1918～1937	孙家花园	山西太原	孙殿英	在晋祠街南，即今 276 医院，为孙殿英所建别墅花园。孙殿英(1899—1947)，字魁元，河南永城人，1913 年入“庙道会”，1922 年投河南陆军第一混成团团长丁香玲，任机枪连连长，1925 年投国军第三军副军长叶荃，任混成旅旅长，1927 年升第十四军军长兼大名镇守使，1928 年为蒋介石收编，1929 年加入张宗昌部，1930 年依附冯玉祥、阎锡山，中原大战又被张学良收编，1933 年在赤峰一带率部与日军浴血奋战，1936 年蒋介石委任为晋察游击司令，1938 年蒋委任为新编第五军军长，1943 年投降日军，任第四方面军总司令兼豫北保安司令，1947 年 4 月，中国人民解放汤阴县城，孙被俘，病死高阳。

建园时间	园名	地点	人物	详细情况
1918～1937	王家花园	山西太原	王柏龄	在今晋祠小学处，为王柏龄所建别墅花园。王柏龄(1889—1942)，黄埔军校少将教育长。别字茂如，江苏江都人，南京江苏陆军小学、保定北洋陆军速成学堂、日本振武学校、日本陆军士官学校中国学生第十期毕业。1942 年 8 月 26 日在成都病逝。(汪菊渊《中国古代园林史》)
1918～1937	张书田公馆花园	山西太原	张书田	在东头道巷，为阎锡山妻侄、西北制造厂(兵工厂)总办、西北实业公司总经理张书田的公馆花园，为公馆与花园二合一类型。
1918～1936	横云山庄	江苏无锡	杨翰西	在鼋头渚，为杨翰西(字寿楣)私园。1916 冬至 1917 杨以稻赢利 2000 元购鼋头渚山地 60 亩，于 1918 至 1936 年历十八年建成山庄，1937 年杨捐给无锡县(今无锡市)政府，1944 年易名横云公园，今存主要建筑有："太湖佳绝处"牌楼(原额为"山辉川媚")、涵万轩、樱花堤、长春桥、绛雪轩(原址为"旨有居"菜馆)、云逗楼、涧阿小筑、在山亭、花神庙、"具区胜境·横云山庄"牌坊、藕花深处和诵芬堂(系杨翰西之父杨宗濂祠堂，又名"光禄祠")、牡丹坞和净香水榭、鼋渚灯塔、鼋渚刻石、涵虚亭、"明高忠宪公濯足处"摩崖石刻、"横云"和"包孕吴越"摩崖石刻、霞绮亭、阆风亭、澄澜堂、飞云阁、秋叶涧、憩亭、戊辰亭等。景点范围内位于充山之巅的光明亭，1954 年始建、1957 年竣工，由刘伯承元帅题名书额。
1918	鼋头渚	江苏无锡	杨翰西 王心如 何辑伍 陈仲言 蔡缄山 郑明山	鼋头渚三面环水，明代以来多有题刻，如无锡人王问题"辟下泰华"、"开天峭壁"、"源头一勺"等，无锡知县廖纶题有"横云"、"包孕吴越"等。辛亥革命后建灯塔，1918 年无锡人杨翰西建成横云小筑；1927 年厘卡局长王心如建太湖别墅，后其子建齐眉路通园；又有何辑伍的别墅、陈仲言的若圃、蔡缄山退庐、郑明山的郑园。1950 年 3 月建无锡风景区管委会元头渚分会，1952 年改元头渚风景管理处，1954 年改横云公园为鼋头渚公园，

建园时间	园名	地点	人物	详细情况
				同年建光明亭，1958 年将江苏省干部疗养院的七十二峰山馆、万方楼、方寸桃园归入元头渚公园，后对戊辰亭、万方楼、万浪桥等维修，“文革”时联匾受损，后修复，1981 年建绛雪轩，1982 年改建灯塔为重檐，同年风景区由 32 公顷扩为 301 公顷，统称具区风景，并规划新建：藕花深处、充山隐秀、鹿顶迎晖、湖山真意、芦湾消夏、十里芳径、江南山村、中犊辰雾、鼋渚春涛、万浪卷雪十景。
1918	天坛公园	北京		明 1420 年建成天地坛，1530 年因立四郊分祀而于 1534 年改称天坛，清代沿用，273 公顷，有圜丘坛、皇穹宇、回音壁、祈年殿、斋宫、神乐署等，1860 年英法联军入园，破坏严重，1918 年开放，称为天坛公园。
1918	漳州中山公园	福建漳州	尹熊略 周醒南	原为漳州府邸，汀漳道尹熊略和工务总局局长周醒南主持建园之事，陈炯明改为公园。园初建时有华表、音乐亭、图书馆、美术馆、运动场。园林“地虽不广，然杂时花木与水石相映带，天气清淑，足为郡人游息之所”。1984 年经过改造，面积为 34680 平方米，规则式布局，以草坪为主，堆土山一座。园正门在延安路，入口做成汉阙样式，下柱上斗拱楼屋。入门右看，草地上有一个华表，在表身四面刻“自由、平等、博爱、互助”。右行，有两水池，一为半月池，一为曲池。池中有峰形塑石一个，仿湖石状，有汀步渡水。池边有水榭，名漳州南音会馆。水榭建于水上，柱边有两条青龙雕塑，龙头正对一个喷泉嘴。堆山名龙虎山，又称梅岗，分南北两峰。山上有梅岗亭，亭为五角，天花上绘梅花一朵。梅岗斜坡上有巨塑石。下岗，见广场中间立有革命烈士纪念碑，碑体为圆柱形，柱上立一解放军战士握枪塑像。园北原是道尹公署，现仍存残局，依旧迹建公园办公楼。办公楼前有总统遗训亭，亭屋顶为盝顶，四面架罗马圆拱山花，下立罗马柱。亭只有一人高，四柱内有核心碑，上题总统遗训：“三民主义，吾党所宗。创建民国，创建大同。咨雨多士，为民所锋。”在道尹公署前有一音乐亭。亭六角，盝顶，宝顶再升起成小盝顶，柱础很怪，有束腰，腰部比柱还细。亭上屋面瓦已看不出，被一层蕨类植物覆盖，显得十分苍古。亭旁有一古榕树，遮盖半亩之地。

建园时间	园名	地点	人物	详细情况
1918	司德兰园	上海		是汇山路的一个儿童游戏场,1918 年建成开放。
1918	鲁迅故居（百草园）	浙江绍兴	鲁迅	原为周家十余户共有菜地,鲁迅儿时在此玩耍,1918 年卖与朱姓,开始建构筑假山,营建亭榭,成为私家园林。鲁迅故居是四进深门宅院,其院落景观布局宜人,有 4 个园林式院落。第二进长廊西边有侧院,满植桂花。长廊东面设六角门,上题"怡轩",入内,南面粉墙漏窗为背景起三峰,前植百年古木。回廊出入门口为半亭。中院为北面依粉墙置有一池一山,湖石构峰,于水面之上,依墙而立,环山为水,水中养鱼。墙上刻"闲余小憩",两侧瓦花漏窗。后院亦以池为中心池,南有临池轩。池北筑石柱亭。亭西依墙角有一座湖石假山,壁立如悬崖,上大下小,上下构石洞,有蹬道可上人,石山高过墙头。亭东亦堆湖石假山,有石洞,有蹬道。卵石铺地,龙墙斜砌,正中开圆门洞,左右开砖雕漏窗,从月洞向院内观,恰把亭角及假山收入画框内。出后院即为百草园,百草园占地 2000 平方米,嘉庆年间为菜园,1918 年归朱氏后,增堆假山、营造堂榭。后院粉墙漏窗,中开月洞,题"百草园",书联"仰视桑葚熟,俯听蟋蟀声",撷取了鲁迅《从百草园到三味书屋》文章里的字句。
1918	瞰青别墅	福建厦门	黄忠训	在鼓浪屿日光岩文物店处,黄忠训所创私园,中西合璧,1918 年他携巨资回厦门创房地产公司黄荣远堂,首先建成瞰青别墅,又在其侧建厚芳别墅,同时将日光岩圈为私人花园,筑城垛式围墙。建筑依岩而建,常请名人在岩石上题刻,"眼中沧海"就是由其朋友、书法家龚植代笔的。1927 年又在日光岩栖云石下建西林别墅,即今郑成功纪念馆,花园侵占公地,引起舆论反对,后黄登报宣布别墅将对公众开放。
1918	戚公祠	福建福州	戚继光	在福州于山白塔寺东,1562 年戚继光在福建抗倭三捷,班师回浙时,乡绅和官员在于山平远台设宴饯行,勒碑纪功,后人在台旁建祠,毁后于 1918 重

建园时间	园名	地点	人物	详细情况
				建，旁有五松，前为平远台，岗台侧有天桥，厅东怪石林立，中为醉石，传为戚公醉卧处，石畔有醉石亭，亭北有蓬莱阁、榕寿岩、补山精舍、三山阁、吸翠亭、五老岗、宋塔及古今摩崖石刻。戚继光(1528—1587)，明代军事家，字元敬，号南塘，山东蓬莱人。
1918	息园	江苏扬州		旧城小方巷。
1918	古春园	上海	顾履桂	在静安区长寿路，顾履桂于1918年创建，毁。顾履桂，历任杂粮交易所理事长、上海商会会长，宣统二年(1910)为上海议事会董事，宣统三年(1911)被选取为上海市副市长。
1918	红榆山庄(段家花园)	江苏徐州	段毋息	在徐州八中、海郑路小学部分校园及其附近一带，为萧县人段毋息所建。园广10余亩，门朝东，门内有竹篱，篱后为太湖石假山，篱南北各有小门，门内有藤架，架下为石径，尽端为松柏，穿绿篱为春晖堂，堂前植椿，题“雨过琴书润，风来翰墨香”，堂西南为草径和石桥，桥前为土台，台上为待禊亭，可眺云龙山和奎河。土台北有屋五间，题红榆山庄，有鱼河，并养鹤鹿。虽为私园，邻人亦可入园。1926年曹壮父等在此开展地下活动，1933年曾万钟曾在山庄设鼎铭中学，1937年停办，1938年沦陷后为牲口市场和宰牛场，园遂荒芜。段毋息，名庆熙，曾任徐海道尹，因老家萧县其父建段书云建有花园，故仿老园而建，然园未成，去职，园即停工，只初具规模。
1918	忠实第	台湾屏东	邱家	位于其格局为二堂二横四合院，即标准四合院加上两侧加盖的横屋与天井，成为一完整“四”字型住宅。整栋建筑外观密实严谨，内部则雕饰细致精巧，匠心独运。邱宅之装饰艺术可分木雕、塑造类、洗石子、彩绘、书法等五大类。步道上的狮子座斗木雕、门厅檐柱上的雀替木雕，刚柔分明，栩栩如生；门厅外墙嵌装的交趾陶饰带，人物造型生

建园时间	园名	地点	人物	详细情况
				动,色彩运用饱和鲜明;祖堂门上的"忠实第"古匾保存完整,书法结构严实,用笔沉稳,是全宅最精彩作品。丰富多彩的装饰、鲜明红瓦,搭配沈朴的洗石子墙,整栋建筑远观近览既鲜又古。
1919	什锦花园(马辉堂花园)	北京	马辉堂	1919 年,清末营造家马辉堂在东城魏家胡同,建造什锦花园。花园部分,有五组假山、水池。北面假山最大,东南构井亭。整个花园山石布局得当,花木扶疏,别有情趣,是民国宅园中代表作。
	契园	北京	刘文嘉	位于新街口北,园内建有温室、花亭、假山和陈列室,为艺菊园圃。
1919	陶庐	江苏南京	陶氏	江宁士绅陶保晋(今南京城内人)于 1919 年所建的园林别墅。据南汤山志》载,陶庐"有林园之胜,楼榭云连"。风格以传统为主,兼容西式,馆、榭、亭、廊错落有致。其主体房五间大厅建于高台之上,青砖黛瓦、歇山顶,檐下柱础林立,回廊环绕。庭院内,花木遍植,四季常青。树木中有松、竹、海、柳、榆、槐、桃、李、桐、杞、枫、樱、桑、桧……最古者为数百年桂花树。草本遍地是,牡丹、芍药、玫瑰、茉莉、海棠、蜀葵、莳萝、幽兰,池塘的碧波中有菱角、荷花。每年金秋时节举办菊展。
1919	玉山别墅	上海	马玉山	在杨浦区西北,粤商马玉山于 1919 年创建,已毁。
1919	止园	上海	沈镛	在闸北区天通庵路,闸北区工程总局主办沈镛于 1919 年创建,面积 22 亩,抗日战争毁。
1919	养真别墅	上海	陈义生	在浦东杨思桥镇,陈义生于 1919 年所建,面积 5.16亩,1966 年后数年毁。
1919	达园	北京	王怀庆	北洋军阀王怀庆(时任北京卫戍司令)拆圆明园石料在福门外造园,1921 年建成,融江南和北方建筑于一体,占地 12 公顷,现有景:福缘楼、四座厅堂、乾隆御碑、石金鳌桥、玉蝀、北假山、锺亭(圆亭)、小桥、西假山、六角亭、石拱桥、长廊、水榭、玉带桥、九曲桥(堤东西各一座)、平桥、湖心岛、湖心亭、池山、瓜棚、翠竹园等。

建园时间	园名	地点	人物	详细情况
1919	民众乐园	湖北武汉		曾名新市场、血花世界、人民俱乐部、新纪与明记新市场，抗战后更名民众乐园，有大院、门楼及游乐设施，建筑面积 2 万平方米。
1919	翠湖公园（柳营别庄、蜀王府花园）	云南昆明	沐英 张献忠 吴三桂 唐继尧	位于五华山西侧，紧邻翠湖宾馆，以“翠堤春晓”而著称，被誉为“城中碧玉”。原为明初黔宁王沐英后代的柳营别庄，明末为义军张献忠蜀王府花园，清为吴三桂藩王府花园、御花园，吴周灭后为承华圃，后开放为公共园林，1919 年军阀唐继尧统治云南时大加修建，更名翠湖公园，有碧漪亭、阮堤、唐堤及桥梁。
1919	军工路纪念公园（虬溪草堂、王家花园）	上海	王铨运	在军工路上海电缆研究所处，为引翔乡董王铨运所建私园，面积 6 亩，1919 年 3 月开工，10 月建成开放，为纪念军工路竣工而名军工路纪念园，又名虬溪草堂、王家花园，免费开放，基地长方，有纪念亭、碑石、望梅轩、荷花池、虬溪草堂、剪淞亭、假山、迎旭亭、送月亭，绿化以花灌木为主，如碧桃、樱花和龙柏，又有梅林和果林。1937 年“八一三”抗战毁，1986 年建为共青森林公园。
1919	栩园	福建福州	林焕章	在福州青芝山青芝寺旁山路上，1919 年林焕章所建别墅花园，傍石径，拥绿林，绕石垣，仿江南园林建有翠甃、石鼓、卧猫诸胜，可远望西施浣纱、童子盼月、乌鹊南飞等景。林焕章(1883—1942)，字右箴，又名万铭，福建连江县人，清贡生，福建省高等警官学校毕业，参加同盟会，历任宁化、归化、德化、罗源、福清、夏门公安局长，福建省银行监理。勤政爱民，性好山水，死后亦葬于园。
1919～1922	聂宪藩园	北京	聂宪藩	步军统领聂宪藩是负责保护圆明园遗址的官员，他在此期间拉走 362 车长春园的太湖石，在家造园，园在何处不详。
1919～1922	车庆云宅园	北京	车庆云	京师宪兵司令车庆云，为造宅园，从圆明园遗址中拉走石料百余车，园在何处不知。

建园时间	园名	地点	人物	详细情况
1919	潘复故居	天津	潘复	位于英租界马厂道东端(今和平区马场道2号)。于1919年由潘氏委托开滦煤矿董事庄乐峰邀请法国建筑师设计并承包建造。主楼是三层砖木结构,大瓦、瓦垄铁顶,水泥抹面,门窗地板一律用菲律宾木料,楼内设五面形阳台。主楼的东楼下为招待达官显贵的客厅,西楼下为接待亲友客厅。整座住宅有楼、平房17间,建筑面积3 827.99平方米。花园仿效西洋自然园林风格,栽植各种树木、花草点缀其间。洋房坐落于花园中,隐没在绿树环抱之中,颇具庄园氛围。
1919	嘉道理别墅花园	上海	嘉道理	位于延安西路64号,现为上海市少年宫所在。主人原是英籍犹太人埃里·嘉道理,住宅气势恢宏,占地14 000米,是区内现存最大的花园住宅建筑,始建于1919年,耗资百万两白银,至1924年建成。主体建筑为1幢占地2155平方米、建筑面积3478平方米(另有地下室830平方米)的2层法国式混合结构大住宅,内外全用大理石,人称大理石宫。建筑前为大草坪,繁花似锦,树木苍翠。草坪南曾建有马厩、鹿厩。埃里·嘉道理,1903年成立中华电力公司,投资公用事业、橡胶、金融、房地产等行业。1926年投入慈善事业,创育才中学,上海肺结核医院,与沙逊、哈同齐名于沪,英王授予爵士称号。抗战期间,在别墅收留犹太人,日军入驻后成为军事机构,嘉道理一家被押香港上海集中营。抗战胜利后,别墅成美英澳活动中心,1953年为中国福利会少年宫。
20世纪20年代	湖天一碧	浙江杭州	哈同(犹太人)	西湖小孤山平湖秋月,为中式花园别墅,填湖造屋,以妻罗氏名为罗苑,俗称哈同花园,现为平湖秋月景点某画院。
20世纪20年代	静逸别墅	浙江杭州	张静江	西式花园别墅,两幢2层小楼,南面大阳台可眺西湖,楼内钢窗蜡地,设施齐全,两楼间接以曲廊,进别墅须登百级台阶,绕三弯,方见此宅,前景尤好。
20世纪20年代	徐青甫故居	浙江杭州	徐青甫	长生路32号,为中国第一家农业银行(浙江农业银行)第一任行长徐青甫所建西式花园别墅,小楼用螺旋楼梯,黑栅栏,红砖墙,有半圆形大阳台和八角形观景窗。

建园时间	园名	地点	人物	详细情况
1920	觉园	上海	简玉阶 简玉照 关炯之	在爱文义路赫德路口，今静安区北京西路 1400 弄内，为开办南洋兄弟烟草公司的简玉阶、简照南于 1920 年建成，初名南园，园广 22.5 亩，园中有水池、太湖石、亭子、水榭、家祠等，简氏兄弟崇佛，1926 年由关炯之发起，在南园创立佛教净业社，改园名为觉园，并增建大佛堂三进，又建两层藏经楼，名法宝馆，园中还设有佛声电台和贫民诊所，时园景有：荷花池、九曲桥、湖心亭、假山、天桥、碑刻、放生池等，园内广植菩提树，1931 年简家将部分园林售与他人建花园住宅、新式里弄、学校和教堂等，1937 年日军驻军，园毁。
1920	宝和花园	上海	虞宝和	在徐汇区虹桥路 823 号，虞宝和于 1920 年前后所建，面积 2.6 公顷，新中国成立初毁。
1920	潘家花园	上海	潘守仁兄弟	在普陀区胶州路西长寿路南，安远路北，潘守仁兄弟于 1920 年所建，占地 2.6 公顷，抗日战争前毁。潘守仁(1892—1953)，字翔麟，小名生涛，沪西草鞋浜人，卖柴出身，跻身沪西房地产首富，开办新鸿记营造厂，建设新村，兴办学校，好义广施。
1920	赵庄花园	上海	赵灼臣	在长宁区哈密路 432 号，英籍华人赵灼臣于 1920 年所建，面积 28 亩，内有桃园、梅园、荷花池、草坪、湖心亭、九曲桥、玻璃温室花卉等，1937 年秋遭日本飞机轰炸被毁，1953 年建为新泾电影院和新泾区文化馆，1983 年又建新泾乡政府大楼，仅存六角亭和九曲桥。
1920	凤池精舍（十亩园）	江苏苏州	汪甘卿 叶恭绰	在苏州东美巷，原为宣统时驻奥使馆参赞、吴县(今吴县市)人汪甘卿的十亩园，20 年代被叶恭绰购得，以远祖梦得本籍吴中凤池乡，故名，园内有亭榭水池、梅花盆栽，抗日战争时，叶赴港，园渐衰，20 世纪 60 年代毁。
1920～1929	朱民松花园别墅	上海		位于华亭路 72 号，是一幢法式的花园别墅。20 世纪 20 年代，朱民松到上海打工，没几年，成为很有钱的资本家，公司设在外滩汉弥登大楼。朱在

建园时间	园名	地点	人物	详细情况
				上海最尊贵的地段麦阳路购置了花园别墅，这就是现在的华亭路72号别墅，占地约二亩，共三层，外墙灰褐色，毛毛刺刺的墙面上深绿色的爬山虎点缀其间，别墅正面的窗设计为椭圆形，很雅致。二楼的露台是圆形的，从露台通往花园的左右楼梯弯弯的、宽大，十分气派，就像舞台上的布景。
1920～1929	沈家花园	上海	沈梦莲	在奉贤区南桥镇，占地24亩，为官僚沈梦莲所建宅园，北宅南园，宅为西式，园内主楼三层，两侧各有一座凉亭，遍植蜡梅、雪松、玉兰、月桂、柑橘、茅芭蕉等花果树木，1937年11月，遭日军轰炸，新中国成立后为中共奉贤区委、县政府。
1920～1929	汤恩伯公馆	上海	李氏兄弟	坐落在四川北路2023弄35号的金泉钱币博物馆。原来曾是国民党将领汤恩伯的豪宅。汤恩伯住宅原为广东李氏兄弟在20世纪20年代建造，抗战期间被日军侵占为军官司宿舍。抗战胜利后被汤恩伯所占，人称“汤公馆”。后来为国民党浙江省主席陈仪居所。汤恩伯为陈仪一手提携，得陈资助和举荐，并娶其外甥女黄竞白为妻。1949年初，陈仪派外甥丁名楠带亲笔信去上海，策动汤恩伯起义未果，反被出卖。在这座房子里陈仪被捕，押至台湾后被害。
1920～1929	王造时寓所	上海		坐落在多伦路93号，“七君子”之一的王造时以为革命据点，今为咖啡馆。建造于20世纪20年代，建筑为新古典主义。北临街，两层混合结构。屋面平台，对称地置有弓形山墙和三角形山墙作为装饰构件。檐部用栏杆作为女儿墙，起到过渡作用，并使建筑显得更轻盈。底层和塔司干式使整幢建筑外观显得简洁、端庄。楼梯中庭用玻璃天棚采光，与室内细致的浅色装饰组合在一起给人一种华贵的感觉。建筑平面呈凹字形，立面构图中间虚、两边实，立面强调竖向线条，转角墙和女儿墙饰几何装饰。外墙全部细面仿水刷石饰面。特别是层间立面的巨柱式柱头为变形的塔司干柱式和科林斯柱式，经变形和简化，表现出了向现代建筑过渡时期的建筑风格特征。

建园时间	园名	地点	人物	详细情况
1920	黄家花园	重庆璧山	黄少青	为 19 世纪 20 年代黄少青所建花园，现存樟树和橡胶树 16 株。
1920～1923	秀山公园（第一公园、血花公园、南京第一公园）	江苏南京	齐燮元	在瑞金路西首南侧，今金城机械厂职工宿舍区。1920 年江苏督军李纯身亡，其部属齐燮元纪念上司而号召官兵集资，于是年冬筹资兴建，1923 年秋落成，以李纯的字“秀山”命名秀山公园，园林按西式规则式布局，有李纯铜像、纪念堂，堂侧有辛亥革命元老李烈钧题的对联：江东士气吞朔汉；万古雄风掩六朝。1925 年有人倡议改名中山公园未遂，1927 年 3 月 29 日各界在此举行北伐军打败孙传芳克复南京大会，8 月 13 日被教育局接管，更名第一公园，拆李纯铜像，9 月因追悼讨伐孙传芳的阵亡烈士而名血花公园，建讨逆革命军阵亡纪念塔，10 月正式命名为南京第一公园，首任主任王又余，下设事务部、园艺部、图书部、博物部、艺术部、教导部。1928 年 11 月 4 日举行成立周年纪念活动，有菊展、游园会、影印全园风景图发售、出版纪念刊、设置无线电收音机、弹子房、网球场等，12 月 15 日南京市公园管理处接管，1929 年取消门票，增对联：到此遣愁怀，但愿勿忘革命；归来齐奋斗，切莫留念斯园。1932 年 12 月 9 日修园路，1938 年 9 月归日伪南京市公署园林管理所，兼管白鹭洲公园、秦淮河小公园，1939 年 7 月列入扩建明故宫飞机场使用范围。1928 年有树木 53 种 2033 株、花木 28 种 822 株、果木 10 种 237 株。
1920	黄荣远堂	福建厦门	施光从	在鼓浪屿福建路 32 号，为菲律宾华侨施光从由侨居地带回图纸并创建，为厦门鼓浪屿租界内中西结合庭园精品。别墅居北，坐北朝南，西欧风格为主，别墅地上三层，地下一层。南面庭园由三部分组成，右侧为中式假山，左侧为绿地，正中为西式椭圆形花坛。轴线正中的西式花园，椭圆形花坛，正中为方形水池，水中有水假山作为障景，正对别墅植棕榈两对。西式花园东面为草地，植榕树、龙眼、木棉、千里香等。西式花园西面为中式庭园，依围墙堆石假山两座，山内构洞， 山下有西井，山

建园时间	园名	地点	人物	详细情况
				上有八角亭、镜轩、八角亭和观景平台等，植龙眼、桂花、榕树等。施光从，晋江籍菲律宾华侨，发家后回厦投资，与林尔嘉是亲家，1937 年左右施举家迁菲律宾，别墅转入黄忠训名下，后来黄忠训又转给其最小弟弟黄仲评，黄荣远堂是越南华侨黄文化创办的公司，黄文华(1885—?)，福建南安人，早年卖豆干为生，后携子出洋成为越南华侨，开荒致富。黄忠训在鼓浪屿有 56 幢别墅，以这幢最漂亮。黄忠训(1875—?)，字铁夷，福建南安人，清末秀才，1918 年与父亲黄文华在越南注册黄荣远堂，开发鼓浪屿。
1920	观海别墅(观海园)	福建厦门	黄奕住	在鼓浪屿东南角田尾海滨现观海园，著名华侨黄奕柱所创，中西合璧，面临大海。现重辟为观海园，占地 10 万平方米，周边共有 38 座近代别墅，多为三十年代外国人或华侨所建，海湾成弧形，礁石凸兀，楼宇参差，山、海、园、林相映成趣。黄奕柱(1868—1945)泉州南安人、旅印尼华侨、印尼首富、厦门公用事业最大投资商，在厦门有 160 幢别墅，又为厦门首富。
1920	陈家花园	重庆	陈丽生	在江北区石马河滩子沟，占地六公顷，为商人陈丽生于 1920 年所建，时人称为“下陈家花园”，1930 年陈经商失败，卖花园，将部分花木迁往桃子林，人称“上陈家花园”，园内花木众多，有银杏、罗汉松、海棠、梅花、千枝柏、杜鹃等，其中以梅和杜鹃为多，球根和宿根花卉亦丰富，内有兰圃，古桩景以柑橘和柠檬为多，1938～1945 年间为中央大学园艺系实习场地，今为江北农场，花木不存。
1920	倪嗣冲洋房花园	天津	倪嗣冲	位于原英租界围墙道，今南京路和平保育院，皖系军阀倪嗣冲所建，有楼两幢，园内有假山、凉亭，配以花草树木，倪下野后一直居此。倪嗣冲(1864—1924)，原名倪毓桂，字丹忱，安徽阜阳城西南三塔村(今阜南县三塔集)人，1893 年中秀才，后屡试不第，于光绪二十五年(1899)投奔新任山东巡抚袁世凯，任山东陵县知县、知州、知府，袁又将倪转

建园时间	园名	地点	人物	详细情况
				荐于新任东三省总督徐世昌，任过班道员、东三省民政司长，1911年辛亥革命时任武卫右军行营左翼翼长、河南布政使帮办军务、安徽布政使，1913年任皖北镇守使、安徽都督兼民政使长，1914年授安武军，创立安武军，1917年张勋复辟后收编辫子军为新安武军，任安徽督军兼长江巡阅使，1920年皖系战败，辞去军政各职，寓居天津。倪是所有北洋军阀在天津投资最多的一个，他利用战争掠夺的钱财投资金城银行、大陆银行、裕元纱厂、大丰机器面粉公司、恒益粮号、中国油漆公司、北京丹凤火柴公司、丹华火柴公司、山东峄县中兴煤矿公司等。其天津住宅有三处，其中两个有花园。
1920	倪家花园	天津	倪嗣冲	在英租界马场道今儿童医院处，占地八公顷，倪购地后拟建为晚年生活的园林，无奈只建成院墙及花房数间，1924年倪就病死天津。
1920～1939	兴国宾馆	上海		位于兴国路78号，占地面积105 600平方米，绿化面各达90%以上，由20多幢风格各异的小洋楼组成，大多建于20世纪20年代。有英国乡村式样的别墅、法式的、西班牙式的洋楼，分别为德士古洋行、太古洋行、海宁洋行或一些资本家的办公和住宅楼。其中的一号楼，是当时著名英商太古洋行大班的住宅。这是一幢英国帕拉第奥式样的建筑，三层高的主楼右侧有单层的辅楼，南面是双层廊柱，北面是大的雨棚，楼前有着露台和大花园。
1921	巡阅使署花园（城南公园、曹锟花园、保定中山公园、保定人民公园、南关公园）	河北保定	曹锟	在保定市环城南路西段南侧，西南临府河，东与永华南路南端相连，北至环城南路。曹锟在担任巡阅使期间，保定是他的官署，他借造署办公为由，在南关征地，又从北京圆明园的文渊阁中拉走太湖石数十车，从西直门火车站装车，派士兵押运至此建园。建成后请梅兰芳、程砚秋、尚小云、白牡丹、小翠花、刘喜奎、余淑岩、韩世昌等名角来园庆贺。时有楼、台、轩、馆、茶社、戏院、花、木、鱼、鸟、狮、虎、豺、鹿、猴等，顺公园马路，修有明渠，养金鱼以供人赏，还有游船、假山、老农别墅、杏花村等景，池中遍植荷花，故有百里荷香之称。1928年

建园时间	园名	地点	人物	详细情况
				为纪念孙中山而更名中山公园。又由于军阀混战于保定地区，园之花鸟鱼兽及建筑皆被焚，只留下少量花木、假山石、别有洞天，以及记载盛况的两块碑石。1936 年 1 月 7 日，宋哲元任河北省主席，曾捐款命其部下于当年三四月修复，宋哲元碑记有景：门二、斋二、轩三、亭三、洞四、桥三、电影院、戏院、游泳池、体育场等，该园跨清河南北，地广 40 余公顷，1937 年竣工。宋哲元取“周文王之囿与民同乐”之意更名人民公园，七七卢沟桥事变之后，日军把园分成河南河北，河南驻日本和尚，河北成人行道，亭台受损。1946 年春国民党平汉路北段护路局令张荫梧将私立四存中学从西安迁于园内，并办社会教育师范，10 月初，保定绥靖公署修城时又遭破坏，树木被伐，战壕纵横。1948 年 11 月 22 日保定解放，1951 年副市长丁廷馨成立人民公园筹备委员会 15 人，并任主任，重新规划建设，建有猴山、鹿苑、泳池、园门等，1952 年 6 月 24 日开放，时有动物 7 种 19 只，金鱼 18 种，花卉 8 种。现有花卉 120 种、动物 83 种、金鱼 30 余种，有亭榭三、桥三、假山一、湖 15 亩，观赏花木器 64 种，竹林三片，柿林二片，古八景除灵雨秋涛、五川波声外，尚有铁塔入山、双流交贤、虎啸风声、百鸟朝凤、别有洞天等五景。分三区：文娱区（金鱼戏水、双人飞天、碰碰车、登月火箭、小火车、八角亭、办公楼、游乐场）、动物区（熊猫馆、熊山、猴山、鹿苑、老虎馆、雕山、天鹅池、鸣禽馆、鸵鸟房、鸡馆、鱼池、百鸟朝凤笼、海豹馆等）、花卉区（暖房 1000平方米、花圃十余亩）。
1921	游存庐	上海	康有为	位于英租界的愚园路地字 34 号（后改 192 号和 194 号），康有为所建中西合璧花园，人称康公馆，占地 10 亩，有两幢西式楼、延香堂（楼）、三本堂、竹屋、池塘（比辛家花园水池还大）、木桥、土山、茅亭，植树 1200 余，有樱花 400、红梅数十、桃花 400，及罕见的绿花梨树，池边搭葡萄架和紫藤架，种菊花和玫瑰，养孔雀二、猴一、麋鹿一、驴一、金

建园时间	园名	地点	人物	详细情况
				鱼五百。1926 年康在此办天游学院。主体建筑为二层的延香堂,园中有中国式三本堂,依《荀子·礼论》"天为生之本,祖为类之本,圣教之本"取名,供上帝、孔子、祖宗,亦供"六君子"之一的康广仁遗像。还有竹屋,仿当时新闻路简照南(广东番禺人,侨居苏门答腊,上海南洋烟草公司创办人,康同乡好友)园中竹屋兴建,外竹里木,充满野趣,为康接待之处。1927 年康故后天游学院停办,1930 年康氏后人为还债务售与浙江兴业银行,拆除园林,改建为里弄民居 40 余栋,名愚园新村,今存。
1921	乔家大院花园	山西祁县	乔致庸 乔景仪 乔景俨 乔映霞 乔映奎	位于山西祁县乔家堡村,乔家大院占地 8 424 平方米,建筑面积 3 870 平方米,六大院 20 个小院 313 间。始建于乾隆二十年(1755),时有两个大院,同治年间乔致庸扩建三个院落,光绪中晚期乔景仪和乔景俨扩建,1921 年海归的乔映霞和乔映奎扩建一院一园,屋与园皆改为西式。1998 年花园恢复,内有丹枫阁(傅山题)、水池、假山、石桥、二亭等,繁花似锦。
1922	啸余庐	福建福州	林森	在福州青芝山莲花峰下虎洞边,为 1922 年林森辞去福建省省长所建别墅花园,园依山而建,面对闽江,林森手书"常关",黄宾虹题"啸余庐",啸余庐双层中式砖木结构,又有管理员宿舍、石室、泽泉、花圃、一片瓦(三层楼,十余年后托族人增建),共有面积 230 平方米。1943 年林森死于重庆后,在青芝山鳌湖畔建藏骨塔以纪念,其实内无林森尸骨,占地 500 平方米。
1922	刘梦庚园	北京	刘梦庚	刘梦庚(1881—?),天津人,历任保定陆军医院院长、巡阅使参议、天津造币厂长,京兆尹、陆军上将。为了建宅园,于 1922 年 9 月 8 日派人进圆明园挑选太湖石,拉走 60 余车,又有杠夫数十人一起拉石料,被婉拒后通过王怀庆得手,在 9 月 19 日至 24 日间,又拉走长春园太湖石 201 车、绮春园青云片石 104 车,歇了十几天后,又从 10 月 6 至 13 日,运走 422 车石料。园在何处不详。

建园时间	园名	地点	人物	详细情况
1922	向庐（邻雅小筑）	江苏苏州	范烟桥	在苏州临顿路下塘温家岸17号，原为清初诗人顾予咸别墅遗址，占地4亩，1922年范烟桥随父由吴江移家于此并重建宅园，因父字葵忱，取葵心向日之意，故名向庐，有景：假山、水池、土阜，有梧桐、榆树、蜡梅、天竹、桃、杏、棕榈、山茶等。1956～1958年池馆太湖石尚在，“文革”时范烟桥受冲击，1967年去世，向庐归公，拆旱船廊屋建为平房住宅，水池被填平，1979年归还范氏后裔，尚存花厅、方厅、书房、太湖石假山，仅存紫薇、棕榈和白牡丹。
1922	鲍协台西园	北京	鲍协台	位于海淀镇西上坡，占地面积约五亩左右。园西北叠置假山一座，山势不高，秀石多姿，曲折蜿蜒。园北墙置壁岩，东北角砖砌三层方形小楼一座，楼南散置假山，山前建六角单檐小亭一座，亭旁植梧桐树一株。园中遍植丁香、碧桃。
1920	觉园	重庆	熊克武 杨子云	位于南温泉盆景园附近，占地2000平方米，1922年熊克武在此修医院，院中有温泉名子泉，利用泉水建浴池，后杨子云入住，称觉园，在空地上遍植白玉兰、法国梧桐和栾树，沿热水沟两岸遍植桃花，1930年杨租与巴县县立南泉乡村师范学校女生宿舍，继办第一实验小学，1951年熊克武将园捐献给南温泉公园，1953年拆觉园房舍成浴室，后因水量小水温低改为职工宿舍。熊克武(1885—1970)，字锦帆，四川井研县盐井湾人，1904年留学日本，加入同盟会，1906年回川发动起义，1911年参加广州起义，武昌起义后参加北伐，为蜀军北伐总司令，南北议和后为蜀军第一师师长，二次革命时为四川讨袁总司令，败后逃居东京，1915年护国战争时为第五师师长兼重庆镇守使，1918年为四川镇国军总司令兼摄军民两政，1924年为国民党一大中央执委、川军总司令，1925年被蒋扣后又释，开始反蒋，抗日战争时任重庆国民党国防委员，1949年策动川西起义，新中国成立后为西南军政委员会副主席、全国政协委员、第一二三界全国人大常委、民革中央副主席，1970年病逝。

建园时间	园名	地点	人物	详细情况
1920	太谷公园	山西太谷	安恭己	在太谷城西北，原为清代西园，1920年，太谷县知事安恭己主持建为太谷公园，园分三区：花园、运动场、湖南。花园在东部，2亩余，有花房三间，由贯家堡养花名匠贾支（小名淘气）任花工，主要养菊花，砖砌花池养月季。花园南为运动场，每月在此举行武术比赛。水面占十之七，水中筑亭台和六角亭，有小桥一、瓜皮小舟二，虽为死水，但养鱼。湖岸植柳树。安氏曾在此开赛禽会。20世纪50年代，食品公司在池中养鱼，每年春节在此举行绞活龙活动，1979年植柳、槐、椿、枣3500余株，糖醛厂和五金厂排污于湖，鱼死树毁，1984年彻底治理并重建公园。
1920	南园	广东广州		为酒家园林，毁于战火。
1920	许家花园（吴家花园）	上海	许氏	在徐汇龙华镇西俞家湾，许氏于20年代所建，占地12亩，新中国成立后废。
1920	孙中山上海故居	上海	孙中山	孙中山虽曾20多次来到上海，但长期没有固定寓所。1918年，四位加拿大归国华侨从原准备在沪开化妆品厂的股本中抽出一笔钱，买下了莫里哀路29号（现香山路7号）的住宅送给孙中山。在他们十分恳切地劝说下，孙中山不便推辞，于是在1920年1月从环龙路迁入新居，直至1924年11月北上，孙中山夫妇俩一直居住在此。楼前是一片正方形的草坪，三面环绕着的冬青、玉兰、香樟和松柏苍翠欲滴。屋内楼下是客厅和餐厅，楼上是书房、卧室和室内阳台。室内的陈设是1956年宋庆龄按当时原样布置的，绝大部分是原物。客厅里有一块用五色木块拼成的大镜框，镶着孙中山就任临时大总统时拍摄的照片。镜框四角刻着相同的花朵图案，每个图案由18颗星组成，表示在辛亥革命时全国共有18个省响应。相片的周围用彩色丝带围成一个钟形，意喻孙中山要用革命的钟声唤起中国民众。

建园时间	园名	地点	人物	详细情况
1920	蒋园	江苏苏州	蒋炳章	在苏州仓街，为蒋炳章于20年代日据中期所创，1929年蒋炳章在此举行耆归大会，1935年在园内办振吴汽车学校，新中国成立后荒废，并入东园。
1920	刘园	台湾屏东	刘氏	在屏东县万峦镇五沟，为刘家祠前园。园平面方正，对称，十字形道路，两侧建对称水泥洗石子的亭子，为开放式管理。
1920	文园	广东广州	陈福畴	在广州文昌巷，由人称乾坤袋的陈福畴所创，为园林式酒家，园内有莲池，池上架曲桥，建水榭，水榭中置雅座，还有石山盆景、泥牛瓦童、花卉树木等，成为广州二十年代四大酒家之首。有联："文风未必随流水，园地如今属酒家"，表明文园以文化气息为特色。
1920	谟觞（钟家花园、愉园酒家）	广东广州	钟氏	最初在第十甫，后迁至宝华下中约（现宝华路愉园）的钟家花园，成为酒家园林，名谟觞，园内曲径通幽，亭台楼阁，珠帘翠幛，有一拳石斋、二酉轩、三雅堂、四时斋等餐厅，皆源自钟氏花园旧景，毁后改为愉园酒家，现存大理石平山积雪四字是两广总督阮元所题。
1920	亦足山庄	福建厦门	许汉	在鼓浪屿笔山路9号，为同安籍越南华侨许汉所建，建筑为欧式，门楼和台阶为鼓浪屿最大最美者，花园欧式，高处有八角亭，曲径通幽。
1920	明园	广东广州		在越秀区恤孤院路，某华侨建于20世纪二三十年代，五大侨园（简园、春园、明园、葵园）之一，花园洋房，前院式，三幢别墅只余二幢，黄姓居12号，阮姓居14号。
1920～1923	未园	江苏常州	钱遴甫	位于常州市大观路原二十三中学（今市青少年科学艺术宫）内，为木商钱遴甫于1920～1923年所建。1952年市政府购园辟为淹城中学（现第三职业高中），1995年7月1日为少年宫，1997年5月始修，当年11月完工，二期工程于2003年3月竣工。有四宜厅、滴翠轩、汲玉亭、乐鱼榭、月洞、垂虹桥、长廊、挹爽亭、长春亭、假山等景。并有百年香樟、桂花、罗汉松等古树名木。

建园时间	园名	地点	人物	详细情况
1921	乾　园（静园）	天津	陆宗舆 溥仪	位于和平区鞍山道70号，是陆宗舆1921年所建宅园，名乾园，曲径长廊、怪石清泉、花繁树茂、喷泉花钵，藤萝架，金鱼池，为中西结合花园，园广3360平方米，建筑2062平方米。静园除了建筑别出心裁外，园林亦属上乘。周围花墙环绕，园内有曲径、长廊、怪石、清泉、花木，为了娱乐活动，在楼东还建了一个网球场。陆为安福系政客，在五四运动中因为卖国而被罢免，但受日本人庇护，下台后在天津先后担任汇业银行经理和龙烟铁矿公司督办，为方便工作而在日租界建园以居，1929年清逊帝溥仪从张园迁居乾园，在园中"静观变化，静待时期"，故更名静园。
1921	陈氏别墅	江苏扬州	陈氏	在瘦西湖的凫庄上，陈氏所建。
1921	越秀公园	广东广州	孙中山	越秀山为南越时代园林，1921年孙在广州任非常大总统，倡议辟建越秀山公园。1925年建中山纪念堂，1929年建中山纪念碑，1929年建光复纪念坊，坊毁后1948年建光复纪念亭，1930年建孙先生读书治事处碑，1932年为纪念1922年香港海员罢工而建海员亭。1950年后扩建，达82公顷。
1921	啬色园	香港	梁仁庵	位于九龙黄大仙竹园村。1921年广东南海西樵普庆坛创始人梁仁庵抵港，在张殿臣、唐丙泉、郭述庭和陈桩支助下择址龙狮山，建立黄大仙祠，当年建成大殿，名啬色园，1925年名赤松黄大仙祠，1968年重建，1992年仿北方园林建成后花园，名从心苑，啬色园占地1.8公顷，是一个典型的园林祠庙，不仅朝圣区为园林化明显，而且背后有后花园，面积5600平方米，约为总面积的1/3。啬色园的基地是龙狮山，宗教区格局为三纵多台。正中一纵三台，前面为园门，立牌坊，四柱三楼石牌坊，四柱出头，顶饰石狮，正题：啬色园，下附：第一洞天，左右对联，柱前立石狮一对。向左为普济劝善门，四柱歇山顶，绿琉璃，红柱蓝白彩绘。从正中轴线上九级台，来到第一台的盂香亭，它是供奉

建园时间	园名	地点	人物	详细情况
				烟圣佛及韦驮的地方。亭八角，四面有门，重檐攒尖顶，绿琉璃顶，红柱子，几级石台阶。过亭为玉液池，池为圆形小水池，池中圆形喷泉，周围置棕榈盆景。过池上第二台，正中为经堂，平面方形，现为总办事处，捐款和问询处。从侧面上可达经堂后的飞鸾台，是黄大仙的寝宫。台为古铜色砖砌建筑，平面六角，八角窗，重檐攒尖顶，黑色琉璃屋面，八角挂钟，阁内供奉孔子及其弟子。台后偏左建三圣堂，三开间，硬山，黄琉璃，正脊用吻兽，堂内供奉道家吕洞宾、佛家观音及武神关公。这一条轴线按金木水火土而设。最上面的飞鸾台是金，经堂是木，玉液池是水，孟香亭是火，通向所有祠庙神龛前都有一个土筑照壁，是土。
1921	台北植物园	台湾台北		1896 年建苗圃，1921 年改植物园，从欧、美、澳、非、东南亚各国采集植物。
1921	莹园	上海	康有为	在杨树浦路，康有为在 1921 年所建别墅，1922 年建成，为康有为三别墅(一天园、天游园、莹园)之一，园面临吴淞江，较简单，为农村式，康于建成之日五更起床，见旭日东升，万道霞光，作《新筑别墅于杨树浦临吴淞江作》："白茅覆屋竹编墙，丈室三间小草堂。剪取吴淞作池饮，遥吞渤海看云翔。种菜闭门吾将老，倚槛听涛我坐忘。夜夜潮声惊拍岸，大堤起步月似霜。"建成后一年多，就转售日本人，抗日战争时毁于炮火。康有为自题莹园联：微官共有田园兴，晚岁犹存铁石心。
1921	黄家花园	福建厦门	林尔嘉 黄奕住	在鼓浪屿晃岩路 25 号鼓浪屿宾馆，为黄奕住所建，原为英国贩卖华工的德记洋行副经理的别墅，称中德记，菽庄花园主人林尔嘉买下后转让给黄奕住，历时三年建成私家花园，新中国成立后改为厦门市宾馆。两幢别墅为中西结合，以欧风为主。黄奕住(1868—1945)，泉州南安人，印尼四大糖王之一。

建园时间	园名	地点	人物	详细情况
1921	一天园（康庄人天序）	浙江杭州	康有为	在西湖丁家山，为西湖十八景之一的蕉石鸣琴，占地 30 余亩，康有为在蛰区上海辛园后迁居此处，1916 年，浙江督军请康在丁家山水竹居避暑，康母爱此地山水，次年购地建园，历四年于 1921 年建成，耗银 4 万两。此园在西湖以西的丁家山麓，又叫人天庐，因居南高峰余脉，后依麦岭，三面临湖，山不高足瞰全湖，山多灵穴，野玫瑰盛开时漫山如绣。此山旧名丁家山，丁家绝后改名一天山，所以园又名一天园，康为此园题写“一天园记”和“一天园诗十章”，园内主要建筑有：人天庐、明琴亭、饮比亭、石老云荒馆等，人天庐中的开天室为书房，可俯瞰西湖，南北皆窗，又称四照阁。园内广植奇花异草，灵穴奇石，还有诸多石壁题刻。室内有外国皇帝坐过的椅子和光绪帝御赐的古环，显出他的保皇心态。1927 年康死后北伐军入浙，国民党元老、浙江省主席张静江以康为保皇余孽而占据，抗日军兴，杭州失陷，二太太梁氏子女出售园林，后渐湮没，1953 年一天园并入刘庄，今存有几幢老屋、蕉石鸣琴和“潜崖”石刻。
1921	李河大花园	河南焦作		在焦作市百间房，为英国投资公司福中公司修建的花园，30 余亩，有假山、凉亭，种植各种花草树木。毁。
1921	黄花岗公园	广东广州		位于先烈中路，面积四公顷。1911 年 4 月 27 日，孙中山先生领导的同盟会，在广州举行武装起义，七十二军人牺牲，他们被葬在黄花岗。1921 年，为纪念这次起义，在广州先烈中路修纪功坊、七十二烈士墓。全园 12.91 公顷，陵园以一条中轴线从东南直达西北。300 多米长的主轴线上面，在不同的高差上依次布置牌坊门、墓道、黄花井、默池、龙柱、碑记亭、奏乐台、七十二烈士墓、纪功坊、碑记。东门是正门，门楼为 13 米高的四柱牌坊门，孙中山题“浩气长存”，左右两只石狮护门。轴线侧有黄花井一口。轴线中有建于 1921 年的扇环形默池，池中有单孔石桥，左右有两根龙柱，建

建园时间	园名	地点	人物	详细情况
				于 1926 年 3 月。再前进，上两层台阶，达一小平台。东为奏乐台，西为碑记亭。再上一层台阶，达最高处七十二烈士墓。墓四柱盔顶四面带三角山花，为希腊和罗马综合式。过墓地是一个纪功坊，这是一个大型纪念建筑，墙上有孙中山题字"浩气长存"。门楼伸出，屋顶有三角形垒叠方砖装饰，顶上有自由女神。过纪功坊，有碑记。
1921	陈绍宽故居	福建福州	陈绍宽	在市郊城门乡胪雷村，陈绍宽建于 1921 年。故居由门楼、庭院、厅堂、后院、花园组成，三厅二十四房，面积 757 平方米，花园占地 4000 平方米，园中有鱼池、亭阁、花卉等。陈绍宽(1888—1969)，字厚甫，福建福州胪雷人，历任海军部长(1932)、海军司令(1943)、华东军政委员、国防委员、福建省副省长、省政协副主席、民革中央副主席，因不参与内战，不去台湾，被免职回乡。
1921～1922	南阳公园（南阳路儿童游戏场、南阳儿童公园）	上海		在南阳路 169 号，占地 5.49 亩，1921 年 12 月工部局以规银 3.01 万两购地建园，次年底建成对外国人开放，1934 年 7 月 26 号才对中国儿童开放，为上海最晚开放的租界公园，初名南阳路儿童游戏场，1937 年更名南阳儿童公园，1951 年 7 月更名南阳公园。入口为椭圆形草坪，园内大草坪上置秋千、跷跷板、旋转秋千、滑梯等，建凉亭 2 只，"文革"挖地下工事时设施被毁，1981 年修复，改建亭廊一座、新建棚架亭廊组合和大花坛，有乔灌木 700 余株。1985 年 4 月建为上海商城大厦。
1922	星园	上海		在闸北区天通庵路宝兴路西，毁。
1922	亨白花园	上海		在卢湾区徐家汇路，毁。
1922	陈氏耕读园	上海	陈氏	在虹口区横浜路八字桥堍，占地 3.87 公顷，粤人陈氏兄弟购地建园，俗称广东花园，园中植有花木，有宗祠和墓地，"一·二八"抗战时十九路军蔡廷锴司令部设于此，八安桥数度鏖战而毁。

建园时间	园名	地点	人物	详细情况
1922	清真别墅	上海		在徐汇区肇家浜路陕西南路口，回人在1922年前所建的别墅花园。民国十五年(1926)蒋晖、金彭庚、哈少夫等回族人士在真如地区购地建第二清真别墅。
1922	澄园	上海		在卢湾嵩山路延安东路口，毁。
1922	憩园	上海		在静安区江苏路，毁。
1922	憩园	上海	吕耀庭	在卢湾区肇周路，吕耀庭于1922年前所建，毁。吕耀庭，民国9年上海总商会选举的会董之一。
1922	葶园	上海	奚葶衔	在静安区南京西路江宁路口，旅沪商人奚葶衔于1922年前所建，毁。
1922	弢园	上海	蔡增誉	在普陀区真如镇东港，商人蔡增誉1922年前所建，毁。
1922	婉容花园	北京	婉容	东城区鼓楼南帽儿胡同35、37号的旧宅 院，原为清末代皇帝溥仪之皇后婉容婚前的住所，是婉容之曾祖父郭布罗长顺所建。原只是较普通的住宅。1922年婉容被册封为“皇后”后，其父封为三等承恩公，该宅升格为承恩公府。作为“后邸”，加以扩建。西路四进院落。东路为三进院落。后院有假山、水池，东有家祠。西路正房 即为婉容所居。现为北京市重点文物保护单位。
1922	亲睦公园	上海	黄承干	在徐汇区漕河泾东，黄承干于1922年所建，面积30余亩，1930年改建为万年公墓。黄承干(1872—1931)，字楚九，号磋玖，浙江余姚人，15岁随父到上海经商，卖仁丹发家，后经营娱乐业、银行、股票，创立大世界，又乐善好施，参加河南赈灾，为上海新药业同业会主席和总商会执行委员。
1922	泰州中山公园	江苏泰州		未详。

建园时间	园名	地点	人物	详细情况
1922	葵园（逵园）	广东广州		在大沙头北岸广九铁路边，又称逵园，五大侨园（即春园、明园、简园、葵园、隅园）之一，花园洋房，前院式，占地2000平方米，园中有国内外名花，建筑中西风结合式，设计师为广三铁路设计师。1927年汪精卫居此，日占时富商陈祖潘购得，1986年东华实业公司拆园建住宅楼。
1922	秦淮小公园	江苏南京		在夫子庙东区公安局旁，约今永安商场一带，呈东西长方形，面临贡院街，北靠秦淮河，为娱乐型公园。1922年北洋政府时期，择夫子庙热闹区建园供民众娱乐，1928年7月23日充实设备，建成儿童游戏场，大门设岗警。1929年6月南京市公园管理处接管，旋交白鹭洲公园管理，1937年底由第一公园办事处妆管，1939年6月改为儿童乐园妆移交教育局管理，1941年7月毁园建商场。
1922	庆王府花园	天津	小德张载振	在和平区重庆道55号，1922年太监小德张亲自设计建造的别墅园林（又道1917年建），1925为清代最后一个铁帽子王庆亲王载振所创王府花园，现为天津市外办。府与园占地4385平方米，建筑面积5085平方米，府邸长方形，中央为大厅，内设戏台，列柱围廊，院内有园，园内有景假山、石桥、亭子。
1922	上海市公共学校园	上海		在南市区尚文路，占地8亩，1922年10月为配合中小学生自然常识教育，当年拓地建园，次年5月建成开放，初名上海县（今闵行区）立公共学校园，1927年改市立公共学校园。园内有1茅亭、1棚架1、曲廊30米、5展区（农作物、蔬菜、果树、花卉、动物），1932年市政府决定建市立动物园和植物园而于次年8月1日撤销公园，现为民居。
1922	瑜园	广东番禺	邬仲瑜	在番禺余荫山房南面，是一庭院，建于1922年，是园主人的第四代孙邬仲瑜所造。底层有船厅，厅外有小型方池一个，第二层有玻璃厅，可俯视山房庭院景色。现已归属余荫山房，两园并在一起，起到了辅弼作用。

建园时间	园名	地点	人物	详细情况
1922	小河阳	山西太谷	安恭己	在太谷县署(今公安局)中,知事安恭己于办公厅后隙地建北庭五间,庭前植花木,因慕晋代潘岳任河阳县令时植桃种李而作,自题:小河阳。园内有大影壁、具瞻坊、寄一砚石厅(即北厅),太谷氏族争一名砚不休,于是安县令命置于园中厅内以休争执,今园毁。
1922～1924	春在楼(雕花楼)	江苏苏州	金锡之金植之	位于东山镇,松园路内为金氏两兄宅园,金锡之早年在上海打工,后入赘为婿,包揽上海崇明县棉花,发家,金妻为独女,岳丈死后继承大批遗产,遂为东山镇大富,于是与弟金植之从1922年始建宅园,历三年方成,耗黄金3741两。因门朝东,取"向阳门第春常在"之意,名之春在楼。宅园合5000平方米,从东到西依次为:照墙、门楼、前楼、中楼、后楼、附房,有特色者为走马楼、封火墙(20余米高)、雕刻(集江南砖、木、石雕大成)。雕刻内容有:鸿禧、八仙庆寿、文王访贤、尧舜禅让、郭子仪上寿、子孙满堂、鹿十景、二十四孝、三国、五蝠捧寿、万福流云等。后园广300平方米,集江南园林精华,有景:假山、水池、曲桥、亭榭、回廊、花木(竹、紫藤、桂、蜡梅)等。蹬道盘旋,深洞藏井,柳暗花明。楼北筑廊,亭上加阁,高低起伏,花窗沟通(13扇蝶形瓦花窗),上楼远眺,远近在望。太湖石假山四座,以象形为主,有狗熊、大象、麒麟、松鼠、猫头鹰及十二生肖,宅园现存,为省级文保单位。
1922	桑志华旧居	天津	桑志华	法式庭院建筑,十字形交叉园路,喷泉水池位于中心,植物茂盛。花园尽端为一高台花圃,种植月季。花园原本面积很大,园路自喷泉向四周呈放射状。现花园部分保存,于原址基础上修改。
1922	徐士章花园	天津	徐士章	位于和平区睦南道126号,洋房为三层砖混结构建筑,外观为摩登风格,唐山地震后立面有个较大改动,楼内设有书房、舞厅、客厅、餐厅等。花园为英国庭院式,花园中设有花坛,树种丰富,乔木高大,四周为透景式花墙。
1922后	陈光远故居	天津	陈光远	建筑为折中主义风格,二层有一矩形露台,三层顶部露台上建有一个中式凉亭,是五大道地区最早的屋顶花园。

建园时间	园名	地点	人物	详细情况
1922～1936	螺翠山庄	云南昆明	张维翰	在昆明市北门街北仓坡顶，为国民政府高官张维翰的私家园林，中西合璧式，张留日主修市政，归后不仅主持市政建设，还自行设计，聘请名匠施工建成，园内有松径柴扉、石洞竹山、假山池沼、花木草池，有华式之庐，西式之楼，日式之亭，各俱佳趣，成为民国昆明八景的螺峰叠翠。1936 年曾在其中举行两子重阳登高诗会，抗战爆发后第一年西南联大的吴大猷曾入住此园。张维翰(1886—1979)，字莼沤，云南省大关县人，1979 年 9 月 1 日在台湾病逝，著有《都市计划》、《法制要论》、《行政法精义》等书。他率先推行现代城市建设，重新规划昆明市，翻修昆明近日楼、大观楼等名胜古迹，又修建地藏寺公园。工诗文，著有《采风集》、《中国文学史》、《环游集》、《莼沤类稿》等，又为自己家乡编著《大关县志》。
1923	小西湖	甘肃兰州	刘尔炘	北临黄河，南靠古长城，东西湖长一里许，南北宽约半里，系明初肃王凿池引水，种莲花，故原名莲荡池。池上修建亭榭楼台，风景秀丽。明朝诗云“黄河挟秋喧树杪，青山劝酒落樽前”颇能表达当时胜概，后毁于火。清康熙巡抚刘斗于康熙五年(1666)稍事建筑，乾隆总督吴达善于乾隆二十二年(1757)再加修葺，乾隆四十六年(1781)又遭兵大焚毁。光绪六年(1880)总督杨昌浚，由浙调甘，用江南造园手法，仿杭州景观，在池心建来青阁，池西建临池仙涫，北岸建螺亭，池外环栽杨柳，池内养鱼种莲，并牌坊于池东，题额为小西湖，以示不忘浙人和有别于西湖之意，从此，西湖一名代替了莲荡池。辛亥革命后，小西湖逐渐荒芜，1923 年督军陆洪涛请刘尔炘重修，把原湖心的来青阁改造成六角三层的塔形建筑，远望如塔，题额为宛在亭，改临池仙绾为羊裘室。每到万晴日，亭阁映水，莲荷举花，湖水荡漾，形成全区最优美的景点。

建园时间	园名	地点	人物	详细情况
1923	啬园	江苏南通	张謇	清末状元、实业家张謇墓园，因张号啬庵而名啬公墓，后称南郊公园。始建于 1923 年，后又建飨堂、石坊、茅亭、八角亭、张謇像。1977 年扩建，现有景：月季园、牡丹园、芍药园、木本花卉园、草本花卉园、映山楼、荷池、花房、土坡、曲桥、鱼乐榭、璎珞厅、待吟书屋、大草坪、望鹤亭(扇亭)、松鹤轩、黄石假山、碧云亭。
1923	敏园	上海	李显谟	在闵行镇沪闵路以西，华坪路以东，1923 年闵行乡绅李显谟在他的沪闵南柘长途汽车公司边兴建的商业园林，广 27 亩，李的好友姚伯鸿规划设计，1923 年园北开放，次年园南开放，同年江浙军阀齐燮元与卢永祥大战，敏园受损，1927 年初孙传芳在此阻击北伐军，再损，后孙润华承租修复后开业，“八·一三事变”后成为日军马厩，建筑受损，光复后园毁。园北部以建筑胜，南部以湖山胜。有景：绿野草堂、假山、园河、九曲桥、石舫、双联六解亭、园湖、湖心亭、土山(两座)、太湖石山(3座)、茅亭、竹屋。专案有：中西餐饮、戏曲、电影、话剧、弹子房、舞厅、商店、气球升空等。
1923	鼓楼公园	江苏南京	王新命	位于北京东路、北京西路、中山路、中山北路和中央路五条干道交口。明代 1382 年建鼓楼，内有 1684 年两江总督王新命等人所立圣祖玄烨戒碑，1923 年辟为公园。在南京城中心的鼓楼岗，海拔 40 米，系钟山余脉，面积 3.67 公顷，水面 80 平方米。明代 1382 年建鼓楼，入清后只余城阙，楼毁，1684 年两江总督王新命建楼并立玄烨戒碑，人称明鼓清碑。1923 年辟为公园，1928 年 10 月南京市公园管理处成立，建测候所，以后又作为中央天文研究所临时办公处，紫金山天文台建立后天文台迁出。1930 年设鼓楼公雷锋办事处，兼管清凉山公园和鸡鸣寺公园，1935 年 7 月在公园内建儿童娱乐园，1937 年成为伪政府鼓楼公园办事处，兼管莫愁湖公园、五台山公园、清凉山公园及街道行道树，1946 年 5 迁都南京后设鼓楼公园管理所。现有明鼓楼、清戒碑、龙凤亭(在戒碑边，有一对)、八角亭(民国初期齐燮元为其母做寿而建，称齐氏寿亭)。

建园时间	园名	地点	人物	详细情况
1923	阙园（曲石精庐）	江苏苏州	李根源	辛亥革命元老李根源1923年定居苏州后在葑门内十全街创立宅园，以为其母阙氏养老之地，故名阙园，又名曲石精庐，有景：葑上草堂、彝香堂、水池、假山、湖石、花木等。张一麟和金松岑有诗咏之。现水池和假山存，为苏州饭店，市级文保。
1923	吴江公园	江苏苏州	徐幼川	在吴江市松陵镇，广28亩，1923年群众动议在松陵八景之一的七阳山创建公园，终因经费不足而告终，1934年，县长徐幼川决定继续兴建公园，分四期施工，完工后有景：中山纪念堂、七阳山、卵石路、四面厅（东北角）、息楼（山脚）、亭子（山顶）、喷水池、池中假山、竹篱（园后环山）等。1937年兴建钱涤根烈士（国民党早期党员）纪念碑。抗战时公园受损，胜利后修整。1953年种植大批黑松、松柏、罗汉松、玉兰等名贵树木，每年发动群众植树，八十年代进一步美化。吴江籍社会学家费孝通为公园题额，新建儿童乐园、亭子、环山路、荷花池、凉亭、水榭、微型石狮、三曲桥等，新植香樟、水杉、蜡梅、桃树9000株。
1923	叶家花园（夜花园、敷岛园）	上海	叶贻铨	在杨浦江湾跑马场侧的上海第一结核病防治院（今政民路507）内，富商叶澄衷之四子、浙江省商人、跑马商叶贻铨购地77.64亩，建成营性园林，俗称叶家花园，因叶贻铨是上海医学院院长颜庆的学生，1933年叶氏将园捐给医学院作第二实习医院，即结核病医院，为纪念叶父将病院定名为澄衷医院，只有部分是医院，大部分是园区，故当年六月开放营业，称夜花园，1937年"八·一三"事变后，日军头目冈村宁次和土肥原贤二入住，1940年日军交给日本恒产株式会社管理，以敷岛园开放，人少而于次年关闭，旋为日本特务机关所占，光复后归"国立上海医学院"，新中国成立后为上海市第一结核病防治院。风格以中式为主，西式建筑点缀。园略呈圆形，马路绕园而筑，循路可至园内各景点，路侧植龙柏、松树、香樟、红枫、棕榈、竹丛等。园湖三角形，习称三角浜，湖上三岛，岛间和岛岸间有六桥，小池南北各一，园门内环砌假山，最大岛中央有二层西洋楼，坐北朝南，底层东西南三面环廊，楼前为平台。大岛北建八角亭桥，园内次岛堆大土山，山间大树，岛西建六角亭，南建圆亭。南部环路外侧石假山高耸，奇石罗列，山侧有瀑布，山内有山洞，山上植松、柏、香樟，另有庙宇、礼堂、长亭、秋千等。

建园时间	园名	地点	人物	详细情况
1923	费仲深宅园	江苏苏州	叶昌炽	位于苏州桃花坞大街176号，唐诗人杜荀鹤曾有《桃花河》、宋范成大曾有《阊门泛槎》咏此地，北宋熙宁年间梅宣义在此治园，柳堤花坞，风物一新，称五亩园，又名梅园。哲宗绍圣年间（1094～1097），中枢密章咨在五亩园南置田广700亩，筑桃花坞别墅，章氏子弟又在此基础上广辟池沼，建成一座园林，人称章园，《吴门表隐》誉其为“园林第宅，卓冠一时”。梅章两家为世交，梅宣义子梅采南与章咨之子章咏华效曲水流觞之典，将两园池塘打通，建双鱼放生池，一端通梅园的双荷花池，一端通章园的千尺潭，时人在此游春赏花，一时鼎盛。宋末兵变，梅章二园渐荒，大半为菜园，元以后屡有兴废。明弘治年间（1488～1505），画家唐寅买下章氏桃花坞别墅取名桃花庵，以表追思，时人称唐家园，或沈太翁园，乾隆年间，僧禅林、道心改建为宝华庵，光绪年间又改为文昌阁。章园另一处为明天启年间为杨大溁建为准提庵，供奉准提佛。清嘉庆年间，吴县市知县唐仲冕以唐寅族裔身份在准提庵东建唐解元祠，置室名：桃花仙馆，以祀唐寅、祝允明、文徵明三先生。后为武进人费念慈宅，民国十二年（1923）售与费仲深，费大事修整，取名归牧庵。占地2090平方米，建筑面积1420平方米，以梦墨亭等唐寅轩榭旧称为名，从耦园中觅得灵璧石，以20壮汉搬至梦墨亭中，费为袁世凯幕僚，1925年，其子与袁世凯孙女在花园内举行婚礼，轰动苏城。两落四进，西落为花园，以曲池为中心，南有小姐楼，楼前为桂花小院，院南为船厅三间。池东为曲廊，池西为方亭（废），池周为景石，池北为鸳鸯厅。峰石沿壁，建筑起伏，庭院三曲，湖石玲珑。环池植以金桂、银桂、玉兰、木瓜海棠，以合“金玉满堂”之兆。费仲深（1883—1935），原名树蔚，又号韦斋，愿梨、左癖、迂琐，吴江人，积学好古，操爽有燕赵风，文学雅，尤善绮声，时人莫能及也。曾任袁世凯的邮传部员外郎兼京汉铁路事。因劝阻袁世凯称帝不被纳，愤离官场。（注：五亩园在清末叶昌炽重筑园亭，建筑名多为五亩园旧有，人称叶氏五亩园，后被谢家福购得，建望炊楼。）

建园时间	园名	地点	人物	详细情况
1923	懋园	重庆	汤氏 吴玉章	位于中区大溪沟附近，为汤氏于1923年所建，内容不详，1925年吴玉章在此办中法大学四川分校，历时两年，学校办公室今为大溪沟派出所。吴玉章(1878—1966)，四川省荣县双石乡人，是语言文字学家之一，也是杰出的教育家。
1923	澍园	云南昆明	袁嘉谷	位于翠湖北路5号，为云南第一位状元袁嘉谷故居中的花园。袁在辛亥革命后回滇，1920年在玉龙堆建颐寿楼，为二进式院落，内院为四合院式走马转角楼，中间为三层，顶楼为阁楼，自题联：座里光前花萼瑞，堂明气象燕呢春。1923年，东陆大学建校，他受聘主讲国学，并在颐寿楼边建澍园，园中堆土为山，名金钟山，建小亭，名课经亭，植花种菜，自记："园愈狭，心愈惬；园愈隘，身愈泰。"以自勉自励。袁在此园生活了十八年。20世纪50年代云南大学购回故居，成为校园一部分，现楼在园毁。并说："昆明园林，以唐公所有为第一。至小，以我所有为第一。"袁嘉谷(1872—1937)，云南石屏县人，诗人、教育家，字树五，号澍圃，晚年自号屏山居士。1903年，参加经济特科考试，一等第一名，即经济特科状元，成为云南历史上唯一的状元，授编修，1904年赴日考察，回国后先在清朝京师任学务处副提调，领导教育改革，随后担任学部编译图书局局长，负责主持编写中小学教科书、大学参考书和翻译介绍外文图书工作，开国内编写统编教材之先河。1909年，袁嘉谷调任浙江提学使，不久又兼布政使，兴办教育、整理文献典籍。1911年辛亥革命后离浙归滇，历任省参议员(1912)、省政府顾问(1915)、省图书馆副馆长、省通志馆编纂等职，还在东陆大学(今云南大学前身)执教十五年，精通史学、经学、文学，有400多卷著作。
1923～1925	张家花园	四川自贡	张伯卿 黄秋帆	在自贡市贡井筱溪境内太平山南麓、金鱼河边的青杠林，为民国时官僚张伯卿所创花园别墅，张费四万两白银历三年而成，为贡井最早的洋房和独

建园时间	园名	地点	人物	详细情况
				有的花园，洋房为四川边防军自流井提款处处长德阳名士黄秋帆设计，按当时德国领事馆式样仿罗马式楼房建造的，有大小房屋14间，楼前石砌月台，前临池塘，池中建木舫，名望湖（今名桂影湖），花园占地1公顷。园以花卉林木见长，名贵者居多，绿化占全园十分之七。张伯卿，曾被段祺瑞任命为四川印花税处会办官，后蒋介石封为四川印花税局局长，是有名的大贪官。
1923～1930	龙州中山公园	广西龙州		1923至1930年建，初有亭五、台一、池三、洞二、球场四、儿童游戏场一，中山纪念堂、图书馆和动物园等，现面积仅为当初四分之一，15公顷。
1924	和平公园（北京市劳动人民文化宫）	北京		原为太庙，始建于1420年，清代沿用，1924年改为和平公园，1950年改为北京市劳动人民文化宫，有三进大殿、配殿、琉璃门、戟门、石桥7座，古柏甚式。（汪菊渊《中国古代园林史》）
1924	嘉业堂藏书楼花园	浙江南浔	刘承干	1910年，刘镛子刘承干斥资12万银元，建藏书楼，并在南面建小花园，20亩，1924年建成，1951年献给国家，中国传统式样，园林为一池一岛，有石山、明瑟亭、桥、啸石等。
1924	意国花园及（工人公园）	天津		位于意大利租界马可波罗路（现民族路）与但丁路（现自由道）交口东南，占地8.8亩，规则式，中为罗马亭，东为中国儿童游戏场和亭，西为外国儿童游戏场及亭，南为花窖、球场、运动场，北为喷泉、水池、花坛，1934年建回力球场，日占时改河东公园，新中国成立后改回力球场为第一工人文化宫，留一角为工人公园，只余花池一处、石廊一处。
1924	马可波罗广场	天津		位于意大利租界马可波罗路（现民族路）与但丁路（现自由道）交口，与意大利花园同时建成，名马可波罗广场，2200平方米，中心为50多平方米圆形台地，台地中为二米高喷泉水池，池中央为六米高科林斯石柱，顶部为铜像。

建园时间	园名	地点	人物	详细情况
1924	千代公园	辽宁沈阳		1924 年始建，1926 年建园，日伪早称千代公园，1946 年更名中山公园，1949 年后经过多次改造，为传统与现代结合，16.1 公顷，有草坪、假山、亭阁、水池、小桥等。动区有高空游览车、赛马车、激流勇进、电动木马、荷花桥、章鱼、滑翔龙、高空脚踏车等，静区有曲廊、喷泉、牡丹园、新桃园百花苑、温室、中山铜像、儿童堡等。
1924	石龙中山公园	广东东莞		在石龙太平路，1924 年建成，孙中山逝世后更名中山公园，新中国成立后更名人民公园，1983 年复名中山公园，水陆面积 4 公顷。1925 年 10 月石龙各界在此欢迎东征军。
1924	邹宅花园	江苏苏州	邹氏	律师邹氏 1924 年建于人民路，建中式花园西洋楼。西洋楼为砖木结构罗马式，现楼存园毁，为苏州电加工研究所。
1924	双树草堂（章园）	江苏苏州	章太炎	在侍其巷 18 号，为章太炎居苏讲学时的宅居，人称章园，沈延国《记章太炎先生》载，园内有亭楼之盛，抗日战争时被日机炸毁，后章迁锦帆路。章炳麟(1869—1936)，近代民主革命家、思想家，初名学乘，字枚叔，后改名绛，号太炎，浙江余杭人，1897 年任《时务报》撰述，参加维新而流亡日本，1900 年剪辫革命，1903 年被捕，1904 年成立光复会，1906 年参加同盟会，1911 年任《大共和日报》主编和总统府枢密顾问，1913 年因讨袁被囚，1917 年参加讨袁护法军政府，1924 年脱离国民党，在苏州设国学讲习所，以讲学为业，一生著述很多。
1924	乌鲁木齐路儿童公园（宝昌公园）	上海		在乌鲁木齐中路，占地 2500 平方米，1924 年法租界公董局把新建乔敦路与原路间的三角地建为公园，名宝昌公园，1954 年改乌鲁木齐路儿童公园。园三面围篱，各一门，内铺草坪，有亭子、秋千、滑梯、跷跷板等儿童活动设施。新中国成立后设少年图书亭，1961 年在园内西部建水泵，面积缩为 1280 平方米，“文革”中拆图书亭和设施，1975 年改为街道绿地。

建园时间	园名	地点	人物	详细情况
1924	桃花园	山西太原		在西城门外，今太原新建路西侧桃花园宿舍区，原为城里棉花巷某氏树木园，广 100 余亩，以桃树为主，当春烂漫，1924 年已经存在，1946 年 4 月的《民众日报》在并市点滴中报道为首次发现。新中国成立后扩至 164 亩，1961 年辟出 80 亩植桃 2500株，每年产桃 3 万余斤。“文革”时砍树种粮，2000 多树被砍，1973～1975 年连续砍4660株，建起宿舍楼，现在只余地名。
1924～1928	黄家花园	上海	黄伯惠	在嘉定区南翔镇封浜乡，《时报》业主、大地产商黄伯惠（上海金山人，字承恩）于 1924 年始建，至 1928 年建成，历时四年，面积 68 亩，园内遍植珍稀树种，大多数从国外引入，只有两间别墅，种树 200 余种，有称见树不见屋之称，引起轰动，有松、檀、楠、榕、樟、美国梧桐、女贞、海桐、棕榈、寿星竹等等，尤以美国巨松“世界爷”最著名，风格为西式，有荷池、土丘和别墅，青砖铺地。抗日战争时树木被伐，1947 年南翔镇建设委员会与园主修复。解放初园内设纪王区办事处，后设槎南乡人民政府，1957 年县农业局托管。
1925	周家花园	上海	周德庵	在徐汇区龙华镇南，占地 20 多亩，周德庵所建，抗日战争毁。
1925	李济深故居	广西梧州		位于苍梧县大坡镇料神村。李济深 1885 年诞生于此。故居为青砖瓦房四合院，兼有中西建筑艺术风貌，院后有苍翠的铁黎木树林，风景幽雅。故居建于 1925 年，占地面积 3342 平方米，建筑面积 2010平方米。2001 年被国务院公布为全国重点文物保护单位。
1925	杜美花园	上海	约瑟夫(英)	杜美花园在淮海中路和东湖路交叉口，即今天的东湖路 7 号，是英籍犹太人瑞康洋行的老板约瑟夫请当时著名的法国建筑师 Davis T 和 Brooke 设计的一幢具有法国风情的别墅，工程于 1925 年竣工，取名叫大公馆，又因为过去的东湖路称为杜美路，故这个花园被市民俗称为杜美花园。挪威

建园时间	园名	地点	人物	详细情况
				风格建筑，左中右三段式，上中下三段式，中部上面三层平顶，左右各一间，开罗马拱券门，檐口有浮雕。中间大间，前出平台和栏杆。别墅前面为一排修剪过的黄杨，左右是两棵雪松，外面是一个大草坪，地形起伏高低，四周还有高大的香樟树，室内的家具都是从法国运来的，花园中还有中式假山、水池、亭子等。东厢房作为账房，西厢房作为大菜间，三楼给第一夫人，二楼给第二夫人，东西两幢小洋房分别给第三夫人和第四夫人。
1925	王家花园	上海	李秋吾	在徐汇区龙华路 2660 号，占地 2 亩，李秋吾民国 14 年所建，今址尚存。
1925	衡山公园（贝当公园）	上海		衡山路与广元路口，1925 年 8 月，法租界公董局在建公园，利用北部旧河清淤的河泥 5 000 吨作填土，时有：树林、草坪、一亭。1926 年 5 月完工对外国人开放，因坐落在原贝当路（今衡山路）故名贝当公园。1943 年改名衡山公园，1963 年以盆景为特色。1965 年停止开放，1987 年 4 月 10 日恢复开放，并修假山，建儿童乐园和调整树木。1991 年 11 月在园中建沈钧儒塑像。全园面积 1.08 公顷。有景：大花坛、沈钧儒像、茶室、售品部、儿童设施（滑梯、跷跷板、秋千、猴架、木马、攀登梯、单杠、双杠）等。
1925	董竹君住宅	上海	董竹君	愚园路 1320 弄新华新村，南面花园，中式小庭院，开池筑山，栽植花木。
1925	地坛公园	北京		位于安定门外大街东侧，是明清 14 代皇帝祭祀之坛。明 1530 年建，清沿用，1925 年辟为京兆公园，1929 年改市民公园，现名地坛公园，1990 年建蜡像馆，古迹有方泽坛、皇祇室、地坛、神库、神厨、祭器库、乐器库、宰牲亭、斋宫、神马殿、神楼、广厚牌楼等。内坛占地 640 亩，护坛地 1467 亩。

建园时间	园名	地点	人物	详细情况
1925	深圳中山公园	广东深圳	胡钰	位于中山西街 42 号，香港绅士胡钰先生为纪念孙中山先生而筹建，初 1.3 公顷。1984 年、1998 年扩建，达 49 公顷，有孙中山像，山景和水景风格迥异，入口塑石山非常壮观。园林东北区是湖区和平地，西南区是山坡山冈。园内有人工湖区面积 3 公顷、疏林草地 6 公顷，山坡山冈 40 公顷。
1925	梧州中山公园	广西梧州		在北山上于 1925 年建成中山公园，为梧州最早公园，内有中山纪念堂、晨钟亭、园中园、动物园等。
1925	桂林中山公园	广西桂林		在独秀峰下。
1925	宜昌中山公园	湖北宜昌		原名商埠公园，孙中山于 1925 年 3 月 12 于北京逝世，宜昌各界在园中开追悼会，挽联 800 余幅，会后在街头演讲，散发传单，宣传三民主义，机关下半旗，兵舰鸣炮，同时把园名更为中山公园，园内图书馆更为中山图书馆，公园路更名中山路。
1925	下九湾石屋花园	重庆		位于重庆江北大石坝的半坡上，为二层台地，平地是穿斗结构的合院式祠堂建筑群，一层台是面向祠堂建三间带前檐廊西式石屋，前出平台，雕石栏杆，二层台地正中建塔楼，两侧附西式砖房。花园占地大，石屋欧洲风格明显，地形处理为意大利台地式。植香樟、黄桷、竹子、红梅、茶花，台间用三米宽台阶，台间有斜向花圃。1942 年祠堂筹办中国美术学院，徐悲鸿居于二层台地的西式砖房。
1925	哈尔滨儿童公园	黑龙江哈尔滨		是哈尔滨最有特色的公园，1925 年名铁路公园，1956 年 6 月 1 日伴随中国第一条由少年儿童自己管理的儿童铁路和少年号儿童列车的正式开通，命名更名至今，占地 17 公顷，英式别墅、法式别墅、巴黎凯旋门、卢浮宫玻璃金字塔、红场钟楼、康乐宫、综合表演广场、和平广场、太阳神喷泉、荷兰风车、游乐园、花地广场、小爱神花坛、宙斯酒楼、伯拉仁诺教堂、孔雀园、迪尼斯城堡、同心殿、高尔夫网球场、一级方程式赛车场、森林木屋、吊

建园时间	园名	地点	人物	详细情况
				床休闲区、森林浴区、俄罗斯餐厅、田宛茶室、石灯、天鹅湖、井户、东南亚木屋、图腾柱、非洲草屋、心园、升旗广场等。园内儿童铁路和小火车儿童自管，路长2公里，有北京站和哈尔滨站，往返12分钟，车厢12节，乘客200。
1925	舒家花园（艺林花果园）	重庆	舒伯成	在江北区唐家桥，为舒伯成于1925(又说1928)年所建，占地1公顷，以经营花木为主，盆景次之，行销省内外，现为重庆市花木公司江北苗场。
1925	中山林公园	甘肃兰州	杨慕时	在兰州城关甘肃日报社一带，20世纪60年代后渐为楼群。1925年，为纪念孙中山，甘肃省建设厅厅长杨慕时以工代赈，在龙尾山麓萧家坪造园，东起方家庄和二郎岗，西至西北大厦，占地250公顷，后称中山林。引五泉山西龙口泉水上坪，凿五泉为池，灌溉林木。至抗日战争时，园林有白榆、山杏、臭椿、刺槐十万余株。时为第八战区司令部，内有忠烈祠，祀张自忠等将士4382人。公园北部临左公路(今民主西路)为大门，题：中山林公园，门内有中山铜像，公园地形由北而南升高，坡底有金鱼池，坡上建茅亭(1956年移至五泉山)，亭南为中山林管理处，园西有垂柳、杨树林，林中有五泉，俗称小五泉。园内设茶座，有说书、下棋、唱秦腔、耍杂技、表演武术、卖瓜子等。20世纪50年代后期在小五泉西建曲艺剧场(今兰州八中东侧)，1949年9月下旬，兰州军管会副主任韩练成让企业家王维之出资，石草坡、廖子厚从私园中购得菊花5000多盆，在国庆时在园中举办第八届菊花展。
1925	西山公园（万县商埠公园、九五公园、中山公园）	重庆	杨森	位于万州西山山麓，面临长江，后枕西山太白岩，依山取势，景观多姿。四川军阀杨森民国十四年(1925)驻防万州后，决定建一座公园供人们休憩、游玩。原规划公园占地600亩，后实占地仅三分之一，在原自然景观的基础上建了花坛、水池、凉亭、体育场及游乐场等，后来又修建了九五图书馆和古物陈列馆。另外，还有鸟林兽笼。鸟林在现在茶花林处，有包括孔雀在内名禽四十多笼，茶花

建园时间	园名	地点	人物	详细情况
				林坝下，则陈列着铁制兽笼，养有野猪、猩猩、猴子、老虎等。又建西山月台，接着兴建静境，组建佛学社、忠孝堂和照相馆等，修建人工湖，创建西林。有紫薇、古朴树、黄桷树，还有银杏、桢楠、白玉兰、红梅、黄桷兰、香樟，还曾从重庆静观镇引植数棵百年苏铁、茶花，树形奇特、美观。商埠局初定名为万县商埠公园，后改名九五公园。1928 年正式成立万县市政府后，更名中山公园，1928 年末，又改名为西山公园。
1925	万州北山公园	重庆	杨森	面积 15 亩，绿化用地外，还设有运动场、图书馆、博物馆等。万州解放前夕，已名存实亡。
1925～1929	瑞山公园	重庆	李鹏南	位于合川区苏家街，面积 0.69 余公顷，1929 年 9 月建成开放，园内花台、花圃皆备，花木繁茂；并养有鸟、猴等动物。主要建筑设施有：岁寒亭、瑞应山房，以及讲演厅、博物馆、民教馆、图书馆、球场、餐馆、茶园等。现为区人民政府，仅存公园门柱 4 根。
1927	渝南温泉公园	重庆	周文钦	位于巴南区南泉街道，明万历五年（1577）建温泉寺、清宣统元年（1909）县人周文钦倡修禊会建浴室，1919 年建 1920 年建成，又被洪水冲毁，1921 年修复，1927 年许相声辟为渝南温泉公园，1935 年筑同心堤，1937 年国民政府迁都。军要机关迁入，1938 年国民党主席林教修定十二景：南塘温泳、弓桥泛月、五湖占雨、滟滪归舟、三峡奔雷、虎啸悬流、峭壁飞泉，花溪垂钓、小塘水滑、石洞探奇、建文遗址、仙女幽岩。1942 年建成南泉示范区，1953 年贺龙、刘伯承，卢汉确定面积 320 公顷，1985 年定名南泉风景区，今面积 20 公顷，水达 7 公顷，有大泉、仙女、铧园、竹石苑四景区。
1925	接引寺园林	重庆	德高和尚	1925 年增植林园，占地约 4000 平方米，园中有刺柏、茶花、桂花、梅花数十株。花圃树荫，树绿花香，1926 年修路时被毁。

建园时间	园名	地点	人物	详细情况
1925	睦南道50号	天津	张学铭	建筑为英式建筑风格，小洋楼前面一座花园，整体设计风格简约，西方园林规则简单的特点突出，与小洋楼比例均衡，色调和谐统一，落落大方的特点相得益彰。
1925	钱业会馆	浙江宁波		位于战船街10号。钱业会馆建于1925年，分为前后两进。前进廊舍环绕，中有戏台，两边楼房。后进穿“钱园”月洞门后，为西式小园，布局规整。入口左侧布置有水池和假山。中有一园路直通尽端建筑，西式凉亭位于园林中心，亭顶为半球形石刻盝顶结合六边形平顶，下由六个水泥柱支撑。道路两侧为小型黄杨，内侧多为乔木。
1925	周均时住宅	上海	邬达克 周均时	在新华路329弄36号，西式，建筑周边为草坪环绕，绿树掩映，被称为上海西郊哥伦比亚圈内的精华别墅之一。周均时(1892—1949)，原名烈忠，字君适，四川遂宁人，“民革”党员，1913年留德，转波兰，回国后任同济大学校长，重庆大学工学院院长，著有《高等物理学》、《弹道学》，1948年加入民革，负责策反，1949年在重庆就义。
1926	珍园	江苏扬州		文昌中路38号，原为清代兴善庵，民国初年改筑为珍园，1500平方米，有小水池、曲廊、水榭、曲桥、石洞、方亭、井栏等，新中国成立后成为市府招待所，现在珍园饭店内。入门古园绿水、山石、建筑与植栽皆存。正中为藤架，藤萝密布，深荫不见天日。左面水池一泓，南面建有水轩一座，轩前出敞轩架于水上，柱立于水上，绕以湖石。轩侧面为山墙围合，前开落地长窗，西墙上开六角门洞和桃形漏窗。轩顶为歇山，左右落坡。池中架以三折石板桥，两侧栏杆为水泥，显得有些多余。池中种睡莲，池岸湖石砌筑。落叶与静水，青莲与藤萝，丹桂与玉兰、芭蕉与枇杷、松竹与棕榈，让人倍感清幽。百年白皮松犹存，百年紫薇却枯萎，令人伤感。曲桥通向对岸假山石洞。假山用湖石堆成，壁立陡峭，但较为杂乱，石峰侧有柏树一株。廊西面棕树成一排，列于西面粉墙漏窗前。漏窗与东面的砖花窗不同，是用青瓦拼花。卵石路终端为一宝瓶洞门，背题柘庵两字。园内建筑为中西合璧式，显示了当时民国的风格特征，房前屋后又作草地、乔、灌木的绿化，十分幽静，现作为宾馆的办公之处。

建园时间	园名	地点	人物	详细情况
1926	席德俊花园洋房	上海	卡尔·倍克	位于霞飞路上(今淮海中路1131号),建筑风格属德国文艺复兴式花园住宅。该宅主人席德俊是旧上海银行世家出身,是汇丰银行第五任(1923—1929)洋买办。主人聘请沪上著名的德国建筑师事务所倍高洋行(Becker & Baedeker)设计。住宅有着陡峭的红瓦屋面,山墙的装饰十分华丽,转角处用塔楼装饰,立面上的敞廊运用木构架,窗户上的彩色玻璃具有德国新艺术风格的流派(青年风格派)的影响。住宅高三层,面向东南,混合结构,建于1926年。平面为正方形,东南立面逐层退台,两道镂空栏杆作为划分立面的水平带饰。新中国成立后,席德俊住宅曾一度作为比利时领事馆,之后住宅归上海音乐学院使用,如今是达芬集团总办事处。
1926	李清泉别墅	福建厦门	李清泉	位于旗山路5号,中西合璧的三层别墅,正面有罗马式大圆柱,庄严稳重。别墅庭院以多色花岗岩卵石铺成小径,形成彩色图案,使别墅显得更加秀美。庭院里种植名贵南洋杉和花木,中心为欧式喷水池,池中立假山。李清泉父子经营木材,所以别墅采用名贵木材进行装饰,门窗、楼梯等均使用高级赤楠。是鼓浪屿保护得最好的老宅之一。
1926	郭乐兄弟住宅	上海	郭乐 郭顺	主楼南为大花园,中西结合,占地1 701平方米,用草坪、树木、花卉遍铺。设塔状喷水池,大理石砌筑,池中立希腊神像,堆假山,建亭台,地形起伏,有石洞、曲径、小桥,植茶花、丹桂、紫藤、玉兰、海棠、蜡梅、香樟。
1926	许氏旧居	天津	许氏	英格兰庭院式建筑,建筑左前方有花园,内有两座廊架,植被茂盛,缺乏修剪、养护。
1926	城南公园	重庆	范绍增	面积0.8公顷,建有陈燮烈士纪念碑、六角亭(今警报台)、一泓榭、荷花池、假山、测候所(备简易仪器)、图书馆、球场。种有桃、梅等花木及以紫薇蟠

建园时间	园名	地点	人物	详细情况
				扎的牌坊、屏，大叶黄杨扎成的狮、象。抗日战争时期为重庆卫戍区稽查所和宪兵分遣队占用。现为中央长寿区办公地，园内尚存部分大树、荷花池。
1926	泉州中山公园（督署花园、郡圃、体育场）	福建泉州		原为泉州唐至清提督署后花园，五代留从效建衙于北楼城之南，并筑云榭、广胜楼，宋王十朋及市舶司多次登榭赋诗，宋毁衙城改建州署，扩大范围，太极井以北为州署正堂宣化堂，堂后建园，俗称郡圃，专为上司巡视之用，园中垒石为山，峰顶刻松楸叠翠，山侧有亭，山下置曲水流觞及石桌椅，北进清署堂及志喜亭分列东西，堂前置水池，池东北有爱松堂，阶前有松，蔡襄《荔枝谱》写于此，园中有数株巨榕，北侧依城墙，欧阳詹《北楼记》题于墙壁，后人又建双亭以对清源和双阳二山，清代增飞凤落池等水景。辛亥革命后，督署及花园改建为中山公园，1936 年改建为体育场，抗日战争时竖立抗日烈士纪念碑，并建哥特式烈士纪念亭（新中国成立后拆）。新中国成立后只余10 余株古榕、跑道、看台、灯光球场、旱冰场、门球场等体育场地，无其他园景。1983 年以来多次重修，园景有：四门、中山碑、中山像、魁星山、魁星河、廖花溪、亭台楼榭、小桥流水，有园中园：逸趣园、游乐园、动物园、花展馆等。2002 年，中山公园经过改造成为集休闲、娱乐、体育、购物为一体的市民公园，分四区：东侧绿化文化共享区，南侧健身活动区，西侧球类活动区，北侧榕荫幽居区。公园地下人防工程为闽南最大图书城。
1926	濂溪别墅	江苏苏州	郑氏	1926 年 6 月 10 日郑逸梅署名在《新月》上发文，说此园为同姓主人所有，门临大道，园内有文廊精室，园前密后疏，密处奇石耸置，疏处细草平铺，中有一大池，又有玻璃花房，多种花卉。
1926	茧庐（程小青故居）	江苏苏州	程小青	在苏州望星桥北堍 23 号，民国十五年（1926）侦探小说家程小青（1893—1976）创建，历九年而成，占地一亩余，结构中西合璧，1960 年代初，其女吴育真从海外寄来月季名种，今宅院尚存。

建园时间	园名	地点	人物	详细情况
1926	立园	广东开平	谢维立	位于为旅美华侨谢维立 1926 年始建，历十年于 1936 年建成，1959 年为干部疗养院，“文革”被毁，初 11014 平方米，1999 年扩至 20 公顷，旧景有西式鸟笼、花藤亭，又有中式牌坊、打虎鞭、桥亭、碉楼等，新景有：大池、曲廊、草地、桂里等，为岭南华侨园林代表。
1926	留诗山中山公园遗址	广东珠海	唐绍仪	在金鼎东岸留诗山，原为内阁总理唐绍仪出任国民党西南行政院常务委员会兼中山模范县县长时，在家乡唐家湾筹建“中山无税商港”时兴建，后因发生中山兵变而告终，现存大闸桥边的旧亭额题有“中山公园”四字，为唐手迹。
1926	汕头中山公园	广东汕头		为纪念孙中山先生而立，有大水池、堤桥、桥亭、大假山、园中园、大草坪等，为岭南中山公园中内容最丰富、最有地方特色和时代特色的园林，20 公顷。早期建有主入口牌坊、九曲亭桥、大假山及亭子等，20 世纪 70 年代扩建有临湖餐厅、摄影部、盆景园等。2003 年 10 月份，由广州园林建筑规划设计院承担改造设计，全园分成 9 个分区：名人纪念区、中心广场文化区、植物观赏区、动物观赏区、水上游览区、儿童活动区、老人活动区、体育活动区、园务管理区等，突出历史遗物中的三绝：牌坊、假山、九曲桥。增加通透式望江亭、梅溪晚唱滨水带、弧形文化走廊等，2005 年完成。
1926	兰州中山东园、西园	甘肃兰州	王朱楧 李渔 张勇	两园相邻，一水而通，左宗棠引阿干河水从西园入，东园出。东园较早，始于明建文元年(1399)肃王朱楧创建的肃王府后花园，入清，为陕甘总督驻节的节园。西园原为李渔在康熙五年(1666)为靖逆侯张勇建的艺香圃，后改鸣鹤园、望园、若己有园、憩园、西花园，1926 年为了纪念孙中山，国民军把东园和西园改为中山东园和中山西园。两园现存。详见明代节园和清代己有园条。

建园时间	园名	地点	人物	详细情况
1926	蔡家花园	天津	蔡成勋	位于日纬路84号第一金属制品厂处，蔡成勋于1926年所建，占地30亩，内有亭台水榭、回廊鱼池、奇花异草。1929年5月19日孙中山灵榇路过天津，民众在此公祭，后来成国民党五十一军拘留所，1934年11月9日爱国将领吉鸿昌被拘于此。1938年日占时，花园成为日军兵工厂，1945年成为国民党军用铁丝网厂，新中国成立后为天津联合网厂及天津第一金属制品厂。蔡成勋(1871—1946)，字虎臣，天津人，1900年毕业于天津武备学堂，担任过近畿督练处参议官、大总统侍从武官、浙江省第四十一混成旅协统、师长、南方征讨军第七军军长、察哈尔都督、陆军总长、江西督军(1922)，1924年12月直系战败，从江西下台回津。
1926	刘梦庚花园	天津	刘梦庚	位于宇纬路4号与中山路交口东北角，今河北区扶轮小学(原铁路一小)处，为天津造币厂厂长刘梦庚于1926年所建宅园，而且修一条暗道，横穿大经路，直通造币厂。1925年直隶督办李景林查抄刘园，1939年日伪在此设天津铁路学院，1946年天津扶轮一小迁入，正门及四合院尚存。刘梦庚(1881—?)，字炳秋，直隶抚宁县人，工诗文，陆军军医学堂毕业，派充曹锟军医官，任直隶督军参议，为曹锟亲信。民国后，任直鲁豫三省巡阅使，署军医总监。1919年任天津造币厂厂长，1921年任京兆尹兼密云副督统，以功晋陆军中将、辑威将军，1923年加上将衔，1924年任京畿警备区副司令，1926年任直隶井陉矿务局总办，后出任伪满热河省长。
1926	榕(容)谷别墅	福建厦门	李清泉	在鼓浪屿升旗山的升旗山路7号，菲侨李清泉所创，中西合璧，别墅坐北朝南，中西合璧三层，罗马式。南楼北庭，建筑外廊宽阔。主庭仿欧式，方形基地，十字形道路，中层为圆形花圃，中心为高起的喷水池，原有雕像，花圃中植物修剪成几何图形，六株南洋杉对称耸立。主庭西侧为大片绿地，建有西式六角亭，并设地下雨水收集池，作庭园灌溉之用。庭园北两侧筑大小假山，构石为洞，其上建一亭，掩映在古榕和古柏之下，假山边有自然巨石。李清泉，晋江籍旅菲华侨，经营木材，1926年请旅美中国建筑师设计并督造榕谷别墅。

建园时间	园名	地点	人物	详细情况
1926	适中花园	重庆	杜筱田	位于江北区唐湾侧，为商人杜筱田于1926年所建，园中有梅花楼、大礼堂，园东有梅岭、草亭、来鹤亭，东北有眺远楼、新礼堂、水池、石洞及云烟阁，西有球场、醉鸥亭和啸月台，为当时娱乐场所，现为市文化宫。
1926	特园	重庆	鲜英	位于中区上清寺西北侧，为民主人士鲜英于1926年所建，广13.11公顷，鲜英字特生，故名，主楼达观楼，前为花圃，楼后为长廊、草坪和花圃，植银杏、桃、李、梅和梧桐等；左侧为八角亭桔香亭；左前为中西结合的平庐（三楼称康庄），抗日战争时冯玉祥和美国援华代表团居此。胜利后为进步人士聚集所，称为民主之家，周恩来在此举行记者招待会，1945年毛泽东三次到特园与鲜英谈话，题“光明在望”。主楼在“文革”时被焚，今园一部分建高楼，一部分为鲜氏居所。鲜英（1885—1968），字特生，四川西充县人，熟谙经史，光绪末年考入四川陆军速成学院，新中国成立后，历任西南军政委员会委员、四川省民盟副主任委员、全国政协委员、人大代表。
1926	重庆中央公园（中山公园、人民公园）	重庆	潘文华	位于中区上下城间后伺坡，1921年第二军军长杨森兼任重庆商埠公署督办，结合改善脏乱环境修建公园，只修30余米堡坎，川军混战而工事中止，后巴县议会王汝梅（兰楫）等成立中山公园筹备处，拟续建，续建中山祠，因经费困难而于1927年1月请重庆商埠督办公署出资代修，督办潘文华同意，定名中央公园，当年十月重开工，至1929年8月建成开放，时广1.34公顷，有园墙、园门、道路、亭子、洞、水池、假山、花坛、草坪、鸟笼、图书馆（涨秋山馆）、金碧山堂、儿童游戏场、篮球场、茶社、餐馆（葛岭别舍）、长亭茶园（江天烟雨阁）。1939年5月，日机轰炸，建筑被毁，金碧山堂和葛岭别舍于1940年10月重建为中央戏院和中央茶社，1945年出租公园管理所旧址招商建动物园，1946年7月，出租篮球场旧址招商建溜冰场，1947年原图书阅览室周围划出建市图书馆，1949

建园时间	园名	地点	人物	详细情况
				年11月重庆新中国成立后图书馆和戏院重纳入园，隶属文教局，园广1.8公顷，1950年7月隶属建设局，改名重庆人民公园，1955年2月归公用局，1958年10月归市中区，1963～1979年归市中区绿化队，1980年1月恢复公园建制，1985年中央戏院改为市中区文化馆和原图书馆划出公园，园面积余1.2公顷。现有盆景园（1952年建，103平方米240余盆，1964年拆销）、南大门（1927）、北大门（1981）、东北门（1927）、西南门（1927）、中山亭（1927建，1939年毁，1941年复，1947年毁，1955年复，1981年毁，1982年复）、丹凤亭（1927年建，1939年毁，1941年复，1947年毁，1985年复）、喷水池（又称龙泉池，1926年建，120平方米，三洞石雕龙喷水，1939年毁，1951年复，1957年堆假山）、巴岩延秀（1927年堆假山石洞，1948年为照相馆）、傅尔康碑（1944年建，1974年毁，纪念1938年重庆空袭救护委员会掘埋组长傅尔康）、辛亥革命烈士纪念碑（1946年建）、重庆抗战消防人员殉职纪念碑（1947年建）、溜冰场（1952年由篮球场改成）、长亭茶园（1927年建，又名天亭茶社，1984年拆改）、动物园（1939年建，1956年改鸟园，1957年迁移）、图书阅览室（1929）、儿童游戏场（1929）、餐厅、摄影部、游泳池等。
1927	燕居池馆	江苏无锡	陆培之 徐燕谋	燕居池馆位于惠山南麓东大池风景区。1918年，以经营铁号致富的本地人陆培之（1873—1932），受荣氏建梅园以发展家乡社会事业的影响，大办公益事业，对东大池进行修筑，对大池疏浚挖深，修筑堤岸，在东北角建香雪亭，在池水中央建池心亭，营造垂虹、印月两小桥，又于山麓之畔凿得白沙泉，在大池周围遍植桃柳。1927年前后，陆培之因工厂经营不善倒闭，于是将东大池土地及所有建筑以1万银圆转让给徐燕谋。徐燕谋对东大池景观极有兴趣，大兴土木，在池畔立一水泥坊，上书“小桃源”三字，在路口设置“徐路”两字界石，香雪亭旁又辟游泳池，在莲花山上建环翠楼饭庄，在池北建造燕居池馆，称为蕉庐。燕居池馆园中有一菱形刻石，“燕庐”两字即为曾任北洋政府“大总统”徐世昌手迹。

建园时间	园名	地点	人物	详细情况
1927	江北公园	重庆	郭又生 涂华珊	位于江北区江北旧城上横街中段东侧，面积 3.17 公顷，分上下两园，园内有古树名花、荷池喷泉和轩榭亭台点缀。最负有盛名的是假山“迷园”，俗称“八阵图”，分旱八阵和水八阵。另有弈园、茶亭、相馆、餐厅和体育场等，深受游人赞赏。1939 年至 1942 年，公园被日机炸毁，多数建筑、围墙被毁，现已名存实无。
1927	宁波中山公园	浙江宁波		位于海曙区解放化路，1927 年在孙中山逝世二周年时，把道台衙门、府后山和后乐园改建成中山公园，1929 年落成，60 亩，其建成房屋 21 座，亭台 4 个，牌坊 2 座，廊 3 座，桥 5 座，尊径阁为迁建。1998 年与体育场合并成中山广场。4 公顷，有各式房舍、牌坊、花圃、小河、园路、遗嘱亭、独秀山、望高亭、送香亭、荷塘、水榭、桥梁等。
1927	叶林	江苏扬州	叶秀峰 叶贻谷	瘦西湖的长堤春柳西侧新建，是国民党中央执委叶秀峰为其父叶贻谷建造的私园，始于 1924 年，1927 年建成，4.8 公顷，引进国外珍贵树种，新中国成立初达 2099 种，园中还有友谊厅和六角亭。
1927	岳阳中山公园	湖南岳阳	陶广	今岳阳第一实验小学内，国民党军 16 师师长陶广建，900 平方米，时有花台、花池、龙带、小亭、牌坊，五十年代初毁，余牌坊。
1927	朱泾第一公园	上海		在金山区朱泾镇掘石港西，占地 14 亩，园内有辛亥革命和北伐烈士纪念碑、黄公续纪念碑(黄为教育家)、四面厅、三星石、圆形池塘。1937 年日占时寝毁。
1927	青浦中山公园	上海		原为曲水园，在 1927 年更中山公园，新中国成立后复旧名。
1927	爱庐	上海	蒋介石 宋美龄	东平路 9 号，中西结合式，面积 1000 平方米，大草坪为中心，内有雪松，草坪南为一水二山，一个假山石上有蒋题字“爱庐”。爱庐属于花园别墅，别墅由主楼和附楼组成，附楼由侍卫和保镖使用，主楼供主人使用。爱庐北为洋楼，南为花园。洋房坐北朝南，正对花园。花园中心是面积达 30 亩的

建园时间	园名	地点	人物	详细情况
				大草坪，用卵石铺成小径穿越草坪。小径的尽头是花园水池，池边有一株雪松，松树与洋楼遥遥相对。树丛后面是一太湖石假山，假山上有一块巨石，上面刻着“爱庐”，此字是蒋介石亲题。今天的花园已失旧貌，当年巨大的草坪已被蚕食，大草坪成了小草坪，只余三四亩。顺着花园前行九十步来到水池，池边一前一后的两座假山，依然存在，上面的爱庐石只是隐约了一些。
1927	马勒花园（马勒公馆）	上海	马勒	陕西南路30号，西式，2 000平方米大草坪，四周为龙柏、雪松等花木，园有四宝：铜马、木化石、石狗石狮、石灯塔。东侧有青铜铸马像，像下埋葬马氏发迹的宝马。
1927	城东公园	江苏东台		未详。
1927	陶然村（荣家花园）	山西太原	荣鸿胪	位于晋源镇的晋祠公园瑞云阁与九龙湖之间，广17亩，晋绥军北方军校校长、太原警备司令荣鸿胪于1927年所建，俗称荣家花园，为别墅花园，别墅名觉愚轩（现称北大厅），四面回廊，廊东一池。轩东廊下临大莲池，池侧各有一小池，池中植水萍数百。轩前左右植白玉兰，再前横藤萝架，过架为长圆形鱼池，池内养五色鱼，池上架曲桥，池西接率真厅（西厅）。厅内又有鱼池，溪水西来，过暗道入厅内池中，穿暗道流出厅外长形鱼池，流经小桥，东接计鱼亭，西厅也有白玉兰。此园三玉兰未叶先花，白润如玉，太原仅此一家。园内还植龙枣、核桃、红果、柿子、丁香、榆梅、连翘等。此园建造时仿照静安园，但因地制宜，根据条件不造山，广植树。此园新中国成立后并入晋祠公园，60年代圈入晋祠招待所，现部分归晋祠公园。
1927	焦作中山公园	河南焦作		位于焦作市解放西路与民主路之间，为英国伦敦的铁路公司福公司所建的公园，1927年为纪念孙中山而改名中山公园，时有亭、轩、堂、馆、草坪等，现为贸易大厦。

建园时间	园名	地点	人物	详细情况
1927	博爱中山公园	河南博爱		位于河南省焦作市博爱县(原清化镇)太行山上，原为金正隆三年(1159)创立的月山寺，金世宗赐为大明禅院，明天顺三年(1458)英宗改为明月宝光寺，1927 年博爱改县，为纪念孙中山先生而更名中山公园。月山寺有七星塔、御碑亭、藏经楼、六安禅师塔、玉带桥、碑廊、凤凰台等景。
1927	厦门中山公园	福建厦门	周醒南 林荣庭	1927 年随厦门旧城改造始建，顾问周醒南，设计林荣庭，仿北京动物园格局，1931 年建成，时 16 公顷，纪念孙中山先生而名，“文革”时毁，1983 年复，1987、1997、2001 年相继改造，时有魁星山、凤凰山、魁星河、盐草河、蓼花溪、妙释寺、荷庵、功德寺、东岳庙、中山纪念碑、晚春桥、琵琶洲、挹翠山馆、音乐亭、醒狮亭、地球仪、喷泉水池、蔷薇亭、孙中山铜像，又有假山、水池、儿童戏水雕塑和逸趣园等，13.38 公顷。
1927～1936	太湖别墅	江苏无锡	王心如 王昆仑	在鼋头渚，王羲之 66 世孙、无锡厘卡局长王心如建园，为典型民国风格，主体建筑为七十二峰山馆，有景：寸桃园、松庐、七十二峰山馆、天倪阁、门楼及齐眉路等，现开放的有万方楼、天霓阁、万浪桥等。1935 年其子王昆仑时任国民党候补中执委、立法委，又是地下党，在万方楼召开中共爱国统一战线会，新中国成立后为全国政协副主席、民革中央主席。
1927	龙岩中山公园	福建龙岩	陈国辉及其侄子	1927 年，军阀陈国辉在梅亭山没收民房祠址兴建公园，其俄罗斯留学归来的侄子设计，环园绕以垣墙，西式风格，有公共体育场、球场、讲演台、图书馆(1934 年为龙岩专署)、六角亭、红亭、四角亭、八角亭、擎天塔、龙池、猴山、四方亭、红亭、中山林(民国三十二年划为龙岩高中校址)，以外国风格的亭子最有特色，2.69 公顷。1984 年圈梅亭山 0.97 公顷为儿童乐园，添置游乐器材，绿化面和 0.7 公顷。陈国辉(1898—1932)，福建南安溪头人，初为闽南土匪，后收编为国民革命军新编第一独立团团长，1927 年驻岩反共，期间整理市政，修中山路骑楼街，开多条公路，1932 年被国民党十九路军诱至福州枪毙。

建园时间	园名	地点	人物	详细情况
1927	皇废基公园(苏州公园、吴县市中山公园、大公园)	江苏苏州	张一麟 奚萼铭 叶楚伧 钱大钧 孙铁舟	在市中心民治路26号,旧址为在春秋时吴子城东部、汉为太守府内园、唐为刺史府园、南宋为平江府东斋西斋(北部为池)、元末为张士诚太尉府,元至正二十七年(1367)张兵败城毁,成为废基,人称皇废基,太平军败后北部建"咸丰庚申殉难一千一百数十人"之墓。同治十三年(1874)设栖流所于北部,收容难民;光绪三十四年(1908)地图显示有池沼;辛亥革命后张一麟倡议在此建公园,五四后各界要求建包含图书馆、会堂、音乐亭等文化娱乐设施俱全的公园,1920年乡绅正式筹建,1925年江阴旅沪巨商奚萼铭捐5万银元,同年成立筹备小组,请苏州土木专科学生测绘平面,交上海法国园艺家若索姆设计,初建成15亩,有中部荷池,图书馆、东斋、西亭、月亮池、曲廊、植树4000余。1927年4月再请颜文梁补充设计,加喷水池、草坪,并于8月1日建成开放,为中西合璧式,1929年叶楚伧、钱大钧、孙铁舟开发北部,翌年完凿北部池塘,植李根源所赠枫树200株,土山顶建民德亭,陈石遗、邓邦和费仲深等雅集东斋,称东斋十老,成《东斋酬唱集》长卷,日占前时树美萧特义士纪念碑,成立国学会、艺社、抗日后援会,日占时图书馆与纪念碑毁,园成日军养马处,不许华人入园。1946年戎法琴捐资建健身房,名涵社,并于屋前辟网球场,盛时园广4.53公顷,有景:西式图书馆(1932年张一麟组织国学研究会于此,被日军炸毁)、中央花台、喷水池(中心)、荷花池(北)、七曲桥、池北土山、山亭、草地、花木(枫、榉、栎、松、柏、桧、樟、杏、樱、海棠、山茶、桂、梅、玉兰等)水禽馆、音乐台、东斋(茶室)、苗圃花房、花廊(植蔷薇、紫藤、葡萄、牵牛花、常青藤)、西亭、电影院、欧式纪念碑、康乐馆(抗战胜利后,名涵社)等。1947年5月改中山公园,增景:叶楚伧纪念坊、楚伧林,萧特纪念碑(恢复)、裕斋(严欣湛捐建)、前进图书馆等。新中国成立后由教育局接管,1953年更名苏州公园,俗称大公园,疏挖荷池,重建澄虹桥,改建三曲桥为和平桥,在图书馆原址建竹亭,东斋后荷池堆湖石山及驳岸,裕斋后点以假山

建园时间	园名	地点	人物	详细情况
				石笋，置石凳座椅，北草坪增辟幼儿乐园、喷水池、塑少女像，土山下养火鸡和兔等小动物，1966年后失修，1979年东南12亩下建防空洞（公园会堂），填月亮池，拆紫藤棚、石亭。1980年东北角原花圃和花房改建办公楼，其南新建亭轩长廊。1981年各单位捐助16万建儿童公园。1982年8月在民德亭西建苏州青少年天文观测站，1983年在裕斋内设老年之家，1985年修东斋。2001年5月8日动工改造，重点调整绿化，增建花坛，改建健身房，新建地下车库、亲水平台、芙蓉广场等，2002年1月1日完工。
1927	北陵公园	辽宁沈阳		奉天省政府开辟昭陵为北陵公园，339公顷，昭陵始建于1643年，竣工于1651年，以昭陵、神道为纵轴，延伸南北形成轴线，西侧有中日友谊园和芳秀园、杜鹃园等，东侧为湖面，还有泌芳亭及儿童乐园。
1927	阙茔村舍	江苏苏州	李根源	辛亥革命元老李根源于1927年至1936年退居苏州，在城西南40里小王山安葬其母阙氏，守墓十年，墓园广一百余亩，有景：阙茔村舍（祠堂）、泉源、水池、湖石、松海（林园）、万松亭、湖山堂、孝经台、小隆中、石崖镌刻（范烟桥、俊侣、王謇等各有诗句）等十景。李根源及夫人马树兰先后葬于此园。1985年李逝世20周年之际，吴县市政府全面整修此园，增李根源、赵端礼（李之师）、郑守业、严庆祥、郑孝胥、吴昌硕、章太炎、王人文、章士钊、谭延闿、黎元洪、于右任、陈衍、汤国梨、马相伯等人书作，成为名人书法艺术馆。
1927	北碚温泉森林公园	重庆	卢作孚	在北碚的温泉寺，以寺庙建筑为中心，组成严整的东西对称格局。这里有温泉、森林、山水，1927年秋，担任嘉陵江三峡峡防团务局局长、民生实业股份有限公司总经理的卢作孚亲自设计公园，独资完成建设。公园现占地13.67公顷，种悬铃木、美国白杨和刺槐、杨柳、松、柏、杉、竹、夏芙蓉、紫薇、四季橘、江安李、梁山柚等树木，还培植瓜叶菊、年景花等花卉。有温泉寺、旭阳楼、霞光楼、琴庐、龙居、古香园、瀑布飞雪、五潭映月等景点。

建园时间	园名	地点	人物	详细情况
1927	义乌中山公园（绣湖公园）	浙江义乌		在义乌县城西绣湖，古时绣湖“广袤九里三十步”，灌田1500余亩，今粮食局、县联社以北至石桥头称湖塘畈，皆为水面，东岸有亭名玩湖亭，西岸有村名湖塘西。因湖广数顷，群山环列，云霞掩映，烟然若绣而得名。宋元间，湖区曾构亭榭，植花木，成为市民游赏之地，明清有驿楼晚照、烟寺晚钟、花岛红云、柳州画舫、湖亭渔市、画桥系马、松梢落月、荷荡惊鸿等八景。湖心之柳州有建于宋大观四年(1110)的大安寺塔和大安教寺。绣湖前后浚治过十五次，民国初期，柳洲、花岛仍存。在湖东、北两堤后面，1927年，为纪念孙中山，在此建中山公园，建亭植树，1942年沦陷后，俱被乱平毁，惟大安寺塔幸存。大安寺塔西北建有中山纪念厅，厅左有抗倭名将戚继光的平倭纪念碑。2003年，重建为绣湖公园，占地7.16公顷，水面0.2公顷，绿化面积4.5公顷，建筑面1 900平方米，为江南式，有山、水、亭、廊、榭、舫、台、楼、阁、塔等，由山门、大厅、钟鼓楼、牌楼、六角亭、码头、石舫、垂花门、溪流、瀑布、曲桥、拱桥、湖心岛等景组成。有乔木4 336株，灌木94 709株，地被2 292平方米，水生植物4 140株，竹类10700株，花卉106平方米。
1927	庾庄（庾园）	云南昆明	庾恩锡	在昆明大观楼近华浦，今大观楼公园内，中西合璧别墅花园，园内有池沼假山，亭阁坊塔，楼榭亭台，绿树名花。庾恩锡，字晋侯，自号空谷散人，云南墨江人，喜爱园林建筑，在日本攻读园艺，归来后于1922年创亚细亚烟草公司，创重九牌香烟，1929—1930任昆明市长，1936年破产，20世纪40年代任云南省参议员，解放初拟聘为园林管理工作，因故未任。在任昆明市长期间改造翠湖、金碧公园等景，与书画家赵鹤清一起重新设计建设大观公园，对昆明园林有重大贡献。1927年自行设计建造庾家花园，又称庾庄，1952年大观公园接收庾家花园，现有中式红楼、枕湖精舍、水池、二孔石桥、曲桥、葡萄架、紫藤架、老龙柏、祠堂等景。“文革”时为省委对外部，枕湖精舍和祠堂被拆，新

建园时间	园名	地点	人物	详细情况
				建五幢砖木平房，部分树木被伐，花坛改为篮球场，1985年5月归还大观公园，修曲桥亭子，清理湖塘，铺草坪，种桂花、金竹、芭蕉、广玉兰等，重新开放，1992年投资百万元修五幢平房餐厅，改造为客房、娱乐厅，开辟溜冰场，成立庾园别墅客房餐厅部，1998年为迎世博会而重修，拆红楼，新建二层楼，下为茶室，上为娱乐厅和会议厅。
1927	鲁园	云南昆明	鲁道源	在昆明大观楼近华浦，今大观楼公园内，1927年国民党军官鲁道源在大观楼旁建私园，园位于草海湖畔，三面临水，面对滇池西山，视野开阔，园中有湖塘、曲桥、假山、亭廊、花坛等，建筑有江南特色，园中还有法式建筑，曲桥以石砌成，侧以铁栏，桥右仿颐和园建石舫，舫尾有四角亭，1951年归大观公园，"文革"时省委进驻鲁园，停止开放，1980年归还大观公园，1982年投资10万元修园，建300平方米管理房，疏湖塘，种月季，1982年开放，1999年修法式别墅及花坛，改造为茶室开放。鲁道源(1900—1985)，字子泉，云南昌宁珠山人，1916年入云南讲武堂，历任国民革命军团长、旅长、师长、副军长、军长、兵团司令等职，1948年9月授陆军中将。抗日战争中指挥大战役20余次，小战斗500余次，时称常胜将军，出身望族，好书画诗文，有《铁峰集》。
1927	项氏花园	江苏苏州		在庆元坊，1927年《友声》第四期载有此园。
1927	锡金公园	江苏无锡		锡金公园旧址位于无锡市中心，曾名为无锡公园，俗称公花园，今名城中公园。清光绪三十一年(1905)九月，无锡名流士绅俞仲还、裘廷梁、吴稚晖、陈仲衡等倡议并集资，在城中心古迹废址及周边几个私家小花园的基础上，辟建锡金公园，时占地30余亩，1906年，锡金公园建成开放。有龙岗、归云坞及蓼莪、天绘亭，并迁入绣衣峰等，是我国最早的近代城市公园之一，也是第一个真正意义上的公众之园，被称为"华夏第一公园"。2006年6月，"锡金公园旧址"被列为省重点文物保护单位。

建园时间	园名	地点	人物	详细情况
1927	南园	上海		在龙华东路800号，原为闽南同乡会泉漳会馆旧址，内有建筑及茔地，习称南园，南园原占地7公顷，1927年、1931年两度改建，抗日战争前建筑毁，1943年改福南农场，光复后漳、泉人重建房舍，新中国成立后迁坟，填高南部江滩，扩2公顷，1955年会馆移交上海房地产经租公司，1957年改为公园，同年建成开放，1958年园内居民全部迁出，绿化工程结束，敦叙堂办卢湾区少年之家，1959年办国防体育训练班，1960年卢湾区副食品公司设饲料加工，公园关闭，1963年复建，1964年完成修复开放，1965年因隧道工程而停止开放，1974年毁，1975年重建，1979年北部建成开放，1983年拆园南过渡用房，1990年拆迁完成，修复开放。1995年面积1.87公顷，有景：瀑布、百草园、群众活动区、雕塑、廊、售品部、水池、电动玩具、厕所、老年活动区、青少年活动区、儿童活动区、办公楼、阅览室等。
1927	慈云寺花园	重庆	慈云法师	在重庆南岸区玄坛庙的狮子山上，寺始建于唐代，初名观音庙，1927年慈云法师重建为海禅寺院，1983年被定为汉族地区佛教全国重点寺院，是全国唯一的僧尼共存的寺院。主要建筑有大雄宝殿、普贤殿、三圣殿、韦驮殿、藏经楼、钟鼓楼等，玉佛、金刚幢、千佛衣、藏经和菩提树是寺内五绝，园景亦绝，半山腰有望江亭、花园、鱼池、菩提树，山顶又建一园，内有曲廊和浩月亭、佛洞、藏经阁及八功德水等。
1927	汪庄（青白山庄、今蜷还琴楼）	浙江杭州	汪自新	位于杭州市西湖南岸，夕照山之下。夕照山仅48米高，但是山顶的雷峰塔一直是人们心中的偶像。汪庄三面临湖畅远，一面依山望塔。然而，1927年汪自新在此建园时，塔已于三年前(1924)倒塌。汪自新，安徽省人，字，号惕予，别号蜷翁，20世纪20年代在钱塘开设茶厂，在上海创建汪裕泰茶号，发家致富，遂在西湖购夕照山雷峰塔故地，在湖边疏池堆石，构洞为山，建亭筑桥，又植奇花异草。时汪庄除了新建庄园别墅外，还有旧景白云庵、夕照峰等，另有春茶、秋菊、古琴三宝。

建园时间	园名	地点	人物	详细情况
1927	孙家花园（树庄）	重庆	孙树培	位于南岸区弹子石家湾，为中和银行经理孙树培1927年所建，广2公顷，园内小丘与平地各半，小丘为果园，引种蟠桃和水蜜桃，平地栽牡丹和四季兰，园中有棣华亭、静心亭、船亭、怡舍、挂阁、隐庐、梅园等。园外梅岭梅花满山。园中办棣华小学，新中国成立后孙氏捐园于国，后为四川省第二监狱。
1927	魏家花园	重庆	魏国平	位于南岸区鸡冠石盘龙乡，巴县士绅魏国平1927年所建，占地4公顷。魏擅长园艺和美术，亲自设计并指导施工，园中有亭榭、楼阁、小桥、游泳池、跑马道等，植松、柏、银杏、桂花，蟠扎树桩。园中还开办小学、慈善工厂，新中国成立后花园土地分给农民，房舍为中窑小学。
1927	逸云精舍		唐宝泰	西湖平湖秋月孤山路口，唐宝泰始建中西合璧式花园别墅，主楼三层，飞檐翘角黄琉璃瓦顶，后续平房，庭院内有假山、水池、石笋、花木，后为浙大校长蒋梦麟所居，1941年卖给上海大亨东云龙。20世纪80年代后改为省老年大学校舍，名明鉴楼，现为省老干部中心。
1927～1930	蠡园和渔庄	江苏无锡	王禹卿 陈梅芳	蠡园位于无锡蠡湖(又名五里湖、小五湖)边，面积8.2公顷，水面3.5公顷，是典型的水景园。园林始建于民国初年，当地青祁村人虞循真建有：梅埠香雪、柳浪闻莺、南堤春晓、曲渊观鱼、东瀛佳色、桂林天香、枫台顾曲、月波平眺，人称青祁八景。1927年，青祁人、工商界名流王禹卿慕春秋战国时代越国范蠡之行，在青祁八景之上兴建蠡园。时隔3年，1930年，当地人陈梅芳西邻蠡园兴建渔庄，陈是王禹卿的妻舅，是当时上海民绒公司经理，家资丰盈，所建渔庄力图超过蠡园。两园的设计师为留日工程师郑庭真，应虞循真之约主持园事。1952年，建千步廊，连接蠡园与渔庄，对外开放，1954年，在渔庄区建四季亭。1987年在两园之间添建层波叠影景区，1996年，以范蠡、西施为主题，布置吴越争霸、西施浣纱、小榭沉鱼、范蠡制陶等景，使园林的纪念主题更为明确。全园分成老蠡园、层波叠影、中部假山、南部渔庄四区。四区成园时间不同，时间跨民国与新中国近百年，故风格略欠于统一。

建园时间	园名	地点	人物	详细情况
1927～1936	马勒别墅	上海	马勒	马勒别墅在上海亚产培路(今陕西南路30号),是20世纪20年代上海经营跑马业和跑狗业的冒险家马勒在1927年始建,于1936年建成的别墅。传言这个方案来来源于马勒爱女的一个梦,醒来画在纸上,马勒见了很高兴,便以此为蓝本建成大小不同106房间的别墅,而且每个房间大小方向都不一样,一直被人当成梦境般的童话城堡。该花园占地面积8亩,建筑面积2 989平方米,花园面积达3.3亩,占40%。别墅主楼是北欧挪威风格建筑,3层,连接附楼,形成对称格局,山花陡峭,高高低低,外形凹凸不平,变化万千。花园四周用耐火砖砌筑,琉璃瓦压顶。屋子坐北朝南,正面有几黄杨修剪成球形,又有高大乔木形成左右不对称的格局。别墅前面是宽阔的草坪,面积达2 000平方米,这是西洋别墅的最典型的特征,在建筑前面加一些低矮灌木,在草坪上加一些疏林,以一角用密林作点缀。在大草坪中,可以举办各类酒会和冷餐会。在花园中,有4宝,一是马勒生前赖以发家的赛马的铜马雕;二是有上亿年历史的珍贵木化石;三是为家族祈福祈寿的石狗石狮;四是代表家族航运事业蒸蒸日上的石灯塔。
1928	省园	台湾嘉义	江氏	在嘉义县大林镇东,江氏所建,宅邸朝东,四合院,庭园在宅南,以水池为中心,水中建西式楼阁(俗称酒楼),红砖砌成,周围廊式,十分显眼,池周有三亭:八角亭、六角亭、方亭,酒楼与岸间架小桥,岸边又设码头。
1928	佛山中山公园	广东佛山		为纪念孙中山而建,位于佛山市东北部汾江河畔中山路,始建于1928年,当时仅有面积0.5公顷,是为了纪念孙中山而建的纪念性园林。1958年,公园扩建,在西北部挖湖堆山,形成现在的秀丽湖和骆驼山。20世纪80年代,公园再沿周边扩建,在北边及南入口扩大面积。今占地27.9公顷,其中水面占12.5公顷,占全园面积的45%。90年代末再改造,成为目前的九大景区:历史文化区、

建园时间	园名	地点	人物	详细情况
				老年活动区、水生植物区、湖区、观赏休息区、儿童游乐区、动物观赏区、瀑布假山区、草坪区等。园区有两处假山很成功，都是大型假山，一是南入口的瀑布假山，二是湖中的湖石大假山。瀑布大假山是岭南的崖瀑景观。其堆山用橙黄色塑石法，主峰侧峰都不高，以横向展开为主，岩石下是环假山的潭景，水面做成两层跌水，石隙种有龟背竹、棕竹之类，背景是台湾相思树。湖中大假山是湖石假山，名骆驼山。假山与江南景观一致，以高耸的竖向景观为主，峰顶有一亭翼然，爬山蹬道外侧用湖石堆起护栏，柱用仿榕树主干，山内是森森洞府，洞内有圆桌圆凳，四面开门或窗。登山据亭而望，全园秀色可揽。
1928	惠州中山公园	广东惠州		在惠州西湖平湖东面棕山，占地3公顷，是广东三大中山公园之一，原名惠州第一公园，原有1925年东征纪念地望野亭及当年周恩来演讲处，还有隋井、隋唐居住遗址、宋碑、数百米明城墙、清亭，1928年为纪念孙中山先生而改名中山公园，建球场、梅花精舍、望湖楼、代泛亭、望野亭、园门、廖仲恺纪念碑、丰湖图书馆、棕山中学。1934年建鼎臣亭。1937年建中山纪念堂，1941年中山堂被日机炸毁，以后修复，棕木即今之枫树，原公园有古树颇多，现只余小叶榕于第四中学内，树龄600年，1985年建儿童乐园于广场，1986年冬在入口竖立孙中山像，1987年共有乔木100株，灌木300株。2001年扩园，由1.5公顷扩至3公顷，新建惠州三洲田起义纪念柱、邓演达纪念碑，挖出隋井、修复宋野吏亭碑、重建野吏亭、新建览江廊和陈列馆。惠州是孙中山革命基地之地，他曾两次派员织织三洲田起义和七女湖起义，1923年又亲自督师石龙平叛，曾次至惠州梅湖、飞鹅岭视察。

建园时间	园名	地点	人物	详细情况
1928	若圃（陈家花园）	江苏无锡	陈仲言 陈菊	在鼋头渚鹿顶山南麓，4.6公顷，1928年民族工商业者陈仲言所建私园，名若圃，以广植中西花果树木著称，存者有北美洲大王松及白山茶等，1946年陈菊初辟一公顷为鹿顶农场，种桃、山芋、葡萄、小麦等，1949年王承祖租1.2公顷辟辛乐农场，种桃树、小麦、马铃薯等，新中国成立后园林局辟为育苗基地，1976年设充山苗圃，面积达13.3公顷，培植雪松、龙柏、香樟、玉兰等，1984年按观赏植物格局建成充山隐秀景点，分春夏秋冬四区，1985年在春花区凿池，有涧流迂回谷中，名翠湖，水边植桃李、杏梅、玉兰、杜鹃、月季、竹柳、香樟等，在湖上架跨绿、俯青二桥，南面跨桥亭，名荇春，醉芳楼（下名春风入座），楼边为方亭蓼风，在竹山上建个亭，2002年7月30日在该处水池中发现国家濒危野生动物桃花水母。1934年上海联华影片公司在此拍《大路》外景，聂耳住于园中，《大路歌》和《开路先锋》即在此楼中作成，后改楼名为聂耳亭，1981年编剧于伶书额。
1928	白鹭洲公园（红蔷山馆、义善堂、白鹭洲茶社、第二公园）	江苏南京		在南京城东南角长乐路，总面积15.3公顷，水面3.82公顷，明时为太祖赐中山王徐达的别业，又说为永乐初徐达长女成祖仁孝皇后所赐，徐达创建的徐太傅园、徐中山园、东园，其子孙徐天赐、徐鹏举、徐缵勋承袭，万历时徐家败落。入清苑氏居此，后部分为王泽宏购得建为红蔷山馆，嘉庆末年东园大部分为菜圃，山形水势犹存，1823年洪水后全毁。1924年金巴父子设义善堂，当地士绅集资建茶社，见有李白《登凤凰台》石刻而名白鹭洲茶社，后建有：烟雨轩、藕香居、沽酒轩、话雨亭、绿云斋、吟风阁等，1928年10月辟为白鹭洲公园，1929年建成，6月兼管秦淮小公园，当面积2000平方米，有四景：春水垂杨、辛夷挺秀、红杏试雨、夭桃吐艳。1938年归第一公园办事处管理，新中国成立前夕沦为废墟。新中国成立后重建，成为金陵四十景之一的白鹭芳洲。

建园时间	园名	地点	人物	详细情况
1928	快哉亭公园	江苏徐州		在徐州解放路人民政府对面，面积72亩，1928年，北伐军进驻徐州后，将快哉亭和荷花池辟为公园，亭北包括现青年路、市政府大院部分皆为荷花池，池中建有九曲桥、凉亭、石桥和水阁，现园东小桥石栏上还有民国17年铜山县县长刘炳晨书写的“乘风趁月、达岸、曲水、荷香、放生池”。1945年日伪曾在园东建亭，重建九曲亭，抗日战争胜利后，由于疏于管理，三分之二成污水池，园内金城电影院和九曲桥破烂不堪，树木余200株。1949年重修园林，植树300株，拆除部分旧墙，1952年修四角亭、八角亭及东西九曲桥，拆除原来两间温室，在园北建花房，1952年填垫苇塘和污水坑，开挖下水道，深浚荷池，植杨柳法桐及枫树，在园东建动物园，1956年9月19日开放，1957年在中苏友好电影院(原金城电影院)址建溜冰场，以后在动物园南面水池旁建水禽岛，岛上有假山、四角亭，池中养鹈鹕、野鸭、鸳鸯、天鹅等，1985年迁至彭园。“文革”期间建露天舞台，1976年因地震而建防震棚，1979年建了防工程，伐树拆桥，1981年改建园门(李可染题快哉亭公园)和照壁，门南存古墙，园分四区：四面厅区、花房区、水景区、儿童游乐区。四面厅区有接待室、茶厅(品香堂)、临水平台、曲廊、小亭六部分。水景区有水池、曲桥、800米园路。花房区有温室、花圃、花架及各种花卉4000余盆。儿童乐园为溜冰场改建，1982年安装大型游乐器械：飞船、电动车、智力爬梯、井形爬梯、吊环、滑梯、转椅等。人防工程西部通市政府，东部在园内，长200米，宽4米，加10个房间，总面积1503平方米，公园曾在这里举办书画、邮票、摄影、彩灯等展览，还设置电子游戏等，1984年因渗水而停用。新中国成立前的集益书画社，新中国成立后为建设局办公室，1956年教育局在此设少年之家，著名画家李可染在此学画，1984年拆除。

建园时间	园名	地点	人物	详细情况
1928	奎山公园(汇龙潭公园、嘉定人民公园)	上海嘉定		在嘉定下塘街8号,1588年知县熊密在县学前挖池,定名汇龙潭,明末清初,经多次修理,成八景:汇龙潭影、殿庭乔柏、映奎山色、黉序疏梅(毁)、聚奎穹阁、双桐揽照(毁)、启震虹梁、丈石凝晖(毁),1865～1873年浚池扩展,举办龙舟竞赛,1928年初,嘉定通俗教育馆为适应邑民文化娱乐之需,将孔庙、应奎山、汇龙潭、魁星阁、龙门桥一带2公顷辟为公园,1929年2月开放,1930年扩建网球场,1937年"八·一三事变",文昌阁和魁星阁被炸,1976年扩建为嘉定人民公园,迁入古戏台,重建魁星阁和曲桥,1977年修园及孔庙,1967年改汇龙潭公园,孔庙划出园外,1979年建成开放,后迁入清代缀华堂、民国前期的畅观楼以及石狮一对,1984年第二期建成开放,1995年面积4.76公顷,现有景:汇龙潭、应奎山、魁星阁、百鸟朝凤台(打唱台)、碧荷池、井亭、侯、黄纪念碑、玉莲池、波影榭、碎玉泉、碎玉亭、翠篁阁、怡安堂、翥云峰、夕照亭、芭蕉小院、缀华堂、万佛塔、畅观楼等。
1928	北海中山公园	广西北海		1928年为纪念孙中山而建,1933年改建,1993年中海鸿公司投资1亿重修,1995年完工,现面积14公顷,有露天舞台、溜冰场、舞池等文娱区,有架空轨道列车、电动车、秋千、滑梯等儿童活动区。1995年改后有景:航天航空馆、海洋水族馆、电动游乐园、彩色音乐喷泉、热带植物林、牡丹园、玫瑰园、伟人雕塑(华盛顿、林肯、丘吉尔、拉甘地、威廉大帝、莎士比亚、贝多芬、孙中山、毛泽东及诺贝尔奖获得者)、温莎城堡、路易王朝歌舞城、维多利亚女皇俱乐部、俄罗斯酒吧、巴黎之夜等。
1928	海幢公园	广东广州		原为南汉时千秋寺,明末为海幢寺,清代康熙年间,海幢寺成为广州最大的佛寺,1928年,规划为公园,1933年建成开放,定名为海幢公园。海幢寺在"文革"时受毁严重,1993年重修,轴线布局,以寺院为主,方池中有龟蛇鹤石雕,南门有名石,名狮子猛回头,1.97公顷。

建园时间	园名	地点	人物	详细情况
1928	三苏祠公园	四川眉山	苏轼	原为苏轼三父子故居，明1368年改为三苏祠，道光1832年运岷江大树于祠内，1928年改公园，为纪念园林，5.25公顷，内有大殿、启贤堂、瑞莲亭、木假山堂、云屿楼、济美堂、抱月亭、披风榭、碑亭等，林木葱茏，溪水环流，有南方园林特色。
1928	杨森花园	湖北武汉	杨森	在汉口惠济路39号，为武汉民国著名私园，占地5.62公顷，1931年园林毁于特大洪水，现余公馆建筑，花园部分20世纪90年代建多幢私房。园主为杨森，又名子惠，四川广安人，四川军阀，官至西南长官公署事长官。在任期间，各地盖公馆(还有泸州公馆)，筑园林，金屋藏娇。汉口杨森花园为中西结合式，建筑西式，一幢四层砖木混凝土洋楼；园林中式，园外绕以垣墙，园内有假山、荷池、亭台、楼阁、曲廊、幽径、小桥、草坪、林丛。
1928	绿兰草堂	湖北老河口	骆杰三	商人骆杰三等将私人用房改建为绿兰草堂，开设茶园，今成文化馆。
1928	杀人坝公园	湖北老河口	马泽	民国17年，驻军马泽在中坝小西门外纸市桥头(杀人坝)建立公园，建有枕流亭和篮球场等。
1928	韩家花园	湖北老河口		1949年后毁。
1928	王家花园	湖北老河口		1949年后毁。
1928	傅香圃花园	湖北老河口		1949年后毁。
1928	生百世石屋花园	重庆	汪代玺	留法医生汪代玺在汪山梅岭建有“生百世”(sun bath，日光浴)俱乐部花园，营松庐、桂庐、梅岭和生百世会址，修网球场、篮球场、游泳池、跑马道、日光浴等设施，夏日达官贵人多来此避暑，冬天蜡梅盛开，游人不断。园中以石垒砌，屋内凿井，寒气逼人，纳凉者不能久滞，主人将之作为食品保鲜所。

建园时间	园名	地点	人物	详细情况
1928	上海中山林公园	上海	盛俊才 夏琅云	在黄渡镇西南，广2亩余，1928年3月为纪念孙中山逝世3周年，由黄渡盛俊才、夏琅云发起，在银杏山庄旧址建中山林公园，当年建成开放，东南有逸仙亭、亭西月牙状荷池、东北有五米小丘，上栽一株银杏，土丘西为中山礼堂，抗日战争时毁。
1928	北园酒家	广东广州	邹殿邦 杨仁甫	在广州小北路越秀山下，商人邹殿邦集资创建，以返璞归真为主题，园内有菜田，食家可自摘自煮，合对联：山前酒肆，水尾茶寮。园毁于抗日战争时结业，抗战胜利后杨仁甫重开，移至今天小北路202号，建筑以竹篱松皮搭盖建筑为主。1957年扩建，把江孔殷的太史府并入，目前，酒家占地3000平方米，建筑面积3781平方米，餐厅44个，座位1400个，成为广州著名园林酒家。主庭内有水池、小桥、曲廊等景。
1928	阎宅东花园	山西太原	阎锡山	在太原新民北街七号院内，是阎锡山于1928年专为大夫人修建的住宅及花园，因阎锡山在今动物园西城墙处有个小夫人的宅园，故称北园为东花园。三跨三进住宅，东面花园。园和宅门皆在宅东跨一进，北影壁，西仪门，东月亮门。过门为花园，园内花卉树木为主，建有花架凉亭。现存。
1928	澄庐	浙江杭州	盛宣怀	在西湖东南角盛宣怀始建西式别墅，后为蒋介石宋美龄居所，9000平方米，共有三小房间36间，三层，为西式洋楼，外墙黄色，立面考究，端庄沉稳，颇有气度。楼内有汉白玉楼梯、铜鹿喷泉，可远眺孤山。现为老干部活动中心。
1928	涪滨公园	重庆	何瞻如	位于潼南县梓潼镇西文星山，面积1.33公顷，公园沿涪江江岸山岩就势筑造，历时两年建成。建有望江亭、花台、假山，种有竹、蜡梅、紫薇、桂花、翠柏、青杠、荚、黄葛树等花木。1941年被县法院占用，假山、亭台渐遭损坏，后园林建筑全遭破坏。

建园时间	园名	地点	人物	详细情况
1928	纳森旧居	天津	纳森	位于英格兰别墅式建筑，花园面积很大，保存完好。花园中央有喷泉水池，规则式园路，藤萝架，还有诸多古树名木。四条园路由卵石铺砌，呈风车状，这样布局使园路与外界的交接部位都处于角落。庭院正对建筑主体，其他三面分别由大叶黄杨、美人蕉和院墙围合，增加了整个庭院的私密性。廊架为砖砌，与建筑样式相同，草木茂盛。喷泉中央的汉白玉雕塑为一外国孩童怀抱鲤鱼，是中西合璧的体现。
1928～1930	苏雪林宅园	江苏苏州	苏雪林 张宝龄	在葑六内百步街18号，1928～1930年苏雪林在东吴大学任教居此园，宅系张宝龄设计，有园后宅，苏雪林自撰散文《绿天》道，老树合抱，似在绿天深处，苏雪林离去后将屋留与东吴大学，现为苏州大学教工宿舍。
1928～1942	刘氏庄园	四川成都	刘文彩	大邑刘氏庄园博物馆原名大邑地主庄园陈列馆，位于成都市西南52公里处大邑县安仁镇。刘氏庄园修建于1928～1942年间，占地70余亩，房屋三百五十余间。分老公馆、新公馆两处。庄园四周风火墙高达两丈余。当年刘文彩在这里每霸占一户农民的房产土地，就修一层墙，开一道门，整个庄园重墙夹巷，处处楼阁亭台，雕梁画栋。庄园内部分为大厅、客厅、接待室、账房、雇工院、收租院、粮仓、秘密金库、水牢和佛堂，望月台、逍遥宫、花园、果园等部分，存有大量实物，是研究中国封建地主经济的一处典型场所。
1929	锦园	江苏无锡	荣宗锦	著名民族工商业者荣宗锦（宗敬，1873—1938）在小箕山购地250亩，建“锦园”。小箕山原为太湖一小岛，1929年，荣宗锦择此地建造私家别墅，种植荷花、桂花，以荣宗锦之“锦”命园名为“锦园”。园内建有堤，名“锦堤”，堤上架锦带、礼让两桥。

建园时间	园名	地点	人物	详细情况
				沿堤垂柳成荫，花卉芬芳。园内有荷池4只，面积101亩，盛夏时节清香四溢。园内主要建筑有荷轩、嘉莲阁、望湖亭、云帆楼、明漪楼等。20世纪五六十年代，毛泽东主席来锡视察，均下榻锦园，因此称之为“国宾馆”。
1929	惠山公园	江苏无锡		惠山公园位于惠山下河塘，利用原李鹤章祠改建而成，被视为锡邑第二公园，与“公花园”齐名。1863年，清将李鹤章率部在无锡一带与太平军激战。光绪初年，旅锡皖人经奏准在宝善桥下为李鹤章建专祠，全盛时期建筑极为精美，被时人称为不亚于苏州留园。辛亥革命成功后，李被视为反革命，该祠被政府没收接管。1929年，无锡县(今无锡市)长孙祖基等，惜祠宇荒芜，遂思辟作惠山公园，经荣宗锦等人资助，当年即将祠园改建为公园，辟为民众游憩之所。几经变迁，园内原有建筑几乎全部被毁，仅存残余池石、小桥和一些石构件。2007年，根据惠山古镇修复计划，惠山公园被修复，占地面积5465平方米，含李鹤章祠、陶文宪祠和赵宗白祠。
1929	长寿寺	广东广州	大汕和尚	位于今广州市西关长寿东路。明万历二十四年(1606)，巡按御使沈正隆于广州城西南五里顺母桥故址，建长寿庵。当时地仅八亩，庵内建有供奉观音的慈度阁、妙证堂、临漪亭以及左右禅房。康熙十七年(1678)冬，大汕和尚在平南王尚可喜的支持下，当上了长寿庵的住持，并把寺院改称为“长寿禅院”，由平南王府拨归白云山田产及清远峡山飞来寺及该寺田产供养。大汕和尚不断对长寿寺进行扩建改造，在寺内大兴土木，广种奇花异卉，并利用各种渠道获得的巨额布施，修建了著名的西园。在大汕和尚的苦心经营下，长寿寺声名日益远播，跻身广州“五大丛林”之列。主要景点有：离六堂和怀古楼、绘空轩、云半阁、半帆亭、招隐堂、木末亭、淀心亭、月步台。

建园时间	园名	地点	人物	详细情况
1929～1931	铜梁人民公园（凤山公园）	重庆		位于铜梁县巴川镇西门飞凤山，现有面积 2.75 公顷。1929 年动工，1931 年建成，面积 2.3 公顷。文昌宫居于公园中部，左建化龙池，右设八角亭。宫前为一正方形四层楼房的钟楼。钟楼前建“凸”字形凉亭，装有色玻璃，内设餐厅，有许多蜡梅。
1929	浓荫渡公园	重庆	盛一晋	位于大足县县城外濑溪河畔，靠濑溪河滨建吊脚楼房 20 余间，楼上观景，楼下石栏供游人小憩。与楼房相对建平房，设餐馆、茶园。房侧两座八角亭对峙，亭后种桑。至解放时，仅遗亭基旧址。
1929	璧山公园	重庆		公园筹建工作归县建设科市政所管辖，制订有“璧山公园建筑事务简章”，并维修文庙，于庙前建放生池和后山种树。解放时，存大型黄葛树 2 株和文庙大成殿。
1929	棠香公园（东关公园）	重庆		公园进门是假山，园中建大型水池，池周设廊，池内修亭，以曲径与池岸相连，内养龟鳖。池后叠山，上配亭 7 个，正亭书刻“海棠香国”四字，公园由此得名。后曾更名“中山公园”，因地处东关镇又称“东关公园”。
1929	陈家花园	上海	陈志刚	在嘉定区南翔镇西市，占地 20 余亩，园内有洋房一座和平房一座，大片草地、树木、花卉、桥、亭、土山、水池等，建园时间具体不详，陈志刚于民国 18 年在此印伪钞被发现没收，1934 年由县政府以 1.4万元售与韦姓，新中国成立前毁。
1929	雪园	上海	胡雪帆	在今嘉定区政府内，胡雪帆于 1929 年 10 月建成，新中国成立后先后为清北疗养所、嘉定县锡剧团、嘉定县财经学校，1969 年筑人防工事，晚香草堂等建筑被毁尽，后改建为县档案馆用房。

建园时间	园名	地点	人物	详细情况
1929	堡镇中山公园	上海	龚亚虞	在堡镇海滨厂东，占地 30 亩，1929 年由当地乡绅龚亚虞捐建，三面临水，周围冬青，内有安鳌山（面积 1300 平方米，高 7 米）、安鳌山亭（山顶八角亭）、石狮（亭前对立）、金鱼池、六角草亭，绕亭植栀子、石榴、月季、水化、松柏、冬青、梧桐等。1938 年日军在园中修工事，以亭为哨所，园毁。
1929	银川中山公园	银川	门致中	在城西西北角，原为西夏元昊宫遗址，时"逶迤数里，亭榭台池，并极其盛"，后毁于火，明嘉靖年间为兵马营房，俗称西马营，1929 年 11 月为冯玉祥部下门致中为纪念孙中山而建公园，1949 年后扩至 780 亩，全市最大公园，有动物园、文昌阁、鸣锺亭，还有三湖一榭九亭等 20 余处景观。
1929	南京中山植物园	江苏南京	傅焕光 陈嵘 钱崇澍 秦仁昌 章守玉	1926 年 7 月 27 日，孙中山葬事筹备委员会第 41 次会议决议，中山陵园内设中山植物园，由林学家傅焕光、陈嵘勘定明孝陵、梅花山、前湖一带土地 240 公顷为园址，著名植物学家钱崇澍、秦仁昌考察后经园艺学家章守玉教授主持总体规划设计。原名总理陵园纪念植物园，是中山陵附园，位于钟山南麓，明孝陵附近，1954 年复建，定名南京中山植物园，为我国植物科研、观赏和科普基地，187 公顷，有花木展室、药用植物园、植物分类系统园、树木园、蔷薇园、地中海景区园，经济植物选育园、科普及展览区、水生植物展区、试验苗圃、研究室、推广区、自然植被保护区等，有国内外植物 2000 余种，亚热带植物 400 多种，药用植物 700 多种，1990 年与美国密苏里植物园结成姐妹园。
1929	乌鲁木齐南大寺	新疆乌鲁木齐		在乌鲁木齐解放南路，始建于 1929 年，坐西朝东，占地 3164 平方米，建筑面积 464 平方米，庭院和月台面积 2500 平方米，全寺中轴对称，礼拜殿前出大月台，月台前为庭园，被十字形道路分成对称四个花池。花园边建筑为前檐廊式，廊的山墙内用清砖雕巨幅图案，梁枋彩绘花草、云纹、铭文、山水图案。

建园时间	园名	地点	人物	详细情况
1929	莫愁湖公园	江苏南京		位于南京秦淮河西，古名横塘，因依石头城，又名石城湖，曾被誉为江南第一名湖、金陵第一名胜、民国金陵四十八景之一的莫愁烟雨。南齐时洛阳少女莫愁投湖而更名，历代为风景名胜区，唐宋时筑有园景，明清皆为胜地，洪武初年建胜棋楼，咸同兵火被毁园，同治十年(1871)重修，1927年国民党定都南京，1929年辟为公园，1930年归公园管理处。1953年开始大加修葺，并在郁金堂西重雕莫愁女像。现占地58.36公顷，水面32公顷，园内楼、轩、亭、榭错落有致，胜棋楼、郁金堂、水榭、抱月楼掩映于山石松竹之间，2004年重新规划，将公园定位于展示历史文化，拓展莫愁女、胜棋楼等历史文化内涵，以名人、名园、名花为特色，规划五区：古典区、海棠区、休憩区、环湖区、园务区。
1929	五岛公园	江苏涟水		五岛湖始称涟漪湖，成于清乾隆五十一年(1786)的大水灾。时黄河北岸决口，冲坏安东城西门，冲毁县后街。积水不退，遂成一湖，俗称后坳。先后经过1924、1929、1958、1983年4次整修，迄今已有90余年的建园史。园内夕照山被省政府批准设立“夕照山省级黄嘴白鹭自然保护区”。赵朴初、舒同、李一氓、赖少齐、张恺帆、吴强、惠宇、美华等多名家题字。
1929	东陵公园	辽宁沈阳	努尔哈赤	奉天省政府开辟福陵为公园，54公顷，福陵是清太祖努尔哈赤及皇后叶赫那拉氏陵墓，始建于1629年，具有古典建筑和满族风格，陵道有成排华表、骆驼、狮子、马、虎等石雕，台阶108阶，上面为方城、宝城、地宫等。
1929	旅顺动物园	辽宁旅顺		在太阳沟，现已改建成博物馆，始建于日占时期，5.05公顷，建园初占地仅12287平方米，动物17种，1945年日降后苏军接管，时有动物22种，115只，1951,1,29归大连市政府，1953年3月2日正式移交旅顺建设科，1964年5月交旅顺园林所，中央有高达25米宽18米的“亚洲第一”的大铁笼(鸟笼)。

建园时间	园名	地点	人物	详细情况
1929	永汉公园	广东广州		在惠爱路，又名儿童公园，隋朝开始为官署，鸦片战争后为法国领事馆，1927年收回，1929年辟为动物公园1933年更名永汉公园，1945年更汉民公园，1958年更名为儿童公园。
1929	西园酒家	广东广州	陈福畴	在中山六路，园主陈福畴，为酒家园林，内有天井花园，有花圃名树，园中有两株巨大的红棉连理树，酒家以素菜为主，有称鼎湖上素。
1929	秋园	广东潮州	姚梓芳	在揭阳榕城王厝堀池墘10号，1929年文史学家姚梓芳所建，现存，有水池、景石、六角亭。姚梓芳(1871—1952)，揭阳磐溪人，名君悫，号觉庵，晚年自号秋园，20岁成廪生，1897年在广州广雅书院读书，中举，宣统元年(1909)为广西师范学监，旋离职进北京大学深造，1913年为第一届毕业生第一名，享受状元待遇，历任暹罗华侨宣慰使、潮梅行政考察、潮州府税局局长、福建银行监理等职。20世纪30年代，姚梓芳任《揭阳县新志》总纂，作品多为序言、传记、杂文，著有《秋园文钞》、《觉庵丛稿》、《困学庐笔记》、《过庭杂录》、《广西办学文稿》等。
1929	三河中山公园	广东大埔	徐统雄	位于梅江、汀江、梅潭河汇合处西岸古城内，城外有凤翔山，1918年5月，孙中山从潮汕坐“协和”号火轮到三河汇城与陈炯明商议粤桂滇三军联合大计，1929年中华革命党员、同盟会员、新加坡同德书报社社长、中国国民党新加坡支部长徐雄等倡议并筹资，在翁万达石坊内建中山纪念堂和中山公园，以资纪念。2003年县政府修复，增设中山像、石雕平台、四周漆栏、古鼎、人物造型、亭阁、花架、花廊、“孙中山与徐统雄”“孙中山与华侨”字画等，2004年7月动工，10月底竣工。公园占地1.1公顷，门坊“中山公园”为胡汉民所题，园中间为中山纪念堂，右为荷池、碑亭(范琦撰文，陈力堂镌刻)、中山堂、中山像、华表。中山堂二层水泥结构，建筑面积500平方米，胡汉民题字，一楼有蒋中正、林森题匾。二楼陈列国父孙中山与国叔徐统雄的图文资料。

建园时间	园名	地点	人物	详细情况
1929	潘文华公馆	重庆	潘文华	位于中区中山四路81号，为重庆市市长潘文华于1929年所建，占地1.53公顷，由主楼和前后花园组成，前花园有球场、假山、喷水池，后花园依岩而建，有八角亭、四方亭，植皂角、银杏、桂花、梧桐等，以藤蔓植物黄独(零余子)为多。新中国成立后在花园增修房舍，花坛和部分花木仍存，今为市妇联。潘文华，字仲三，属虎，四川省仁寿县文官乡人。贫农家庭，幼年父母双亡。他23岁进入四川陆军军官速成学堂，与小他5岁的刘湘互为同学。1909年入藏任副排长。辛亥革命后在川军第三师任营长，1919年任团长，12月从陕南率部回川，投达县颜德基部任独立旅旅长。1920年川滇黔军大战，送巨款接济败退的刘湘。刘湘出任川军总司令，委其为第四师师长。1923年任川东清乡总司令，次年2月，北京政府授其植威将军。1924年12月1日任第三十三师师长。北伐易帜，任国民革命军二十一军第四师师长，旋改任教导师师长。1928年兼任重庆市政督办，建立重庆大学。1934年阻挡中央红军长征入川北上。1935年11月升二十三军军长。1937年率部出川抗日，所部一四七师在林城、泗安、广德、誓节一线布防。1938年1月刘湘病逝，留川武装大部分由其统率，任第二十八集团军司令和川康绥靖公署副主任。1945年10月20日改任川黔湘鄂边区绥靖主任。1948年部队被蒋介石肢解并吞。1949年12月9日与刘文辉、邓锡侯在彭县(今彭州市)通电起义。1950年1月任西南军政委员会委员。
1929～1931	黄冠章别墅	广东广州	黄冠章	在广州福州路10号增埗村，是广东王陈济棠的军需处长黄冠章所创，与中山纪念堂同时建设，挪用纪念堂建材，为其母修建，占地9000平方米，建筑仿中山堂，人称迷你中山纪念堂，为作黄母的佛堂。园依增埗河，内凿水池，架石桥，建水榭，构曲廊、筑码头，建筑存，园林毁，2004年全园改造为增埗公园。黄冠章(？—1945)，广东防城(现广西)人，广东法政专门学校毕业，少将军需处长兼广东省银行副行长，1936年辞职去日研究教育学和经济学，后任香港建业银行公司总经理，创办导正中学，香港沦陷后，内迁学校，1945年去世。

建园时间	园名	地点	人物	详细情况
20世纪30年代	圆昭园	浙江杭州		西式花园别墅，被称为杭州市第一园林宅院，该花园别墅博采中西之长，色彩如童话般，浅红瓦与嫩黄墙，钢筋混凝土门柱，门墙高耸，饰以简单图案，两扇铁门，楼内旋转楼梯、大厅、壁炉，园林俱江南风格，植广玉兰、桂花、棕榈。后为某单位住宅，已拆。
20世纪30年代	蒋经国寓所	浙江杭州	蒋经国	西式花园别墅，主楼用20世纪30年代上海倪增茂青砖。背依宝石山，前临西湖，东近石涵，西傍断桥，选址优越。
20世纪30年代	林风眠故居	浙江杭州	林风眠	林风眠自己设计的西式花园别墅，青砖灰瓦、室内顶壁、墙面、地板皆为木纹拼花，小楼东部两层，立面简洁，南侧是台阶和入口，西为平房，北为附属用房。庭院中植梅、桂、棕榈、南天竹、紫荆、凌霄等花木，和草莓、玉米等蔬果。
20世纪30年代	柏庐	浙江杭州	周恩来	位于西式花园别墅，块石垒基，厚砖砌墙，雕花石柱，拱券门窗，粗犷坚实，围墙高耸，铸铁大门，院内古木参天，亭台参差，小桥流水。周恩来在国共两党谈判时居此，现为招待所。
1930	高平庄	上海	范介平 范先知	在闵行镇新闵路588号，占地4.5亩，范介平和范知于民国十九年所建私园，建筑面积511平方米，主体建筑为二层中西结合带长廊的建筑，庄园大门和建筑朝南，楼下一片绿地，花木成荫，门楣刻高平庄二字，1949年售与通用机器厂，1954年为上海汽轮机厂使用，后为上海县(今上海市闵行区)人民委员会办公处，今为上海市保安服务总公司闵行二公司技防部。
1930	周家花园(周公馆、大板花园)	上海	周乾康	在静安区康定路(原康脑脱路179号)，占地3亩，啤酒商周乾康于1930年所建，园中有亭台、花木、假山、小桥、水池。新中国成立后为江宁地段医院。

建园时间	园名	地点	人物	详细情况
1930～1939	范权旧居	天津	范权	英国庭院式砖木结构楼房，花园改造一新，有景石、木廊架、盆池等，银杏已枯，紫藤繁盛。
1930	丽娃栗妲村	上海	古鲁勒夫(俄) 荣宗敬	在今普陀区东老河南段华师大一村495、496、561号附近，原为荣宗敬地主，1930年俄国人古鲁勒夫租用并建成营业园林，取美国影片《丽娃栗妲》片名为名，入园者大多为外国人，节假日也有华人，1931年荣氏将东才河及园林地产捐赠大夏大学，但仍为古氏营业，1937年“八·一三事变”毁于战火。风格为西式自风景园，有大草坪、大片水面、平直道路、高大悬铃木。以旅沪外国人为对象，项目：品茗、西点、游泳、划船、网球、舞池等。
1930～1939	范家花园	重庆	范崇实	位于重庆南山公园白兰园处，20世纪30年代，市政府警察局长、四川丝业公司总经理范崇实在此处修建别墅，广植白兰花、玉兰、辛夷、杜鹃及罗汉松等名贵植物，建成范家花园。花园内有范崇实别墅一栋及林间休息亭，花木广植屋前，松林拥簇于后，在重庆近郊别具一格。黄炎培1945年1月观梅后有诗云：“万本梅花一范庄。”
1930	清凉山公园	江苏南京	蒋介石	南唐时建避暑行宫于山上，今留有还阳井、清凉台、翠薇亭遗址，还有寺院遗址：唐善庆寺、杨吴清凉寺、宋一拂清忠、明崇正书院、扫叶楼等。1928年8月南京政府严禁在清凉山进香，1930年列为公园，归鼓楼公园办事处兼管，1934年4月11日扫叶楼驻军，1935年蒋介石面谕建清凉山公园，1937年日占时建筑和山林受毁，光复后无力复建，只余扫叶楼的屡壁残垣。新中国成立后复建，现有面积73公顷。
1930	渔庄	江苏无锡	陈梅芳 虞循卿 郑庭真	在范蠡湖边，为陈梅芳私家花园，与蠡园相邻，由虞循卿主持建设，留日工程师郑庭真设计，有景：门厅(1930)、百花山房(1930)、四季亭(1954)、涵虚亭(1954移入)、龙凤亭(1958整修)、拱桥(1954)、莲舫(1930)、归云峰假山(1930后)、洗耳泉等，新中国成立后并入蠡园，成为南堤春晓景区。

建园时间	园名	地点	人物	详细情况
1930	王伯群花园别墅	上海	王伯群	王伯群花园别墅位于上海愚园路1136弄31号，是民国时期国民党交通部长王伯群的私家花园洋房，为上海豪华型花园洋房的典型范例。主楼前面有西式花园，面积2亩，以开阔大草坪为主，点缀以花木。又以中国式造园形式，堆筑假山，挖掘水池，建亭台，构小桥。别墅及花园四周围墙筑成城堡式，墙壁上有梅花图案，连门窗拉手也全用紫铜开模，镂空铸成松花图案。王伯群(1885—1944)，原名文选，字荫泰，贵州兴义景家屯人，其父王起元办团练出名，1905年得舅父刘显世资助留学日本中央大学政治经济系，1910年毕业归国，期间加入同盟会，辛亥革命后与其弟王文华和妹夫何应钦以黔系头面人物身份在军阀之间行走。
1930	熊园	江苏扬州		在净香园故址上募建。
1930	石家花园	重庆	石荣廷	在重庆江北盘溪，是重庆市山货业同业公会理事长石荣廷仿礼园所建的重庆最大的私家花园，石屋为主体建筑，为三合院式布局，雕饰纹样稍少，有8处透雕和1处高浮雕，均为中国传统式样，正厅阴刻“总理遗嘱”描金楷书，下有“民族民权民生”文字，柱式上刻有孙中山所题：“养天地正气，法古今完人”行书。石屋在缓坡台地下方，坡上为笔，坡下为黄桷。庭院内有草坪、花圃、假山、荷池、幽径、石栏，种桃、李、柑橘、苹果、竹、梅、茶及各种奇花异草，用罗汉松、六月雪蟠扎鸟兽盆景。石屋上有石天桥，再上有塔楼，花园外还有虎岩观瀑、跳蹬垂钓、柳岸蝉鸣和玉带观鱼等景，现存有：主人房、园丁房、水趣池、叠石等，今为江北公安局石门派出所。
1930	中山亭绿岛	湖南长沙	蔡道馨	1930年建的城市小公园，后毁，有中山亭，近年恢复，面积2830平方米，为城市绿岛，设计者蔡道馨，有小品、雕塑、绿化、水面等，立石题“平等博爱”。

建园时间	园名	地点	人物	详细情况
1930	鸡鸣寺公园	江苏南京	梁武帝 康熙 乾隆 张之洞	在鸡笼山东麓，鸡鸣寺是南京最早寺院。三国时为吴国后苑，晋永康元年(300)在此建道场，东晋以后辟为廷尉署，南朝普通八年(527)梁武帝在鸡鸣埭兴建同泰寺，成为佛教中心，武帝舍身为佛徒，梁大同三年(538)寺毁于大火。杨吴 922 年建台城千佛院，南唐称净居寺，建涵虚阁，又改圆寂寺。入宋，半为法宝寺。明初只有小寺院，名鸡鸣寺，宣德、成化、弘治年间大修后有一千余亩，建筑 30 余座，成为著名祇园。康熙南巡时亲题：古鸡鸣寺，1751 年重修为乾隆南巡行宫，咸丰年间毁于兵火，同年修复，1867 年建观音阁，1894 年张之洞改后殿为豁蒙楼。1930 年辟为鸡鸣寺公园。新中国成立后重修，现为集山水林寺于一体的风景名胜古迹。
1930	新加坡公园	上海		在新加坡路(今余姚路)和赫德路(今常德路)口，1930 年工部局购地 25 亩拟建体育公园，年底先建成 2.5 亩儿童公园，次年 4 月 25 日开放，名新加坡公园，内有 11 秋千、4 跷跷板、1 沙坑、1 避雨棚，常绿树为主，还有蔷薇、牡丹、天竺等。1933 年工部决定在此建女子中学(现为第一中学)，1934 年 7 月又决定建游泳池，公园原有设施迁胶州公园，当年公园关闭。
1930	莼园	广东潮州	饶锷 饶宗颐	在潮州下东城区东平路中段淞庐中，为汉学大师饶宗颐的故园，其父饶锷于 1930 年建成，并著有《莼园记》，园不及一亩，有景画中游、天啸楼、盟鸥榭、水池、小桥、凉亭、假山，画中游题联："山不在高，洞宜深，石宜怪；园须脱俗，树欲古，竹俗疏。"天啸楼为著名藏书楼，藏书十万余卷。饶锷(1891—1932)，字纯钩，自号纯庵，别号莼园居士，清末民国初潮州大儒，上海政法学校毕业后返潮，任《粤南报》主编，任教于韩山师范，在园中与石铭吾成立壬社(诗社)，任社长，1909 年在苏州与柳亚子等成立南社，重考据，工诗文，谙佛老，喜谱志，有《潮州西湖山志》、《饶氏家谱》、《慈禧宫词百首》及《天啸楼集》。后其子饶宗颐居园，饶宗颐(1917—?)，字固庵、伯濂、伯子，号选堂，广东潮安

建园时间	园名	地点	人物	详细情况
				人，学识广博，重史学、语言、音乐、词学、书法、绘画，新中国成立前历无锡国专、广东文理学院和华南大学教授，1949年居香港，历任香港大学、新加坡大学、耶鲁大学教授，著作四十余部。
1930	陈济棠公馆	广东广州	陈济棠	在中山一路梅花村3号，为花园洋房，广东省主席陈济棠所创花园洋房，面积5610平方米，建筑面积2000平方米，前后园，园内有大片草地，建有六角亭，堆有假山，现为省妇联。
1930	竹园	福建泉州	蔡子钦	在安海古镇鳌头境，为华侨蔡子钦所创洋房别墅，园内无竹，名竹园是因为蔡父蔡德远的字。蔡子钦，清末秀才，福建法政学堂预科毕业，1916年去菲律宾经商，1928年回国创电灯公司和养正中学，新中国成立后任泉安汽车公司董事长和养正中学董事长、省政协常委、福建省工商联副主委、晋江县(今晋江市)政协副主席、晋江县(今晋江市)人委会委员、晋江县(今晋江市)工商联主委等职。
1930	罗家花园	江苏苏州	罗良鉴	在苏州东小桥，《寄庵随笔》载，民国十九年(1930)罗良鉴购此园，占地20亩，屋仅数分，余皆花木，桃树尤多，日占时尽伐佳种而去，罗良鉴，清末程德全易帜时，居幕中参与策划，国民政会时任蒙疆委员会委员长。
1930	徐州中学花园	江苏徐州		即徐州一中，始建于1917年，原名江苏省立第十中学，1930年改称徐州中学，时校园绿化具有相当规模，除松、柏、椿、槐外，还有1亩多小花园，园内堆土为山，山顶建凉亭、水池、小桥、假山，植芍药、牡丹、月季等花木，1938年徐州沦陷后，学校他迁，成为日军徐州司令部，拆除凉亭，抗日战争胜利后学校迁回，1948改建为徐州一中，1962年修复凉亭，1979年栽龙柏、雪松、海棠等花木，1981年起年年种竹，现园广66.5亩。
1930	沈氏花园	重庆	沈氏	位于大足县城内，为沈氏于1930年所建花园，新中国成立后改建为大足县人民礼堂。

建园时间	园名	地点	人物	详细情况
1930	陈石遗园	江苏苏州	陈石遗	在胭脂桥，1930 年代初陈石遗迁苏，辟地建园，住宅洋式，书房前构园，杂种花卉，1937 年陈返闽，旋卒。陈衍，字石遗，闽侯人，清乡试举人，曾任北大教授，曾在厦门大学讲授汉书，能背诵半部汉书，是三十年代著名诗人之一，著有《石遗室诗话》。
1930～1933	震旦博物院植物园	上海		在今重庆南路 227 号上海第二医科大学北部，光绪九年(1883)天主教会在徐家汇建自然历史博物院，因展品日多，而于 1930 年在此扩建新院，次年建成开放，市民可购票入园，主要用于观摩和科研，院舍南有一片植物园，从旧园中移植部分植物，植物标本达 5 万件，堪称远东第一，现址为上海昆虫研究所及建行卢湾分行。
1930～1937	延平公园	福建厦门		在厦门鼓浪屿南部，为 20 世纪 30 年代至抗日战争前建的三个公园之一，为纪念郑成功而建，其中有国姓井，相传为郑氏屯军时开设的水井。半山巨石上分别刻了“延平郡王园”五个摩崖大字。
1930	北碚公园	重庆	卢作孚	北碚峡防局局长卢作孚集资在火焰山东岳庙边建公园，当年建成，名火焰山公园，1936 年更名北碚平民公园，1945 年更名北碚公园，时有清凉亭、汉砖台等，新中国成立后修建，10.3 公顷。植物有慈竹、化香树、大叶女贞、三角枫、松树、芙蓉、月季、迎春、海桐、笔柏、六月雪及大叶黄杨。
1930	江津公园（中山公园）	重庆	张清平	位于江津市几江镇东门外，现有面积 0.7 公顷，国民革命军第 24 军暂编第一师副师长张清平筹建，由国民政府主席林森题书园名。1938 年 5 月，利用击落日机残片作亭盖在园中黄葛树旁建一望江亭。新中国成立后，更名中苏友谊亭(已拆除)，现为江津公园。
1930～1937	虎溪公园	福建厦门	林懋时	在厦门虎溪岩，为 20 世纪 30 年代至抗日战争前建的公园。满山巨石，明万历年间，嘉禾人林懋时爱石成癖，自比石痴，邀友出资到虎溪岩开山，朋

建园时间	园名	地点	人物	详细情况
				友们遇难而退，他仍坚持，在一虎口形巨石下挖出一个大洞，取名棱层石室，自书“棱层”于洞顶，字径数尺，刚劲有力。
1930～1944	费家花园	上海	费氏	在徐汇区龙华镇西部俞家湾，费氏于1930年至1944年所建，已毁。
1931	息园	上海	陈氏	在虹口区江湾镇境内，占地10亩，为陈氏于1931年前所建。
1931	郑园	江苏无锡	郑明山	郑园位于太湖鼋头渚风景区鹿顶山下的揖秀桥南，太湖别墅之东，位于山湾中，民族工商业者郑明山所建，占地约100亩，内有岩洞、石峰、假山、轩亭、小桥等。石峰之奇，曲径之幽，为湖滨各园之冠。1983年改建成湖山真意一景。
1931	子宽别墅	江苏无锡	陈子宽	子宽别墅位于中犊山，小蓬莱山馆之西，地势比小蓬莱山馆高，民族工商业者陈子宽先生建。中犊山为蠡湖和太湖交界的一座岛，如中流砥柱，拥波兀立，其南北各为南犊山和北犊山。子宽别墅正对犊山门，位置极为独特，登临此处，东望蠡湖，西接太湖，为当时登临赏景之胜地。
1931	孙震方旧居（和平宾馆、润园宾馆、润园）	天津	孙震方 孙多钰	位于大理道66号，由安徽寿州商人孙震方于1931年建成。占地3431平方米，建筑面积1917平方米。东侧的“和平宾馆”为英式庭院式，由孙震方居住；西侧的“润园宾馆”为西班牙乡村别墅式，由叔叔孙多钰居住，因毛主席下榻于此，改名“润园”。花园呈西式风格，内有藤萝架、规则式园路、黑色铁艺雀笼、小型游泳池，西侧依墙建一望台，可眺望睦南公园内风景。原有一口水池，后被填，上面种黄杨。该庭院的门楼、大门与建筑风格一致，院墙与建筑外墙皆是白色拉毛墙体，浑然一体，是五大道上少有的将异国风情体现的原汁原味的宅院。

建园时间	园名	地点	人物	详细情况
1931	群园	广东番禺	李辅群	1931 年，汉奸李辅群在番禺区市桥镇建群园，主体面积 1144 平方米(未计原红墙外西边花园及汽车房等建筑物)，有五幢楼房建筑。门坊两侧为两座碉堡、水榭、洋楼三合一的建筑物。主楼的后楼三楼三面设有突出墙外半圆碉堡，开有 T 字形射击孔。全园环以红砖高墙，楼间天桥相连，地下原建有混凝土防空洞，有明显的军事防卫功能。主体建筑均为红墙绿瓦传统样式，门窗采用圆拱形及西式装饰雕刻，堂皇富丽。
1931	逍遥游公园（虞山公园）	江苏常熟	严讷	在常熟城西南角，原为明嘉靖年间大学士严讷读书处，曾一度名为虞山公园，后渐荒至毁。后城北新建的常熟公园正式定名为虞山公园。
1931	成余园	上海	叶贻铨	在虹口区江湾镇东，浙江省富商叶贻铨在江湾购地千亩，建跑马厅，后为万国体育馆，又于 1931 年前在镇东建成余园。
1931	新康花园	上海	新康	在今长宁区淮海西路 1273 弄，犹太人新康于 1931 年前所建私家花园，园内有网球场、游泳池、医院、草坪等，1934 年新康洋行重新设计改造为新花园里弄，名新康新村，每幢两户，一个花园，宅前有庭院，植雪松。1950 年起为市房管所管理，更名为新康花园。
1931	退思斋	山西太原	贾继英 常赞春 常旭春	在东华门街 12 号，为大清银行、晋胜银行、山西省银行、斌记五金行经理贾继英所建，1927 年购地，次年开工，1931 年竣工。因园址在明晋王府东华门处，为拆土墙历半年之久。园基南北窄东西长，以堆山见长，西院东山构局。西院中立盆景石，石北凿鱼池，池后小洋房。院西三间西厅，院南几间南厅。东南在晋土府墙基上仿静安园堆假山，构石洞。山前建八角亭，山上建六角亭和四角亭，山顶建南楼。山东依山构十多间爬山廊，每间廊壁嵌石刻一方，为 1932 年由榆次常赞春撰文、常旭

建园时间	园名	地点	人物	详细情况
				春书写的退思斋铭。庭院西北角后院设花窖五间,有花工两名。春夏秋三季盆花满院。1950 年以一千匹白布售与太原市政府,“文革”前为民主同盟省委,“文革”时盆石、鱼池、八角亭、四角亭毁坏,以后为省广电局家属区,山洞山顶住人,1985 年拆园建民主党派宿舍楼。贾继英(1875—1944),字俊臣,祖籍榆次郝家沟,生于六堡村,在“大德恒”票号当学徒,因干练提为跑街,常驻太原,光绪二十六年(1900)慈禧太后和光绪皇帝西逃经徐沟到祁县时,行宫设在“大德恒”总号,贾与随驾桂月亭和董福祥过往甚密,慈禧太后沿路搜刮的银钱存入大德恒票号,光绪三十年(1904),御赐贾继英筹办户部银行,当时本银为 400 万两,到光绪三十四年(1908),资本达 1000 万两,遂改户部银行为大清银行,贾继英任行长。辛亥革命后,贾继英为晋胜银行行长,并代办交通银行在山西的业务,1926 年设了斌记五金行,贾继英仍任经理,1935 年山西省银行、晋绥地方铁路银行、绥西垦业银行、晋北盐业银行共同设置“山西实物十足准备库”,由阎锡山亲自兼督理,贾继英任经理,“七七”事变时,财产已达到 1000 万元之多,它是阎锡山对山西经济的“垄断库”。
1931	郑家花园	江苏无锡	郑明山	位于鼋头渚充山之脉,面对太湖佳处,民族工商业者郑明山 1931 年所购,占地百亩,依山就势,路随山转,桥跨涧谷,引水凿池,沿山筑亭。旧有石路、石峰、小轩、竹亭、假山、石桥、岩洞,尤宜欣赏太湖之湖东十二渚与湖西十八湾自然风光,新中国成立后部分园址划入无锡市委党校,1983 年改建湖山真意楼,1986 年于隧洞前重建天远楼,过隧洞景色豁然开朗。大部分景今存,如点红亭、天远楼、九松亭、湖山真意楼、隧洞等。

建园时间	园名	地点	人物	详细情况
1931	吴淞公园（吴淞海滨公园）	上海		在今吴淞镇东北泰和路1号，东濒黄浦江，南至泰和路，北接海军码头，1931年首度建园，位于成化路以北沿江堤处，广2.7亩，有花坛、茅亭和花木，次年1月建成开放，开放才一个月，“一·二八”事变中被炮火所毁，1932年8月扩建为吴淞公园，1934年建成开放，建茅亭一座，1937年“八·一三”事变中，园再毁。1951年8月批准重建，次年动工建成开放，定名吴淞海滨公园，1958年拆两楼以扩园，1965年并两个苗圃5.02公顷入园，1981年扩建，1984年完成，建成园门、票房、售品部、公园管理室等，并改名吴淞公园，后建仿古茶楼、方亭、方厅、长廊、葡萄架等。现面积6.38公顷，有景：假山、陈化成像、曲廊、茶室、长堤等景。
1931	张家瑞宅园	江苏苏州	张家瑞	在槐树巷2号，官僚张家瑞于民国20年退出政界，按蒋介石在苏州的宅园图纸造园，面积6亩，西式楼房，四周有竹林、桃林、苹果树、草坪2块，抗日战争时为日本特务机关占据，新中国成立后为机关托儿所，竹林草坪等渐毁。
1931	北局小公园	江苏苏州		在旧城中心，因大公园已成，故名小公园，1931年创，有草地、花木、短墙、林则徐禁烟纪念亭，抗日战争胜利后改中正公园，增台榭，由当时大公园（苏州公园）兼管，1956年春修，后拆围墙，仅存石凳老树，60年代初铺草坪，“文革”中成为贴大字报处，渐毁，现为寄存自行车处。
1931	川沙中山公园	上海		在浦东新区川沙镇旧城区西南部，广十余亩，坐西面东，园中有景：中山纪念堂、大道、圆形大花坛，新中国成立前废，新中国成立后，中山堂为机关所用，后改县少年宫，余地建住宅。
1931	川沙中山纪念林	上海		在浦东新区川沙镇，1931年后建，新中国成立后改为川沙中学校园。

建园时间	园名	地点	人物	详细情况
1931	苏州路儿童公园（苏州路儿童游戏场、河滨第一公园、河滨儿童公园）	上海		在外白鹭桥南，同治十一年（1872）工部局在此建花圃，为黄浦公园供应植物，名预备花圃。1931年工部局更名为儿童公园，当年5月动工，9月1日建成开放，名苏州路儿童游戏场，1935年面积达2780平方米，1937年3月改名苏州路儿童公园，1945年下半年改苏州路公园，次年更名河滨第一公园，时有秋千、跷跷板、滑梯、跳板、沙坑、长亭、铁丝篱，新中国成立后改名河滨儿童公园，1964年改为街道绿地，1988年10月建吴淞路闸桥时被占用。
1931	刘吉生住宅	上海	刘吉生	巨鹿路675号，宅前花园有海棠花形水池，池中有浴女雕塑，池边有青蛙小饰。
1931	范庄	重庆	范绍增	位于渝中区人民路254—256号，川军将领范绍增利用四川省主席刘文辉赈银于1931年所建的公馆，占地1.5公顷，主楼建于坡上，中西合璧式，另有中西式楼两幢，平房两幢，楼外有草坪、花坛二个，六角亭、游泳池一、喷水池一、绿带八、坡坎下为大门，门右有平房、网球场、防空洞，球场上有弹子房，左侧有两层楼房。公馆内植印度榕、樱花、蜡梅、梅花等，陪都时，孔祥熙居此，1954年中共西南局交际处设此，后为市交际处，今为市政府接待办和第二招待所。范绍增（1894—1977），名舜典，号海廷，绰号范哈儿、大老造，四川大竹县清河乡人，1948年在“国大”上被选为国大代表，支持李宗仁，1949年回重庆任国防部川东挺进军总指挥，年底通电起义，新中国成立后历任中南军政委员会参事、四野50军高参、河南体委副主任、省人民政府委员、省人民代表和政协委员。
1931	云庐花园	重庆	黄庆云	在重庆市，为商业银行总经理黄庆云于1931年所建花园洋房，面积800平方米，现存白兰花、罗汉松，为区公所。

建园时间	园名	地点	人物	详细情况
1931～1932	上海市立园林场风景园	上海	吴铁城	在浦东东沟大将浦北，面积 1.89 公顷，1929 年征土地 29 亩，除 0.65 亩归东沟小学作操场外，其余筹建风景园，1931 年完成设计，开始兴建，因水患和国难，庭院、凉亭、假山和桥梁停建，只作地形、河渠、园路建设，并建木桥和竹厅，1932 年 11 月 5 日开放并举行菊花展，1933 年为迎第五届植树节典礼在园中举行，充实植物和修桥通涵，3 月 12 日吴铁城市长与各界代表在园中植树 366 株。园为自然风景式，以地形和绿化为景观，东南为水景区，有河道、荷池、小岛、景石、柳岸，园东有紫藤架，东北有土山、茅亭、修竹，园西有三级梯形花坛、中央大竹棚和石笋。1934 年后游人稀少，园名存实亡，1936 年 11 月改为农林场，风景不在。
30 年代	姜宅花园	江苏苏州	姜振祥	姜振祥在苏州宜多宾巷所创宅园，宅西园东，有景：假山、水池、亭子、曲桥，多废，只余土山、花厅等。
30 年代	大三元酒家	广东广州		以园林和浮雕著称。
1931	启东中山公园	江苏启东		未详。
1931	盐城中山公园	江苏盐城		未详。
1931	金坛中山公园	江苏金坛		未详。
1931	苏州淡台公园	江苏苏州		在城市规划下建设，遇九一八事变而停止。
1931	紫罗兰小筑（默园）	江苏苏州	周瘦鹃 周吟萍 何维	周瘦鹃，中国现代著名作家、翻译家、盆景艺术家，苏州人，在苏州城东甫桥西街长河头购得原书法家何子贞裔孙何维的默园，重新整治，取初恋情人周吟萍英文名 Vilet（紫罗兰）意，名紫罗兰小筑，1946 年又重建或新建景点，园广四亩，有景：爱莲堂（接待室）且住（陈列古玩）、寒香阁、紫罗兰庵（陈列奇石）、含英咀华之室（卧室）、凤来仪室、小

建园时间	园名	地点	人物	详细情况
				楼(1966 年建,书房)等建筑,园区以爱莲堂为界分成东西二区,东区有景:花木(素心蜡梅、天竹、白丁香、垂丝海棠、玉桂、白皮松、柿树、塔柏)、小香雪海(女花神雕塑和默林)、紫罗兰花台、草坪、盆景(清奇古怪四盆老柏)、绿千乌龟、五人墓碑义梅、白居易手植槐枯桩等。西区有景:紫藤棚、鱼乐园(陈列金鱼)、露天盆景馆(几百盆盆景)、五岳起方寸(五个湖石峰)、竹林等。东西区中间,有景:梅屋、假山、荷池。紫罗兰小筑名扬海内外,门庭若市。1966 年周瘦鹃含冤去世,园毁,1981 年建某单位宿舍楼,只余房屋数间,老树数枝,盆景数十。
1931	镇江林隐公园	江苏镇江		在《省会园林设计》之下规划的公园。
1931	虞山公园(常熟公园、新公园)	江苏常熟	蒋凤梧	在城北虞山,初名丰巢居,为花圃,1931 年常熟著名教育家蒋凤梧先生发起,在当时丰巢居和陈家山门处建公园,定名常熟公园,因其时在县城西南尚有逍遥游(虞山公园),故此园称新公园,为自然与人工结合的公园,有景:中山厅、民众教育馆、北郭草堂、湖心亭、九曲桥、双茆亭、挹秀山房、新亭、栗里、环翠小筑、太湖石峰(三米高,名人张鸿题:刳神胎,出灵氛,一舒一卷,为天下云。)新中国成立后更名人民公园,重修后有景:湖心亭、九曲桥、双茆亭、大门、环翠小筑、挹翠亭、支边亭、听松亭、忠王碑亭、夕照榭、书亭、儿童乐园、少年之家等。1960 年增虞红亭,1979 年重建栗里茶室、王石谷亭,新增倚晴楼、半山轩、花圃、温室、花木商店,1984 年增:倚晴园、归飞亭、晚翠亭、曲廊、荷池、假山、爬山廊、盆景园,扩建儿童乐园。现园 10.7 公顷,1984 年更名虞山公园。
1931	赵声公园(百先公园)	江苏镇江	冷秋 陈植	1924 年同盟会员冷秋倡议建园纪念赵声大将军,社会集资,1926 年动工,历五年,耗 50 万元,1931 年 6 月 2 日建成开放,初名赵声公园,又称百先公园,7.3 公顷,陈植设计。

建园时间	园名	地点	人物	详细情况
1931	民众草堂花园	江苏徐州		在徐州环城路，为徐州民众教育馆内设立的花园，园广 2 亩，内有凉亭、温室、牡丹园、芍药园，种植芍药、牡丹等花草，还有卐字会移来的铁树，南方引进的瓜叶菊、蒲包花、茉莉花、白兰花等，花工 4 人，为居民晨练之所。1937 年民众教育馆解散，花园无人过问，1938 年日占后在园内设神社、学校，抗日战争胜利后园余半亩，花工一人，新中国成立后拆除。
1931	波阳公园	上海		公共租界工部局建，13.5 亩，内有草坪、荷池、曲廊、石径，草地占三分之一。
1931	海珠公园	广东广州		原为海珠石，后发展成为小岛，建立公园。
1931	隅园	广东广州	伍景英	在寺贝通津 42 号，为海军造船总监伍景英所创，伍亲自设计建造，中英结合式建筑，人称西曲中词，前后有花园，园内有水池、水井、石狮花旗杉、红棉等。
1931	玉华山庄	北京		在香山中麓玉华寺边，原为玉华岫景区，由玉华寺、玉华岫、皋涂精舍、邀月榭、绮望亭、溢芳轩等建筑组成。玉华寺始建于明正统九年(1444)。清乾隆十年(1745)在寺旁建玉华岫等建筑，赐名玉华岫，为静宜园的二十八景之一。1860 年遭英法联军焚毁。1931 年辟为私人别墅，名玉华山庄。1956 年对外开放，1998 年依原廊基殿址复建玉华寺山门殿及玉华岫等建筑，1999 年竣工，现成为香山的园中园。而当年的别墅，现成为茶点服务部，山庄内亭台高筑，泉流淙淙，古树参天，修竹映翠，东可俯瞰京西平原，南可远眺丛山，是秋天观红叶的好地方。
1931	黄家花园	重庆	黄生芝	位于江北区塔坪，为黄生芝于 1934 年所建，园中有西式洋楼和阁楼各一，花台和草坪相间，植有橡胶树、银杏、黄葛树、梧桐、桃、杏、柑橘等，园景已不存，房屋仍存，今为解放军 324 医院。

建园时间	园名	地点	人物	详细情况
1931～1934	三块厝黄宅	台湾台中	黄汝舟	位于三块厝，黄氏家族祖籍为福建南安，清乾隆年间移居台湾。第五代子孙黄汝舟于1931年始建，历三年完成。园规模很大，深两进，左右各有两个护龙，前埕还有日式庭园。匠师来自石冈，使用最佳的建材，从日本进口瓷砖。两进建筑中，第一进以西方欧洋为主，第二进以闽风格为主，彼此搭配，形成别具特色的闽洋折中风格。
1932	黄家花园	上海	黄稚卿	混合式，有曲径、假山、石笋、石台、石凳，遍植红枫、五针松、棕榈、雪松、龙柏等，西北角为果树林，有桃、梅、李、杏、枇杷、柿子、石榴等
1932	丁贵堂花园洋房	上海	丁贵堂 邬达克	位于汾阳路和复兴中路交叉口东侧，建于1932年，是海关为总税务司建的官邸。由于担任总税务司职的都是洋人，这座官邸都由外国人占用。到抗日战争时期，丁贵堂开始在总税务司任副职，才住入这幢洋房。住宅属西班牙建筑风格。高二层，假三层，占地面积8 000平方米，其中花园面积约4 000平方米，建筑面积1 236平方米，砖木混合结构，平面对称布局。主楼底层有三个连续的拱形券门形成门廊，门及窗樘内竖立西班牙螺旋形柱作为外廊柱。券门上、屋檐下、窗周围均有精巧纤细的水泥砂浆雕饰。二层前有宽敞的阳台，阳台上及楼梯边用花铁栅栏杆。三层为阁楼，有老虎窗。室内有壁炉，宅前有石象。设计师为当时沪上大名鼎鼎的奥匈建筑师邬达克。新中国成立后，丁贵堂由周恩来总理任命为中国海关总署副署长，举家迁至北京，原宅改为上海海关专科学校至今。
1932	意大利总领事馆官邸	上海	义品地产公司	武康路390号，中式，曲桥、水池、假山、亭子，大片竹子及四季花木。义品地产公司设计施工。
1932	朴园	江苏苏州	汪氏	平门内人民路高桥8号，1932年上海蛋商汪氏建造，占地1公顷，耗十万元。抗战时期为日军军官占据，胜利后为国民党军驻扎，1953年国家公路总局第三工程队购得此园，开办疗养院，1956年

建园时间	园名	地点	人物	详细情况
				增建三层楼房一幢，1974年归市卫生局，设防疫站至今，1940年代末花房改为三层楼房，1980年始保护，1985年重整假山。四周环以花岗石墙，传统布局，山水为主景，土包石假山，有景：水池、假山、曲桥、四面厅、花厅、亭子、曲廊、石笋等，花木茂盛，有白皮松、罗汉松、广玉兰、樱花、杜鹃等，还有两株地铁、五针松，高达二米。
1932	韬园	江苏苏州	金松岑	在苏州濂溪坊，1932年吴江金松岑居此（又有说在同治年间），移家乡笏园之石入园，叠构峦峰壑谷，建亭植竹，行乐园中，金自撰《韬园记》。金松岑（1873—1947），原名懋基，又名天翮、天羽，号壮游、鹤望，笔名麒麟、爱自由者、金一、天放楼主人等，吴江同里镇人，青年时期热心宣传资产阶级民主革命，后致力于教育、诗文创作和学术研究，被誉为国学大师，与陈去病、柳亚子并称为清末民初吴江三杰，是著名的学者、诗人和爱国主义教育家。
1932	江油公园	湖北老河口		1932年秋，旧城武都镇东北郊外开辟江油公园，现成王右本纪念馆。
1932	西山坪植物园	重庆	卢作孚	位于民生公司总经理、三峡峡防局局长卢作孚于1932年率峡防局开发西山坪，提出“举锄大地开拓，提兵向自然进攻”，历时一年，建成完工。搜集中外各种果苗千株，试种川康林木种子百余种，配合实业部调查所，派员前往重庆、南川和迭溪进行地质考察，编写了《重庆南川间地质志》和《嘉陵江三峡地质志》。
1932	十九路军墓园	广东广州		1932年为纪念同年在上海淞沪抗战中阵亡的烈士建陵园。
1932	净慧公园	广东广州		原为英国领事馆的一部分，1932年辟为净慧公园。
1932	桂林公园	上海	黄金荣	原是上海黑帮头子黄金荣的家祠，1923年扩为花园，1932年建成（另说1935），占地60亩，内有四教厅、船舫、凌云亭、观音阁、仡月亭等，并运来苏州木渎严家花园的湖石、立峰，抗战时受日军炮火

建园时间	园名	地点	人物	详细情况
				破损严重，战后修缮，解放战争时，国军进入，毁去大半，1949 年政府接管，因桂林成片，1958 年更名桂林公园，1981 年扩建张家坟园中园，1985 年向东扩建，1988 年 10 月开放。1995 年面积 3.55 公顷，有景：门楼、通道、半亭、四教厅、长廊、石舫、双桥、观音阁、颐亭、大假山、双鹤亭、元宝池、飞香厅、飞香水榭、荷花池、馨泉厅、菱渚等。
1932	上海市立动物园	上海		在文庙路和学前街交口，园广 10.9 亩，原为 4 亩苗圃，1931 年计划建园，1932 年 8 月设计并施工，12 月第一期完工，工程款 1.34 万法币，1933 年 2 月第二期完工，工程款 7000 法币，当年 5 月完成第三期，工程款 4500 法币，6 月 9 日定名，8 月 1 日开放。分 3 展区：东部展区（鸟棚、鸟亭、爬虫类和灵长类笼舍）、中部展区（小湖、鱼类、水禽棚、南岛及办公室）、西部展区（猛兽笼舍、小动物笼舍食草类场舍）到 1937 年 8 月止共展出 5 大类 109 种动物，及 82 件动物标本。1933 年、1934 年举办第一二届芙蓉鸟竞赛展览会，1934 年举办金鱼展览会，1935 年、1936 年举办信鸽比赛会。1937 年因“八·一三”事变而关闭，将动物送往顾家宅公园（复兴公园）。
1932	上海市立第一公园	上海		在五角场国和路、国济北路、政通路、虬江之间，占地 5 公顷，是上海特别市政府规划的第一个公园，计划投资 80 万银元，5 年建成，1932 年 1 月开工，1935 年竣工，其间虬江北 300 亩改为上海市体育场（江湾体育场）只余江南 40 亩为公园。园西南为儿童园，有草坪和设施；西部为花坛区，建温室；中部为树林区，植乔灌木；东南为池岛区，有碧湖、小岛、岛亭等；东北为假山区，有大小假山和山洞；北部有两木桥通体育场。公园免费开放，1937 年毁于日军炮火。

建园时间	园名	地点	人物	详细情况
1932	种因别墅（曹家花园）	湖北武昌	曹琴萱	位于武昌珞珈山南麓东湖之滨，公馆园林，民族资本家曹琴萱于 1932 年自行设计，历三年，1935 年建成，园内有一座小楼、一座大楼、一个湖塘、一个半岛，岛上建绿琉璃凉亭，立一对石狮，沿湖有茅亭，两楼间建球场，球场边堆三米高假山，内构山洞；楼前有花坛和盆景，另有藕塘、花房和盆景，以盆菊著名。1951 年以 2 亿元售与中南军区后勤部，后改武汉军区第四招待所。曹琴萱，武汉大商号曹祥泰创始人曹南山次子，读过书，自创肥皂厂，生产爱国、爱华、警钟牌肥皂，1956 年公私合营。
1932	巴城公园	江苏昆山	汪正本 张国权	1932 年汪正本和张国权在昆山巴城明代人周禧墓处辟地建公园，围篱植树，间以松柏，墓下砌石成阶，旁设短栏，四边置石座，后增篮球架、乒乓球台等公共活动设施。
1932	宜宾中山公园（宜宾公园、叙府公园）	四川宜宾		位于中山街，1932 年始建，初名宜宾公园，次年改叙府公园，1935 年随中山更名而更名中山公园，面积 1.83 公顷，由清代叙州府考棚和提学使署旧址及江西省抚州会馆部分园林等合并改建而成，1954 年公园改为宜宾专署大院，2005 年恢复并开放。
1932	荔晴园	广东惠州	张友仁	在惠州小西门外市政府干部宿舍处，为荔浦晴光之名胜，原为叶氏泌园的香隐部分，有书室、莲池、岛渚，1932 年惠州绅士张友仁在此修园，因抗日战争而停工，张氏补有荔枝、梅花，并建有晴光阁、荔风轩、菜香馆、图书馆、梅径、菱台、月亭等，建国前夕，园林日败，1958 年西湖建委会重辟花圃、莲池，建荔浦亭，被植荔枝，恢复荔浦风荷之景，1966 年后尽毁。张友仁(1876—1974)，曾用名张夏、胜初，惠州桥西人，两广简易师范馆毕业，1909 年参加同盟会，曾任中小学教员、校长、海丰县长、龙溪县长、广东公路处长、惠樟公路局长、福泉公路局长，新中国成立后历东江人民图书馆馆长、广东省文史馆副馆长、广东省第二届人大代表、致公党中央委员、第三届第四届全国政协委员，曾把荔晴园作为东江华侨回乡团场所，编著《博罗县志》、《惠阳县志》、《惠州西湖志》、《荔园诗存》、《扶藜集》、《春秋今译》、《丰湖文献录》、《张友仁晚年诗稿》等。

建园时间	园名	地点	人物	详细情况
1932	灵源别墅	云南昆明	龙云	在昆明海源寺附近(今海源寺村900号),昆明军阀龙云在1928年登上省政府主席次年(1929)就在西郊玉案山下海源寺旁建造私家别墅花园,园背山临水,距城六七公里,1932年竣工,因滇池草海源头在山后花红洞和龙打坝,故取名灵源别墅,为中西结合,中式为主,大门为城门式,墙上有城垛,上建琉璃八角亭,入门为花园,石栏绕池塘,石桥跨水面,鱼龟游水中,周以孔雀开屏、天鹅啼鸣。主体建筑为四合五天井大院,坐西朝东,有前厅和正厅(燕喜厅),厅前有石狮。五个天井植绿萼梅、西府海棠、香蕉、香橼等名卉,又置金鱼缸。抗日战争时在西南角增筑三层方形碉堡,在后山岩下开防空洞,因常变换住所而空房,1940~1943年间,云南通志馆在别墅内编《新纂云南通志》。1945年10月被迫离滇后花园荒芜,新中国成立后为部队使用,现开放。龙云(1884—1962),云南昭通炎山人,民国滇军将领、云南省政府主席,字志舟,原名登云,彝族人,彝名纳吉乌梯,早年反清,1962年在北京去世,1980年其右派问题被平反。
1933	启园(席家花园)	江苏苏州	席启荪 徐子星 蔡铣 范少云 朱竹云	在苏州吴中区东山镇启园路39号,旅沪工商业主席席启荪为纪念其祖席启寓在此迎接康熙而建园,故又名席家花园,未竣工售与旅沪棉商东山人徐子星(字介启),两主皆有启字,故名启园,仿蠡园、及明代王鏊的招隐园意境,设计师画家蔡铣、范少云、朱竹云等,为江南古典园林风格,占地50亩,背东山,面太湖,有景:影壁、假山、阅波楼、三折桥、翠微榭、撷银亭、座金亭、古杨梅、晓淡亭、吟春桥、挹波桥、御码头、七桅古渔船、骆驼山、环翠桥、烟桥、石门、宸幸堂、五老峰、镜湖楼、复廊、如意小筑、花园别墅、融春堂、柳毅井、花木(含笑、山茶、牡丹、桂花、红枫、蜡梅、铁牙松等)等。
1933	中山陵	江苏南京		1925年3月12日,孙中山在北京逝世,遵其嘱,1926年动工兴建中山陵,1929年建成主体,陵园4.5万亩,1933年完成,内有中山陵、音乐台、光华亭、水榭等。

建园时间	园名	地点	人物	详细情况
1933	城站公园	浙江杭州		在杭州市城站火车站附近,1933年辟建,占地2.67公顷,1937年12月24日,日军占领杭州后,城站公园遭废弃。抗日战争胜利后,杭州市政府曾设法重建,未果。
1933	胶州公园(晋元公园)	上海		在公共租界西区的新加坡路(今余姚路)胶州路交叉处。公共租界工部局创建,1933年动工,1935年5月12日建成开放,初时占地46亩,解放时47.2亩。为体育主题的综合公园,基地长方,中东部为体育大草坪,东部草坪为足球、橄榄球、棒球所用,中部草坪为网球和曲棍球所用,有两个木构大看台,可容500人,为上海西区最大体育活动场所。西部为灌木分成南北两块,面为儿童园,从新加坡儿童公园移来设施;北面为植物园,有乔灌木243种,以供观摩。1934年12月工部局设气象测量点于园内,1937年10月阻击日军的谢晋元将军被软禁于公园西北的新加坡路44号营地,1941年4月24日被刺身亡,1946年改名晋元公园。1956年更名上海市工会江宁区工人体育场,1960年改静安区工人体育场。
1933	风雨茅庐	浙江杭州	郁达夫	大学路场官弄63号,郁达夫自己设计,分为正屋和后院,前为正屋、厢房,后为书房和客房,后院有假山花木,为中式平房式别墅。
1933	在田别墅(周家花园)	山西太原	周玳	在晋源镇晋祠公园内瑞云阁南偏东,即晋祠中心,陶然村的西南,为兵站总监、军署总参议、炮兵司令周玳于1928年购20亩地始建,1933年达到200亩方陆续完成,园林规划参考靖安园,内用水锈石堆山,名伏龙山,园主在山腰亲题伏龙山石刻,山顶有八柱圆亭,山脚有三个石洞:水帘、林屋、猗玕,山前凿鱼池,山中有白石雕巨龙昂首,池边有石虎低饮,山脚有白石罗汉两尊(降龙、伏虎),鱼池中有石鱼两条、石雕天女散花和麻姑献寿各一,这些石雕皆为河北曲阳王英山白石,机关一动皆可喷水,据说仿某氏珍藏明代铜假山配置图于1933年建成,为园林罕见。山前为洋池石桥,再前有紫藤架,下设石几石凳。台阶下为四角亭,名枕流亭,建于1931年,匾额为书法家赵铁山

建园时间	园名	地点	人物	详细情况
				(字昌燮)所题。枕流亭偏西南由厅、坊、池、桥构成,厅名德隐斋(南大厅)建于1929年,歇山顶,周围廊,厅前为高台,可摆盆花,中置茶座,时称看花厅。大厅前台下立有牌坊,为1935年周玳从代县老家迁来,名金鸡独立牌坊。过坊为绿地,再向东为大莲池,池中植睡莲,养金鱼,偏东还有葡萄架。园中少树多花,牡丹、月季、海棠、榆梅、连翘、碧桃,仅菊花就达二百余种,常年有四五名花工。冬青绿篱修剪整齐,五色草铺出图案,似有西式之嫌。新中国成立后园并入晋祠公园。周玳极少入住,由副官魏氏掌园收租。
1933～1934	上海市立植物园	上海		在龙华路和新桥路(蒙自路)口,占地8亩,1933年8月动工,次年11月1日建成开放,施工单位为王阔记营造厂,耗资1.37万法币。内有:办公室、展览室、研究室、农具室、温室、茅亭、荷池。12个展区:观赏植物区、食用植物区、森林植物区、水生植物区、工艺植物区、药用植物区、热带植物区、沙漠植物区、苗圃、盆花盆景区、盆景作业区、标本陈列区。全园有植物400种、标本50组3000种。1937年8月毁于战火,现为江南造船厂。
1933	天香小筑(百兽园)	江苏苏州	席启荪	在人民路80号今苏州市图书馆内,席启荪,三十年代上海工商业主席,鼎盛、鼎元、繁康钱庄经理,江苏吴县(今吴县市)东山人,1933年在苏州人民路建天香小筑,又名百兽园,四十年代为日伪省长李士群和伪师长徐朴城占有,光复后归政府,1949年亦为市人大常委会机关所在,"文革"时遭破坏,1975年东南枇杷林及假山毁后改建市档案馆,1979年修复,宅与园占地3.6亩,为中西结合式宅园,宅平面为回形,南为鸳鸯厅,各楼有廊连接,建筑多为西式,建筑间点以山石小景,额题有:蕴玉、凉香、真趣、涤尘、选胜、清源、正本等,雕刻内容有:诗文(王羲之、蔡襄、赵子昂、董其昌、翁方纲、郑板桥、产男藩、李根源等)、山石、花卉、古钱、龙、鹿、斗等。宅西园东,中式,广1.5亩,有景:土山(主景)、水池、花径、湖石、六角亭、半廊、半亭、花木(梧桐、广玉兰),因湖石状如百兽,故名百兽园,园宅现存。

建园时间	园名	地点	人物	详细情况
1933	民众教育馆（民国乐园、王八花园）	山西太原		今山西博物馆，原为明代崇善寺，同治三年(1864)失火后于光绪七年(1881)建文庙，广40亩，辛亥革命后改为山西省立图书馆，开始让人游览，1933年改设为民众教育馆，成了大众文化活动及游乐中心。有四进大型庭院，东西有偏院。依次有照壁、棂星门、泮池、虹桥、葡萄架、古柏道、大成殿，馆内殿堂陈列古物、土产、动、植、矿物标本、理化仪器、卫生模型，还有两个展览室、三个阅览室、民众会堂、民众电影院、儿童游艺园、玩具室、国术场、说书场、茶室等。常年举办国术展、诗词展、音乐会、讲演会、说新鼓书等。西院为小型植物园，东院有动物园，展猴、豹、狼、五腿牛等。大照壁南有民众乐园，为小游园，规则式布局，有花草树木，筑有茅亭花坛和步道，南面为大牌楼，无闭馆时间，因园内有赑屃，故人称王八花园。现在，此园已成办公楼，博物馆全部翻新。
1933	严同春住宅	上海	严同春	位于延安中路北侧近陕西北路。中式，楼东大草坪，植花木，又凿有水池，架设曲桥，构筑凉亭，布置石笋。
1933	惠州中山林	广东惠州	孙中山	在惠州西湖苏堤西端，面积1.6公顷，明万历四十六年(1618)重筑泗洲塔于此，1933年，惠阳县(今惠州市惠阳区)政府组织群众在此植树3000株，名中山林，民国后期因战乱，园林荒芜，1957年青年节23区团员每人植树一株，共1000株，1959～1963年间，除修泗洲塔和筑石阶外，还在西北坡扩植200株松，其他150株，1973年在南坡植樟树、红花油茶、木麻黄、木棉、凤凰木、大红花等600株，1986年建亭廊390平方米，1987年计有乔木553株，灌木1690株，竹类有黄竹20丛、佛肚竹11丛，另在山南坡有百年樟树1株。
1934前	张学良公馆（狄园）	上海	张学良	位于皋兰路1号，西式花园，面积1000平方米，名荻园，以张学良夫人赵一荻之名命名，草坪上各类草花，尤以兰花为著，还有香樟、雪松、紫藤、玉兰、金桂、银桂、草坪、秋千。

建园时间	园名	地点	人物	详细情况
1934	吴颂平旧居	天津	吴颂平	位于为吴颂平奥地利设计师盖岑设计的欧洲集仿型花园别墅，花园面积约1000平方米，旧有亭子、喷泉、水池、小桥等，是中西合璧的造园风格。改造后有喷泉、雕塑、欧式圆亭、卵石道路，植物配置得体，管护得当，园景尤佳。花园改建于2003年。
1934	之园（杨定甫别墅）	江苏苏州	杨定甫	在半塘桥畔。系商界巨子杨定甫别墅，占地数亩。有三熏草堂、听雨亭、荷池等，取径曲折，“左之右之，无不宜之”，故名。见1934年2月24日《斗报》。
1934	东湖宾馆（杜公馆）	上海	金廷荪	位于东湖路70号，中式独立花园住宅，堆假山，建古亭，架小桥，通流水，开曲径。名花古木，为沪上罕见。该建筑中部主楼南立面左右对称，系古典构图。共五开间 ，中间三开间有凹阳台，两边呈六边形突出，简洁的方窗下有几何装饰图案。屋顶有挑出檐口，下有梁托支承。两边配楼同层窗间墙为淡咖啡色泰山顶砖贴面，上下层窗带之间墙面为水刷石饰面。整个建筑形体简洁，比例恰当。八十年代中期，该楼进行改建和装修，底层伸出门廊，主楼加建两层。当年杜月笙利用宋子文透露的消息，帮助亲家金廷荪包销航空奖券发了横财。金廷荪“知恩图报”，耗资三十余万美元，建造了这幢花园豪宅，送给杜月笙。
1934	南山公园（郑和公园）	福建长乐	王伯秋	在长乐市中心，唐代所辟，宋袁正规于北宋元祐三年(1088)全面开拓，详见北宋南山，1934年，县长王伯秋辟为公园，广7公顷，以花岗石砌三墩园门，进口中央辟圆形草坪，中竖抗日阵亡将士纪念碑，1981年修建石塔，1984年为纪念郑和下西洋580周年建郑和史迹馆，改名郑和公园，1958年建长乐革命烈士纪念碑，1986年华侨郑锦捐建印心亭，亭下建鱼池，面积1060平方米，1987年华侨郑忠高捐建明志亭，同年修路围篱。
1934	庐山森林植物园	江西庐山	胡先骕 秦仁昌 陈封怀	著名植物学家胡先骕、秦仁昌和陈封怀三位教授创立于1934年8月，现已引种栽培了3400多种植物，采集和保存了腊叶标本17万余号，并形成了以松柏类植物和杜鹃植物为主要特色的山地园林景观，其中松柏类植物260余种，杜鹃花近300种，与68个国家270个单位有联系。

建园时间	园名	地点	人物	详细情况
1934	燕子矶公园	江苏南京		城北郊幕府山东北，北临长江，以燕子矶为主体，东至矶下沙滩，西至三台洞，有燕子矶头和观音阁、头台洞、三台洞等景，是著名风景区，1937年9月辟建公园。新中国成立后重建，现面积5.328公顷，水面3130平方米。燕子矶为长江三大矶之首，为万里长江第一矶，清代为金陵四十八景之中的“燕矶夕照”。
1934	菊花台公园（安德门公园）	江苏南京		中华门外石子岗，乾隆下江南时题名菊花台。1934年9月辟建为安德门公园，1937年底南京沦陷后，日军在此建报忠碑和表忠亭以纪念战死日军，1946年5月国民政府铲除日军所建碑亭，1947年9月3日葬九位被日军杀害的驻菲律宾使节忠骨于此，更名忠烈公园，颁发“南京市忠烈公园”匾，九烈士墓地面积800平方米，甬道边植龙柏，周边植石楠、女贞和龙柏，新中国成立后重建，1978年8月7日复名菊花台公园。现有面积22.41公顷，水面1314平方米。
1934	觉庵（渔庄、余庄）	江苏苏州	余觉	在苏州市西南石湖南宋范成大石湖别墅之天镜阁处，原为吴子深的石湖余家村，后赠予刺绣名家沈寿之夫、书画家余觉，余在1934年建园，初名觉庵，后名余庄、渔庄，园广2.3亩，为庄园类型，庄宅有福寿堂、厢房(联：卷帘为白水，隐几亦青山；山静鸟谈天，水清鱼读月)等，庄园有：回廊、半亭(廊两端)、渔亭、花木、苔藓等，尤以种葵为最，达九百株，高达二丈，占地半亩，余作有《石湖赋》。新中国成立后余氏将园归公，现为石湖风景区之渔庄。
1934	茹经堂	江苏无锡	唐文治	在大浮乡宝界桥南，原有南宋时钱绅开凿的通惠泉，20世纪70年代拓锡鼋路时填废，又与明代王问的湖山草堂遗址毗邻，1934年10月，南洋公学(上海交大前身)和无锡国学专修馆(无锡第一所大学)两校校友们为庆贺两校校长、国学大师唐文治七十寿辰集资建园，次年12月落成，因唐号茹经，故名茹经堂，园依山而筑，面对蠡湖，占地10亩，1984年重修，有两层小楼、水池、院落等。
1934	小蓬莱山馆	江苏无锡	荣鄂生 梁思成	位于独山岛山腰，面向鼋头渚，为民族工商业者荣鄂生于1934年所创别墅园林，新中国成立后属省太工疗养院，2004年修复，山馆的八角楼为主楼，为梁思成设计，1956年竣工。

建园时间	园名	地点	人物	详细情况
1934	阳朔公园	广西桂林		园中有几个石峰,与园外石峰相望,是自然风景园。
1934	广信路儿童游戏场	上海		在杨树浦路广信路(今广德路)口,工部局于1934年3月24日租用土地建儿童游戏场,5月动工并建成开放,周以竹篱,植少量花卉,置秋千、滑梯、跷跷板、滚筒、临时厕所、遮阴席棚,1937年8月14日关闭,改建为上海电站辅机厂。
1934	大华路儿童游戏场	上海		在大华路(南汇路)和麦边路(奉贤路)口,原为沙逊公司球场,1934年3月工部局借用土地,5月建为儿童游戏场,周以竹篱,置以秋千、滑梯、跷跷板、滚筒、临时厕所、遮阴席棚等,1938年6月6日沙逊公司收回,6月21日关闭。
1934	大阪码头小公园	江苏南京		1934年1、2月,南京特别市政府市长令工务局建下关江边马路的大阪码头公园。
1934	东山公园	江苏南京		在江宁县东山,东晋丞相谢安受命抗击前秦苻坚百万之师,在此建有东山别墅,别墅毁后,山上多蔷薇,春来开花,灿如云锦,历代成为名胜之地,1934年,南京政府于山上建谢公祠、忠义祠和亭子,以纪念谢安,拟扩建成公园,未成,日军入侵,建筑被毁,抗战胜利后国民党军在此修工事,砍森林,东山又成荒丘。1953年起植树造林,改为东山林园,1983年改名东山公园。
1934	朝月楼公园	江苏南京		1934年一二月,南京特别市政府市长令工务局建朝月楼公园。
1934	寄庵	江苏苏州	汪东	在东北街拙政园东,1935年,汪东筑园,章炳麟篆额,有西式洋房一栋,院中红绿梅数株,曾掘地得假山石,汪东的《寄庵笔记》和《梦秋词》皆载此园,现为街道托儿所。
1934	渔庐(杨家花园)	重庆	杨若愚	位于沙坪坝区小龙坎附近,为重庆市议会议员、惠生公司总经理、教育家杨若愚于1934年所建,占地2.1公顷,园内有四合院、黄葛鱼池、观景台、角亭、网球场、花台等,植广柑、橘、柚、芭蕉、白玉兰、梅花。1948年杨若愚与其妻弟王舫乔在园东南建平房二幢,1949年为中共重庆市第三区委驻地,加修办公用房二栋,1957年辟为沙坪公园。

建园时间	园名	地点	人物	详细情况
1934～1935	雷氏别墅	江苏苏州	雷允上	雷允上药店业主之花园洋房，广四亩，东部西式洋房，东部中式庭院及建筑，现只余西式洋房。
1934	北碚运河公园	重庆	峡防团务局	位于北碚澄江镇，峡防团务局筹资于山岭建钟楼报时；岸壁镌刻名流李石曾、张静江、胡庶华等题迹；民生公司捐赠“长春”、“抚顺”两游艇；辟为公园。植柳、竹、梧桐、桃、李等，种行道树刺槐、悬铃木。现为四川仪表九厂和市总工会干部学校。
1935	虎豹别墅花园（虎标万金油公园）	香港	胡文虎	也称虎标万金油公园，它是由爱国华侨万金油大王及报业大王胡文虎于 1935 年建立的私人别墅园林。虽然它是私家园林，使用不久就对外开放，成为具有公共园林性质的名人故居，而且一直是免费参观。花园的特色。用了色彩鲜艳的塑石，塑造佛教、道教典故及动物、植物等形象，在岭南也是首屈一指。
1935	贺国光旧居	重庆		位于今重庆健康路 4 号。贺国光于 1935 年开始营建。主体建筑是一楼一底共二层的中西结合的砖木结构建筑，分为前后二部，二楼由天桥连接，中间间隔花圃 贺国光(1885—1969)，字靖元，湖北人，幼年随父亲入川，后习武从军，至国民党陆军上将。从 1935 年被蒋介石派为军事委员会南昌行营驻川参谋团团长，率团入川至 1944 年调任国民政府办公厅主任。
1935	葑园	江苏苏州	吴似兰	位于 1936 年，吴似兰在《艺浪》上著文《葑园消暑杂记》，1935 年夏购洋人屋，隙地十亩，四周乔木环拱，远瞩长垣落霞，渔艇往来。吴别有娑萝花馆在百花里，园中有娑萝花一株。
1935	广州酒家	广东广州		以木棉红花为景。
1935	曹家花园（漕溪公园）	上海	曹钟煌	位于漕溪路 203 号，为棉布商曹钟煌，始建于 1935 年，初名曹家花园，内有曹家祖茔，1958 年重建，更名漕溪公园，1982 年扩建，达 1.33 公顷，粉墙隔南北两园，有小桥流水、亭廊水榭，南园牡丹芍药，北园桂花蜡梅。
1935	丽虹园	上海	利得利	在长宁区虹桥路西段，占地 26.4 亩，侨民利得利于 1935 年所建，毁。

建园时间	园名	地点	人物	详细情况
1935	霞园（华兴花园）	上海	倪幼霞	在徐汇区龙华镇，占地10亩，倪幼霞于1935年所建，抗日战争时毁。
1935	南汇中山堂	上海		在南汇区南门大街区人民政府招待所内，1935年募建，占地5亩。中山堂三面回廊，四角飞檐，东南两侧广植花木，现园内有盆景园、花圃、中山亭、留客松、石湖等景点，现为招待所内的一座花园。
1935	绣球山公园	江苏南京	蒋介石	在南京挹江门外西北侧，1935年10月，蒋介石面谕辟绣球山公园，未竟，一直为贫民窟，日占后为兵营和集中营，1952年建绣球公园，次年建成。现有面积9.53公顷。
1935	桂园	重庆	关吉玉	位于中区中山四路65号(原107号)，占地800平方米，建筑500平方米，园中植花草树木，原为关吉玉房产，1937年底陈诚租为官邸，后陈转租给张治中，1945年8月国共谈判期间毛泽东在此办公，1945年10月10日《双十协定》在此签字，1961年3月作为红岩革命纪念馆，1977年修园，培植花木。关吉玉(1899—1975)，奉天辽宁人，字佩恒，1924年入北京朝阳大学，毕业后留学德国柏林大学，获博士学位，1932年回国，历任国民党财政部天津统税查验所查验员、主任、所长，1934年任庐山军官训练团教官，1935年随军入川，参与“围剿”红军，1940年任江苏省财政厅厅长，抗日战争胜利后，曾任松江省政府主席、东北行辕经济委员会主任委员、粮食部政务次长，1949年调任蒙藏委员会委员长，曾主持十世班禅坐床大典，旋赴台，转任“财政部长”兼“中央银行总裁”，“中央信托局”理事会主席，1950年调任“总统府国策顾问”兼“行政院设计委员会”委员，1956年任高雄硫酸锰公司董事长，后调任“考试院”秘书长，卸职后任政治大学及逢甲学院教授，1975年创办中西医院。

建园时间	园名	地点	人物	详细情况
1935	空谷园	云南昆明	庚恩锡	在昆明滇池东北部海埂公园白鱼口，为国民将领庚恩锡所建私园，园内有有磊楼别墅、引胜桥、红云坞、待月亭、温水泉等园林设施，雅致宜人。在此凭借景滇池，波光粼粼，白帆墙影，群鸥逐浪。
1935	新盛花园（陈家花园、中村花园）	江苏徐州	陈德新	1935年陈德新在东坡墙（今奎东巷）租地2亩建园，栽植月季、绣球、海棠、辣椒、茄子、夹竹桃等，当时较好的月季品种有映日荷花、直瓣黄等。后来迁园于铁刹庵（铁刹中街），徐州沦陷时因开马路又迁到天桥西小下洪，扩至3亩，因铁路医院用地又迁到铁路医院南。1938年徐州沦陷后改为中村花园，1943年更名新盛花园。园主经营灵活，有销售、代销、租花等，租花费用为售花费用的三分之一。
1935	陶桂松精舍	上海	陶桂松	位于浦东城厢镇操场街48号，陶桂松所建中式，在宅东，有水池、茅亭、假山、小桥、流水、曲径，广植花木，四季花开，屋后还有花房。
1936	陈楚湘住宅（陈家花园）	上海	陈楚湘	位于静安区涌泉坊。陈楚湘所建中式，仿苏州古典园林，有假山、楼阁、亭台、小桥、流水、山石、池沼、花卉、树木、曲径、花架、茶座等景，树木有：樱花、牡丹、桂花、紫藤。
1936	豁然园	上海	王彬	在浦东三林镇，王彬于1936年所建私园，毁。
1936	枕流别墅	上海	李氏	在原上海县28保3图，占地10亩，李氏于1936年前创建，毁。
1936	赵庄	上海	赵灼臣	在原上海县29保6图，占地27亩，英籍华人赵灼臣于1936年前所建，毁。
1936	平吉园	上海		在长宁区虹桥路西段，占地27亩，毁。
1936	志学庵	上海	陆氏	在原上海县27保3图，陆氏于1936年前所建私园，毁。
1936	周宗良住宅	上海	周宗良	宝庆路3号，西式，5000平方米，中心大草坪，绕以四季花木。

建园时间	园名	地点	人物	详细情况
1936	松雪庐	上海	赵雪恩	在原上海县27保38图交界处，赵雪恩于1936年前所建私园，毁。
1936	避暑山庄（潘园）	上海	潘氏	在原上海县29保5图，占地34亩，潘氏于1936年前所建私园，毁。
1936	西园	上海		在闵行区陈行乡境内，已毁。
1936	古瓮亭公园	四川邛崃	戚延裔	位于古瓮亭为唐朝饯别水榭，明重建，清康熙1696年，知州戚延裔重修荷池，广植桃柳，更名大公亭，干、嘉、光再修，1936年更名公园。
1936	周湘云住宅	上海	周湘云	青海路44号，中式，小桥、水池、曲径、山石、石灯笼、古木。有两株百年古藤，两株百年香樟。
1936	花溪公园（中正公园）	贵州贵阳	周奎	始建于清代嘉庆、道光年间，当地吉林村乡塾先生周奎父子依山建亭，积水为潭，叠石为坝，广植林林，65年间有65人中举。1936年正式改建为公园。水陆面积825亩，其中陆地520亩。公园景色天然，溪流穿过全园，四周田畴交错，村寨毗连，民族风情浓郁。原为蒋介石与宋美龄所居，故名中正公园，后来巴金与萧珊在此居住，故人称爱情溪。有景：坝上桥、百步桥、修家坝；芙蓉洲、放鹤洲；麟山、蛇山、龟山、梅山、葫芦山；松梅园、碧桃园、樱花园、桂花园、牡丹园，以及亭、台、楼、阁等。对面的“憩园别墅”。园内“憩园别墅”原名“花溪小憩”，也称东舍，著名作家巴金和夫人曾于1944年在此结婚度蜜月，著有《憩园》及《憩园后记》。
1936	兴化中山林（北公园、人民公园）	江苏兴化		在兴化海子池中心小岛，1921年奉省令培土增高池中沼泽地设农事试验场，试种美棉和旱稻，不料尽被水淹，水退后再次筑堤培高改为北公园，由于缺乏管理，杂草丛生，徒有虚名，1936年改为中山林，新中国成立后改为人民公园，以野趣、水趣为胜，如今为绿地。

建园时间	园名	地点	人物	详细情况
1936	桂平市中山公园（浔州公园）	广西桂平	马文祥	原为明代京官马文祥私园，称马家花园，后更名芥园、浔州公园、1936 年改中山公园，至今 600 多年历史，有水池、假山、喷泉、动物园、儿童游乐场等。
1936	震泽公园	江苏吴江		1936 年在震泽镇兴建震泽公园，广 60 亩，有景：四面厅（五间，琉璃瓦、歇山顶）、荷花池、小桥、亭台、假山、花圃、草坪等。1937 年日军入园成为禁地。1956 年重修，并在北部建烈士陵园，“文革”中成为工厂，1982 年重修荷花池、四面厅、仙鹤亭等，增：水榭、小桥、方亭、长廊、盆景园等。
1936	静安寺路儿童游戏场	上海		在静安寺路（南京西路）和大西路（延安西路）口，工部局于 1936 年建成，西部为儿童游戏场，东部为成人体育场，次年改东部为小学生运动场，后毁，现为上海文艺会堂。
1936	金山公园	上海		在金山区朱泾镇中官塘西侧，东临东汇路，南靠金枫公路，西近公园路，北邻毛纺厂，1995 年面积2.27 公顷。1936 年辟为风景林，广植树木，在小土山上建沐风阁，山下挖水池，立金山碑，1937 年 11 月日军占金山时被毁，1957 年建金山镇人民公园，全镇 900 人义务参加，1958 年因经费有限而止，1966 年后园区大部分被侵蚀，1981 年第一期重建完成，1982 年第二期重建完成，1984 年第三期完成，1983 年开放，1987 年增长廊，1995 年面积 2.27 公顷，现有景：人工湖、水榭观鱼、山溪水帘、亭望金山、长廊、鹤亭、笠亭小岛、革命烈士墓等。
1936～1938	谢氏别墅	江苏苏州		建于 1936～1938 年，为中西合璧式，宅洋园中，建筑为西式，二层砖木结构，设有停车场、回廊和露台，石阶直下花园，园以草坪为主，中间植四株雪松，周边植花卉，有小径穿行其间。现为苏州市阊门饭店，景仍存。
1936	林子香旧居	天津	林子香	位于英乡村别墅建筑，疏林草地、西式凉亭位于草坡上，有欧式拱廊，植物茂盛。花园改建于 2000 年。

建园时间	园名	地点	人物	详细情况
1936	剑桥大楼	天津		位于为公寓式住宅楼，没有明确的造园意识，乔灌木多为常见树木，土地裸露，供居民休闲活动。
1936～1937	民园大楼	天津		位于重庆道院墙全部是实墙，很少使用栏杆，院中花木掩住里面的楼窗。最巧妙的是民园大楼的方孔式围墙，它采用百叶窗的原理，看似透孔透光，实际上从外边根本不可能对院内一览无余，这就适应了房主人深居与私密的心理。
1937	李慎之旧居	天津	李慎之	位于英式建筑，花园面积较小，植物茂盛。有喷泉水池，圆形木甲板、洋伞、花坛、盆花摆设。花园改建于 2009 年 5 月。
1937	陈氏墓园（陈家花园）	上海	陈燕融	在彭江路 35 号，墓主为陈燕融，占地 100 亩，三分之一为水面，内有亭、台、楼、阁等 10 余景及三处花岗石豪华墓地。抗战时为日军占用，修筑防空洞和碉堡 16 处，树木多毁，新中国成立后为第三劳教所，后改作陈家花园农场，为民政局生产用地。1959 年与陈筱宝墓园并为彭浦公园。
1937	宋家花园	上海	宋氏	在徐汇区汇站街 70 号内，占地 20 亩，宋氏于抗日战争前所建，毁于抗日战争。
1937	费公行宅园	江苏苏州	费公行	在桐芳巷花园弄，吴江费公行于抗日战争前居此，1941 年 6 月 7 日《苏州新报》载，该园是元末张士诚蕙香桐芳二阁藏娇处，中有假山鱼池，当时仍存，后毁。
1937	刘湘公馆	重庆	刘湘	位于中区李子坝正街 186 号，占地 1.54 公顷，四周为竹篱，进门为收发室和游泳池，左有香蕉林、花圃和停车房，楼前为喷水池，池中有柱盘喷水，楼侧有舞厅和防空洞，洞后有五角亭，楼左另有五角亭、花圃、网球场，楼后两边平房，后山为养鸡场，临江岩边有暗堡，公馆内以香蕉林、葡萄林为主，植有花草、橡胶树、梧桐、黄葛树和柏树等。新中国成立后为省党校幼儿园，1962 年始为四川省造纸研究所。刘湘（1890—1938），字甫澄，四川大邑人，1938 年初，与韩复榘密谋封闭入川通道，阻止蒋军入川，事泄，1 月 23 日因胃溃疡复发，忧惧死于汉口。

建园时间	园名	地点	人物	详细情况
1937	王园	重庆中区	王陵基	位于重庆渝中区枇杷山，为重庆建市期间军阀王陵基所建公馆，王托称其父母墓在枇杷山，强占枇杷山修为公馆，园内有房屋14座、碉堡一座、植广柑、柚、洋槐等花木，称人王园，新中国成立后为重庆市委所在，增修房舍，开路植花，1955年建为枇杷山公园，主楼为市博物馆。王陵基(1883—1967)，号方舟，人称王老方、王灵官，四川乐山人，留学日本士官学校，归国后任四川陆军速成学校翻译兼分队长，川滇军阀混战时升至军长，抗日战争时任30集团军司令，出川抗战，胜利后任第七绥靖司令官、江西省主席，1946年任四川省主席，1950年被俘，1964年特赦居北京。
1937	袁顺记花园	上海	袁云龙	在徐汇区天钥桥路西，占地20亩，袁云龙于1937年所建，抗日战争毁。
1937	复兴岛公园	上海		在黄浦江的一个岛上，1926年上海浚浦局在周家嘴东部吹泥填滩成岛，定名周家嘴岛，1930年建体育会花园，面积4.05公顷，1937年日军划为禁区，名定海岛，将体育会花园改建为日本式庭园，复兴后归为浚浦局，更名复兴岛，新中国成立后归港务局，1951年归工务局，62.8亩，为日本式，原有草亭两个、木紫藤架一个、日军搭建简屋几间，1972年建围墙和售票亭，1976年改园路为混凝土路和石路，1980年新建休息廊，改建紫藤架，1995年面积4.19公顷，有景：大片草坪(1万平方米)、心字池岛、假山、棚架、土丘、悬崖等。
1937	康健园(康健农场、科普公园)	上海	鲍琴轩	在徐汇区西南漕河泾镇西、漕河泾港南岸，1937年上海魔术师鲍琴轩集资创办，始建于1937年，1947年才略具规模，1948年拟修整后作为营业性园林，以跑驴为主，因时局动荡和费用有限而未果，面积56亩，以康健农场为园名，习称康健园，新中国成立后园主于1953年修整开放，营业收入为门票、餐饮、划船，1956年公私合营后实改为公园，1985年5月改名为上海科普公园，1987年改建，园广119亩，1990年复名康健园，内有湖、山、石笋、牡丹、日式小屋。

建园时间	园名	地点	人物	详细情况
1937	高桥公园	上海		在浦东高桥镇，乡绅集资兴建，占地24亩，园内遍植花木，有图书馆，毁于抗日战争。
1937	久不利花园（南山公园、土山公园、兴亚二区第三公园、美龄公园）	天津		位于大北街、伦敦道口西北（今贵州路、昆明路、岳阳道交汇处），英租界园林，名Jubilee Garden，0.8公顷，因大北道修下水道挖土成山，因势成园，故名土山公园，自然式，时有喷泉、扇形花坛、小亭，广植桃花，1941年日占时更名南山公园，又称兴亚二区第三公园，1945年抗战胜利后改名美龄公园，1949年后复名土山公园，1982年进行1 500立方米土方改造，1986年拆土山上草亭，改为混凝土亭，1989年贵州路成都道口另壁1 400余平方米岩园及散置园石，1998年改造后增加碰碰车等设施。
1937	皇后公园（黄稼花园、兴亚二区第四公园、复兴公园）	天津		位于英租界敦桥道（今西安道），英名Queen Park，英租界园林，1937年在原混凝土搅拌场东建游泳池，西建公园，名皇后公园，日占时改黄稼花园、兴亚二区第四公园，战后改复兴公园。20世纪70年代建儿童战略防空洞、铁索桥等，1982年装路灯，铺园路，增儿童玩具，1987年建书法碑林长廊及假山、叠水喷泉，园广7 400平方米，20世纪90年代后期扩建为8 086平方米，改中心草坪为铺装，配大量座椅，迁出儿童玩具。风格为法国古典式，中心轴线明显，左右对称。
1937	龙园（陈筱宝墓园）	上海	陈筱宝	在彭江路35号，占地40亩，墓主是陈筱宝，有三亭三阁、湖石假山和小桥流水。1959年与陈燕融墓园合并改建为彭浦公园。
1937～1945	松籁阁	重庆	宋庆龄 蒋介石	位于黄山云岫楼东南小山坡上，抗日战争时蒋介石为宋庆龄所建花园洋房，一楼一底半圆攒尖亭阁，砖木结构，面积293平方米，亭阁立柱飞檐，仿古建筑，看台可观黄山浅谷全景。宋庆龄未居，今为黄山干部疗养院。

建园时间	园名	地点	人物	详细情况
1937～1945	小泉蒋介石官邸	重庆	蒋介石	位于南温泉小泉，建筑面积272平方米，抗日战争时兴建，坐南朝北，板条结构，正面有从美国运来的雪松，周围修有侍从室和防空洞，后毁，1985年修复。
1938	桐梓小西湖	贵州遵义		位于桐梓县城东北六公里天门乡。四面环山，层峦叠嶂，天门河东水西流，穿峡破谷而来。1938年，国民党兵工署四十一兵工厂迁移到这里，为解决电力，筑堤蓄水，形成水面一百多亩的人工湖。因湖光山色艳丽，仿效杭州西湖设景，湖中安置三个石塔，名三潭映月；湖岸广栽杨柳，经常会听到浓荫深处呖呖莺啼，名柳浪闻莺；坝首建方形纪念塔，夕阳西下，塔景横斜，俨然如雷峰夕照。当地群众称小西湖。湖中原建有湖心亭，山丘高处建有望湖亭、放鹤亭等。湖北岸高地平房，1944年至1947年，抗日爱国将领张军良曾被国民党囚禁于此。
1938	天心公园	湖南长沙		因园内有汉朝古城墙上天心阁而名，在民国期间拆墙，唯留阁及部分墙体，绕阁建天心公园，阁毁于1938年，园亦毁于战火，1950年修复，基地长条形，有天心阁、红亭、舞台、诗碑亭等，3.6公顷。
1938	吴同文别墅	北京	邬达克	位于铜仁路333号，上海颜料大王吴国文，1938年请匈牙利建筑师邬达克(L. E. Hudec)设计，别墅四层，绿色、弧形，是邬旅沪二十余年几十个作品中的最后一个。
1938	杜家花园	上海	杜月笙	在浦东高行镇，杜月笙于1938年前所建，抗日战争时毁。杜月笙(1888—1951)，上海人，后成为青帮老大，新中国成立前夕逃往香港。
1938	黄山官邸群	重庆市南岸区		黄山官邸位于重庆市南岸区，海拔580米，面积约1平方千米。处于奇峰幽谷之间，遍山松柏簇拥，风景极佳。20世纪初富商黄云阶私家花园，称黄家花园，依山就水、掘池古屋，园内有独立山峰，是为美景。1937年11月20日重庆成为陪都，蒋介石从1938年12月到1946年在重庆期间，曾在此

建园时间	园名	地点	人物	详细情况
				居住。以多高官亦建在此建官邸。 黄山官邸沿山脊分布在马蹄形的地带，掩映在丛林绿浪中，其中有蒋介石官邸云岫楼，宋美龄旧居松厅，孔祥熙、孔二小姐旧居孔园，张治中、蒋经国、马歇尔旧居草亭，美国军事顾问团驻地莲青楼，宋庆龄旧居松籁阁，抗战阵亡将领子弟学校黄山小学，空军司令周至柔住所，侍卫用房等，此外还有望江亭、长亭、半月亭等建筑。青灰色的墙面和坡顶灰瓦屋面，红棕色木地板，组成简朴素雅的别墅，带着30年代折中主义建筑风格，结合自然地形而散落于多座小山头，其中以云岫楼为最高，其他建筑如众星拱月。
1938	长茗湖公园	辽宁沈阳		新中国成立前又更名南湖公园，52.2公顷，水面13.3公顷，湖北有绮芳园、邻芳园、群芳园，湖南有三湖映月、湖泉凌空，水上有卧波桥、落水桥、不系舟码头、藕香榭、水上喷泉，还有儿童乐园、溜冰场、露天游泳场。
1938	彭家珍祠	四川金堂	彭家珍	彭家珍(1888—1912)，同盟会员，1912年在北京炸死清宗社党首良弼，自己亦牺牲，同年三月孙中山追认为彭大将军，令建祠，祠为园林式纪念园，占地18亩，有亭、阁、楼、轩、松、柏、竹等。
1938	孙科公馆	重庆	孙科	位于中区嘉陵新村189号，1938年建，为花园洋房，公馆为二层楼，教堂为三层楼，又有平房警卫室和防空洞，左为停车场，其余是花园，种有各种花草树木。新中国成立后为西南军区印刷厂和市印刷二厂，1985年政府收回。孙科(1891—1973)，广东中山人，孙中山长子，1949年辞职旅居香港、法国、美国等地，1965年回台任职。
1938	怡园(宋子文公馆)	重庆	宋子文	位于中区牛角沱四维新村19号，占地4000平方米，1938年修，花园洋房，哥特式，坐西北朝东南，四层，楼左有石墙楼和半圆阳台，大门条石砌成，题怡园，内有六角形石墙平房和停车房，两房间有圆形鱼池、葡萄架，植蜡梅、石榴、银杏、苏铁、梧桐

建园时间	园名	地点	人物	详细情况
				及各种花草抗日战争后为国共两党谈判处，新中国成立初为高干招待所，今为上清寺派出所。宋子文(1894～1971)，海南文昌人，生于上海，上海圣约翰大学求学后到美国留学，1915 年于哈佛大学经济学硕士毕业，之后于哥伦比亚大学博士毕业。1971 年 4 月于旧金山吃饭时哽噎呛死。宋子文通过控制中央银行而操控国家经济大权，再垄断实业，抗日战争胜利后接收敌伪财产而暴富，成为中国官僚资本的四大家族之一。
1938	宋子文官邸	重庆	宋子文	位于中区李子坝嘉陵新村 63 号，花园洋房，占地 500 平方米，官邸以竹篱为墙，两侧有平房，主楼三层，楼前后为花园，前有花台、水池、水泥柱荷叶盘喷泉，楼后平地有梧桐、苏铁、构树，再后有梯道到岩顶草亭、葡萄架，今为市机电设计院。
1938	铁路花园	江苏徐州		在徐州下洪黄河边，为抗战时徐州沦陷后所建，北至铁路医院，南至铁路桥，东至复兴路东，西距故黄河 100 余米。最初广 20 余亩，1949 年扩建为花木供应基地，原花园紧邻黄河，易受淹，扩建时东移 100 余米，面积达 62 亩，里面建四角亭、花架、月季园、芍药园、牡丹园、林区、果树区，栽有毛白杨、青桐、龙爪槐、梨、枣、苹果、蟠桃等林木和果树 3000 余棵，还有月季、芍药、牡丹、迎春、蜡梅及各种草花，筑起了 6 条游览道路。1955 年 10 月园南建为宿舍，园东辟为复兴路，只余 16 亩，园内亭子、花架、花圃、林木、果树多被拆除砍伐。现存花园紧邻铁路医院，大门面各复兴路，进门为林荫道，路南有 700 多平方米鱼塘和大片林木，路北有月季园、牡丹园和放置盆花的 3 个花棚，全园有花卉 150 余种，露地花卉 6000 余株，盆花 3000 余盆，温室 35 间，其中 1971 年建在园中有 8 间，1979 年和 1984 年建于园北的 17 间，1981 年建于园西的 10 间，把月季园、牡丹园、花棚围在中间。园曾归徐州铁路建筑段、铁路林场、徐州分局，1964 年归徐州火车站。

建园时间	园名	地点	人物	详细情况
1938 前	林修竹故居	天津	林修竹	为三层砖木结构洋楼，整个庭院前后院种有海棠树、梨树以及其他灌木。
1938	北碚桥头公园	重庆	卢作孚	1938 年复旦大学迁下坝，在卢作孚的支持下，栽花种树，建造房宇，将桥头尖嘴建成为一小型公园。1949 年学校回迁上海后，公园随之消失。
1938	中正公园	重庆		位于今永川运输社附近，内建有茶园、球场。
1939	南区公园	重庆	市工务局招商承建	建有两路口和飞机码头大门石柱、四角草亭、花台、花架、石级小道及八角亭(1942 年建，攒尖木结构)、邹容烈士纪念碑(建于 1946 年，碑高 5.5 米，座高 1.17米，上镌有章太炎所撰铭文)。设石桌、凳。植大叶黄杨、枫树、梧桐、杜鹃等。1949 年临解放时，仅存门柱、邹容烈士纪念碑及少量树木。
1939	程砚秋憩园	北京	德大人 程砚秋	在京西金山南麓董四墓村北山坡上。程砚秋园址，原为清廷官吏德大人所建，亦称德大人花园，德大人系外籍人，后来他将园卖给金家，北京被日军占领后，由程砚秋购得。各院中置不同形式的花坛，坛中种植各种名贵花木，院内植物，春景用竹，夏季用松，亭连廊接，木映花承，秀木繁荫，筑有旱榭四楹，榭四周山上下遍植碧桃。修竹翠柏，山石森然，丘壑独存。园内建筑不多，两处建筑既是园中主体，又为点景，园中自然空间，以大面积绿化填补，可借西部金山。
	法国花园	北京		位于京西香山南麓距团城演武厅一里许，南辛村村西口偏南。园内有假山、太湖石、半壁廊、大花坛、藤架。建有春亭、夏亭、秋亭、冬亭。植牡丹、芍药、白皮松、梧桐、芭蕉。园中央那座圆池象征太阳，草坪青绿如茵，几座假山有层次地将自然空间隔开。
	红叶山庄	北京	马鸿烈 李子文 李宗镌	位于显龙山石窝村。南部山区上遍植黄栌，院中种植西府海棠，散置峰石数座，模仿自然峰石之美，真山假山交织一起。山庄东部山麓下单檐四角方亭一座，亭四周遍植红枫。红叶山庄因此得名。

建园时间	园名	地点	人物	详细情况
	明秀山庄	北京	魏道明 郑毓秀	位于温泉石窝村显龙山北麓。园内有重檐八角亭一座，亭周围散置假山，峰高丈余，婉转成曲，平岗逶迤，翠柏修竹，荫蔽左右。堂前山坡上，种植开白花的丁香，名曰观雪堂。
1939	林园	重庆	林森	在重庆歌乐山，是蒋介石为国民党主席林森建的别墅官邸，1938 年 11 月张治中选址并开工，1939 年夏完工，中西合璧，时有洋式林森楼(4 号楼)和中式亭台楼阁，1943 年 8 月 1 日，林死于车祸，葬于园中，蒋收回林园，改林森楼为纪念馆，扩建 1、2、3 号洋楼，举家迁入，蒋住 1 号，宋住 2 号，3 号办公。林园虽然建在山谷之中，依据山势走向布置，但大体布局是以南北轴线展开的，在营建时，保留了周边形状奇特的山石和茂密的植被，仅在其中点缀少量石桌凳，并用圆石铺成小径，引领游览。园中有西山云梯、小洞天、渔子洞、渔池、默林等景，1945 年毛泽东重庆谈判时居 2 号楼，1946 年 5 月 1 日返都南京，1949 年 11 月 14 日再由台北来此复职督战。新中国成立后公馆成为西南军区军事政治大学。林森(1867—1943)，字子超，号长仁，自号青芝老人，别署白洞山人、虎洞老樵、啸余庐主人，福建闽侯人，1943 年 5 月因车祸受伤，8 月 1 日逝世。
1939	云岫	重庆	蒋介石	位于重庆黄山主峰，黄山宫邸的一部分 1939 年建，为花园洋房，楼砖木结构，坐西朝东，两楼一底，总面积 430 平方米，主楼左有平房，为蒋礼拜堂，楼下后山有防空洞，建有望江亭，登亭远眺，奇峰异景在目，今为黄山干部疗养院职工宿舍。
1939	松厅	重庆	宋美龄	位于云岫楼北侧 100 米山坡上，黄山宫邸的一部分 1939 年建，为花园洋房，中西合璧式平房，坐西朝东，面积 321.6 平方米，三面回廊，厅后松林，涛回雾绕，厅前院有丹桂两株，粗堪合抱，香气袭人，蒋介石题：松厅，宋美龄居此，今为黄山干部疗养院。

建园时间	园名	地点	人物	详细情况
1939	孔园（孔祥熙官邸）	重庆	孔祥熙	位于南温泉建禹山半山腰，黄山宫邸的一部分1939年所建花园洋房，建筑面积685平方米，坐西朝东，砖木结构，三层，右岩防空洞，楼后绝壁，有小道通建文峰，山道旁有岗楼，官邸四周为青山，古木修竹，景色清幽今为南泉镇旅游服务公司。
1939	陈果夫官邸	重庆	陈果夫	位于南温泉白鹤林庄园外，花园洋房，1939年建，面积270平方米，两房相对呈八字形，土木结构，歇山顶，两房间有兰花一株，抗日战争胜利后出售与瓷商，今为南泉职业中学教工宿舍。
1939	菱窠	四川成都	李劼人	1936年春，日军飞机轰炸成都，李劼人从城内疏散到郊外沙河堡乡间，在菱角堰边建筑了自己以黄泥筑墙、麦草为顶的栖身之所，他在门楣上还题了“菱窠”匾额。现在的菱窠占地大约300亩，为典型的私家院落的型制。
1939	碧塘公园	辽宁沈阳		初时只有池塘、树木和儿童游具，1959年至1964建园墙、凉亭、喷泉，1979年建三座大门，修假山、铁塔、1983年建露天剧场，修湖、建曲廊和园中园，1987年建老人娱乐厅、儿童游乐设施，建九龙壁。
1939	百鸟公园	辽宁沈阳		原为私家樱桃园，1939年建园，因建园由日本的百鸟组织，故名百鸟，1951年，更名百鸟公园。有野猪舍、童乐城、游艺场。
1939	乔家花园	上海	乔文寿	在徐汇区湖南路，占地3.15亩，乔文寿于民国28年所建，新中国成立后毁。
1939	汤家花园	重庆	汤志修	位于沙坪坝天星桥，为皮棉商汤志修于1939年所建，广3公顷，园内有两层楼一座，700平方米大湖，湖中有方亭，湖滨植白玉兰和印度榕，园内有罗汉松、紫荆、棕竹、桃、梨、柑橘等，1949年12月由市第三区公安局接管，后为市档案馆，主楼现存。汤志修为房地产商汤子敬（人称汤半城）之子。

建园时间	园名	地点	人物	详细情况
1939	听泉楼（林森官邸）	重庆	林森	位于南温泉虎啸口杉湾，为林森于 1939 年所建别墅，面积 850 平方米，主楼单檐歇山式，坐西朝东，砖木结构，右侧坡上立界碑，题：林界，有清泉自山上倾泻而下，林森亲题“煮茶泉”，听泉楼四周松林环抱，青山绿水，风景秀丽，新中国成立后在此办民航训练班、干部疗养院，今为中共九龙坡区委党校。另外，南温泉沿有林森房屋一幢，为南温泉风景区摄影部，此外，沙坪坝歌乐山云顶寺侧亦有林森的林庐，为抗日战争时所建，今毁。
20 世纪 40 年代	潘天寿故居	浙江杭州	潘天寿	位于南山路荷花池头 40 号，西式花园别墅，楼为 2 层三开间，青砖臼石，朴实厚重。花园为西式草坪，中间有一水池，四周有石笋、鹊梅和松柏。
20 世纪 40 年代	方令孺故居	浙江杭州	方令孺	位于西式别墅，现为某单位所有。别墅依水而建，越涧而入，院外小溪，院内花木繁茂。建筑面积 200 平方米。
1940	拙园（唐家花园）	上海	唐锦芳	在长宁区利西路，占地 3 亩余，唐锦芳于 1940 年所建，“文革”时毁。
1940	王占元旧居	天津	王占元	位于三幢格局一样的现代式混合结构楼房。主楼前有喷泉水池，建筑左侧有小花园，内有自然式水池、假山、石笋、水泥廊架和现代凉亭。园内有花房，植物茂盛。
1940	丽波花园（吴兴花园）	上海	伦顿	在吴兴路 87 号，西式，在屋侧，以大草坪为中心，绕以树木花卉，如香樟、丁香、茶花、月桂、紫藤、雪松等十余种。
1940	范家花园	上海	罗仁圭	在嘉定区嘉定镇东大街 390 弄 29 号，占地 16 亩，罗仁圭于 1940 年所建，后归金氏，新中国成立后先后为清北疗养院、嘉定县锡剧团、嘉定财经学校，1970 年为嘉定印刷厂，原建筑保存完好。
1940	霹雳岩公园	福建长汀		位于在城中利用霹雳丹灶景点征地十亩，建造公园，名霹雳岩公园。

建园时间	园名	地点	人物	详细情况
1940	陈公博花园	江苏南京	陈公博	在中山北路，山西路广场北，现西流湾公园，1940年3月30日，汪伪政府成立，陈公博在此建私家花园，园内乔木以雪松为主，配植花灌木及各种花卉，由岳氏经管。1945年光复后，陈公博以汉奸罪被处决，其花园仍由岳氏经营，南京新中国成立后，岳氏被镇压，花园被没收，大部分归南京军区通讯连，余交居委会，1966年拟建儿童公园搁浅，1982年建成西流湾儿童公园，现有面积3.05公顷。
1940	邓家花园	重庆中区	邓氏	位于中区人民路人民巷尽头坡顶，为邓氏于1940年所建，广1100平方米，主楼前为花圃，植黄葛树、梧桐、罗汉松、七里香等，邓氏于1940年离去后为国民政府官员所居，抗日战争至1958年为中国民盟重庆市委机关所在，今属中区房管局。
1940～1949	魏庐(惠庐)	浙江杭州	经易门	在西湖“花港观鱼”景点内，为民族资本家经易门(全国政协副主席、全国工商联主席、中国民生银行董事长经叔平之父)于20世纪40年代所建，时有砖木结构屋舍10余间，1960年代为花港菜馆，20世纪90年代改造为森林舞池，2003年重建为江南园林，广2000平方米，中心水池，环池为门楼、曲廊、寻梦轩、撷秀亭、清虑堂、瀑布。
1941	晴园	台湾台北	黄纯青	为黄纯青所建宅园。住宅包括本宅和别宅。本宅名青来阁，取王安石“两山排闼送青来”之意借景淡水河两岸的大屯山和观音山。别宅在晴园东北隅，前 有兰室，后设书房，名晴斋。整个庭园包括北园、南园和西园。北园以花果为特色。百中花有十姊花、映山红、蝴 蝶兰、石斛兰、万年青、雁来红、老来娇等；果有桃、李、杏、橄榄、木瓜。另有藤棚接连，蔷薇满架，芝兰满堂；园中还月桂林和假山飞来峰。南园有景五老峰、九曲塘、杜鹃花。西园有自然石蛋。

建园时间	园名	地点	人物	详细情况
1941	襄阳公园（兰维纳公园、杜美公园、泰山公园、林森公园）	上海	薛葆成	位于淮海路与襄阳路口，原为农田和颜料巨商薛葆成的家族墓园，1938年法租界公董局为建办公楼购地35.31亩，1940年6月法国战败，大楼搁浅，1941年8月公董局把此地改建为公园，1942年1月30日建成开放，为纪念在抗德战争中牺牲的法国驻上海原外交官兰维纳，定名为兰维纳公园，并在园中立碑，1943年7月改名泰山公园，抗日战争胜利后，1946年1月为纪念国民党元老林森而改名林森公园，1949年拆纪念碑，1950年5月28日改名襄阳公园，1961年拓地1900平方米，成为2.2公顷。布局为法国对称式几何图案花园，有公园林荫道、喷水池、假山、紫藤廊、大草坪、六角亭、高平台（1965～1970建）、游廊、报廊、棚架等。（焦雄《北京西郊宅园记》）
1941～1945	宋庆龄旧居	重庆	宋庆龄	位于中区两路口新村3号，1941～1945年所建花园洋房，占地1000平方米，宋在此居住并成立保卫中国同盟，1945年国共谈判时，毛泽东到此拜访宋。
1942	靖西中山公园	云南靖西		位于靖西县城西隅体育场旁58亩，西河穿园而过，有安澜亭、六角亭、荷花阁、莲桥、纪庆亭、赛歌台、憩园，以及各种活动和游乐场所。
1942	复兴公园	重庆		位于渝中区，面积0.69公顷，建有门柱、八角亭、四方亭、堡坎、菱角石地面。1949年解放时，仅存门柱和风景亭。
1943	金家花园	上海	金鼎康	在嘉定区嘉定镇清河路嘉定供电所西侧，占地10亩，金鼎康于民国32年所建。
1943	宽园	重庆	李维宽	位于江北区猫儿石，为李维宽1943年所建私园，占地3300平方米，现为天原工厂。

建园时间	园名	地点	人物	详细情况
1943～1948	李宗仁公馆	广西桂林	李宗仁	在桂林杉湖南畔文明路16号，与双塔相傍，1943年开工，1944年因桂林沦陷而停工，抗战胜利后续建，1948年4月李宗仁接任副总统时竣工，人称桂林总统府，为中西合璧式别墅园林，主体建筑坐西朝东，大门面西南，四周有副官楼、警卫室、附楼、花园、停车坪等，占地4 321平方米，1948年4月至1949年11月李返桂时居此，最后从此离开大陆，新中国成立后，为广州军区高干招待所，1966年3月14日李从国外归来又居此。1991年8月13日李100周年诞辰开放。李宗仁(1891—1969)，桂林临桂县人，著名爱国人士、军事家、国民党一级上将、前国民政府代总统，一生历经护国战争、护法运动、北伐战争，抗日战争等，为民国时期桂系势力领袖。
1943	西园	云南昆明	卢汉	在昆明西山东麓，滇池西岸，山邑村北侧，为云南省主席卢汉所建私园，背山面湖，柳绿稻香，风景秀丽。园分两院，中有柏树林荫道，别墅为法式建筑，小巧玲珑，外有餐厅、花园。卢汉(1895—1974)，原名邦汉，字永衡，云南昭通人，彝族，出身于炎山黑彝大地主吉迪家，龙云的表弟，1911年和龙云一起参加了保路运动，1911年10月投军，入云南陆军讲武学堂深造，之后，在唐继尧身边任少校副官，1922年升任第七旅旅长，1927年营救龙云后升为98师师长，1937年7月投身抗日，任第六十军军长，参加台儿庄战役、武汉会战，后任30军团司令，1940年任总司令，1945年为云南省主席、省保安司令兼军事参议院上将院长，1948年7月制造了“七·一五”惨案，1949年制造“南屏街血案”，1949年12月9日举行昆明起义，云南宣告和平解放，1950年后先后任过云南军政委员会主席、全国人大常委会委员、政协委员等职。(《西园》)
1944	武康路住宅	上海	范能力	武康路117弄1号，中式，在楼东南角，有小桥、流水、假山、花木，名贵树木：香樟、广玉兰、桂花、蜡梅、月季等。

建园时间	园名	地点	人物	详细情况
1944	北碚澄江公园	重庆		位于北碚澄江镇后山脊，面积 2.47 公顷，建有园门、亭台、花坛；两石级顺山势直达山顶，道旁植树；山顶平地修观景阁；岭上种果、松。
1944	吴蕴初花园	上海	吴蕴初	在长宁区中山西路 640—162 号，占地 2 亩，吴蕴初于 1944 年所建，1958 年毁。吴蕴初（1891—1953），著名化工实业家和化工专家，1911 年上海兵工学堂毕业，历任汉阳砖厂厂长、汉口氯酸钾公司厂长、炽昌新牛皮胶厂厂长（1920），后自创上海天厨味精厂、天原电化厂（1930）、天利氮气厂（1932）、天盛陶器厂（1934），新中国成立后担任华东军政委员会委员、上海市人民政府委员、中国民建中央委员、化工原料工业同业会主任委员等职。
1945	姜家花园	上海	姜氏	在嘉定镇南大街 271 号，姜氏于 1945 年所建，占地 20 亩，后曾为交易所，后改为住宅，解放前毁。
1945	朱家花园	上海	朱理民	在嘉定区中医院所在地，占地 20 亩，著名医生朱理民于 1945 年所建，新中国成立后设城厢卫生院，现为县中医院所在地，园中龙柏和枫杨依然，园存。
1945	潘家花园	上海	潘仰尧	在嘉定区嘉定镇中下塘街，占地 20 亩，潘仰尧于 1945 年所建，新中国成立后改为嘉定县政协所在地，1987 年改为嘉定宾馆。
1945	长沙中山公园	湖南长沙	洪承畴 郭沫若 田汉	原为明代吉藩四将军府，清洪承畴建集思堂，东有真武宫，清初关押反清复明者，康熙时改抚署衙门，建园，乾隆年扩园，名又一村，后建双清亭、丰乐亭、登湘亭等，1911 年在此起义，后建都督府，1931 年建民众俱乐部，设 12 部，1938 年郭沫若与田汉在此射箭，1938 年日寇逼近长沙，电影院停业，更遭“文夕”大火后停业，后建中山公园，电影业再兴，建国后被驻军，1958 年改国营，60 年代改青少年宫。
1945	实园	福建漳州	蔡竹禅	在漳州天下广场中，原官园大学甲 37 号，乾隆时代五部尚书蔡新的门生为恩师退休所创，蔡退隐后不受，退居潼浦大南坂，此宅改为郑氏祠堂，民国初年，郑氏家族衰败，抵押散为民居。1943 年

建园时间	园名	地点	人物	详细情况
				售于蔡氏后人蔡竹禅。1945年蔡请漳州泥水状元李明月及许多石码（地名）师傅修缮，并增建后花园，1948年竣工。宅与园合3000平方米，有围坪、大埕、三进宅屋、庭院。大埕、天井、庭院中有花台、盆栽、盆景，花台上有铁树、兰花、葫芦竹、榕树等数十程，中厅天井有二米高铁树，护厝狭长小院亦以盆景为主。中轴建屋后及左右护厝北端有小门通后花园。园广1000平方米，有假山一、猴洞若干、六角亭一、金鱼池一、小桥、流水、景石、九龙壁，又有宅侧构有兰圃。1952年蔡献宅园于国，政府把花园返还。宅后归茶厂、不锈钢厂，1989年判归蔡氏后裔施淑英。花园在"文革"时被造反派铲平，2001年，六角亭被房地产商毁。现余园之一角，兰圃已夷为平地。蔡新（1707—1799），清福建漳浦人，字次明，号葛山，蔡世远侄，乾隆元年（1736）进士，翌年授翰林编修。蔡竹禅临解放时一度居香港。在其弟感召下回漳，1951年把漳龙公司归国，在抗美援朝时认购漳州工商界一半的军火。历任漳州市工商联主委、漳州市政协副主席、漳州市副市长、龙溪专署副专员等职。
1947	（上海）中山植物园	上海		在今邯郸路和国权路口，西界走马塘，南近政肃路，北沿邯郸路，原为复旦大学农场一部分，1947年初复旦大学政函工务局建议合作兴建植物园以利研究和观摩，当年3月动工5月竣工，定名中山植物园。园广36亩，以毛竹为柱，以铁丝为栏，园中有干道5条，支路2条，水池2个。园分标本和自然两区，标本区27亩，有127种，自然区有33种，苗木由农学院提供，1952年下半年全国院系调整，复旦农学院分别与沈阳、合肥高校合并，园废，改建为复旦大学出版社和基建处。
1947	北区公园	重庆		位于面积22公顷，曾发动市民义务完成部分土方工程及植树1.5万株。园内拟建运动场、露天剧场、中山堂、博物馆、游泳池、动物园等。后因地权难于解决，陪都设计考核委员会于1948年8月29日决定缓办。

建园时间	园名	地点	人物	详细情况
1947	泮溪酒家	广东广州		位于荔湾湖原址为南汉宫苑昌华苑旧址，泮溪始建于1853年，是现存全国最大的园林酒楼之一，原址为孔庙，内有泮池、大成殿等，后改为酒家园林，利用荔湾湖为借景。1950年代末重新改造，1974年由莫伯治、吴威亮、林兆璋设计改建，扩12000平方米，整个园有多个厅堂、游廊、桥榭围成种种庭院，循水榭西行，出廊至园林中心，中心有山池、曲桥、石山、奇石、喷泉等，山水石庭与厅堂小院用桥廊分隔，桥廊两旁利用地势高低形成丰富空间。山馆建筑依山而建，山馆楼东南临内院山池，楼西临荔湾湖；别院由楼厅、船厅、半亭、曲廊组成；泮岛由碧波厅、平湖厅、望湖厅、临湖长廊、通湖廊桥构成。
1947	裕社	江苏苏州	严庆淇	在西美巷，1947年严庆淇所创，旅馆园林，西式招待所，入门有大草坪兼作网球场，环以龙柏、槐树、雪松、杨柳、法桐、白杨，为西式招待所，现部分草坪建为楼房，缀以假山小池，旧貌尚在。
1948	甘园	上海	甘日初	在虹口区江湾镇附所，占地40亩，甘日初于1948年所建。
1948	庄园	上海	庄智豪	在虹口区江湾镇以西，占地20亩，庄智豪于1948年所建。（汪菊渊《中国古代园林史》）
1948	潘园	上海	潘承德	在虹口区江湾镇附近，占地13亩，潘承德于1948年所建。
1948	宋庆龄故居	上海		位于在淮中路1843号，是一幢红瓦白墙的小洋房。这幢房子原是一个德国人的私人别墅，从1948年到1963年，宋庆龄在这里工作、生活达15年之久。故居占地面积4300多平方米，主体建筑为一幢乳白色船形的假三层西式楼房，建筑面积有700平方米，楼前有宽广的草坪，楼后是花木茂盛的花园，周围有常青的香樟树掩映，环境优美清静。宋庆龄于1948年底迁到这里居住。

建园时间	园名	地点	人物	详细情况
1948～1949	渝舍（杨森公馆）	重庆	杨森	位于中区中山二路132—134号，占地2.67公顷，杨森于1948—1949年任重庆市长时所建公馆，内有七幢别墅，面积7605平方米，周以砖墙，楼间有木天桥，主楼前有花坛，植各种花卉，帝边石壁攀附藤蔓植物，主楼后有左右有篮球场，中间喷水池、假山，又有大草坪，广植银杏、印度榕、笔柏、梧桐、黄葛树等。新中国成立后为军管会、和市政府所在，今为市少年宫。杨森（1884—1977），国民党军将领，原名淑泽，又名伯坚，号子惠，四川广安人，1904年入四川陆军速成学堂，后加入同盟会，曾任护国军第一军少校参谋、参谋处长，第二军第4混成团团长、川军第二军军长等职，1922年投靠吴佩孚，任中央军第16师师长、四川省省长等职，1926年加入国民革命军，任第二十军军长兼川鄂边防司令等职，1937年任第六军团军团长，率部参加淞沪抗战，后任第二十七集团军总司令兼第二十军军长、第九战区副司令长官兼第二十七集团军总司令、贵州省主席、重庆卫戍总司令等职，1949年到台湾，任台湾“总统府”顾问、台湾“奥林匹克委员会”理事长等职。
	狄家花园	上海	狄氏	在静安区乌鲁木齐北路，狄氏于1911年后建成。
	梦草公园（贵阳市中山公园、森林公园）	贵州贵阳		在贵阳市导水槽街西侧，即贵阳市委和省教委所在，贵州提学副使毛料的府邸，后为贵州提学副史谢东山的住宅，内有池塘，后更名梦草池，明末，该处是贵阳著名诗人吴中蕃（吴滋大）的别墅，1912年9月，建为公园，为贵州第一个公园。时有梦草池、池心亭、紫泉阁、光复楼、吴滋大先生祠，得月轩等景。光复楼藏有明代贵州巡抚郭子章平安播州（遵义）的平播钟，池周古木参天，有千年皂角，数百岁冬青。1926年，公园正式命名为贵阳公园，而老百姓仍称梦草公园，因当时只有此公园，故有时干脆称公园，1929年，毛光翔主黔时，梦草公园改为中山公园，立中山像，1935年中央嫡系入黔，这里成了国民党绥靖公署、警备司令部、省

建园时间	园名	地点	人物	详细情况
				参议会驻地，公园遭废弃。新中国成立后，园东部在 20 世纪 50 年代先后为省公安厅、省教育厅，文革中，成为贵阳警备司令部，1974 年成为省教育厅至今。园西部 1952 年为贵阳市委，1994 年拍卖给贵州恒峰房地产公司。1919 年 6 月 1 日贵州各界代表及群众在光复楼前集会，声援“五四”。新中国成立后改为森林公园，1992 年再修，重建中山堂等纪念建筑，占地 1.1 万亩，其中森林面积为 9 300 多亩。有景：三帽山、日出峰、鹿园、观音洞、洞口庙庵建筑及小径旁之方亭。
	贵阳河滨公园	贵州贵阳		位于市中心区西南部南明河畔，占地 255 亩，始建于 1942 年。依山傍水环境幽雅，小巧别致。花台、鱼池、画廊、舞厅、娱乐室错落有致，楼台亭榭及游乐设施掩映于万绿丛中。园内有楠园，竹屋、竹廊、竹亭、竹篱笆等。今园分三个部分：儿童游乐区、科普展览区和安静休息区。整个园内花木草坪逾 60 000 平方米，绿化面积逾 660 000 平方米，常举行菊花展、兰花展。
	温州中山公园	浙江温州		在温州市区公园路东端，面积 5.09 公顷，其中水面面积 1.33 公顷。1927 年为纪念民主革命先驱孙中山先生，拆除城墙，依傍积谷山，辟建公园。新中国成立后，即予修建。白鹿雕塑取古时建城“白鹿衔花”传说，中山纪念堂建于 1936 年 11 月。1987 年投资 38.85 万元，重建二层古典楼阁，双层重檐，周体回廊。公园的南端的积谷山有谢灵运任郡守时建的楼池“池塘生春草，园柳变鸣禽”，称楼为池上楼，池为春草池。现楼系清时所建。公园四周另有湖心亭、景行桥、九曲桥、各具特色等。1951 年在隅积谷山下建儿童乐园，占地面积 0.41 公顷。

建园时间	园名	地点	人物	详细情况
	沙逊别墅(罗别根花园、罗白康花园、罗别花园)	上海		位于上海市西郊今哈密路,是英国哥特式乡村别墅,取名伊甸园,英商公和洋行设计。总面积1225平方米,建筑面积800平方米,不规则平面布局,外形分割而整体相连。尖顶花园洋房,主体建筑在基地北部,砖木结构,装饰全用橡木和柚木,门窗选用带瘤疤木料,留有刀斧之痕,小五金全用手工制作,以示古朴。主屋暴露墨油烟色机制木构屋架,木架外露油和色,屋面为陡坡,上盖红瓦,墙面用白色,但底层用红砖清水勾缝,主屋两侧植芭蕉、罗汉松、盘槐等树木,南面为大草坪,草坪西北角植有悬铃木,浓荫之下架秋千,草坪外围高墙。
	南山花园	重庆		位于重庆南山老君洞附近,系抗战时期富商杨氏的别墅。园内除餐旅馆供游人食宿外,别无建筑,纯为天然风景。过去游此花园,仅为休息,足以流连的是沿途松林和岭上默林,盛夏时节来此避暑的游客众多,园今不存。
	谷芳山庄	重庆	杨森	位于今山洞平正村53号,杨森1936—1949年居此。四无人家,山深林密,一条专有小公路通入山庄,庄后一条羊肠小道通向密林深处。建筑为一楼一底,西式砖木结构,悬山式房顶。院内树丛芭蕉,摇曳弄姿,历历闲度空山岁月,周围松桧峥嵘,山风吹卷,林涛阵阵俨如世外桃源。
	史迪威将军旧居	重庆		位于市中区李子坝嘉陵新村63号,占地500平方米,官邸以竹篱为墙,大门两侧各有砖墙青瓦的长八角形平房,作收发及门卫室。进院门左侧为花台,植夹竹桃等花木。主楼为3层建筑,底楼为混凝土结构,作防空用,一楼石墙,二楼砖木结构,楼顶为花园。楼前为一圆形花园,园中有喷水池,池中有4米高的水泥菱形柱,柱顶是荷叶盘,内植花草,盘中喷水。楼后平地有梧桐、苏铁和构树。再后有梯道登岩至草亭、葡萄架。后为重庆市机电设计研究院。 史迪威曾五次来华,因为支持中国共产党,1944年离开重庆回美国。

建园时间	园名	地点	人物	详细情况
	温泉寺园林	重庆	隆树	始建于刘宋景平元年(423),清末衰败。辛亥革命后僧人隆树加以恢复,修补建筑、园林,除寺院建筑外有戏鱼池、双廊等景点。1927年,卢作孚、邓少琴、何北衡、张隆树等人士倡议兴建公园,募捐集资修葺温泉寺庙,始辟为向公众开放的风景名胜公园。
	永川北山公园	重庆		位于永川区同文巷侧,园内建有球场、德教寺(纪念杜香桥教师)、松亭、八角亭、水池、假山、图书馆("文革"时毁)及茶园、饭馆。种有梅花、桂花、白兰花等花木,现为永川第十中学和重庆教育学院校舍。
	江津市第一公园	重庆江津		位于江津市小官山,面积0.55公顷,建有亭台、水池假山。50年代末,逐渐荒芜。
	綦江县森林公园	重庆		位于县城东门观音岸,面积14.7公顷。
	伍园	江苏苏州	伍百谷	楚籍人士伍百谷在城南辟有私园,以菊花为特色,金松岑有《伍园看菊》诗:"城南楚客谙菊趣,过门掉臂觉心痒","秋士知秋不皆媚,闭门对菊施弘将;归吟诗句梦灵均,冷月寒泉荐用享。"
	荔琴别墅	江苏苏州		在十梓街西段邮电局对面,原为工商业者所有,小巧幽雅,门枕小河,过桥入院,园中有假山、花木,绕以回廊,20世纪50年代成为江苏师院教工宿舍。
	翕园	江苏苏州	张醉樵	张醉樵在阊门外余家桥西建有园宅,园中多果木,为文人集雅之处,社集而题咏,作品很多,有景:短垣、芟草、梅花、桃花、桑树、果蔬、杏树等,钱文选在《游苏记事》中称之为翕园,谓其苏州名园。赞诗有:"芟草通地护短垣,种梅地僻似桃源","桑麻兼果蓏,畦町似天然;繁实收梅杏,辟嚣隔市尘;堂宜花萼映,座有竹林贤;如景还堪忆,园桃红正妍。"

建园时间	园名	地点	人物	详细情况
	吴昌硕宅园	江苏苏州	吴昌硕	在桂和坊 4 号。
	张一麟宅园	江苏苏州	张一麟	在吴殿直巷东端。
	叶圣陶宅园	江苏苏州	叶圣陶	在青石弄 5 号。
	杨绛宅院	江苏苏州	杨荫抗 杨绛	为杨荫抗及女杨绛的宅院，在庙堂巷 16 号，一文厅。
	刘家花园	江苏苏州	刘振康	刘振康在金石街建宅园，有景：水池、假山、亭子、花厅等，多存在，现为金阊门区医院。
	郭家花园	江苏苏州	郭彬卿	评弹艺人郭彬卿在齐门内石皮弄所创宅园，广 10 平方米，有景：假山、半亭、曲廊、花厅等，现存湖石假山和花厅。
	余家花园	江苏苏州	余开嘉	余开嘉在阊门西街所建的宅园，为中西合璧，建筑为西洋楼，园林为中式，有景：花厅、亭子、曲廊、湖石假山等，皆完好。
	陶宅花园	江苏苏州	陶氏	在盛家浜，为前园型，中式楼房，园内有景：水池、假山、亭子、曲桥、桂花、黄杨、湖石峰(三个)，皆存。
	范氏庭园	江苏苏州	范氏	在庙堂巷，为宅园型，宅东园西，有景：花厅(三间)、船篷轩、青石础、黄石假山，今存。
	第三人民医院内小花园	江苏苏州		第三人民医院内有小花园，建于民国时代，有景：湖石假山、亭子，现只余较大假山。
	握瑜	江苏苏州	李氏	李氏在因果巷所创的宅园，多毁，只余：湖石假山、黄杨、四时读书楼。
	墨园	江苏苏州	顾氏	国民党要员顾氏小妾居所，在现人民路五二六厂，为西式花园，有景：方亭、圆亭、湖心亭、假山、小桥、水池等，现只余洋房(二幢)、水池、湖石花坛、龙柏等。

建园时间	园名	地点	人物	详细情况
	严宅花园	江苏苏州	严氏	严氏在苏州东北街创有宅园，宅东园西，内有景：假山、水池、花厅、旱船、曲廊、棕榈、桂花、天竹等，池与山毁，其余存。
	潘氏庭园	江苏苏州	潘氏	潘氏在史家巷建有宅园，现存：花厅、湖石假山等。
	三多巷12号庭园	江苏苏州		本为私有宅园，现存：黄石假山、树木(多株)、碎石道、水池等。
	东小桥3号花园	江苏苏州		国民党某高官在此开创洋房，宅皆为西式洋房，花园内有景：水池、湖石假山、银杏、白皮松、玉兰、含笑、桂花、紫藤、黄杨等，皆存。
	花园饭店	江苏苏州		在广济路现精神病院宿舍，是高级旅馆，分旅馆和花园，花园面积较大，有景：湖石假山、水池、亭子、花木等，现多毁去，只余香樟、广玉兰、罗汉松、黑松等，石岸坍塌，水面缩小。
	孚庐	江苏苏州	李鄂楼	《天放楼诗集》和《合肥诗话》载，合肥人李鄂楼在苏州创园以居，园中多竹子和典籍书画，联云：门对沧浪水，桥通扫叶庄。李鄂楼，合肥人，官居湖北候补道、安徽司法司长，工绘画。
	严衙街48号花园	江苏苏州		现为苏州第一人民医院门诊部前的休息处，原有围墙已拆，只余园景：湖石小假山、小池、小桥、大雪松(三株)等。
	鲁家花园	江苏苏州	鲁氏	鲁氏在孔副司巷建有宅园，园已毁，只余水池，现为苏州大学光学研究所内，大部分已为苏大教职工宿营舍。
	艺园	江苏苏州	薛氏	薛氏在富郎中巷建有私园，毁。
	拙园	江苏苏州	严氏	国民党要员严氏在包衙前建有宅园，毁。

建园时间	园名	地点	人物	详细情况
	王宅花园	江苏苏州		在庙堂巷的小宅园,毁。
	郑逸梅宅园	江苏苏州	郑逸梅	在双塔寺前,前宅后园,春时红杏烂漫,或云该园系前清士子赴贡院考试时宿处。
	陆园	江苏太仓	陆曾业	陆曾业在太仓城厢痘司堂街创建私园,已毁。
	南园	江苏苏州	蒋介石	蒋介石在苏州十全街现南园宾馆内的花园洋房,蒋妾姚冶诚居此,蒋纬国少年亦居此,有景:水池、琉璃瓦亭、假山、石峰、树木等,现存。
	小苑	江苏扬州		地官第 14 号。
	杨氏小筑	江苏扬州		在风箱巷 22 号,绅士杨伯咸宅园,面积 60 平方米,有花厅、山石、爬山廊、小阁、鱼池、盆兰等景。
	徐氏园	江苏扬州		徐氏宅园。
	胡氏园	江苏扬州		胡氏宅园。
	拓园	江苏扬州		张氏宅园。
	萃园	江苏扬州		文昌中路 35 号,盐商集资所建,有土岗、水池、六角亭、石桥、水榭、竹林小径、水院,现为扬州市第一招待所,又名萃园饭店。园林原为潮音庵故址,新中国成立后收归国有,时有修缮,今为第一招待所,亦名萃园饭店。萃,为草丛生貌,亦为《易经》64 卦之一,坤下兑上,象曰:“泽上于地,萃。”萃园表示园下承厚土,内有大泽,而且草木繁盛。改造后的萃园面积较大,半为草坪绿地。从文昌中路大门进入,前面开阔,皆为草地和硬地。正对餐厅大楼,楼高 3 层,为现代所建,屋角起翘,青砖灰瓦,

建园时间	园名	地点	人物	详细情况
				体量虽大，在广阔前庭和高大绿树的对比映衬下显得谦逊、平稳和安静。楼门厅侧凿池堆山，泄水如瀑，水流一直寻墙而行，依墙用湖石突起和绿叶红花掩盖空调之类，山水之外是小路，小路之外为草地山丘。随道路的行进，右侧湖石渐渐变为黄石，在楼梯处用黄石堆成室外楼梯，可依此上至二楼；左侧的草地渐渐升起成为岗峦土埠。土埠或高或低，如蛇行龙走，园路在土埠下曲折行进，湖石孤峰渐多，林荫加深，左折而进入深山之处。
	辛园	江苏扬州		仁丰里 89 号，周挹扶宅园，有鱼池、曲桥、小亭、花厅等，院落中还有半亭、曲廊。
	赵氏园	江苏扬州		在赞化宫，布商赵海山所建，宅园间隔以高墙，园中有书房、曲廊、假山、花木。
	讱庵	江苏扬州		钱氏宅园。
	餐英别墅	江苏扬州		余氏宅园。
	问月山房	江苏扬州		郭氏宅园。
	冬荣园	江苏扬州		张氏宅园。
	蛰园	江苏扬州		杨氏宅园。
	八咏园	江苏扬州		丁氏宅园。
	息园	广东广州		岭南画派创始人之一陈树人宅园，2 公顷。现毁。
	樗园	广东广州		岭南画派创始人之一陈树人宅园，500 平方米，毁于抗战。
	丁园	浙江湖州		30 年代前的私园，已毁。

建园时间	园名	地点	人物	详细情况
	潘园	浙江湖州		30年代前的私园，已毁。
	雪园	浙江嘉定		30年代前私园，已毁。
	锦园	江苏无锡		30年代前私园，存否未知。
	韶关中山公园	广东韶关		未详。
	寿春园	河北保定		未详。
	种春园	河北保定		未详。
	芳润园	河北保定		未详。
	鸣霜园	河北保定		未详。
	晓园（杨文恺故居）	天津		位于晓园曾是杨文恺故居，花园为前院式花园，包括三座花坛，花坛与建筑间的间隙自然形成道路和居民的活动空间。庭院空间宽敞，间或有盆景点缀其间。
	睦南公园	天津		位于睦南道，为英租界的一处花圃，1952年，设为培育繁殖月季花品的半开放式花圃。1982年设为公园。睦南公园以植物造景为主要表现形式，将路、石、水、林、花、广场融为一体，使景物扎根于环境之中；通过乔木、灌木、地被植物的群落式种植以及常绿植物与落叶植物相结合，实现“四季常青、三季有花、两季有果”。同时对公园四周植物的种植形式采取组团式种植，不仅使各种植物与成片的月季花海形成鲜明的对比，而且可以给游客提供遮阳降温的生态型小空间，真正做到“小区域大环境、小环境大生态”的景观效果。

建园时间	园名	地点	人物	详细情况
	息园	江苏南通	韩国钧	清末江苏巡抚韩国钧建的私园，与今海安县中学毗邻，20 亩，有荷池、动物园、水榭、长廊、凉亭、小桥、西班牙式小楼（东楼毁，今存西楼），日占时期为宪兵司令部。
	补园	江苏南通	韩鼎臣	韩鼎臣所建私园，习称西花园，4 亩，有盆景、花坛、凉亭、棚架、石桌石椅，其中盆景为主景，每年园主请如皋的东派和泰州的西派花师修剪，抗日战争后，园毁。
	韩涛花园	江苏南通	韩涛	在南通海安县，私园，已毁。
	谭氏花园	江苏南通	谭氏	在南通海安县，私园，已毁。
	张家花园	江苏南通	张氏	在南通海安县，私园，已毁。
	柳城园	江苏南通		在南通海安县，私园，已毁。
	环翠园	江苏南通		在南通海安县，私园，已毁。
	勺园	江苏苏州		在民治路皇宫后，今存界石。
	吴苑	江苏苏州		在太监弄，为茶馆园林，内有爱竹居、话雨楼及小庭院数处，后毁。
	小仓别墅	江苏苏州		在金狮巷，为茶馆园林，本属上海王乔松，内有香影廊、竹亭等，后改茶肆，卉石错立，绿痕上窗，1924 年，齐卢占后收歇。毁。
	茂苑	江苏苏州		在皋桥，为茶馆园林，毁。
	培德堂	江苏苏州		在白莲桥浜，为公所园林，有香国花天厅、微波榭等，院内累石嶙峋，牡丹尤盛。
	宋氏先贤祠	江苏苏州		位于山塘街原 404 号，为祠堂园林，祠后有荷沼，地僻景幽。

建园时间	园名	地点	人物	详细情况
	蒲庵	江苏苏州		位于原山塘街后李埂，为祠堂园林，前为放生池，园广50丈，内有莲池杂树。
	周家花园	北京	周养庵	在海淀寿安山樱桃沟，周养庵借北京卫戍司令王怀庆之势建宅园。
	淡园	北京	柯鸿烈	在乃兹府大草厂，园主是柯鸿烈。
	淑园	北京	陈宗藩	园主是陈宗藩。
	稊园	北京	关颖人	在南池子，园主是关颖人。
	马鸿烈园	北京	马鸿烈	在南池子，园主马鸿烈。
	藏园	北京	溥增湘	在西市石老娘胡同，现存。溥增湘宅园，园在宅东，分成东西两路，互相咬合。东路建有敞厅、霜红亭、池北书屋、凉亭和石桥等；西路建有龙龛精舍、石斋、假山和山亭。
	吴佩孚园	北京	吴佩孚	在什锦花园，园主是直系军阀首领吴佩孚(1873—1939)，1905年任管带，1917年任师长，1922年任两湖巡阅使和直鲁豫巡阅副使，1924年战败，1926年攻冯玉祥，同年年被北伐军打败，逃至四川，九一八后归京，在北京得势期间建园。
	吴鼎昌园	北京	吴鼎昌	在海淀，园主吴鼎昌。
	袁世凯园	北京	袁世凯	在锡拉胡同，园主袁世凯(1859—1916)，河南项城人，北洋军阀首领，1895年任道员，1899年任山东巡抚，1901年任直隶总督、北洋大臣、练兵处会办大臣，1907年任军机大臣和外务部尚书，1911年任内阁总理大臣、临时大总统，1915年复辟，1916年取消帝制，任大总统，同年病死，在北京得势期间建园。
	黎元洪园	北京	黎元洪	在王府大街，园主为黎元洪(1864—1928)，河北黄陂人，北洋军阀政府总统，历任湖北管带、鄂军都督、副总统(1911)、参议院长(1914)、总统(1916)、后被张勋驱走，1922年复任总统，次年被驱逐，病死于天津，在北京得势期间建园。

建园时间	园名	地点	人物	详细情况
	梅兰芳园	北京	梅兰芳	在无量大人胡同，园主是京剧大师梅兰芳(1894—1961)，江苏泰州人，生于北京，京剧世家，8 岁学戏，11 岁登台，抗战期间在上海、香港，新中国成立后任文联副主席，在京期间建园。
	丰泽园	北京	博迪华	园主为僧格林沁之子博迪华。僧格林沁(？—1865)为清末蒙古族勇将，袭郡王，镇压太平天国起义、捻军起义，在 1865 年被歼斩首，其子袭宠建园。
	西溪别墅	北京		在吉兆胡同。
	溥仪宅园	北京	溥仪	在东四南炒面胡同，园主溥仪(1906—1967)，末代皇帝，1911 年辛亥革命后不废帝位居禁宫，1917 年张勋复辟失败，1924 年废帝号出宫，1925 年居天津静园，1935 年潜至东北任伪满洲国皇帝，1945 年被俘，1959 年获特赦，在出宫后居此园。
	曹锟园	北京	曹锟	在佟府夹道，园主曹锟(1862—1938)，天津人，直系军阀首领，历任统制、师长、直隶督军、直鲁豫三省巡阁使，1923 年贿选得任总统，1924 年被冯玉祥逐，1938 年病死天津。在北京时建园。
	志奇园	北京		中老胡同。
	鲍丹亭园	北京		在什刹海。
	止园	北京	宋小濂	园主宋小濂。
	水东草堂	北京	王小帆	园主王小帆。
	贝家花园	北京		在大觉寺。
	洪涛生园	北京	洪涛生	在南河泡子，园主洪涛生。

建园时间	园名	地点	人物	详细情况
	廿七别墅	北京		在八大处。
	吴氏月季园	北京	吴莱西	在赵堂子胡同，园主吴莱西，英国式月季园。
	岳乾斋园	北京	岳干斋	在内务府街，园主岳干斋。
	梁启超园	北京	梁启超	在东四十四条，园主为梁启超(1873—1929)，近代资产阶级改良主义者，参加百日维新，一度流亡日本，辛亥革命后任袁世凯的司法总长，1916 年策动蔡锷反袁，任段祺瑞政府财务总长。
	凌淑华园	北京	凌淑华	在史家胡同，园主凌淑华。
	洵贝勒园	北京	洵贝勒	园主洵贝勒，印度式花园。
	徐家花园	北京	徐氏	在玉泉山北，园主徐氏。
	卓家花园	北京	卓宏谋	在玉泉山南，园主卓宏谋。
	老河口中山公园	老河口	李宗仁	在市区，有中山堂、碑林、铜像、钟鼓楼，园中园，李宗仁建园，并题“中山公园”。
	高州市中山公园	广东茂名		在观山上，明以来先后建观山寺、玉泉寺、吕仙殿、潘仙殿、报德祠等，民国间开辟中山公园，建有中山亭、若虚亭、茂植亭、咏风亭、襟江亭、旷怡亭、断碑亭等，有诗碑、记事碑、记功碑、捐题碑、摩崖石刻等。
	江门中山公园	广东江门		位于江门常安路的北端范罗冈山上，抗战期间，义勇壮丁队守后山，被日军夹攻，双方损失惨重，日酋在公园内举行阵亡将士追悼会，灵尸达 200 多具。

建园时间	园名	地点	人物	详细情况
	潮州中山公园	广东潮州		原为潮州巡抚衙门，辛亥革命后改建为中央公园，后改为中山公园。
	乌鲁木齐中山公园	新疆乌鲁木齐	杨增新	原为古典园林，1755年准噶尔汗国灭亡，清官员把湖泊称为海子，后建秀野亭，后改关湖，1884年巡抚刘锦棠修关湖，取庄子“鉴于止水”而名鉴湖，1898年，戊戌变法要犯张荫桓流放时建鉴湖亭（现湖心亭茶室），1912年辛亥革命，都督杨增新改鉴湖为鉴湖公园或西湖公园也称西公园，1918年，为纪念流放于此的纪晓岚而建阅微草堂（1995年复建），1921年新疆议会会长李溶提出仿北京太和殿建丹凤朝阳阁，完工后再建醉霞亭、火车长亭、晓春亭、八卦亭、鉴湖水榭、阅微草堂纪念长廊，在阁前建置像亭，置杨增新像，杨取“周文王与民同乐”之意改同乐公园，1933年盛世才掌权，毁像，改名迪化公园（因乾隆赐乌城为迪化城，意为启迪教化），后再更名中山公园，1949年9月26日后，更名人民公园。
	红兰馆	福建泉州	苏大山	在泉州市，为文人苏大山居所，有遗迹。苏大山，字荪浦、君藻，清末禀生，新中国成立后任泉州政协委员，善诗，著有《红兰馆诗钞》、《红兰馆藏书目》、《晋江私乘人物列传》。
	铁藜寨花园	山东菏泽		在赵楼村东北，建于民国，已毁。
	大春家花园	山东菏泽		在赵楼村北，占地50亩，每年有3万株牡丹运往广东，已毁。
	军门花园	山东菏泽	张培荣	在赵楼村北，民国年间曹州的“军门”名叫张培荣，此人经常大吹大擂，却偏爱牡丹花。每到一处花园，都要细细端详，看见哪棵牡丹花长得好，花色新，拔了就走。到后来，干脆看着哪处花园好，就挂上“军门花园”的牌子，据为己有，自称花园主人。这样被霸占的花园，先后有三处之多：一处在王梨庄，一处在南杨庄，一处在赵楼。

建园时间	园名	地点	人物	详细情况
	桂陵花园	山东菏泽		在赵楼村北，牡丹园，已毁。
	马家花园	山东菏泽		赵楼村东，牡丹园，已毁。
	吕宅花园	山东济宁	吕庆圻	坐落在城内文昌阁街路北，现为济宁市中区机关招待所。这一宅第园林是济宁富商吕庆圻所建。吕庆圻为清末济宁商界"四大金刚"之一，20世纪20年代曾任济宁县参议会副参议长。宅院三进院落。在宅院西北隅辟花园，由后堂楼东侧角门相连。过角门外小跨院，向北穿过拱券门即进入花园。花园分为前园和后园两部分。前园呈东西向长方形，院落较大，花木成荫，翠竹成林，院内遍植松、柏、桐、楷、柳、合欢、丁香、海棠、白玉兰、月季、蜡梅等花木。偏西处建一方亭，亭内砌石桌石凳，供娱乐休憩。园北砖砌花墙，穿门而过便是后园。后园主景是一座大型假山，东西走向，高五六米，上建重檐六角凉亭，石壁半抱，饶有情趣。山北筑有暖阁，山下西北处有花厅三间，花厅前设盆栽花卉观赏区，厅内设一月亮门通园外。
	怡庐	山东济宁	杨次东 杨怡庐	怡庐在济宁城内县前街南段路西，始建年代不详，民国初期，归济宁酿造业名人杨次东、杨怡庐兄弟所有，园名以杨怡庐名字命名。前宅后园的格局。花园西部筑假山一座，山北侧有石阶供登临，顶上有六角凉亭。山北建有大客厅3间，前出廊，12扇木雕风隔十分考究。西部园墙上建单面回廊六七间，卷棚式，上布筒瓦。山西南面是二层小楼的更房，园东是构建精巧的3间书房。园中遍植花木，与建筑相映成趣。
	蒋家花园	重庆	蒋联诚	位于璧山县正兴乡，为蒋联诚于民国时期所建花园，广9260平方米，现基本完好，为区公所。
	荫园	重庆	范子荫	在中区上清寺，为范子荫所建花园，占地3000平方米，现为重庆电器机具厂。

建园时间	园名	地点	人物	详细情况
	大公馆	重庆	王兰楫	在沙坪坝，为商人王兰楫所建花园别墅，现为市第二安装公司。
	桂庐（白崇禧公馆）	广西桂林	白崇禧	在桂林榕湖边现榕湖饭店处，为国民党桂系军阀白崇禧所建公馆园林，旧居坐南朝北，面向榕湖，门前沙柏古树，挺拔小婆娑，至今仍存。白崇禧(1893—1966)，民国时期军事家，国民党军高级将领，字健生。广西临桂(今桂林)人，回族，1945年10月晋陆军一级上将，抗日战争胜利后，写《现代陆军军事教育之趋势》，1946年5月任国防部部长，1948年5月任战略顾问委员会主任委员兼华中“剿总”总司令，1949年4月任华中军政长官，在衡宝战役、广西战役中败北，9月任战略顾问委员会副主任，12月由海南岛去台湾。
	马君武公馆	广西桂林	马君武	在桂林榕湖边，为教育家马君武所建私园，后毁。马君武(1881—1940)，原名道凝，后名和，字厚山，别署贵公，桂林人，著名教育家、政治活动家、爱国诗人，就读于体用学堂，留学日本和德国，是中国留学生中工学博士学位第一人，追随孙中山，先后任总统府秘书长、上海大夏大学、中国公学、北京工业大学、广西大学校长，学识渊博，通英、法、德、日四国语言，译过许多世界名著和工程技术专著。
	金华中山公园	浙江金华		在金华江北飘萍路以北军分区招待所，本为天宁寺部分，元代延祐五年(1318)重建时建有花园，民国时建为中山公园，新中国成立后改为军分区招待所。
	陈园	山西新绛县		在新绛县朝殿坡高崖上，园主陈其五，民国初 国民党军官。园未建成，陈即离山西，后散作民居。占地约三亩，分为东一小块，自成长9.8米，宽7.0米的土墙小院，西一小块，为南北长35米，东西宽37米的花园部分，园内建筑布局呈凤凰展翅形(见《新绛县陈园平面图》)。东小院大门为民国

建园时间	园名	地点	人物	详细情况
				初期仿哥特式的砖筑门楼，东西两扇为八字形。门楼顶部虽残，其他尚完好，砖雕匾额楹联尚存，字迹清晰可辨。中门上，周雕花纹，中为阳文陈园两字匾额。门柱砖雕长联上联为："堆些茅草种些花，花圃草庐无半点俗尘气"，下联为："远看嵋山近看水，水清山秀在一幅图画中。"门楼东扇照壁，额曰"日涉"，下离梅花鹿；西扇照壁，额曰"成趣"，下雕仙鹤图；外侧砖柱长联，东侧上联为"快开数亩荒田，种花栽竹，偏适陶情养性"，西侧下联为"好筑几间土室，冬暖夏凉，最宜樽酒局棋"。两联概括了园内外景物，也阐明了园主建园的意图。门内土墙小院，东壁有砖券圆洞门，西壁为进花园洞门。花园部分建筑布局，由凤凰眼、凤凰头、凤凰翅、凤凰身及凤凰脚八个单体建筑组成。凤凰头即最南端正中的玩月亭。玩月亭建筑平面，半圆半方，是筑在 1.2 米高砖台上的小型亭阁式建筑，总高 4.8 米。由于此亭居全园制高点，可登以东望市肆，南眺由鼓堆泉引来的清渠流水和峨眉岭倩影，北眺龙兴寺古塔，如在一幅图画中。所谓凤凰眼就是在南界东、西两端，平面为 1/4 圆的土坯墙装饰性建筑象征凤眼。凤凰韶在园中部，呈两翼展开的两个砖木建筑，一位于北偏东 45 度角处，一位于北偏西 45 度角处，平面近方形，但柱廊为扇形。再北，与凤头在一条中轴线上，末端建筑，是一土券圆顶土窑的厅堂建筑，是园主迎宾会客场所。土窑不耐风雨，故早毁，现仅存残垣断壁。至于凤凰脚，因未及建，无从推测。
	漱芳园	甘肃榆中	文庵	在榆中县青城镇，为当地文人文庵先生所建，其外甥杨绍玠有《漱芳园记》，道：辛卯之春，其舅父文庵筑园于其里之西，因陌以为墙，分渠而种树，萦红纡绿，相间成行，园北作小亭，名漱芳亭，亭前小圃，名花奇卉，文庵子擢五与杨游于园中，又题诗于壁："漱芳亭下翠痕添，著意闲将句再拈。园外夕阳园内菊，并拖秋色上疏帘"。

建园时间	园名	地点	人物	详细情况
	宁家花园	北京	宁氏	在密云县旧城东南隅，东邻通城胡同，南接旧城城墙，西近鼓楼南大街，北连宁家宅院，以满月洞门与园通，园广 30 亩，以花草为主，西北两排房，房前有六角亭，亭前水井。园西南有荷塘。园内植柳和榆，南门内有假山，稍北有房 30 余间，抗日战争时为日本宪兵队所占，1951 年 10 月改建为密云中学，后为一中，1962 年密云二小迁入。
	刘家花园	北京	刘氏	在密云县城一街皂君庙胡同（学习胡同）路南，花园占地 10 亩，以假山为主体，山高 20 米，山上有一亭，满山杂树，山西为大枣树，每至中秋，满树红枣。南有几行柳树和几株椿树，北面为青砖挑脊、阴阳合瓦、磨砖对缝、前廊后厦的正房，廊前有三组石桌石凳，正房两边有东西配房，正房的北面为三合院，北为前出廊正房，东西三间厢房，院中有大葡萄架。解放初为一街小学，1958 年在此建密云广播站。
	苏家花园	北京	苏氏	在密云县新城上营胡同路东，苏宅北靠大佛寺，东临瘟神庙，西是上营胡同，院门前 13 级台阶，有影壁，二进院落，四合院，檐下有刘佩然"厚德栽福"和"佩感德泽"匾和民国宗伯田"积功好义"和"造福全檀"匾，宅东墙外和南墙外为花园，占地 2 亩，东园题"园同涉已成趣，门随设而常关"联，园内有海棠、玫瑰、丁香等，三月海棠、四月丁香，五月玫瑰。东园有名贵树文官果，春来未叶先花，南园以树为主，有梨、榆、花椒树等，南园内有草屋三间，曾为私塾。
	张家花园	北京	张氏	在密云县城，为张氏所建，毁。
	怀荫堂花园	北京	王少辅	在石匣镇，为王少辅所建，毁。
	庆堂花园	北京	张歧恩	在石匣镇，为张歧恩所建，毁。

建园时间	园名	地点	人物	详细情况
	林家花园	北京	林东明	在石匣镇,为林东明所建,毁。
	常家花园	北京	常氏三兄弟	在石匣镇,为常氏三兄弟所建,毁。
	王家花园	北京	王鹭汀	在石匣镇,为王鹭汀所建,毁。
	郝家花园	北京	郝氏	在古北口镇,为郝氏所建,毁。
	王家花园	北京	王氏	在高岭镇,为王氏所建,毁。
	宗家花园	北京	宗氏	在河南寨镇,为宗氏所建,毁。
	杨家花园	北京	杨凤林	在密云不老屯镇兵马营村,为清末秀才杨凤林所建,杨家是两进院落的宅院,五间正房和东西厢房,组成三合院,屋顶为青砖青瓦,磨砖对缝,正房有前廊后厦,从二门通正房为一米宽甬道,两侧植芍药,春夏盛开,南墙下玉簪花,秋季盛开,后园二亩,园北一排杨树,园中两株紫丁香,东边几株国槐,还有葡萄、杏、沙果梨、桃、樱桃等,春天杏、梨、桃依次开放,绚丽多姿,在十字西街路南,杨氏还有果园二亩,内植沙果梨、桃、杏、樱桃、核桃、红果、山楂、葡萄等,宅东为菜园,主人曾将菜园水井置于园外,村民感激不尽。1957 年为供销社占用。杨凤林(1886—1978),兵马营村人,自幼过继大伯家,继承殷实祖业,晚清秀才,信儒尊孔,爱乡爱国,1905 年成立兵马营初级小学,任校董。抗日战争时三次到平西抗日战争根据地受训,回村后担任抗日救国会主任,多次救我党人士,新中国成立后为开明绅士,1950 年送子上朝鲜战场,1957 年为密云县第一届政协委员,1957 年献宅为供销社址,“文革”时受迫害。

建园时间	园名	地点	人物	详细情况
	李家花园	北京	李氏	在河南寨镇提辖庄村，李氏家族顺治年间从辽宁省铁岭征战至此落户，宅院四进，有房120间，有园30亩，分东、中、西三园。园门口三株古槐，下马石一对，进门后假山一座，高达六米。东园沿墙并排有几十株杨树、栾树、梧桐、橡树，栾、橡堪两人抱，果树有杏、桃、柿子树、马蹄黄梨、樱桃、山楂等。中园以桂花为主。西园有西花厅，是主人观二人转之处，联云："莲空一气红花白藕青叶，竹本无心处真中通大文。"时人有诗赞李园："古木荫中系短蓬，杖篱扶我过桥东；沾衣浴湿杏花雨，吹面不寒杨柳风。"李氏得匾甚多："进士第"、"太史第"等。
	荡琴别墅	江苏苏州		在十梓街西段邮局对面，原为一工商业者所有，小巧幽雅。门前小河萦带，过桥步入，有小院缀以树石，最南部有假山叠成的小院，回廊四合。50年代为江苏师院教工宿舍。
	翕圃（张家花园）	江苏苏州	张鹤年	在阊门外永福桥畔小河边，即今南兵营一带。原系张祥丰蜜饯作坊主无锡人张鹤年（一说名醉樵）所有，俗名张家花园。据其后裔回忆，该圃占地50～60亩，中多果树，梅尤盛，达数千株，供制蜜饯梅用。后园主陆续增添假山亭榭、池馆华屋，植名菊多种，喷水池中蓄大量金鱼。抗日战争前，为苏州名流游憩佳处，几与留园争胜，尤以赏梅著称。日军侵占苏州期间，该园与附近的杨家花园及大片土地，被日军骑兵部队占用。抗日战争胜利后又驻国民党军队，亭榭花木破坏殆尽。后为解放军兵营，初尚残存假山水池，其后部队开荒，池被填平。

参考文献

[1] 刘策. 中国古典名园[M]. 上海:上海文化出版社,1984.

[2] 北京市地方志编纂委员会. 北京志·市政卷·园林绿化志[M]. 北京:北京出版社,2000.

[3] 卢美松. 福州名园史影[M]. 福建:福建美术出版社,2007.

[4] 大同市地方志编纂委员会. 大同市志[M]. 大同:中华书局,2000.

[5] 《右玉县绿化志》编委会. 右玉县绿化志[M]. 山西:山西人民出版社,2007.

[6] 郑嘉骥. 太原园林史话[M]. 山西:山西人民出版社,1987.

[7] 刘天华. 十大名园[M]. 上海:上海古籍出版社,1990.

[8] 杨鸿勋. 园林史话[M]. 北京:中国大百科全书出版社,2000.

[9] 耿刘同. 中国古代园林[M]. 北京:中共中央党校出版社,1991.

[10] (清)黎中辅. 大同县志[M]. 山西:山西人民出版社,1992.

[11] 《昆明园林志》编纂委员会. 昆明园林志[M]. 云南:云南人民出版社,2002.

[12] 任常泰,孟亚男. 中国园林史[M]. 北京:北京燕山出版社,1993.

[13] 《武汉园林志》编纂委员会. 武汉园林 1840～1985[M]. 武汉:武汉园林局,1987.

[14] 天津市政协文史资料研究委员会. 近代天津图志[M]. 天津:天津古籍出版社,2004.

[15] (清)胡文烨. 云中郡志[M]. 大同:大同市地方志办公室,1988.

[16] 天津市档案馆,天津市和平区档案馆. 天津五大道名人轶事[M]. 天津:天津人民出版社,2008.

[17] 四库全书存目丛书编纂委员会. 四库全书存目丛书·史部一八六[M]. 济南:齐鲁书社,1996.

[18] 桂郁. 涿州风物与名人[M]. 北京:中国档案出版社,1997.

[19] 李树智. 阜新市园林绿化志[M]. 阜新:阜新市园林管理处,1989.

[20] 郭喜东,张彤,张岩. 天津历史名园[M]. 天津:天津古籍出版社,2008.

[21] 兰州市地方志编纂委员会,兰州市园林绿化志编纂委员会. 兰州市志·第 10 卷·园林绿化志[M]. 兰州:兰州大学出版社,2001.

[22] 赵兴华. 北京园林史话[M]. 北京:中国林业出版社,1994.

[23] 《上海园林志》编纂委员会. 上海园林志[M]. 上海:上海社会科学院出版社,1998.

[24] 高岱明. 淮安园林史话[M]. 北京:中国文史出版社,2005.

[25] (明)陈继儒. 小窗幽记[M]. 北京:中华书局,2008.

[26] 贾珺. 北京私家园林志[M]. 北京:清华大学出版社,2009.

[27] 赵雪倩. 中国历代园林图文精选(第一辑)[M]. 上海:同济大学出版社,2005.

[28] 翁经方,翁经馥. 中国历代园林图文精选(第二辑)[M]. 上海:同济大学出版社,2005.

[29] 杨鉴生,赵厚均. 中国历代园林图文精选(第三辑)[M]. 上海:同济大学出版社,2005.

[30] 杨光辉. 中国历代园林图文精选(第四辑)[M]. 上海:同济大学出版社,2005.

[31] 鲁晨海. 中国历代园林图文精选(第五辑)[M]. 上海:同济大学出版社,2005.
[32] 高鉁明,王乃香,陈瑜. 福建民居[M]. 北京:中国建筑工业出版社,1987.
[33] 陈从周. 园综[M]. 上海:同济大学出版社,2004.
[34] 周维权. 中国古典园林史[M]. 2 版. 北京:清华大学出版社,1999.
[35] 洪铁城. 经典卢宅[M]. 北京:中国城市出版社,2004.
[36] 张宝章. 海淀文史——京西名园[M]. 北京:开明出版社,2005.
[37] 陈允敦. 泉州古园林钩沉[M]. 福州:福建人民出版社,1993.
[38] 黄多荣. 银川中山公园志[M]. 陕西:陕西摄影出版社,1994.
[39] 张运宗. 台湾的园林宅第[M]. 台湾:远足文化,2004.
[40] 陈植,张公弛. 中国历代名园记选注[M]. 合肥:安徽科学技术出版社,1983.
[41] 徐建融. 中国园林史话[M]. 上海:上海书画出版社,2002.
[42] (日)冈大路. 中国宫苑园林史考[M]. 北京:农业出版社,1988.
[43] (明)曹学佺. 广西名胜志[M]. 上海:上海古籍出版社,1995.
[44] 张中伟,金明. 平遥古城[M]. 太原:山西经济出版社,1998.
[45] 边应纪. 青城天下幽[M]. 香港:香港天马图书有限公司,2006.
[46] 中共双流县委外宣办,双流县人民政府新闻办. 川西明珠——棠湖公园[M]. 成都:电子科技大学出版社,1998.
[47] 沉思烈,王建,张致忠. 乐山揽胜[M]. 成都:成都地图出版社,2001.
[48] 四川人民出版社,新繁东湖管理所. 新繁东湖[M]. 成都:四川人民出版社,1990.
[49] (明)曹学佺. 广西名胜志[M]. 上海:上海古籍出版社,1995.
[50] 张中伟,金明. 平遥古城[M]. 太原:山西经济出版社,1998.
[51] 赵文卿,李彩标. 李渔研究[M]. 北京:中国文联出版社,1999.
[52] 张渝新. 桂湖园林鉴赏[M]. 成都:巴蜀书社,2005.
[53] 上海市地方志办公室,上海市绿化管理局. 上海名园志[M]. 上海:上海画报出版社,2007.
[54] 韦明铧. 说台[M]. 济南:山东画报出版社,2005.
[55] 赵伯乐. 云南名园名花[M]. 昆明:云南美术出版社,2001.
[56] 田丕鸿. 建水团山——流金岁月中的村庄[M]. 昆明:云南出版集团公司,云南美术出版社,2007.
[57] 陈泽泓,陈若子. 中国亭台楼阁[M]. 广东:广东人民出版社,1993.
[58] 张建春. 大理张家花园游园记[M]. 昆明:云南科技出版社,2008.
[59] 万国鼎. 中国历史纪年表[M]. 北京:中华书局,1978.
[60] 焦雄. 北京西郊宅园记[M]. 北京:北京燕山出版社,1996.
[61] 吴功正. 六朝园林[M]. 南京:南京出版社,1992.
[62] (宋)苏轼. 苏东坡全集[M]. 北京:北京燕山出版社,2009.
[63] 《中国古村落》编写组. 中国古村落[M]. 北京:中国友谊出版公司,2005.
[64] (清)王霨,刘士铭. 朔平府志[M]. 北京:东方出版社,1994.
[65] (清)李渔. 李渔全集[M]. 杭州:浙江古籍出版社,2010.

[66] 李新平,张学社.乡间皇城[M].太原:山西古籍出版社,2004.
[67] 贾长华.六百岁的天津[M].天津:天津教育出版社,2004.
[68] 天津大学建筑工程系.清代内廷宫苑[M].天津:天津大学出版社,1986.
[69] 黄锡钧.泉州十八景故事传说[M].呼和浩特:远方出版社,2003.
[70] 田丕鸿.建水临安——古迹荟萃的边陲小镇[M].昆明:云南出版集团公司,云南美术出版社,2007.
[71] 《天津城市建设》丛书编委会,《天津园林绿化》编写组.天津园林绿化[M].天津:天津科学技术出版社,1989.
[72] 《福州市园林绿化志》编纂委员会.福州市园林绿化志[M].福州:海潮摄影艺术出版社,2000.
[73] 朱钧珍.中国近代园林史[M].北京:中国建筑工业出版社,2011.
[74] (清)高晋.南巡盛典名胜图录[M].苏州:古吴轩出版社,1999.
[75] 单德启.安徽民居[M].北京:中国建筑工业出版社,2010.
[76] 木雅·曲吉建才.西藏民居[M].北京:中国建筑工业出版社,2010.
[77] 罗德启.贵州民居[M].北京:中国建筑工业出版社,2010.
[78] 李先逵.四川民居[M].北京:中国建筑工业出版社,2010.
[79] 黄浩.江西民居[M].北京:中国建筑工业出版社,2010.
[80] 业祖润.江西民居[M].北京:中国建筑工业出版社,2010.
[81] 章采烈.中国园林艺术通论[M].上海:上海科学技术出版社,2004.
[82] 张撝之,沈起炜,刘德重.中国历代人名大辞典[M].上海:上海古籍出版社,1999.
[83] (明)陈继儒.陈眉公全集[M].上海:上海中央书店,1935.
[84] 张承安.中国园林艺术词典[M].武汉:湖北人民出版社,1994.
[85] 郭风平,方建斌.中外园林史[M].北京:中国建材工业出版社,2005.
[86] 耿彦波.榆次车辋常氏家族[M].太原:书海出版社,2002.
[87] 夏昌世,莫伯治.岭南庭园[M].北京:中国建筑工业出版社,2008.
[88] 易军,吴立威.中外园林简史[M].北京:机械工业出版社,2008.
[89] 游泳.园林史[M].北京:中国农业科学技术出版社,2002.
[90] 陈文良,魏开肇,李学文.北京名园趣谈[M].北京:中国建筑工业出版社,1983.
[91] 刘侗.帝京景物略[M].上海:上海古籍出版社,2001.
[92] 陈志强.水乡古镇名园名宅[M].呼和浩特:远方出版社,2006.
[93] 王一之.昔日故园[M].延吉:延边大学出版社,2003.
[94] 沈立新.亭林园志[M].西安:西安地图出版社,2006.
[95] 荆其敏.中国传统民居[M].天津:天津大学出版社,1999.
[96] 冯晓东.园踪[M].北京:中国建筑工业出版社,2006.
[97] 张家骥.中国造园史[M].哈尔滨:黑龙江人民出版社,1986.
[98] 童寯.江南园林志(第二版)[M].北京:中国建筑工业出版社,1984.
[99] 中共太仓市委宣传部,太仓市哲学社会科学界联合会[M].杭州:西泠印社出版社,2008.

[100] 山西旅游景区志丛书编委会.太原风景名胜志[M].太原:山西人民出版社,2004.
[101] 无锡市园林管理局,无锡市史志办公室,无锡市图书馆.梁溪古园[M].北京:方志出版社,2007.
[102] 汪菊渊.中国古代园林史[M].北京:中国建筑工业出版社,2006.
[103] 张家伟.江南园林漫步[M].上海:上海书店出版社,1999.
[104] 蒋勇生.宁波名胜古迹导游[M].北京:中国大地出版社,2000.
[105] 潘宝明.扬州名胜[M].呼和浩特:内蒙古人民出版社,1994.
[106] 朱江.扬州园林品赏录[M].上海:上海文化出版社,2002.
[107] 汪双武.中国皖南古村落宏村[M].北京:中国文联出版社,2001.
[108] 内乡县衙博物馆.内乡县衙与衙门文化[M].郑州:中州古籍出版社,1999.
[109] 陈从周.扬州园林[M].上海:上海科学技术出版社,1983.
[110] 张长根.走进老房子:上海长宁近代建筑鉴赏[M].上海:同济大学出版社,2004.
[111] 薛顺生,娄承浩.老上海花园洋房[M].上海:同济大学出版社,2002.
[112] 薛顺生,娄承浩.上海老建筑[M].上海:同济大学出版社,2002.
[113] 汪坦.第三次中国近代建筑史研究讨论会论文集[M].北京:中国建筑工业出版社,1991.
[114] 曾宇,王乃香.巴蜀园林艺术[M].天津:天津大学出版社,2000.
[115] 吴宇江.中国名园导游指南[M].北京:中国建筑工业出版社,1999.
[116] 徐松[清].增订唐两京城坊考[M].西安:三秦出版社,1996.
[117] 齐遂林,燕子.千古名园:开封禹王台[M].开封:河南大学出版社,2003.
[118] 孙传余.园亭掠影:扬州名园[M].扬州:广陵书社,2005.
[119] 李献奇,苏健,蔡运章,罗建都.洛阳名胜古迹[M].北京:中国旅游出版社,1981.
[120] 胡明可,胡方.洛阳名胜[M].郑州:中州古籍出版社,1993.
[121] (明)释镇澄.清凉山志[M].北京:中国书店,1989.
[122] 曹敬庄.株洲文物名胜志[M].北京:中国文史出版社,1991.
[123] (北魏)杨衒之.洛阳伽蓝记校释今译[M].北京:学苑出版社,2001.
[124] (清)李斗.扬州画舫录[M].济南:山东友谊出版社,2001.
[125] 蔡尚思.中国园林史话[M].合肥:黄山书社,1997.
[125] 陈植.陈植造园文集[M].北京:中国建筑工业出版社,1988.
[126] 河北省地名委员会办公室.河北名胜志[M].石家庄:河北科学技术出版社,1987.
[127] 王河桥.徐州园林志[M].徐州:徐州市园林风景管理局,1988.
[128] 张自修.丽山古迹名胜志[M].西安:丽山旅游读物编委会,1985.
[129] 舒牧,申伟,贺乃贤.圆明园资料集[M].北京:书目文献出版社,1984.
[130] 姚焕斗.朔州名胜志[M].太原:山西古籍出版社,1998.
[131] 杭州市园林文物管理局.西湖志[M].上海:上海古籍出版社,1995.
[132] 曹法舜,董寅生,陈万绪.洛阳名园记[M].洛阳:洛阳市志编纂委员会,1983.
[133] 杭州市园林文物局.杭州市城市绿化志[M].北京:中国科学技术出版社,1997.
[134] (美)舒衡哲(Vera Schwarcz).鸣鹤园.[M].北京:北京大学出版社,2009.

[135] 江苏省地方志编纂委员会. 江苏省志·风景园林志[M]. 南京:江苏古籍出版社,2000.
[136] 陈尔鹤,赵景逵,郭来锁,高德三. 太谷园林志[M]. 晋中:山西省太谷县县志办公室,1989.
[137] 中国圆明园学会. 圆明园四十景图咏[M]. 北京:中国建筑工业出版社,1985.
[138] 杨滨章. 外国园林史[M]. 哈尔滨:东北林业大学出版社,2003.
[139] (清)毕沅. 关中胜迹图志[M\]. 西安:三秦出版社,2004.
[140] 施德法. 金华园林志[M]. 北京:中国青年出版社,2004.
[141] 杨淑秋. 保定市园林志[M]. 北京:新华出版社,1990.
[142] 中国圆明园学会. 圆明园[M]. 北京:中国建筑工业出版社,2007.
[143] 黄多荣. 银川中山公园志[M]. 西安:陕西摄影出版社,1994.
[144] 杨承运,萧东发. 古园纵横:北京大学校园文化景观[Z]. 北京:华夏出版社,1998.
[145] 汪菊渊. 外国园林史纲要[M]. 北京:北京林学院,1981.
[146] 金华园林志编著委员会,金华市园林管理处. 金华园林志[Z]. 北京:中国青年出版社,2004.
[147] 侯幼彬,张复合,[日]村松伸,[日]西泽泰彦. 中国近代建筑总览·哈尔滨篇[M]. 北京:中国建筑工业出版社,1992.
[148] 蒋高宸,张复合,[日]村松伸,[日]伊藤聪. 中国近代建筑总览·昆明篇[M]. 北京:中国建筑工业出版社,1993.
[149] 王铎. 中国古代苑园与文化[M]. 武汉:湖北教育出版社,2002.
[150] 周武忠. 寻求伊甸园——中西古典园林艺术比较[M]. 南京:东南大学出版社,2001.
[151] 江苏省建设厅,江苏省中国科学院植物研究所(南京中山植物园). 江苏省城市园林绿化适生植物[M]. 上海:上海科学技术出版社,2005.
[152] 陆琦. 岭南造园与审美[M]. 北京:中国建筑工业出版社,2005.
[153] 吴宇江. 中国名园导游指南[M]. 北京:中国建筑工业出版社,1999.
[154] 魏嘉瓒. 苏州历代园林录[M]. 北京:燕山出版社,1992.
[155] 江苏省地方志编纂委员会. 江苏省志·风景园林志[Z]. 南京:江苏古籍出版社,2000.
[156] 郑嘉骥. 太原园林史话[M]. 太原:山西人民出版社,1987.
[157] 南京市地方志编纂委员会,南京园林志编纂委员会. 南京园林志[Z]. 北京:方志出版社,1997.
[158] 侯旭. 嘉定揽胜[M]. 上海:同济大学出版社,1989.
[159] 何林福,李翠娥. 君山纪胜[M]. 北京:文津出版社,2002.
[160] 妙生. 常熟破山兴福寺志[M]. 苏州:古吴轩出版社,1993.
[161] 袁学汉,龚建毅. 苏州园林[M]. 南京:江苏人民出版社,2002.
[162] 袁学汉,龚建毅. 苏州园林名胜[M]. 呼和浩特:内蒙古人民出版社,2000.
[163] 黄镇伟. 天平山[M]. 苏州:古吴轩出版社,1998.
[164] 周鸿度. 灵岩山[M]. 苏州:古吴轩出版社,1998.
[165] 李海平. 南浔[M]. 苏州:古吴轩出版社,2001.
[166] 小林. 同里[M]. 苏州:古吴轩出版社,1998.

[167] 朱红. 角直[M]. 苏州:古吴轩出版社,1998.
[168] 周菊坤. 木渎[M]. 苏州:古吴轩出版社,1998.
[169] 吴靖宇. 东山[M]. 苏州:古吴轩出版社,1998.
[170] 李嘉球. 西山[M]. 苏州:古吴轩出版社,1998.
[171] 荣立楠. 中国名园观赏[M]. 北京:金盾出版社,2003.
[172] 魏嘉瓒. 苏州古典园林史[M]. 上海:上海三联书店,2005.
[173] (清)钱泳. 履园丛话[M]. 西安:陕西人民出版社,1998.
[174] (明)张岱. 陶庵梦忆·西湖梦寻[M]. 北京:作家出版社,1996.
[175] (宋)孟元老. 东京梦华录[M]. 北京:文化艺术出版社,1998.
[176] 国家文物局. 中国名胜词典[M]. 上海:上海辞书出版社,1997.
[177] 郭俊纶. 清代园林图录[M]. 上海:上海人民美术出版社,1993.
[178] 陈从周. 中国园林鉴赏辞典[M]. 上海:华东师范大学出版社,2001.
[179] 崔学明. 牟氏庄园史实写真[M]. 北京:新华出版社,2001.
[180] 蒋根源. 木渎名园园主传奇·徐士元与虹饮山房[M]. 北京:社会科学文献出版社,2003.
[181] 孙丽萍. 屋宇春秋——山西老宅院[M]. 太原:山西人民出版社,2002.
[182] 北京市园林局史志办公室. 京华园林丛考[M]. 北京:北京科学技术出版社,1996.
[183] 焦作市园林绿化管理局. 焦作园林志[M]. 郑州:河南美术出版社,2004.
[184] 周云庵. 陕西园林史[M]. 西安:三秦出版社,1997.
[185] 李传义,张复合,(日)村松伸,(日)寺原让治. 中国近代建筑总览·武汉篇[M]. 北京:中国建筑工业出版社,1992.
[186] 刘先觉,张复合,(日)村松伸,(日)寺原让治. 中国近代建筑总览·南京篇[M]. 北京:中国建筑工业出版社,1992.
[187] 徐飞鹏,张复合,(日)村松伸,(日)堀内正昭. 中国近代建筑总览·青岛篇[M]. 北京:中国建筑工业出版社,1992.
[188] 彭开福,张复合,(日)村松伸,(日)井上直美. 中国近代建筑总览·庐山篇[M]. 北京:中国建筑工业出版社,1993.
[189] 郭湖生,张复合,(日)村松伸,(日)伊藤聪. 中国近代建筑总览·厦门篇[M]. 北京:中国建筑工业出版社,1993.
[190] 张润武,张复合,(日)村松伸,(日)大田省一. 中国近代建筑总览·济南篇[M]. 北京:中国建筑工业出版社,1996.
[191] 杨嵩林,张复合,(日)村松伸,(日)井上直美. 中国近代建筑总览·重庆篇[M]. 北京:中国建筑工业出版社,1993.
[192] 四川近代园林史课题组. 四川近代园林史简稿:初稿[Z]. 四川:四川近代园林史课题组,2005.
[193] 北京市西城区政协文史资料委员会. 宣武文史:第十辑宣南园林[Z]. 北京:北京市西城区政协文史资料委员会,2003.
[194] 镇海区城乡建设环保局. 镇海园林志[Z]. 上海:镇海区城乡建设环保局,1994.

[195] 西城区园林市政管理局文史编委会.北京市西城区园林绿化志[Z].北京:西城区园林市政管理局文史编委会,2006.
[196] 广东省茂名市规划城建局.茂名园林[Z].广东:广东省茂名市规划城建局,2000.
[197] 济南市园林管理局编志办公室.济南园林绿化志:送审稿[Z].济南:济南市园林管理局编志办公室,1987.
[198] 济南市园林管理局编志办公室.济南市园林志资料汇编[Z].济南:济南市园林管理局编志办公室,1989.
[199] 四川近代园林史课题组.四川近代园林史简稿:初稿[Z].四川:四川近代园林史课题组,2005.
[200] 武汉园林分志编纂委员会.武汉园林资料汇编[Z].武汉:武汉园林分志编纂委员会,1984.
[201] 广州市地方志编纂委员会.广州园林绿化志[Z].广州:广州市地方志编纂委员会,1995.
[202] 杭州市园林管理局.杭州园林史料辑录[Z].杭州:杭州市园林管理局,1980.
[203] 北京市丰台区园林绿化志简志编委会.北京市丰台区园林绿化志简志[Z].北京:北京市丰台区园林绿化志简志编委会,1990.
[204] 《广州市海珠区志》编撰小组.广州河南名园记[Z].广州:广州市海珠区志编委会,1984.
[205] 四川人民出版社,新繁东湖管理所.新繁东湖[Z].成都:四川人民出版社,1990.
[206] 中国人民政治协商会议都江堰,市委员会文史资料工作委员会.都江堰名胜楹联选注[Z].成都:中国人民政治协商会议都江堰,市委员会文史资料工作委员会,1995.
[207] 重庆市园林管理局修志领导小组.重庆市园林绿化志[Z].成都:四川大学出版社,1993.
[208] 唐山市园林绿化管理处.唐山市园林志[Z].唐山:唐山市园林绿化管理处,1988.
[209] 昆明市园林绿化局.昆明园林志续集[Z].昆明:昆明市园林绿化局,2006.
[210] 雍振华.历代园林记事年表考略.1997.
[211] 桂林市园林管理局.桂林市志·园林志[Z].桂林:桂林市园林管理局,1995.
[212] 石家庄市园林局.石家庄园林[Z].石家庄:石家庄市园林局,2002.
[213] 锦州市园林管理处地志办公室.锦州市园林志概况[Z].锦州:锦州市园林管理处地志办公室,1986.
[214] 北京市密云县园林绿化服务中心.密云县园林绿化志[Z].北京:北京市密云县园林绿化服务中心,2005.
[215] 《常州史话》编写组.常州古今·名胜古迹专辑[Z].常州:《常州史话》编写组,1980.
[216] 苏州市地方志编纂委员会办公室,苏州市园林管理局.拙政园志稿[Z].苏州:苏州市地方志编纂委员会办公室,苏州市园林管理局,1986.
[217] 孔俊婷.观风问俗式旧典,湖光风色资新探——清代行宫及其园林意向研究[D].天津:天津大学建筑学院,2007.
[218] 耿威.今古迁移多变更废兴相因皆有礼——北京清代王府建筑制度研究[D].天津:天

津大学建筑学院.2007.

[219] 赵春兰.周裨瀛海诚旷哉,昆仑方壶缩地来——乾隆造园思想研究[D].天津:天津大学建筑学院.1998.

[220] 郭小辉.地主庄园的保护与旅游开发基础研究——以山东栖霞牟氏庄园规划整治方案为例[D].天津:天津大学建筑学院.2004.

[221] 王振超.郑州古代园林研究[D].天津:天津大学建筑学院,2011.

[222] 赵丙政.乾隆·山水诗·园林[D].天津:天津大学建筑学院,2011.

[223] 左毅颖.王世贞与园林[D].天津:天津大学建筑学院,2014.

[224] 杜岩刚.天津庆王府花园研究[D].天津:天津大学建筑学院,2011.

[225] 刘永安.《帝京景物略》的园林研究[D].天津:天津大学建筑学院,2011.

[226] 王凤阳.张南垣及其园林研究[D].天津:天津大学建筑学院,2014.

[227] 李怡洋.《日下旧闻考》及《日下旧闻》的园林研究[D].天津:天津大学建筑学院,2011.

[228] 万婷婷.重庆近代园林初探[D].天津:天津大学建筑学院,2007.

[229] 刘妍.明代画论中的园林观研究[D].天津:天津大学建筑学院,2014.

[230] 郭菲.宋代画论中的园林观研究[D].天津:天津大学建筑学院,2014.

[231] 王卫娜.宋徽宗造园思想研究[D].天津:天津大学建筑学院,2013.

[232] 邢宇.《水经注》的园林研究[D].天津:天津大学建筑学院,2012.

[233] 李彦军.《洛阳伽蓝记》的园林研究[D].天津:天津大学建筑学院,2012.

[234] 田卉.天津五大道花园洋房空间及花园风格探析[D].天津:天津大学建筑学院,2010.

[235] 侯国英.五大道已毁洋房花园研究[D].天津:天津大学建筑学院,2010.

[236] 张晶蕊.天津五大道洋房花园的保护、利用[D].天津:天津大学建筑学院,2010.

[237] 张薇.戈裕良与园林[D].天津:天津大学建筑学院,2013.

[238] 李璇.景观视野下的谢灵运诗文[D].天津:天津大学建筑学院,2013.

[239] 郭小稳.王维与园林[D].天津:天津大学建筑学院,2013.

[240] 朱蕾.境惟幽绝尘,心以静堪寂——清代皇家行宫园林静寄山庄研究[D].天津:天津大学建筑学院.2004.

[241] 孙炼.大者罩天地之表,细者入毫纤之内——汉代园林史研究[D].天津:天津大学建筑学院.2003.

[242] 丁卉.隋唐园林研究——园林场所和园林活动[D].天津:天津大学建筑学,2003.

[243] 永昕群.两宋园林史研究[D].天津:天津大学建筑学院,2003.

[244] 赵熙春.明代园林研究[D].天津:天津大学建筑学院,2003.

[245] 傅晶.魏晋南北朝园林史研究[D].天津:天津大学建筑学院,2003.

[246] 吴莉萍.中国古典园林的滥觞——先秦园林探析[D].天津:天津大学建筑学院,2003.

[247] 苏怡.平地起蓬莱,城市而林壑——清代皇家园林与北京城市生态研究[D].天津:天津大学建筑学院,2001.

[248] 莫育年.广州园林酒家建筑的研究[D].广州:华南理工大学建筑学院,1992.

[249] 林家奕.岭南庭园宾馆研究[D].广州:华南理工大学建筑学院,1993.

[250] 彭长歆.岭南书院建筑文化研究[D].广州:华南理工大学建筑学院,1999.

[251] 孟丹.岭南园林与岭南文化[D].广州:华南理工大学建筑学院,1997.
[252] 《中国园林》2003—2014 年的所有杂志.
[253] 赵光华.北京地区园林史略(一)[J].古建园林技术,1985(4):12-17.
[254] 赵光华.北京地区园林史略(三)[J].古建园林技术,1986(2):45-48.
[255] 刘庭风.《池上篇》与履道里园林[J].古建园林技术,2001(4):49-51.
[256] 李洲芳,马祖铭.一代宗匠姚承祖[J].古建园林技术,1986(2):63-64.
[257] 刘管平.岭南古典园林(一)[J].古建园林技术,1986(4):3-7.
[258] 焦雄.京西礼亲王花园[J].古建园林技术,1989(4):53-57.
[259] 王永平.浅谈白云观的修复设计[J].古建园林技术,1994(2):44-48.
[260] 曹春萍.灵台辩[J].古建园林技术,1995(1):35-35,19.
[261] 王世仁,雷允陆.曹园简说—江宁织造署为《红楼梦》荣国府原型推测[J].古建园林技术,1995(2):30-32.
[262] 罗哲文.台北县林家花园——台湾园林之一精粹[J].古建园林技术,1995(4):56-57.
[263] 章采烈.学者型园林典型——苏州曲园[J].古建园林技术,1996(4):58-60.
[264] 李德虹.都市里的绿洲——北碚公园[J].古建园林技术,2001(3):49-50.
[265] 贾珺.麟庆时期(1843～1846)半亩园布局再探[J].古建园林技术,2000(6):68-71.
[266] 刘大可,吴承越.清代的王府(上)[J].古建园林技术,1997(1):44-50.
[267] 刘大可,吴承越.清代的王府(上)[J].古建园林技术,1997(2):53-60.
[268] 贾珺.文煜故居宅园[J].古建园林技术,2000(1):52-54.
[269] 裘行洁.兰溪"芥子园"[J].古建园林技术,2000(2):51,58.
[270] 李敏.岭南庭园的艺术传统[J].古建园林技术,2000(4):40-43.
[271] 杨平,彭海.遗山书院总体设计构思[J].古建园林技术,1991(4):30-33.
[272] 张润武,曹元启.齐鲁名园——潍坊"十笏园"[J].古建园林技术,1991(4):57-60.
[273] 何重义,曾昭奋.北京西郊的三山五园[J].古建园林技术,1992(1):25-32.
[274] 何重义,曾昭奋.北京西郊的三山五园(下)[J].古建园林技术,1992(2):41-48.
[275] 王国政,金小中.广西恭城古建园林的造型风格[J].古建园林技术,1992(4):52-58.
[276] 何重义.楚汉胜迹——芙蓉楼[J].古建园林技术,2001(2):45-46,14.
[277] 黄建华.谈岳麓书院御书楼的历史沿革及重建原则[J].古建园林技术,2001(4):46-48.
[278] 张亚祥,刘磊.泮池考论[J].古建园林技术,2001(1):36-39.
[279] 汤羽扬,贾珺.海淀乐家花园[J].古建园林技术,2002(1):49-51.
[280] 张艳华.外八庙环境艺术赏析[J].古建园林技术,2001(1):42-44.
[281] 沈福煦.上海园林钩沉[J].园林,2002(7):12.
[282] 沈福煦.上海园林钩沉(二)[J].园林,2002(8):10-11.
[283] 沈福煦.上海园林钩沉(三)[J].园林,2002(9):8-9.
[284] 沈福煦.上海园林钩沉(四)[J].园林,2002(10):7-8.
[285] 沈福煦.上海园林钩沉(六)[J].园林,2002(12):11-12.
[286] 沈福煦.上海园林钩沉(七)[J].园林,2003(1):16-17.

[287] 沈福煦.上海园林钩沉(八)[J].园林,2003(2):8-9.
[288] 沈福煦.复兴公园今昔谈[J].园林,1999(5):14.
[289] 沈福煦.中国名园·松江方塔园[J].园林,1999(6):12.
[290] 陈吉飞.多姿多彩的香港园林[J].园林,1997(3):34-35.
[291] 沈福煦."上海园林赏析"之一:上海园林总说[J].园林,1998(1):18-19.
[292] 沈福煦."上海园林赏析"之二:松江的方塔园和醉白池[J].园林,1998(1):16.
[293] 沈福煦."上海园林赏析"之六:上海公园赏析[J].园林,1998(6):9-10.

后　记

在同济大学师从路秉杰先生进行日本园林研究时，我发现，早在 1938 年，日本学者重森三玲就在《日本庭园史图鉴》（昭和十三年十二月，有光社）最后一册专门编成“日本庭园史年表”分上古、飞鸟、奈良、平安、镰仓吉野、室町、桃山及江户等时代。昭和四十二年（1967）十二月，早川正夫在他的园林史《庭》中，把各时代最具代表性的园林列在一个图谱中，更加形象直观。昭和五十九年（1984）年森蕴在在园林史书《庭园》（近藤出版社）中对上述年表进行了重新修编。此年表让日本园林的历史更一目了然。

其后，我又在路先生的工作室，看到了师叔雍振华先生编辑的中国园林史摘抄《历代园林记事考略》（1997 年 12 月），相当于园林史年表，即每个园林记载中附有人物考证。2001 年到天津大学后，我有机会见识王其亨教授的断代史研究。在他指导的研究生毕业论文末尾，都附有一个园林活动年表。以上两项研究虽都有年表，一个是摘要，一个是断代，但都只偏重于正史，应有相当大的遗漏。遗漏若未补充，将成为遗憾。基于此，编写《中国园林年表初编》的目标成了我进入天津大学后最主要的工作。

为了编写《中国园林年表初编》，我收集了各方面的资料，除正史之外，还有很多志书（地方志和园林志），现在，中国几乎所有的园林志方面的出版物和油印稿，大都成为此书的出处。另外，《中国园林》《园林》及《古建园林技术》等杂志，也陆续刊载有各地的园林史迹。因此，特别感谢历代史志撰写者，感谢杂志论文作者。很多文字都摘录于先贤宏著之中。

行万里路与读万卷书有异曲同工之妙。各地风土考察是我的爱好。迄今为止，全国三分之二的地级市和一半的县城，都有我考察的足迹。每至一地，当地的风景、名胜、古迹、城市及村镇等文字和图片资料，都被我收入囊中，最后编织在年表的字里行间。

编写《中国园林年表初编》与我编写《中国近代园林史图谱》和《中国现存古典园林平面图集》同步。在指导李再辉进行《天津近代公园研究》之后，又指导了项劲松、杜岩刚、田卉、张晶蕊及侯国英等做《天津五大道洋房花园研究》，其间收集了大量近代园林的资料。为了补充《中国古典园林平面图》，我又与李长华走访了江南十多个城市，补测了部分晚清和民国园林的平面图。

我的研究课题主要有三个方向：一是历代园林古籍研究。如《帝京景物略》《日下旧闻考》《洛阳伽蓝记》《水经注》《洛阳名园记》《鸿雪因缘图记》《娄东园林记》《游金陵诸园记》及《太仓诸园小记》等已被陆续整理出来。二是园林人物研究。如李白、白居易、王维、苏东坡、宋徽宗（赵佶）、王世贞、乾隆（弘历）、米万钟、计成、戈裕良、张南垣及张然等一批造园家和作品被发掘出来。三是地域园林研究。在博士后课题《岭南园林研究》之后，我带研究生陆续完成了《鲁地古园林研究》《重庆古园林研究》《台湾中山公园研究》。后来，在历代园记研究中，用平面图和鸟瞰图复原了大部分古园。在此基础上，《上古园林史年表》《秦汉园林史年表》《晚清园林史年表》《晚清战争与园林》、北方现存古典园林系列、巴蜀现存古典园林系列相继发表。

到 2007 年，《中国园林年表初编》初稿完成，计约 56 万字。迟迟未敢付梓，原因很简单：还有很多资料未参考。2008年，《中国园林年表初编》在师姐封云研究员的努力下，获得了上海文化基金资助，2011年，本书又获列“十二五”重点图书。这成了我完成此书的动力。故在此成书之际，我首先得感谢师姐。

2009～2011年在内蒙挂职，因囿于工程设计，三年时间又悄然虚度。挂职归来之后，我召集所有研究生，让杨晶牵头，李彦军、郭美琦及张瑶等分别把几箱史料书在三个月内完成整理。去年底，我又委托陈志菲负责年表的后续事宜。研究生刘燕、董倩、范露、黄茜、秦荣、聂玉丽及刘永安等，齐心协力，日夜奋战，把历届研究生论文发掘的资料、网上收集的园林资料，以及作为《中国园林》编委和《园冶杯》评委所评审过的园林资料，全面梳理收录。从此可知，研究生们为此书亦作出了巨大贡献。

为审此稿，我曾约请过很多人。大多数人见此书文字多、人物多、时间长、园名繁、空间广、术语专，都婉言相拒。最后，我的挚友，苏州园林史专家、苏州市文化局局长魏嘉瓒先生，慷慨答应，让我倍感温馨。他在百忙之中，力排诸事，专注此书，终于在三个月内完成审稿。

惟一感到不足的是，各地的地方志还收集不足。此番遗漏有赖于后续研究生们的地方志园林研究，因为地方志是描写风景、名胜、古迹和园林最多的史料。

相对于其他史书，园林年表的意义太重大了。其一，现存中国园林史方面，只收集约1500个园林，严重不全。其二，园林史只编到朝代，二十六史编到月。前者时间太久，结论太泛；后者时间太窄，细节过冗，逻辑性不强。其三，《中国大百科全书》和《中国园林鉴赏辞典》、《中国园林艺术辞典》收录的园林个案也最多几百处。这些都不足以反映作为历史悠久、文化深厚的中华民族的园林精粹。

本书作为对中国园林史资料的汇编只是一个阶段性的成果，有其局限性。但并不能掩饰其作为园林工具书的价值。它有三大优点：第一，它的可读性是建立在时间逻辑基础之上的。第二，它的核心内容是大家最关注的三大要素：时间、人物及园景。第三，每个园林资料的来源都标明出处，让研究者有迹可查。

然而，鉴于资料掌握不全，研究不深，缺乏与史学界同仁广泛的交流，书中内容难免出现如下弊隙：第一是不全，第二是不准，第三是不精，第四是不对。但愿此书优点多一些，缺点少一些。

天津大学建筑学院风景园林系　刘庭风
2015年4月11日于天津大学